역학

기초에서 응용까지

고재걸 · 정해두 공저

(주)북스힐

머리말

물리학은 자연현상을 다루는 기초과학이다. 물리학의 교과과정에서 맨 먼저 배우게 되고, 가장 기초가 되는 것이 역학편이다. 이 부분에서 물리적인 사고방식의 기틀을 잡게 된다. 물리학의 바탕이 되는 역학의 기본 요소를 학습하여, 수소원자를 이해하는데 필요한 고전역학적 바탕을 마련하는 것이 본서의 최종 도달 목표이다.

대학에서 일반물리학을 배운 다음, 각론에서 역학편에 들어서면서 물리학에 대한 흥미를 잃는 경우가 많다는 것이 원로교수님들의 경험담이다. 그 원인 중의 하나가 일반물리학의 역학편과 각론에서 일반역학 사이에 논리적 사고 또는 접근방법 상의 간극이 너무 크기 때문인 것으로 보인다. 본서에서는 이 간극을 좁힐 수 있는 방법을 강구하여 일반물리학의 역학편에서 점진적으로 발전시켜 일반역학의 영역에 이르도록 전개시키려고 노력하였다. 그러기 위해서 아래와 같은 점을 고려하면서 본서를 엮어 나갔다.

1) 고등학교 물리를 배우지 않은 학생도 물리학을 공부할 수 있도록 물리의 첫 단계부터 시작한다.
2) 어떤 한 사실의 지식이나 과정의 결과에만 치중하지 않고, 그 지식 및 결과를 얻는 과정에 역점을 두고, 그 과정을 전개해 나간다.
3) 고등학교 물리에서 시작하여 대학의 일반물리학 과정의 역학편 내용에까지 점진적으로 이끌어 나간다. 내용이 대학 일반물리학 과정으로서 조금 고급인 부분은 본문에 ▶…◀의 표시를 해 놓았다.
4) 간단한 수학에서 점진적으로 전개하여 필요하다면, 대학 일반물리학 과정에 나오는 미분-적분의 방법까지 이해할 수 있도록 단계적으로 전개해 나간다. 미분-적분의 방법 및 미분방정식 등의 수준을 약간 넘어서는 부분은 본문에 ▶…◀의 표시를 해 놓았다.
5) 따라서 처음 물리를 배우는 학생은 ▶…◀의 표시를 한 부분을 생략하여도 좋다.
6) 용어는 가능하면 교과서 “편수자료” 또는 한국물리학회의 “물리학 용어집”의 용어를 사용하도록 한다.
7) 본문에서 다루지 못한 중요한 과제는 때때로 예제에서 다룬다.

이와 같은 취지를 살리려고 열심히 노력하였으나 그렇지 못하거나, 미숙하고 본의 아니게 잘못된 점도 없지 않을 것으로 적이 걱정이 앞서기도 한다. 동학 여러분의 정성어린 지도, 꾸밈없는 조언을 바란다.

끝으로 여러 가지 어려움에도 불구하고 출판하여 주신 조승식 사장님, 편집 기획에 정성을 다하여 주신 출판사 직원 여러분께 감사드린다.

2007년 새바우 골에서

차 례

0장 들어가는 말-물리량과 측정값 / 1

0.1 물리학의 특성 2
0.2 단위계 3
0.3 차 원 6
0.4 측정값의 유효숫자 8
0.5 측정값의 어림셈 9
연습문제 12

1장 운동의 기술 / 15

1.1 일차원운동 16
1.1.1 평균속력과 순간속력 / 16
1.1.2 변위와 속도 / 17
1.1.3 가속도 / 26
1.1.4 등가속도 직선운동 / 28
1.1.5 미분적분학의 방법 / 34

1.2 이차원 및 삼차원 공간운동과 벡터 45
1.2.1 위치와 좌표 / 46
1.2.2 변위와 벡터 / 51
1.2.3 벡터대수 / 56
1.2.4 속도벡터 및 가속도벡터 / 65
1.2.5 등가속도운동-지구 표면에서 운동 / 93
1.2.6 원운동 / 107

1.3 상대운동 116
1.3.1 상대속도 / 116
1.3.2 상대병진운동-갈릴레이 변환 / 123

연습문제 128

2장 힘과 운동-뉴턴의 운동법칙 / 139

2.1 힘과 상호작용 140
2.1.1 힘의 법칙 / 140
2.1.2 힘의 성질 / 142
2.1.3 여러 가지 힘 / 149
2.1.4 접촉힘 및 마당힘 / 159

2.2 뉴턴의 운동법칙 160
2.2.1 관성의 법칙과 관성기준틀 / 160
2.2.2 운동의 법칙-힘, 질량 그리고 가속도 / 164

2.3 운동방정식과 힘의 법칙 171
2.3.1 정역학적 문제 / 172
2.3.2 동역학적 문제-운동방정식과 힘의 법칙 / 175

2.4 비관성기준틀-병진운동 및 원운동 205
2.4.1 병진가속도운동과 관성력 / 205
2.4.2 원운동의 구심력과 원심력 / 210

연습문제 225

3장 일과 에너지 / 239

3.1 일과 운동에너지-일차원운동 240
3.1.1 일정한 힘에 의한 일 / 240
3.1.2 위치에 따라 변하는 힘에 의한 일-적분의 방법 / 250
3.1.3 일 률 / 256

3.2 위치에너지와 역학적 에너지 보존 262
3.2.1 위치에너지와 일 / 262
3.2.2 역학적 에너지 보존 / 270
3.2.3 위치에너지와 운동모양 / 282

3.3 보존력마당과 에너지 보존법칙-이차원 및 삼차원운동 286
3.3.1 곡선운동에서 일과 에너지 / 286
3.3.2 벡터의 스칼라곱 / 289
3.3.3 공간운동에서 위치에너지와 보존력 / 296

연습문제 315

4장 운동량과 충돌 / 325

4.1 운동량과 충격량 326
4.2 뉴턴의 운동법칙과 운동량의 보존 335
4.2.1 홑입자 및 두입자계의 운동량 보존 / 335
4.2.2 운동량과 운동에너지 / 340
4.2.3 운동량 보존법칙과 힘마당 / 341
4.2.4 갈릴레이 불변성과 운동량의 보존 / 343

4.3 충돌 문제 347
4.3.1 일차원충돌 / 347
4.3.2 반발계수 / 357
4.3.3 이차원충돌 / 361
4.3.4 평면과의 충돌 / 368

연습문제 374

5장 조화진동 / 381

5.1 단조화진동 382
5.1.1 단조화진동과 원운동 / 382
5.1.2 단조화진동자의 에너지 / 390

5.1.3 여러 가지 단조화진동의 보기 / 395 5.1.4 단조화진동의 운동방정식 / 402
5.1.5 일차원 단조화진동의 중첩 / 408 5.1.6 이차원 단조화진동 / 415

5.2 감쇠진동 421
5.3 강제진동 440
5.4 비조화진동 452
5.5 결합진동 459
연습문제 470

6장 중력과 중심력마당 / 479

6.1 케플러의 행성 운동법칙과 뉴턴의 만유인력법칙 480
6.1.1 케플러의 행성 운동법칙 / 480 6.1.2 뉴턴의 만유인력법칙 / 486
6.1.3 지구상의 중력 / 494 6.1.4 인공위성 / 499

6.2 중력위치에너지와 행성의 운동 502
6.2.1 중력위치에너지 / 503
6.2.2 역학적 에너지와 행성의 운동 모양 / 508

6.3 중력마당 516
6.3.1 중력마당벡터와 중력퍼텐셜 / 516
6.3.2 부피가 있는 물체에 의한 중력마당 / 523
6.3.3 대칭성이 있는 물체에 의한 중력마당 / 532
6.3.4 적분법에 의한 중력마당의 계산 / 546

6.4 관성질량과 중력질량 555
연습문제 562

7장 질점계의 운동 / 571

7.1 질점계의 운동 기술 572
7.1.1 질량중심 / 572 7.1.2 부피가 있는 물체의 질량중심 / 580
7.1.3 질량중심 찾기 / 583

7.2 질점계의 운동방정식 588
7.2.1 질점계의 운동량 / 588 7.2.2 질점계에 작용하는 힘 / 590
7.2.3 질점계의 운동량 보존 / 597

7.3 가변질량 역학계의 운동 599
7.3.1 나르개 띠 / 599 7.3.2 로켓 방정식 / 602

연습문제 608

8장 강체의 운동-회전운동, 각운동량(벡터곱) / 613

8.1 강체운동과 그 기술 614
8.2 힘이 강체에 주는 회전운동 효과-돌림힘 618
8.2.1 돌림힘 / 618 8.2.2 강체에 작용하는 힘의 합성 / 621
8.3 뉴턴의 운동법칙과 회전운동 637
8.3.1 고정축 주위의 회전운동 방정식 / 638 8.3.2 회전관성으로서의 관성모먼트 / 639
8.3.3 강체의 회전운동 방정식의 응용 / 654 8.3.4 강체의 진동 / 662
8.4 회전운동에서 일과 에너지 677
8.4.1 회전운동에서 일 / 677 8.4.2 회전운동에서 일과 에너지 / 680
8.5 각운동량과 회전충격량 689
8.5.1 강체의 고정축 주위의 각운동량 / 689
8.5.2 홑질점의 각운동량 / 692
8.5.3 회전충격량과 각운동량-각운동량 보존 / 696
8.6 강체의 굴림운동 707
8.7 회전운동의 벡터적 성질 721
8.7.1 각속도벡터 / 721 8.7.2 돌림힘의 벡터 표현 및 벡터곱 / 724
8.7.3 각운동량벡터 / 729
8.8 대칭팽이의 운동-고정점 주위의 강체운동 735
8.9 강체의 평형 745
연습문제 760

9장 질점계의 역학 / 781

9.1 질점계의 일과 에너지 782
9.2 질량중심 좌표계와 운동에너지 788
9.2.1 질량중심 좌표계 / 789 9.2.2 질점계의 총 운동에너지 / 790
9.3 질점계의 돌림힘 및 각운동량 794
9.3.1 질점계의 돌림힘 / 794 9.3.2 질점계의 각운동량 정리 / 797
9.3.3 질점계의 내부 돌림힘 및 내부 각운동량 / 800
9.4 두질점계 문제-상대운동방정식 802
9.4.1 두질점계의 운동방정식 / 803 9.4.2 상대운동방정식 / 804
9.4.3 두질점계의 에너지 보존 / 811
9.5 질량중심 좌표계와 충돌 문제 / 812
9.5.1 실험실 좌표계에서 본 충돌 / 812 9.5.2 질량중심 좌표계에서 본 충돌 문제 / 818

9.6 중심력마당에서 운동 825
9.6.1 중심력 / 825
9.6.2 중심력마당에서 질점의 운동 / 828
9.6.3 역제곱법칙의 힘마당에서 운동–케플러의 제1법칙 / 836
9.6.4 중력마당에서 궤도바꾸기 / 850

9.7 뉴턴역학의 한계 및 보존법칙의 확장 854
9.7.1 뉴턴역학의 한계 / 854
9.7.2 보존법칙의 확장 / 857

연습문제 861

부 록 869

찾아보기 880

0장 들어가는 말 – 물리량과 측정값

0.1 물리학의 특성

0.2 단위계

0.3 차 원

0.4 측정값의 유효숫자

0.5 측정값의 어림셈

물리학의 목적은 자연현상을 이해하고, 나아가서 우주를 이해하고, 그 존재 이유를 밝히는 것이다. 물리학은 실험적 관찰, 관측과 정량적인 측정에 바탕을 두고 있다. 정량적인 측정결과 얻어진 물리량은 수 값으로 표현되어야 한다. 그 정량적인 표현방법, 곧 물리량의 단위계, 그 본질을 나타내는 차원 등에 대해서 알아본다. 또한 측정결과 얻어진 정보의 정확성을 보장하기 위한 측정값의 표현방법, 측정값의 계산방법, 곧 어림셈에 대해서도 살펴본다.

0.1 물리학의 특성

물리학은 자연현상을 다루는 기초과학이다. 19세기 초까지는 물리학을 "자연철학(natural philosophy)"이라고 불렀다. 이것은 물리학을 뜻하는 영어 physics에 잘 나타나 있다. physics(물리학)는 원래 nature(자연)라는 뜻을 가진 그리스어에서 유래되었다. 그래서 보통 물리학은 물질을 구성하고 있는 요소들을 규명하고 그들 사이에 일어나고 있는 상호작용을 이해하여 우리 앞에 전개되는 현상들은 물론, 물질의 미시적 성질을 설명하는 학문이라 할 수 있다.

따라서 물리학은 **실험과학**(experimental science)이다. 물리학자는 자연현상을 관찰하여 이들 현상들이 서로 얽혀 있는 모형이나 원리를 찾아내려고 한다. 이 모형은 물리이론(physical theories)이라 불리거나, 잘 다듬어져서 널리 이용되면 물리법칙(physical laws) 또는 원리(principles)라 불리게 된다.

○ 물리량

물리학은 실험과학이므로 측정은 필수이다. 또, 물리학은 멀고도 거대한 별들의 세계로부터 원자 세계, 넘원자 세계에 이르기까지 넓고 다양한 자연현상을 대상으로 하고 있다. 자연현상에 대한 정보를 얻으려면 물리적 성질의 관찰이나 측정을 통해야한다. 측정이나 관찰에서 정량적인 결과를 얻지 못하면 일반적으로 완전한 물리적 정보를 얻었다고 할 수 없다. 그 결과는 수치로 표현되어야한다. 이런 측정값을 **물리량**(physical quantity)이라 한다. 따라서 물리량은 반드시 측정 가능해야 한다. 측정 가능한 자연현상만이 물리학의 대상이 된다. 물리량은 물리학이라는 '구조물'의 구성 요소이다. 물리량으로 물질의 성질을 나타내고, 이들 사이의 관계로 물리학의 법칙이 표현된다.

○ 기본량과 유도량

물리학의 대상이 되는 자연현상은 시간과 공간이라는 무대에서 물질이라는 배우가 몇 가지 기본이 되는 힘 또는 상호작용에 의하여 연출되는 것이라고 비유한 말이 있다. 이와 같이, 자연현상은 **시간** 및 공간을 정량적으로 표현하는 **길이**, 그리고 물질의 성질을 나타내는 **질량** 그리고 힘을 나타내는 물리량 등을 서로 조합하고 관련 지워서 표현할 수 있다. 시간, 길이 및 질량은 다른 물리량을 쓰지 않고도 정의될 수 있을 뿐만 아니라 이들로서 다른 물리량을 정의할 수 있다. 이런 물리량을 **기본량**(fundamental quantity)이라 하고, 이런 기본량의 적당한 조합으로 정의될 수 있는 물리량을 **유도량**(derived quantity)이라 한다.

0.2 단위계

물리량은 그와 같은 물리량의 일정량을 기준으로 정하여 그 기준량의 정수 배로 표현한다. 이 기준량을 그 물리량의 **단위**(unit)라 한다. 기본량의 단위를 **기본단위**(fundamental unit)라 하고, 유도량의 단위를 **유도단위**(derived unit)라 한다. 따라서 유도단위는 기본단위의 조합으로 표현된다.

기본단위의 수 또는 기본량의 수는 다른 모든 물리량을 가장 간단한 표현으로 온전하게 기술할 수 있는 최소의 수이다. 기본량을 택하는 방법에는 여러 가지가 있을 수 있다. {길이, 질량, 시간} 또는 {길이, 힘, 시간}을 기본량으로 택하면 나머지 물리량들은 유도량이 된다. {길이, 질량, 시간}을 기본량으로 택하는 단위계를 **절대단위계**(absolute unit system)라 한다. 특히 기본량의 단위를 [cm], [g], [s]로 택한 것을 **CGS단위계**(CGS unit system), [m], [kg], [s]로 택한 것을 **MKS단위계**(MKS unit system)라 한다. 미국의 실용단위계는 기본량을 {길이, 힘, 시간}으로 하고, 푸트(foot)[ft], 파운드(pound)[lb], 초(second)[s]를 기본단위로 택하고 있다. 그래서 미국의 실용단위계를 **FPS단위계**(풋-파운드 단위계 : foot-pound unit system)라 한다.

SI단위계

기본량으로서 역학계에서의 {길이, 질량, 시간} 외에 전자기현상에서의 전류를 기본량으로 택하여 그 단위인 **암페어**(ampere)[A]를 MKS단위계에 추가한 단위계를 MKSA단위계라 한다. 여기에 열 현상에서의 온도를 기본량으로 택하고 그 단위인 **켈빈**(kelvin)[K]을, 물질의 양을 나타내는 단위인 **몰**(mole)[mol]을, 광도의 단위인 **칸델라**(candela)[cd]를 추가한 것을 **SI단위계**(**국제단위계** : Systéme International d'Unites ; International System of Units)라 한다. 모든 물리량은 {m, kg, s, A, K, mol, cd}의 일곱 개로 된 SI단위로 나타낼 수 있다. SI단위계에서 평면각의 단위는 **라디안**(radian)[rad]를 사용한다. 이것을 입체각의 단위인 **스테라디안**(steradian)[sr]과 함께 **SI보충단위**라 하기도 한다.

중요한 몇 개의 SI유도단위에는 특별한 이름이 지어져 있다. 예를 들면, 힘의 SI단위 $[\mathrm{kg \cdot m/s^2}]$를 뉴턴(newton)[N], 일의 SI단위$[\mathrm{kg \cdot m^2/s^2}]$ 또는 $[\mathrm{N \cdot m}]$를 줄(joule)[J], 일률의 SI단위 $[\mathrm{kg \cdot m^2/s^3}]$ 또는 $[\mathrm{J/s}]$를 **와트**(watt)[W]라 부른다.

SI단위계에서 흔히 쓰는 10의 배수와 분수를 나타내는 접두어를 표 0.1(a)에 모아 놓았다. 표 0.1(b)는 한자 기수법을 나타낸다.

표 0.1 (a) SI단위계의 접두어

배수 및 분수	기호	접두사
1,000,000,000,000,000,000,000,000 = 10^{24}	Y	요타(yotta)*
1,000,000,000,000,000,000,000 = 10^{21}	Z	제타(zetta)**
1,000,000,000,000,000,000 = 10^{18}	E	엑사(exa)
1,000,000,000,000,000 = 10^{15}	P	페타(peta)
1,000,000,000,000 = 10^{12}	T	테라(tera)
1,000,000,000 = 10^{9}	G	기가(giga)
1,000,000 = 10^{6}	M	메가(mega)
1,000 = 10^{3}	k	킬로(kilo)
100 = 10^{2}	h	헥토(hecto)
10 = 10^{1}	da	데카(deca)
1 = 10^{0}		
0.1 = 10^{-1}	d	데시(deci)
0.01 = 10^{-2}	c	센티(centi)
0.001 = 10^{-3}	m	밀리(mili)
0.000001 = 10^{-6}	μ	마이크로(micro)
0.000000001 = 10^{-9}	n	나노(nano)
0.000000000001 = 10^{-12}	p	피코(pico)
0.000000000000001 = 10^{-15}	f	펨토(femto)
0.000000000000000001 = 10^{-18}	a	아토(atto)
0.000000000000000000001 = 10^{-21}	z	젭토(zepto)**
0.000000000000000000000001 = 10^{-24}	y	욕토(yocto)*

(b) 한자 기수법

毛	모	10^{-4}
厘	리	10^{-3}
分	푼	10^{-2}
割	할	10^{-1}
一	일	10^{0}
十	십	10^{1}
百	백	10^{2}
千	천	10^{3}
萬	만	10^{4}
億	억	10^{8}
兆	조	10^{12}
京	경	10^{16}
垓	해	10^{20}
杼	서	10^{24}
壤	양	10^{28}
滿	만	10^{32}
潤	윤	10^{36}
正	정	10^{40}

* 명칭 요타(yotta)와 욕토(yocto)는 숫자 8(10^3의 8승 ; $(10^3)^8$ 또는 $(10^{-3})^8$)을 암시하는 octo로부터 유도되었으며, 숫자 영(0)과 혼동될 염려가 있는 문자 "o"의 사용을 피하기 위하여 문자 "y"가 첨가되었다.

** 명칭 제타(zetta)와 젭토(zepto)는 숫자 7(10^3의 7승 ; $(10^3)^7$ 또는 $(10^{-3})^7$)을 암시하는 septo로부터 유도되었으며 기호 "s"의 중복된 사용을 피하기 위하여 문자 "s"대신에 문자 "z"로 대치되었다(한국표준과학연구원, "국제단위계"(제6개정판-1991), 55쪽 참조).

국제도량형총회에서 기본단위인 길이, 질량, 시간의 단위를 아래와 같이 정의하였다.

• 길 이

미터의 표준이 되는 미터원기는 백금 90 %, 이리듐 10 %의 합금으로 만들어졌다. 이것은 파리 근교 세브레(Sévres)에 있는 국제도량형국(International Bureau of Weights and Measures)에 보관되어 있다. 미터원기는 온도에 따라 변하므로 보다 더 정확한 정의가 필요했다. 1983년 국제도량형총회에서 아래와 같이 정의하였다.

> **미터는 빛이 진공에서 $\frac{1}{299,792,458}$ 초 동안 진행한 경로의 길이이다.**

• 질 량

> **백금 90 %, 이리듐 10 %의 합금으로 만든 킬로그램원기의 질량을 1 kg으로 정의한다.**

그 크기는 지름과 높이가 다 같이 39 mm의 원기둥 모양이다. 실물은 국제도량형국에 보관되어 있다. 실용적으로는 1기압, 4°C인 순수한 물 1.0×10^{-3} m^3 (1 L)의 질량을 1 kg으로 한다.

• 시 간

1967년 개최된 제13차 국제도량형총회에서 아래와 같이 시간을 정의하였다.

> **초는 세슘원자 ^{133}Cs의 바닥상태에 있는 두 초미세 구조의 에너지 준위 사이의 전이에 대응하는 복사선의 9,192,631,770주기의 지속 시간이다.**

◎ 단위의 환산

물리량은 그 수치뿐만 아니라 단위도 함께 표현되어야 한다. 물리량들의 더하기, 빼기는 단위가 같은 경우에만 이루어진다. 따라서 단위가 같지 않을 때에는 단위를 같게 환산한 후에야 계산이 가능하다. 곱하기, 나누기에서 단위들도 물리량의 수치와 똑같은 방법으로 계산한다. 이런 방법으로 한 단위계의 단위에서 다른 단위계의 단위로 쉽게 환산할 수 있다.

예제 0.1 단위의 환산

시속 60 mi을 MKS단위계의 단위로 바꾸어라. $1\text{ mi}=1.609\times10^3\text{ m}$, $1\text{ h}=3600\text{ s}$이다.

풀이 | 마일[mi]을 $1\text{ mi}=1.609\times10^3\text{m}$를 이용하여 미터[m]로 바꾸고, 시[h]를 $1\text{ h}=3600\text{ s}$를 이용하여 초[s]로 바꾼다. 곧

$$\begin{aligned}60\text{ mi/h} &= \left(60\,\frac{\cancel{\text{mi}}}{\text{h}}\right)\times\left(\frac{1.609\times10^3\text{ m}}{1\,\cancel{\text{mi}}}\right)=60\times1.609\times10^3\ \frac{\text{m}}{\text{h}}\\ &= \left(60\times1.609\times10^3\,\frac{\text{m}}{\cancel{\text{h}}}\right)\times\left(\frac{1\,\cancel{\text{h}}}{3600\text{ s}}\right)=\frac{60\times1.609\times10^3}{3600}\ \frac{\text{m}}{\text{s}}\\ &= 26.8\text{ m/s}\end{aligned}$$

이다. 따라서 $60\text{ mi/h}=27\text{ m/s}$이다.*

---

* 소단원 "0.5 측정값의 어림셈" ① 참조

0.3 차 원

물리학에서 **차원**(dimension)이라는 낱말은 특별한 뜻을 가지고 있다. 물리량의 물리적 성질을 나타낸다. 곧 물리량이 기본적 물리량인 {길이, 질량, 시간}을 어떻게 조합하면 얻어지는지를 나타내는데 차원이라는 개념을 도입한다. 기본 물리량 {길이, 질량, 시간}의 차원을 각각 {[L], [M], [T]}로 나타낸다. 차원에는 보통 꺾쇠표 괄호[ ]를 친다.

예를 들면 넓이는 (길이)×(길이)이기 때문에 넓이의 차원은 $[L]\times[L]=[L^2]$이고, 속도는 $\frac{(\text{길이})}{(\text{시간})}$이므로 그 차원은

$$\frac{[L]}{[T]}=[LT^{-1}]$$

이다.

물리량의 덧셈 및 뺄셈에서 그들의 차원이 서로 같아야만 의미가 있고, 한 등식의 양변의 차원도 서로 같아야 한다. 또한 대수식에서 물리량들의 곱셈이나 나눗셈을 할 때, 차원도 물리량들과 똑같은 방법으로 계산된다. 따라서 차원을 검토함으로서, 유도된 공식의 옳고 그름을 판단할 수 있다. 또한 기본적인 몇 개의 방정식으로부터 새로운 공식의 기본적인 함수 꼴을 추리할 수도 있다.

예제 0.2 힘의 차원

힘은 (질량)×(가속도)로 기술된다.
① 가속도의 차원을 구하고, 나아가서 힘의 차원을 구하라.
② 힘의 MKS 및 CGS단위를 각각 구하라.
③ ②의 두 단위의 환산인자를 구하라.

풀이 ① 가속도는 $\frac{(\text{속도})}{(\text{시간})}$이고, 속도는 $\frac{(\text{길이})}{(\text{시간})}$로 주어진다. 먼저, 속도의 차원은 $\frac{[\text{길이}]}{[\text{시간}]}$이므로 $\frac{[L]}{[T]}=[LT^{-1}]$이고, 가속도의 차원은 $\frac{[\text{속도}]}{[\text{시간}]}$이므로

$$\frac{[LT^{-1}]}{[T]}=[LT^{-2}]$$

이다. 나아가서 힘의 차원은 [질량]×[가속도]이므로

$$[M]\times[LT^{-2}]=[MLT^{-2}]$$

이다.

② MKS단위의 경우, 길이의 단위는 [m], 질량의 단위는 [kg], 시간은 [s]이므로 힘의 MKS단위는 $[kg\cdot m\cdot s^{-2}]$ 또는 $[kg\cdot m/s^2]$이다. 이것은 기본단위로 표현한 것인데, 이것을 특별

히 뉴턴(newton)이라 부르고 기호 [N]으로 표기한다.

한편 CGS단위의 경우, 길이, 질량, 시간의 단위가 각각 [cm], [g], [s]이므로 힘의 CGS단위는 $[\mathrm{g \cdot cm \cdot s^{-2}}]$ 또는 $[\mathrm{g \cdot cm/s^2}]$이다. 이를 특별히 다인(dyne)이라 부르고, 기호[dyn]로 표기한다.

③ 기본단위의 MKS단위와 CGS단위 사이의 환산인자는 $1\,\mathrm{m} = 100\,\mathrm{cm}$, $1\,\mathrm{kg} = 1000\,\mathrm{g}$, $1\,\mathrm{s} = 1\,\mathrm{s}$ 이므로

$$1\,\mathrm{kg \cdot m/s^2} = (1\,\mathrm{kg}) \times (1\,\mathrm{m/s^2}) = (1\,\cancel{\mathrm{kg}}) \times \left(\frac{1000\,\mathrm{g}}{1\,\cancel{\mathrm{kg}}}\right) \times \left(1\,\frac{\cancel{\mathrm{m}}}{\mathrm{s^2}}\right) \times \left(\frac{100\,\mathrm{cm}}{1\,\cancel{\mathrm{m}}}\right)$$

$$= (1000\,\mathrm{g}) \times (100\,\mathrm{cm/s^2}) = 10^5\,\mathrm{g \cdot cm/s^2}$$

이다. 따라서

$$1\,[\mathrm{N}] = 10^5\,[\mathrm{dyn}]$$

이다.

예제 0.3 등속원운동에서 가속도와 속도 및 반지름 사이의 관계

일정한 속력 v로 반지름 r의 등속원운동을 하는 입자의 가속도 a는 속도 및 반지름에 관계된다고 한다. 이 경우 속도 v 및 반지름 r의 지수를 결정하라.

풀이 | 먼저 가속도 a가 r^m과 v^n에 비례한다고 하자. 곧

$$a \propto r^m v^n \quad \text{또는} \quad a = K r^m v^n \quad (K = \text{무차원의 비례상수}) \tag{1}$$

라하고 양변의 차원을 비교하여 서로 같도록 지수 $\{m,\ n\}$를 결정한다. 각 인자의 차원은

$$[a] = [\mathrm{LT^{-2}}],\quad [v] = [\mathrm{LT^{-1}}],\quad [r] = [\mathrm{L}]$$

이고, 비례상수 K는 차원이 없으므로 $[K] = [1]$이다. 따라서 식(1)의 양변의 차원을 나타내는 차원방정식(dimensional equation)은

$$[\mathrm{LT^{-2}}] = [\mathrm{L}^m] \times [\mathrm{L}^n\ \mathrm{T}^{-n}] \quad \therefore \quad [\mathrm{LT^{-2}}] = [\mathrm{L}^{(m+n)}\ \mathrm{T}^{-n}] \tag{2}$$

이다. 이 방정식 양변의 차원이 같아야 하므로 $m + n = 1$, $n = 2$이다. 따라서 $\{m = -1,\ n = 2\}$를 얻는다. 이 결과로부터 식(1)은

$$a = K\frac{v^2}{r} \tag{3}$$

임을 알 수 있다. 실제로 뒤에서 공부하게 될 등속원운동에서 적당한 단위를 택하면 $K = 1$임을 알게 된다.

0.4 측정값의 유효숫자

물리량의 측정값이 매우 크거나 작을 때는 10의 거듭 제곱 꼴(표 0.1 참조)로 나타내면 편리할 경우가 있다. 이 표기법에서 측정값은 1과 10 사이의 수와 10의 거듭 제곱($\cdots$ $0.001=10^{-3}$, $0.01=10^{-2}$, $0.1=10^{-1}$, $1=10^{0}$, $10=10^{1}$, $100=10^{2}$, $1000=10^{3}$, $\cdots$)의 곱으로 나타낸다.

예를 들어 지구에서 태양까지 거리 약 1천5백억 미터(150,000,000,000 m)는 1.5×10^{11} m로, 바이러스의 크기 약 0.000000001 m는 1×10^{-9} m로 표기한다. 이와 같은 표기법을 과학적 표기법(scientific notation)이라 한다.

과학적 표기법으로 나타낸 측정값을 더하기, 빼기할 때에는 이제까지 사용하던 십진법으로 나타내어 계산하든지, 10의 거듭 제곱수가 같게 표기하여 계산한다.

예제 0.4 과학적 표기법

아래 수식을 과학적 표기법으로 표기하여 계산하라.

① 12×60 ② $\dfrac{3000}{0.0015}$ ③ $120+0.8$

풀이 |
① $12\times60=(1.2\times10^{1})\times(6.0\times10^{1})=(1.2\times6.0)\times10^{1+1}=7.2\times10^{2}=720$

② $\dfrac{3000}{0.0015}=\dfrac{3.0\times10^{3}}{1.5\times10^{-3}}=\dfrac{3.0}{1.5}\times10^{3-(-3)}=2.0\times10^{6}=2000000$

③ $120+0.8=(1.2\times10^{2})+(0.008\times10^{2})=(1.2+0.008)\times10^{2}=1.208\times10^{2}=120.8$

◎ 유효숫자

물리량의 수치는 측정의 결과들이므로 약간의 실험적 불확실성을 내포하고 있다. 예를 들어, 어떤 책상의 길이 L을 눈금이 cm인 자로 재면 0.5 cm까지 정확히 잴 수 있을 것이고, 눈금이 mm인 자로 재면 0.5 mm까지 잴 수 있다. 만일 측정값이 250 cm 라면 참값 L은

$$249.5\ \text{cm} \le L < 250.5\ \text{cm}$$

의 범위 내에 있을 것이다. 곧 0.5 cm까지 정확히 읽을 수 있음을 뜻한다. 그러나 만일 측정값이 250.0 cm라면 같은 방법으로 0.05 cm까지 정확히 읽을 수 있음을 나타낸다. 따라서 측정값을 250 cm 보다 250.0 cm라 했을 때 더 정밀하다.

측정값이 250.0 cm일 때 끝자리는 어느 정도 불확실성을 지니고 있으나 처음 3자리는 확실

한 숫자들이다. 이 측정값의 4자리들은 믿을 수 있고, 따라서 물리적 의미를 갖고 있다고 볼 수 있다. 이들 믿을 수 있는 숫자들을 측정값의 유효숫자(significant figure)라 한다.

예를 들어 측정값 0.00103은 3개의 유효숫자{1, 0, 3}를 가지고 있다. 이들 숫자 앞의 0은 유효숫자가 아니고 소수점의 위치만을 나타낼 뿐이다. 이를 과학적 표기로 나타내면 1.03×10^{-3}이다. 과학적 표기에서 10의 거듭 제곱 앞의 숫자는 유효숫자를 나타낸다. 만일 바이러스의 크기를 0.00000000100 m라면 유효숫자 수는 3자리이며 1.00×10^{-9} m로 표기된다.

0.5 측정값의 어림셈

측정값의 대수적 계산에서 정밀도를 아무리 높여도 거기에 관여하는 다른 측정값의 정밀도가 낮으면 계산 결과값의 정밀도도 그다지 높아지지 않는다. 따라서 필요 없이 수치를 나열하는 것은 아무 의미가 없다. 특히 측정값의 대수적 계산을 계산기로 하는 경우 이런 점을 유의하여, 유효숫자의 개념을 적용하는 것이 편리하다.

측정값의 계산 결과에서 유효숫자를 택하는 일반적인 규칙은 아래와 같다.

(가) 더하기, 빼기 : 계산 결과 유효숫자의 소수점 아래 자릿수는 소수점 아래 자릿수가 최소인 것과 같게 한다.

(나) 곱하기, 나누기 : 계산 결과 유효숫자의 자릿수는 유효숫자의 자릿수가 최소인 것과 같게 한다.

예제 0.5 측정값의 더하기, 곱하기

두 측정값의 ① 더하기 $S=12.52+3.3$ 및 ② 곱셈 $P=123\times3.4$를 어림셈하라.

풀이 | 어림셈의 연산 방법은 아래 표와 같다. 숫자 위에 점은 불확실성이 내포된 숫자를 표시한다.

①

$$\begin{array}{r} 12.5\dot{2} \\ +)\ \ 3.\dot{3} \\ \hline 15.\dot{8}\dot{2} \end{array}$$

$\therefore\ S=15.\dot{8}$

②

$$\begin{array}{r} 12\dot{3} \\ \times)\ 3.\dot{4} \\ \hline \dot{4}9\dot{2} \\ 36\dot{9}\ \ \\ \hline 4\dot{1}\dot{8}.\dot{2} \end{array}$$

$= 4.\dot{1}\dot{8}\dot{2}\times10^2 = 4.\dot{2}\times10^2 \quad \therefore\ P=42\dot{0}$

①의 경우, 계산 결과 값은 $S=15.\dot{8}\dot{2}$인데, 처음 두 자리는 확실하나 그 다음 두 자리는 불확실하다. 그 중에서 끝자릿수는 끝에서 두 번째 자릿수보다도 훨씬 정확하지 않다. 그래서 끝자릿수를 버리고, 어림셈 결과는 $S=15.\dot{8}$로 하는 것이 타당하다. 곧 소수점 아래 자릿수는 자릿수가 더 작은 3.3과 같다.

②의 경우, $12\dot{3}$의 유효숫자는 3자리, $3.\dot{4}$의 유효숫자는 2자리이다. 계산 결과는 $P=4\dot{1}8.\dot{2}=4.\dot{1}8\dot{2}\times10^2$인데, 첫째 자릿수는 확실하나 둘째 자리 이하 숫자에는 불확실성이 내포되어 있

다. 그래서 $P=4.\dot{2}\times10^2=4\dot{2}0$로 어림하는 것이 타당할 것이다. 곧 유효숫자 자릿수는 더 작은 유효숫자 자릿수의 3.4와 같이 된다.

측정값의 계산 결과 최종 어림셈의 결과를 얻을 때 아래 사항을 유념하는 것이 유익하다.

① 유효숫자의 자릿수가 표시되어 있는 경우, 계산 도중의 계산 값은 유효숫자 자릿수 보다 하나 또는 둘 더 많이 택하여 대입하여 계산한 뒤, 최종 계산 결과에서 반올림하여 자릿수를 같게 한다.

② 유효숫자의 자릿수가 표시되어 있지 않으나 문제에서 수치들이 유효숫자를 알아 볼 수 있는 형태로 주어져 있으면,

더하기, 빼기에서는 소수점 아래 자릿수가 최소인 것,
곱하기, 나누기에서는 유효숫자의 자릿수가 최소인 것

과 같은 자릿수의 해답을 구한다고 생각하면 된다.

③ 유효숫자를 의식하고 있지 않은 문제(예를 들면 자릿수 1인 수치들이 주어진 경우)에서 유효숫자를 알아 볼 수 없는 경우에는 유효숫자를 두 자리나 세 자리로 보고 구하는 것이 무난하다.

예제 0.6 키 재기

키를 재니 $H=159\ \text{cm}$였다. $1\ \text{ft}=12.0\ \text{in}$, $1\ \text{in}=2.54\ \text{cm}$이다. 이 사람의 키는 몇 ft인가? 이 물음의 답을 아래 ① 및 ②의 방법으로 각각 구하고, 그 결과를 서로 비교하여 보라.
① 위의 환산공식을 차례로 사용하여 구하라. 곧 먼저 in로 구하고, 다음에 ft로 나타내어라.
② 먼저 1 ft는 몇 cm인가? 이결과를 사용하여 키를 ft로 나타내어라.

풀이 | ① 환산공식 $1\ \text{in} = 2.54\ \text{cm}$를 이용하면

$$H=159\ \text{cm}=(159\ \cancel{\text{cm}})\times\left(\frac{1\ \text{in}}{2.54\ \cancel{\text{cm}}}\right)=62.60\ \text{in} \tag{1}$$

이다. 여기서 환산공식 $1\text{ft} = 12.0\ \text{in}$을 이용하면 키는

$$H=(62.60\ \cancel{\text{in}})\times\left(\frac{1\ \text{ft}}{12\ \cancel{\text{in}}}\right)=5.217\ \text{ft} \tag{2}$$

이다. 따라서 키는

$$H=5.22\ \text{ft} \tag{3}$$

라고 하는 것이 타당하다.

② 환산공식 $1\ \text{ft} = 12.0\ \text{in}$, $1\ \text{in} = 2.54\ \text{cm}$로부터

$$1\,\text{ft} = (12.0\,\text{in}) \times \left(\frac{2.54\,\text{cm}}{1\,\text{in}}\right) = 30.48\ \text{cm} \tag{4}$$

를 얻는다. 이를 사용하면

$$H = 159\ \text{cm} = (159\ \text{cm}) \times \left(\frac{1\,\text{ft}}{30.48\ \text{cm}}\right) = 5.217\ \text{ft}$$

이다. 따라서 결과는 ①의 결과 식(2)와 일치한다.
그러나 만일 유효숫자 수가 3개임을 고려하여, 식(4)에서

$$1\,\text{ft} = 30.5\ \text{cm} \tag{5}$$

라 하면

$$H = 159\ \text{cm} = (159\ \text{cm}) \times \left(\frac{1\,\text{ft}}{30.5\ \text{cm}}\right) = 5.213\ \text{ft} \tag{6}$$

이다. 곧 키는 5.21 ft이다. 이 결과는 ①의 결과 식(3)과 일치하지 않는다.
따라서 식(4)에서와 같이 중간 단계 계산에서 유효숫자 자릿수보다 한 자릿수 또는 두 자릿수 더 많이 택하여 그 다음 계산에 임하는 것이 보다 더 정확한 어림셈을 하는데 도움이 된다.

연습문제

0.1 물리학의 특성

0-1 아래 물리량을 SI단위계에서 기본량 및 유도량으로 분류하라.
물리량{온도, 전류, 길이, 질량, 시간, 속도, 힘, 가속도, 일, 일률, 에너지}

답| 기본량{길이, 질량, 시간, 온도, 전류}, 유도량{속도, 가속도, 힘, 일, 일률, 에너지}

0.2 단위계

0-2 단 위

MKS단위를 사용하여 표현되는 아래와 같은 물리량의 단위를 구하라. 단, x는 거리, t는 시간, v는 속도, a는 가속도를 나타낸다.

(가) $\dfrac{v}{at}$ (나) $\sqrt{\dfrac{x}{a}}$ (다) $\dfrac{1}{2}at^2$

답| (가) 단위 없음 (나) [s] (다) [m]

0-3 단위환산

아래는 물리량의 단위를 환산하는 문제이다. 괄호 안에 적당한 숫자를 써넣어라. 1 mi=1.609 km, 1 in = 2.54 cm, 1자 = 30.30 cm

(가) 100 km/h =( ) mi/h (나) 60 cm = ( ) in (다) 30 m = ( )자

답| (가) 62.2 (나) 24 (다) 99

0.3 차 원

0-4 차원과 단위

거리 x, 질량 m, 시간 t에 대하여 물리량 F, b가 아래 식으로 주어질 때 F, b의 (가) 차원 및 (나) MKS단위를 구하라.

$$F = m\frac{d^2x}{dt^2} + b\frac{dx}{dt}$$

답| (가) $[F] = [\mathrm{MLT}^{-2}]$, $[b] = [\mathrm{MT}^{-1}]$ (나) $\mathrm{kg \cdot m/s^2}$, $\mathrm{kg/s}$

0-5 비례상수의 단위

다음 방정식에서 x, t, v는 각각 거리, 시간, 속도를 나타낸다. 상수 C_1 및 C_2의 차원 및 SI 단위를 구하라.

(가) $x = C_1 + C_2 t$ (나) $x = C_1 t^2$ (다) $v^2 = 2C_1(x - C_2)$ (라) $x = C_1 \cos C_2 t$

(마) $v = C_1 e^{-C_2 t}$

답 | (가) $[C_1] = [\mathrm{L}]$, m ; $[C_2] = [\mathrm{LT^{-1}}]$, m/s (나) $[C_1] = [\mathrm{LT^{-2}}]$, m/s^2

(다) $[C_1] = [\mathrm{LT^{-2}}]$, m/s^2 ; $[C_2] = [\mathrm{L}]$, m (라) $[C_1] = [\mathrm{L}]$, m ; $[C_2] = [\mathrm{T^{-1}}]$, s^{-1}

(마) $[C_1] = [\mathrm{LT^{-1}}]$, m/s ; $[C_2] = [\mathrm{T^{-1}}]$, s^{-1}

0.4 측정값의 유효숫자

0-6 과학적 표기법

아래 수치에서 십진법으로 표기된 것은 과학적 표기로, 과학적 표기법으로 된 것은 십진법으로 표기하라.

(가) 100,000 (나) 0.0000303 (다) 3.2×10^{-3} (라) 3×10^3

답 | (가) 1.0×10^5 (나) 3.03×10^{-5} (다) 0.0032 (라) 3000

0.5 측정값의 어림셈

0-7 연산의 결과

다음 연산을 계산한 결과를 과학적 표기법으로 나타내어라.

(가) $(1.14) \times (9.99 \times 10^4)$ (나) $(2.78 \times 10^{-8}\,\mathrm{m}) - (5.31 \times 10^{-9}\,\mathrm{m})$ (다) $\dfrac{12\pi}{4.56 \times 10^{-3}}$

$(\pi = 3.14)$

답 | (가) 1.14×10^5 (나) 2.25×10^{-8} (다) 8.26×10^3

0-8 중간단계 계산의 어림셈

어느 비오는 날 번개가 치는 동안 총 강우량은 1.4 in나 되었다고 한다. 1 mi = 1760 yd, 1 yd = 3 ft, 1 ft = 12.0 in, 1 in = 2.54 cm, 물의 밀도 $\rho = 1.00\,\mathrm{g/cm^3}$, $1\,\mathrm{mi^2} = 640$ acre, 1 kgf = 2.2046 lb임을 이용하여 아래 물음에 답하라.

(가) 1 acre의 땅에 내린 물의 양은 몇 ft^{3}인가?

(나) 물의 밀도는 몇 kg/ft^{3}인가?

(다) 1 acre의 땅에 내린 빗물은 몇 lb 인가?

답 | (가) $V = 5.08 \times 10^3\,\mathrm{ft^3}$ (나) $\rho = 28.3\,\mathrm{kg/ft^3}$ (다) $w = 3.17 \times 10^5$ lb

1장 운동의 기술

1.1 일차원운동

1.2 이차원 및 삼차원 공간운동과 벡터

1.3 상대운동

우리 주위에서 끊임없이 다양하게 일어나는 운동은 얼핏 보기에 복잡하게 보이지만, 그 안에는 질서 정연한 규칙이 있음을 알 수 있다. 이 규칙을 찾아내기 위해서는 운동을 정확하게 관찰하여 올바르게 기술할 수 있어야 한다. 운동의 원인에 대해서는 고려하지 않고, 운동의 기술만을 다루는 물리학 분야를 운동학이라 한다. 먼저 간단한 직선운동의 기술을 살펴본 뒤, 평면에서 운동, 나아가서 일반적인 공간운동을 기술하는 방법을 알아본다.

1.1 일차원운동

운동하는 물체의 위치는 시간에 따라 변한다. 따라서 물체의 운동을 기술하는 가장 간단한 방법은 시간에 따라 물체의 **위치**(position)가 어떻게 변하는 지를 간명하게 나타내는 것이다. 일차원운동, 곧 직선상에서 운동하는 물체의 위치는 그 직선상의 기준점으로부터의 직선 거리와 방향으로 나타내야 한다. 직선운동에서 방향은 두 가지 뿐이므로 양(+), 음(−)으로 나타낼 수 있다. 따라서 직선운동에서 물체의 위치는 기준점을 원점으로하는 직선상의 **좌표**(또는 자리표 coordinate)로 나타내는 것이 편리하다. 이 직선을 **좌표축**(coordinate axis)이라 한다. 곧 위치를 나타내려면 먼저 좌표의 원점, 좌표축 및 좌표가 결정되어야 한다. 이들을 통틀어서 **좌표계**(coordiante system)라 한다.

1.1.1 평균속력과 순간속력

운동하는 물체의 위치 변화는 물체의 빠르기, 곧 단위시간에 이동한 거리로 나타내는 것이 편리하다. 이를 **속력**(speed)이라 한다. 보통 이동한 거리를 이동하는 데 걸린 시간으로 나눈 것을 그 시간 동안의 **평균속력**(average speed)이라 한다.

$$(\text{평균속력}) = \frac{(\text{이동한 거리})}{(\text{이동에 걸린 시간})}$$

이것은 물체의 빠르기가 고르지 않은 경우에는 물체가 단위시간에 평균적으로 이동한 거리를 나타낸다. 이에 대해서 어느 한 순간 또는 어느 한 지점을 지나는 순간의 빠르기를 **순간속력**(instantaneous speed)이라 한다. 자동차의 속도계는 자동차의 순간속력을 나타낸다.

시간 Δt[s] 동안에 이동거리가 Δs[m]이면 평균속력$\langle \mathbb{V} \rangle$ 및 순간속력 $\mathbb{V}$는 각각

$$\langle \mathbb{V} \rangle = \frac{\Delta s}{\Delta t} \quad ; \quad \mathbb{V} = \lim_{\Delta t \to 0} \frac{\Delta s}{\Delta t} \, {}^{*}$$

로 쓸 수 있다.

순간속력은 어느 한 순간의 빠르기를 나타낼 뿐이고, 순간속력이 일정하게 유지되지 않는다면 일정한 거리를 움직이는 데 걸리는 시간을 알려 주지는 못한다. 이에 대해서 평균속력은 일정한 거리를 이동하는 데 걸리는 시간을 계산하는 데 쓰일 수 있으나, 이동하는 동안 빠르기

---

* 기호 Δ는 "델타"라고 읽는다. 짧은 시간, 짧은 거리 등의 미소한 변화나 변화량을 나타낼 때 사용된다. $\lim_{\Delta t \to 0} \frac{\Delta s}{\Delta t}$는 시간 간격 Δt가 무한히 0에 가까워질 때($\Delta t \to 0$) $\frac{\Delta s}{\Delta t}$의 극한값을 나타내고, "델타 t가 무한히 0에 가까워질 때 델타 t분의 델타 x의 극한값"이라 읽는다.

의 변화에 대해서는 아무 것도 알려주지 못한다.

속력은 이동거리를 미터[m], 시간을 초[s]로 나타내면 속력의 단위는 **미터 매 초**[m/s]*이다. 만일 이동거리를 센티미터[cm], 시간을 초[s]로 나타내면 **센티미터 매 초**[cm/s]이다. 전자 및 후자의 단위를 각각 **MKS단위계**(MKS system of unit 또는 SI단위계 SI system of unit), **CGS단위계**(CGS system of unit)에서 속력의 단위라 한다.

예제 1.1 평균속력

자동차가 직선 고속도로를 처음 2시간에 184 km를 달렸다가 그 다음 1시간 동안에는 95 km를 달렸다. 처음 2시간 동안의 평균속력, 나중 1시간 동안의 평균속력 및 총 3시간 동안의 평균속력은 각각 얼마인가?

풀이 | 처음 2시간 동안의 이동거리는 184 km이므로 평균속력은

$$\langle \mathbb{V} \rangle = \frac{184\,\text{km}}{2\,\text{h}} = 92\,\text{km/h}$$

이고, 나중 1시간 동안의 평균속력은

$$\langle \mathbb{V} \rangle = \frac{95\,\text{km}}{1\,\text{h}} = 95\,\text{km/h}$$

이다. 총 3시간 동안의 이동거리는 (184 km) + (95 km) = 279 km이므로 평균속력은

$$\langle \mathbb{V} \rangle = \frac{279\,\text{km}}{3\,\text{h}} = 93\ \text{km/h}$$

이다. 이것은 두 평균속력 92 km/h, 95 km/h의 평균과 같지 않음을 유의하여야 한다.

1.1.2 변위와 속도

자동차의 운동을 빠르기, 곧 속력만으로는 정확하게 기술하기 어렵다. 만일 두 친구가 "대전에서 90 km/h로 1시간 달린 고속도로 상에서 만나자"고 전화로 약속하였다면 어떻게 될까? 이 두 사람은 만나지 못할 위험이 있다. 이동한 거리는 (속력)×(시간)으로 주어진다. 따라서 1시간 달린 후 기다리게 되는 지점은 한 사람은 대전으로부터 서울 방향으로 90 km 지점에서 기다리는데, 다른 친구는 부산 방향으로 90 km 떨어진 고속도로 갓길에서 기다릴 수 있기 때문이다. 곧 같은 빠르기로 달리는 자동차라도 운동 방향이 다르면 같은 운동이라고 볼 수 없다. 이동거리도 방향까지 고려하여야 한다.

* 1. 시간의 단위인 초, 분, 시는 각각 기호 [s], [min], [h]로 나타낸다.
2. 단위의 기호 [m/s]의 빗금(/)은 나누기를 뜻하며 "매"라고 읽는다.

○ 변 위

그림 1.1과 같이, 직선운동을 하는 자동차가 시각 t_0 [s]에서 점 A(위치 x_0 [m])를 지나 시각 t [s]($t > t_0$)에서 점 B(위치 x [m])에 도착하였다면, 시간 $t - t_0 = \Delta t$ [s]동안에 자동차의 위치의 변화는 $x - x_0 = \Delta x$ [m]이다. Δx [m]를 Δt [s] 동안의 자동차의 **변위**(displacement)라 한다. 변위 Δx는 처음 위치 x_0 [m]와 나중 위치 x [m]의 크기에 의하여 양(+) 또는 음(−)의 값을 가지게 되고, 그 크기는 $|x - x_0|$ 또는 두 점 A, B 사이의 거리이다. 따라서 변위는 크기뿐만 아니라 방향을 가진다. 곧

> **변위는 이동한 직선거리와 그 이동 방향으로 나타낸다.**

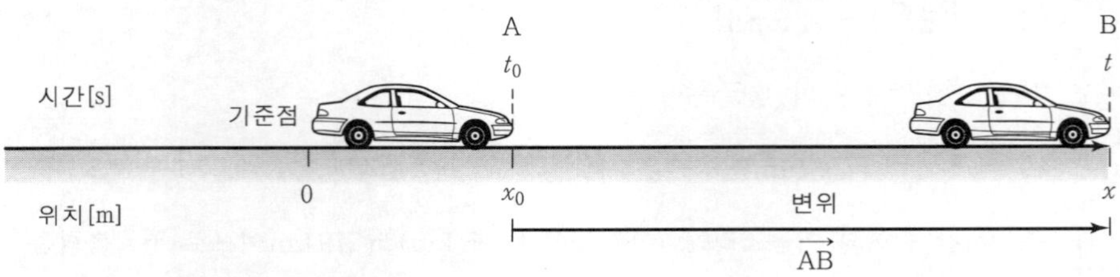

그림 1.1 직선운동을 하는 자동차의 변위

따라서 "원점(또는 기준점)으로부터 변위는 바로 위치와 같다." 이 변위를 보통 그림으로는 **화살표**로 나타내고, 화살표의 길이는 변위의 크기에 비례하고, 화살표가 향하는 쪽 또는 화살촉은 변위의 방향을 나타낸다. 문자로는 점 A에서 점 B로 이동했으므로 $\overrightarrow{AB}$로* 나타내기도 한다.

○ 속 도

변위가 방향을 고려한 이동거리를 나타내므로 시간에 따른 변위의 변화율 또는 단위시간의 변위로 자동차의 운동을 기술하는 것이 좋다. 이를 자동차의 **속도**(velocity)라 한다. 변위가 일어나는 데 걸린 시간으로 변위를 나눈 것을 그 시간동안의 **평균속도**(average velocity)라 한다. 곧

$$(\text{평균속도}) = \frac{(\text{변위})}{(\text{변위에 걸린 시간})}$$

* "벡터 AB"라 읽는다.

그림 1.1과 같이 운동하는 자동차의 평균속도 $\langle v \rangle$는

$$\langle v \rangle = \frac{x - x_0}{t - t_0} = \frac{\Delta x}{\Delta t}$$

로 주어진다. 단위는 속력의 단위와 같다. 따라서 변위는

$$\Delta x = \langle v \rangle \, \Delta t$$

로 주어진다.

예제 1.2 변위와 속도

산불을 감시하는 소방 헬리콥터가 산꼭대기에 있는 헬기장에서 출발하여 10분 후에 동쪽 20 km 지점 A를 살펴본 뒤 20분 후에는 동쪽 70 km 지점 B까지 감시하였다. 여기서 되돌아서 출발점에서 서쪽 20 km 지점 C에 도달하였다. 이때가 출발한 지 1시간 후였다(**그림 1.2** 참조).

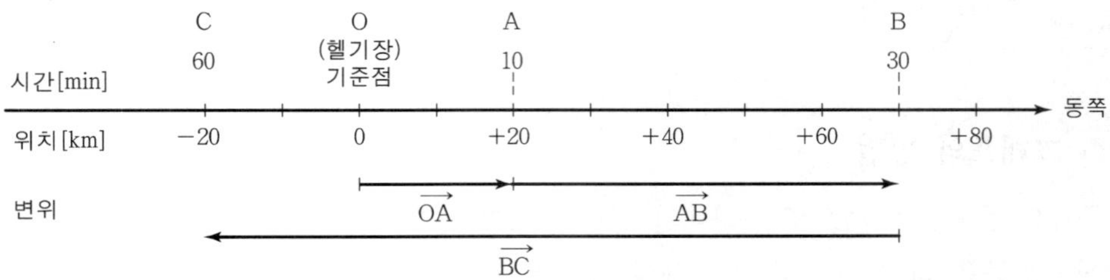

그림 1.2 헬리콥터의 직선운동

① 처음 10분 및 그 다음 20분 동안 헬리콥터의 평균속도는 각각 몇 km/h인가?
② 출발한 지 30분 및 1시간 동안의 평균속도를 각각 몇 km/h인가?
③ 지점 B에서 지점 C까지 비행한 평균속도는 얼마인가?

풀이 | ① 동쪽을 양(+)의 방향이라 하면, 처음 10분 동안의 변위는 $\overrightarrow{OA} = +20\text{ km}$이므로 평균속도는

$$\langle v \rangle_{OA} = \left(\frac{+20\text{ km}}{10\text{ min}}\right) \times \left(\frac{60\text{ min}}{1\text{ h}}\right) = +120\text{ km/h}$$

이고, 그 다음 20분 동안의 변위는

$$\overrightarrow{AB} = (+70\text{ km}) - (+20\text{ km}) = +50\text{ km}$$

이므로 평균속도는

$$\langle v \rangle_{AB} = \left(\frac{+50\text{ km}}{20\text{ min}}\right) \times \left(\frac{60\text{ min}}{1\text{ h}}\right) = +150\text{ km/h}$$

이다.

② 출발한 지 30분 동안의 변위는 $\overrightarrow{OB} = +70\text{ km}$이므로 평균속도는

$$\langle v \rangle_{OB} = \left(\frac{+70\ \text{km}}{30\ \text{min}}\right)\times\left(\frac{60\ \text{min}}{1\ \text{h}}\right) = +140\ \text{km/h}$$

이다. 이것은 두 평균속도 $\langle v \rangle_{OA} = +120$ km/h, $\langle v \rangle_{AB} = +150$ km/h의 평균과 일치하지 않음을 유의해야 한다.

출발한 지 1시간 동안의 변위는 $\overrightarrow{OC} = (-20\ \text{km}) - 0 = -20$ km이므로 평균속도는

$$\langle v \rangle_{OC} = \frac{-20\ \text{km}}{1\ \text{h}} = -20\ \text{km/h}$$

이다.

③ 지점 B에서 지점 C까지의 변위는

$$\overrightarrow{BC} = (-20\ \text{km}) - (+70\ \text{km}) = -90\ \text{km}$$

인데, 이 변위가 일어나는 데 $\Delta t = (60\ \text{min}) - (30\ \text{min}) = 30\ \text{min}$이 걸렸으므로 평균속도는

$$\langle v \rangle_{BC} = \left(\frac{-90\ \text{km}}{30\ \text{min}}\right)\times\left(\frac{60\ \text{min}}{1\ \text{h}}\right) = -180\ \text{km/h}$$

이다.

○ 그래프의 방법

물체의 운동을 그래프로 나타내면 편리할 때가 많다.

직선운동을 하는 장난감 자동차의 위치를 5초 간격으로 측정한 결과가 아래 **표 1.1**과 같다.

표 1.1 직선운동을 하는 장난감 자동차의 위치

시각(t[s])	0	5	10	15	20	25	30	35	40
위치(x[cm])	0	4.1	8.0	12.1	16.0	20.1	23.9	28.1	32

처음 출발점을 원점으로 하여 위치(x)를 세로축으로, 시간(t)은 가로축으로 하여 이 결과를 그래프로 그리면 **그림 1.3(a)**와 같다. 이를 **위치-시간 그래프**(x-t 그래프)라 한다. **그림 1.3(a)**에서 보는 바와 같이 위치-시간 그래프에서 기울기는 $\frac{\Delta x}{\Delta t}$ 이므로 평균속도와 같다. 그래프가 직선이므로 그 기울기는 어느 구간에서나 모두 같다. 따라서 평균속도는 일정하며

$$\langle v \rangle = \frac{\Delta x}{\Delta t} = \frac{(20.1\ \text{cm}) - (12.1\ \text{cm})}{(25\ \text{s} - 15\ \text{s})} = 0.80\ \text{cm/s}$$

이다.

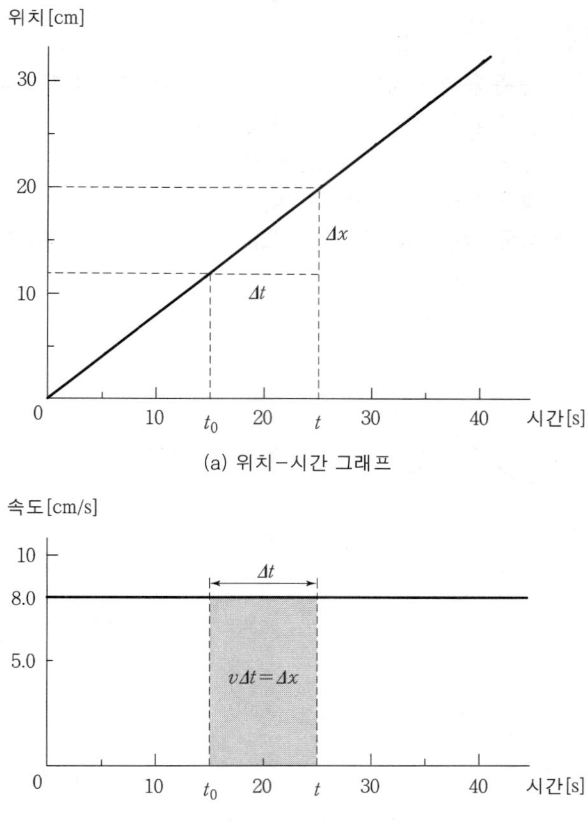

(a) 위치-시간 그래프

(b) 속도-시간 그래프

그림 1.3 등속직선운동의 그래프

○ 등속직선운동

그림 1.3(a)는 직선이므로 평균속도는 어느 두 시각 사이에서나 같다. 곧 장난감 자동차는 일정한 평균속도로 운동한다. 이런 운동을 **등속도운동** 또는 **등속직선운동**(rectilinear motion with constant velocity)이라 한다. 등속도운동에서는 평균속도의 "평균"이라는 말이 아무 의미가 없다. 그래서 보통 속도라고도 한다.

이 등속직선운동을 하는 자동차의 시간에 따른 속도의 변화를 나타내는 그래프(**속도-시간 그래프 ; v-t 그래프**라 한다)를 그리면 **그림 1.3(b)**와 같이 시간축에 나란한 직선이 된다. **그림 1.3(b)**에서 보는 바와 같이 Δt 사이의 그래프 아래 넓이는 $\langle v \rangle \Delta t$이므로 변위와 같다. 곧

> **위치-시간 그래프의 기울기는 속도를,**
> **속도-시간 그래프의 아래 두 시각 사이의 넓이는 그 시간 동안의 변위를**

각각 나타낸다. 이것은 등속직선운동뿐만 아니라 어떤 운동에 대해서도 성립한다.

예제 1.3 장난감 자동차의 운동

장난감 자동차의 직선운동을 기술하는 위치-시간 그래프가 **그림 1.4(a)**와 같다.

① 이 그래프로부터 장난감 자동차의 운동을 서술하라.

② 처음 20초간의 평균속도, 맨 나중 10초간의 평균속도를 각각 구하라.

③ 장난감 자동차의 속도-시간 그래프를 그려라.

④ 장난감 자동차의 속도-시간 그래프가 주어졌을 때 위치-시간 그래프를 그려 보라.

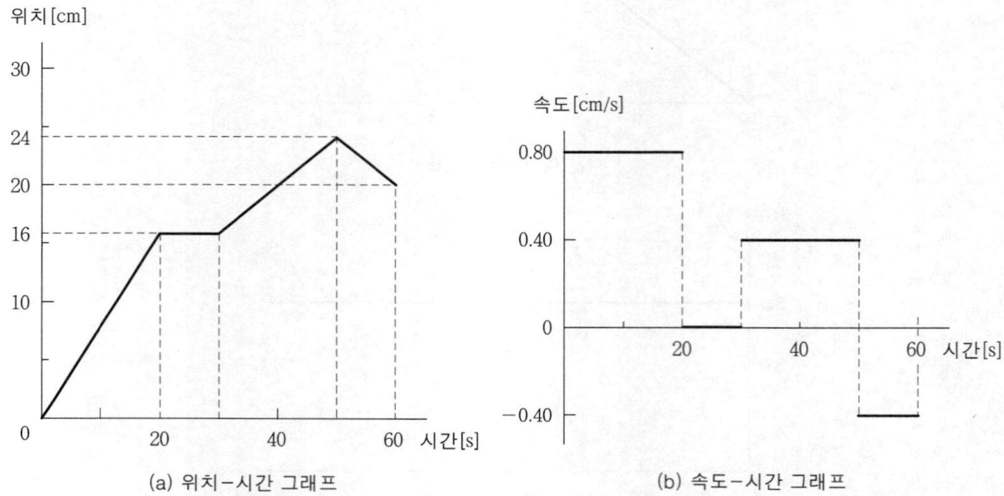

그림 1.4 장난감 자동차의 운동

풀이 ① 이 자동차는 시간이 20초가 될 때까지 계속 기준점($x=0$)으로부터 멀어지다가, 20초인 순간에 기준점으로부터 16 cm인 지점에 도달하여 30초 될 때까지 그 자리에 정지해 있다. 자동차는 다시 움직이기 시작하여 50초 되는 순간에는 24 cm 지점에 도달했다가 되돌아서 기준점으로 향한다. 60초 되는 순간에는 기준점으로부터 20 cm 지점에 도달한다.

② 처음 20초 사이의 그래프는 직선인데, 그 기울기는

$$\frac{16.0\,\text{cm}}{20\,\text{s}}=0.80\,\text{cm/s}$$

이므로 평균속도가 0.80 cm/s이다.

50초와 60초 사이의 평균속도는 같은 방법으로

$$\langle v\,(50\,\text{s}\sim 60\,\text{s})\rangle=\frac{(20.0\,\text{cm})-(24.0\,\text{cm})}{(60\,\text{s})-(50\,\text{s})}=\frac{-4.0\,\text{cm}}{10\,\text{s}}=-0.40\,\text{cm/s}$$

이다.

③ 속도의 시간에 따른 변화를 그래프로 그리면 **그림 1.4(b)**와 같다.

④ 이 속도-시간 그래프에서 처음 20초 사이의 그래프 아래 넓이는

$$(0.80\,\text{cm/s})\times(20\,\text{s})=16\,\text{cm}$$

이므로 처음 20초 동안의 변위는

$$\Delta x(0 \sim 20\,\text{s}) = 16\,\text{cm}$$

이다. 따라서

$t = 20$ s일 때의 위치는 $x(t = 20\,\text{s}) = x(0) + \Delta x(0 \sim 20\,\text{s}) = 0 + (16\ \text{cm}) = 16\,\text{cm}$

같은 방법으로

$t = 30$ s일 때의 위치는 $x(t = 30\,\text{s}) = 16\,\text{cm}$

이다.

30초와 50초 사이의 변위는

$$\Delta x(30\,\text{s} \sim 50\,\text{s}) = (0.40\ \text{cm/s}) \times (20\ \text{s}) = 8.0\,\text{cm}$$

이므로 50초에서 위치는

$$x(t = 50\ \text{s}) = x(30\text{s}) + \Delta x(30\,\text{s} \sim 50\text{s}) = (16\ \text{cm}) + (8.0\ \text{cm}) = 24\ \text{cm}$$

이다. 또, 50초와 60초 사이에는 그래프 아래 넓이가

$$(-0.40\ \text{cm/s}) \times (10\ \text{s}) = -4.0\ \text{cm}$$

이다. 음(-)의 부호는 가로축의 아래에 있음을 뜻한다. 따라서 변위는

$$\Delta x(50\,\text{s} \sim 60\text{s}) = -4.0\ \text{cm}$$

이다. 기준점 가까이 변위됨을 뜻한다. 따라서 위치는

$$x(t = 60\ \text{s}) = x(50\ \text{s}) + \Delta x(50\,\text{s} \sim 60\text{s}) = (24\ \text{cm}) - (4.0\ \text{cm}) = 20\ \text{cm}$$

이다. 이들을 모아서 그래프를 그리면 **그림 1.4(a)**와 같아진다.

○ 순간속도

위치-시간 그래프는 평균속도가 일정한 경우 직선이 되나, 그렇지 않은 경우에는 일반적으로 곡선이 될 것이다.

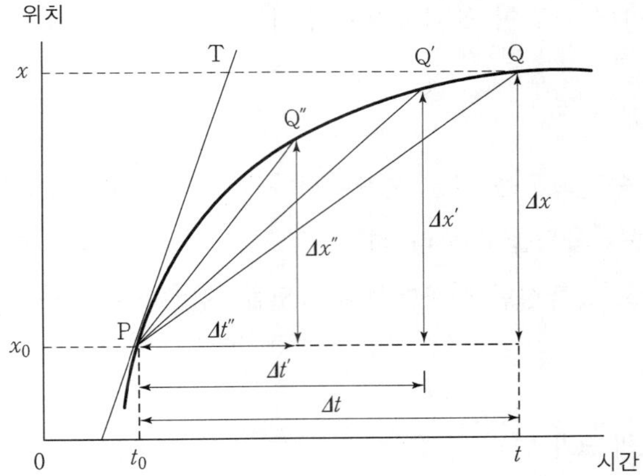

그림 1.5 위치-시간 그래프에서 평균속도와 순간속도

위치-시간 그래프가 **그림 1.5**와 같이 표현되는 직선운동을 하는 물체가 점 P에서 Δt[s] 후에 점 Q에 도달하였다면 변위는 $\Delta x = x - x_0$이고, 이때 걸린 시간이 $\Delta t = t - t_0$이므로 평균속도는

$$\langle v \rangle = \frac{\Delta x}{\Delta t} = \frac{x - x_0}{t - t_0}$$

이다. 이것은 점 P와 점 Q를 잇는 직선 $\overline{PQ}$의 기울기를 나타낸다. 곧

두 점 사이의 평균속도는 위치-시간 그래프에서 그 두 점을 잇는 직선의 기울기와 같다.

위치-시간 그래프가 곡선이므로 물체의 평균속도는 같은 시간 간격이더라도 시간의 구간에 따라 다르고, 같은 위치에서라도 시간 간격이 다르면 다르다는 것을 알 수 있다.

지금 점 P와 점 Q 사이의 시간 간격을 점점 작게 하면($\Delta t \to \Delta t' \to \Delta t''$)하면 직선 $\overline{PQ}$의 기울기도 점점 변하여 시간 간격 Δt가 무한히 작아지는 극한에서($\Delta t \to 0$), 점 P에서의 접선 $\overline{PT}$의 기울기에 무한히 가까워진다. 곧 평균속도가 접선의 기울기와 같은 극한값에 도달한다. 이 값을 점 P를 지나는 순간(또는 시각 t_P)에서의 **순간속도**(instantaneous velocity)라 한다. 이것은 점 P를 지나는 순간의 속도를 나타내는 데, 그 크기는 순간속력과 같고 방향은 운동 방향과 같다. 곧

한 점을 지나는 순간의 순간속도는 위치-시간 그래프의 그 점에서의 접선의 기울기와 같고, 시간 간격 Δt가 무한히 작아질 때 평균속도 $\frac{\Delta x}{\Delta t}$의 극한값이다.

이를 수학기호로 아래와 같이 표현하기도 한다.

$$v = \lim_{\Delta t \to 0} \frac{\Delta x}{\Delta t}$$

등속직선운동에서 순간속도는 어느 순간에서나 같으므로 순간속도와 평균속도는 구별되지 않는다. 일반적으로 순간속도를 속도라 하고, 앞으로 "순간", "평균"이라는 말을 형용사로 쓰기로 한다. 곧 순간속도는 특정한 시각에서의 속도를, 평균속도는 두 시각사이의 '평균적인' 속도를 각각 뜻한다.

참고 | 속력과 속도의 크기

(순간속력)=(순간속도의 크기), (평균속력)≠(평균속도의 크기)

등속직선운동에서 $\langle v \rangle \equiv v$이므로 변위는

$$\Delta x = v\,\Delta t \ (v : \text{일정})$$

로 주어진다.

접선 그리는 방법

① 사각형 거울을 곡선상의 한 점에 가로질러 지면에 수직으로 세운다.
② 거울 속을 들여다보고 거울 속에 있는 곡선의 상과 그래프의 곡선이 꺾여 보이지 않고 연속이 되도록 거울의 방향을 조정한다.
③ 조정된 거울 면이 그리는 직선이 점 P에서 법선이다.
④ 점 P에서 이 법선에 수직인 직선을 긋는다. 이것이 점 P에서 접선이다.

예제 1.4 평균속도와 순간속도

장난감 자동차의 운동을 나타내는 위치-시간 그래프가 **그림 1.6**과 같다.
① 점 O와 점 P, 점 P와 점 Q, 점 P와 점 Q′ 사이의 평균속도를 구하라.
② 점 P 및 점 Q′에서의 순간속도를 구하라.
③ 점 Q에서 순간속도가 8m/s라 한다. 이 점에서의 접선을 그려 넣어라.

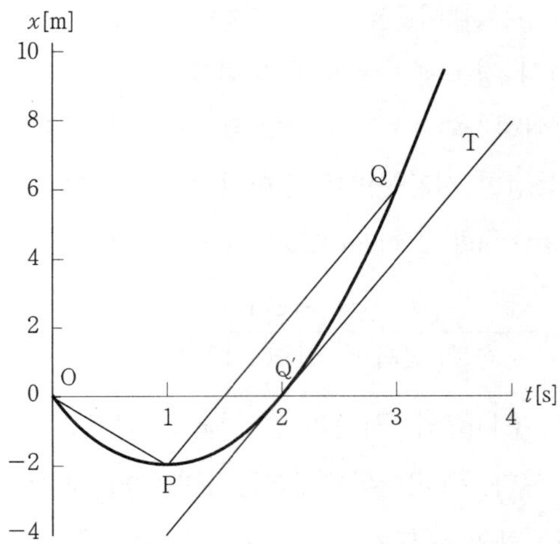

그림 1.6 위치-시간 그래프

풀이 ① 점 O와 점 P 사이의 평균속도 $\langle v \rangle_{OP}$는 $\overline{OP}$의 기울기와 같으므로

$$\langle v \rangle_{OP} = \frac{\Delta x}{\Delta t} = \frac{x_P - x_0}{t_P - t_0} = \frac{(-2\text{ m}) - (0\text{ m})}{(1\text{ s}) - (0\text{ s})} = -2\text{ m/s}$$

이다. 같은 방법으로

$$\langle v \rangle_{PQ} = \frac{(6\text{ m}) - (-2\text{ m})}{(3\text{ s}) - (1\text{ s})} = 4\text{ m/s},$$

$$\langle v \rangle_{PQ'} = \frac{(0\text{ m}) - (-2\text{ m})}{(2\text{ s}) - (1\text{ s})} = 2\text{ m/s}$$

이다.

② 점 P에서 순간속도 v_P는 점 P에서의 접선의 기울기와 같다. 점 P에서 기울기가 없으므로

$$v_P = 0$$

이고, 점 Q′에서의 순간속도 v_{Q}'은 점 Q′에서의 접선의 기울기와 같은데 그 접선은 점(2, 0), 점(3, 4)를 지나는 것을 알 수 있다. 그래서

$$v_{Q'} = \frac{(4\text{ m}) - 0}{(3\text{ s}) - (2\text{ s})} = 4\text{ m/s}$$

이다.

③ 점 Q에서 순간속도가 $v_Q = 8\text{ m/s}$이므로 접선의 기울기가 8 m/s이다. 따라서 점 Q(3, 6)와 점(2, -2)를 지나는 직선을 그으면 된다.

1.1.3 가속도

물체의 운동, 곧 위치의 시간에 따른 변화를 기술하는 데 변위, 속도라는 개념을 도입하였다. 속도가 일정한 등속도운동은 이들로서 잘 기술되나, 속도가 일정하지 않은 운동(**가속도운동** : accelerated motion)의 경우에는 속도의 변화를 기술할 수 있어야 한다. 이런 경우에는 속도의 변화율 또는 단위시간의 속도의 변화로 기술하는 것이 편리하다. 이를 **가속도**(acceleration)라 한다. 특정한 시간동안에 일어난 속도의 변화를 그 시간으로 나눈 것을 그 시간 동안의 **평균가속도**(average acceleration)라 한다. 곧

$$(\text{평균가속도}) = \frac{(\text{속도의 변화})}{(\text{속도 변화에 걸린 시간})}$$

속도의 단위를 미터 매 초[m/s], 시간의 단위를 초[s]로 택하면 평균가속도의 단위는 **미터 매 초 제곱**[m/s^2]이 된다. CGS단위계에서는 **센티미터 매 초 제곱**[cm/s^2]이다.

가속도운동을 하는 자동차의 속도가 시각 t_0[s]인 순간에 v_0[m/s]였는데, 시간이 지나 t[s]인 순간에는 v[m/s]였다면 시간 $\Delta t = t - t_0$[s] 동안에 일어난 속도의 변화가 $\Delta v = v - v_0$[m/s]이므로, Δt[s] 동안의 평균가속도 $\langle a \rangle$는

$$\langle a \rangle = \frac{\Delta v}{\Delta t} = \frac{v - v_0}{t - t_0} \quad [\text{m/s}^2]$$

로 주어진다. 따라서 속도의 변화는

$$\Delta v = \langle a \rangle \Delta t \tag{1.1}$$

로 주어진다.

◎ 순간가속도

속도-시간 그래프에서 어떤 두 점 P와 점 Q를 잇는 직선 $\overline{PQ}$의 기울기는 $\frac{\Delta v}{\Delta t}$로 주어지므로 두 점 사이의 평균가속도와 같다. 평균가속도가 일정하지 않은 경우 속도-시간 그래프가 곡선이므로 이 물체의 평균가속도는 같은 시간 간격이더라도 시간의 구간에 따라 평균가속도가 다르고, 같은 위치에서라도 시간 간격이 다르면 평균가속도가 다르다.

점 P와 점 Q 사이의 시간 간격을 점점 작게 하면 직선 $\overline{PQ}$의 기울기도 점점 변하여 시간 간격 Δt가 무한히 작아지는 극한에서 ($\Delta t \to 0$), 직선 $\overline{PQ}$의 기울기는 점 P에서의 접선의 기울기에 무한히 가까워진다. 평균가속도가 접선의 기울기와 같은 극한값에 도달한다. 이 값을 점 P를 지나는 순간에서의 **순간가속도**(instantaneous acceleration)라 한다. 이것은 점 P를 지나는 순간(또는 시각 t_P)에서의 가속도를 나타낸다. 곧

> **한 점을 지나는 순간의 순간가속도는 속도-시간 그래프의 그 점에서의 접선의 기울기와 같고, 시간 간격 Δt가 무한히 작아질 때 평균가속도 $\frac{\Delta v}{\Delta t}$의 극한값이다.**

순간가속도 a는 아래와 같이 표현하기도 한다.

$$a = \lim_{\Delta t \to 0} \frac{\Delta v}{\Delta t} \tag{1.2}$$

앞으로 순간가속도를 간단하게 가속도라 부르기로 한다.

예제 1.5 평균가속도와 순간가속도

그림 1.7은 수평인 책상 위에서 직선상을 미끄러져 가는 목침의 속도-시간 그래프이다. 다음을 구하라.

① 처음 2초 동안의 평균가속도를 구하라.

② 0초 및 2초인 순간의 순간가속도를 각각 구하라.

풀이 | ① 0초와 2초 사이의 평균가속도는 두 점 사이의 기울기와 같으므로

$$\langle a \rangle_{0-2s} = \frac{(20\ \text{m/s}) - (40\ \text{m/s})}{(2\ \text{s}) - 0} = -10\ \text{m/s}^2$$

이다.

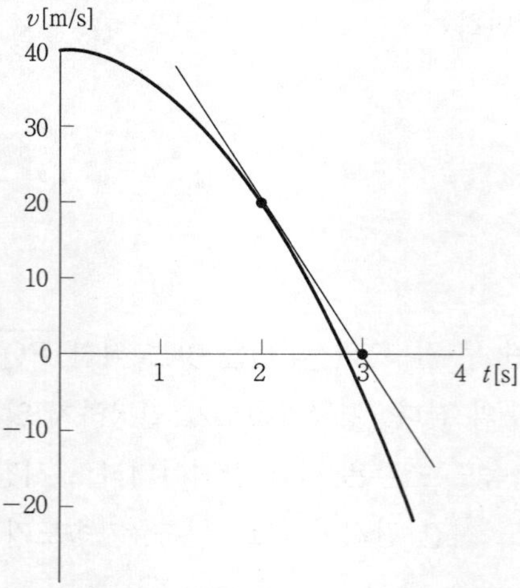

그림 1.7 속도-시간 그래프

② 0초인 순간의 가속도 $a(0)$는 이 점에서 접선의 기울기가 0이므로 $a(0)=0$이고, 2초인 순간의 가속도 $a(2\text{s})$는 접선이 점(2, 20), 점(3, 0)을 지나므로

$$a(2\text{s})=\frac{0-(20\text{ m/s})}{(3\text{ s})-(2\text{ s})}=-20\text{ m/s}^2$$

이다.

1.1.4 등가속도 직선운동

가속도운동 중에 가장 간단하면서도 중요하며, 자연현상 중에 흔히 있는 직선운동은 일정한 가속도의 **등가속도 직선운동**(rectilinear motion with constant acceleration)이다. 등가속도 직선운동에서 가속도가 일정하므로 평균가속도와 순간가속도는 서로 일치하므로 이들을 구별할 필요가 없다. 따라서 속도가 일정한 비율로 증가하거나 감소한다.

일정한 가속도 $a\,[\text{m/s}^2]$의 등가속도 직선운동에서 가속도와 속도, 가속도와 위치 사이의 관계 또는 속도 및 위치는 시간에 따라 어떤 함수 모양으로 변하는지 알아보자.

먼저 속도의 변화 Δv는 식(1.1)에 의하여

$$\Delta v = a\,\Delta t \qquad (a : \text{일정})$$

이다. 등가속도 직선운동에서 $\langle a\rangle = a$이기 때문이다. 따라서 속도는 매 초 $a\,[\text{m/s}]$의 일정한 비율로 증가하거나 감소한다. 시각 t에서 속도 $v(t)$는 $\Delta v = v - v_0$이므로

$$v(t) = v_0 + \Delta v = v_0 + a\,\Delta t \tag{1.3}$$

로 주어진다.

한편, 등가속도 직선운동에서 속도가 일정한 비율로 변하므로 평균속도는

$$\langle v \rangle = \frac{v_0 + v}{2}$$

로 주어지므로 Δt[s] 동안의 변위 $\Delta x = x - x_0$는

$$\Delta x = \langle v \rangle \, \Delta t = \frac{1}{2}(v_0 + v)\Delta t \tag{1.4}$$

가 된다. 여기에 식(1.3)을 대입하여 정리하면

$$\Delta x = v_0 \, \Delta t + \frac{1}{2} a (\Delta t)^2 \tag{1.5}$$

을 얻는다. 따라서 시각 t[s]에서 위치 $x(t)$는

$$x(t) = x_0 + \Delta x = x_0 + v_0 \, \Delta t + \frac{1}{2} a (\Delta t)^2$$

이다.

식(1.3) 및 식(1.4)에서 Δt를 소거하면 가속도, 속도, 변위 사이의 관계식

$$v^2 - v_0^2 = 2a \, \Delta x \tag{1.6}$$

를 얻는다.

지금 처음 시각 t_0를 시간의 기준으로 택하면 $t_0 = 0$이고 $\Delta t = t$ 이므로

$$\Delta v = a\,t \quad (a : \text{일정})$$

$$v(t) = v_0 + \Delta v = v_0 + at \tag{1.7}$$

$$\Delta x = v_0 \, t + \frac{1}{2} a\, t^2 \tag{1.8}$$

$$x(t) = x_0 + \Delta x = x_0 + v_0 \, t + \frac{1}{2} a\, t^2 \tag{1.9}$$

가 된다. 또, 가속도, 속도, 변위 사이의 관계식(1.6)은

$$v^2 - v_0^2 = 2a(x - x_0) \tag{1.10}$$

로 바꾸어 쓸 수 있다.

식(1.7), 식(1.9) 및 식(1.10)을 **등가속도 직선운동의 식**이라 한다. 이들은 널리 이용되는 관계식이다.

표 1.2 등가속도 직선운동의 식

$v(t)=v_0+at$	속도는 시간의 일차 함수이다.
$x(t)=x_0+v_0t+\frac{1}{2}at^2$	위치는 시간의 이차 함수이다.
$v^2-v_0^2=2a(x-x_0)$	속도의 제곱은 변위의 일차 함수이다.

예제 1.6 경주용 자동차

어떤 자동차 제작회사는 초특급 경주용 자동차가 정지상태에서 8.00초만에 속도 42.0 m/s를 낼 수 있도록 하려고 한다. 다만 일정한 비율로 가속된다고 한다.

① 이 경주용 자동차의 가속도는 얼마인가?

② 처음 8.00초 동안 변위는 얼마인가?

③ 같은 가속도로 가속되었다면 10.0초 후의 속도는 얼마인가?

풀이 | 자동차가 일정한 비율로 가속되므로 자동차의 운동은 등가속도 직선운동이다.

① 시간 $\Delta t=8.00$초 동안에 속도 변화가 $\Delta v=42.0\text{ m/s}$이므로 가속도는

$$a=\frac{\Delta v}{\Delta t}=\frac{+42.0\text{ m/s}}{8.00\text{ s}}=+5.250\text{ m/s}^2$$

이다. 곧 가속도는 5.25m/s^2이다.

② 처음 8.00초 동안의 평균속도는 가속되는 비율이 일정하므로,

$$\langle v\rangle=\frac{1}{2}(v_0+v)=\frac{1}{2}\times(0+42.0\text{ m/s})=+21.00\text{ m/s}$$

이다. 따라서 처음 8.00초 동안의 변위는

$$\Delta x=\langle v\rangle\,\Delta t=(+21.00\text{ m/s})\times(8.00\text{ s})=+168.0\text{ m}$$

이다. 곧 변위는 168 m이다. 식(1.8)을 이용하여도 좋다.

③ 가속도가 $a=+5.250\text{ m/s}^2$이므로 10.0초 동안의 속도의 변화는

$$\Delta v=a\,\Delta t=(+5.250\text{ m/s}^2)\times(10.0\text{ s})=+52.50\text{ m/s}$$

인데 처음에 정지해 있었으므로 10.0초 후의 속도도 +52.5 m/s이다.

○ 그래프의 방법

이제 그래프의 방법으로 등가속도 직선운동의 식들을 구해보자. 속도-시간 그래프에서 기울기는 가속도를 나타냄을 알고 있다. 일정한 가속도 $a\,[\text{m/s}^2]$로 등가속도 직선운동을 하는 경우, 가속도-시간 그래프는 가로축에 나란한 직선이 된다(**그림 1.8(a)** 참조). 그 그래프 아래 두 시각 t_0와 t 사이의 넓이는

$$a\ [\mathrm{m/s^2}] \times (t - t_0)[\mathrm{s}] = a\,\Delta t\,[\mathrm{m/s}]$$

이므로 바로 $\Delta t = t - t_0$ 사이의 속도의 변화 Δv를 나타낸다. 곧

가속도-시간 그래프 아래 두 시각 사이의 넓이는 그 시간 동안의 속도의 변화를 나타낸다.

이것은 등가속도 직선운동의 경우뿐 아니라 어떤 운동에서도 성립한다.

그림 1.8은 등가속도 직선운동의 그래프이다. **그림 1.8(a)**의 가속도-시간 그래프 아래 넓이가 속도 변화와 같으므로

$$\Delta v = a\Delta t$$

를 얻고, 이로부터 시각 t에서 속도

$$v(t) = v_0 + \Delta v = v_0 + a\,\Delta t$$

를 얻는다.

그림 1.8(b)에서 보는 바와 같이, 등가속도 직선운동의 속도-시간 그래프는 직선이므로, 두 시각 t_0, t에서 속도를 각각 v_0, v라 하면, 이 두 시각 사이의 그래프 아래 사각형은 사다리꼴이고, 그 넓이는 $\frac{1}{2}(v_0 + v) \times \Delta t$이다. 따라서 변위는

$$\Delta x = \frac{1}{2}(v_0 + v) \times \Delta t$$

인데, 여기에 가속도-시간 그래프에서 얻은

$$v = v_0 + a\,\Delta t$$

를 대입하여 정리하면

$$\Delta x = v_0\,\Delta t + \frac{1}{2}\,a(\Delta t)^2$$

가 된다. 이들은 각각 등가속도 직선운동 식(1.3), 식(1.5)이다.

예제 1.7 등가속도 직선운동의 그래프

그림 1.8(a)와 같은 등가속도 직선운동의 가속도-시간 그래프에서 속도-시간 그래프 및 위치-시간 그래프를 그려라. 처음 속도 및 처음 위치를 좌표계의 원점으로 한다.

풀이 | **그림 1.8(b)**와 **그림 1.8(c)**는 등가속도 직선운동의 가속도-시간 그래프(**그림 1.8(a)**)에서 차례로 얻은 속도-시간 그래프 및 위치-시간 그래프이다. 곧 **그림 1.8(a)**에서 그래프 아래 넓이를 구하면 속도의 변화는 $\Delta v = a\,\Delta t$ 이므로 시각 t에서 속도 $v(t)$는

$$v(t) = v_0 + \Delta v = v_0 + a\,\Delta t$$

로 주어진다. 여기서 $a=2\ \mathrm{m/s^2}$, $v_0=0$이므로 1초 간격으로 속도를 구하면 **표 1.3**과 같다.

표 1.3 등가속도 직선운동의 시간에 따른 속도

시간[s]	0	1	2	3	4	5
속도[m/s]	0	2	4	6	8	10

이를 이용하여 그래프를 그리면 **그림 1.8(b)**를 얻는다. 곧 등가속도 직선운동의 속도-시간 그래프는 직선이다.

이 속도-시간 그래프에서 그래프 아래 삼각형의 넓이를 구하면 변위가 얻어진다. 이 그래프가 원점을 지나므로 이 변위, 곧 삼각형의 넓이가 각 시각에서 위치가 된다. 그 결과는 **표 1.4**와 같다.

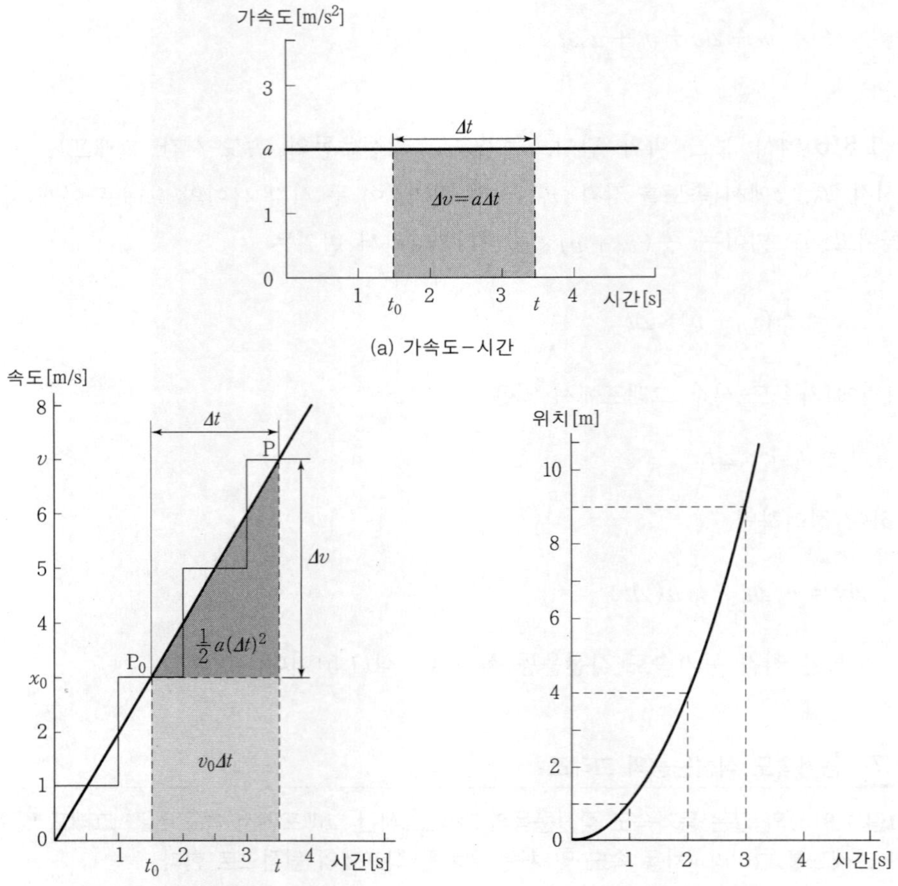

(a) 가속도-시간

(b) 속도-시간

(c) 위치-시간

그림 1.8 등가속도 직선운동의 그래프

표 1.4 등가속도 직선운동의 시간에 따른 위치

시간[s]	0	1	2	3	4	5
위치[m]	0	1	4	9	16	25

이 표에 의하여 위치-시간 그래프 **그림 1.8(c)**가 얻어진다. 이것은 곡선으로, 등가속도 직선운동에서 위치 x가 시간 t의 이차 함수임을 나타낸다.

예제 1.8 속도-시간 그래프와 가속도-시간 그래프

그림 1.9(a)와 같이 기술되는 직선운동을 하는 장난감 자동차에 대한 아래 물음에 답하라.

① 처음 7초 동안의 변위 및 처음 5초 동안의 평균속도를 각각 구하라.

② 이 장난감 자동차의 위치의 시간에 따른 변화과정을 나타내는 그래프 및 가속도의 시간에 따른 변화과정을 나타내는 그래프를 각각 그려라.

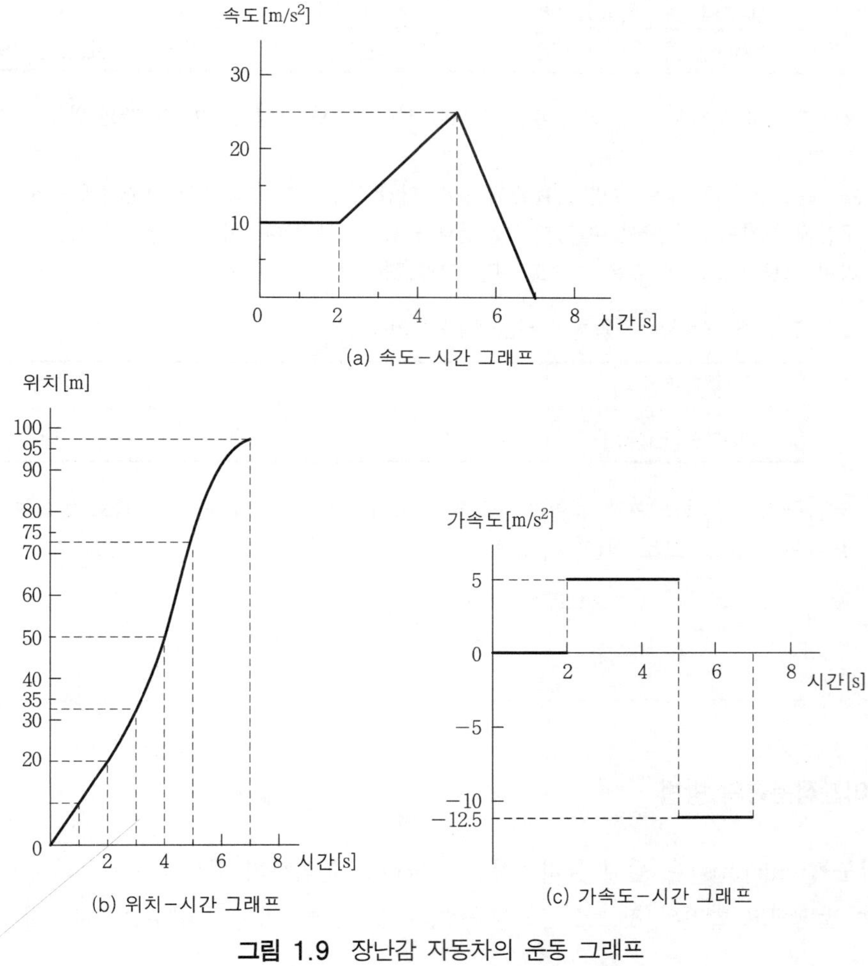

그림 1.9 장난감 자동차의 운동 그래프

③ 처음 5초 동안의 평균가속도는 얼마인가?

풀이 | ① 처음 7초 동안 그래프 아래 넓이는

$$(10\ \mathrm{m/s})\times(2\ \mathrm{s})+\frac{1}{2}\times(10\ \mathrm{m/s}+25\ \mathrm{m/s})\times(3\ \mathrm{s})+\frac{1}{2}\times(25\ \mathrm{m/s})\times(2\ \mathrm{s})=97.5\ \mathrm{m}$$

이므로 변위는

$$\Delta x(7\ \mathrm{s})=+97.5\ \mathrm{m}$$

이다. 처음 5초 동안의 변위는 같은 방법으로 $\Delta x(5\ \mathrm{s})=+72.5\ \mathrm{m}$이므로 평균속도는

$$\langle v\rangle=\frac{\Delta x}{\Delta t}=\frac{+72.5\ \mathrm{m}}{5\ \mathrm{s}}=+14.5\ \mathrm{m/s}$$

이다.

② 속도-시간 그래프 **그림 1.9(a)**에서 0-1초, 0-2초, 0-3초 … 사이의 넓이를 구하면 처음 위치를 원점으로 한 각 시각에서 위치를 구할 수 있다. 그 결과는 **표 1.5**와 같다.

표 1.5 장난감 자동차의 시간에 따른 위치

시간[s]	0	1	2	3	4	5	6	7
위치[m]	0	10	20	32.5	50	72.5	91.25	97.5

표 1.5에 따라 위치-시간 좌표 평면에 점을 찍어나가면 **그림 1.9(b)**와 같은 위치-시간 그래프를 얻는다.

또, 속도-시간 그래프 **그림 1.9(a)**에서 각 시간 구간마다 그래프의 기울기를 구하면 각 시간 구간에서 가속도를 구할 수 있다. 그 결과는 **표 1.6**과 같다. 이를 바탕으로 하여 그래프를 그리면 **그림 1.9(c)**와 같은 가속도-시간 그래프를 얻는다.

표 1.6 장난감 자동차의 시간에 따른 가속도

시간 구간[s]	0-2	2-5	5-7
가속도[$\mathrm{m/s^2}$]	0	+5	-12.5

③ 가속도-시간 그래프 아래 넓이가 속도의 변화이므로 처음 5초 동안의 속도 변화는 $\Delta v=+15\ \mathrm{m/s}$이므로 평균가속도는

$$\langle a\rangle=\frac{\Delta v}{\Delta t}=\frac{+15\ \mathrm{m/s}}{5\ \mathrm{s}}=+3.0\ \mathrm{m/s^2}$$

이다.

1.1.5 미분적분학의 방법

미분적분학(calculus)은 원래 물리현상을 기술하고 분석하기 위해서 뉴턴, 라이프니츠 등에 의하여 발명되고 발전된 것으로, 역학 문제를 다루는 데 바탕을 이루고 있는 필수 도구이

다. 이 미분적분학의 방법이 역학 문제에서 얼마나 편리하게 사용되는지 살펴본다.

◎ 미분에 의한 속도

운동하는 물체의 위치는 시간에 따라 변하므로 시간의 함수이다. 그래서 보통

$$x = x(t)$$

라고 표현하고, 위치함수라 하기도 한다. 시각 t_0 및 t에서의 위치를 각각

$$x_0 = x(t_0), \qquad x = x(t)$$

라 하면 두 시각 사이의 변위 Δx는

$$\Delta x = x - x_0 = x(t) - x(t_0)$$

이다. 지금 $t - t_0 \equiv \Delta t$라 하면 $t = t_0 + \Delta t$이므로 변위는

$$\Delta x = x(t_0 + \Delta t) - x(t_0)$$

로 주어진다. 시간 Δt 동안의 평균속도 $\langle v \rangle$는

$$\langle v \rangle = \frac{\Delta x}{\Delta t} = \frac{x(t_0 + \Delta t) - x(t_0)}{\Delta t}$$

로 주어진다. 시각 t_0에서 순간속도 $v(t_0)$는

$$v(t_0) = \lim_{\Delta t \to 0} \frac{\Delta x}{\Delta t} = \lim_{\Delta t \to 0} \frac{x(t_0 + \Delta t) - x(t_0)}{\Delta t} \equiv \left[\frac{dx(t)}{dt} \right]_{t = t_0}$$

로 기술된다. 이것은 $x'(t_0)$로 간단하게 표기하기도 한다. 오른쪽의 극한값을 $x = x(t)$의 $t = t_0$에서의 **미분계수**(differential coefficient)*라 한다. 따라서 미분계수는 x-t 그래프의 곡선상의 점 $x(t_0)$에서의 접선의 기울기를 나타낸다.

예제 1.9 극한값으로서 속도

비탈을 똑바로 아래로 미끄러져 내려가는 물체의 시간에 따른 위치를 측정하여 **표 1.7**과 같은 결과를 얻었다.

표 1.7 물체의 시간에 따른 위치

시간[s]	9.0	9.2	9.4	9.6	9.8	10.0	10.2	10.4	10.6	10.8	11.0	11.2	11.4	11.6	11.8	12.0
위치[cm]	8.1	8.5	8.8	9.2	9.6	10.0	10.4	10.8	11.2	11.7	12.1	12.5	13.0	13.5	13.9	14.4

* 미분계수 $\left[\frac{dx}{dt} \right]_{t = t_0}$ 또는 $x'(t_0)$는 $x = x(t)$의 t에 대한 도함수 $\frac{dx(t)}{dt}$ 또는 $x'(t)$의 $t = t_0$에서 값이다.

① 출발한 지 10.0초 되는 시각을 기준으로 하여 시간 간격

$\Delta t = 0.4\,\mathrm{s},\ 0.8\,\mathrm{s},\ 1.2\,\mathrm{s},\ 1.6\,\mathrm{s},\ \cdots,$

동안의 평균속도를 구하고, 이 결과로부터 시각 $t_0 = 10.0\,\mathrm{s}$에서의 순간속도 $v(t_0)$는 얼마라고 추리할 수 있는가?

② 측정결과 **표 1.7**로부터 위치는 시간에 대하여

$x(t) = 0.10\,t^2$

의 함수 꼴로 표현됨을 알 수 있다. 여기서 변위 x의 단위를 [cm], 시간 t의 단위를 [s]라 하면 t^2의 계수는 $0.10\,\mathrm{cm/s^2}$이다. 이 함수의 $\Delta t \to 0$의 극한값을 구하여 순간속도 $v(t_0)$를 구하라.

풀이 | ① 10.0초를 기준으로 한 각 구간의 변위 및 평균속도는 **표 1.8**과 같다. 여기서 10.0초와 10.4초 사이의 변위를 10.4초 아래 써넣었고, 10.0초와 9.6초 사이의 변위는 9.6초 아래에 써넣었다.

표 1.8 물체의 시간에 따른 위치, 변위, 평균속도

시간[s]	9.2	9.6	10.0	10.4	10.8	11.2	11.6	12.0
위치[cm]	8.5	9.2	10.0	10.8	11.7	12.5	13.5	14.4
변위[cm]	-1.5	-0.8		0.8	1.7	2.5	3.5	4.4
평균속도[cm/s]	1.9	2.0		2.0	2.1	2.1	2.2	2.2

표 1.7에서 10.0초를 기준으로 하여 시간 간격이 점점 짧아짐에 따라 평균속도는 $2.0\,\mathrm{cm/s}$에 무한히 가까워짐을 알 수 있다. 곧 시각 $t_0 = 10.0\,\mathrm{s}$에서 순간속도는 $v(t_0 = 10.0\,\mathrm{s}) = 2.0\,\mathrm{cm/s}$라고 추리할 수 있다.

② 시각 t_0 [s]를 기준으로 하여 시간 Δt [s] 동안의 변위는

$$\begin{aligned}\Delta x = x(t_0 + \Delta t) - x(t_0) &= 0.10(t_0 + \Delta t)^2 - 0.10\,t_0^2 \\ &= 0.20\,t_0\,\Delta t + 0.10(\Delta t)^2\end{aligned}$$

이므로 평균속도 $\langle v(t_0) \rangle$는

$$\langle v(t_0) \rangle = \frac{\Delta x}{\Delta t} = \frac{0.20\,t_0\,\Delta t + 0.10\,(\Delta t)^2}{\Delta t} = 0.20\,t_0 + 0.10\,\Delta t \tag{1.11}$$

이고, 순간속도 $v(t_0)$는

$$v(t_0) = \lim_{\Delta t \to 0} \frac{\Delta x}{\Delta t} = \lim_{\Delta t \to 0} \{0.20\,t_0 + 0.10\,\Delta t\} = 0.20\,t_0 \tag{1.12}$$

로 주어진다. 이것이 함수 $x(t) = 0.10\,t^2$의 시각 t_0 [s]에서 미분계수이다. 따라서 $t_0 = 10.0\,\mathrm{s}$에서 순간속도는 식(1.12)에 의하여

$v(t_0) = 0.20 \times 10.0 = 2.0\ \mathrm{cm/s}$

가 된다.

위에서 미분계수를 구하는 데 $\Delta t \to 0$의 극한을 취하여 구하였으나 **도함수**(derivative)를 구하는 **미분법**(differential calculus)을 이용하면 쉽게 구할 수 있다. 그 한 보기로 시간 t의 거듭 제곱함수

$$x(t) = At^n \quad (A : \text{상수})$$

의 시간 t에 대한 도함수는

$$\frac{dx}{dt} = \frac{d}{dt}\{At^n\} = A\,n\,t^{n-1}* \tag{1.13}$$

로 주어진다. 따라서 위치 x가 시간 t의 어떤 함수인지를 알면 미분법을 이용하면 속도를 쉽게 구할 수 있다.

역학 문제에서 자주 나타나는 여러 가지 함수의 미분법에 관한 기본정리를 부록 D.16 및 표 D.18에 모아 놓았다.

◎ 미분에 의한 가속도

순간가속도도 순간속도와 같이 미분법으로 쉽게 구할 수 있다. 곧 속도의 시간에 대한 함수 꼴을 알면, 순간속도를 위치로부터 구하는 경우와 똑같이, 속도를 시간에 대하여 미분하여 도함수를 구한 뒤 특정한 시각에서의 미분계수를 구하면 그것이 그 시각에서의 순간가속도이다.

지금 속도의 시간에 대한 함수(속도함수)를

$$v = v(t)$$

라면 시각 t_0를 기준으로 하여 Δt 동안의 속도의 변화는

$$\Delta v = v(t_0 + \Delta t) - v(t_0)$$

이고, 시각 t_0에서의 가속도 $a(t_0)$는 식(1.2)에 의하여

$$a(t_0) = \lim_{\Delta t \to 0} \frac{\Delta v}{\Delta t} = \lim_{\Delta t \to 0} \frac{v(t_0 + \Delta t) - v(t_0)}{\Delta t} \equiv \left[\frac{dv(t)}{dt}\right]_{t=t_0}$$

---

* 도함수의 정의에 의하여

$$\frac{dx}{dt} = \lim_{\Delta t \to 0} \frac{\Delta x}{\Delta t} = \lim_{\Delta t \to 0} \frac{x(t+\Delta t) - x(t)}{\Delta t} = A \lim_{\Delta t \to 0} \frac{(t+\Delta t)^n - t^n}{\Delta t}$$

이다. 여기서 이항정리(부록 식 D.15-1 참조)에 의하여

$$(t+\Delta t)^n = t^n + nt^{n-1}\Delta t + \frac{n(n-1)}{2!} t^{n-2}(\Delta t)^2 + \cdots$$

$$\therefore \frac{dx}{dt} = A \lim_{\Delta t \to 0} \frac{(t+\Delta t)^n - t^n}{\Delta t} = A \lim_{\Delta t \to 0}\left\{nt^{n-1} + \frac{n(n-1)}{2!} t^{n-2}(\Delta t) + 0(\Delta t)^2\right\} = A\,n\,t^{n-1}$$

이다.

이다. 이것은 $v'(t_0)$라고도 표기한다. 곧

위치(함수)의 시간에 대한 도함수는 속도(함수)이고,
속도(함수)의 시간에 대한 도함수는 가속도(함수)이다.

따라서 가속도(함수)는 위치(함수)의 시간에 대한 이차도함수이다. 곧

$$a(t_0)=\left[\frac{d^2x(t)}{dt^2}\right]_{t=t_0}$$

이다.

참고 미분법과 속도 및 가속도

속　　도 = 위치의 시간에 대한 도함수
순 간 속 도 = 위치의 시간에 대한 미분계수
가　속　도 = 속도의 시간에 대한 도함수
순간가속도 = 속도의 시간에 대한 미분계수

예제 1.10 미분에 의한 속도 및 가속도

예제 1.9에서 위치는 시간의 이차함수 $x(t)=0.10\,t^2$의 모양으로 변한다고 한다. 시각 $t=10.0$ s, 12.0 s에서 미분법으로 다음을 구하라. 단위는 CGS단위이다.

① 속 도
② 가속도

풀이 ① 위치 $x(t)$의 시간 t에 대한 도함수는 식(1.13)에 의하여

$$\frac{dx(t)}{dt}=\frac{d}{dt}\{0.10\,t^2\}=0.10\times2\,t=0.20\,t$$

이다. 여기에 시각 $t=t_0=10.0$ s를 대입하면 $t=10.0$에서 미분계수는

$$\left[\frac{dx(t)}{dt}\right]_{t=10.0}=0.20\times10.0=2.0$$

이다. 따라서 $t=10.0$ s에서 순간속도는 $v=2.0$ cm/s이다. 이것은 **예제 1.9**의 결과와 일치한다.

같은 방법으로 $t=12.0$ s에서는 미분계수는

$$\left[\frac{dx(t)}{dt}\right]_{t=12.0}=0.20\times12.0=2.4$$

이므로 $t=12.0$ s에서 순간속도는 $v=2.4$ cm/s이다.

② 임의의 시각 t에서의 속도 $v(t)$는 임의의 시각 t에서의 위치 $x(t)$의 시간에 대한 도함수와 같다. 따라서

$$v(t) = \frac{dx(t)}{dt} = \frac{d}{dt}\{0.10\,t^2\} = 0.20\,t$$

이고, 가속도 $a(t)$는

$$a(t) = \frac{dv(t)}{dt} = \frac{d}{dt}\{0.20\,t\} = 0.20$$

이다. 가속도는 시간의 함수가 아니고 항상 $0.20\ \mathrm{cm/s^2}$으로 일정하다.

적분에 의한 변위 및 속도 변화

직선운동을 하는 물체의 위치함수 $x(t)$를 알면 미분에 의하여 차례로 속도, 가속도를 얻을 수 있다. 반대로 속도함수 $v(t)$가 주어졌을 때 위치를 구하는 방법을 알아보자.

시간 Δt[s] 동안 속도 v[m/s]로 등속직선운동을 하는 물체의 변위는

$$\Delta x = v\,\Delta t \qquad (v : \text{일정})$$

로 주어진다. 이것은, 등속직선운동의 속도-시간 그래프(**그림 1.3(b)** 참조)에서 본 바와 같이, 속도-시간 그래프($v-t$ 그래프) 아래 넓이다. 이러한 해석은 속도가 일정하지 않은 직선운동에서도 성립한다.

속도가 **그림 1.10**과 같이 시간에 따라 변하는 경우, 시간 간격 $\Delta t = t_f - t_0$를 무수히 많은 미세한 시간 간격 $\Delta t_1, \Delta t_2, \Delta t_3, \cdots\cdots \Delta t_N$으로 나누면 이 미세구간 동안은 등속직선운동으로 어림할 수 있다.

곡선은 무수히 많은 미세한 계단(또는 꺾임선)으로 어림된다. 이 미세한 시간구간을 무한히 많이 하면($N \to \infty$), 미세한 시간 간격들은 무한히 작아지고($\Delta t_i \to 0$), 이 경우 일련의 미세한 계단(꺾임선)은 극한에서 곡선과 일치하게 된다.

따라서, 각 미세한 시간 $\Delta t_i = t_i - t_{i-1}$ ($i = 1, 2, 3, \cdots\cdots, N$; $t_N = t_f$) 동안의 일정한 속도를 $v_i = v(t_i')$ ($t_{i-1} \le t_i' \le t_i$)라 하면 Δt_i 동안 변위 Δx_i는

$$\Delta x_i = v(t_i')\,\Delta t_i \quad (i = 1, 2, 3, \cdots, N) \tag{1.14}$$

로 주어진다. 이것은 Δt_i에 해당하는 미세한 직사각형의 넓이이다. 시간 $\Delta t = t_f - t_0$ 동안 변위 $\Delta x = x(t_f) - x(t_0)$는 미소한 변위들

$$\Delta x_1,\ \Delta x_2,\ \Delta x_3, \cdots,\ \Delta x_i, \cdots,\ \Delta x_N$$

의 합

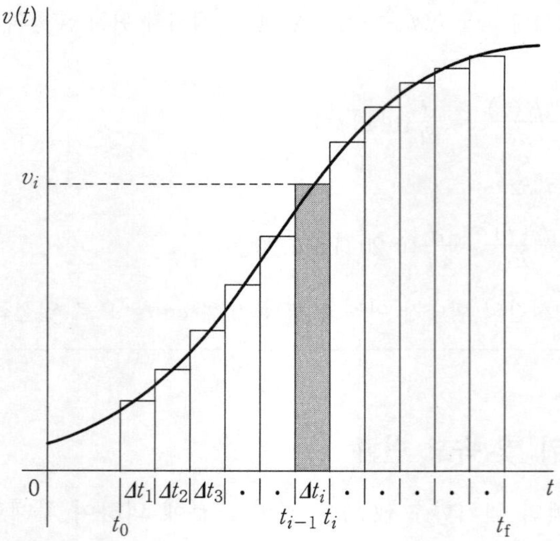

그림 1.10 속도-시간 그래프 : 구분구적법

$$\Delta x_1+\Delta x_2+\Delta x_3+\cdots+\Delta x_i+\cdots+\Delta x_N\equiv\sum_{i=1}^{N}\Delta x_i$$

으로 어림되고, 이것의 $N\to\infty$(또는 $\Delta t_i\to 0$)의 극한값이 변위 Δx와 같아진다. 곧

$$\Delta x=\lim_{N\to\infty}\sum_{i=1}^{N}\Delta x_i \quad \text{또는} \quad \lim_{\Delta t_i\to 0}\sum_{i}\Delta x_i{}^{*}$$

이다. 여기에 식(1.14)의 우변을 고려하면

$$\Delta x=\lim_{N\to\infty}\sum_{i=1}^{N}v(t_i')\,\Delta t_i \qquad (t_{i-1}\le t_i'\le t_i)$$

가 된다. 이것은, N개의 미세한 직사각형들의 넓이의 합

$$\sum_{i=1}^{N}v(t_i')\,\Delta t_i$$

의 $N\to\infty$(또는 $\Delta t_i\to 0$)의 극한값으로, 곡선 아래 시각 t_0와 t_f 사이의 넓이와 같아진다. 왜냐하면, 미세한 구간의 수 N이 클수록 미세한 시간 간격 Δt_i가 그 만큼 더 작아지므로 **그림 1.10**의 꺾임선이 곡선에 무한히 가까워지기 때문이다.

이 극한값을 구간 $[t_0, t_f]$에서 $v(t)$의 **정적분**(definite integral)이라 하고, 수학에서 아래

---

* 그리스문자 $\sum$(대문자 시그마)는 더하기를 뜻한다. $\lim_{N\to\infty}\sum_{i=1}^{N}\Delta x_i$는 "$\Delta x_i$의 $i=1$에서 N까지 더하기(또는 합)의 $N\to\infty$에서의 극한값"이라 읽는다.

와 같이 표기한다.

$$\lim_{N\to\infty}\sum_{i=1}^{N} v(t_i')\,\Delta t_i \equiv \int_{t_0}^{t_f} v(t)\,dt$$

여기서 시간 t_0, t_f를 각각 적분의 **하한**(greatest lower bound), **상한**(least upper bound)이라 하고 $v(t)$를 **피적분함수**(integrand)라 한다. 같은 방법으로

$$\lim_{N\to\infty}\sum_{i=1}^{N} \Delta x_i \equiv \int_{t_0}^{t_f} dx$$

라 표기한다. 따라서

$$\Delta x = x(t_f) - x(t_0) = \int_{t_0}^{t_f} dx$$

이다. 그러므로

$$\Delta x = x(t_f) - x(t_0) = \int_{t_0}^{t_f} v(t)\,dt$$

이다. 여기서 t_0를 시간의 기준점($t_0=0$)으로 하고, $t_f=t$라 두면 임의의 시각 t에서 위치 $x(t)$가 얻어진다. 곧

$$x(t) = x(0) + \Delta x = x_0 + \int_0^t v(t)\,dt$$

이다. 여기서 $t_0=0$에서 위치는 상수이므로 $x(0)=x_0$라 두었다. 따라서 위치 $x(t)$를 구하는 문제의 초점은 $v(t)$의 적분이다.

예제 1.11 구분구적법

속도가 $v(t)=At$(A : 상수)로 주어질 때, 시간 $t=0$에서 $t=t_0$ 사이의 변위가

$$\lim_{N\to\infty}\sum_{i=1}^{N} v(t_i)\,\Delta t_i$$

의 극한값과 같음을 보여라. $t_i\,(i=1,\ 2,\ \cdots N)$는 시간 $\Delta t = t_0 - 0$을 N등분한 시각이다.

풀이 | 속도가 $v(t)=At$(A : 상수)이면 v-t그래프는 직선으로 그 아래 넓이는 $\frac{1}{2}\times At_0\times t_0 = \frac{1}{2}At_0^2$이므로, 변위 Δx는

$$\Delta x = \frac{1}{2}At_0^2$$

이다.

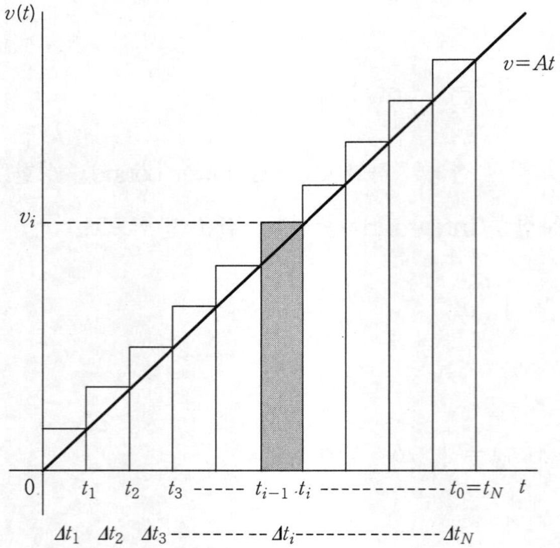

그림 1.11 $v(t)=At$의 그래프 : 구분구적법

이제 그래프 아래 두 시각 $t=0$, $t_N=t_0$사이의 넓이가 $\lim_{N\to\infty}\sum_{i=1}^{N} v(t_i)\Delta t_i$의 극한값과 같음을 보이자. **그림 1.11**에서와 같이 두 시각 사이를 N등분하면 그 각 시각은

$$t_1=\frac{t_0}{N},\ t_2=\frac{2t_0}{N},\ t_3=\frac{3t_0}{N},\ \cdots,\ t_i=\frac{it_0}{N},\ \cdots,\ t_N=\frac{Nt_0}{N}$$

로 주어지고 시간 간격 또는 미세한 사각형의 너비는

$$\Delta t_1=\Delta t_2=\Delta t_3=\cdots=\Delta t_i=\cdots=\Delta t_N=\frac{t_0}{N}$$

이다. N개의 미세한 직사각형들의 높이는 각각

$$v(t_1)=A\frac{t_0}{N},\ v(t_2)=A\frac{2t_0}{N},\ v(t_3)=A\frac{3t_0}{N},\ \cdots,\ v(t_i)=A\frac{it_0}{N},\ \cdots,\ v(t_N)=A\frac{Nt_0}{N}$$

이므로 이들 미세한 직사각형들의 넓이의 합 S_N은

$$\begin{aligned} S_N &= \sum_{t=1}^{N} v(t_i)\Delta t_i=\left(A\frac{t_0}{N}\right)\frac{t_0}{N}+\left(A\frac{2t_0}{N}\right)\frac{t_0}{N}+\left(A\frac{3t_0}{N}\right)\frac{t_0}{N}+\cdots+\left(A\frac{Nt_0}{N}\right)\frac{t_0}{N} \\ &=A\left(\frac{t_0}{N}\right)^2(1+2+3+\cdots+N) \\ &=A\left(\frac{t_0}{N}\right)^2\left(\frac{1}{2}N(N+1)\right)^{*} \\ &=A\frac{t_0^2}{2}\left(1+\frac{1}{N}\right) \end{aligned}$$

---

* $S_N=1+2+3+\cdots\cdots+(N-1)+N$라 하면 $S_N=N+(N-1)+(N-2)+\cdots\cdots+2+1$이다. 따라서 $2S_N=(N+1)+(N+1)+(N+1)+\cdots\cdots+(N+1)+(N+1)=N(N+1)$ $\therefore\ S_N=\frac{1}{2}N(N+1)$

이다. 따라서 극한값

$$\lim_{N\to\infty} S_N = \lim_{N\to\infty} \sum_{i=1}^{N} v(t_i)\,\Delta t_i = \lim_{N\to\infty} A\frac{t_0^2}{2}\left(1+\frac{1}{N}\right) = A\frac{t_0^2}{2}$$

이 된다. 곧 삼각형의 넓이 공식으로 구한 값과 일치한다. 이것을 수학에서

$$\int_0^{t_0} v(t)\,dt = \int_0^{t_0} At\,dt = A\frac{t_0^2}{2}$$

로 표시한다. 이 결과는 아래 적분공식(1.15)와 일치한다. 이와 같은 방법으로 곡선 아래 넓이를 구하는 방법을 **구분구적법**(measuration by parts)이라 한다.

◎ 적분과 역도함수

속도 $v(t)$는 위치함수 $x(t)$가 주어지면

$$v(t) = \frac{dx(t)}{dt}$$

인데, 이로부터 $x(t)$를 구하는 것은 미분의 역과정이므로 $x(t)$를 $v(t)$의 **역도함수**(anti-derivative), **원시함수**(primitive function) 또는 **부정적분**(indefinite integral)이라 하고 기호

$$x(t) = \int v(t)\,dt$$

로 표기하고, 이를 구하는 것을 '**적분한다**'고 한다. 역도함수를 구하는 방법을 **적분법**(integral calculus)이라 한다.

예제 1.12 역도함수

위치함수 $x(t) = At^n$의 시간 t에 대한 도함수가 식(1.13)이다. 이로부터 유추하여, 도함수

$$\frac{dx(t)}{dt} = A\,t^m$$

의 역도함수 $x(t)$를 구하라.

풀이 | 상수인 A는 미분과정에서도 아무 영향을 받지 않으므로 적분에서도 마찬가지이다. 식(1.13)에서 역도함수는 At^n이고, 도함수는 $A\,n\,t^{n-1}$이다. 따라서 식(1.13)의 역과정은

$$At^n = \int A\,n\,t^{n-1}\,dt$$

이고, 이것은

$$\int A\,t^{n-1}\,dt = \frac{A\,t^n}{n}$$

를 뜻한다. 그러므로 $n-1 \to m$으로 바꾸어 놓으면

$$\int At^m\,dt = A\frac{t^{m+1}}{m+1} \qquad (m \neq -1)$$

이다. 일반적으로

$$A\frac{t^{m+1}}{m+1} \text{ 나 } A\frac{t^{m+1}}{m+1}+C\,(\text{상수})$$

의 도함수는 다같이 At^m이므로 거듭제곱함수 t^m의 적분(역도함수)은

$$\int t^m\,dt = \frac{t^{m+1}}{m+1}+C \qquad (m \neq -1) \tag{1.15}$$

로 주어진다. 따라서 At^m의 역도함수는

$$x(t) = \int At^m\,dt = A\frac{t^{m+1}}{m+1}+C$$

가 된다. 여기서 상수 C를 **적분상수**(integral constant)라 한다. 이 적분상수는 $t=0$일 때의 함수값 $x(0)$에 의하여 결정된다. 예를 들어 $x(0)=0$이면 $x(0)=C=0$이므로 역도함수 $x(t)$는

$$x(t) = A\frac{t^{m+1}}{m+1} \qquad (x(0)=0)$$

이다.

예제 1.13 적분에 의한 등가속도 직선운동 식

일정한 가속도 $a\,[\mathrm{m/s^2}]$로 직선상을 운동하는 자동차의 속도 및 위치 함수* 식(1.7)과 식(1.9)를 미분적분의 방법으로 구하라. 처음($t=0$) 속도 및 위치를 각각

$$v(0)=v_0\ [\mathrm{m/s}],\quad x(0)=x_0\ [\mathrm{m}]$$

라 한다. 이들을 초기 조건(initial condition)이라 한다.

풀이 | 가속도는 속도의 도함수

$$\frac{dv(t)}{dt}=a(t)$$

이므로 속도는, 위치를 구할 때와 같은 방법으로,

$$v(t)=\int a(t)\,dt$$

로 주어진다. 그런데 가속도가 일정하므로 $a(t)=a$ 가 상수이다. 따라서

$$v(t)=\int a(t)\,dt = a\int dt = a\,t+C_v$$

이다. 이것은 적분공식(1.15)에서 $m=0$인 경우이다. C_v는 적분상수로, 초기 조건 $v(0)=v_0$에 의하여 $C_v=v_0$이다. 따라서 속도함수는

---

* 임의의 시각 t에서의 위치 $x(t)$, 속도 $v(t)$, 가속도 $a(t)$를, 특정한 시각 t_0에서의 위치 $x(t_0)$, 속도 $v(t_0)$, 가속도 $a(t_0)$와 구별해서, 차례로 위치함수, 속도함수, 가속도함수라고도 한다.

$$v(t) = a\,t + v_0$$

이다. 이것은 바로 식(1.7)이다.

속도는 앞에서 본 바와 같이 위치의 도함수

$$\frac{dx(t)}{dt} = v(t)$$

이므로

$$x(t) = \int v(t)\,dt$$

인데, 여기에 속도 $v(t) = a\,t + v_0$을 대입하면

$$x(t) = \int (a\,t + v_0)dt = a\int t\,dt + v_0\int dt$$

가 되는데, 적분공식(1.15)에 의하여

$$x(t) = \frac{1}{2}a\,t^2 + v_0 t + C_x$$

를 얻는다. 여기서 C_x는 새로운 적분상수로, 초기 조건 $x(0) = x_0$에 의하여 $C_x = x_0$이 되므로 위치함수

$$x(t) = \frac{1}{2}a\,t^2 + v_0\,t + x_0$$

을 얻는다. 이것이 바로 식(1.9)이다.

위의 예제들에서 본 바와 같이 위치함수가 주어지면

미분에 의하여 차례로 위치 → 속도 → 가속도

를 구할 수 있고, 가속도 및 초기 조건이 주어지면 속도, 위치를 차례로 얻을 수 있다. 부정적분을 할 때마다 적분상수가 나타난다. 이 적분상수는 초기 조건에 의하여 결정된다. 곧

적분에 의하여 차례로 가속도 → 속도 → 위치

를 얻는다.

1.2 이차원 및 삼차원 공간운동과 벡터

직선운동을 기술하는 위치, 변위, 속도 및 가속도 등은 모두 한 직선상에 있으며, 그 방향은 양(+) 아니면 음(−)의 방향, 두 가지뿐이다. 자연에 일어나는 운동 중에는 직선운동이 아닌

것이 더 많다. 잔잔한 호수 위를 달리는 보트나, 하늘을 나는 새들의 운동방향은 무수히 많다. 이러한 **평면운동**이나, **공간운동**을 기술하자면 직선운동에서의 기술방법을 확장하여 좌우, 전후, 상하의 모든 방향을 한번에 기술할 수 있는 방법이 필요하다. 먼저 평면운동을 살펴본 뒤 공간운동으로 확장한다. 끝으로 평면운동 중에서 가장 간단하면서 가장 중요한 원운동의 기술에 대해서 살펴본다.

1.2.1 위치와 좌표

직선운동을 하는 물체의 위치는 그 직선을 좌표축으로 하고 그 축 상의 좌표로 표시했다. 곧 직선운동(일차원운동)을 하는 물체의 위치는 좌표축 한 개를 설정하여 그 좌표로 운동하는 물체의 위치를 기술하는데, 평면운동의 경우에는 두 개의 좌표축을 설정하여, 두 개의 좌표가 필요할 것이고, 공간운동에서는 세 개의 좌표축을 설정하여, 세 개의 좌표가 필요할 것이다.

○ 직각좌표

하늘을 날다가 광야에 앉아 있는 독수리의 위치를 점 P라 하고 이 점 P를 기술해 보자. 현재 관측자의 위치(기준점)에서 동쪽으로 40 m 똑바로 가서 북쪽으로 똑바로 40 m 간 지점이라면, 그 독수리의 위치를 두 개 숫자의 조합(40 m, 40 m)로 표시할 수 있을 것이다. 이 경우, 직선운동에서와 같이, 숫자 40 m는 관측자 위치를 기준점(원점)으로 하고 동서 방향의 직선을 좌표축으로 하는 축상의 좌표이고, 두 번째 숫자 40 m는 관측자 위치를 기준점(원점)으로 하고 남북 방향의 직선을 다른 좌표축으로 하는 축상의 좌표라고 볼 수 있다.

이와 같이, 원점에서 서로 직교하는 두 좌표축을 보통 x축(가로축), y축(세로축)이라 하고, 그 평면상의 한 점 P를 두 개의 좌표(x, y)로 표시한다. 만일 이 독수리가 똑바로 날아올라 지상 50 m 위치(점 Q)에 있다면 독수리의 위치는 (40 m, 40 m, 50 m)라고 표시하는 것이 편리하다. 곧 공간운동을 하는 물체의 위치를 표시하려면 평면상의 두 개의 좌표축 외에 똑바로 연직상방으로 향하는 좌표축이 하나 더 필요하다. 이 제3의 좌표축을 보통 z축이라 한다. 이 축 상의 좌표를 z라 하면, 공간의 한 점 Q를 좌표(x, y, z)로 표시하는 것이 편리하다(**그림 1.12** 참조).

따라서 평면운동(이차원운동)을 하는 물체의 위치는 두 개의 좌표(x, y), 공간운동(삼차원운동)을 하는 물체의 위치는 세 개의 좌표 (x, y, z)로 표시하는 것이 편리하다. 이와 같이 서로 직교하는 직선 좌표축상의 좌표를 **직각좌표**(rectangular coordinates 또는 Cartesian coordinates)라 한다.

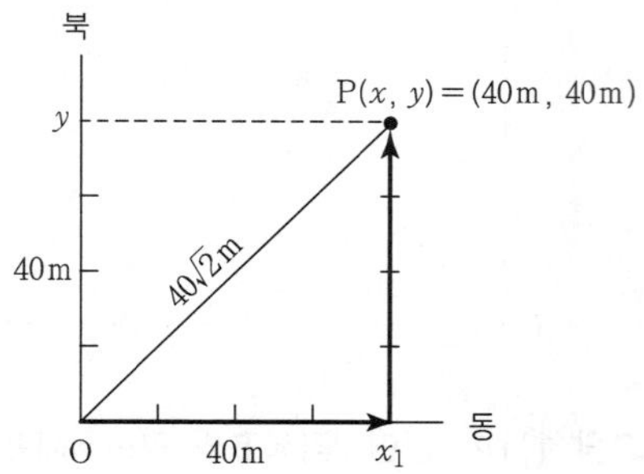

(a) 평면운동

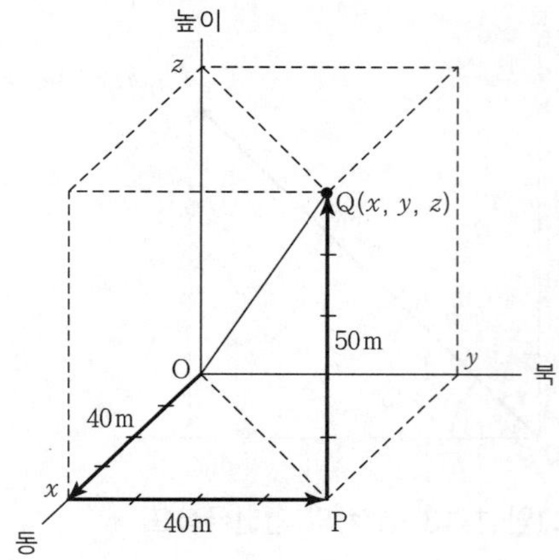

(b) 공간운동

그림 1.12 위치의 직각좌표 표현

○ 평면극좌표

광야에 앉아 있는 독수리의 위치(점 P)를 나타내는 또 다른 하나의 편리한 방법이 있다. 직각 좌표(40 m, 40 m) 대신에, 관측자가 있는 위치(기준점)에서 볼 때, 독수리의 위치(점 P)를 "동북쪽으로 $40\sqrt{2}$ m의 위치"라고도 말할 수 있다. 더 구체적으로, "동쪽에서 북쪽으로(시계 반대 방향으로 잰 각) 45° 방향으로 $40\sqrt{2}$ m의 직선거리의 위치"라고 말할 수 있다. 곧 위치를 ($40\sqrt{2}$ m, 45°)라고도 표기할 수 있다.

기준점(또는 원점 O)으로부터 점 P까지의 직선거리를 $\overline{\mathrm{OP}} = \rho$, 기준선(동쪽 방향의 직선 : x축)에서 시계 반대 방향으로 잰 선분 $\overline{\mathrm{OP}}$와 기준선이 이루는 각을 ϕ라 하면 평면상의 한 점 P를 새로운 두 개의 순서 있는 변수*(ρ, ϕ)로 표기하기도 한다. 이 좌표 (ρ, ϕ)를 **평면극좌표**(plane polar coordinates)라 하고, 원점 O를 **극**(pole), 기준선을 **극축**(polar axis), 두 변수를 각각 **지름**(radius), **극각**(polar angle)이라 한다.

따라서 평면운동에서 물체의 위치를 평면극좌표 (ρ, ϕ)로 나타내는 것이 편리하다. 곧 평면운동에서 물체의 위치는 기준점으로부터 직선거리(**지름**)와 기준선으로부터 방향(**극각**)이 표시되어야 한다. 그래서 **그림 1.13**에서와 같이 위치를 화살표로 나타내고, 문자로는 $\overrightarrow{\mathrm{OP}}$ **로, 직선거리(지름)는 $\overline{\mathrm{OP}}$로 표기한다.

두 좌표 사이에는 **그림 1.14**에서 보는 바와 같이

---

* 이런 변수를 일반적으로 매개변수(맺음변수, parameter)라 부른다.

** "벡터 OP"라 읽고, $\overline{\mathrm{OP}}$는 "선분 OP"라 읽는다.

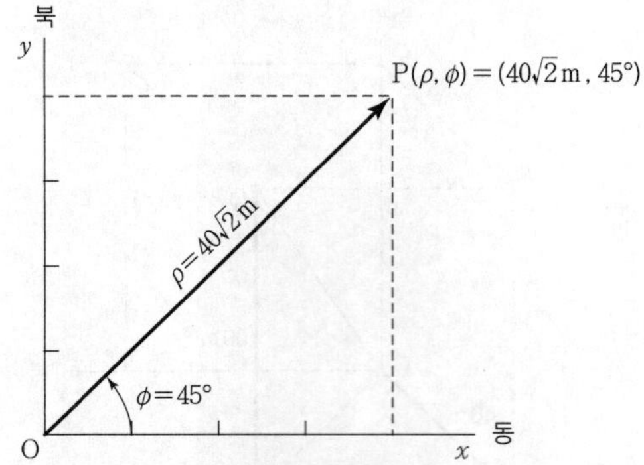

그림 1.13 위치의 평면극좌표

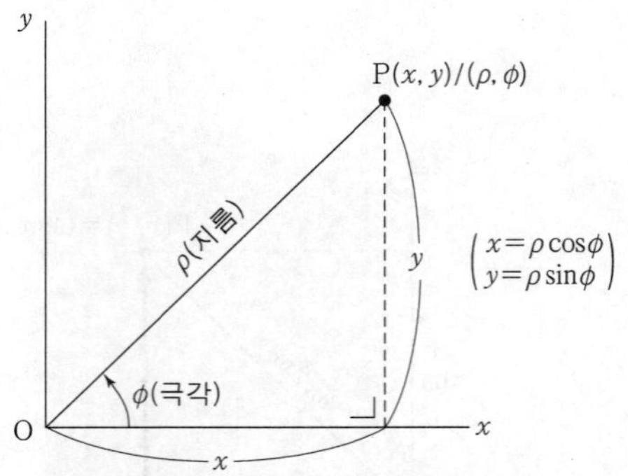

그림 1.14 평면직각좌표와 평면극좌표 사이의 관계

$$x = \rho\cos\phi,\quad y = \rho\sin\phi \tag{1.16}$$

또는

$$\rho = \sqrt{x^2 + y^2},\quad \tan\phi = \frac{y}{x}$$

의 관계식이 성립한다.

○ 원기둥좌표

동쪽으로 40 m 똑바로 가서 북쪽으로 똑바로 40 m 간 지점에서 똑바로 위로 50 m 지점에 있는 독수리의 위치(점 Q)를 직각좌표 (40 m, 40 m, 50 m)로 나타내는 대신에, 평면극좌표 ($40\sqrt{2}$ m, 45°)에 연직상방으로 향하는 제3의 좌표축(z축)의 좌표 50 m를 추가하여 ($40\sqrt{2}$ m, 45°, 50 m)로 나타낼 수도 있다. 곧 공간의 한 점 Q의 위치를 평면극좌표 (ρ, ϕ)에 제3의 좌표 z를 추가하여 세 개의 순서 있는 매개변수(ρ, ϕ, z)로 나타낸다.

이 경우, 공간의 한 점 Q는 관측자(기준점 O)로부터 반지름이 ρ인 원기둥 면상의 한 점으로, 그 점의 원기둥 면상에서 위치가 x축으로부터 시계 반대 방향으로 잰 각 ϕ의 지점에서 연직상방으로 z만큼 올라 온 지점을 뜻한다. 그래서 이런 좌표를 **원기둥좌표**(cylindrical coordinates)라 한다(**그림 1.15(a)** 참조).

○ 구면극좌표

독수리가 위치한 공간의 한 점 Q의 위치를 나타내는 직각좌표(x, y, z), 원기둥좌표 (ρ, ϕ, z)외에 또 다른 방법을 생각할 수 있다.

점 Q를 나타낼 때 평면극좌표 ($40\sqrt{2}$ m, 45°)에 연직상방으로 향하는 z축의 좌표 $\overline{PQ} = 50$ m

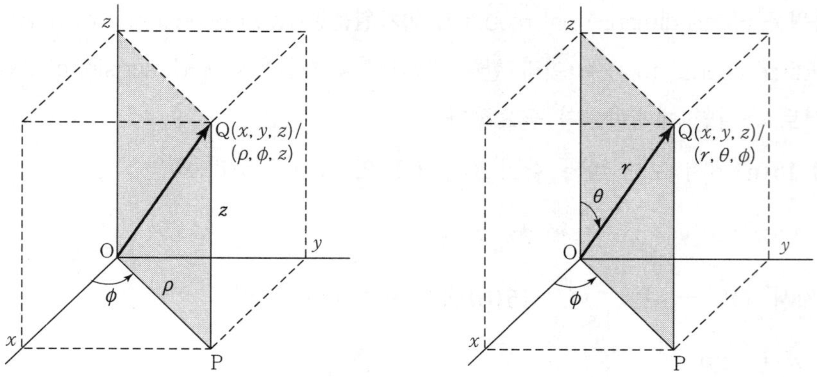

(a) 원기둥 좌표와 직각좌표 (b) 구면좌표와 직각좌표

그림 1.15 삼차원 공간의 좌표

를 추가하는 대신에 선분 $\overline{\mathrm{OP}}$ 와 선분 $\overline{\mathrm{OQ}}$ 사이의 각(계산에 의하면 41.5°*)을 추가하는 것도 좋을 것이다. 그러나 수학에서는 이 각(41.5°) 대신에 z축을 기준선으로 하여 이 기준선과 $\overline{\mathrm{OQ}}$ 가 이루는 각(계산에 의하면 48.5°)을 택하고 또, 평면극좌표의 $\overline{\mathrm{OP}} = 40\sqrt{2}\,\mathrm{m}$ 대신에 원점 O로부터 공간의 한 점 Q까지의 직선거리

$$\overline{\mathrm{OQ}} = \sqrt{(40\sqrt{2}\ \mathrm{m})^2 + (50\ \mathrm{m})^2} = 75.5\ \mathrm{m}$$

를 택한다. 곧 (75.5 m, 48.5°, 45°)로 점 Q를 나타낸다.

이와 같이 공간의 한 점 Q를 나타내는데, **그림 1.15(b)**와 같이 원점 O에서 공간의 한 점 Q까지의 직선거리(지름) $\overline{\mathrm{OQ}} = r$와 선분 $\overline{\mathrm{OQ}}$ 가 기준선 z축과 이루는 각 θ, xy 평면에 내린 선분 $\overline{\mathrm{OQ}}$ 의 그림자 $\overline{\mathrm{OP}}$ (점 P는 점 Q의 xy 평면에 내린 그림자이다)가 x축과 이루는 각 ϕ로 기술한다. 곧 세 개의 순서 있는 매개변수(r, θ, ϕ)로 나타낸다.

이 경우 점 Q는 원점 O를 중심으로 반지름 r의 구면상의 한 점으로, 그 점의 구면상에서 위치가 두 각 θ, ϕ로 결정된다. 이 두 각은 공간에서 선분 $\overline{\mathrm{OQ}}$ 의 **방향**을 나타낸다. 이 세 개의 매개변수를 차례로 점 Q의 **지름**(radius), **극각**(polar angle), **방위각**(azimuthal angle)이라 하고, 이 좌표를 **구면극좌표**(spherical polar coordinates) 또는 간단하게 **구면좌표**(spherical coordinates)라 한다. 구면좌표계에서는 z축이 극축이다.

일반적으로 직선운동에서 위치는 하나의 매개변수로, 평면운동에서 위치는 두 개의 매개변수로, 공간운동에서 위치는 세 개의 매개변수로 기술된다. 그래서 직선운동, 평면운동 및 공간운동을

---

* $\tan\alpha = \dfrac{\overline{\mathrm{PQ}}}{\overline{\mathrm{OP}}} = \dfrac{50\ \mathrm{m}}{40\sqrt{2}\ \mathrm{m}} = 0.884 \quad \therefore\ \alpha = 41.5°$

각각 **일차원운동**(one-dimensional motion), **이차원운동**(two-dimensional motion) 및 **삼차원운동**(three-dimensional motion)이라 한다. 따라서 n차원운동(n-dimensional motion)에서는 n개의 서로 독립인 매개변수가 필요하다.

그림 1.15(a)에서 보는 바와 같이 직선 $\overline{\mathrm{OP}}$의 길이를 ρ라 하면

$$x = \rho\cos\phi,\quad y = \rho\sin\phi,\quad z = z$$

이고, 여기서 $\overline{\mathrm{OP}} = \rho$는 **그림 1.15(b)**에서 보는 바와 같이

$$\rho = r\sin\theta$$

로 주어진다. 따라서 직각좌표와 구면극좌표 사이에는

$$x = r\sin\theta\cos\phi,\quad y = r\sin\theta\sin\phi,\quad z = r\cos\theta \tag{1.17}$$

또는

$$r = \sqrt{x^2 + y^2 + z^2},\quad \tan\theta = \frac{\sqrt{x^2+y^2}}{z},\quad \tan\phi = \frac{y}{x}$$

의 관계가 성립한다.

예제 1.14 좌표

그림 1.16과 같은 xy 평면에 있는 점 P로 표현되는 물체의 위치를 직각좌표 및 극좌표로 표현하라. 눈금의 단위는 [m]이다.

풀이 | 점 P의 x좌표는 -3.5 m이고, y좌표는 -2.5 m이므로 점 P에 있는 물체의 위치는 직각좌표 P(-3.5m, -2.5m)로 표현된다. 원점으로부터 직선거리는 피타고라스 정리에 의하여

$$\rho = \sqrt{x^2+y^2} = \sqrt{(-3.5\ \mathrm{m})^2 + (-2.5\ \mathrm{m})^2} = 4.30\ \mathrm{m}$$

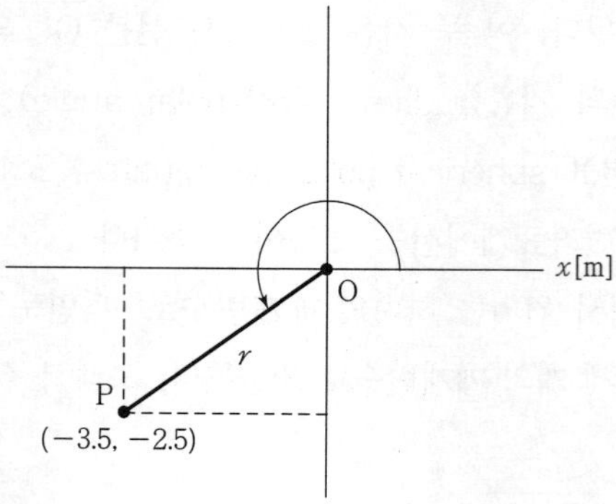

그림 1.16 점 P의 좌표

이고,

$$\tan\phi = \frac{y}{x} = \frac{-2.5\,\mathrm{m}}{-3.5\,\mathrm{m}} = 0.714 \qquad \therefore\ \phi = 35.5°$$

이다. 이 각은 음의 x축과 $\overline{\mathrm{OP}}$가 이루는 각이다. 점 P는 제3사분면에 있으므로, 기준선인 양의 x축으로부터 시계 반대 방향으로 잰 점 P의 극각 ϕ는 $\phi=35.5°$ 대신에,

$$\phi = 35.5° + 180° = 215.5°$$

이다(부록 D.14-3 참조). 따라서 물체의 위치는 극좌표로 P(4.3m, 215.5°)이다.

1.2.2 변위와 벡터

직선운동에서 변위는 직선상의 두 점 사이의 직선거리와 이동 방향으로 나타냈다. 크기와 방향이 있는 물리량이므로 방향이 있는 선분인 화살표로 나타내었다. 방향은 양(+), 음(−)의 두 방향뿐이었다.

평면운동에서 변위는 어떻게 나타내는 것이 좋을까? **그림 1.17**과 같이 독수리가 처음 시각 t_0[s]에 점 P에 있었는데 시간이 Δt[s] 흐른 뒤 시각 t[s]에 점 Q에 있었다면, 독수리가 Δt[s] 동안에 어떤 행로로 점 P에서 점 Q에 이르렀는지 전혀 모르고 단지 점 P에서 점 Q로 위치가 변했다는 것밖에 모른다. 그래서 Δt[s] 동안의 독수리의 운동을 기술하는 위치의 변화는 행로에는 관계없이, 직선운동에서와 같이 점 P에서 점 Q로 향하는 두 점 사이의 직선거리(또는 지름) 및 그 방향으로 나타내는 것이 편리하다. 이것이 평면운동에서 변위이다. 그래서 변위를 **그림 1.17**에서는 점 P에서 점 Q로 향하는 유향 선분인 화살표로 나타내고, 그 길이는 변위의 크기를, 화살촉은 변위의 방향을 각각 나타낸다. 문자로는 직선운동의 경우와 같이, 두 점의 문자를 방향 순서대로 쓰고 그 위에 화살표를 붙인다. 곧 $\overrightarrow{\mathrm{PQ}}$라 표시한다. 변위 $\overrightarrow{\mathrm{PQ}}$의 크기는 $|\overrightarrow{\mathrm{PQ}}|$ 또는 $\overline{\mathrm{PQ}}$라고 표기한다.

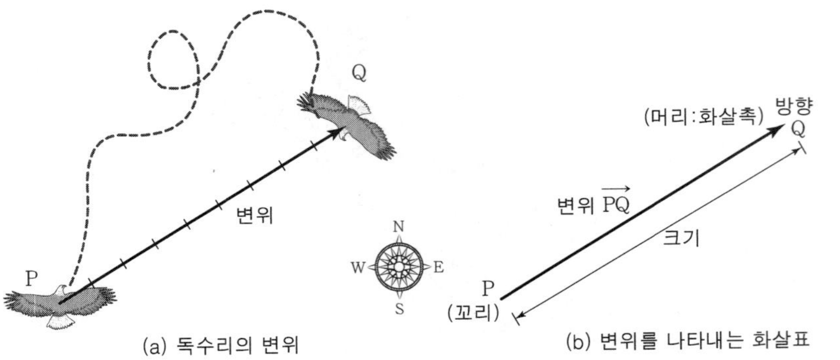

그림 1.17 독수리의 운동

○ 변위의 합성

어떤 두 변위의 크기 및 방향이 모두 같을 때 그 두 변위는 같다고 한다. 그러나 크기나 방향 중 어느 하나라도 같지 않으면 두 변위는 같지 않다.

지금 어떤 사람이 승용차를 타고 시각 t_0에 대구(점 D)를 출발하여 시각 t_1에 광주(점 K)에 도착하였다. 이 사람의 변위는 $\overrightarrow{DK}$로, 그 방향은 대구에서 광주를 향하는 방향이고, 그 크기는 대구에서 광주까지의 직선거리이다. 승용차의 행로에는 아무 관계가 없다. 만일 이 사람이 다시 대구로 왔다면 이때 변위는, 위치가 점 K에서 점 D로 변했으므로, $\overrightarrow{KD}$로 쓴다. 이 두 변위는 크기는 같으나 방향이 서로 반대이다. 이런 관계를

$$\overrightarrow{KD} = -\overrightarrow{DK}$$

로 표기한다.

광주에 간 사람이 시각 t_2에 제주(점 J)에 나타났다면 시간 $t_2 - t_1$ 동안의 변위는 $\overrightarrow{KJ}$인데, 이 경우 광주에서 제주에 갈 때 비행기로 갔는지 배로 갔는지 그 행로에는 무관하다. 시간 $t_2 - t_0$ 동안의 변위는, 시각 t_0에서의 위치(점 D)에서 시각 t_2에서의 위치(점 J)로 변했으므로, $\overrightarrow{DJ}$이다. 이 변위 $\overrightarrow{DJ}$는, 두 번의 변위 $\overrightarrow{DK}$ 및 $\overrightarrow{KJ}$의 결과이므로, 이들의 **합성변위** 또는 **합변위**(resultant displacement)라 한다. 곧

$$\overrightarrow{DK} + \overrightarrow{KJ} = \overrightarrow{DJ}$$

이다. 변위를 합성할 때에는 크기뿐만 아니라 방향도 고려되어야 한다. **그림 1.18**에서 두 변위

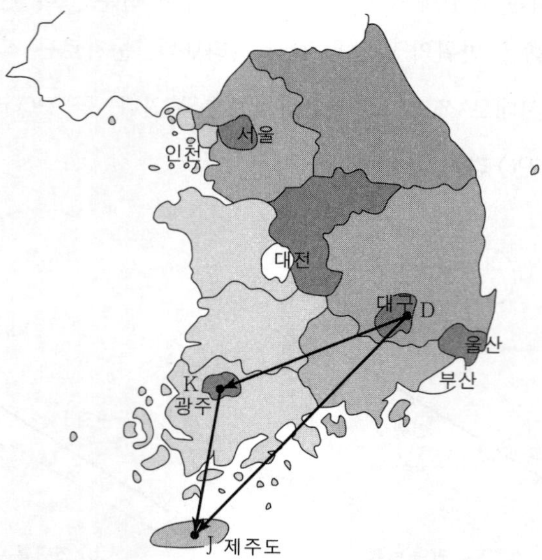

그림 1.18 변위 및 변위의 합성방법

의 합성방법을 읽을 수 있다. 곧

> **두 변위 $\overrightarrow{\mathrm{DK}}$ 및 $\overrightarrow{\mathrm{KJ}}$를 화살표로 나타내어, 변위 $\overrightarrow{\mathrm{DK}}$의 머리에 변위 $\overrightarrow{\mathrm{KJ}}$의 꼬리를 잇대었을 때, $\overrightarrow{\mathrm{DK}}$의 꼬리에서 $\overrightarrow{\mathrm{KJ}}$의 머리까지 이은 화살표가 합변위 $\overrightarrow{\mathrm{DK}}+\overrightarrow{\mathrm{KJ}}$ $=\overrightarrow{\mathrm{DJ}}$를 나타낸다.**

이와 같은 합성방법을 **삼각형법**이라 한다.

직선운동에서 변위도 크기와 방향이 있으면서 두 변위가 같은 방법으로 합성된다. 곧 한 변위를 나타내는 화살표의 머리에 다른 변위 화살표의 꼬리를 잇대었을 때 처음 변위의 꼬리에서 나중 변위의 머리를 잇는 화살표가 바로 합변위를 나타낸다(**그림 1.2** 참조).

예제 1.15 변위의 합성

어떤 물체의 운동을 xy좌표 평면에 표시하면 **그림 1.19**와 같다.

① 변위 $\overrightarrow{\mathrm{AB}}$ 및 두 변위 $\overrightarrow{\mathrm{AB}}$, $\overrightarrow{\mathrm{BC}}$의 합변위를 각각 구하라.

② 총 이동거리를 구하여 합변위의 크기와 비교하여라.

풀이 ① 점 A, 점 B 및 점 C의 좌표는 각각 (0.50 m, 0), (2.5 m, 2.0 m), (3.5 m, 0)이므로 변위 $\overrightarrow{\mathrm{AB}}$의 크기는 피타고라스 정리에 의하여

$$|\overrightarrow{\mathrm{AB}}|=\sqrt{(2.5\ \mathrm{m}-0.50\ \mathrm{m})^2+(2.0\ \mathrm{m}-0)^2}=2\sqrt{2}\ \mathrm{m}=2.83\ \mathrm{m}$$

이고 방향은 $\overrightarrow{\mathrm{AB}}$가 x축과 이루는 각을 ϕ라 하면

$$\tan\phi=\frac{\Delta y}{\Delta x}=\frac{(2.0\ \mathrm{m})-0}{(2.5\ \mathrm{m})-(0.50\ \mathrm{m})}=1.0$$

이므로 $\phi=45°$이다. 곧 $\overrightarrow{\mathrm{AB}}$는 북동쪽으로 약 2.8 m의 이동이다.

합변위는

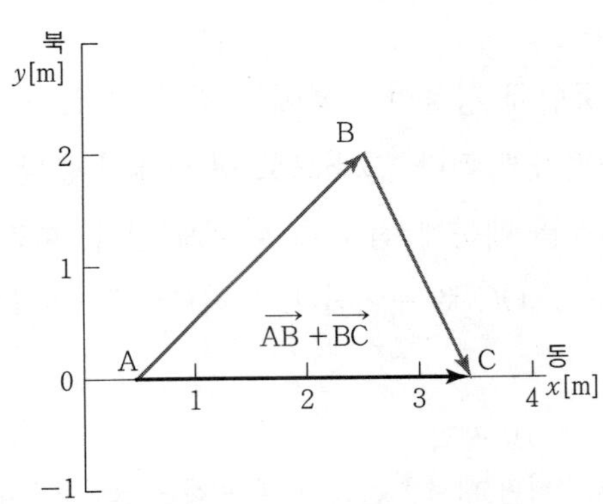

그림 1.19 변위의 합성

$$\overrightarrow{AB} + \overrightarrow{BC} = \overrightarrow{AC}$$

이므로 그 크기는

$$|\overrightarrow{AC}| = 3.5\,\text{m} - 0.50\,\text{m} = 3.0\,\text{m}$$

이고, 방향은 x축 방향이므로 동쪽이다. 곧 합변위는 동쪽으로 3.0 m의 이동이다.

② 두 변위의 크기가 각각

$$|\overrightarrow{AB}| = 2\sqrt{2}\,\text{m} = 2.83\,\text{m},$$

$$|\overrightarrow{BC}| = \sqrt{(3.5\,\text{m} - 2.5\,\text{m})^2 + (2.0\,\text{m} - 0)^2} = \sqrt{5}\,\text{m} = 2.24\,\text{m}$$

이므로 총 이동거리는

$$|\overrightarrow{AB}| + |\overrightarrow{BC}| = 2.83\,\text{m} + 2.24\,\text{m} = 5.07\,\text{m}^{*}$$

이다. 따라서 이동거리가 5.1 m이므로 합변위의 크기와 일치하지 않는다.

○ 벡터와 스칼라

자연현상에는 변위와 같이 크기뿐만 아니라 방향도 고려해 주어야 완전하게 기술되는 물리량이 많다. 그 중에 변위처럼 삼각형법으로 합성되는 것들을 **벡터양**(vector quantity) 또는 간단하게 **벡터**(vector)**라 하고, 크기만으로 충분히 기술되는 물리량을 **스칼라양**(scalar quantity) 또는 간단히 **스칼라**(scalar)***라 한다. 벡터인 물리량의 크기는 스칼라이다.

평면이나 공간운동에서 변위는 벡터의 좋은 보기이다. 변위의 방향성을 강조하기 위하여 **변위벡터**(displacement vector)라 부르기도 한다. 위치도 좋은 보기이다. 위치는 기준점으로부터 변위이기 때문에 위치도 벡터이다. 따라서 **위치벡터**(position vector)라고도 한다.

○ 속도의 합성

속도는 어떤 방법으로 합성될까? 잔잔한 물에서 2 m/s의 속도로 달릴 수 있는 보트가 1 m/s의 속도로 흐르고 있는 강물 위를 달리는 데 강물의 흐름에 수직으로 향하는 경우를 생각해보자(**그림 1.20** 참조).

이 경우 보트는 1초 동안에 강물의 흐름에 수직인 방향으로 2 m 이동하는 사이에 강물을 따라서 아래로 1 m 떠내려가게 된다. 그러므로 점 O에서 출발한 보트는 1초 후에 점 B에 도달 해야 하지만 강물의 흐름 때문에 점 C에 이르게 된다. 따라서 강 언덕에서 볼 때 보트의 1초 동안의 변위, 곧 속도는 $\overrightarrow{OC}$로 주어진다. 그러므로 강 언덕에서 본 보트의 속도 $\overrightarrow{OC}$는 잔

---

* 소단원 "0.5 측정값의 어림셈" ① 참조

** 벡터(vector)는 변위를 암시하며 나르개(carrier)를 뜻하는 라틴어 "vectus"에서 온 말이다.

*** 스칼라(scalar)는 사다리 또는 계단을 뜻하며 크기를 암시하는 라틴어 "scala"에서 온 말이다.

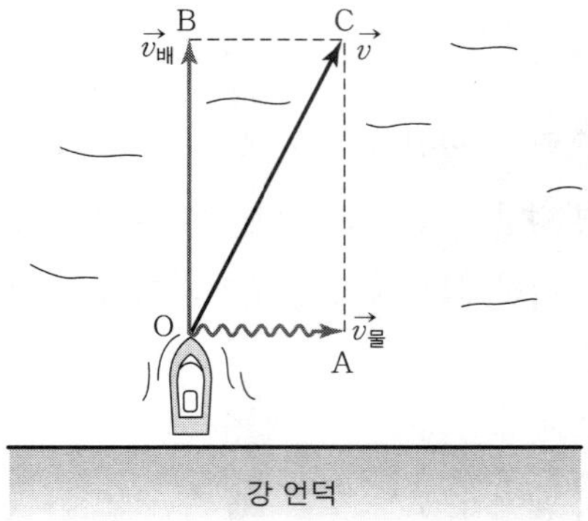

그림 1.20 속도의 합성

잔한 물에서 배의 속도 $\overrightarrow{OB}$와 강물의 속도 $\overrightarrow{BC}$가 삼각형법에 의하여 합성된 것임을 알 수 있다. 곧 속도는 변위와 같이 크기와 방향이 있으며 삼각형법으로 합성되므로, **속도는 벡터이다.**

◎ 벡터기호

직선운동에서는 벡터인 물리량의 방향이 두 가지뿐이므로 방향을 양(+), 음(−)으로 충분히 기술할 수 있다. 그러나 평면이나 공간운동에서 방향은 무수히 많으므로 기술할 때 특별한 기호가 필요하다.

벡터인 물리량을 하나의 문자 A로 나타낼 때, 그 문자를 $\mathbf{A}$ 또는 $\overrightarrow{A}$*로 표기한다. 그 크기는 문자의 명조체 A로 나타내거나, $|\overrightarrow{A}|$로 나타낸다. 예를 들면 위치벡터의 경우 보통 $\vec{r}$로, 그 크기는 지름 r로 나타낸다. 속도도 벡터이므로 속도벡터라 하고 $\vec{v}$로, 크기는 v로 나타낸다.

벡터의 필요충분조건

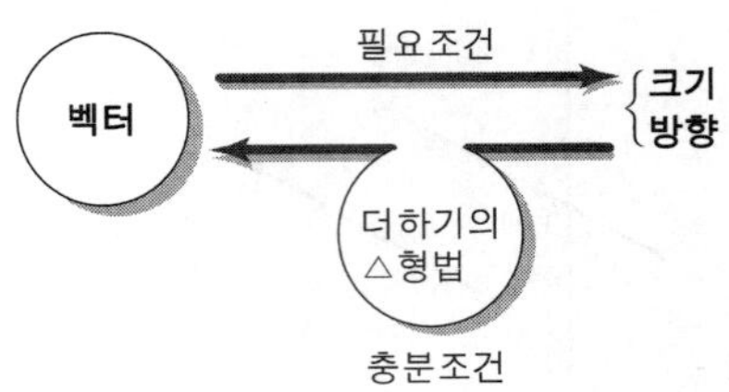

---

* "벡터 A"라고 읽는다.

1.2.3 벡터대수

벡터는 크기와 방향이 있으면서 변위와 같이 삼각형법으로 더하기되는 물리량으로 정의된다. 따라서 크기뿐만 아니라 방향을 가진다는 것은 벡터이기 위한 필요조건은 되지만 충분조건은 되지 못한다. 여기에 벡터 더하기의 정의가 추가되어야 한다.

○ 벡터의 동등성

두 벡터 $\vec{A}$, $\vec{B}$의 크기와 방향이 모두 같을 때 두 벡터는 같다고 한다. 곧

$$\vec{A}=\vec{B} \rightleftarrows \begin{cases} |A|=|B| \\ \text{같은 방향} \end{cases}$$

여기서 '같은 방향'은 서로 나란하고 같은 '쪽'을 향함을 뜻한다. 예를 들면, **그림 1.21**에 있는 화살표는 서로 길이가 같고 방향이 같다. 따라서 이들이 나타내는 벡터는 동등하다. 이 사실은, 벡터는 나란히 옮겨도 좋다는 것을 뜻한다.

크기는 같더라도 방향이 다르면 두 벡터는 다르다. 또, 방향이 같더라도 크기가 다르면 두 벡터는 서로 같지 않다. 따라서 한 벡터에 스칼라를 곱한 것은 다른 벡터이다. 예를 들어 $2\vec{A}$는 방향이 $\vec{A}$와 같으나 크기가 $|\vec{A}|$의 2배이기 때문에 $\vec{A}$와 다른 벡터이다. 일반적으로

$$s\vec{A}=\vec{A}s \neq \vec{A} \qquad (s : \text{스칼라})$$

이다. 또,

$$s(\vec{A}+\vec{B})=s\vec{A}+s\vec{B} \tag{1.18}$$

이다. 이를 벡터와 스칼라의 곱에 대한 **분배법칙**(distribution law)이라 한다.

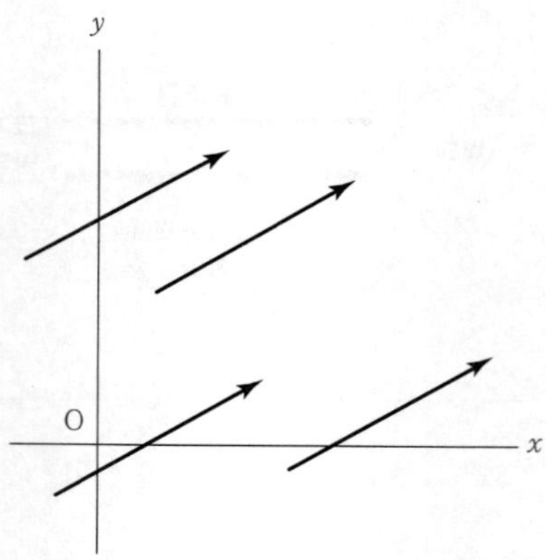

그림 1.21 크기와 방향이 같은 벡터

벡터의 합성

두 벡터 $\vec{A}$, $\vec{B}$는 변위와 같이 삼각형법으로 합성된다(**그림 1.22** 참조). 합성된 하나의 벡터 $\vec{R}$를 두 벡터 $\vec{A}$, $\vec{B}$의 **합벡터**(resultant vector)라 한다. 곧

> $\vec{A}$에 $\vec{B}$를 더하는 경우, $\vec{A}$를 나타내는 화살표의 머리에 $\vec{B}$를 나타내는 화살표의 꼬리를 잇대었을 때, $\vec{A}$의 꼬리에서 $\vec{B}$의 머리까지 이은 화살표가 합벡터 $\vec{A}+\vec{B}=\vec{R}$ 이다.

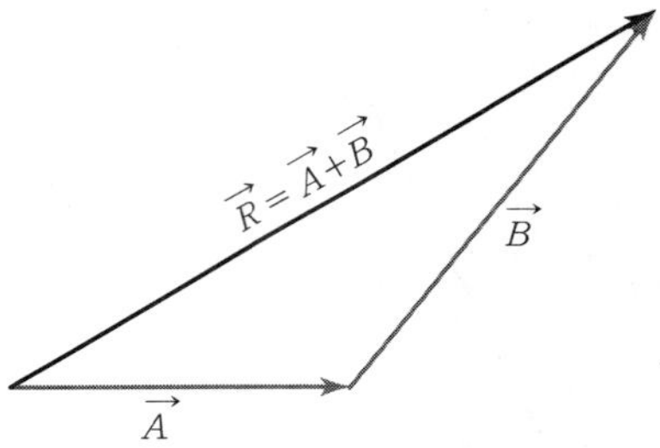

그림 1.22 벡터 합성의 삼각형법

평행사변형법

벡터의 동등성의 정의에서, 벡터는 나란히 옮김에 대해서 불변이므로 **그림 1.22**에서 벡터 $\vec{B}$를 나란히 옮겨 벡터 $\vec{A}$, $\vec{B}$의 꼬리를 서로 한 점에 모으면 **그림 1.23(a)**와 같이 된다. 곧

> 두 벡터 $\vec{A}$, $\vec{B}$의 화살표 꼬리를 한 점에 맞대었을 때, 이들을 이웃하는 두 변으로 하는 평행사변형의 그 꼬리점을 지나는 대각선의 화살표가 나타내는 벡터가 합벡터 $\vec{A}+\vec{B}=\vec{R}$ 이다.

이를 벡터합성의 **평행사변형법**(parallelogram method)이라 한다.

그림 1.22와 같이 $\vec{A}$의 머리에 $\vec{B}$의 꼬리를 잇대어서 얻는 벡터의 합성을 $\vec{A}+\vec{B}$라 하면, $\vec{B}+\vec{A}$는 $\vec{B}$의 머리에 $\vec{A}$의 꼬리를 잇대어 합성하는 경우이다. 그래서 **그림 1.23(b)**로부터

$$\vec{A}+\vec{B}=\vec{B}+\vec{A}$$

임을 알 수 있다. 곧 두 벡터를 합성할 때 더하기 순서에는 아무관계가 없다. 이를 벡터 더하

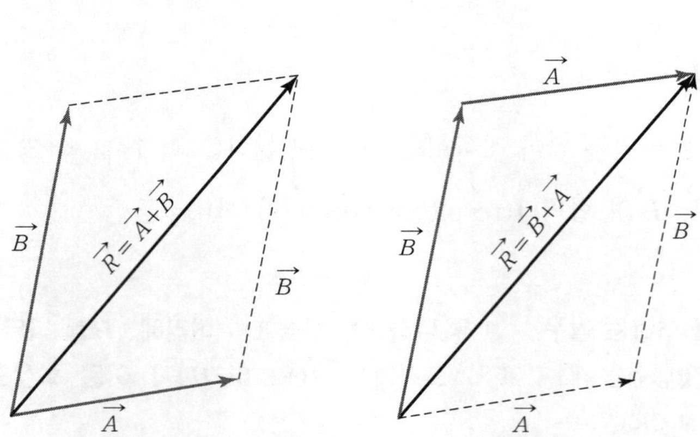

(a) 벡터 합성의 평생사변형법 (b) 교환법칙의 설명

그림 1.23 벡터 합성의 평행사변형법

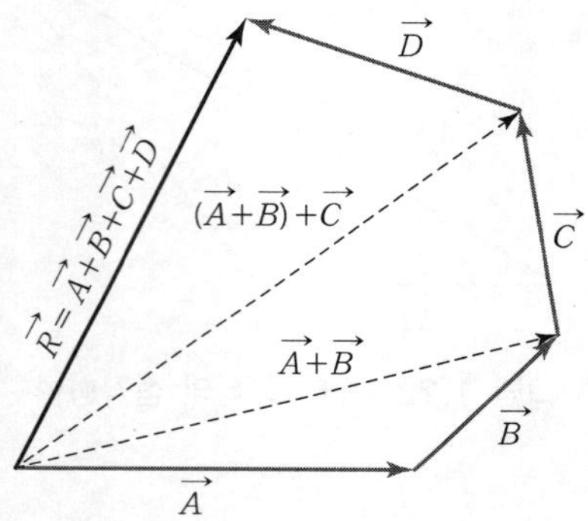

그림 1.24 여러 개 벡터의 합성

기에 대한 **교환법칙**(commutative law)이라 한다.

삼각형법으로 여러 개의 벡터를 합성할 수 있다. 벡터 $\vec{A}$, $\vec{B}$, $\vec{C}$, $\vec{D}$의 합성은, 먼저 삼각형법에 의하여 $\vec{A}+\vec{B}=\vec{R}_{AB}$를 구하고, 다음에 $\vec{R}_{AB}+\vec{C}=\vec{R}_{ABC}$, $\vec{R}_{ABC}+\vec{D}=\vec{R}$를 차례로 구한다. 그러면 벡터 $\vec{R}$는

$$\vec{A}+\vec{B}+\vec{C}+\vec{D}=\vec{R}$$

임을 알 수 있다. 이것은 **그림 1.24**에서 확인된다.

여러 개의 벡터를 합성할 때, 짝 지우는 방법에 무관하다. 곧

$$(\vec{A}+\vec{B})+\vec{C}=\vec{A}+(\vec{B}+\vec{C})$$

이다. 이를 벡터 더하기에 대한 **결합법칙**(associative law)이라 한다. 이것은 **그림 1.25**에서 밝혀진다.

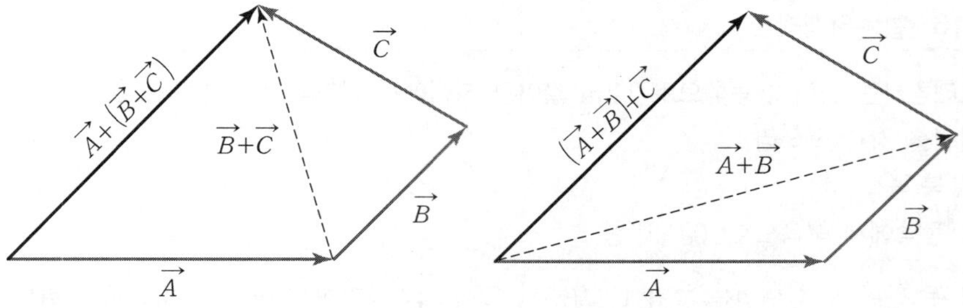

(a) $\vec{A}+(\vec{B}+\vec{C})$ (b) $(\vec{A}+\vec{B})+\vec{C}$

그림 1.25 벡터의 결합법칙

만일 $\vec{B}$가 $\vec{A}$와 크기는 같으나 방향이 반대이면

$$\vec{B}=-\vec{A}$$

이다. 이 경우 특별히 두 벡터는 **반평행**(antiparallel)이라 한다. 이를 이용하면 벡터의 빼기를 벡터의 합성으로 구할 수 있다. 곧

$$\vec{A}-\vec{B}=\vec{A}+(-\vec{B})$$

이다. **그림 1.26**은 이것을 구하는 기하학적 방법을 제시해준다. **그림 1.26(a)**는 삼각형법에 의한 방법을, **그림 1.26(b)**는 평행사변형법에 의한 방법을 보여준다. 그 결과는 다같이 아래와 같은 결론을 제시한다(**그림 1.26(c)** 참조).

두 벡터 $\vec{A}$, $\vec{B}$의 화살표 꼬리를 한 점에서 모았을 때, $\vec{B}$의 화살표 머리에서 $\vec{A}$의 화살표머리로 향하는 화살표가 나타내는 벡터가 $\vec{A}-\vec{B}=\vec{R}$ 이다.

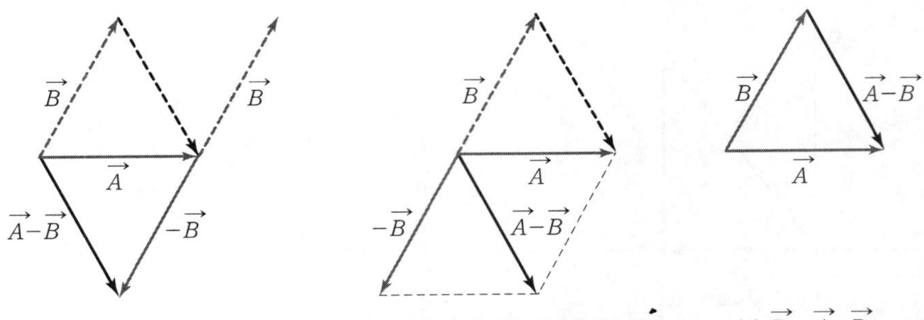

(a) 두 벡터를 잇대었을 때 (삼각형법) (b) 두 벡터의 꼬리를 맞대었을 때 (평행사변형법) (c) $\vec{R}=\vec{A}-\vec{B}$

그림 1.26 $\vec{R}=\vec{A}-\vec{B}$의 설명

예제 1.16 합변위벡터

트래킹하는 사람이 동쪽으로 3 km 걸어간 지점에서 아래와 같은 방향으로 4 km 걸어간 경우의 변위를 각각 구하라.

① 북쪽

② 동쪽에서 북쪽으로 60° 방향

풀이 ① 두 변위 및 합변위는 **그림 1.27(a)**와 같이 직각삼각형을 이룬다. 따라서 합변위의 크기는 피타고라스 정리에 의하여

$$R=\sqrt{(3\text{ km})^2+(4\text{ km})^2}=5\text{ km}$$

이고, 방향은 합변위벡터가 동쪽 방향과 이루는 각을 ϕ라 하면

$$\tan\phi=\frac{4\text{ km}}{3\text{ km}}=1.33$$

이므로 $\phi=53°$이다. 따라서 합변위는 동쪽에서 북쪽으로 53° 방향으로 5 km 이동이다.

② 두 변위 및 합변위로 둘러싸인 삼각형은 **그림 1.27(b)**와 같다. 코사인 제2법칙

$$R^2=A^2+B^2-2AB\cos\theta_R$$

에 의하여

$$R=\sqrt{(3\text{ km})^2+(4\text{ km})^2-2\times(3\text{ km})\times(4\text{ km})\times(\cos 120°)}=6.08\text{ km}$$

이다. 한편 방향은 사인법칙

$$\frac{B}{\sin\theta}=\frac{R}{\sin\theta_R}$$

에 의하여

$$\sin\theta=\frac{B\sin\theta_R}{R}=\frac{(4\text{ km})\times(\sin 120°)}{6.08\text{ km}}=0.570\quad\therefore\ \theta=35°$$

이다. 따라서 합변위벡터는 동쪽에서 북쪽으로 35° 방향으로 6.1 km 이동이다.

이 문제를 눈금종이에 눈금을 잡아서(1 km → 1 cm) **그림 1.27**과 같이 그래프를 그려서 구하는 그래프의 방법도 좋은 방법이다.

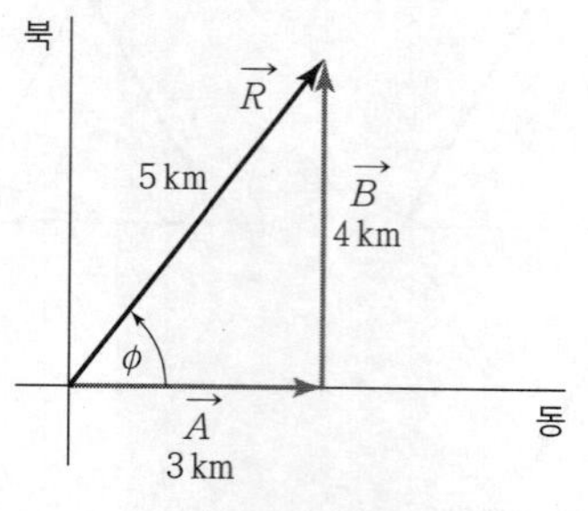

(a) 북쪽으로 이동

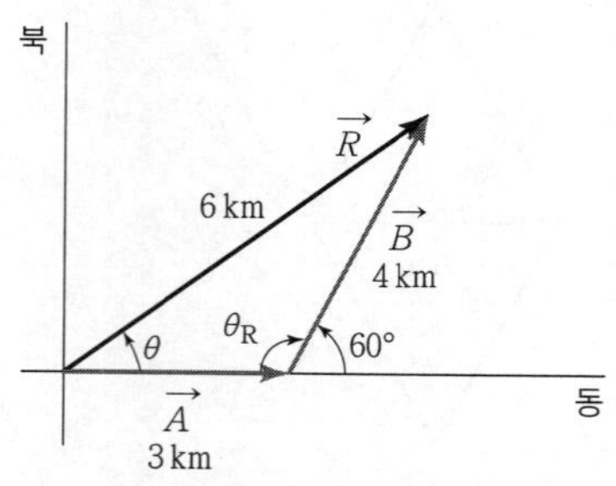

(b) 동쪽에서 북쪽으로 60°방향으로 이동

그림 1.27 합변위 구하기

◎ 벡터의 분해

이제까지 우리는 여러 개의 벡터를 합성하여 하나의 벡터, 곧 합벡터를 구하는 방법 ($\vec{A}+\vec{B} \Rightarrow \vec{R}$)을 생각했다. 이제 역으로 하나의 벡터를 다른 여러 개의 벡터들의 합성으로 생각하는 것이 편리할 때가 있다. 곧 $\vec{R}$를 두 개의 벡터 $\vec{A}$, $\vec{B}$의 합으로 생각할 수 있다.

$$\vec{R} \Rightarrow \vec{A}+\vec{B}$$

이 과정을 **벡터의 분해**(decomposition of vector)라 하고, 벡터 $\vec{A}$, $\vec{B}$를 벡터 $\vec{R}$의 **성분벡터**(component vector)라 한다. 한 벡터의 성분벡터는 여러 개 있을 수 있다. 그러나 서로 직교하는 성분벡터로 분해하는 것이 매우 편리하다. 보통 직각좌표축 방향의 성분벡터들로 분해한다.

평면운동에서는 보통 x축 및 y축 방향의 성분벡터로 분해한다. 벡터 $\vec{A}$의 x축 및 y축 방향의 성분벡터를 각각 $\vec{A}_x$, $\vec{A}_y$라 하면

$$\vec{A}=\vec{A}_x+\vec{A}_y$$

이다. 각 성분벡터의 크기 A_x, A_y를 각각 벡터 $\vec{A}$의 ***x*성분**, ***y*성분**이라 한다. 특히 이들을 직각 성분(rectangular component)이라고도 한다. 벡터 $\vec{A}$가 주어지면, $\vec{A}$와 x축과 이루는 각을 ϕ라 하면 각 성분은

$$A_x=A\cos\phi,\quad A_y=A\sin\phi$$

로 주어진다. 역으로 각 성분 A_x, A_y이 주어지면 벡터 $\vec{A}$를 얻는다. 곧 그 크기 및 방향은 각각

$$A=\sqrt{A_x^2+A_y^2}\,,\quad \tan\phi=\frac{A_y}{A_x}$$

로 주어진다(**그림 1.28** 참조).

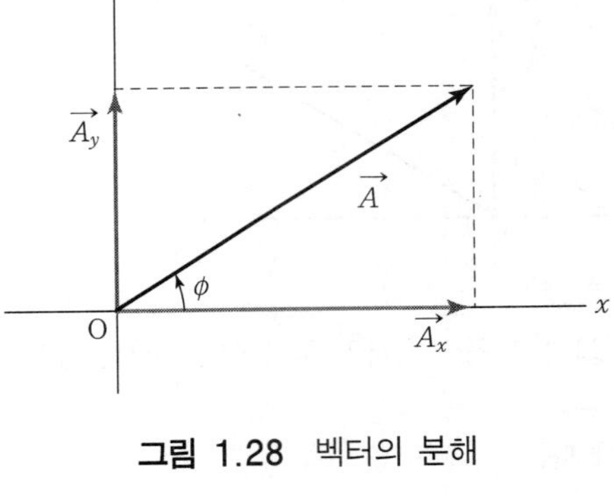

그림 1.28 벡터의 분해

○ 단위벡터

벡터 $\vec{A}$의 방향으로 크기가 1 (또는 단위)인 벡터를 벡터 $\vec{A}$ 방향의 단위벡터(unit vector)라 하고 $\hat{A}$*로 표기한다. 곧

$$\hat{A} = \frac{\vec{A}}{A} \quad \text{또는} \quad \vec{A} = \hat{A}A$$

이다. 이 식의 오른쪽은 벡터 $\vec{A}$의 단위벡터에 그 크기 A를 곱한 것으로, 마치 10 m는 길이의 단위인 1 m에 10배한 것이라는 것과 같다. 모든 벡터는 그 방향의 단위벡터에 그 크기를 곱한 것으로 나타낼 수 있다.

○ 바탕벡터

평면운동의 경우 직각좌표 축 방향의 단위벡터를 각각 $\hat{x}$, $\hat{y}$ 또는 $\hat{i}$, $\hat{j}$로 나타낸다. 이들을 **바탕벡터**(base vector)라 하고, 이 두 개의 바탕벡터의 집합$\{\hat{x}, \hat{y}\}$ 또는$\{\hat{i}, \hat{j}\}$를 통틀어서 이차원공간의 **바탕**(basis)이라 한다.

이차원공간에서 바탕을 $\{\hat{i}, \hat{j}\}$라 하면, 벡터 $\vec{A}$의 x축 및 y축 방향의 성분벡터는 각각

$$\vec{A}_x = \hat{i}A_x, \quad \vec{A}_y = \hat{j}A_y$$

이므로 벡터 $\vec{A}$는 성분별로

$$\vec{A} = \hat{i}A_x + \hat{j}A_y$$

로 표현된다.

일반적으로 성분 $\{A_x, A_y\}$를 바탕$\{\hat{i}, \hat{j}\}$에서 벡터 $\vec{A}$의 **표현**(representation)이라 한다.

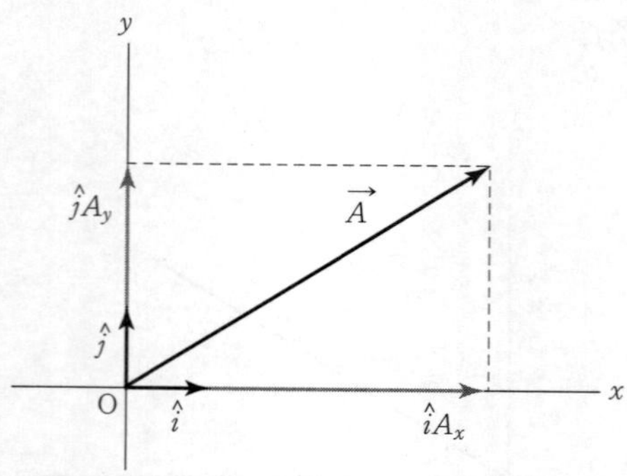

그림 1.29 벡터의 직각 성분(이차원공간)

---

* $\hat{A}$를 "고깔 A(hat A)"라고 읽는다.

예제 1.17 성분에 의한 합벡터 표현

두 벡터 $\vec{A}$, $\vec{B}$의 합벡터를 $\vec{R}$라 하면 $\vec{R}$를 두 벡터의 직각 성분으로 나타내어라.

풀이 | 합벡터 $\vec{R}$는

$$\vec{R}=\vec{A}+\vec{B}$$

인데, 이 경우 두 벡터 $\vec{A}$, $\vec{B}$는 벡터 $\vec{R}$의 성분벡터이다. 이들 벡터의 직각 성분은 각각

$$\vec{A}=\hat{i}A_x+\hat{j}A_y,\quad \vec{B}=\hat{i}B_x+\hat{j}B_y,\quad \vec{R}=\hat{i}R_x+\hat{j}R_y$$

이므로

$$\begin{aligned}\hat{i}R_x+\hat{j}R_y &=(\hat{i}A_x+\hat{j}A_y)+(\hat{i}B_x+\hat{j}B_y)\\ &=(\hat{i}A_x+\hat{i}B_x)+(\hat{j}A_y+\hat{j}B_y)\\ &=\hat{i}(A_x+B_x)+\hat{j}(A_y+B_y)\end{aligned}$$

이다. 따라서

$$R_x=A_x+B_x\ ,\quad R_y=A_y+B_y$$

이다. 곧 합벡터 $\vec{R}$의 각 성분은 성분벡터 $\vec{A}$, $\vec{B}$의 각 성분의 합과 같다. 이 사실은 **그림 1.30**에서도 확인된다.

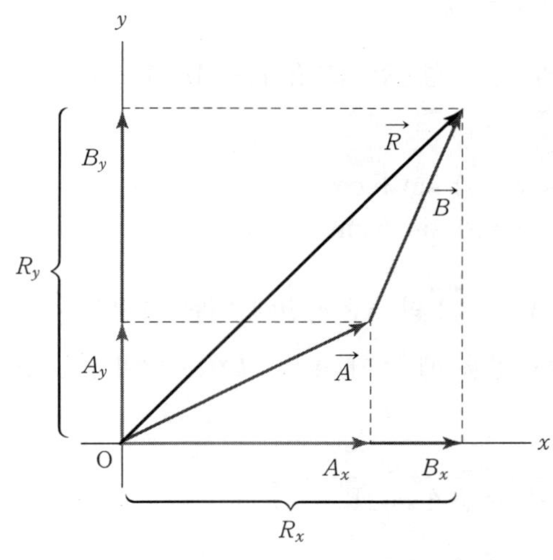

그림 1.30 합벡터의 직각 성분

○ 삼차원공간

삼차원공간의 경우에는 이차원공간 문제에 직각좌표의 세 번째 좌표 z축을 추가해 주면된다. 세 번째 바탕벡터를 $\hat{z}$ 또는 $\hat{k}$라 하면 삼차원공간의 직각좌표계의 바탕은 $\{\hat{x},\ \hat{y},\ \hat{z}\}$

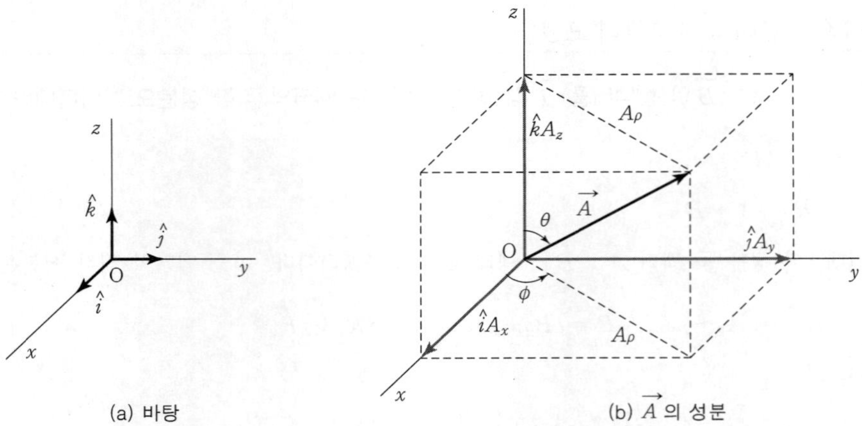

그림 1.31 벡터의 직각 성분(삼차원공간)

또는 $\{\hat{i}, \hat{j}, \hat{k}\}$이다(**그림 1.31(a)** 참조). 삼차원공간의 세 번째 성분벡터가

$$\vec{A}_z = \hat{k} A_z$$

이므로 벡터 $\vec{A}$는

$$\vec{A} = \hat{i} A_x + \hat{j} A_y + \hat{k} A_z$$

로 표현된다. 이 벡터의 직각 성분은, **그림 1.31(b)**에서 보는 바와 같이

$$\begin{aligned} A_z &= A \cos \theta \\ A_x &= A_\rho \cos \phi = A \sin \theta \cos \phi \\ A_y &= A_\rho \sin \phi = A \sin \theta \sin \phi \end{aligned}$$

로 주어진다. 여기서 A_ρ는 $\vec{A}$의 xy 평면에 내린 그림자의 크기로 $A_\rho = A \sin \theta$이다.

역으로 각 성분이 주어졌을 때 벡터 $\vec{A}$의 크기는 **그림 1.31(b)**에서 보는 바와 같이 피타고라스 정리에 의하여

$$A = \sqrt{A_\rho^2 + A_z^2} = \sqrt{A_x^2 + A_y^2 + A_z^2}$$

이고, $\vec{A}$의 방향을 결정해 주는 극각 θ 및 방위각 ϕ는 각각

$$\tan \theta = \frac{A_\rho}{A_z} = \frac{\sqrt{A_x^2 + A_y^2}}{A_z}$$

$$\tan \phi = \frac{A_y}{A_x}$$

로 주어진다.

1.2.4 속도벡터 및 가속도벡터

달리는 자동차의 순간속도의 크기는 속도계가 가리키는 빠르기이고, 그 방향은 나침반의 자침이 가리키는 방향이다. 평면에서 직선운동을 할 때에는 자침이 움직이지 않고 일정한 방향을 가리킬 것이다. 때로는 순간마다 그 방향이 변한다. 이것은 순간마다 운동방향이 변한다는 것을 뜻한다. 이 경우, 자동차는 어떤 운동을 하는지 알아보자.

평면에서 운동하는 자동차의 순간마다의 위치 또는 좌표 (x, y)를 xy 평면에 점으로 찍어서 연결하면 자동차가 지나간 길을 나타내는 그래프를 얻는다. 그 그래프가 직선인 경우도 있지만 곡선인 경우도 많다. 앞의 경우에는 자동차는 **직선운동**(rectilinear motion), 뒤의 경우에는 **곡선운동**(curvilinear motion)을 한다고 하고, 이 곡선을 **궤도곡선**이라 한다.

속도벡터

어떤 자동차의 궤도 곡선이 **그림 1.32**와 같다고 한다. 시각 t_0에서 위치가 점 P이고, 다른 시각 t에서 위치는 점 Q이다. 두 점의 위치벡터를 각각

$$\overrightarrow{OP} = \vec{r}(t_0), \quad \overrightarrow{OQ} = \vec{r}(t)$$

라 하면, 시간 $\Delta t = t - t_0$ 동안의 변위벡터는

$$\Delta\vec{r} = \vec{r}(t) - \vec{r}(t_0) = \vec{r}(t_0 + \Delta t) - \vec{r}(t_0)$$

이고, 시간 Δt 동안의 **평균속도벡터**는

$$\langle \vec{v} \rangle = \frac{\Delta\vec{r}}{\Delta t}$$

로 정의한다. 이것은 변위벡터 $\Delta\vec{r}$에 스칼라 $\frac{1}{\Delta t}$을 곱한 것으로 방향은 $\Delta\vec{r}$와 같고, 크기는

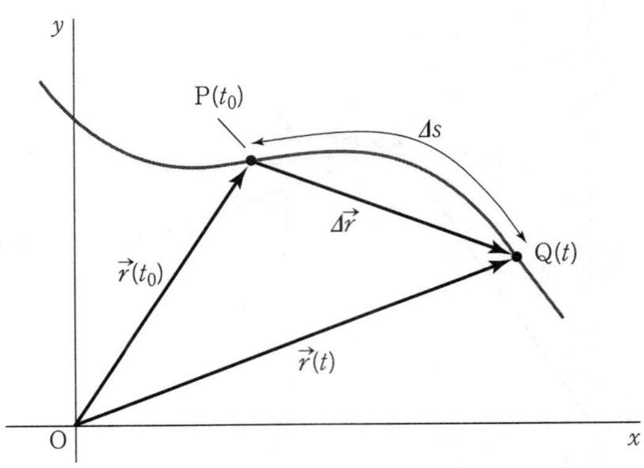

그림 1.32 궤도곡선과 위치벡터, 변위벡터

$\frac{|\Delta \vec{r}|}{\Delta t}$ 이다. 여기서 $|\Delta \vec{r}|$는 변위벡터의 크기로, **그림 1.32**에서 보는 바와 같이, 선분 $\overline{PQ}$의 길이와 같고, 실제로 궤도곡선을 따라서 시간 Δt 동안 이동한 거리 $\Delta s\,(\widehat{PQ})$와 같지는 않다. 따라서 평균속도의 크기 $\frac{|\Delta \vec{r}|}{\Delta t}$ 는 **평균속력**

$$\langle \mathbb{V} \rangle = \frac{\Delta s}{\Delta t}$$

와 같지 않다.

시각 t_0 또는 점 P에서 **순간속도벡터**는 직선운동에서와 같은 방법으로 극한 $\Delta t \to 0$에서 평균속도벡터의 극한값

$$\vec{v}(t_0) = \lim_{\Delta t \to 0} \frac{\Delta \vec{r}}{\Delta t} = \lim_{\Delta t \to 0} \frac{\vec{r}(t_0 + \Delta t) - \vec{r}(t_0)}{\Delta t} \equiv \left[\frac{d\vec{r}(t)}{dt} \right]_{t = t_0}$$

로 정의한다. 오른쪽은 위치벡터 $\vec{r}(t)$의 $t = t_0$에서 시간에 대한 미분계수이다.

그림 1.33은 시간 Δt가 점점 작아짐에 따라 변위벡터가 변하는 모양을 나타낸다. 시간 Δt가 점점 작아짐에 따라 변위벡터의 크기 $|\Delta \vec{r}|$는 궤도곡선을 따라 이동한 거리 Δs와 점점 같아지고, 변위벡터의 방향도 점점 변하여 $\Delta t \to 0$의 극한에서 점 P에서 접선 $\overline{PT}$ 의 방향과 같아진다. 곧 점 P에서 순간속도벡터의 방향은 점 P에서 접선 방향이고, 그 크기는

$$|\vec{v}| = \left| \lim_{\Delta t \to 0} \frac{\Delta \vec{r}}{\Delta t} \right| = \lim_{\Delta t \to 0} \frac{\Delta s}{\Delta t}$$

이다. 우변은 시각 t에서 기준점으로부터 궤도곡선을 따라서 이동한 거리를 $s(t)$라 하면

$$\Delta s = s(t) - s(t_0) = s(t_0 + \Delta t) - s(t_0)$$

이므로, 시간 $\Delta t = t - t_0$ 동안의 평균속력

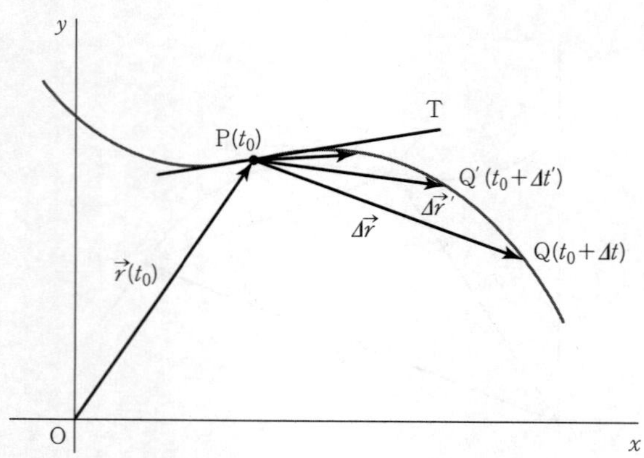

그림 1.33 순간속도벡터의 방향

$$\langle \mathbb{V} \rangle = \frac{\Delta s}{\Delta t}$$

의 $\Delta t \to 0$에서 극한값으로 점 P에서 순간속력이다. 곧 순간속력은

$$\mathbb{V}(t_0) = \lim_{\Delta t \to 0} \frac{\Delta s}{\Delta t} = \lim_{\Delta t \to 0} \frac{s(t_0 + \Delta t) - s(t_0)}{\Delta t} \equiv \left[\frac{ds(t)}{dt} \right]_{t=t_0}$$

로 주어진다. 따라서

순간속도벡터의 크기는 순간속력과 같고, 방향은 그 점에서 궤도곡선의 접선 방향과 같다.

속도벡터의 직각 성분

그림 1.34에서와 같이 궤도 곡선상의 임의의 시각 t에서 한 점 P의 직각좌표를 $(x(t), y(t))$라 하면, 바탕 $\{\hat{i}, \hat{j}\}$에서 점 P의 위치벡터 $\vec{r}(t)$를 그 직각 성분으로 표현할 수 있다. 곧

$$\vec{r}(t) = \hat{i}x(t) + \hat{j}y(t) \tag{1.19}$$

이다. 일반적으로 특정한 시각 $t = t_0$에서 위치벡터 $\vec{r}(t_0)$와 구별해서 임의의 시각 t에서 위치벡터 $\vec{r}(t)$를 **위치벡터함수**(position vector function)라 하기도 한다.

그림 1.34에서 점 Q를 점 P로부터 시간 Δt 후의 위치라 하면 점 Q의 위치벡터는

$$\vec{r}(t+\Delta t) = \hat{i}x(t+\Delta t) + \hat{j}y(t+\Delta t)$$

로 주어진다. 따라서 시간 Δt 동안의 변위벡터는

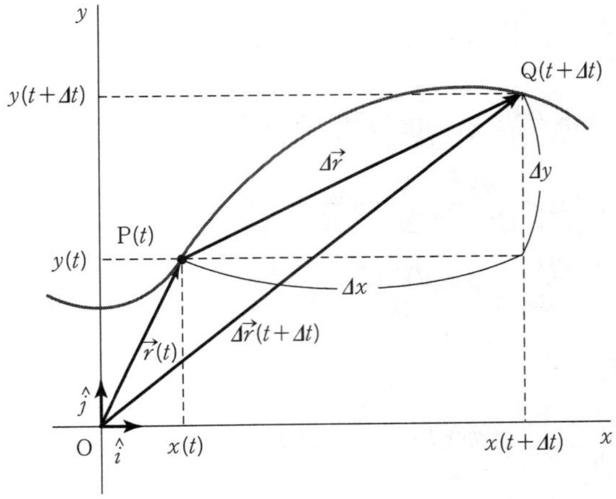

그림 1.34 속도벡터의 직각 성분

$$\Delta\vec{r} = \vec{r}(t+\Delta t) - \vec{r}(t) = \{\hat{i}x(t+\Delta t) + \hat{j}y(t+\Delta t)\} - \{\hat{i}x(t) + \hat{j}y(t)\}$$
$$= \hat{i}\{x(t+\Delta t) - x(t)\} + \hat{j}\{y(t+\Delta t) - y(t)\}$$
$$= \hat{i}\Delta x + \hat{j}\Delta y$$

로 주어진다.

따라서 평균속도벡터는

$$\langle \vec{v} \rangle = \frac{\Delta\vec{r}}{\Delta t} = \frac{\hat{i}\Delta x + \hat{j}\Delta y}{\Delta t} = \hat{i}\frac{\Delta x}{\Delta t} + \hat{j}\frac{\Delta y}{\Delta t}$$

가 된다. 직각 성분

$$\left\{\frac{\Delta x}{\Delta t},\ \frac{\Delta y}{\Delta t}\right\}$$

는 평균속도벡터 $\langle \vec{v} \rangle$의 바탕 $\{\hat{i},\ \hat{j}\}$에서 표현이고, 보통

$$\frac{\Delta x}{\Delta t} \equiv \langle v \rangle_x, \quad \frac{\Delta y}{\Delta t} \equiv \langle v \rangle_y$$

라 둔다.

순간속도벡터는

$$\vec{v}(t) = \lim_{\Delta t \to 0}\frac{\Delta\vec{r}}{\Delta t} = \lim_{\Delta t \to 0}\frac{\vec{r}(t+\Delta t) - \vec{r}(t)}{\Delta t} \equiv \frac{d\vec{r}(t)}{dt}$$

로 주어진다. 곧

임의의 시각 t에서 속도벡터는 위치벡터의 시간에 대한 도함수이다.

이 도함수는 성분별로 표현할 수 있다. 곧

$$\frac{d\vec{r}(t)}{dt} = \lim_{\Delta t \to 0}\frac{\Delta\vec{r}}{\Delta t} = \lim_{\Delta t \to 0}\left\{\hat{i}\frac{\Delta x}{\Delta t} + \hat{j}\frac{\Delta y}{\Delta t}\right\}$$
$$= \hat{i}\lim_{\Delta t \to 0}\frac{\Delta x}{\Delta t} + \hat{j}\lim_{\Delta t \to 0}\frac{\Delta y}{\Delta t}$$
$$= \hat{i}\frac{dx(t)}{dt} + \hat{j}\frac{dy(t)}{dt}$$

이다. 따라서 속도벡터는

$$\vec{v}(t) = \frac{d\vec{r}(t)}{dt} = \hat{i}\frac{dx(t)}{dt} + \hat{j}\frac{dy(t)}{dt} \tag{1.20}$$

이다. 직각 성분

$$\left\{\frac{dx(t)}{dt},\ \frac{dy(t)}{dt}\right\}$$

는 속도벡터의 바탕 $\{\hat{i},\ \hat{j}\}$에서 표현이고, 보통

$$\frac{dx(t)}{dt} \equiv v_x(t), \quad \frac{dy(t)}{dt} \equiv v_y(t) \tag{1.21}$$

라 둔다. 따라서 속도벡터는 직각 성분으로

$$\vec{v}(t) = \hat{i}\,v_x(t) + \hat{j}\,v_y(t)$$

와 같이 표현된다. 보통, 특정한 시각 $t = t_0$에서 속도벡터 $\vec{v}(t_0)$와 구별해서 임의의 시각 t에서 순간속도벡터 $\vec{v}(t)$를 **속도벡터함수**(velocity vector function)라고도 한다.

예제 1.18 배의 속도벡터

잔잔한 호수에 떠 있는 돛단배가 출발점으로부터 처음 1분 후에는 위치 $(x_1,\ y_1) = (110\text{ m},\ 218\text{ m})$에 있더니, 그 다음 2분 후에는 위치 $(x_2,\ y_2) = (130\text{ m},\ 206\text{ m})$에 있었다.

① 두 시각에서 돛단배의 위치벡터를 구하라.
② 이 시간 동안의 변위벡터 및 평균속도벡터를 구하라.
③ 평균속도벡터의 크기 및 방향을 구하라.
④ 돛단배의 위치가 시간($t \geq 20.0$ s)에 따른 함수

$$x(t) = 100\text{ m} + (0.167\text{ m/s})t,\quad y(t) = 200\text{ m} + \frac{1080\text{ m}\cdot\text{s}}{t}$$

로 주어진다. 출발한 지 60.0초인 순간의 속도를 구하라.

풀이 | ① 처음 및 나중 위치벡터를 각각 $\vec{r}_1$, $\vec{r}_2$라 하면 직각좌표에서

$$\vec{r}_1 = \hat{i}x_1 + \hat{j}y_1 = \hat{i}(110\text{ m}) + \hat{j}(218\text{ m})$$
$$\vec{r}_2 = \hat{i}x_2 + \hat{j}y_2 = \hat{i}(130\text{ m}) + \hat{j}(206\text{ m})$$

이다.

② 2분 동안의 변위벡터는

$$\Delta\vec{r} = \vec{r}_2 - \vec{r}_1 = \hat{i}(130\text{ m} - 110\text{ m}) + \hat{j}(206\text{ m} - 218\text{ m})$$
$$= \hat{i}(20.0\text{ m}) - \hat{j}(12.0\text{ m})$$

이다. 평균속도벡터는

$$\langle\vec{v}\rangle = \frac{\Delta\vec{r}}{\Delta t} = \hat{i}\left(\frac{20.0\text{ m}}{120\text{ s}}\right) - \hat{j}\left(\frac{12.0\text{ m}}{120\text{ s}}\right)$$
$$= \hat{i}(0.1667\text{ m/s}) - \hat{j}(0.1000\text{ m/s})$$

이다. 따라서 $\langle\vec{v}\rangle = \hat{i}(0.167\text{ m/s}) - \hat{j}(0.100\text{ m/s})$이다.

③ 평균속도벡터의 직각 성분이

$$\langle\vec{v}\rangle_x = 0.1667\ \text{m/s},\ \langle\vec{v}\rangle_y = -0.1000\ \text{m/s}$$

이므로 평균속도벡터의 크기는

$$\langle v\rangle = \sqrt{\langle v\rangle_x^2 + \langle v\rangle_y^2} = \sqrt{(0.1667\ \text{m/s})^2 + (-0.1000\ \text{m/s})^2} = 0.194\ \text{m/s}$$

이고, 그 방향은 x축과 이루는 각을 ϕ라 하면

$$\tan\phi = \frac{\langle v\rangle_y}{\langle v\rangle_x} = -\frac{0.1000\ \text{m/s}}{0.1667\ \text{m/s}} = -0.5999$$

$$\therefore\ \phi = -30.96°\ \text{또는}\ \phi = 180° - 30.96° = 149.04°$$

인데(부록 D.14-3 참조), $\phi = 149°$는 문제의 답이 될 수 없다. 따라서 평균속도벡터의 방향은 양의 x축에서 시계 방향으로 $31.0°$ $(\phi = -31.0°)$의 각을 이루는 방향이다.

④ 임의의 시간($t \geq 20.0$ s)에서 위치벡터함수는

$$\begin{aligned}\vec{r}(t) &= \hat{i}x(t) + \hat{j}y(t)\text{s} \\ &= \hat{i}[100\ \text{m} + (0.167\ \text{m/s})t] + \hat{j}\left[200\ \text{m} + \frac{1080\ \text{m/s}}{t}\right]\end{aligned}$$

이므로 속도벡터함수는

$$\vec{v}(t) = \frac{d\vec{r}(t)}{dt} = \hat{i}\frac{dx(t)}{dt} + \hat{j}\frac{dy(t)}{dt} = \hat{i}(0.167\ \text{m/s}) - \hat{j}\left(\frac{1080\ \text{m/s}}{t^2}\right)$$

이다.

시각 $t = 60.0$ s에서 속도는

$$\begin{aligned}\vec{v}(60.0\ \text{s}) &= \hat{i}(0.167\ \text{m/s}) - \hat{j}\left(\frac{1080\ \text{m/s}}{(60.0\ \text{s})^2}\right) \\ &= \hat{i}(0.167\ \text{m/s}) - \hat{j}(0.300\ \text{m/s})\end{aligned}$$

이다. 따라서 빠르기는

$$\begin{aligned}v(60.0\ \text{s}) &= \sqrt{v_x^2(60.0\ \text{s}) + v_y^2(60.0\ \text{s})} \\ &= \sqrt{(0.167\ \text{m/s})^2 + (-0.300\ \text{m/s})^2} = 0.343\ \text{m/s}\end{aligned}$$

이고, 그 방향은 x축과 이루는 각을 ϕ라 하면

$$\tan\phi(60.0\ \text{s}) = \frac{v_y(60.0\ \text{s})}{v_x(60.0\ \text{s})} = -\frac{0.300\ \text{m/s}}{0.167\ \text{m/s}} = -1.796$$

$$\therefore\ \phi = -60.9°\ \text{또는}\ \phi = 180° - 60.9° = 119.1°$$

인데(부록 D.14-3 참조), $\phi = 119.1°$는 문제의 답이 될 수 없다. 따라서 속도벡터의 방향은 양(+)의 x축에서 시계 방향으로 $60.9°$ $(\phi = -60.9°)$의 각을 이루는 방향이다.

○ 평면극좌표계의 바탕

앞에서는 속도벡터를 직각 성분으로 나타내었는데 때로는 평면극좌표계에서 표현이 편리할 때가 있다.

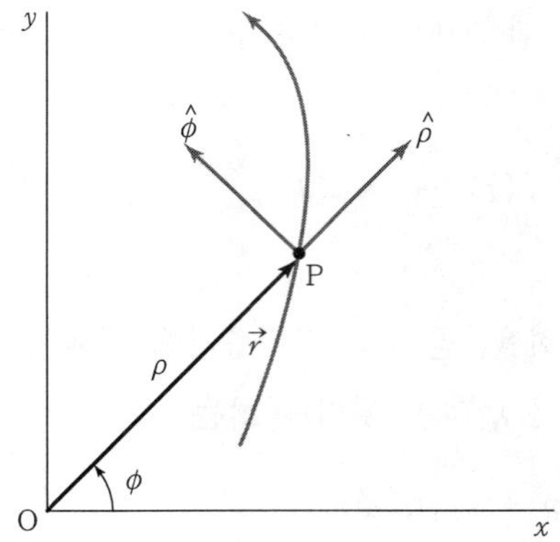

그림 1.35 평면극좌표계의 바탕벡터

평면극좌표 $(\rho,\ \phi)$의 지름 ρ가 증가하는 방향의 단위벡터를 $\hat{\rho}$, 이에 수직이고 각 ϕ가 증가하는 방향의 단위벡터를 $\hat{\phi}$라 한다(**그림 1.35** 참조). 이들은 평면극좌표계의 바탕벡터이고, $\{\hat{\rho},\ \hat{\phi}\}$는 평면극좌표계의 바탕이다. 이 바탕에서 위치벡터 $\vec{r}$는

$$\vec{r}(t) = \hat{\rho}(t)\,\rho(t) \tag{1.22}$$

로 주어진다.

바탕벡터 $\hat{\rho}$, $\hat{\phi}$는 바탕 $\{\hat{i},\ \hat{j}\}$에서 각각

$$\hat{\rho}(t) = \hat{i}\cos\phi(t) + \hat{j}\sin\phi(t), \tag{1.23}$$

$$\hat{\phi}(t) = -\hat{i}\sin\phi(t) + \hat{j}\cos\phi(t) \tag{1.24}$$

로 주어진다. 이것은 **그림 1.35**에서 보는 바와 같이 바탕벡터 $\hat{\rho}$ 및 $\hat{\phi}$를 직각 성분으로 분해하면 얻어진다.

예제 1.19 두 바탕 사이의 관계

직각좌표계에서 식(1.19)로 표현되는 위치벡터는 평면극좌표계에서 식(1.22)로 주어짐을 이용하여 식(1.23)을 구하라.

풀이 | 직각좌표와 평면극좌표 사이의 관계식(1.16)

$$x = \rho\cos\phi,\quad y = \rho\sin\phi$$

을 식(1.19)에 대입하면

$$\vec{r}(t) = \rho(t)(\hat{i}\cos\phi(t) + \hat{j}\sin\phi(t))$$

가 되어, 식(1.22)와 비교하면 식(1.23)을 얻는다.

한편, 위치벡터 $\vec{r}$는 시간의 함수인 각 ϕ의 함수인 동시에 역시 시간의 함수인 ρ의 함수이기도 하다. 곧

$$\vec{r} = \vec{r}(\rho, \phi) \ ; \ \rho = \rho(t), \ \ \phi = \phi(t)$$

이다.

위치벡터 $\vec{r}$의 ρ에 대한 변화율, 곧 ρ의 단위증가에 대해서 $\vec{r}$는 어느 방향으로 얼마나 변하는지 알아보자. ρ가 $\Delta\rho$만큼 변하면 $\vec{r}$의 변화는

$$\Delta\vec{r} = \vec{r}(\rho+\Delta\rho, \ \phi) - \vec{r}(\rho, \ \phi)$$

이고, 그 변화율은

$$\frac{\Delta\vec{r}}{\Delta\rho} = \frac{\vec{r}(\rho+\Delta\rho, \ \phi) - \vec{r}(\rho, \ \phi)}{\Delta\rho}$$

$\Delta\rho \to 0$에서 극한값

$$\lim_{\Delta\rho\to 0} \frac{\Delta\vec{r}(\rho, \phi)}{\Delta\rho} = \lim_{\Delta\rho\to 0} \frac{\vec{r}(\rho+\Delta\rho, \ \phi) - \vec{r}(\rho, \ \phi)}{\Delta\rho}$$

로 주어진다. 이것을 수학에서는 $\vec{r}$의 ρ에 대한 **편도함수**(partial derivative)라 하고, $\dfrac{\partial\vec{r}}{\partial\rho}$ 라고 나타낸다. 곧

$$\frac{\partial\vec{r}(\rho, \phi)}{\partial\rho} \equiv \lim_{\Delta\rho\to 0} \frac{\Delta\vec{r}(\rho, \phi)}{\Delta\rho} = \lim_{\Delta\rho\to 0} \frac{\vec{r}(\rho+\Delta\rho, \ \phi) - \vec{r}(\rho, \ \phi)}{\Delta\rho}$$

이다. 여기서 $\vec{r} = \hat{\rho}\,\rho$를 고려하면

$$\lim_{\Delta\rho\to 0} \frac{\vec{r}(\rho+\Delta\rho, \ \phi) - \vec{r}(\rho, \ \phi)}{\Delta\rho} = \lim_{\Delta\rho\to 0} \frac{\hat{\rho}\,(\rho+\Delta\rho) - \hat{\rho}\,\rho}{\Delta\rho} = \hat{\rho}$$

이므로

$$\frac{\partial\vec{r}(\rho, \phi)}{\partial\rho} = \hat{\rho} \tag{1.25}$$

임을 알 수 있다. 이것은 식(1.22)로부터 바로 얻을 수도 있다.

같은 방법으로, 위치벡터 $\vec{r}$의 ϕ에 대한 변화율

$$\lim_{\Delta\phi\to 0} \frac{\Delta\vec{r}(\rho, \phi)}{\Delta\phi} = \lim_{\Delta\phi\to 0} \frac{\vec{r}(\rho, \ \phi+\Delta\phi) - \vec{r}(\rho, \ \phi)}{\Delta\phi}$$

을 $\vec{r}$의 ϕ에 대한 **편도함수**라 하고, $\dfrac{\partial\vec{r}}{\partial\phi}$라고 나타낸다. 곧

$$\frac{\partial\vec{r}(\rho, \phi)}{\partial\phi} \equiv \lim_{\Delta\phi\to 0} \frac{\Delta\vec{r}(\rho, \phi)}{\Delta\phi} = \lim_{\Delta\phi\to 0} \frac{\vec{r}(\rho, \phi+\Delta\phi) - \vec{r}(\rho, \phi)}{\Delta\phi}$$

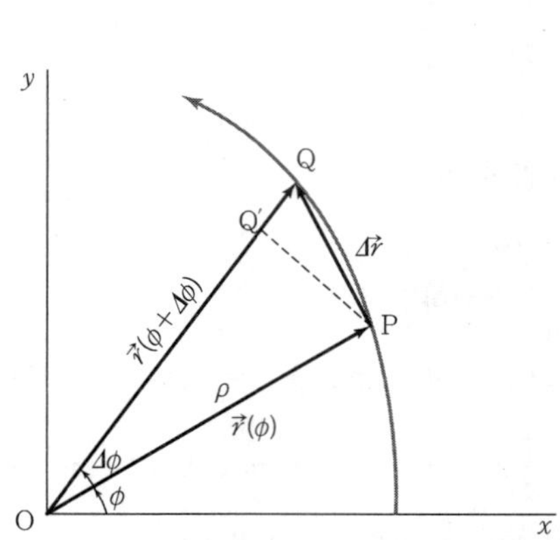

그림 1.36 위치벡터 $\vec{r}$의 ϕ에 따른 변화

이다.

그림 1.36은 어떤 궤도곡선상의 한 점 P에서 점 Q까지 이동할 때, ϕ는 ϕ에서 $\phi+\Delta\phi$로 변하고, 그에 따른 위치벡터 $\vec{r}$의 변화모양을 나타낸다. 이 그림으로부터 변위벡터의 크기

$$|\Delta\vec{r}(\rho,\phi)|=|\vec{r}(\rho,\ \phi+\Delta\phi)-\vec{r}(\rho,\ \phi)|$$

는 $\Delta\phi$가 매우 작은 경우 $\widehat{PQ}\cong\widehat{PQ'}$ (점 Q′은 $OP=OQ'$인 점)의 길이($\widehat{PQ'}\equiv\Delta s_\phi$)로 어림할 수 있고, 이 호의 길이 Δs_ϕ는 호도법(부록 D.7-2 참조)에 의하여 $\Delta s_\phi=\rho\,\Delta\phi$로 주어지므로

$$|\Delta\vec{r}(\rho,\phi)|=|\vec{r}(\rho,\ \phi+\Delta\phi)-\vec{r}(\rho,\ \phi)|\cong\rho\,\Delta\phi$$

임을 알 수 있다. 따라서 위치벡터 $\vec{r}$의 각 ϕ에 대한 편도함수의 크기는

$$\left|\frac{\partial\vec{r}(\rho,\phi)}{\partial\phi}\right|=\rho$$

이고, 그 방향은 $\Delta\phi\to0$의 극한에서 $\vec{r}$에 수직이고 각 ϕ가 증가하는 방향이다. 곧 각 ϕ 방향의 단위벡터 $\hat{\phi}$의 방향이다. 따라서

$$\Delta\vec{r}(\rho,\phi)=\vec{r}(\rho,\ \phi+\Delta\phi)-\vec{r}(\rho,\ \phi)\cong\hat{\phi}\,\rho\,\Delta\phi$$

이고

$$\frac{\partial\vec{r}(\rho,\phi)}{\partial\phi}=\hat{\phi}\,\rho\quad\text{또는}\quad\frac{1}{\rho}\frac{\partial\vec{r}(\rho,\phi)}{\partial\phi}=\hat{\phi}\tag{1.26}$$

임을 알 수 있다.

예제 1.20 평균속력

평면극좌표계에서 위치가 점$(\rho(t),\ \phi(t))$로 표현될 때, 그 바탕벡터가 식(1.25) 및 식(1.26)으

로 주어짐을 확인하라.

풀이 | 식(1.19)에 식(1.16)을 대입한 것

$$\vec{r} = \rho(\hat{i}\cos\phi + \hat{j}\sin\phi)$$

을 식(1.25) 및 식(1.26)에 대입하면 각각

$$\frac{\partial \vec{r}(\rho,\phi)}{\partial\rho} = \frac{\partial}{\partial\rho}\{\rho(\hat{i}\cos\phi + \hat{j}\sin\phi)\} = \hat{i}\cos\phi + \hat{j}\sin\phi = \hat{\rho},$$

$$\frac{1}{\rho}\frac{\partial \vec{r}(\rho,\phi)}{\partial\phi} = \frac{1}{\rho}\frac{\partial}{\partial\phi}\{\rho(\hat{i}\cos\phi + \hat{j}\sin\phi)\} = -\hat{i}\sin\phi + \hat{j}\cos\phi = \hat{\phi}$$

가 된다. 여기서 식(1.23) 및 식(1.24)를 고려하였다.

○ 지름 성분 및 가로 성분

여기서 주목할 것은 직각좌표의 바탕 $\{\hat{i}, \hat{j}\}$는 시간에 따라 변하지 않지만, 평면극좌표의 바탕 $\{\hat{\rho}, \hat{\phi}\}$는 시간에 따라 그 방향이 변한다는 사실이다. 따라서 시간의 함수이다.

속도벡터는, 위치벡터의 시간에 대한 도함수이므로,

$$\vec{v}(t) = \frac{d\vec{r}(t)}{dt} = \frac{d}{dt}\{\hat{\rho}(t)\rho(t)\} = \hat{\rho}(t)\frac{d\rho(t)}{dt} + \frac{d\hat{\rho}(t)}{dt}\rho(t) \tag{1.27}$$

로 주어진다. 여기서

$$\begin{aligned}\frac{d\hat{\rho}}{dt} &= \frac{d}{dt}(\hat{i}\cos\phi(t) + \hat{j}\sin\phi(t)) \\ &= (-\hat{i}\sin\phi(t) + \hat{j}\cos\phi(t))\frac{d\phi(t)}{dt}\end{aligned}$$

인데, 식(1.24)를 고려하면

$$\frac{d\hat{\rho}}{dt} = \hat{\phi}\frac{d\phi(t)}{dt} \tag{1.28}$$

가 된다. 같은 방법으로, 식(1.23) 및 식(1.24)로부터

$$\frac{d\hat{\phi}}{dt} = -\hat{\rho}\frac{d\phi(t)}{dt} \tag{1.29}$$

를 얻는다. 곧

단위벡터의 시간에 대한 변화율(도함수)의 방향은 그에 수직인 방향이며, 크기는 각변위의 시간에 대한 변화율과 같다.

따라서 속도벡터는 $\hat{\rho}$ 및 $\hat{\phi}$ 방향의 성분으로 분해된다. 곧 식(1.28)을 식(1.27)에 대입하여 정리하면

$$\vec{v}(t) = \hat{\rho}(t)\frac{d\rho(t)}{dt} + \hat{\phi}\frac{d\phi(t)}{dt}\rho(t) \tag{1.30}$$

이다. $\hat{\rho}$ 및 $\hat{\phi}$ 방향의 성분

$$\left\{\frac{d\rho(t)}{dt},\ \rho(t)\frac{d\phi(t)}{dt}\right\}$$

는 바탕 $\{\hat{\rho},\ \hat{\phi}\}$에서 속도벡터 $\vec{v}$의 표현이고, 이들 성분을 각각

$$\frac{d\rho(t)}{dt} \equiv v_\rho(t), \qquad \rho(t)\frac{d\phi(t)}{dt} \equiv v_\phi(t)$$

로 나타내고, 속도의 **지름 성분**(radial component), **가로 성분**(transverse component)(또는 ρ 성분, ϕ 성분)이라고 부른다. 따라서 속도벡터는 평면극좌표계에서

$$\vec{v}(t) = \hat{\rho}(t)\, v_\rho(t) + \hat{\phi}\, v_\phi(t) \tag{1.31}$$

로 표현된다(**그림 1.37(b)** 참조).

평면 곡선운동에서 속도벡터가 식(1.30)으로 주어짐을 그림으로도 알아낼 수 있다. **그림 1.37(a)**는 시간 Δt 동안의 위치벡터의 변화를 나타낸다. 이때 위치벡터의 각 ϕ도 $\Delta\phi$만큼 변했다. 변위벡터 $\Delta\vec{r}$를 ρ 성분(지름 성분) 및 ϕ 성분(가로 성분)으로 분해할 수 있다. 곧

$$\Delta\vec{r}(\rho,\ \phi) = \hat{\rho}\,\Delta r_\rho + \hat{\phi}\,\Delta r_\phi \tag{1.32}$$

이 되고, $|\vec{r}(t)| = \rho(t)$(식 1.22 참조)임을 고려하면 ρ 성분은

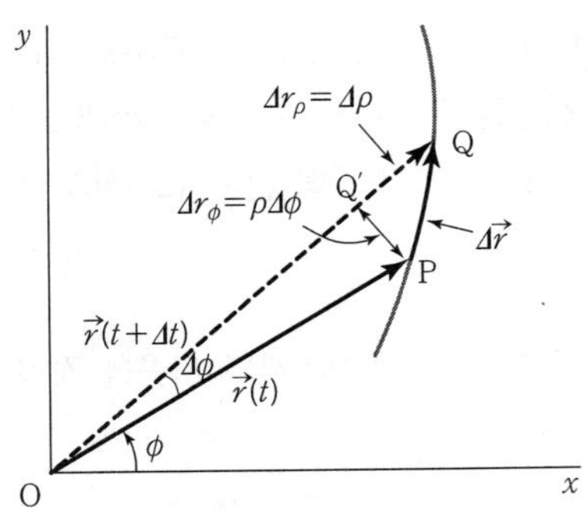

(a) 위치벡터의 변화

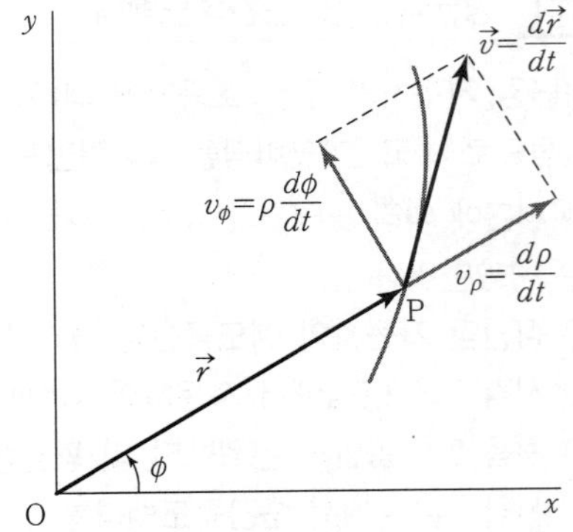

(b) 속도벡터의 지름 성분 및 가로 성분

그림 1.37 평면 곡선운동

$$\Delta r_\rho \cong \rho(t+\Delta t)-\rho(t)=\Delta\rho,$$

이다.

그림 1.37(a)에서 $\overline{\mathrm{OP}}=\overline{\mathrm{OQ}'}$인 점을 점 Q′이라 하면, $\Delta\vec{r}$의 ϕ 성분 Δr_ϕ는 반지름이 $|\vec{r}|=\rho$인 원호 $\widehat{\mathrm{PQ}'}$의 길이로 어림할 수 있다. 곧 $\widehat{\mathrm{PQ}'}\equiv\Delta s_\phi$라 하면 Δs_ϕ는 호도법에 의하여 $\Delta s_\phi=\rho\,\Delta\phi$ 이고, 따라서

$$\Delta r_\phi \cong \Delta s_\phi=\rho\,\Delta\phi$$

로 주어진다. 따라서 변위벡터 식(1.32)는

$$\Delta\vec{r}(\rho,\ \phi)\cong\hat{\rho}\,\Delta\rho+\hat{\phi}\,\rho\,\Delta\phi \tag{1.33}$$

가 되어 속도벡터는 $\vec{v}=\lim\limits_{t\to 0}\dfrac{\Delta\vec{r}}{\Delta t}$ 이므로 식(1.30)으로 주어짐을 알 수 있다.

식(1.33)으로부터 식(1.25) 및 식(1.26)을 얻을 수도 있다. 곧

$$\hat{\rho}=\lim_{\Delta\rho\to 0}\frac{\Delta\vec{r}(\rho,\ \phi)}{\Delta\rho}=\frac{\partial\vec{r}(\rho,\ \phi)}{\partial\rho},$$

$$\hat{\phi}=\lim_{\Delta\phi\to 0}\frac{1}{\rho}\ \frac{\Delta\vec{r}(\rho,\ \phi)}{\Delta\phi}=\frac{1}{\rho}\ \frac{\partial\vec{r}(\rho,\ \phi)}{\partial\phi}$$

이다. 특히 여기서 $\rho\,\Delta\phi=\Delta s_\phi\cong\Delta r_\phi$임을 고려하면

$$\hat{\phi}=\lim_{\Delta\phi\to 0}\frac{1}{\rho}\ \frac{\Delta\vec{r}}{\Delta\phi}=\lim_{\Delta\phi\to 0}\frac{\Delta\vec{r}}{\Delta s_\phi} \tag{1.34}$$

임을 알 수 있다.

예제 1.21 평균속도 및 순간속도벡터

장난감 자동차가 무선 조종기에 의하여 마룻바닥에서 운동하고 있다. 조종사의 위치를 좌표의 원점으로 하고, 마룻바닥을 xy 평면으로 할 때, 장난감 자동차의 위치를 나타내는 좌표$(x,\ y)$가 시간에 따라 $x(t)=2.0-0.25t^2$, $y(t)=1.0t+0.025t^3$과 같이 변한다고 한다. 여기서 단위는 MKS단위이다.

① 장난감 자동차의 궤도곡선을 그려라.
② 시각 $t=2.0\,\mathrm{s}$에서 자동차의 위치벡터 및 원점으로부터 위치까지의 지름을 각각 구하라.
③ 처음 2초 동안의 변위벡터 및 평균속도벡터를 구하라.
④ 시각 $t=2\,\mathrm{s}$에서 순간속도벡터를 구하라.
⑤ 시각 $t=1\,\mathrm{s}$, $t=0\,\mathrm{s}$인 순간의 속도벡터를 구하고, 속도벡터의 변화모양을 확인하라.

풀이 | ① 각 순간의 좌표를 구하면 **표 1.9**와 같다. 이를 모눈종이에 점을 찍어나가면 **그림 1.38**과 같다.

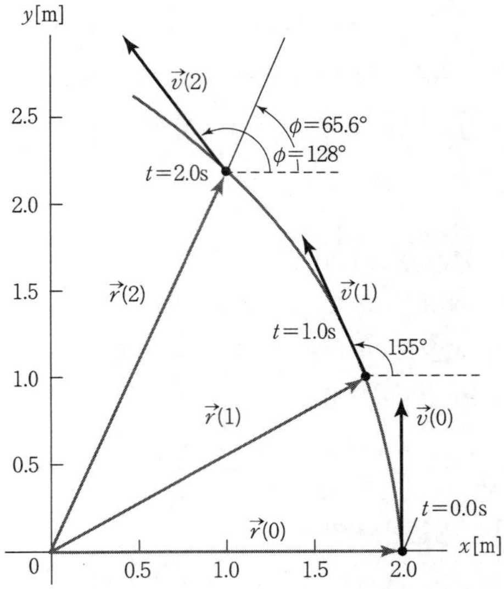

그림 1.38 장난감 자동차의 궤도곡선

표 1.9 장난감 자동차의 시간에 따른 위치

시간[s]	0	1	2	3	4
x 좌표[m]	2.0	1.8	1.0	-0.25	-2.0
y 좌표[m]	0.0	1.0	2.2	3.7	5.6

② 임의의 시각 t에서 위치벡터함수는

$$\vec{r}(t) = \hat{i}x(t) + \hat{j}y(t)$$

$$= \hat{i}\,[\,(2.0\text{ m}) - (0.25\text{ m/s}^2)t^2] + \hat{j}\,[\,(1.0\text{ m/s})t + (0.025\text{ m/s}^3)t^3]$$

이다. 따라서 시각 $t=2.0\,\text{s}$에서 자동차의 위치벡터는, **표 1.9**로부터 또는 위치벡터함수에 $t=2.0\,\text{s}$를 대입하면

$$\vec{r}(2) = \hat{i}(1.0\text{ m}) + \hat{j}(2.2\text{ m})$$

이다. 직각 성분이 $x=1.0$, $y=2.2$이므로, 크기 r은

$$r = |\,\vec{r}(t=2)| = \sqrt{1.0^2 + 2.2^2} = 2.4\,[\text{m}]$$

이다. x축과 이루는 각 ϕ는

$$\tan\phi = \frac{\Delta y}{\Delta x} = \frac{2.2\text{ m}}{1.0\text{ m}} = 2.2 \qquad \therefore\ \phi = 65.6° \text{ 또는 } \phi = 180° + 65.6° = 245.6°$$

인데(부록 D.14-3 참조), $r(2)$가 제1사분면에 있으므로 $\phi = 65.6°$이다.

③ 처음 2초 동안의 변위벡터는

$$\Delta\vec{r} = \vec{r}(2) - \vec{r}(0) = \{\hat{i}(1.0\text{ m}) + \hat{j}(2.2\text{ m})\} - \{\hat{i}(2.0\text{ m}) + \hat{j}(0)\}$$

$$= \hat{i}(1.0\text{ m} - 2.0\text{ m}) + \hat{j}(2.2\text{ m} - 0)$$

$$= -\hat{i}(1.0\ \text{m}) + \hat{j}(2.2\ \text{m})$$

이다. 직각 성분이 각각 $\Delta x = -1.0\ \text{m}$, $\Delta y = 2.2\ \text{m}$이므로 그 크기는

$$|\Delta \vec{r}| = \sqrt{\Delta x^2 + \Delta y^2} = \sqrt{(-1.0\ \text{m})^2 + (2.2\ \text{m})^2} = 2.4\ \text{m}$$

이고, x축과 이루는 각 ϕ는

$$\tan\phi = \frac{\Delta y}{\Delta x} = \frac{2.2\ \text{m}}{-1.0\ \text{m}} = -2.2$$

$$\therefore\ \phi = -65.6^\circ \quad \text{또는} \quad \phi = 180^\circ - 65.6^\circ = 114.4^\circ$$

인데, 변위벡터는 제2사분면에 있으므로 $\phi = -65.6^\circ$는 옳지 않고, $\phi = 114^\circ$이다.
평균속도벡터는 $\Delta t = 2\ \text{s}$이므로

$$\langle \vec{v} \rangle = \frac{\Delta \vec{r}}{\Delta t} = \frac{-\hat{i}(1.0\ \text{m}) + \hat{j}(2.2\ \text{m})}{2\ \text{s}} = -\hat{i}(0.50\ \text{m/s}) + \hat{j}(1.1\ \text{m/s})$$

이다. 따라서 직각 성분이 각각

$$\langle v \rangle_x = -0.50\ [\text{m/s}], \quad \langle v \rangle_y = 1.1\ [\text{m/s}]$$

이므로 평균속도벡터의 크기는

$$|\langle \vec{v} \rangle| = \sqrt{\langle v \rangle_x^2 + \langle v \rangle_y^2} = \sqrt{(-0.50\ \text{m/s})^2 + (1.1\ \text{m/s})^2} = 1.2\ \text{m/s}$$

이고, x축과 이루는 각 ϕ는

$$\tan\phi = \frac{\langle v \rangle_y}{\langle v \rangle_x} = \frac{1.1\ [\text{m/s}]}{-0.50\ [\text{m/s}]} = -2.2$$

$$\therefore\ \phi = -65.6^\circ \quad \text{또는} \quad \phi = 180^\circ - 65.6^\circ = 114.4^\circ$$

이다. 따라서 $\phi = 114^\circ$이다. 곧 평균속도벡터의 방향은 변위벡터의 방향과 같음이 확인된다.

④ 먼저, 속도벡터의 직각 성분은 식(1.21)에 의하여

$$v_x(t) = \frac{dx(t)}{dt} = \frac{d}{dt}\{(2.0\ \text{m}) - (0.25\ \text{m/s}^2)t^2\}$$
$$= 0 - (0.25\ \text{m/s}^2) \times 2t = -(0.50\ \text{m/s}^2)t,$$
$$v_y(t) = \frac{dy(t)}{dt} = \frac{d}{dt}\{(1.0\ \text{m/s})t + (0.025\ \text{m/s}^3)t^3\}$$
$$= (1.0\ \text{m/s}) + (0.025\ \text{m/s}^3) \times 3t^2$$
$$= (1.0\ \text{m/s}) + (0.075\ \text{m/s}^3)t^2$$

이므로 속도벡터함수는

$$\vec{v}(t) = \hat{i}v_x(t) + \hat{j}v_y(t)$$
$$= \hat{i}[(-0.50\ \text{m/s}^2)t] + \hat{j}[(1.0\ \text{m/s}) + (0.075\ \text{m/s}^3)t^2]$$

이다. 따라서 시각 $t = 2\ \text{s}$에서 순간속도벡터는

$$\vec{v}(2) = \hat{i}[(-0.50\ \text{m/s}^2) \times (2\ \text{s})] + \hat{j}[(1.0\ \text{m/s} + (0.075\ \text{m/s}^3) \times (4\text{s}^2)]$$
$$= \hat{i}(-1.0\ \text{m/s}) + \hat{j}(1.3\ \text{m/s})$$

이다.

직각 성분이 각각 $v_x=-1.0\,\text{m/s}$, $v_y=1.3\,\text{m/s}$이므로 순간속도벡터의 크기는

$$v=\sqrt{v_x^2+v_y^2}=\sqrt{(-1.0\,\text{m/s})^2+(1.3\ \text{m/s})^2}=1.6\,\text{m/s}$$

이고, 방향은

$$\tan\phi=\frac{v_y}{v_x}=\frac{1.3\,\text{m/s}}{-1.0\,\text{m/s}}=-1.3$$

$$\therefore\ \phi=-52.4°\quad \text{또는}\quad \phi=180°-52.4°=127.6°$$

이므로, $\phi=128°$의 방향이다. 이것은 접선이 x축과 이루는 각이다.

⑤ $t=1\,\text{s}$인 순간의 속도벡터는

$$\vec{v}(1)=\hat{i}\,[(-0.50\ \text{m/s}^2)\times(1\,\text{s}))]+\hat{j}\,[(1.0\ \text{m/s})+(0.075\ \text{m/s}^3)\times(1\,\text{s}^2)$$

$$=\hat{i}\,(-0.50\ \text{m/s})+\hat{j}\,(1.075\ \text{m/s})$$

이다. 그 크기는

$$v(1)=\sqrt{(-0.50)^2+(1.075)^2}=1.2\,[\text{m/s}]$$

이고, 방향은

$$\tan\phi=\frac{1.075}{-0.5}=-2.15$$

$$\therefore\ \phi=-65.1°\quad \text{또는}\quad \phi=180°-65.1°=114.9°$$

이므로 $\phi=115°$의 방향이다.

$t=0\,\text{s}$인 순간의 속도벡터는

$$\vec{v}(0)=\hat{i}(-0.0)+\hat{j}(1.0\ \text{m/s})$$

이다. 따라서 크기는 $v(0)=1.0\,\text{m/s}$이고 방향은 y축 방향($\phi=90°$)이다. 속도벡터의 변화모양은 **그림 1.38**에서 보는 바와 같다.

○ 삼차원공간운동

이제까지 평면운동에서 얻은 결과를 공간운동으로 확장하여 보자. 직각좌표의 경우에는 제 3성분을 추가하면 된다. 곧 위치벡터, 속도벡터는 바탕 $\{\hat{i},\ \hat{j},\ \hat{k}\}$에서 각각

$$\vec{r}(t)=\hat{i}\,x(t)+\hat{j}\,y(t)+\hat{k}\,z(t), \tag{1.35}$$

$$\vec{v}(t)=\hat{i}\,v_x(t)+\hat{j}\,v_y(t)+\hat{k}\,v_z(t)$$

이다. 여기서 속도벡터의 직각 성분은 각각

$$v_x(t)=\frac{dx(t)}{dt},\quad v_y(t)=\frac{dy(t)}{dt},\quad v_z(t)=\frac{dz(t)}{dt}$$

이다.

▶○ 구면좌표계

구면극좌표와 직각좌표 사이의 관계 식(1.17)을 식(1.35)에 대입하면 위치벡터는

$$\vec{r}(t) = r(\hat{i}\sin\theta\cos\phi + \hat{j}\sin\theta\sin\phi + \hat{k}\cos\theta) \tag{1.36}$$

가 된다.

구면좌표계의 바탕벡터, 곧

지 름 r 방향의 단위벡터를 $\hat{r}$,
극 각 θ 방향($\hat{r}$에 수직이고 θ가 증가하는 방향)의 단위벡터를 $\hat{\theta}$,
방위각 ϕ 방향(평면극좌표에서와 같은 방향)의 단위벡터를 $\hat{\phi}$

라 하면 이들 $\{\hat{r}, \hat{\theta}, \hat{\phi}\}$는 구면극좌표계의 바탕이다(**그림 1.39** 참조).

바탕벡터들 $\hat{r}$, $\hat{\theta}$, $\hat{\phi}$의 직각 성분 표현들도 평면극좌표의 경우인 식(1.25) 및 식(1.26), 특히 식(1.34)로부터 유추하여 쉽게 얻을 수 있다.

구면좌표계에서 위치벡터 $\vec{r}$는

$$\vec{r} = \hat{r}\,r$$

이므로(식(1.22) 참조)

$$\hat{r} = \frac{\partial \vec{r}(r,\theta,\phi)}{\partial r} \tag{1.37}$$

를 얻는다(식(1.25) 참조).

한편, **그림 1.39**에서 점 P에서 극각 θ 방향의 호($\widehat{\mathrm{PP''}}$)의 미소길이 Δs_θ는

$$\Delta s_\theta = r\,\Delta\theta \tag{1.38}$$

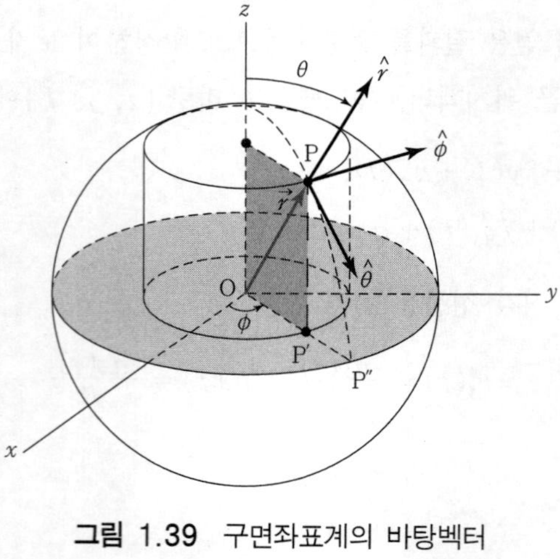

그림 1.39 구면좌표계의 바탕벡터

이고, 점 P에서 방위각 ϕ 방향의 호($\overline{\mathrm{OP}'}=r\sin\theta$을 반지름으로 하는 원호)의 미소길이 $\varDelta s_{\phi}$는

$$\varDelta s_{\phi}=(r\sin\theta)\varDelta\phi \tag{1.39}$$

임을 알 수 있다. 따라서 식(1.34)로부터 유추하면

$$\begin{aligned}\hat{\theta}&=\lim_{\varDelta\theta\to 0}\frac{\varDelta\vec{r}(r,\ \theta,\ \phi)}{\varDelta s_{\theta}}=\lim_{\varDelta\theta\to 0}\frac{1}{r}\,\frac{\varDelta\vec{r}(r,\ \theta,\ \phi)}{\varDelta\theta}\\&=\frac{1}{r}\,\frac{\partial\vec{r}(r,\theta,\phi)}{\partial\theta}\end{aligned} \tag{1.40}$$

$$\begin{aligned}\hat{\phi}&=\lim_{\varDelta\phi\to 0}\frac{\varDelta\vec{r}(r,\theta,\phi)}{\varDelta s_{\phi}}=\lim_{\varDelta\phi\to 0}\frac{1}{r\sin\theta}\,\frac{\varDelta\vec{r}(r,\theta,\phi)}{\varDelta\phi}\\&=\frac{1}{r\sin\theta}\,\frac{\partial\vec{r}(r,\theta,\phi)}{\partial\phi}\end{aligned} \tag{1.41}$$

를 얻는다.

식(1.36)을 식(1.37), 식(1.40) 및 식(1.41)에 대입하면 차례로

$$\begin{aligned}\hat{r}&=\frac{\partial\vec{r}(r,\theta,\phi)}{\partial r}=\frac{\partial}{\partial r}\{r(\hat{i}\sin\theta\cos\phi+\hat{j}\sin\theta\sin\phi+\hat{k}\cos\theta)\}\\&=\hat{i}\sin\theta\cos\phi+\hat{j}\sin\theta\sin\phi+\hat{k}\cos\theta\\\hat{\theta}&=\frac{1}{r}\,\frac{\partial\vec{r}(r,\theta,\phi)}{\partial\theta}=\frac{1}{r}\,\frac{\partial}{\partial\theta}\{r(\hat{i}\sin\theta\cos\phi+\hat{j}\sin\theta\sin\phi+\hat{k}\cos\theta)\}\\&=\hat{i}\cos\theta\cos\phi+\hat{j}\cos\theta\sin\phi-\hat{k}\sin\theta\\\hat{\phi}&=\frac{1}{r\sin\theta}\,\frac{\partial\vec{r}(r,\theta,\phi)}{\partial\phi}\\&=\frac{1}{r\sin\theta}\,\frac{\partial}{\partial\phi}\{r(\hat{i}\sin\theta\cos\phi+\hat{j}\sin\theta\sin\phi+\hat{k}\cos\theta)\}\\&=-\hat{i}\sin\phi+\hat{j}\cos\phi\end{aligned} \tag{1.42}$$

를 얻는다.

한편, 위치벡터 $\vec{r}$는 구면좌표로 표현하면

$$\vec{r}(t)=\hat{r}(t)\,r(t)$$

이므로 속도벡터는

$$\vec{v}=\frac{d\vec{r}(t)}{dt}=\frac{d}{dt}\{\hat{r}(t)\,r(t)\}=\hat{r}\frac{dr(t)}{dt}+\frac{d\hat{r}(t)}{dt}\,r(t)$$

로 주어지는데, 여기서

$$\begin{aligned}\frac{d\hat{r}(t)}{dt} &= \frac{d}{dt}\{\hat{i}\sin\theta\cos\phi+\hat{j}\sin\theta\sin\phi+\hat{k}\cos\theta\}\\ &=\{\hat{i}\cos\theta\cos\phi+\hat{j}\cos\theta\sin\phi-\hat{k}\sin\theta\}\frac{d\theta}{dt}\\ &\quad+\{-\hat{i}\sin\phi+\hat{j}\cos\phi\}\sin\theta\frac{d\phi}{dt}\end{aligned}$$

가 된다. 여기에 식(1.42)의 둘째, 셋째 식을 고려하면

$$\frac{d\hat{r}(t)}{dt}=\hat{\theta}\frac{d\theta}{dt}+\hat{\phi}\sin\theta\frac{d\phi}{dt}$$

를 얻는다. 곧 단위벡터의 도함수는 그 자신에 수직인 방향임이 한번 더 확인된다(식(1.28), 식(1.29) 참조). 따라서 속도벡터는

$$\vec{v}=\hat{r}\frac{dr(t)}{dt}+\hat{\theta}r(t)\frac{d\theta(t)}{dt}+\hat{\phi}r(t)\sin\theta(t)\frac{d\phi(t)}{dt} \tag{1.43}$$

로 주어진다. 곧 $\hat{r}$, $\hat{\theta}$ 및 $\hat{\phi}$ 방향의 성분(보통 r, θ 및 ϕ성분이라고도 한다)

$$\left\{\frac{dr(t)}{dt},\ r(t)\frac{d\theta(t)}{dt},\ r(t)\sin\theta(t)\frac{d\phi(t)}{dt}\right\}$$

는 바탕 $\{\hat{r}, \hat{\theta}, \hat{\phi}\}$에서 속도벡터 $\vec{v}$의 표현이고, 이들을 각각

$$\frac{dr(t)}{dt}\equiv v_r\ ,\quad r\frac{d\theta}{dt}\equiv v_\theta\ ,\quad r\sin\theta\frac{d\phi}{dt}\equiv v_\phi$$

로 나타내면 식(1.42)는

$$\vec{v}=\hat{r}\,v_r+\hat{\theta}\,v_\theta+\hat{\phi}\,v_\phi$$

가 된다.

한편, 변위벡터 Δr는, $\Delta r\cong\vec{v}\Delta t$임을 고려하면, 식(1.43)으로부터

$$\Delta\vec{r}\cong\hat{r}\Delta r+\hat{\theta}r\Delta\theta+\hat{\phi}r\sin\theta\Delta\phi$$

로 주어짐을 알 수 있다. 따라서 구면좌표계에서 변위벡터는 식(1.38) 및 식(1.39)를 고려하면

$$\Delta\vec{r}=\hat{r}\Delta r_r+\hat{\theta}\Delta r_\theta+\hat{\phi}\Delta r_\phi\cong\hat{r}\Delta r+\hat{\theta}\Delta s_\theta+\hat{\phi}\Delta s_\phi$$

라 할 수 있다. 여기서 Δr_r, Δr_θ, Δr_ϕ는 각각 $\Delta\vec{r}$의 $\hat{r}$, $\hat{\theta}$, $\hat{\phi}$ 방향의 성분을 나타낸다(식(1.32) 및 식(1.33) 참조)

예제 1.22 원기둥좌표

원기둥좌표계의 ① 바탕벡터들을 직각좌표계에서 표현하고, ② 속도벡터를 그 바탕벡터들로 표현하여라.

풀이 ① 바탕벡터 : 원기둥좌표는 평면극좌표에 제3좌표 z를 추가한 것이므로, 공간의 한 점 Q의 직각좌표를 (x, y, z)라 하면 위치벡터는 평면극좌표의 위치벡터 $\vec{r} = \hat{\rho}\rho$에 z축 방향의 성분벡터 $\hat{k}z$를 추가한 것이다.

따라서 원기둥 좌표계의 바탕도 평면극좌표의 바탕 $\{\hat{\rho}, \hat{\phi}\}$에 제3좌표의 바탕벡터 $\hat{k}$를 추가한 것이므로 바탕은 $\{\hat{\rho}, \hat{\phi}, \hat{k}\}$이다(**그림 1.40** 참조). 따라서

$$\hat{\rho} = \hat{i}\cos\phi + \hat{j}\sin\phi, \quad \hat{\phi} = -\hat{i}\sin\phi + \hat{j}\cos\phi, \quad \hat{k} = \hat{k}$$

로 주어진다.

② 속도벡터 : 위치벡터는 $\vec{r}(t) = \hat{\rho}(t)\rho(t) + \hat{k}z(t)$로 주어진다. 여기서 $\hat{k}$는 시간의 함수가 아님을 주목하라. 속도벡터는

$$\vec{v}(t) = \frac{d\vec{r}(t)}{dt} = \hat{\rho}\frac{d\rho}{dt} + \frac{d\hat{\rho}}{dt}\rho + \hat{k}\frac{dz}{dt}$$

인데

$$\frac{d\hat{\rho}}{dt} = (-\hat{i}\sin\phi + \hat{j}\cos\phi)\frac{d\phi}{dt} = \hat{\phi}\frac{d\phi}{dt}$$

이므로

$$\vec{v}(t) = \hat{\rho}\frac{d\rho}{dt} + \hat{\phi}\rho\frac{d\phi}{dt} + \hat{k}\frac{dz}{dt}$$

이다. 여기서

$$\left\{\frac{d\rho}{dt},\ \rho\frac{d\phi}{dt},\ \frac{dz}{dt}\right\}$$

는 각각 $\hat{\rho}, \hat{\phi}, \hat{k}$ 방향의 성분(보통 ρ, ϕ, k 성분이라고도 한다)이므로

$$\frac{d\rho}{dt} = v_\rho, \quad \rho\frac{d\phi}{dt} = v_\phi, \quad \frac{dz}{dt} = v_z$$

라 두면 속도벡터는

$$\vec{v}(t) = \hat{\rho}v_\rho + \hat{\phi}v_\phi + \hat{k}v_z$$

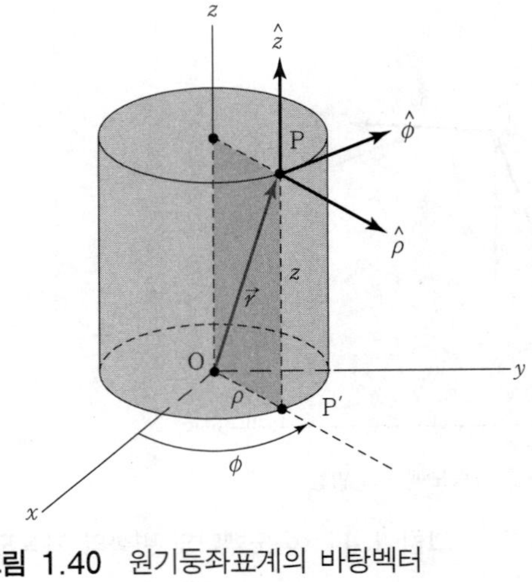

그림 1.40 원기둥좌표계의 바탕벡터

로 표현된다. 이들 결과를 평면극좌표의 경우와 비교하여 보아라.

○ 가속도벡터

그림 1.41과 같은 궤도곡선 C를 따라서 운동하는 자동차가 시각 t_0에서 위치가 점 P이고, 다른 시각 t에서 위치는 점 Q인데, 각 위치에서 속도가 각각 $\vec{v}(t_0)$, $\vec{v}(t)$라고 한다. 이 경우 $\Delta t = t - t_0$ 동안의 속도벡터의 변화는

$$\Delta\vec{v} = \vec{v}(t) - \vec{v}(t_0) = \vec{v}(t_0 + \Delta t) - \vec{v}(t_0)$$

이고, 따라서 Δt 동안의 평균가속도는

$$\langle\vec{a}\rangle = \frac{\Delta\vec{v}}{\Delta t} = \frac{\vec{v}(t_0 + \Delta t) - \vec{v}(t_0)}{\Delta t}$$

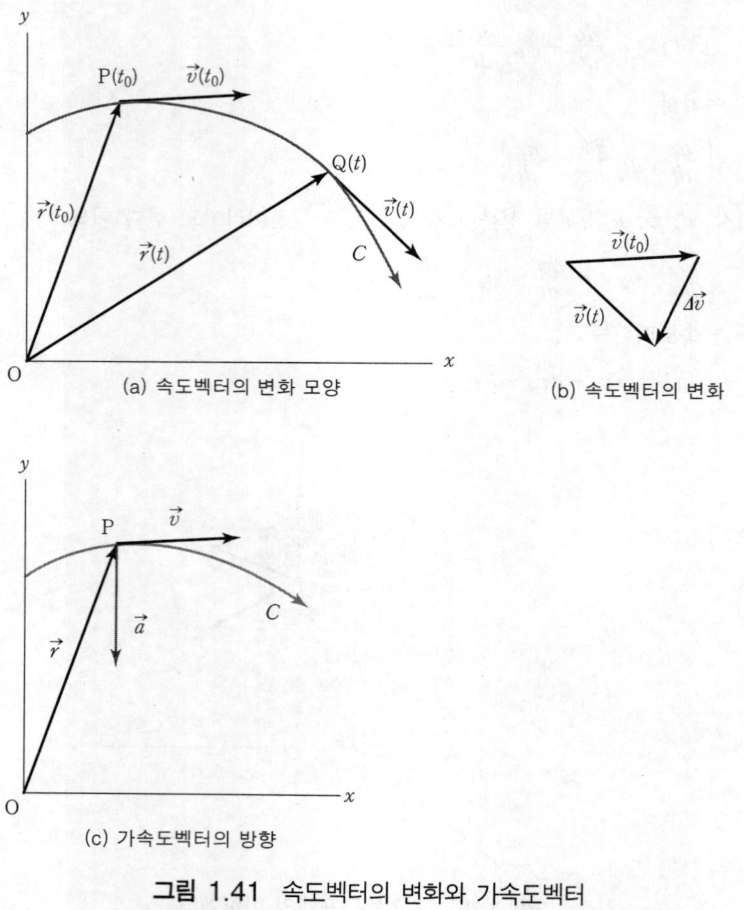

(a) 속도벡터의 변화 모양

(b) 속도벡터의 변화

(c) 가속도벡터의 방향

그림 1.41 속도벡터의 변화와 가속도벡터

이다. 이것은 벡터 $\Delta\vec{v}$의 스칼라 Δt에 대한 비율이므로 벡터이며, $\Delta\vec{v}$의 방향과 같다. 그래서 **평균가속도벡터**라고 한다.

순간가속도는 직선운동에서와 같이, 극한 $\Delta t \to 0$에서의 평균가속도의 극한값

$$\vec{a}(t_0) = \lim_{\Delta t \to 0} \frac{\Delta\vec{v}}{\Delta t} = \lim_{\Delta t \to 0} \frac{\vec{v}(t_0 + \Delta t) - \vec{v}(t_0)}{\Delta t} \equiv \left[\frac{d\vec{v}(t)}{dt}\right]_{t=t_0} \tag{1.44}$$

으로 주어진다. 그래서 이것을 **순간가속도벡터**(또는 **가속도벡터**)라고 한다. 식(1.44)는 속도벡터의 시간에 대한 $t = t_0$에서 미분계수이므로, 임의의 시각 t에서 가속도벡터함수는 속도벡터함수의 시간에 대한 도함수임을 뜻한다. 따라서 가속도벡터함수는 위치벡터함수의 시간에 대한 이차도함수이다. 곧

$$\vec{a}(t) = \frac{d^2\vec{r}(t)}{dt^2}$$

이다.

속도벡터는 궤도곡선의 접선 방향이므로, 순간가속도벡터는 궤도곡선이 오목한 쪽으로 향한다(**그림 1.41(c)** 참조). 곡선운동의 경우, 물체가 일정한 빠르기로 운동하더라도 가속도가 0인 것은 아니다. 속도벡터의 방향이 순간마다 변하기 때문이다.

○ 가속도벡터의 표현

직각 좌표의 바탕 $\{\hat{i},\ \hat{j}\}$에서 임의의 시각 t에서 속도벡터함수는

$$\vec{v}(t) = \hat{i}\,v_x(t) + \hat{j}\,v_y(t)$$

이므로, 가속도벡터는

$$\begin{aligned}\vec{a}(t) &= \frac{d\vec{v}(t)}{dt} = \frac{d}{dt}\{\hat{i}\,v_x(t) + \hat{j}\,v_y(t)\} \\ &= \hat{i}\,\frac{dv_x(t)}{dt} + \hat{j}\,\frac{dv_y(t)}{dt}\end{aligned}$$

가 되어, 가속도벡터의 성분은

$$\frac{dv_x(t)}{dt} = a_x\,,\quad \frac{dv_y(t)}{dt} = a_y$$

이다. 따라서

$$\vec{a}(t) = \hat{i}\,a_x(t) + \hat{j}\,a_y(t)$$

로 표현된다.

삼차원공간의 경우에는 속도벡터의 경우에서와 같이 제3의 직각 성분을 추가하면 된다. 제3의 직각좌표축인 z축의 방향의 성분벡터를 $\hat{k}a_z$라 하면

$$\vec{a}(t) = \hat{i}\,a_x(t) + \hat{j}\,a_y(t) + \hat{k}a_z(t)$$

이 된다. 여기서 가속도벡터는

$$\vec{a} = \frac{d\vec{v}}{dt}$$

인데, $\vec{v} = \dfrac{d\vec{r}}{dt}$ 이므로

$$\vec{a} = \frac{d\vec{v}}{dt} = \frac{d}{dt}\left(\frac{d\vec{r}}{dt}\right) = \frac{d^2\vec{r}}{dt^2}$$

이다. 같은 방법으로

$$a_x(t) = \frac{dv_x}{dt} = \frac{d}{dt}\left(\frac{dx(t)}{dt}\right) \equiv \frac{d^2x(t)}{dt^2},$$

$$a_y(t) = \frac{dv_y}{dt} = \frac{d}{dt}\left(\frac{dy(t)}{dt}\right) \equiv \frac{d^2y(t)}{dt^2},$$

$$a_z(t) = \frac{dv_z}{dt} = \frac{d}{dt}\left(\frac{dz(t)}{dt}\right) \equiv \frac{d^2z(t)}{dt^2}$$

로 주어진다.

◎ 평면극좌표계에서 표현

평면극좌표에서는 속도벡터가

$$\vec{v}(t) = \hat{\rho}(t)\,v_\rho(t) + \hat{\phi}(t)v_\phi(t)$$

이므로 가속도벡터는

$$\vec{a}(t) = \frac{d\vec{v}(t)}{dt} = \frac{d}{dt}\{\,\hat{\rho}(t)\,v_\rho(t) + \hat{\phi}(t)v_\phi(t)\}$$

$$= \hat{\rho}(t)\frac{dv_\rho(t)}{dt} + \hat{\phi}(t)\frac{dv_\phi(t)}{dt} + \frac{d\hat{\rho}(t)}{dt}\,v_\rho(t) + \frac{d\hat{\phi}}{dt}\,v_\phi(t)$$

로 주어진다. 여기서

$$\frac{d\hat{\rho}}{dt} = \hat{\phi}(t)\frac{d\phi(t)}{dt}$$

$$\frac{d\hat{\phi}(t)}{dt} = -\,\hat{\rho}(t)\frac{d\phi(t)}{dt}$$

이므로

$$\vec{a}(t) = \hat{\rho}(t)\left(\frac{dv_\rho(t)}{dt} - \frac{d\phi(t)}{dt}\, v_\phi(t)\right) + \hat{\phi}(t)\left(\frac{dv_\phi(t)}{dt} + \frac{d\phi(t)}{dt}\, v_\rho(t)\right)$$

또는

$$\vec{a}(t) = \hat{\rho}(t)\, a_\rho(t) + \hat{\phi}(t)\, a_\phi(t)$$

이다. 따라서 가속도벡터의 ρ 및 ϕ성분 $a_\rho(t)$, $a_\phi(t)$는 각각

$$a_\rho(t) = \frac{dv_\rho(t)}{dt} - \frac{d\phi(t)}{dt}\, v_\phi(t)$$

$$a_\phi(t) = \frac{dv_\phi(t)}{dt} + \frac{d\phi(t)}{dt}\, v_\rho(t)$$

인데,

$$\frac{d\rho(t)}{dt} \equiv v_\rho(t), \quad \rho(t)\,\frac{d\phi(t)}{dt} \equiv v_\phi(t)$$

임을 고려하면

$$a_\rho(t) = \frac{d^2\rho(t)}{dt^2} - \rho(t)\left(\frac{d\phi(t)}{dt}\right)^2,$$

$$a_\phi(t) = \rho(t)\frac{d^2\phi(t)}{dt^2} + 2\frac{d\rho(t)}{dt}\,\frac{d\phi(t)}{dt}$$

로 주어진다. 곧 평면극좌표계에서 가속도벡터는

$$\vec{a}(t) = \hat{\rho}(t)\left[\frac{d^2\rho(t)}{dt^2} - \rho(t)\left(\frac{d\phi(t)}{dt}\right)^2\right] + \hat{\phi}(t)\left[\rho(t)\frac{d^2\phi(t)}{dt^2} + 2\frac{d\rho(t)}{dt}\,\frac{d\phi(t)}{dt}\right]$$

이다.

예제 1.23 가속도벡터

예제 1.21에서 장난감 자동차의 속도벡터가

$$\vec{v}(t) = \hat{i}\, v_x(t) + \hat{j}\, v_y(t) = \hat{i}(-0.50\,t) + \hat{j}(1.0 + 0.075\,t^2)$$

였다. 단위는 MKS단위이다.

① 처음 2.0초 동안의 평균가속도벡터 및 ② 시각이 2.0초인 순간에서 가속도벡터 또, ③ 처음과 1초인 순간의 가속도벡터를 각각 구하고, 가속도벡터의 변화 모양을 확인하라.

풀이 ① 처음 2초 동안의 속도벡터의 변화 $\Delta\vec{v} = \vec{v}(2) - \vec{v}(0)$는

$$\vec{v}(2) = \hat{i}\,[\,(-0.50\ \mathrm{m/s^2}) \times (2\,\mathrm{s})] + \hat{j}\,[\,(1.0\ \mathrm{m/s}) + (0.075\ \mathrm{m/s^3}) \times (2\,\mathrm{s})^2]$$

$$= \hat{i}(-1.0\ \text{m/s}) + \hat{j}(1.3\ \text{m/s}),$$
$$\vec{v}(0) = \hat{i}(0) + \hat{j}(1.0\ \text{m/s})$$

이므로

$$\Delta\vec{v} = \hat{i}(-1.0\ \text{m/s}) + \hat{j}(0.3\ \text{m/s})$$

이다. 따라서

$$\langle \vec{a} \rangle = \frac{\Delta\vec{v}}{\Delta t} = \hat{i}(-0.50\ \text{m/s}^2) + \hat{j}(0.15\ \text{m/s}^2)$$

이다. 평균가속도벡터의 크기는

$$|\langle \vec{a} \rangle| = \left|\frac{\Delta\vec{v}}{\Delta t}\right| = \sqrt{(-0.50\ \text{m/s}^2)^2 + (0.15\ \text{m/s}^2)^2} = 0.52\ \text{m/s}^2$$

이고, 그 방향은

$$\tan\phi = \frac{\langle a \rangle_y}{\langle a \rangle_x} = \frac{0.15}{-0.50} = -0.30$$

$$\therefore\ \phi = -16.7° \quad \text{또는} \quad \phi = 180° - 16.7° = 163.3°$$

인데, 평균가속도벡터가 제2사분면에 있으므로 $\phi = -16.7°$는 옳지 않고 $\phi = 163°$이다.

② 가속도벡터함수는

$$\vec{a}(t) = \frac{d\vec{v}(t)}{dt} = \hat{i}(-0.50\ \text{m/s}^2) + \hat{j}(0.075\ \text{m/s}^3) \times (2t)$$

이므로 2초인 순간의 가속도벡터는

$$\vec{a}(2) = \hat{i}(-0.50\ \text{m/s}^2) + \hat{j}(0.30\ \text{m/s}^2)$$

이다. 크기는

$$a(2) = \sqrt{(-0.50\ \text{m/s}^2)^2 + (0.30\ \text{m/s}^2)^2} = 0.58\ \text{m/s}^2$$

이고 방향은

$$\tan\phi = \frac{a_y}{a_x} = \frac{0.30}{-0.50} = -0.60$$

$$\therefore\ \phi = -31.0° \quad \text{또는} \quad \phi = 180° - 31.0° = 149.0°$$

인데, **그림 1.42**에서 보는 바와 같이 $\phi = 149°$이다.

③ 1초인 순간의 가속도벡터는

$$\vec{a}(1) = \hat{i}(-0.50\ \text{m/s}^2) + \hat{j}(0.075\ \text{m/s}^3) \times (2 \times 1\ \text{s})$$
$$= \hat{i}(-0.50\ \text{m/s}^2) + \hat{j}(0.15\ \text{m/s}^2)$$

이고, 크기는

$$a(1) = \sqrt{(-0.50\ \text{m/s}^2)^2 + (0.15\ \text{m/s}^2)^2} = 0.52\ \text{m/s}^2$$

이고, 방향은

$$\tan\phi = \frac{0.15}{-0.50} = -0.30$$

$$\therefore\ \phi = -16.7° \quad \text{또는} \quad \phi = 180° - 16.7° = 163.3°$$

이므로 $\phi = 163°$이다.

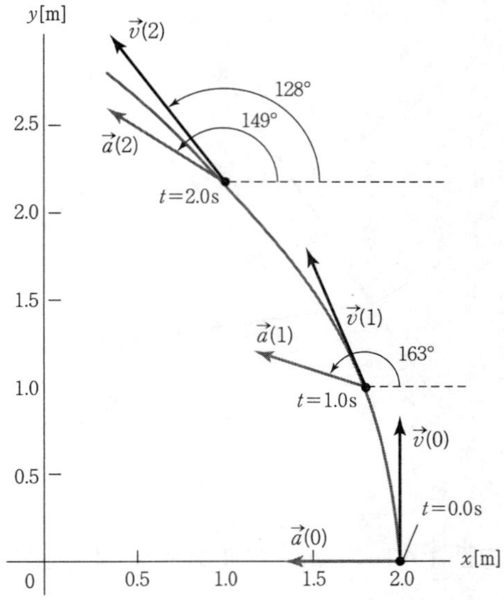

그림 1.42 가속도벡터의 변화 모양

처음 가속도벡터는

$$\vec{a}(0)=\hat{i}(-0.50\ \mathrm{m/s^2})+\hat{j}(0.0)$$

이다. 그 크기는

$$a(0)=-0.50\ \mathrm{m/s^2},$$

이고, 방향은

$$\tan\phi=\frac{0}{-0.50}=-0.0 \quad \therefore\ \phi=-0.00° \quad \text{또는} \quad \phi=180°$$

이므로 $\phi=180°$이다. 주목할 것은 부호를 반드시 고려해 주어야 한다는 것이다. 가속도벡터의 변화모양은 **그림 1.42**에서 보는 바와 같다.

○ 가속도벡터의 접선 및 법선 성분

속도벡터 $\vec{v}$는 항상 궤도 곡선의 접선 방향인데, 가속도벡터 $\vec{a}$의 방향은 속도벡터 $\vec{v}$의 방향과 일치하지 않고 극한 $\Delta t\to 0$에서의 $\Delta\vec{v}$의 방향이다. 따라서 가속도벡터 $\vec{a}$는 접선 방향의 성분벡터 $\vec{a}_\tau$와 접선에 수직인 법선 방향의 성분벡터 $\vec{a}_n$으로 분해할 수 있다. 이들은 접선 방향의 단위벡터를 $\hat{\tau}$, 법선 방향의 단위벡터를 $\hat{n}$이라 하면

$$\vec{a}_\tau=\hat{\tau}\,a_\tau, \quad \vec{a}_n=\hat{n}\,a_n$$

가 된다. 이들을 각각 **접선가속도**(tangential acceleration), **법선가속도**(normal acceler-

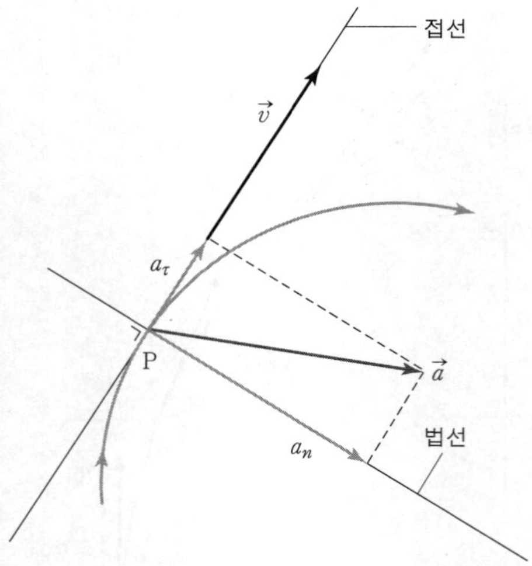

그림 1.43 가속도벡터의 접선 및 법선 성분

ation)라 한다. 여기서 $\hat{\tau}$를 **접선단위벡터**(tangential unit vector)라 하며 속도벡터가 향하는 쪽으로 향하므로 $\hat{\tau}=\hat{v}$이다. 또, $\hat{n}$을 **법선단위벡터**(normal unit vector)라 하며 궤도곡선이 오목하게 굽은 쪽으로 향한다(**그림 1.43** 참조). 따라서 가속도벡터는

$$\vec{a} = \vec{a}_\tau + \vec{a}_n = \hat{\tau}\, a_\tau + \hat{n}\, a_n$$

로 표현된다.

직선운동에서는 법선가속도는 있을 수 없고 접선가속도뿐이다. 따라서 **그림 1.44**에서 보는 바와 같이

> **곡선운동에서 접선가속도는 속도벡터의 크기만을 변화시키고 법선 가속도는 속도벡터의 방향 따라서 운동의 방향만을 변화시킨다.**

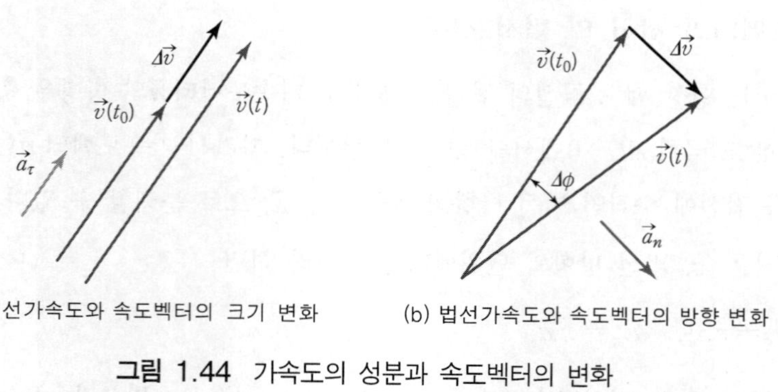

(a) 접선가속도와 속도벡터의 크기 변화 (b) 법선가속도와 속도벡터의 방향 변화

그림 1.44 가속도의 성분과 속도벡터의 변화

또, "곡선 운동에서 가속도벡터는 속도벡터의 크기(속력)가 일정할 때에는 속도벡터에 수직이고, 속도벡터의 크기가 증가할 때에는 속도벡터와 예각을 이루고, 속도벡터의 크기가 작아질 때에는 속도벡터와 둔각"을 이룬다.

속도벡터의 크기 변화 ⇄ 접선가속도
속도벡터의 방향 변화 ⇄ 법선가속도

○ 곡률원

그림 1.45에서와 같이, 미소한 시간 $\varDelta t$ 동안에 위치가 점 P에서 점 Q로 변하였다면, 속도벡터의 변화

$$\varDelta\vec{v} = \vec{v}(t') - \vec{v}(t) \quad ; \quad t' \equiv t + \varDelta t$$

를 $\vec{v}(t)$에 나란한 성분벡터(접선 성분벡터) $\varDelta\vec{v}_\tau$ 및 수직인 성분벡터(법선 성분벡터) $\varDelta\vec{v}_n$으로 분해할 수 있다. 곧

$$\varDelta\vec{v} = \varDelta\vec{v}_\tau + \varDelta\vec{v}_n = \hat{\tau}\,\varDelta v_\tau + \hat{n}\,\varDelta v_n$$

이므로

$$\vec{a} = \lim_{\varDelta t \to 0} \frac{\varDelta\vec{v}}{\varDelta t} = \hat{\tau} \lim_{\varDelta t \to 0} \frac{\varDelta v_\tau}{\varDelta t} + \hat{n} \lim_{\varDelta t \to 0} \frac{\varDelta v_n}{\varDelta t}$$

이 된다. 여기서 $\varDelta v_\tau$는 $\varDelta t \to 0$의 극한에서 속도벡터의 크기의 변화와 같다고 어림할 수 있으므로

$$\varDelta v_\tau \cong v(t + \varDelta t) - v(t) = \varDelta v$$

이다. 따라서

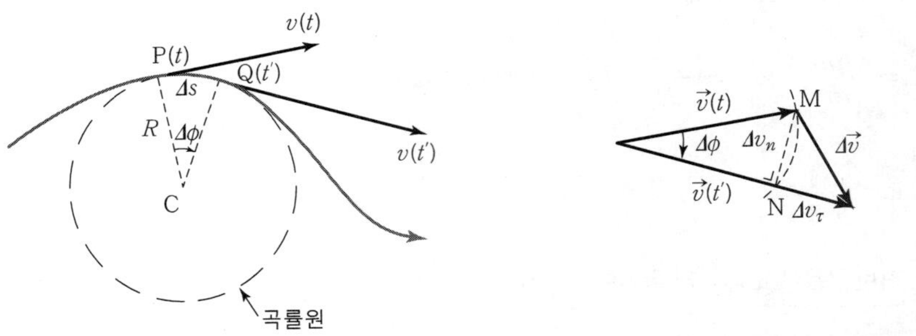

(a) 곡률원 (b) 속도변화의 접선 및 법선 성분

그림 1.45 속도벡터의 변화

$$\lim_{\Delta t \to 0} \frac{\Delta v_\tau}{\Delta t} = \lim_{\Delta t \to 0} \frac{\Delta v}{\Delta t} \equiv \frac{dv}{dt}$$

이다.

미소한 시간 Δt 동안에 궤도를 따라서 점 P에서 점 Q로 이동하였다면 두 점을 잇는 호 $\overset{\frown}{PQ}$ 를 원호의 일부분으로 하는 원을 생각할 수 있다. 이 원을 점 P 부근에서의 **곡률원**(circle of curvature)이라 하고, 그 반지름을 **곡률반지름**(radius of curvature)이라 한다. 그 곡률반지름에 속도벡터가 수직이므로, 점 P 및 점 Q를 지나는 두 곡률반지름의 사이각이 $\Delta\phi$라면, 속도벡터도 미소한 시간 Δt 동안에 $\Delta\phi$만큼 회전한다. **그림 1.45(b)**에서 보는 바와 같이, Δv_n은 호 $\overset{\frown}{MN}$ 의 길이로 어림할 수 있어서, $|\vec{v}(t)| \equiv v$ 라 하면 호도법에 의하여

$$\Delta v_n \cong v\,\Delta\phi$$

이므로

$$\lim_{\Delta t \to 0} \frac{\Delta v_n}{\Delta t} = \lim_{\Delta t \to 0} \frac{\Delta\phi}{\Delta t} v$$

이다. 호 $\overset{\frown}{PQ}$ 의 길이를 Δs라 하면, **그림 1.45(a)**로부터 호도법에 의하여

$$\Delta\phi = \frac{\Delta s}{R}\ [\mathrm{rad}]$$

임을 알 수 있다. 이를 고려하면

$$\lim_{\Delta t \to 0} \frac{\Delta\phi}{\Delta t} v = \lim_{\Delta t \to 0} \frac{\Delta s}{\Delta t} \frac{v}{R} = v \times \frac{v}{R}$$

가 되어, 곡선궤도상의 한 점 P에서 가속도벡터는

$$\vec{a} = \hat{\tau}\frac{dv}{dt} + \hat{n}\frac{v^2}{R} \quad (R : \text{곡률반지름})$$

로 주어지고, 그 성분은 각각

$$a_\tau = \frac{dv}{dt}, \quad a_n = \frac{v^2}{R} \quad (R : \text{곡률반지름}) \tag{1.45}$$

로 주어진다.

예제 1.24 커브길을 달리는 자동차의 가속도

속도가 $0.600\,\mathrm{m/s^2}$의 비율로 가속되는 자동차가 반지름 $20.0\,\mathrm{m}$의 커브길을 달리고 있다. 속도가 $4.00\,\mathrm{m/s}$인 순간에 다음을 구하라.

① 자동차의 접선 및 법선가속도

② 그 가속도의 크기 및 방향

풀이 | ① 자동차의 속도의 크기가 $0.600\,\mathrm{m/s^2}$의 비율로 변하므로 이것은 접선가속도이다. 곧

$$a_\tau = 0.600\,\mathrm{m/s^2}$$

이다. 한편, 법선가속도는

$$a_n = \frac{v^2}{R} = \frac{(4.00\,\mathrm{m/s})^2}{20.0\,\mathrm{m}} = 0.800\,\mathrm{m/s^2}$$

이다.

② 가속도벡터는

$$\vec{a} = \hat{\tau} a_\tau + \hat{n} a_n = \hat{\tau}(0.600\,\mathrm{m/s^2}) + \hat{n}\,(0.800\,\mathrm{m/s^2})$$

이다. 따라서 그 크기는

$$a = \sqrt{a_\tau^2 + a_n^2} = \sqrt{(0.600\,\mathrm{m/s^2})^2 + (0.800\,\mathrm{m/s^2})^2} = 1.00\,\mathrm{m/s^2},$$

방향은 접선 방향으로부터

$$\phi = \tan^{-1}\left(\frac{a_n}{a_\tau}\right) = \tan^{-1}\left(\frac{0.800\,\mathrm{m/s^2}}{0.600\,\mathrm{m/s^2}}\right) = 53.1°$$

이다. 곧 접선 방향에서 커브의 안쪽으로 53.1°의 방향이다.

1.2.5 등가속도운동 - 지구 표면에서 운동

앞에서 살펴본 바와 같이, 평면운동에서 위치벡터를 직각좌표로

$$\vec{r}(t) = \hat{i}x(t) + \hat{j}y(t)$$

라 하면, 속도벡터 및 가속도벡터도 각각

$$\vec{v}(t) = \hat{i}\,v_x(t) + \hat{j}\,v_y(t) \quad ; \quad v_x(t) = \frac{dx(t)}{dt}, \quad v_y(t) = \frac{dy(t)}{dt}$$

$$\vec{a}(t) = \hat{i}\,a_x(t) + \hat{j}\,a_y(t) \quad ; \quad a_x(t) = \frac{dv_x(t)}{dt}, \quad a_y(t) = \frac{dv_y(t)}{dt}$$

와 같이 직각 성분으로 표현된다.

가속도벡터가 일정한 경우에는 가속도벡터의 크기뿐만 아니라 방향도 일정해야 하므로 가속도의 성분이 모두 일정하다. 곧

$$a_x = (\text{일정}), \quad a_y = (\text{일정})$$

이다. 따라서 각 성분별로도 등가속도 직선운동이 된다.

등가속도 직선운동의 식

$$v(t) = v_0 + at$$

에 의하여 속도벡터의 x, y성분은 각각

$$v_x(t) = v_{0x} + a_x t \ , \quad v_y(t) = v_{0y} + a_y t \tag{1.46}$$

이므로 속도벡터는

$$\begin{aligned}\vec{v}(t) = \hat{i}\, v_x(t) + \hat{j}\, v_y(t) &= \hat{i}(v_{0x} + a_x t) + \hat{j}(v_{0y} + a_y t) \\ &= (\hat{i}\, v_{0x} + \hat{j}\, v_{0y}) + (\hat{i}\, a_x + \hat{j}\, a_y)\, t\end{aligned}$$

로 주어진다. 여기서

$$\hat{i}\, v_{0x} + \hat{j}\, v_{0y} = \vec{v}_0, \quad \hat{i}\, a_x + \hat{j}\, a_y = \vec{a}$$

라 두면

$$\vec{v}(t) = \vec{v}_0 + \vec{a}\, t \qquad (\vec{a} : \text{일정}) \tag{1.47}$$

로 표현된다. 이것은 처음 속도벡터 $\vec{v}_0$와 가속도벡터 $\vec{a}$ 때문에 생긴 시간 t 동안의 속도벡터의 변화 $\Delta\vec{v} = \vec{a}\,t$의 합벡터임을 나타낸다(**그림 1.46(a)** 참조).

또, 등가속도 직선운동의 식

$$x(t) = x_0 + v_0\, t + \frac{1}{2}\, a\, t^2$$

에 의하여, 위치벡터의 x, y 성분은 각각

$$x(t) = x_0 + v_{0x}\, t + \frac{1}{2}\, a_x\, t^2, \quad y(t) = y_0 + v_{0y}\, t + \frac{1}{2}\, a_y\, t^2 \tag{1.48}$$

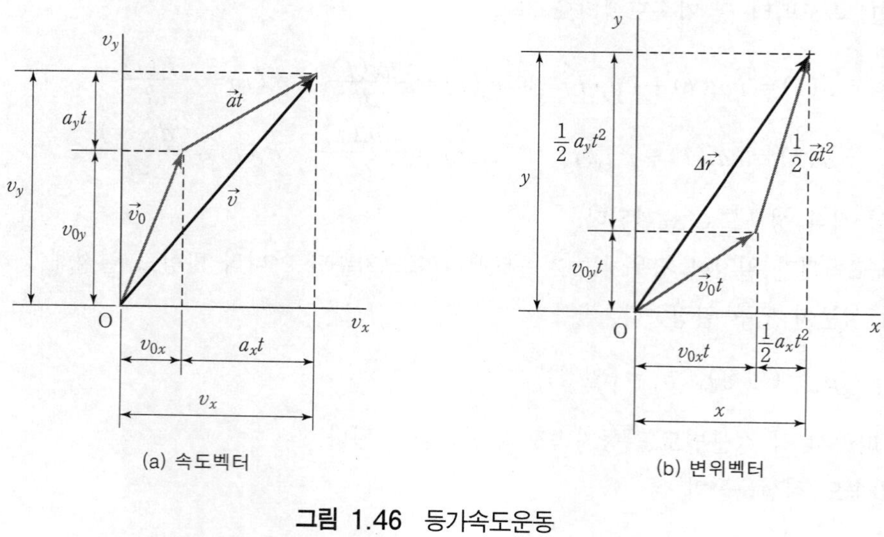

(a) 속도벡터 (b) 변위벡터

그림 1.46 등가속도운동

이므로 위치벡터 $\vec{r}$는

$$\vec{r}(t)=\hat{i}\,x(t)+\hat{j}\,y(t)=\hat{i}\,(x_0+v_{0x}t+\frac{1}{2}a_x t^2)+\hat{j}(y_0+v_{0y}t+\frac{1}{2}a_y t^2)$$
$$=(\hat{i}\,x_0+\hat{j}y_0)+(\hat{i}\,v_{0x}+\hat{j}\,v_{0y})\,t+\frac{1}{2}(\hat{i}\,a_x+\hat{j}\,a_y)\,t^2$$

인데, 여기서

$$\hat{i}\,x_0+\hat{j}y_0=\vec{r}_0$$

라 두면 위치벡터 $\vec{r}$는

$$\vec{r}(t)=\vec{r}_0+\vec{v}_0\,t+\frac{1}{2}\vec{a}\,t^2 \quad (\vec{a}: \text{일정}) \tag{1.49}$$

로 주어진다. 이 식의 오른쪽 둘째 항은 처음 속도벡터 $\vec{v}_0$ 때문에 생긴 시간 t 동안의 변위벡터이고, 셋째 항은 가속도벡터 $\vec{a}$ 때문에 생긴 시간 t 동안의 변위벡터를 나타낸다. 따라서 식(1.49)는 처음 위치벡터 r_0와 시간 t 동안의 변위벡터

$$\Delta\vec{r}=\vec{v}_0\,t+\frac{1}{2}\vec{a}\,t^2$$

의 합벡터임을 나타낸다(**그림 1.46(b)** 참조). 따라서 이 등가속도운동은 처음 속도벡터 $\vec{v}_0$와 가속도벡터 $\vec{a}$가 이루는 평면에서의 운동이다.

예제 1.25 적분에 의한 등가속도운동의 식

일정한 가속도 $\vec{a}$로 등가속도운동을 하는 입자의 속도벡터, 위치벡터를 적분의 방법으로 구하라.

풀이 | 가속도벡터는 속도벡터의 도함수로 주어지므로 속도벡터는 가속도벡터의 역도함수(또는 원시함수)로 가속도의 적분으로 주어진다(**예제** 1.12 참조). 곧

$$\frac{d\vec{v}(t)}{dt}=\vec{a}(t) \quad \therefore\ \vec{v}(t)=\int\vec{a}(t)\,dt \tag{1.50}$$

이다.

또, 위치벡터의 도함수가 속도벡터이므로 속도벡터가 주어지면 위치벡터는 속도벡터의 적분으로 주어진다. 곧

$$\frac{d\vec{r}(t)}{dt}=\vec{v}(t) \quad \therefore\ \vec{r}(t)=\int\vec{v}(t)\,dt \tag{1.51}$$

이다.

등가속도운동의 경우 $\vec{a}$는 일정하므로 식(1.50)으로부터

$$\vec{v}(t)=\int\vec{a}\,dt=\vec{a}\,t+\vec{C}_v$$

를 얻는다. 여기서 $\overrightarrow{C}_v$는 적분상수벡터로, 초기 조건(예를들면 $t=0$일 때의 $\vec{v}(0)$, $\vec{r}(0)$의 값)에 의하여 결정된다. 처음($t=0$)에 속도벡터가 $\vec{v}(0)=\vec{v}_0$였다면

$$\vec{v}(0)=\vec{a}\times 0+\overrightarrow{C}_v=\vec{v}_0 \quad \therefore \quad \overrightarrow{C}_v=\vec{v}_0$$

이므로

$$\vec{v}(t)=\vec{v}_0+\vec{a}\,t$$

가 된다. 이 결과를 다시 식(1.51)에 대입하면

$$\vec{r}(t)=\int(\vec{a}\,t+\vec{v}_0)\,dt=\frac{1}{2}\vec{a}\,t^2+\vec{v}_0\,t+\overrightarrow{C}_r$$

를 얻는데, 여기서 $\overrightarrow{C}_r$는 적분상수벡터이다. 이것은 초기 조건

$$\vec{r}(0)=\vec{r}_0$$

에 의하여

$$\overrightarrow{C}_r=\vec{r}_0$$

이다. 따라서

$$\vec{r}(t)=\vec{r}_0+\vec{v}_0\,t+\frac{1}{2}\vec{a}\,t^2$$

를 얻는다.

때때로 벡터 문제를 직각좌표의 각 성분별로 분해하여 **예제 1.3**에서와 같이 스칼라 문제로 취급하는 것이 오히려 더 편리할 때도 있다.

예제 1.26 등가속도 평면운동

xy평면에서 일정한 가속도로 운동하고 있는 입자의 처음 위치벡터 및 속도벡터, 가속도벡터가 각각 아래와 같았다.

$$\vec{r}(0)=\hat{i}\,(4.0\text{ m})+\hat{j}\,(3.0\text{ m}),\quad \vec{v}(0)=\hat{i}\,(2.0\text{ m/s})-\hat{j}\,(9.0\text{ m/s})$$

$$\vec{a}=\hat{i}\,(4.0\text{ m/s}^2)+\hat{j}\,(3.0\text{ m/s}^2)$$

① 시각 $t=2.0$ s에서 속도벡터를 구하라.

② 시각 $t=4.0$ s에서 위치벡터를 구하라. 그 크기 및 방향을 구하라.

풀이 ① 속도벡터는 식(1.47)

$$\vec{v}(t)=\vec{v}_0+\vec{a}t \qquad (\vec{a}\text{ : 일정})$$

로 주어지므로

$$\begin{aligned}\vec{v}(2)&=\{\hat{i}(2.0\text{ m/s})-\hat{j}(9.0\text{ m/s})\}+\{\hat{i}(4.0\text{ m/s}^2)+\hat{j}(3.0\text{ m/s}^2)\}\times(2.0\text{s})\\&=\hat{i}(10\text{ m/s})-\hat{j}(3.0\text{ m/s})\end{aligned}$$

이다.

② 위치벡터는 식(1.49)

$$\vec{r}(t)=\vec{r}_0+\vec{v}_0 t+\frac{1}{2}\vec{a}t^2 \qquad (\vec{a}: \text{일정})$$

로 주어지므로

$$\begin{aligned}\vec{r}(4)&=\{\hat{i}(4.0\,\mathrm{m})+\hat{j}(3.0\,\mathrm{m})\}+\{\hat{i}(2.0\,\mathrm{m})-\hat{j}(9.0\,\mathrm{m})\}\times(4.0\,\mathrm{s})\\&\quad+\frac{1}{2}\times\{\hat{i}(4.0\,\mathrm{m/s^2})+\hat{j}(3.0\,\mathrm{m/s^2})\}\times(4.0\,\mathrm{s})^2\\&=\hat{i}(44\,\mathrm{m})-\hat{j}(9.0\,\mathrm{m})\end{aligned}$$

이다. 그 크기는

$$|\vec{r}(4)|=\sqrt{(44\,\mathrm{m})^2+(-9.0\,\mathrm{m})^2}=44.9\,\mathrm{m}$$

이고, 방향은

$$\phi=\tan^{-1}\left(\frac{y}{x}\right)=\frac{-9.0\,\mathrm{m}}{44\,\mathrm{m}}=-11.56°$$

이다. 곧 위치벡터의 크기는 45 m이고, x축에서 아래로 12° 방향이다.

○ 지구 표면에서 운동

물체를 지구 표면 가까이에서 가만히 놓으면 물체는 연직 아래로 떨어진다. 이때 공기의 저항을 무시할 수 있으면 모든 물체는 **똑같은 일정한 가속도**로 연직 아래로 낙하한다는 것을 많은 실험을 거듭한 후 갈릴레이(Galileo Galilei, 1564-1642 : 이탈리아 물리학자)는 발견하였다. 이 가속도를 **중력가속도**(gravitional acceleration)라 하고 문자 g로 표기하는 데, 그 값은 낙하지점의 위도와 지상 높이에 따라 다르지만, 지상 높이가 지구의 반지름에 비해 무시할 수 있을 정도이면 대체로 $9.81\,\mathrm{m/s^2}$*로 어림된다. 우리는 특별한 언급이 없으면 항상 이 값을 사용한다. 따라서 지구 표면 가까이에서의 중력가속도에 의한 운동은 등가속도운동의 좋은 보기이다.

먼저 **연직 방향 낙하운동**을 생각하자. 이 운동은 등가속도 직선운동이므로, 연직상방으로 y축을 잡으면 가속도는

$$a_y=-g$$

이다. 처음 속도를 v_{0y}라 하면, 연직 방향의 낙하운동의 식은 식(1.46) 및 식(1.48)로부터

$$v_y(t)=v_{0y}-gt, \tag{1.52}$$

$$y(t)=y_0+v_{0y}t-\frac{1}{2}gt^2 \tag{1.53}$$

---

* g의 표준값은 $g=9.80665\,\mathrm{m/s^2}$이다(Phys.Rev.D vol.66(2002), p.77).

가 된다. 이 두 식에서 t를 소거하면

$$v_y^2 - v_{0y}^2 = -2g(y - y_0)$$

를 얻는다. 이 관계식들은 식(1.7), 식(1.9) 및 식(1.10)과 일치한다. 여기서 주의할 점은 $y(t)$는 위치 또는 원점으로부터 변위이지 이동거리가 아니라는 점이다.

예제 1.27 연직상방으로 던진 야구공의 운동

지금 연직 위로 v_0 [m/s]의 속도로 야구공을 던져 올렸다. 처음 위치를 기준점으로 한다. 공기의 저항을 무시한다.

① 최고점에 도달하는 시각 및 최고점의 높이를 구하라.

② 다시 지상에 닿는 순간의 시각 및 속도를 구하라.

③ 속도-시간 및 위치-시간 그래프는 어떤 모양인가?

풀이 | ① 야구공의 가속도는 항상 아래로 작용하므로 공이 위로 올라가는 동안 속도는 감속되어, 드디어 속도가 0이 되고, 그 순간 다시 아래로 떨어진다. 이점이 최고점이므로 이점의 특성은

$$v_{\mathrm{h}} = 0$$

이다. 따라서 최고점에 도달하는 시각을 t_{h}라 하면 식(1.52)으로부터

$$0 = v_0 - g t_{\mathrm{h}} \quad \therefore \ t_{\mathrm{h}} = \frac{v_0}{g}$$

이고, 최고점의 높이 h는, 시각이 $t = t_{\mathrm{h}} = \dfrac{v_0}{g}$ 일 때의 (기준점 : $y_0 = 0$으로부터) 높이이므로, 식(1.53)으로부터

$$h = v_0 \times \frac{v_0}{g} - \frac{1}{2} g \times \left(\frac{v_0}{g}\right)^2 = \frac{v_0^2}{2g}$$

이다.

② 처음 위치인 기준점($y_0 = 0$)에 되돌아오는 시각을 t_0'이라 하면 $y(t_0') = 0$이므로 식(1.53)으로부터

$$y(t_0') = v_0 t_0' - \frac{1}{2} g t_0'^2 = 0 \qquad \therefore \ t_0' = \frac{2v_0}{g}$$

이다. 여기서 $t_0' = 0$는 처음 출발할 때의 시각이므로 버렸다. 이 결과는

$$t_0' = 2 t_{\mathrm{h}}$$

임을 나타낸다. 곧 최고점까지 올라가는 시간이나 내려오는 시간이 같다.

처음 위치에 다시 닿는 순간의 속도 v_0'은 시각

$$t = t_0' = \frac{2v_0}{g}$$

에서 속도이므로

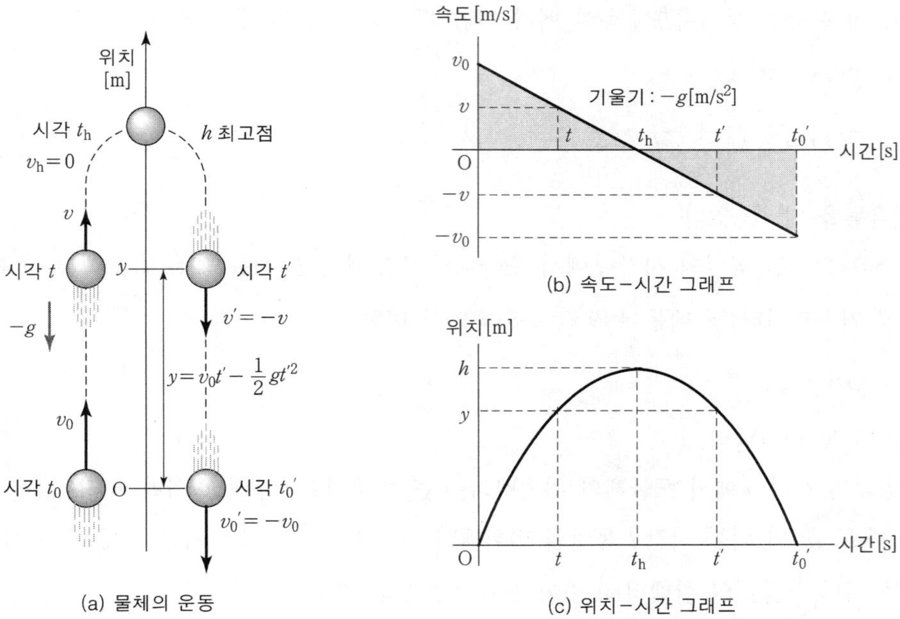

그림 1.47 연직상방으로 던진 야구공의 운동

$$v_0'=v_0-g\times\frac{2v_0}{g}=-v_0$$

이다. 곧 속도의 크기는 처음 출발할 때와 같고 방향이 반대이다. 결론적으로, 자유낙하에서 올라갈 때와 내려 올 때는 서로 대칭적이다.

③ 속도-시간 그래프는 $v_0>0$이므로 식(1.52)에 의하여 절편이 v_0, 기울기가 $-g$인 직선이고, 위치-시간 그래프는 $y_0=0$이므로 식(1.53)에 의하여 원점을 지나는 포물선 모양이다. 그 개략적 모양은 **그림 1.47**과 같다.

○ 지구 표면에서 포물체의 운동

평면이나 삼차원공간에서 등가속도운동의 좋은 보기 중의 하나는 지구 표면에서 공중으로 비스듬히 던져 올린 포물체의 운동이다.

포물체운동은 공기의 저항을 무시하면 지구 표면 가까이의 연직 면에서 일어나는 일정한 가속도벡터 $\vec{a}=\vec{g}$(일정)의 등가속도운동이다. 처음 속도를

$$\vec{v}(0)=\vec{v}_0,$$

처음 위치를 위치벡터의 기준으로 택하면, 곧

$$\vec{r}(0)=\vec{r}_0=0$$

라 하면, 이 운동은 등가속도운동의 벡터 식(1.47) 및 식(1.49)에 의하여

$$\vec{v}(t)=\vec{v}_0+\vec{g}\,t \tag{1.54}$$

$$\vec{r}(t)=\vec{v}_0\,t+\frac{1}{2}\vec{g}\,t^2 \tag{1.55}$$

으로 기술됨을 알 수 있다.

식(1.54)는 어떤 임의의 시각 t에서 포물체의 속도벡터 $\vec{v}(t)$는 처음 속도벡터 $\vec{v}_0$와 시간 t 동안에 가속도벡터 $\vec{g}$ 때문에 생긴 속도벡터의 변화

$$\Delta\vec{v}=\vec{g}\,t$$

의 합벡터임을 나타낸다.

또, 임의의 시각 t에서 포물체의 위치벡터 또는 기준점으로부터 변위벡터 $\vec{r}(t)$(식(1.55))는 처음 속도 $\vec{v}_0$에 의한 시간 t 동안의 변위벡터 $\vec{v}_0\,t$와 중력가속도벡터 $\vec{g}$에 의한 시간 t 동안의 변위벡터 $\frac{1}{2}\vec{g}\,t^2$의 합벡터로 주어진다(**그림 1.48** 참조).

이 운동은 처음 속도벡터 $\vec{v}_0$와 중력가속도벡터 $\vec{g}$가 이루는 평면에서 운동이다. $\vec{g}$가 연직 아래 방향이므로 이 평면은 연직 면이다. 처음 위치를 원점으로, 연직 위쪽을 y축으로, 연직에 수직인 수평 방향을 x축으로 택하여 직각 성분으로 분해하여 포물체의 운동을 고찰하는 것이 보다 더 분석적일 때가 있다.

x, y 성분별로 표현하면, 가속도벡터의 성분 $\{a_x,\ a_y\}$는

$$a_x=0,\quad a_y=-g \tag{1.56}$$

이고, 처음 속도벡터 $\vec{v}_0$는, 수평 방향에서 위로 각 θ_0의 방향이라면,

$$v_{0x}=v_0\cos\theta_0,\quad v_{0y}=v_0\sin\theta_0$$

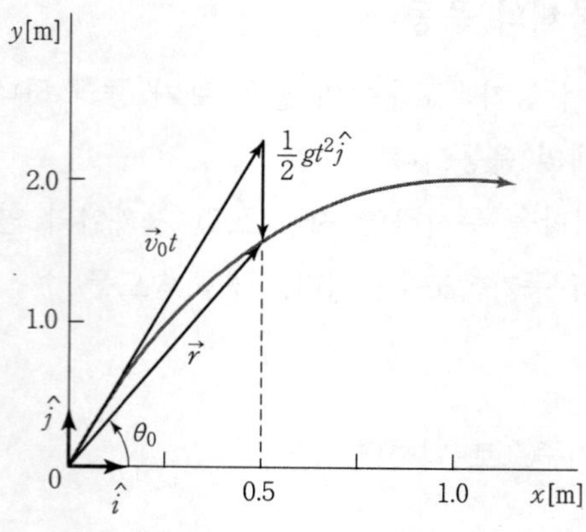

그림 1.48 포물체의 위치벡터

로 분해된다. 따라서 수평 방향 운동에는 가속도가 없으므로 등속직선운동이고, 연직 방향의 운동은 등가속도 직선운동이다. 곧

수평 방향 : 등속직선운동 $\quad v_{0x} = v_0 \cos\theta_0, \quad a_x = 0$

연직 방향 : 등가속도 직선운동 $\quad v_{0y} = v_0 \sin\theta_0, \quad a_y = -g$

이다. 따라서 임의의 시각 t에서 속도벡터의 성분$\{v_x(t),\ v_y(t)\}$ 및 위치벡터의 성분$\{x(t),\ y(t)\}$은 각각

속도벡터 : $v_x(t) = v_{0x} = v_0 \cos\theta_0,$ (1.57)

$$v_y(t) = v_{0y} - gt = v_0 \sin\theta_0 - gt \tag{1.58}$$

위치벡터 : $x(t) = v_{0x}t = v_0 t \cos\theta_0,$ (1.59)

$$y(t) = v_{0y}t - \frac{1}{2}gt^2 = v_0 t \sin\theta_0 - \frac{1}{2}gt^2 \tag{1.60}$$

로 주어진다.

식(1.59)와 식(1.60)으로부터 각 순간에서 위치벡터의 성분$\{x(t),\ y(t)\}$를 얻고, 이를 xy 평면에 점을 찍어 가면 포물체의 궤도곡선을 얻을 수 있다. 이 궤도곡선의 방정식은 이 두 식에서 시간 t를 소거하면 얻어진다. 곧 식(1.59)에서 얻는

$$t = \frac{x}{v_0 \cos\theta_0}$$

를 식(1.60)에 대입하여 정리하면

$$y = (\tan\theta_0)\,x - \left(\frac{g}{2v_0^2 \cos^2\theta_0}\right)x^2$$

를 얻는다. 이를 포물체의 **궤도방정식**(equation for trajectory)이라 한다. 이 방정식은 꼭짓점이

$$\left(\frac{v_0^2}{2g}\sin 2\theta_0,\ \frac{v_0^2}{2g}\sin^2\theta_0\right)$$

인 아래로 열린 포물선을 나타낸다. 그래서 이 물체를 포물체라 하고, 그 운동을 **포물선운동** 또는 **포물체운동**(motion for projectile)이라고도 한다.

예제 1.28 포물체운동

포물체의 운동에서 공기의 저항을 무시한다. 처음 포물체의 속도는 v_0이고, 지면과 이루는 각이 θ_0라 한다.

① 최고점에 도달하는 시간 t_h 및 그 점의 좌표(x_h, h)를 구하라.

② 포물체가 다시 지면에 도달하는 시각 t_0' 및 수평도달거리 R를 구하라. 또 수평도달거리 R가 최대가 되는 각 θ_0를 구하라.

③ 궤도곡선상의 한 점(x, y)에서 포물체의 속도벡터의 크기를 구하고, 이것은 처음 속도벡터의 방향 θ_0에는 관계없고, 처음 속도의 크기 v_0 및 연직 방향의 위치 y에 의하여 결정됨을 보여라. 곧 $v^2 = {v_0}^2 - 2gy$임을 보여라.

풀이 ① 최고점에서는 연직 방향의 속도는 없고 수평 방향의 속도만 있다. 따라서 이 점의 특성은

$$v_y(t_h) = 0$$

이다. 식(1.58)에서

$$v_y(t_h) = v_{0y} - g t_h = v_0 \sin\theta_0 - g t_h = 0$$

$$\therefore\ t_h = \frac{v_{0y}}{g} = \frac{v_0 \sin\theta_0}{g}$$

이다. 따라서 식(1.59) 및 식(1.60)으로부터

$$x_h = x(t_h) = v_{0x} t_h = \frac{v_{0x} v_{0y}}{g}$$

$$= \frac{v_0^2 \cos\theta_0 \sin\theta_0}{g} = \frac{v_0^2 \sin 2\theta_0}{2g},$$

$$h = y(t_h) = v_{0y} t_h - \frac{1}{2} g t_h^2 = \frac{v_{0y}^2}{2g} = \frac{v_0^2 \sin^2\theta_0}{2g}$$

을 얻는다.

② 지면에서는 $y=0$이다. 따라서 지면에 다시 떨어지는 시각 t_0'은 식(1.60)에 의하여

$$y(t_0') = v_{0y} t_0' - \frac{1}{2} g t_0'^2 = v_0 t_0' \sin\theta_0 - \frac{1}{2} g t_0'^2 = 0$$

$$\therefore\ t_0' = \frac{2v_{0y}}{g} = \frac{2v_0 \sin\theta_0}{g}$$

이고, 수평도달거리 R는 식(1.59)에 의하여

$$R = x(t_0') = \frac{2v_{0x} v_{0y}}{g} = \frac{v_0^2 \sin 2\theta_0}{g} \tag{1.61}$$

이다. 따라서 수평도달거리 R는 각 θ_0의 함수인데, 최대가 되려면 $\theta_0 = 45°$이어야 한다(**그림 1.49(b)** 참조).

위의 결과로부터

$$t_0' = 2t_h,\quad R = 2x_h$$

임을 알 수 있다. 이는 포물선운동이, 공기의 저항을 무시하면, 최고점을 지나는 연직선에 대해서 대칭임을 말해 준다(**그림 1.49(a)** 참조).

③ 궤도곡선상의 한 점(x, y)에서 속도벡터의 직각 성분은 식(1.57) 및 (1.58)로 주어지므로 그 크기 v는

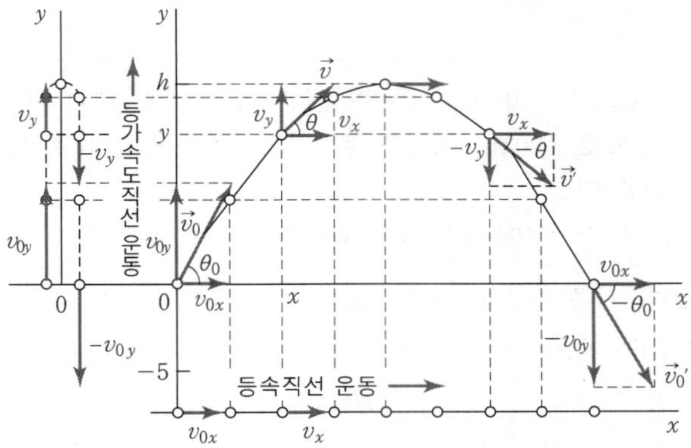

(a) 포물체운동 모양

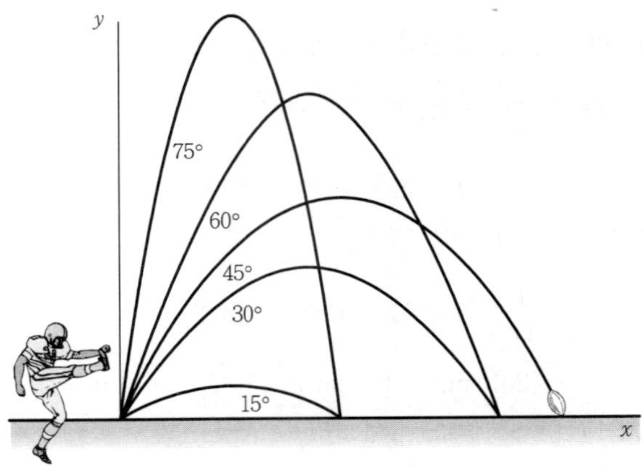

(b) θ_0에 따른 포물체운동 모양

그림 1.49 포물체의 운동

$$v=\sqrt{v_x^2+v_y^2}=v_0\sqrt{\cos^2\theta_0+\left(\sin\theta_0-\frac{g}{v_0}t\right)^2}$$

로 주어진다. 여기서 시각 t는, 위치벡터의 연직 성분인 y가 주어지면 식(1.60)으로 주어지므로, 근의 공식(부록 D.2-1 참조)을 이용하면

$$t=\frac{v_0\sin\theta_0}{g}\left(1\pm\sqrt{1-\frac{2gy}{v_0^2\sin^2\theta_0}}\right)$$

로 주어진다. 이를 윗식에 대입하여 정리하면,

$$v=\sqrt{v_0^2-2gy} \quad \text{또는} \quad v^2=v_0^2-2gy \tag{1.62}$$

를 얻는다. 곧 속도벡터의 크기는 처음 속도벡터의 방향 θ_0에는 무관하고, 처음 속도벡터의 크기 v_0 및 연직 높이 y에 의하여 결정된다.

예제 1.29 돌팔매질

그림 1.50(a)와 같이 높이가 45.0 m인 바닷가 절벽에서 돌팔매질하기 시합을 했다. 갑은 수평 방향에서 위로 45° 방향으로 20.0 m/s의 속도로 던졌고, 을은 같은 빠르기로 30° 방향으로 던졌다. 공기의 저항을 무시한다.

① 누가 이길 것이며, ② 바닷물에 닿는 순간 속도의 크기는 얼마인지 구하라.

풀이 ① 돌이 도달하는 수평거리를 비교하면 된다. 돌이 바닷물에 닿는 시각 τ는, 좌표의 원점을 절벽 위 처음 위치로 잡고 절벽의 높이를 H라 하면,

$$y(\tau) = -H$$

에 의하여 주어진다. 곧 식(1.60)에 의하여

$$-H = v_0 \tau \sin\theta_0 - \frac{1}{2} g\tau^2 \quad \text{또는} \quad g\tau^2 - 2v_0\tau\sin\theta_0 - 2H = 0$$

를 얻는다. 이 방정식으로부터, 이차방정식의 근의 공식(부록 D.2-1 참조)을 적용하면,

$$\tau = \frac{v_0 \sin\theta_0 \pm \sqrt{v_0^2 \sin^2\theta_0 + 2gH}}{g}$$

를 얻는다. 여기서 $g = 9.81\,\text{m/s}^2$, $v_0 = 20.0\,\text{m/s}$, $H = 45.0\,\text{m}$이다.

갑의 경우에는 $\theta_0 = 45°$이므로

$$\begin{aligned}\tau_{45°} &= \frac{1}{9.81\,\text{m/s}^2}\{(20.0\,\text{m/s})\times(\sin 45°) \\ &\quad \pm\sqrt{(20.0\,\text{m/s})^2\times(\sin 45°)^2 + 2\times(9.81\,\text{m/s}^2)\times(45.0\,\text{m})}\} \\ &= 4.796\,\text{s} \quad \text{또는} \quad -1.913\,\text{s}\end{aligned}$$

인데, 여기서 $-1.913\,\text{s}$는 답이 될 수 없다. 왜냐하면 시각 $\tau_{45°} = -1.913\,\text{s}$는 **그림 1.50(a)**의 점 O′에 해당하는 시각이다. 따라서 $\tau_{45°} = 4.796\,\text{s}$이므로 수평도달거리는

$$R_{45°} = v_0\,\tau_{45°}\cos 45° = (20\,\text{m/s})\times(4.796\,\text{s})\times\frac{1}{\sqrt{2}} = 67.83\,\text{m}$$

이다. 곧 $R_{45°} = 67.8\,\text{m}$이다.

한편, 을의 경우에는 $\theta_0 = 30°$이므로

$$\begin{aligned}\tau_{30°} &= \frac{1}{9.81\,\text{m/s}^2}\{(20.0\,\text{m/s})\times(\sin 30°) \\ &\quad \pm\sqrt{(20.0\,\text{m/s})^2\times(\sin 30°)^2 + 2\times(9.81\,\text{m/s}^2)\times(45.0\,\text{m})}\} \\ &= 4.215\,\text{s} \quad \text{또는} \quad -2.176\,\text{s}\end{aligned}$$

이므로 $\tau_{30°} = 4.215\,\text{s}$이다. $\tau_{30°} = -2.176\,\text{s}$는 점 O′에 해당하는 시각이다. 따라서

$$R_{30°} = v_0\,\tau_{30°}\cos 30° = (20\,\text{m/s})\times(4.215\,\text{s})\times\frac{\sqrt{3}}{2} = 73.01\,\text{m}$$

이다. 곧 $R_{30°} = 73.0\,\text{m}$이다. 따라서 을이 이겼다! (**그림 1.50(b)** 참조)

② 돌이 바닷물에 닿는 순간의 속도벡터의 성분은 각각

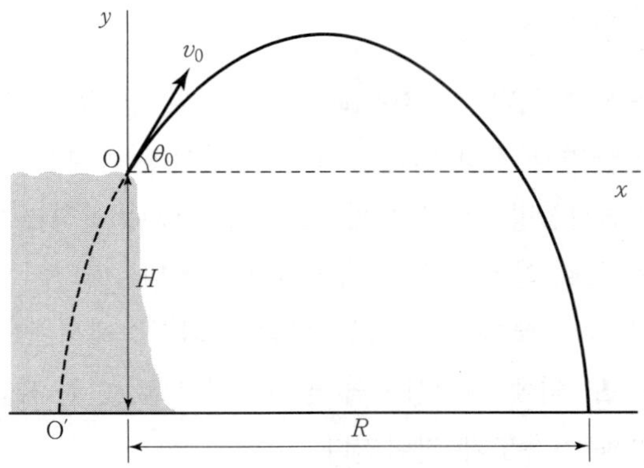

(a) 절벽 위에서의 돌팔매의 운동 모양

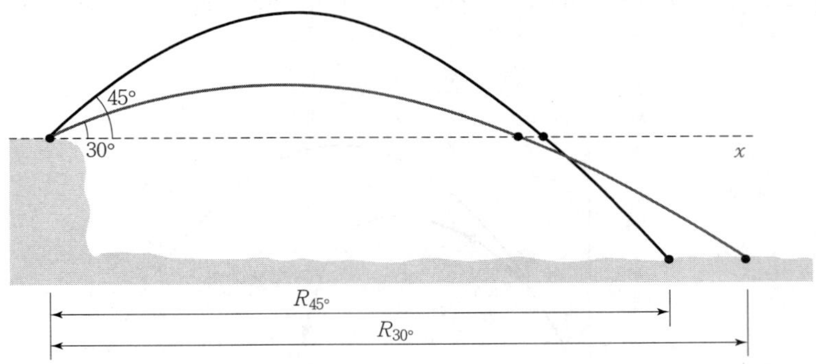

(b) 두 돌팔매의 궤도

그림 1.50 돌팔매의 운동

$$갑: v_x(\tau_{45°}) = (20.0\ \text{m/s}) \times (\cos 45°) = 10\sqrt{2}\ \text{m/s} = 14.14\ \text{m/s}$$

$$v_y(\tau_{45°}) = (20\ \text{m/s}) \times (\sin 45°) - (9.81\ \text{m/s}^2) \times (4.796\ \text{s}) = -32.91\ \text{m/s}$$

$$을: v_x(\tau_{30°}) = (20.0\ \text{m/s}) \times (\cos 30°) = 10\sqrt{3} = 17.321\ \text{m/s}$$

$$v_y(\tau_{30°}) = (20\ \text{m/s}) \times (\sin 30°) - (9.81\ \text{m/s}^2) \times (4.215\ \text{s}) = -31.35\ \text{m/s}$$

이다. 따라서 속도벡터의 크기는

$$갑: v_{45°} = \sqrt{(14.14\ \text{m/s})^2 + (-32.91\ \text{m/s})^2} = 35.82\ \text{m/s}$$

$$을: v_{30°} = \sqrt{(17.32\ \text{m/s})^2 + (-31.35\ \text{m/s})^2} = 35.82\ \text{m/s}$$

이다. 갑, 을 두 사람이 던진 돌의 속도의 크기는 모두 35.8 m/s이다. 이것은 식(1.62)에 의하여 예측된 결과이다.

○ 공기저항

이제까지 공기의 저항을 무시해 왔다. 그러나 실제로 무시할 수 없는 경우가 많다. 그 영향은 속도 크기에 따라 다르다. 공기의 저항 때문에 수평 방향이 등속직선운동이 되지 않고, 수평도달 거리도 짧아진다. 또, 연직상방으로 운동할 때 연직 아래로 향하는 중력가속도 외에 역시 아래로 향하는 공기의 저항으로 인한 다른 가속도가 부가된다. 따라서 최고점의 높이도 낮아지고, 최고점에 도달하는 시간은 짧아진다. 그뿐 아니라 최고점에서 연직 아래로 낙하하는 동안에는 연직하향의 중력가속도 외에 연직상향의 공기 저항으로 인한 다른 가속도가 부가되어 실질적으로 연직하향의 알짜 가속도가 작아진다.

따라서 포물체의 궤도곡선은 포물선이 되지 않는다(**그림 1.51(a)** 참조). **그림 1.51(b)**는 야구공의 처음 속도 $\vec{v}_0$가 수평 방향과 이루는 각 θ_0가 45°, 35°인 경우의 궤도 모양을 나타낸다.

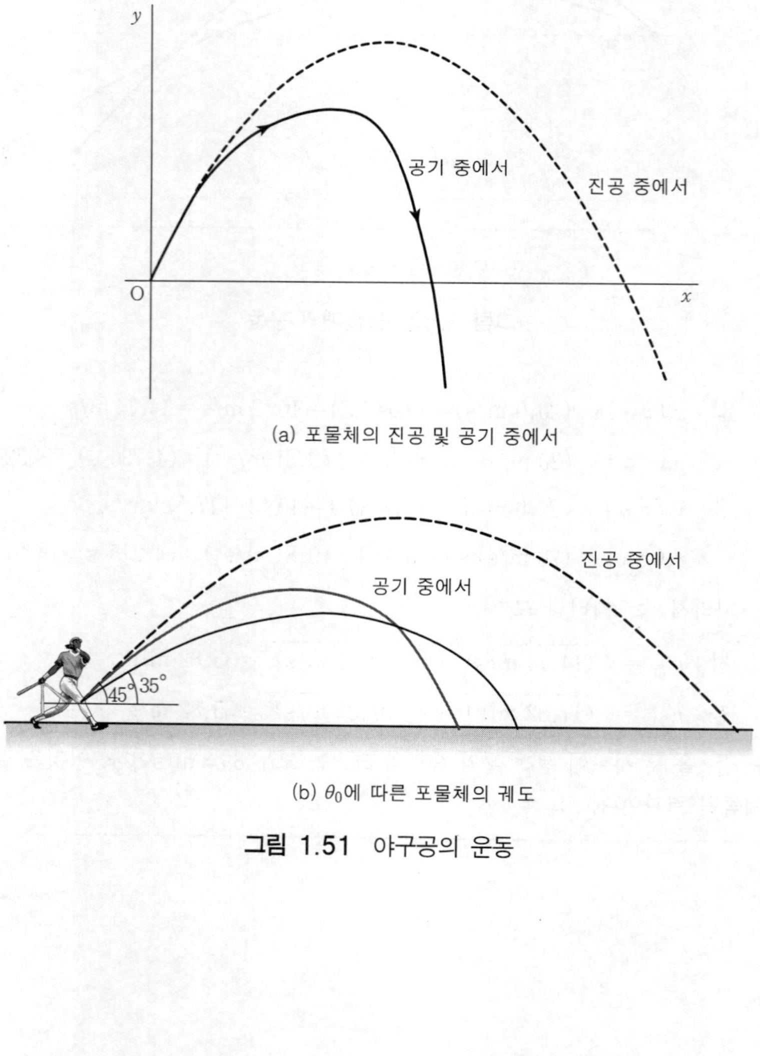

그림 1.51 야구공의 운동

1.2.6 원운동

물체가 원궤도를 그리는 운동을 **원운동**(circular motion)이라 한다. 원운동은 자연현상 중에서 흔히 볼 수 있고, 가장 간단하면서 중요한 곡선 운동의 대표적 보기이다.

◎ 속도벡터

그림 1.52와 같이 반지름이 R인 원궤도를 그리는 물체가 시각 t에서 점 P에 있다가 시간 Δt 후 시각 t'에 점 Q에 이르렀다고 하자. 먼저 좌표를 잡아야 한다. 원의 중심을 원점으로 하는 좌표를 택한다. 위치벡터를

$$\overrightarrow{\mathrm{OP}} = \vec{r}(t), \quad \overrightarrow{\mathrm{OQ}} = \vec{r}(t') \quad ; \quad t' \equiv t + \Delta t$$

라 하면

$$|\vec{r}(t)| = |\vec{r}(t+\Delta t)| = R$$

이다. 따라서 변위벡터는

$$\Delta\vec{r} = \vec{r}(t+\Delta t) - \vec{r}(t)$$

이고, 속도벡터는

$$\vec{v}(t) = \lim_{\Delta t \to 0} \frac{\Delta\vec{r}}{\Delta t} = \frac{d\vec{r}}{dt}$$

인데 방향이 접선 방향이므로

$$\vec{v}(t) = \lim_{\Delta t \to 0} \frac{\Delta\vec{r}}{\Delta t} = \hat{\tau} \left| \lim_{\Delta t \to 0} \frac{\Delta\vec{r}}{\Delta t} \right|$$

이다. 여기서 $|\Delta\vec{r}|$를 원호 $\overset{\frown}{\mathrm{PQ}}$의 길이 Δs로 어림할 수 있다. 곧

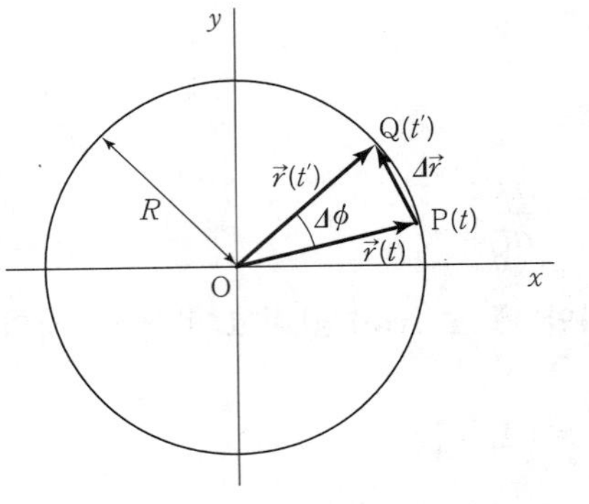

그림 1.52 원운동의 위치벡터 및 변위벡터

$$|\Delta \vec{r}| \cong \Delta s$$

라 하면

$$\left| \lim_{\Delta t \to 0} \frac{\Delta \vec{r}}{\Delta t} \right| = \lim_{\Delta t \to 0} \frac{|\Delta \vec{r}|}{\Delta t} = \lim_{\Delta t \to 0} \frac{\Delta s}{\Delta t} = \frac{ds}{dt} = v$$

이므로

$$\vec{v}(t) = \hat{\tau} \frac{ds}{dt} = \hat{\tau} v(t)$$

이다.

◎ 각속도와 선속도

위치벡터 $\overrightarrow{\mathrm{OP}} = r(t)$가 x축과 이루는 각을 ϕ라 하면 호도법(부록 D.7-2 참조)에 의하여 원호 $\widehat{\mathrm{PQ}} = \Delta s$는

$$\Delta s = R\, \Delta\phi$$

로 주어지므로 속도의 크기는

$$v(t) = \frac{ds}{dt} = \lim_{\Delta t \to 0} \frac{\Delta s}{\Delta t} = \lim_{\Delta t \to 0} \frac{\Delta \phi}{\Delta t} R = \frac{d\phi}{dt} R \tag{1.63}$$

로도 주어진다.

윗식에서 Δs는 시간 Δt 동안에 원둘레를 따라서 이동한 거리이고, $\Delta\phi$는 위치벡터가 회전한 각이다. 이를 **각변위**(angular displacement)라 한다. 각변위(또는 각)의 단위는 **라디안**(또는 호도 : radian)[rad]을 사용한다. 반지름과 같은 길이의 원호가 원의 중심에 펼치는 중심각을 1 [rad](또는 호도)이라 한다(부록 D.7-2 참조).

단위시간에 회전한 각을 나타내는 $\dfrac{\Delta\phi}{\Delta t}$는 시간 Δt 동안의 **평균각속도**(average angular velocity)라 하고, $\Delta t \to 0$에서 극한값을 **순간각속도**(instantaneous velocity)라 하고 ω로 표기한다. 곧

$$\langle \omega \rangle = \frac{\Delta\phi}{\Delta t}$$

$$\omega(t) = \lim_{\Delta \to 0} \frac{\Delta\phi}{\Delta t} = \frac{d\phi}{dt} \tag{1.64}$$

이다. 각속도의 단위는 **라디안 매 초 [rad/s]**이고 차원은, 각의 차원이 없으므로,

$$[\mathrm{rad/s}] = \frac{[1]}{[\mathrm{T}]} = [\mathrm{T}^{-1}]$$

이다. 각속도 $\omega(t)$에 대해서 속도 $v(t)$를 **선속도**(linear velocity)라 부르기도 한다. 따라서

선속도와 각속도 사이에는 식(1.63) 및 식(1.64)로부터

$$v(t) = \omega(t)R \tag{1.65}$$

의 관계가 있음을 알 수 있다. 곧 속도벡터는

$$\vec{v}(t) = \hat{\tau}(\omega(t)R) \tag{1.66}$$

로 주어진다.

◎ 가속도벡터

속도벡터는 접선 방향이므로 항상 지름에 수직이어서, 지름 성분(ρ성분)은 없고 가로 성분(ϕ성분)뿐이다. 위치벡터가 $\Delta\phi$만큼 회전하면 속도벡터도 $\Delta\phi$만큼 회전한다. **그림 1.53(b)**는 **그림 1.53(a)**의 점 P 및 점 Q에서 속도벡터들을 나란히 옮겨서 그들의 화살표 꼬리를 서로 맞대어 놓은 그림이다.

속도벡터의 변화

$$\Delta\vec{v} = \vec{v}(t+\Delta t) - \vec{v}(t)$$

의 접선 성분 Δv_τ는

$$\Delta v_\tau \cong v(t+\Delta t) - v(t) = \Delta v$$

이고, 법선 성분 Δv_n은 $|\vec{v}(t)| \equiv v$라 두면

$$\Delta v_n \cong v\Delta\phi$$

임을 **그림 1.53(b)**로부터 알 수 있다. 따라서 가속도벡터는

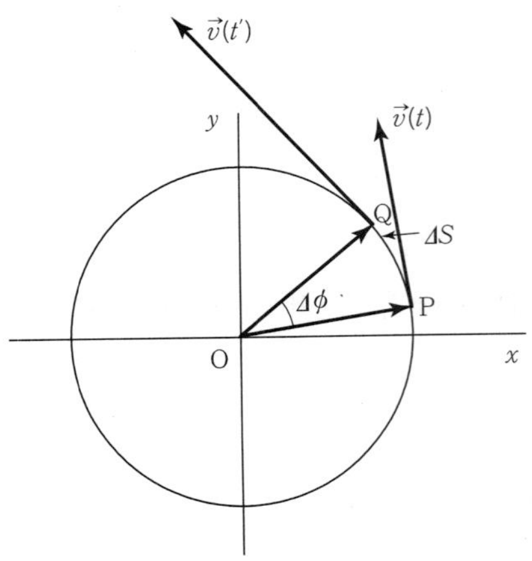

(a) 속도벡터

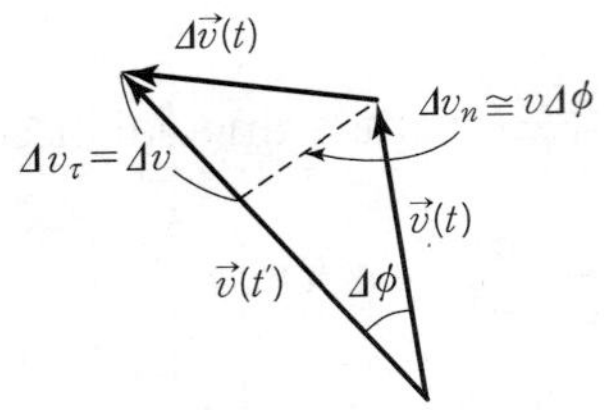

(b) 속도벡터의 변화

그림 1.53 원운동의 속도벡터

$$\vec{a}(t) = \lim_{\Delta t \to 0} \frac{\Delta \vec{v}}{\Delta t} = \hat{\tau} \lim_{\Delta t \to 0} \frac{\Delta v_\tau}{\Delta t} + \hat{n} \lim_{\Delta t \to 0} \frac{\Delta v_n}{\Delta t}$$
$$= \hat{\tau} \lim_{\Delta t \to 0} \frac{\Delta v}{\Delta t} + \hat{n} \lim_{\Delta t \to 0} \frac{\Delta \phi}{\Delta t} v$$
$$= \hat{\tau} \frac{dv}{dt} + \hat{n} \frac{d\phi}{dt} v \tag{1.67}$$

이 된다. 곧 가속도는 접선 및 법선 성분으로 분해된다. 여기서 식(1.63)을 고려하면

$$\frac{d\phi}{dt} = \frac{v}{R}$$

이므로, 가속도의 접선 및 법선 성분은 각각

$$a_\tau = \frac{dv}{dt}, \quad a_n = \frac{d\phi}{dt} v = \frac{v^2}{R} \tag{1.68}$$

이 된다. 이것은 바로 식(1.45)이다. 따라서 원운동의 가속도벡터는

$$\vec{a} = \hat{\tau} \frac{dv}{dt} + \hat{n} \frac{v^2}{R} \tag{1.69}$$

로 주어진다.

선속도와 각속도 사이의 관계 식(1.65)를 고려하면 접선가속도는

$$a_\tau = \frac{dv}{dt} = \frac{d}{dt}(\omega R) = \frac{d\omega}{dt} R$$

이 된다. 여기서 $\frac{d\omega}{dt}$는 단위시간의 각속도의 변화로서 **각가속도**(angular acceleratrion)라 하고, 보통 α로 표기한다. 곧

$$\alpha = \lim_{\Delta t \to 0} \frac{\Delta \omega}{\Delta t} = \frac{d\omega}{dt}$$

이다. 또,

$$\langle \alpha \rangle = \frac{\Delta \omega}{\Delta t}$$

를 **평균각가속도**(average angular acceleration)라 한다. 따라서 원운동에서 접선가속도는

$$a_\tau = \frac{dv}{dt} = \alpha R \tag{1.70}$$

이다. 또, 원운동에서 법선가속도는, $v = \omega R$임을 고려하면,

$$a_n = \frac{v^2}{R} = \omega^2 R \tag{1.71}$$

가 된다. 곧 가속도벡터는

$$\vec{a}=\hat{\tau}(\alpha R)+\hat{n}(\omega^2 R) \tag{1.72}$$

로도 표현된다. 원운동의 법선가속도 a_n은 항상 원의 중심을 향하므로 특히 **구심가속도** (centripetal acceleration) a_c라고도 한다.

예제 1.30 평면극좌표계에서 원운동

반지름 R의 원운동을 하는 입자의 위치벡터 $\vec{r}$, 속도벡터 $\vec{v}$, 가속도벡터 $\vec{a}$를 평면극좌표계의 바탕{$\hat{\rho}$, $\hat{\phi}$}에서 표현하라.

풀이 | 평면극좌표계의 바탕{$\hat{\rho}$, $\hat{\phi}$}에서 원운동하는 입자의 위치벡터는

$$\vec{r}(t)=\hat{\rho}(t)R \tag{1.73}$$

로 주어진다. 원운동에서 입자의 위치에 따라, 곧 시간에 따라 바탕벡터만 변한다. 따라서 변위벡터는, $\Delta\hat{\rho}=\hat{\rho}(t+\Delta t)-\hat{\rho}(t)=\hat{\phi}\Delta\phi$이므로,

$$\Delta\vec{r}=\{\hat{\rho}(t+\Delta t)-\hat{\rho}(t)\}R\cong\hat{\phi}(\Delta\phi R)$$

이고, 속도벡터 $\vec{v}$는

$$\vec{v}=\frac{d\vec{r}}{dt}=\hat{\phi}\left(\lim_{\Delta t\to 0}\frac{\Delta\phi}{\Delta t}\right)R=\hat{\phi}\left(\frac{d\phi}{dt}R\right)=\hat{\phi}(\omega R) \tag{1.74}$$

가 된다. 이 관계식은 식(1.28)을 고려하면 식(1.73)을 시간에 대해서 미분하여 얻을 수도 있다. 가속도벡터 $\vec{a}$는 식(1.29)를 고려하여 속도벡터 $\vec{v}(t)$를 시간에 대해서 미분하면

$$\vec{a}=\frac{d\vec{v}}{dt}=-\hat{\rho}(\omega^2 R)+\hat{\phi}(\alpha R) \tag{1.75}$$

를 얻는다.

법선단위벡터 $\hat{n}$은 바탕벡터 $\hat{\rho}$와 반대 방향이고, 접선단위벡터 $\hat{\tau}$는 바탕벡터 $\hat{\phi}$와 일치한다. 곧

$$\hat{n}=-\hat{\rho},\quad \hat{\tau}=\phi$$

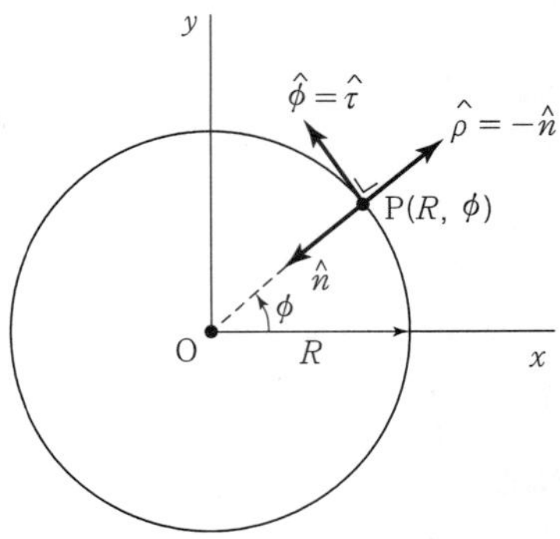

그림 1.54 원운동에서 법선 및 접선 단위벡터와 평면극좌표의 바탕벡터

이므로(**그림 1.54** 참조),

$$a_n = -a_\rho, \quad a_\tau = a_\phi$$

이기도 하다. 따라서 위의 식(1.74)는 식(1.66)과, 식(1.75)는 식(1.72)와 각각 일치한다.

예제 1.31 축바퀴의 각가속도

수평축 주위로 자유로이 회전할 수 있는 반지름 0.100 m의 가벼운 축바퀴의 원판 둘레에 감은 늘어나지 않는 실에 물체 M을 매달아 가만히 놓았더니 일정한 가속도로 하강했다. 원판에 감긴 실은 미끄러지지 않는다. 처음($t=0$)에 물체의 속도는 4.00×10^{-2} m/s였고, 2.00초 후 물체는 0.200 m 하강했다(**그림 1.55** 참조).

① 원판 둘레 위의 한 점 P의 접선 및 법선 가속도를 각각 구하라.

② 점 P의 각속도 및 각가속도를 각각 구하라.

풀이 ① 한 점 P의 접선 및 법선가속도는 식(1.68)로 주어지는데, 원판에 감긴 실이 미끄러지지 않으므로 점 P의 선속도는 물체 M의 낙하속도와 같다.

물체 M은 등가속도 직선운동을 하므로, 처음 위치를 좌표의 원점으로 하고 좌표축 y를 연직 아래로 택하고, 물체의 가속도를 a라 하면 물체의 위치는 식(1.9)에 의하여

$$y(t) = v_0 t + \frac{1}{2} a t^2$$

으로 주어진다. 여기서 $v_0 = 4.00\times10^{-2}$ m/s이고 $t=2.00$ s일 때 $y=0.200$ m이므로

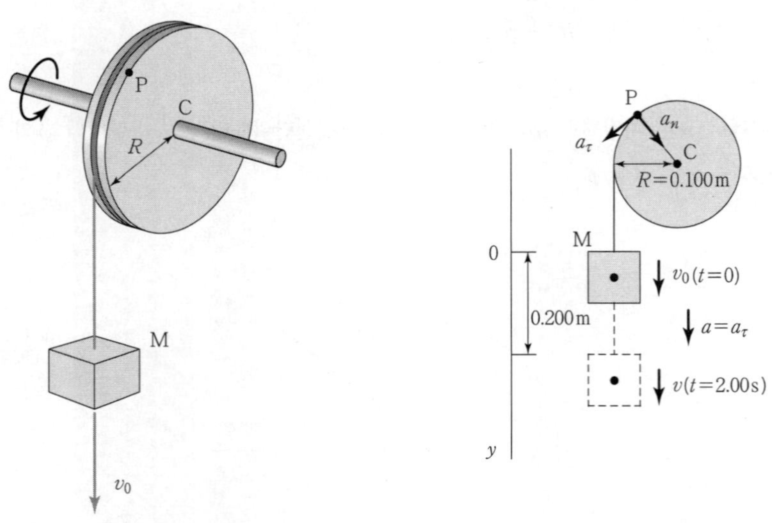

(a) 축바퀴의 등각가속도운동 (b) 화살표 그림

그림 1.55 축바퀴의 운동

$$0.200\ \text{m} = (4.00\times10^{-2}\ \text{m/s})\times(2.00\ \text{s}) + \frac{1}{2}a\times(2.00\ \text{s})^2$$

$$\therefore\ a = 6.00\times10^{-2}\ \text{m/s}^2$$

이다. 그래서 물체 M의 임의의 시각 t에서 위치는

$$y(t) = (4.00t + 3.00t^2)\times10^{-2}\,[\text{m}]$$

로 주어진다. 따라서 물체 M의 속도, 곧 점 P의 선속도는

$$v = \frac{dy}{dt} = (4.00 + 6.00t)\times10^{-2}\ [\text{m/s}]$$

이다. 점 P의 접선가속도는 식(1.68)에 의하여,

$$a_\tau = \frac{dv}{dt} = 6.00\times10^{-2}\ [\text{m/s}^2]$$

이고, 법선가속도는 반지름이 $R=0.100\ \text{m}$이므로,

$$a_n = \frac{v^2}{R} = \frac{(4.00+6.00t)^2\times10^{-4}}{0.100}$$
$$= (1.60 + 4.80t + 3.60t^2)\times10^{-2}\,[\text{m/s}^2]$$

이다.

② 각속도는 식(1.65)에 의하여

$$\omega = \frac{v}{R} = \frac{(4.00+6.00t)\times10^{-2}}{0.100}$$
$$= (0.400 + 0.600t)\ [\text{rad/s}]$$

이고, 각가속도는

$$\alpha = \frac{d\omega}{dt} = 0.600\ [\text{rad/s}^2]$$

이다. 이것은 $a_\tau = \alpha R$로부터 구할 수도 있다.

○ 등속원운동

속도벡터의 크기가 일정한 원운동을 **등속원운동**(uniform circular motion)이라 한다. 곧

$$|\vec{v}(t)| = v = wR = (\text{일정}) \qquad \therefore\ \frac{dv}{dt} = 0$$

이므로, 접선가속도가 0이다($a_\tau = 0$). 따라서 등속원운동에서 가속도는 법선가속도, 곧 구심가속도뿐이다. 곧

$$\vec{a} = \hat{n}\frac{v^2}{R} = \hat{n}\,\omega^2 R \quad (\text{등속원운동}) \tag{1.76}$$

이다. 그러므로

등속원운동에서 가속도는 구심가속도이고, 각속도도 일정하여 각가속도가 0이다.

등속원운동에서 물체가 원둘레를 한바퀴 도는 데 걸리는 시간을 **주기**(period)라 하고 T로 나타낸다. 따라서

$$T = \frac{2\pi R}{v} = \frac{2\pi}{\omega} \tag{1.77}$$

로 주어지며, 1초 동안에 회전하는 **회전수** f는

$$f = \frac{1}{T} = \frac{v}{2\pi R} = \frac{\omega}{2\pi} \tag{1.78}$$

로 주어진다. 단위는 [1/s] 또는 [s^{-1}]*로 보통 **헤르츠**(Hertz)[Hz]라 한다.

예제 1.32 달의 공전 구심가속도

달은 지구 주위를 반지름이 3.84×10^8m인 원에 가까운 운동을 한다고 한다. 달의 공전 주기는 27.3일이다. 달의 구심가속도는 얼마인가?

풀이 | 달이 지구 주위를 한 바퀴 도는 주기 T는

$$T = 27.3\,\text{d} = (27.3\,\text{d})\times\left(\frac{24\,\text{h}}{1\,\text{d}}\right)\times\left(\frac{3600\,\text{s}}{1\,\text{h}}\right) = 2.359\times10^6\,\text{s}^{**}$$

로, 구심가속도는, 식(1.77)을 고려하면, 식(1.71)에 의하여

$$a_n = \omega^2 R = \left(\frac{2\pi}{2.359\times10^6\,\text{s}}\right)^2\times(3.84\times10^8\,\text{m}) = 2.721\times10^{-3}\,\text{m/s}^2\ ^{**}$$

이다. 곧 달의 공전 구심가속도는 $a_n = 2.72\times10^{-3}$ m/s^{2}이다.

○ 등각가속도운동

원운동하는 물체의 위치는 기준선으로부터의 각으로 나타낼 수 있다. 원의 중심 C를 기준점으로 하면 물체까지의 거리는 항상 일정하기 때문이다. 곧 평면극좌표를 사용하면 지름좌표 ρ는 반지름 R와 같아($\rho = R$) 일정하므로 오직 극각좌표 ϕ만으로 충분하다. 이를 **각위치**(angular position)라 한다.

시간 Δt 동안에 각위치가 $\phi(t_0) = \phi_0$에서 $\phi = \phi(t)$ ($t = t_0 + \Delta t$)로 변했다면, 각변위는 $\Delta\phi = \phi(t_0 + \Delta t) - \phi(t_0)$이고, 각속도 및 각가속도는 각각

* "역초"라 읽는다.

** 소단원 "0.5 측정값의 어림셈" ① 참조

$$\omega(t)=\lim_{\Delta\to 0}\frac{\Delta\phi}{\Delta t}=\frac{d\phi}{dt},\quad \alpha=\lim_{\Delta t\to 0}\frac{\Delta\omega}{\Delta t}=\frac{d\omega}{dt}$$

로 주어진다.

각가속도가 일정한 **등각가속도 원운동**(circular motion with constant angular acceleration)에서

$$\alpha=(\text{일정})$$

이므로, **예제 1.13**에서와 같은 방법으로, $t_0=0$라면 임의의 시각 t에서 등각가속도 원운동의 각속도 및 각위치는

$$\omega(t)=\omega_0+\alpha t \quad (\alpha:\text{일정}) \tag{1.79}$$

$$\phi(t)=\phi_0+\omega_0 t+\frac{1}{2}\alpha t^2 \tag{1.80}$$

으로 주어지고, 시간 t를 소거하면

$$2\alpha(\phi-\phi_0)=\omega^2-\omega_0^2$$

를 얻는다. 여기서 $t_0=0$, $\omega(0)=\omega_0$, $\phi(0)=\phi_0$라 두었다.

따라서 원운동과 직선운동을 기술하는 물리량들 사이에는 **표 1.10**과 같은 대응관계가 성립함을 알 수 있다.

표 1.10 직선운동과 원운동의 기술 비교

직선운동	원운동
위 치 x	ϕ 각위치
변 위 Δx	$\Delta\phi$ 각변위
속 도 $v=\frac{dx}{dt}$	$\frac{d\phi}{dt}=\omega$ 각속도
(접선)가속도 $a=\frac{dv}{dt}$	$\frac{d\omega}{dt}=\alpha$ 각가속도
등가속도 직선운동	**등각가속도 원운동**
가속도 $a=(\text{일정})$	$(\text{일정})=\alpha$ 각가속도
속 도 $v(t)=v_0+at$	$\omega_0+\alpha t=\omega(t)$ 각속도
위 치 $x(t)=x_0+v_0t+\frac{1}{2}at^2$	$\phi_0+\omega_0t+\frac{1}{2}\alpha t^2=\phi(t)$ 각위치
$2a(x-x_0)=v^2-v_0^2$	$\omega^2-\omega_0^2=2\alpha(\phi-\phi_0)$
변 위 $\Delta s=R\,\Delta\phi$, 속 도 $v=\omega R$, 접선가속도 $a_\tau=\frac{dv}{dt}=\alpha R$, 법선가속도 $a_n=\frac{v^2}{R}=\omega^2R$	

예제 1.33 수레바퀴의 등각가속도운동

수레바퀴가 3.50 rad/s^{2}의 일정한 각가속도로 회전하고 있다. 바퀴의 처음($t=0$) 각속도가 2.00 rad/s였다.

① 2.00초 후 수레바퀴에 있는 한 점의 각변위는 얼마인가?

② 시각 2.00초에서 그 점의 각속도는 얼마인가?

풀이 | ① 등각가속도 원운동이므로 식(1.80)에 의하여 각 변위는

$$\begin{aligned}\Delta\phi &= \phi(t)-\phi_0=\omega_0 t+\frac{1}{2}\alpha t^2\\ &=(2.00\ \text{rad/s})\times(2.00\ \text{s})+\frac{1}{2}\times(3.50\ \text{rad/s}^2)\times(2.00\ \text{s})^2\\ &=11.0\ \text{rad}\end{aligned}$$

이다. 이것은 60분법으로는

$$\Delta\phi=11.0\ \text{rad}\times\left(\frac{180°}{\pi\ \text{rad}}\right)=631°$$

이다.

② 각속도는 식(1.79)에 의하여

$$\omega=\omega_0+\alpha t=(2.00\ \text{rad/s})+(3.50\text{rad/s}^2)\times(2.00\ \text{s})=9.00\ \text{rad/s}$$

이다.

1.3 상대운동

앞에서 운동을 기술할 때 먼저 기준틀과 좌표계가 설정되어야 했다. 관측자 또는 기준점의 운동에 따라 한 운동의 관측 결과가 달라질 것이다. 다른 관측자들이 관측한 측정결과 사이에는 어떤 관계가 있는지 알아본다. 먼저 직선운동에 대해서 살펴보고 이 결과를 평면운동의 경우로 확장한다.

1.3.1 상대속도

레일 위를 3.0 m/s의 일정한 속도로 천천히 동쪽(양(+)의 방향)으로 움직이고 있는 열차를 플랫폼에 정지해 있는 자전거를 타고 있는 관측자가 보면 열차의 속도는 +3.0 m/s이나, 만일 +5.0 m/s의 일정한 속도로 자전거를 타고 달리면서 보면, 열차는 뒤로 −2.0 m/s로 움직이는 것처럼 보인다. 이때 −2.0 m/s를 자전거에 대한 열차의 **상대속도**(relative velocity)라

하고, 문자기호 $v_{열/자}$로 나타낸다. 곧

$$v_{열/자} = (+3.0\ \text{m/s}) - (+5.0\ \text{m/s}) = -2.0\ \text{m/s}$$

이다.

자전거가 정지해 있을 때, 자전거에 대한 열차의 상대속도는

$$v_{열/자} = (+3.0\ \text{m/s}) - (+0.0\ \text{m/s}) = +3.0\ \text{m/s}$$

이다. 관측자의 운동에 따라서 관측되는 물체의 속도는 다르게 보인다.

따라서 이제까지 우리가 운동을 기술하는 위치, 변위, 속도 등은 기준점에 대한 **상대위치**(relative position), **상대변위**(relative displacement), **상대속도**(relative velocity)이다. 그 기준점은 좌표원점이고, 이 원점은 지구에 고정된 것이므로 지구상에서 움직이는 물체의 속도는 결국 지구에 대한 상대속도이다.

위에서 본 열차 및 자전거의 속도는 지구 또는 땅에 대한 상대속도

$$v_{열/지} = +3.0\ \text{m/s},\quad v_{자/지} = +5.0\ \text{m/s}$$

를 뜻한다. 따라서 위의 결과는

$$v_{열/자} = v_{열/지} - v_{자/지} \quad \text{또는} \quad v_{열/자} + v_{자/지} = v_{열/지} \tag{1.81}$$

로 표현할 수 있다.

○ 직선운동에서 상대속도

3.0 m/s의 일정한 속도로 천천히 동쪽으로 움직이는 열차의 한 객차 안에서 한 여성 P가 객차의 뒷문에서 출발하여 0.50 m/s의 일정한 속도로 객차의 앞문 쪽(열차가 진행하는 쪽)으로 똑바로 걸어가고 있다. 같은 객차의 의자에 앉아 있는 관측자 B 및 플랫폼에서 자전거를 탄 채로 멈춰 서 있는 관측자 A는 각각 여성 P의 운동을 어떻게 기술할까? 우선 1초 후 출발점으로부터 여성 P의 변위는 얼마로 보일까?

관측자 B는 0.50 m라 할 것이고, 관측자 A는, 객차가 정지해 있으면 여성 P의 위치가 0.50 m이지만, 객차도 움직이므로 1초 후 객차의 위치는 3.0 m이고, 이 객차 안에서 여성 P가 1초 동안 0.50 m 이동하므로

$$(+0.50\ \text{m}) + (+3.0\ \text{m}) = +3.5\ \text{m}$$

라고 할 것이다(**그림 1.56** 참조). 두 사람의 답은 서로 다르다.

1초 동안의 변위인 속도도 마찬가지다. 곧 관측자 B가 본 여성 P의 속도는 +0.50 m/s, 관측자 A가 본 여성 P의 속도는

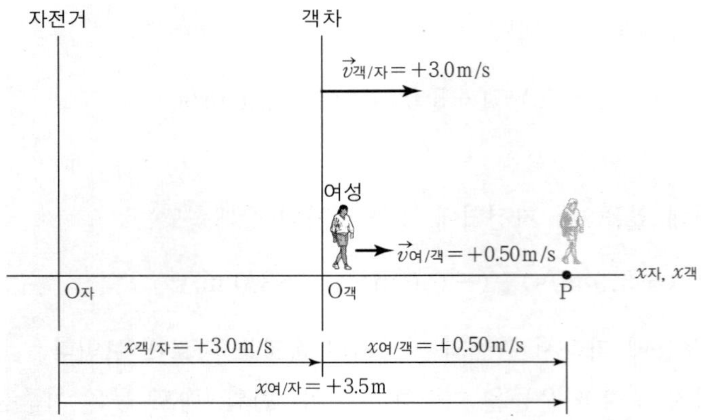

그림 1.56 객차 및 자전거에서 본 여성의 1초 후 위치

$$(+0.50\,m/s) + (+3.0\,m/s) = +3.5\,m/s$$

이다. 여기서 관측자 B가 본 여성 P의 속도는 여성 P의 객차(객)에 대한 상대속도 $v_{여/객}$이고, 관측자 A가 본 여성 P의 속도는 여성 P의 자전거에 대한 상대속도 $v_{여/자}$이다. 관측자 A가 본 객차의 속도는 객차의 자전거에 대한 상대속도 $v_{객/자}$이다. 따라서 윗식은

$$v_{여/객} + v_{객/자} = v_{여/자} \tag{1.82}$$

로 표현된다. 이 관계식을 식(1.81)과 비교하여 보라.

○ 기준틀과 좌표계

관측자 B가 관측한 것은, 객차에 고정된 기준점에 대해서 객차에서 미터자로 측정한 것이고, 관측자 A의 경우에는, 기준점은 자전거에 있고 자전거에서 미터자로 측정한 것이다.

이 경우, 객차나 자전거를 **기준틀**(frame of reference)이라 한다. 따라서 기준틀에는 좌표를 제공하는 **좌표계**(coordinate system)가 설정되어 있고(미터자), 시간기록이 가능해야 한다. 좌표계 또는 **좌표의 원점**(origin of coordinate)은 그 기준틀과 같은 운동을 한다. 그래서 기준틀과 좌표계를 구별하지 않기도 한다. 관측자 B가 본 여성 P의 위치나 속도는 기준틀인 객차에 설정된 좌표계에서의 측정값이므로 기준틀인 객차에 대한 **상대위치**, **상대속도**이고, 관측자 A가 관측한 것은 기준틀인 자전거에 대한 **상대위치**, **상대속도**이다.

이제까지 우리는 같은 기준틀에서의 운동의 기술을 생각해 왔다. 이제, 같은 운동이라도 기준틀(또는 관측자)이 다르면 측정결과가 다르므로 이들 측정결과는, 기준틀 사이의 관계에 따라, 서로 어떤 관계가 있는지를 알아보자.

기준틀인 자전거 및 객차에 설치된 좌표계의 원점을 각각 O 및 O′이라 하면, 관측자 B가

본 여성 P의 위치(P의 O′에 대한 상대위치)를 $x_{P/O'}$, 관측자 A가 본 여성 P의 위치(P의 O에 대한 상대위치)를 $x_{P/O}$, 관측자 A가 본 열차의 위치(O′의 O에 대한 상대위치)를 $x_{O'/O}$ 라 하면, 이들 사이에는 **그림 1.57**에서 보는 바와 같이

$$x_{P/O} = x_{P/O'} + x_{O'/O} \tag{1.83}$$

의 관계식이 성립함을 알 수 있다.

속도는 위치의 시간에 대한 도함수로 주어지므로 식(1.83)으로부터 상대속도들 사이의 관계식

$$v_{P/O} = v_{P/O'} + v_{O'/O} \tag{1.84}$$

를 얻는다. 여기서 각 항은 차례로

$v_{P/O}$: 여성(P)의 자전거(O)에 대한 상대속도,

$v_{P/O'}$: 여성(P)의 객차(O′)에 대한 상대속도,

$v_{O'/O}$: 객차(O′)의 자전거(O)에 대한 상대속도

이다. 이 관계식에서 아래첨자들 사이의 관계를 주목하는 것이 편리하다.

객차의 의자에 앉아 있는 관측자 B가 플랫폼에 자전거를 탄 채로 멈춰 서 있는 관측자 A를 보면 그 속도는 -3.0 m/s로 보인다. 이것은 기준틀 자전거에 설치된 좌표계의 원점 O의 기준틀 객차에 설치된 좌표계의 원점 O′에 대한 상대속도 $v_{O/O'}$이다. 이는

$$v_{O/O'} = -v_{O'/O}$$

임을 뜻한다.

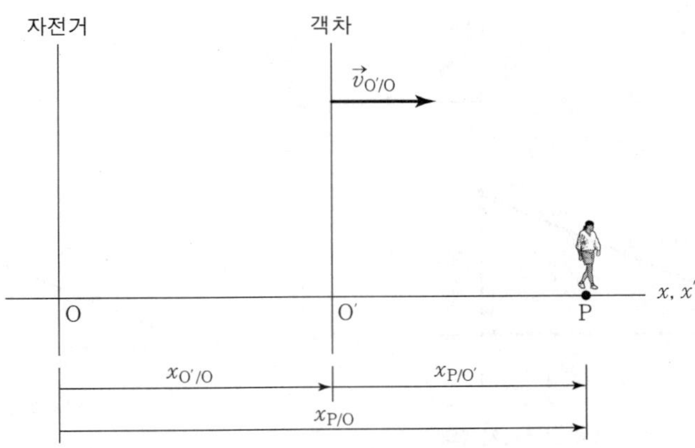

그림 1.57 직선운동에서 상대위치

○ 평면운동에서 상대속도

이제까지는 직선운동에 대해서 생각했으나 이번에는 평면운동에 대해서 생각하자. 객차 안에서 여성 P가 객차의 남쪽 창가에서 북쪽 창가로 일정한 속도 0.50 m/s로 움직일 때 객차에 타고 있는 관측자 B와 플랫폼에 자전거를 탄 채로 멈춰 서 있는 관측자 A가 보면 어떻게 보일까? 기준틀인 자전거 및 객차에 설치된 좌표계의 원점을 각각 O 및 O′이라 한다.

1초 후의 위치는 관측자 B가 보면 남쪽에서 북쪽으로 0.50 m이고, 플랫폼에 서 있는 관측자 A가 보면 여성 P가 남쪽에서 북쪽으로 이동하는 동안 객차는 동쪽으로 3.0 m 이동하므로 **그림 1.58(a)**와 같은 화살표 그림으로 표시된다(동쪽을 x축, 북쪽을 y축으로 하였다). 곧

관측자 B가 본 여성 P의 위치는 객차에 대한 상대위치벡터 $\vec{r}_{\mathrm{P/O'}}$,

관측자 A가 본 여성 P의 위치는 자전거에 대한 상대위치벡터 $\vec{r}_{\mathrm{P/O}}$,

관측자 A가 본 객차의 위치는 자전거에 대한 상대위치벡터 $\vec{r}_{\mathrm{O'/O}}$

이므로 이들 사이에는

$$\vec{r}_{\mathrm{P/O}} = \vec{r}_{\mathrm{P/O'}} + \vec{r}_{\mathrm{O'/O}} \tag{1.85}$$

의 관계식이 성립한다. 따라서 직선운동에서와 같은 방법으로 상대속도들은

$$\vec{v}_{\mathrm{P/O}} = \vec{v}_{\mathrm{P/O'}} + \vec{v}_{\mathrm{O'/O}}$$

임을 쉽게 알 수 있다(**그림 1.58(b)**).

관측자 B가 본 여성 P의 속도벡터 $\vec{v}_{\mathrm{P/O'}}$ 및 관측자 A가 본 관측자 B(객차)의 속도벡터 $\vec{v}_{\mathrm{O'/O}}$는, 출발점을 원점으로 택하면, 각각

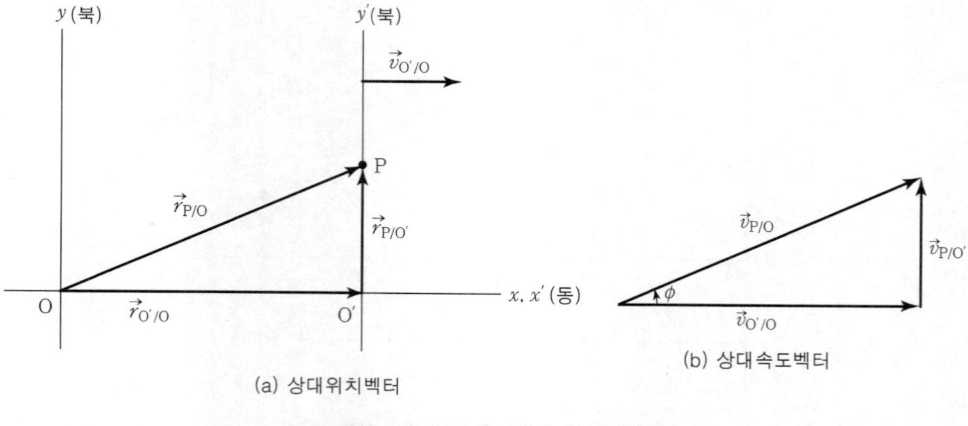

그림 1.58 평면운동에서 상대운동

$$\vec{v}_{P/O'}=\hat{j}(+0.5\ \text{m/s}),\quad \vec{v}_{O'/O}=\hat{i}(+3.0\ \text{m/s})$$

이므로, 관측자 A가 본 여성 P의 속도벡터는

$$\vec{v}_{P/O}=\vec{v}_{P/O'}+\vec{v}_{O'/O}=\hat{j}(+0.5\ \text{m/s})+\hat{i}(+3.0\ \text{m/s})$$

이다. 관측자 A가 본 속도의 크기는

$$v_{P/O}=\sqrt{(+3.0\ \text{m/s})^2+(+0.5\ \text{m/s})^2}=3.04\ \text{m/s}$$

이고, x축과 이루는 각은

$$\tan\phi=\frac{v_{P/O'}}{v_{O'/O}}=\frac{0.5\,\text{m/s}}{3.0\,\text{m/s}}=0.167\qquad \therefore\ \phi=9.5°$$

이다.

예제 1.34 강 언덕에서 본 배의 속도

고요한 물에서 초속 4.0 m로 달릴 수 있는 보트가 초속 3.0 m로 흐르는 강물 위를 달리고 있다.

① 보트 머리를 강물 흐름에 수직으로 향했을 때, 강 언덕에 서 있는 관측자가 본 보트의 속도는 얼마인가?

② 강 언덕에 수직으로 강을 건너가려면 보트 머리를 어느 방향으로 향해야 하는가?

③ 강의 너비가 100 m이다. ① 및 ②의 경우 보트가 강을 건너는 데 걸리는 시간을 비교하라.

풀이 | 보트의 속도는 강물에 대한 상대속도 $v_{보/물}$이고, 강물의 속도는 땅에 대한 상대속도 $v_{물/땅}$, 언덕에서 본 보트의 속도는 땅에 대한 상대속도 $v_{보/땅}$이다.

① 배가 1초 동안에 강물에 수직인 방향으로 $\Delta r_{보/물}=4.0\,\text{m}$이동하는 동안 보트는 강물을 따라 아래로 $\Delta r_{물/땅}=3.0\ \text{m}$ 떠내려가게 된다. 따라서 강 언덕에 있는 관측자가 보면 **그림 1.59(a)**에서와 같이 보트는 1초 동안에 $\overrightarrow{OC}$ 만큼 이동한다. 이것은 1초 동안의 변위 $\Delta r_{보/물}=4.0\,\text{m}$와 $\Delta r_{물/땅}=3.0\ \text{m}$의 벡터합이다. 이들 변위는 바로 속도벡터의 크기 $v_{보/물}=4.0\,\text{m/s}$, $v_{물/땅}=3.0\,\text{m/s}$이므로, 관측자가 본 보트의 속도는 $\overrightarrow{OC}=\vec{v}_{보/땅}$이고, 이것은

$$\vec{v}_{보/땅}=\vec{v}_{보/물}+\vec{v}_{물/땅}$$

로 주어진다. 강물의 방향을 x축, 강물에 수직인 방향을 y축이라 하면

$$\vec{v}_{보/물}=\hat{j}(+4.0\,\text{m/s}),\quad \vec{v}_{물/땅}=\hat{i}(+3.0\,\text{m/s})$$

이므로

$$\vec{v}_{보/땅}=\hat{i}(+3.0\ \text{m/s})+\hat{j}(+4.0\ \text{m/s})$$

이다. 따라서 관측자가 보면 보트의 속도는 크기가

$$v_{보/땅}=\sqrt{(+3.0\ \text{m/s})^2+(+4.0\ \text{m/s})^2}=+5.0\,\text{m/s}$$

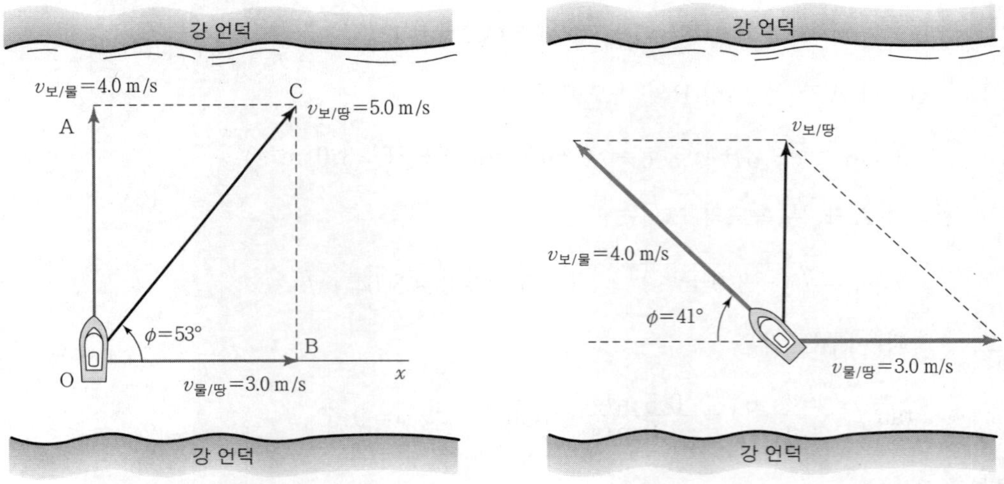

(a) 보트 머리를 강물 흐름에 수직으로 향할 때 (b) 보트가 언덕에 수직으로 건널 때

그림 1.59 강 언덕에서 본 보트의 속도

이고, 그 방향은

$$\tan\phi = \frac{v_{보/물}}{v_{물/땅}} = \frac{4.0\ \text{m/s}}{3.0\ \text{m/s}} = 1.33 \qquad \therefore\ \phi = 53°$$

이므로 강 언덕과 53°를 이루는 하류 방향이다.

② 강 언덕에 서 있는 관측자가 본 보트의 땅에 대한 상대속도벡터 $\vec{v}_{보/땅}$의 방향이 강 언덕에 수직 방향인 y축 방향이라야 한다. 곧 두 상대속도벡터 $\vec{v}_{보/물}$, $\vec{v}_{물/땅}$의 벡터합의 방향이 y축 방향이라야 한다. 그러자면 **그림 1.59(b)**와 같이 보트의 강물에 대한 상대속도벡터 $\vec{v}_{보/물}$가 상류쪽으로 향해야 한다. 곧

$$\cos\phi = \frac{3.0\text{m/s}}{4.0\text{m/s}} = 0.750 \qquad \therefore\ \phi = 41°$$

이므로 강 언덕과 41°의 각을 이루는 상류쪽으로 보트 머리를 향해야 한다.

③ 강의 너비가 $d=100$ m이므로 ①의 경우 건너는 시간은

$$t_{①} = \frac{d}{v_{보/물}} = \frac{100\text{m}}{4.0\text{m/s}} = 25\ \text{s}.$$

②의 경우 관측자가가 본 보트의 빠르기 $v_{보/땅}$는

$$v_{보/땅} = \sqrt{(+4.0\ \ \text{m/s})^2 - (+3.0\ \ \text{m/s})^2} = +2.65\ \ \text{m/s}$$

이므로 건너는 데 걸리는 시간은

$$t_{②} = \frac{d}{v_{보/땅}} = \frac{100\text{m}}{2.65\text{m/s}} = 38\ \text{s}$$

이다.

▶1.3.2 상대병진운동 - 갈릴레이 변환

앞에서 살펴본 바와 같이 운동은 항상 관측자가 선택한 특정한 기준틀에 대해서 상대적으로 기술되는 개념이다. 그러므로 관측자들은 서로 다른 기준틀을 선택할 수 있다. 서로 다른 기준틀의 관측자들이 관측한 결과들 사이의 관계를 알아보았다. 이 결과를 보다 더 일반적인 경우로 확장하여 보자.

그림 1.58에서와 같이, 레일 위를 속도 $\vec{v}_R$로 달리는 객차 안에 있는 관측자 B와 땅위에 자전거를 탄 채 멈춰 서 있는 관측자 A가 한 물체 P의 운동을 관측하는 경우를 생각하자.

관측자 A가 서 있는 땅(또는 지구)을 기준틀 S,

레일(또는 지구)에 대해서 상대적으로 병진운동을 하는 객차를 기준틀 S′,

기준틀 S(지구) 및 S′(객차)에 설치된 좌표계의 원점을 각각 O및 O′

지금 어떤 시각 t에서 물체가 위치한 점을 P라 하면,

객차(기준틀 S′)에 설정한 좌표계 $O'x'y'z'$에서 관측자 B가 측정한 점 P의 위치벡터를 $\vec{r}'$,

지구상(기준틀 S)에 설정한 좌표계 $Oxyz$에서 관측자 A가 본 점 P의 위치벡터를 $\vec{r}$, 시각 t에서 관측자 A가 본 관측자 B의 위치를 $\vec{R}$

라 하면

$\vec{R}$는 기준틀 S′(또는 O′)의 기준틀 S(또는 O)에 대한 상대위치벡터 $\vec{r}_{O'/O}$,

$\vec{r}'$은 점 P의 원점 O′에 대한 상대위치벡터 $\vec{r}_{P/O'}$,

$\vec{r}$는 점 P의 원점 O에 대한 상대위치벡터 $\vec{r}_{P/O}$

이므로 두 기준틀에서 본 위치벡터들 사이에는 식(1.85)에 의하여

$$\vec{r}=\vec{r}'+\vec{R} \quad \text{또는} \quad \vec{r}'=\vec{r}-\vec{R} \tag{1.86}$$

의 관계식이 성립한다(**그림 1.60** 참조). 이 관계식의 양변을 시간에 대해서 미분을 하면

$$\frac{d\vec{r}'}{dt}=\frac{d\vec{r}}{dt}-\frac{d\vec{R}}{dt} \tag{1.87}$$

가 된다. 여기서 두 기준틀(또는 관측자)에서 같은 시간을 사용한다고 가정하였다. 곧

$$t'=t$$

라 두었다. 시간은 기준틀에 무관하다는 것을 뜻한다.

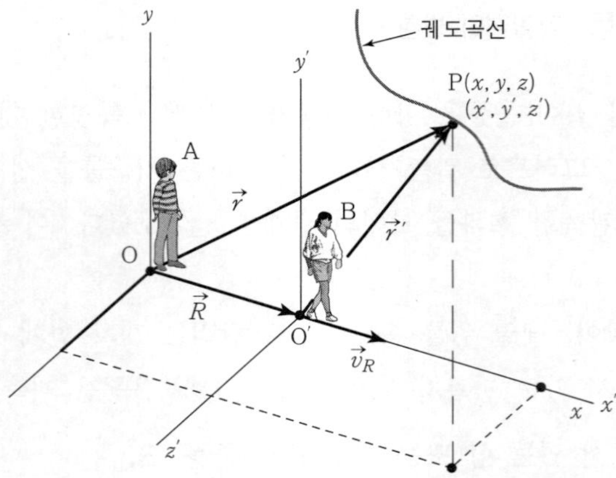

그림 1.60 두 기준틀에서 본 위치벡터

지구상에서 본 객차의 속도(원점 O에 대한 원점 O′의 상대속도벡터)가 $\vec{v}_{\rm R}$이므로 $\vec{R} = \vec{v}_{\rm R}\, t$이고, 따라서

$$\frac{d\vec{R}}{dt} = \vec{v}_{\rm R}$$

이다. 식(1.87)의 왼쪽 항은 기준틀 S′에서 관측자 B가 본 점 P의 속도벡터이고, 오른쪽의 첫째 항은 기준틀 S에서 관측자 A가 본 점 P의 속도벡터이다. 이들을 각각 $\vec{v}\,'$, $\vec{v}$라 하면 이들 사이에는

$$\vec{v}\,' = \vec{v} - \vec{v}_{\rm R} \tag{1.88}$$

의 관계식이 성립한다.

다시 식(1.88)의 양변을 시간에 대해서 미분하면

$$\frac{d\vec{v}'}{dt} = \frac{d\vec{v}}{dt} - \frac{d\vec{v}_{\rm R}}{dt} \tag{1.89}$$

가 되어, 기준틀 S′ 및 기준틀 S에서 본 점 P의 가속도벡터를 각각 $\vec{a}\,'$, $\vec{a}$ 라 하고, 두 기준틀 사이의 상대가속도벡터를 $\vec{a}_{\rm R}$라 하면

$$\vec{a}\,' = \vec{a} - \vec{a}_{\rm R} \tag{1.90}$$

의 관계식을 얻는다.

예제 1.35 상대가속도

레일(기준틀 S) 위를 달릴 수 있는 수레(기준틀 S′)의 매끄러운 바닥에 얼음덩어리가 가만히

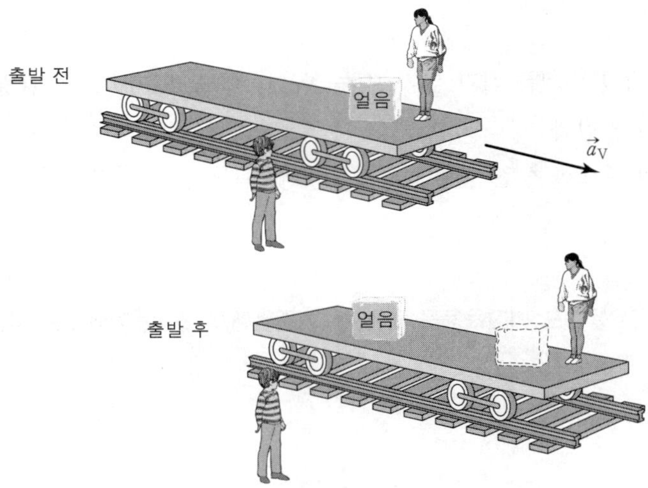

그림 1.61 수레 위의 얼음덩어리의 운동

놓여 있다. 수레가 정지상태에서 가속도 $\vec{a}_V$로 출발하였다. 이 얼음덩어리는 땅(기준틀 S)에 서 있는 남성 및 수레에 타고 있는 여성이 볼 때 얼음덩어리는 어떤 운동을 할까?

풀이 | 얼음덩어리는 매끄러워서 수레가 가속되더라도 미끄러져 땅에서 볼 때 제자리에 있게 된다(**그림 1.61** 참조). 따라서 땅에 서 있는 남성이 볼 때 얼음덩어리의 가속도는 $\vec{a}=0$이다. 한편 수레 위에 있는 여성이 가속도 $\vec{a}_V$로 운동하므로 $\vec{a}_R=\vec{a}_V$이다. 따라서 여성이 본 얼음덩어리의 가속도 $\vec{a}'$은 식(1.90)에 의하여

$$\vec{a}'=\vec{a}-\vec{a}_R=0-\vec{a}_V=-\vec{a}_V$$

이다. 곧 남성이 볼 때 얼음덩어리는 가만히 정지해 있고, 여성이 보면 얼음덩어리가 수레의 출발 방향과 반대 방향으로 같은 크기의 가속도로 움직이기 시작한다.

특별히 흥미 있는 현상은 두 기준틀이 상대적으로 등속도 병진운동을 하는 경우, 곧 기준틀 S′이 기준틀 S에 대해서 일정한 속도 $\vec{v}_R$로 상대운동을 하는 경우, 상대가속도는

$$\vec{a}_R=\frac{d\vec{v}_R}{dt}=0$$

이다. 이 경우, 식(1.86), 식(1.88) 및 식(1.90)으로부터, 두 기준틀에서 본 위치벡터, 속도벡터, 가속도벡터들 사이의 관계식

$$\vec{r}'=\vec{r}-\vec{v}_R t \quad (\vec{v}_R: \text{일정}) \tag{1.91}$$

$$\vec{v}'=\vec{v}-\vec{v}_R \tag{1.92}$$

$$\vec{a}'=\vec{a} \tag{1.93}$$

$$t' = t$$

을 얻는다. 이러한 변환관계를 각각 위치(또는 좌표), 속도 및 가속도의 **갈릴레이 변환**(Galilei transformation)이라 한다.

갈릴레이 변환의 중요한 성질 중의 하나는 두 기준틀에 있는 관측자가 본 가속도가 서로 같다는 점이다. 곧

상대적으로 등속도 병진운동을 하는 두 기준틀에서 볼 때 가속도는 서로 같다.

다시 말하면

갈릴레이 변환에 대해서 가속도는 불변이다.

기준틀 사이의 상대속도벡터에 나란한 축을 x 및 x' 축으로 하면

$$\vec{v}_R = \hat{i}\, v_R$$

이고

$$\vec{r}\,' = \hat{i}x' + \hat{j}y' + \hat{k}z', \quad \vec{r} = \hat{i}x + \hat{j}y + \hat{k}z$$
$$\vec{v}\,' = \hat{i}\, v'_x + \hat{j}v'_y + \hat{k}\, v'_z, \quad \vec{v} = \hat{i}\, v_x + \hat{j}\, v_y + \hat{k}v_z$$

이므로, 갈릴레이 변환식은 성분별로

$$\text{위 치}: x' = x - v_R t\ ,\ \ y' = y, \quad z' = z\ ,\ \ t' = t \tag{1.94}$$

$$\text{속 도}: v'_x = v_x - v_R,\ \ v'_y = v_y,\ \ v'_z = v_z \tag{1.95}$$

$$\text{가속도}: a'_x = a_x,\ \ a'_y = a_y,\ \ a'_z = a_z \tag{1.96}$$

이 된다.

예제 1.36 움직이는 수레에서 던진 야구공의 운동

일정한 속도 $\vec{v}_R$로 움직이고 있는 수레 위에 서 있는 여성이 속도 v_0로 똑바로 위로 던져 올린 야구공의 운동을 땅 위에 서 있는 남성이 볼 때 어떤 운동으로 보이는가?

풀이 | 수레의 운동 방향을 x축으로, 연직상방을 y축으로 하고 이에 수직인 방향을 z축으로 한다. 따라서 $\vec{v}_R = \hat{i}\, v_R$이다.

여성이 볼 때, 야구공의 가속도는

$$a'_x = 0,\ \ a'_y = -g,\ \ a'_z = 0$$

이고, 처음 속도가

$$v_{0x}'=0,\ v_{0y}'=v_0,\ v_{0z}'=0$$

이므로 임의의 시각 t에서($t'=t$이므로) 속도는

$$v_x'=0,\ v_y'=v_{0y}'-gt=v_0-gt,\ v_z'=0$$

이고, 위치는 처음 출발점을 원점으로 하면

$$x'=0,\ y'=v_{0y}'t-\frac{1}{2}gt^2=v_0t-\frac{1}{2}gt^2,\ z'=0$$

로 주어진다. 따라서 여성이 본 야구공의 운동 모양은 **예제 1.27**에서 본 연직상방으로 던진 야구공의 운동과 같다(**그림 1.62(a)** 참조).

한편, 남성이 볼 때 야구공의 가속도는 식(1.96)에 의하여

$$a_x=a'_x=0,\ a_y=a'_y=-g,\ a_z=a'_z=0$$

이다. 곧 여성이 본 가속도와 같다. 이것은 갈릴레이 변환의 특성에 의하여 예기된 결과이다.

처음 속도는 식(1.95)에 의하여

$$v_{0x}=v_R,\ v_{0y}=v_0,\ v_{0z}=0$$

이고, 임의의 시각 t에서 속도는 역시 식(1.95)에 의하여

$$v_x=v_R,\ v_y=v_0-gt,\ v_z=0$$

이다. 위치는 식(1.94)에 의하여

$$x=v_R t,\ y=v_0t-\frac{1}{2}gt^2,\ z=0$$

로 주어진다. 따라서 식(1.56)~식(1.60)과 견주어보면, 처음 속도의 연직 방향의 성분이 v_0이고 수평 방향의 성분이 v_R인 포물선운동으로 보인다. 곧 처음에 $\sqrt{v_R^2+v_0^2}$의 속도로, 수평 방향으로부터 위로

$$\tan\theta=\frac{v_0}{v_R}\quad \therefore\ \theta=\tan^{-1}\frac{v_0}{v_R}$$

의 방향으로 던진 포물선운동으로 보인다(**그림 1.62(b)** 참조).

(a) 수레에서 볼 때 (b) 땅 위에서 볼 때

그림 1.62 야구공의 운동 모양

연습문제

1.1 일차원운동

1-1 시계 초침 끝의 운동

초침의 길이가 10.0 cm인 기둥시계가 있다. 이 시계의 초침이 12시를 가리키는 순간부터 10초 동안 초침 끝의 평균속력 및 평균속도는 각각 얼마인가?

답 | $\langle \mathbb{V} \rangle = 1.05\,\mathrm{cm/s}$, $\langle v \rangle = 1.00\,\mathrm{cm/s}$ (4시 방향)

1-2 평균속도 및 평균속력

달리기 선수가 2.5 km를 9분에 달려갔다가 걸어서 30분 만에 처음 출발점에 돌아왔다.

(가) 처음 9분 동안의 평균속도를 구하라.

(나) 걸을 때의 평균속도를 구하라.

(다) 달리기 선수의 처음부터 끝까지의 평균속도 및 평균속력을 각각 구하라.

답 | (가) $\langle v\,(0\sim9) \rangle = 4.6\,\mathrm{m/s}$ (나) $\langle v\,(9\sim39) \rangle = -1.4\,\mathrm{m/s}$ (다) $\langle v \rangle = 0$, $\langle \mathbb{V} \rangle = 2.1\,\mathrm{m/s}$

1-3 입자의 위치-시간 그래프

직선을 따라서 8초 동안 운동하고 있던 한 입자의 운동 모양은 아래 그래프와 같다.

(가) 아래 시간 구간의 평균속도를 구하라.

(ㄱ) 0-2초 (ㄴ) 2-4초 (ㄷ) 4-7초 (ㄹ) 0-8초

(나) 이 입자의 속도-시간 그래프를 그려라.

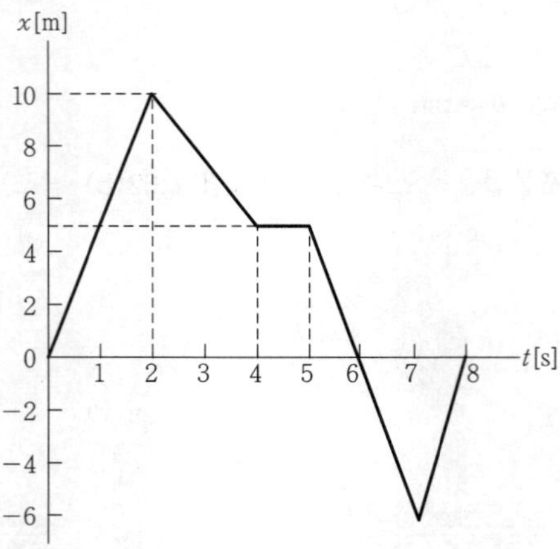

문1-3의 그림 : 위치-시간 그래프

답 | (가) (ㄱ) $\langle v\,(0\sim2) \rangle = 5.0\,\mathrm{m/s}$ (ㄴ) $\langle v\,(2\sim4) \rangle = -2.5\,\mathrm{m/s}$

(ㄷ) $\langle v\,(4\sim7) \rangle = -3.3\,\mathrm{m/s}$ (ㄹ) $\langle v\,(0\sim8) \rangle = 0$

(나)

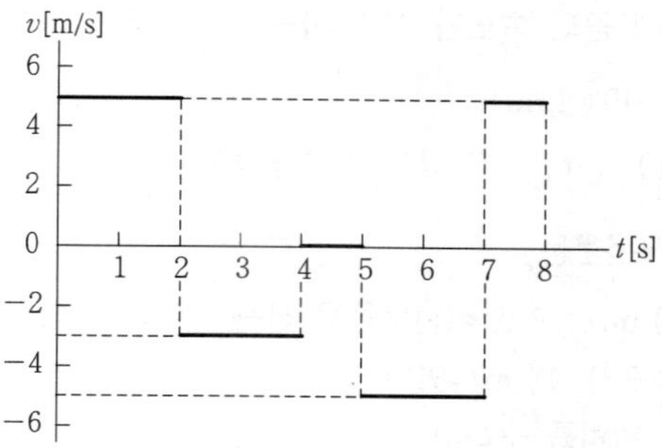

속도-시간 그래프

1-4 입자의 위치-시간 그래프와 속도

x축을 따라서 운동하고 있는 입자의 위치-시간 그래프가 문1-4의 그림과 같다.

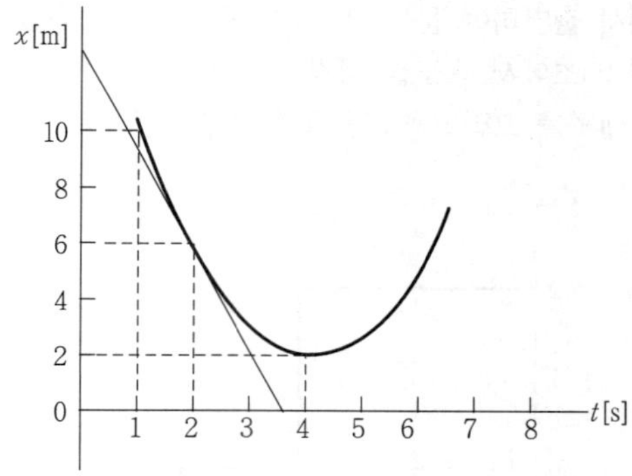

문1-4의 그림 : 위치-시간 그래프

(가) 출발한 지 1.0초와 4.0초 사이의 평균속도는 얼마인가?
(나) 출발한 지 2.0초인 순간의 속도는 얼마인가?
(다) 속도의 방향이 바뀌는 순간은 언제인가?

답| (가) $\langle v \rangle = -3.0$ m/s (나) $v = -4.0$ m/s (다) $t = 4.0$ s

1-5 자동차의 가속도

경주용 자동차가 삼단 기어로 3.7초 만에 속도 48.3 km/h에서 속도 80.5 km/h로 가속되었다.
(가) 이 자동차의 평균가속도는 얼마인가?
(나) 그 다음 1초 동안 같은 가속도로 계속 가속되었다면 자동차의 빠르기는 얼마인가?

답| (가) $\langle a \rangle = 3.13 \times 10^4$ km/h^2 (나) $v = 89.2$ km/h

1-6 공의 되튐

공을 벽을 향하여 똑바로 던졌더니 90.0 km/h의 속도로 벽에 충돌하여 79.2 km/h의 속도로 되튕겨 나왔다. 이 현상을 고속카메라로 찍어보니 공과 벽이 접촉한 시간은 3.5 ms였다.
(가) 공이 벽과 접촉하고 있는 시간 동안의 평균가속도는 얼마인가?

(나) 이 시간 동안에 공의 속도가 매초 시속 몇 km씩 빨라졌는가?

답| (가) $\langle a \rangle = -174 \times 10^6$ km/h^2

(나) 매초 48.3×10^3 km/h 씩 입사 방향과 반대 방향으로 빨라진다.

1-7 입자의 등가속도 직선운동

일정한 가속도 3.0 m/s^{2}으로 직선운동을 하는 입자가 있다. 시각 4.0초일 때 위치가 100 m이고, 6.0초일 때 속도가 15 m/s였다.

(가) 처음 속도 및 위치를 구하라.

(나) 시각이 4.0초일 때 속도를 구하라.

(다) 시각이 6.0초일 때 위치를 구하라.

답| (가) $v_0 = -3.0$ m/s, $x_0 = 88$ m (나) $v(4.0\,\text{s}) = 9.0$ m/s (다) $x(6.0\,\text{s}) = 124$ m

1-8 그래프로부터 입자의 운동 읽기

입자가 정지상태에서 출발하여 문1-8의 그림과 같이 가속되었다.

(가) 시각 10초 및 20초에서 속도를 각각 구하라.

(나) 속도-시간 그래프를 그리고, 처음 20초 동안 이동한 거리를 구하라.

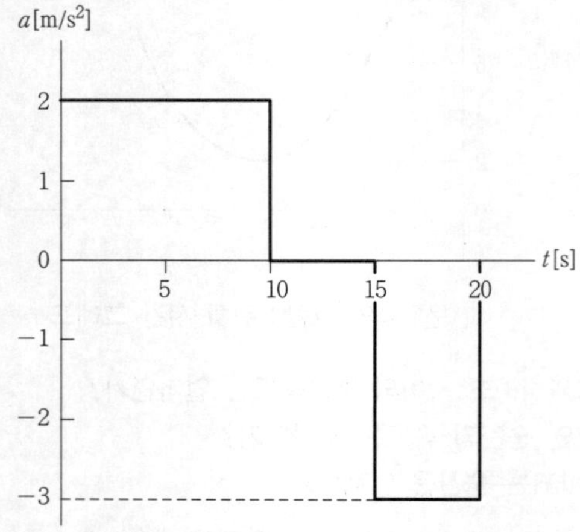

문1-8의 그림 : 가속도-시간 그래프

답| (가) $v(10\,\text{s}) = 20.0$ m/s, $v(20\,\text{s}) = 5.00$ m/s (나) $\Delta x = 263$ m

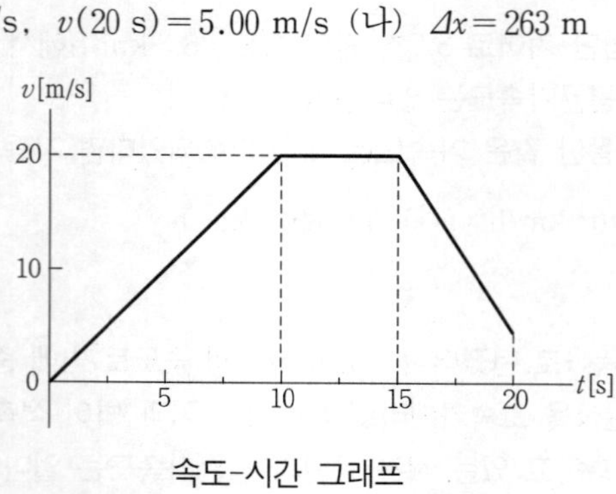

속도-시간 그래프

1-9 속도 구하기

직선상을 운동하고 있는 입자의 위치를 출발한 지 2.00초 되는 순간부터 측정한 결과가 아래 표와 같다.

시간[s]	2.00	2.01	2.05	2.10	2.50	3.00	4.00
위치[m]	20.0	20.2	21.0	22.1	31.3	45.0	80.0

(가) 출발한 지 2.00초부터 1.00초 간격마다 입자의 평균속도를 구하라.
(나) 2.00초인 순간과 표의 다른 각 순간 사이의 평균속도를 구하여, 2.00초인 순간의 속도를 추정하라.

답| (가) $\langle v(2\sim3)\rangle = 25.0\,\text{m/s}$, $\langle v(3\sim4)\rangle = 35.0\,\text{m/s}$ (나) $v = 20.0\,\text{m/s}$

1-10 위치함수와 순간속도

한 입자의 위치가 시간에 따라서

$$x(t) = (1\ \text{m/s}^2)t^2 - (5\ \text{m/s})t + (1\ \text{m})$$

와 같이 변한다고 한다.
(가) 시간 간격 $3\,\text{s} \leq t \leq 4\,\text{s}$ 사이의 변위 및 평균속도를 구하라.
(나) 시간 간격 $t_0 \leq t \leq t_0 + \Delta t$ 사이의 변위를 구하라.
(다) 극한개념($\Delta t \to 0$)을 이용하여 시각 $t = t_0$에서의 순간속도를 구하라.

답| (가) $\Delta x(3\sim4\,\text{s}) = 2\,\text{m}$, $\langle v(3\sim4\,\text{s})\rangle = 2\,\text{m/s}$
(나) $\Delta x(t_0 \sim t_0 + \Delta t) = \{(1\ \text{m/s}^2)(2t_0 + \Delta t) - (5\ \text{m/s})\}\Delta t$
(다) $v(t_0) = (2\ \text{m/s}^2)t_0 - (5\ \text{m/s})$

1-11 컴퓨터제어 소형차의 위치함수

컴퓨터로 제어하는 소형자동차의 위치는 시각 $t\,[\text{s}]$의 위치함수

$$x(t) = (2.17\ \text{m}) + (4.80\ \text{m/s}^2)t^2 - (0.100\ \text{m/s}^6)t^6$$

로 주어진다.
(가) 소형자동차의 속도함수를 구하라.
(나) 속도가 0인 순간의 시각 t_0을 구하라.
(다) (나)의 시각 t_0에서 위치 및 가속도를 각각 구하라.

답| (가) $v(t) = (9.60\ \text{m/s}^2)t - (0.600\ \text{m/s}^6)t^5$ (나) $t_0 = 0$, $t_0 = 2.00\ \text{s}$ (다) $x(0) = 2.17\ \text{m}$, $a(0) = 9.60\,\text{m/s}^2$; $x(2) = 15.0\ \text{m}$, $a(2) = -38.4\ \text{m/s}^2$

1-12 입자의 변위

입자의 속도가 $v = 7t^2 - 5$로 주어진다. 여기서 t는 $[s]$로, 속도 v는 $[\text{m/s}]$로 기술된다.
(가) 시각 1초와 2초 사이에 입자가 이동한 변위를 구하라.

(나) 입자의 위치함수를 구하라. 입자는 처음에($t=0$)에 원점에 있었다.

Tip $\Delta x = x(t_f) - x(t_i) = \int_{t_i}^{t_f} v\,dt$, $\int t^n\,dt = \frac{1}{n+1} t^{n+1}$

답| (가) $\Delta x = 11.3\text{ m}$ (나) $x(t) = \frac{7}{3}t^3 - 5t$

1-13 오토바이의 운동

어떤 오토바이의 가속도가 $a(t) = At - Bt^2$으로 주어진다. 여기서 A 및 B는 상수로, 각각 $A = 1.50\text{ m/s}^3$, $B = 0.120\text{ m/s}^4$이다. 오토바이는 처음에 정지상태에서 출발하였으며, 출발점을 좌표의 원점으로 한다.

(가) 속도 및 위치함수를 각각 구하라.

(나) 가능한 최대속도는 얼마인가?

답| (가) $v(t) = (0.750\text{ m/s}^3)t^2 - (0.0400\text{ m/s}^4)t^3$, $x(t) = (0.250\text{ m/s}^3)t^3 - (0.0100\text{ m/s}^4)t^4$

(나) $v_{max} = v(12.5\text{ s}) = 39.1\text{ m/s}$

1.2 이차원 운동 및 삼차원 공간운동과 벡터

1-14 위치와 좌표

경주용 자동차가 남쪽으로 20.0 m/s의 속도로 3.00분간 달린 후 서쪽으로 방향을 바꾸어 25.0 m/s의 속도로 2.00분간 달리고, 마지막으로 북서쪽으로 30.0 m/s의 속도로 1.00분간 달렸다. 출발점을 원점으로, 동쪽을 양(+)의 x축으로 하여 경주용 자동차의 출발한 지 6.00분 후의 위치를 (가) 직각좌표, (나) 평면극좌표로 각각 표현하라.

답| (가) $(x, y) = (-4.27\text{ km}, -2.33\text{ km})$ (나) $(\rho, \phi) = (4.87\text{ km}, 209°)$

1-15 직각좌표와 구면좌표

소년들이 연날리기 대회를 하고 있다. 가장 높은 연은 동쪽으로 20.0 m 가서, 북쪽으로 10.0 m 간 지점에서 똑바로 연직상방으로 30.0 m의 높이에 떠 있었다. 이 연의 위치를 (가) 직각좌표, (나) 구면좌표, (다) 원기둥좌표로 각각 나타내어라.

답| (가) $(x, y, z) = (20.0\text{ m}, 10.0\text{ m}, 30.0\text{ m})$

(나) $(r, \theta, \phi) = (37.4\text{ m}, 36.7°, 26.6°)$ (다) $(\rho, \phi, z) = (22.4\text{ m}, 26.6°, 30.0\text{ m})$

1-16 변위의 표현

문1-14에서 경주용 자동차의 운동에 대한 아래 물음에 답하라.

(가) 처음 3분간 및 그 다음 2분간의 변위를 각각 적당한 방법으로 표현하라.

(나) 6분 동안의 평균속도 및 평균속력을 구하라.

답| (가) 직각좌표(x, y) : $\Delta\vec{r}_1 = (0, -3.60\text{ km})$, $\Delta\vec{r}_2 = (-3.00\text{ km}, 0)$

평면극좌표(ρ, ϕ) : $\Delta\vec{r}_1 = (3.60\text{ km}, 270°)$, $\Delta\vec{r}_2 = (3.00\text{ km}, 180°)$

벡터 $\vec{r}=\hat{i}x+\hat{j}y$: $\Delta\vec{r}_1=-\hat{j}(3.60\ \text{km})$, $\Delta\vec{r}_2=-\hat{i}(3.00\ \text{km})$

(나) $\langle\vec{v}\rangle=-\hat{i}(11.9\ \text{m/s})-\hat{j}(6.46\ \text{m/s})$ $\langle \mathbb{V}\rangle=23.3\ \text{m/s}$

1-17 벡터 더하기 및 빼기

두 변위벡터 $\vec{A}$, $\vec{B}$가 있다. 이들의 {크기, 방향}은 각각 $\vec{A}=${300 m, 동쪽에서 30° 북쪽}, $\vec{B}=${300 m, 북쪽}이다. 그림으로 다음을 구하라.

(가) $\vec{A}+\vec{B}$ (나) $\vec{A}-\vec{B}$ (다) $2\vec{A}+\vec{B}$

답 | (ρ, ϕ) : (가) (520 m, 60.0°) (나) (300 m, 330°) (다) (794 m, 49.1°)

1-18 성분벡터

xy 평면에 있는 벡터 $\vec{A}$가 x축과 각 ϕ를 이루고 있다. 아래와 같은 $\vec{A}$의 직각 성분을 구하라.

(가) $A=10$ m, $\phi=30°$ (나) $A=5.0$ km, $\phi=90°$ (다) $A=15$ km/s, $\phi=150°$

답 | (가) $A_x=8.7$ m, $A_y=5.0$ m (나) $A_x=0$, $A_y=5.0$ km

(다) $A_x=-13$ km/s, $A_y=7.5$ km/s

1-19 벡터의 방향

아래 벡터의 크기 및 방향을 구하라.

$$\vec{A}=5.00\hat{i}+3.00\hat{j},\ \vec{B}=10.0\hat{i}-7.00\hat{j},\ \vec{C}=-2.00\hat{i}-3.00\hat{j}+4.00\hat{k}$$

답 | $A=5.83$, $\phi_A=31.0°$; $B=12.2$, $\phi_B=-35.0°$; $C=5.39$, $\theta_C=42.0°$, $\phi_C=236°$

1-20 평면운동

xy 평면에서 일정한 가속도로 운동하고 있는 입자의 위치벡터가

$$\vec{r}(t)=\hat{i}\,(30\,t)+\hat{j}\,(40\,t-5.0\,t^2)$$

으로 주어진다. 단위는 MKS단위이다. 다음을 구하라.

(가) 속도벡터함수 (나) 가속도벡터함수

답 | (가) $\vec{v}(t)=(\hat{i}(30)+\hat{j}(40-10\,t))$ [m/s] (나) $\vec{a}(t)=-\hat{j}\,(10\,t)$ [m/s^2]

1-21 입자의 가속도

xy 평면에서 일정한 가속도로 운동하고 있는 입자의 시각 $t=0$ 및 $t=3.00$ s에서 속도가 각각 $v(0)=\hat{i}(3.00\ \text{m/s})-\hat{j}(2.00\ \text{m/s})$, $v(3)=\hat{i}(9.00\ \text{m/s})+\hat{j}(7.00\ \text{m/s})$이다.

(가) 입자의 가속도벡터를 구하라.

(나) 처음에 입자가 좌표의 원점에 있었다. 입자의 위치벡터함수를 구하라.

답 | (가) $\vec{a}=\hat{i}(2.00\ \text{m/s}^2)+\hat{j}(3.00\ \text{m/s}^2)$

(나) $\vec{r}=\hat{i}[(3.00\ \text{m/s})t+(1.00\ \text{m/s}^2)t^2]+\hat{j}[(-2.00\ \text{m/s})t+(1.50\ \text{m/s}^2)t^2]$

1-22 커브를 도는 열차의 가속도

열차가 커브길을 도는 데 속도를 90.0 km/h에서 15.0초만에 50.0 km/h로 일정한 비율로 감속하였다. 커브길은 반지름 150 m의 원궤도이다. 열차의 속도가 50.0 km/h가 되는 순간의 가속도를 구하라.

답 | $\vec{a}=\hat{\tau}(-0.741\ \mathrm{m/s^2})+\hat{n}(1.29\ \mathrm{m/s^2})$

1-23 바탕벡터의 도함수

평면극좌표계의 바탕벡터 $\hat{\phi}$의 시간에 대한 도함수는 $\dfrac{d\hat{\phi}}{dt}=-\hat{\rho}\dfrac{d\phi}{dt}$ 임을 보여라.

Tip

$$\hat{\rho}(t)=\hat{i}\cos\phi(t)+\hat{j}\sin\phi(t),\ \hat{\phi}(t)=-\hat{i}\sin\phi(t)+\hat{j}\cos\phi(t)$$

$$\frac{d}{dt}(\sin\phi(t))=\frac{d}{d\phi}(\sin\phi)\frac{d\phi}{dt}=\cos\phi\frac{d\phi}{dt}$$

1-24 원기둥좌표계에서 가속도

원기둥좌표계의 바탕$\{\hat{\rho},\ \hat{\phi},\ \hat{k}\}$에서 가속도는

$$\vec{a}=\hat{\rho}\left[\frac{d^2\rho}{dt^2}-\rho\left(\frac{d\phi}{dt}\right)^2\right]+\hat{\phi}\left[\rho\frac{d^2\phi}{dt^2}+2\left(\frac{d\rho}{dt}\right)\left(\frac{d\phi}{dt}\right)\right]+\hat{k}\frac{d^2z}{dt^2}$$

로 표현됨을 보여라.

Tip

$$\vec{v}(t)=\hat{\rho}(t)\frac{d\rho(t)}{dt}+\hat{\phi}\frac{d\phi(t)}{dt}\rho(t),\ \ \hat{\rho}(t)=\hat{i}\cos\phi(t)+\hat{j}\sin\phi(t),$$

$$\hat{\phi}(t)=-\hat{i}\sin\phi(t)+\hat{j}\cos\phi(t),$$

$$\vec{a}=\frac{dv(t)}{dt}=\hat{\rho}(t)\frac{d^2\rho(t)}{dt^2}+\hat{\phi}\left(\frac{d^2\phi(t)}{dt^2}\rho(t)+\frac{d\phi(t)}{dt}\frac{d\rho(t)}{dt}\right)+\hat{k}\frac{d^2z}{dt^2}$$

$$+\frac{d\hat{\rho}(t)}{dt}\frac{d\rho(t)}{dt}+\frac{d\hat{\phi}}{dt}\frac{d\phi(t)}{dt}\rho(t)$$

1-25 구면좌표계에서 가속도

구면좌표계의 바탕$\{\hat{r},\ \hat{\theta},\ \hat{\phi}\}$에서 가속도는

$$\begin{aligned}\vec{a}=&\ \hat{r}\left[\frac{d^2r}{dt^2}-r\left(\frac{d\theta}{dt}\right)^2-r\sin^2\theta\left(\frac{d\phi}{dt}\right)^2\right]\\&+\hat{\theta}\left[r\frac{d^2\theta}{dt^2}+2\left(\frac{dr}{dt}\right)\left(\frac{d\theta}{dt}\right)-r\sin\theta\cos\theta\left(\frac{d\phi}{dt}\right)^2\right]\\&+\hat{\phi}\left[r\sin\theta\frac{d^2\phi}{dt^2}+2\sin\theta\left(\frac{dr}{dt}\right)\left(\frac{d\phi}{dt}\right)+2r\cos\theta\left(\frac{d\theta}{dt}\right)\left(\frac{d\phi}{dt}\right)\right]\end{aligned}$$

로 표현됨을 보여라.

Tip

$$\vec{v}=\hat{r}\frac{dr(t)}{dt}+\hat{\theta}r(t)\frac{d\theta(t)}{dt}+\hat{\phi}r(t)\sin\theta(t)\frac{d\phi(t)}{dt}$$

$$\hat{r}=\hat{i}\sin\theta\cos\phi+\hat{j}\sin\theta\sin\phi+\hat{k}\cos\theta,$$

$$\hat{\theta}=\hat{i}\cos\theta\cos\phi+\hat{j}\cos\theta\sin\phi-\hat{k}\sin\theta,$$

$$\hat{\phi}=-\hat{i}\sin\phi+\hat{j}\cos\phi$$

$$\vec{a} = \frac{d\vec{v}}{dt} = \hat{r}\frac{d^2r(t)}{dt^2} + \hat{\theta}\left(\frac{dr(t)}{dt}\frac{d\theta(t)}{dt} + r(t)\frac{d^2\theta(t)}{dt^2}\right) + \hat{\phi}\left(r(t)\sin\theta(t)\frac{d^2\phi(t)}{dt^2}\right.$$
$$\left. + r(t)\cos\theta(t)\frac{d\theta(t)}{dt}\frac{d\phi(t)}{dt} + \sin\theta(t)\frac{dr(t)}{dt}\frac{d\phi(t)}{dt}\right)$$
$$+ \frac{d\hat{r}}{dt}\frac{dr(t)}{dt} + \frac{d\hat{\theta}}{dt}r(t)\frac{d\theta(t)}{dt} + \frac{d\hat{\phi}}{dt}r(t)\sin\theta(t)\frac{d\phi(t)}{dt}$$

1-26 수영 선수의 운동

처음에 수영 선수가 위치벡터가 $\vec{r}_i = \hat{i}(10.0\text{ m}) - \hat{j}(4.00\text{ m})$인 지점을 지나는 순간, 수영 선수의 속도벡터가 $\vec{v}_i = \hat{i}(4.00\text{ m/s}) + \hat{j}(1.00\text{ m/s})$였다. 이 수영 선수가 일정한 가속도로 같은 수평면 내에서 20.0초 동안 계속 수영한 후의 속도벡터가 $\vec{v}_f = \hat{i}(20.0\text{ m/s}) - \hat{j}(5.00\text{ m/s})$였다.

(가) 수영 선수의 가속도는 얼마인가?

(나) 같은 가속도로 수영하여 처음 시각에서 25.0초 지난 뒤 수영 선수의 위치 및 속도를 구하라.

답 | (가) $\vec{a} = \hat{i}(0.800\text{ m/s}^2) - \hat{j}(0.300\text{ m/s}^2)$

(나) $\vec{r} = \hat{i}(360\text{ m}) - \hat{j}(72.8\text{ m})$, $\vec{v} = \hat{i}(24.0\text{ m/s}) - \hat{j}(6.50\text{ m/s})$

1-27 연직상방으로 던진 공

처음 속도 20.0 m/s로 똑바로 위로 던져 올린 공이 높이 올라갔다가 다시 땅에 똑바로 떨어졌다. 공기의 마찰은 무시한다.

(가) 공이 공중에 떠 있는 시간은 얼마인가?

(나) 가장 높이 올라간 연직 높이는 얼마인가?

(다) 공이 지상 15.0 m에 이른 시각을 구하라.

답 | (가) $\Delta t = 2t_h = 4.08\text{ s}$ (나) $h = 20.4\text{ m}$

(다) $t' = 0.989\text{ s}$(처음 올라갈 때), $t' = 3.09\text{ s}$(다시 내려올 때)

1-28 포사체의 운동

지상 $H = 40.0\text{ m}$의 높이에서, 수평 방향에서 위로 $\theta_0 = 30°$ 방향으로 속도 v_0[m/s]로 발사된 포사체가 처음 속도의 1.2배의 빠르기로 땅에 떨어졌다.

(가) 발사지점을 원점, 수평 방향을 x축, 연직상방을 y축으로 하여 임의 시각 t에서 포사체의 위치벡터의 직각 성분을 v_0, H로 나타내어라.

(나) 땅에 닿는 시각 τ 및 그 순간의 속도의 크기를 v_0, H로 나타내어라.

(다) 포사체의 처음 속도 v_0는 얼마인가?

답 | (가) $x = \frac{\sqrt{3}}{2}v_0 t$, $y = \frac{1}{2}v_0 t - \frac{1}{2}gt^2$ (나) $\tau = \frac{v_0}{2g}\left(1 + \sqrt{1 + \frac{8gH}{v_0}}\right)$, $v(\tau) = \sqrt{v_0^2 + 2gH}$

(다) $v_0 = 42.2\text{ m/s}$

1-29 계단 위에서의 포사체

어떤 계단의 난간 위에서 수평 방향으로 속도 3.00 m/s의 속도로 계단 아래쪽으로 작은 공을 던졌다. 각 계단의 높이는 0.180 m, 너비는 0.300 m이다. 공은 몇 번째 계단에 떨어질까?

답 | 5번째 계단

1-30 타이어의 회전

반지름이 0.500 m인 타이어가 매분 200회의 일정한 비율로 회전하고 있다. 타이어의 홈에 박힌 찰흙 덩어리의 선속도 및 가속도를 구하라.

답 | $v = 10.5\ \mathrm{m/s}$, $a_n = 219\ \mathrm{m/s^2}$

1-31 곡선운동을 하는 입자의 가속도

한 입자가 어떤 순간에 반지름 2.50 m의 원궤도를 따라서 시계 반대 방향으로 운동하고 있다. 가속도의 크기 a 및 그 방향과 운동 방향(속도벡터) 사이각 θ가 각각 (ㄱ) $a = 15.0\ \mathrm{m/s^2}$, $\theta = 60°$ (ㄴ) $a = 25.0\ \mathrm{m/s^2}$, $\theta = 135°$ (ㄷ) $a = 10.0\ \mathrm{m/s^2}$, $\theta = 90°$와 같을 때, 입자의 (가) 접선가속도 및 (나) 속도의 크기를 각각 구하라.

답 | (가) (ㄱ) $a_\tau = 7.50\ \mathrm{m/s^2}$ (ㄴ) $a_\tau = -17.7\ \mathrm{m/s^2}$ (ㄷ) $a_\tau = 0$

(나) (ㄱ) $v = 5.70\ \mathrm{m/s}$ (ㄴ) $v = 6.65\ \mathrm{m/s}$ (ㄷ) $v = 5.00\ \mathrm{m/s}$

1-32 자전거 바퀴의 등각가속도운동

자전거 바퀴 둘레에 있는 한 점 P는 자전거 바퀴가 회전함에 따라 원운동을 한다. 자전거 바퀴가 정지상태에서 일정한 각가속도로 회전하기 시작하여 3.00초 만에 각속도가 12.0 rad/s에 이르렀다.

(가) 점 P의 각가속도는 얼마인가?

(나) 그동안 점 P의 각변위는 몇 rad인가?

답 | (가) $\alpha = 4.00\ \mathrm{rad/s^2}$ (나) $\Delta\phi = 18.0\ \mathrm{rad}$

1.3 상대운동

1-33 비행기의 상대운동

비행기의 속력은 바람이 없을 때 200 km/h이다. 바람이 서쪽에서 동쪽으로 90.0 km/h의 속력으로 불고 있고 비행기가 정북으로 날아가려고 한다.

(가) 비행기의 기수를 어느 방향으로 향해야 하는가?

(나) 이때, 비행기는 땅에 대하여 얼마의 빠르기로 날아가는가?

답 | (가) 북쪽에서 $\theta = 26.7°$ 서쪽 방향(N 26.7° W) (나) $v_{\text{비/땅}} = 179\ \mathrm{km/h}$

1-34 두 자동차의 상대운동

자동차 A가 동쪽으로 일정한 속도 20.0 m/s로 달리고 있다. 자동차 A가 동서남북으로 도로가 만나는 교차로를 지나는 순간 다른 자동차 B가 교차로 북쪽 40.0 m 지점에서 출발하여 일정한 가속도 $2.00\ \mathrm{m/s^2}$으로 남쪽을 향하여 달려오고 있다. 자동차 A가 교차로를 통과한 지 6.00초 되는 순간, 자동차 B의 자동차 A에 대한 상대위치, 상대속도, 상대가속도를 각각 구하라.

답 | $\vec{v}_{B/A}(6\,s) = (120\ m,\ N\,88.1°\,W)$, $\vec{v}_{B/A}(6\,s) = (23.3\ m/s,\ S\,59.0°\,W)$,
$\vec{a}_{B/A}(6\,s) = (2.00\ m/s^2$, 남쪽)

1-35 강물에서 두 수영 선수의 운동

강둑을 따라서 일정한 속도 $v_{물/땅} = 0.500\ m/s$로 흐르는 강물에서 한별이와 은별이가 수영 시합을 했다. 한별이는 강물을 따라서 강폭과 같은 거리 $L = 100\ m$를 갔다가 처음 출발점으로 돌아오고, 은별이는 건너편 강 언덕까지 갔다가 출발점에 되돌아오기로 하였다. 따라서 은별이는 강 언덕에서 볼 때 언덕에 수직으로 수영하여야 한다. 두 사람의 수영 빠르기는 다같이 $1.20\ m/s$이다. 누가 이길까?

답 | 은별이

1-36 기준틀

일정한 속도 $10.0\ m/s$로 수평인 직선 레일 위를 달리는 수레 위에서 한 학생이 레일을 따라서 공중으로 공을 던졌는데, 그 학생에게는 처음 속도가 수평 방향에서 위로 $60°$의 방향으로 보였으며, 그 궤도면은 레일을 포함하는 연직면이었다. 한편 수레 가까이 땅 위에 서 있는 다른 학생에게는 공이 연직 위로 던져진 것처럼 보였다. 공은 얼마나 높이 올라가는가?

답 | 0 $h = 15.3\ m$

2장 힘과 운동 – 뉴턴의 운동법칙

2.1 힘과 상호작용

2.2 뉴턴의 운동법칙

2.3 운동방정식과 힘의 법칙

2.4 비관성기준틀
– 병진운동 및 원운동

앞 단원에서는 자연에서 일어나는 현상의 질서성, 규칙성을 찾기 위하여 운동을 정확하게 기술하는 방법을 알아보았다. 이제 그 질서정연한 규칙, 곧 운동의 원인이 무엇인지, 그 원인의 결과는 어떻게 되는지를 알아보려고 한다. 이러한 운동의 인과관계는 여러 세기에 걸쳐 연구되어 오다가 갈릴레이를 거쳐 17세기 후반에 이르러 뉴턴의 운동법칙에 의하여 밝혀졌다. 이러한 운동법칙을 이해하기 위하여 먼저 힘의 개념과 성질에 대해 알아보고 힘과 운동 사이의 관계, 곧 뉴턴의 운동법칙 및 그 응용방법을 고찰한다. 뉴턴의 운동법칙이 성립하지 않는 비관성기준틀에서 운동법칙의 적용방법도 살펴본다.

2.1 힘과 상호작용

일상 생활의 경험에서, 물체를 밀거나 당기면 정지해 있던 물체는 움직이게 되고, 움직이던 것은 더 빨라지거나 느려지기도 하고, 또 용수철과 같이 물체의 모양이 변하기도 한다. 이때 물체에는 힘이 작용했다고 한다. 이러한 물체의 운동상태의 변화나 모양의 변화는 물체와 다른 물체 또는 그 주위의 환경과의 상호작용의 결과이다. 따라서 힘이란 "물체와 다른 물체 또는 물체와 그 주위 환경과의 상호작용을 정량적으로 기술하는 물리량"이라 할 수 있다. 이러한 힘의 정의 및 성질을 알아서 기술하는 방법을 고찰하고, 일상 생활에서 경험하는 여러 가지 힘들을 살펴본다.

2.1.1 힘의 법칙

힘은 눈에 보이지 않고, 직접 관측되지 않으므로, 상호작용의 결과 나타나는 물체의 운동상태의 변화나 물체의 변형을 통하여 힘을 정의하고, 그 성질을 조사한다.

○ 탄성력

그림 2.1과 같이 매끄러운 수평면 위에 놓여 있는 용수철의 한쪽 끝을 고정하고 다른쪽 끝을 약간 당겨서 그 끝에 물체를 달아서 가만히 놓으면 물체를 당겨서 움직이게 한다. 이 운동으로부터 용수철이 물체에 힘을 작용한다는 것을 안다. 이와 같이 용수철이 물체에 작용하는 힘을 **탄성력**(elastic force)이라 한다. 이것은 늘어났던 용수철이 원래의 자연길이로 되돌아가면서 작용하는 힘으로, 이런 힘을 **복원력** 또는 **되돌이힘**(restoring force)이라고도 한다.

이 탄성력의 세기는 실험에 의하면 용수철의 늘어나거나 줄어든 길이, 곧 변위의 크기에 비례하고, 방향은 변위와 반대이다. 변위를 x라하면 탄성력 F는

$$F = -kx \tag{2.1}$$

로 표현된다. 이를 **훅의 법칙**(Hooke's law)이라 한다. 여기서 비례상수 k는 용수철에 따라 정해지는 상수로 **용수철상수**(spring constant) 또는 용수철의 **힘상수**(force constant of spring)라 한다. 음(−)의 부호는 힘의 방향이 항상 변위와 반대임을 뜻하므로 복원력임을 나타낸다.

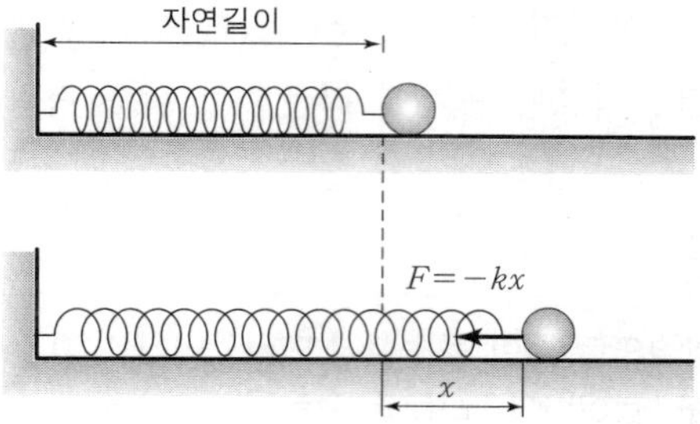

그림 2.1 용수철과 물체의 상호작용

○ 중력

그림 2.2와 같이 연직으로 매달아 놓은 용수철 끝에 물체를 달아서 가만히 놓으면 용수철은 아래로 늘어난다. 이 변화로부터 용수철을 연직 아래로 당기는 힘이 작용한다는 것을 알 수 있다. 이 경우, 물체의 질량이 m[kg]일 때 이 힘의 크기를 ***m*킬로그램힘**(kilogram-force, 기호 : m[kgf])이라 정의한다.

이 힘은 지구가 물체를 연직 아래로 당기는 힘으로 **중력**(gravitational force) 또는 물체의 **무게**(weight)라 하고, 단위인 킬로그램힘 [kgf]을 힘의 **중력단위**(gravitational unit) 또는 **무게단위**라 한다.

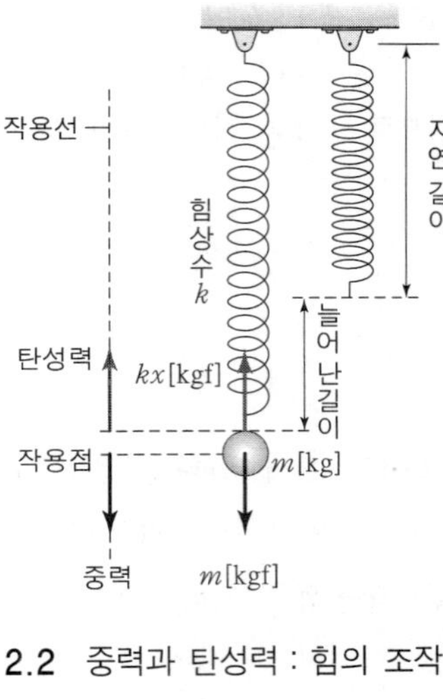

그림 2.2 중력과 탄성력 : 힘의 조작적 정의

○ 힘의 법칙

훅의 법칙을 나타내는 식(2.1)은 물체와 용수철의 상호작용을 표현하는 힘을 기술하는 함수로, 용수철에 달려 있는 물체에 작용하는 **힘의 법칙**(force law)이라 한다. 힘의 법칙은 힘을

물체의 질량, 변위, 속도 등과 물체가 영향을 받고 있는 주위 환경의 성질을 나타내는 매개변수들의 함수로 나타낸 것으로, 이로써 물체에 작용하는 힘을 정량적으로 계산할 수 있다.

예제 2.1 용수철의 힘상수

질량 30.0 g의 분동을 연직으로 걸린 용수철에 매달았더니 1.50 cm 늘어났다. 이 용수철에 다른 물체를 달았더니 5.00 cm 늘어났다. 다음을 구하라.

① 용수철의 힘상수 ② 물체에 작용한 탄성력 및 중력 ③ 물체의 질량

풀이 | 연직하방을 양(+)으로 택하면, 분동에 작용한 중력은 $w=0.0300\ \text{kgf}$이고, 늘어난 길이 또는 변위는 $x=0.0150\ \text{m}$이다.

① 용수철이 $x=0.0150\ \text{m}$만큼 늘어난 것은 중력인 $w=0.0300\ \text{kgf}$의 힘이 작용했기 때문이다. 한편, 늘어난 채 분동이 정지해 있는 것은 중력에 비기는 용수철의 탄성력이 작용하기 때문이다. 탄성력 F는 중력과 크기가 같고 방향이 반대, 곧 연직상방으로 작용하므로 $F=-0.0300\ \text{kgf}$이다. 훅의 법칙 식(2.1)에 의하여 힘상수 k는

$$k=-\frac{F}{x}=-\frac{-0.0300\ \text{kgf}}{0.0150\ \text{m}}=2.00\ \text{kgf/m}$$

이다.

② 물체에 작용한 탄성력은 식(2.1)에 의하여

$$F=-kx=-(2.00\ \text{kgf/m})\times(0.0500\ \text{m})=-0.100\ \text{kgf}$$

이고, 중력은 탄성력과 크기는 같고, 방향이 반대이므로 $w=0.100\ \text{kgf}$이다. 곧 탄성력은 연직 위로 0.100 kgf, 중력은 연직 아래로 0.100 kgf이다.

③ 물체의 무게가 0.100 kgf이므로 물체의 질량은 0.100 kg이다.

2.1.2 힘의 성질

이렇게 정의된 힘이 물체에 작용하는 점을 힘의 **작용점**(point of application), 작용점을 지나고 힘이 작용하는 방향으로 그은 직선을 힘의 **작용선**(line of action)이라 한다. 중력의 작용점은 물체에 있고, 그 작용선은 작용점을 지나는 연직선이다.

○ 힘의 평형

그림 2.2에서 용수철에 매달려 있는 물체는 중력뿐만 아니라 용수철의 탄성력도 받고 있다. 그런데 물체는 늘어난 채 외부와 상호작용이 없는 것처럼, 곧 아무 힘도 작용하지 않는 것처럼 가만히 정지해 있다. 이런 경우 물체는 **평형상태**(state of equilibrium)에 있다고 하며, 중력

과 탄성력은 서로 **평형을 이룬다** 또는 **비긴다**고 한다. 특히 힘들이 비겨서 물체가 정지해 있는 평형을 **정적평형**(static equilibrium)이라 한다.

그림 2.2에서 물체에 중력과 탄성력이 평형을 이루므로 두 힘의 합성은 0이어야 한다. 그러자면 만일 중력을 $+m$[kgf]이라 하면 탄성력은 $-m$[kgf]이라야

$$(+m[\text{kgf}])+(-m[\text{kgf}])=0$$

이 된다. 그러므로 힘을 생각할 때 그 크기뿐만 아니라 방향(+, −)도 고려해야 한다. 곧

> **한 물체에 크기와 작용선이 같은 두 힘이 서로 반대쪽으로 작용하면 물체는 평형상태에 있게 되고, 두 힘은 평형을 이룬다.**

또한, 한 직선상에 있는 힘들은 직선운동에서 변위와 같은 방법으로 합성되어야 함을 알 수 있다.

예제 2.2 힘의 측정

그림 2.2와 같은 장치로 힘의 법칙(훅의 법칙)을 나타내는 식(2.1)을 이용하여 물체에 작용하는 힘을 측정할 수 있다. **그림 2.2**와 같이 용수철 끝에 질량 m_A, m_B의 두 물체 A, B를 따로 달았을 때 용수철의 늘어난 길이가 각각 x_A, x_B이었다면, 물체 B에 작용하는 힘은 물체 A에 작용하는 힘의 몇 배인가?

풀이 | 각 물체에 작용하는 힘을 각각 F_A, F_B라 하면

$$F_A=-kx_A,\quad F_B=-kx_B$$

이므로

$$\frac{F_B}{F_A}=\frac{-kx_B}{-kx_A}=\frac{x_B}{x_A}\qquad \therefore\ F_B=\left(\frac{x_B}{x_A}\right)F_A$$

물체 B에 작용하는 힘은 물체 A에 작용하는 힘의 $\left(\dfrac{x_B}{x_A}\right)$배이다. 따라서 만일 F_A를 힘의 기준으로 하면, 곧 $F_A=1$[kgf]라 하면 F_B의 값을 얻을 수 있다.

○ 힘의 벡터적 성질

직선상에서 작용하는 힘은 직선운동을 하는 물체의 변위와 같이 합성됨을 알았는데, 평면상에 있는 힘들은 어떻게 합성되는지 알아보자.

그림 2.3(a)와 같이 가볍고 늘어나지 않는 세 가닥의 실을 한데 묶어 매듭을 만들고, 각 실

의 끝에 똑같은 3개의 용수철저울 A, B, C를 각각 연결하여 A, B, C를 각각 수평으로 적당히 당겨서 실의 매듭인 점 P가 정지해 있도록 한다. 이때 각 실의 방향으로 용수철저울의 눈금에 비례하는 길이의 화살표를 그리면 **그림 2.3(b)**와 같이 된다. 이런 그림을 **"화살표 그림"**이라 한다. 각 실을 통하여 점 P에 작용하는 힘을 각각 F_A, F_B, F_C라 하면, 이들 세 힘이 작용하는 데도 점 P가 평형상태에 있다. 만일 점 P에 힘 F_C가 작용하는 데도 점 P가 정지해 있다면 힘 F_C와 비기는 다른 힘 F, 곧 $F = -F_C$인 힘이 있어야 한다. 이 경우 힘 F는 다른 두 힘 F_A, F_B가 동시에 작용했을 때와 같은 효과를 낸다. 이런 힘 F를 두 힘 F_A, F_B의 **합성력** 또는 **합력**(resultant force)이라 한다.

힘 F를 나타내는 화살표는 **그림 2.3(b)**에서 보는 바와 같이 두 힘 F_A, F_B를 이웃하는 두 변으로 하는 평행사변형의 대각선이다. 이것은 힘은 크기 및 방향이 있으며 평행사변형법으로 합성되는 벡터임을 보여 준다. 곧 **힘은 벡터이다**.

따라서 힘 F는

$$\vec{F}_A + \vec{F}_B = \vec{F} \tag{2.2}$$

와 같이 벡터합으로 주어지며, 힘 F_C는 힘 F와 비기므로 벡터적으로

$$\vec{F} = -\vec{F}_C \quad \text{또는} \quad \vec{F} + \vec{F}_C = 0$$

이다. 따라서 서로 비기는 세 힘 F_A, F_B, F_C는

$$\vec{F}_A + \vec{F}_B + \vec{F}_C = 0 \tag{2.3}$$

을 만족한다. 이것은 세 힘이 평형을 이룰 필요충분조건이다. **그림 2.3(b)**에서 세 힘을 나타내는 화살표를 나란히 옮겨서 화살표의 머리에 다른 화살표의 꼬리를 잇대어 나가면 **닫힌 삼각형**

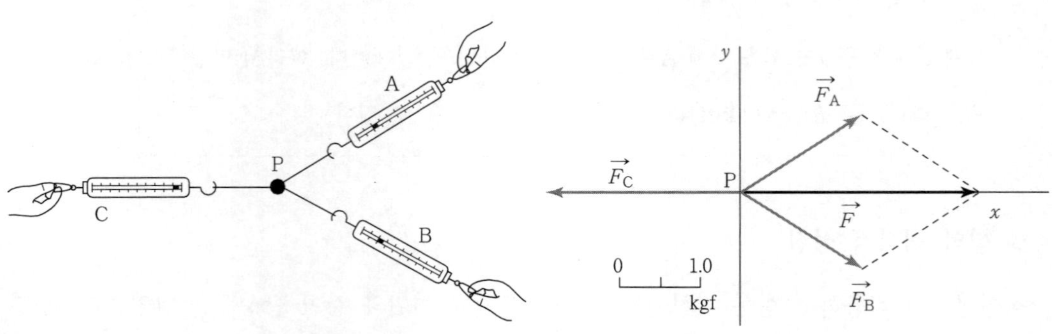

(a) 세 힘의 평형 (b) 힘의 화살표 그림

그림 2.3 한 점에 작용하는 세 용수철 저울

(closed triangle)을 이룬다. 따라서 세 힘을 나타내는 화살표가 닫힌 삼각형을 이루는 것은 세 힘이 평형일 필요조건이다.

식(2.2)에서 힘 $\vec{F}$는 두 힘 $\vec{F}_{\rm A}$, $\vec{F}_{\rm B}$와 같은 효과를 내는 합성력이라 하는 데 대하여, 역으로 힘 $\vec{F}$와 같은 효과를 주는 두 힘 $\vec{F}_{\rm A}$, $\vec{F}_{\rm B}$를 힘 $\vec{F}$의 그 두 방향의 **성분힘**(component force)이라 하고, "힘 $\vec{F}$는 두 힘 $\vec{F}_{\rm A}$, $\vec{F}_{\rm B}$로 분해되었다"고 한다. 이와 같이 하나의 힘을 같은 효과를 주는 방향이 서로 다른 여러 개의 성분힘으로 나타내는 것을 **힘의 분해**(resolution of force)라 한다.

벡터의 경우처럼, 보통 직각좌표축 방향의 성분힘으로 분해하는 것이 편리한 경우가 많다. **그림 2.4**와 같이 힘 $\vec{F}$의 x 및 y축 방향의 성분힘을 각각 **x성분힘**, **y성분힘**이라 하고, $\vec{F}_x$, $\vec{F}_y$로, 그 크기는 **x성분**(x component), **y성분**(y component)이라 하고, F_x, F_y로 각각 나타낸다.

힘 $\vec{F}$의 방향이 x축과 각 θ를 이루는 방향이면 F_x, F_y는 각각

$$F_x = F\cos\theta,\quad F_y = F\sin\theta$$

로 주어지며, 역으로 성분힘이 주어지면 힘 $\vec{F}$의 크기는

$$F = \sqrt{F_x^2 + F_y^2}$$

로 주어지며, 그 방향은 x축과

$$\tan\theta = \frac{F_y}{F_x}$$

로 주어지는 각 θ를 이루는 방향이다.

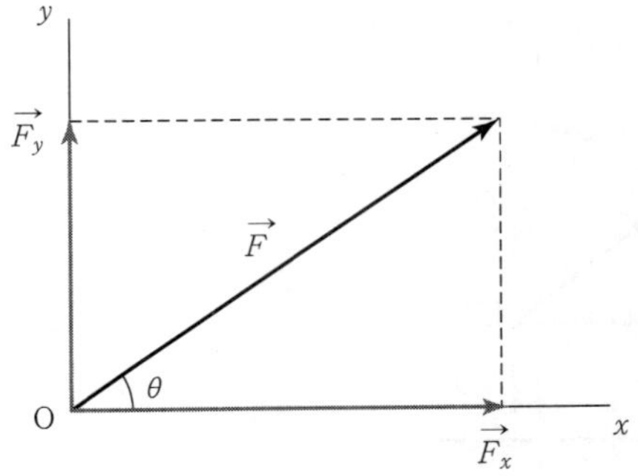

그림 2.4 힘의 분해

세 힘 $\vec{F}_{\rm A}$, $\vec{F}_{\rm B}$, $\vec{F}_{\rm C}$의 평형 조건식(2.3)을 성분별로 나타내면

$$
\begin{aligned}
&x\text{성분} : F_{\mathrm{A};x} + F_{\mathrm{B};x} + F_{\mathrm{C};x} = 0 \\
&y\text{성분} : F_{\mathrm{A};x} + F_{\mathrm{B};y} + F_{\mathrm{C};z} = 0
\end{aligned} \tag{2.4}
$$

와 같이 된다. 곧 서로 비기는 힘들의 벡터합뿐만 아니라 각 성분의 합도 0이 된다.

예제 2.3 힘의 합성 및 평형

한쪽 끝이 벽에 고정된 길이 50 cm의 늘어나지 않는 가벼운 실의 다른쪽 끝에 질량 1.2 kg의 추를 달고, 추를 수평으로 당겨서 **그림 2.5(a)**와 같이 벽으로부터 40 cm 떨어지게 하였다. 수평으로 당긴 힘 및 실을 따라서 당기는 힘을 각각 구하라.

풀이 | 문제의 개략적 그림은 **그림 2.5(a)**와 같다. △ABP는 직각삼각형이므로 AB = 30 cm임을 알 수 있다. 추에 작용하는 힘은 추의 무게 $\vec{w}$, 팽팽한 실을 따라서 작용하는 힘 $\vec{T}$ 그리고 수평으로 당기는 힘 $\vec{F}$이다. 이들 세힘{$\vec{w}$, $\vec{T}$, $\vec{F}$}가 평형을 이룬다. 그래서 문제를 평형조건을 나타내는 닫힌 삼각형의 방법(식(2.3)) 및 성분별 평형 조건식(2.4)의 방법 등 두 가지 방법으로 살펴보자.

① 닫힌 삼각형 방법 : 평형상태에 있는 물체는 추이고, 그에 작용하는 힘들이 비기고 있다. 따라서

$$\vec{w} + \vec{T} + \vec{F} = 0$$

이라야 한다. 따라서 세 힘{$\vec{w}$, $\vec{T}$, $\vec{F}$}를 나타내는 화살표는 닫힌 삼각형을 만드는데(**그림 2.5(b)** 참조), △ABC와 닮은꼴이다. 따라서

$$w : F : T = \overline{\mathrm{AB}} : \overline{\mathrm{BP}} : \overline{\mathrm{PA}}$$

인데,

$$\overline{\mathrm{AB}} : \overline{\mathrm{BP}} : \overline{\mathrm{PA}} = 3 : 4 : 5$$

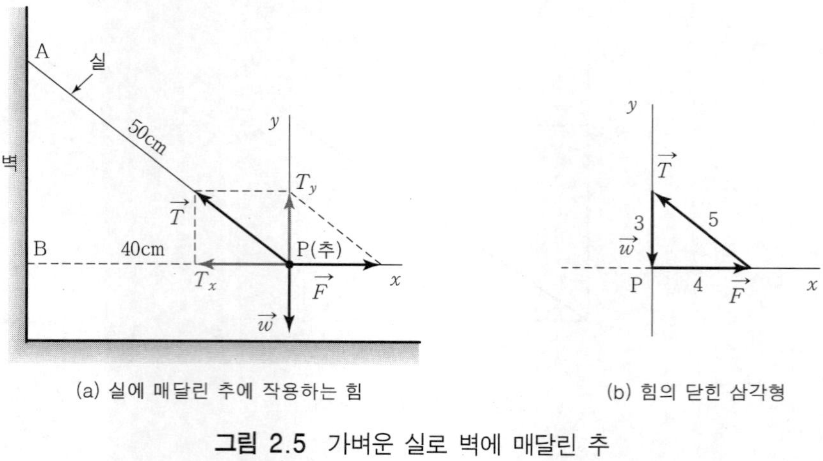

(a) 실에 매달린 추에 작용하는 힘 (b) 힘의 닫힌 삼각형

그림 2.5 가벼운 실로 벽에 매달린 추

이므로

$$w : F : T = 3 : 4 : 5$$

이다. 여기서 $w = 1.2$ kgf이므로

$$F = \frac{4}{3}\,w = \frac{4}{3} \times (1.2\ \text{kgf}) = 1.6\ \text{kgf},$$

$$T = \frac{5}{3}\,w = \frac{5}{3} \times (1.2\ \text{kgf}) = 2.0\ \text{kgf}$$

이다.

② 힘의 분해 방법 : 평형조건을 성분별로 표현하면

x성분 : $w_x + T_x + F_x = 0$

y성분 : $w_y + T_y + F_y = 0$

와 같다. **그림 2.5(a)**와 같이, 수평 방향의 오른쪽을 x축, 연직상방을 y축으로 택하면 각 힘의 성분은

중 력 : $w_x = 0,\ \ w_y = w = -1.2$ kgf

당 기 는 힘 : $F_x = F,\ \ F_y = 0$

실이 당기는 힘 : $T_x = -\,T \times \frac{4}{5},\ \ T_y = T \times \frac{3}{5}$

이 된다. 이것은 △ABP와 △$\mathrm{TT_xP}$가 서로 닮은꼴임을 이용하였다. 따라서 성분별 평형 조건식은

x성분 : $0 + \left(-\frac{4}{5}\,T\right) + F = 0$

y성분 : $(-1.2\ \text{kgf}) + \left(\frac{3}{5}\,T\right) + 0 = 0$

으로 주어진다. 둘째 방정식에서

$$T = \frac{5}{3} \times (1.2\ \text{kgf}) = 2.0\ \text{kgf}$$

이고, 이를 첫째 식에 대입하면

$$F = \frac{4}{5}\,T = \frac{4}{5} \times (2.0\ \text{kgf}) = 1.6\ \text{kgf}$$

를 얻는다.

◎ 작용 · 반작용의 법칙

물체와 다른 물체 또는 물체와 주위 환경과의 상호작용을 정량적으로 기술하는 힘에는 벡터적 성질 외에 상호작용과 관련된 중요한 성질이 있다.

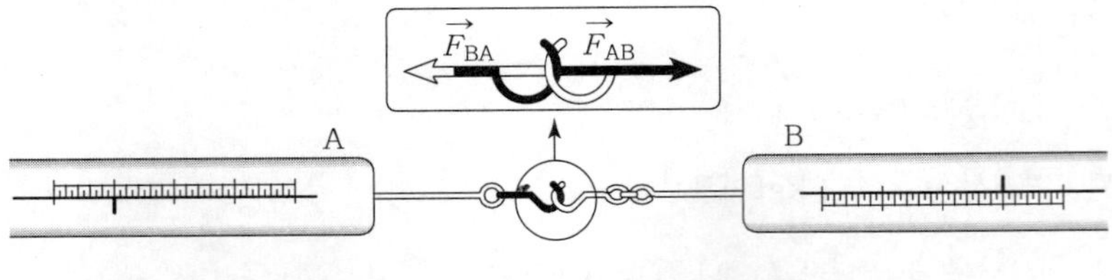

그림 2.6 두 용수철 저울의 상호작용하는 힘

그림 2.6과 같이 고정된 용수철 저울 A에 똑같은 용수철 저울 B를 걸어서 똑바로 일직선이 되도록 수평으로 당길 때, 두 용수철 저울은 같은 눈금을 가리키고 있음을 볼 수 있다. 이때, A의 눈금은 A가 B를 당기는 힘 $\vec{F}_{BA}$를 나타내고, B의 눈금은 B가 A를 당기는 힘 $\vec{F}_{AB}$를 나타낸다고 하면, 이 두 힘은 크기와 작용선은 같고 방향은 서로 반대이다. 곧

$$\vec{F}_{AB} = -\vec{F}_{BA}$$

이며, 두 힘의 작용점은 다르다. 힘 $\vec{F}_{AB}$의 작용점은 A에, 힘 $\vec{F}_{BA}$의 작용점은 B에 있다. 이와 같이

> **두 물체 A, B가 상호작용할 때, 한 물체 A가 다른 물체 B에 힘을 작용하면, 물체 B도 동시에 물체 A에 힘을 작용한다. 이 두 힘은 크기가 같고, 같은 작용선 상에서 서로 반대 방향으로 작용한다.**

이를 **작용 · 반작용의 법칙**(law of action-reaction) 또는 **상호작용의 법칙**(law of interaction)이라 하며, 두 힘 중 하나를 **작용**(action)이라 하면 다른 힘은 그 작용에 대한 **반작용**(reaction)이라 한다. 자연현상에서 작용이 있으면 반드시 반작용이 있으므로 힘은 항상 "한 쌍의 힘"으로 나타나며, 그 작용점은 서로 다르다. 따라서 힘을 받는 물체 외에 그 힘의 원천(힘샘)이 되는 어떤 것이 반드시 존재한다.

예제 2.4 작용 · 반작용의 법칙

수평인 책상 위에 공이 놓여 있다. 공에 작용하는 힘 및 그 반작용을 찾아서 화살표로 표시하라.

풀이 | 공에 작용하는 힘은 우선 공의 무게 또는 지구로부터 받는 중력 $\vec{w}$가 있고, 책상이 책상 면에 수직인 방향으로 위로 떠 바치는 힘 $\vec{N}$이 있다. 공이 평형상태에 있으므로 이들은 크기가 서로 같고, 방향이 반대이다. 곧 $\vec{N} = -w$이다.

공의 무게인 중력 $\vec{w}$는 지구가 공을 당기는 힘이므로 $\vec{w} = \vec{F}_{공지}$이다. 따라서 무게의 반작용은 공이 지구를 당기는 힘 $\vec{F}_{지공}$이다. 곧 $\vec{w}$의 반작용은 $\vec{w}' = \vec{F}_{지공}$이다. $\vec{N}$은 책상 면에 수직으

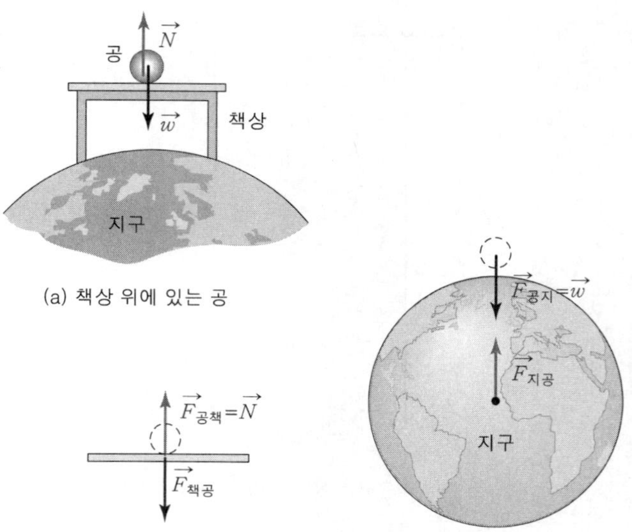

(a) 책상 위에 있는 공

(b) 공에 작용하는 힘 (c) 공-책상의 작용 · 반작용 (d) 공-지구의 작용 · 반작용

그림 2.7 책상 위에 있는 공에 작용하는 힘 및 그 반작용

로 책상이 위로 공에 작용하는 힘이다. 곧 $\vec{N}=\vec{F}_{공책}$이다. 따라서 $\vec{N}$의 반작용은 공이 책상면에 수직인 방향으로 아래로 책상에 작용하는 힘 $\vec{F}_{책공}$이다. 곧 $\vec{N}$의 반작용은 $\vec{N}'=\vec{F}_{책공}$이다.

2.1.3 여러 가지 힘

앞에서 우리가 일상생활에서 흔히 경험하는 중력과 탄성력에 대해서 살펴보았다. 이외에도 물체에 직접 힘을 작용하지 않고 실이나 밧줄을 통해서 작용하는 경우, 실 또는 밧줄을 팽팽하게 당기는 **장력**, 그리고 통상 운동을 방해하기만 한다고 생각하기 쉬운 **마찰력** 등의 성질에 대해서 알아보자.

◎ 실의 장력

그림 2.8(a)와 같이 늘어나지 않는 가벼운 실 AB로 추를 천장에 매달아 놓았을 때, 추와 실 그리고 천장에 작용하는 힘들은 화살표 **그림 2.8(a)~(c)**에서 보는 바와 같다.

추에는 **그림 2.8(a)**에서와 같이 무게 $\vec{w}$와 실이 당기는 힘 $\vec{T}_{추실}$이 작용하고, 실에는 **그림 2.8(b)**에서 보는 바와 같이 점 A에서 추가 아래로 당기는 힘 $\vec{T}_{A추}$, 점 B에서 천장이 위로 당기는 힘 $\vec{T}_{B천}$이 작용한다. 또한 천장에는 실이 천장을 아래로 당기는 힘 $\vec{F}_{천실}$이 작용한다.

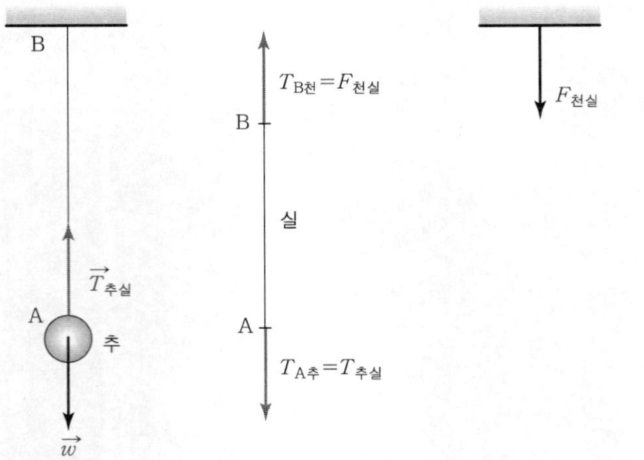

(a) 추에 작용하는 힘　(b) 실에 작용하는 힘　(c) 천장에 작용하는 힘

그림 2.8 가벼운 실로 천장에 매달린 추

이들은 모두 연직 방향의 같은 작용선상에 있으며 힘 $\vec{T}_{추실}$과 힘 $\vec{T}_{A추}$, 힘 $\vec{F}_{천실}$과 힘 $\vec{T}_{B천}$은 서로 작용 · 반작용의 관계에 있다.

한편, 추가 정지한 채 평형상태에 있다면 실도 평형상태에 있으므로, 추에 작용하는 두 힘 $\vec{w}$와 $\vec{T}_{추실}$ 그리고 실에 작용하는 두 힘 $\vec{T}_{A추}$와 $\vec{T}_{B천}$이 서로 비긴다. 곧

$$w=T_{추실} \quad (\text{추의 평형상태})$$

$$T_{추실}=T_{A추} \quad (\text{작용 · 반작용의 관계})$$

$$T_{A추}=T_{B천} \quad (\text{실의 평형상태})$$

$$T_{B천}=F_{천실} \quad (\text{작용 · 반작용의 관계})$$

$$\therefore\ w=F_{천실}$$

이다. 따라서 평형상태에 있는 가볍고 늘어나지 않는 실은 추로부터 받은 힘 w를 그대로 천장에 전달한다.

그림 2.8(a)에서 추의 무게가 직접 천장에 작용하지 않고 실이 천장에 전달한다. 이것 또한 실을 구성하고 있는 원자들 사이의 전자기적 상호작용을 통해서 이루어진다. 실의 점 A에 작용한 힘으로 한 원자가 변위되면 그 이웃하는 원자가 당겨진다. 이와 같은 상호작용이 실을 구성하고 있는 원자들 사이에 차례로 일어나서 마침내 천장에까지 전달된다.

이 힘은 팽팽한 실을 따라서 작용한다. 따라서 팽팽한 실의 방향이 힘의 작용선이고, 실을 팽팽하게 당겨주므로 이 힘벡터를 **인장력**(tensile force, $\vec{T}$)이라 하고, 실의 각 부분에서 인

장력의 크기를 그 부분에서 **장력**(tension, T)이라 한다.

그림 2.8(b)에서 실의 양단인 점 A, 점 B에 작용하는 힘 $T_{A추}$, $T_{B천}$은 그들 점에서 실의 장력이다. 이들은 서로 같다. 따라서 늘어나지 않는 실이 질량을 무시할 수 있을 정도로 매우 가볍거나 평형상태에 있으면 실의 장력은 실의 모든 점에서 똑같다. **그림 2.8(a)**의 경우, 추의 무게는 실의 장력과 같고, 추의 무게는 실의 장력의 형태로 천장에 전달된다.

그림 2.8(a)와 같은 경우, 역학계는 추와 실로 이루어져 있다고 볼 수 있다. 그러면 천장은 계 외체이다. 따라서 이 역학계{추, 실}은 외부로부터 추의 무게 w , 천장으로부터 $T_{B천}$을 받아서 평형상태에 있다. 이 경우 힘 w, $T_{B천}$을 역학계{추, 실}에 대해서 **바깥힘**(외력 : external force)이라 한다. 이에 대해서 계 내의 힘, 곧 추와 실 사이에 작용하는 힘 $T_{추실}$, $T_{A추}$를 **속힘**(내력 : internal force)이라 한다.

예제 2.5 무거운 실의 장력

늘어나지 않는 실로 추를 천장에 매달아 놓았다. 추 및 실의 무게를 각각 w, $w_{실}$이라 한다.

① 실의 양단에서의 장력을 구하라.

② 천장에 걸리는 힘을 구하라.

풀이 | 추, 실 및 천장에 작용하는 힘들의 화살표 그림은 **그림 2.9**와 같다.

① 추에 작용하는 힘은 추의 무게 w, 실이 추를 당기는 힘 $T_{추실}$이고(**그림 2.9(a)** 참조), 실에 작용하는 힘은, 실의 양단에 작용하는 힘 $T_{A추}$, $T_{B천}$ 외에 실의 중점에 작용하는 실의 무게 $w_{실}$이다(**그림 2.9(b)** 참조). 천장에 작용하는 힘은, 화살표 **그림 2.9(c)**에서 보는 바와 같이,

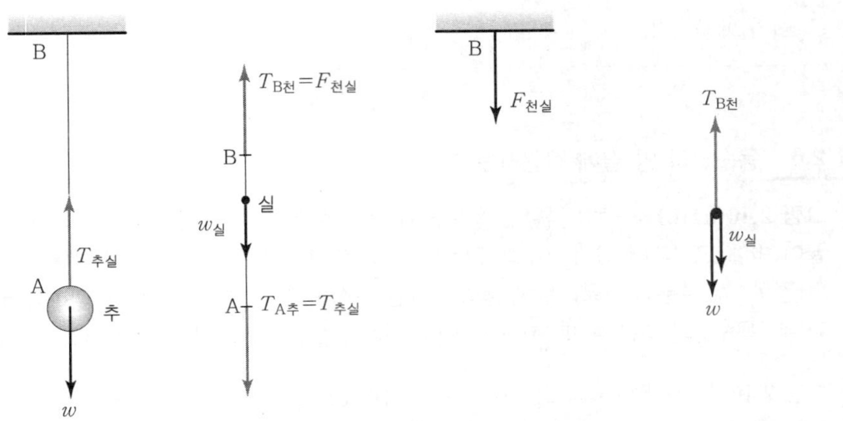

(a) 추에 작용하는 힘 (b) 실에 작용하는 힘 (c) 천장에 작용하는 힘 (d) 추-실에 작용하는 힘

그림 2.9 무거운 실로 천장에 매달아 놓은 추

실이 아래로 당기는 힘 $F_{천실}$이다. 이들은 모두 실의 방향인 연직선 상에서 작용한다. 추가 정지해 있으면 실도 정지해 있으므로 이 역학계에 작용하는 힘들$\{w,\ T_{추실},\ T_{A추},\ w_{실},\ T_{B천},\ F_{천실}\}$ 사이에는 아래와 같은 관계가 있다.

$$w = T_{추실} \quad (\text{추의 평형상태})$$

$$T_{추실} = T_{A추} \quad (\text{작용·반작용의 관계})$$

$$T_{A추} + w_{실} = T_{B천} \quad (\text{실의 평형상태})$$

$$T_{B천} = F_{천실} \quad (\text{작용·반작용의 관계})$$

이다. 따라서 실의 양단 A, B에 작용하는 장력 $T_{A추}$, $T_{B천}$은 각각

$$T_{A추} = w,\ T_{B천} = T_{A추} + w_{실} = w + w_{실}$$

이다. 따라서 실의 양단에서 장력은 서로 같지 않고, 실의 무게만큼 차이가 난다.

② 천장에 작용하는 힘 $F_{천실}$은 실의 상단에 작용하는 장력 $T_{B천}$과 작용·반작용의 관계에 있으므로

$$F_{천실} = w + w_{실}$$

이다. 곧 실의 질량이 무시될 때보다 실의 무게만큼 더 걸린다.

이 결과는 **그림 2.9(d)**에서 쉽게 읽을 수 있다. 곧 추와 실을 하나의 역학계로 보면, 힘 $T_{추실}$, $T_{A추}$는 속힘이고, 이 계에 작용하는 바깥힘은 추 및 실에 작용하는 무게 w, $w_{실}$ 그리고 연직 위로 작용하는 $T_{B천}$인데 이들이 평형상태에 있으므로

$$T_{B천} = w + w_{실}$$

인데, $T_{B천}$는

$$T_{B천} = F_{천실} \quad (\text{작용·반작용의 관계})$$

이기 때문이다.

예제 2.6 용수철의 양 끝에 작용하는 힘

그림 2.10(a)(b)와 같이 똑같은 용수철에 같은 질량의 추를 매달아 놓았다. (a)의 경우는 한쪽 끝이 벽에 고정되어 있고, (b)의 경우에는 벽 대신에 같은 질량의 다른 추를 달아 놓은 것이다. 두 경우, 각 부분에 작용하는 힘들의 관계를 분석하고, 용수철의 늘어난 길이를 비교하라(용수철과 추, 용수철과 벽은 늘어나지 않는 매우 가벼운 실로 연결되어 있고, 도르래의 질량도 무시한다).

풀이 | **그림 2.10**의 (a) 및 (b)의 화살표 그림은 각각(c) 및 (d)와 같다. **그림 2.10(c)**에서 추에 작용하는 중력 w와 비기는 힘 T가 추를 위로 당기고, 이와 반작용인 힘 T'이 실에 작용하고, 이와 비기는 힘 T_A'이 실과 용수철의 접촉점 A에 작용하고, 또 이것의 반작용인 힘 T_A가 용수철을 점 A쪽으로 작용한다. 힘 T_A와 비기는 힘 T_B가 용수철과 실의 다른 접촉점 B에서 T_A와 반대

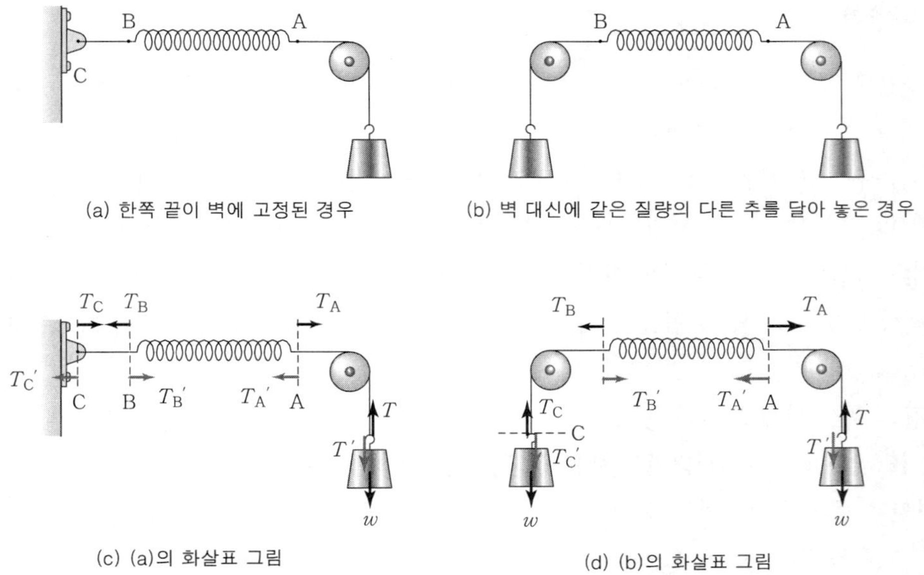

그림 2.10 용수철의 양끝에 작용하는 힘

쪽으로 용수철에 작용하고, 이것의 반작용인 힘 T_B'이 실을 당기고, 이와 비기는 힘 T_C'이 실과 벽의 접촉점 C에서 벽쪽으로 작용한다. 이 힘은 벽이 실에 작용하는 힘이다. 따라서 그 반작용은 실이 벽을 당기는 힘 T_C이다. 곧

$$w = T \quad (\text{추의 평형})$$

$$T = T' \quad (\text{작용} \cdot \text{반작용})$$

$$T' = T_A' \quad (\text{실의 평형})$$

$$T_A' = T_A \quad (\text{작용} \cdot \text{반작용})$$

$$T_A = T_B \quad (\text{용수철의 평형})$$

$$T_B = T_B' \quad (\text{작용} \cdot \text{반작용})$$

$$T_B' = T_C' \quad (\text{실의 평형})$$

$$T_C' = T_C \quad (\text{작용} \cdot \text{반작용})$$

이다. 따라서 $w = T_A = T_B = T_C$이다.

그림 2.10(b)의 화살표 **그림 2.10(d)**는 **그림 2.10(c)**의 경우와 마찬가지다. 그러므로 용수철이 늘어나는 길이는 (a), (b)의 경우 서로 같다. 다시 말하면 (a), (b)는 역학적으로 동등하다.

○ 마찰력

지구상에 있는 모든 물체는 연직 아래로 작용하는 중력 w를 받는다. 곧 무게가 있다. 따라서 받쳐 주는 것이 없으면 물체는 연직 아래로 떨어지게 된다. 그러므로 수평인 책상 위에 있는 물체는 책상과 상호작용을 한다. 수평인 책상이 물체에 작용하는 힘이 있을 것이고, 물체가 정지해 있으면 이들은 서로 비기게 될 것이다. 책상이 물체를 떠 받쳐 주는 힘은 그 접촉면에 수직이다. 그래서 이 힘을 **수직항력**(normal force) $\vec{N}$이라 한다. 수직항력의 반작용으로 물체는 책상 면을 누른다. 이 힘을 $\vec{P}$라 하면, 이 힘은 수직항력 $\vec{N}$의 반작용 $\vec{N}$이다(**그림 2.11(a)** 참조).

수평인 책상 위에 가만히 놓여 있는 물체에 용수철 저울을 걸어서 수평으로 당겨도 당기는 힘이 어느 정도의 크기가 되기 전에는 물체는 움직이지 않는다. 물체는 평형상태에 그대로 있다. 이것은 물체에 작용하는 중력 및 당기는 힘 외에 다른 힘들이 작용하고 있어 이들이 서로 비기고 있음을 뜻한다. 이 힘들을 접촉 면에 수직인 성분과 나란한 성분으로 나눌 수 있다. 수직인 성분은 앞에서 논의한 수직항력 $\vec{N}$과 물체의 무게 $\vec{w}$이다. 이들은 서로 비기고 있다. 따라서 용수철 저울이 당기는 힘과 비기는 다른 힘이 있어야 한다. 이 힘은 접촉 면을 따라 물체에 작용하여 운동을 방해하는 힘이다. 이런 힘을 **마찰력**(frictional force ; force of friction) $\vec{f}$라 한다. 이 힘은 두 물체가 상호작용할 때 접촉 면에 나타나는 **접촉힘**(contact force)이다. 마찰력의 방향은 접촉 면에 대한 물체의 운동 방향 또는 운동하려는 방향과 반대 방향이다.

물체가 책상 위에 정지해 있을 때 접촉 면을 따라서 움직이려는 것을 방해하는 마찰력을 **정지마찰력**(force of static frictional) $\vec{f}_s$라 한다. 한편, 물체에 작용하는 수직항력과 마찰력의 합성력을 책상 면의 **항력**(resistive force) $\vec{R}$라 한다(**그림 2.11(b)** 참조). 물체를 외부에서 당기는 힘(외력 $\vec{F}$)을 점점 크게 하여 어떤 한계값을 넘으면 물체가 움직이기 시작한다. 한계값이 될 때까지는 물체가 움직이지 않으므로 정지마찰력이 작용한다. 정지마찰력은 당기는 힘과 비기므로, 한계값에 이를 때까지 점점 커진다(**그림 2.12** 참조). 이 정지마찰력의 한계값

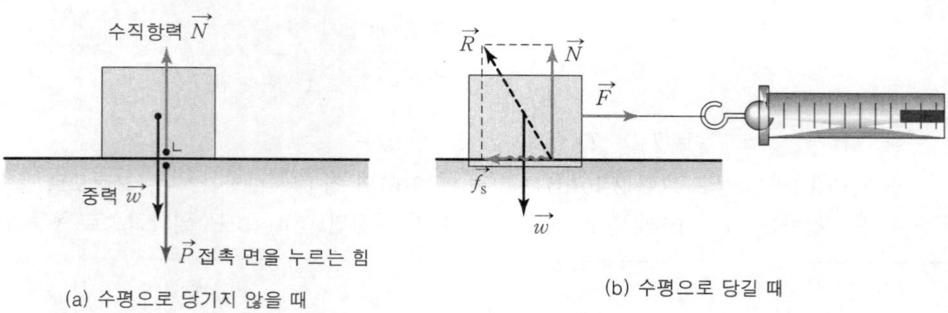

그림 2.11 수직항력과 정지마찰력

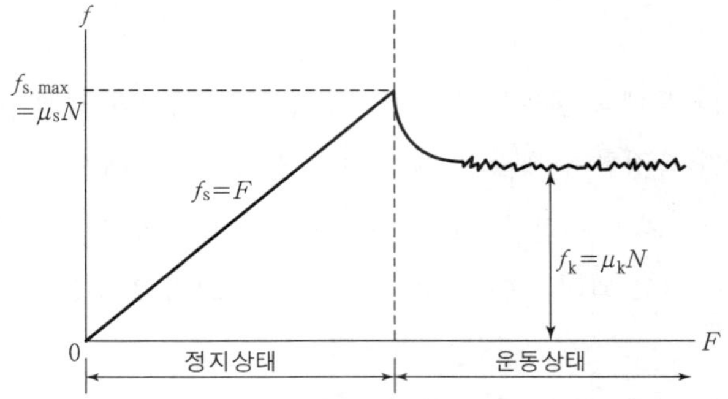

그림 2.12 바깥힘과 정지마찰력

을 **최대정지마찰력**(maximum force of static frictional) $\vec{f}_{s;\max}$이라 한다.

한계값을 넘어서도 계속 물체를 당겨야 움직인다. 그렇지 않으면 물체는 곧 정지하게 된다는 것을 우리는 경험으로 알고 있다. 물체가 정지해 있을 때만이 아니고 운동하고 있을 때도 접촉면을 따라서 운동을 방해하는 마찰력이 작용한다. 이를 **운동마찰력**(force of kinetic friction) $\vec{f}_k$라 한다.

실험에 의하면, 최대정지마찰력 $\vec{f}_{s;\max}$ 및 운동마찰력 $\vec{f}_k$의 크기는 물체에 작용하는 수직항력 $\vec{N}$의 크기에 비례한다는 사실이 잘 알려져 있다. 실험적 관측에 의하여 밝혀진 사실을 요약하면 아래와 같다.

① 정지마찰력은 외부에서 물체를 당겨주는 힘에 의하여 움직이려는 방향과 반대 방향으로 작용하며, 그 크기는

$$f_s \le \mu_s N \quad \text{또는} \quad f_{s;\max} = \mu_s N$$

을 만족한다. 여기서 상수 μ_s를 **정지마찰계수**(coefficient of static friction)라 한다.

② 운동마찰력은 운동 방향과 반대 방향으로 작용하며 그 크기는

$$f_k = \mu_k N$$

으로 주어진다. 여기서 상수 μ_k를 **운동마찰계수**(coefficient of kinetic friction)라 한다.

③ 마찰계수 μ_s, μ_k는 접촉 면의 성질에 따라 다르나, 넓이에는 무관하다. 일반적으로

$$\mu_k < \mu_s$$

이다.

○ 마찰각

빗면 위에 무게 w의 물체를 올려놓고 빗면의 기울기를 서서히 크게 하여 빗면이 수평면과 이루는 각(비탈각) θ가 특정한 한계값 θ_C에 이르기 전에는 미끄러지지 않다가 이 한계값에 이르는 순간 물체가 미끄러지기 시작한다고 하자. 이 순간 물체에 작용하는 힘들은 물체의 무게 $\vec{w}$ 및 수직항력 $\vec{N}$ 그리고 최대정지마찰력 $\vec{f}_{s;\,max}$이다(**그림 2.13(a)** 참조). 이들은 서로 평형을 이룬다.

무게 $\vec{w}$를 빗면에 나란한 성분 및 수직 성분으로 분해하면 **그림 2.13(b)**에서 보는 바와 같이

$$w_{\parallel} = w \sin \theta \ , \ \ w_{\perp} = w \cos \theta$$

이므로, 물체에 작용하는 힘들의 성분별 평형 조건은

$$\text{나란한 성분}: f_{s;\,max} - w \sin \theta_C = 0$$
$$\text{수직 성분}: N - w \cos \theta_C = 0$$

이다. 여기서 빗면을 따라서 위쪽을 양(+), 빗면에 수직상방을 양(+)으로 각각 택하였다. 이 두 식으로부터

$$\frac{f_{s;\,max}}{N} = \frac{w \sin \theta_C}{w \cos \theta_C} = \tan \theta_C$$

를 얻는다. 여기서 $f_{s;\,max} = \mu_s N$이므로

$$\mu_s = \tan \theta_C$$

로 주어진다. 한계각 θ_C를 **마찰각**(angle of friction)이라고도 한다.

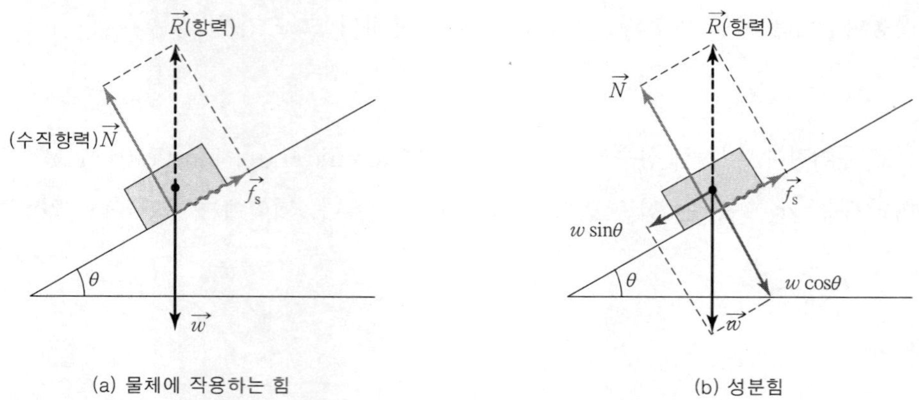

그림 2.13 빗면에 있는 물체

예제 2.7 마찰력과 항력

거친 수평면상에 있는 질량 0.100 kg의 물체에 수평 방향으로 힘 $\vec{F}$를 작용하였다. 이 힘 $\vec{F}$가 점점 커져서 0.0500 kgf이 되는 순간에 물체가 겨우 움직이기 시작하였다. 이 순간에 물체에 작용하는 항력 $\vec{R}$ 및 물체와 수평면 사이의 정지마찰계수 μ_s를 구하라.

풀이 | 물체에 작용하는 힘은 **그림 2.14**와 같다. 수직항력이 $N=0.100$ kgf이고 최대정지마찰력이 $f_{s;\,max}=0.0500$ kgf이므로 물체에 작용하는 항력의 크기는

$$R=\sqrt{(f_{s;\,max})^2+N^2}=\sqrt{(0.0500\text{ kgf})^2+(0.100\text{ kgf})^2}=0.112\text{ kgf}$$

고, 그 방향은

$$\tan\phi=\frac{N}{f_{s;\,max}}=\frac{0.100\text{kgf}}{0.0500\text{kgf}}=2.00 \quad \therefore\ \phi=63.4°$$

이다. 곧 운동 방향과 117° 방향이다. 또, 정지마찰계수는

$$\mu_s=\frac{f_{s;\,max}}{N}=\frac{0.0500\text{ kgf}}{0.100\text{ kgf}}=0.500$$

이다.

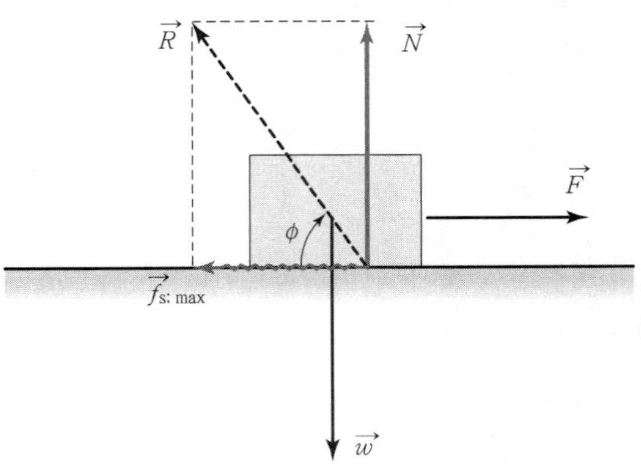

그림 2.14 마찰력과 항력

○ 굴림마찰력

바퀴가 수평면을 일정한 속도로 미끄러짐이 없이 굴러 갈 때에는 정지마찰력이나 운동마찰력이 바퀴에 작용하지 않는다. 그러나 관측에 의하면 바퀴가 일정한 속도로 굴러가게 하자면 미소한 힘이 필요하다. 곧 굴림을 방해하는 힘이 존재한다. 이 힘을 **굴림마찰력**(force of rolling friction 또는 rolling frictional force)이라 한다. 바퀴가 굴러갈 때 바퀴나 수평면이 조금도 변형되지 않으면 이런 힘이 나타나지 않는다. 그러나 실제 경우, 접촉 면이 미량이나마

깎여 나가기도 하고(운동마찰력 또는 미끄럼마찰력의 원인), 바퀴나 수평면이 미소하게나마 변형되어 구를 때 바퀴가 미소한 오르막을 굴러 올라가는 결과가 되기도 한다.

그림 2.15는 비탈을 굴러 내려가는 바퀴에 작용하는 힘을 나타낸 그림이다. **그림 2.15(a)**와 같이 변형되지 않으면 접촉점 P에서 바퀴가 받는 수직항력 $\vec{N}$의 작용선은 바퀴의 중심 C를 지난다. 그러나 **그림 2.15(b)**와 같이 비탈면이 찌그러지면 접촉 부분이 점이 아니고 미소한 곡면이 되어, 바퀴가 구를 때 미소한 오르막을 오르는 결과가 된다. 이때 접촉 부분에 걸쳐서 바퀴에 작용하는 힘의 합력은 바퀴의 중심 C를 지나지 않게 된다. **그림 2.15(a)**에는 바퀴의 무게가 접촉점 P를 중심으로 바퀴를 오른쪽으로 회전하게 하여, 중심 C가 점 P를 중심으로 회전하나 그 높이는 항상 바퀴의 반지름과 같다. 그래서 바퀴가 아래로 구르게 된다.

한편, 수직항력 $\vec{N}$은, **그림 2.15(a)**의 경우, 접촉점 P에 대해서 바퀴에 아무런 회전 효과를 주지 못하나, **그림 2.15(b)**에서는 그 작용선이 바퀴의 중심 C를 지나지 않고 약간 앞쪽을 지나므로 바퀴의 중력에 의한 점 P 주위의 회전을 방해하는 방향으로 회전시키려는 효과를 주게 된다. 또한 변형된 미소한 표면에 나타나는 약간의 미끄럼 때문에 역학적 에너지 소모현상이 일어난다. 이 두 가지 효과의 결합으로 굴림마찰 현상이 나타난다. 그러므로 자동차 바퀴의 공기압을 적당히 하면 바퀴의 찌그러짐 때문에 생기는 굴림마찰력을 줄일 수도 있다.

수평면에서 바퀴를 일정한 속도로 미끄러짐이 없이 굴러가게 하는 데 필요한 힘, 곧 굴림마찰력 f_r는, 실험에 의하면,

$$f_r = \mu_r N$$

으로 주어진다. 여기서 비례상수 μ_r를 **굴림마찰계수**(coefficient of rolling friction)라 하고, 그 값은 일반적으로 운동마찰계수보다 작다. 강철 레일 위에서 강철바퀴가 구를 때 μ_r는 10^{-3} 정도의 크기이고, 고무타이어가 콘크리트 바닥 위를 구를 때에는 속도나 온도에 따라

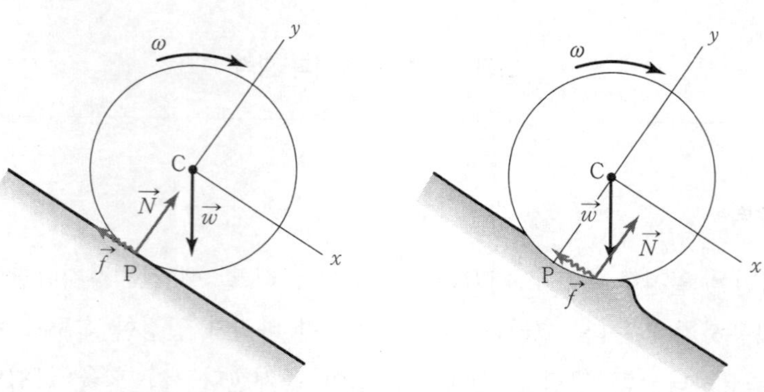

(a) 변형이 없을 때 (b) 변형이 있을 때

그림 2.15 비탈을 구르는 바퀴

차이가 있으나 10^{-2} 정도라고 알려져 있다.

2.1.4 접촉힘 및 마당힘

이제까지 우리 주위에서 흔히 경험할 수 있는 힘들 중에 중력, 탄성력, 장력, 마찰력 등을 살펴보았다. 이러한 힘들은 **접촉힘**(contact force) 및 **마당힘**(場力 : field force)으로 구분할 수 있다.

그림 2.1에서와 같이 늘어난 용수철이 줄어들 때 끝에 달린 물체에 작용하는 힘이나 **그림 2.2**에서와 같이 연직으로 달린 용수철의 끝에 달린 물체가 용수철을 당기는 힘, 실에 작용하는 장력, 마찰력 등은 **접촉힘**(contact force)의 좋은 보기이다.

한편, 중력은 지구와 물체가 접촉해 있지 않고 그들 사이의 공간을 통하여 작용한다. 이와 같은 "먼 거리 작용(遠隔作用 : action at a distance)" 문제에서는 **마당**(場 : field)이라는 개념을 도입하여 설명한다(소단원 4.2.3 참조). 중력의 경우, 지구 주위 공간에 **중력마당**(**중력장** : gravitational force field)이 형성되고 이 속에 있는 물체는 중력마당과 상호작용을 하여, 중력마당으로부터 힘을 받는다고 설명한다. 이와 비슷하게 물체 주위공간에도 중력마당이 형성되어 이 마당 속에 있는 지구도 이 마당으로부터 힘을 받는다고 설명한다. 그래서 마당은 중간 매개자 역할을 한다. 이와 같이 힘의 마당을 통하여 물체들 사이에 작용하는 힘을 **마당힘**(field force)이라 한다.

두 전하들 사이의 전기력은 마당힘의 또 하나의 좋은 보기이다. 전기힘은 서로 떨어져 있는 전하들 사이에 작용하는 먼거리작용의 힘인데 전하 주위에 **전기마당**(electric field)이 형성되고 그 마당 속에 있는 다른 전하는 전기마당으로부터 전기력(electric force)을 받는다고 설명한다. 이런 접근 방법이 더 합리적인 것으로 알려져 있다.

접촉힘과 마당힘에는 뚜렷한 구별이 없다. 일상 생활에서는 접촉힘이라 하더라도 미시적인 원자세계로 들어가면 전기적인 인력이나 척력으로 인하여 마당힘으로 나타나게 된다. 그래서 자연에서 관측되는 다양한 힘이라도 물질을 구성하고 있는 기본적인 입자(소립자 : elementary particle)들 사이에서 일어나는 가장 기본적인 4개의 상호작용으로 설명된다. 그들은

① 물체들 사이의 중력적 상호작용
② 전하들 사이의 전자기적 상호작용
③ 넘원자 입자들 사이의 강한 상호작용
④ 특정한 방사성 붕괴의 약한 상호작용

등이다. 이들의 특성을 잘 기술하는 힘들은 각각

① 물체들 사이의 중력(또는 만유인력)
② 전하들 사이의 전자기력
③ 넘원자 입자들 사이의 강한 핵력(강력)
④ 특정한 방사성 붕괴에 작용하는 약한 핵력(약력)

이라 하는데, 이들은 모두 마당힘이다. 이들 중에서 일상 생활에서 경험할 수 있는 것은 중력 및 전자기력뿐이다.

이들 기본적인 상호작용 또는 기본적인 힘은 특정한 **힘샘**(힘의 원천 : source of force)과 관련되어 있다. 예를 들면 일상 생활에서 흔히 경험할 수 있는 중력의 힘샘은 질량 m, 전자기력은 전하 q이다. 이들 힘은 힘샘의 세기를 나타내는 물리량의 곱에 비례하고 두 힘샘 사이의 거리 r의 제곱에 반비례한다. 곧

$$\text{중 력} : F_{\text{중력}} \propto \frac{mM}{r^2} \quad \text{또는} \quad F_{\text{중력}} = G\frac{mM}{r^2}$$

$$\text{전기력} : F_{\text{전기}} \propto \frac{qQ}{r^2} \quad \text{또는} \quad F_{\text{전기}} = k_e\frac{qQ}{r^2}$$

의 꼴이다. 여기서 G, k_e는 각각 중력 및 전기력의 세기를 나타내는 상수로, 만유인력상수, 쿨롱상수라 하고, 일반적으로 **결합상수**(coupling constant)라고 부르기도 한다.

2.2 뉴턴의 운동법칙

이제까지 물체들 사이의 상호작용을 기술하는 힘의 중요한 성질들을 살펴보았다. 외부와 상호작용의 결과 물체의 운동상태나 모양의 변화가 일어난다. 그렇다면 그 운동상태의 변화와 외부로부터 받는 힘(**바깥힘** 또는 **외력** : external force) 사이에는 어떤 관계가 있는지 알아보자.

이러한 물리학 분야를 **동역학**(dynamics)이라 하고, 앞에서 살펴본 정적평형에 관한 문제를 다루는 분야는 **정역학**(statics)이라 한다. 1장에서 배운 운동학과 더불어 이들을 통틀어서 **역학**(mechanics)이라 한다.

2.2.1 관성의 법칙과 관성기준틀

힘은 물체들 사이의 상호작용을 나타내는데, 외부와의 상호작용의 결과로 물체의 운동상태

나 모양의 변화가 나타난다. 따라서 외부로부터 받는 힘(바깥힘 또는 외력)이 없으면 물체의 운동상태에는 아무 변화도 나타나지 않는다고 할 수 있다. 과연 그럴까?

책상 위에 있는 책을 밀어주고 손을 떼면 곧 정지한다. 책상 면을 매끄럽게 하면 좀더 멀리 가서 정지한다. 계속해서 일정한 속도로 움직이게 하려면 계속 밀어주어야 한다는 것도 경험으로 알고 있다. 갈릴레이 이전 과학자들은 이 현상을 있는 그대로 받아들여, 밀어주는 힘이 아니면 움직이던 물체는 정지한다. 따라서 물질의 자연스런 상태는 정지상태라는 생각을 하게 되었다. 그러나 갈릴레이의 생각은 조금 달랐다.

○ 관성의 법칙

갈릴레이는 내리막 비탈면을 굴러 내려온 공이 다시 다른 오르막 비탈면을 올라가는 운동 실험을 통하여 획기적인 생각을 하게 되었다(**그림 2.16** 참조). 공이 정지상태에서 내리막 비탈면을 내려와서 다른 오르막 비탈면을 올라갈 때, 오르막 비탈면의 기울기에 관계없이 공은 언제나 출발점의 연직 높이 보다는 조금 낮지만 거의 같은 연직 높이까지 올라간다. 약간의 차이가 나는 이유를 밝히기 위하여 공이나 비탈면을 더욱 더 매끄럽게 한 결과 갈릴레이는 그 차이가 그 과정의 기본적인 성질 때문이 아니고 마찰 때문이라는 것을 알아내었다. 오르막 비탈면의 기울기를 점점 작게 하면 할수록 공은 더 먼 수평거리를 간다. 그래서 만일 마찰의 영향을 완전히 제거할 수 있고, 오르막 비탈면이 완전히 수평면이 된다면 어떻게 될까? 그는 "운동하고 있는 물체는 영원히 일정한 속력으로 직선운동을 할 것이다"라고 유추하였다. 곧 그 이전 과학자들의 생각과 달리, 갈릴레이는 "운동하고 있던 물체가 정지하는 것은 그 물체의 성질이 아니고, 도리어 운동상태가 변하지 않으려는 것"이 물체의 성질이라고 생각했다. 이런 물질의 성질을 갈릴레이는 **관성**(inertia)이라 불렀다.

이러한 갈릴레이의 결론을 뉴턴은 ≪프린키피아≫(Principia)에 "운동의 첫째 법칙"으로 일반화하여 아래와 같이 상세히 설명하였다.

> **외부로부터 작용하는 힘이 없으면 물체는 처음 운동상태, 곧 정지상태이면 정지상태를, 운동하고 있었으면 같은 속도로 등속도운동(등속직선운동)을 계속 유지한다.**

이 뉴턴의 운동 제1법칙을 **관성의 법칙**(law of inertia)이라 한다.

이것은 갈릴레이의 결론에 "외부로부터 작용하는 힘이 없으면"하는 말을 추가하여 일반화하고 다듬은 것이다. 이에 곧 이어 뉴턴은 **운동을 변화시키는 것으로서 힘이라는 개념을 도입하였다.** 또한, 정지상태와 등속직선운동 상태는 동등함을 구명하였다.

물체가 힘을 받고 있는 데도 정지해 있을 때 물체는 **정적평형상태**(state of static equilibrium)

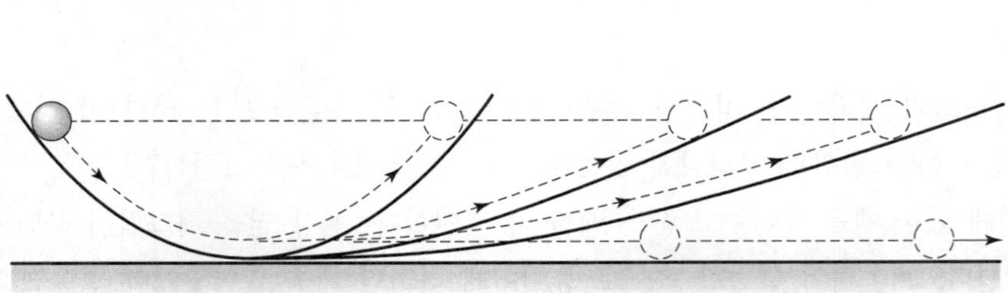

그림 2.16 갈릴레이의 관성실험

에 있다고 하는 데 대해서 등속직선운동을 하는 물체는 (병진운동에 대한)**동적평형상태**(state of dynamic equilibrium)에 있다고 한다.

이 법칙에서 힘은 물체에 작용하는 모든 힘의 합성력 $\sum\vec{F}$를 뜻한다. 곧

$$\vec{F}_{알짜} \equiv \sum\vec{F}$$

이다. 운동상태의 변화는 속도의 변화 $\Delta\vec{v}$ 또는 단위시간의 속도 변화인 가속도 $\vec{a}$로 표현할 수 있고, 따라서 관성의 법칙은 간단하게

$$\vec{F}_{알짜} \equiv \sum\vec{F} = 0\text{이면} \quad \Delta\vec{v} = 0 \text{ 또는 } \vec{a} = 0\text{이다.}$$

라고 표현할 수 있다. 따라서 관성은 $|\Delta\vec{v}|$ 또는 $|\vec{a}|$로 나타낼 수 있다. 곧 $|\Delta\vec{v}|$ 또는 $|\vec{a}|$가 작을수록 관성이 크다고 할 수 있다.

○ 관성기준틀

물체가 정지해 있는지 또는 등속도운동을 하는지는 기준틀에도 관계된다. 예를 들면, 레일 위를 일정한 속도 $\vec{v}_{\mathrm{R}}$로 움직이는 수레(기준틀 S′)에 실려 있는 매우 매끄러운 책상에 가만히 놓여 있는 얼음덩어리의 경우, 얼음덩어리는 수레(S′)에 대해서 정지해 있고, 레일(기준틀 S)에 대해서는 일정한 속도 $\vec{v}_{\mathrm{R}}$로 움직일 것이다. 얼음덩어리에 작용하는 중력은 책상 면의 수직항력과 비기고, 수평 방향으로 작용하는 힘이 없으므로 결국 얼음덩어리에 작용하는 알짜힘(또는 합성력)이 없다. 따라서 기준틀 S(레일)뿐 아니라 이에 대해서 일정한 속도로 운동하는 기준틀 S′(수레)에서도 관성의 법칙이 성립한다(**그림 2.17** 참조).

그렇다고 모든 기준틀에서 관성의 법칙이 성립하는 것도 아니다. 레일 위에 있는 수레가 정지상태에서 가속도 $\vec{a}_{\mathrm{R}}$로 출발하면 얼음덩어리는 책상 위에서 수레의 운동 방향과 반대 방향으로 미끄러져 갈 것이다. 곧 얼음덩어리는 수레(가속도운동을 하는 수레 : 기준틀 S″)에 대해서는 상대적으로 $-\vec{a}_{\mathrm{R}}$의 가속도운동을 하게 된다. 하지만 레일(기준틀 S)에 대해서는 정지해

있다(**예제 1.35** 참조). 그래서 가속도운동을 하는 기준틀 S″에서는 받는 힘이 없는 데도 운동상태가 변하고, 처음과 같이 정지해 있으려면 외부에서 힘을 가해 주어야 한다(**그림 2.18** 참조). 따라서 가속도운동을 하는 기준틀 S″에서는 관성의 법칙이 성립하지 않는다.

기준틀 S와 같이 관성의 법칙이 성립하는 기준틀을 **관성기준틀**(inertial frame of reference)이라 하고, 기준틀 S″과 같이 그렇지 않은 기준틀을 **비관성기준틀**(non-inertial frame of reference)이라 한다. 어떤 관성기준틀에 대해서 등속도운동을 하는 기준틀(위의 보기에서 기준틀 S′)은 역시 관성기준틀이다. 지구는 온전한 관성기준틀이 될 수 없다. 해 주위의 궤도운동 및 지축 주위의 자전과 같은 가속도운동을 하고 있기 때문이다. 그러나 그 가속도가 매우 작으므로 대개의 경우, 지구 표면에 설정된 좌표계는 기준틀로 간주한다.

> **힘=상호작용을 기술하는 물리량**
> **질량=관성의 척도 : 관성을 정량적으로 기술하는 물리량**

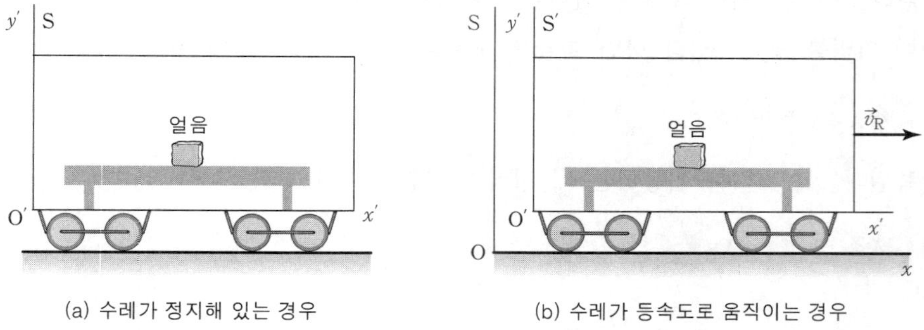

그림 2.17 레일 위를 등속도로 움직이는 수레에 정지해 있는 얼음덩어리

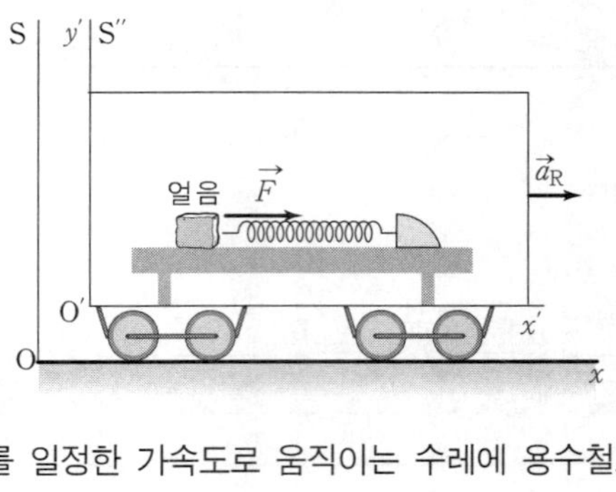

그림 2.18 레일 위를 일정한 가속도로 움직이는 수레에 용수철로 연결된 얼음덩어리

2.2.2 운동의 법칙 - 힘, 질량 그리고 가속도

뉴턴의 운동 제1법칙은 외부에서 작용하는 알짜힘(알짜 바깥힘)이 없을 때 물체의 운동상태는 어떻게 되는지를 밝혀 주었다. 그러면 알짜힘이 0이 아닐 때에는 어떻게 될까?

◎ 질량과 관성

관성의 법칙에 의하면 물체는 운동상태를 변하지 않으려는 관성이 있다. 이것은 바깥힘에 '저항'하여 운동상태를 그대로 유지하려는 성질이다. 곧 $\Delta v = 0$를 유지하려는 성질이다.

역학 실험용 수레 A, B 2개를 수평인 매끄러운 실험대에서 **그림 2.19(a)**와 같이 그들 사이에 압축된 용수철을 끼우고 실로 묶어 놓고 갑자기 실을 촛불로 태워서 끊어 주어 수레가 튕겨 나가게 한다. 정지해 있던 두 수레는 매우 짧은 시간(Δt) 동안에 똑같은 크기의 탄성력을 받아서 각각 특정한 크기의 속도로 매끄러운 실험대 위를 운동하게 된다.

그림 2.19(b)와 같이 실험대의 양단에 각목으로 정지턱을 만들어 수레가 충돌하는 소리가 동시에 들리도록 처음 수레의 출발 위치를 찾아서 각 수레가 이동한 거리를 측정한다. 각 수레가 이동한 거리를 x_A, x_B라 하면 이들은 수레의 질량 m_A, m_B에 따라 다르다. 곧

$$m_A x_A = m_B x_B$$

임이 관측된다. 이 거리를 이동하는 데 걸리는 시간을 t라 하면

$$\frac{x_A}{t} = v_A, \quad \frac{x_B}{t} = v_B$$

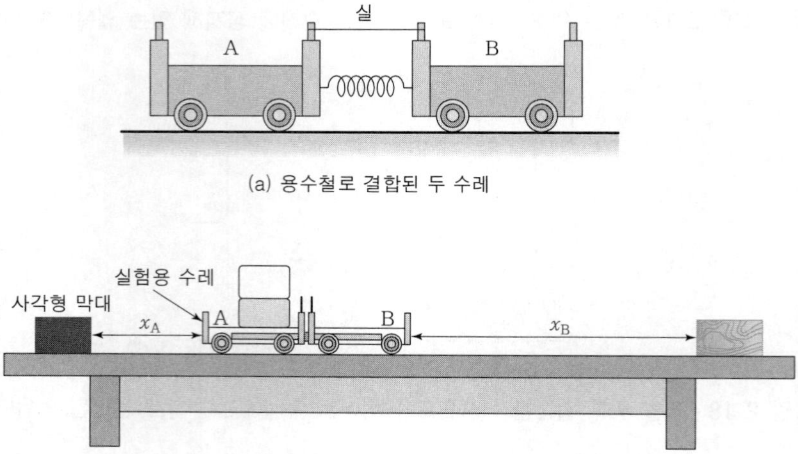

(a) 용수철로 결합된 두 수레

(b) 결합된 두 수레의 분열장치

그림 2.19 두 수레의 분열

는 실이 끊어지는 순간부터 같은 시간 동안(t)에 두 수레의 평균속도이고, 실이 끊어지는 순간에 각 수레가 같은 크기의 탄성력을 받아 정지상태로부터 얻은 속도와 같다. 따라서

$$v_A = \Delta v_A, \quad v_B = \Delta v_B$$

라 둘 수 있으므로

$$m_A \Delta v_A = m_B \Delta v_B \quad \text{또는} \quad \frac{\Delta v_A}{\Delta v_B} = \frac{m_B}{m_A} \tag{2.5}$$

임을 알 수 있다.

이 결과식에서 속도의 변화 Δv_A, Δv_B는 관성의 대소를 나타낸다. 속도의 변화가 작을수록 수레의 관성은 더 크다. 따라서 식(2.5)는

질량을 관성의 정량적 척도로 사용할 수 있다.

는 것을 보여준다.

나아가서 식(2.5)를 이용하여 질량의 개념을 정량적으로 기술할 수 있다. 두 질량 m_A, m_B 중 하나를 표준으로 택하여 그 질량을 단위질량으로, 예를 들면 질량의 국제단위(SI unit)인 1 kg으로 택하면, 다른 물체의 질량을 속도 변화의 측정으로 알 수 있다.

이렇게 정의된

질량은 물체의 고유한 속성으로 물체의 주위 환경이나 측정방법과는 아무 관계가 없다. 또, 질량은 스칼라이다.

예를 들어, 수레 A에 수레 질량과 같은 물체를 얹어서 같은 실험을 하면 속도 변화의 비값은 처음 비값의 반임을 알 수 있다. 따라서 수레 A의 질량이 처음의 2배임을 뜻한다. 곧 수레 A의 질량은

$$m_A + m_A = 2m_A$$

이다. 이러한 더하기 규칙을 따른다는 것은 질량이 스칼라임을 보여 준다.

◎ 운동의 법칙

식(2.5)에서 Δv_A, Δv_B는 탄성력이 작용한 매우 짧은 시간 Δt 동안의 속도 변화이므로

$$\frac{\Delta v_A}{\Delta t} = a_A, \quad \frac{\Delta v_B}{\Delta t} = a_B$$

는 수레 A, B의 가속도이다. 따라서 식(2.5)는

$$m_A a_A = m_B a_B \tag{2.6}$$

라고 바꾸어 쓸 수 있고, 더 나아가서 두 수레에 가속도 a_A 및 a_B를 생기게 한 탄성력을 F라 하면

$$m_A a_A \propto F,\ m_B a_B \propto F \quad \text{또는} \quad m_A a_A = kF,\ m_B a_B = kF$$

라 할 수 있다. 곧

> **물체에 알짜 바깥힘이 작용하면 물체에 그 힘과 같은 방향의 가속도가 생긴다. 그 가속도의 크기는 그 힘에 비례하고 물체의 질량에는 반비례한다.**

이것은 **뉴턴의 운동 제2법칙**으로, **운동의 법칙**(law of motion) 또는 **가속도의 법칙**(law of acceleration, 때로는 **가속도-힘의 법칙** : acceleration-force law)이라 부른다. 이 법칙은

$$\vec{a} = k\frac{\vec{F}}{m} \quad \text{또는} \quad m\vec{a} = k\vec{F} \tag{2.7}$$

로도 표현된다. 여기서 k는 비례상수로서 질량, 가속도 및 힘의 단위에 의하여 결정된다.

○ 힘의 단위

이제 힘의 단위를 정해보자. 질량 및 가속도의 단위를 각각 [kg] 및 [m/s^2]으로 할 때 $k=1$이 되도록 힘의 단위를 정하는 것이 편리하다. 그래서

> **질량이 1 kg인 물체에 힘이 작용하여 1 m/s^2의 가속도가 생기게 하는 힘의 크기를 1뉴턴 [N]이라 정의한다.**

곧

$$1\,[\text{kg}\cdot\text{m/s}^2] = 1\,[\text{N}]$$

이다. 이것은 길이의 단위 미터[m], 질량의 단위 킬로그램[kg] 그리고 시간의 단위 초[s]와 함께 국제적으로 약속된 국제단위로서 **힘의 SI단위**라 한다.

길이, 질량, 시간을 기본량으로 택하고, 그들의 단위인 기본단위(fundamental unit)로 각각 [m], [kg], [s]를 사용하는 단위계를 **MKS단위계**(MKS system of units)라 하는데 대해

서, 기본단위로 미터, 킬로그램, 초 대신에 센티미터[cm], 그램[g], 초[s]를 사용하는 단위계를 **CGS단위계**(CGS system of units)라 한다. 힘의 CGS단위는 **다인**[dyn]이다. 이것은 질량 1 g의 물체에 힘이 작용하여 $1\,\mathrm{cm/s^2}$의 가속도가 생기게 하는 힘의 크기를 말한다. 곧

$$1\,[\mathrm{g \cdot cm/s^2}] = 1\,[\mathrm{dyn}]$$

이다. 따라서 $1\,\mathrm{N} = 10^5\,\mathrm{dyn}$의 관계가 있다.

이들 단위계에서 식(2.7)은

$$m\vec{a} = \vec{F} \tag{2.8}$$

가 된다. 이 방정식은 가속도벡터 $\vec{a}$가 속도벡터 $\vec{v}$의 일차도함수 또는 위치벡터 $\vec{r}$의 이차도함수임을 고려하면

$$m\frac{d\vec{v}}{dt} = \vec{F} \quad \text{또는} \quad m\frac{d^2\vec{r}}{dt^2} = \vec{F} \tag{2.9}$$

이 된다. 이를 특별히 **뉴턴의 운동방정식**(Newton's equation of motion)이라 한다.

운동방정식에서 몇 가지 유의할 점이 있다.

① 이것은 벡터방정식으로, 성분별로

$$m\,a_x = F_x\,,\quad m\,a_y = F_y\,,\quad m\,a_z = F_z \tag{2.10}$$

와 같이 쓸 수도 있다.

② 우변의 힘은 물체 또는 입자*에 작용하는 알짜 바깥힘(외력의 알짜힘) 또는 합성력 $\sum_i \vec{F}_i$을 나타낸다.

③ 식(2.8), 식(2.9), 식(2.10)은 질량이 불변일 때만 성립한다. 예를 들면, 모래가 새어나오는 모래를 실은 화물차, 흙이나 석탄을 나르는 나르개 띠(컨베이어 벨트 : conveyer belt), 로켓 등의 문제(소단원 7.3 참조)에서는 식(2.8), 식(2.9)를 그대로 사용할 수 없다. 대신에

$$\frac{d}{dt}(m\vec{v}) = \vec{F}$$

로 변형된 것을 사용한다. 가속도는 속도의 시간에 대한 도함수임을 고려하면, 질량이 시간에 대해서 변하지 않는 경우에는

$$\frac{d}{dt}(m\vec{v}) = m\frac{d\vec{v}}{dt} = m\vec{a}$$

---

* 입자는 부피가 없고 질량만 있는 것으로, **질점**이라고도 한다.

이므로 이 표현은 식(2.8), 식(2.9), 식(2.10)과 일치하게 된다.

여기서 (질량)×(속도)를 물체의 **운동량**(momentum)이라 하고 보통 $\vec{p}$라 표기한다(소단원 4.1 참조). 곧 속도 $\vec{v}$[m/s]로 운동하는 질량이 m[kg]인 물체의 운동량 $\vec{p}$는

$$m\vec{v} = \vec{p} \tag{2.11}$$

이다. 운동량의 단위는 **킬로그램 · 미터 매 초**[kg · m/s]이다. 따라서 운동의 법칙은

$$\frac{d\vec{p}}{dt} = \vec{F} \tag{2.12}$$

로 표현되기도 한다. 이것은 보다 더 일반적인 표현이다. 질량이 시간에 따라 변하는 경우에도 성립한다. 곧 운동의 법칙은

> **물체에 힘이 작용하면 물체의 운동량이 변하고, 그 운동량의 시간에 대한 변화율은 물체에 작용한 힘과 같다.**

라고 말할 수 있다. 식(2.12)는 운동의 법칙을 가속도-힘 사이의 관계식으로 표현한 식(2.8), 식(2.9), 식(2.10)과 같은 운동방정식과 구별해서 **운동량 정리**(momentum theorem)라 부르기도 한다.

④ 운동의 법칙은 관성기준틀에서만 성립한다. 가속도운동을 하는 비관성기준틀에서는 성립하지 않는다. 이 문제는 소단원 2.4에서 자세히 살펴볼 것이다.

⑤ 물리량 $m\vec{a}$ 자체가 힘이 아니라는 점을 유의해야 한다. 또, 질량이 일정하므로 가속도를 힘으로 생각하는 것은 옳지 않다. 오히려, 가속도는 외부로부터 작용한 힘들의 알짜힘이 0이 아닐 때 나타나는 결과이다. 식(2.8)이 말하는 것은 "$m\vec{a}$의 크기 및 방향은 각각 물체에 작용하는 알짜힘 $\sum\vec{F}$의 크기 및 방향과 같다"는 것뿐이다.

예제 2.8 가속도와 힘

수평인 매끄러운 마룻바닥에 정지해 있던 4.00 kg의 물체에 수평 방향으로 일정한 세기의 힘 F를 작용하였더니 3.00초 동안에 2.25 m 이동하였다. 이때 가속도를 구하고, 작용한 힘 F를 구하라.

풀이 | 물체에 작용한 힘은 F뿐이므로 이 물체는 F 때문에 등가속도 직선운동을 할 것이다. 따라서 식(1.9)에 의하여 변위 Δx는

$$\Delta x = v_0\, t + \frac{1}{2}a\,t^2$$

로 주어지는데, $v_0 = 0$이므로

$$\Delta x = \frac{1}{2} a t^2$$

이다. 여기서 $\Delta x = 2.25$ m, $t = 3.00$ s이므로 가속도는

$$a = \frac{2\Delta x}{t^2} = \frac{2 \times (2.25 \text{ m})}{(3.00 \text{ s})^2} = 0.500 \text{ m/s}^2$$

이므로 작용한 힘은

$$F = ma = (4.00 \text{ kg}) \times (0.500 \text{ m/s}^2) = 2.00 \text{ kg} \cdot \text{m/s}^2 = 2.00 \text{ N}$$

이다.

◎ 질량과 무게

우리가 일상 생활에서 언제나 경험하는 힘은 지구가 물체를 연직 아래로 당기는 **중력**이다. 이 중력을 물체의 **무게**(weight) w라 한다. 이 힘 때문에 지구 표면 가까이에서 가만히 놓으면 연직 아래로 가속도가 생긴다. 공기의 저항을 무시하면(중력만이 작용하는 경우 **자유낙하**(free fall)라고 한다), 그 가속도는 위치나 물체에 관계없이 일정하다. 이 가속도를 **중력가속도**(gravitational acceleration)라 하고, $g\,[\text{m/s}^2]$로 표기한다. 따라서 운동의 법칙에 의하여 질량 $m\,[\text{kg}]$의 물체에 작용하는 중력 또는 물체의 무게 w는

$$w = mg \ [\text{N}] \tag{2.13}$$

으로 주어진다. 한편, 무게를 중력단위로 나타내면

$$w = m\,[\text{kgf}]$$

이므로

$$1\ [\text{kgf}] = g\ [\text{N}]$$

이다. 여기서 중력가속도의 크기는 특별한 경우가 아니면 $g = 9.81$ m/s^{2}를 표준값으로 택한다. 따라서

$$1\,\text{kgf} = 9.81\,\text{N}$$

이다.

식(2.13)에서 보는 바와 같이 무게는 힘이고, 중력가속도 g의 값이 다른 환경에서는 물체의 무게도 달라진다. 이에 대해서 질량은 그렇지 않다. 식(2.1)과 관련된 설명에서 언급한 바와 같이, 주위 환경에 따라서 변하지 않는 물체의 고유한 속성이다.

질량을 측정하는 방법에는 관성을 이용한 방법 및 중력을 이용한 방법이 있다. 앞의 것은

물체의 가속도를 측정하여 식(2.6)을 이용하여 측정하는 방법인데, 이 방법으로 측정된 질량을 **관성질량**(inertial mass)이라 한다. 다른 방법은 식(2.13)에서 알 수 있는 바와 같이 무게를 알면 곧 질량을 알 수 있고, 역으로 질량을 알면 바로 무게를 알 수 있다. 그래서 **그림 2.2**와 같이 연직 용수철에 물체를 매어 달았을 때 물체의 무게 때문에 늘어난 용수철의 길이의 비값으로 무게를 측정하는 것이다(**예제 2.1** 참조). 이와 같이 중력을 이용하여 측정한 질량을, 관성질량에 대해서, **중력질량**(gravitational mass)이라 한다. 이 두 질량은 서로 일치한다는 것이 실험에 의하여 밝혀졌다(소단원 6.4 참조)

○ 뉴턴의 운동법칙

이제까지 알아본 힘과 질량 그리고 가속도 사이의 관계를 나타내는 관성의 법칙, 운동의 법칙, 작용·반작용의 법칙은 서로 별개의 것이 아니다. 관성의 법칙은 바깥힘이 없을 때의 운동상태를 설명하는 것으로 바로 식(2.8)에서 $\vec{F}=0$인 경우로, $\vec{a}=0$ 또는 $\Delta\vec{v}=0$이므로 운동상태의 변화가 없다. 상호작용의 측면에서 보면 관성의 법칙은 물체 또는 입자가 외부와 상호작용을 하지 않는 경우이다. 이런 물리계를 **고립계**(또는 **외떨어진 계** : isolated system), 이런 입자를 **자유입자**(free particle)라 한다. 따라서 자유입자는 항상 정지해 있거나 등속직선운동을 한다. 한편, 운동의 법칙은 외부와 상호작용하는 경우이다. 이 경우에는 외부로부터 힘을 받아서 이에 비례하는 가속도가 이와 같은 방향으로 생긴다.

물체가 다른 물체 또는 주위 환경과 상호작용을 할 때, 그들 사이에 작용하는 힘들은 작용·반작용의 법칙을 만족한다. 이것은 서로 접촉해 있는 물체들 사이의 문제였다. 뉴턴은 이를 서로 멀리 떨어져 있는 물체들 사이의 상호작용에까지 확장하였다.

이들 법칙들을 뉴턴은 ≪프린키피아≫에 차례로 정리 상설해 놓았다. 그래서 이들을 차례로 뉴턴의 **운동 제1법칙**, **운동 제2법칙**, **운동 제3법칙**이라고 한다. 이 세 가지 법칙은 자연의 운동을 설명하는 데 가장 기본적인 법칙이다. 이 세 법칙을 **뉴턴의 운동법칙**(Newton's laws of motion)이라 한다.

▶○ 갈릴레이 불변성

두 관성기준틀 S 및 S′이 일정한 속도 $\vec{v}_{\rm R}$로 상대적으로 등속도 병진운동을 하는 경우, 두 기준틀에서 본 위치벡터 및 가속도벡터 사이의 관계는 갈릴레이 변환식 식(1.91)~식(1.93)으로 주어진다는 것을 소단원 1.3.2에서 보았다.

한편, 뉴턴의 운동방정식(2.8)은 관성기준틀에서 성립하므로 관성기준틀 S에서

$$\text{기준틀 S} : m\vec{a}=\vec{F}$$

라 하면, 관성기준틀 S′에서는

$$\text{기준틀 S}' : m\vec{a}' = \vec{F}'$$

이라 할 수 있다. 두 기준틀 사이의 갈릴레이 변환(식(1.91))에 대해서 가속도가 불변이므로 곧 $a' = a$ 이므로

$$\vec{F}' = m\vec{a}' = m\vec{a} = \vec{F}$$

가 된다. 따라서 한 기준틀에서 힘이 $m\vec{a} = \vec{F}$로 주어지면 다른 모든 관성기준틀에서도 기준틀의 상대속도에 관계 없이 크기 및 방향이 같은 힘 $\vec{F}$를 관측하게 된다. 곧 한 기준틀에서 뉴턴의 운동방정식이 성립하면 이에 대해서 일정한 속도로 상대운동하는 기준틀에서도 성립한다. 이는

뉴턴의 운동방정식은 갈릴레이 변환에 대해서 불변이다.

라고 말할 수 있다. 이를 **갈릴레이 불변성**(Galilean invariance) 또는 **뉴턴의 상대성 원리**(Newtonian principle of relativity)라고도 한다.◀

2.3 운동방정식과 힘의 법칙

뉴턴의 세 운동법칙에는 다양한 역학적 문제 해결에 필요한 모든 기본적인 원리가 포함되어 있다. 예를 들면, 물체의 가속도와 힘 사이의 관계식인 운동방정식(2.8)의 우변은 질량이 m인 물체에 작용하는 힘을 여러 가지 매개변수의 함수로 표현한 것으로 물체에 작용하는 힘의 법칙을 나타낸다. 따라서 물체에 작용하는 힘의 법칙을 알면, 곧 힘이 위치나 속도, 시간 등의 어떤 함수인지를 알면 운동방정식 (2.8)의 우변에 대입하여 물체의 가속도, 속도, 위치를 차례로 구하여 물체의 운동을 알 수 있게 된다. 역으로 물체의 위치나 속도, 가속도를 알면 운동방정식으로부터 물체에 작용하는 힘이 어떤 함수 모양으로 표현되는지를 알아낼 수 있다.

물체의 운동을 크게 정역학적인 문제와 동역학적인 문제로 나누어서 뉴턴의 운동법칙 또는 운동방정식을 적용하는 방법을 고찰하여 보자.

2.3.1 정역학적 문제

힘을 받고 있는 데도 정지해 있거나 등속직선운동을 하는 물체는 평형상태에 있다고 한다. 이제 물체를 크기가 없는 하나의 입자 또는 질점으로 보거나 또는 물체의 병진운동에 대한 평형(**병진평형** : translational equilibrium) 문제를 뉴턴의 운동법칙으로 설명해 본다.

병진평형 문제의 기본적인 물리적 원리는 관성의 법칙이다. 관성기준틀에서 정지해 있거나 등속직선운동을 하는 입자에 작용하는 알짜힘은, 관성의 법칙에 의하면 0이다. 곧

한 질점이 평형상태에 있기 위해서는 질점에 작용하는 알짜힘이 0이어야 한다.

$$\left\{\begin{array}{c}\text{질점의}\\\text{평형}\end{array}\right\} \Rightarrow \left\{\begin{array}{c}\sum\vec{F}=0\\\text{또는}\\\sum F_x=0,\ \sum F_y=0,\ \sum F_z=0\end{array}\right\} \tag{2.14}$$

조건 $\sum\vec{F}=0$은 일반적으로 물체가 평형상태에 있기 위한 필요조건이고 충분조건은 아니다. 그러나 처음에 정지해 있는 질점의 경우에는 정적평형, 등속직선운동을 하는 경우에는 동적(또는 병진)평형의 충분조건이 된다.

평형 문제에 관성의 법칙 또는 식(2.14)를 적용할 때 아래와 같은 과정을 따르는 것이 편리하다.

① **(물리계의 스케치)** 물리적 상황을 간단하게 스케치한다.

② **(화살표 그림)** 평형상태에 있는 물체를 골라내어, 이 물체에 작용하는 힘을 화살표로 그려 넣은 화살표 그림을 그린다. 이때 힘을 하나라도 빠뜨려도 안 되고 더 넣어도 안 된다. 이를 확인하기 위해서는 그 힘의 원인이 되는 물체를 밝힐 수 있어야 한다. 화살표의 길이는 힘의 크기에 비례하고, 그 방향은 각을 알면 정확하게 그려넣는 것이 좋다. 물체의 무게, 실의 장력, 수직항력, 마찰력 등을 빠뜨리지 않도록 주의한다.

③ **(좌표축)** 적당한 좌표축을 택하고, 각 힘의 성분을 구한다. 이때 성분힘 및 원래 힘의 중복을 피하도록 해야 한다.

④ **(평형조건식)** 입자의 평형 조건식(2.14)를 세운다. 이때 미지수와 방정식의 수가 같아야 한다.

⑤ **(방정식의 풀이)** 방정식을 풀어서 미지수를 구한다. 그 결과의 물리적인 검정을 하여야 한다.

예제 2.9 힘의 평형

그림 2.20(a)와 같이 질량이 2.0 kg인 추를 두 가닥의 가볍고 늘어나지 않는 실로 매달았더니 각 실가닥은 연직 방향과 각각 30°, 60°를 이루었다. 각 실을 따라 팽팽하게 당기는 힘 T_1, T_2를 구하라.

풀이 | 세 가닥의 실의 매듭인 점 O는 팽팽한 실을 따라서 작용하는 힘을 받고 있다. 추가 달린 연직 방향의 실에는 추의 무게가 그대로 전달 되어 추의 무게와 같은 크기의 힘 $\vec{w}$가 작용하고, 다른 두 가닥의 팽팽한 실에는 $\vec{T}_1$, $\vec{T}_2$의 힘이 작용한다고 하면 점 O에 작용하는 힘의 화살표 그림은 **그림 2.20(b)**와 같다. 이들 힘이 작용하고 있는 점 O의 운동방정식은 점 O의 질량을 m이라 하면

$$m\vec{a} = \vec{w} + \vec{T}_1 + \vec{T}_2$$

이다. 점 O가 정지해 있으므로 $\vec{a}=0$가 되어 운동방정식은

$$\vec{w} + \vec{T}_1 + \vec{T}_2 = 0$$

가 된다. 곧 힘들은 서로 비기고 있다. 따라서 **그림 2.20(b)**에서 $\vec{T}_1$, $\vec{T}_2$의 사이각이 90°이고 $w=2.0$ kgf이므로

$$T_1 = w\cos 30° = (2.0\text{ kgf})\times\frac{\sqrt{3}}{2} = 1.7\text{ kgf},$$

$$T_2 = w\cos 60° = (2.0\text{ kgf})\times\frac{1}{2} = 1.0\text{ kgf}$$

이다.

또는, 평형조건을 성분별로 나타내면

$$x\text{성분}: w_x + T_{1x} + T_{2x} = 0$$

$$y\text{성분}: w_y + T_{1y} + T_{2y} = 0$$

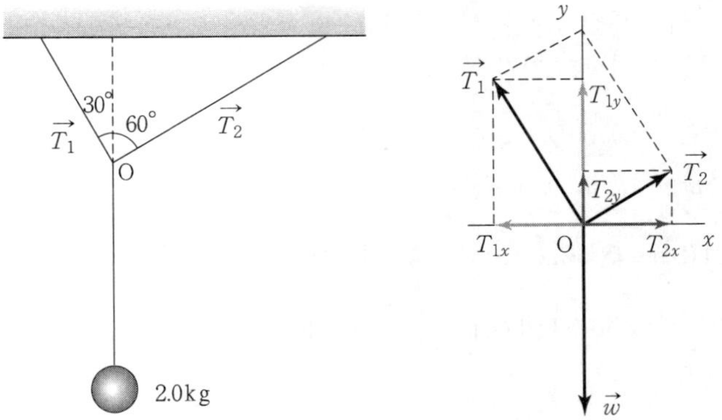

(a) 천장에 매달린 추 (b) 화살표 그림

그림 2.20 천장에 매달린 추의 평형

를 만족해야 한다. **그림 2.20(b)**에서 보는 바와 같이

$$w_x = 0,\quad w_y = -2.0\,\mathrm{kgf}$$

$$T_{1x} = -T_1 \sin 30° = -\frac{T_1}{2},\quad T_{1y} = T_1 \cos 30° = \frac{\sqrt{3}\,T_1}{2}$$

$$T_{2x} = T_2 \sin 60° = \frac{\sqrt{3}\,T_2}{2},\quad T_{2y} = T_2 \cos 60° = \frac{T_2}{2}$$

이므로, 이들을 대입하여 정리하면

$$\frac{T_1}{2} = \frac{\sqrt{3}\,T_2}{2},\qquad \frac{\sqrt{3}\,T_1}{2} + \frac{T_2}{2} = 2.0\,\mathrm{kgf}$$

이다. 이 두 식을 연립하여 풀면

$$T_1 = 1.7\,\mathrm{kgf},\quad T_2 = 1.0\,\mathrm{kgf}$$

를 얻는다.

예제 2.10 동일 평면상의 힘에 의한 평형

매우 가벼운 길이 2.0 m의 버팀목의 한쪽 끝을 돌쩌귀로 벽에 고정하고 고정점으로부터 1.5 m 떨어진 지점에 밧줄을 걸어서 같은 벽의 위쪽에 걸어 놓았다(**그림 2.21** 참조). 이 버팀목의 끝에 질량 40.8 kg의 물체를 달아 놓았더니 수평인 버팀목과 밧줄이 50°의 각을 이루고, 밧줄에 700 N의 장력이 걸렸다. 버팀목이 벽으로부터 받는 힘 $\vec{F}$를 구하라.

풀이 | 평형상태에 있는 물체는 수평으로 놓인 버팀목이다. 버팀목에 작용하는 힘은 물체의 무게 $w = 40.8$ kgf, 밧줄의 장력 $T = 700$ N과 벽으로부터 버팀목이 받는 힘 F이다. 이들은 같은 평면(연직면)상에 있으며 평형을 이루고 있으므로

$$\vec{w} + \vec{T} + \vec{F} = 0$$

이고, 이를 힘벡터는 닫힌 삼각형을 이룬다. 수평 방향의 오른쪽을 x축, 연직상방을 y축으로 택하면 성분별 평형 조건식은 각각

$$x\text{축} : 0 + (-T\cos 50°) + F_x = 0$$

$$y\text{축} : (-w) + T\sin 50° + F_y = 0$$

이다(**그림 2.21(b)**, **그림 2.21(c)** 참조). 여기에

$$w = 40.8\,\mathrm{kgf} = (40.8\,\mathrm{kgf}) \times \left(\frac{9.81\,\mathrm{N}}{1\,\mathrm{kgf}}\right) = 400.2\,\mathrm{N},\quad T = 700\ \mathrm{N}$$

을 대입하면

$$F_x = 449.95\ \mathrm{N},\quad F_y = -136.03\ \mathrm{N}$$

를 얻는다. 따라서

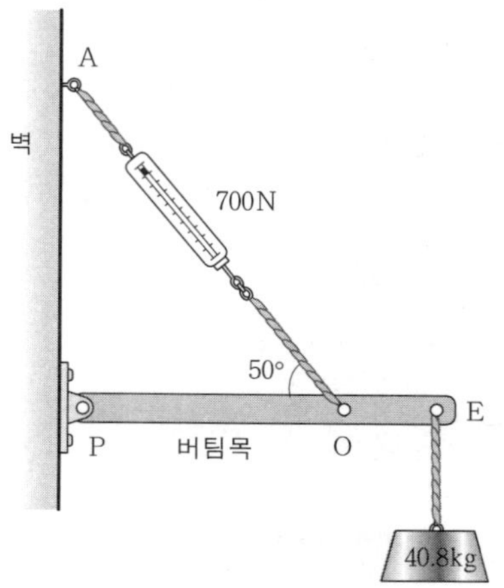

(a) 평형상태에 있는 버팀목

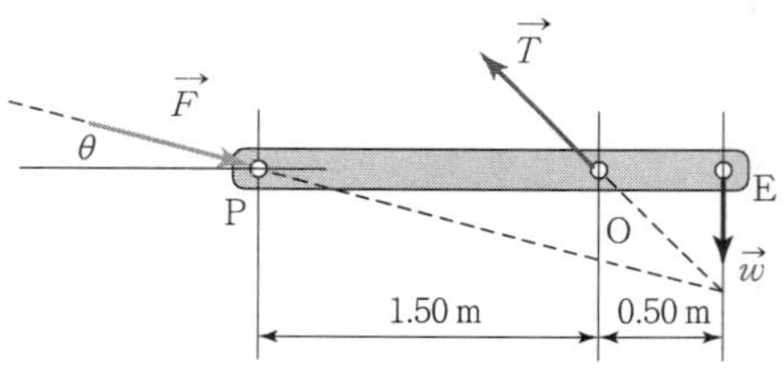

(b) 버팀목에 작용하는 힘의 화살표 그림

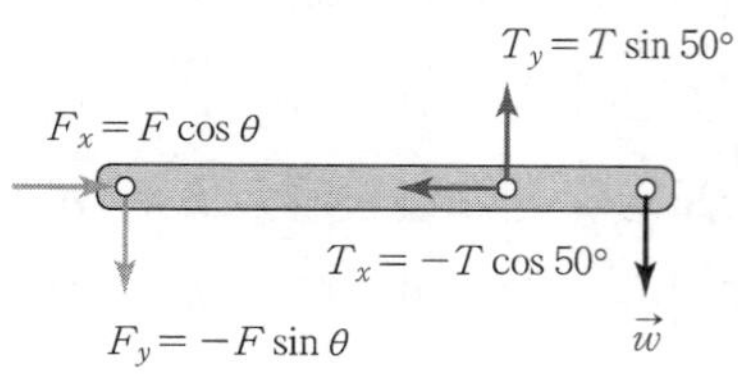

(c) 힘의 분해

그림 2.21 버팀목으로 물체 달아 놓기

$$F = \sqrt{F_x^2 + F_y^2} = \sqrt{(449.95\ \text{N})^2 + (-136.03\ \text{N})^2} = 470.06\ \text{N}$$

이고, 수평 방향과 이루는 각을 θ라 하면

$$\tan\theta = \frac{F_y}{F_x} = -\frac{136.03}{449.95} \quad \therefore\ \theta = -16.82°$$

이다. 곧 버팀목은 벽으로부터 수평 방향에서 아래쪽으로 $\theta = 16.8°$의 방향으로 $F = 470$ N의 힘을 받는다.

2.3.2 동역학적 문제 - 운동방정식과 힘의 법칙

앞에서는 정지해 있거나 등속직선운동을 하고 있는 물체, 곧 물체가 평형상태에 있는 역학 문제를 생각했다. 여기서는 가속도운동을 하는 물체 또는 알짜 바깥힘(외력의 알짜힘)이 0이 아닌 동역학적 문제를 운동의 법칙으로 분석하여 본다. 물체에 작용하는 힘의 법칙은 대개 위치, 속도, 시간의 함수인 경우가 대부분이다. 곧

$$\vec{F} = \vec{F}(\vec{r}, \vec{v}, t)$$

의 꼴이다. 따라서 운동방정식은

$$m\vec{a} = \vec{F}(\vec{r}, \vec{v}, t) \tag{2.15}$$

인데, 여기에 $\vec{a} = \dfrac{d\vec{v}}{dt}$를 고려하면 운동방정식은

$$m\frac{d\vec{v}}{dt} = \vec{F}(\vec{r}, \vec{v}, t) \tag{2.16}$$

의 꼴이 된다. 이들을 풀면 된다. 때로는 이 벡터방정식들을 직각 성분으로 분해한 것이 더 편리할 때도 있다. 힘의 법칙을 나타내는 힘함수를 크게

① 위치 및 시간에 따라 변하지 않는 경우 : $\vec{F}$ =(일정)*
② 시간만의 함수인 경우 : $\vec{F} = \vec{F}(t)$
③ 속도만의 함수인 경우 : $\vec{F} = \vec{F}(\vec{v})$
④ 위치만의 함수인 경우 : $\vec{F} = \vec{F}(\vec{r})$

로 나누어서 생각할 수 있다.

❶ 힘이 위치 및 시간에 따라 변하지 않고 일정한 경우

이 경우 힘은 위치의 함수도 아니고, 시간의 함수도 아니다. 곧

$$\vec{F} = \vec{F}_0 \quad (\vec{F}_0 : \text{일정})$$

이다. 따라서 운동방정식은

$$m\vec{a} = \vec{F}_0$$

이다. 이로부터 가속도벡터

$$\vec{a} = \frac{\vec{F}_0}{m} \tag{2.17}$$

를 얻고, 나아가서 $\vec{a} = \dfrac{d\vec{v}}{dt}$를 고려하면

$$m\frac{d\vec{v}}{dt} = \vec{F}_0 \tag{2.18}$$

---

* 위치에 따라 변하지 않는 것을 보통, '균일(homgeneous)'하다고 하고, 시간에 대해서 변하지 않는 것을 '일정(constant)'하다고 한다.

가 된다. 이 식을 직각 성분으로 분해한 것

$$m\frac{dv_x}{dt} = F_{0x}, \quad m\frac{dv_y}{dt} = F_{0y}, \quad m\frac{dv_z}{dt} = F_{0z}$$

이 문제 풀이에 더 편리할 때도 있다.

힘이 일정한 경우는 중력이나 마찰력이 작용하는 경우이다. 운동방정식(2.18)을 다시

$$\frac{d\vec{v}}{dt} = \frac{\vec{F}_0}{m} \tag{2.19}$$

로 쓸 수 있는데, $\vec{v}$의 t에 대한 도함수가 $\frac{\vec{F}_0}{m}$이므로 $\vec{v}$는 $\frac{\vec{F}_0}{m}$의 역도함수(또는 원시함수)이다. 따라서 $\vec{v}$는 $\frac{\vec{F}_0}{m}$를 t에 대해서 적분하면 얻어진다(**예제 1.12**, **예제 1.13** 참조). 식(2.19)에서

$$d\vec{v} = \frac{\vec{F}_0}{m}\ dt$$

를 얻는다. 이 식의 왼쪽은 속도만의 함수이고 오른쪽은 시간만의 함수여서 두 변수가 양변으로 나뉘어졌다. 그래서 '변수가 분리되었다'고 한다. 이 식의 양변을 적분하면

$$\vec{v} = \int \frac{\vec{F}_0}{m}\ dt$$

인데, 여기서 $\frac{\vec{F}_0}{m}$이 일정하므로, 곧 t의 함수가 아니므로

$$\vec{v} = \int \frac{\vec{F}_0}{m}\ dt = \frac{\vec{F}_0}{m}\int dt = \left(\frac{\vec{F}_0}{m}\right)t + \vec{C}_v$$

를 얻는다. 여기서 $\vec{C}_v$는 적분상수(integral constant) 벡터로, 초기 조건에 의하여 주어진다. 곧 처음($t=0$)에 속도벡터가

$$\vec{v}(0) = \vec{v}_0$$

이라면

$$\vec{v}(0) = \frac{\vec{F}_0}{m}\times 0 + \vec{C}_v = \vec{v}_0 \qquad \therefore\ \vec{C}_v = \vec{v}_0$$

이다. 따라서 속도는

$$\vec{v}(t) = \left(\frac{\vec{F}_0}{m}\right)t + \vec{v}_0 \tag{2.20}$$

이다.

또, 위치벡터의 도함수가 속도벡터이므로 속도벡터가 주어지면 위치벡터는 속도벡터의 적분으로 얻어진다. 곧

$$\frac{d\,\vec{r}(t)}{dt} = \vec{v}(t)$$

를 변수 분리하면

$$d\vec{r} = \vec{v}(t)\,dt$$

이다. 왼쪽은 $\vec{r}$만의 함수이고, 오른쪽은 t만의 함수이다. 여기에 t의 함수로 표현된 $v(t)$의 함수 식(2.20)을 대입하여 적분하면

$$\begin{aligned}\vec{r}(t) = \int \vec{v}(t)\,dt &= \int\left\{\frac{\vec{F}_0}{m}\,t + \vec{v}_0\right\}dt \\ &= \frac{\vec{F}_0}{m}\int t\,dt + \vec{v}_0\int dt \\ &= \left(\frac{\vec{F}_0}{m}\right)\frac{t^2}{2} + \vec{v}_0\,t + \vec{C}_r\end{aligned}$$

가 된다. 상수벡터 $\vec{C}_r$는 적분상수벡터로 초기 조건 $\vec{r}(0) = \vec{r}_0$에 의하여

$$\vec{C}_r = \vec{r}_0$$

이고, 따라서

$$\vec{r}(t) = \frac{1}{2}\left(\frac{\vec{F}_0}{m}\right)t^2 + \vec{v}_0\,t + \vec{r}_0 \qquad (2.21)$$

를 얻는다. 식(2.17)을 보면 $\frac{\vec{F}_0}{m}$는 일정한 힘 $\vec{F}_0$가 작용할 때 물체에 생긴 가속도 $\vec{a}$를 나타낸다. 따라서 힘이 일정할 때 운동방정식으로부터 차례로 얻은 식(2.17) 및 식(2.20), 식(2.21)은 등가속도운동에서 가속도벡터, 속도벡터, 위치벡터를 각각 나타낸다. 곧 이들은 바로 **예제 1.13**에서 얻은 결과와 같다. **예제 1.13**에서는 힘에 대한 언급이 없었다.

힘이 일정할 때 물체의 운동은, 식(2.17)로 주어지는 힘 $\vec{F}_0$과 같은 방향의 가속도운동이고, 그 속도의 변화 $\Delta\vec{v} = \vec{v} - \vec{v}_0$는 힘 $\vec{F}_0$의 방향과 같고(식(2.20) 참조), 변위벡터 $\Delta\vec{r} = \vec{r} - \vec{r}_0$는 일반적으로 힘 $\vec{F}_0$ 및 처음 속도벡터 $\vec{v}_0$으로 이루어지는 평면상에 있음을 식(2.21)로부터 알 수 있다. 이러한 운동의 보기로 중력만을 받는 물체의 자유낙하운동, 포물선운동을 들 수 있다. 특별한 경우로 힘 $\vec{F}_0$과 처음 속도 $\vec{v}_0$이 나란하면 물체는 직선운동을 한다.

힘이 일정한 경우, 곧 중력이나 마찰력이 작용하는 경우, 운동의 법칙을 적용하거나 운동방정식을 세워서 문제를 풀 때 아래와 같은 과정을 따르는 것이 편리하다.

① **(물리계의 스케치)** 물리적 상황을 간단하게 스케치한다.

② **(화살표 그림)** 분석하고자 하는 각 물체를 골라내어, 이 '물체에 작용하는 힘을 나타내는 화살표 그림'을 그린다. 이때 힘을 하나라도 빠뜨려도 안 되고 더 넣어도 안 된다. 이를 확인하기 위해서는 그 힘의 원인이 되는 물체를 밝힐 수 있어야 한다. 화살표의 길이는 힘의 크기에 비례하고, 그 방향은 각을 알면 정확하게 그려넣는 것이 좋다. 물체의 무게, 실의 장력, 수직항력, 마찰력 등을 빠뜨리지 않도록 주의한다.

③ **(좌표축)** 적당한 좌표축을 택하고, 각 힘의 성분을 구한다. 가속도벡터의 방향을 알면 그 방향을 좌표축으로 하고, 가속도벡터의 방향을 양(+)으로 택하는 것이 편리하다. 이때 성분힘과 원래 힘의 중복을 피해야 한다.

④ **(운동방정식)** 성분별로 운동방정식(2.10)을 세운다. 이때 미지수와 방정식의 수가 같아야 한다. 미지수가 많을 때에는 부가적인 자료에 의한 조건식을 찾아야 한다.

⑤ **(방정식의 풀이)** 방정식을 풀어서 미지수를 구한다. 그 결과의 물리적인 검정을 하여야 한다.

이제 물체에 작용하는 힘이 일정한 경우의 여러 가지 보기를 들어 보자. 여러 개의 물체가 간여하는 경우 상호작용이 일어나는 모양에 따라 분류하여 생각하자.

◎ 실이나 밧줄이 힘을 물체에 전달하는 경우

실이나 밧줄을 물체에 걸어서 당기는 경우, 실이 늘어나지 않고 그 질량이 무시될 수 있으면 힘이 실의 장력이라는 형태로 물체에 전달된다(소단원 2.1.3 참조). 지구상에 있는 물체에는 반드시 중력 또는 무게 $w = mg$가 연직 아래로 작용함을 잊어서는 안 된다.

실이나 밧줄이 힘을 전달하는 문제로는 우물물을 두레박으로 길을 때 두레박 줄에 걸리는 힘이나, 연직상하로 움직이는 승강기를 지탱하는 케이블의 세기, 승강기 속에 저울에서의 몸무게(겉보기 몸무게) 등을 생각할 수 있다.

예제 2.11 실에 달린 추의 연직운동

늘어나지 않는 가벼운 실로 질량 m의 추를 매어 달아서 힘 $\vec{F}$의 힘으로 연직 위로 똑바로 실을 당겨 올린다(**그림 2.22(a)** 참조).

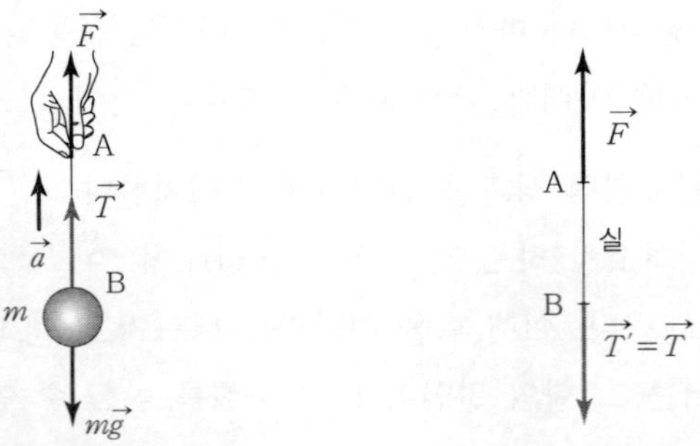

(a) 추에 작용하는 힘의 화살표 (b) 실에 작용하는 힘의 화살표

그림 2.22 실에 달린 추의 연직운동

① 실에 작용하는 모든 힘을 찾아서 실의 운동방정식을 세우고, 그 힘들 사이의 관계를 말하라.

② 추의 운동방정식을 세우고 추의 가속도를 구하고, 가속도와 실의 장력 사이에는 어떤 관계가 있는가?

③ 추를 등속도로 당겨 올리는 경우 힘 F를 구하라.

풀이 | ① 실에 작용하는 힘 F에 의하여 실뿐만 아니라 추도 연직상방으로 가속도운동을 한다. 실이 늘어나지 않으므로 실과 추의 가속도는 서로 같다. 그 가속도를 a라 하자. 실에 대한 화살표 **그림 2.22(a)**와 같이 힘 F가 실을 따라 추에 전달되어 실이 추를 힘 T로 당긴다고 하면 이 힘의 반작용인 T'의 힘으로 추가 실을 당긴다(**그림 2.22(b)** 참조). 곧

$$T' = T \text{ (작용 · 반작용의 관계)}$$

이다. 따라서 실에 작용하는 힘은 점 A에서의 장력 F와 점 B에서의 장력 T'이다. 이들의 합성력은, 가속도 a의 방향(연직상방)을 양(+), 실의 질량을 $m_{실}$이라 하면 $F-T' = F-T$이므로 실의 운동방정식은

$$m_{실}\, a = F - T$$

이다. "가벼운 실"의 질량은 추의 질량에 비교하여 무시할 수 있으므로 $m_{실}=0$라 둘 수 있다. 따라서 $T=F$이다.* 곧 가벼운 실의 각 점에서의 장력은 서로 같다. 그래서 "가벼운 실 끝에 준 힘 F"는 그대로 추에 전달된다(소단원 2.1.3 참조).

② **그림 2.22(a)**와 같이 추에 작용하는 힘은 실이 당기는 힘 T와 중력 $w=mg$이다. 그래서 추에 작용하는 힘의 합성력은 $T-mg = F-mg$이므로 추의 운동방정식은

$$\text{추} : ma = F - mg \ \ (T = F) \tag{2.22}$$

이다. 그러므로 추의 가속도 a는

$$a = \frac{F}{m} - g$$

---

* 만일 실의 질량을 무시할 수 없다면 $T \neq F$이고 장력은 실의 위치에 따라 달라진다. 그러나 만일 실이 등속도운동($\vec{a}=0$)을 한다면 실의 질량을 무시할 수 없어도 $T=F$이다.

로 주어진다. 여기에 $T=F$를 고려하면 실의 장력은

$$T=mg+ma=m(g+a)$$

로 주어진다. 곧 가속도가 연직상방일 때, 가속도는 바깥힘 F에 의한 가속도 $\frac{F}{m}$보다 중력 가속도 g만큼 작고, 실의 장력은 추의 무게 $w=mg$보다 ma만큼 더 크다.
만일 가속도가 연직하방이라면 위의 식에서 a는 $-a$가 된다. 곧 추의 운동방정식은

$$\text{추} : ma=mg-F \quad (T=F)$$

이고, 실의 장력은

$$T=mg-ma=m(g-a)$$

로 주어진다.

③ 등속도인 경우 $a=0$이므로 추의 운동방정식(2.22)에서

$$0=mg-F \quad \therefore F=mg$$

이다. 곧 당기는 힘은 중력과 같다.
이런 경우 추와 실로 된 역학계에 작용하는 바깥힘은 힘 F 및 중력 $w=mg$이나 이들이 비겨서 등속도운동을 하므로 이런 상태를 **동적평형상태**라 한다.

○ 비탈면에서 운동

물체가 비탈면 위에 있는 경우 물체가 받는 바깥힘은 중력, 비탈면으로부터 받는 수직항력, 마찰력 등이 있다. 이들을 비탈면에 나란한 성분과 수직인 성분으로 나누어서 생각하는 것이 편리하다. 또 마찰력은 항상 운동 방향과 반대이다.

예제 2.12 비탈면에서의 운동

그림 2.23(a)와 같이 비탈각이 θ인 비탈면에 질량 m의 물체를 올려놓았다.
① 마찰력이 없는 경우, 물체의 운동방정식을 세우고 가속도를 구하라. 물체는 어떤 운동을 하는가?
② 마찰력이 있어 비탈각이 점점 커져서 θ_C일 때 물체가 미끄러지기 시작하였다. 정지마찰계수를 구하라. 또 비탈각이 θ_C보다 클 때 운동마찰계수와 가속도 사이의 관계식을 구하라.

풀이 | ① 물체에 작용하는 힘은 비탈면에 수직 위로 밀어 올리는 수직항력 $\vec{N}$과 연직 아래로 작용하는 중력 $\vec{w}=m\vec{g}$뿐이다. 중력을 비탈면에 나란한 성분과 수직 성분으로 나누면 각각 $w_{\parallel}=mg\sin\theta$, $w_{\perp}=mg\cos\theta$이다. 나란한 성분은 물체를 움직이게 하는 힘이다. 곧 $F=w_{\parallel}$이다. 따라서 비탈에 나란한 방향의 경우, 비탈을 따라서 아래쪽을 양(+)으로, 비탈에 수직인 방향의 경우에는 위쪽을 양(+)으로 택하면 각 성분별 운동방정식은 각각

$$\text{나란한 성분} : ma_{\parallel}=mg\sin\theta$$
$$\text{수직 성분} : ma_{\perp}=N-mg\cos\theta$$

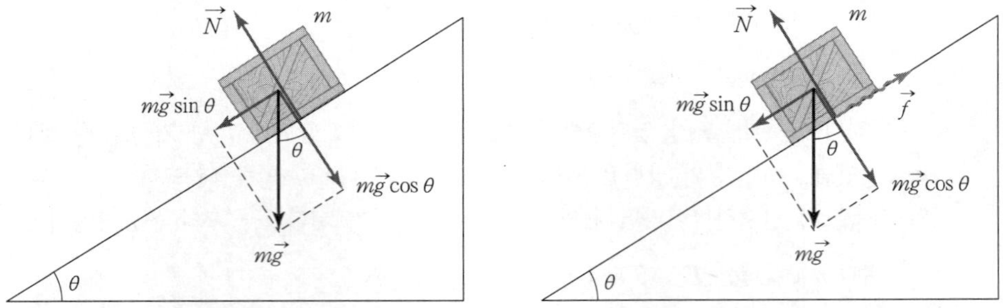

(a) 마찰이 없는 경우 (b) 마찰이 있는 경우

그림 2.23 비탈면에서 물체의 운동

이다. 여기서 비탈에 나란한 방향의 가속도를 a라 하면 $a_{\parallel}=a$이므로 비탈을 미끄러져 내려오는 가속도는

$$a = g\sin\theta$$

로 일정하다. 곧 물체는 등가속도 직선운동을 한다. 이 경우, 가속도는 물체의 질량에는 관계가 없고, 비탈각 θ에 의해서만 결정된다. 한편, 비탈에 수직인 방향의 운동방정식으로부터 $a_{\perp}=0$이므로

$$N = mg\cos\theta$$

를 얻는다.

② 마찰력이 있는 경우, $\theta=\theta_C$ 및 $\theta>\theta_C$의 경우로 나누어서 생각할 수 있다.

- **$\theta=\theta_C$일 때,** 정지해 있던 물체가 미끄러지기 시작하므로 마찰력 $\vec{f}$는 최대정지마찰력 $f_{s;\max}$으로 비탈을 따라서 위로 작용한다(**그림 2.23(b)** 참조). 비탈에 나란한 성분 및 수직 성분으로 분해해서 생각하면, 운동방정식은

  나란한 성분 : $ma_{\parallel}=mg\sin\theta_C-f_{s,\max}$
  수직 성분 : $ma_{\perp}=N-mg\cos\theta_C$

  으로 주어진다. 여기서 $a_{\parallel}=0$, $a_{\perp}=0$이므로

  $$f_{s,\max}=mg\sin\theta_C\ ,\quad N=mg\cos\theta_C$$

  이다. 여기에 부가적인 조건식

  $$f_{s,\max}=\mu_s N$$

  를 고려하면 정지마찰계수 μ_s는

  $$\mu_s=\frac{f_{s,\max}}{N}=\frac{mg\sin\theta_C}{mg\cos\theta_C}=\tan\theta_C$$

  로 주어진다.

- **$\theta>\theta_C$일 때**, 물체가 미끄러져 내려오므로 마찰력 $\vec{f}$는 운동마찰력 $\vec{f_k}$로, 비탈을 따라 위

로 작용한다. 따라서 운동방정식은

나란한 성분 : $ma_{\parallel} = mg\sin\theta - f_{\mathrm{k}}$

수직 성분 : $ma_{\perp} = N - mg\cos\theta$

이다. 여기서 $a_{\perp} = 0$이므로 $N = mg\cos\theta$이다. 부가적인 조건식

$$f_{\mathrm{k}} = \mu_{\mathrm{k}} N = \mu_{\mathrm{k}}\, mg\cos\theta$$

를 고려하면 가속도 $a_{\parallel} = a$와 운동마찰계수 사이에는

$$a = g(\sin\theta - \mu_{\mathrm{k}}\cos\theta)$$

의 관계식이 성립한다.

○ 두 개의 물체가 결합된 운동

여러 개의 물체가 직접 접촉을 통해서 미는 힘이 전달 되거나 실로 연결되어 있어 서로 당기는 힘이 전달되는 경우를 생각할 수 있다. 이 경우 물체들 상호간의 상호작용의 법칙(작용·반작용의 법칙) 그리고 가볍고 늘어나지 않는 실은 장력의 형태로 힘을 가감없이 그대로 전달한다는 것을 고려하여 각 물체의 운동방정식을 세워서 연립하여 문제를 풀 수 있다. 특히 두 물체가 접촉해 있는 경우는 망치로 못을 박을 때나 징으로 바윗돌을 쪼갤 때의 역학적 문제의 좋은 모델이 된다.

예제 2.13 접촉해 있는 두 물체의 운동

질량이 각각 m_{A}, m_{B}인 두 물체 A, B가 **그림 2.24**와 같이 매끄러운 수평면 위에 서로 접촉해 놓여있다. 지금 물체 A를 힘 $\vec{F}$로 밀어 주었다.

① 각 물체의 운동방정식을 세우고 가속도를 구하라.

② A로부터 B가 받는 힘 $\vec{F}_{\mathrm{BA}}$를 구하라.

풀이 | ① 연직 방향으로는 중력과 수직항력이 평형을 이루고 있으므로 수평 방향의 운동방정식만 생각하면 된다. 힘 $\vec{F}$로 물체 A를 밀어줌으로 해서 A가 B를 미는데, 그 힘을 $\vec{F}_{\mathrm{BA}}$라 하고, 그 반작용으로 B가 A를 민다(**그림 2.24** 참조). 그 힘을 $\vec{F}_{\mathrm{AB}}$라 하면 $\vec{F}_{\mathrm{AB}} = -\vec{F}_{\mathrm{BA}}$이다. 두 물체가 접촉해 있으므로 가속도를 a라 하고, a의 방향을 양(+)의 방향으로 택하면 물체 A에 작용하는 힘의 크기는 $F - F_{\mathrm{AB}}$이고, 물체 B에 작용하는 힘의 크기는 F_{BA}이다. 물체 A, B의 운동방정식은 각각

A : $m_{\mathrm{A}}\, a = F - F_{\mathrm{AB}}$

B : $m_{\mathrm{B}}\, a = F_{\mathrm{BA}}$

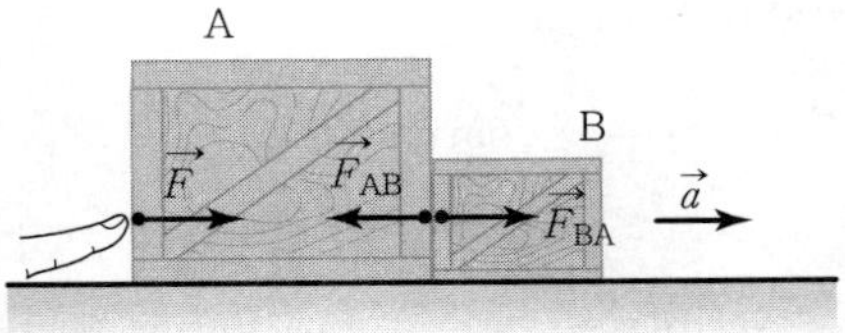

그림 2.24 접촉해 있는 두 물체에 작용하는 힘

이다. 여기서 $F_{BA}=F_{AB}$이므로, 위 두 식에서

$$a=\frac{F}{m_A+m_B}$$

를 얻는다. 이것은 두 물체를 질량이 m_A+m_B인 한 덩어리로 보았을 때 외부에서 힘 F가 작용하는 경우와 같다.

② B의 운동방정식에 가속도 a의 식을 대입하면

$$F_{BA}=m_B\,a=\frac{m_BF}{m_A+m_B}=\frac{F}{1+\dfrac{m_A}{m_B}}$$

를 얻는다. 따라서 항상

$$F_{BA}\le F$$

이고 $m_A=0$일 때만 $F_{BA}=F$이다. 곧 $m_A=0$일 때 A에 작용한 힘이 B에 그대로 전달된다. 그렇지 않으면 일부분의 힘만 전달된다.

예제 2.14 실로 연결된 두 물체의 운동

수평면상에 질량이 각각 m_A, m_B인 두 물체 A, B가 늘어나지 않는 가벼운 실로 연결되어 있다. 물체 B를 수평 방향으로 일정한 힘 $\vec{F}$로 당겼다.

① 마찰을 무시할 때, 물체의 가속도 및 실의 장력을 구하라.

② 물체와 수평면 사이의 마찰이 있어 물체가 등속도로 움직였다. 이때 힘 및 실의 장력을 구하라. 물체와 수평면 사이의 운동마찰계수는 μ_k이다.

풀이 ① 물체 A, B 및 실에 대한 화살표 그림은 **그림 2.25(b)**와 같다. 수평면에 수직인 방향의 힘들이 비기고 있으므로 수평 방향의 힘만 생각하면 된다. 실이 늘어나지 않으므로 각 물체의 가속도는 서로 같으므로 a라 하면 각 물체의 운동방정식은

$$\text{A}: m_A\,a=T_A$$

$$\text{B}: m_B\,a=F-T_B$$

$$\text{실}: m_{\text{실}}\,a=T'_B-T'_A$$

이다. 여기서 작용·반작용의 법칙에 의하여

$$T_A=T'_A,\quad T_B=T'_B \tag{2.23}$$

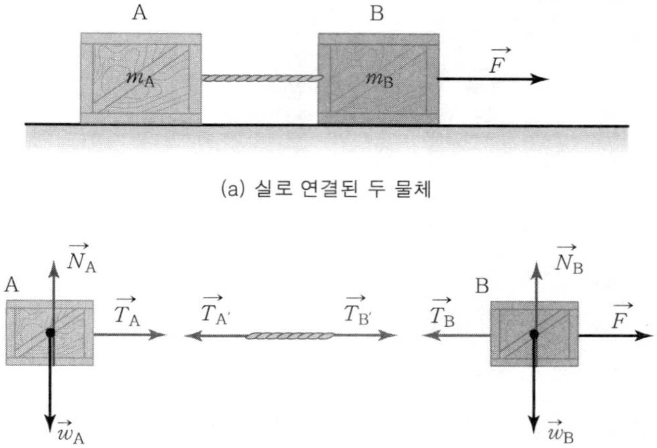

(a) 실로 연결된 두 물체

(b) 물체 A, B 및 실에 대한 화살표

그림 2.25 가벼운 실로 연결된 두 물체의 운동

인데, 실의 질량을 무시할 수 있으면 실의 운동방정식으로부터

$$T'_A = T'_B \quad \therefore\ T_A = T_B \equiv T$$

이다. 곧 실의 장력은 어디서나 같다. 물체 A, B의 운동방정식으로부터

$$(m_A + m_B)a = F \quad \therefore\ a = \frac{F}{m_A + m_B}$$

이고, 이를 A의 운동방정식에 대입하면 실의 장력 T는

$$T = \frac{m_A}{m_A + m_B} F$$

로 주어진다.

② 마찰이 있는 경우에는, ①의 경우에서보다 운동마찰력

$$f_{k;A} = \mu_k m_A g,\ \ f_{k;B} = \mu_k m_B g \tag{2.24}$$

가 더 있다. 그래서 각 물체의 운동방정식은

$$\text{A}: m_A a = T_A - f_{k;A}$$

$$\text{B}: m_B a = F - T_B - f_{k;B}$$

$$\text{실}: m_{\text{실}} a = T'_B - T'_A$$

인데, 등속도운동을 하므로 $a=0$이다. 따라서 실의 운동방정식으로부터

$$\text{A}: T_A = f_{k;A} \tag{2.25}$$

$$\text{B}: F = T_B + f_{k;B} \tag{2.26}$$

$$\text{실}: T_B' = T_A' \tag{2.27}$$

를 얻는다. 식(2.27)에 식(2.23)을 고려하면

$$T_A = T_B \equiv T \tag{2.28}$$

라 둘 수 있다. 곧 수평으로 등속도운동을 할 때도 실의 장력은 일정하여 실은 힘을 그대로 전달한다.

이제 식(2.25)~식(2.28)을 연립하여 식(2.24)를 고려하면

$$F = f_{k;B} + f_{k;A} = (m_A + m_B)\mu_k g$$

를 얻는다. 곧 마찰이 있는 경우, 마찰력과 같은 바깥힘이 작용하면 물체는 등속도운동을 한다.

실의 장력은 물체 A의 운동방정식(2.25)로부터

$$T = f_{k;A} = \mu_k m_A g$$

임을 알 수 있다. 곧 등속도운동을 할 때, 실의 장력은 뒤에 따라오는 물체의 마찰력과 같다.

○ 두 물체가 실-도르래로 연결된 경우

두 개 또는 그 이상의 물체가 늘어나지 않는 가벼운 실로 연결되어 있을 때, 힘은 실의 장력으로 크기의 변함이 없이 전달된다. 이 전달되는 힘의 방향을 바꾸려고 할 때 도르래를 사용한다. **그림 2.26**에 있는 도르래는 실의 장력의 형태로 전달되는 힘의 방향을 180° 바꾸어 준다.

이러한 가벼운 실을 사용한 장력의 방향을 바꾸는 도르래가 그 질량을 무시할 수 있고 자유로이 회전할 수 있는 경우에는 도르래에 걸쳐 있는 실의 양단에서 실의 장력은 서로 같다. 그러나 그 질량을 무시할 수 없는 경우에는 서로 같지 않다(**예제 8.20**, **예제 8.21** 참조).

예제 2.15 아트우드 기계

질량이 m_A, m_B인 두 물체를 **그림 2.26**과 같이 늘어나지 않는 가벼운 실 양쪽 끝에 달아서 자유로이 회전할 수 있는 가벼운 고정도르래에 걸쳐 놓았다. 이런 장치를 **아트우드 기계**(Atwood's machine)*라 한다. 두 물체의 가속도 및 실의 장력을 구하라.

풀이 | 각 물체에 작용하는 힘은 **그림 2.26(b)**에서 보는 바와 같이 위로 작용하는 장력과 중력이다. 실의 질량을 무시할 수 있으므로 실의 장력은 모든 점에서 같고, 더구나 도르래의 마찰이 무시되고, 그 질량을 무시할 수 있으므로 도르래 양쪽에 걸린 실의 장력이 같다(그렇지 않은 경우는 소단원 8.3.3의 **예제 8.21** 참조). 따라서 두 물체를 잇는 실의 장력은 어느 점에서나 같다. 실이 늘어나지 않으므로 두 물체의 가속도의 크기도 서로 같다.

실의 장력을 T, 물체의 가속도의 크기를 a, 물체의 가속도 방향을 양(+)으로 택한다. 곧 $m_A < m_B$라 하면 무거운 물체인 물체 B(질량 m_B의 물체)의 가속도는 아래로 향하므로 연직

---

* 1784년 아트우드(George Atwood, 1745-1807 : 영국물리학자)가 중력의 효과를 약화시켜서 중력가속도 g를 정확하게 측정할 수 있도록 고안한 장치이다.

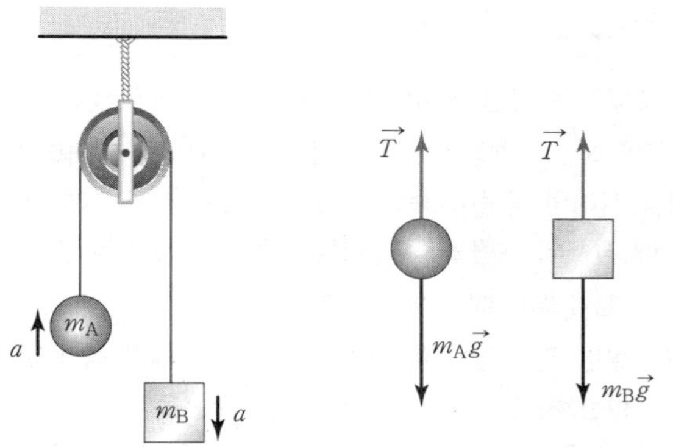

(a) 아트우드 기계 (b) 두 물체에 작용하는 힘의 화살표

그림 2.26 아트우드 기계의 두 물체

하방을 양(+), 질량이 가벼운 물체 A(질량 m_A의 물체)의 가속도는 위로 향하므로 연직상방을 양(+)으로 택한다. 따라서 두 물체의 운동방정식은 각각

$$m_A a = T - m_A g,$$
$$m_B a = m_B g - T$$

이다. 이들을 연립하여 풀면 a 및 T를 얻는다. 곧 두 식을 각 변끼리 서로 더하면

$$a = \left(\frac{m_B - m_A}{m_A + m_B}\right) g \tag{2.29}$$

를 얻고, 이를 두 식 중의 하나에 대입하면

$$T = \left(\frac{2m_A}{m_A + m_B}\right) m_B g$$

를 얻는다.

식(2.29)에서 보는 바와 같이, 물체는 등가속도운동을 하는 데, 그 가속도의 크기는 두 물체의 질량 차로 조절할 수 있다. 곧 중력에 의한 가속도 효과를 줄일 수 있다. 따라서 실험실에서 가속도 a를 쉽게 측정할 수 있도록 질량차를 적당히 조절하여 가속도 a를 측정하면 식(2.29)에 의하여 중력가속도 g를 구할 수 있다. 곧 중력가속도는

$$g = \frac{m_A + m_B}{m_B - m_A} a$$

로 주어진다.

○ 두 개의 물체가 마찰을 통하여 상호작용하는 경우

두 물체의 접촉 면을 따라서 한 물체에 작용하는 마찰력은 상대물체에 대한 상대운동 방향과 반대 방향이고, 이 마찰력의 반작용은 상대물체에 작용함을 고려해야 한다.

예제 2.16 짐수레에 궤짝싣기

그림 2.27과 같은 모양의 수평인 짐실이 플랫폼에 있는 궤짝 B를 속도 v_0로 밀어서 플랫폼에 접해 있는 수평인 짐수레 A 위에 실었더니 짐수레 위에서도 궤짝이 미끄러지고 짐수레도 굴러갔다. 짐수레와 바닥 사이의 운동마찰은 무시할 수 있으나, 짐수레면과 궤짝 사이의 운동마찰계수는 μ_k이고, 짐수레 자체의 질량을 M, 궤짝의 질량을 m이라 한다.

① 짐수레 및 궤짝의 플랫폼에 대한 가속도를 구하라.

② 궤짝이 짐수레에 실린 지 시간 t 후 궤짝의 짐수레에 대한 상대속도를 구하라.

③ 궤짝이 짐수레에 실린 지 얼마 후에 궤짝이 정지하는가?

④ 짐수레의 길이가 L이라 하면, 궤짝이 짐수레를 미끄러져 가서 떨어지지 않도록 하자면 처음 속도 v_0의 최대값을 구하라. 궤짝의 크기를 무시한다.

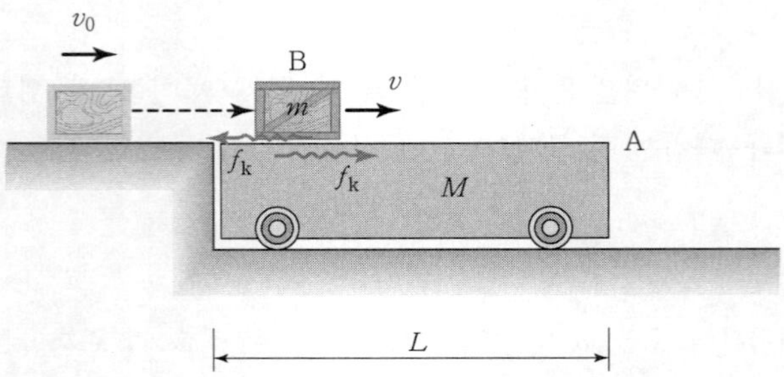

그림 2.27 짐수레에 궤짝 싣기

풀이 | ① 궤짝 B가 짐수레 A에 대해서 오른쪽으로 움직이므로 A로부터 받는 운동마찰력 f_k가 왼쪽으로 작용한다. 이 운동마찰력의 반작용으로 같은 크기의 힘 f_k가 A에 오른쪽으로 작용한다. 각 물체의 플랫폼에 대한 가속도를 a_A, a_B라 하고 오른쪽을 양(+)방향으로 하면 운동방정식은 각각

짐수레 : $M a_A = f_k$

궤 짝 : $m a_B = -f_k$

이다. 여기서 $f_k = \mu_k mg$이므로 가속도는 각각

$$a_A = \frac{f_k}{M} = \frac{\mu_k mg}{M}, \quad a_B = -\frac{f_k}{m} = -\mu_k g$$

이다.

② 궤짝이 짐수레에 실린 지 시간 t 후의 짐수레 및 궤짝의 플랫폼에 대한 속도는 각각

$$v_A = a_A t = \frac{\mu_k mg}{M} t,$$

$$v_B = v_0 + a_B t = v_0 - \mu_k g t$$

이므로, 궤짝의 짐수레에 대한 상대속도 $v_{B/A} = v_B - v_A$는

$$v_{B/A} = v_0 - \mu_k g t\left(1+\frac{m}{M}\right)$$

이다.

③ 궤짝이 짐수레 위에서 정지하는 것은 상대속도가 $v_{B/A}=0$임을 뜻한다. 그 시각을 t'라 하면 $v_{B/A}(t')=0$이므로

$$v_0 - \mu_k g t'\left(1+\frac{m}{M}\right)=0 \qquad \therefore\ t' = \frac{v_0}{\mu_k g\left(1+\frac{m}{M}\right)}$$

이다.

④ 궤짝의 짐수레에 대한 상대가속도 $a_{B/A}=a_B-a_A$는 ①의 결과에 의하여

$$a_{B/A} = -\mu_k g\left(1+\frac{m}{M}\right)$$

로 주어진다. 곧 짐수레 위에서 보면 궤짝은 등가속도 직선운동을 한다. 따라서 등가속도 직선운동의 식(1.6)에 의하여 짐수레 위에서 본 궤짝의 변위, 속도, 가속도 사이에는

$$2a_{B/A}\Delta x = v^2_{B/A} - v^2_{B/A;0}$$

의 관계가 있다. 여기서 $v_{B/A;0}$는 궤짝의 처음 상대속도이다. 궤짝이 거리 L만큼 미끄러져 가서 정지해야 하므로, 여기에 $\Delta x=L$, $v_{B/A}=0$일 때 $v_{B/A;0}$는 궤짝을 짐수레에 싣는 데 밀어준 속도 v_0의 최대속도 $v_{0;\,max}$이다. 곧

$$2a_{B/A}L = 0 - v^2_{0;\,max}$$

$$\therefore\ v_{0;\,max} = \sqrt{-2a_{B/A}L} = \sqrt{2\mu_k g\left(1+\frac{m}{M}\right)L}$$

이다.

예제 2.17 짐수레 위에서 궤짝의 운동

예제 2.16에서와 같은 자유로이 움직일 수 있는 짐수레에 궤짝을 실은 다음 짐수레를 당겨서 출발한다. 정지 및 운동 마찰계수가 각각 μ_s, μ_k이다(**그림 2.28** 참조).

① 궤짝이 미끄러지지 않게 하려면 당기는 힘의 최대값 F_{max}은 얼마이어야 하는가?

② 이 최대힘보다 더 큰 일정한 힘 F로 당겼을 때 궤짝이 짐수레의 끝까지 밀려가는 데 걸리는 시간 τ를 구하라.

풀이 | ① 짐수레(A) 및 궤짝(B)에 작용하는 힘은 화살표 **그림 2.28(a)**와 같다. 마찰력은 정지마찰력 f_s이다. 따라서 수평으로 당기는 힘을 F라 하면 운동방정식은

짐수레 : $Ma_A = F - f_s$

궤 짝 : $ma_B = f_s$

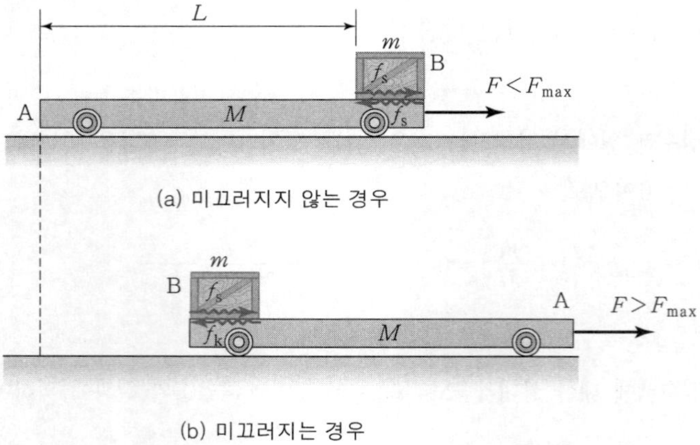

그림 2.28 짐수레에 실린 궤짝의 운동

이다. 여기서 a_A 및 a_B는 짐수레 및 궤짝의 가속도인데 미끄러지지 않는 경우에는 두 가속도는 서로 같으므로 $a_A = a_B \equiv a$라 두면

$$(M+m)a = F \quad \therefore\ a = \frac{F}{M+m}$$

이다. 이를 궤짝의 운동방정식에 대입하면 정지마찰력 f_s는

$$f_s = \frac{m}{M+m}F$$

로 주어진다. 여기서 정지마찰력 f_s는 $f_s \leq \mu_s mg$임을 고려하면

$$F \leq \mu_s(M+m)g$$

이다. 따라서 최대힘은

$$F_{max} = \mu_s(M+m)g$$

로 주어진다.

② 일정한 당기는 힘 F가 최대힘 F_{max}보다 크면 궤짝은 미끄러지게 된다. 곧 상대적인 운동을 하게 된다. 마찰력이 운동마찰력 $f_k = \mu_k mg$이므로 운동방정식은

짐수레 : $Ma_A = F - f_k \quad (f_k = \mu_k mg)$

궤 짝 : $ma_B = f_k$

이다. 여기서 가속도 a_A, a_B는 땅에서 본 가속도이므로 짐수레에서 본 궤짝의 상대가속도 $a_{B/A} = a_B - a_A$는 위의 두 식에서, $f_k = \mu_k mg$임을 고려하면

$$a_{B/A} = a_B - a_A = \mu_k g + \frac{\mu_k mg}{M} - \frac{F}{M} = \mu_k g\left(1 + \frac{m}{M}\right) - \frac{F}{M}$$

로 주어진다. 곧 궤짝은 짐수레에 대해서 등가속도 직선운동을 한다. 따라서 변위는 식(1.8)

에 의하여

$$\Delta x = v_{\mathrm{B/A;0}}\, t + \frac{1}{2} a_{\mathrm{B/A}}\, t^2$$

로 주어지는데 $v_{\mathrm{B/A;0}}$는 궤짝의 짐수레에 대한 처음 상대속도이므로 $v_{\mathrm{B/A;0}} = 0$이고, $t = \tau$일 때 $\Delta x = -L$임을 고려하면

$$-L = \frac{1}{2}\left\{\mu_{\mathrm{k}} g\left(1 + \frac{m}{M}\right) - \frac{F}{M}\right\}\tau^2$$

$$\therefore\ \tau = \sqrt{\frac{2ML}{F - \mu_{\mathrm{k}}(M+m)g}}$$

를 얻는다.

---

❷ 힘이 시간만의 함수인 경우

힘이 위치에 따라서 변하지 않지만 시간에 따라서는 변하는 경우 힘은 시간만의 함수이다. 곧

$$\vec{F} = \vec{F}(t)$$

이다. 따라서 운동방정식은

$$m\vec{a} = \vec{F}(t) \tag{2.30}$$

이 되어 가속도도 시간의 함수이다. 가속도가 $\vec{a} = \dfrac{d\vec{v}}{dt}$임을 고려하면 운동방정식은

$$m\frac{d\vec{v}}{dt} = \vec{F}(t) \quad \text{또는} \quad \frac{d\vec{v}}{dt} = \frac{\vec{F}(t)}{m} = \vec{a}(t) \tag{2.31}$$

와 같이 바꾸어 쓸 수 있어,

$$d\vec{v} = \vec{a}(t)\,dt \quad \text{또는} \quad d\vec{v} = \frac{\vec{F}(t)}{m}\,dt$$

와 같이 두 변수 $\vec{v}$, t를 분리할 수 있다. 양변을 적분하면 속도 $\vec{v}$는

$$\vec{v} = \int \vec{a}(t)\,dt = \int \frac{\vec{F}(t)}{m}\,dt = \frac{1}{m}\int \vec{F}(t)\,dt \tag{2.32}$$

로 주어진다. 여기서 힘이 시간 t의 어떤 함수인지를 알면 적분하면 얻어진다.

나아가서 위치 $\vec{r}$는

$$\frac{d\vec{r}}{dt} = \vec{v}(t)$$

이므로 두 변수 $\vec{r}$, t를 분리하면

$$d\vec{r} = \vec{v}(t)\,dt$$

가 되어, 양변을 적분하면 위치 $\vec{r}$는

$$\vec{r} = \int \vec{v}(t)\,dt \tag{2.33}$$

로 주어진다.

가속도벡터는 식(2.30), 속도벡터는 식(2.32)로부터 얻어지고, 얻어진 속도벡터함수를 식(2.33)에 대입하여 적분하면 위치벡터함수 $\vec{r}(t)$가 얻어진다. 이 과정에서 적분할 때마다 적분 상수가 생긴다. 이들은 문제의 주어진 조건, 예를 들면 어느 시각에서 알고 있는 위치벡터, 속도벡터에 의하여 결정된다.

예제 2.18 사인함수 모양의 힘

처음($t=0$)에 위치 x_0에서 속도 v_0로 직선운동을 하고 있는 입자에 시간에 따라 사인함수 모양으로 변하는 힘 $F_0 \sin\omega t$가 작용할 때 이 입자의 가속도, 속도, 위치를 구하라.

풀이 | 힘의 법칙이 $F(t) = F_0 \sin\omega t$의 꼴이므로 운동방정식은

$$m\,a = F_0 \sin\omega t \quad \text{또는} \quad m\frac{dv}{dt} = F_0 \sin\omega t \tag{2.34}$$

이다. 따라서 가속도는

$$a = \frac{F_0}{m} \sin\omega t$$

가 되어 가속도도 시간에 따라 사인함수 모양, 곧 변위와 같은 모양으로 변한다.

속도 $v(t)$는 식(2.34)를

$$\frac{dv}{dt} = \frac{F_0}{m} \sin\omega t \quad \text{또는} \quad dv = \frac{F_0}{m} \sin\omega t\,dt$$

로 바꾸어 쓰고 양변을 적분하면

$$v = \int \frac{F_0}{m} \sin\omega t\,dt = \frac{F_0}{m} \int \sin\omega t\,dt = -\frac{F_0}{m\omega} \cos\omega t + C_v$$

로 주어진다(부록 표D.18의(4b) 참조).

초기 조건 $t=0$일 때 $v(0) = v_0$에 의하여

$$v(0) = -\frac{F_0}{m\omega} + C_v = v_0 \quad \therefore\ C_v = v_0 + \frac{F_0}{m\omega}$$

이므로 속도는

$$v(t) = \frac{F_0}{m\omega}(1 - \cos\omega t) + v_0$$

이다.

위치 또는 원점으로부터 변위는, $\frac{dx(t)}{dt}=v(t)$가 변수분리된 $dx(t)=v(t)dt$의 양변을 적분하면 얻어진다. 곧

$$x(t)=\int v(t)\,dt=\int\left\{\frac{F_0}{m\omega}(1-\cos\omega t)+v_0\right\}dt=\frac{F_0}{m\omega}\int(1-\cos\omega t)\,dt+\int v_0\,dt$$
$$=\frac{F_0}{m\omega}\left(t-\frac{1}{\omega}\sin\omega t\right)+v_0\,t+C_x$$

를 얻는다(부록 표D.18의(1b) 및 (3b) 참조). 여기서 초기 조건 $t=0$일 때 $x(0)=x_0$에 의하여

$$x(0)=\frac{F_0}{m\omega}\left(0-\frac{1}{\omega}\times 0\right)+v_0\times 0+C_x=x_0 \qquad \therefore\ C_x=x_0$$

이므로

$$x(t)=\frac{F_0}{m\omega^2}(\omega t-\sin\omega t)+v_0\,t+x_0$$

이다.

▶❸ 힘이 속도만의 함수인 경우

일상 생활 가운데 물체에 작용하는 힘이 속도에 관계되는 경우가 있다. 달리는 승용차의 창문을 열고 손을 내어 밀면 손바닥에 힘이 작용함을 느낀다. 이와 같이 물이나 공기와 같은 유체 속에서 물체가 움직일 때 물체의 운동을 방해하는 **유체저항**(fluid resistance)이 있는데, 이 힘은 주로 유체의 점성(속쓸림), 유체의 정지관성 및 운동하는 물체의 배후에 생기는 진공에 기인된다. 유체저항은 유체의 성질은 물론, 물체의 모양이나 크기 및 물체의 속도에 따라 다르나, 일반적으로 속도가 클수록 커지는데, 속도가 비교적 작은 경우에는 속도에 선형적으로 비례하는 것으로, 속도가 크면 속도의 제곱에 비례하는 것으로 각각 어림된다.

이런 경우 힘의 법칙은

$$\vec{F}=\vec{F}(\vec{v})$$

의 꼴이다. 운동방정식은

$$m\vec{a}=\vec{F}(\vec{v}) \quad \text{또는} \quad m\frac{d\vec{v}}{dt}=\vec{F}(\vec{v}) \tag{2.35}$$

의 꼴이다.

문제를 간단히 하기 위하여, 일차원운동 또는 직각 성분으로 분해하여 그 한 성분에 대해서 생각하면 운동방정식은

$$m\frac{dv}{dt} = F(v)$$

의 꼴이 된다. 이 미분방정식은

$$dt = \frac{m}{F(v)}\,dv$$

와 같이 변수 t와 v가 분리된다. 왼쪽은 t만의 함수, 오른쪽은 v만의 함수이다. 양변을 적분하면

$$t = \int \frac{m}{F(v)}\,dv = m\int \frac{dv}{F(v)}$$

의 꼴이 된다. 이 결과는 시간 t가 속도 v의 함수 꼴로 된다. 곧 $t=f(v)$의 꼴인데 이를 뒤집어서 $v=v(t)$의 꼴로 고쳐 쓸 수 있다.

다음에 위치 x는

$$\frac{dx}{dt} = v(t)$$

를 변수분리한 식 $dx = v(t)\,dt$ 의 양변을 적분하면 얻어진다. 곧

$$x = \int v(t)\,dt$$

로 주어진다.

○ 공기저항

속도 v_0로 달리던 자동차가 매끄러운 수평면 위에서 갑자기 엔진을 껐다. 임의의 시각에서 자동차의 가속도, 속도 및 변위를 각각 구하여 자동차는 어떤 운동을 하는지 알아보자(**그림 2.29** 참조).

지금 공기의 저항이 속도에 비례하는 경우, 곧

$$f = -bv$$

인 경우를 생각한다. 음(−)의 부호는 저항이 속도 v와 반대 방향으로 작용함을 나타낸다. 곧 f는 운동을 방해하는 힘이라는 것을 나타낸다. b는 비례상수인데 물체의 크기 및 공기의 점성에 관계된다.

자동차에 작용하는 힘은 중력 및 수평면이 자동차를 떠 바쳐올리는 수직항력 그리고 수평 방향으로 작용하는 공기저항(air resistance)이다. 이중에서 연직 방향의 힘들은 서로 비기고 자동차의 운동에 영향을 주는 것은 공기 저항 $f=-bv$ 뿐이므로 자동차의 운동방정식은

그림 2.29 달리는 자동차가 받는 저항

$$ma = -bv$$

또는

$$a = -Kv \tag{2.36}$$

이다. 곧 자동차의 가속도는 속도와 반대 방향이고, 크기는 속도에 비례한다. 여기서 $b = mK$라 두었으며, m은 자동차의 질량이다. 이 가속도 때문에 속도가 감소하고 이에 따라서 가속도가 또 더 감소하게 되어 속도의 감소율이 일정하지 않다.

한편, $a = \frac{dv}{dt}$ 임을 고려하면 윗식은

$$\frac{dv}{dt} = -Kv$$

가 되고

$$dt = -\frac{1}{K}\frac{dv}{v}$$

와 같이 변수분리되어 양변을 적분하면

$$t = -\frac{1}{K}\int\frac{dv}{v} = -\frac{1}{K}\ln v + C_v$$

를 얻는다(부록 표D.18의 (6b) 참조).

자동차의 엔진이 꺼진 순간을 $t = 0$이라 하면 이 순간의 속도는 $v(0) = v_0$이다. 이 초기 조건을 적용하면

$$0 = -\frac{1}{K}\ln v_0 + C_v \quad \therefore\ C_v = \frac{1}{K}\ln v_0$$

이다. 따라서

$$t = -\frac{1}{K}\ln v + \frac{1}{K}\ln v_0 = -\frac{1}{K}(\ln v - \ln v_0) = -\frac{1}{K}\ln\frac{v}{v_0}$$

이므로 속도 $v(t)$는

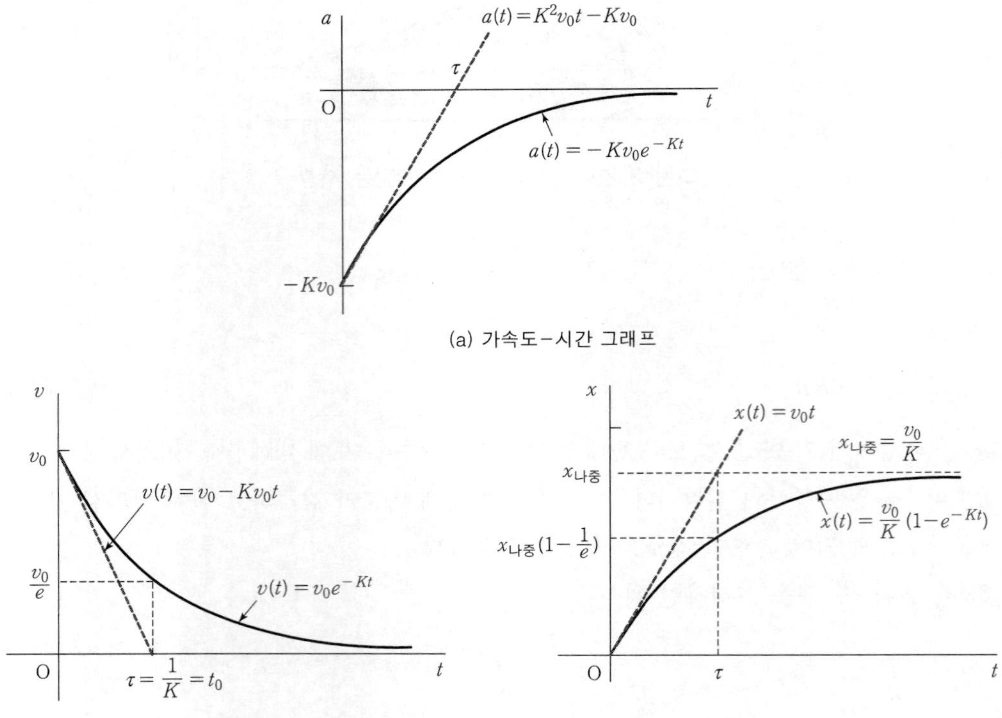

그림 2.30 공기저항 $f=-mKv$를 받는 자동차의 운동

$$\ln\frac{v}{v_0}=-Kt \qquad \therefore\ v=v_0\,e^{-Kt} \tag{2.37}$$

이다. 곧 자동차의 빠르기는 시간이 지남에 따라 지수함수적으로 감소한다(**그림 2.30(b)** 참조).

식(2.37)을 식(2.36)에 대입하면, 가속도는

$$a=-Kv=-Kv_0\,e^{-Kt} \tag{2.38}$$

가 된다. 곧 가속도의 크기는 지수함수적으로 감소한다(**그림 2.30(a)** 참조).

위치 또는 원점으로부터 변위는, $\frac{dx}{dt}=v(t)$를 변수분리한 식 $dx=v(t)\,dt$의 양변을 식(2.37)을 고려하여 적분하면

$$x=\int v(t)\,dt=v_0\int e^{-Kt}\,dt=-\frac{v_0}{K}\,e^{-Kt}+C_x$$

로 주어진다(부록 표D.18의 (5b) 참조).

엔진이 꺼진 순간($t=0$)에서 위치를 $x(0)=0$으로 하면

$$x(0) = -\frac{v_0}{K} e^{-K \times 0} + C_x = 0 \quad \therefore \ C_x = \frac{v_0}{K}$$

이므로, 위치 또는 원점으로부터 변위 $x(t)$는

$$x(t) = \frac{v_0}{K}(1 - e^{-Kt}) \tag{2.39}$$

로 주어진다. 곧 엔진이 꺼진 위치로부터 변위는 시간이 지남에 따라 지수함수적으로 증가한다(**그림 2.30(c)** 참조).

시간이 무한히 지나면($t \to \infty$) $e^{-Kt} \to 0$이므로, 속도는 식(2.37)로부터 0이 됨을 알 수 있다. 곧 자동차는 마침내 정지하게 되고, 자동차가 정지해 있는 위치는, 식(2.39)에서

$$x_{\text{나중}} = \frac{v_0}{K}$$

이다.

○ 시간상수

지수함수적으로 감소하는 속도의 크기가 처음의 $\frac{1}{e}$배($e = 2.7182818\cdots$) 되는 시각을 τ라 하면

$$\frac{v_0}{e} = v_0 e^{-K\tau}$$

이므로

$$\tau = \frac{1}{K} \tag{2.40}$$

를 얻는다. 시간 τ는 자동차의 속도의 크기가 감소하는 정도를 나타내는 척도로, 이 역학계의 **시간상수**(time constant)라 한다.

자동차의 엔진이 꺼지는 순간($t = 0$)의 가속도 $a(0) = a_0$는 식(2.38)에 의하여

$$a(0) = -Kv_0 \quad \therefore \ a_0 = -Kv_0$$

이다. 이것은 엔진이 꺼지는 순간의 속도 감소율이다. 일정한 감소율(처음 가속도) a_0로 감소한다면 임의의 시각 t에서 속도는

$$v(t) = v_0 + a_0 t = v_0 - Kv_0 t \tag{2.41}$$

가 된다. 따라서 정지하는 순간의 시각을 t_0이라 하면, $v(t_0) = 0$이므로,

$$v(0)=v_0-Kv_0\times t_0=0 \qquad \therefore\ t_0=\frac{1}{K}$$

로 주어진다. 식(2.40)을 고려하면

$$\tau=\frac{1}{K}=t_0$$

이다. 곧 시간상수는 속도의 처음 감소율과 같은 비율(가속도)로 감소할 때 자동차가 정지하는 시간과 같다(**그림 2.30(b)** 참조).

또, 시각 $t=\tau$에서 위치는 식(2.39)에 의하여

$$x(\tau)=\frac{v_0}{K}(1-e^{-1})=x_{나중}(1-e^{-1})$$

이다. 따라서 시간상수 τ는 자동차가 나중 도달 거리 $x_{나중}=v_0/K$의

$$1-e^{-1}=1-\frac{1}{2.7182818\cdots}=0.632$$

배 되는 거리에 도달하는 시각이며, 공기의 저항이 없을 때의 일정한 속도 v_0로 등속도운동을 할 때, 변위는 $x(t)=v_0t$이므로, 나중 위치 $x_{나중}=v_0/K$에 도달하는 데 걸리는 시간이기도 하다(**그림 2.30(c)** 참조).

그림 2.30은 자동차의 (a) 가속도-시간, (b) 속도-시간, (c) 위치-시간 그래프이다. **그림 2.30(a)**에서 실선은 가속도 식(2.38)를 나타내고, 굵은 점선은 $t=0$에서 가속도의 감소율로 감소할 때, 곧 속도가 식(2.41)일 때의 가속도-시간 그래프이다. **그림 2.30(b)**에서 실선은 식(2.37)을, 굵은 점선은 식(2.41)을 나타내는 속도-시간 그래프이다. 또, **그림 2.30(c)**에서 실선은 식(2.39)를, 굵은 점선은 속도 v_0로 등속도운동을 나타내는 위치-시간 그래프이다.

예제 2.19 종단속도

유체 속에서 질량 m의 물체가 정지상태에서 중력을 받아 낙하한다. 물체가 유체로부터 받는 저항은

$$f=-mKv^n$$

이다. 유체 속에서 물체의 속도가 클 때에는 $n=2$, 속도가 작을 때에는 $n=1$로 어림된다. 지금 유체의 밀도는 물체와 비교해서 무시할 수 있다고 한다.

① 이 물체는 어떤 운동을 하는지 운동방정식을 세워서 설명하라.

② 유체저항이 속도에 비례하는 경우($n=1$), 물체의 속도 및 위치함수를 구하라.

풀이 ① 이 물체는 연직 아래로 중력 mg 및 연직상방으로 유체저항 f를 받는다.

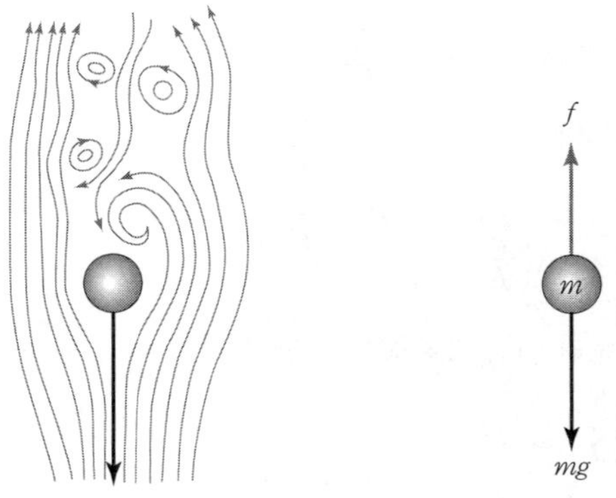

(a) 유체 속에서 낙하하는 물체 (b) 작용하는 힘의 화살표 그림

그림 2.31 유체 속에서 물체의 낙하

연직 아래 방향을 y축으로 택하면 연직 방향의 운동방정식은

$$ma = mg - mKv^n \quad \text{또는} \quad a = g - Kv^n$$

이다.

출발점을 좌표의 원점으로 하고 그 시각을 기준($t=0$)으로 하면, 처음에 속도가 0이어서 저항이 없고, 가속도는 연직 아래로 중력가속도 g인데, 시간이 지남에 따라서 속도가 점점 커져서 유체저항도 따라서 점점 커지고, 이에 따라 가속도가 g보다 점점 작아진다.

드디어 유체저항이 중력과 같아지면 두 힘은 비겨서 가속도가 0이 된다. 그 순간부터 물체는 일정한 속도로 등속도운동을 한다. 유체저항도 속도가 일정하므로 그 이상 더 커지지 않는다. 그 일정한 나중 속도를 물체의 유체 속에서의 **종단속도**(terminal velocity) v_t라 한다. 곧 운동방정식에서 $a=0$일 때의 속도가 종단속도이므로, 종단속도 v_t는

$$a = g - Kv_t^n = 0 \qquad \therefore\ v_t = \left(\frac{g}{K}\right)^{1/n} \tag{2.42}$$

로 주어진다.

② 유체저항이 $f = -mKv$이면 운동방정식은

$$ma = mg - mKv \quad \text{또는} \quad a = g - Kv \tag{2.43}$$

인데, 식(2.42)를 고려하면 종단속도는

$$v_t = \frac{g}{K}$$

이므로, 가속도는

$$a = K\left(\frac{g}{K} - v\right) = K(v_t - v) \tag{2.44}$$

로 주어지기도 한다. 곧 가속도는 속도 v의 일차함수이다(**그림 2.32(a)** 참조).

가속도가 $a = \dfrac{dv}{dt}$ 임을 고려하면 운동방정식은

$$m\frac{dv}{dt} = mg - mKv \quad \text{또는} \quad \frac{dv}{dt} = g - Kv$$

와 같은 미분방정식이 되어,

$$dt = \frac{dv}{g - Kv} = \frac{1}{K\left(\dfrac{g}{K} - v\right)}\, dv = \frac{1}{K}\,\frac{1}{v_\text{t} - v}\, dv$$

로 고쳐쓰면 변수가 분리된다. 오른쪽은 v만의 함수이다. 양변을 적분하면

$$t = \frac{1}{K}\int \frac{dv}{v_\text{t} - v}$$

가 된다. 여기서 $v_\text{t} - v \equiv u$라 두면

$$\frac{du}{dt} = \frac{d}{dt}(v_\text{t} - v) = \frac{dv_\text{t}}{dt} - \frac{dv}{dt}$$

인데, v_t는 시간에 따라 변하지 않으므로 $\dfrac{dv_\text{t}}{dt} = 0$이어서

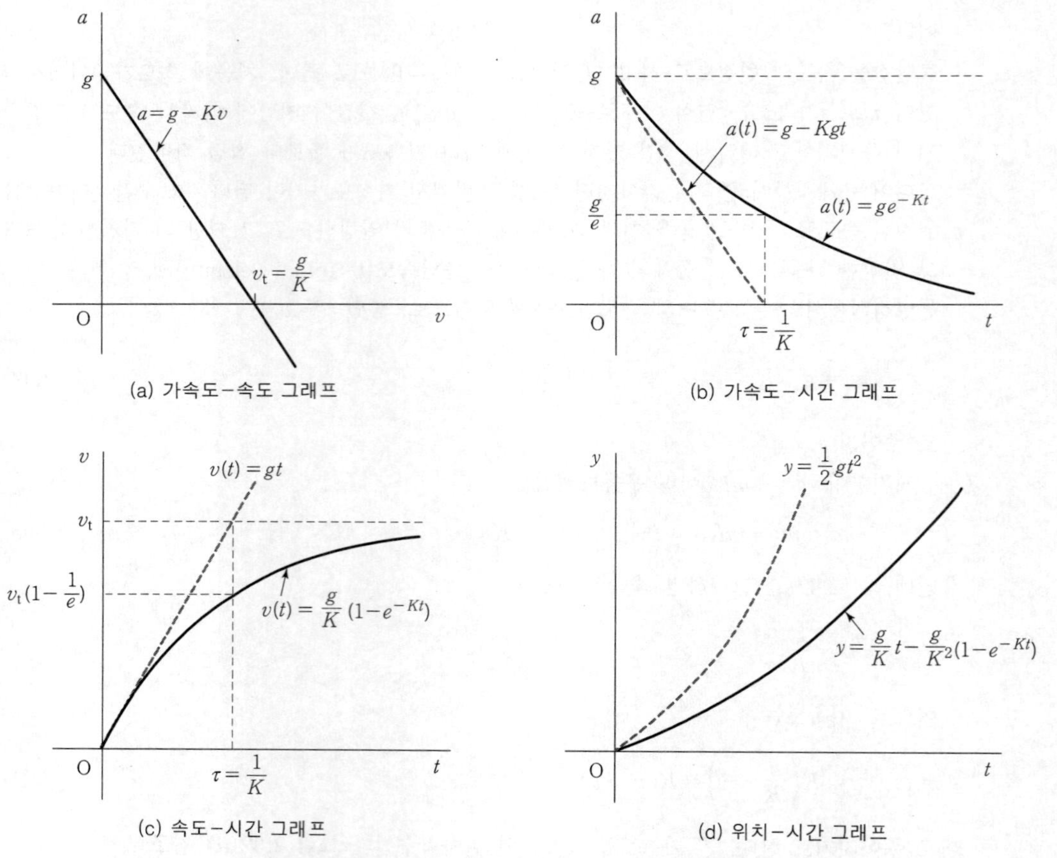

그림 2.32 유체 속에서 낙하하는 물체의 운동

$$\frac{du}{dt}=-\frac{dv}{dt} \qquad \therefore\ du=-dv$$

이다. 이를 고려하여 적분변수 v를 u로 바꾸어서 식을 조금 변형한 뒤 적분하면

$$\begin{aligned} t=\frac{1}{K}\int\frac{dv}{v_{\mathrm{t}}-v} &= -\frac{1}{K}\int\frac{du}{u}=-\frac{1}{K}\ \ln u+C_t \\ &= -\frac{1}{K}\ \ln(v_{\mathrm{t}}-v)+C_t \end{aligned}$$

를 얻는다.

처음에 정지 상태에서 낙하했으므로 $t=0$일 때 $v=0$임을 고려하면

$$0=-\frac{1}{K}\ \ln(v_{\mathrm{t}}-0)+C_t \qquad \therefore\ C_t=\frac{1}{K}\ \ln v_{\mathrm{t}}$$

이다. 따라서

$$t=-\frac{1}{K}\ \ln(v_{\mathrm{t}}-v)+\frac{1}{K}\ \ln v_{\mathrm{t}}=-\frac{1}{K}\ \ln\frac{v_{\mathrm{t}}-v}{v_{\mathrm{t}}}$$

가 된다. 이 식을 조금 정리하면, 속도 v는

$$\ln\left(1-\frac{v}{v_{\mathrm{t}}}\right)=-Kt \qquad \therefore\ v=v_{\mathrm{t}}(1-e^{-Kt}) \tag{2.45}$$

로 주어진다. 곧 속도는 점점 증가해서 시간이 무한히 흐른 뒤, 곧 $t\to\infty$의 극한에서 종단속도에 이른다. 따라서 물체는 유한한 시간에는 종단속도에 이르지 못한다.

속도는 $v=\frac{dy}{dt}$임을 고려하면 식(2.45)는 $\frac{dy}{dt}=v_{\mathrm{t}}(1-e^{-Kt})$가 되어

$$dy=v_{\mathrm{t}}(1-e^{-Kt})\,dt$$

로 변수분리된다. 양변을 적분하면

$$\begin{aligned} y=\int v_{\mathrm{t}}(1-e^{-Kt})\,dt &= v_{\mathrm{t}}\left\{\int dt-\int e^{-Kt}dt\right\} \\ &= v_{\mathrm{t}}\left\{t+\frac{e^{-Kt}}{K}\right\}+C_y \end{aligned}$$

가 된다. 여기서 처음 출발점을 y축의 원점이라면, 곧 $t=0$일 때 $y=0$이면

$$y(0)=v_{\mathrm{t}}\left\{0+\frac{e^{-K\times 0}}{K}\right\}+C_x=0 \qquad \therefore\ C_x=-\frac{v_{\mathrm{t}}}{K}$$

이므로, 위치는

$$y=v_{\mathrm{t}}\left\{t+\frac{e^{-Kt}}{K}\right\}-\frac{v_{\mathrm{t}}}{K}=v_{\mathrm{t}}t-\frac{v_{\mathrm{t}}}{K}(1-e^{-Kt})$$

로 주어진다. 여기서 $K\ll 1$ 또는 $Kt\ll 1$이면

$$e^{-Kt}=1-Kt+\frac{1}{2}K^2t^2-+\cdots$$

이므로(부록 D.15-3 참조), 셋째 항(t^2항)까지 취하면

$$y \cong \frac{1}{2} g t^2$$

이다(**그림 2.32(d)** 참조).

가속도는 식(2.45)를 고려하면 식(2.44)에 의하여

$$a = K v_t e^{-Kt} = g e^{-Kt}$$

가 된다. 따라서 가속도는 시간에 따라 지수함수적으로 감소한다(**그림 2.32(b)** 참조). 처음의 $1/e$배로 되는 시간 τ는

$$a(\tau) = g\, e^{-K\tau} = \frac{g}{e} \qquad \therefore\ \tau = \frac{1}{K}$$

이다. 이것은 이 역학계의 상수로 가속도가 감소하는 정도를 나타낸다.

그림 2.32는 유체 속에서 물체의 낙하운동을 나타내는 (a) 가속도-속도, (b) 가속도-시간, (c) 속도-시간 및 (d) 위치-시간 그래프이다.

그림 2.32(b)의 가속도-시간 그래프에서 굵은 점선은 $t=0$에서 가속도의 감소율로 일정한 비율로 감소할 때의 가속도-시간 그래프이다. 이 그래프는 가속도가 0이 되는 데 걸리는 시간이 바로 τ임을 보여준다.

속도-시간 및 위치-시간 그래프에서 굵은 점선은 공기의 저항이 없을 때의 그래프이다.

---

❹ 힘이 위치에 따라 변하는 경우

이 경우 힘은 위치만의 함수이다. 예를 들면 $\vec{F} = \vec{F}(\vec{r})$의 꼴이다. 따라서 운동방정식은

$$m\vec{a} = \vec{F}(\vec{r})$$

이고, 가속도벡터는

$$\vec{a} = \frac{\vec{F}(\vec{r})}{m}$$

로, 위치에 따라 변한다. 여기에 $\vec{a} = \frac{d\vec{v}}{dt}$를 고려하면 운동방정식은

$$m\frac{d\vec{v}}{dt} = \vec{F}(\vec{r}), \qquad (2.46)$$

또는 $\vec{v} = \frac{d\vec{r}}{dt}$임을 고려하면

$$m\frac{d^2\vec{r}}{dt^2} = \vec{F}(\vec{r})$$

이다. 이런 힘이 위치에 따라 변하는 문제는 "3장 일과 에너지"편에서 자주 만나게 된다(소단

원 3.1~3.2 참조).

일차원운동의 경우만 생각한다. 운동방정식은

$$m\frac{dv}{dt} = F(x) \tag{2.47}$$

의 꼴이 된다. 여기서 속도도 위치 x의 함수이므로

$$\frac{dv}{dt} = \frac{dv}{dx}\frac{dx}{dt} = \frac{dv}{dx}v$$

로 고쳐 쓸 수 있다. 여기서 $\frac{dx}{dt} = v$임을 고려하였다. 운동방정식(2.47)은

$$mv\frac{dv}{dx} = F(x) \quad \text{또는} \quad mv\,dv = F(x)\,dx \tag{2.48}$$

가 되어, 변수가 양쪽으로 분리되었다. 이를 적분하면 왼쪽은 적분공식(1.15)에 의하여

$$\int mv\,dv = \frac{1}{2}mv^2$$

이 되어,

$$\frac{1}{2}mv^2 = \int F(x)\,dx$$

를 얻는다. 오른쪽은 $F(x)$의 함수꼴만 알면 적분을 구할 수 있다. 그러면 이 식으로부터 v를 구하고 이 결과로부터 $\frac{dx}{dt} = v$를 이용하여 위치 x를 구할 수 있게 된다.

예제 2.20 훅의 법칙을 따르는 힘에 의한 운동

힘이 위치만의 함수인 경우의 대표적인 보기는 훅의 법칙

$$F(x) = -kx$$

로 표현되는 탄성력의 경우이다. 처음에 평형점으로부터 거리가 A인 점에 정지해 있는 질량 m의 입자가 이 힘을 받아서 운동하고 있다.

① 이 입자의 운동방정식을 세워라.

② 입자의 속도를 위치 x의 함수로 구하라.

③ 임의의 시각 t에서 입자의 위치 및 속도를 구하라.

풀이 ① 식(2.47)에 의하여 운동방정식은

$$m\frac{dv}{dt} = -kx$$

이다. 여기서 $v = \frac{dx}{dt}$를 고려하면

$$m\frac{d^2x}{dt^2} = -kx \tag{2.49}$$

로도 표현된다.

② ①에서 얻은 운동방정식을 식(2.48)에서와 같은 방법으로 변수를 분리하면

$$mv\frac{dv}{dx} = -kx \quad \text{또는} \quad mv\,dv = -kx\,dx \tag{2.50}$$

가 된다. 양변을 적분하면 적분공식(1.15)에 의하여

$$\frac{1}{2}mv^2 = -\frac{1}{2}kx^2 + C_v$$

를 얻는다. 여기서 C_v는 적분상수로, 문제의 주어진 조건 또는 초기 조건에 의하여 값이 결정된다.

문제에서 초기 조건은 $t=0$일 때

$$x(0) = A, \quad v(0) = 0 \tag{2.51}$$

이므로 이를 윗식에 적용하면

$$0 = -\frac{1}{2}kA^2 + C_v \quad \therefore\ C_v = \frac{1}{2}kA^2$$

이다. 따라서 운동방정식(2.50)을 적분한 결과는

$$\frac{1}{2}mv^2 = -\frac{1}{2}kx^2 + \frac{1}{2}kA^2 \quad \text{또는} \quad \frac{1}{2}mv^2 + \frac{1}{2}kx^2 = \frac{1}{2}kA^2$$

이다. 이 관계식으로부터 위치 x인 점에서 입자의 속도는

$$v(x) = \pm\sqrt{\frac{k}{m}(A^2 - x^2)} \tag{2.52}$$

로 주어진다. 여기서 복부호(±)는 속도의 방향을 나타낸다.

③ 식(2.52)로부터 $v = \frac{dx}{dt}$임을 고려하면 위치 x를 구할 수 있다. 곧

$$\frac{dx}{dt} = \sqrt{\frac{k}{m}(A^2 - x^2)} \quad \text{또는} \quad \frac{dx}{\sqrt{A^2 - x^2}} = \sqrt{\frac{k}{m}}\,dt$$

를 적분하면, 왼쪽은

$$\int\frac{dx}{\sqrt{A^2 - x^2}} = \sin^{-1}\left(\frac{x}{A}\right)^*$$

이고 오른쪽은 $\sqrt{\frac{k}{m}}\,t$ 가 되어 결국

---

* $\int\frac{dx}{\sqrt{A^2-x^2}} = \sin^{-1}\left(\frac{x}{A}\right)$의 유도 : $x = A\sin\theta$라 두면 $\sqrt{A^2-x^2} = A\sqrt{1-\sin^2\theta} = A\cos\theta$, $dx = A\cos\theta\,d\theta$가 되어 이를 대입하면 $\int\frac{dx}{\sqrt{A^2-x^2}} = \int\frac{A\cos\theta\,d\theta}{A\cos\theta} = \theta = \sin^{-1}\left(\frac{x}{A}\right)$를 얻는다.

$$\sin^{-1}\frac{x}{A}=\sqrt{\frac{k}{m}}\,t+C_x \quad \text{또는} \quad x=A\sin\left(\sqrt{\frac{k}{m}}\,t+C_x\right)$$

를 얻는다. 여기에 초기 조건 식(2.51)의 첫째 조건을 적용하면

$$x(0)=A\sin(0+C_x)=A \qquad \therefore\ C_x=90°$$

를 얻는다. 따라서 임의 시각 t에서 위치 $x(t)$는

$$x(t)=A\sin\left(\sqrt{\frac{k}{m}}\,t+90°\right)=A\cos\left(\sqrt{\frac{k}{m}}\,t\right) \tag{2.53}$$

이다(부록 D.8-3 참조).

이제 식(2.53)을 식(2.52)에 대입하면 임의의 시각 t에서 속도 $v(t)$를 얻는다. 곧

$$v(x)=\pm\sqrt{\frac{k}{m}\left\{A^2-A^2\cos^2\left(\sqrt{\frac{k}{m}}\,t\right)\right\}}=\pm A\sqrt{\frac{k}{m}}\sin\left(\sqrt{\frac{k}{m}}\,t\right)$$

이다.

위치가 식(2.53)과 같이 코사인함수로 표현됨을 운동방정식(2.49)로부터 확인할 수 있다. 식(2.49)를

$$\frac{d^2x}{dt^2}=-\frac{k}{m}x$$

로 변형하면 이 식은 시간의 함수인 $x(t)$를 두 번 미분한 결과가 역시 그 함수 $x(t)$에 비례한다는 것을 뜻한다. 이런 성질을 가진 함수에는 코사인함수, 사인함수, 지수함수 등이 있다.

2.4 비관성기준틀 – 병진운동 및 원운동

2.2.1에서 관성의 법칙이 성립하는 관성기준틀에 대해서 가속도운동을 하는 기준틀에서는 관성의 법칙이 성립하지 않는다는 것을 알았다. 이러한 비관성기준틀에서는 뉴턴의 운동법칙을 어떻게 하면 적용할 수 있는지 병진가속도운동 및 원운동의 경우에 대해서 알아본다.

2.4.1 병진가속도운동과 관성력

먼저 물체가 곡선운동이 아닌 직선운동(또는 병진운동)을 하는 경우를 생각하자. 앞에서 본 바와 같이, 레일(기준틀 S) 위를 달리는 짐수레(기준틀 S′)의 매끄러운 바닥에 얼음덩어리가 놓여 있는데, 짐수레가 정지상태에서 레일에 대한 상대가속도 $\vec{a}_R$로 출발하면 얼음덩어리는

짐수레의 운동 방향과 반대 방향으로 미끄러져 갈 것이다. 이 운동은 바깥 땅 위에 서 있는 사람이 보면 레일(기준틀 S)에 대해서는 제자리에 정지해 있고, 짐수레를 타고 있는 사람이 보면 짐수레(기준틀 S′)에 대해서는 상대적으로 $-\vec{a}_R$의 가속도운동을 하는 것으로 보인다. 얼음덩어리가 받는 힘은 지구로부터 받는 중력 및 바닥으로부터 받는 수직항력뿐인데, 이들은 비기고 있으므로 알짜힘은 없다. 따라서 기준틀 S에서 보면 관성의 법칙이 성립한다. 그러나 병진가속도운동을 하는 기준틀 S′에서는 성립하지 않는다. 곧 기준틀 S(레일)는 관성기준틀이고, 기준틀 S′(짐수레)은 비관성기준틀이다.

비관성기준틀 S′에서는 질량이 m인 얼음덩어리에 $\vec{\mathcal{F}} = -m\vec{a}_R$의 힘이 작용했다고 가정하면 뉴턴의 운동법칙이 성립하게 된다. 이 힘은 '가상의 힘'(fictitous force)으로 **관성력**(inertial force)이라 한다. 곧

> **관성기준틀에 대해서 상대가속도 $\vec{a}_R$로 가속도운동을 하는 기준틀에서 보면 실제로 작용하는 힘 외에 관성력 $\vec{\mathcal{F}} = -m\vec{a}_R$이 관측된다.**

그러나 관성력은 가상의 힘이므로 힘의 원인 행위를 하는 것이 없다. 이것이 실제힘과 근본적으로 다른 점이다.

◎ 비관성기준틀에서 운동방정식

한 점 P의 위치벡터를, 기준틀 S′(짐수레)에 설정된 좌표계 $O'x'y'z'$에서는 $\vec{r}'$, 기준틀 S(레일)에 설정된 좌표계 $Oxyz$에서는 $\vec{r}$, 원점 O′의 원점 O에 대한 상대위치벡터를 $\vec{R}$라 하면

$$\vec{r}' = \vec{r} - \vec{R},$$

$$\frac{d\vec{r}'}{dt} = \frac{d\vec{r}}{dt} - \frac{d\vec{R}}{dt},$$

$$\frac{d^2\vec{r}'}{dt^2} = \frac{d^2\vec{r}}{dt^2} - \frac{d^2\vec{R}}{dt^2}$$

의 관계를 얻는다(**그림 1.60** 참조). 여기서 $t = t'$이다. 기준틀 S′(짐수레)의 기준틀 S(레일)에 대한 상대가속도를 $\vec{a}_R$ 곧

$$\vec{a}_R = \frac{d^2\vec{R}}{dt^2}$$

라 하면

$$\vec{a}' = \vec{a} - \vec{a}_{\mathrm{R}}$$

를 얻는다. 따라서 운동의 법칙에 의하여

$$m\vec{a}' = m\vec{a} + (-m\vec{a}_{\mathrm{R}})$$

이다. 여기서 $m\vec{a}$는 관성기준틀 S에서 관측한 힘 $\vec{F}$와 같으므로 관성기준틀에서 운동방정식은

$$m\vec{a} = \vec{F}$$

인 반면에, 비관성기준틀 S′에서 운동방정식은

$$m\vec{a}' = \vec{F} + (-m\vec{a}_{\mathrm{R}})$$

로 주어진다. 여기서 우변은 비관성기준틀 S′에서 느끼는 힘으로 실제힘 $\vec{F}$외에 다른 힘 $(-m\vec{a}_{\mathrm{R}})$가 나타난다. 이 힘이 관성력 $\vec{\mathcal{F}}$이다. 일반적으로 비관성기준틀에서 운동방정식은

$$m\vec{a}' = \vec{F} + \vec{\mathcal{F}} \ : \ \vec{a}' = \frac{d^2\vec{r}'}{dt^2}, \ \ \vec{\mathcal{F}} = -m\vec{a}_R \tag{2.54}$$

로 표현된다.

예제 2.21 전동차 안의 손잡이의 운동

플랫폼에 정지해 있던 지하철 전동차가 가속도 a_{R}로 출발하여 등가속도 직선운동을 한다. 이때 천장에 달려 있던 질량 m의 손잡이가 연직 방향에서 뒤로 기울어진 채 정지해 있다. 기울어진 각 및 손잡이 줄의 장력을 구하라. 손잡이 줄의 질량은 무시한다.

풀이 | 손잡이에 작용하는 힘은 연직 아래로 작용하는 중력 $m\vec{g}$ 및 손잡이 줄을 따라서 작용하는 장력 $\vec{T}$이다. 손잡이에 작용하는 힘 $\vec{F}$는

$$\vec{F} = m\vec{g} + \vec{T}$$

이다. 그 화살표 그림은 **그림 2.33**과 같다. **그림 2.33(a)**는 플랫폼에 서 있는 관측자, **그림 2.33(b)**는 전동차를 타고 있는 관측자가 본 것이다. 이 두 경우로 나누어서 문제를 풀 수 있다.

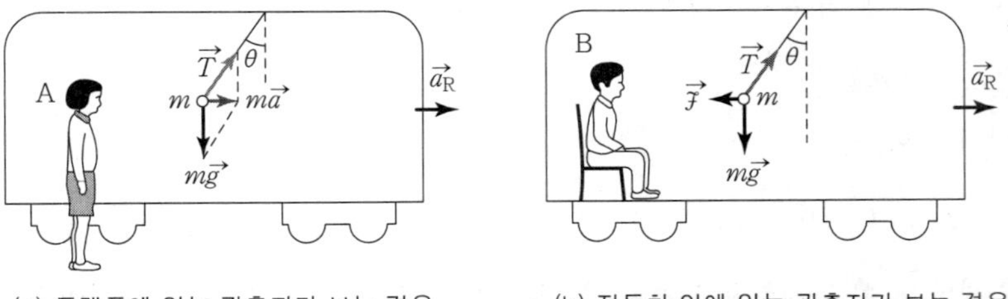

(a) 플랫폼에 있는 관측자가 보는 경우 (b) 전동차 안에 있는 관측자가 보는 경우

그림 2.33 병진가속도운동과 관성력

① (관성기준틀 S) 플랫폼(기준틀 S)에 있는 관측자가 보면, 손잡이는 기울어진 채 플랫폼에 대해서 전동차와 함께 가속도 $\vec{a}_R$로 등가속도 직선운동을 한다. 이 가속도는 중력 및 장력의 합성력에 의하여 생긴다고 본다. 따라서 손잡이의 가속도를 $\vec{a}$라 하면 손잡이의 운동방정식은

$$m\vec{a} = m\vec{g} + \vec{T} \tag{2.55}$$

이다. 여기서 손잡이의 가속도는 전동차의 가속도와 같으므로

$$\vec{a} = \vec{a}_R \tag{2.56}$$

이다.

운동 방향을 x축, 연직상방을 y축으로 잡으면 이 방정식은 성분별로

x성분 : $ma_x = mg_x + T_x$

y성분 : $ma_y = mg_y + T_y$

와 같이 쓸 수 있다. 여기서

$$a_x = a_R,\ a_y = 0,\ g_x = 0,\ g_y = -g$$

이다. 또, 손잡이가 연직선과 이루는 각을 θ라 하면

$$T_x = T\sin\theta,\ T_y = T\cos\theta$$

가 되어, 운동방정식은

x성분 : $ma_R = T\sin\theta$ (2.57)

y성분 : $mg = T\cos\theta$ (2.58)

가 된다. 이 두 식을 변 변끼리 나누기 하면 T가 소거된다. 따라서 기울어진 각 θ는

$$\tan\theta = \frac{a_R}{g} \qquad \therefore\ \theta = \tan^{-1}\left(\frac{a_R}{g}\right)$$

로 주어진다. 또, 양변을 제곱하여 더하기 하면 각 θ가 소거된다. 따라서 장력 T는

$$T = m\sqrt{g^2 + a_R^2}$$

로 주어진다.

② (비관성기준틀 S′) 전동차(기준틀 S′)를 타고 있는 관측자도 손잡이에 중력 및 장력이 작용하고 있다고 동의한다. 그런데도 그가 보면, 손잡이는 기울어진 채 전동차에 대해서 정지해 있다. 이것은 뉴턴의 운동법칙에 위배된다. 그래서 그는 실제힘

$$\vec{F} = m\vec{g} + \vec{T}$$

와 비기는 힘, 곧

$$\vec{F} + \vec{\mathcal{F}} = 0$$

인 관성력 $\vec{\mathcal{F}}$를 가정하면 뉴턴의 운동법칙을 설명할 수 있다. 따라서 식(2.54), 식(2.56)을 고려하면

$$\vec{\mathcal{F}} = -m\vec{a}_R$$

임을 알 수 있다. 따라서 비관성 기준틀 S′에서 운동방정식은

$$m\vec{a}' = m\vec{g} + \vec{T} + \vec{\mathcal{F}} \ : \vec{\mathcal{F}} = -m\vec{a_R} \tag{2.59}$$

이 된다. 여기서

$$\vec{a}' = 0 \quad \text{또는} \quad a_x' = 0,\ a_y' = 0$$

이고,

$$\mathcal{F}_x = -ma_R,\ \mathcal{F}_y = 0$$

이므로, 운동방정식(2.59)를 성분별로 표현하면 식(2.57), 식(2.58)를 얻는다. 그래서 ①의 경우와 같은 결과를 얻는다.

예제 2.22 겉보기 무게

정지해 있는 승강기 안에 있는 체중계 위에 여학생이 올라서니 체중계의 눈금이 40.0kg이었다. 승강기가 출발하여 $1.00\,\mathrm{m/s^2}$의 가속도로 올라가고 있을 때, 체중계의 눈금은 얼마인가? 아래 두 관측자의 입장에서 구하라.

① 승강기 밖에 있는 관측자 A

② 승강기 안에 있는 관측자 B

풀이 체중계의 눈금은 체중계로부터 사람이 받는 수직항력 N[kgf]을 나타낸다. 가속도를 a_R [m/s²]이라 하고, 연직상방을 양(+)이라 하자. 그러면 여학생에게 작용하는 실제힘 F는, 몸무게 $w = -mg$[N] 및 수직항력 $+N$[N] 뿐이므로 $F = N - mg$ 이다.

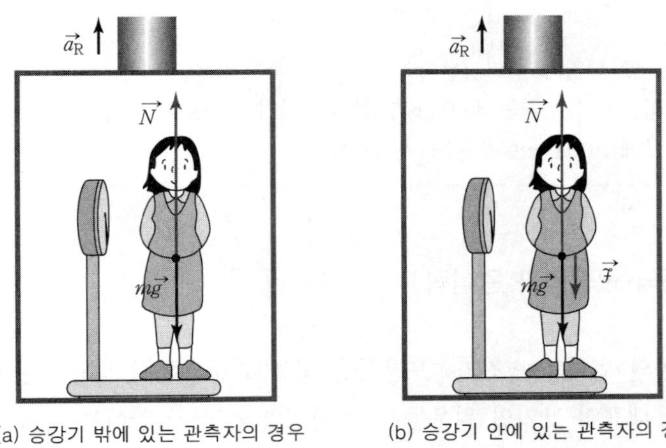

(a) 승강기 밖에 있는 관측자의 경우　(b) 승강기 안에 있는 관측자의 경우

그림 2.34 승강기 안의 체중계 눈금

① (관성기준틀) 관측자 A가 볼 때, 여학생이 받는 힘은 중력 및 수직항력뿐이다(**그림 2.34(a)** 참조). 따라서 여학생의 운동방정식은

$$m\vec{a} = \vec{F}$$

인데, 여기서 여학생의 가속도는 승강기와 같이 운동하므로 승강기의 땅에 대한 상대가속도 a_R와 같다. 곧 $\vec{a} = \vec{a}_R$이다. 그러므로 운동방정식은

$$ma_R = N - mg$$

이 되어, 수직항력은

$$N = mg + ma_R$$

로 주어진다. 따라서

$$\begin{aligned} N &= mg + ma_R \\ &= (40.0\ \text{kg}) \times (9.81\ \text{m/s}^2) + (40.0\ \text{kg}) \times (1.00\ \text{m/s}^2) \\ &= 432.4\ \text{N} \end{aligned}$$

이다. 체중계의 눈금은 [kgf]로 나타낸 것이므로

$$N = (432.4\ \text{N}) \times \left(\frac{1\ \text{kgf}}{9.81\ \text{N}}\right) = 44.077\ \text{kgf}$$

이다. 곧 눈금은 44.1 kgf로 나타난다.

② (비관성기준틀) 관측자 B가 볼 때, 여학생에게 작용하는 힘은 몸무게 $w = -mg$[N], 수직항력 $+N$[N] 외에, 가속도 $+a_R$로 운동하고 있는 승강기 안에서 볼 때 나타나는 관성력 $\mathcal{F} = -ma_R$ 등이다(**그림 2.34(b)** 참조). 따라서 운동방정식은

$$ma' = N - mg + \mathcal{F}$$

인데, 여학생이 정지해 있는 것으로 보이므로 $a' = 0$이고, 또, $\mathcal{F} = -ma_R$임을 고려하면

$$0 = N - mg - ma_R \quad \therefore\ N = mg + ma_R$$

가 되어, ①의 결과와 일치한다.

실제 여학생의 몸무게는 40.0 kgf인데 승강기의 가속도에 따라 다르게 나타난다. 이 몸무게를 **겉보기 무게**(apparent weight)라 한다.

2.4.2 원운동의 구심력과 원심력

이제까지 운동의 법칙을 병진가속도운동을 하는 기준틀에서 적용하는 방법을 살펴보았다. 이제 곡선운동의 대표적 보기인 원운동은, 소단원 1.2.6에서 알아본 바와 같이, 가속도운동이므로 원운동하는 기준틀은 비관성계이다. 이 원운동하는 기준틀에서 운동의 법칙을 적용하는 방법을 알아본다.

반지름이 R인 원운동의 가속도는 식(1.67), 식(1.68)에 의하여

$$\vec{a} = \hat{\tau} a_\tau + \hat{n} a_n$$

와 같이 접선 및 법선 성분으로 분해된다. 따라서 원운동을 하는 물체에 작용하는 힘은 운동의 법칙에 의하여

$$\vec{F} = m\vec{a} = \hat{\tau} m a_\tau + \hat{n} m a_n$$

가 되어, 오른쪽의 두 항은 각각

$$m a_\tau = F_\tau, \quad m a_n = F_n$$

이다. 이들은 원운동을 하는 물체의 접선 및 법선 방향의 운동방정식이다. 두 성분 방향의 힘 F_τ, F_n을 각각 **접선력**(또는 접선힘 : tangential force), **법선력**(또는 법선힘 : normal force)이라 한다. 접선 및 법선가속도는 각각 식(1.70)과 식(1.71)로 주어지므로 접선 및 법선 방향의 운동방정식은 각각

$$m\frac{dv}{dt} = m\alpha R = F_\tau \tag{2.60}$$

$$\frac{mv^2}{R} = m\omega^2 R = F_n \tag{2.61}$$

로도 주어진다.

◎ 등속원운동

등속원운동의 경우에는 법선가속도 또는 구심가속도뿐이므로 법선력만이 작용한다. 이 법선력은 항상 원운동의 중심을 향하므로 **구심력**(centripetal force)이라 한다. 따라서 속도벡터에 수직하게 일정한 크기의 힘이 계속 작용하면 물체는 등속원운동을 한다.

$$(\text{등속원운동}) \rightleftarrows \begin{Bmatrix} (\text{힘의 크기}) = (\text{일정}) \\ (\text{힘의 방향}) \perp (\text{속도벡터의 방향}) \end{Bmatrix}$$

그 구심력은 속도의 제곱에 비례하고 반지름에는 반비례한다. 또는 구심력은 각속도의 제곱 및 반지름에 비례한다(식(2.61)참조).

예를 들어, 해머던지기 선수가 해머를 던질 때 **그림 2.35**와 같이 원운동을 시킨다. 점 P에서 줄을 놓으면 해머는 관성에 의하여 접선 $\overrightarrow{PP'}$ 방향으로 날아간다. 원운동을 계속하게 하려면 계속 중심 방향으로 당겨 주어야 한다. 왜 그런지 생각해보자.

지금 일정한 속도 v[m/s]로 직선운동을 하는 공에 "속도벡터에 수직으로 일정한 힘을 작

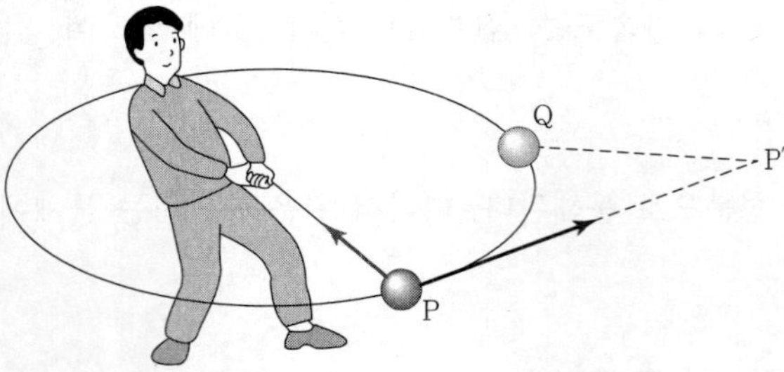

그림 2.35 해머의 원운동과 구심력

용하면 속도벡터의 크기는 변하지 않고 방향만 약간 변한다." 이런 과정을 여러 번 반복하여 공을 처음 위치로 돌아오게 할 수 있다. 다시 말하면, 일정한 세기의 힘이 적당한 시간 간격(Δt[s])으로 공의 운동에 수직으로 작용하면 공은 다각형 모양의 길을 따라서 운동하게 된다. 힘을 작용하는 시간 간격 Δt[s]를 더 짧게 하여 그 회수를 증가시키면 다각형은 그 만큼 더 원에 가까운 다각형이 된다. 곧 원은 다각형의 $\Delta t \to 0$의 극한에서 모양이다(**그림 2.36** 참조).

따라서 만일 속도벡터에 수직인 방향으로 일정한 세기의 힘을 연속적으로 작용한다면 공은 v[m/s]의 일정한 속력으로 원궤도를 그리면서 운동할 것이다. 이 힘은 원궤도의 접선 방향의 속도벡터에 수직이므로 항상 원궤도의 중심을 향한다. 그래서 이 힘을 구심력이라 한다.

그림 2.35와 같은 해머던지기에서 줄의 장력이 해머를 원운동시키는 구심력의 역할을 한다. 장력 외에도 탄성력, 마찰력, 중력 또는 이들의 복합적인 합성력 등이 구심력의 역할을 한다. 또, 달에 작용하는 지구의 중력이 구심력의 역할을 하여 달은 지구 주위를 공전하고, 지구는 해로부터 중력을 받아서 해 주위를 공전한다. 수소원자의 궤도전자는 수소원자핵으로부터 전기력(쿨롱힘)을 받아서 원자핵 주위를 회전한다.

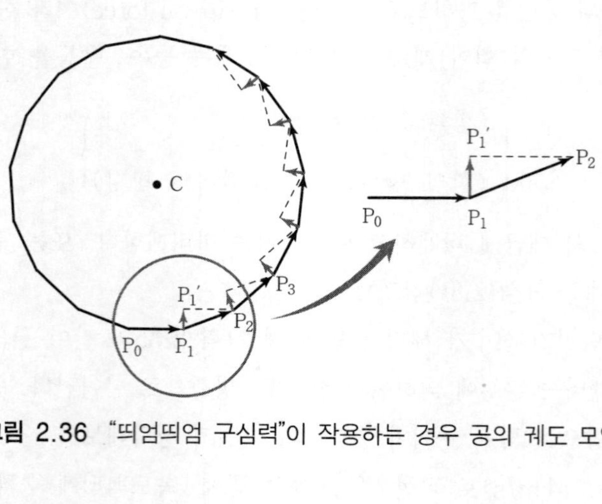

그림 2.36 "띄엄띄엄 구심력"이 작용하는 경우 공의 궤도 모양

○ 원심력

원운동은 가속도운동이므로 원운동하는 기준틀은 비관성기준틀이다. 따라서 이 기준틀에서 뉴턴의 운동법칙을 적용할 때 관성력을 고려해야 한다. 이 관성력을 **원심력**이라 한다.

그림 2.37과 같은 회전판의 회전축에 고정된 용수철의 다른쪽 끝에 질량 m[kg]의 추를 매달아서 매끄러운 수평 회전판 위에 놓고, 회전판을 일정한 각속도 ω[rad/s]로 등속원운동 시키면 용수철은 자연 길이보다 더 늘어나서 일정한 길이 r[m]를 유지하면서 추는 회전판과 함께 등속원운동을 한다. 이때 추에 작용하고 있는 알짜 바깥힘은 탄성력 F[N]뿐이다. 이 현상을 땅(기준틀 S)에 서 있는 관측자 및 회전판(기준틀 S′) 위에 서 있는 관측자에게는 각각 어떻게 보이는지 살펴보자. 알짜힘은 지름 방향뿐이므로 이 방향의 운동방정식만 고려한다.

○ 두 관측자의 입장

지상에 서 있는 관측자가 보면, **그림 2.37(a)**와 같이 물체는 회전판과 함께 등속원운동을 한다. 이는 용수철의 탄성력 $\vec{F}$가 구심력의 역할을 하여 구심가속도

$$a = \omega^2 r$$

가 생기게 하기 때문이라고 해석된다. 이때, 물체의 운동방정식 $ma = F$ 는

$$m\omega^2 r = F \quad (\text{지름 방향}) \tag{2.62}$$

가 된다. 이것은 **등속원운동의 방정식**이다.

한편, **그림 2.37(b)**와 같이 회전판 위에서 회전판과 함께 회전운동을 하는 관측자가 보면 물체는 정지해 있다. 이것은 뉴턴의 운동법칙에 위배된다. 용수철의 탄성력 $\vec{F}$가 작용하고 있

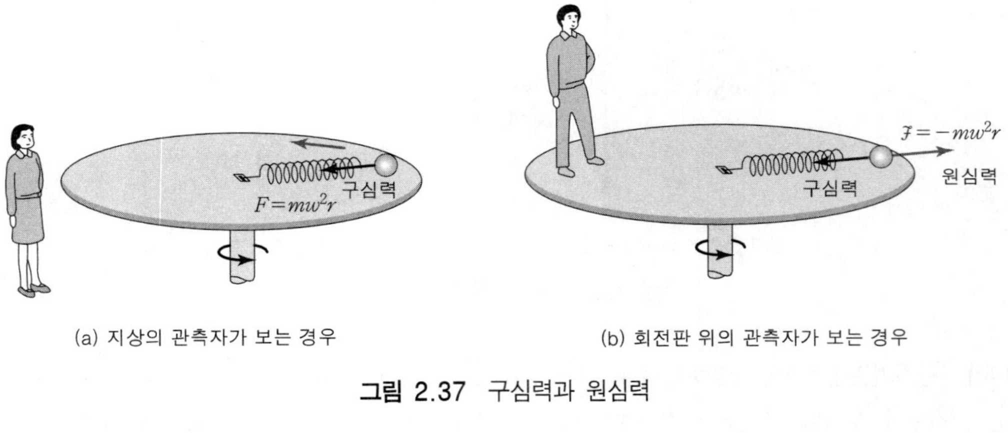

(a) 지상의 관측자가 보는 경우　　(b) 회전판 위의 관측자가 보는 경우

그림 2.37 구심력과 원심력

기 때문이다. 이것을 설명하기 위해서는 탄성력 $\overrightarrow{F}$와 평형을 이루는 제3의 힘 $\overrightarrow{\mathcal{F}}$을 가상하여 주어야 한다. 이 가상의 힘까지 고려하면 물체에 작용하는 알짜힘은 지름 방향으로

$$F + \mathcal{F} = 0$$

이 되어 물체가 정지해 있는 것이 설명된다. 이 가상의 힘 $\mathcal{F}$는 등속원운동의 운동방정식 (2.62)를 고려하면

$$\mathcal{F} = -m\omega^2 r = -\frac{mv^2}{r}$$

가 된다. 이것은 구심력과 크기는 같으나 방향이 반대이다. 곧 중심에서 멀어지는 방향이다. 그래서 이 관성력을 **원심력**(centrifugal force)이라 한다. 이것은 원운동이라는 가속도운동, 곧 $a_R = \omega^2 r = \frac{v^2}{r}$의 가속도운동을 하는 비관성기준틀에서 나타나는 관성력이다. 따라서 원운동을 하는 비관성기준틀에서 운동방정식은

$$ma' = F + \mathcal{F} : \mathcal{F} = -m\omega^2 r = -\frac{mv^2}{r} \text{ (지름 방향)}$$

로 주어진다.

예제 2.23 실의 장력에 의한 원운동

최대 5.00 kg의 추를 연직으로 달아놓을 수 있는, 가볍고 늘어나지 않는, 길이 1.50 m의 실 끝에 질량 0.500 kg의 추를 달아서 매끄러운 수평면에서 **그림 2.38**과 같이 원운동을 시켰다. 이 추의 운동방정식을 세우고, 추의 최대 속도를 구하라.

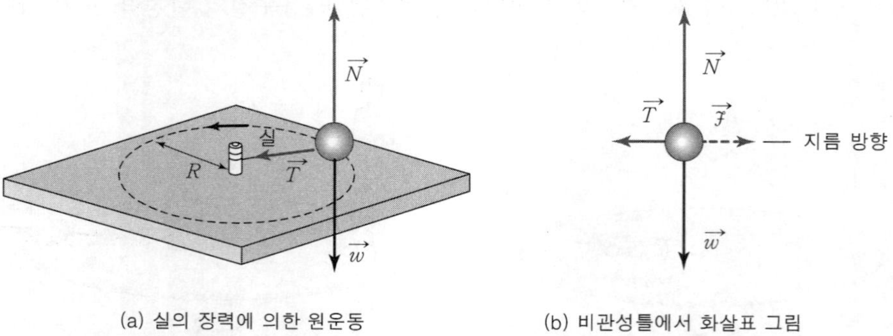

(a) 실의 장력에 의한 원운동 (b) 비관성틀에서 화살표 그림

그림 2.38 실의 장력에 의한 원운동

풀이 | (관성기준틀) 추에 작용하는 힘은 실의 장력 $\overrightarrow{T}$, 중력 $\overrightarrow{w} = m\overrightarrow{g}$ 및 수평면이 떠 바쳐 올리는 수직항력 $\overrightarrow{N}$이다. 중력은 수직항력과 비긴다. 따라서 뉴턴의 운동방정식 $ma = F$에서 추가 받는

알짜힘 F는 실의 장력 T뿐이고, 추의 가속도 a는 구심가속도

$$a_n = \frac{v^2}{R} \quad (R : \text{반지름})$$

이므로 추의 운동방정식은

$$\frac{mv^2}{R} = T \quad (\text{지름 방향}) \tag{2.63}$$

를 얻는다. 곧 실의 장력이 구심력이다. 여기서 실의 장력 T가 최대일 때 속도도 최대가 된다. 실에 연직으로 매달 수 있는 최대 질량을 M이라 하면 $T_{\max} = Mg$이므로

$$\frac{m\,v_{\max}^2}{R} = Mg \qquad \therefore\ v_{\max} = \sqrt{\frac{M}{m}gR} \tag{2.64}$$

이다. 여기서 $M = 5.00\,\text{kg}$, $m = 0.500\,\text{kg}$, $R = 1.50\,\text{m}$, $g = 9.81\,\text{m/s}^2$이므로, 추의 최대 속도는

$$v_{\max} = \sqrt{\left(\frac{5.00\,\text{kg}}{0.500\,\text{kg}}\right) \times (9.81\,\text{m/s}^2) \times (1.50\,\text{m})} = 12.1\,\text{m/s}$$

이다.

(비관성기준틀) 추와 같은 가속도로 원운동을 하는 비관성기준틀에서 보면, 뉴턴의 운동방정식은

$$ma' = F + \mathcal{F} \quad (\text{지름 방향})$$

인데, $a' = 0$이고, 실제힘 F는 장력 T, 관성력 $\mathcal{F}$는 원심력

$$\mathcal{F} = -\frac{mv^2}{R}$$

이므로 운동방정식은

$$0 = T + \left(-\frac{mv^2}{R}\right)$$

가 되어,

$$\frac{mv^2}{R} = T$$

를 얻는다. 이것은 식(2.63)과 일치하여, 관성기준틀에서와 같은 결과를 얻는다.

한편, 원심력을 고려하면 문제가 더 간단하게 풀리기도 한다. 원심력의 크기는 속도의 제곱에 비례하는데, 속도가 점점 커져서 원심력이 실의 장력보다 커지면 실이 끊어진다. 곧

$$|\mathcal{F}| \le T_{\max} \quad \therefore\ \frac{mv^2}{R} \le Mg \quad \text{또는} \quad v \le \sqrt{\frac{M}{m}gR}.$$

따라서 최대 속도 $v_{\max}$는 식(2.64)로 주어짐을 알 수 있다.

예제 2.24 마찰력에 의한 원운동

질량이 1.38×10^3 kg인 승용차가 도로면이 수평인 곡률반지름 35.0 m의 커브길을 달리고 있다 (**그림 2.39(a)** 참조). 승용차 타이어와 도로 면 사이의 정지마찰계수가 0.500이다. 커브길을 안전하게 달릴 수 있는 최대 속도는 얼마인가? 그 순간의 구심력은 얼마인가?

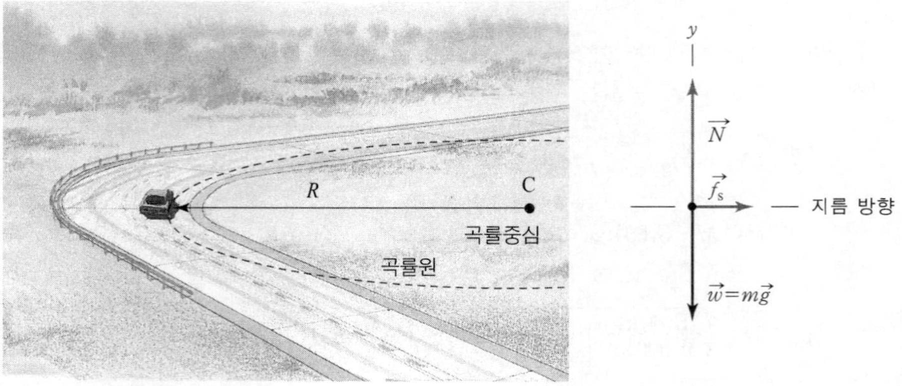

(a) 수평인 커브길을 달리는 자동차 (b) 관성기준틀에서 화살표 그림

그림 2.39 노면이 수평인 커브길을 달리는 승용차

풀이 (관성기준틀) 승용차에 실제로 작용하는 힘은 중력 $\vec{w}=m\vec{g}$, 수직항력 $\vec{N}$ 및 정지마찰력 $\vec{f}_s$인데, 중력과 수직항력은 서로 비긴다. 따라서 알짜 바깥힘은 지름 방향으로 작용하는 정지마찰력뿐이다. 한편, 원궤도를 그리던 승용차는 관성에 의하여 직선궤도를 그리려 하는데, 이는 중심으로부터 멀어지려는 운동이다. 이 운동을 정지마찰력은 방해하여 계속 중심으로부터 일정한 거리를 유지하는 원궤도를 그리게 한다. 따라서 뉴턴의 운동방정식은 $ma=F$에서 승용차의 가속도 a는

$$a=\frac{mv^2}{R}$$

이고, 승용차가 받은 알짜힘 F는 정지마찰력 f_s이므로 승용차의 운동방정식은

$$\frac{mv^2}{R}=f_s \quad \text{(지름 방향)} \tag{2.65}$$

인데, f_s가 최대일 때, 곧 최대 정지마찰력 $f_{s;\max}$일 때 속도도 최대가 된다. 따라서 운동방정식으로부터

$$\frac{mv_{\max}^2}{R}=f_{s;\max} \qquad \therefore\ v_{\max}=\sqrt{\frac{f_{s;\max}R}{m}}$$

를 얻는다. 여기서 $f_{s;\max}=\mu_s mg$이므로

$$v_{\max}=\sqrt{\mu_s gR} \tag{2.66}$$

이다. 여기에 $\mu_s=0.500$, $R=35.0\,\text{m}$, $g=9.81\,\text{m/s}^2$를 대입하여 계산하면

$$v_{\max}=\sqrt{0.500\times(9.81\,\mathrm{m/s^2})\times(35.0\ \mathrm{m})}=13.1\,\mathrm{m/s}$$

를 얻는다. 곧 최대 안전속도는 13.1 m/s이다.
그 순간 구심력 F는 바로 $f_{s;\max}$이므로

$$F=f_{s;\max}=\mu_s mg=0.500\times(1.38\times10^3\mathrm{kg})\times(9.81\ \mathrm{m/s^2})=6.77\mathrm{N}$$

이다.
(비관성기준틀) 승용차의 운동방정식은

$$ma'=F+\mathcal{F}\quad (\text{지름 방향})$$

인데, $a'=0$이고, 실제힘 F는 f_s이고 $\mathcal{F}$는 원심력

$$\mathcal{F}=-\frac{mv^2}{R}$$

이므로

$$0=f_s+\left(-\frac{mv^2}{R}\right)\quad\therefore\ \frac{mv^2}{R}=f_s$$

를 얻는다. 이것은 바로 식(2.65)이므로 관성기준틀에서와 같은 결과를 얻는다.
식(2.65)에서 만일 승용차가 더 빠르게 커브를 돌려면 구심력 곧 마찰력이 그만큼 더 커야 하는데, 마찰력이 그 만큼 크지 못하면 승용차는 미끄러지게 되어 원궤도를 유지하지 못한다.
이것은 원심력을 고려하면 쉽게 이해된다. 승용차가 원궤도를 그리려고 하면 원심력이 작용하여 승용차가 바깥쪽으로 미끄러지려고 한다. 이를 마찰력이 막아 주어서 원궤도를 유지하게 된다. 그런데 만일 마찰력이 원심력보다 작으면 승용차는 미끄러지게 되어 원궤도를 유지하지 못하게 된다.
승용차가 안전하게 커브길을 달리는 최대 속도는 승용차의 질량에는 관계없고, 자동차의 타이어와 도로면 사이의 정지마찰계수 μ_s 및 곡률반지름 R가 클수록 커진다(식(2.66) 참조).

예제 2.25 노면의 경사에 의한 원운동

고속도로의 나들목을 나오는 커브길을 설계하려고 한다. 질량 1,455 kg의 승용차가 마찰력에 의하지 않고 노면에 곡률중심쪽으로 기울기를 주어서 미끄러지지 않고 곡률반지름 50.0 m의 나들목 커브길을 시속 40.0 km의 속도로 나올 수 있게 하려고 한다.
① 노면의 기울기를 몇 도로 해야 하는가?
② 승용차의 타이어와 노면 사이의 마찰력이 있을 때 승용차가 시속 40.0 km보다 더 빠른 속도로 나들목으로 나오면 승용차의 운동방정식은 어떻게 되는가?

풀이 | ① 승용차에 작용하는 힘은 중력 $\vec{w}=m\vec{g}$와 노면에 수직으로 승용차를 떠받치는 수직항력 $\vec{N}$이다(**그림 2.40(b)** 참조).
(관성기준틀) 땅 위에 있는 관측자가 볼 때 운동방정식은

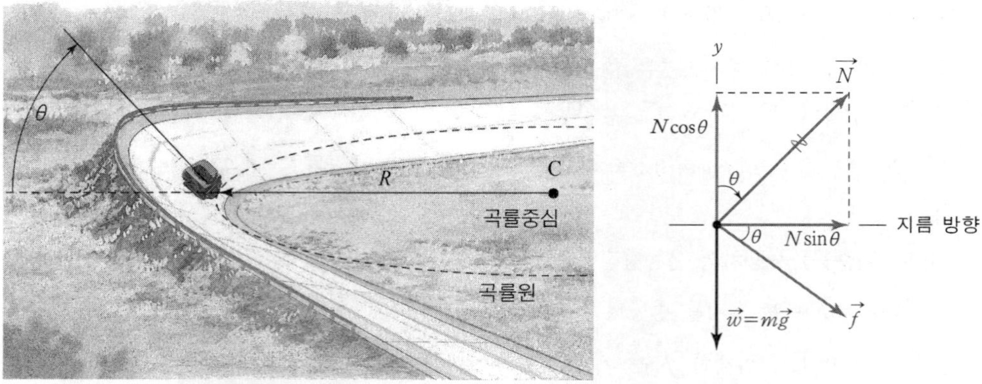

(a) 기울어진 커브길을 달리는 승용차 (b) 관성기준틀에서 화살표 그림

그림 2.40 노면이 기울어진 커브길을 달리는 승용차

$$m\vec{a} = m\vec{g} + \vec{N}$$

인데, 수평 성분 또는 지름 성분(r성분) 및 연직 성분(y성분)으로 분해하면

$$a_r = a_n \equiv a, \quad a_y = 0 \;;$$

$$g_r = 0, \quad g_y = -g \;;$$

$$N_r = N\sin\theta, \quad N_y = N\cos\theta$$

가 되어 운동방정식은

$$r\text{성분}: ma = 0 + N\sin\theta \quad \text{또는} \quad ma = N\sin\theta \tag{2.67}$$

$$y\text{성분}: 0 = -mg + N\cos\theta \quad \text{또는} \quad mg = N\cos\theta \tag{2.68}$$

로 분해된다. 연직 방향은 중력과 수직항력의 연직 성분 N_y가 서로 비기고, 수직항력의 수평 성분 N_r가 구심력의 역할을 하여 원궤도운동을 하게 한다. 따라서 a는 구심가속도이다. 위의 두 식 (2.67) 및 (2.68)에서 수직항력 N을 소거하기 위하여 변변끼리 서로 나누기하면

$$\tan\theta = \frac{a}{g} \tag{2.69}$$

를 얻는다. 여기서 구심가속도 $a = \dfrac{v^2}{R}$를 고려하면 각 θ는

$$\tan\theta = \frac{v^2}{gR} \tag{2.70}$$

로 주어진다. 곧 기울기는 승용차의 질량에는 관계없고, 승용차의 속도가 클수록, 곡률반지름이 작을수록 커야 한다. 식(2.70)에

$$v = 40.0\,\text{km/h} = (40.0\,\text{km/h}) \times \left(\frac{1\,\text{h}}{3600\,\text{s}}\right) \times \left(\frac{1000\,\text{m}}{1\,\text{km}}\right) = 11.11\ \text{m/s},$$

$$R = 50.0\,\text{m}, \quad g = 9.81\,\text{m/s}^2$$

을 대입하여 계산하면

$$\tan\theta = \frac{(11.11\ \mathrm{m/s})^2}{(9.81\ \mathrm{m/s^2})\times(50.0\ \mathrm{m})} = 0.2517 \quad \therefore\ \theta = 14.1°$$

이다.

(비관성기준틀) 승용차와 같은 가속도운동을 하는 관측자가 볼 때, 관성력을 $\vec{\mathcal{F}}$라 하면 운동방정식은

$$m\vec{a}' = m\vec{g} + \vec{N} + \vec{\mathcal{F}}$$

인데, $\vec{a}' = 0$이고,

$$\mathcal{F}_r = -\frac{mv^2}{R},\quad \mathcal{F}_y = 0$$

이므로, 운동방정식은

$$r\text{성분} : \frac{mv^2}{R} = N\sin\theta$$

$$y\text{성분} : mg = N\cos\theta$$

로 분해된다. 이는 식(2.67) 및 식(2.68)과 일치한다. 따라서 같은 결과를 준다.

② 마찰력을 $\vec{f}$라 하면 운동방정식은

$$m\vec{a} = m\vec{g} + \vec{N} + \vec{f}$$

인데, 속도가 시속 40.0 km보다 더 크면 $\vec{f}$는 커브길의 안쪽으로 노면을 따라서 작용하므로 (**그림 2.40(b)** 참조)

$$f_r = f\cos\theta,\quad f_y = -f\sin\theta$$

이 되어

$$r\text{성분} : m\,a_r = 0 + N\sin\theta + f\cos\theta$$

$$y\text{성분} : m\,a_y = -mg + N\cos\theta - f\sin\theta$$

와 같이 분해된다. 여기서

$$a_r = a_n = \frac{v^2}{R},\quad a_y = 0$$

이므로

$$r\text{성분} : \frac{m\,v^2}{R} = N\sin\theta + f\cos\theta$$

$$y\text{성분} : mg = N\cos\theta - f\sin\theta$$

를 얻는다.

식(2.67)이 $\frac{m\,v^2}{R} = N\sin\theta$임을 고려하면, 속도가 노면의 기울기에 대응되는 안전속도 40.0 km/h보다 더 빠른 속도로 달리면 마찰력이 작용하고, 마찰력의 수평 성분 $f\cos\theta$에 대응하는 속도만큼 더 빠르게 달릴 수 있다.

예제 2.26 실의 장력과 중력에 의한 원운동 – 원뿔흔들이

길이 L[m]의 늘어나지 않는 가벼운 실 끝에 질량 m[kg]의 추가 달린 홑흔들이가 있다. 그 추를 수평면 내에서 일정한 빠르기로 등속원운동을 하게 하였다. 이 홑흔들이는 원뿔면을 그린다. 그래서 이 홑흔들이를 **원뿔흔들이**(conical pendulum)라 한다. **그림 2.41**과 같이 실이 연직선과 각 θ[rad]을 이루고 있었다.

① 등속원운동을 하는 추의 구심력을 구하라.

② 등속원운동을 하는 추의 주기를 구하라.

풀이 추에 작용하는 실제힘은 추의 무게 $\vec{w} = m\vec{g}$[N] 및 실의 장력 $\vec{T}$[N]으로, 이들의 합성력이 원뿔흔들이의 구심력의 역할을 한다. 추에 작용하는 힘들을 수평 성분 또는 지름 성분 및 연직 성분으로 분해하여 생각하는 것이 편리하다.

(관성기준틀) ① 추의 운동방정식은

$$m\vec{a} = m\vec{g} + \vec{T}$$

인데, 수평 성분(r성분) 및 연직 성분(y성분)으로 분해하면

$$a_r = a_n \equiv a,\ \ a_y = 0\ ;\ g_r = 0,\ \ g_y = -g\ ;\ T_r = T\sin\theta\ ,\ \ T_y = T\cos\theta$$

가 되어, 운동방정식은

$$r\text{성분}: ma = 0 + T\sin\theta \quad \text{또는} \quad ma = T\sin\theta \tag{2.71}$$

$$y\text{성분}: 0 = -mg + T\cos\theta \quad \text{또는} \quad mg = T\cos\theta \tag{2.72}$$

로 분해된다. 여기서 a는 구심가속도이다. 따라서 실의 장력의 연직 성분 T_y는 중력과 비기고, 수평 성분 T_r는 구심력의 역할을 한다.

식(2.71) 및 식(2.72)에서 T를 소거하기 위하여 변변끼리 나누기 하면

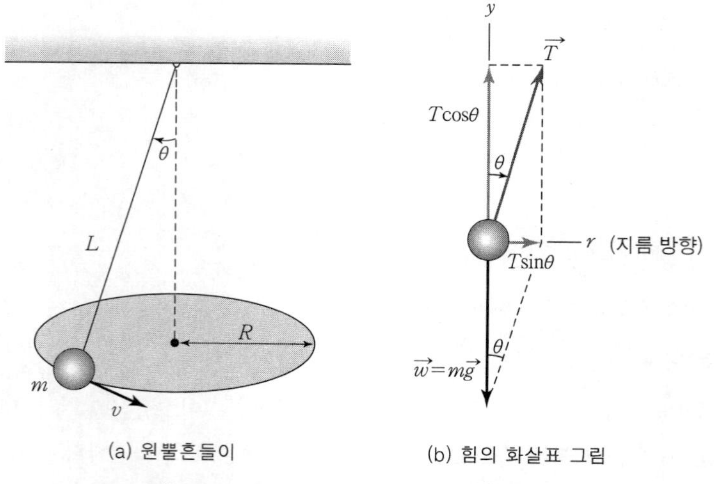

(a) 원뿔흔들이 (b) 힘의 화살표 그림

그림 2.41 실의 장력과 중력에 의한 원운동

$$\frac{a}{g} = \tan\theta \quad \text{또는} \quad a = g\tan\theta \tag{2.73}$$

를 얻는다. 따라서 구심력은 $F = ma$ 에 의하여

$$F = mg\tan\theta$$

이다. 이것은 화살표 **그림 2.41(b)**를 보면 쉽게 알 수 있다.

② 추가 그리는 원궤도 반지름을 R, 각속도를 ω라 하면 구심가속도는 $a = \omega^2 R$인데, 반지름 R은 $R = L\sin\theta$이고, 구심가속도는 식(2.73)으로 주어지므로

$$g\tan\theta = \omega^2 L\sin\theta \qquad \therefore\ \omega = \sqrt{\frac{g}{L\cos\theta}}$$

이다. 따라서 추의 주기 τ는

$$\tau = \frac{2\pi}{\omega} = 2\pi\sqrt{\frac{L\cos\theta}{g}}$$

로 주어진다. 주기는 추의 질량에 무관하다.

원뿔흔들이에서 구심가속도와 실의 장력이 연직선과 이루는 각 사이의 관계식(2.73)은 노면이 기울어진 커브길을 달리는 승용차의 구심가속도와 노면의 기울어진 각 사이의 관계식(2.69)와 일치함을 볼 수 있다. 곧 실의 장력은 노면이 승용차에 작용하는 수직항력에 대응된다.

(비관성기준틀) 추와 같이 가속도 $a = \omega^2 R$로 가속도운동을 하는 관측자가 볼 때 운동방정식은

$$m a' = m\vec{g} + \vec{T} + \vec{\mathcal{F}}$$

인데, $\vec{a}' = 0$이고,

$$\mathcal{F}_r = -m\omega^2 R\ , \quad \mathcal{F}_y = 0$$

이므로, 운동방정식은

$$r\text{성분} : m\omega^2 R = T\sin\theta$$
$$y\text{성분} : mg = T\cos\theta$$

로 분해된다. 이는 식(2.71) 및 식(2.72)와 일치한다. 따라서 같은 결과를 준다.

예제 2.27 중력마당의 연직면에서 원운동

물이 담긴 물동이가 연직면 내에서 반지름 1.25 m의 원을 그리며 빙빙 돌고 있다. 원궤도의 꼭짓점에서 물이 쏟아지지 않으려면 그 점에서 속도의 크기는 적어도 얼마이어야 하는가? (관성기준틀) 지상에 정지해 있는 관측자 A 및 (비관성기준틀) 물동이와 같이 원운동을 하는 관측자 B의 두 관점에서 각각 구하라.

풀이 | **그림 2.42**와 같이 물동이가 꼭짓점에 있는 순간에 물이 받는 힘은 물동이 바닥으로부터 받는 수

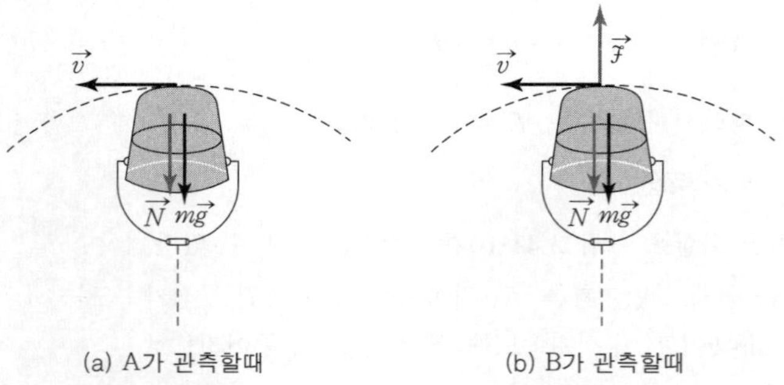

그림 2.42 물에 작용하는 힘의 화살표 그림

직항력 $\vec{N}$ [N], 물의 무게 $\vec{w} = m\vec{g}$ [N]이다. 실제로 받는 알짜힘은

$$\vec{F} = \vec{N} + m\vec{g}$$

이다. 원의 중심을 향하는 쪽을 양(+)으로 택한다.

(**관성기준틀**) 지상에 정지해 있는 관측자 A가 볼 때, 물의 운동의 방정식은

$$m\vec{a} = m\vec{g} + \vec{N}$$

이다. 꼭짓점에서 물이 실제로 받는 힘은 지름 성분

$$F = N + mg$$

이고, 이는 구심력의 역할을 하여 물이 원운동하게 한다. 꼭짓점에서 속도를 v[m/s]라 하면 구심가속도는 $a = \dfrac{v^2}{R}$ 이므로, 물의 운동의 방정식은

$$\frac{mv^2}{R} = N + mg \quad \text{(지름 방향)} \tag{2.74}$$

가 된다. 물이 쏟아지지 않는다는 것은 물동이의 밑바닥으로부터 받는 수직항력이 0이 아님을 뜻한다. 따라서 꼭짓점에서 물이 쏟아지지 않고 원운동을 하려면 수직항력은 항상 $N \geq 0$이어야 하므로

$$\frac{mv^2}{R} \geq mg \quad \text{또는} \quad v^2 \geq gR$$

이다. 곧 속도의 크기는 적어도

$$v_c = \sqrt{gR}$$

이어야 한다. 물의 질량에는 관계없고 반지름에만 관계된다. 반지름이 1.25 m이면 이 한계속도 v_c는

$$v_c = \sqrt{gR} = \sqrt{(9.81\ \text{m/s}^2) \times (1.25\ \text{m})} = 3.50\ \text{m/s}$$

이다.

(**비관성기준틀**) 물동이와 같은 원운동을 하는 관측자 B에게는 물이 정지해 있는 것처럼 보인다. 실제힘 $\vec{F} = \vec{N} + m\vec{g}$ 외에 관성력 $\vec{\mathcal{F}}$를 가정해주어야 한다. 따라서 물의 운동방정식은

$$m\vec{a}' = \vec{N} + m\vec{g} + \vec{\mathcal{F}}$$

로 주어진다. 꼭짓점에서 물체에 작용하는 힘은 실제힘 및 관성력(원심력)은 각각

$$F = N + mg, \quad \mathcal{F} = -\frac{mv^2}{R} \quad \text{(지름 방향)}$$

이고 $\vec{a}' = 0$이다. 따라서 B가 볼 때 꼭짓점에서 물의 운동방정식은,

$$0 = N + mg - \frac{mv^2}{R} \quad \text{또는} \quad \frac{mv^2}{R} = N + mg$$

가 된다. 이 식은 위의 식(2.74)이다. 따라서 관성기준틀에서와 같은 결과를 얻는다.

○ 코리올리 힘

이제까지는 회전판 위에 정지해 있는 물체에 대해서 생각했다. 만일 물체가 회전판에 대해서 움직이는 경우에는 어떻게 될까?

투수와 포수가 같은 지름선상에 있다. 투수가 포수를 보고 공을 회전판의 중심에서 지름을 따라 바깥쪽으로 던졌을 때, 땅(기준틀 S)에 서 있는 관측자 A 및 회전판(기준틀 S′) 위에서 있는 관측자 B에게는 각각 어떻게 보일까?

○ 두 관측자의 입장

지상에 정지해 있는 관측자 A가 보면, **그림 2.43(a)**와 같이 공은 땅에 대해서 직선운동을 한다. 따라서 회전판과 함께 회전하는 포수를 빗나간다. 이에 대해서 회전판 위에 있는 관측자 B가 보면 공은 회전판에 대해서 **그림 2.43(b)**와 같은 곡선궤도를 그리면서 날아간다. 따라서 포수가 받을 수 있게 하려면 이 휘어짐을 고려하여 포수의 왼쪽을 향하여 던져야 한다. 이 경우 고려해주어야 하는 관성력을 **코리올리 힘**(Coriolis force)이라 한다. 이것은, 원심력과 달리 원운동을 하는 기준틀에 대해서 상대적으로 움직이는 물체에 나타나는 관성력으로,

> **코리올리 힘의 크기는 기준틀의 각속도 및 그 기준틀에 대한 물체의 상대속도에 비례하고, 그 방향은 회전축의 방향*을 머리 위로 하고 물체가 날아가는 방향을 바라볼 때, 속도에 수직인 방향으로 오른쪽이다.**

지구는 남쪽에서 북쪽을 향하는 자전축 주위로 각속도 $\omega = 7.3 \times 10^{-5}\,\text{rad/s}$로 자전하고

---

* 오른손가락으로 회전하는 방향으로 감아 쥐었을 때 엄지 손가락이 가리키는 방향이다. 이를 "오른손 규칙"이라고도 부른다(소단원 8.7.1 참조).

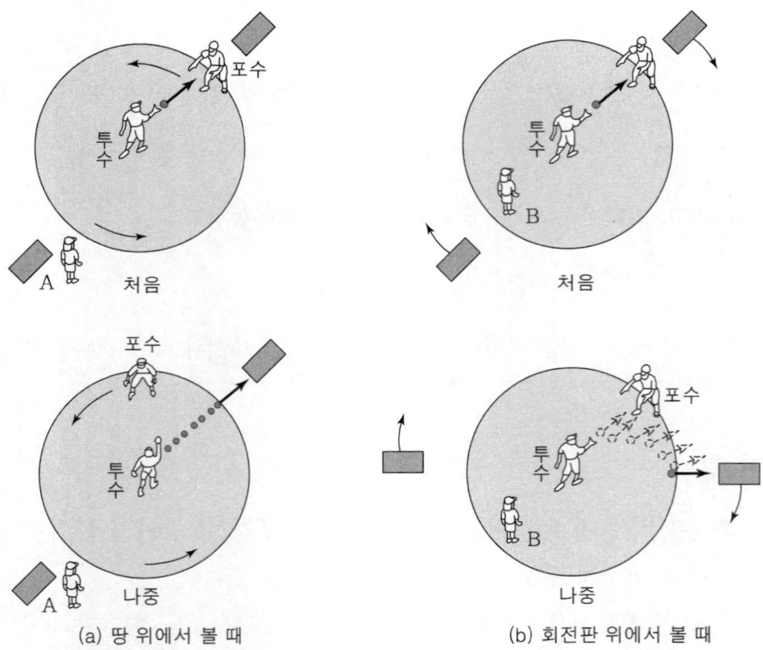

그림 2.43 회전판 위에서 운동하는 물체에 작용하는 관성력

있기 때문에 지구상에서 운동하는 물체에 뉴턴의 운동법칙을 적용할 때에는 원심력 및 코리올리 힘을 고려해야 한다. 특히 회오리 바람이나 편서풍 같은 일기현상 중에는 코리올리 힘으로 인한 현상이 적지 않다.

예를 들면 회오리 바람이다. 회오리 바람은 갑자기 기온의 변화가 국지적으로 일어나서 한 지점에 저기압이 형성되면 주위의 고기압에서 저기압 쪽으로 부는 바람이 생긴다. 북반구에서는 회전축의 방향이 머리 위로 향하므로 코리올리 힘이 바람이 불어가는 쪽을 바라볼 때 오른쪽으로 작용한다. 따라서 바람이 오른쪽으로 휘어진다. 그래서 북반구에서는 시계 반대 방향으로 회오리 바람이 돈다. 이에 대해서 남반구에서는 북반구와 반대 방향이다(**그림 2.44** 참조).

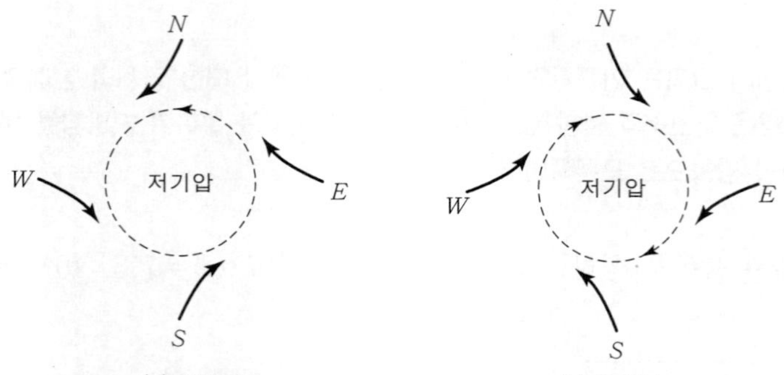

그림 2.44 회오리 바람의 모양

연습문제

2.1 힘과 상호작용

2-1 용수철의 탄성력

힘상수가 10.2 kgf/m인 용수철을 연직으로 매어 달고 그 아래 끝을 손으로 연직 아래로 당겨서 0.500 m 늘어나게 하였다. 용수철이 손에 작용하는 힘은 얼마인가?

답 | 5.10 kgf

2-2 실이 당기는 힘

문2-2의 그림 (가)-(다)와 같이 가볍고 늘어나지 않는 실에 추가 달려 있을 때, 실에 작용하는 장력은 각각 얼마인가?

(가) 책상 위에 고정된 물체에 실을 매어서 책상 가장자리에 고정되어 있는 가볍고 자유로이 회전할 수 있는 고정도르래에 걸쳐서 그 실 끝에 10.0 kg의 추를 달아 놓았다.

(나) 가볍고, 자유롭게 회전할 수 있는 고정도르래에 실을 걸쳐서 그 양단에 5.00 kg의 추를 하나씩 연직으로 매어 달아 놓았다.

(다) 질량 5.00 kg의 추를 실로 천장에 매어 달고, 같은 질량의 추를 실로 그 추에 연직으로 매어 달았다.

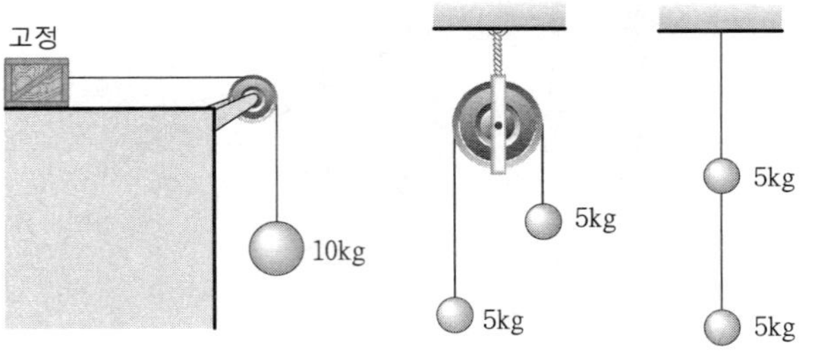

문2-2의 그림 : 두 물체를 연결하는 실의 장력

답 | (가) 10.0 kgf (나) 5.00 kgf (다) 위쪽의 실 10.0 kgf, 아래쪽 실 5.00 kgf

2-3 화살표 그림

9 kg짜리 상자 A가 수평인 책상 위에 놓여 있는 12 kg짜리 상자 B 위에 얹혀 있다. 각 물체에 작용하는 힘을 찾아내고, 그들의 작용·반작용의 쌍을 찾아라. 그리고 화살표 그림을 그려라.

답 | A에 작용하는 힘 : 중력 $\vec{w}_{A}$, B가 A에 작용하는 수직항력 $\vec{N}_{AB}$,
B에 작용하는 힘 : 중력 $\vec{w}_{B}$, 책상이 B에 작용하는 수직항력 $\vec{N}_{BT}$, $\vec{F}_{BA}$($\vec{N}_{AB}$의 반작용)

$\vec{w}_A$의 반작용 : $\vec{w}_A' = \vec{F}_{EA}$, w_B의 반작용 : $\vec{w}_B' = \vec{F}_{EB}$ ($\vec{F}_{EA}$, $\vec{F}_{EB}$: A, B가 지구 (E)에 작용하는 힘

$\vec{N}_{BT}$의 반작용 : $\vec{N}_{BT}' = \vec{F}_{TB}$

2-4 용수철 저울의 눈금

문2-4의 그림은 눈금이 [N]으로 된 매우 가벼운 용수철 저울에 10 kg짜리 물체를 달아 놓은 것이다. 각각의 경우 용수철 저울의 눈금을 읽어라. 실은 늘어나지 않고, 질량을 무시할 수 있다. 비탈면은 매우 매끄럽다. 또, 도르래는 마찰이 없고, 매우 가볍다.

답 (가) 10 kgf (나) 10 kgf (다) 5.0 kgf (라) 5.0 kgf

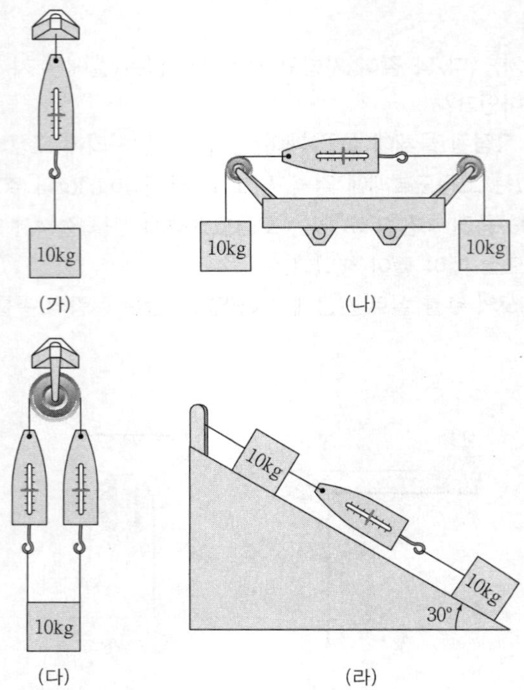

문2-4의 그림 : 용수철 저울에 달린 물체

2-5 탄성력 및 수직항력

천장에 매달려 있는 힘상수가 61.2 kgf/m인 용수철의 다른 끝에 수평면 위에 놓여 있는 12.0 kg의 상자를 달아 놓았더니 용수철이 10.0 cm 늘어난 상태로 상자는 수평면 위에 그대로 있다.

(가) 용수철이 상자에 작용하는 힘은 얼마인가?

(나) 수평면이 상자에 작용하는 수직항력은 얼마인가?

답 (가) $F = 6.12$ kgf (나) $N = 5.88$ kgf

2-6 물동이 들기

어머니와 어린 딸이 4.00 kg의 물동이를 같이 들고 있다. 어머니가 딸 보다 키가 커서 물동이를 든 팔이 연직선과 30.0°를 이루고 딸의 팔은 연직선과 60.0°를 이루고 있다. 어머니와 딸이 물동이에 작용한 힘의 크기는 각각 얼마인가?

답 | $F_{어} = 3.46$ kgf, $F_{딸} = 2.00$ kgf

2-7 정지마찰계수

수평면 위에 있는 2.0 kg의 목침에 실을 달아서 수평 방향에서 위로 30° 이루는 방향으로 실을 당긴다. 실의 장력을 점점 증가하여 장력이 0.50 kgf이 되는 순간 목침이 움직이기 시작하였다. 목침에 작용하는 수직항력 및 목침과 수평면 사이의 정지마찰계수는 각각 얼마인가?

답 | $N = 1.8$ kgf, $\mu_s = 0.25$

2.2 뉴턴의 운동법칙

2-8 입자의 질량

처음에 속도 25.0 m/s로 운동하던 입자에 15.0 N의 힘이 작용하여 62.5 m 이동한 거리에서 정지했다. 입자의 질량은 얼마였을까?

답 | $m = 3.00$ kg

2-9 물체의 질량

한 물체에 어떤 힘을 작용하였더니 3.00 m/s^{2}의 가속도가 생겼다.

(가) 다른 물체에 같은 힘을 작용하였더니 9.00 m/s^{2}의 가속도가 생겼다. 두 물체의 질량의 비는 얼마인가?

(나) 두 물체를 한데 묶은 것에 같은 힘을 작용하면 가속도는 얼마인가?

답 | (가) $m : m_0 = 1 : 3$ (나) $a = 2.25$ m/s^2

2-10 큰 배를 끄는 예인선의 힘

일정한 힘 F_1으로 큰 배를 예인하는 한 예인선에 의하여 큰 배가 10.0초 동안에 속도가 4.00 km/h만큼 증가하였다. 여기에 하나 더 추가된 다른 예인선이 같은 방향으로 일정한 힘 F_2로 예인하였더니 배의 속도가 10.0초 동안에 16.0 km/h 증가하였다. 두 힘의 세기의 비를 구하라.

답 | $F_1 : F_2 = 1 : 3$

2-11 통나무를 당기는 힘

땅바닥에 있는 75.0 kg의 통나무를 수평 방향으로 250 N의 일정한 힘으로 당기니 일정한 속도로 움직였다.

(가) 바닥이 운동을 방해하는 힘은 얼마인가?

(나) 통나무에 2.00 m/s^{2}의 가속도를 주려면 얼마의 힘으로 당겨야 하는가?

답 (가) $f=250$ N (나) $F=400$ N

2-12 질량과 무게

달에서 중력가속도는 지구의 $\frac{1}{6}$ 정도이다. 몸무게가 600 N인 우주비행사가 달 표면에 착륙했다. 달에서 측정했을 때, 몸무게 및 질량은 각각 얼마인가?

답 $w_{달}=100$ N, $m=61.2$ kg

2-13 FPS단위계

물리량의 기본량으로 {길이, 힘, 시간}을 택하고 그 단위인 기본단위로 푸트(foot)[ft], 파운드(pound)[lb], 초[s]를 사용하는 단위계를 FPS단위계(foot-pound system)라 한다. 이 단위계에서 질량의 단위를 슬러그[slug]라 한다. 1 kg의 물체를 저울로 달면 2.205 lb이다.

(가) 1 lb는 중력단위계에서 얼마인가?

(나) FPS단위계에서 중력가속도 g는 얼마인가? 1 m = 3.281 ft이다.

(다) 1 kg은 몇 slug인가?

Tip (나) 1 m = 3.281 ft (다) $m=\dfrac{w[\text{lb}]}{g[\text{ft/s}^2]}=\dfrac{w}{g}$ [slug]

답 (가) 1 lb = 0.454 kgf (나) $g=32.2$ ft/s^2 (다) 1 kg = 0.0685 slug

2.3 운동방정식과 힘의 법칙

2-14 물건 달아놓기

질량 2.00 kg의 물건을 똑같은 길이의 두 가닥의 실로 천장에 매달아 놓았는데, 각 실 가닥이 수평인 천장과 같은 각 θ를 이루고 있다.

(가) 실의 장력 T, 물건의 무게 $w=mg$ 사이의 관계식을 세워라.

(나) 실의 장력이 최소가 되는 각 θ 및 장력을 구하라.

답 (가) $2T\sin\theta-mg=0$ (나) $\theta=90°$일 때, $T_{\min}=9.81$ N

2-15 비탈면 위에 있는 목침

질량 15.0 kg의 목침을 비탈 각이 27.0°인 매끄러운 비탈면 위에 얹어 놓고 미끄러져 내려오지 않게 비탈면에 나란하게 실로 매어 놓았다.

(가) 실의 장력 및 비탈면으로부터 목침이 받는 수직항력은 각각 얼마인가?

(나) 만일 실을 끊어주면 목침은 비탈면을 미끄러져 내려온다. 가속도운동을 하는가? 그렇다면 가속도는 얼마인가?

답 (가) $T=66.8$ N, $N=131$ N (나) $a_x=4.45$ m/s^2

2-16 실에 연직으로 매달린 추

5.00 kg의 추에 실을 달아서 연직상방으로 당기고 있다. 실의 장력이 아래와 같은 경우, 추의 가속도를 구하라.

(가) 5.00 N (나) 10.0 N (다) 100 N

답 | (가) $a=-8.81\ \mathrm{m/s^2}$ (나) $a=-7.81\ \mathrm{m/s^2}$ (다) $a=10.2\ \mathrm{m/s^2}$

2-17 밧줄 타고 탈출하기

5층 빌딩에서 창문을 통하여 밧줄을 타고 탈출하려고 한다. 창문의 높이는 15.0 m인데, 밧줄의 길이는 24.0 m이고 밧줄이 견딜 수 있는 최대 장력이 360 N이다. 사람의 몸무게는 600 N이고, 땅에 닿는 순간의 속도가 8.00 m/s를 넘으면 상해를 입는다고 한다.

(가) 이 사람이 밧줄을 타고 내려간다면, 이때 최소 가속도는 얼마인가?

(나) 이 사람이 밧줄을 타고는 안전하게 탈출할 수 없다. 왜 그런가?

(다) 주어진 밧줄을 이용하여 안전하게 땅에 내릴 수 있는 전략을 세워보라.

답 | (가) $a_{\min}=-3.92\ \mathrm{m/s^2}$ (나) $\because\ v_{\min}=10.8\ \mathrm{m/s}>8.00\,\mathrm{m/s}$

(다) 밧줄을 두 겹으로 하여 12.0 m 내려와서 밧줄을 놓고 자유낙하한다.

2-18 움직이는 비탈면에서 물체의 운동

질량 M의 직각삼각기둥이 직각을 낀 한 변을 밑변으로 하여 매끄러운 수평인 책상 위에 있다. 매끄러운 빗면에 질량 m의 목침을 얹어 놓았다. 이 역학계를 정지상태에서 가만히 놓았더니 움직이기 시작하였다. 빗면의 비탈각을 θ라 한다(문2-18의 그림(a) 참조).

(가) 삼각기둥의 가속도를 $\vec{A}$, 목침이 빗면으로부터 받는 수직항력을 $\vec{N}$이라 하고, 삼각기둥 및 목침의 운동방정식 그리고 삼각기둥에 대한 목침의 상대운동방정식을 수평 및 연직 성분별로 각각 세워라.

(나) 이들 운동방정식으로부터 수직항력 N 및 삼각기둥의 가속도 A를 각각 구하라.

(다) 목침의 삼각기둥 및 책상에 대한 상대가속도의 수평 및 연직성분을 각각 구하라.

(라) 비탈의 질량 M이 매우 큰 경우 위의 결과를 어림한 것을 확인하라.

(마) 만일, 그림(b)와 같이 수평 방향으로 힘 $\vec{F}$가 삼각기둥에 작용하였으나 목침이 같은 위치에 머물러 있었다면 힘 $\vec{F}$의 크기는 얼마였을까?

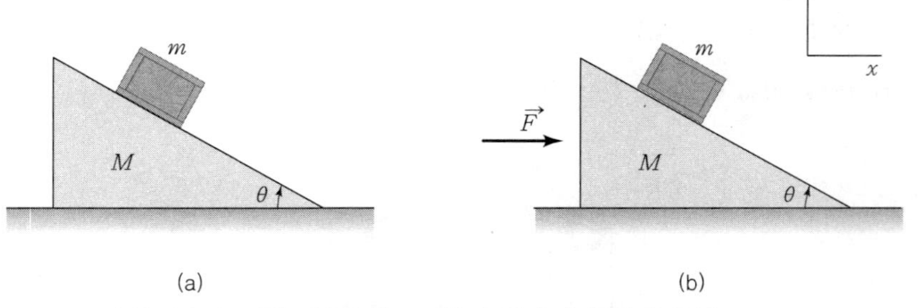

문2-18의 그림 : 움직이는 비탈면 위에서 물체의 운동

Tip 목침의 삼각기둥에 대한 상대가속도벡터 $\vec{a}'=\vec{a}-\vec{A}$

답 | (가) $MA=-N\sin\theta,\ \ ma_x=N\sin\theta,\ \ ma_y=N\cos\theta-mg,\ \ ma_x'=\left(1+\dfrac{m}{M}\right)N\sin\theta,$

$ma_y'=N\cos\theta-mg$

(나) $N=\left(\dfrac{M\cos\theta}{M+m\sin^2\theta}\right)mg$, $A=-\left(\dfrac{m\sin\theta\cos\theta}{M+m\sin^2\theta}\right)g$

(다) $a_x{}'=\left(\dfrac{(M+m)\sin\theta\cos\theta}{M+m\sin^2\theta}\right)g$, $a_y{}'=-\left(\dfrac{(M+m)\sin^2\theta}{M+m\sin^2\theta}\right)g$,

$a_x=\left(\dfrac{M\sin\theta\cos\theta}{M+m\sin^2\theta}\right)g$, $a_y=-\left(\dfrac{(M+m)\sin^2\theta}{M+m\sin^2\theta}\right)g$

(라) $N\cong mg\cos\theta$, $A\cong 0$, $a_x\cong g\sin\theta\cos\theta$, $a_y\cong -g\sin^2\theta$ 또는 $a=\sqrt{a_x^2+a_y^2}\cong g\sin\theta$: 이들은 삼각기둥이 고정된 경우의 결과이다.

(마) $F=(m+M)g\tan\theta$

2-19 접촉해 있는 목침 세 개

질량이 각각 $m_A=2.00$ kg, $m_B=3.00$ kg, $m_C=4.00$ kg인 목침 A, B, C가 매끄러운 수평면 위에 차례로 서로 접촉해 있다. 수평 방향의 힘 $F=18.0$N이 목침 A에서 B쪽으로 작용하였다.

(가) 목침의 가속도를 구하라.
(나) 각 목침에 작용하는 힘을 구하라.
(다) 목침들 사이의 접촉힘을 구하라.

답 | (가) $a=2.00\ \text{m/s}^2$ (나) $F_A=4.00$ N, $F_B=6.00$ N, $F_C=8.00$ N
(다) $|F_{AB}|=|F_{BA}|=14.0$ N, $|F_{BC}|=|F_{CB}|=8.00$ N

2-20 실로 연결된 세 물체

그림과 같이 질량 $m_B=3.00$ kg의 목침 B를 매끄러운 수평면에 올려놓고 양쪽에 각각 가볍고 늘어나지 않는 실로 연결하여 가벼운 고정도르래에 각각 걸치고 각 가닥의 실 끝에 질량이 각각 $m_A=1.50$ kg, $m_C=2.50$ kg인 목침 A, C를 연직으로 달아 놓았다. 고정도르래는 자유로이 회전할 수 있다. 처음에 연직으로 매달려 있는 목침 A, C를 바치고 있다가 정지상태에서 가만히 놓았다(문2-20의 그림 참조).

(가) 각 목침의 가속도를 구하라.
(나) 각 실 가닥의 장력을 구하라.

답 | (가) $a=1.40\ \text{m/s}^2$ (나) $T_A=16.8$ N, $T_C=21.0$ N

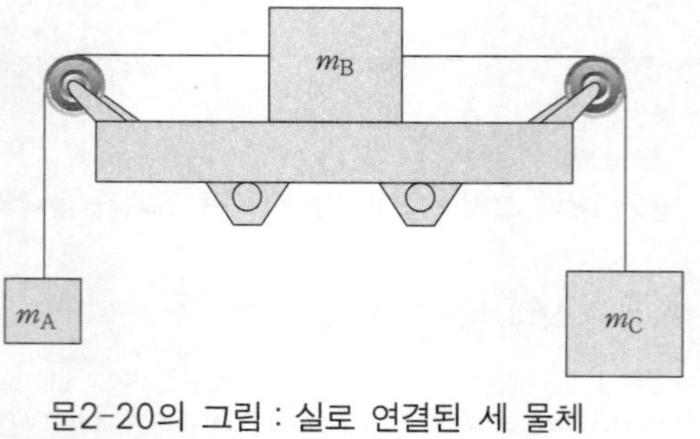

문2-20의 그림 : 실로 연결된 세 물체

2-21 무거운 줄로 연결된 물체

질량이 다같이 100 kg인 두 개의 목침이 길이 12.5 cm, 질량 1.00 kg의 늘어나지 않는 균질의 줄로 연결되어 매끄러운 수평면 위에 놓여있다. 그 중 한 목침을 같은 줄로 매어 수평으로 힘 F로 당겼더니 $1.60\,\mathrm{m/s^2}$의 가속도가 생겼다.

(가) 힘 F는 얼마인가?

(나) 각 줄 가닥이 목침과 접촉하는 점에서 줄의 장력을 구하라.

(다) 힘 F로 당기는 줄의 접촉점 C에서 x[m] 떨어진 점에서 줄의 장력 $T(x)$를 구하라.

답| (가) $F=323\,\mathrm{N}$ (나) $T_A=160\,\mathrm{N}$, $T_B=162\,\mathrm{N}$, $T_C=322\,\mathrm{N}$ (다) $T(x)=12.8x+322$ [N]

2-22 아트우드 기계에 달린 물체에 얹힌 조약돌

그림 2.26과 같은 아트우드 기계의 가벼운 물체 위에 질량 μ의 작은 조약돌을 얹어 놓으면 물체의 가속도는 어떻게 변하는가? 또, 조약돌이 물체를 누르는 힘은 조약돌 무게의 몇 배인가?

답| 가속도는 $m_A \to (m_A+\mu)$인 경우와 같다. 힘은 $\dfrac{2m_B}{m_A+m_B+\mu}$ 배

2-23 벽 페인트칠 승강기

벽에 페인트칠을 하는 기술자가 문2-23의 그림과 같은 가벼운 고정도르래와 움직도르래에 걸친 늘어나지 않는 가벼운 밧줄로 연결한 승강기를 타고 밧줄을 스스로 당겨서 위로 올라가고 있다. 도르래는 자유로이 회전한다. 상승 가속도를 a, 페인트 기술자 및 기술자가 타고 있는 승강기(판을 포함한 전체)의 질량을 각각 M, m이라 한다.

(가) 고정도르래, 움직도르래, 승강기 및 기술자에 작용하는 힘의 화살표 그림을 그리고, 그들의 운동방정식을 세워라.

(나) 밧줄의 장력 T 및 승강기 바닥의 수직항력 N, 고정도르래를 지탱하는 힘 S 등을 구하라.

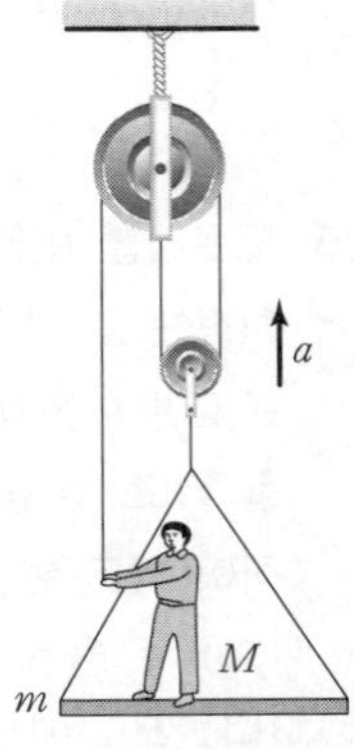

문2-23의 그림 : 벽페인트 칠 승강기

답| (가) 고정도르래 : $m_{고}\,a=S-3T$,

움직도르래 : $m_{움}\,a=2T-T'$,

승 강 기 : $ma=T'-mg-N$

기 술 자 : $Ma=T+N-Mg$

(나) $T=\dfrac{1}{3}(M+m)(a+g)$, $N=\dfrac{1}{3}(2M-m)(a+g)$, $S=(M+m)(a+g)$

2-24 연직 방향 가속도운동하는 아트우드 기계

아트우드 장치의 도르래가 연직 방향으로 가속도 a_0로 운동한다(문2-24의 그림 참조).

(가) 두 물체를 연결해 놓은 실의 장력을 구하라.

(나) 각 물체의 가속도를 구하라.

(다) 아래 특별한 경우, 위의 결과를 확인하라.

(ㄱ) $a_0=0$ (ㄴ) $m_1=m_2\equiv m$ (ㄷ) $a_0=-g$

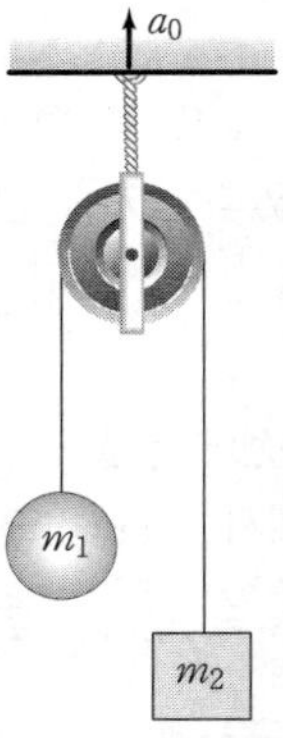

문2-24의 그림 : 가속도운동을 하는 아트우드 기계

답 (가) $T = \dfrac{2m_1m_2}{m_1+m_2}(g+a_0)$,

(나) $a_1 = \dfrac{m_2-m_1}{m_1+m_2}g + \dfrac{2m_2}{m_1+m_2}a_0$, $a_2 = \dfrac{m_1-m_2}{m_1+m_2}g + \dfrac{2m_1}{m_1+m_2}a_0$

(다) (ㄱ) $T = \dfrac{2m_1m_2}{m_1+m_2}g$, $a_1 = \dfrac{m_2-m_1}{m_1+m_2}g$, $a_2 = \dfrac{m_1-m_2}{m_1+m_2}g$

(ㄴ) $T = m(g+a_0)$, $a_1 = a_2 = a_0$ (ㄷ) $T = 0$, $a_1 = -g = a_2$

2-25 도르래를 이용한 두 물체의 운동

천장에 고정된 가볍고, 자유로이 회전하는 고정도르래 및 질량 m의 물체 A가 달린 가볍고, 자유로이 회전할 수 있는 움직도르래가 있다. 늘어나지 않는 가벼운 실 끝에 같은 질량의 물체 B를 달고, 실을 고정도르래에 걸친 다음 움직도르래에 걸쳐서 다른 끝을 천장의 점 C에 실이 연직이 되도록 달아매었다(문2-25의 그림 참조). 두 물체를 바치고 있다가 가만히 놓았다.

(가) 두 물체의 가속도를 구하라.

(나) 점 C에서 실의 장력을 구하라.

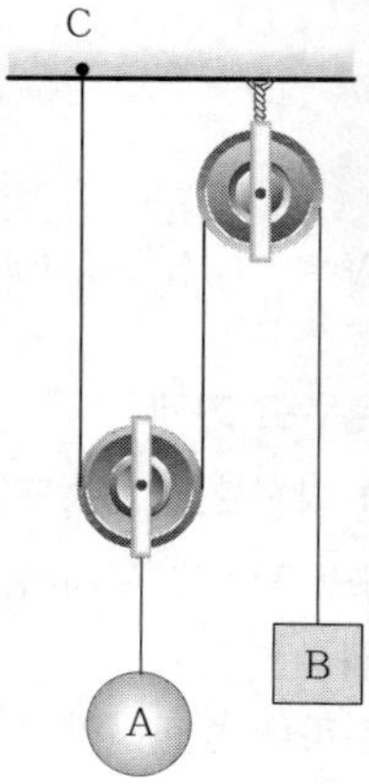

문2-25의 그림 : 고정도르래 및 움직도르래를 조합한 두 물체의 운동

답 | (가) $a_{\mathrm{A}}=\frac{g}{5}$, $a_{\mathrm{B}}=\frac{2g}{5}$ (나) $T_{\mathrm{C}}=\frac{3}{5}mg$

2-26 원숭이의 상자 들어올리기

땅에 있는 15.0 kg의 상자에 맨 가볍고 늘어나지 않는 밧줄을 수평으로 뻗어 있는 나뭇가지에 걸친 후 그 밧줄을 타고 10.0 kg의 원숭이가 올라가고 있다. 나뭇가지와 밧줄 사이의 마찰은 무시한다.

(가) 상자가 땅에서 떨어져 올라가려면 원숭이의 가속도는 적어도 얼마이어야 하는가?

(나) 원숭이가 밧줄을 타고 올라가다가 밧줄을 잡고 정지했다. 원숭이는 어떤 운동을 하며, 그때 밧줄의 장력은 얼마인지 구하라.

답 | (가) $a_{\text{원}}=4.91\,\mathrm{m/s^2}$

(나) 원숭이가 무거운 상자의 무게에 의하여 달려 올라간다. 그 가속도는 $a=1.96\,\mathrm{m/s^2}$이다. 장력은 $T=118\,\mathrm{N}$이다.

2-27 마찰을 통하여 상호작용하는 두 물체

매끄러운 수평의 책상 위에 질량 $M=100\,\mathrm{kg}$의 직사각형 나무판자 A가 놓여 있고, 그 위에 질량 $m=20.0\,\mathrm{kg}$의 직사각형 목침 B가 놓여있다. 나무판자 A에 수평 방향으로 어떤 힘 F가 작용하니 판자 A의 가속도가 $a_{\mathrm{A}}=6.00\,\mathrm{m/s^2}$인데, 목침 B는 판자 A 위에서 미끄러지는데 그 가속도는 $a_{\mathrm{B}}=4.00\,\mathrm{m/s^2}$이었다.

(가) 목침 B의 판자 A에 대한 상대가속도는 얼마인가?

(나) 두 물체 사이에 작용하는 마찰력은 얼마인가?

(다) 판자 A에 작용하는 알짜힘을 구하고, 판자 A에 작용한 힘 F를 구하라.

(라) 목침 B가 미끄러져 판자 A로부터 떨어진 뒤 판자 A의 가속도를 구하라. 처음과 같은 힘이 작용한다고 한다.

(마) 판자 A 대신에 목침 B를 수평 방향의 일정한 힘 $F=106\,\mathrm{N}$으로 당기니 목침 B가 $3.00\,\mathrm{m/s^2}$의 가속도로 미끄러졌다. 이 경우 두 물체 사이의 운동마찰계수 μ_{k} 및 판자 A의 가속도를 구하라. 목침 B가 판자 위에 남아 있다고 한다.

답 | (가) $a_{\mathrm{B/A}}=-2.00\,\mathrm{m/s^2}$ (나) $f_{\mathrm{k}}=80.0\,\mathrm{N}$ (다) $\Sigma F=600\,\mathrm{N}$, $F=680\,\mathrm{N}$,

(라) $a_{\mathrm{A}}'=6.80\,\mathrm{m/s^2}$ (마) $\mu_{\mathrm{k}}=0.234$, $a_{\mathrm{A}}=0.460\,\mathrm{m/s^2}$

2-28 힘의 법칙이 시간만의 함수인 경우

처음에 원점에 정지해 있던 질량 m의 입자에 아래와 같은 힘이 작용했다. 입자의 속도 및 위치를 구하라.

(가) $F(t)=kt^2$ (k : 양의 상수) (나) $F=F_0+bt$ (F_0, b : 양의 상수)

(다) $F=F_0e^{\alpha t}$ (F_0, α : 양의 상수)

답 | (가) $v=\frac{k}{3m}t^3$, $x=\frac{k}{12m}t^4$ (나) $v=\frac{F_0}{m}t+\frac{b}{2m}t^2$, $x=\frac{F_0}{2m}t^2+\frac{b}{6m}t^3$

(다) $v=\frac{F_0}{m\alpha}(e^{\alpha t}-1)$, $x=\frac{F_0}{m\alpha^2}(e^{\alpha t}-\alpha t-1)$

2-29 먼지 알갱이의 대기 중 운동

대기 중의 먼지 알갱이가 새벽녘 대기가 조용할 때 지구 표면에 내려앉는 종속도가 0.300 mm/s 이다. 먼지 알갱이의 질량은 10^{-10}g 정도이다.

(가) 먼지 알갱이가 종속도로 하강할 때 받는 저항력은 얼마인가?

(나) 저항력은 $f=-mKv$로 주어진다. 상수 K를 구하라.

답| (가) $|f| \cong 0.981\times10^{-12}\,\text{N}$ (나) $K=3.27\times10^{4}\,\text{s}^{-1}$

2-30 비탈길을 내려가는 자동차의 종단속도

800 kg의 자동차가 기울기 6.00°의 긴 비탈길을 내려가고 있다. 자동차에 걸리는 저항력은 $f=(100\,\text{N})+(1.20\,\text{N}\cdot\text{s}^2/\text{m}^2)v^2$으로 주어진다고 한다. 자동차가 비탈길을 내려가는 종단속도는 얼마인가?

답| $v_t=24.5\,\text{m/s}$

2-31 위치만의 함수인 힘의 법칙

처음에 원점에 정지해 있는 질량이 m인 입자의 힘의 법칙이 아래와 같은 경우 입자의 속도를 위치 x로 나타내어라.

(가) $F=kx^2$ (나) $F=kx+F_0$ (다) $F=F_0e^{-kx}$ (라) $F=F_0\cos kx$ (k, F_0 : 양의 상수)

Tip $m\dfrac{dv}{dt}=F(x)\Rightarrow mv\dfrac{dv}{dx}=F(x)$, 초기 조건 $\{x(0)=0,\ v(0)=0\}$

답| (가) $v=\pm\sqrt{\dfrac{2k}{3m}x^3}$ (나) $v=\pm\sqrt{\dfrac{2}{m}\left(\dfrac{k}{2}x^2+F_0x\right)}$

(다) $v=\pm\sqrt{\dfrac{2F_0}{mk}(1-e^{-kx})}$ (라) $v=\pm\sqrt{\dfrac{2F_0}{mk}\sin kx}$

2.4 비관성기준틀-병진운동 및 원운동

2-32 수레 위에 있는 목침

레일 위를 달리는 짐수레의 수평인 매끄러운 바닥 위에 질량 5.00 kg의 목침이 놓여 있다. 짐수레에 고정된 가벼운 용수철저울을 이 목침에 달아 놓았다. 용수철저울이 수평이 되게 하였다. 짐수레가 움직이는 동안 용수철저울은 계속 18.0 N을 가리키고 있었다.

(가) 짐수레가 정지하였더니 용수철저울은 눈금 0을 가리켰다. 짐수레의 가속도를 구하라.

(나) 짐수레가 일정한 속도로 움직인다면 용수철저울의 눈금은 계속 얼마를 가리키는가?

(다) 땅 위에 있는 사람 A 및 짐수레에 타고 있는 사람 B가 볼 때, 목침에 어떤 힘이 작용한다고 볼 수 있는가?

답| (가) $a=3.60\,\text{m/s}^2$ (나) $F=0$

(다) A : 용수철 저울에 나타나는 힘

B : 용수철 저울에 나타나는 힘 외에 용수철이 당기는 힘과 반대 방향인 관성력

2-33 짐수레 위에 있는 나무상자의 운동

레일 위를 달리는 짐수레 위의 앞쪽 끝에 작은 나무상자가 있다. 상자와 수평인 짐수레 바닥 사이의 운동마찰계수가 μ_k이고, 짐수레의 길이는 L이다. 짐수레가 처음에 정지해 있다가 일정한 가속도 a_0로 움직이기 시작하자 상자는 a_0와 반대 방향으로 미끄러지기 시작하여 수레의 끝에 도달하였다.

(가) 상자의 수레에 대한 상대가속도 $a_{b/c}$를 구하라.

(나) 짐수레의 끝에 도달하는 순간의 짐수레에 대한 상자의 상대속도 $v_{b/c}$ 및 걸리는 시간을 구하라.

(다) 또한 이 순간, 상자의 레일에 대한 상대속도는 얼마인가?

답 | (가) $a_{b/c}=-(a_0-\mu_k g)$ (나) 뒤쪽으로 $|v_{b/c}|=\sqrt{2L(a_0-\mu_k g)}$, $t=\sqrt{\dfrac{2L}{a_0-\mu_k g}}$

(다) $v_b=\dfrac{2L\mu_k g}{\sqrt{2L(a_0-\mu_k g)}}$

2-34 승강기 속에서 몸무게

승강기 속에 있는 체중계 위에 여학생이 올라 서 있다. 출발하는 순간부터 체중계의 눈금은 계속 591 N을 가리키다가, 정지하는 순간 체중계의 눈금은 391 N이었다. 출발할 때와 정지할 때의 가속도의 크기는 서로 같았다. 여학생의 질량 및 승강기의 가속도는 각각 얼마인가?

Tip 여학생의 운동방정식 $m\vec{a}=\vec{N}+m\vec{g}$, 체중계의 눈금 $|\vec{N}|=|m\vec{a}-m\vec{g}|$

답 | (가) $m=50.1$ kg (나) $a=2.00\ \mathrm{m/s^2}$(연직하방)

2-35 원과 정다각형

한 입자가 반지름 4.00 cm의 원궤도를 8.00초 만에 한 바퀴씩 돌고 있다. 이 입자의 운동 모양을 아래와 같이 작도하여라.

① 적당히 눈금을 잡아서(눈금잡기 또는 축척 : scaling) 입자의 궤도를 그린다.

② 1초마다 입자의 위치를 표시한다.

③ 각 간격마다 변위 벡터를 그린다.

이 그림에서 이 변위 벡터들은 바로 각 간격마다 평균속도 벡터의 방향을 나타낸다. 이 작도에서 두 개의 연이은 1초 간격에 평균속도 벡터의 변화 Δv를 구하라. 이러한 방법으로 구한 $\dfrac{\Delta\vec{v}}{\Delta t}$를 공식 $a=\dfrac{v^2}{r}$로부터 구한 값과 비교하여 보라.

답 | $a\cong\dfrac{|\Delta\vec{v}|}{\Delta t}=2.34\ \mathrm{cm/s^2}$, $a=\dfrac{v^2}{r}=2.46\ \mathrm{m/s^2}$

2-36 마찰력에 의한 원운동

반지름 0.120 m의 수평인 회전원판의 가장자리에 질량 20.0 g의 나무토막이 있고, 그 위에 3.10 g의 동전이 얹혀 있다. 나무토막과 회전원판, 나무토막과 동전 사이의 정지마찰계수는 각각 0.750, 0.520이다. 나무토막, 동전 어느 하나도 미끄러지지 않도록 회전원판이 회전할 수 있는 최대 회전수는 1분에 몇 회전인가?

답 | $\omega = 62.3\,\text{rev/min}$

2-37 노면의 비탈에 의한 원운동

곡률 반지름 150 m의 커브길의 노면이 10°기울어져 있다. 이 커브길을 800 kg의 자동차가 85.0 km/h의 속도로 미끄러짐 없이 무사히 통과했다.

(가) 길바닥이 자동차 타이어에 작용하는 수직항력을 구하라.

(나) 길바닥이 타이어에 작용하는 마찰력을 구하라.

답 | (가) $N = 8.25\,\text{kN}$ (나) $f_s = 1.57\,\text{kN}$

2-38 회전원판 위에 있는 물그릇

일정한 주기 7.25초로 수평면 내에서 회전하는 회전판의 중심으로부터 12.0 cm 거리에 물그릇을 얹어 놓았더니 수면이 기울어졌다. 그 기울어진 각을 구하라.

Tip 정지유체의 자유표면은 바깥힘에 수직이다.

답 | $\theta = 0.526°$

2-39 원뿔흔들이

길이 70.0 cm의 늘어나지 않는 가벼운 실 끝에 질량 0.750 kg의 돌을 달아서 원뿔흔들이를 만들었다. 돌은 수평면 내에서 원궤도를 그린다.

(가) 실이 연직 방향과 30°를 이루고 있다. 돌에 작용하는 구심력 및 실의 장력을 각각 구하라.

(나) 돌의 속도를 구하라.

(다) 만일 돌이 3초에 4바퀴를 회전한다면 실이 연직 방향과 이루는 각은 얼마일까?

답 | (가) $F = 4.25\,\text{N}$, $T = 8.50\,\text{N}$ (나) $v = 1.41\,\text{m/s}$ (다) $\theta = 78.5°$

2-40 원통 속에서 장난감 자동차의 운동

무선으로 원격 조정되는 질량 1.60 kg의 장난감 자동차가 수평면 위에 누워 있는 반지름 5.00 m의 원통 안쪽 면을 따라서 일정한 속도 12.0 m/s로 원궤도 운동을 한다. 원궤도면은 원통의 축에 수직인 연직면 내에 있다. 원궤도의 꼭짓점 P 및 맨 아래 바닥 점 B에서 장난감 자동차가 받는 수직항력을 구하라.

답 | $N_P = 30.4\,\text{N}$, $N_B = 61.8\,\text{N}$

2-41 코리올리 효과

골프공을 땅에 꽂아놓은 'T' 모양의 바침못* 위에 얹어 놓고 골프채로 쳐서, 남쪽으로 $R_x = 293\,\text{m}$거리에 있는 작은 구멍에 넣으려고 한다. 공을 매우 정확하게 쳤는데, 지구의 자전 때문에 공이 한 번에 구멍에 들어가지 않았다. 지구의 자전이 없었다면 공을 한 번에 구멍에 넣을 수 있었다. 공이 처음에 수평선 위로 $\theta = 48.0°$ 방향으로 날아갔다. 바침못의 위치는 북위 $\phi_T = 36.0000°$이고, 지구의 반지름은 $R_E = 6.378 \times 10^6\,\text{m}$라 한다. 골프공의 공기 저항을 무시

* '티(tee)'라 한다.

한다.

(가) 공이 어느 쪽으로 빗겨나갔는가?

(나) 구멍의 위도 ϕ_{h}는 얼마인가?

(다) 처음 공의 속도 v_0 및 공이 공중에 떠 있는 시간 t_{R}를 구하라.

(라) 공이 날아가고 있는 동안 지구의 자전으로 인하여 바침못 및 구멍도 회전한다. 그들 선속도의 차이를 구하라.

(마) 공이 구멍을 빗겨나가는 거리는 얼마나 되는가?

답| (가) 구멍의 서쪽으로 빗겨나간다 (나) $\phi_{\mathrm{h}} = 35.9974°$(북위) (다) $v_0 = 53.8\ \mathrm{m/s}$, $t_{\mathrm{R}} = 8.15\ \mathrm{s}$
(라) $\Delta v = 0.124\ \mathrm{m/s}$ (마) $\Delta s = 0.101\ \mathrm{m}$(서쪽으로)

3장 일과 에너지

3.1 일과 운동에너지 - 일차원운동

3.2 위치에너지와 역학적 에너지 보존

3.3 보존력 마당과 에너지 보존법칙
- 이차원 및 삼차원운동

물체가 받는 힘을 알면 가속도와 힘 사이의 관계식인 운동방정식으로 그 운동을 이해하고 설명할 수 있다. 그러나 자연현상 중에는 가속도와 힘 사이의 관계식으로 설명하기 어려운 경우가 있다. 힘이 위치에 따라서 변하는 경우가 대표적 보기이다. 이 경우, 다른 방법으로, 일 및 에너지의 개념을 도입하여 운동법칙을 이들 사이의 관계식으로 표현하여 문제를 해결하는 것이 편리할 때가 있다. 그래서 일과 에너지 사이의 관계인 일-에너지 정리 및 에너지 보존법칙 그리고 이들을 역학계에 적용하는 방법을 탐구하는 것이 이 단원의 중요한 과제이다.

3.1 일과 운동에너지 – 일차원운동

일과 에너지*는 물리학에서 가장 중요한 개념에 속한다. 또한 에너지는 일상 생활에서 하루도 생각하지 않을 수 없는 중요한 역할을 한다. 물리학에서 일은 일상 생활에서 뜻하는 일과는 다른 점이 많다. 물리학에서는 물체를 들어 올리거나 수레를 끌어 당겨서 이동했을 때, 우리는 "일을 한다"고 한다.

만일 농부가 쌀가마니를 어깨에 메고 오랜 시간 동안 서 있었다면 매우 피곤할 것이다. 그러나 받치고 있는 힘에 의하여 쌀가마니가 이동되지 않았다면 메고 있는 동안 쌀가마니에 한 일은 없다. 물론 쌀가마니를 들어 올릴 때에는 일을 한다. 쌀가마니를 메고 있을 때에도 근육에 힘을 주어 근육을 이완시키거나 수축시킨다. 이것을 생물학적으로 보면 힘이 근육에 작용하여 근육의 이동이 있었다고 볼 수 있으므로 힘이 근육에 일을 하였다고 볼 수 있으나 쌀가마니에 하였다고는 볼 수 없다.

일찍이 1600년대에 **갈릴레이**가 생각한 바와 같이, 망치가 낙하하여 말뚝을 박을 때, 망치의 무게가 무거울수록, 낙하하는 거리가 길수록 망치의 말뚝을 박는 효과가 더 크다. 곧 더 많은 일을 한다. 그래서 일에는 두 가지 요소가 반드시 관계된다. 그것은 물체에 작용한 힘과 그로 인하여 물체가 이동한 거리이다. 따라서

힘이 물체에 작용하여 그 작용점이 변위되었을 때 변위 방향의 성분힘과 변위의 곱을 일이라 한다.

이러한 일과 운동에너지 사이의 관계를 우선 일차원운동에 대해서 밝히고 이를 실제 문제에 적용하는 방법을 탐구한다. 이차원 또는 삼차원운동의 경우에 대해서는 소단원 3.3에서 다룬다. 여기서 물체는 **질점**으로 간주한다. 이렇게 함으로서 회전운동이나 물체의 변형으로 인한 복잡성을 제거할 수 있다.

3.1.1 일정한 힘에 의한 일

일직선상에서만 운동할 수 있는 물체에 **그림 3.1**과 같이 일정한 힘 F[N]이 계속 작용하여 힘의 방향으로 작용점의 위치가 x_i[m]에서 x_f[m]까지 변위되었다면 힘 F가 물체를

* 갈릴레이(Galileo Galilei, 1564-1642 : 이탈리아 물리학자)가 생각한 '힘과 거리의 곱'을 코리올리(Gaspard Gustave de Coriolis, 1792-1843 : 프랑스 물리학자)가 1829년 처음으로 '일'이라고 불렀다.

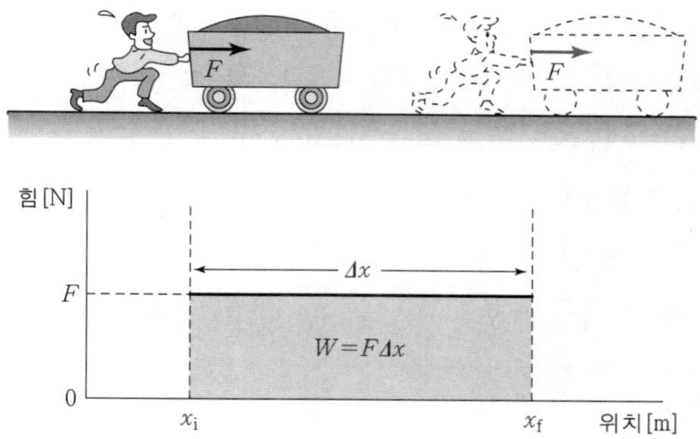

그림 3.1 힘-위치 그래프 및 일의 정의 : 힘이 일정한 경우

$x_f - x_i = \Delta x$ [m]만큼 변위시키는 데 한 일 W는

$$W = F\Delta x \tag{3.1}$$

로 정의된다. 일 W의 단위는 힘의 단위와 길이 단위의 곱이다. 일의 SI단위는 **뉴턴 · 미터** [N · m]인데, 이를 간단히 영국의 물리학자 줄(James Prescott Joule, 1818－1889)의 이름을 본 따서 줄[J]이라 한다. 곧

$$1\,[\mathrm{N \cdot m}] = 1\ [\mathrm{J}]$$

이다. 일의 CGS단위는 **에르그** [erg]이다. 곧

$$1\,[\mathrm{dyn \cdot cm}] = 1\ [\mathrm{erg}]$$

이다. 이들 두 단위 사이에는 $1\,\mathrm{J} = 10^7\,\mathrm{erg}$의 관계가 성립한다.

예제 3.1 중력에 거슬러 한 일

정지해 있던 40 kg의 쌀가마니를 중력에 거슬러서 땅 표면으로부터 연직상방으로 1.0 m 손으로 들어 올렸다. 처음 20 cm 까지는 400 N의 힘으로 들어 올리고 그 후부터는 등속도로 들어올렸다. 손이 쌀가마니에 한 일은 얼마인가?

풀이 | 손이 한 일을 두 구간, 곧 처음 20 cm 및 나머지 80 cm 구간으로 나누어서 생각하는 것이 좋다. 어느 구간에서나 힘과 변위가 같은 방향이다. 처음 구간에서는 $F = 400\,\mathrm{N}$, $\Delta x = 20\,\mathrm{cm} = 0.20\,\mathrm{m}$ 이므로

$$W_1 = F\Delta x = (400\mathrm{N}) \times (0.20\mathrm{m}) = 80.0\,\mathrm{N \cdot m} = 80.0\,\mathrm{J}^{*}$$

이다.

* 소단원 "0.5 측정값의 어림셈" ① 참조

둘째 구간에서는 등속도로 들어 올리므로, 들어올리는 힘은 중력과 같다. 따라서 $F = (40\text{ kg}) \times (9.81\text{ m/s}^2) = 392\text{ N}$, $\Delta x = 0.80\text{ m}$이고 이들은 같은 방향이므로

$$W_2 = F\Delta x = (392\text{ N}) \times (0.80\text{ m}) = 313.6\text{ N} \cdot \text{m} = 314\text{ J}^*$$

이다. 따라서 손이 쌀가마니에 한 일은

$$W_{\text{손}} = W_1 + W_2 = 80.0\text{ J} + 314\text{ J} = 394\text{ J}^*$$

이다. 곧 손이 쌀가마니에 한 일은 $W_{\text{손}} = 3.9 \times 10^2\text{ J} = 390\text{ J}^*$이다.

○ 힘과 변위의 방향이 다른 경우

물체가 힘을 받아서 운동할 때 물체가 힘의 방향으로 움직이지 않을 때가 있다. **그림 3.2**와 같이 썰매를 수평 방향에서 위로 각 θ의 방향으로 일정한 크기의 힘 $\vec{F}$로 당겨서 수평 방향으로 Δx만큼 변위되었을 때 힘 $\vec{F}$가 한 일은 얼마인가?

썰매에 작용하는 힘은 썰매의 중력 $\vec{w}$ 및 바닥이 썰매를 떠받쳐 올리는 수직항력 $\vec{N}$ 그리고 힘 $\vec{F}$이다. 수평 방향(변위 방향)을 x축, 이에 수직인 연직상방을 y축이라 하면, 중력 및 수직항력은 x성분이 없고, 변위 방향에 수직인 y성분뿐이다. 힘 $\vec{F}$는

수평 성분 : $F_x = F\cos\theta$

연직 성분 : $F_y = F\sin\theta$

와 같이 분해된다. 연직 방향의 중력 $\vec{w}$, 수직항력 $\vec{N}$ 그리고 힘 $\vec{F}$의 y 성분 F_y 등 세 힘$\{w, N, F_y\}$은 서로 비긴다. 썰매는 x축 방향으로 움직이므로, 힘 $\vec{F}$의 작용을 받더라도 변위 방향의 성분힘 F_x에 의해서 변위된다. 그러므로 힘 $\vec{F}$가 물체를 Δx만큼 변위시키는 데 물체에 한 일 W는

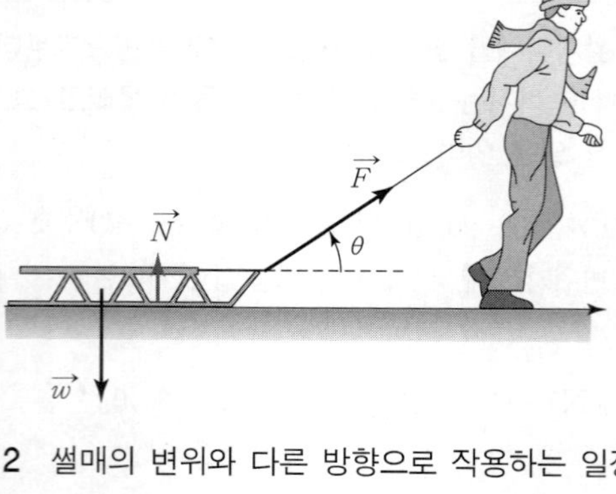

그림 3.2 썰매의 변위와 다른 방향으로 작용하는 일정한 힘

---

* 소단원 "0.5 측정값의 어림셈" ① 참조

힘 F가 하는 일$(90° < \theta < 180°)$

(a) 강아지에 끌려가는 힘

마찰력 f가 하는 일$(\theta = 180°)$

(b) 마찰력

그림 3.3 음의 일을 하는 힘

$$W = F_x \Delta x = F \Delta x \cos\theta$$

로 주어진다. 곧 힘과 변위의 방향이 다른 경우

> **힘이 한 일은 변위 방향의 성분힘과 변위의 곱, 또는 힘과 변위의 곱에 그들 사이각의 코사인값을 곱한 것과 같다.**

이 정의로부터, 아래 사실을 알 수 있다.

① 힘이 작용하더라도 물체가 움직이지 않으면$(\Delta x = 0)$, 힘이 물체에 한 일은 없다.

② $\theta = 0$인 경우, 곧 힘과 변위가 같은 방향이면, 일은 식(3.1)로 주어진다.

③ $\theta = 90°$인 경우, 곧 변위에 수직인 힘이 물체에 한 일은 없다. **그림 3.2**와 같은 경우 변위에 수직인 힘인 중력 $\vec{w}$, 수직항력 $\vec{N}$ 및 힘 $\vec{F}$의 y 성분힘 F_y는 물체에 일을 하지 않는다.

④ 힘과 변위가 이루는 각에 따라 일 W의 부호가 양(+) 또는 음(−)이 될 수 있다. 힘이 변위와 이루는 각이 $90° < \theta \leq 180°$이면 변위 방향의 성분힘 F_x가 변위와 반대 방향이므로 힘이 한 일의 부호는 음(−)이 된다. 이 경우 힘은 "음(−)의 일"을 한다고 한다.

"음의 일"의 대표적인 보기는 마찰력이 한 일이다. 마찰력은 항상 변위와 반대 방향이기 때문이다(**그림 3.3(b)** 참조). 또, 다른 보기는 **그림 3.3(a)**와 같이 한 여성이 강아지에 끌려가는 경우이다. 여성이 강아지에 작용한 힘의 수평 성분 F_x는 강아지가 이동한 변위와 반대 방향이므로 여성이 강아지에 한 일은 "음의 일"이다. 이것은 여성이 강아지로부터 도리어 받은 일, 곧 강아지가 여성에게 한 일이다.

예제 3.2 디젤기관차가 한 일

디젤기관차가 처음 출발할 때 400 kN의 일정한 힘으로 열차를 끌고 가다가 다음 기차역에 가까워질 때 100 kN의 일정한 힘을 반대 방향으로 작용하여 열차를 감속시켰다.

① 출발할 때 처음 500 m 동안 기관차가 열차에 한 일은 얼마인가?

② 다음 기차역 가까이에서 기관차가 열차를 감속시키려고 마지막 1,000 m 이동하는 동안 기관차가 열차에 한 일은 얼마인가?

풀이 | ① 처음 출발 때 기관차가 열차에 작용하는 힘과 열차의 진행 방향이 같으므로($\theta = 0$) 기관차가 한 일 $W_{기}$는

$$W_{기} = F_x \, \Delta x = F \Delta x \cos\theta$$
$$= (400 \times 10^3\,\mathrm{N}) \times (500\mathrm{m}) \times \cos 0° = 200 \times 10^6\,\mathrm{J}$$

이다.

② 다음 기차역 가까이에서 감속할 때 기관차가 열차에 작용하는 힘은 열차의 진행 방향과 반대이므로($\theta = 180°$) 기관차가 마지막 1,000 m 진행하는 동안 열차에 한 일 $W_{기}$는

$$W_{기} = F_x \, \Delta x = F \Delta x \cos\theta$$
$$= (100 \times 10^3\,\mathrm{N}) \times (1000\,\mathrm{m}) \times (\cos 180°) = -100 \times 10^6\,\mathrm{J}$$

이다. 곧 기관차는 열차에 음(-)의 일을 한다.

이것은 기관차가 열차로부터 도리어 100 MJ의 일을 받은 경우와 같다. 1,000 m 진행하는 동안 기관차가 열차에 작용한 힘이 열차의 진행 방향에 반대이므로 이 힘의 반작용으로 열차가 기관차에 작용하는 힘은 열차의 진행 방향과 같으므로 열차가 기관차에 한 일 $W_{열}$는

$$W_{열} = F'_x \, \Delta x = F' \, \Delta x \cos\theta$$
$$= (100 \times 10^3\,\mathrm{N}) \times (1000\,\mathrm{m}) \times (\cos 0°) = 100 \times 10^6\,\mathrm{J}$$

이기 때문이다.

예제 3.3 썰매에 작용하는 뭇힘에 의한 일

그림 3.2와 같이 눈썰매에 밧줄을 걸어서 수평 방향에서 30.0° 위로 50.0 N의 힘으로 끌고 있다. 눈썰매의 질량은 5.00 kg이고, 눈썰매와 눈 덮인 땅 사이의 운동 마찰계수가 0.150이다. 눈썰매를 3.00 m 끌고 간다.

① 눈썰매에 작용하는 각 힘에 의한 각각의 일을 구하라.

② 눈썰매에 작용한 모든 힘들에 의한 알짜일을 구하라.

풀이 | 눈썰매에 작용하는 힘은

밧줄로 당기는 힘 $F = 50.0\,\mathrm{N}$,

중력 $w = (5.00\,\mathrm{kg}) \times (9.81\,\mathrm{m/s^2}) = 49.05\,\mathrm{N}$

외에 수직항력 N, 마찰력 f 등이 있다. 수평 방향의 오른쪽을 x축, 연직상방을 y축이라 하면 중력 및 수직항력은 y성분뿐이고, 마찰력은 x성분뿐이다. 밧줄로 당기는 힘은

$$F_x = (50.0\ \text{N})\cos 30° = 25\sqrt{3}\ \text{N} = 43.30\ \text{N},$$
$$F_y = (50.0\ \text{N})\sin 30° = 25.00\ \text{N}$$

으로 분해된다. y축 방향의 힘들은 서로 비기므로

$$N = w - F_y = 49.05\ \text{N} - 25.00\ \text{N} = 24.05\ \text{N}$$

이고, 운동 마찰력은

$$f_{\text{k}} = \mu_{\text{k}} N = 0.150 \times (24.05\ \text{N}) = 3.6075\ \text{N} \cong 3.608\ \text{N}$$

이다.

① y축 방향의 힘인 중력 및 수직항력에 의한 일은 0이다.
x축 방향의 힘인 밧줄로 당기는 힘 F_x 및 운동 마찰력 f_{k}에 의한 일은 각각

$$W_{\text{F}} = F_x \Delta x = (25\sqrt{3}\ \text{N}) \times (3.00\ \text{m}) = 129.9\ \text{J}$$
$$W_f = f_{\text{k};\,x} \Delta x = f_{\text{k}} \Delta x \cos\theta$$
$$= (3.608\ \text{N}) \times (3.00\ \text{m}) \times (\cos 180°) = -10.82\ \text{J}$$

이다. 여기서 운동 마찰력 f_{k}의 x성분을 $f_{\text{k};\,x}$로 나타내었다. 따라서 밧줄로 작용하는 힘에 의한 일은 $W_{\text{F}} = 130\ \text{J}$, 마찰력에 의한 일은 $W_f = -10.8\ \text{J}$, 중력 및 수직항력에 의한 일은 각각 $W_w = 0$, $W_{\text{N}} = 0$이다.

② 눈썰매에 작용한 뭇 힘에 의한 알짜일은

$$W_{\text{알짜}} = W_{\text{F}} + W_f + W_w + W_{\text{N}} = (129.9\ \text{J}) + (-10.82\ \text{J}) = 119.1\ \text{J}$$

이다. 따라서 알짜일은 $W_{\text{알짜}} = 119\ \text{J}$이다.

이 결과는 알짜힘에 의한 일과 같음을 알 수 있다. 곧 y축 방향의 성분힘은 비기므로, 알짜힘은 x축 방향의 힘 $F_x = 43.30\ \text{N}$과 이와 방향이 반대인 $f_{\text{k}} = 3.608\ \text{N}$의 대수적 합으로 주어진다. 곧

$$F_{\text{알짜}} = F_x - f_{\text{k}} = 43.30\ \text{N} - 3.608\ \text{N} = 39.69\ \text{N}$$

이다. 이 힘은 x축 방향이다. 따라서 알짜일은

$$W_{\text{알짜}} = F_{\text{알짜};\,x} \Delta x = F_{\text{알짜}} \Delta x \cos\theta$$
$$= (39.69\ \text{N}) \times (3.00\ \text{m}) \times (\cos 0°) = 119.1\ \text{J}$$

이다. 곧 위의 결과와 일치한다.

일과 운동에너지

외력에 의한 일이 이루어지려면 물체에 변위가 일어나야 하고 또, 일은 힘에 의하여 이루어지므로 일은 물체의 속도의 변화와도 관계될 것이다. 운동하고 있는 물체의 운동 방향으로 작

용하는 알짜힘을 F_x, 이 힘 때문에 위치가 x_i에서 x_f까지 변위되어, 변위를 $x_f - x_i = \Delta x$라 하면, 알짜힘 F_x가 한 알짜일 $W_{알짜}$는

$$W_{알짜} = F_x \Delta x \tag{3.2}$$

로 주어진다. 여기서 물체의 질량을 m, 힘 F_x 때문에 생긴 가속도를 a라 하면 운동방정식은

$$ma = F_x \tag{3.3}$$

로 주어지므로, F_x가 일정하면 가속도 a도 일정하게 되어, 이 물체는 가속도 a의 등가속도 직선운동을 하게 된다. 이 가속도로 인하여 처음 위치 x_i에서 속도 $v(x_i) \equiv v_i$가 나중 위치 x_f에서 속도 $v(x_f) \equiv v_f$로 변했다면, 변위 Δx는 식(1.6)에 의하여

$$\Delta x = \frac{v_f^2 - v_i^2}{2a} \tag{3.4}$$

로 주어진다. 이들 두 식(3.3) 및 식(3.4)를 식(3.2)의 오른쪽에 대입하면 알짜일은

$$W_{알짜} = F_x \Delta x = \frac{m}{2}(v_f^2 - v_i^2)$$

로 주어진다. 곧 속도 크기의 변화에 관계된다. 이 관계식은

$$W_{알짜} = F_x \Delta x = \frac{1}{2} m v_f^2 - \frac{1}{2} m v_i^2 \tag{3.5}$$

와 같이 다시 쓸 수 있다. 우변의 각 항은 $\frac{1}{2} \times (질량) \times (속도)^2$의 꼴이다. 이런 물리량을 그 물체의 **운동에너지**(kinetic energy)*라 부른다.

이것은 어떤 물리량인지 알아보자. **그림 3.3(a)**의 경우를 생각하자. 힘 F_x는 한 여성이 강아지에 작용한 알짜힘이고, 속도 v_i, v_f는 강아지의 처음 및 나중 속도라 하자. 그 여성이 속도 v_i로 달려가는 강아지를 정지시키려고 하였으나 이기지 못하고 Δx만큼 끌려가서야 마침내 강아지를 정지시키게 되었다고 하자. 이 경우 $v_f = 0$이므로 그 여성이 한 알짜일은 식(3.5)에 의하여

$$W_{알짜} = F_x \Delta x = -\frac{1}{2} m v_i^2$$

가 된다. 이것은 그 여성이 강아지에 한 음(−)의 일이다. 따라서 속도 v_i로 달리던 강아지가 정지할 때까지 그 여성에게 한 일이 $\frac{1}{2} m v_i^2$ 이다. 곧

* 용어 '운동에너지(kinetic energy)'는 1847년에 켈빈(Lord Kelvin, 1824-1907 : 영국 물리학자)이 도입하였다.

운동에너지는 운동하고 있는 물체가 정지할 때까지 할 수 있는 일의 양이다.

일반적으로, 속도 $v(x)$ [m/s]로 운동하고 있는 질량이 m [kg]인 물체의 운동에너지 $K(x)$는

$$K(x) = \frac{1}{2} m v^2(x) \tag{3.6}$$

으로 정의된다. 운동에너지의 단위는 일의 단위와 같다. 곧 **줄**[J]이다. 운동에너지는 운동하고 있는 물체가 정지할 때까지 할 수 있는 일의 양으로 측정하기 때문이다.

운동에너지의 개념을 도입하면 식(3.5)의 우변은 물체가 변위되는 구간 사이에 일어난 운동에너지의 변화 ΔK이다. 곧

물체에 한 알짜일은 물체의 운동에너지의 변화와 같다.

이를 **일-에너지 정리**(work-energy theorem)라 한다. 이 정리는 식(3.5) 또는

$$W_{알짜} = K_f - K_i = \Delta K \tag{3.7}$$

로 표현된다. 여기서 K_i 및 K_f는 각각 변위 $\Delta x = x_f - x_i$의 처음 및 나중 운동에너지

$$K(x_i) = \frac{1}{2} m v_i^2 \equiv K_i \ , \quad K(x_f) = \frac{1}{2} m v_f^2 \equiv K_f$$

이다.

일-에너지 정리는 **'일 ⇒ 운동에너지 변화 ⇒ 일'**의 전환과정이 일어남을 뜻한다. 그 실제적인 보기로, 볼링을 할 때 볼링공을 세게 굴려서 핀을 맞쳐서 넘어뜨린다. 이 경우, 손이 볼링공에 일을 해주면 공은 운동에너지를 얻어 볼링공은 빨리 굴러가고, 볼링공은 핀과 충돌하여 핀을 넘어뜨리는 일을 하고, 그에 상응하는 운동에너지를 볼링공은 잃는다.

복잡한 역학적 현상에서 일-에너지 정리는 경우에 따라서 운동방정식에 의한 방법보다 훨씬 간편한 분석방법을 제공한다. 특히 힘이 일정하지 않은 경우에는 매우 유용한 방법이다. 이 경우, 가속도가 일정하지 않으므로 뉴턴의 운동방정식으로는 어려움이 많기 때문이다.

이 정리를 실제문제에 적용할 때 아래 사항을 유념하여야 한다.

① 일-에너지 정리는 물체가 질점이라고 볼 수 있는 경우에 성립한다. 다시 말하면, 물체의 모양이 찌그러지지 않고, 회전운동을 무시하는 경우에 성립한다.

② 일-에너지 정리는 마찰력을 포함한 모든 종류의 실제힘에 의한 일에 대해서 성립한다.

③ 일-에너지 정리는 뉴턴의 운동법칙을 운동방정식이 아닌 다른 새로운 형태로 표현한 것

이다. 이것은 관성기준틀에서 성립하며, 일 및 운동에너지를 계산할 때 같은 관성기준틀에서 하여야 한다. 속도나 변위가 상대적인 물리량이기 때문이다.

예제 3.4 운동에너지

100 m를 11.0초에 달리는 단거리 여자선수가 있다.

① 이 여자선수의 평균속도는 얼마인가?

② 이 선수의 질량이 50.0 kg이다. 이 선수의 운동에너지는 얼마인가?

풀이 ① 평균속도 v는

$$v = \frac{100\text{ m}}{11.0\text{ s}} = \frac{100}{11.0}\text{ m/s} = 9.091\text{ m/s}$$

이다. 곧 평균속도는 $v = 9.09$ m/s이다.

② 운동에너지는 식(3.6)에 의하여

$$K = \frac{1}{2}mv^2 = \frac{1}{2}\times(50.0\text{ kg})\times(9.091\text{ m/s})^2 = 2066\text{ kg}\cdot\text{m}^2/\text{s}^2 = 2066\text{ J}$$

이다. 곧 $K = 2.07\times10^3$ J $= 2070$ J이다.

예제 3.5 중력이 하는 일

쌀가마니를 등속도로 똑바로 들어 올려서 화물차의 짐실이에 실었다. 이 쌀가마니를 다시 매끄러운 비탈면을 이용하여 내린다. 쌀가마니의 질량은 m[kg], 짐실이의 높이는 지상 h[m]라 한다.

① 쌀가마니가 비탈면을 미끄러져 내려올 때 중력이 한 일은 얼마인가? 또, 쌀가마니가 땅에 닿는 순간 속도는 얼마인가?

② 쌀가마니가 짐실이에서 비탈면을 이용하지 않고 연직 아래로 자유낙하하는 경우 중력이 하는 일 및 땅에 닿는 순간 속도를 각각 구하여라. ①의 결과와 비교하여 보아라.

③ 만일 쌀가마니를 실을 때 손으로 등속도로 똑바로 들어 올려서 실었다고 하면 손이 쌀가마니에 한 일은 얼마인가? 위의 ①, ②의 일과 비교하여 보라.

풀이 쌀가마니가 비탈면 위에서 받는 힘은, **그림 3.4**에서 보는 바와 같이, 중력 $\vec{w} = m\vec{g}$, 수직항력 $\vec{N}$이다.

① 쌀가마니가 비탈면을 따라서 이동될 때 변위 Δx는 비탈각을 ϕ라 하면

$$\Delta x = \frac{h}{\sin\phi}$$

이다. 수직항력 $\vec{N}$은 이 변위에 수직이고, 중력의 이 변위 방향의 성분힘 F_x는

$$F_x = mg\sin\phi$$

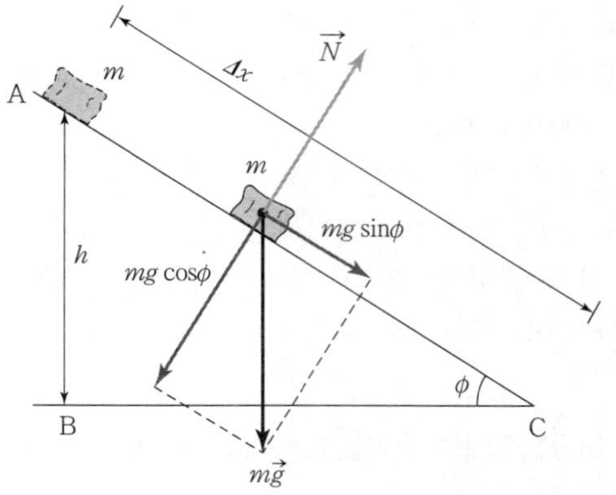

그림 3.4 쌀가마니에 작용하는 힘

이므로, 중력의 비탈에 나란한 성분 F_x만이 일을 한다. 그 일 $W_{중력}$는

$$W_{중력} = F_x \Delta x = mg \sin\phi \times \frac{h}{\sin\phi} = mgh$$

이다.

처음에 정지해 있던 쌀가마니가 미끄러져 내려오므로 땅에 닿는 순간의 속도를 v라 하면 운동에너지의 변화는

$$\Delta K = \frac{1}{2} mv^2$$

이다. 이 운동에너지의 변화는 중력이 한 일 $W_{중력}$ 때문에 생겼으므로 일-에너지 정리에 의하여 속도의 크기는

$$mgh = \frac{1}{2} mv^2 \quad \therefore \ v = \sqrt{2gh}$$

로 주어진다. 속도의 방향은 비탈면에 나란한 방향이다.

② 쌀가마니가 짐실이로부터 정지상태에서 연직 아래로 자유낙하하는 경우, 쌀가마니에 작용하는 힘은 중력뿐이다. 중력에 의한 쌀가마니의 변위가 $\Delta x = h$이고, 이 변위 방향과 중력이 같은 방향이므로 중력이 한 일 $W_{중력}'$은

$$W_{중력}' = mgh$$

이다. 이것은 ①의 결과와 같다.

땅에 닿는 순간의 속도를 v'이라 하면 운동에너지의 변화는

$$\Delta K = \frac{1}{2} m\, v'^2$$

이다. 일-에너지 정리에 의하여 속도의 크기는

$$mgh = \frac{1}{2} m\, v'^2 \quad \therefore \ v' = \sqrt{2gh}$$

로 주어진다. 속도의 방향은 연직하방이다. 방향은 다르나 크기는 ①의 결과와 같다.
중력이 한 일은 ①에서나 ②에서 모두 같다 : $W_{중력} = W_{중력}'$. "곧 중력이 하는 일은 연직 방향의 높이만 같으면 비탈면을 따라서 이동하나 연직 아래로 자유낙하하는 경우나 모두 똑같다."
그림 3.4에서 점 A에서 연직 아래로 자유낙하하여 지면에 있는 점 B에 닿은 쌀가마니를 수평 방향으로 이동하여 비탈면의 끝 점 C까지 이동하는 데 중력이 한 일은 점 A에서 점 B까지 낙하할 때 한 일뿐이다. 중력이 점 B에서 점 C까지 한 일이 없기 때문이다. 따라서 쌀가마니가 점 A에서 점 C까지 이동되는 동안 중력이 한 일은 그 행로에 관계없다. 일반적으로,

중력이 한 일은 이동행로에는 관계없고, 처음 위치와 나중 위치에 의해서만 결정된다.

③ 만일 쌀가마니를 실을 때 손으로 등속도로 똑바로 들어 올릴 때 손이 쌀가마니에 작용한 힘은 쌀가마니의 중력 mg와 같아야 한다. 이보다 크면 연직 위로 더 큰 힘 만큼 가속도가 생기기 때문이다. 따라서 손이 쌀가마니에 한 일은

$$W_{손} = mg \times h = mgh \text{ [J]}$$

이다. 이것은 쌀가마니를 내릴 때 중력이 한 일과 같다. 곧

손이 쌀가마니를 들어 올릴 때 한 일은 같은 연직 높이 만큼 쌀가마니를 내릴 때 중력이 한 일과 같다.

3.1.2 위치에 따라 변하는 힘에 의한 일 - 적분의 방법

그림 3.5는 물체가 힘을 받아서 힘의 방향으로 이동할 때 작용한 힘의 위치에 따른 변화모양을 나타내는 그래프(힘-위치 그래프 : F-x 그래프)이다. **그림 3.1**은 힘이 일정한 경우이고, **그림 3.5**는 힘이 위치에 따라 변하는 경우이다. **그림 3.1**에서 알 수 있는 바와 같이, 힘이 한 일은 그래프 아래 두 위치 $x_{\rm i}$, $x_{\rm f}$ 사이의 넓이와 같다. 이 사실은 **그림 3.5**에서와 같이 힘이 위치에 따라 변하는 경우에도 성립한다(**그림 1.10** 참조).

힘 F가 **그림 3.5**와 같이 위치에 따라 변하는 경우, 위치 $x_{\rm i}$ 및 위치 $x_{\rm f}$ 사이의 변위 $\Delta x = x_{\rm f} - x_{\rm i}$를 무수히 많은 미세한 변위구간 Δx_1, Δx_2, Δx_3, $\cdots$, Δx_i, $\cdots$, Δx_N으로 나누면 이 미세 변위구간 동안은 힘이 일정한 경우로 어림할 수 있게 된다. 여기서 $\Delta x_i = x_i - x_{i-1}$ $(i = 1, 2, \cdots, N)$이고, $x_0 = x_{\rm i}$, $x_N = x_{\rm f}$이다. 그래서 F-x 곡선은 무수히 많은 미세한 계단(또는 꺾임선)으로 어림된다. 이 미세한 변위구간을 무한히 많이 하면($N \to \infty$), 미세한 구간

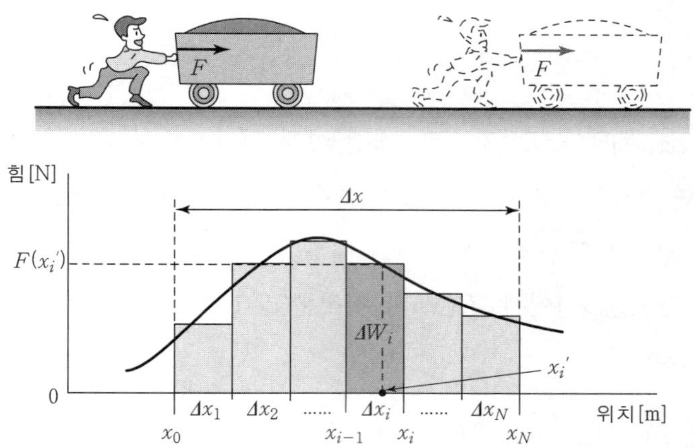

그림 3.5 힘-위치 그래프 및 일의 정의 : 힘이 위치에 따라 변하는 경우

들은 무한히 작아지고($\varDelta x_i \to 0$), 이 경우 일련의 미세한 계단은 사라지고 꺾임선은 극한에서 곡선과 일치하게 된다.

각 미세한 변위구간 $\varDelta x_i = x_i - x_{i-1}$ $(i=1, 2, 3, \cdots, N)$ 동안의 일정한 힘을 $F_i = F(x_i{}')$ $(x_{i-1} \le x_i{}' \le x_i)$라 하면 미세한 변위구간 $\varDelta x_i$에서 일 $\varDelta W_i$는

$$\varDelta W_i = F(x_i{}')\,\varDelta x_i \quad (i=1, 2, 3, \cdots, N) \tag{3.8}$$

로 주어진다. 이것은 $\varDelta x_i$에 해당하는 미세한 직사각형의 넓이이다. 위치 $x_{\rm i} = x_0$에서 위치 $x_{\rm f} = x_N$까지 변위될 때 이루어진 일 W는 미세한 직사각형들

$$\varDelta W_1,\ \varDelta W_2,\ \varDelta W_3, \cdots, \varDelta W_i, \cdots, \varDelta W_N$$

의 합

$$\varDelta W_1 + \varDelta W_2 + \varDelta W_3 + \cdots + \varDelta W_i + \cdots + \varDelta W_N \equiv \sum_{i=1}^{N} \varDelta W_i$$

으로 어림되고, 이것의 $N \to \infty$(또는 $\varDelta x_i \to 0$)의 극한 값이 일 W이다. 곧

$$W = \lim_{N\to\infty} \sum_{i=1}^{N} \varDelta W_i \quad 또는 \quad W = \lim_{\varDelta W_i \to 0} \sum_{i=1}^{\infty} \varDelta W_i \tag{3.9}$$

이다. 여기에 식(3.8)의 우변을 고려하면

$$W = \lim_{N\to\infty} \sum_{i=1}^{N} F(x_i{}')\,\varDelta x_i \quad (x_{i-1} \le x_i{}' \le x_i) \tag{3.10}$$

가 된다. 이것은 $N \to \infty$의 극한에서 $x_i{}' \cong x_i$이므로, N개의 미세한 직사각형들의 넓이의 합

$$\sum_{i=1}^{N} F(x_i')\,\Delta x_i \cong \sum_{i=1}^{N} F(x_i)\,\Delta x_i$$

의 $N\to\infty$(또는 $\Delta x_i \to 0$)의 극한값으로, 곡선 아래 위치 $x_\mathrm{i}=x_0$와 $x_\mathrm{f}=x_N$ 사이의 넓이와 같아진다. 왜냐하면, 미세한 구간의 수 N이 클수록 미세한 변위구간 Δx_i가 그 만큼 더 작아지므로 곡선 아래 넓이에 무한히 가까워지기 때문이다.

이 극한값을 구간 $[x_\mathrm{i}, x_\mathrm{f}]$에서 $F(x)$의 **정적분**(definite integral)이라 하고, 수학적으로 아래와 같이 표기한다.

$$\lim_{N\to\infty} \sum_{i=1}^{N} F(x_i')\,\Delta x_i \equiv \int_{x_\mathrm{i}}^{x_\mathrm{f}} F(x)\,dx$$

또,

$$W = \lim_{N\to\infty} \sum_{i=1}^{N} \Delta W_i = \int_{x_\mathrm{i}}^{x_\mathrm{f}} dW$$

이므로, 식(3.10)은

$$W = \int_{x_\mathrm{i}}^{x_\mathrm{f}} F(x)\,dx \tag{3.11}$$

가 된다. 곧 위치 x의 함수인 힘 $F(x)$가 작용하여 힘의 방향으로 작용점이 위치 x_i에서 위치 x_f까지 변위되었을 때 힘 $F(x)$가 한 일 W는 식(3.11)로 주어진다. 이것은 F-x 그래프 아래 두 위치 x_i, x_f 사이의 넓이다.

만일, **그림 3.2**에서와 같이 힘 $F(x)$와 변위 Δx의 방향이 서로 다른 경우, Δx 방향의 성분힘 F_x가 위치 x에 따라 변하는 경우($F_x = F_x(x)$)에는 **그림 3.15**에서 $F(x)$는 $F_x(x)$로 대치될 것이다. 따라서 이 경우 일은

$$W = \int_{x_\mathrm{i}}^{x_\mathrm{f}} F_x(x)\,dx \tag{3.12}$$

로 주어진다. 식(3.10) 및 (3.12)에서 힘 F 및 F_x가 알짜힘이면 일 W도 알짜일이 된다.

힘이 위치에 따라 변하는 경우에도 일-에너지 정리가 성립함을 알 수 있다. **그림 3.5**에서 미세한 변위구간 Δx_i에서 힘은 일정하다. 곧 $F(x_i')\cong$(일정)이므로 이 구간에서 일-에너지 정리가 성립한다. 따라서 일-에너지 정리 식(3.7)에 의하여 이 변위구간의 일 ΔW_i는

$$\Delta W_i = K_i - K_{i-1}$$

로 주어진다. K_{i-1} 및 K_i는 각각 미세한 변위구간 $\Delta x_i = x_i - x_{i-1}$의 처음(위치 x_{i-1}에서)

및 나중(위치 x_i에서) 운동에너지이다. 이를 식(3.9)에 대입하면

$$
\begin{aligned}
W &= \lim_{N\to\infty} \sum_{i=1}^{N} \Delta W_i = \lim_{N\to\infty} \sum_{i=1}^{N} (K_i - K_{i-1}) \\
&= \lim_{N\to\infty} \{(K_1 - K_0) + (K_2 - K_1) + \cdots + (K_i - K_{i-1}) \\
&\qquad + (K_{i+1} - K_i) + \cdots + (K_N - K_{N-1})\} \\
&= \lim_{N\to\infty} \{K_N - K_0\}
\end{aligned}
$$

를 얻는다. 여기서 K_0 및 K_N은 각각 $x_\mathrm{i} = x_0$ 및 $x_\mathrm{f} = x_N$에서 운동에너지이므로 이들은 각각 $K_0 = K_\mathrm{i}$ 및 $K_N = K_\mathrm{f}$이다. 따라서

$$\lim_{N\to\infty} \{K_N - K_0\} = \lim_{N\to\infty} \{K_\mathrm{f} - K_\mathrm{i}\} = K_\mathrm{f} - K_\mathrm{i} = \Delta K$$

이므로,

$$W = K_\mathrm{f} - K_\mathrm{i} = \Delta K \tag{3.13}$$

를 얻는다. 여기서 일 W는 식(3.11) 또는 식(3.12)로 주어진다. 곧 힘이 위치에 따라 변하는 경우에도 일-에너지 정리가 성립한다.

예제 3.6 위치에 따라 변하는 힘에 의한 일

매끄러운 수평면 위에 있는 물체에 **그림 3.6**과 같이 위치에 따라 변하는 힘이 작용하여 그 작용점이 15 m 변위되었다. 힘이 한 일은 얼마인가?

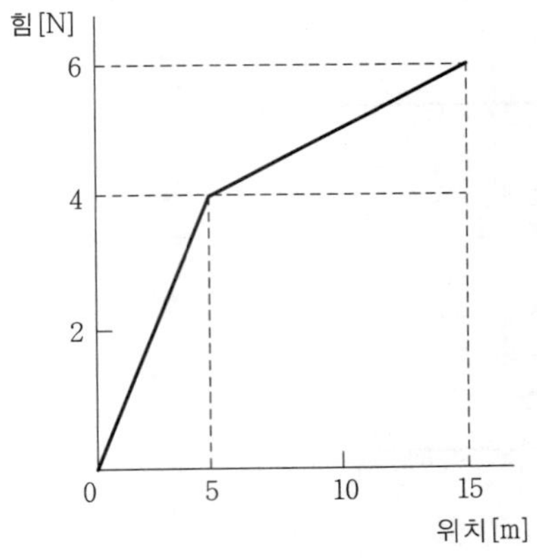

그림 3.6 힘-위치 그래프

풀이 | 힘-위치 그래프 아래 넓이가 일과 같은데, 원점으로부터 변위가 처음 5 m까지의 구간 및 5 m에서 15 m까지 구간으로 나누어 생각하는 것이 편리하다. 처음 변위 구간의 일 W_1은

$$W_1 = \frac{1}{2} \times (4\text{ N}) \times (5\text{ m}) = 10\text{ N} \cdot \text{m} = 10\text{ J},$$

그 다음 변위구간의 일 W_2는

$$W_2 = \frac{1}{2} \times (4\text{ N} + 6\text{ N}) \times (15\text{ m} - 5\text{ m}) = 50\text{ N} \cdot \text{m} = 50\text{ J}$$

이다. 따라서 전체 일은

$$W = W_1 + W_2 = 10\text{ J} + 50\text{ J} = 60\text{ J}$$

이다.

예제 3.7 탄성력에 의한 일

한쪽 끝이 고정되어 있고 힘상수가 $k = 400\text{ N/m}$인 훅의 법칙을 따르는 용수철이 매끄러운 수평면 위에 놓여 있다. 이 용수철에 질량 $m = 4.00\text{ kg}$의 물체를 달아서 평형점(자연길이) $x = 0$에서 $x_0 = 5.00\text{ cm}$만큼 용수철을 압축시켜서 가만히 놓았다.

① 물체가 처음 위치 x_0에서 평형점까지 용수철(또는 탄성력)에 의하여 변위되는 동안 용수철이 물체에 한 일을 구하라.

② 이 경우 평형점에서 물체의 속도를 구하라.

③ 만일 처음에 평형점에서 등속도로 용수철을 압축시켰다면 외력이 용수철에 한 일은 얼마인가?

④ 만일 수평면과 물체 사이의 운동마찰계수가 $\mu_k = 0.210$이라면 평형점에서 물체의 속도는 얼마일까?

풀이 ① 용수철이 물체에 작용하는 힘은 훅의 법칙

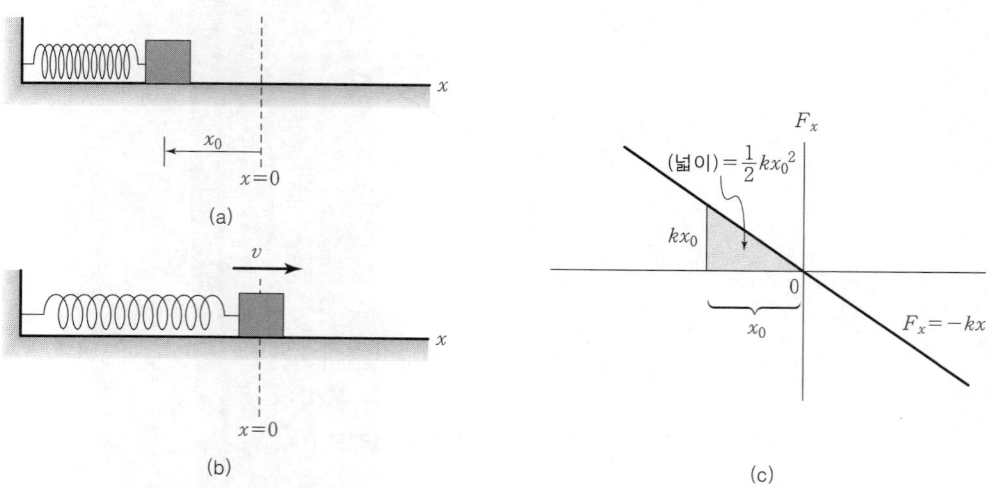

그림 3.7 탄성력의 힘-위치 그래프

$$F_{탄성} = -kx$$

을 따르는 탄성력이다. 여기서 x는 평형점으로부터 변위이다. 힘-위치 그래프는 **그림 3.7**과 같다. 위치 x_0에서 평형점까지 변위되는 동안 용수철(또는 탄성력)이 물체에 하는 일은 **그림 3.7(c)**에서 그늘진 삼각형의 넓이 $\frac{1}{2}\times$(밑변)$\times$(높이)와 같으므로

$$W_{탄성} = \frac{1}{2}\times x_0 \times kx_0 = \frac{1}{2}kx_0^2$$

에 $k = 400\,\mathrm{N/m}$, $x_0 = -5.00\,\mathrm{cm}$를 대입하면

$$W_{탄성} = \frac{1}{2}\times(400\ \mathrm{N})\times(-5.00\times10^{-2}\,\mathrm{m})^2 = 5000\times10^{-4}\,\mathrm{N\cdot m} = 0.500\,\mathrm{J}$$

을 얻는다.

이 결과는 적분의 방법으로도 얻을 수 있다. 탄성력 $F_{탄성}$가 물체에 작용하여 위치 x_0에서 평형점 $x=0$까지 물체를 변위시키므로

$$W_{탄성} = \int_{x_0}^{0} F_{탄성}(x)\,dx = \int_{x_0}^{0}(-kx)\,dx = \left[-\frac{1}{2}kx^2\right]_{x_0}^{0} = \frac{1}{2}kx_0^2$$

이다. 이것은 식(3.12)에 $x_i = x_0$, $x_f = 0$라 두었으며 적분 공식(1.15)를 이용한 것이다. 힘이 위치의 일차함수인 경우에는 적분의 방법을 사용하지 않더라도 그래프의 방법으로 쉽게 구해진다. 그렇지 않고, 힘이 좀더 복잡한 함수의 경우에는 적분의 방법에 의존하는 것이 편리하다.

② 평형점에서 속도를 v라 하면, 그점에서 운동에너지는 $\frac{1}{2}mv^2$인데, 이것은 탄성력이 물체에 해준 일 때문에 생긴 운동에너지의 변화 ΔK이므로 일-에너지 정리 $W_{탄성} = \Delta K$에 의하여

$$\frac{1}{2}kx_0^2 = \frac{1}{2}mv^2 \qquad \therefore\ v = \pm\sqrt{\frac{k}{m}x_0^2} = \pm\sqrt{\frac{k}{m}}\,|x_0|$$

이다. 여기서 ± 부호는 평형점에서 속도의 방향을 나타내고, $|x_0|$는 변위의 크기를 나타낸다. 변위 x_0는 용수철이 압축되었을 때는 $x_0<0$이므로 $|x_0| = -x_0$이고, 늘어났을 때는 $x_0>0$이므로 $|x_0| = x_0$이다. 여기에 $k=400\,\mathrm{N/m}$, $m=4.00\,\mathrm{kg}$, $x_0 = -5.00\times10^{-2}\,\mathrm{m}$를 대입하여 정리하면

$$v = \sqrt{\frac{400\,\mathrm{N/m}}{4.00\,\mathrm{kg}}}\times(5.00\times10^{-2}\,\mathrm{m}) = 0.500\,\mathrm{m/s}$$

를 얻는다.

③ 처음에 평형점에서 등속도로 변위시키자면 외력은

$$F_{외} = kx$$

라야 한다. 이 힘은 탄성력과 비겨서 물체에 작용하는 알짜힘은 0이 되어 가속도가 생기지 않기 때문이다. 외력 $F_{외}$가 작용하여 평형점에서 위치 x_0까지 변위시키므로 식(3.12)에서 하한 및 상한이 각각 $x_i = 0$, $x_f = x_0$이다. 외력 $F_{외}$가 한 일은

$$W_{외} = \int_0^{x_0} F_{외}(x)\, dx = \int_0^{x_0} kx\, dx = \left[\frac{1}{2}kx^2\right]_0^{x_0} = \frac{1}{2}kx_0^2$$

이다. 곧 외력이 용수철에 한 일은 용수철이 처음 위치로 되돌아 올 때 외부에 하는 일과 같다. 따라서 ①의 결과로부터 $W_{외} = 0.500\ \mathrm{J}$이다.

④ 만일 수평면과 물체 사이의 운동마찰계수가 μ_k라면 평형점으로 이동할 때 운동마찰력

$$f_k = \mu_k mg$$

가 작용한다. 이 힘은 항상 변위와 반대 방향이므로 이 힘이 하는 일은

$$W_f = -f_k \Delta x = -\mu_k mg|x_0|$$

이다. 따라서 물체에 한 알짜일은

$$W_{알짜} = W_{탄성} + W_f = \frac{1}{2}kx_0^2 - \mu_k mg|x_0|$$

이다. 평형점에서 속도를 v'이라 하면, 운동에너지의 변화는

$$\Delta K = \frac{1}{2}mv'^2$$

이고, 일-에너지 정리에 의하여 $W_{알짜} = \Delta K$이므로

$$\frac{1}{2}kx_0^2 - \mu_k mg|x_0| = \frac{1}{2}mv'^2 \qquad \therefore\ v' = \sqrt{\frac{k}{m}x_0^2 - 2\mu_k g|x_0|}$$

이다. 여기에 $k = 400\ \mathrm{N/m}$, $m = 4.00\ \mathrm{kg}$, $x_0 = -5.00\times10^{-2}\ \mathrm{m}$, $\mu_k = 0.210$를 대입하면

$$v' = \sqrt{\frac{400\ \mathrm{N/m}}{4.00\ \mathrm{kg}}\times(0.050\ \mathrm{m})^2 - 2\times0.210\times(9.81\ \mathrm{m/s^2})\times(0.050\ \mathrm{m})}$$
$$= 0.2097\ \mathrm{m/s}$$

를 얻는다. 곧 속도는 $v' = 0.210\ \mathrm{m/s}$이다.

3.1.3 일 률

일을 정의할 때 시간에 대해서는 언급이 없다. 우리가 땅바닥에 있는 쌀 10가마를 화물차의 짐실이에 실을 때 10분이 걸리든지, 30분이 걸리든지 할 것이다. 실제적인 측면에서 볼 때 일을 하는 것만이 아니라 일을 얼마나 빨리 할 수 있는지, 곧 일하는 속도를 알고 싶을 때가 있다. 이를 **일률**(power)이라는 물리량으로 나타낸다. “일률은 단위시간에 하는 일”로 정의된다. 외력이 시간 Δt[s] 동안에 ΔW[J]의 일을 했을 때, 일률 P는

$$P = \frac{\Delta W}{\Delta t}\ [\mathrm{J/s}] \tag{3.14}$$

로 주어진다. 여기서 ΔW는 일의 변화나 차이를 나타내는 것이 아니고,

$$\Delta W = F_x \Delta x \tag{3.15}$$

인데, 시간 간격 Δt가 작아지면 변위 Δx도 작아지고 따라서 일도 작아진다는 뜻으로 표기된 것이다. 이때 일을 받거나 일을 하면 물체 또는 물리계의 에너지는 증가하거나 감소한다. 따라서 일은 한 물리계에서 다른 물리계로 전달되는 에너지를 나타내므로, "일률은 한 물리계에서 다른 것으로 단위시간에 옮겨지는 에너지 또는 에너지가 옮겨지는 시간적 비율이다."

일률이 시각에 따라 일정하지 않고 변하는 경우, 식(3.14)는 시간 Δt 동안의 **평균일률**을 나타내고, **순간일률**은

$$P = \lim_{\Delta t \to 0} \frac{\Delta W}{\Delta t} = \frac{dW}{dt}$$

로 정의한다.

일률의 SI단위는 줄 매 초[J/s]인데, 이를 **와트**[W]라 부른다. 곧

$$1\,[\text{J/s}] = 1\,[\text{W}]$$

이다. 이것은 처음으로 증기기관차를 설계한 영국의 물리학자 **와트**(James Watt, 1736-1819)를 기념하여 그의 이름을 딴 것이다.

한편, 영국의 공학계에서는 일률의 단위로 **마력**[hp]을 많이 사용한다. 이것은 말 한 필이 하는 일률을 단위로 한 것으로, 인간사회에 기계가 도입되어 이제까지 인간을 위하여 일하여 온 말을 기계가 대신하게 될 때, 기계 및 말이 하는 일의 효율을 비교하기 위하여 고안된 단위이다. 1마력은

$$1\text{ 마력} \equiv 550\text{ ft}\cdot\text{lb/s} \cong 746\text{ W}$$

으로 정의한다. 이것은 영국의 공학에서 많이 사용하는 **풋-파운드 단위계**(foot-pound unit system)의 일률 단위이다. 한편 프랑스를 비롯한 유럽에서는

$$1\text{ 마력} = 75\text{ kgf}\cdot\text{m/s} = 735.5\text{ W}$$

이다. 영국의 1[마력]은 1[hp](horse power)라 표기하고, 유럽에서는 1[마력]을 1[PS](Pferde-stärke)라 표기하기도 한다.

○ 일률과 운동

식(3.15)에서 힘 F_x가 작용하여 Δx만큼 변위되는 동안, 힘 F_x가 일정한 경우, 일률은

$$P = \lim_{\Delta t \to 0} \frac{\Delta W}{\Delta t} = \lim_{\Delta t \to 0} F_x \frac{\Delta x}{\Delta t} = F_x \frac{dx}{dt} = F_x v \tag{3.16}$$

로 주어진다. 곧 속도 v로 운동하는 물체에 전달되는 일률은 힘과 속도의 곱으로 주어진다.

예제 3.8 사람의 일률

질량 50.0 kg의 사람이 지상에서 443 m 높이의 탑 꼭대기까지 일정한 속도로 15.0분에 계단을 달려 올라갔다. 이 사람이 낸 평균일률은 얼마인가?

풀이 | 이 사람을 질점으로 간주하면 탑 꼭대기까지 등속도로 올라갈 때 작용한 힘은 이 사람의 몸무게

$$w = (50.0\ \text{kg}) \times (9.81\ \text{m/s}^2) = 490.5\ \text{N}$$

과 같으므로, 이 사람이 한 일은

$$W = (490.5\ \text{N}) \times (443\ \text{m}) = 2.173 \times 10^5\ \text{J}$$

이다. 따라서 평균일률은

$$P = \frac{2.173 \times 10^5\ \text{J}}{(15.0\ \text{min}) \times \left(\frac{60\ \text{s}}{1\ \text{min}}\right)} = 0.002414 \times 10^5\ \text{J/s} = 2.414 \times 10^2\ \text{W}$$

이다. 곧 이 사람이 탑을 올라갈 때 낸 평균일률은 241 W이다. 실제로 이 사람이 낸 일률은 이보다 훨씬 많다. 사람의 몸을 변형되지 않는 질점으로 간주했기 때문이다. 사람의 몸은 운동하는 동안 호흡할 때와 같이 끊임 없이 수축하고, 팔이나 다리를 흔들기도 한다. 이러한 운동에 쓰이는 일률이 고려되지 않았기 때문이다.

예제 3.9 승강기의 일률

최대 800 kg까지 사람을 태울 수 있는 자체 질량이 1,000 kg인 승강기가 있다. 위로 올라갈 때 일정한 마찰력 4,000 N이 작용한다고 한다.

① 일정한 속도 3.00 m/s로 승강기가 올라가자면 모터가 공급해야 할 최소 일률은 얼마인가?

② 만일 승강기가 아래층에서 승객을 태우고 출발하여 일정한 비율로 가속되어 3.00초 만에 속도가 3.00 m/s로 되었다면 그 순간 모터가 공급해야 할 일률은 얼마인가?

풀이 | 승강기 자체 및 승객의 질량을 각각 M 및 m이라 하면 승강기에 작용하는 힘은 연직 아래로 작용하는 승강기의 무게 $w_E = Mg$, 승객의 무게 $w_L = mg$, 그리고 마찰력 f와 연직 위로 작용하는 케이블의 장력 T이다. 연직 위로 향하는 가속도를 a라 하면 승강기의 운동방정식은

$$(M + m)a = T - Mg - mg - f \quad (\text{연직 방향})$$

이다.

① 일정한 속도로 올라가므로 $a = 0$, 따라서

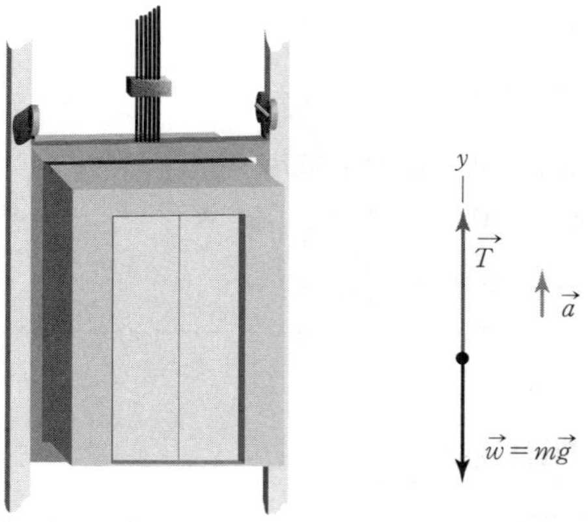

(a) 승강기 (b) 힘의 화살표 그림

그림 3.8 승강기와 그에 작용하는 힘

$$0 = T - Mg - mg - f \quad \therefore \; T = Mg + mg + f$$

이다. 이 장력 T는 승강기가 위로 올라갈 수 있는 최소의 힘으로, 모터가 승강기에 작용하는 힘이고, 이 일정한 힘 T로 인하여 승강기가 일정한 속도 v=3.00 m/s로 상승하고 있으므로 모터가 공급하는 최소 일률은

$$P = Tv$$

이다. 여기서

$$T = (M+m)g + f = (1000 \text{ kg} + 800 \text{ kg}) \times 9.81 \text{ m/s}^2 + 4000 \text{ N}$$
$$= 2.166 \times 10^4 \text{ N},$$
$$v = 3.00 \text{ m/s}$$

이므로

$$P = Tv = (2.166 \times 10^4 \text{ N}) \times (3.00 \text{ m/s})$$
$$= 6.498 \times 10^4 \text{ N} \cdot \text{m/s} = 6.498 \times 10^4 \text{ W}$$

이다. 따라서 모터가 승강기에 공급해야 할 최소 일률은 $P = 65.0$ kW이다.

② 일정한 비율로 가속되므로 가속도가 일정하다. 따라서 가속도는

$$a = \frac{3.00 \text{ m/s}}{3.00 \text{ s}} = 1.00 \text{ m/s}^2$$

이다. 한편 케이블의 장력 T는

$$(M+m)a = T - Mg - mg - f \qquad \therefore \; T = (M+m)a + Mg + mg + f$$

로 주어지므로

$$T = (1000 \text{ kg} + 800 \text{ kg}) \times (1.00 \text{ m}/s^2)$$
$$+ (1000 \text{ kg} + 800 \text{ kg}) \times (9.81 \text{ m/s}^2) + 4000 \text{ N}$$

$$= 2.346 \times 10^4 \text{ N},$$

이다. 따라서 이 순간의 일률은

$$P = Tv = (2.346 \times 10^4 \text{ N}) \times (3.00 \text{ m/s})$$
$$= 7.038 \times 10^4 \text{ J/s} = 7.038 \times 10^4 \text{ W}$$

이다. 곧 이 순간 일률은 70.4 kW이다.

예제 3.10 자동차의 바퀴에 전달되는 일률

승용차의 경우 연료에서 얻을 수 있는 에너지의 13 % 정도가 추진력에 쓰인다고 한다. 이것은 자동차의 바퀴에 전달되는 에너지이다. 질량이 1,455 kg인 승용차가 정지상태에서 6.1초 만에 60 km/h까지 가속된다고 한다.

① 이 가속에 필요한 일은 얼마인가? 이때 엔진으로부터 바퀴에 공급된 일률은 얼마인가?

② 이 가속에 쓰인 휘발유는 얼마인가? 1 L의 휘발유가 연소하면 3.5×10^7 J이 나온다.

풀이 ① 일-에너지 정리에 의하여 엔진이 한 일은

$$W = \Delta K = \frac{1}{2}mv^2 = \frac{1}{2} \times 1455 \text{ kg} \times \left\{ (60 \times 10^3 \text{ m/h}) \times \left(\frac{1 \text{ h}}{3600 \text{ s}} \right) \right\}^2$$
$$= 2.02 \times 10^5 \text{ J}$$

이고, 엔진의 일률은

$$P = \frac{2.02 \times 10^5 \text{ J}}{6.1 \text{ s}} = 3.31 \times 10^4 \text{ W}$$

이다. 따라서 정지상태에서 출발하여 60 km/h까지 가속되는 데 엔진이 한 일은 2.0×10^5 J이고, 일률은 33 kW이다.

② 휘발유 1 L에서 얻는 에너지가

$$E_{휘} = 3.5 \times 10^7 \text{ J/L}$$

이라면, 이 승용차의 경우, 1 L에서 얻는 유효한 에너지는

$$E_{\text{eff}} = (3.5 \times 10^7 \text{ J/L}) \times \frac{13}{100} = 0.455 \times 10^7 \text{ J/L}$$

이므로, 가속하는 데 사용되는 휘발유는

$$V_{휘} = \frac{W}{E_{\text{eff}}} = \frac{2.02 \times 10^5 \text{ J}}{0.455 \times 10^7 \text{ J/L}} = 44.4 \times 10^{-3} \text{ L}$$

이다. 곧 정지상태에서 60 km/h까지 가속하는 데 44 mL의 휘발유가 소모된다.

예제 3.11 자동차의 일률

자동차의 운동을 방해하는 힘은 주로 자동차 타이어와 노면 사이의 마찰과 차체가 받는 공기 저항이다. 마찰력은 굴림마찰력으로 그 계수는 0.016이고, 공기저항은 자동차의 속도의 제곱에 비례하는 것으로 어림된다(**예제 2.9** 참조). 곧 공기저항은 $f_a = 0.65v^2$로 주어진다. 승용차의 질량은 1,455 kg이다.

① 평지를 30 km/h, 60 km/h, 100 km/h의 등속도로 달릴 때 엔진이 바퀴에 공급해야 할 일률을 각각 구하라.

② 이 승용차가 일정한 가속도 $1.0\ \mathrm{m/s^2}$으로 가속될 때 속도가 60 km/h인 순간 엔진이 바퀴에 공급하는 일률은 얼마인가?

풀이 ① 굴림마찰력 f_r는

$$f_r = \mu_r N = 0.016 \times (1455\ \mathrm{kg}) \times (9.81\ \mathrm{m/s^2}) = 228\ \mathrm{N}$$

이고, 공기저항 f_a는

$$f_a = 0.65v^2$$

이므로 총 저항 f_T는

$$f_T = f_r + f_a = (228 + 0.65v^2)\ [\mathrm{N}]$$

으로 주어진다. 여기서 속도의 단위는 [m/s]이다. 등속도로 달리자면 이 저항과 비기는 추진력이 바퀴에 걸려야 한다. 따라서 추진력은 이 힘과 같다. 각 속도에서 총 저항은 **표 3.1**과 같다.

표 3.1 승용차가 달릴 때 받는 저항과 엔진이 공급할 일률

	30 km/h=8.33 m/s	60 km/h=16.7 m/s	100 km/h=27.8 m/s
f_a	45.1 N	181 N	502 N
f_r	228 N	228 N	228 N
f_T	273 N	409 N	730 N
$P = f_T v$	2.27 kW	6.83 kW	20.3 kW

따라서 각 속도에서 엔진이 바퀴에 공급해야 할 일률은 차례로 2.3 kW, 6.8 kW, 20 kW이다.

② 가속도 $a\,[\mathrm{m/s^2}]$로 달릴 때 바퀴에 걸리는 추진력을 F라 하면 운동방정식은

$$ma = F - |f_T|$$

이므로, 추진력 F는

$$F = ma + |f_T|$$

로 주어진다. 따라서 일률 P는

$$P = Fv = mav + |f_T|v$$

이다. 여기서 $a = 1.0\ \mathrm{m/s^2}$, $v = 16.7\,\mathrm{m/s}$이므로 가속되는 승용차에 공급되는 일률인 첫째 항은

$$mav = (1455\,\mathrm{kg}) \times (1.0\,\mathrm{m/s^2}) \times (16.7\,\mathrm{m/s}) = 24.3 \times 10^3\ \mathrm{W}$$

이고, 공기저항에 해당하는 일률 $|f_{\mathrm{T}}|v$는 **표 3.1**에서 6.83 kW이므로

$$P = 24.3\,\mathrm{kW} + 6.83\,\mathrm{kW} = 31.1\,\mathrm{kW}$$

이다. 곧 엔진은 바퀴에 31 kW의 일률을 공급해야 한다.

3.2 위치에너지와 역학적 에너지 보존

앞에서 일-에너지 정리를 공부했다. 물체가 다른 것과 상호작용을 하는 동안 운동에너지의 변화는 그 물체에 외력이 한 일과 같고, 한 일은 운동에너지의 변화를 가져 온다. 이것은 물체에 어떤 힘이 가해지더라도 "변형되지 않는 경우"에 한한다. 그렇지 않은 경우에는 어떻게 될까? 운동에너지는 물체의 운동에 관계되는 에너지인데, 이런 물체에 작용한 힘의 작용점의 변위는 물체의 다른 부분의 변위 또는 전체의 변위와 반드시 같지 않을 것이다. 이런 경우, 일과 운동에너지의 관계를 매우 유용한 다른 방법으로 접근할 수 있다. 그 방법은 **위치에너지**(**퍼텐셜에너지**)라는 개념에 바탕을 두고 있다.

3.2.1 위치에너지와 일

위치에너지는 물체 또는 물리계의 운동에 관계된 것이 아니고, 상호작용하는 물리계의 위치나 배위(configuration)에 관계된 에너지이다. 위치에너지는 물체나 물리계에 저장된 에너지로, 다시 운동에너지나 다른 형태의 에너지로 전환될 수 있는 에너지이다.

간단한 보기를 들어보자. **그림 3.9**와 같이 매끄러운 수평면 위에 용수철을 수평으로 놓고 한쪽 끝은 튼튼한 벽에 고정시켜 놓았다. 이 용수철의 자유로이 움직일 수 있는 다른쪽 끝에 공이 빠른 속도로 달려와서 충돌하여 용수철이 압축되고 공은 점점 느려져서 운동에너지도 감소한다. 용수철은 압축될 뿐이지 전체적으로 병진운동을 하지 않는다. 마침내 정지하게 되어 공의 운동에너지도 완전히 없어진다. 이 지점에서 용수철은 최대로 압축된다. 압축된 용수철이 다시 풀리면서 공은 점점 빨라지고 운동에너지도 되살아난다. 최종적으로 용수철이 처음의

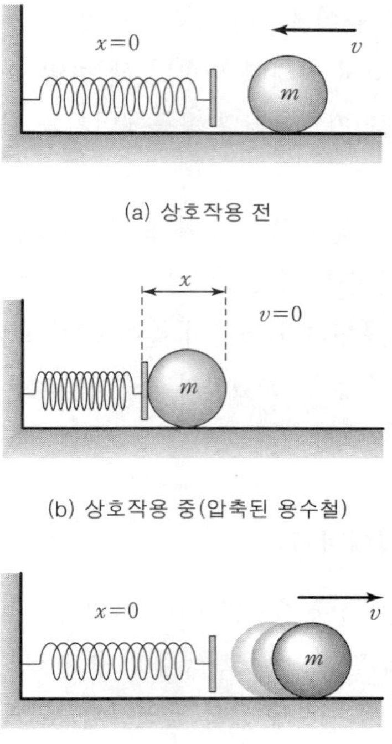

(a) 상호작용 전

(b) 상호작용 중(압축된 용수철)

(c) 상호작용 후

그림 3.9 용수철과 공의 상호작용

자연길이로 되돌아와서 공이 용수철을 떠나는 순간 가장 빨라진다. 공의 운동에너지도 모두 되살아난다.

이 경우 물리계는 공과 튼튼한 벽에 고정된 용수철로 되어 있으며, 이들은 상호작용을 하며 이 상호작용은 탄성력이라는 복원력으로 표현된다. 공은 변형되지 않고 회전하지도 않는 질점으로 간주한다. 공이 용수철을 압축하면서 공의 운동에너지는 사라지기 시작하여 결국에는 완전히 없어진다. 이 운동에너지는 어디로 갔을까? 또, 그 순간이 지나면 용수철이 처음 자연길이로 되돌아 오면서 공의 운동에너지는 되살아난다. 공이 용수철에 접촉해 있는 동안, 곧 압축할 때부터 완전히 풀려서 공이 용수철을 떠나는 순간까지 계속 탄성력이 작용하고 있다.

다른 보기를 하나 더 들어보자. 지구와 질점으로 간주되는 물체로 된 물리계를 생각한다. 지구상에 있는 물체에는 항상 중력이 작용하는데 이것은 지구와 물체사이의 상호작용을 나타내는 힘이다. 이런 상호작용의 결과 나타나는 중력에 거슬러서 연직상방으로 물체를 들어 올리자면 외력이 작용해야 하고 따라서 일을 해야 한다. 중력마당에서 들어 올리는 동안은 물론, 가만히 들고 있는 동안(정지상태)에도 물체에는 계속 힘(중력)이 작용한다. 물체를 가만히 놓으면 아래로 떨어지면서 물체에 운동에너지가 생긴다. 힘(중력)이 하는 일이 결국 운동에너지로 전환된 것이다.

그러면 중력마당에서 물체를 들어올려서 움직이지 않게 가만히 높이 들고 있을 때까지 해준 일은 어디로 갔는가? 일-에너지 정리에 의하면 해준 일 만큼 운동에너지가 나타나야 하는데 정지해 있으니 어떻게 된 셈인가? 그러나 운동에너지는 가만히 놓아 떨어질 때 비로소 나타난다.

중력마당에서 물체가 받는 힘(중력)은 지구와 물체 사이의 중력적 상호작용의 결과이다. 지구와 물체 사이에 특수한 '중력용수철'이 달려 있다고 상상하면, 위의 두 보기는 본질적으로 같다. 중력마당에서 물체를 들어 올렸다가 가만히 놓아 물체가 낙하하는 것은 '중력용수철'에 달려 있는 물체를 당겨서 '중력용수철'을 늘렸다가 가만히 놓아 처음 길이로 되돌아가는 현상이라고 볼 수 있다.

◎ 위치에너지 (또는 퍼텐셜에너지)

첫째 보기에서 용수철과 공이 상호작용할 때 사라진 운동에너지는 용수철에 저장되었다가 다시 운동에너지로 나타나 공에 일을 한다고 생각할 수 있다. 이 저장된 에너지를 **위치에너지**라 한다. 따라서 변형된 용수철에는 원래 상태(자연길이)로 되돌아올 때 일을 할 수 있는 능력이 저장되어 있다고 볼 수 있다. 이 경우 압축된 용수철에 위치에너지가 저장되어 있다고 한다. 이 저장된 에너지는 일을 할 수 있는 잠재 능력이 있다는 뜻에서 **퍼텐셜에너지**(potential energy)라고도 한다. 그 위치에너지는 물체의 위치나 물리계의 배위가 변할 때 일을 할 수 있으며, 그 위치에너지의 변화는 상호작용을 거슬러 외력이 물리계에 해준 일과 같다. 따라서

> **위치에너지는 상호작용을 하는 물체들로 된 물리계에만 존재한다. 곧 상호작용이 없으면 위치에너지도 없다.**

첫째 보기에서는 상호작용하는 힘이 탄성력이므로 **탄성위치에너지**(elastic potential energy)라 하고 이 에너지는 용수철에 저장된다. 둘째 보기에서는 지구와 물체 사이에 상호작용하는 힘이 중력이므로 그 위치에너지를 **중력위치에너지**(gravitational potential energy)라 하고 중력마당에 저장된다.

이제 이러한 위치에너지를 계산해보자. 위치에너지는 상호작용하는 힘마당에서 물리계의 위치나 배위가 변할 때, 할 수 있는 일의 양이나 그 힘마당에서 외력이 상호작용을 거슬러 한 일의 양으로 측정된다.

◎ 중력위치에너지

그림 3.10과 같이 질량 m[kg]의 무거운 원기둥모양의 추를 연직 아래로 자유낙하시켜서

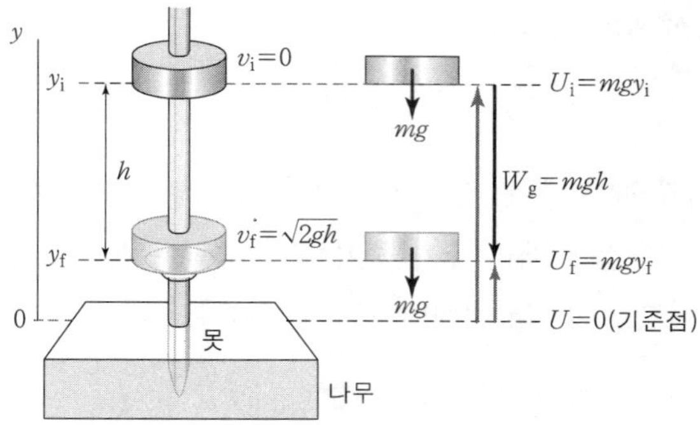

그림 3.10 낙하할 때 중력이 하는 일 및 중력위치에너지

나무에 못을 박는 경우를 생각하자. 공기의 저항은 무시한다. 연직 위로 y축을 택하고, 원점(기준점)으로부터 연직 높이 y_i[m]에서 그 아래 연직 높이 y_f[m]까지 낙하하는 동안 중력 mg가 한 일 W_g는, 이 힘과 변위 $y_i - y_f$가 같은 방향이므로

$$W_g = mg(y_i - y_f) = mgy_i - mgy_f \tag{3.17}$$

로 주어진다. 오른쪽 각 항은 연직 높이 $y=y_i$에서 기준점 $y=0$까지 낙하할 때까지 중력이 할 수 있는 일 및 $y=y_f$에서 기준점 $y=0$까지 낙하할 때까지 중력이 할 수 있는 일을 각각 나타낸다. 곧 위치가 변할 때 일할 수 있는 잠재능력을 나타낸다. 이것은 외력이 기준점에서 각 위치까지 등속도로 들어 올리는 데 중력에 거슬러 해준 일과도 같다.

그래서 지구 표면 가까이에서 질량 m의 물체가 지구와 상호작용할 때, 기준점으로부터 연직 높이가 y인 지점에서 중력위치에너지 U를

$$U(y) = mgy \quad (\text{기준점 } y=0)$$

로 정의한다. 따라서 중력마당의 처음 위치 y_i 및 나중 위치 y_f에서의 중력위치에너지를 각각

$$U(y_i) = mgy_i \equiv U_i \qquad U(y_f) = mgy_f \equiv U_f$$

라 하면 중력이 한 일 식(3.17)은

$$W_g = U_i - U_f = -(U_f - U_i) = -\Delta U \tag{3.18}$$

로 표현된다. 곧

> **중력마당에서 중력이 물체에 해준 일은 처음 및 나중 위치에 의해서만 결정되고, 중력위치에너지의 감소와 같다.**

연직 아래로 떨어질 때에는 y가 감소하므로

$$U_f < U_i \quad \text{또는} \quad \Delta U = U_f - U_i < 0$$

이다. 연직 아래로 떨어질 때 중력은 양(+)의 일을 물체에 하고, 그 만큼 중력위치에너지는 감소한다. 반대로 위로 올라갈 때에는 y가 증가하고, 중력은 음(−)의 일을 한다. 이것은 외부로부터 일을 받는 셈이므로 중력위치에너지는 증가한다. 곧

$$U_f > U_i \quad \text{또는} \quad \Delta U = U_f - U_i > 0$$

이다.

예제 3.12 중력위치에너지와 일

어떤 물체가 중력마당에 있는 두 점 P, Q에서 연직 아래로 지면까지 이동하는 동안에 중력이 한 일이 각각 200 J, 80.0 J이라 한다. 다음을 구하라.

① 지면을 기준으로 할 때 두 점 P, Q에서 중력위치에너지
② 만일 물체가 점 P에서 점 Q까지 이동할 때 중력이 하는 일
③ 질량이 46.0 kg인 물체가 점 P에서 정지상태에서 자유낙하하여 점 Q를 지나는 순간의 속도

풀이 ① 점 P에서 기준점인 지면까지 이동할 때 중력이 하는 일이 중력위치에너지이므로 점 P에서 중력위치에너지는 200 J이다. 같은 방법으로 점 Q에서 중력위치에너지는 80 J이다.

② 중력마당에서 중력이 하는 일은, 중력위치에너지의 감소와 같으므로, 식(3.18)에 의하여

$$W_g = -(U_f - U_i) = -(80.0\,\text{J} - 200\,\text{J}) = 120\,\text{J}$$

이다.

③ 낙하할 때 중력위치에너지의 감소로 한 일 W_g은 운동에너지의 변화와 같으므로 식(3.7)에 의하여 점 Q에서 속도를 v라 하면

$$W_g = \frac{1}{2}mv^2 - 0$$

가 되어

$$v = \pm\sqrt{\frac{2W_g}{m}} = \pm\sqrt{\frac{2\times(120\,\text{J})}{46.0\,\text{kg}}} = \pm 2.28\,\text{m/s}$$

이다. 복부호는 속도의 방향을 나타낸다. 따라서 물체의 속도는 2.28 m/s이다. 이 문제는 작용하는 힘이 일정하므로 등가속도 직선운동 또는 운동방정식으로도 쉽게 풀 수 있다.

○ 탄성위치에너지

위에서 본 위치에너지의 첫째 보기에서 탄성위치에너지를 정의하자. **그림 3.11(a~c)**와 같

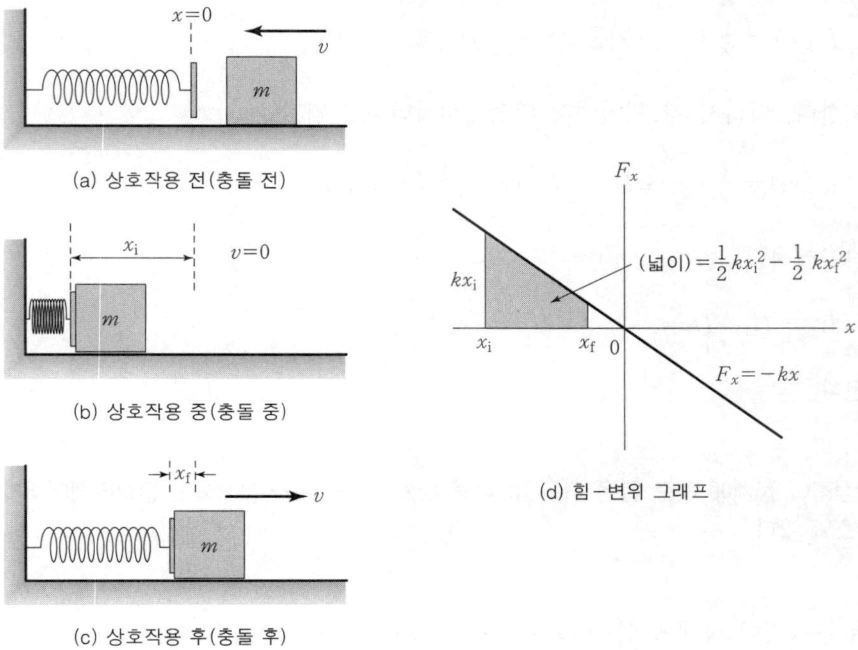

그림 3.11 용수철과 운동하는 물체의 상호작용

이 매끄러운 수평면에 수평으로 놓여있는 힘상수가 k인 용수철에 물체가 빠른 속도로 달려 와서 충돌하였을 때 물체는 용수철을 평형점으로부터 x_i만큼 압축시켰다가 다시 튕겨 나온다고 하자. 튕겨나올 때 위치 x_i에서 위치 x_f까지 변위되는 동안 용수철의 탄성력이 한 일 W_s는 **그림 3.11(d)**의 그래프 아래 그늘진 부분의 넓이와 같다. 곧

$$W_s = \frac{1}{2}kx_i^2 - \frac{1}{2}kx_f^2 \tag{3.19}$$

이다. 또는 적분의 방법을 이용하면

$$W_s = \int_{x_i}^{x_f} F_x\,dx = \int_{x_i}^{x_f} (-kx)\,dx = \left[-\frac{1}{2}kx^2\right]_{x_i}^{x_f} = \frac{1}{2}kx_i^2 - \frac{1}{2}kx_f^2$$

가 된다. 따라서 탄성력이 한 일은 처음 위치 및 나중 위치에만 관계된다. 오른쪽의 각 항은 위치 $x = x_i$에서 평형점 $x = 0$까지 이동하는 동안 탄성력이 할 수 있는 일, 위치 $x = x_f$에서 평형점 $x = 0$까지 이동하는 동안 탄성력이 할 수 있는 일을 각각 나타낸다. 또한 이들은 평형점에서 각 위치까지 이동시키는 데 외력이 한 일과도 같다.

그래서 힘상수가 k[N/m]인 용수철이 평형점으로부터 x[m]만큼 변위된 용수철에 저장된 탄성위치에너지 U를

$$U(x) = \frac{1}{2}kx^2 \quad (\text{기준점} : x = 0)$$

으로 정의한다. 따라서 각 위치에서 탄성위치에너지는 각각

$$U(x_\text{i}) = \frac{1}{2}kx_\text{i}^2 \equiv U_\text{i}\ ,\quad U(x_\text{f}) = \frac{1}{2}kx_\text{f}^2 \equiv U_\text{f}$$

이므로 탄성력이 한 일 식(3.19)는

$$W_\text{s} = U_\text{i} - U_\text{f} = -(U_\text{f} - U_\text{i}) = -\Delta U \tag{3.20}$$

로 표현된다. 곧

탄성력이 물체에 해준 일은 처음 및 나중 위치에 의해서만 결정되고 탄성위치에너지의 감소와 같다.

따라서 탄성력이 물체에 양(+)의 일을 할 때에는 $|x_\text{f}| < |x_\text{i}|$이므로

$$U_\text{f} < U_\text{i} \quad \text{또는} \quad \Delta U = U_\text{f} - U_\text{i} < 0$$

이다. 곧 용수철이 물체에 일을 하면 용수철에 저장된 위치에너지가 감소한다. 반면에 음(−)의 일을 할 때에는 $|x_\text{f}| > |x_\text{i}|$이므로

$$U_\text{f} > U_\text{i} \quad \text{또는} \quad \Delta U = U_\text{f} - U_\text{i} > 0$$

이다. 곧 용수철이 외부로부터 일을 받으면 용수철에 저장된 위치에너지가 증가한다.

식(3.18) 및 식(3.20)으로 아래와 같은 몇 가지 중요한 사실을 알 수 있다.

① 위치에너지의 단위는 **일의 단위**와 같다.

② 위치에너지는 힘마당에서의 **위치**에 의해서만 결정되고, 힘마당의 한 점에서 위치에너지를 정하려면 먼저 기준점을 택해야 한다. **기준점**에 따라 그 값이 달라진다. 그러나 물리적으로 정의된 것은 위치에너지의 변화(ΔU : 식(3.17), 식(3.19) 참조)이므로, 기준점을 어디에 택해도 물리적으로 아무런 영향이 없다. 따라서 기준점은 편리한 점을 택하면 된다.

③ 힘마당에서 이루어진 일은 그 힘마당에서 위치에너지의 감소와 같다. 곧

$$W = -(U_\text{f} - U_\text{i}) = -\Delta U \tag{3.21}$$

이고, 그 일은 "이동행로에는 관계없고, 처음 위치 및 나중 위치에 의해서만 결정된다"

(**예제 3.5** 참조).

④ 위치에너지는 상호작용이 있을 때만 생각할 수 있고, 힘마당에 저장된 에너지이다. 따라서 "물체의 위치에너지"라는 말은 적절하지 않다.

예제 3.13 탄성위치에너지와 일

매끄러운 수평면 위에 한쪽 끝이 고정된 용수철의 다른쪽 끝에 2.00 kg의 물체를 달아서 등속도로 용수철을 9.00 cm 압축하여 가만히 놓았다. 용수철의 힘상수는 300 N/m이다.

① 압축시키는 데 외력이 한 일 및 용수철에 저장된 탄성위치에너지는 각각 얼마인가?

② 용수철이 풀려서 제자리로 돌아올 때, 그 중간위치 및 제자리(평형점)에서의 속도는 각각 얼마인가?

풀이 | 탄성력은 위치에 따라서 변하므로 가속도도 위치에 따라 변한다. 힘이 일정한 중력의 경우와는 달리, 운동방정식으로 문제를 풀기는 쉽지 않다. 이에 대해서 일-에너지 정리를 이용하면 쉽게 풀 수 있다.

① 등속도로 압축할 때 외력은 탄성력과 같다. 곧 $F_{외} = kx\ (x<0)$이다. 따라서 $x=0\,(x_0<0)$에서 $x=x_0$까지 압축하는 데 외력이 한 일 $W_{외}$는

$$W_{외} = \int_0^{x_0} F_{외}(x)\,dx = \int_0^{x_0} kx\,dx = \left[\frac{1}{2}kx^2\right]_0^{x_0} = \frac{1}{2}kx_0^2$$

이다. 이 일은 $x_0 = -9.00\times10^{-2}\,\mathrm{m}$, $k=300\,\mathrm{N/m}$이므로

$$W_{외} = \frac{1}{2}kx_0^2 = \frac{1}{2}\times(300\,\mathrm{N/m})\times(-9.00\times10^{-2}\,\mathrm{m})^2$$
$$= 1.215\,\mathrm{N/m}\cdot\mathrm{m}^2 = 1.215\mathrm{N}\cdot\mathrm{m} = 1.215\ \mathrm{J}$$

이다. 외력이 한 일은 탄성위치에너지로 저장되므로 외력이 한 일 및 탄성위치에너지는 서로 같다. 곧

$$W_{외} = 1.22\,\mathrm{J},\quad U_{\mathrm{i}} = 1.22\,\mathrm{J}$$

이다.

② 용수철이 풀릴 때 중간지점 $x=-4.50$ cm에서 탄성위치에너지 U_{f}는

$$U_{\mathrm{f}} = \frac{1}{2}\times(300\,\mathrm{N/m})\times(-4.50\times10^{-2}\,\mathrm{m})^2 = 0.3038\ \mathrm{J}$$

이다. 탄성력이 처음 위치에서 중간 위치까지 오는 데 한 일 W_{s}는, 탄성위치에너지의 감소와 같으므로 식(3.20)에 의하여

$$W_{\mathrm{s}} = -(U_{\mathrm{f}} - U_{\mathrm{i}}) = -(0.3038\,\mathrm{J} - 1.215\,\mathrm{J}) = 0.9112\,\mathrm{J}$$

가 된다. 이 일은 일-에너지 정리에 의하여 운동에너지 변화와 같다. 따라서 식(3.7)에 의하여, 중간지점에서 속도를 v이라면

$$W_s = \frac{1}{2}\, m\, v^2 - 0$$

이므로

$$v = \pm\sqrt{\frac{2W_s}{m}} \equiv \pm\sqrt{\frac{2\times(0.9112\ \mathrm{J})}{2.00\ \mathrm{kg}}}\ \pm 0.9546\ \mathrm{m/s}$$

이다. 부호는 속도의 방향을 나타낸다. 따라서 중간 위치에서 속도는 0.955 m/s이다.

용수철의 평형점 $x=0$에서 속도 v도 같은 방법으로 구할 수 있다. 평형점에서 탄성위치에너지는 0이다. 용수철이 풀릴 때 $x=x_0$에서 $x=0$까지 이동하는 동안 용수철이 하는 일은 위치에너지의 감소와 같으므로

$$W_s = -(U_f - U_i) = -(0 - 1.215\,\mathrm{J}) = 1.215\ \mathrm{J}$$

인데, 이것은 운동에너지의 변화와 같으므로 위에서와 같은 방법으로

$$v = \pm\sqrt{\frac{2W_s}{m}} = \pm\sqrt{\frac{2\times(1.215\ \mathrm{J})}{2.00\ \mathrm{kg}}} = \pm 1.102\ \mathrm{m/s}$$

이다. 따라서 평형점 $x=0$에서 속도는 1.10 m/s이다.

3.2.2 역학적 에너지 보존

앞에서 중력 및 탄성력으로 상호작용하는 물리계의 위치에너지를 살펴보았다. 중력이나 탄성력이 물체에 한 일은 위치에너지의 감소와 같다(식(3.21) 참조).

여기에 일-에너지 정리 식(3.7)을 적용하면

$$K_f - K_i = -(U_f - U_i) \quad \text{또는} \quad \Delta K = -\Delta U \tag{3.22}$$

의 관계식을 얻는다. 이 관계식은, **그림 3.11**과 같은 용수철과 운동하는 물체 사이의 상호작용에서, 에너지 및 일 사이의 변환관계를 살펴보면 쉽게 이해된다. 이 상호작용을 4단계로 나누어 보면 아래와 같다.

① 달려오는 물체가 용수철과 충돌하여 용수철을 압축시킬 때, 물체의 운동에너지는 감소하고 그와 같은 양의 일을 용수철에 하여 압축시킨다($-\Delta K = W$).

② 물체는 계속 느려져서 마침내 정지하고, 최대로 용수철이 압축될 때, 운동에너지가 완전히 사라지고, 용수철을 압축하는 데 한 일은 모두 용수철에 위치에너지로 저장된다($W = \Delta U$).

③ 압축되었던 용수철이 풀리면서 정지되었던 물체가 되튕겨나올 때, 저장되었던 위치에너지가 감소하면서 물체에 일을 하여 물체가 빨라진다($-\Delta U = W$).

④ 압축되었던 용수철이 자연길이로 회복되면서 물체는 완전히 용수철로부터 분리될 때, 위치에너지가 완전히 없어지고, 그 만큼 물체에 일을 하여 운동에너지가 완전히 회복된다($W=\Delta K$).

위의 첫째 및 둘째 단계, 셋째 및 넷째 단계에서 모두 $\Delta K=-\Delta U$를 만족함을 알 수 있다. 이제 식(3.22)를 다시 쓰면

$$K_{\mathrm{i}}+U_{\mathrm{i}}=K_{\mathrm{f}}+U_{\mathrm{f}}$$

와 같이 바꾸어 쓸 수 있다. 양쪽은 모두 운동에너지와 위치에너지의 합을 나타낸다. 그래서

$$K+U\equiv E$$

라 두고, 이를 그 물리계의 **역학적 에너지**(mechanical energy)라 한다. 여기서 물리계는 중력의 경우에는 물체와 지구, 탄성력의 경우에는 용수철과 이에 달린 물체로 이루어진 물리계를 말한다.

따라서 중력이나 탄성력만이 관여하는 물리계의 (운동에너지)+(위치에너지)=(역학적 에너지)는 항상 일정하다. 곧

$$K+U=E\,(\text{일정}) \quad \text{또는} \quad \frac{1}{2}mv^2+U(x)=E\,(\text{일정}) \tag{3.23}$$

이다. 이를 **역학적 에너지 보존법칙**(law of conservation of mechanical energy)이라 하고, 식(3.23)을 **에너지방정식**(energy equation)이라고도 한다.

역학적 에너지 보존을 나타내는 에너지방정식(3.23)을 이용하면 운동방정식을 이용하지 않고도 물체의 운동을 알아 낼 수 있다. 위치에너지 $U(x)$를 알면, 역학적 에너지 E가 일정하므로 식(3.23)으로부터

$$v=\pm\sqrt{\frac{2}{m}(E-U(x))} \tag{3.24}$$

를 얻는다. 여기서 "$\pm$"는 직선운동에서 속도의 방향을 나타낸다. 이 식으로부터 물체의 속도를 알 수 있고 이로부터 물체의 위치 $x(t)$를 구할 수 있고, 가속도도 구할 수 있다.

예제 3.14 연직 용수철에 달린 추의 운동

그림 3.12와 같이 연직으로 매달려 있는 용수철 상수가 k인 가벼운 용수철에 달린 질량 m의 추를 용수철이 자연길이가 되도록 손으로 받치고 있다가 살며시 놓았다. 처음 추의 연직 높이는 지면으로부터 h_0이다.

① 용수철이 자연길이보다 x만큼 늘어난 지점에서 추의 역학적 에너지를 구하라.

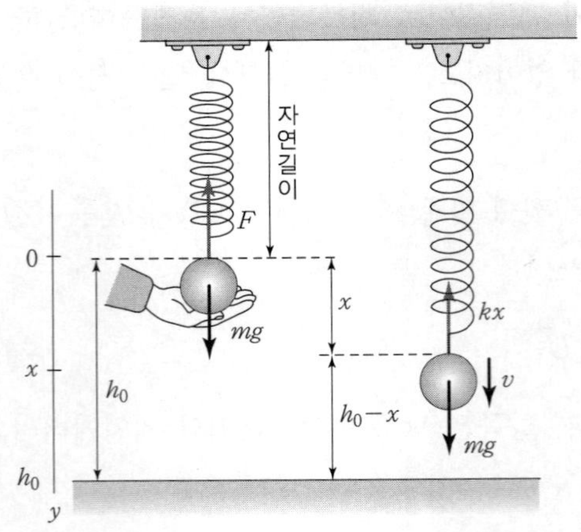

그림 3.12 연직 용수철에 달린 추의 운동

② 중력 및 탄성력이 작용할 때 역학적 에너지가 보존됨을 보여라.

풀이 | 연직하방을 y축으로 하고, 용수철이 자연길이일 때의 위치를 탄성위치에너지의 기준점 $y=0$으로 한다. 또, 중력위치에너지의 기준점을 지면$(y=h_0)$으로 한다.

① 위치 $y=x$에서 추의 속도를 v라 하면 운동에너지 $K(x)$는

$$K(x)=\frac{1}{2}mv^2$$

인데, 이것은 실질적으로 운동에너지의 증가 ΔK이므로, 일-에너지 정리에 의하여 추가 받은 일 W와 같다. 곧

$$W=\frac{1}{2}mv^2 \tag{3.25}$$

인데, 여기서 일 W는 추의 위치가 길이 x만큼 변위되는 동안 중력 및 탄성력이 한 알짜일이다. 중력이 한 일 W_g는

$$W_g=mgx$$

이다. 탄성력이 한 일 W_s는 탄성력과 변위가 서로 반대 방향이므로 탄성력이 한 일은 음(−)의 일이다. 곧

$$W_s=-\frac{1}{2}kx^2$$

이다. 따라서 알짜일 W는

$$W=W_g+W_s=mgx-\frac{1}{2}kx^2$$

이다. 이를 위의 일-에너지 정리의 식(3.25)에 대입하면

$$mgx-\frac{1}{2}kx^2=\frac{1}{2}mv^2 \quad \text{또는} \quad \frac{1}{2}mv^2+\frac{1}{2}kx^2=mgx \tag{3.26}$$

를 얻는다. 여기서 왼쪽의 각 항은 위치 $y=x$에서 운동에너지 및 탄성위치에너지이다. 그러나 우변의 mgx는 위치 $y=x$에서의 중력위치에너지가 아니고, 위치 $y=0$ 및 위치 $y=x$사이의 중력위치에너지의 차 ΔU이다. 중력위치에너지의 기준을 지면으로 하면, 곧 중력위치에너지의 기준점을 $y=h_0$으로 하면, 위치 $y=0$ 및 위치 $y=x$에서 중력위치에너지는 각각 mgh_0 및 $mg(h_0-x)$이다. 따라서

$$\Delta U = mgx = mgh_0 - mg(h_0-x)$$

이다. 이를 고려하면 식(3.26)은

$$\frac{1}{2}mv^2 + \frac{1}{2}kx^2 = mgh_0 - mg(h_0-x)$$

또는

$$\frac{1}{2}mv^2 + \frac{1}{2}kx^2 + mg(h_0-x) = mgh_0 \tag{3.27}$$

가 된다. 이 식의 왼쪽은 바로 위치 $y=x$에서 운동에너지, 탄성위치에너지 및 중력위치에너지의 합인 역학적 에너지이다. 곧

$$E(x) = \frac{1}{2}mv^2 + \frac{1}{2}kx^2 + mg(h_0-x)$$

이다.

② 한편, 식(3.27)의 오른쪽은, $y=0$에서 운동에너지 및 탄성위치에너지는 모두 0이므로, 처음 위치 $y=0$에서 역학적 에너지이다. 곧 $E(0)=mgh_0$가 된다. 따라서 식(3.27)은 $E(x)=E(0)$이다. 곧 역학적 에너지의 보존

(운동에너지) + (탄성위치에너지) + (중력위치에너지) = (일정)

을 나타낸다.

예제 3.15 미끄럼틀에서 운동

질량 m의 어린이가 지면으로부터 연직 높이가 $h_0=6.00$ m인 미끄럼틀의 꼭대기로부터 정지상태에서 미끄러져 내려오고 있다. 연직 높이가 $h=3.00$ m인 미끄럼틀의 중간지점을 지나는 순간의 속도를 구하라. 마찰은 무시한다.

풀이 | 어린이에 작용하는 힘은 마찰력이 없으므로 중력 및 수직항력뿐이다. 수직항력은 항상 운동 방향에 수직이므로 하는 일이 없다. 따라서 중력만이 일을 하므로 {어린이, 지구}로 된 이 역학계의 역학적 에너지가 보존된다. 처음 위치(출발점)에서 정지해 있었으므로 운동에너지는 $K_i=0$이고, 지면을 중력위치에너지의 기준으로 하면, 처음 위치에서 위치에너지는 $U_i=mgh_0$ 이다. 따라서 처음 위치에서 역학적 에너지는

$$E_i = K_i + U_i = 0 + mgh_0 = mgh_0$$

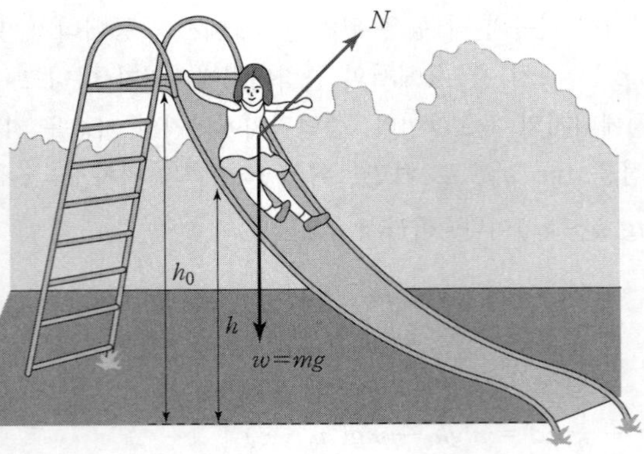

그림 3.13 미끄럼틀에서의 어린이의 운동

이다. 연직 높이가 h인 지점에서 속도를 v라 하면 운동에너지는 $K_f = \frac{1}{2}mv^2$이고, 위치에너지는 $U_f = mgh$이므로 역학적 에너지는

$$E_f = K_f + U_f = \frac{1}{2}mv^2 + mgh$$

이다. 따라서 역학적 에너지 보존법칙에 의하여 $E_i = E_f$이어야 하므로

$$mgh_0 = \frac{1}{2}mv^2 + mgh \qquad \therefore \quad v = \sqrt{2g(h_0 - h)}$$

이다. 속도는 질량에는 무관하다. 여기에 $h_0 = 6.00\ \text{m}$, $h = 3.00\ \text{m}$를 대입하면

$$v = \sqrt{2\times(9.81\ \text{m/s}^2)\times(6.00\ \text{m} - 3.00\ \text{m})} = 7.672\ \text{m/s}$$

를 얻는다. 어린이의 속도는 미끄럼틀 비탈을 따라서 아래로 7.67 m/s 이다.

예제 3.16 아트우드의 기계

예제 2.15에서와 같이 질량이 m_1, m_2인 두 물체를 늘어나지 않는 가벼운 실 양쪽 끝에 달아서 자유로이 회전할 수 있는 가벼운 고정도르래에 걸쳐 놓았다.

① 정지상태에서 무거운 물체가 아래로 y[m]낙하한 순간의 각 물체의 속도를 구하라.

② 이 결과를 이용하여 가속도를 구하라.

③ 무거운 물체의 질량이 가벼운 물체의 두 배이면 가속도는 얼마인가? 또, 무거운 물체가 7.50 cm 낙하한 순간의 속도는 얼마인가?

풀이 | ① 문제에서 마찰을 무시하면 물체에 작용하는 힘은 실의 장력 및 중력뿐이다. 도르래의 질량을 무시하면 실에 작용하는 장력은 어느 점에서나 같고, 실이 늘어나지 않으므로 실의 물체에 작용하는 작용점의 이동거리가 서로 같고 방향이 반대이다. 따라서 실의 장력이 두 물체에 한 알짜일은 없다. 그러므로 두 물체{실, 도르래}로 된 이 역학계에 일을 하는 힘은 중력뿐이므

로 역학적 에너지가 보존된다.

처음에 두 물체가 같은 높이에서 정지상태였다고 하면 처음 운동에너지가 $K_i = 0$이다. 중력 위치에너지도 처음 위치를 기준점으로 하면 $U_i = 0$이다. 따라서 역학적 에너지도

$$E_i = K_i + U_i = 0$$

이다.

$m_1 < m_2$라 하자. 질량 m_2의 물체가 y[m]만큼 낙하한 순간 m_2의 속도를 v라 하면 m_1의 속도는 $-v$이다. 따라서 물체 m_1 및 m_2의 운동에너지는 각각 $\frac{1}{2}m_1v^2$, $\frac{1}{2}m_2v^2$이므로 총 운동에너지는

$$K_f = \frac{1}{2}m_1v^2 + \frac{1}{2}m_2v^2 = \frac{1}{2}(m_1 + m_2)v^2$$

이다. 중력위치에너지는 각각 m_1gy, $-m_2gy$이다. 무거운 물체는 기준점보다 아래로 y[m] 내려갔으므로 중력위치에너지가 감소했고, 가벼운 것은 y[m] 위로 올라갔으므로 중력위치에너지가 증가했기 때문이다. 총 위치에너지는

$$U_f = m_1gy - m_2gy = -(m_2 - m_1)gy$$

이다. 따라서 역학적 에너지는

$$E_f = K_f + U_f = \frac{1}{2}(m_1 + m_2)v^2 - (m_2 - m_1)gy$$

이다.

역학적 에너지 보존법칙에 의하여 $E_i = E_f$라야 하므로

$$0 = \frac{1}{2}(m_1 + m_2)v^2 - (m_2 - m_1)gy \quad \therefore\ v^2 = 2\frac{(m_2 - m_1)g}{m_1 + m_2}y \tag{3.28}$$

이다. 따라서 두 물체의 속도는

$$v = \pm\sqrt{\frac{2(m_2 - m_1)}{m_1 + m_2}gy} \tag{3.29}$$

로 주어진다. 여기서 복부호(±)는 두 물체 중 어느 하나의 속도의 방향을 나타낸다. 곧 가벼운 물체의 속도가 양(+)이면 무거운 물체의 속도는 음(−)이 되고, 그 반대이기도 하다.

② 위의 결과 식(3.28)를 가속도가 a인 등가속도 직선운동의 식

$$v^2 - v_0^2 = 2a(x - x_0)$$

에 견주어 보면 물체의 가속도는

$$a = \frac{m_2 - m_1}{m_1 + m_2}g \tag{3.30}$$

로 주어짐을 알 수 있다.

식(3.30)은 다른 방법으로도 얻을 수 있다. 식(3.28)에서 y를 변수로 보고, 이 식의 양변을 시간에 대해서 미분하면 얻어진다. 곧

$$2v\frac{dv}{dt}=\left\{\frac{2(m_2-m_1)}{m_1+m_2}g\right\}\frac{dy}{dt}$$

가 된다. 여기서

$$\frac{dv}{dt}=a, \quad \frac{dy}{dt}=v$$

임을 고려하면 식(3.30)을 얻는다. 또, 이 문제는 뉴턴의 운동방정식으로부터 구할 수도 있다.

③ $m_2=2m_1$이므로 물체의 가속도는

$$a=\frac{2m_1-m_1}{m_1+2m_1}g=\frac{1}{3}g=\frac{9.81}{3}\text{ m/s}^2=3.27\text{ m/s}^2$$

이다. 또, 7.50 cm 낙하한 순간의 속도는 식(3.29)에 의하여

$$v=\pm\sqrt{\frac{2}{3}\times(9.81\text{ m/s}^2)\times(7.50\times10^{-2}\text{ m})}=\pm0.700\text{ m/s}$$

이다.

○ 보존력

중력이 한 일은 **예제 3.5**에서 본 바와 같이 물체의 이동행로에는 관계없고, 처음 위치 및 나중 위치에 의해서만 결정되고, 역학적 에너지가 보존된다는 것을 보았다. 이런 힘을 **보존력**(conservative force)이라 한다. 탄성력도 보존력이다. 곧

보존력이 물체에 한 일은 이동행로에는 관계없고, 처음 위치 및 나중 위치에 의해서만 결정된다.

일차원운동에서 이런 조건을 만족하는 힘은 위치만의 함수인 경우이다. 이것은 식(3.21)에서 일 W가

$$W=\int_{x_i}^{x_f}F_x\,dx \tag{3.31}$$

로 주어지는데, $F_x=F_x(x)$이면 적분 결과는 처음 위치 x_i 및 나중 위치 x_f 만의 함수라는 것을 고려하면 쉽게 이해된다. 곧 식(3.21)은 보존력의 경우에만 가능하다. 따라서 보존력의 경우에만 위치에너지를 정의할 수 있다.

운동의 법칙 : 운동방정식 ⇒ 일-에너지 정리
⇓ (보존력)
역학적 에너지 보존법칙

마찰력은 중력이나 탄성력과는 달리 행로에 따라 한 일이 다르다. 그래서 보존력이 아니다. 이런 힘을 **비보존력**(nonconservative force)이라 한다. 사람이 당기는 힘 또는 밀어주는 힘도 비보존력의 좋은 보기이다.

일-에너지 정리 식(3.7) 또는 식(3.13)에서 일 W는 물체에 작용하는 모든 종류의 힘에 의한 일들의 알짜일이다. 따라서 일 W는 보존력에 의한 일 $W_{보존}$과 그 외 비보존력에 의한 일 $W_{비보존}$으로 나눌 수 있다. 그런데 보존력의 경우 위치에너지를 정의할 수 있고, 따라서

$$W_{보존} = -(U_f - U_i) = -\Delta U \tag{3.32}$$

이므로 일 W는

$$W = W_{보존} + W_{비보존} = -\Delta U + W_{비보존}$$

로 바꾸어 쓸 수 있고, 일-에너지 정리는 식(3.13) 대신에

$$-\Delta U + W_{비보존} = \Delta K$$

또는

$$W_{비보존} = \Delta K + \Delta U = \Delta E \neq 0 \tag{3.33}$$

으로 바꾸어 쓸 수 있다. 곧

비보존력이 물체에 한 일은 그 물리계의 역학적 에너지의 변화와 같다.

특히 운동마찰력 f에 의하여 이루어진 일 $W_{마찰}$은 비보존력에 의한 일로서

$$W_{마찰} = -f\,\Delta x < 0$$

이다. 따라서 마찰력이 작용하면 이 마찰력에 의하여 이루어진 일만큼 운동에너지가 사라진다. 그래서 마찰력과 같은 비보존력을 역학적 에너지를 소모하는 **소모성 힘**(dissipative force)이라고도 한다.

예제 3.17 수평 용수철에 달린 물체와 실로 연결된 추의 운동

그림 3.14와 같이, 수평면 위에 수평으로 놓인 가벼운 용수철에 달린 질량 $m_1 = 6.00\,\text{kg}$의 목침에 늘어나지 않는 가벼운 실을 매달아서 자유로이 회전하는 도르래에 걸쳐서 질량 $m_2 = 4.00\,\text{kg}$의 추를 연직으로 매달아 놓았다. 용수철의 힘상수는 $k = 180\,\text{N/m}$이고, 목침과 수평면 사이의 운동마찰계수는 $\mu_k = 0.200$이다. 처음에 목침을 밀어서 용수철을 $x_0 = 30.0\,\text{cm}$으로 압축하였다

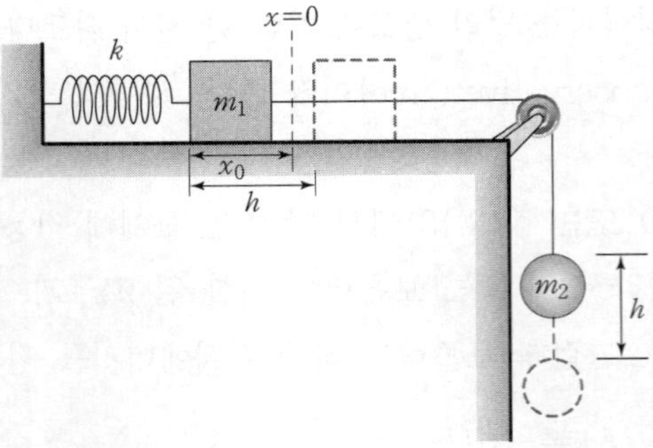

그림 3.14 수평 용수철에 달린 목침 및 추의 운동

가 가만히 놓았더니 연직으로 매달려 있던 추가 낙하했다. 추가 $h=40.0\,\text{cm}$에서 낙하하는 순간의 속도는 얼마인가?

풀이 | 여기에 작용하는 힘은 보존력인 탄성력 및 중력, 그리고 비보존력인 운동마찰력이다. 탄성위치에너지의 기준점은 용수철의 평형점으로, 중력위치에너지의 기준점은 처음 위치로 하는 것이 편리하다.

비보존력인 운동마찰력이 한 일 $W_{비보존}$은 식(3.33)에 의하여 {용수철, 목침, 추, 지구}로 된 역학계의 역학적 에너지의 변화와 같다. 곧

$$W_{비보존}=E_{\text{f}}-E_{\text{i}}=\Delta E \tag{3.34}$$

이다. 여기서 $W_{비보존}$은 운동마찰력 $f_{\text{k}}=\mu_{\text{k}}m_1g$와 변위가 반대 방향이므로

$$W_{비보존}=-\mu_{\text{k}}m_1gh$$

이다. 처음 위치에서 용수철이 압축된 정지상태이었으므로 운동에너지는 없고, 탄성위치에너지뿐이므로 역학적 에너지 E_{i}는

$$E_{\text{i}}=\frac{1}{2}kx_0^2$$

이다. 나중 역학적 에너지 E_{f}는 목침의 운동에너지 및 탄성위치에너지 그리고 추의 운동에너지 및 중력위치에너지의 합이다. 추의 속도를 v라 하면 실이 늘어나지 않으므로 목침의 속도도 v이다. 따라서

$$E_{\text{f}}=\frac{1}{2}m_1v^2+\frac{1}{2}k(h-x_0)^2+\frac{1}{2}m_2v^2-m_2gh$$

이다. 이들을 모두 식(3.34)에 대입하면

$$-\mu_{\text{k}}m_1gh=\left(\frac{1}{2}m_1v^2+\frac{1}{2}k(h-x_0)^2+\frac{1}{2}m_2v^2-m_2gh\right)-\frac{1}{2}kx_0^2$$

또는

$$-\mu_{\text{k}}m_1gh=\frac{1}{2}(m_1+m_2)v^2+\frac{1}{2}k(h-x_0)^2-\frac{1}{2}kx_0^2-m_2gh$$

$$\therefore\ v = \pm\sqrt{\frac{2}{m_1+m_2}\left\{\frac{1}{2}kx_0^2-\frac{1}{2}k(h-x_0)^2+m_2gh-\mu_k m_1gh\right\}}$$
$$= \pm\sqrt{\frac{2}{m_1+m_2}\left\{\frac{1}{2}k(2x_0-h)h+(m_2-\mu_k m_1)gh\right\}} \tag{3.35}$$

를 얻는다. 복부호는 속도의 방향을 나타낸다. 여기에 수 값 $m_1=6.00\,\text{kg}$, $m_2=4.00\,\text{kg}$, $k=180\,\text{N/m}$, $\mu_k=0.200$, $x_0=30.0\,\text{cm}$ 및 $h=40.0\,\text{cm}$를 대입하여 정리하면 속도는

$$v=\sqrt{\frac{18.1872\,\text{J}}{5.00\ \text{kg}}}=1.907\ \text{m/s}$$

이다. 곧 추의 속도는 $1.91\ \text{m/s}$이다.

별해 | 이 문제를 일-에너지 정리식

$$W=K_f-K_i=\Delta K$$

에 의하여 풀 수도 있다. 처음에 정지해 있었으므로 이 계의 운동에너지의 변화는

$$\Delta K=\frac{1}{2}m_1v^2+\frac{1}{2}m_2v^2=\frac{1}{2}(m_1+m_2)v^2$$

이고, 이 계에 외력이 한 일은 용수철의 탄성력이 한 일 W_s, 중력이 한 일 W_g, 마찰력이 한 일 W_f 등이 있다. 탄성력이 한 일은, 압축되었던 용수철이 자연길이로 되돌아가면서 한 일 $\frac{1}{2}kx_0^2$과 자연길이에서 길이 $h-x_0$만큼 늘어날 때 용수철이 한 일 $-\frac{1}{2}k(h-x_0)^2$의 합이다. 용수철이 늘어날 때 용수철은 '음(−)의 일'을 한다. 따라서

$$W_s=\frac{1}{2}kx_0^2-\frac{1}{2}k(h-x_0)^2$$

이다. 중력 및 마찰력이 한 일은 각각

$$W_g=mgh,\quad W_f=-\mu_k m_1gh$$

이다. 따라서 이 물리계에 이루어진 일은

$$W=W_s+W_g+W_f=\frac{1}{2}kx_0^2-\frac{1}{2}k(h-x_0)^2+m_2gh-\mu_k m_1gh$$

이므로 일-에너지 정리 $W=\Delta K$에 의하여

$$\frac{1}{2}kx_0^2-\frac{1}{2}k(h-x_0)^2+m_2gh-\mu_k m_1gh=\frac{1}{2}(m_1+m_2)v^2$$

를 얻고, 따라서 식(3.35)

$$v=\pm\sqrt{\frac{2}{m_1+m_2}\left(\frac{1}{2}k(2x_0-h)h+(m_2-\mu_k m_1)gh\right)}$$

를 얻는다.

○ 힘과 위치에너지

식(3.31)과 식(3.21)을 결합하면 보존력의 경우

$$W = \int_{x_i}^{x_f} F_x(x)\,dx = -[U(x_f) - U(x_i)] \tag{3.36}$$

이므로, 이를 만족하려면 무한소 변위 dx에서 이루어진 일 dW가

$$dW = F_x(x)\,dx = -\,dU(x)$$

이어야 한다. 따라서 위치에너지함수 $U(x)$는

$$dU(x) = -\,F_x(x)\,dx \tag{3.37}$$

를 만족해야 한다. 식(3.37)의 양변을 $x = x_i$에서 $x = x_f$까지 적분하면 식(3.32) 또는 식(3.36)을 얻을 수 있기 때문이다. 그래서 식(3.37)은 힘 F_x가 보존력이기 위한 조건이기도 하다. 식(3.37)로부터

$$-\frac{dU(x)}{dx} = F_x(x) \tag{3.38}$$

임을 알 수 있다. 위치에너지 $U(x)$의 x에 대한 음(−)의 미분계수는 그 점에서 힘의 x 성분과 같다. 미분계수가 곡선의 한 점에서 접선의 기울기와 같음을 상기하면, 위치에너지함수의 그래프에서 접선의 기울기가 0이면 작용하는 힘이 없고, 0이 아니면 작용하는 힘이 있는데, 그 방향은 기울기의 부호와 반대 방향이다. 곧 위치에너지가 작아지는 방향으로 물체는 이동한다.

식(3.38)로부터 x_0에서 x까지 양변을 위치 x에 대해서 적분하면

$$-[U(x) - U(x_0)] = \int_{x_0}^{x} F_x(x)\,dx$$

가 된다. 여기서 위치 $x = x_0$를 기준으로 택하면 $U(x_0) = 0$이므로 위치 x에서 위치에너지는

$$U(x) = -\int_{x_0 = \text{기준점}}^{x} F_x(x)\,dx \tag{3.39}$$

로 주어진다. 이것은 힘이 주어졌을 때, 그 위치에너지함수의 정의식이다. 다시

$$U(x) = \int_{x}^{x_0 = \text{기준점}} F_x(x)\,dx \tag{3.40}$$

$$= \int_{x_0 = \text{기준점}}^{x} [-F_x(x)]\,dx \tag{3.41}$$

로 바꾸어 쓸 수도 있다. 여기서 마당힘 $F_x(x)$에 대해서 $-F_x(x)$는 외력이다. 그래서

(A) 힘마당의 한 점에서 위치에너지함수 $U(x)$는 마당힘이 힘마당의 한 점(x)에서 기준점까지 한 일(식(3.40))

또는

(B) 힘마당의 한 점에서 위치에너지함수 $U(x)$는 외력이 기준점으로부터 힘마당의 한 점(x)까지 한 일(식(3.41))

이라고 정의할 수 있다.

예제 3.18 역제곱법칙의 힘의 위치에너지함수

자연계에는 거리의 제곱에 반비례하는 힘이 많다. 만유인력, 두 전하 사이의 전기력 등은 좋은 보기이다. 이런 힘을 **역제곱법칙의 힘**(inverse-square-law force)이라 한다. 이런 상호작용에서의 위치에너지를 구하라.

풀이 | 역제곱법칙의 힘은 거리를 x라 하면

$$F=\frac{K}{x^2}$$

로 나타낼 수 있다. 이 힘이 보존력이므로 위치에너지를 정의할 수 있고, 위치에너지를 U라 하면

$$dU(x)=-\frac{K}{x^2}\,dx \tag{3.42}$$

라 둘 수 있다. 위치에너지함수 U는 식(3.39) 또는 식(3.40)에 의하여

$$\begin{aligned} U&=-\int_{x_0=\text{기준점}}^{x}\frac{K}{x^2}\,dx=-K\int_{x_0=\text{기준점}}^{x}\frac{1}{x^2}\,dx=\left[\frac{K}{x}\right]_{x_0=\text{기준점}}^{x} \\ &=\frac{K}{x}-\frac{K}{x_0} \end{aligned} \tag{3.43}$$

이다. 따라서 위치에너지함수는

$$U(x)=\frac{K}{x}+(\text{상수}) \tag{3.44}$$

의 꼴이다. (상수)는 $\frac{K}{x_0}$를 나타낸다. 만일 기준점을 무한원점으로 하면, 곧 $x_0\to\infty$이면 $\frac{K}{x_0}\to 0$이다. 따라서 역제곱법칙의 힘이 작용하는 상호작용의 위치에너지함수는, 무한원점을 기준점으로 하면,

$$U(x)=\frac{K}{x}\quad(\text{기준점}: x\to\infty) \tag{3.45}$$

이 된다.

이것을 부정적분으로부터 구하기도 한다. 식(3.42)의 양변을 적분하면

$$U = -\int \frac{K}{x^2}\, dx = -K\int \frac{1}{x^2}\, dx = \frac{K}{x} + C$$

를 얻는다. 이것은 식(3.44)의 꼴이다. C는 적분상수로 기준점을 어디에 정하느냐에 따라 정해진다. 만일 기준점을 $x = x_0$로 하면 조건 $U(x_0) = 0$을 만족해야 하므로

$$U(x_0) = \frac{K}{x_0} + C = 0 \quad \therefore\ C = -\frac{K}{x_0}$$

이다. 따라서 $x = x_0$를 기준점으로 할 때 위치에너지함수는

$$U(x) = \frac{K}{x} - \frac{K}{x_0}$$

이다. 식(3.43)과 일치한다.

기준점을 무한원점 곧 $x = \infty$로 하면

$$U(\infty) = \lim_{x \to \infty} \frac{K}{x} + C = 0 \quad \therefore\ C = 0$$

이다. 따라서 무한원점을 기준점으로 하면 위치에너지함수는 식(3.45)가 된다. 식(3.43) 및 식(3.45)로부터 알 수 있는 바와 같이, 위치에너지 함수는 기준점에 따라 상수만큼 차이가 난다. 역제곱법칙의 힘이 작용하는 상호작용의 경우 기준점을 무한원점으로 하는 경우가 편리하다.

3.2.3 위치에너지와 운동모양

위치에너지함수 $U(x)$를 알면 역학적 에너지 보존법칙 또는 식(3.24)에 의하여 속도를 구할 수 있어서, 위치에너지 함수 $U(x)$의 그래프를 보면, 운동방정식을 풀지 않고도, 물체의 운동을 정성적으로 개관할 수 있다. 따라서 위치에너지 함수의 그래프는 물체의 운동을 이해하는 데 큰 도움을 준다.

용수철과 이에 달린 물체(질점으로 간주함)로된 물리계의 위치에너지는 식(3.36)으로 주어진다. **그림 3.15**는 이 위치에너지함수의 용수철의 평형점으로부터의 변위 x에 대한 그래프이다. 이것은 원점을 지나고 세로축(U축)에 대해서 대칭인 포물선이다. 여기에 작용하는 탄성력은 보존력이므로, 역학적 에너지 $E = K + U$는 일정하다. 따라서 역학적 에너지 E의 그래프는 x축에 나란한 직선이다.

○ 속도 및 변위

한 점에서 E와 U 사이의 세로축에 나란한 거리는 $E - U$이므로 운동에너지 K를 나타낸

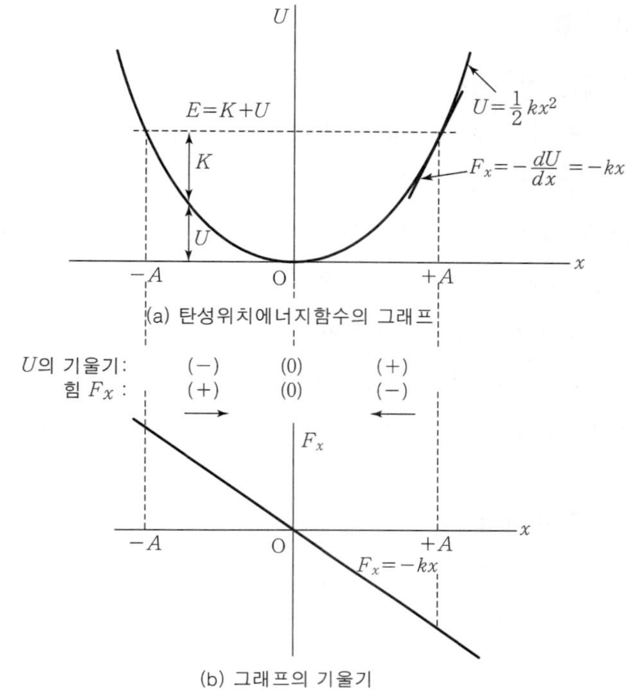

그림 3.15 탄성위치에너지함수의 그래프 및 물체에 작용하는 힘

다. 원점인 $x=0$에서 운동에너지가 최대, 따라서 속도가 가장 크고, 두 그래프 E와 U가 만나는 점 $x=\pm A$에서는 운동에너지가 0, 따라서 속도도 0이다. 변위 x는 항상 $-A\le x\le A$의 범위 안에 있다. 왜냐하면 위치에너지 U는 역학적 에너지 E보다 클 수 없으므로 변위 x는 항상 $U\le E$를 만족하는 범위 안에 있어야 하기 때문이다. 만일 $U>E$이면 식(3.24)에서 제곱근 안의 값이 음(−)수가 되어 속도 v가 허수가 된다. 물리량이 허수가 되는 것은 물리학에서는 불가능한 일이다. 관측 가능한 물리량의 값은 항상 실수여야 하기 때문이다.

한편, 점 $x=-A$(최대로 압축된 상태)에서 속도는 0이지만, 곡선의 기울기가 0이 아니므로 물체는 힘을 받는다. 식(3.38)에 의하면 힘의 방향은 기울기의 부호와 반대이므로, 그 힘은 양(+)의 방향으로 작용하게 되어, $+x$축 방향으로 물체는 다시 가속된다. 물체는 점점 빨라져서 평형점 또는 원점($x=0$)을 지나는 순간 최대가 되고, 이 점을 지나면 갈수록 느려져서 마침내 $x=+A$(최대로 늘어난 상태)에서 정지하게 된다. 그러나 그 순간 점 $x=-A$에서와 같은 원리로 음(−)의 방향으로 힘을 받아 가속된다. 물체는 이런 운동을 반복한다. 곧 항상 평형점을 향하는 힘(**복원력** : restoring force)을 받아서 물체는 두 점 $x=-A$ 및 $x=+A$ 사이를 **왕복운동**을 한다(소단원 2.3.2 참조). 이런 운동을 **진동**(oscillation)이라고도 한다.

◎ 평형점 및 되돌이점

점 $x = \pm A$에서 물체는 정지하는 순간 되돌아오므로 이 점을 **되돌이점**(회귀점 : turning point)이라 하고, 두 점 사이의 영역을 **퍼텐셜우물**(potential well)이라고도 한다. 한편, 원점 $x = 0$에서 곡선의 기울기가 0이므로 힘을 받지 않는다. 따라서 이런 점을 **평형점**(equilibrium point)이라 한다. 원점 $x = 0$은 위치에너지함수의 최소 또는 극소점이다. 따라서 이 극소점인 평형점을 조금 벗어나면 점 $x = \pm A$에서와 같은 원리로 이 평형점을 향하는 복원력이 작용하여 항상 이 평형점으로 복귀하게 하려는 경향이 있다. 이런 극소점인 평형점을 **안정한 평형점**(stable equilibrium point)이라 한다. 이에 대해서 극대점인 평형점에서는 항상 평형점으로부터 멀어지려는 힘이 작용하므로 이런 평형점은 **불안정한 평형점**(unstable equilibrium point)이다.

위치에너지함수가 **그림 3.16(a)**와 같은 경우,

① 물체 또는 질점의 에너지가 E_A이면 입자는 안정한 평형점인 $x = x_A$에 위치하게 되고,

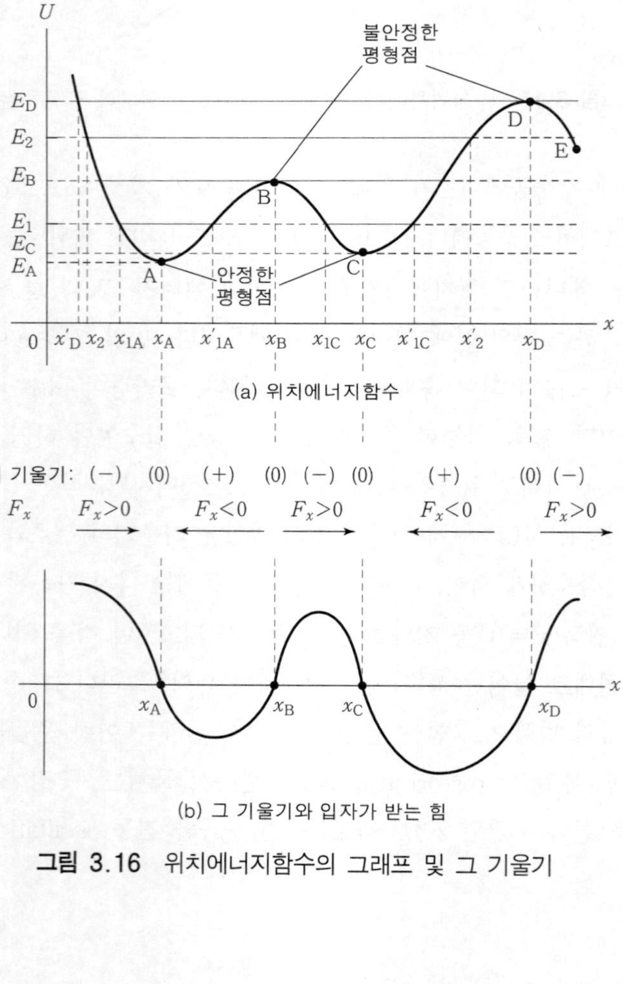

그림 3.16 위치에너지함수의 그래프 및 그 기울기

② 에너지가 E_1이면 $x=x_{1A}$와 $x=x'_{1A}$사이(퍼텐셜우물 A)나 $x=x_{1C}$과 $x=x'_{1C}$ 사이(퍼텐셜우물 C)의 어느 한쪽 퍼텐셜우물에만 존재 가능하다. 두 퍼텐셜우물 사이에 $(x'_{1A}<x<x_{1C})$에는 입자가 존재할 수 없다. 이 구간을 **퍼텐셜장벽**(potential barrier)이라 하기도 한다.

③ 에너지가 E_2이면 입자는 $x=x_2$과 $x=x'_2$ 사이에만 존재할 수 있다. 곧 이 두 점 사이를 왕복 운동한다.

④ 입자의 에너지가 E_C이면 입자는 안정한 평형점 $x=x_C$에 위치한다.

⑤ 에너지가 $E>E_D$이면 입자는 영역 $0<x<x'_D$에는 존재할 수 없고, $x>x'_D$의 영역에만 존재가능하다. 따라서 $x=x'_D$는 되돌이점이다. 입자는 무한원점까지 운동할 수 있어서 오른쪽으로는 운동의 한계가 없다.

예제 3.19 이원자분자의 상호작용 위치에너지함수와 분자의 상태

이원자분자의 두 원자 사이에 작용하는 힘의 위치에너지함수의 특징은 **그림 3.17**에 나타나는 것과 같다. **그림 3.17**은 두 원자 사이의 거리 x에 대한 위치에너지의 변화 모양을 나타낸다. 분자가 가장 안정할 때의 두 원자 사이의 거리, 척력 및 인력이 작용하는 영역, 두 원자를 떼어 놓는 데 필요한 에너지 등 힘의 특징을 분석하라.

풀이 | 위치 $x=x_0$는 곡선의 기울기가 0인 위치에너지의 극소(또는 최소)점이므로 안정한 평형점이다. 이 상태에서 에너지는 위치에너지의 최솟값 U_{min}이다. 이 최솟값을 $U_{min}=-U_0$라 하면 $E_0=-U_0$이다. 두 원자 사이의 거리가 $x=x_0$일 때 분자는 가장 안정하다.

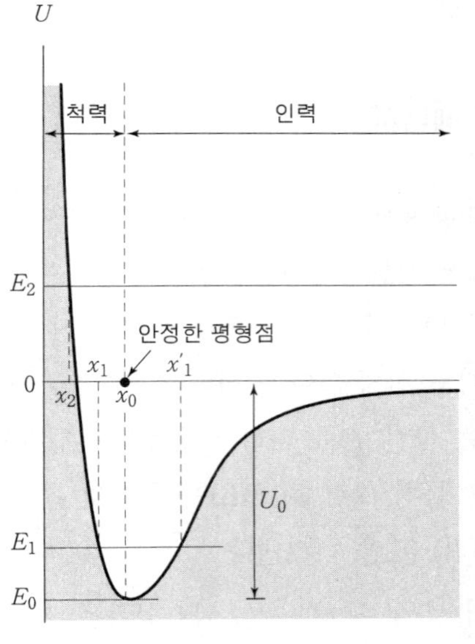

그림 3.17 이원자분자의 두 원자 사이의 위치에너지의 모양

이 거리보다 작으면($x < x_0$) 곡선의 기울기가 음(−)이어서 힘은 양(+)의 방향으로 작용하므로 두 원자 사이의 거리가 멀어지려는 경향이다. 곧 척력이 작용한다. 이에 대해서 이 거리보다 크면($x > x_0$), 곡선의 기울기가 양(+)이므로 힘은 음(−)의 방향으로 작용한다. 곧 두 원자 사이의 거리가 짧아지려는 경향이 있으므로 힘은 인력이다. 척력 영역($x < x_0$)에서 위치에너지함수의 기울기가 인력영역($x > x_0$)에서 보다 크므로 척력이 인력보다 크다.

에너지가 $E_0 < E < 0$이면 예를 들어 $E = E_1$이면, 두 원자 사이의 거리는 항상 $x_1 < x < x'_1$을 유지한다. 두 되돌이점 $x = x_1$, $x = x'_1$ 사이에서 왕복운동 또는 진동한다. 곧 $E < 0$이면 두 원자는 결합되어 있다.

반면에 $E \geq 0$이면 예를 들어 $E = E_2$이면 두 원자 사이의 거리는 $x = x_2$보다 더 가까워지지 않고, 무한히 멀어진다($x = \infty$). 곧 분리된다. 따라서 $E \geq 0$이면 두 원자는 분리된다. 그림과 같은 위치에너지로 상호작용하는 두 원자는, 안정한 평형상태에 있을 때의 에너지의 절대값에 해당하는 에너지($|E_0| = |U_{\min}| = U_0$)를 외부에서 공급하면 서로 분리된다. 그래서 이 에너지 U_0를 두 원자의 **결합에너지**(binding energy) 또는 **해리에너지**(dissociation energy)라고 한다.

3.3 보존력마당과 에너지 보존법칙 – 이차원 및 삼차원운동

이제까지 일과 에너지 관계를 일차원운동에 한해서 살펴보았다. 그 결과를 이차원 또는 삼차원으로 확장하여 보다 더 일반적인 벡터방법으로 살펴본다.

3.3.1 곡선운동에서 일과 에너지

일은 물체에 작용한 힘의 작용점이 변위되었을 때, 그 변위와 변위 방향의 성분힘의 곱으로 정의된다. 변위 방향의 성분힘은 속도의 크기를, 변위에 수직인 방향의 성분힘은 변위의 방향을 각각 변화시킨다. 따라서 힘의 작용점 또는 입자가 곡선운동을 하는 경우에는 작용하는 힘의 세기뿐만 아니라 힘의 방향도 위치에 따라 변하는 경우를 생각할 수 있다.

그림 3.18은 한 평면에 있는 곡선 C를 따라서 운동하는 입자의 위치벡터, 변위벡터 및 입자에 작용하는 힘을 나타낸다. 특히 **그림 3.18(b)**는 입자의 속도벡터에 나란한 힘의 성분(접선력) F_τ 및 수직 성분(법선력) F_n을 나타낸다.

곡선운동에서 미소변위벡터 $\Delta\vec{r} = \vec{r}(t) - \vec{r}(t_0)$의 방향은 $\Delta t \to 0$의 극한에서는 접선 방향

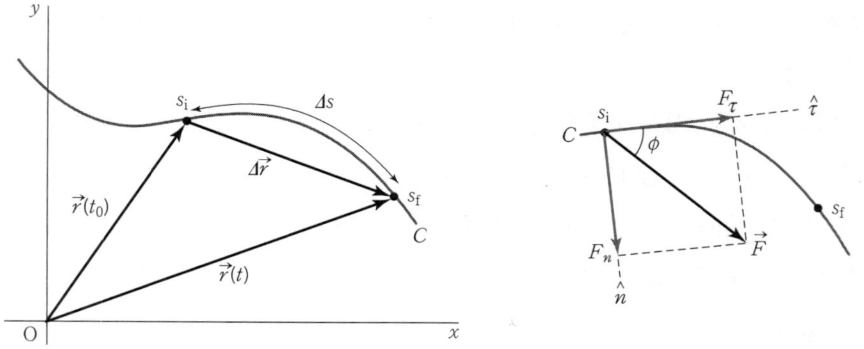

(a) 궤도곡선과 변위벡터 (b) 힘과 접선력 및 법선력

그림 3.18 곡선운동

이고, 그 크기는 곡선을 따라서 이동한 미소거리 Δs와 같다. 곧 $d\vec{r}=\hat{\tau}ds\ (\Delta t\to 0)$이다. 곡선운동의 접선 및 법선 방향의 운동방정식(2.60), 식(2.61)에 의하여 접선력 F_τ는 속도의 크기의 변화를 가져 오지만 법선력 F_n은 속도의 크기의 변화와는 아무 관계가 없고, 대신에 속도벡터 또는 변위벡터의 방향변화를 가져온다. 따라서 상대적으로 접선력 F_τ의 방향이 위치에 따라 변한다.

힘 $\vec{F}$가 작용하여 입자가 곡선 C를 따라서 이동한 미소거리를 Δs라 하면, 이 미소변위 Δs 동안에 한 일 ΔW는

$$\Delta W=F_\tau \Delta s \tag{3.46}$$

로 주어진다. 여기서 F_τ는 일정하다고 어림할 수 있다.

곡선 C를 따라서 처음 위치 s_i에서 나중 위치 s_f까지 이동하는 동안에 한 일은 소단원 3.1.2

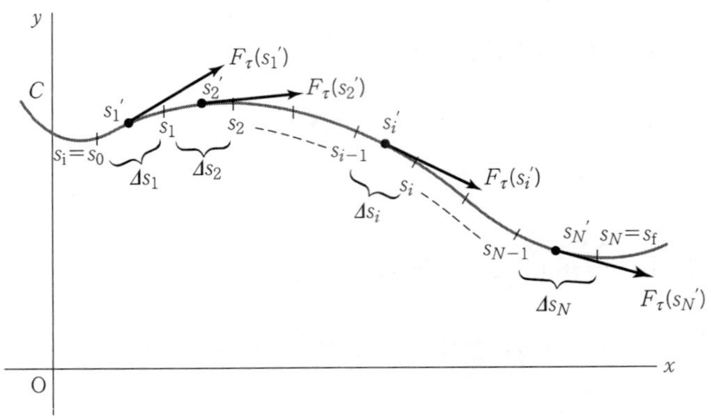

그림 3.19 곡선운동에서 위치에 따라 변하는 접선력 및 그 힘이 한 일

에서와 같이 이 두 위치 사이를 무한히 많은 미세구간 $\Delta s_i = s_i - s_{i-1}$ $(i=1, 2, 3, \cdots, N)$으로 나누어 생각할 수 있다. 여기서 $s_{\mathrm{i}} = s_0$, $s_{\mathrm{f}} = s_N$이다. 이와 같이 구간으로 나누면 처음 위치 s_{i}에서 나중 위치 s_{f} 사이가 꺾임선으로 된다. 이 꺾임선은 구간을 무한히 많이 할수록, 곧 $N \to \infty$의 극한에서 곡선 C에 무한히 가깝게 된다.

각 미세구간에서 힘은 일정한 힘으로 어림할 수 있다. 이 힘을 $F_{\tau;i} = F_\tau(s_i{}')$ $(s_{i-1} \le s_i{}' \le s_i)$이라 하면 미세변위구간 Δs_i에서 이루어진 일 ΔW_i는 식(3.46)과 같은 꼴

$$\Delta W_i = F_\tau(s_i{}')\,\Delta s_i \quad (i=1, 2, 3, \cdots, N)$$

로 쓸 수 있다(소단원 3.1.2에서 $x \to s$로 바꾸어 놓은 것과 같다). 따라서 곡선 C를 따라서 처음 위치 s_{i}에서 나중 위치 s_{f} 사이에 이루어진 일은 소단원 3.1.2에서와 같은 방법으로

$$W = \lim_{N \to \infty} \sum_{i=0}^{N} F_\tau(s_i{}')\,\Delta s_i = \int_{s_{\mathrm{i}};C}^{s_{\mathrm{f}}} F_\tau(s)\,ds \tag{3.47}$$

로 주어진다. 적분기호 아래 C는 주어진 곡선 C를 나타낸다. 이런 적분을 **선적분**(line integral)이라 한다.

또, 미세변위구간 Δs_i에서 힘은 일정한 것으로 어림할 수 있으므로 이 구간의 일 ΔW_i는 이 구간에서 운동에너지의 변화 ΔK_i와 같다고 볼 수 있다. 곧

$$\Delta W_i = K_i - K_{i-1} \equiv \Delta K_i \quad ; \quad K_i \equiv K(s_i),\ \ K_{i-1} \equiv K(s_{i-1})$$

이다. 따라서 소단원 3.1.2에서와 같은 방법으로,

$$\begin{aligned} W &\cong \Delta W_1 + \Delta W_2 + \cdots + \Delta W_i + \Delta W_{i+1} + \cdots + \Delta W_N \\ &= (K_1 - K_0) + \cdots + (K_i - K_{i-1}) + (K_{i+1} - K_i) + \cdots + (K_N - K_{N-1}) \\ &= K_N - K_0 \end{aligned}$$

이다. 따라서 $K_N = K_{\mathrm{f}}$, $K_0 = K_{\mathrm{i}}$임을 고려하면

$$W = K_{\mathrm{f}} - K_{\mathrm{i}} \equiv \Delta K \tag{3.48}$$

를 얻는다. 여기서

$$K_{\mathrm{i}} \equiv K(s_{\mathrm{i}}) = \frac{1}{2} m v_{\mathrm{i}}^2,\ \ K_{\mathrm{f}} \equiv K(s_{\mathrm{f}}) = \frac{1}{2} m v_{\mathrm{f}}^2 \tag{3.49}$$

이다. 이제 식(3.47)과 식(3.48)를 결합하면 곡선운동에서 일-에너지 정리

$$W = \int_{s_{\mathrm{i}};\,C}^{s_{\mathrm{f}}} F_\tau(s)\,ds = K_{\mathrm{f}} - K_{\mathrm{i}} \equiv \Delta K \tag{3.50}$$

를 얻는다.

○ 미분적분의 방법

일-에너지 정리 식(3.50)은 미분적분의 방법으로도 얻을 수 있다. 곡선운동에서 접선 및 법선가속도는

$$a_{\tau}=\frac{dv}{dt},\quad a_n=\frac{v^2}{R}$$

로 주어지므로 접선 방향의 운동방정식은

$$m\frac{dv}{dt}=F_{\tau} \tag{3.51}$$

로 주어진다. 여기서 입자의 빠르기는 위치 s의 함수이므로

$$\frac{dv}{dt}=\frac{dv}{ds}\frac{ds}{dt}=\frac{dv}{ds}v \tag{3.52}$$

로 쓸 수 있다. 독립변수가 시간 t에서 위치 s로 바뀌었으며, 곡선운동에서

$$|\vec{v}|=\frac{ds}{dt}=v$$

임을 이용하였다. 식(3.51) 및 식(3.52)를 식(3.47)에 대입하면

$$\begin{aligned} W &= \int_{s_i}^{s_f} F_{\tau}(s)\,ds=\int_{s_i}^{s_f} m\frac{dv}{dt}\,ds=m\int_{s_i}^{s_f} v\frac{dv}{ds}\,ds \\ &= m\int_{v_i}^{v_f} v\,dv=m\left[\frac{v^2}{2}\right]_{v_i}^{v_f} \\ &= \frac{1}{2}mv_f^2-\frac{1}{2}mv_i^2 \\ &= K_f-K_i=\Delta K \end{aligned} \tag{3.53}$$

를 얻는다. 여기서 곡선 C의 표시를 생략했다. 이것은 바로 식(3.50)이다. 위의 둘째 줄에서 적분한계가 위치 $[s_i,\ s_f]$에서 각 위치에서 속도 $[v_i,\ v_f]$로 바뀌었다.

3.3.2 벡터의 스칼라곱

공간운동의 기술은 벡터의 방법이 간편하고 포괄적이고, 일반적이다. 일의 정의에 관계되는 물리량인 힘 및 변위는 모두 벡터이다. 식(3.46)은 $\Delta s\rightarrow 0$의 극한의 경우

$$dW = F_\tau(s)\,ds \tag{3.54}$$

라고 미분형으로 쓸 수 있다. 여기서 F_τ는 힘 $\vec{F}$의 접선 성분이므로 그들 사이의 각을 ϕ라 하면 $F_\tau = F\cos\phi$이므로(**그림 3.18(b)** 참조), 윗식은

$$dW = F_\tau(s)\,ds = F(s)\cos\phi\,ds \tag{3.55}$$

가 된다. 여기서 각 ϕ도 위치에 따라 변한다. 무한소변위 ds는 무한소 변위벡터 $d\vec{r}$의 크기이므로 $d\vec{r} = \hat{t}\,ds \equiv d\vec{s}$이다. 여기서 "$d\vec{r}$는 일반적인 변위벡터, $d\vec{s}$는 어떤 곡선을 따라서 일어난 변위벡터"를 나타내는 기호로 사용하기로 한다. 기호의 편의상 무한소 변위벡터를 $d\vec{r}$ 대신에 $d\vec{s}$로 쓰기로 한다. 따라서 식(3.55)는 벡터인 두 물리량 $\vec{F}$ 및 $d\vec{r} = d\vec{s}$를 서로 곱한 결과 스칼라가 되는 것을 나타낸다. 이와 같이 두 벡터를 곱한 결과 스칼라가 되는 벡터연산을 두 벡터의 **스칼라곱**(scalar product)이라 한다.

○ 스칼라곱

두 벡터 $\vec{A}$, $\vec{B}$의 스칼라 곱은 $\vec{A}\cdot\vec{B}$라 쓰고

$$\vec{A}\cdot\vec{B} = AB\,\cos\phi_{AB} \tag{3.56}$$

로 정의한다. 각 $\phi_{AB} = \phi_{BA}$는 두 벡터의 사이각이다. 여기서 $B\cos\phi_{AB} \equiv B_A$는 $\vec{B}$의 $\vec{A}$ 방향의 성분이고, $A\cos\phi_{AB} \equiv A_B$는 $\vec{A}$의 $\vec{B}$방향의 성분이다. 따라서

{A, B의 스칼라곱} = {A와 $\vec{B}$의 $\vec{A}$ 방향의 성분인 B_A의 곱} = AB_A
= {B와 $\vec{A}$의 $\vec{B}$ 방향의 성분인 A_B의 곱} = BA_B

이다(**그림 3.20** 참조).

스칼라곱에 아래와 같은 몇 가지 중요한 성질이 있다.

① 한 벡터와 그 자신과의 스칼라곱은 그 벡터 크기의 제곱과 같다. 곧

$$\vec{A}\cdot\vec{A} = A^2$$

② 스칼라곱의 정의 식(3.56)에서

$$\vec{A}\cdot\vec{B} = \vec{B}\cdot\vec{A} \quad \text{(교환법칙)}$$

이다. 이는 스칼라곱에는 **교환법칙**(commutative law)이 성립함을 보여준다. 왜냐하면

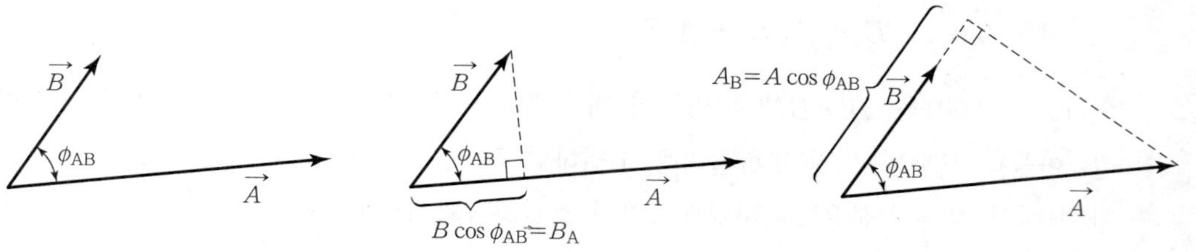

(a) 두 벡터 및 그 사이각　　(b) $\vec{B}$의 $\vec{A}$ 방향의 성분　　(c) $\vec{A}$의 $\vec{B}$ 방향의 성분

그림 3.20 두 벡터 및 각 벡터의 다른 벡터 방향의 성분

$$\vec{A}\cdot\vec{B}=AB\cos\phi_{AB}\text{라면 }\vec{B}\cdot\vec{A}=BA\cos\phi_{BA}$$

라 할 수 있는데, 위 두 식의 우변이 서로 같기 때문이다.

③ 두 벡터 $\vec{A}$, $\vec{B}$의 합벡터 $\vec{A}+\vec{B}$와 $\vec{C}$의 스칼라곱은 처음 각 벡터와 벡터 $\vec{C}$의 스칼라곱들의 합과 같다. 곧

$$(\vec{A}+\vec{B})\cdot\vec{C}=\vec{A}\cdot\vec{C}+\vec{B}\cdot\vec{C}\quad(\text{분배법칙})\tag{3.57}$$

이다. 이는 스칼라곱에는 **분배법칙**(distribution law)이 성립함을 보여준다(**그림 3.21** 참조).

④ 만일 $\vec{A}\cdot\vec{B}=0$이면 두 벡터 중 적어도 하나는 0이거나, 그렇지 않으면 $\vec{A}$와 $\vec{B}$가 서로 직교한다. 곧

$$\vec{A}\cdot\vec{B}=0\rightleftarrows\{\vec{A}=0\ \text{또는}\ \vec{B}=0\}$$

또는

$$\vec{A}\cdot\vec{B}=0\rightleftarrows\vec{A}\perp\vec{B}\quad(\vec{A}\neq0,\ \vec{B}\neq0)\tag{3.58}$$

이다.

⑤ 직각좌표계의 바탕을 $\{\hat{i},\hat{j},\hat{k}\}$라 하면

$$\begin{aligned}&\hat{i}\cdot\hat{i}=\hat{j}\cdot\hat{j}=\hat{k}\cdot\hat{k}=1\\&\hat{i}\cdot\hat{j}=\hat{j}\cdot\hat{k}=\hat{k}\cdot\hat{i}=0\end{aligned}\tag{3.59}$$

이다.

⑥ 직각좌표계의 바탕 $\{\hat{i},\hat{j},\hat{k}\}$에서 두 벡터 $\vec{A}$, $\vec{B}$를

$$\vec{A}=\hat{i}A_x+\hat{j}A_y+\hat{k}A_z,\quad\vec{B}=\hat{i}B_x+\hat{j}B_y+\hat{k}B_z\tag{3.60}$$

라 하면, 두 벡터의 스칼라곱은 같은 성분들끼리의 곱들의 합과 같다. 곧

$$\vec{A} \cdot \vec{B} = A_x B_x + A_y B_y + A_z B_z \tag{3.61}$$

이다. 식(3.60)을 $A \cdot B$에 대입하여 바탕벡터들 사이의 스칼라곱 식(3.59)를 고려하고, 아울러 분배법칙 및 교환법칙을 고려하면 식(3.61)을 얻는다.

⑦ 한 벡터의 직각 성분은 그 바탕벡터와의 스칼라곱과 같다. 곧

$$\hat{i} \cdot \vec{A} = A_x,\ \hat{j} \cdot \vec{A} = A_y,\ \hat{k} \cdot \vec{A} = A_z$$

이다. 이것은 벡터 $\vec{A}$의 바탕 $\{\hat{i}, \hat{j}, \hat{k}\}$에서 표현식(3.60) 및 바탕벡터들의 스칼라곱 식(3.59)를 적용하면 얻어진다. 따라서

$$\vec{A} = \hat{i}(\hat{i} \cdot \vec{A}) + \hat{j}(\hat{j} \cdot \vec{A}) + \hat{k}(\hat{k} \cdot \vec{A})$$

라 쓸 수 있다.

⑧ 두 벡터 $\vec{A}$, $\vec{B}$가 매개변수 t의 함수이면

$$\frac{d}{dt}(\vec{A} \cdot \vec{B}) = \frac{d\vec{A}}{dt} \cdot \vec{B} + \vec{A} \cdot \frac{d\vec{B}}{dt} \tag{3.62}$$

이다.

예제 3.20 스칼라곱의 분배법칙

① 세 벡터 $\vec{A}$, $\vec{B}$, $\vec{C}$가 같은 평면에 있을 때 분배법칙 식(3.57)이 성립함을 보여라.
② 식(3.61)을 증명하라.

풀이 ① 식(3.57)에서 $\vec{A} + \vec{B} \equiv \vec{D}$라 하고, $\vec{D}$, $\vec{A}$ 및 $\vec{B}$의 $\vec{C}$방향의 성분을 각각 D_C, A_C 및 B_C라 하면

$$(\vec{A} + \vec{B}) \cdot \vec{C} = \vec{D} \cdot \vec{C} \equiv D_C C$$

이고

$$\vec{A} \cdot \vec{C} + \vec{B} \cdot \vec{C} = A_C C + B_C C$$

이다. 따라서 분배법칙 식(3.57)을 증명하는 것은

$$D_C = A_C + B_C$$

임을 보이면 된다.

그림 3.21에서 윗식이 성립함을 쉽게 알 수 있다. **그림 3.21**에서 선분 $\overline{\mathrm{OA_C}}$, 선분 $\overline{\mathrm{OB_C}}$ 및 선분 $\overline{\mathrm{OD_C}}$는 각각 $\vec{C}$ 방향의 성분 A_C, B_C 및 D_C이다. 선분 $\overline{\mathrm{A_C D_C}}$는 선분 $\overline{\mathrm{OB_C}}$와 같다. 따라서

$$\overline{\mathrm{OD_C}} = \overline{\mathrm{OA_C}} + \overline{\mathrm{A_C D_C}} = \overline{\mathrm{OA_C}} + \overline{\mathrm{OB_C}}$$

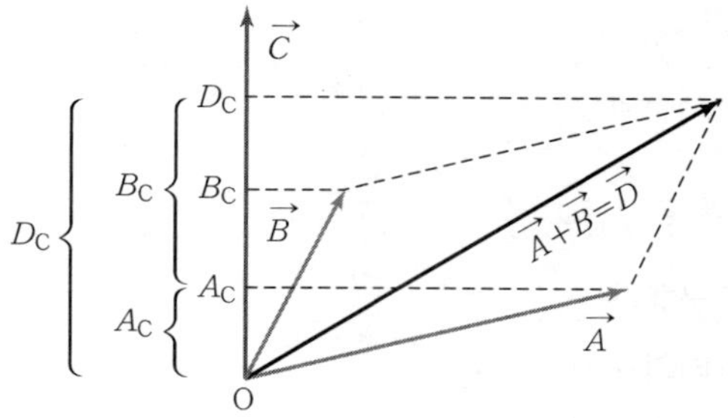

그림 3.21 스칼라곱의 분배법칙

이다. 이것은 바로 $D_C = A_C + B_C$임을 뜻한다.

② 두 벡터 $\vec{A}$, $\vec{B}$의 직각좌표계에서 표현이 식(3.60)으로 주어지면 스칼라곱 $\vec{A}\cdot\vec{B}$는 분배법칙에 의하여 전개하면

$$\begin{aligned}\vec{A}\cdot\vec{B} &= (\hat{i}A_x+\hat{j}A_y+\hat{k}A_z)\cdot(\hat{i}B_x+\hat{j}B_y+\hat{k}B_z)\\ &= (\hat{i}A_x+\hat{j}A_y+\hat{k}A_z)\cdot(\hat{i}B_x)\\ &\quad+(\hat{i}A_x+\hat{j}A_y+\hat{k}A_z)\cdot(\hat{j}B_y)\\ &\quad+(\hat{i}A_x+\hat{j}A_y+\hat{k}A_z)\cdot(\hat{k}B_z)\end{aligned}$$

가 되는데, 한 번 더 분배법칙을 적용하면

$$\begin{aligned}\vec{A}\cdot\vec{B} &= (\hat{i}A_x)\cdot(\hat{i}B_x)+(\hat{j}A_y)\cdot(\hat{i}B_x)+(\hat{k}A_z)\cdot(\hat{i}B_x)\\ &\quad+(\hat{i}A_x)\cdot(\hat{j}B_y)+(\hat{j}A_y)\cdot(\hat{j}B_y)+(\hat{k}A_z)\cdot(\hat{j}B_y)\\ &\quad+(\hat{i}A_x)\cdot(\hat{k}B_z)+(\hat{j}A_y)\cdot(\hat{k}B_z)+(\hat{k}A_z)\cdot(\hat{k}B_z)\end{aligned}$$

가 된다. 각 항은 $(\hat{i}A_x)\cdot(\hat{i}B_x)$, $(\hat{i}A_x)\cdot(\hat{j}B_y)$, …의 꼴인 데, 이들은 다시

$$(\hat{i}A_x)\cdot(\hat{i}B_x)=\hat{i}\cdot\hat{i}A_xB_x\ ;\ (\hat{i}A_x)\cdot(\hat{j}B_y)=\hat{i}\cdot\hat{j}A_xB_y\ ;\ \cdots$$

의 꼴로 쓸 수 있다. 여기에 바탕벡터들 사이의 스칼라곱 관계식(3.59)를 적용하면

$$\begin{aligned}&(\hat{i}A_x)\cdot(\hat{i}B_x)=\hat{i}\cdot\hat{i}A_xB_x=1\times A_xB_x=A_xB_x\ ;\\ &(\hat{i}A_x)\cdot(\hat{j}B_y)=\hat{i}\cdot\hat{j}A_xB_y=0\times A_xB_y=0\ ;\\ &\cdots\cdots\cdots\end{aligned}$$

이 된다. 따라서 대각선상에 있는 항들만 남게 된다. 결국,

$$\vec{A}\cdot\vec{B}=A_xB_x+A_yB_y+A_zB_z$$

이 된다.

예제 3.21 스칼라곱

두 벡터 $\vec{A}$, $\vec{B}$가

$$\vec{A}=-\hat{i}+2\hat{j}\ ,\ \vec{A}=2\hat{i}+3\hat{j}$$

로 주어진다. 다음을 구하라.

① $\vec{A}\cdot\vec{B}$ ② 두 벡터의 사이각 ϕ_{AB}

풀이 ① $\vec{A}\cdot\vec{B}=(-\hat{i}+2\hat{j})\cdot(2\hat{i}+3\hat{j})=-1\times2+2\times3=4$

② 사이각의 코사인은

$$\vec{A}\cdot\vec{B}=AB\cos\phi_{\mathrm{AB}}\quad\therefore\quad\cos\phi_{\mathrm{AB}}=\frac{\vec{A}\cdot\vec{B}}{AB}$$

로 주어진다. 두 벡터의 크기는 각각

$$A=\sqrt{\vec{A}\cdot\vec{A}}=\sqrt{(-\hat{i}+2\hat{j})\cdot(-\hat{i}+2\hat{j})}=\sqrt{(-1)^2+2^2}=\sqrt{5},$$
$$B=\sqrt{\vec{B}\cdot\vec{B}}=\sqrt{(2\hat{i}+3\hat{j})\cdot(2\hat{i}+3\hat{j})}=\sqrt{2^2+3^2}=\sqrt{13}$$

이다. 따라서

$$\cos\phi_{\mathrm{AB}}=\frac{A\cdot B}{AB}=\frac{4}{\sqrt{5}\times\sqrt{13}}=\frac{4}{\sqrt{65}}=0.496$$

이다. 그러므로 $\phi_{\mathrm{AB}}\cong60^\circ$이다.

○ 스칼라곱으로서 일

무한소 변위 $d\vec{s}$ 동안에 힘 $\vec{F}$가 한 일은 식(3.54) 또는 (3.55)로 주어지는데, 이것은 무한소 변위벡터 $d\vec{r}=\hat{\tau}ds\equiv d\vec{s}$와 힘 $\vec{F}$의 크기의 곱에 그들 사이각의 코사인을 곱한 것이므로

$$dW=F(s)\cos\phi\,ds=\vec{F}(s)\cdot d\vec{s}\tag{3.63}$$

와 같이 벡터의 스칼라곱으로 표시할 수 있다. 따라서 곡선 C를 따라서 처음 위치 s_{i}에서 나중 위치 s_{f}사이에 이루어진 일 W는 벡터기호로

$$W=\int_{s_{\mathrm{i}};C}^{s_{\mathrm{f}}}F_\tau(s)\,ds=\int_{s_{\mathrm{i}};C}^{s_{\mathrm{f}}}F(s)\cos\phi\,ds=\int_{s_{\mathrm{i}};C}^{s_{\mathrm{f}}}\vec{F}(s)\cdot d\vec{s}\tag{3.64}$$

로 쓸 수 있다.

만일 입자에 작용하는 힘 $\vec{F}$가 일정하다면 처음 위치 s_{i}에서 나중 위치 s_{f}까지 이동하는 동안 한 일 W는 식(3.64)에 의하여

$$W=\int_{s_i\,;\,C}^{s_f} \vec{F}(s)\cdot d\vec{s} = \vec{F}\cdot\int_{s_i}^{s_f} d\vec{s} = \vec{F}\cdot[\vec{s}]_{s_i}^{s_f}$$
$$= \vec{F}\cdot(\vec{s}_f - \vec{s}_i) = \vec{F}\cdot\Delta\vec{s}$$

로 주어진다. 곧 “힘이 일정하면 일은 행로곡선에는 관계없고 처음 위치 s_i 및 나중 위치 s_f에 의해서만 결정된다.” 만일 x축상의 운동이라면 $W=F\Delta x$가 되어 일의 정의 식(3.1)과 일치한다.

예제 3.22 일정한 힘에 의한 일

입자에 일정한 힘 $\vec{F}=\hat{i}(3.0\ \mathrm{N})+\hat{j}(4.0\ \mathrm{N})$이 작용하여 직선을 따라서 변위되었다. 그 변위는 $\Delta\vec{s}=\hat{i}(2.0\ \mathrm{m})-\hat{j}(5.0\ \mathrm{m})$이다. 다음을 구하라.

① 일 ② 힘과 변위 사이각 ③ 변위 방향의 성분힘

풀이 ① 일 W는

$$W=\vec{F}\cdot\Delta\vec{s}=(\hat{i}(3.0\ \mathrm{N})+\hat{j}(4.0\ \mathrm{N}))\cdot(\hat{i}(2.0\ \mathrm{m})-\hat{j}(5.0\ \mathrm{m}))$$
$$=-14.0\ \mathrm{N\cdot m}=-14.0\ \mathrm{J}$$

이다. 곧 힘이 한 일은 음의 일 14 J(−14 J)이다.

② 힘과 변위 사이각 ϕ는

$$W=\vec{F}\cdot\Delta\vec{s}=F\Delta s\cos\phi \qquad \therefore\ \cos\phi=\frac{W}{F\Delta s}$$

로 주어진다. 여기에

$$F=\sqrt{\vec{F}\cdot\vec{F}}=\sqrt{(3.0\ \mathrm{N})^2+(4.0\ \mathrm{N})^2}=5.0\ \mathrm{N},$$
$$\Delta s=\sqrt{\Delta\vec{s}\cdot\Delta\vec{s}}=\sqrt{(2\ \mathrm{m})^2+(-5\ \mathrm{m})^2}=\sqrt{29}\,\mathrm{m}$$

를 대입하면

$$\cos\phi=\frac{W}{F\Delta s}=\frac{-14.0\ \mathrm{J}}{(5.0\ \mathrm{N})\times(\sqrt{29}\ \mathrm{m})}=-0.520$$

이다. 따라서 $\phi=121°$이다.

③ 변위 방향의 성분힘은 $W=F_\tau\Delta s$이므로

$$F_\tau=\frac{W}{\Delta s}=\frac{-14.0\ \mathrm{J}}{\sqrt{29}\ \mathrm{m}}=-2.60\ \mathrm{N}$$

이다. 곧 변위와 반대 방향으로 2.6 N이다.

▶3.3.3 공간운동에서 위치에너지와 보존력

평면곡선운동에서의 결과를 일반적인 공간운동에로 확장하고자 한다. **그림 3.22**와 같이 입자에 힘 $\vec{F}$가 작용할 때 무한소 변위 $d\vec{r} = \hat{\tau}\, ds \equiv d\vec{s}$에 대한 무한소 일 dW는

$$dW = \vec{F} \cdot d\vec{r} \tag{3.65}$$

로 주어진다(식(3.63) 참조). 따라서 공간의 한 점 A(위치벡터 $\vec{r}_{\mathrm{A}}$)에서 다른 점 B(위치벡터 $\vec{r}_{\mathrm{B}}$)까지 공간곡선 C를 따라서 변위되었을 때 힘 $\vec{F}$가 한 일은 선적분

$$W_{\mathrm{AB}} = \int_{\vec{r}_{\mathrm{A}}\,;\,C}^{\vec{r}_{\mathrm{B}}} \vec{F} \cdot d\vec{r} \tag{3.66}$$

로 주어진다.

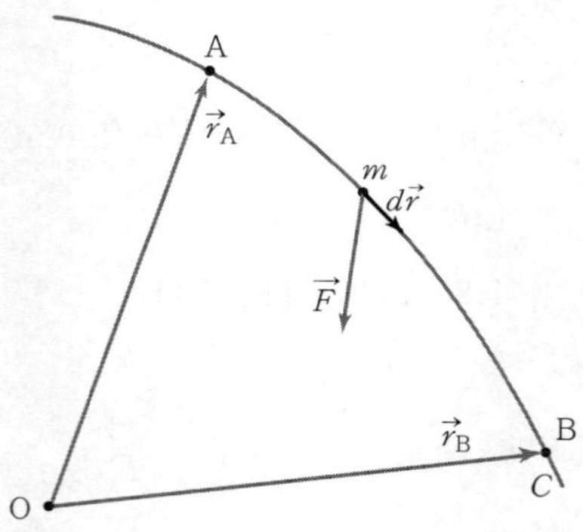

그림 3.22 공간곡선궤도 및 무한소 변위

◎ 공간운동에서 일-에너지 정리

곡선운동에서 일-에너지 정리 식(3.53)을 일반 공간운동의 경우로 확장하여 보자. 식(3.65), 식(3.66)에서 힘 $\vec{F}$는, 입자의 속도벡터를 $\vec{v}$라 하면, 운동방정식

$$m\frac{d\vec{v}}{dt} = \vec{F} \tag{3.67}$$

로 주어지고, 변위 $d\vec{r}$는 $d\vec{r} = \vec{v}\,dt$이므로, 식(3.66)은

$$\begin{aligned} W_{\mathrm{AB}} &= \int_{\vec{r}_{\mathrm{A}}\,;\,C}^{\vec{r}_{\mathrm{B}}} \vec{F} \cdot d\vec{r} = \int_A^B m\frac{d\vec{v}}{dt} \cdot \vec{v}\,dt \\ &= m\int_A^B \vec{v} \cdot d\vec{v} \end{aligned} \tag{3.68}$$

로 쓸 수 있다. 여기서 곡선 표시 C를 생략했으며, 적분의 하한 및 상한을 편의상 단지 A, B로 표기하여, 적분변수에 해당하는 매개변수를 나타내도록 하였다. 곧 적분변수가 시간일 때에는 t_A, t_B를, 속도일 때에는 $\vec{v}_A$, $\vec{v}_B$를 나타내기로 한다. 윗식에서 스칼라곱 $\vec{v}\cdot d\vec{v}$에

$$\vec{v}\cdot d\vec{v} = v_x\,dv_x + v_y\,dv_y + v_z\,dv_z$$

를 대입하여 적분하면

$$\begin{aligned} W_{AB} &= m\int_A^B \vec{v}\cdot d\vec{v} = m\int_A^B (v_x\,dv_x + v_y\,dv_y + v_z\,dv_z) \\ &= \left[\frac{1}{2}\,m\,v_x^2 + \frac{1}{2}\,m\,v_x^2 + \frac{1}{2}\,m\,v_x^2\right]_A^B \\ &= \left[\frac{1}{2}\,m\,v^2\right]_A^B \\ &= \frac{1}{2}\,m\,v_B^2 - \frac{1}{2}\,m\,v_A^2 \end{aligned} \tag{3.69}$$

를 얻는다. 여기서 $v_x^2 + v_y^2 + v_z^2 \equiv v^2$라 두었다. 따라서 공간운동에서 일-에너지 정리 식

$$W_{AB} = \int_{A;\,C}^{B} \vec{F}\cdot d\vec{r} = \frac{1}{2}\,m\,v_B^2 - \frac{1}{2}\,m\,v_A^2 = K_B - K_A \tag{3.70}$$

을 얻는다. 여기서 $v^2 = \vec{v}\cdot\vec{v}$이다.

식(3.68)의 첫째 줄의 적분은 입자의 운동방정식(3.67)의 양변에 $\vec{v}\,dt = d\vec{r}$를 변변끼리 스칼라곱을 하여 얻을 수도 있다. 이 결과 얻은 일-에너지 정리는 운동방정식에 바탕을 둔 뉴턴의 운동법칙의 다른 형태의 표현임을 알 수 있다. 이런 적분 방법을 **에너지 적분**(energy integral)**의 방법**이라 한다.

○ 일정한 힘에 의한 일

공간운동을 하는 입자에 크기 및 방향이 모두 일정한 힘 $\vec{F}$가 작용하여 한 곡선 또는 이동행로 C를 따라서 공간의 한 점 A에서 다른 점 B까지 변위되었을 때 힘 $\vec{F}$가 한 일 W_{AB}는 식(3.65), 식(3.66)에 의하여

$$W_{AB} = \int_{\vec{r}_A;\,C}^{\vec{r}_B} \vec{F}\cdot d\vec{r} = \vec{F}\cdot\int_{\vec{r}_A;\,C}^{\vec{r}_B} d\vec{r} = \vec{F}\cdot(\vec{r}_B - \vec{r}_A) \tag{3.71}$$

또는

$$W_{AB} = \vec{F}\cdot\vec{r}_B - \vec{F}\cdot\vec{r}_A \tag{3.72}$$

가 된다. 이 결과가 뜻하는 중요한 사실은

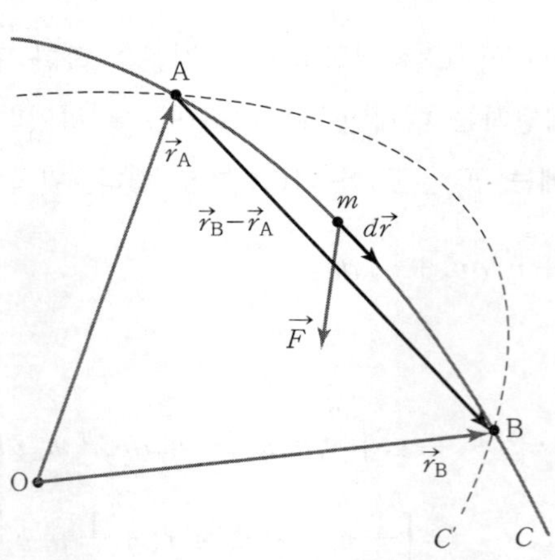

그림 3.23 곡선행로에서 일정한 힘에 의한 일

> **일정한 힘 $\vec{F}$가 한 일은 행로에는 관계없고, 오직 처음 위치와 나중 위치의 상대적 위치벡터 $\vec{r}_{B/A} = \vec{r}_B - \vec{r}_A$, 또는 처음 위치 $\vec{r}_A$와 나중 위치 $\vec{r}_B$에 의해서만 결정 된다.**

는 사실이다(**그림 3.23** 참조). 곧 다른 행로 C'을 따라서 한 일도 W_{AB}이다. 그 중요한 보기는 지구 표면 가까이에서 중력이 하는 일이다.

예제 3.23 지구 표면 가까이에서 중력에 의한 일

지구 표면 가까이에서 중력은 일정하다. **그림 3.24**와 같은 이동행로 C를 따라서 점 A에서 점 B까지 이동하는 동안에 중력이 한 일을 구하라. 위치벡터를 $\vec{r} = \hat{i}x + \hat{j}y$라 한다.

풀이 | 지구 표면 가까이에서 중력은 연직상방을 y축으로 택하면 $\vec{w} = -mg\hat{j}$이고, 무한소 변위는

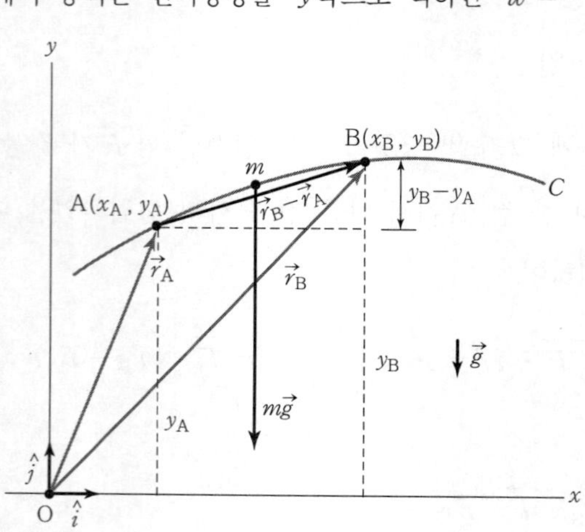

그림 3.24 지구 표면 가까이의 중력마당에서 곡선행로

$d\vec{r}=\hat{i}dx+\hat{j}dy$이므로 일은

$$
\begin{aligned}
W_{AB} &= \int_A^B \vec{w}\cdot d\vec{r} = \int_A^B (-\hat{j}mg)\cdot(\hat{i}dx+\hat{j}dy) \\
&= -mg\int_A^B (\hat{j}\cdot\hat{i}dx+\hat{j}\cdot\hat{j}dy) = -mg\int_{y_A}^{y_B} dy \\
&= -mg(y_B-y_A) \\
&= -(mgy_B-mgy_A) = -[(mgy)_B-(mgy)_A]
\end{aligned}
$$

로 주어진다. 곧 중력이 표면 가까이에서 한 일은 행로에는 관계없고, 처음 위치와 나중 위치의 연직 높이의 차(y_B-y_A), 또는 mgy의 처음 위치(y_A) 및 나중 위치(y_B)에만 의존한다(식(3.17) 및 **예제 3.5** 참조).

○ 보존력과 위치에너지

중력의 경우나 식(3.71), 식(3.72)에서 보는 바와 같이 힘이 한 일이 이동행로에는 관계없고, 처음 위치 및 나중 위치에만 의존하는 경우에 물리학적으로 매우 흥미있는 현상이 많다. 이런 특수한 힘을 **보존력**(conservative force)이라 하고, 그 힘마당을 **보존력마당**(conservative force field)이라 한다. 일차원운동에서는 위치 만의 함수인 힘은 모두 보존력임을 보았다. 그러나 공간운동에서도 항상 그런 것은 아니다.

식(3.72)나 지구 표면 가까이에서의 중력의 경우처럼, 보존력이 한 일 W_{AB}가 위치벡터 $\vec{r}$만의 함수인 $U(\vec{r})$의 처음 및 나중 위치에서의 값의 차만으로 주어질 때, 그 함수 $U(\vec{r})$를 그 보존력에 의한 상호작용의 **위치에너지함수**(potential energy function)라 하고, 그 보존력마당의 한 점에서의 값을 위치에너지라 한다. 곧

힘 $\vec{F}$가 보존력이기 위한 필요충분조건은

$$
\begin{aligned}
W_{AB} &= \int_{\vec{r}_A}^{\vec{r}_B} \vec{F}\cdot d\vec{r} = -[U(\vec{r})]_{\vec{r}_A}^{\vec{r}_B} \\
&= -[U(\vec{r}_B)-U(\vec{r}_A)]
\end{aligned}
\tag{3.73}
$$

와 같이 표현되는 위치벡터만의 함수인 $U(\vec{r})$의 존재이다.

위치에너지함수 $U(\vec{r})$의 보기는, 지구 표면에서 중력마당의 경우에는,

$$U(y)=mgy \quad (\text{기준점} : y=0)$$

고(**예제 3.23** 참조), 식(3.72)에서는

$$W_{AB}=\vec{F}\cdot\vec{r}_B-\vec{F}\cdot\vec{r}_A=-[U(\vec{r}_B)-U(\vec{r}_A)]$$

이므로

$$U(\vec{r}) = -\vec{F} \cdot \vec{r} \quad (\text{기준점} : \vec{r} = 0)$$

이다.

따라서 위치에너지는 식(3.73)으로 정의된다. 곧 두 점에서 위치에너지의 차가 물리적으로 뜻이 있다. 따라서 보존력마당의 한 점에서 위치에너지는, 예를 들어 중력의 경우에는

$$U(y) = mgy + (\text{상수}),$$

식(3.72)의 경우에는

$$U(\vec{r}) = -\vec{F} \cdot \vec{r} + (\text{상수}) \quad (\vec{F} : \text{일정})$$

의 꼴이라 할 수 있다. 이 (상수)는 위치에너지의 정의 식(3.73)에서 사라진다. 이런 임의성 때문에, 일차원운동에서 본 바와 같이, 위치에너지의 기준점이 정해져야 위치에너지가 일의적으로 결정된다. 또한 이러한 임의성 때문에 기준점을 우리의 편의 대로 정해도 물리적으로 아무런 영향이 없다.

보존력의 조건을 식(3.73)과 조금 다른 적분형태로 표현해보자. 보존력마당에서 **그림 3.25**에서와 같은 행로 C_1을 따라서 점 A를 출발하여 점 B까지 이동했다가 행로 C_3을 따라서 처음위치인 점 A까지 되돌아오는 경우의 일을 생각해보자. 점 A에서 점 B까지 행로 C_1을 따라서 이동할 때 보존력이 한 일 $W_{AB}(1)$과 행로 C_3을 따라서 이동할 때 보존력이 한 일 $W_{AB}(3)$은 서로 같다. 곧 식(3.73)에 의하여

$$W_{AB}(1) = W_{AB}(3) = -(U_B - U_A)$$

이다. 여기서 U_A, U_B는 각각 점 A, 점 B에서 위치에너지이다.

한편, 행로 C_3을 따라서 점 B에서 점 A로 이동할 때 일 $W_{BA}(3)$은

$$W_{BA}(3) = -(U_A - U_B) = -W_{AB}(3)$$

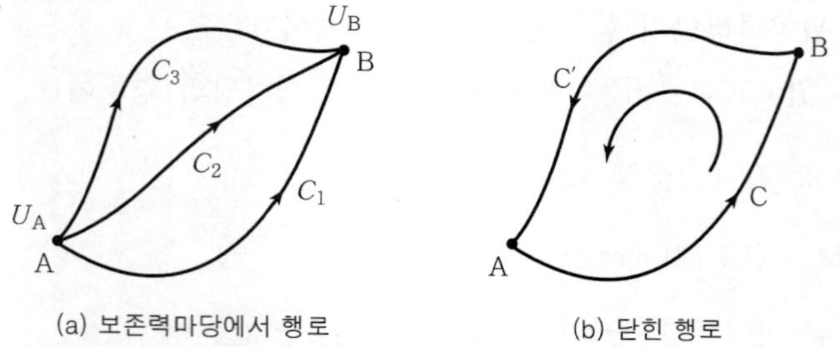

그림 3.25 이동행로

이다. 따라서 점 A 에서 출발하여 행로 C_1을 따라서 점 B 까지 이동했다가 다시 행로 C_3을 따라서 점 A 로 돌아오는 경우 보존력이 한 일 $W_{A\to B\to A}$는

$$W_{A\to B\to A} = W_{AB}(1) + W_{BA}(3) = W_{AB}(1) - W_{AB}(1) = 0$$

이 된다. 곧 닫힌 행로를 따라서 한 바퀴 돌아서 처음 위치로 되돌아왔을 때 보존력이 한 일은 0이다.

이를 적분으로 나타내면

$$\begin{aligned} W_{A\to B\to A} &= W_{AB}(1) + W_{BA}(3) \\ &= \int_{A\,;\,C_1}^{B} \vec{F}\cdot d\vec{r} + \int_{B\,;\,C_3}^{A} \vec{F}\cdot d\vec{r} = 0 \end{aligned}$$

가 된다. 이것은 마치 계단을 올라갔다가 아래로 내려와서 처음 위치로 되돌아온 경우의 알짜 위치에너지와 같다. 계단을 올라갈 때에는 중력위치에너지가 증가하였다가 내려올 때 증가한 만큼 감소하여 알짜 중력위치에너지의 변화는 0이 된다. 따라서 한 일이 0이다. 이와 비슷하게 공중을 날아다니는 여왕벌과 수벌이 짝짓기 하러 공중 높이 올라갔다가 다시 처음 위치로 되돌아 왔을 때 알짜 중력위치에너지의 변화는 0이다. 곧 한 일은 0이다. 여왕벌의 중력위치에너지는 지면으로부터 연직 높이에 의해서만 결정되기 때문이다. **그림 3.26**은 여왕벌의 행로를 나타낸 것이다. 작은 화살표는 각 순간마다의 변위로, 이동행로의 접선 방향이다.

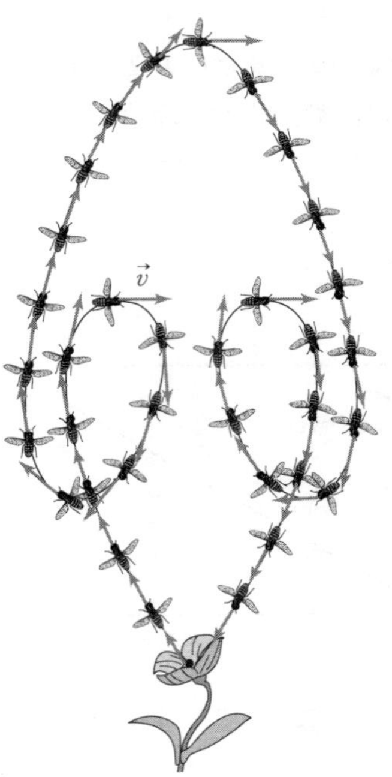

그림 3.26 여왕벌의 이동행로

위의 적분식을 수학에서는

$$\int_{A\,;\,C_1}^{B} \vec{F} \cdot d\vec{r} + \int_{B\,;\,C_3}^{A} \vec{F} \cdot d\vec{r} \equiv \oint_C \vec{F} \cdot d\vec{r}$$

라 나타낸다. 오른쪽 적분 $\oint_C \vec{F} \cdot d\vec{r}$를 **순환적분**(circulation integral)이라 하는데, 닫힌 곡선 C(**그림 3.25(b)** 참조)를 따라서 행한 선적분을 나타낸다.

일반적으로,

> **힘 $\vec{F}$가 보존력이기 위한 필요충분조건은 닫힌 행로를 따라서 한 바퀴 돌아오는 동안 한 일이 0이다.**

곧

$$\vec{F} = (\text{보존력}) \rightleftarrows \oint_C \vec{F} \cdot d\vec{r} = 0 \qquad (3.74)$$

이것은 식(3.73)의 다른 표현이다. 이런 조건을 만족하지 못하는 힘을 **비보존력**(non-conservative force)이라 한다.

예제 3.24 선적분으로서 일

힘 $\vec{F} = (\hat{i}\,xy - \hat{j}\,y^2)$이 입자에 작용하여 아래와 같은 여러 가지 이동행로(**그림 3.27** 참조)를 따라 점(0, 0)에서 (2, 1)까지 이동했을 때 각 행로에서 한 일을 각각 구하라. 단위는 SI단위이다.
(a) 직선 (b) 포물선 및 (c) (0, 0) → (0, 1) → (2, 1)의 꺾임선

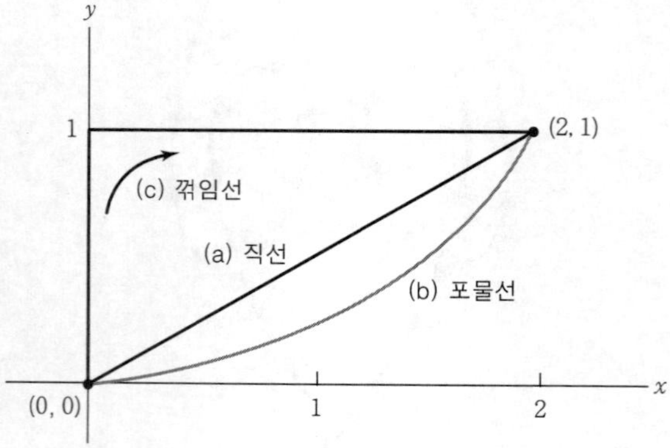

그림 3.27 이동행로

풀이 | 위치벡터를 $\vec{r} = \hat{i}\,x + \hat{j}\,y$라 하면 변위벡터는

$$d\vec{r}=\hat{i}\,dx+\hat{j}\,dy$$

이므로 일 W는

$$W=\int_{(0,0)}^{(2,1)}\vec{F}\cdot d\vec{r}=\int_{(0,0)}^{(2,1)}(\hat{i}xy-\hat{j}y^2)\cdot(\hat{i}\,dx+\hat{j}\,dy)=\int_{(0,0)}^{(2,1)}\{xy\,dx-y^2\,dy\} \qquad (3.75)$$

이다.

(a) (직선) 두 점 (0, 0) 및 (2, 1)을 지나는 직선의 방정식은 $y=ax+b$의 꼴인데 점(0, 0)이 이 직선 위에 있어야 하므로

$$0=a\cdot 0+b \quad \therefore\ b=0$$

이다. 따라서 $y=ax$의 꼴이다. 또, 점 (2, 1)이 직선상에 있어야 하므로

$$1=a\cdot 2 \quad \therefore\ a=\frac{1}{2}$$

이다. 따라서 두 점을 지나는 직선의 방정식은 $y=\frac{1}{2}x$이다. 행로(a)의 경우 일은 식(3.75)에 이것과 $dy=\frac{1}{2}dx$를 대입하면 얻어진다. 곧

$$\begin{aligned}W_{\text{직}}&=\int_0^2\left\{x\left(\frac{1}{2}x\right)dx-\left(\frac{1}{2}x\right)^2\left(\frac{1}{2}dx\right)\right\}\\&=\int_0^2\left\{\frac{3}{8}x^2\right\}dx=\left[\frac{1}{8}x^3\right]_0^2=1\ [\text{J}]\end{aligned}$$

이다.

(b) (포물선) 포물선의 방정식은 $y=ax^2+b$의 꼴인데, 두 점 (0, 0) 및 (2, 1)을 지나야 하므로 (a)에서와 같은 방법으로

$$b=0,\ \ a=\frac{1}{4}$$

이다. 따라서 포물선의 방정식은 $y=\frac{1}{4}x^2$이다. 이것과 $dy=\frac{1}{2}x\,dx$를 위의 적분식에 대입하면

$$\begin{aligned}W_{\text{포}}&=\int_0^2\left\{x\left(\frac{1}{4}x^2\right)dx-\left(\frac{1}{4}x^2\right)^2\left(\frac{1}{2}x\,dx\right)\right\}\\&=\int_0^2\left\{\frac{1}{4}x^3-\frac{1}{32}x^5\right\}dx=\left[\frac{1}{16}x^4-\frac{1}{192}x^6\right]_0^2=\frac{2}{3}\ \ [\text{J}]\end{aligned}$$

을 얻는다.

(c) (꺾임선) 이 경우에는 행로를 (0, 0) → (0, 1) 및 (0, 1) → (2, 1)로 나누어 각각의 행로에서 이루어진 일의 합을 구하면 된다. 곧

$$\begin{aligned}W&=\int_{(0,0)}^{(2,1)}(xy\,dx-y^2\,dy)\\&=\int_{(0,0)}^{(0,1)}(xy\,dx-y^2\,dy)+\int_{(0,1)}^{(2,1)}(xy\,dx-y^2\,dy)\end{aligned}$$

를 구하면 된다. 첫째 적분은 직선 $x=0$를 따라서 $y=0$에서 $y=1$까지 적분한 것이다. 따라서

$$\int_{(0,0)}^{(0,1)}\{xy\,dx-y^2\,dy\}=\int_0^1\{(0)\cdot y\cdot(0)-y^2\,dy\}=-\left[\frac{1}{3}y^3\right]_0^1=-\frac{1}{3}\ [\mathrm{J}]$$

이다. 둘째 적분은 직선 $y=1$을 따라서 $x=0$에서 $x=2$까지 적분하면 된다. 곧 $dy=0$이므로

$$\int_{(0,1)}^{(2,1)}(xy\,dx-y^2\,dy)=\int_0^2\{x\cdot(1)\cdot dx-(1^2)(0)\}=\left[\frac{1}{2}x^2\right]_0^2=2\ [\mathrm{J}]$$

이다. 따라서 일은

$$W_{꺾}=-\frac{1}{3}\ \mathrm{J}+2\ \mathrm{J}=\frac{5}{3}\ \mathrm{J}$$

이다. 힘 $\vec{F}=(\hat{i}xy-\hat{j}y^2)$ [N]이 한 일은 행로에 따라 다르므로 이 힘은 비보존력이다.

예제 3.25 보존력과 일

한 입자가 위치벡터가 $\vec{r}=\hat{i}x^2+\hat{j}y^3$인 점에서 $\vec{F}=-k\vec{r}$(k : 상수)의 힘을 받고 있다. 이 힘이 입자를 점 P(1, 1)에서 원점(0, 0)까지 아래 행로(**그림 3.28** 참조)를 따라서 이동시키는 데 각 행로에서 한 일을 구하라. 단위는 SI단위이다.

(a) 직선 (b) 포물선 및 (c) 꺾임선 : (1, 1) → (1, 0) → (0, 0)

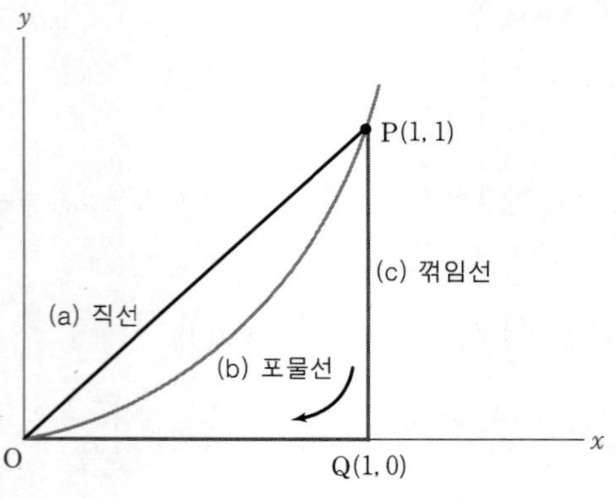

그림 3.28 이동행로

풀이 | 입자에 작용하는 힘은

$$\vec{F}=-k\vec{r}=-k(\hat{i}x^2+\hat{j}y^3)$$

이고 변위는 $d\vec{r}=\hat{i}\,dx+\hat{j}\,dy$이므로 일은

$$W=\int_{(1,1)}^{(0,0)}\vec{F}\cdot d\vec{r}=-k\int_{(1,1)}^{(0,0)}(\hat{i}x^2+\hat{j}y^3)\cdot(\hat{i}dx+\hat{j}dy)$$
$$=-k\int_{(1,1)}^{(0,0)}\{x^2\,dx+y^3\,dy\} \tag{3.76}$$

로 주어진다.

(a) (직선) 직선의 경우 방정식은 원점을 지나므로 $y=ax$의 꼴인데, 점(1, 1)을 지나므로 직선의 방정식은 $y=x$이다. 이 결과와 $dy=dx$를 식(3.76)에 대입하면

$$W_{직}=-k\int_{(1,1)}^{(0,0)}(x^2\,dx+y^3\,dy)=-k\int_1^0(x^2\,dx+x^3\,dx)$$
$$=-k\left[\frac{x^3}{3}+\frac{x^4}{4}\right]_1^0=\frac{7}{12}k\ [\mathrm{J}]$$

을 얻는다.

(b) (포물선) 포물선의 방정식은 원점을 지나므로 $y=ax^2$의 꼴인데 점(1, 1)을 지나므로 포물선의 방정식은 $y=x^2$이다. 이 결과와 $dy=2x\,dx$를 식(3.76)에 대입하면

$$W_{포}=-k\int_{(1,1)}^{(0,0)}\{x^2\,dx+(x^6)(2x\,dx)\}=-k\int_1^0\{x^2\,dx+2x^7\,dx\}$$
$$=-k\left[\frac{x^3}{3}+\frac{x^8}{4}\right]_1^0=\frac{7}{12}k\ [\mathrm{J}]$$

를 얻는다.

(c) (꺾임선) 이 경우에는 행로(1, 1) → (1, 0) 및 행로(1, 0) → (0, 0)로 나누어서 생각하는 것이 편리하다. 행로(1, 1) → (1, 0)에서는 직선 $x=1$을 따라서 이동하므로 $dx=0$이다. 이를 고려하면

$$-k\int_{(1,1)}^{(1,0)}\{x^2\,dx+y^3\,dy\}=-k\int_{(1,1)}^{(1,0)}\{(1)^2\cdot(0)+y^3\,dy\}$$
$$=-k\int_1^0 y^3\,dy=-k\left[\frac{y^4}{4}\right]_1^0=\frac{k}{4}\ [\mathrm{J}]$$

이고, 행로(1, 0) → (0, 0)에서는 직선 $y=0$을 따라서 이동하므로

$$-k\int_{(1,0)}^{(0,0)}\{x^2\,dx+y^3\,dy\}=-k\int_{(1,0)}^{(0,0)}\{x^2\,dx+(0)^3\cdot(0)\}$$
$$=-k\int_1^0 x^2\,dx=-k\left[\frac{x^3}{3}\right]_1^0=\frac{k}{3}\ [\mathrm{J}]$$

이다. 따라서

$$W_c=\frac{k}{4}\ \mathrm{J}+\frac{k}{3}\ \mathrm{J}=\frac{7}{12}k\ [\mathrm{J}]$$

이다. 힘 $\vec{F}=-k\vec{r}$가 한 일은 행로에 관계없이 모두 다 같다. 따라서 이 힘은 보존력이다.

예제 3.26 위치에너지함수

예제 3.25에서 위치에너지함수를 구하라.

풀이 | 힘이 한 일은

$$W = -k\int_{(1,1)}^{(0,0)} \{x^2\, dx + y^3\, dy\}$$

로 주어진다. **예제 3.25**에서 본 바와 같이 행로에는 관계가 없고 처음 위치 및 나중 위치에만 관계되므로

$$W = -k\int_{(1,1)}^{(0,0)} \{x^2\, dx + y^3\, dy\} = -\left[\frac{1}{3}kx^3 + \frac{1}{4}ky^4\right]_{(1,1)}^{(0,0)}$$

라 쓸 수 있다. 이 결과를 식(3.73)에 견주어 보면

$$U(x,\, y) = \frac{1}{3}kx^3 + \frac{1}{4}ky^4 + C$$

의 꼴임을 알 수 있다. 여기서 C는 상수로, 기준점에 따라 결정된다. 예를 들어 원점(0, 0)을 기준점으로 하면

$$U(0,\, 0) = \frac{1}{3}k\cdot(0)^3 + \frac{1}{4}k\cdot(0)^4 + C = 0 \qquad \therefore\ C = 0$$

이다. 따라서 위치에너지함수는

$$U(x,\, y) = \frac{1}{3}kx^3 + \frac{1}{4}ky^4 \quad (\text{기준점 : 원점}(0,\, 0)) \tag{3.77}$$

이 된다. 만약 점(1, 1)를 기준점으로 하면

$$U(1,\, 1) = \frac{1}{3}k\cdot(1)^3 + \frac{1}{4}k\cdot(1)^4 + C = 0 \qquad \therefore\ C = -\frac{7}{12}k$$

가 되어, 위치에너지함수는

$$U(x,\, y) = \frac{1}{3}kx^3 + \frac{1}{4}ky^4 - \frac{7}{12}k \quad (\text{기준점 : }(1,\, 1)) \tag{3.78}$$

가 된다. 따라서 위치에너지함수가 식(3.77)의 꼴이든, 식(3.78)의 꼴이든 두 점 사이의 위치에너지의 차는 똑같으므로 물리적으로 아무 영향이 없다.

○ 역학적 에너지 보존

식(3.73)은 보존력만이 작용하는 경우에만 성립하나, 일-에너지 정리는 보존력뿐만 아니라 보존력이 아닌 다른 힘이 작용할 때도 성립하므로 위치에너지의 정의 식(3.73)과 일-에너지 정리 식(3.70)을 결합하면 일차원운동에서와 같이 역학적 에너지가 보존된다. 곧 보존력만이 작용하는 경우,

$$\frac{1}{2}mv_B^2-\frac{1}{2}mv_A^2=-[U(\vec{r}_B)-U(\vec{r}_A)]$$

또는

$$\frac{1}{2}mv_A^2+U(\vec{r}_A)=\frac{1}{2}mv_B^2+U(\vec{r}_B) \tag{3.79}$$

이다. 따라서 역학적 에너지 E는 일정하다. 곧

$$E=\frac{1}{2}mv^2+U(\vec{r})=(\text{일정}) \quad (v^2=\vec{v}\cdot\vec{v}) \tag{3.80}$$

이다. 이것이 공간운동에서 역학적 에너지 보존법칙을 나타낸다.

예제 3.27 흩흔들이의 운동

그림 3.29와 같이 길이 L의 가볍고 늘어나지 않는 실 끝에 질량 m의 추가 달린 홑흔들이가 있다. 추를 옆으로 살짝 밀어서 팽팽한 실이 고정점을 지나는 연직선과 각 θ_0를 이루는 위치에서 추를 가만히 놓았다.

① 추가 가장 빠르게 운동하는 위치 및 그 위치에서 속도를 구하라.

② 그 위치에서 실의 장력을 구하라.

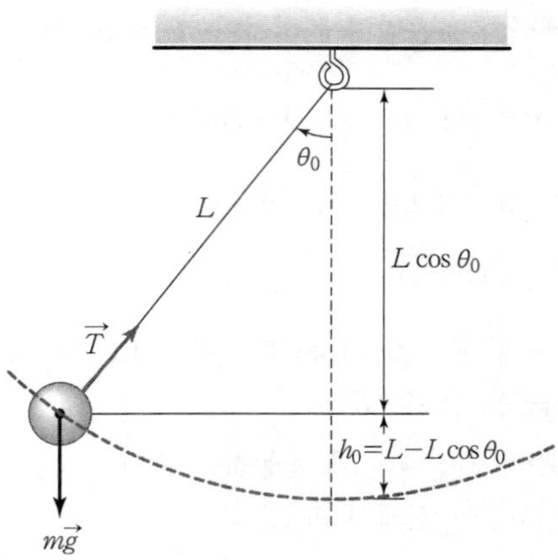

그림 3.29 홑흔들이

풀이 | 공기의 저항을 무시하면 추가 받는 힘은 실의 장력 $\vec{T}$ 및 중력 $\vec{w}=m\vec{g}$이다. 실의 장력은 원호를 그리는 추의 운동과 직각을 이루므로 추에 하는 일은 없다. 따라서 보존력인 중력만이 작용하므로 {홑흔들이, 지구}로 구성되는 역학계의 역학적 에너지가 보존된다.

처음 위치에서 정지해 있었으므로 운동에너지는 없고, 중력위치에너지뿐이다. 그 기준점을 추의 가장 낮은 점으로 하면 연직 높이가

$$h_0 = L - L\cos\theta_0 = L(1-\cos\theta_0)$$

이므로, 처음 위치에너지는

$$U_i = mgh_0 = mgL(1-\cos\theta_0)$$

이다. 따라서 처음 역학적 에너지는

$$E_i = mgL(1-\cos\theta_0)$$

이다. 이것은 이 역학계의 역학적 에너지이다.
추가 연직선과 각 θ를 이루는 임의의 점 P에서 추의 속도를 v라 하면, 운동에너지는

$$K_P = \frac{1}{2}mv^2$$

이고, 위치에너지는 기준점으로부터 연직 높이가

$$h_P = L - L\cos\theta = L(1-\cos\theta)$$

이므로,

$$U_P = mgh_p = mgL(1-\cos\theta)$$

이다. 따라서 점 P에서 역학적 에너지는

$$E_P = K_P + U_P = \frac{1}{2}mv^2 + mgL(1-\cos\theta)$$

로 주어진다. 역학적 에너지 보존법칙에 의하여 $E_i = E_P$이어야 하므로

$$mgL(1-\cos\theta_0) = \frac{1}{2}mv^2 + mgL(1-\cos\theta)$$

의 관계식을 얻는다. 이 관계식으로부터 속도는

$$v = \pm\sqrt{2gL(\cos\theta - \cos\theta_0)} \tag{3.81}$$

가 된다. 복부호는 속도의 방향을 나타낸다. 여기서 $\cos\theta - \cos\theta_0 \geq 0$이어야 하므로 $\cos\theta \geq \cos\theta_0$, 따라서 $\theta \leq \theta_0$임을 알 수 있다.

① 식(3.81)에 의하여 추가 가장 빠르게 운동하는 위치는 $\cos\theta = 1$을 만족하는 $\theta = 0$인 점, 곧 추의 가장 낮은 점이다. 이 점에서 속도는

$$v = \pm\sqrt{2gL(1-\cos\theta_0)}\ [\mathrm{m/s}] \tag{3.82}$$

이다.

② 추의 가장 낮은 점에서 추의 운동방정식은, 추의 가속도를 a라 하면,

$$ma = T - mg$$

이다. 여기서 가속도 a는, 이 점에서 구심가속도 $\left(a_n = \dfrac{v^2}{R}\right)$인데, 반지름이 L, 속도는 식 (3.82)로 주어지므로,

$$a=\frac{v^2}{L}=2g(1-\cos\theta_0)$$

이다. 이를 운동방정식에 대입하면

$$2mg(1-\cos\theta_0)=T-mg$$

이므로 실의 장력 T는

$$T=2mg(1-\cos\theta_0)+mg=mg(3-2\cos\theta_0)$$

로 주어진다.

예제 3.28 청룡열차의 운동(루프궤도운동)

질량 m의 작은 구슬이 **그림 3.30**과 같은 매끄러운 반지름 R의 루프(loop)의 원형궤도를 따라서 운동한다. 처음에 루프의 밑바닥으로부터 연직 높이가 $h_0(h_0\geq 2R)$인 점 A에 가만히 놓아서 비탈을 미끄러져 내려가게 했다.

① 루프의 꼭짓점 C에서 속도를 구하라.

② 점 C에서 구슬이 아래로 떨어지지 않고 원운동을 계속하려면 가속도는 적어도 얼마이어야 하는가?

③ 점 C에서 구슬이 떨어지지 않고 루프를 따라서 계속 원운동을 하려면 처음 연직 높이 h_0는 적어도 얼마이어야 하는가?

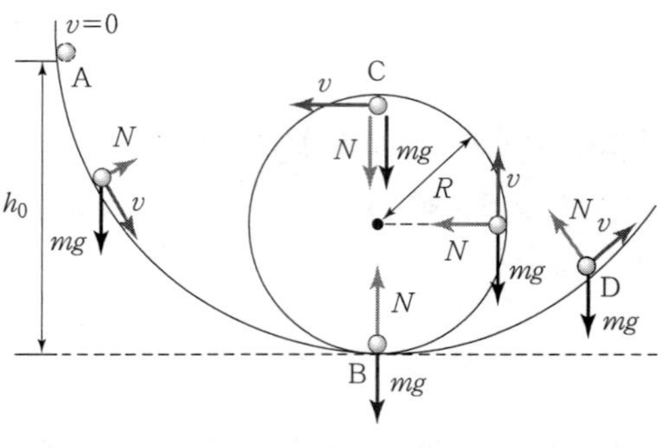

그림 3.30 루프궤도

풀이 | 구슬에 작용하는 힘은 마찰력이 없으므로 구슬의 중력 mg 및 궤도로부터 받는 수직항력 N이다. 중력은 일정하나 수직항력은 위치에 따라 다르다. 수직항력은 운동 방향에 수직이므로, 구슬에 일을 하지 않는다. 따라서 구슬에 일을 하는 것은 보존력인 중력뿐이므로 {구슬, 루프, 지구}로 이루어진 역학계의 역학적 에너지가 보존된다.

처음에 점 A에서 구슬이 정지상태에서 출발했으므로 점 A에서 운동에너지는 없고, 중력위치에너지뿐이다. 루프의 밑바닥을 중력위치에너지의 기준점으로 하면 중력위치에너지는

$$U_A = mgh_0$$

이므로 역학적 에너지는

$$E_A = mgh_0$$

이다. 이것은 이 계의 역학적 에너지이다.

① 루프의 꼭짓점 C에서 속도를 v_C라 하면 운동에너지 K_C는 $K_C = \frac{1}{2} mv_C^2$이고, 중력위치에너지 U_C는 $U_C = mg(2R) = 2mgR$이므로, 역학적 에너지 E_C는

$$E_C = \frac{1}{2} mv_C^2 + 2mgR$$

이다. 역학적 에너지 보존법칙에 의하여 $E_C = E_A$이어야 하므로

$$\frac{1}{2} mv_C^2 + 2mgR = mgh_0$$

이다. 이를 조금 정리하면 점 C에서 속도 v_C는

$$v_C = \pm\sqrt{2g(h_0 - 2R)} \qquad (3.83)$$

로 주어진다. 복부호는 속도의 방향을 나타낸다.

② 점 C에서 가속도 a는, 구슬의 운동방정식 $ma = N + mg$로부터

$$a = \frac{N}{m} + g$$

로 주어진다. 구슬이 루프궤도상에 남아 있으려면 수직항력이 $N \geq 0$이라야 한다. 따라서 가속도는

$$a \geq g \qquad (3.84)$$

라야 한다. 곧 가속도는 적어도 $a = g$라야 한다.

③ 점 C에서 가속도 a는 구심가속도이므로 $a = \frac{v_C^2}{R}$이다. 따라서 ②의 결과 식(3.84)에 의하여 점 C에서 속도 v_C는

$$\frac{v_C^2}{R} \geq g \quad \therefore\ v_C \geq \sqrt{gR}$$

라야 한다(**예제 2.27** 참조). 여기에 ①의 결과 식(3.83)을 대입하여 정리하면

$$2g(h_0 - 2R) \geq gR \quad \therefore\ h_0 \geq 2R + \frac{R}{2} = 2.5\,R$$

를 얻는다. 곧 처음 구슬의 연직 높이는 적어도 반지름의 2.5배라야 한다.

○ 힘마당과 위치에너지함수

힘이 보존력인 경우 힘과 일 및 위치에너지 사이에는

$$W_{AB} = \int_{\vec{r}_A}^{\vec{r}_B} \vec{F}_{보존} \cdot d\vec{r} = -[U(\vec{r}_B) - U(\vec{r}_A)] \tag{3.85}$$

의 관계식이 성립한다(식(3.73) 참조). 이 식으로부터

$$W_{AB} = -[U(\vec{r}_B) - U(\vec{r}_A)] = -\Delta U(\vec{r})$$

를 얻는다. 이는 "힘마당이 한 일은 힘마당의 위치에너지의 감소와 같다"는 것을 뜻한다. 또한 무한소 변위 $d\vec{r}$에 대한 일 dW는

$$dW = \vec{F} \cdot d\vec{r} = -dU(\vec{r}) \tag{3.86}$$

로 주어짐을 알 수 있다. 이것은 식(3.85)의 미분형이다. 이 식의 양변을 적분하면 식(3.85)가 얻어지기 때문이다. 여기서 보존력인 경우에만 위치에너지를 정의할 수 있으므로 $\vec{F}_{보존}$의 아래 첨자 "보존"을 떼어버렸다.

식(3.86)으로부터 힘마당의 위치에너지함수의 정의식을 구할 수 있다. 양변을 $\vec{r}_0$에서 $\vec{r}$까지 적분하면

$$W = \int_{\vec{r}_0}^{\vec{r}} \vec{F} \cdot d\vec{r} = -[U(\vec{r}) - U(\vec{r}_0)]$$

가 된다. 여기서 위치 $\vec{r}_0$를 기준으로 택하면 $U(\vec{r}_0)=0$이므로 힘마당의 위치에너지함수 $U(r)$는

$$U(\vec{r}) = -\int_{\vec{r}_0=기준점}^{\vec{r}} \vec{F} \cdot d\vec{r} \tag{3.87}$$

로 주어진다(식(3.39) 참조). 이 관계식은 다시

$$dU(\vec{r}) = -\vec{F} \cdot d\vec{r} \tag{3.88}$$

로 바꾸어 쓸 수 있다. 여기서 $d\vec{r} = \hat{\tau}ds$라 하면

$$dU(\vec{r}) = -F_\tau ds = -F_s ds \quad (F_\tau = F_s)$$

가 되어

$$F_s = -\frac{dU}{ds} \tag{3.89}$$

를 얻는다. 여기서 F_s는 힘 $\vec{F}$의 $d\vec{r} = \hat{\tau}ds$ 방향의 성분으로 접선력 F_τ와 같다.

만일 직각 성분으로 나타내면 식(3.88)은

$$dU = -(F_x\,dx + F_y\,dy + F_z\,dz) \tag{3.90}$$

가 되어

$$F_x = -\frac{\partial U}{\partial x},\quad F_y = -\frac{\partial U}{\partial y},\quad F_z = -\frac{\partial U}{\partial z} \tag{3.91}$$

를 얻는다. 따라서 위치에너지 U가 주어지면 힘 $\vec{F}$는

$$\vec{F} = -\left(\hat{i}\frac{\partial U}{\partial x} + \hat{j}\frac{\partial U}{\partial y} + \hat{k}\frac{\partial U}{\partial z}\right) \tag{3.92}$$

가 된다. 수학에서는 오른쪽 항을 간단하게

$$\left(\hat{i}\frac{\partial U}{\partial x} + \hat{j}\frac{\partial U}{\partial y} + \hat{k}\frac{\partial U}{\partial z}\right) \equiv \nabla U \tag{3.93}$$

로 나타내고, "델 U (del U)" 또는 "그래디언트 U (gradient U)"라 읽으며, U의 기울기라는 뜻이다. 따라서 위치에너지함수 U로 주어지는 힘마당(보존력마당)의 한 점에서의 힘을 나타내는 식(3.92)는

$$\vec{F} = -\nabla U \tag{3.94}$$

로도 나타낸다. 곧

보존력이 작용하는 힘마당의 한 점에서 힘은 그 점에서 위치에너지의 음의 기울기와 같다.

식(3.93)에서 위치에너지 U는 스칼라인데 ∇U는 벡터로, 직각 성분은 각각

$$\left(\frac{\partial U}{\partial x},\ \frac{\partial U}{\partial y},\ \frac{\partial U}{\partial z}\right)$$

이다. 그래서 ∇을

$$\nabla = \hat{i}\frac{\partial}{\partial x} + \hat{j}\frac{\partial}{\partial y} + \hat{k}\frac{\partial}{\partial z}$$

로 정의하고, **기울기 연산자**(gradient operator)라 부른다.

예제 3.29 벡터의 발산

기울기 연산자 ∇은 벡터와 같이 연산된다. 다음을 직각좌표계에서 구하라. $\vec{A}$ 및 U는 위치의 함수이다.

① $\nabla \cdot \vec{A}$ ② $\nabla \cdot \nabla U$

풀이 | ① 두 벡터의 스칼라곱의 정의 식(3.61)에 의하여

$$\nabla \cdot \vec{A} = \left(\hat{i}\frac{\partial}{\partial x} + \hat{j}\frac{\partial}{\partial y} + \hat{k}\frac{\partial}{\partial z}\right) \cdot (\hat{i}A_x + \hat{j}A_y + \hat{k}A_z)$$
$$= \frac{\partial}{\partial x}A_x + \frac{\partial}{\partial y}A_y + \frac{\partial}{\partial z}A_z$$
$$= \frac{\partial A_x}{\partial x} + \frac{\partial A_y}{\partial y} + \frac{\partial A_z}{\partial z}$$

이다. $\nabla \cdot \vec{A}$를 $\vec{A}$의 **발산**(divergence of vector A)이라 하고, "다이버전스 A(divergence A)" 또는 "발산 A"라 읽는다.

② 같은 방법으로

$$\nabla \cdot \nabla U = \left(\hat{i}\frac{\partial}{\partial x} + \hat{j}\frac{\partial}{\partial y} + \hat{k}\frac{\partial}{\partial z}\right) \cdot \left(\hat{i}\frac{\partial U}{\partial x} + \hat{j}\frac{\partial U}{\partial y} + \hat{k}\frac{\partial U}{\partial z}\right)$$
$$= \frac{\partial}{\partial x}\frac{\partial U}{\partial x} + \frac{\partial}{\partial y}\frac{\partial U}{\partial y} + \frac{\partial}{\partial z}\frac{\partial U}{\partial z}$$
$$= \frac{\partial^2 U}{\partial x^2} + \frac{\partial^2 U}{\partial y^2} + \frac{\partial^2 U}{\partial z^2} = \nabla^2 U$$

를 얻는다.

직각좌표계에서는 $\nabla \cdot \nabla \equiv \nabla^2$라 표기하기도 한다. 따라서

$$\nabla^2 \equiv \frac{\partial^2}{\partial x^2} + \frac{\partial^2}{\partial y^2} + \frac{\partial^2}{\partial z^2}$$

이다. 이 연산자를 **라플라스 연산자**(Laplace operator 또는 Laplacian)라 하고, $\nabla^2 U$를 "라플라시안 U(laplacian U)"라 읽는다.

예제 3.30 힘과 삼차원 위치에너지함수

위치벡터가 $\vec{r} = \hat{i}x + \hat{j}y + \hat{k}z$인 한 점에서 위치에너지함수가

$$U = \frac{1}{2}kr^2$$

으로 주어지는 힘마당에 입자가 있다. 이 점에 있는 입자가 힘마당으로부터 받는 힘을 구하라.

풀이 | 식(3.91)에 의하여 힘의 직각 성분은

$$F_x = -\frac{\partial U}{\partial x} = -\frac{\partial}{\partial x}\left\{\frac{1}{2}k(x^2+y^2+y^2)\right\} = -kx,$$
$$F_y = -\frac{\partial U}{\partial y} = -\frac{\partial}{\partial y}\left\{\frac{1}{2}k(x^2+y^2+y^2)\right\} = -ky,$$
$$F_z = -\frac{\partial U}{\partial z} = -\frac{\partial}{\partial z}\left\{\frac{1}{2}k(x^2+y^2+y^2)\right\} = -kz$$

이다. 따라서 힘 $\vec{F}$는

$$\vec{F} = \hat{i}F_x + \hat{j}F_y + \hat{k}F_z = \hat{i}(-kx) + \hat{j}(-ky) + \hat{k}(-kz)$$
$$= -k(\hat{i}x + \hat{j}y + \hat{k}z)$$
$$= -k\vec{r}$$

로 주어진다.

연습문제

3.1 일과 운동에너지-일차원운동

3-1 책상 위의 책에 한 일

수평인 책상 위에 있는 책을 수평 방향으로 2.40 N의 힘으로 밀어서 책을 1.50 m 이동시켰다. 책상과 책 사이에는 0.600 N의 마찰력이 작용한다.

(가) 밀어준 힘이 책에 한 일은 얼마인가?

(나) 마찰력이 책에 한 일은 얼마인가?

(다) 책에 이루어진 알짜일은 몇 J인가?

답 | (가) $W_F = 3.60$ J (나) $W_f = -0.900$ J (다) $W_{알짜} = 2.70$ J

3-2 낚싯줄이 한 일

낚시꾼이 25.0 N의 힘으로 저항하는 물고기를 잡으려고 낚싯줄 감개로 낚싯줄을 12.0 m 감아서 끌어당겼다. 이 경우, 물고기를 일정한 속력으로 잡아 당겼다면, 낚싯줄의 장력이 한 일은 얼마인가?

답 | $W = 300$ J

3-3 총알의 운동에너지

15.0 g의 총알이 1.20 km/s로 날아가고 있다.

(가) 총알의 운동에너지는 몇 J인가?

(나) 만일 총알의 속도가 반으로 되면 운동에너지는 얼마이고, 속도가 배가 되면 운동에너지는 얼마일까?

답 | (가) $K = 10.8$ kJ (나) $K_{1/2} = 2.70$ kJ $K_2 = 43.2$ kJ

3-4 운동에너지 구하기

아래와 같은 경우, 물체 또는 사람의 운동에너지를 구하라.

(가) 45.0 m/s로 날아가는 질량 0.145 kg의 야구공,

(나) 1마일에 9.00분 걸리는 걸음으로 질량 60.0 kg의 조깅하는 사람

Tip 1 mi = 1.61 km

답 | (가) $K_{공} = 147$ J (나) $K_{사람} = 267$ J

3-5 상자 들어올리기

땅바닥에 있는 질량 6.00 kg의 상자를 80.0 N의 힘으로 연직상방으로 3.00 m 높이까지 들어올렸다.

(가) 80.0 N의 힘 및 중력이 한 일은 각각 얼마인가?

(나) 물체의 나중 운동에너지는 얼마인가?

답| (가) $W_F = 240\,J$, $W_g = -177\,J$ (나) $K_f = 63.4\,J$

3-6 자동차의 정지거리

자동차는 타이어와 노면 사이의 일정한 마찰력에 의하여 정지한다. 그 마찰력은 자동차의 속도에 관계없이 일정하다. 자동차의 처음 속도를 2배로 하면 정지거리는 몇 배로 되는가?

답| 4배

3-7 축구공

처음에 2.00 m/s의 속도로 움직이고 있는 질량 0.420 kg의 축구공을 공과 같은 방향으로 40.0 N의 일정한 힘으로 발로 찼다. 속도가 6.00 m/s의 속도가 되려면 발과 공이 접촉한 거리는 얼마인가?

답| $\Delta x = 16.8\,cm$

3-8 위치에 따라 변하는 힘

원점에 정지해 있던 질량 4.00 kg의 입자가 문3-8의 그림과 같이 위치에 따라 변하는 힘을 받는다.

(가) 입자가 $x=0$에서 $x=3.00\,m$ 및 $x=3.00\,m$에서 $x=6.00\,m$ 까지 움직이는 동안 힘이 한 일을 각각 구하라.

(나) 입자가 $x=3.00\,m$ 및 $x=6.00\,m$에 있을 때 운동에너지를 각각 구하라.

(다) 만일, 처음에 점 $x=0$를 2.00 m/s의 속도로 지나고 있었다고 한다면, 점 $x=6.00\,m$를 지나는 순간 입자의 속도는 얼마일까?

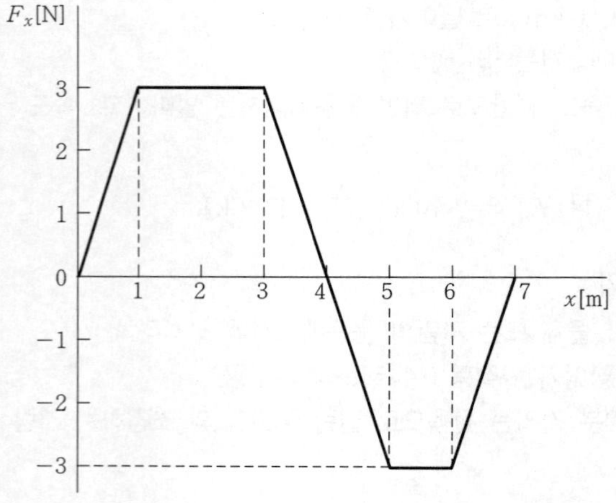

문3-8의 그림 : $F_x - x$의 그래프

답| (가) $W(0\sim3\,m) = 7.50\,J$, $W(3\sim6\,m) = -3.00\,J$ (나) $K(3\,m) = 7.50\,J$, $K(6\,m) = 4.50\,J$
(다) $v(6\,m) = 2.50\,m/s$

3-9 일을 적분으로 구하기

입자에 작용하는 힘이 위치에 따라 $F_x = Cx^3$ (C=상수)와 같이 변하는 경우 입자가 $x=1.50\,m$에서 $x=3.00\,m$까지 이동하는 동안 힘이 한 일은 얼마인가?

답 | $W = 19.0C$ [J]

3-10 용수철에 한 일

훅의 법칙을 만족하는 가벼운 용수철에 4.00 kg의 물체를 달아서 연직으로 하였더니 용수철이 2.50 cm 늘어났다.

(가) 4 kg짜리 물체를 떼어내고, 대신 1.50 kg의 추를 달면 용수철은 얼마나 늘어나는가?

(나) 이 용수철을 자연 길이로부터 4.00 cm 늘어나게 하려면 외부 작용하는 힘은 얼마의 일을 하여야 하는가?

답 | (가) $x = 0.938$ cm 아래로 (나) $W = 1.26$ J

3-11 총알에 한 일

총열이 0.600 m인 총으로부터 질량 100 g의 총알이 발사되었다. 화약이 폭발할 때 생긴 기체의 팽창으로 인하여 총알이 받는 힘은 $F = 15000 + 10000x - 25000x^2$으로 기술된다. x는 총알의 출발점을 원점으로 한 위치를 나타낸다. 단위는 MKS단위이다.

(가) 총알이 총열을 지나는 동안 팽창한 기체로부터 받은 일은 얼마인가?

(나) 총열이 1.00 m라면 팽창한 기체가 총알에 한 일은 얼마인가? (가)의 결과와 비교하여 보아라.

답 | (가) $W = 9.00$ kJ (나) 11.7 kJ, $\frac{\Delta W}{W} = 29.6\%$ 증가

3-12 원기둥면을 따라 움직이는 입자에 한 일

반지름 R의 반원기둥을 평면에 엎어놓고, 그 축에 수직하게 매끄러운 원기둥 면을 따라서 질량 m의 작은 입자를 등속도로 접선 방향으로 밀어 올린다. 입자의 각위치를 평면으로부터 잰 각 θ로 나타낸다.

(가) 이때 입자를 밀어 올리는 힘을 구하라.

(나) 입자를 평면으로부터 반원기둥의 꼭짓점까지 밀어 올리는 데 한 일은 얼마인가?

Tip (가) $ma_\tau = F_\tau - mg\cos\theta$ (나) $W = \int_{s_i}^{s_f} F_\tau\, ds$; $ds = R\,d\theta$, $\theta_i = 0$, $\theta_f = \frac{\pi}{2}$

답 | (가) $F_\tau = mg\cos\theta$ (나) $W = mgR$

3-13 운동마찰력이 하는 일

수평면 위에 있는 힘상수가 500 N/m인 용수철의 자유단에 질량 2.00 kg의 목침을 달아서 수평면 위에 놓았다. 목침을 평형점으로부터 5.00 cm 당겨서 가만히 놓아주었다. 목침과 수평면 사이의 운동마찰계수 μ_k가 아래 (가) 및 (나)와 같은 경우, 목침이 평형점을 지나는 순간의 속도를 구하라.

(가) $\mu_k = 0$ (나) $\mu_k = 0.350$

답 | (가) $v = 0.791$ m/s (나) $v = 0.531$ m/s

3-14 승강기의 일률

2,150 kg의 짐을 실은 승강기가 일정한 속도로 15.0초 만에 28.0 m 올라가는데, 승강기를 달아 올리는 줄에 마찰력이 1,534 N으로 일정하게 작용한다면 필요한 일률은 얼마인가?

답 | $P = 42.2$ kW

3-15 승강기에 한 일률

650 kg의 승강기가 정지했다가 위로 출발하였다. 일정한 비율로 가속되어 출발한지 3.00초 만에 일정한 속도인 주행속도 1.75 m/s에 이르렀다.

(가) 이 시간 동안에 전동기가 공급한 평균일률은 얼마인가?

(나) 이 결과를 승강기가 주행속도로 움직일 때의 공급된 일률과 비교하라.

답 | (가) $\langle P \rangle = 5.91\ \mathrm{kW}$ (나) $P = 11.2\ \mathrm{kW}$

3-16 순간 일 및 일률

처음($t=0$)에 정지해있는 질량 m의 입자에 힘 F가 작용하였다.

(가) 임의의 시각 t에서 힘 F가 한 일 $W(t)$를 구하고, 그 순간의 일률은 $P(t) = \frac{F^2}{m} t$로 주어짐을 보여라.

(나) 30.0 N의 힘이 정지해 있던 질량 5.00 kg의 입자에 작용했을 때 $t = 3.00$ s인 순간의 일률은 얼마인가?

답 | (가) $W(t) = \frac{F^2}{2m} t^2$ (나) $P = 540\ \mathrm{W}$

3-17 일률 함수

8.00 kg의 물체에 x축 방향으로 5.00 N의 힘이 작용하였다.

(가) 물체가 처음($t=0$)에 원점($x=0$)에서 정지상태에서 출발하였다. 속도를 시간의 함수로 나타내어라.

(나) 일률을 시간의 함수로 나타내고, 시각 $t = 3.00$ s에서 일률을 구하라.

답 | (가) $v(t) = (0.625\ \mathrm{m/s^2})t$ (나) $P(t) = (3.13\ \mathrm{J/s^2})\,t$, $P(3) = 9.38\ \mathrm{W}$

3.2 위치에너지와 역학적 에너지 보존

3-18 용수철의 길이 늘이기

힘상수가 $10.0 \times 10^3\ \mathrm{N/m}$인 용수철이 있는데, 그 위치에너지가 (가) 50 J, (나) 100 J이 되도록 하자면 얼마나 늘어나게 해야 하는가?

답 | (가) $x = 10.0\ \mathrm{cm}$ (나) $x = 14.1\ \mathrm{cm}$

3-19 폭포수의 일률

높이가 128 m인 어떤 폭포에서 떨어지는 물의 양이 평균적으로 매초 $1.40 \times 10^6\ \mathrm{kg}$이라 한다. 이 폭포수의 위치에너지의 반이 전기에너지로 전환될 수 있다고 한다. 이 폭포에 의한 수력발전 일률은 얼마나 되는가?

답 | $P = 879\ \mathrm{MW}$

3-20 용수철에 연결된 비탈 위에 있는 목침

비탈각이 θ인 비탈면 위에 있는 목침에 가볍고 늘어나지 않는 실을 달아서 비탈 꼭대기에 있는 가볍고 자유로이 회전할 수 있는 고정도르래에 걸쳐서 연직 아래 끝에 용수철을 달아서 용수철을 당기고 있다. 용수철을 점점 세게 당겨서 목침이 움직이려는 순간 용수철의 탄성위치에너지를 구하라. 용수철의 힘상수는 k, 목침과 비탈면 사이의 정지마찰계수는 μ_s이다.

답 | $U = \dfrac{(mg)^2}{2k}(\sin\theta + \mu_s \cos\theta)^2$

3-21 역제곱법칙의 힘

자연 현상의 상호작용을 나타내는 위치에너지함수가 $U(x) = \dfrac{K}{x}$ $(K > 0)$로 주어진다고 한다. K는 양(+)의 상수이다.

(가) 힘 F_x를 구하라. 이 힘은 원점을 향하는가 또는 멀어지는 방향인가?

(나) 이 위치에너지는 x가 증가함에 따라 증가하는가 또는 감소하는가?

(다) 만일 K가 음의 상수이면 (가) 및 (나)의 답은 어떻게 되는가?

답 | (가) $F_x(x) = \dfrac{K}{x^2}$ $(K>0)$, 멀어지는 방향 (나) 감소 (다) 원점을 향하고, 증가한다.

3-22 위치에너지함수

$F_x = 6.00\,\text{N}$의 일정한 크기의 힘이 있다. 이 힘의 위치에너지함수를 아래 각 경우에 대해서 구하라.

(가) 기준점이 x_0인 경우 (나) 기준점이 $x = 4.00\,\text{m}$인 경우 (다) $x = 6.00\,\text{m}$에서 위치에너지가 14.0 J인 경우

Tip $dU(x) = -F_x(x)\,dx \Rightarrow U(x) = -\int F_x(x)\,dx + C$: 기준점에서 위치에너지 $U=0$

답 | (가) $U(x) = -(6.00\,\text{N})(x - x_0)$ (나) $U(x) = -(6.00\,\text{N})x + 24.0\,\text{J}$

(다) $U(x) = -(6.00\,\text{N})x + 50.0\,\text{J}$

3-23 위치에너지함수와 힘

상호작용을 하고 있는 물체의 위치에너지함수가 $U(x) = (3.00\,\text{J/m}^2)x^2 - (2.00\,\text{J/m}^4)x^4$이다.

(가) 이 물체에 작용하는 힘을 구하라.

(나) 이 물체가 평형상태에 놓여 있는 위치를 구하라.

(다) 이들 평형점의 안정성을 판단하라.

Tip (가) $F_x = -\dfrac{\partial U}{\partial x}$

(다) $\left.\dfrac{\partial^2 U}{\partial^2 x}\right|_{x=x_0} > 0 \rightleftarrows x = x_0$: 안정한 평형점, $\left.\dfrac{\partial^2 U}{\partial^2 x}\right|_{x=x_0} < 0 \rightleftarrows x = x_0$: 불안정한 평형점

답 | (가) $F_x(x) = -(6.00\,\text{J/m}^2)x + (8.00\,\text{J/m}^4)x^3$ (나) $x_0 = 0$, $x_0 = \pm\dfrac{\sqrt{3}}{2} = \pm 0.866\,\text{m}$

(다) $x_0 = 0$: 안정한 평형점, $x_0 = \pm\dfrac{\sqrt{3}}{2} = \pm 0.866\,\text{m}$: 불안정한 평형점

3-24 용수철 총

매끄러운 수평면 위에 놓여 있는 용수철을 물체로 밀어서 압축하여 가만히 놓으면 용수철은 물

체를 밀어낸다. 이 경우, 질량이 4배인 물체를 처음 속도의 3배로 튕겨나가게 하려면 용수철을 압축한 길이는 처음의 몇 배로 해야 하는가?

답 | 6배

3-25 아트우드 기계

가볍고 늘어나지 않는 가는 실의 양단에 3.00 kg, 2.00 kg의 물체를 달아서 가볍고 자유로이 회전하는 고정도르래에 걸어 놓고, 2 kg짜리 물체에는 실로 추를 달아놓았다. 2 kg짜리 물체가 3 kg짜리 물체보다 1.00 m 아래에서 물체들이 정지해 있는데 가위로 추가 달린 실을 살짝 잘라냈다. 각 물체가 같은 높이를 지나는 순간 속도를 구하라.

답 | $v = 1.40\,\mathrm{m/s}$

3-26 용수철 위에 떨어진 목침

2.40 kg의 목침이 자유낙하하여 연직으로 놓여 있는 용수철 위에 떨어졌다. 목침이 용수철 위에서 순간적으로 정지했을 때 압축된 길이가 25.0 cm 이었다. 처음에 목침의 용수철로부터 연직 높이는 5.00 m이었다.

(가) 용수철의 힘상수를 구하라.

(나) 용수철이 15.0 cm 압축된 순간 목침의 속도를 구하라.

답 | (가) $k=3960\,\mathrm{N/m}$ (나) $v=8.00\,\mathrm{m/s}$

3-27 연직면내에서 원운동하는 추

실 끝에 달린 질량 m의 추가 연직면 내에서 일정한 역학적 에너지로 원운동을 하고 있다. 추가 맨 아래 점 및 맨 꼭대기 점을 지나는 순간 추에 작용하는 실의 장력의 차를 구하라(단, 공기의 마찰을 무시한다).

답 | $\varDelta T = T_{\mathrm{B}} - T_{\mathrm{P}} = 6mg$

3-28 홑흔들이의 충격에 의한 운동

질량 2.00 kg의 추와 길이 3.00 m의 실로 된 홑흔들이가 있다. 연직선상에 정지해 있는 추를 수평 방향으로 충격을 주어 4.50 m/s의 속도가 생기게 하여 진동시켰다.

(가) 연직선으로부터 추의 각변위가 30°일 때, 추의 속도, 위치에너지 및 실의 장력은 각각 얼마인가?

(나) 연직선으로부터 추의 최대 각변위는 얼마인가?

답 | (가) $v=3.52\,\mathrm{m/s}$, $U=7.89\,\mathrm{J}$, $T=25.2\,\mathrm{N}$ (나) $\theta_0=49.0°$

3-29 위치에너지함수의 그래프와 운동 모양

x축을 따라 운동하고 있는 입자가 x축을 따라서 작용하는 보존력을 받고 있다. 그 힘의 위치에너지함수의 그래프는 문3-29의 그림과 같다. 입자를 점 A에 가만히 놓았다.

(가) 점 A에서 입자가 받는 힘의 방향은? 또 점 B에서 힘의 방향은?

(나) 입자의 운동에너지가 최대인 점은 어디인가?

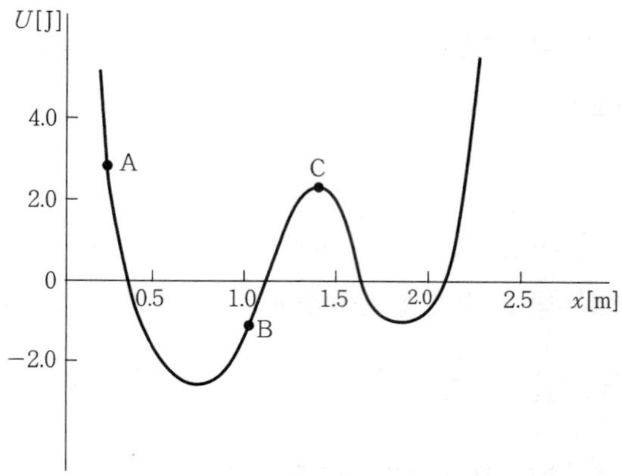

문3-29의 그림 : 위치에너지함수 그래프

(다) 점 C에서 입자가 받는 힘은 얼마인가?
(라) 입자가 도달할 수 있는 가장 먼 점은 어디인가?
(마) 안정한 평형점은 어느 점인가?

답 (가) $+x$축 방향, $-x$축 방향 (나) $x \approx 0.75\,\mathrm{m}$(위치에너지가 최소인 점) (다) $F=0$
(라) $x \approx 2.2\,\mathrm{m}$(점 A에서 위치에너지와 같은 점)
(마) $x \approx 0.75\,\mathrm{m}$, $x \approx 1.9\,\mathrm{m}$(위치에너지가 극소인 점)

3-30 CO분자의 위치에너지함수

CO분자의 위치에너지함수는 $U(r)=\dfrac{A}{r^{12}}-\dfrac{B}{r^6}$ 의 꼴이라 한다. r는 두 원자 사이의 거리이고, A 및 B는 양의 상수이다. 단위는 MKS단위이다.

(가) 두 원자 사이에 작용하는 힘 $F(r)$를 구하라.
(나) 안정한 평형점을 구하고, 이 분자의 해리에너지를 구하라.
(다) CO분자의 경우, 두 원자 사이의 거리가 $1.13\times10^{-10}\,\mathrm{m}$일 때 이분자는 가장 안정하고, 이 때 위치에너지가 $1.54\times10^{-18}\,\mathrm{J}$이라 한다. 상수 A, B를 구하라.

답 (가) $F(r)=\dfrac{6}{r^7}\left(\dfrac{2A}{r^6}-B\right)$ (나) $r_0=\sqrt[6]{\dfrac{2A}{B}}$, $U_0=-\dfrac{B^2}{4A}$
(다) $A=6.68\times10^{-138}\,\mathrm{J\cdot m^{12}}$, $B=6.41\times10^{-78}\,\mathrm{J\cdot m^6}$

3.3 보존력마당과 에너지 보존법칙-이차원 및 삼차원운동

3-31 스칼라곱

두 벡터 $\vec{A}=3\,\hat{i}-6\,\hat{j}$, $\vec{B}=-4\hat{i}+2\hat{j}$에 대한 다음을 구하라.

(가) 스칼라곱 $\vec{A}\cdot\vec{B}$ (나) 그들 두 벡터 사이각 θ_{AB} (다) 각 벡터의 x축과 이루는 각 ϕ
(라) $\vec{A}$ 방향의 단위벡터 $\hat{A}$ (마) $\vec{B}$의 $\vec{A}$ 방향의 성분 B_{A}

답 | (가) $\vec{A} \cdot \vec{B} = -24$ (나) $\theta_{\mathrm{AB}} = 143°$ (다) $\phi_{\mathrm{A}} = -63.4°$, $\phi_{\mathrm{B}} = 153°$
(라) $\hat{A} = \dfrac{\sqrt{5}}{5}(\hat{i} - 2\hat{j})$ (마) $B_{\mathrm{A}} = -\dfrac{8\sqrt{5}}{5}$

3-32 코사인 제2법칙

세 벡터 $\vec{A}$, $\vec{B}$, $\vec{C}$ 사이에 $\vec{C} = \vec{A} - \vec{B}$의 관계가 있다. 이들 세 벡터는 삼각형을 이룬다. 이들 벡터 관계식으로부터 코사인 제2법칙 $C^2 = A^2 + B^2 - 2AB\cos\theta_{\mathrm{AB}}$를 유도하라.

Tip $\vec{C} \cdot \vec{C} = (\vec{A} - \vec{B}) \cdot (\vec{A} - \vec{B})$, $\vec{A} \cdot \vec{A} = A^2$, $\vec{B} \cdot \vec{B} = B^2$, $\vec{A} \cdot \vec{B} = AB\cos\theta_{\mathrm{AB}}$

3-33 등속원운동에서 위치, 속도 및 가속도 사이의 관계

등속원운동을 하는 입자의 위치벡터의 크기 및 속도벡터의 크기가 일정하다.
(가) 이를 이용하여 위치벡터 $\vec{r}$, 속도벡터 $\vec{v}$, 가속도벡터 $\vec{a}$들의 방향 관계를 말하라.
(나) 가속도의 지름 성분과 속도 및 위치벡터의 크기 사이의 관계를 구하라.

답 | (가) $\vec{r} \perp \vec{v}$, $\vec{v} \perp \vec{a}$, $\vec{r} \uparrow\downarrow \vec{a}$ (나) $a_r = \hat{r} \cdot \vec{a} = -\dfrac{v^2}{r}$

3-34 스칼라곱으로서 일

$F = \hat{x}(4x) + \hat{y}(3y)$ [N]의 힘이 입자에 작용하여 입자는 x축 방향으로 원점에서 $x = 5.00\ \mathrm{m}$까지 이동하였다. 힘이 입자에 한 일을 구하라.

답 | $W = 50.0\ \mathrm{J}$

3-35 스칼라곱으로서 일률

속도 $\vec{v}$로 운동하는 입자에 힘 $\vec{F}$가 작용하고 있다. $\{\vec{F}, \vec{v}\}$가 아래와 같은 경우, 힘 $\vec{F}$의 일률을 구하라.
(가) $\vec{F} = \hat{i}(4.0\ \mathrm{N}) + \hat{j}(3.0\ \mathrm{N})$, $\vec{v} = \hat{i}(6.0\ \mathrm{m/s})$,
(나) $\vec{F} = \hat{i}(6.0\ \mathrm{N}) - \hat{j}(5.0\ \mathrm{N})$, $\vec{v} = \hat{i}(-5.0\ \mathrm{m/s}) + \hat{j}(4.0\ \mathrm{m/s})$
(다) $\vec{F} = \hat{i}(3.0\ \mathrm{N}) + \hat{j}(6.0\ \mathrm{N})$, $\vec{v} = \hat{i}(2.0\ \mathrm{m/s}) + \hat{j}(3.0\ \mathrm{m/s})$

답 | (가) $P = 24\ \mathrm{W}$ (나) $P = -50\ \mathrm{W}$ (다) $P = 24\ \mathrm{W}$

3-36 이차원공간에서 일-에너지 정리

속도 $\vec{v} = \hat{i}(6.00\ \mathrm{m/s}) - \hat{j}(2.00\ \mathrm{m/s})$로 운동하고 있는 질량 3.00 kg의 입자가 있다.
(가) 입자의 운동에너지를 구하라.
(나) 입자의 속도가 변하여 $\vec{v} = \hat{i}(8.00\ \mathrm{m/s}) + \hat{j}(4.00\ \mathrm{m/s})$로 되었다. 입자에 한 일을 구하라.

답 | (가) $K_{\mathrm{i}} = 60.0\ \mathrm{J}$ (나) $W = 60.0\ \mathrm{J}$

3-37 보존력과 비보존력

평면에서 운동하고 있는 입자에 $\vec{F} = \hat{i}(2.00\ \mathrm{N/m})y + \hat{j}(1.00\ \mathrm{N/m^2})x^2$의 힘이 작용하여 원점

O(0, 0)로부터 점 C(5.00 m, 5.00 m)로 이동시킨다.

(가) 이동행로가 아래와 같은 경우 입자에 한 일을 각각 구하라.

(a) 꺾임선 : O(0, 0)→A(5, 0)→C(5, 5),

(b) 꺾임선 : O(0, 0)→B(0, 5)→C(5, 5),

(c) 직 선 : O(0, 0)→C(5, 5)

(나) 그 힘은 보존력인가?

답 | (가) (a) 125J (b) 50.0J (c) 66.7J (나) 보존력이 아니다.

3-38 실의 길이가 변하는 홑흔들이

길이 L의 실과 추로 된 홑흔들이에 처음에 연직선으로부터 각 θ_0의 각변위를 주어 연직면 내에서 진동하게 하였다. 고정점의 똑바로 연직 아래 거리 x인 점에 설치된 나무못에 실이 걸려 흔들이의 길이가 실제로 짧아지게 된다.

(가) 추의 처음 출발점의 연직 높이가 나무못 아래이면 실이 나무못에 걸린 후에도 같은 연직 높이까지 올라 갈 수 있음을 보이고, 나무못에 걸린 뒤 연직선으로부터 추의 각변위 ϕ를 구하라.

(나) 처음 각변위 $\theta_0 = 90°$에서 흔들이를 가만히 놓았을 때, 실이 나무못에 걸려 나무못을 중심으로 연직면 내에서 추가 완전 원궤도를 그리는 x의 최솟값을 구하라.

답 | (가) $\phi = \cos^{-1}\left(\dfrac{L\cos\theta_0 - x}{L - x}\right)$ (나) $x = 0.6L$

3-39 위치에너지와 힘

xy 평면에서 운동하고 있는 물체가 위치에너지 함수 $U(x, y) = k(x^2 + y^2) + k'xy$로 기술되는 보존력을 받고 있다. 여기에서 k와 k'은 양(+)의 상수이다. 단위벡터 $\hat{i}$, $\hat{j}$를 사용하여 힘을 구하라.

답 | $\vec{F} = -\hat{i}(2kx + k'y) - \hat{j}(2ky + k'x)$

4장 운동량과 충돌

4.1 운동량과 충격량

4.2 뉴턴의 운동법칙과 운동량의 보존

4.3 충돌 문제

가속도-힘의 관계식인 운동방정식으로 설명하기가 어려운 자연현상을, 일 및 에너지의 개념 외에 또 다른 개념을 도입하여 분석하고 이해하는 방법을 학습한다. 충돌이나 분열(또는 폭발) 등의 경우처럼 힘이 너무 급격하게 변하는 복잡한 경우에는 힘에 대해서 거의 알 길이 없으므로, 운동의 법칙을 힘과 가속도나 일과 에너지가 아닌 운동량과 충격량 사이의 관계식으로 표현한 충격량-운동량의 정리, 나아가서 운동량 보존법칙에 의하여 어떻게 분석·이해·설명되는지 살펴본다.

4.1 운동량과 충격량

볼링공이 빠른 속도로 굴러가서 핀에 충돌하여 핀을 넘어뜨린다. 골프채로 골프공을 치면 골프공은 공기 중을 매우 빠른 속도로 멀리 날아간다. 골프공과 골프채의 충돌은 10^{-3}초 정도의 매우 짧은 순간에 일어나므로, 작용한 평균적인 힘은 상상을 초월할 정도로 크다. 골프채 머리는 골프공의 5~6배 정도로 무거우므로 골프채의 속도는 거의 변화가 없다. 이런 충돌현상에서 서로 작용하는 힘은 시간에 어떻게 변하는지 알아내기가 불가능할 정도이다. 따라서 뉴턴의 운동방정식으로는 분석하고 이해하기란 쉽지 않다. 이 문제가 운동량 및 충격량으로 어떻게 분석, 설명되는지 알아보자.

◎ 운동량

2장에서 뉴턴의 운동법칙을 방정식

$$m\frac{d\vec{v}}{dt} = \vec{F}(\vec{r},\ \vec{v},\ t) \tag{2.16}$$

로 표현하였다. 물체의 질량이 시간에 따라서 변하지 않는 경우에는

$$m\frac{d\vec{v}}{dt} = \frac{d(m\vec{v})}{dt}$$

라고 쓸 수 있으므로 뉴턴의 운동방정식(2.16)은

$$\frac{d(m\vec{v})}{dt} = \vec{F} \tag{4.1}$$

라고 쓸 수 있다. 이것은 "(질량)×(속도)의 시간적인 변화율은 물체에 작용한 힘과 같다"는 것을 뜻한다. 여기서 (질량)×(속도)를 그 물체의 **운동량**(momentum)이라 정의한다. 곧 질량 m[kg]의 물체가 속도 $\vec{v}$[m/s]로 운동할 때 운동량 $\vec{p}$는

$$\vec{p} = m\vec{v}$$

이다. 운동량의 SI단위는 **킬로그램·미터 매 초**[kg·m/s]이다. 운동량의 개념을 도입하면 뉴턴의 운동방정식은

$$\frac{d\vec{p}}{dt} = \vec{F} \tag{4.2}$$

로 표현된다. 따라서

운동량의 시간적인 변화율, 곧 단위시간의 운동량의 변화는 물체에 작용한 힘과 같다.

이것은 운동법칙의 다른 표현으로, **운동량 정리**(momentum theorem)라 하기도 한다.

물체의 운동상태의 변화를 나타낼 때 물체의 속도벡터의 변화만으로는 부족하다. 질량이 클수록 관성이 크고, 따라서 물체의 운동을 변화시키기가 훨씬 더 힘들기 때문이다. 예를 들어, 무거운 볼링공이 같은 속도의 가벼운 테니스 공보다 훨씬 더 멀리까지 굴러가며, 정지시키는 데도 무거운 볼링공이 같은 속도의 테니스공보다 훨씬 더 어렵다. 따라서 "운동의 진정한 측도"에는 물체의 속도벡터뿐만 아니라 질량도 고려되어야 한다.

뉴턴이 **운동을 변화시키는 것으로서 힘**이라는 개념을 도입할 때, **"운동"**은 질량과 속도의 곱을 뜻했다. 갈릴레이는 이러한 생각으로 (질량)×(속도)를 "momento"라 불렀고, 뒤에 데카르트는 "운동의 양(quantity-of-motion)"이라 불렀다. 뉴턴이 그의 이론에서 **운동량**(momentum)이라고 정의하였다.

앞에서 언급한 바와 같이 운동방정식(2.16)은 질량이 시간에 따라 변하지 않는 경우에는 올바르지만, 로켓 문제, 흙이나 석탄을 나르는 '나르개 띠(컨베이어 벨트 : conveyor belt)'의 운동, 모래를 가득 싣고 길에 뿌리면서 가는 모래 실은 화물차의 운동 등, 질량이 시간에 따라 변하는 경우에는 적용할 수 없다. 이런 경우에는 식(4.2)를 적용하여야 한다. 이 관계식은 상대론적인 경우에도 성립하나 식(2.16)은 그렇지 않다.

예제 4.1 자유낙하하는 공의 운동량

질량 0.149 kg의 야구공이 타자의 야구방망이에 맞고 10.0 m 높이까지 연직 상승하였다가 자유낙하하고 있다. 공기의 저항은 무시한다. 야구공의 처음 출발점 및 출발점에 다시 도달하는 순간의 운동량, 출발부터 이 순간까지 낙하하는 동안 운동량의 변화를 각각 구하라.

풀이 | 야구공이 중력마당에서 등가속도 직선운동을 하므로 속도와 변위 사이에는 식(1.10)

$$v^2 - v_0^2 = 2a(x - x_0)$$

의 관계식이 성립한다. 처음 출발점을 원점($x=0$)으로, 연직상방을 x축으로 택하면 $a = -g$이다. 처음 야구방망이에 맞고 연직상방으로 상승한 높이를 h, 연직 상승하는 순간의 속도를 v_i라 하면

$$0 - v_i^2 = 2(-g)(h-0) \qquad \therefore\ v_i = \pm\sqrt{2gh}$$

로 주어진다. 복 부호는 올라갈 때와 내려올 때 속도의 방향을 나타낸다. 따라서 출발점에 다시 도달하는 순간의 속도 v_f는 $v_f = -v_i$로 주어지므로 처음 및 나중 운동량은

$$p_i = mv_i = m\sqrt{2gh} = (0.149\,\text{kg}) \times \sqrt{2 \times (9.81\,\text{m/s}^2) \times (10.0\,\text{m})} = 2.087\,\text{kg}\cdot\text{m/s}$$

이므로 각각

$$p_i = 2.09 \text{ kg} \cdot \text{m/s}, \quad p_f = -2.09 \text{ kg} \cdot \text{m/s}$$

이고 운동량의 변화는

$$\Delta p = p_f - p_i = -4.18 \text{ kg} \cdot \text{m/s}$$

이다.

○ 충격량

식(4.2)는 운동량의 시간에 대한 변화율(또는 운동량-시간 그래프에서 기울기)이 힘과 같음을 뜻한다. 한편, 시간 $\Delta t = t_f - t_i$ 동안 운동량의 변화를 $\Delta \vec{p} = \vec{p}_f - \vec{p}_i$라 하면

$$\frac{\Delta \vec{p}}{\Delta t} = \langle \vec{F} \rangle \tag{4.3}$$

는 시간 $\Delta t = t_f - t_i$사이의 **평균힘**(average force)을 나타낸다. 이에 대해서 식(4.2)는 특정한 순간에서 작용하는 순간적인 힘을 나타낸다.

❶ 힘이 일정한 경우

힘이 일정한 경우에는 평균힘과 순간적인 힘을 구별할 필요가 없다. 이 경우 $\langle \vec{F} \rangle \equiv \vec{F}$이므로

$$\frac{\Delta \vec{p}}{\Delta t} = \vec{F} \quad (\vec{F} : \text{일정})$$

이다. 이 식은

$$\Delta \vec{p} = \vec{F} \Delta t \quad (\vec{F} : \text{일정}) \tag{4.4}$$

로 바꾸어 쓸 수 있다. 여기서 오른쪽의 물리량 $\vec{F} \Delta t$를 **충격량**(impulse)이라 한다. 곧 시간 Δt[s] 동안에 일정한 힘 $\vec{F}$[N]이 작용하였다면 물체에 작용한 충격량은

$$\vec{J} = \vec{F} \Delta t \quad (\vec{F} : \text{일정}) \tag{4.5}$$

로 주어진다. 충격량의 SI단위는 **뉴턴·초**[N·s]이다.

관계식(4.4)는 운동량 정리 식(4.2)로부터 얻을 수도 있다. 곧 식(4.2)의 양변에 시간 간격 $\Delta t = t_f - t_i$을 곱하면

$$\frac{d\vec{p}}{dt}\Delta t = \vec{F}\Delta t$$

가 되는데, 시간 $\Delta t = t_f - t_i$ 사이에 $\frac{d\vec{p}}{dt}$가 일정한 경우($\vec{F}$가 일정한 경우), 윗식의 왼편은 시간 Δt 동안 $\vec{p}$의 변화량 $\Delta\vec{p}$를 나타낸다. 곧

$$\frac{d\vec{p}}{dt}\Delta t = \Delta\vec{p} \tag{4.6}$$

이다. 그래서 식(4.4)를 얻는다. $\frac{d\vec{p}}{dt}$는 $\vec{p}$의 단위시간의 변화이기 때문이다.

❷ 힘이 변하는 경우

그림 4.1(a)에서 보는 바와 같이 힘이 일정한 경우, 힘-시간의 그래프는 시간축(가로축)에 나란한 직선이고, 충격량은 그래프 아래 두 시각 t_i, t_f 사이의 직사각형의 넓이와 같다.

실제의 경우, 예를 들어 테니스라켓으로 공을 칠 때나 야구방망이로 야구공을 칠 때 0.01~

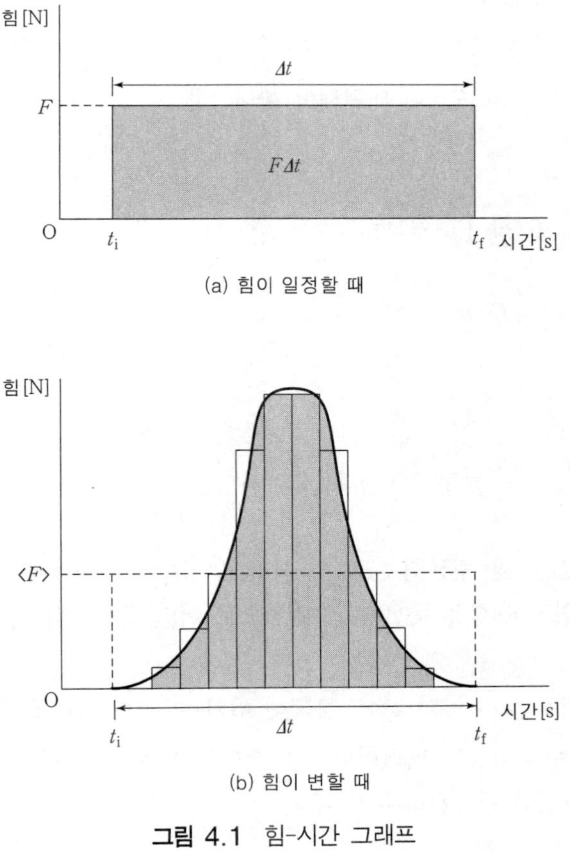

그림 4.1 힘-시간 그래프

0.001초 사이에 **그림 4.1(b)**와 같이 급격히 변하는 힘이 작용한다. 이와 같이 극히 짧은 순간에 급격히 변하는 매우 센 힘을 **충격력**(impulsive force)이라 한다. 이런 경우에도, 충격량은 힘-시간 그래프 아래 두 시각 t_i, t_f 사이의 넓이와 같다. 이 넓이는 적분

$$\int_{t_i}^{t_f} \vec{F}\,dt$$

로 주어짐을 알 수 있다(**그림 1.10**과 **그림 3.5** 참조).

일반적으로 충격량은

$$\vec{J} = \int_{t_i}^{t_f} \vec{F}\,dt \tag{4.7}$$

로 주어진다. 여기서 힘이 일정하면

$$\vec{J} = \int_{t_i}^{t_f} \vec{F}\,dt = \vec{F}\int_{t_i}^{t_f} dt = \vec{F}(t_f - t_i) = \vec{F}\Delta t$$

가 되어, 식(4.5)가 얻어진다.

한편, 힘이 일정하지 않은 경우에는, 식(4.3)을 미루어 보아, 식(4.5)에 힘 $\vec{F}$를 시간 $\Delta t = t_f - t_i$ 동안의 평균힘 $\langle \vec{F} \rangle$로 대치해야 한다. 곧

$$\vec{J} = \langle \vec{F} \rangle \Delta t \tag{4.8}$$

이다. 따라서 식(4.7) 및 식(4.8)로부터

$$\langle \vec{F} \rangle \Delta t = \int_{t_i}^{t_f} \vec{F}\,dt$$

이므로, 평균힘 $\langle \vec{F} \rangle$는

$$\langle \vec{F} \rangle = \frac{1}{\Delta t}\int_{t_i}^{t_f} \vec{F}\,dt \quad (\Delta t = t_f - t_i) \tag{4.9}$$

로 주어짐을 알 수 있다. 곧 평균힘 $\langle \vec{F} \rangle$는 시간 $\Delta t = t_f - t_i$ 동안에 일정하지 않은 힘 $\vec{F}$와 같은 충격량을 주는 일정한 힘을 뜻한다. 일반적으로 어떤 물리량의 시간적인 평균을 식(4.9)로 정의할 수 있다.

충격량은 식(4.7)에서 보는 바와 같이, 물체에 미치는 "힘의 시간적 축적효과"라고 볼 수 있으며, 힘이 벡터이므로 충격량도 벡터이다. 그 방향은 힘과 같은 방향이다. 실질적으로 힘이 작용한다는 것은 충격량이 작용한다는 뜻이다.

○ 충격량과 운동량

일반적인 경우, 뉴턴의 운동법칙 식(4.2)를

$$d\vec{p} = \vec{F}\ dt \tag{4.10}$$

라고 바꾸어 쓸 수 있다. 이것은 식(4.4)와 비슷한 미분형이다. 두 시각 t_i 및 t_f에서 운동량을 각각 $\vec{p}_i$ 및 $\vec{p}_f$라 하면, 시간에 대해서 시각 t_i에서 t_f까지 힘 $\vec{F}$를 적분하는 것은 운동량 $d\vec{p}$를 $\vec{p}_i$에서 $\vec{p}_f$까지 적분하는 것과 같다. 곧

$$\int_{\vec{p}_i}^{\vec{p}_f} d\vec{p} = \int_{t_i}^{t_f} \vec{F} dt$$

이다. 오른쪽 적분은 충격량 $\vec{J}$이고, 왼쪽 적분은

$$\int_{\vec{p}_i}^{\vec{p}_f} d\vec{p} = [\vec{p}]_{\vec{p}_i}^{\vec{p}_f} = \vec{p}_f - \vec{p}_i \equiv \Delta\vec{p}$$

가 되어,

$$\Delta\vec{p} = \vec{p}_f - \vec{p}_i = \int_{t_i}^{t_f} \vec{F}\ dt \tag{4.11}$$

를 얻는다. 이 식은 힘 $\vec{F}$가 일정한 경우에는 바로 식(4.4)가 됨을 알 수 있다. 식(4.11)이나 식(4.4)는 모두

물체에 작용한 충격량은 물체의 운동량의 변화와 같다.

는 것을 뜻한다. 이를 **충격량-운동량 정리**(impulse-momentum theorem)라 한다. 식(4.4)는 힘이 일정한 경우의 표현이고, 식(4.11)은 힘이 시간에 따라 변하는 일반적인 경우의 표현이다.

예제 4.2 자유낙하하는 공이 받는 충격량

지상 연직 높이 h[m]에 있던 질량 m[kg]의 공이 정지상태에서 자유낙하하여 지상에 도달할 때까지 중력의 충격량을 구하라.

풀이 | 등가속도 직선운동 식(1.9)

$$x(t) = x_0 + v_0 t + \frac{1}{2} a t^2$$

에서 처음 출발점을 원점으로 하고 연직하방을 x축으로 하면,

$$x=h,\ x_0=0,\ v_0=0,\ a=g$$

라 둘 수 있고, 지면까지 낙하하는 데 걸린 시간 Δt는

$$h=\frac{1}{2}g\,\Delta t^2 \quad \therefore\ \Delta t=\sqrt{\frac{2h}{g}}$$

이다. 공이 낙하하는 시간 Δt[s] 동안 일정한 힘 mg[N]이 작용하였으므로 충격량은

$$J=F\,\Delta t=mg\times\sqrt{\frac{2h}{g}}=m\sqrt{2gh}\ [\mathrm{N\cdot s}]$$

이다. 여기서 $\sqrt{2gh}$가 지상에 도달하는 순간의 속도임을 주목하라.

이 문제는 충격량-운동량 정리를 이용하여 풀 수도 있다. 이 정리에 의하면 충격량은 운동량의 변화 $\Delta p=p_{\mathrm{f}}-p_{\mathrm{i}}$와 같기 때문이다. 처음 운동량은 $p_{\mathrm{i}}=0$이고, 나중 운동량 p_{f}는 식(1.10)

$$v^2-v_0^2=2a(x-x_0)$$

에서 $v=v_{\mathrm{f}},\ v_0=v_{\mathrm{i}}=0,\ a=g,\ x=h,\ x_0=0$이므로 $v_{\mathrm{f}}=\sqrt{2gh}$이고, 따라서 $p_{\mathrm{f}}=mv_{\mathrm{f}}=m\sqrt{2gh}$ 이다. 그러므로 충격량은 $J=F\Delta t=\Delta p=p_{\mathrm{f}}-p_{\mathrm{i}}=m\sqrt{2gh}$ [N · s]이다.

예제 4.3 골프공의 운동

골프공을 골프채로 칠 때 골프공과 골프채가 접촉하기 시작할 때부터 골프공에 힘이 작용하여 골프공이 최대로 찌그러졌을 때 힘도 최대가 되었다가 탄성에 의하여 골프공이 다시 제 모양으로 되돌아오면서 골프공이 골프채로부터 떨어져나갈 때까지 계속 힘이 작용한다. 골프공에 작용하는 힘의 모양은 개략적으로 **그림 4.2**와 같다. 골프공이 날아간 수평거리는 220 m였다. 공기의 저항은 무시하고 골프공이 처음에 수평면과 45°로 날아갔다고 한다. 골프공의 질량 및 반지름은 각각 45.93 g, 21.34 mm이다.

① 공이 골프채와의 충돌로 받은 충격량을 구하라.

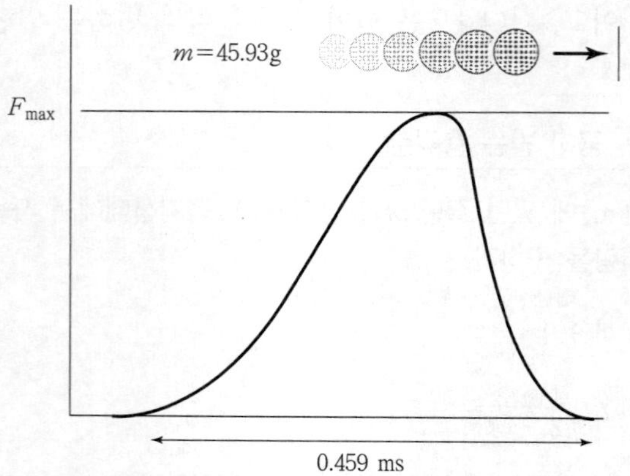

그림 4.2 골프공에 작용한 힘-시간 그래프

② 골프공이 최대로 찌그러진 것이 반지름의 반 정도라 한다. 충돌시간을 어림하고, 공에 작용한 평균힘을 구하라. 찌그러질 때 가속도는 일정하다.

③ 공에 작용하는 힘의 힘-시간 그래프 모양을 공에 작용한 힘의 최댓값 $F_{\max}$를 높이로 하는 삼각형으로 어림하여, 최대 힘 $F_{\max}$를 어림해 보라.

풀이 | 먼저 골프공이 골프채로부터 떨어져 날아가는 순간의 속도 v_0를 구하자.

① 골프공은 수평면과 $\theta_0 = 45°$로 투사된 포물선운동을 하므로 수평도달거리 R는 식(1.61)에 의하여

$$R = \frac{v_0^2 \sin 2\theta_0}{g} = \frac{v_0^2}{g}$$

로 주어지고, 따라서

$$v_0 = \sqrt{gR}$$

를 얻는다. 처음에 골프공은 정지상태에서 속도 v_0로 날아가므로 충돌로 인한 골프공의 운동량의 변화는

$$\Delta p = p_{\text{f}} - p_{\text{i}} = mv_0 - 0 = m\sqrt{gR}$$

이다. 충격량-운동량 정리에 의하여 충격량은

$$J = \Delta p = m\sqrt{gR} \tag{4.12}$$

로 주어진다. 여기에 $m = 45.93 \times 10^{-3}\,\text{kg}$, $g = 9.81\,\text{m/s}^2$, $R = 220\,\text{m}$를 대입하면 골프공이 골프채로부터 받은 충격량은

$$\begin{aligned} J &= \Delta p = m\sqrt{gR} \\ &= (45.93 \times 10^{-3}\,\text{kg}) \times \sqrt{(9.81\,\text{m/s}^2) \times (220\,\text{m})} = 2.134\ \text{N}\cdot\text{s}^{*} \end{aligned}$$

이다. 곧 충격량은 $J = 2.13\ \text{N}\cdot\text{s}$이다.

② 충돌로 인하여 부피가 있는 물체가 찌그러질 때 가속도가 일정했다고 하면(감속이나 가속이 균일했다면), 찌그러진 거리 x 및 속도는 각각

$$x = v_{\text{i}}t + \frac{1}{2}at^2, \quad v_{\text{f}} = v_{\text{i}} + at$$

으로 주어진다. 여기서 a는 가속도이고, v_{i}, v_{f}는 각각 충돌 직전 속도, 충돌 후 나중 속도이다. 시간 t는 찌그러지는 데 걸린 시간이다. 이 두 식에서 가속도 a를 소거하면

$$x = v_{\text{i}}t + \frac{1}{2}\left(\frac{v_{\text{f}} - v_{\text{i}}}{t}\right)t^2 = \frac{v_{\text{i}} + v_{\text{f}}}{2}\,t$$

를 얻는다. 따라서 거리 x만큼 찌그러지는 데 걸린 접촉시간 t는

$$t = \frac{x}{\dfrac{v_{\text{i}} + v_{\text{f}}}{2}} = \frac{x}{\langle v \rangle} \quad (a : \text{일정})$$

---

* 소단원 "0.5 측정값의 어림셈" ① 참조

로 주어진다. 여기서 $\langle v \rangle$는

$$\langle v \rangle = \frac{v_i + v_f}{2}$$

로 평균속도를 나타낸다. 곧 부피가 있는 물체가 충돌로 인하여 찌그러질 때 접촉시간은

$$(\text{접촉시간}) \cong \frac{(\text{찌그러진 거리})}{(\text{평균속도})} \quad (\text{가속도 : 일정})$$

로 어림한다. 자동차나 공이 충돌하여 찌그러질 때는 $v_f = 0$이나, 문제에서 골프공이 찌그러졌다가 탄성에 의하여 다시 원래 모양으로 되돌아오면서 튕겨나가는 경우에는 $v_f = v_0$이고, $v_i = 0$이다.

골프공이 최대로 찌그러진 거리가 반지름 r의 반 $x = \frac{r}{2}$이고, $v_f = v_0$이므로 접촉시간은

$$t = \frac{x}{\langle v \rangle} = \frac{r/2}{v_0/2} = \frac{r}{\sqrt{gR}}$$

$$= \frac{21.34 \times 10^{-3}\,\text{m}}{\sqrt{(9.81\,\text{m/s}^2) \times (220\,\text{m})}} = 0.4594 \times 10^{-3}\,\text{s}^*$$

이다.

충돌할 때 평균힘은 이 결과를 이용하면

$$\langle F \rangle = \frac{J}{\Delta t} = \frac{m\sqrt{gR}}{t} = \frac{2.134\,\text{N} \cdot \text{s}}{0.4594 \times 10^{-3}\,\text{s}} = 4.645 \times 10^3\,\text{N}$$

이다. 곧 평균힘은 $\langle F \rangle = 4.65\ \text{kN}$이다. 이것은 $1\,\text{kgf} = 9.81\,\text{N}$이므로

$$\frac{4.645 \times 10^3\,\text{N}}{9.81\,\text{N}} = 0.473 \times 10^3\ \text{kgf}^*$$

이다. 따라서 473 kg의 무게에 해당한다.

③ 충돌할 때 힘-시간 그래프의 모양을, 밑변을 접촉시간 Δt로, 높이를 최대 힘 F_{max}로 하는 삼각형으로 어림하면, 힘-시간 그래프 아래 넓이는 삼각형의 넓이 $\frac{1}{2} F_{max}\,\Delta t$로 어림된다. 따라서 충격량은

$$J = \frac{1}{2} F_{max}\,\Delta t$$

로 어림되므로 식(4.12)를 고려하면

$$\frac{1}{2} F_{max}\,\Delta t = m\sqrt{gR} \qquad \therefore\ F_{max} = 2\frac{m\sqrt{gR}}{\Delta t}$$

를 얻는다. 따라서

$$F_{max} = 2\langle F \rangle$$

이다. 곧 충돌의 힘-시간 그래프를 삼각형으로 어림하면, 최대 힘은 평균힘의 2배이다. 따라서

---

* 소단원 "0.5 측정값의 어림셈" ① 참조

$$F_{max} = 2\langle F \rangle = 2 \times (4.645 \times 10^3\ \mathrm{N}) = 9.290 \times 10^3\ \mathrm{N}$$

이다. 곧 최대 힘은 $F_{max} = 9.29\ \mathrm{kN} = 947\ \mathrm{kgf}$이다.

4.2 뉴턴의 운동법칙과 운동량의 보존

뉴턴의 운동법칙을 표현한 운동방정식

$$m\vec{a} = \vec{F} \tag{2.16}$$

및 운동량 정리를 나타내는 관계식

$$\frac{d\vec{p}}{dt} = \vec{F} \tag{4.2}$$

에서 힘 $\vec{F}$는 물체 또는 한 입자에 작용하는 모든 힘의 합력 $\sum\vec{F}$ 또는 알짜힘 $\vec{F}_{알짜}$를 나타낸다. 식(2.8)이나 식(2.16)은 입자에 작용하는 알짜힘이 0이면 가속도가 0이고, 따라서 속도가 일정하여 입자는 등속도운동을 한다는 관성의 법칙을 말해 준다. 이것은 질량이 시간에 따라 변하지 않는 경우에 한하여 (질량)×(속도)인 운동량이 일정하다는 말과 동등하다. 그러나 질량이 시간에 따라 변하는 경우에는 그렇지 않다.

4.2.1 홑입자 및 두입자계의 운동량 보존

질량도 시간에 따라 변하는 일반적인 경우에는, 식(4.2)에 의하여, 홑입자에 작용하는 알짜힘이 없으면,

$$\frac{d\vec{p}}{dt} = 0 \quad \therefore\ \vec{p} = (\text{일정})$$

이다. 곧 홑입자의 운동량은 시간에 따라 변하지 않고 항상 일정하게 보존된다.

$$\sum\vec{F} = 0 \rightleftarrows \vec{p} = m\vec{v} = (\text{일정})$$

○ 두 입자의 경우

상호작용하는 두 개의 입자로 된 물리계의 경우, 각 입자가 받는 힘에는 물리계를 구성하고

있는 입자들 사이에 서로 작용하는 힘 및 물리계의 바깥 다른 어떤 것으로부터 받는 힘의 두 종류를 생각할 수 있다. 전자를 **속힘**(**내력**), 후자를 **바깥힘**(**외력**)이라 한다. 물리계 바깥의 다른 어떤 것으로부터 받는 힘이 없는 물리계, 곧 물리계 주위의 다른 것과 상호작용을 하지 않는 물리계를 **고립계**(**외떨어진 계** : isolated system)라 한다(**그림 4.3** 참조).

그림 4.3과 같이 고립계의 두 개의 입자 A, B가 서로 상호작용하는 경우, 입자 A가 입자 B로부터 받는 힘을 $\vec{F}_{AB}$, 입자 B가 입자 A로부터 받는 힘을 $\vec{F}_{BA}$라 하면, 각 입자의 운동량 $\vec{p}_A$, $\vec{p}_B$의 시간적 변화율은, 운동량 정리 식(4.2)에 의하여, 각각

$$\frac{d\vec{p}_A}{dt} = \vec{F}_{AB}, \tag{4.13}$$

$$\frac{d\vec{p}_B}{dt} = \vec{F}_{BA} \tag{4.14}$$

로 주어진다.

두 입자 사이에 작용하는 힘 $\vec{F}_{AB}$, $\vec{F}_{BA}$가 작용·반작용의 법칙을 만족한다면, 곧

$$\vec{F}_{BA} = -\vec{F}_{AB} \tag{4.15}$$

이면

$$\frac{d\vec{p}_A}{dt} + \frac{d\vec{p}_B}{dt} = 0$$

이 되므로

$$\frac{d}{dt}(\vec{p}_A + \vec{p}_B) = 0 \quad \therefore\ \vec{p}_A + \vec{p}_B = (\text{일정}) \tag{4.16}$$

이다. 두 입자 A, B의 운동량의 벡터합 $\vec{p}_A + \vec{p}_B = \vec{P}$를 그 물리계의 **총 운동량**이라 한다. 따라서

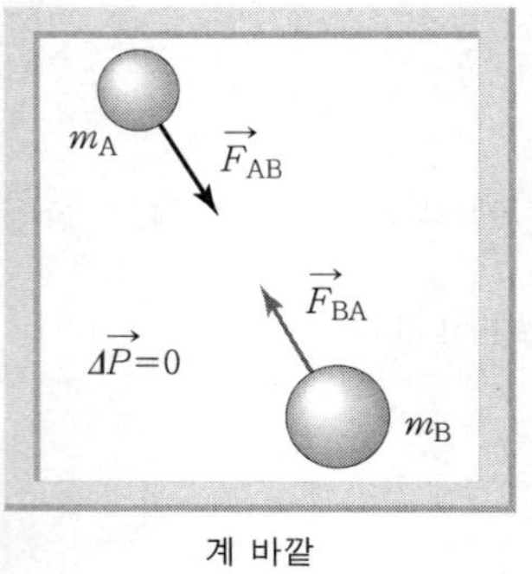

그림 4.3 두 입자로 된 고립계

고립계, 곧 알짜 바깥힘이 0인 물리계의 총 운동량은 항상 일정하게 보존된다.

이를 **운동량 보존법칙**(law of conservation of momentum)이라 한다. 식(4.16)은 다시

$$\Delta \vec{P} = \Delta \vec{p}_{A} + \Delta \vec{p}_{B} = 0 \quad \text{또는} \quad \Delta \vec{p}_{A} = -\Delta \vec{p}_{B} \tag{4.17}$$

로 표현할 수 있다. 곧 고립계의 총 운동량의 변화는 없다. 또는 고립계의 상호작용하는 두 입자 사이에 작용하는 힘이 작용·반작용의 법칙을 만족하면 한 입자의 운동량이 증가하면 다른 입자의 운동량은 그 만큼 감소하여 두 입자의 총 운동량은 일정하게 보존된다.

이것은 충격량-운동량 정리로부터 얻을 수도 있다. 충격량-운동량 정리를 나타내는 관계식

$$\Delta \vec{p} = \vec{F} \Delta t \quad (\vec{F} : \text{일정})$$

에 따라서 힘 $\vec{F}_{AB}$ 및 힘 $\vec{F}_{BA}$에 의하여 입자 A 및 B의 운동량이 변한다. 곧

$$\Delta \vec{p}_{A} = \vec{F}_{AB} \Delta t, \quad \Delta \vec{p}_{B} = \vec{F}_{BA} \Delta t$$

가 된다. 여기서 작용·반작용의 법칙이 성립하는 경우에는 $\vec{F}_{BA} = -\vec{F}_{AB}$이므로 식(4.17)을 얻는다. 곧 운동량 보존법칙을 얻는다.

운동의 법칙 : 운동방정식 ⇒ 충격량-운동량 정리
⇓(고립계)
운동량 보존법칙

예제 4.4 수레의 충돌

3.0 kg의 수레 A가 3.0 m/s의 속도로 왼쪽에서 달려와서 오른쪽에서 4.0 m/s의 속도로 달려오는 질량 2.0 kg의 수레 B와 일직선상에서 충돌하였다. 충돌상태가 아래 (a), (b)와 같은 경우

① 충돌 후 수레 B의 속도 v_B를 구하라.

② 충돌 전, 후의 에너지의 변화를 구하라.

(충돌상태)

(a) 충돌 후 두 수레는 한 덩어리(융합)가 되었다.

(b) 충돌 후 수레 A의 속도는 처음과 반대 방향으로 2.0m/s였다.

풀이 | 두 수레로 된 물리계를 고립계라고 볼 수 있다. 물리계의 바깥으로부터 받는 힘(예를 들면 마찰력 등)이 있다고 하더라도 그들 사이에 서로 상호작용하는 힘, 곧 충돌하는 순간의 충격력에 비교하면 무시할 수 있기 때문이다. 이런 어림을 **충격량 어림**(impulse approximation)이라고도

한다. 따라서 이들의 상호작용에서 운동량 보존법칙이 성립한다.

① 수레 A의 처음 운동 방향을 양(+)으로 하면, 충돌 전 총 운동량은

$$P=(3.0\,\text{kg})\times(3.0\,\text{m/s})+(2.0\,\text{kg})\times(-4.0\,\text{m/s})=1.0\,\text{kg}\cdot\text{m/s}$$

이다.

(충돌상태 (a)의 경우) 충돌 후 한 덩어리가 되어 운동하므로, 두 수레의 속도는 같다. 그 속도를 수레 B의 충돌 후 속도 v_B라 하면 충돌 후 총 운동량은

$$Q_a=(3.0\,\text{kg}+2.0\text{kg})\,v_B=(5.0\,\text{kg})v_B$$

이다. 운동량 보존법칙에 의하여, 한 덩어리가 되기 전, 후의 총 운동량이 같아야 하므로

$$(5.0\,\text{kg})v_B=1.0\,\text{kg}\cdot\text{m/s} \qquad \therefore\ v_B=0.20\,\text{m/s}$$

이다. 곧 오른쪽으로 0.20 m/s로 운동한다.

(충돌상태 (b)의 경우) 충돌 후 수레 A의 속도는 처음과 반대 방향이므로 $-2.0\,\text{m/s}$이다. 충돌 후 총 운동량은

$$Q_b=(3.0\,\text{kg})\times(-2.0\,\text{m/s})+(2.0\,\text{kg})\times v_B=-(6.0\,\text{kg}\cdot\text{m/s})+(2.0\text{kg})\,v_B$$

이다. 운동량 보존법칙에 의하여 이 운동량은 처음 총 운동량과 같아야 하므로

$$-(6.0\,\text{kg}\cdot\text{m/s})+(2.0\text{kg})v_B=1.0\,\text{kg}\cdot\text{m/s}$$

$$\therefore\ v_B=\frac{7.0\,\text{kg}\cdot\text{m/s}}{2.0\,\text{kg}}=3.5\,\text{m/s}$$

이다. 수레 B의 충돌 후 속도는 오른쪽으로 3.5 m/s이다.

② 처음 운동에너지는

$$K=\frac{1}{2}\times(3.0\,\text{kg})\times(3.0\,\text{m/s})^2+\frac{1}{2}\times(2.0\,\text{kg})\times(-4.0\,\text{m/s})^2=29.5\,\text{J}$$

이다.

충돌상태 (a)의 경우, 나중 운동에너지는

$$T_a=\frac{1}{2}\times(3.0\,\text{kg})\times(0.20\,\text{m/s})^2+\frac{1}{2}\times(2.0\,\text{kg})\times(0.20\,\text{m/s})^2=0.10\,\text{J}$$

이고, 충돌상태 (b)의 경우 나중 운동에너지는

$$T_b=\frac{1}{2}\times(3.0\,\text{kg})\times(-2.0\,\text{m/s})^2+\frac{1}{2}\times(2.0\,\text{kg})\times(3.5\,\text{m/s})^2=18.25\,\text{J}$$

이다. 따라서 두 충돌상태에서 에너지변화는 각각

$$\Delta K_a=T_a-K=0.10\,\text{J}-29.5\,\text{J}=-29.4\,\text{J}$$
$$\Delta K_b=T_b-K=18.25\,\text{J}-29.5\,\text{J}=-11.25\,\text{J}$$

이다. 곧 (a)의 경우에는 29 J, (b)의 경우에는 11 J이 감소했다.

예제 4.5 결합된 수레의 분리

질량 1.0 kg의 수레 A와 질량 2.0 kg의 수레 B를 **그림 4.4**와 같이 실로 묶어 그 사이에 가벼운 용수철을 압축하여 끼워 놓았다. 결합된 두 수레가 매끄러운 수평면 위에서 0.60 m/s의 속도로 운동하던 중에 실을 불로 태워 갑자기 끊어주었더니 수레 A는 처음과 반대쪽으로 0.20 m/s로 운동했다.

① 수레 B의 속도는 얼마인가?

② 두 수레의 분리로 인한 이들 수레의 총 운동에너지의 변화는 얼마인가?

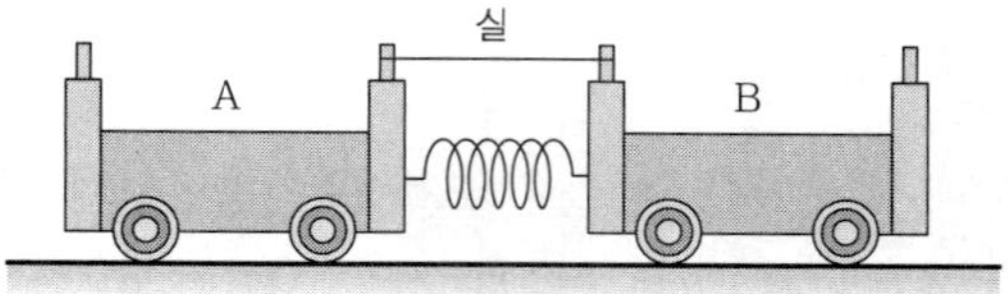

그림 4.4 결합된 두 수레

풀이 | 두 수레가 바깥으로부터 받는 힘이 없다고 생각할 수 있다. 따라서 두 수레로 된 이 물리계는 고립계이고, 각 수레에 작용하는 힘은 압축된 용수철로부터 받는 힘뿐이므로 각 수레가 받는 힘은 서로 작용·반작용의 관계에 있다. 따라서 실이 끊어지기 전 후의 총 운동량은 서로 같게 된다. 곧 운동량이 보존된다.

① 처음 운동 방향을 양(+)으로 하면, 실이 끊어지기 전 총 운동량은

$$P = (1.0\ \mathrm{kg})\times(0.60\ \mathrm{m/s})+(2.0\ \mathrm{kg})\times(0.60\ \mathrm{m/s})=1.8\ \mathrm{kg\cdot m/s}$$

이고, 실이 끊어진 후 총 운동량은 수레 B의 속도를 v_B라 하면

$$Q = (1.0\ \mathrm{kg})\times(-0.20\ \mathrm{m/s})+(2.0\ \mathrm{kg})\times v_\mathrm{B} = -(0.20\ \mathrm{kg\cdot m/s})+(2.0\ \mathrm{kg})v_\mathrm{B}$$

이다. 따라서 운동량 보존법칙에 의하여

$$-(0.20\ \mathrm{kg\cdot m/s})+(2.0\ \mathrm{kg})v_\mathrm{B}=1.8\ \mathrm{kg\cdot m/s} \qquad \therefore\ v_\mathrm{B}=1.0\ \mathrm{m/s}$$

이다.

② 처음 운동에너지는, 두 수레 모두 속도가 0.60 m/s이므로,

$$K=\frac{1}{2}\times(1.0\ \mathrm{kg})\times(0.60\ \mathrm{m/s})^2+\frac{1}{2}\times(2.0\ \mathrm{kg})\times(0.60\ \mathrm{m/s})^2=0.540\ \mathrm{J}$$

이고, 나중 운동에너지는

$$T=\frac{1}{2}\times(1.0\ \mathrm{kg})\times(-0.20\ \mathrm{m/s})^2+\frac{1}{2}\times(2.0\ \mathrm{kg})\times(1.0\ \mathrm{m/s})^2=1.02\ \mathrm{J}$$

이다. 따라서 운동에너지의 변화는

$$\Delta K = T-K = 1.02\ \mathrm{J}-0.54\ \mathrm{J}=0.48\ \mathrm{J}$$

이다. 운동에너지가 0.48 J증가했다. 이 에너지는 어디에서 왔을까?

4.2.2 운동량과 운동에너지

일-에너지 정리를 나타내는 식

$$\frac{1}{2}mv_{\mathrm{f}}^2 - \frac{1}{2}mv_{\mathrm{i}}^2 = F_x \Delta x \tag{4.18}$$

은 운동의 법칙(또는 가속도의 법칙)을 일과 운동에너지 사이의 관계식으로 표현한 것이다. 이것은 운동의 법칙을 운동량과 충격량 사이의 관계식으로 표현한 식(4.4) $\Delta\vec{p} = \vec{F}\Delta t$의 x성분

$$m\,v_{\mathrm{f}} - m\,v_{\mathrm{i}} = F_x \Delta t \tag{4.19}$$

에 비유된다. 이 두 식은 매우 닮았다. 이들은 모두 운동방정식의 변형이다.

힘이 관련된 두 물리량 충격량 $F_x \Delta t$와 일 $F_x \Delta x$도 서로 많이 닮았다. 충격량은 힘과 힘이 작용한 시간의 곱으로, 힘이 미치는 영향을 시간까지 고려한 물리량으로 시간이 중요한 역할을 하는 경우에 사용된다. 이에 대해서 일은 힘과 힘이 작용한 거리의 곱으로, 힘이 미치는 영향을 이동거리까지 고려한 물리량으로 이동거리가 중요한 역할을 하는 경우에 사용된다.

운동량이 물체의 운동상태를 나타내는 물리량의 하나인 것처럼, 운동에너지도 물체의 관성을 나타내는 질량과 운동을 나타내는 속도를 함께 고려한 물리량으로서 물체의 운동상태를 기술하는 하나의 기본적인 물리량이다.

운동량의 변화는 힘의 시간적 축적효과인 충격량에 의하여 결정되는 운동상태의 변화를 나타내는 데 대해서, 운동에너지의 변화는 힘과 힘의 작용에 의하여 물체가 이동한 거리의 곱인 공간적 축적효과를 나타내는 일에 의하여 결정되는 운동상태의 변화를 나타낸다.

따라서 일-에너지 정리 식(4.18)은 **공간적**(x) **입장**에서 본 힘의 작용으로 인한 운동상태의 변화와 그 원인을 나타낸 것이고, 충격량-운동량 정리 식(4.19)는 **시간적**(t) **입장**에서 본 힘의 작용으로 인한 운동상태의 변화와 그 원인과의 관계를 나타낸다(**표 4.1** 참조).

한편 운동량과 충격량은 방향성이 있는데(벡터) 대해서 운동에너지와 일은 그렇지 않다.

또, 운동량 보존법칙은 외부로부터 힘(또는 충격량)을 받지 않는 경우인 데 대해서, 운동에너지가 변하지 않는 것은 외부로부터 일을 받지도 않고 외부에 일을 하지도 않는 경우이다. 곧 두 보존법칙은 외부와 상호작용이 없는 경우에 성립한다.

이 두 기본적인 물리량 사이에는 서로 밀접한 관계가 있다. 운동에너지 식 $K = \frac{1}{2}mv^2$ [J]과 운동량의 식 $\vec{p} = m\vec{v}$ [kg · m/s]에서 속도 $\vec{v}$를 소거하면

$$K = \frac{p^2}{2m} \tag{4.20}$$

를 얻는다. 곧 운동에너지는 운동량의 제곱에 비례한다.

표 4.1 운동상태의 변화와 그 원인

	공간적(x)입장에서 본 힘의 작용(일)	운동의 법칙	시간적(t) 입장에서 본 힘의 작용(충격량)
속 도	$v=\sqrt{2ax}$		$v=at$
가속도		$a=\dfrac{F}{m}$	
운동상태 변화와 원인	$v=\sqrt{2\left(\dfrac{F}{m}\right)x}$ $\therefore\ \dfrac{1}{2}mv^2=Fx:\Delta K=W$ (일-에너지 정리)		$v=\dfrac{F}{m}t$ $\therefore\ mv=Ft:\Delta p=J$ (충격량-운동량 정리)

4.2.3 운동량 보존법칙과 힘마당

운동량 보존법칙은 뉴턴의 운동법칙의 결과로부터 도출된 결론이다. 뉴턴의 운동방정식으로부터 얻어지는 운동량 정리인 식(4.13), (4.14) 및 작용 · 반작용의 법칙의 식(4.15)로부터 식(4.16)이 유도된다. 특히 두 입자 사이에 작용하는 힘이 작용 · 반작용의 법칙을 만족할 때 운동량 보존법칙이 성립한다.

그런데 작용 · 반작용의 법칙을 만족하지 않는 힘도 자연에 존재한다. 그 보기로, 빠른 속도로 운동하고 있는 전하들 사이에 작용하는 힘이나 넘원자 입자들이 매우 빠른 속도로 운동하거나 그들 사이의 힘이 급격히 변하는 경우를 들 수 있다. 이 경우 작용 · 반작용의 법칙은 성립되지 않으나 운동량 보존법칙은 성립하도록 우리의 물리학 체계가 만들어져 있다.

또 다른 보기가 있다. 우주 공간의 어딘가에 때때로 매우 밝은 빛을 내는 것이 있다. 그 중에 **초신성**(supernova)이라는 별이 있는데 그 수명이 매우 짧다. 밝기가 55일마다 반으로 줄어든다. 초신성에서 빛이 지구에 도달하는 데 수백만 년이 걸린다. 따라서 빛이 지구에 도달하기 훨씬 전에 초신성은 타 없어진다. 빛이 지구에 도달하면 빛은 매우 약하지만 우리에게 미는 힘을 미친다. 이 힘의 신호를 받고 곧 바로 그 응답의 힘 신호를 지구가 보낸다고 하더라도 힘 신호가 초신성에 도달할 즈음에는 이미 죽고 없어진 뒤이다. 따라서 우리와 초신성 사이에 작용하는 이 두 힘을 작용, 반작용의 관계라고 볼 하등의 이유가 없다.

그러나 이런 경우에도 운동량의 보존이 성립되게 할 수 있다. 우리가 생각하는 물리계, 또는 대상에 빛도 포함시키면 된다. 별이 빛을 내 쏠 때 별은 빛을 밀어주고(작용) 빛은 별을 도로 밀어준다(반작용). 방출된 빛 중의 일부는 운동량을 지니고 우리 지구로 온다. 수백만 년이 걸려서 도달하면 우리를 밀어주고(작용), 우리도 도로 밀어 준다(반작용). 빛이 흡수되면 빛이 지니고 있던 운동량이 우리에게 전달된다.

한 순간의 별 및 우리 지구의 운동량을 각각 $\vec{p}_A$, $\vec{p}_B$라 하면 별이 빛을 내 쏘기 전, 별과 우리 지구로 된 물리계의 총 운동량은 $\vec{p}_A+\vec{p}_B$이다. 별이 빛을 내쏠 때 이들 사이의 상호작용은 작용·반작용의 법칙을 만족하므로 식(4.17)에 의하여 내 쏜 빛의 운동량을 $\Delta\vec{p}$라 하면 별의 운동량은 $\vec{p}_A-\Delta\vec{p}$이 된다. 우리에게 도달한 빛과 우리 지구와의 상호작용도 역시 작용·반작용의 법칙을 만족하여 식(4.17)에 의하여 빛은 우리 지구에 흡수되어 운동량이 감소되어 0이 되고 우리의 운동량은 $\Delta\vec{p}$만큼 증가되어 $\vec{p}_B+\Delta\vec{p}$가 된다. 결과적으로, 별로부터 운동량 $\Delta\vec{p}$가 우리에게 전달되었다. 따라서 총 운동량은

$$(\vec{p}_A-\Delta\vec{p})+(\vec{p}_B+\Delta\vec{p})=\vec{p}_A+\vec{p}_B$$

가 되어 보존된다.

그러나 빛이 우리에게 도달하기 전 수백만 년 동안 별 및 우리 지구의 운동량은 각각 $\vec{p}_A-\Delta\vec{p}$, $\vec{p}_B$이 되어 총 운동량은 $\vec{p}_A-\Delta\vec{p}+\vec{p}_B$이다. 따라서 총 운동량은 빛의 운동량 $\Delta\vec{p}$만큼 차이가 난다. 곧 운동량이 보존되지 않는다. 이 경우 운동량 보존법칙을 만족시킬 수 있는 방법이 있다. 빛도 별과 지구의 물리계에 포함시키면 운동량은 항상 보존된다.

이러한 해석은 인라인 스케이트를 탄 한 남성 A와 한 여성 B가 농구공을 서로 던져 주고받는 경우를 생각하면 쉽게 이해된다(**그림 4.5**). 남성 A가 농구공을 여성 B에게 던질 때, 공과 남성 A 사이의 상호작용에는 작용·반작용의 법칙이 성립하고 따라서 운동량이 보존된다. 남성 A가 공을 던질 때 $\Delta\vec{p}$의 운동량을 공에 주면 남성 A는 $-\Delta\vec{p}$의 운동량을 받는다. 곧 남성 A의 운동량이 감소한다. 던져진 공을 여성 B가 받으면 공의 운동량이 사라지고 여성 B의 운동량은 그만큼 증가한다. 이것은 공과 여성 B 사이의 상호작용으로 인한 것으로 이들 사이에는 작용·반작용의 법칙이 성립하고, 따라서 운동량이 보존되기 때문이다. 결과적으로 상호작용

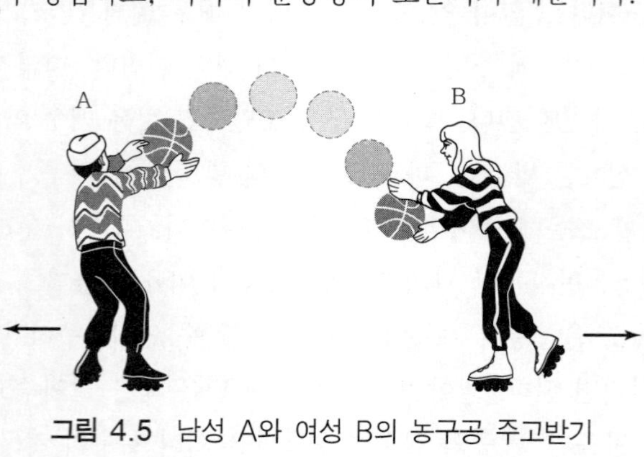

그림 4.5 남성 A와 여성 B의 농구공 주고받기

하는 남성 A와 여성 B 사이에 운동량이 $\Delta\vec{p}$ 만큼 전달된 셈이다. 이것의 역 과정도 성립한다. 여성 B가 남성 A에게 공을 던지는 경우에도 똑같은 해석을 할 수 있다. 곧

상호작용할 때 운동량이 서로 교환된다.

남성 A가 공을 던지기 전 두 사람의 총운동량은 여성 B가 공을 받은 후 두 사람의 총 운동량과 같다. 곧 남성 A와 여성 B로 된 물리계의 운동량이 보존된다. 농구공이 공중에 떠 있는 동안에는 운동량이 보존되지 않는다. 그러나 이 고립된 물리계에 농구공까지 포함시키면 운동량은 항상 보존된다.

남성 A와 여성 B 사이의 농구공 던지기는 초신성과 우리 지구 사이의 '빛 알갱이' 전달의 모형이 될 수 있다. 실제로는 빛은 공이 아니다. 공은 받으면 없어지지 않지만 빛은 아예 보이지도 않고 흡수되면서 사라진다. 이 모형을 문자 그대로 받아들여서는 안 된다. "상호작용에서 운동량이 서로 교환"되는 현상을 설명하는 모형으로만 받아들여야 한다.

그렇지만 빛의 방출이나 흡수현상을 면밀히 조사해보면, 물질 입자(농구공)뿐만 아니라 빛도 운동량을 나르고 있다는 생각이 모순이 없는 올바른 해석임을 알 수 있다. 따라서 운동량 보존법칙을 물질입자에 의해서만 운동량이 운반되는 상호작용에 한정할 것이 아니라 그 이외의 상호작용에까지 확장할 수 있고, 실은 그렇게 하여야 한다. 곧 복사형태로 공간 속에서 전파되는 운동량도 포함시켜야 한다.

이와 같이, 두 입자 사이의 상호작용이 작용·반작용의 법칙이 성립한다고 보기 어려운 경우에라도 운동량이 전파되어 가는 공간까지 포함시키면 운동량 보존법칙은 성립된다. 이 공간을 **힘마당**(force field)이라 한다. 이 힘마당은 상호작용의 특성, 곧 두 입자 사이에 작용하는 힘의 특성에 의하여 특징 지워진다. 힘마당이라는 개념의 도입으로 뉴턴의 운동법칙이 적용되지 않는 영역에서도 운동량 보존법칙이 성립할 수 있도록 물리학 체계가 이루어지게 된다. 그러나 작용·반작용의 법칙이 항상 성립하도록 물리학 체계가 형성되어 있지는 않다.

4.2.4 갈릴레이 불변성과 운동량의 보존

앞에서 상호작용하는 힘이 작용·반작용의 법칙을 만족하는 경우에 운동량 보존법칙이 성립됨을 보였으나, 이 상호작용의 법칙에 관계없이 에너지 보존법칙 및 갈릴레이 불변성을 가정하면 운동량 보존법칙을 유도할 수 있다.

기준틀 S에서 고립계의 두 입자 A, B가 상호작용(예를 들면 충돌) 전, 후의 속도를 각각

$\{\vec{u}_A, \vec{u}_B\}$, $\{\vec{v}_A, \vec{v}_B\}$라 하고, 상호작용 전, 후의 위치가 멀리 떨어져 있어서, 처음과 나중 상태에서 상호작용이 없다고 하자. 처음 총 운동에너지 K는

$$K=\frac{1}{2}m_A u_A^2+\frac{1}{2}m_B u_B^2$$

이고 나중 총 운동에너지 T는

$$T=\frac{1}{2}m_A v_A^2+\frac{1}{2}m_B v_B^2$$

이다. 상호작용으로 인하여 생기는 이 물리계의 운동에너지의 변화를 Q라 하고

$$Q=T-K \tag{4.21}$$

로 정의하면 에너지 보존법칙에 의하여

$$\frac{1}{2}m_A u_A^2+\frac{1}{2}m_B u_B^2+Q=\frac{1}{2}m_A v_A^2+\frac{1}{2}m_B v_B^2 \tag{4.22}$$

를 얻는다.

한편, 기준틀 S에 대해서 일정한 속도 $\vec{v}_R$로 상대운동을 하는 다른 기준틀 S′에서 두 입자 A, B의 상호작용을 볼 때 상호작용 전, 후의 속도를 각각 $\{\vec{u}_A', \vec{u}_B'\}$, $\{\vec{v}_A', \vec{v}_B'\}$이라 하면

$$\vec{u}_i'=\vec{u}_i-\vec{v}_R,\quad \vec{v}_i'=\vec{v}_i-\vec{v}_R\ \ (i=A,\ B) \tag{4.23}$$

로 주어진다. 이것은 바로 속도벡터의 갈릴레이 변환이다(식(1.92) 참조). 기준틀 S′에서 에너지 보존법칙은

$$v_B'\ \frac{1}{2}m_A u_A'^2+\frac{1}{2}m_B u_B'^2+Q=\frac{1}{2}m_A v_A'^2+\frac{1}{2}m_B v_B'^2 \tag{4.24}$$

으로 표현된다. 여기서 Q는 기준틀 S에서와 같은 값이다.

갈릴레이 불변성에 의하면 기준틀 S에서 에너지가 보존되면 기준틀 S′에서도 에너지가 보존되어야 한다. 따라서 갈릴레이 불변성에 의하여 식(4.22)가 성립하면 식(4.24)도 성립한다. 곧 이 두 식은 갈릴레이 변환 식(4.23)에 대해서 동등해야 한다.

식(4.23)을 식(4.24)에 대입하고,

$$\begin{aligned} u_i'^2 &=(\vec{u}_i-\vec{v}_R)\cdot(\vec{u}_i-\vec{v}_R) \\ &=\vec{u}_i\cdot\vec{u}_i-2\vec{u}_i\cdot\vec{v}_R+\vec{v}_R\cdot\vec{v}_R \\ &=u_i^2+v_R^2-2\vec{u}_i\cdot\vec{v}_R \end{aligned}$$

$$v_i'^2 = (\vec{v}_i - \vec{v}_R)\cdot(\vec{v}_i - \vec{v}_R)$$
$$= v_i^2 + v_R^2 - 2\vec{v}_i\cdot\vec{v}_R$$

임을 고려하면 식(4.24)는

$$\frac{1}{2}m_A u_A^2 + \frac{1}{2}m_B u_B^2 + Q + \frac{1}{2}(m_A + m_B)v_R^2 + (m_A\vec{u}_A + m_B\vec{u}_B)\cdot\vec{v}_R$$
$$= \frac{1}{2}m_A v_A^2 + \frac{1}{2}m_B v_B^2 + \frac{1}{2}(m_A + m_B)v_R^2 + (m_A\vec{v}_A + m_B\vec{v}_B)\cdot\vec{v}_R$$

가 되어, 양변의 v_R^2항은 서로 상쇄된다. 따라서 양변의 $\vec{v}_R$의 항이 서로 같으면 바로 식(4.22)가 된다. 곧 에너지 보존에 대한 갈릴레이 불변성이 성립하려면

$$(m_A\vec{u}_A + m_B\vec{u}_B)\cdot\vec{v}_R = (m_A\vec{v}_A + m_B\vec{v}_B)\cdot\vec{v}_R$$

이라야 한다. 여기서 $\vec{v}_R$는 임의의 벡터이다. 따라서 이 관계식이 항상 성립하자면

$$m_A\vec{u}_A + m_B\vec{u}_B = m_A\vec{v}_A + m_B\vec{v}_B \tag{4.25}$$

를 얻는다. 이것은 운동량이 상호작용 전, 후에 보존된다는 것을 뜻한다.

예제 4.6 갈릴레이 불변성

한 기준틀 S에 정지해 있는 입자 B에 입자 A가 속도 u_A로 달려와서 충돌하여 한 덩어리가 되어 같은 직선상으로 튕겨 나갔다. 두 입자의 질량이 서로 같다.

① 한 덩어리가 된 후 속도를 구하라.

② 충돌로 인한 운동에너지의 변화를 구하라.

③ 다른 기준틀 S′에서 이 현상을 보니, 두 입자가 같은 속도로 같은 직선상에서 접근하여 한 덩어리가 되었다. 이 기준틀의 기준틀 S에 대한 상대속도를 구하라. 이 기준틀에서 Q값을 구하고 ②의 결과와 비교하여 보라.

풀이 ① 질량을 m, 한 덩어리가 된 후의 속도를 v_{AB}라 하면, 한 덩어리가 되기 전, 후에 운동량이 보존되므로

$$m u_A = 2m v_{AB} \quad \therefore\ v_{AB} = \frac{u_A}{2}$$

이다. 곧 처음 속도의 반이다.

② 처음 운동에너지는

$$K = \frac{1}{2}m u_A^2$$

이고, 나중 운동에너지는

$$T=\frac{1}{2}(2m)\,v_{\mathrm{AB}}^2=\frac{1}{2}(2m)\left(\frac{u_{\mathrm{A}}}{2}\right)^2=\frac{1}{4}\,m\,u_{\mathrm{A}}^2$$

이다. 따라서 운동에너지의 변화 Q는

$$Q=T-K=\frac{1}{4}\,m\,u_{\mathrm{A}}^2-\frac{1}{2}\,m\,u_{\mathrm{A}}^2=-\frac{1}{4}\,m\,u_{\mathrm{A}}^2$$

가 된다. 곧 감소했다. 이런 현상을 **흡열적**(endoergic)이라 한다. 이 에너지는 대개 물리계의 내부에너지로 전환된다.

③ 기준틀 S′의 기준틀 S에 대한 상대속도를 v_{R}, 입자 A의 운동 방향을 양(+)으로 택하면, 기준틀 S′에서 처음 속도 u_{A}', u_{B}'는 각각

$$u_{\mathrm{A}}'=u_{\mathrm{A}}-v_{\mathrm{R}},\quad u_{\mathrm{B}}'=0-v_{\mathrm{R}}$$

인데, $u_{\mathrm{A}}'=-u_{\mathrm{B}}'$ 또는 $u_{\mathrm{A}}'+u_{\mathrm{B}}'=0$이므로

$$0=u_{\mathrm{A}}'+u_{\mathrm{B}}'=(u_{\mathrm{A}}-v_{\mathrm{R}})+(-v_{\mathrm{R}})=u_{\mathrm{A}}-2v_{\mathrm{R}}\quad\therefore\ v_{\mathrm{R}}=\frac{u_{\mathrm{A}}}{2}$$

이다.

따라서 기준틀 S′에서 처음 속도는 각각

$$u_{\mathrm{A}}'=\frac{u_{\mathrm{A}}}{2},\quad u_{\mathrm{B}}'=-\frac{u_{\mathrm{A}}}{2}$$

이므로 충돌 전 운동량이

$$m\,u_{\mathrm{A}}'+m\,u_{\mathrm{B}}'=m\left(\frac{u_{\mathrm{A}}}{2}\right)+m\left(-\frac{u_{\mathrm{A}}}{2}\right)=0$$

이므로, 운동량 보존법칙에 의하여, 충돌 후 한 덩어리가 되었을 때 운동량도 0이어야 하므로 한 덩어리가 된 후 속도 v_{AB}'은 $v_{\mathrm{AB}}'=0$이다.

처음 운동에너지는

$$K'=\frac{1}{2}\,m\left(\frac{u_{\mathrm{A}}}{2}\right)^2+\frac{1}{2}\,m\left(-\frac{u_{\mathrm{A}}}{2}\right)^2=\frac{1}{4}\,mu_{\mathrm{A}}^2$$

이고 나중 운동에너지는

$$T'=0$$

이다. 따라서 운동에너지의 변화 Q'은

$$Q'=T'-K'=0-\frac{1}{4}\,m\,u_{\mathrm{A}}^2=-\frac{1}{4}\,m\,u_{\mathrm{A}}^2$$

이다. ②의 결과와 같다. 곧 모든 관성기준틀에서 같은 값을 갖는다. 이것은 에너지에 대한 갈릴레이 불변성을 나타낸다(식(4.21)과 식(4.23) 참조).

4.3 충돌 문제

두 물체 또는 두 입자가 서로 접근할 때 상호작용은 상대 입자의 운동상태를 변화시킨다. 이때 운동량 및 에너지의 교환이 일어난다(식(4.20) 참조). 이런 현상을 일반적으로 **충돌**(collision)이라 한다. 골프 공과 골프채, 야구공과 야구방망이, 테니스공과 테니스라켓 사이의 상호작용(A + B → A + B의 꼴)과 같이 두 물체가 접촉하여 운동상태의 변화를 일으키는 경우 외에, 두 전하나 두 자석 사이의 상호작용처럼 접촉하지 않고 상대방의 운동상태를 변화시키는 경우도 있다. 뒤의 경우를 **산란**(scattering)이라 하기도 한다. 충돌현상 중에는 때때로 충돌 전, 후에 입자나 역학계가 변하는 경우도 있다(A + B→ C + D 또는 A + B→C의 꼴). 이런 경우를 앞의 경우와 구별하여 **반응**(reaction)이라 하기도 한다. 양성자와 전자가 충돌하여 수소원자를 이루는 경우나 각종 화학적 변화나 원자핵 반응은 이런 경우에 속한다. 또, 한 입자가 여러 개의 입자로 분해 또는 분리되는 충돌현상(A→B + C의 꼴)을 특히 **붕괴**(disintegration)라 한다.

충돌현상 또는 산란현상은 원자세계나 넘원자 세계(subatomic world)를 관찰하는 중요한 방법이다. 예를 들면, 원자나 원자핵과 같은 넘원자에 중성자와 같은 소립자를 쏘아서 그 충돌 결과를 분석하여 원자나 원자핵의 구조를 알아낸다. 이것은 미생물을 관찰할 때 광학현미경에서 대상물에 빛을 쏘아주고, 전자현미경에서 전자를 쏘아 주어서 나타나는 결과를 분석하는 것과 같다.

이런 충돌 문제를 직선상에서만 일어나는 일차원충돌에 대해서 먼저 살펴본 다음, 일차원에서 얻은 개념을 확장하여 평면에서 일어나는 이차원충돌 문제를 해결하는 방법을 살펴본다.

4.3.1 일차원충돌

그림 4.6과 같이 질량이 각각 m_{A}, m_{B}인 구슬 A, B가 직선상에서 운동하다가 충돌 한 뒤에도 같은 직선상에서 운동한다고 하자(A + B→ A + B의 꼴). 이런 충돌을 **일차원충돌**(one-dimensional collision)이라 한다. 충돌 전, 후의 두 구슬의 속도를 각각 $\{u_{\mathrm{A}}, u_{\mathrm{B}}\}$ $(u_{\mathrm{A}} > u_{\mathrm{B}})$, $\{v_{\mathrm{A}}, v_{\mathrm{B}}\}$$(v_{\mathrm{A}} < v_{\mathrm{B}})$라 하자. 이 충돌 문제에 관여하는 매개변수는 모두 6개이다. 곧 질량$\{m_{\mathrm{A}}, m_{\mathrm{B}}\}$ 및 속도$\{u_{\mathrm{A}}, u_{\mathrm{B}}, v_{\mathrm{A}}, v_{\mathrm{B}}\}$이다. 따라서 이들 총 6개의 매개변수 사이의 관계를 나타내는 정보 또는 조건이 6개는 있어야 충돌 문제를 풀 수 있다. 이들 6개 정보 또는 조건을 나타내는 매개변수들 사이의 관계식이 주어지면 이들을 연립하여 풀면 된다.

이들 정보 중 가장 중요한 것은 운동량 보존법칙이다. 이것은 충돌의 경우 항상 성립하기

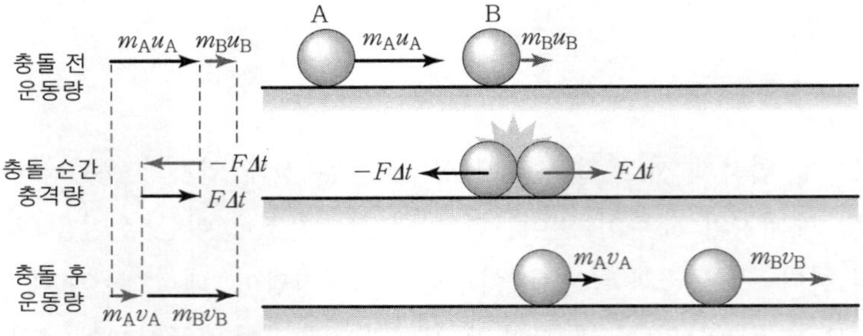

그림 4.6 직선상에서 두 구슬의 충돌

때문이다. 이로부터 얻어지는 관계식은

$$\text{운동량의 보존}: m_A u_A + m_B u_B = m_A v_A + m_B v_B \tag{4.26}$$

이다. 충돌하는 순간 서로 접촉하는 시간 Δt[s] 동안에 구슬 A가 구슬 B에 작용한 힘을 F라 하면 구슬 A가 구슬 B로부터 받은 힘은 $-F$이다. 이 힘은 충돌의 경우 너무 커서, 두 구슬로 된 물리계 바깥으로부터 받는 어떤 힘(예를 들면 중력이나 마찰력)도 이 힘에 비해서 무시할 수 있다. 그래서 이 물리계는 고립계라고 볼 수 있다(충격량 어림). 이외의 나머지 정보는 충돌 문제 자체에서 주어진다. 만일 충돌에 관여한 입자의 질량을 모두(2개) 알고, 충돌 전 두 입자의 속도(2개) 및 충돌 후 한 입자의 속도(1개)를 알고 있다면, 이미 문제에서 주어진 정보가 5개이다. 따라서 운동량의 보존을 나타내는 방정식(4.26)만으로 문제가 해결된다.

예를 들면, **예제 4.4**의 경우는 두 수레의 충돌 문제이다. 이 문제에서 이미 알고 있는 매개변수는 4개$\{m_A, m_B, u_A, u_B\}$이다. 곧 4개의 관계식

$$m_A = 3.0\,\text{kg},\ m_B = 2.0\,\text{kg},\ u_A = 3.0\,\text{m/s},\ u_B = 4.0\,\text{m/s}$$

가 주어졌다. 아직 조건식이 부족하다. 그런데 충돌상태(a)의 경우에는 충돌 모양, 곧 "한 덩어리가 되었다"는 조건식

$$v_A = v_B$$

가 주어져 총 5개의 조건식이 주어진 셈이므로, 운동량 보존의 식(4.26)까지 고려하면 총 6개의 조건식이 주어져 이들을 연립하면 문제가 풀린다. 이 문제에서 5개의 조건식이 주어졌다는 것은 구해야 할 미지의 매개변수가 1개뿐이라는 뜻이다. 따라서 운동량 보존의 식 1개만으로 문제는 해결된다. 충돌상태(b)의 경우에도 마찬가지다.

○ 충돌의 분류

예제 4.4의 충돌상태(a), (b)에서와 같은 정보 대신에 에너지에 대한 정보가 주어지는 경

우가 많다. 충돌로 인한 운동에너지의 변화를 Q*로 나타내고

$$Q = (\text{충돌 후 총운동에너지}) - (\text{충돌 전 총운동에너지})$$
$$= T - K$$

로 정의하면(식(4.21) 참조), 충돌에 관한 새로운 에너지 정보 또는 조건식

$$\text{에너지의 보존} : \frac{1}{2}m_{\mathrm{A}}u_{\mathrm{A}}^2 + \frac{1}{2}m_{\mathrm{B}}u_{\mathrm{B}}^2 + Q = \frac{1}{2}m_{\mathrm{A}}v_{\mathrm{A}}^2 + \frac{1}{2}m_{\mathrm{B}}v_{\mathrm{B}}^2 \qquad (4.27)$$

를 얻는다. 여기서 Q값은 $Q>0$, $Q=0$, $Q<0$의 세 가지 값을 가질 수 있다. $Q=0$인 경우, 곧 충돌 전후의 운동에너지가 같은 경우(운동에너지의 보존) **탄성충돌**(elastic collision)이라 하고, 그렇지 않은 경우($Q \neq 0$), 곧 운동에너지가 충돌에서 보존되지 않는 경우($K \neq T$) **비탄성충돌**(inelastic collision)이라 한다. 그 중에서 $Q>0$인 경우에는 운동에너지가 충돌로 인하여 증가($K<T$)하므로 **발열적**(exoergic), 반대로 $Q<0$인 경우에는 운동에너지가 감소($K>T$)하므로 **흡열적**(endoergic)이라 한다.

예제 4.7 두 수레의 충돌

질량이 1.60 kg, 2.10 kg인 두 수레 A, B가 각각 4.00 m/s, 2.50 m/s의 속도로 매끄러운 수평면의 일직선상에서 접근하고 있다. **그림 4.7**과 같이 수레 B에는 힘상수가 600 N/m인 가벼운 용수철 완충기(bumper)가 달려 있다.

① 수레 A의 속도가 충돌로 3.00 m/s의 속도가 되는 순간 수레 B의 속도는 얼마인가?
② 이 순간 용수철이 압축된 길이는 얼마인가?

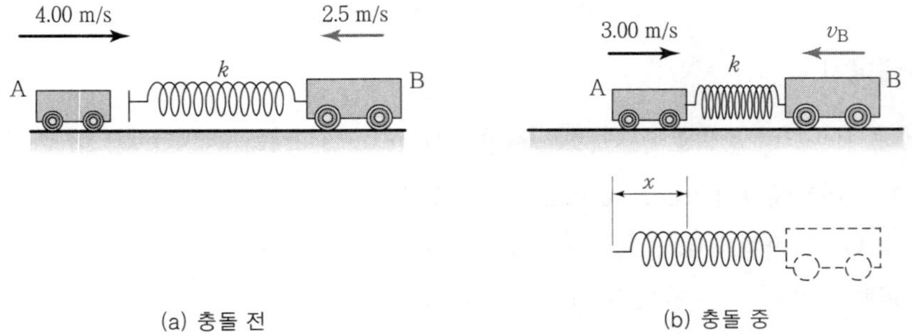

그림 4.7 두 수레의 충돌

풀이 | 두 수레 사이에 작용하는 탄성력은 속힘(내력)이므로 이 충돌에서 운동량 보존법칙이 성립한다. 두 수레 사이의 용수철 완충기 때문에 충돌 전 운동에너지 중 용수철을 압축하는 데 쓰이고 나머

---

* Q는 충돌의 형태에 따라서 이름이 붙여지기도 한다. 예를 들면 반응의 경우에는 반응에너지(reaction energy), 붕괴의 경우에는 붕괴에너지(disintegration energy)라 부르기도 한다.

지 에너지가 충돌 후 수레의 운동에너지가 된다. 따라서 충돌 후 운동에너지가 감소한다. 곧 $Q<0$의 흡열적이다. 수레 A의 처음 운동 방향을 양(+)으로 택한다.

① 운동량의 보존 식(4.26)에 의하여

$$(1.60\,\text{kg})\times(4.00\,\text{m/s})+(2.10\,\text{kg})\times(-2.50\,\text{m/s})$$
$$=(1.60\,\text{kg})\times(3.00\,\text{m/s})+(2.10\,\text{kg})\,v_\text{B}$$
$$\therefore\quad v_\text{B}=-1.738\,\text{m/s}$$

이다. 곧 수레 B는 1.74m/s로 왼쪽으로 움직인다.

② 용수철이 압축된 길이를 x라 하면 용수철에 저장된 에너지가 $\frac{1}{2}kx^2$이므로, 충돌로 인한 운동에너지의 변화는

$$Q=T-K=-\frac{1}{2}kx^2$$

이다. 따라서 에너지 보존의 식(4.27)은

$$\frac{1}{2}m_\text{A}u_\text{A}^2+\frac{1}{2}m_\text{B}u_\text{B}^2=\frac{1}{2}m_\text{A}v_\text{A}^2+\frac{1}{2}m_\text{B}v_\text{B}^2+\left(\frac{1}{2}kx^2\right)$$

가 된다. 따라서 압축된 길이 x는

$$x=\sqrt{\frac{m_\text{A}(u_\text{A}^2-v_\text{A}^2)+m_\text{B}(u_\text{B}^2-v_\text{B}^2)}{k}}$$

인데, 여기에 $m_\text{A}=1.60\,\text{kg}$, $m_\text{B}=2.10\,\text{kg}$, $u_\text{A}=4.00\,\text{m/s}$, $u_\text{B}=-2.50\,\text{m/s}$, $v_\text{A}=3.00\,\text{m/s}$, $v_\text{B}=-1.738\,\text{m/s}$, $k=600\,\text{N/m}$를 대입하여 정리하면 $x=0.1731\,\text{m}$이다. 곧 0.173 m 압축된다.

○ 내부에너지

예제 4.7에서와 같이 충돌로 감소된 운동에너지가 탄성위치에너지로 될 때, 이 탄성위치에너지를 그 역학계의 **내부에너지**(internal energy)라고 한다. 이 충돌은 일반적인 물체 충돌의 모형이라 할 수 있다. 일반적으로 물체는 충돌할 때 용수철 완충기처럼 압축 또는 변형되었다가 다시 탄성에 의하여 원래의 모양으로 되돌아온다(**그림 4.8** 참조). 이 과정에서 운동에너지의 일부가 물체를 변형시키는 일에 쓰이는 외에도 분자들에 흡수되어 분자들이 용수철에 달린 입자처럼 진동하게 된다. 이 에너지 역시 내부에너지이다. 특히 물체를 이루고 있는 분자들의 운동에너지는 물체의 절대온도에 비례하는데, 이 운동에너지가 물체의 열에너지이다.

두 수레의 충돌에서 계속 용수철이 압축되는 동안에는 운동에너지가 계속 감소하고 용수철의 탄성위치에너지(또는 내부에너지)가 계속 증가하나 최대로 압축되고 난 뒤부터는 용수철이 원

래의 형태로 되돌아가면서 탄성위치에너지(또는 내부에너지)가 운동에너지로 전환되어 감소할 것이다. 따라서 감소되었던 운동에너지는 다시 회복하기 시작하고, 탄성위치에너지(또는 내부에너지)는 감소한다. 두 수레가 서로 떨어져 상호작용이 끝나는 순간까지 운동에너지가 모두 회복되면 내부에너지의 변화도 없어지고 충돌 전, 후의 운동에너지가 같아진다. 곧 탄성충돌이 된다. 그렇지 못하고 증가된 탄성위치에너지(또는 내부에너지)의 일부가 아직 남아 있거나, 도리어 증가된 내부에너지보다 더 많은 내부에너지가 운동에너지로 전환되어 운동에너지가 충돌 전, 후에 같지 않을 때 비탄성충돌이 된다. 비탄성 중에서 앞의 경우는 흡열적인 경우($Q<0$)이고, 뒤의 경우는 발열적($Q>0$)이다. 때로는 충돌할 때 물체가 찌그러지면서 소리가 나는 경우 운동에너지의 일부가 소리에너지로 소비되는 경우도 있다. 이것은 흡열적인 경우의 한 보기이다.

이와 같이 충돌에서는 물체의 운동에너지와 역학계의 내부에너지 사이의 에너지전환이 일어난다. 따라서 역학계의 내부에너지의 변화가 일어난다. 그 변화를 ΔU라 하면

$$Q=-\Delta U$$

의 관계가 성립한다.

따라서 식(4.27)은 에너지의 보존

$$\frac{1}{2}m_{\rm A}u_{\rm A}^2+\frac{1}{2}m_{\rm B}u_{\rm B}^2 = \frac{1}{2}m_{\rm A}v_{\rm A}^2+\frac{1}{2}m_{\rm B}v_{\rm B}^2+\Delta U \tag{4.28}$$

의 꼴로 바꾸어 쓸 수도 있다.

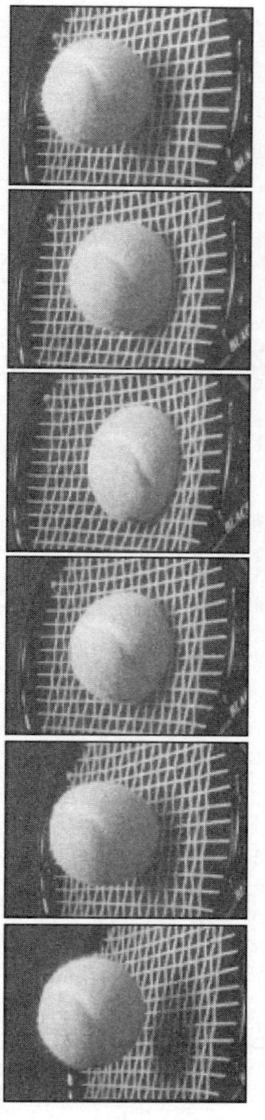

그림 4.8 테니스공과 라켓의 충돌 모양

○ 완전비탄성충돌

충돌로 두 물체가 융합되는 경우, 곧 충돌 후 두 물체의 속도가 같아져

$$v_{\rm A}=v_{\rm B}=v$$

인 경우, 운동량의 보존식(4.26)에 의하여 융합된 두 물체의 속도 v는

$$m_{\rm A}u_{\rm A}+m_{\rm B}u_{\rm B}=(m_{\rm A}+m_{\rm B})v$$

$$\therefore\ v = \frac{m_A u_A + m_B u_B}{m_A + m_B} \tag{4.29}$$

로 주어진다.

문제를 간단히 하기 위하여 $u_B = 0$라면

$$v = \frac{m_A u_A}{m_A + m_B}$$

가 된다. 이 경우 충돌 전 운동에너지는

$$K = \frac{1}{2} m_A u_A^2$$

이고, 충돌 후에는

$$T = \frac{1}{2}(m_A + m_B)v^2 = \frac{1}{2}(m_A + m_B)\left(\frac{m_A u_A}{m_A + m_B}\right)^2$$
$$= \frac{1}{2} m_A u_A^2 \left(\frac{m_A}{m_A + m_B}\right)$$

이다. 따라서 $K > T$이므로 $Q < 0$이다. 처음 운동에너지의 일부가 내부에너지나 다른 에너지로 변환되어 사라진다. 두 물체가 한덩어리가 되는 충돌은 비탄성충돌인데 특히 이런 비탄성충돌을 **완전비탄성충돌**(perfect inelastic collision)이라 한다.

예제 4.8 탄동흔들이

그림 4.9와 같은 나무토막 흔들이로 총알과 같은 투사체의 속도를 측정할 수 있다. 이런 장치를 **탄동흔들이**(ballistic pendulum)라 한다. 질량 m[kg]의 총알이 날아와서 흔들이처럼 실에 매달려 정지해 있는 질량 M[kg]의 나무토막에 박힌 채 홑흔들이와 같은 운동을 하여 최고 연직 높이 h[m]까지 올라갔다.

① 총알이 박힌 채 나무토막이 움직이기 시작하는 속도는 총알의 발사속도의 몇 배인가?

② 총알의 발사속도 u를 구하라.

③ 총알이 나무토막에 박힘으로서 운동에너지는 감소하는지 증가하는지를 밝혀라. 그 변화량은 처음 총알 운동에너지의 몇 배인가?

풀이 | ① 총알 및 탄동흔들이로 된 물리계는 외떨어진 물리계라고 어림할 수 있다. 총알과 나무토막 사이에 작용하는 힘에 비교해서 다른 바깥힘(공기의 저항 또는 흔들이에 작용하는 마찰력 등)등을 무시할 수 있을 정도이기 때문이다. 따라서 총알이 나무토막에 박히기 전, 후의 총 운동량은 서로 같다. 곧 운동량이 보존된다.

총알이 박힌 채 나무토막이 흔들리기 시작하는 순간의 속도를 v라 하면 총알이 박힌 후의 총 운동량은 $(m+M)v$ [kg · m/s]이다. 이것은 총알이 박히기 전 총 운동량인 총알의 운동량

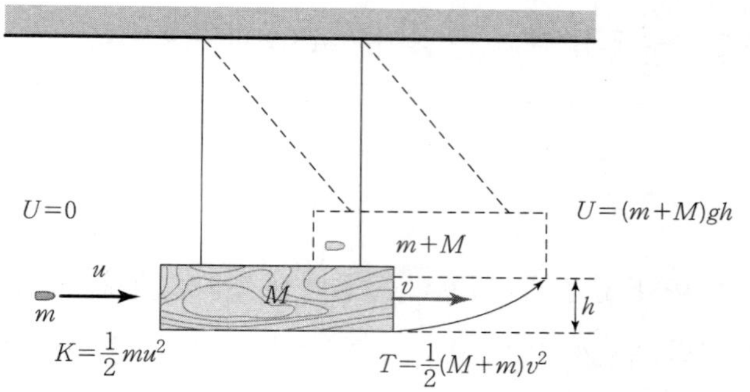

그림 4.9 탄동흔들이

mu[kg · m/s]와 같아야 한다. 곧 운동량 보존법칙에 의하여

$$(m+M)v=mu \qquad \therefore \ \frac{v}{u}=\frac{m}{m+M}$$

이다. 곧 총알 발사속도의 $\frac{m}{m+M}$ 배이다.

② 총알이 나무토막에 박힌 채 흔들리기 시작할 때 중력만이 작용하므로 역학적 에너지가 보존된다. 곧 역학적 에너지 보존법칙을 적용할 수 있다. 물론 총알이 나무토막과 상호작용을 하는 동안에는 역학적 에너지가 보존되지 않는다.

처음 흔들리기 시작하는 순간의 역학적 에너지 E_{i}는, 이 점을 중력위치에너지의 기준점으로 하면, 운동에너지 T와 같다. 곧

$$\begin{aligned} E_{\mathrm{i}} &= T=\frac{1}{2}(m+M)v^2 \\ &=\frac{1}{2}(m+M)\left(\frac{mu}{m+M}\right)^2 \\ &=\frac{1}{2}\frac{(mu)^2}{m+M} \end{aligned} \tag{4.30}$$

이고, 최고 높이에서 역학적 에너지 E_{f}는 그 점에서의 중력위치에너지와 같으므로

$$E_{\mathrm{f}}=U=(m+M)gh$$

이다. 따라서 총알의 처음 발사 속도 u는 에너지 보존법칙에 의하여

$$\frac{1}{2}\frac{(mu)^2}{m+M}=(m+M)gh \quad \therefore \ u=\left(1+\frac{M}{m}\right)\sqrt{2gh}$$

로 주어진다.

③ 식(4.30)으로부터 총알이 나무토막에 박힌 후 운동에너지 T는

$$T=\frac{1}{2}\frac{(mu)^2}{m+M}=\frac{1}{2}mu^2\left(\frac{m}{m+M}\right)$$

이므로, 운동에너지의 감소량은

$$Q=T-K=\frac{1}{2}mu^2\left(\frac{m}{m+M}\right)-\frac{1}{2}mu^2=-\frac{1}{2}mu^2\left(\frac{M}{m+M}\right)$$

이다. 곧 총알 운동에너지의 $\frac{M}{m+M}$ 배가 감소한다.

○ 탄성충돌

그림 4.6에서 보는 바와 같은 두 물체의 충돌에서 4개의 매개변수 $\{m_{\mathrm{A}}, m_{\mathrm{B}}, u_{\mathrm{A}}, u_{\mathrm{B}}\}$가 문제 자체에서 주어지면 두 개의 보존 식(4.26) 및 식(4.27)을 이용하면 충돌 후의 속도 $\{v_{\mathrm{A}}, v_{\mathrm{B}}\}$를 구할 수 있다.

그림 4.6에서와 같이 직선상에서 속도 u_{A}, u_{B}로 각각 운동하는 질량 m_{A}, m_{B}의 두 구슬 A, B가 탄성충돌할 때 충돌 후의 속도 v_{A}, v_{B}를 구해보자.

탄성충돌의 경우 $Q=0$이므로 충돌 전, 후의 운동에너지가 서로 같다. 따라서 이 문제는

$$\text{운동량의 보존} : m_{\mathrm{A}} u_{\mathrm{A}} + m_{\mathrm{B}} u_{\mathrm{B}} = m_{\mathrm{A}} v_{\mathrm{A}} + m_{\mathrm{B}} v_{\mathrm{B}} \tag{4.26}$$

$$\text{에너지의 보존} : \frac{1}{2} m_{\mathrm{A}} u_{\mathrm{A}}^2 + \frac{1}{2} m_{\mathrm{B}} u_{\mathrm{B}}^2 = \frac{1}{2} m_{\mathrm{A}} v_{\mathrm{A}}^2 + \frac{1}{2} m_{\mathrm{B}} v_{\mathrm{B}}^2 \tag{4.31}$$

을 연립하여 풀면 속도 v_{A}, v_{B}를 얻을 수 있다. 먼저 속도의 이차식인 식(4.31)을 정리하면

$$m_{\mathrm{A}}(v_{\mathrm{A}}^2 - u_{\mathrm{A}}^2) = -m_{\mathrm{B}}(v_{\mathrm{B}}^2 - u_{\mathrm{B}}^2)$$

가 되고, 더 나아가서 인수분해를 하면

$$m_{\mathrm{A}}(v_{\mathrm{A}} + u_{\mathrm{A}})(v_{\mathrm{A}} - u_{\mathrm{A}}) = -m_{\mathrm{B}}(v_{\mathrm{B}} + u_{\mathrm{B}})(v_{\mathrm{B}} - u_{\mathrm{B}})$$

가 된다. 따라서 이 식과 식(4.26)을 연립하여 풀면 된다. 그러기 위해서 식(4.26)을 정리하면

$$m_{\mathrm{A}}(v_{\mathrm{A}} - u_{\mathrm{A}}) = -m_{\mathrm{B}}(v_{\mathrm{B}} - u_{\mathrm{B}})$$

가 된다. 위의 두 식을 연립하면

$$v_{\mathrm{A}} + u_{\mathrm{A}} = v_{\mathrm{B}} + u_{\mathrm{B}} \quad \text{또는} \quad v_{\mathrm{A}} - v_{\mathrm{B}} = -(u_{\mathrm{A}} - u_{\mathrm{B}}) \tag{4.32}$$

가 된다. 식(4.32)와 운동량 보존의 식(4.26)을 연립하여 풀면

$$v_{\mathrm{A}} = \frac{m_{\mathrm{A}} - m_{\mathrm{B}}}{m_{\mathrm{A}} + m_{\mathrm{B}}} u_{\mathrm{A}} + \frac{2m_{\mathrm{B}}}{m_{\mathrm{A}} + m_{\mathrm{B}}} u_{\mathrm{B}},$$

$$v_{\mathrm{B}} = \frac{2m_{\mathrm{A}}}{m_{\mathrm{A}} + m_{\mathrm{B}}} u_{\mathrm{A}} + \frac{m_{\mathrm{B}} - m_{\mathrm{A}}}{m_{\mathrm{A}} + m_{\mathrm{B}}} u_{\mathrm{B}}$$

를 얻는다. 이 결과를 아래와 같은 특수한 경우에 대해서 살펴보자.

① 물체 B가 정지해 있는 경우 : 이 경우 $u_B = 0$이므로

$$v_A = \frac{m_A - m_B}{m_A + m_B} u_A, \quad v_B = \frac{2m_A}{m_A + m_B} u_A \tag{4.33}$$

이다.

② 과녁물체 B가 정지해 있고 질량이 서로 같은 경우 : 이 경우 $u_B = 0$, $m_A = m_B$이므로

$$v_A = 0, \quad v_B = u_A$$

가 된다.

③ 정지해 있는 과녁물체 B의 질량이 매우 큰 경우 : 이 경우 질량이 $m_A \ll m_B$이면 식(4.33)으로부터

$$v_A \cong -u_A, \quad v_B \cong \frac{2m_A}{m_B} u_A \to 0 \tag{4.34}$$

이다. 이것은 탁구공이 큰 바위 돌에 충돌한 경우에 해당된다. 곧 탁구공과 바위가 탄성충돌하면, 탁구공은 바위 돌에 대해서 입사할 때와 같은 빠르기로 튕겨 나온다.

④ 정지해 있는 과녁물체 B의 질량이 매우 작은 경우 : 이 경우 $m_A \gg m_B$이면 식(4.33)으로부터

$$v_A \cong u_A, \quad v_B \cong 2u_A \tag{4.35}$$

이다. 이것은 무거운 쇠공이 달려와서 정지해 있는 탁구공과 충돌하는 하는 경우이다. 쇠공은 충돌로 그 운동에 아무런 변화가 없으나, 탁구공은 돌진해 오는 쇠공 속도의 2배의 빠르기로 정지상태에서 튕겨 나온다.

이것은 식(4.34)의 결과를 고려하면 쉽게 이해할 수 있다. 이 경우, 쇠공에 대한 탁구공의 상대속도는 $-u_A$이다. 따라서 이 문제는 정지해 있는 쇠공에 탁구공이 $-u_A$의 속도로 달려와서 탄성충돌하는 경우와 같다. 이 경우 탁구공의 튕겨 나가는 속도는, 식(4.34)에 의하여, u_A이다. 곧 탁구공 B의 충돌 후 쇠공 A에 대한 상대속도는 $v_{B/A} \equiv v_B - v_A$인데, 여기서 $v_{B/A} = u_A$이고, 속도 u_A로 달려오는 쇠공의 충돌 후 속도도 u_A이므로 $v_A = u_A$이다. 따라서 탁구공의 충돌 후 속도 v_B는 $v_B = v_{B/A} + v_A = 2u_A$가 된다.

예제 4.9 원자로의 감속제

원자로에서 속도가 10^3 m/s 정도의 "느린 중성자"가 우라늄235 원자핵($^{235}_{92}U$)에 충돌(흡수)되어 우라늄 원자핵이 분열할 때 속도가 10^7 m/s정도나 되는 매우 "빠른 중성자"가 생성된다.* 이

중성자가 다시 다른 우라늄 원자핵에 흡수되어 분열을 일으키려면 감속제(moderator)라고 부르는 고체 또는 액체 속을 통과하면서 속도가 10^3 m/s정도로 감속되어야 한다. 중성자가 감속제 속을 지나는 동안 그 정지해 있는 감속제의 원자핵과 일차원 탄성충돌한다고 한다.

① 중수(heavy water : D_2O)를 감속제로 했을 때 느린 중성자가 되려면 충돌 횟수가 얼마이어야 하는가? 중수소의 원자핵 질량은 중성자의 2배라 한다.

② 흑연(carbon : C)을 감속제로 하면 어떻게 되는가? 흑연의 원자핵 질량은 중성자의 12배라 한다.

풀이 | 정지해 있는 원자핵(B)에 중성자(A)가 속도 u_A로 달려와서 일차원 탄성충돌하였다면 충돌 후 중성자의 속도는 식(4.33)의 첫째 식으로 주어진다. 따라서 충돌 후 운동에너지는

$$T_A = \frac{1}{2} m_A v_A^2 = \frac{1}{2} m_A u_A^2 \left(\frac{m_A - m_B}{m_A + m_B} \right)^2$$

이므로, 충돌 전 운동에너지 $K_A = \frac{1}{2} m_A u_A^2$와의 비는

$$\frac{T_A}{K_A} = \frac{v_A^2}{u_A^2} = \left(\frac{m_A - m_B}{m_A + m_B} \right)^2$$

이다. 따라서 속도의 비 값은

$$\frac{v_A}{u_A} = \left| \frac{m_A - m_B}{m_A + m_B} \right|$$

이 된다.

① 중성자가 중수(D_2O) 속을 운동할 때 중수소 (D_2)의 원자핵(중양성자, ${}^2_1H$)과 탄성충돌하여 감속된다. 중수소원자핵의 질량은 중성자의 2배, 곧 $m_B = 2m_A$이므로

$$\frac{v_A}{u_A} = \left| \frac{m_A - 2m_A}{m_A + 2m_A} \right| = \frac{1}{3}$$

이다. 따라서 충돌 후 속도의 비 값은

두 번 충돌하면, $\frac{v_A}{u_A} = \left(\frac{1}{3} \right)^2 = \frac{1}{9} = 1.11 \times 10^{-1}$,

세 번 충돌하면, $\frac{v_A}{u_A} = \left(\frac{1}{3} \right)^3 = \frac{1}{27} = 3.70 \times 10^{-2}$

....

....

여덟 번 충돌하면, $\frac{v_A}{u_A} = \left(\frac{1}{3} \right)^8 = \frac{1}{6561} = 1.52 \times 10^{-4}$

아홉 번 충돌하면, $\frac{v_A}{u_A} = \left(\frac{1}{3} \right)^9 = \frac{1}{19683} = 0.508 \times 10^{-4}$

....

---

* 느린 중성자를 흡수하여 우라늄235가 분열되는 대표적인 반응은 ${}^1_0n + {}^{235}_{92}U \to {}^{141}_{56}Ba + {}^{92}_{36}Kr + 3\,{}^1_0n$이다.

이다. 따라서 속도의 비 값이

$$\frac{v_A}{u_A} \sim \frac{10^3 \text{m/s}}{10^7 \text{m/s}} = 10^{-4}$$

정도로 되는 느린 중성자가 되려면 연이어서 적어도 아홉번 정도 탄성충돌을 하여야 한다.

② ①에서와 같은 방법대신에 상용로그를 이용하여 구하여 보자. 흑연의 경우, $m_B = 12m_A$이므로

$$\frac{v_A}{u_A} = \left| \frac{m_A - 12m_A}{m_A + 12m_A} \right| = \frac{11}{13}$$

이다. 만약 n번 충돌하였다면 속도의 비 값은

$$\frac{v_A}{u_A} = \left(\frac{11}{13} \right)^n$$

이 된다. 따라서 이 비 값이 10^{-4}이 되려면

$$\left(\frac{11}{13} \right)^n = 10^{-4}$$

의 관계식을 얻는다. 양변에 상용로그를 취하면

$$-n(\log 13 - \log 11) = -4$$

이 된다. 여기서 $\log 13 = 1.1139$, $\log 11 = 1.0414$를 대입하면 $n = 55.2$를 얻는다. 곧 흑연의 경우에는 연이어서 56회 정도의 충돌을 해야 느린 중성자를 얻는다. 따라서 흑연보다 중수소의 경우가 느린 중성자를 얻는 데 더 효과적이다.

4.3.2 반발계수

앞에서 충돌 문제를 운동량의 보존 및 에너지의 보존으로 풀이하였다. 그 중에서 에너지 보존의 식(4.27)의 Q의 값으로 충돌을 에너지적 특성에 따라 분류하였다. 곧 충돌 중에서 운동에너지가 보존되는 경우를 탄성충돌, 그렇지 않은 경우를 비탄성충돌, 특히 충돌 후 두 물체가 한 덩어리가 되는 경우를 완전비탄성충돌이라 하였다. 이를 다른 방법으로 분류해 본다.

◎ 반발계수

가벼운 탁구공이 무거운 바위 돌과 탄성충돌하면 충돌 후 탁구공의 속도는 처음 속도와 방향만 반대이다(식(4.34) 참조). 바위는 너무 무거워 움직이지 않고 탁구공은 들어갈 때와 같은 빠르기로 튕겨 나온다. 만약 비탄성충돌이면 들어갈 때보다 더 느리게 튕겨 나올 것으로 추리된다. 완전비탄성충돌이면 충돌 후 한 덩어리가 되어 튕겨 나오지 않기 때문이다.

또, 두 물체 A, B가 일차원 탄성충돌하는 경우(**그림 4.6** 참조), 충돌 전, 후의 속도들 사이에는 식(4.32)의 관계식이 성립한다. 충돌 후 두 물체의 상대속도

$$v_{A/B} = v_A - v_B$$

는 $v_A < v_B$이므로, 서로 멀어지는 속도이다. 반면에, 충돌 전의 상대속도

$$u_{A/B} = u_A - u_B$$

는 $u_A > u_B$이므로, 서로 가까워지는 속도이다. 그러므로 식(4.32)에 의하면,

$$-\frac{v_{A/B}}{u_{A/B}} = -\frac{v_A - v_B}{u_A - u_B} = 1 \tag{4.36}$$

이다. 곧

> **탄성충돌의 경우, 두 물체의 충돌 후 서로 멀어지는 빠르기는 충돌 전 서로 가까워지는 빠르기와 같다.**

가벼운 탁구공이 무거운 바위 돌에 탄성충돌하는 경우에도 식(4.34)로부터 같은 해석을 할 수 있다. 충돌 전 서로 가까워지는 속도가 u_A이고, 충돌 후 멀어지는 속도가 v_A인데, $u_B = v_B = 0$이므로

$$u_{A/B} = u_A, \quad v_{A/B} = v_A = -u_A$$

이다. 따라서 식(4.35)에 의하여

$$-\frac{v_{A/B}}{u_{A/B}} = -\frac{v_A}{u_A} = -\left(\frac{-u_A}{u_A}\right) = 1 \tag{4.37}$$

이기 때문이다.

위에서 충돌 전, 후의 두 입자의 상대속도의 크기가 서로 같은 경우를 보았다. 뉴턴은 일차원 충돌에서 충돌 전, 후의 상대속도의 비 값이 충돌하는 두 물체에 따라 거의 일정함을 실험적으로 발견하였다. 그 결과는

$$\frac{|v_A - v_B|}{|u_A - u_B|} = \frac{|v_{A/B}|}{|u_{A/B}|} \equiv e \tag{4.38}$$

로 표현된다. 이를 종종 **뉴턴의 규칙**(Newton's rule)이라 부르기도 한다. 여기서 상수 e는 충돌하는 두 물체에 따른 일정한 상수로 **반발계수**(restitution coefficient)라 한다. 반발계수는 식(4.37) 및 식(4.36)에 비추어 볼 때 충돌로 되튕겨 나오는 정도를 나타내는 상수로, $0 \le e \le 1$

의 값을 가진다는 것을 알 수 있다.

특히 탄성충돌에서는 $e=1$(식(4.37) 및 식(4.36) 참조), 완전비탄성충돌에서는 $e=0$이다. 따라서 비탄성충돌에서는 $0<e<1$이다.

○ 반발계수와 운동에너지의 변화

충돌로 인한 운동에너지의 변화와 반발계수와의 관계를 알아보기 위하여 **그림 4.10**과 같이 정지해 있는 질량 m_B의 과녁물체 B와 질량이 m_A인 속도 u_A로 달려오는 물체(입사물체) A의 충돌을 생각하자. 이렇게 해도 일반성이 결여되지 않고 문제가 오히려 간단해진다.

운동량 보존법칙에 의한 식

$$\text{운동량 보존의 식}: m_A v_A + m_B v_B = m_A u_A$$

와 식(4.38)로부터 얻어지는 반발계수를 나타내는 관계식

$$\text{반발계수의 식}: v_A - v_B = -e u_A$$

를 연립하면 충돌 후의 v_A, v_B를 얻는다. 곧

$$v_A = \frac{m_A - e m_B}{m_A + m_B} u_A, \quad v_B = \frac{(1+e) m_A}{m_A + m_B} u_A$$

이다.

충돌 전, 후의 총 운동에너지 K, T는 각각

$$K = \frac{1}{2} m_A u_A^2,$$
$$T = \frac{1}{2} m_A v_A^2 + \frac{1}{2} m_B v_B^2$$

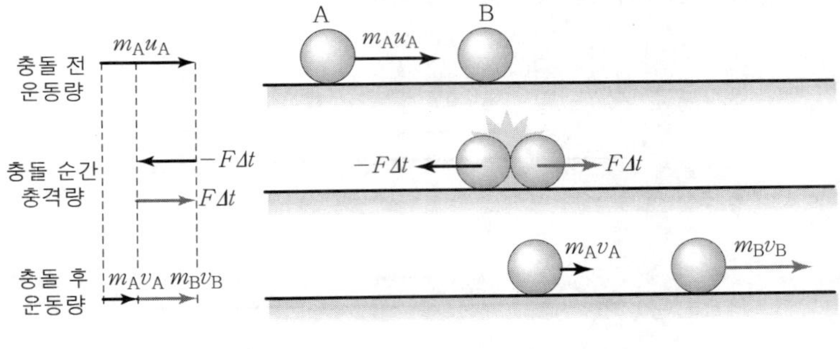

그림 4.10 과녁입자가 정지해 있는 충돌

$$= \frac{1}{2} m_A \left(\frac{m_A - em_B}{m_A + m_B} u_A \right)^2 + \frac{1}{2} m_B \left(\frac{(1+e)m_A}{m_A + m_B} u_A \right)^2$$
$$= \frac{1}{2} m_A u_A^2 \left(\frac{(m_A - em_B)^2 + (1+e)^2 m_A m_B}{(m_A + m_B)^2} \right)$$

이다. 충돌로 인한 운동에너지의 변화 Q는

$$Q = T - K = \frac{1}{2} m_A u_A^2 \left(\frac{(m_A - em_B)^2 + (1+e)^2 m_A m_B}{(m_A + m_B)^2} \right) - \frac{1}{2} m_A u_A^2$$
$$= \frac{1}{2} \left(\frac{m_A m_B}{m_A + m_B} (e^2 - 1) \right) u_A^2 \tag{4.39}$$

이다. 여기서

$$\mu = \frac{m_A m_B}{m_A + m_B} \tag{4.40}$$

라 두면

$$Q = \frac{1}{2} \mu u_A^2 (e^2 - 1)$$

를 얻는다. 여기서 식(4.40)으로 주어지는 μ를 두 질량 m_A, m_B의 **환산질량**(reduced mass)이라 한다. 식(4.39)는 탄성충돌($Q=0$)에서는 $e=1$, 비탄성충돌($Q \neq 0$)에서는 $e \neq 1$임을 나타낸다.

예제 4.10 두 구슬의 일차원 비탄성충돌

질량이 각각 5.0 kg, 10 kg인 두 구슬 A, B가 매끄러운 수평면상에서 각각 4.0 m/s, 2.0 m/s로 서로 접근하여 일차원충돌하였다. 두 구슬의 반발계수는 0.60이다.

① 충돌 후 두 구슬의 속도를 구하라.

② 충돌 전, 후의 운동에너지를 비교하여 보아라.

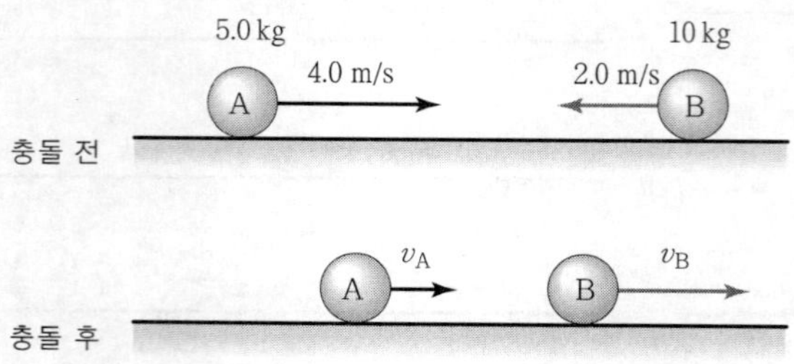

그림 4.11 두 구슬의 비탄성충돌

풀이 | ① 구슬 A의 처음 운동 방향을 양(+)으로 택하면 충돌 전, 후의 총 운동량은 각각

충돌 전 : $(5.0\ \text{kg})\times(4.0\ \text{m/s})+(10\ \text{kg})\times(-2.0\ \text{m/s})=0$
충돌 후 : $(5.0\ \text{kg})v_A+(10\ \text{kg})v_B$

이므로 운동량 보존법칙에 의하여

$$(5.0\ \text{kg})v_A+(10\ \text{kg})v_B=0 \tag{4.41}$$

이다. 한편, 충돌 전, 후의 상대속도는 각각

충돌 전 : $u_{A/B}=u_A-u_B=4.0\text{m/s}-(-2.0\ \text{m/s})=6.0\ \text{m/s}$
충돌 후 : $v_{A/B}=v_A-v_B$

이므로 반발계수의 식(4.38)에 의하여

$$v_A-v_B=-0.60\times(6.0\ \text{m/s})=-3.60\ \text{m/s} \tag{4.42}$$

를 얻는다. 식(4.41) 및 식(4.42)를 연립하여 풀면

$$v_A=\frac{-36.0\ \text{kg}\cdot\text{m/s}}{15\ \text{kg}}=-2.40\ \text{m/s},$$
$$v_B=v_A+(3.60\ \text{m/s})=-(2.40\ \text{m/s})+(3.60\ \text{m/s})=1.20\ \text{m/s}$$

를 얻는다. 곧 충돌 후 A는 뒤로 2.4 m/s로, B는 앞으로 1.2 m/s로 움직인다.

② 충돌 전, 후의 총 운동에너지는 각각

$$K=\frac{1}{2}\times(5.0\ \text{kg})\times(4.0\ \text{m/s})^2+\frac{1}{2}\times(10\ \text{kg})\times(-2.0\ \text{m/s})^2=60.0\ \text{J}$$
$$T=\frac{1}{2}\times(5.0\ \text{kg})\times(-2.40\ \text{m/s})^2+\frac{1}{2}\times(10\ \text{kg})\times(1.20\ \text{m/s})^2=21.6\ \text{J}$$

이다. 따라서

$$Q=T-K=21.6\ \text{J}-60.0\ \text{J}=-38.4\ \text{J}$$

이므로 운동에너지는 38 J만큼 감소했다.

4.3.3 이차원충돌

이제까지 한 직선상에서만 운동하는 두 물체가 충돌하는 경우를 생각하였다. 곧 충돌 전 한 직선상에서 서로 접근하여 충돌 후에도 같은 직선상에서 운동하는 경우였다.

평면상에서 운동하는 두 물체가 서로 충돌한 후에도 같은 평면상에서 운동하는 경우를 **이차원충돌**(two-dimensional collision)이라 한다. 일차원충돌과 같이 한 직선상에서만 충돌이 일어나는 경우를 **정면충돌**(head-on collision)이라 하고, 그렇지 않은 것을 **비낌충돌**(glancing collision)이라 한다. 정면충돌은 일차원충돌 문제와 같으므로, 이차원충돌에서는 주로 평면

상에서 일어나는 이차원 비낌충돌 문제를 다룬다. 그래서 이차원충돌이라 하면 보통 비낌충돌을 가리킨다.

이차원충돌에서도 일차원충돌에서와 같은 논리로 운동량 보존법칙이 성립한다(식(4.16), 식(4.25) 참조). 일차원충돌에서 운동량 벡터의 방향은 두 개 뿐이었지만 이차원충돌에서는 방향이 무한히 많다. 따라서 이차원충돌에서는 반드시 벡터를 생각해야 한다.

○ 완전비탄성충돌

완전비탄성충돌에서도 일차원충돌에서 식(4.29)를 얻을 때와 같은 방법으로 충돌 후 속도를 구할 수 있다. 두 물체 A, B가 **그림 4.12**와 같이 속도 $\vec{u}_A$, $\vec{u}_B$로 각각 운동하다가 충돌하여 한 덩어리가 된 경우, 충돌 후의 속도 $\vec{v}$는 충돌 전 총 운동량이

$$\vec{P} = m_A \vec{u}_A + m_B \vec{u}_B$$

이고 충돌 후 총 운동량은

$$\vec{Q} = (m_A + m_B)\vec{v}$$

이므로 운동량 보존법칙에 의하여

$$m_A \vec{u}_A + m_B \vec{u}_B = (m_A + m_B)\vec{v}$$

$$\therefore \ \vec{v} = \frac{m_A \vec{u}_A + m_B \vec{u}_B}{m_A + m_B}$$

이다.

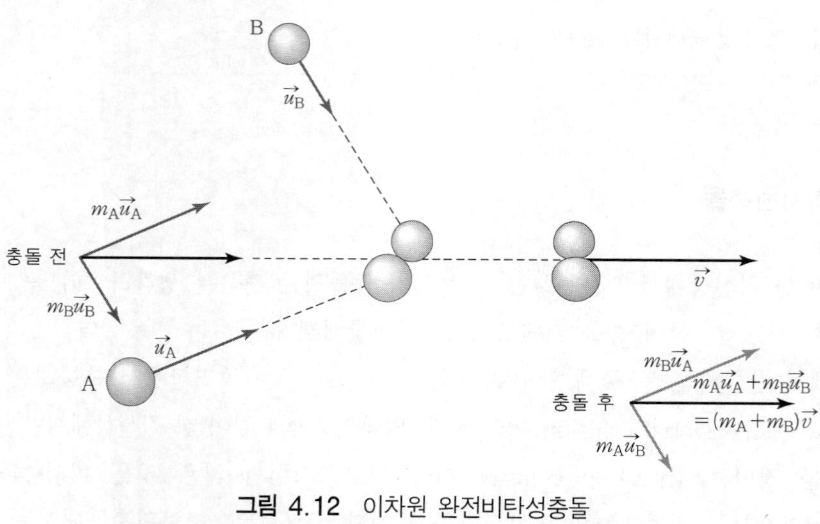

그림 4.12 이차원 완전비탄성충돌

예제 4.11 교차로에서 자동차의 충돌

동쪽으로 27.5 m/s로 달리던 승용차가 빙판이 된 교차로에서 북쪽으로 12.0 m/s로 천천히 달리는 화물차와 충돌하여 한 덩어리로 엉켜서 미끄러졌다. 승용차 및 화물차의 질량은 각각 1,450 kg, 2,500 kg이다. 충돌 후 속도를 구하라.

풀이 | 이 충돌에서 충돌 전, 후의 운동량이 보존된다. 동쪽을 x축, 북쪽을 y축으로 택하면 충돌 전 승용차 및 화물차의 운동량은 각각

$$\text{승용차} : \vec{p}_{\mathrm{C}} = \hat{i}(1.45\times 10^3\,\mathrm{kg})\times(27.5\ \mathrm{m/s}) = \hat{i}(39.88\times 10^3\ \mathrm{kg\cdot m/s})$$

$$\text{화물차} : \vec{p}_{\mathrm{T}} = \hat{j}(2.50\times 10^3\,\mathrm{kg})\times(12.0\ \mathrm{m/s}) = \hat{j}(30.0\times 10^3\ \mathrm{kg\cdot m/s})$$

이다. 따라서 충돌 전 총 운동량 $\vec{P}$는

$$\vec{P} = \vec{p}_{\mathrm{C}} + \vec{p}_{\mathrm{T}}$$

$$= \hat{i}(39.88\times 10^3\ \mathrm{kg\cdot m/s}) + \hat{j}(30.0\times 10^3\ \mathrm{kg\cdot m/s})$$

이고, 충돌 후 속도를 $\vec{v}$라 하면 그 총 운동량 $\vec{Q}$는

$$\vec{Q} = (1.45\times 10^3\,\mathrm{kg} + 2.50\times 10^3\,\mathrm{kg})\,\vec{v} = (3.95\times 10^3\,\mathrm{kg})\vec{v}$$

이므로 운동량의 보존 $(\vec{P} = \vec{Q})$에 의하여

$$\hat{i}(39.88\times 10^3\ \mathrm{kg\cdot m/s}) + \hat{j}(30.0\times 10^3\ \mathrm{kg\cdot m/s}) = (3.95\times 10^3\ \mathrm{kg})\,\vec{v}$$

$$\therefore\ \vec{v} = \hat{i}(10.10\ \mathrm{m/s}) + \hat{j}(7.595\ \mathrm{m/s})$$

이다. 따라서 속도의 크기는

$$v = \sqrt{(10.10\ \mathrm{m/s})^2 + (7.595\ \mathrm{m/s})^2} = 12.64\ \mathrm{m/s}$$

이고, x축과 이루는 각을 θ라 하면

$$\tan\theta = \frac{7.595\ \mathrm{m/s}}{10.10\ \mathrm{m/s}} = 0.7520 \qquad \therefore\ \theta = 36.94°$$

이다. 곧 충돌 후 한 덩어리가 되어 북동쪽 53.1°(N 53.1°E)의 방향으로 빠르기 12.6 m/s로 미끄러져 나간다.

○ 비낌충돌

그림 4.13과 같이 정지해 있는 과녁물체 B에 입사물체 A가 입사속도 $\vec{u}_{\mathrm{A}}$로 다가와서 충돌하는 경우를 생각하자. 두 물체가 공 모양이면 과녁물체 B의 중심을 지나고 $\vec{u}_{\mathrm{A}}$에 나란한 직선에 입사물체 A의 중심에서 내린 수선의 길이를 s(**충돌매개변수** : impact parameter)라 하면 s가 두 공의 반지름의 합보다 크면 충돌이 일어나지 않으나 작으면 비낌충돌이 일어난

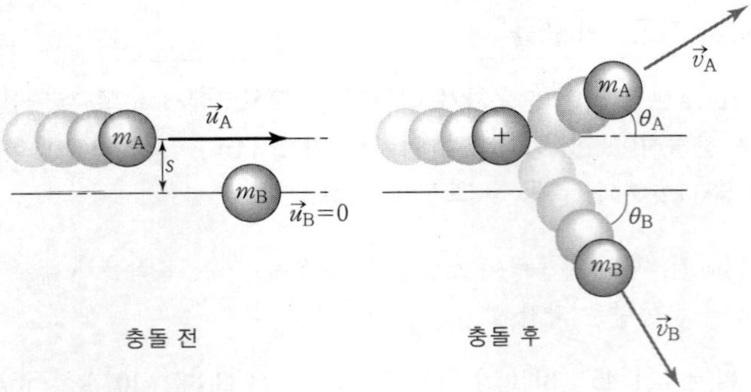

그림 4.13 과녁물체가 정지해 있는 이차원 비낌충돌

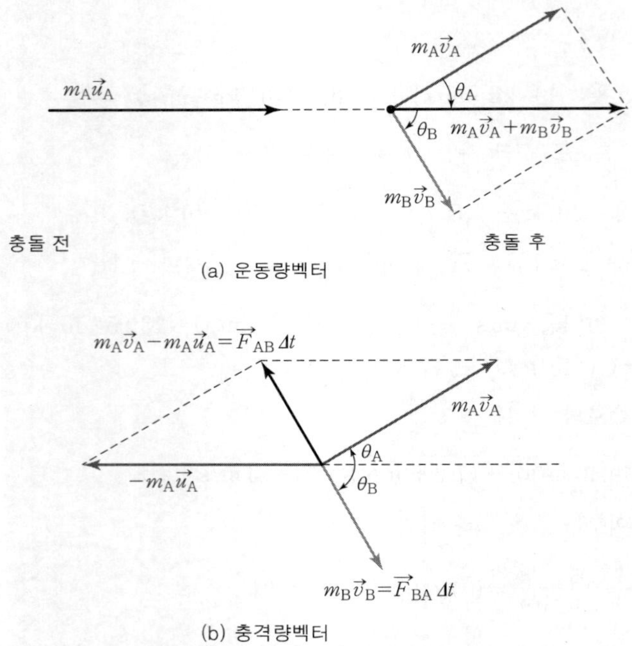

그림 4.14 이차원 비낌충돌(그림 4.13)의 화살표 그림

다. 만일 $s=0$이면 정면충돌이 일어난다.

충돌 후 A가 입사속도 $\vec{u}_A$의 방향과 θ_A의 방향으로 속도 $\vec{v}_A$로 빗겨 나가고 B는 $\vec{u}_A$의 방향에 대하여 A와 반대쪽 θ_B의 방향으로 속도 $\vec{v}_B$로 튕겨 나간다고 하면 운동량벡터 및 충격량벡터의 관계는 **그림 4.14**의 (a) 및 (b)와 같다. (b)에서 보는 바와 같이 서로 상호작용하는 힘 F_{AB} 및 F_{BA}는 작용·반작용의 관계에 있으므로 운동량 보존법칙이 성립한다.

따라서 운동량 보존법칙에 의하여 관계식

$$m_A \vec{u}_A = m_A \vec{v}_A + m_B \vec{v}_B \tag{4.43}$$

를 얻는다. 이 벡터 식을 정리하면

$$\vec{v}_B = \frac{m_A}{m_B}(\vec{u}_A - \vec{v}_A)$$

이므로 $\vec{v}_B$는 $\vec{u}_A$와 $\vec{v}_A$가 이루는 평면 내에 있다. 이 평면을 xy 평면이라 하고, $\vec{u}_A$의 방향을 x축으로 하면 식(4.43)은

$$x\text{성분}: m_A u_A = m_A v_{A;x} + m_B v_{B;x} \tag{4.44}$$

$$y\text{성분}: 0 = m_A v_{A;y} + m_B v_{B;y} \tag{4.45}$$

와 같이 x 및 y성분으로 분해할 수 있다.

이 문제에 관계되는 매개변수는 $\{m_A, m_B ; u_{A;x}, u_{A;y}\}$ 및 $\{v_{A;x}, v_{A;y} ; v_{B;x}, v_{B;y}\}$ 등 8개이다. 질량 및 입사속도 $\vec{u}_A$가 주어졌다면 구해야 할 매개변수는 $\{v_{A;x}, v_{A;y} ; v_{B;x}, v_{B;y}\}$의 4개이다.

속도의 크기와 방향이 주어진 경우에는 각 속도벡터의 성분이

$$\begin{aligned} u_{A;x} &= u_A, & u_{A;y} &= 0, \\ v_{A;x} &= v_A \cos\theta_A, & v_{A;y} &= v_A \sin\theta_A \\ v_{B;x} &= v_B \cos\theta_B, & v_{B;y} &= -v_B \sin\theta_B \end{aligned} \tag{4.46}$$

이므로 구해야 할 매개변수는 $\{v_A, \theta_A ; v_B, \theta_B\}$ 의 4개이다. 따라서 필요한 변수들 사이의 관계식은 4개가 필요하므로 운동량 보존의 식에서 얻어지는 성분 식(4.44), 식(4.45) 및 에너지 보존의 식(4.27) (또는 식(4.28))에 의하여 주는 식

$$\frac{1}{2} m_A u_A^2 + Q = \frac{1}{2} m_A v_A^2 + \frac{1}{2} m_B v_B^2 \tag{4.47}$$

등 3개 외에 한 개 더 필요하다. 이 넷째 관계식은 대개 실제 측정에 의하여 입사물체의 충돌 후 빗겨나가는 각 θ_A나 과녁물체가 튕겨나가는 각 θ_B 중 하나가 주어진다. 그러면 일차원충돌에서와 같이 이들 관계식들을 연립하여 풀면 미지의 변수들을 구할 수 있다.

예제 4.12 똑같은 두 입자의 비낌탄성충돌

정지해 있는 과녁물체에 이와 똑같은 입사물체가 달려와서 비낌탄성충돌할 때 두 물체의 충돌 후 속도는 서로 직교함을 보여라.

풀이 | 입사속도를 $\vec{u}_A$, 충돌 후 속도를 각각 $\vec{v}_A$, $\vec{v}_B$라 하고, 질량을 m이라 하면 운동량 보존의 식

$$m\vec{u}_A = m\vec{v}_A + m\vec{v}_B$$

에서

$$\vec{u}_A = \vec{v}_A + \vec{v}_B \tag{4.48}$$

를 얻는다. 또 탄성충돌($Q=0$)이므로 에너지 보존의 식

$$\frac{1}{2}mu_A^2 = \frac{1}{2}mv_A^2 + \frac{1}{2}mv_B^2$$

에서

$$u_A^2 = v_A^2 + v_B^2 \tag{4.49}$$

를 얻는다.

식(4.48)은 벡터 $\{\vec{u}_A, \vec{v}_A, \vec{v}_B\}$가 삼각형을 이루고 있음을 나타내고 식(4.49)는 그 삼각형의 각 변에 대한 피타고라스 정리를 나타낸다. 따라서 두 벡터$\{\vec{v}_A, \vec{v}_B\}$는 직각을 낀 두 변을, 벡터 $\vec{u}_A$는 그 삼각형의 빗변을 각각 나타낸다(**그림 4.15(b)** 참조). 따라서 충돌 후 속도벡터는 서로 직교한다.

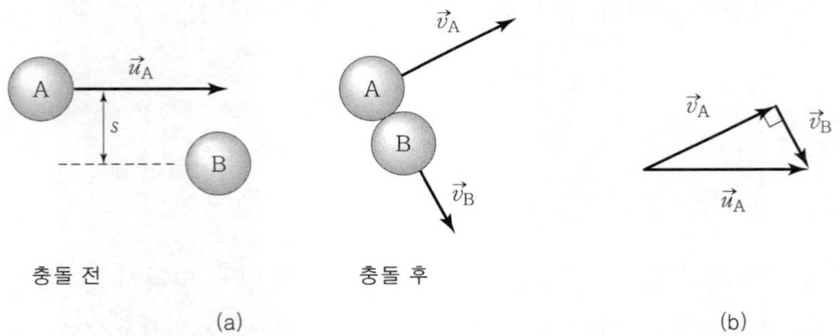

그림 4.15 정지해 있는 똑같은 과녁과의 비낌탄성충돌

예제 4.13 두 구슬의 이차원 탄성충돌

질량이 각각 0.500 kg, 0.300 kg인 두 구슬 A, B가 매끄러운 수평면에서 탄성충돌하였다. A는 정지해 있는 B에 4.00 m/s의 속도로 달려와서 충돌한 뒤 2.00 m/s의 속도로 빗겨 나갔다. A가 입사 방향으로부터 빗나간 각 및 B가 튕겨나간 속도를 각각 구하라.

풀이 | 문제에서 구해야 할 매개변수는 충돌 후 A가 빗겨나간 각 θ_A 및 충돌 후 B의 속도벡터 $\vec{v}_B$의 크기와 A의 입사 방향과 이루는 각 θ_B이다(**그림 4.16** 참조). 식(4.46)을 고려한 운동량 보존의 식 (4.44) 및 식(4.45)

$$x\text{성분} : m_A u_A = m_A v_A \cos\theta_A + m_B v_B \cos\theta_B, \tag{4.50}$$

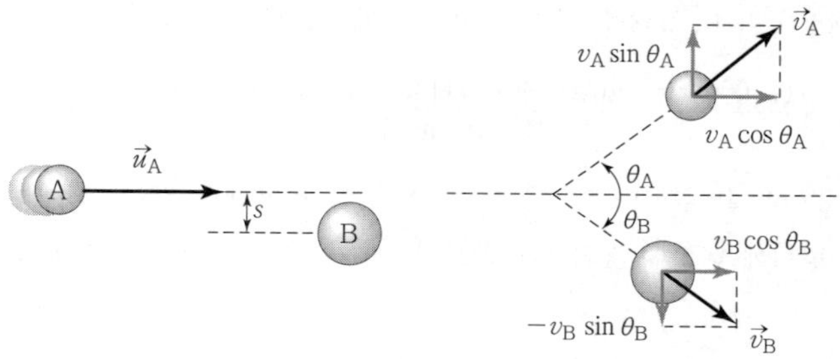

(a) 충돌 전　　　　(b) 충돌 후

그림 4.16 두 구슬의 이차원 비낌탄성충돌

$$y\text{성분} : 0 = m_A v_A \sin\theta_A - m_B v_B \sin\theta_B \tag{4.51}$$

그리고 에너지 보존의 식(4.47)에 $Q=0$라 둔 식

$$\frac{1}{2} m_A u_A^2 = \frac{1}{2} m_A v_A^2 + \frac{1}{2} m_B v_B^2 \tag{4.52}$$

등 3개의 식을 연립하여 $\{v_B, \theta_B, \theta_A\}$를 구하면 된다.
먼저, 식(4.52)에

$$m_A = 0.500 \text{ kg}, \quad m_B = 0.300 \text{ kg}, \quad u_A = 4.00 \text{ m/s}, \quad v_A = 2.00 \text{ m/s} \tag{4.53}$$

를 대입하여 정리하면

$$v_B = \sqrt{\frac{m_A}{m_B}(u_A^2 - v_A^2)} = \sqrt{\left(\frac{0.500 \text{ kg}}{0.300 \text{ kg}}\right) \times (12 \text{ m/s})}$$
$$= 4.472 \text{ m/s}$$

를 얻는다. 이 결과 및 식(4.53)의 값을 식(4.50) 및 식(4.51)에 대입하면

$$x\text{성분} : (2.000 \text{ kg} \cdot \text{m/s}) - (1.000 \text{kg} \cdot \text{m/s}) \cos\theta_A = (1.342 \text{ kg} \cdot \text{m/s}) \cos\theta_B$$
$$y\text{성분} : (1.000 \text{ kg} \cdot \text{m/s}) \sin\theta_A = (1.342 \text{ kg} \cdot \text{m/s}) \sin\theta_B$$

를 얻는다. x성분 및 y성분 식의 양변을 제곱하여, 서로 더하기를 하고, $\sin^2\theta_B + \cos^2\theta_B = 1$을 이용하여 θ_B를 소거하면

$$((2.000 \text{ kg} \cdot \text{m/s}) - (1.000 \text{ kg} \cdot \text{m/s}) \cos\theta_A)^2 + ((1.000 \text{ kg} \cdot \text{m/s}) \sin\theta_A)^2$$
$$= (1.342 \text{ kg} \cdot \text{m/s})^2$$

가 된다. 따라서

$$\cos\theta_A = \frac{(2.000 \text{ kg} \cdot \text{m/s})^2 + (1.000 \text{ kg} \cdot \text{m/s})^2 - (1.342 \text{ kg} \cdot \text{m/s})^2}{2 \times (2.000 \text{ kg} \cdot \text{m/s}) \times (1.000 \text{ kg} \cdot \text{m/s})}$$
$$= 0.7998$$
$$\therefore \ \theta_A = 36.89°$$

이다. 한편 $\cos\theta_A = 0.7998$을 위의 x성분 식에 대입하여 정리하면

$$\cos\theta_B = \frac{(2.000\ \mathrm{kg\cdot m/s}) - (1.000\ \mathrm{kg\cdot m/s}) \times 0.7998}{1.342\,\mathrm{kg\cdot m/s}} = 0.8943$$

가되어 $\theta_B = 26.58°$를 얻는다. 곧 충돌 후 A는 입사 방향과 $\theta_A = 36.9°$의 방향으로 빗겨나가고, B는 입사 방향에 대하여 A와 반대쪽으로 $\theta_B = 26.6°$의 방향으로 4.47 m/s의 빠르기로 튕겨 나간다.

4.3.4 평면과의 충돌

위에서는 특히 공 모양의 물체들 끼리의 충돌을 살펴보았다. 이제 특수한 경우로, 공 모양의 물체와 매우 무거운 평면, 예를 들면 벽이나 마룻바닥과의 충돌에 대해서 살펴본다. 벽이나 마룻바닥과의 충돌의 경우에는 이 물리계가 고립계라고 볼 수 없다. 따라서 운동량은 충돌 전, 후에 보존되지 않는다.

◎ 평면과의 정면충돌

공과 평면과의 정면충돌은 공이 평면에 수직으로 입사하여 충돌 후 평면에 수직으로 튕겨나오는 경우이다.

그림 4.17과 같이 공을 연직 높이 h_0에서 가만히 놓아 수평인 마룻바닥에 자유낙하시키면 중력 때문에 점점 가속되어 마룻바닥에 닿는 순간의 속도 u는, 연직상방을 양(+)으로 택하면, $u = -\sqrt{2gh_0}$가 된다. 공이 마룻바닥에 충돌한 뒤 튕겨 오른 연직 높이를 h라 하면 튕겨 오르는 순간의 속도 v는 $v = \sqrt{2gh}$로 주어진다. 이들 속도 u, v는 각각 충돌 전, 후의 상

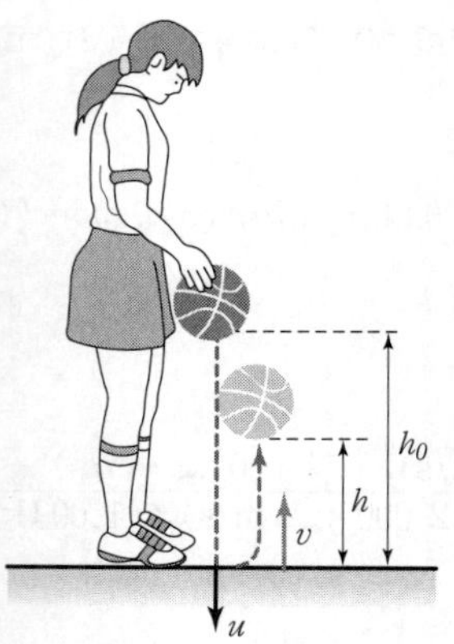

그림 4.17 공과 마룻바닥의 정면충돌

대속도 $u_{A/B}$, v_{AB}이므로 공과 마룻바닥 사이의 반발계수도

$$e = -\frac{v_{A/B}}{u_{A/B}} = -\frac{v}{u} \tag{4.54}$$

로 주어진다. 이것은 평면과의 정면충돌에서 반발계수이다. 따라서 마룻바닥과의 반발계수는

$$e = -\frac{v}{u} = -\frac{\sqrt{2gh}}{-\sqrt{2gh_0}} = \sqrt{\frac{h}{h_0}}$$

로 주어진다. 곧 "반발계수는 처음 자유낙하하는 높이에 대한 충돌 후 튕겨 오르는 높이의 비 값의 제곱근과 같다." 따라서 반발계수는 충돌로 튕겨 나오는 정도를 나타내는 물리량으로 1보다 더 클 수 없음을 알 수 있다.

예제 4.14 농구공의 반발계수

경기용 표준 농구공은 경기를 하는 농구장 마룻바닥에서 연직 높이 1.8 m에서 가만히 놓아서 마룻바닥과의 충돌로 1.2 ~ 1.4 m의 높이까지 튕겨 올라오도록 공기를 주입한 것이다(**그림 4. 18** 참조). 표준 농구공의 마룻바닥과의 반발계수는 얼마인가?

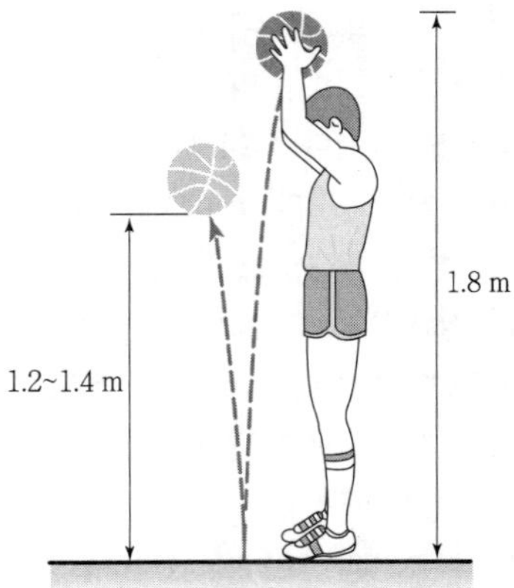

그림 4.18 표준 농구공의 반발계수

풀이 | 농구공이 처음 자유낙하하는 높이가 $h_0 = 1.8$ m, 바닥에 충돌한 후 다시 튕겨 오르는 높이가 $h = 1.2 \sim 1.4$ m이다. 반발계수는 튕겨 오르는 높이의 처음 자유낙하하는 높이에 대한 비 값의 제곱근이므로 반발계수 e는

$$e = \sqrt{\frac{h}{h_0}} = \sqrt{\frac{1.2 \sim 1.4\,\text{m}}{1.8\,\text{m}}} = 0.816 \sim 0.882$$

이다. 곧 표준 농구공의 반발계수는 0.82~0.88이다.

예제 4.15 겹충돌

축구공 위에 테니스공을 (미세한 간격이 있을 정도로) 얹어서, 축구공의 크기를 무시할 수 있을 정도의 높이에서, 동시에 가만히 놓아 마룻바닥에 연직 아래로 자유낙하시켰다. 충돌 후 테니스공은 연직 위로 튕겨 올랐다(**그림 4.19** 참조). 테니스공은 처음 높이의 몇 배까지 되튕겨 올라가는가? 축구공과 마룻바닥, 테니스공과 축구공은 서로 탄성충돌이라 한다.

그림 4.19 겹충돌

풀이 | 축구공 위에 얹힌 테니스공은 축구공이 마룻바닥에 충돌하여 튕겨 오르는 순간 축구공과 충돌한다. 따라서 이중충돌, 곧 겹충돌이다. 축구공의 마룻바닥과의 탄성충돌에서 마룻바닥의 질량이 무한히 크므로 식(4.34)를 적용할 수 있다. 이 식에서 충돌 후 튕겨 나오는 속도는 마룻바닥, 곧 과녁에 대한 상대속도이다. 테니스공의 질량을 축구공에 비교하여 무시할 수 있다.

축구공이 마룻바닥에 닿는 순간의 속도를 v라 하면 축구공과 마룻바닥의 탄성충돌로 인하여 충돌 후 튕겨 오르는 순간의 속도도 v이다(식(4.34) 참조).

테니스공도 바닥에 닿는 순간의 낙하속도가 v이므로, 축구공이 마룻바닥과 충돌하여 되튕길 순간, 테니스공의 축구공에 대한 상대속도는 $2v$인데, 축구공과의 탄성충돌로 인하여 되튕기는 테니스공의 속도(축구공에 대한 상대속도)도 $2v$이다(식(4.34) 참조). 따라서 튕겨 오르는 테니스공의 마룻바닥에 대한 상대속도는 $3v$이다(식(4.35) 참조). 곧 처음 속도의 3배이다.

튕겨 올라가는 높이는 튕겨 올라가는 순간속도의 제곱에 비례하므로 테니스공이 튕겨 오르는 높이는 처음 낙하할 때 높이의 9배가 된다.

○ 평면과의 비낌충돌

평면과 정면충돌에서 공의 입사속도 $\vec{u}$와 되튕겨나가는 속도(반사속도) $\vec{v}$는 같은 직선상에 있다. 이 직선은 평면에 수직인 법선이다. 따라서 공이 마룻바닥이나 벽에 정면충돌하였을 때 공이 받는 충격량벡터는 평면의 법선 방향이다. 곧 평면의 법선 방향으로 공은 힘을 받는다. 이것은 일차원충돌과 같다.

평면과의 비낌충돌의 경우에는 입사속도벡터 $\vec{u}$가 평면에 수직이지 않은 경우이다. 여기서는 공이 매끄러운 평면과 충돌한 후 튕겨나가는 반사속도벡터 $\vec{v}$가 입사속도벡터 $\vec{u}$와 입사점

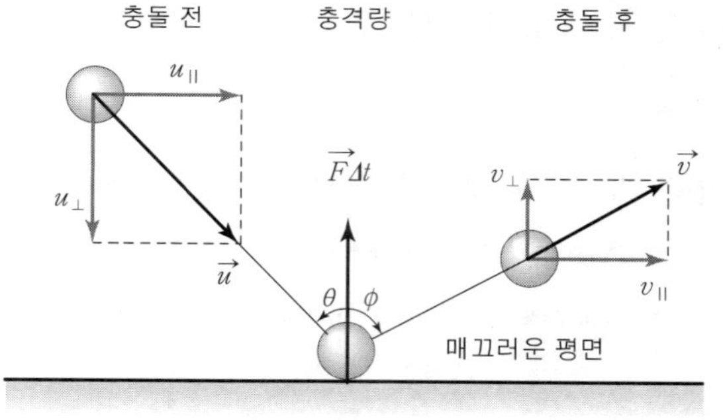

그림 4.20 매끄러운 마룻바닥과의 비낌충돌

에서 평면에 세운 법선이 이루는 평면 내에 있는 경우를 생각하자.

비낌충돌의 경우에는 **그림 4.20**과 같이 속도를 평면에 나란한 성분 및 수직인 성분으로 나누어 생각하는 것이 편리하다. 평면이 매끄러우면 평면에 나란한 방향으로 작용하는 힘(예를 들면 마찰력 등)이 없으므로 이 방향의 속도 성분은 불변이다. 입사 및 반사속도벡터 $\vec{u}$, $\vec{v}$의 평면에 나란한 성분(접선 성분) 및 수직인 성분(법선 성분)을 각각 $\{u_\parallel,\ u_\perp\}$ 및 $\{v_\parallel,\ v_\perp\}$라 하면

$$u_\parallel = v_\parallel \tag{4.55}$$

이다. 그러나 법선 성분은 반드시 그렇지 않다.

만일 평면에 나란한 방향으로 속도 $u_\parallel = v_\parallel$로 직선운동을 하는 기준틀에서 보면 공은 평면과 정면충돌을 하는 경우와 같아진다. 따라서 속도의 법선성분은 반발계수에 의하여 결정된다. 곧 식(4.54)에 의하여

$$e = -\frac{v_\perp}{u_\perp} \quad \text{또는} \quad v_\perp = -e\,u_\perp \tag{4.56}$$

로 주어진다. 따라서 평면과의 비낌충돌에서 반발계수는 식(4.56)으로 정의된다. "일반적으로 매끄러운 평면과의 충돌에서 반발계수는 속도벡터의 충돌 후 법선 성분의 충돌 전 법선 성분에 대한 비 값으로 주어진다."

매끄러운 평면과의 충돌에서 운동량벡터도 그 접선 성분은 불변이고, 법선 성분만 변한다. 따라서 충격량-운동량 정리에 의하여 충격량벡터는 법선 방향이다. 곧

매끄러운 평면과의 충돌에서 충격량은 항상 법선 방향이다.

만일 매끄러운 평면과의 탄성충돌($e=1$)이면 속도의 접선 성분뿐만 아니라 법선 성분도

그 크기가 불변이다. 이 경우 식(4.55) 외에

$$v_{\perp} = -u_{\perp}$$

를 만족한다. 따라서 입사속도벡터와 반사속도벡터의 크기는 서로 같고, 방향은 평면에 세운 법선에 대해서 대칭이다. 곧 입사 및 반사속도벡터가 법선과 이루는 각이 서로 같다. 이 각들을 각각 **입사각**(angle of incidence), **반사각**(angle of reflection)이라 한다. 곧

매끄러운 평면과의 탄성충돌에서 입사각과 반사각은 서로 같다.

매끄러운 평면과의 탄성충돌	: $u_{\parallel} = v_{\parallel}$, $v_{\perp} = -u_{\perp}$
매끄러운 평면과의 비탄성충돌	: $u_{\parallel} = v_{\parallel}$, $v_{\perp} = -eu_{\perp}$
거친 평면과의 탄성충돌	: $u_{\parallel} > v_{\parallel}$, $v_{\perp} = -u_{\perp}$
거친 평면과의 비탄성충돌	: $u_{\parallel} > v_{\parallel}$, $v_{\perp} = -eu_{\perp}$

예제 4.16 평면과의 비낌충돌

탁구공이 매끄러운 평면의 법선과 30°방향으로 입사하여 평면과 충돌하였다.
① 탄성충돌의 경우 튕겨 나오는 속도벡터가 법선과 이루는 각은 얼마인가?
② 완전 비탄성충돌이면 충돌 후 튕겨 나오는 속도벡터의 방향을 구하라.

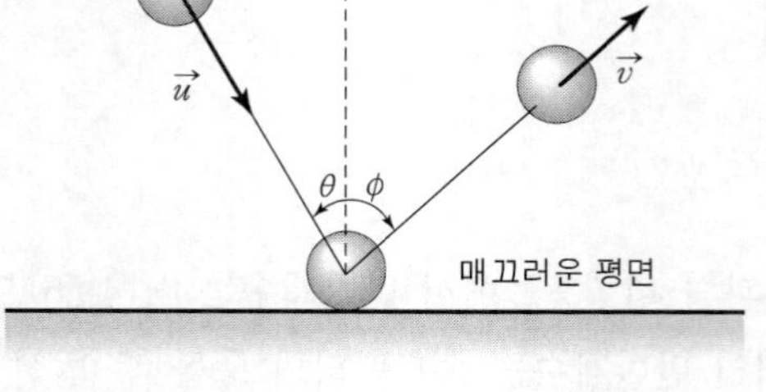

그림 4.21 탁구공의 매끄러운 평면에의 비낌충돌

풀이 ① 매끄러운 평면과의 충돌이면 속도벡터의 평면에 나란한 접선 성분이 불변이고, 탄성충돌이면 평면에 수직인 법선 성분도 불변이므로 충돌 전, 후에 서로 같다. 따라서 입사각과 반사각이 같으므로 튕겨 나오는 속도벡터가 법선과 이루는 각은 30°이다.

② 완전비탄성충돌이면 충돌 후 속도 벡터의 법선 성분이 0이다. 그러나 평면이 매끄러우면 접선 성분은 충돌 전, 후에 같으므로 충돌 후 한 덩어리가 되어 평면 위를 미끄러진다. 이때 빠르기는, 입사속도벡터의 접선 성분과 같고, 방향은 법선과 90°이다.

◎ 두 공의 비낌충돌에서 반발계수

두 공 A, B의 비낌충돌의 경우에 뉴턴의 규칙(식(4.38))을 적용할 때에는 평면과의 충돌에서와 같이 속도벡터를 두 공의 접촉면(접평면 : plane of contact)에 나란한 접선 성분 및 수직인 법선 성분으로 나누어 고찰하는 것이 편리하다. 곧 접촉 면이 매끄러운 경우에는 접촉면에 나란한 방향의 성분속도(접선속도)는 변화가 없고, 수직인 법선 방향의 성분속도(법선속도)만이 변한다. 따라서 평면과의 충돌에서와 같이, 반발계수는 접촉면에 수직인 법선 방향의 충돌 후 상대속도(법선상대속도) $v_{A/B;\perp} = v_{A;\perp} - v_{B;\perp}$의 충돌 전 법선상대속도 $u_{A/B;\perp} = u_{A;\perp} - u_{B;\perp}$에 대한 비 값으로 주어진다(식(4.56) 참조). 곧 반발계수는

$$e = -\frac{v_{A/B;\perp}}{u_{A/B;\perp}} = -\frac{v_{A;\perp} - v_{B;\perp}}{u_{A;\perp} - u_{B;\perp}}$$

로 주어진다. 여기서 아래 첨자기호 "⊥"는 접촉 면에 수직인 법선 성분을 뜻한다.

연습문제

4.1 운동량과 충격량

4-1 자유낙하하는 벽돌

질량 0.300 kg의 벽돌이 8.00 m 높이에서 정지상태에서 자유낙하하였다.

(가) 벽돌이 땅바닥으로부터 받은 충격량은 얼마인가?

(나) 벽돌이 땅바닥에 닿아서 정지할 때까지 1.30 ms였다면 땅바닥으로부터 받은 평균힘은 얼마인가?

답 | (가) $J=3.76\ \mathrm{N\cdot s}$ (나) $\langle F\rangle=2890\ \mathrm{N}=295\ \mathrm{kgf}$

4-2 골프 스윙의 힘

정지해 있는 질량 0.0450 kg의 골프공을 골프채로 쳤더니 25.0 m/s의 속력으로 날아갔다. 만일 골프채와 공의 접촉시간이 2.00 ms라면 공에 가해진 평균힘은 얼마인가?

답 | $\langle F\rangle=\dfrac{\Delta p}{\Delta t}=563\ \mathrm{N}$

4-3 태권도 선수의 벽돌 격파

태권도 선수가 주먹으로 벽돌을 격파한다. 주먹의 질량은 0.700 kg, 격파 순간의 속도는 5.00 m/s 인데, 접촉한 뒤 6.00 mm 지점까지 들어가서 주먹은 정지하게 되고 벽돌은 격파된다.

(가) 벽돌이 주먹에 주는 충격량은 얼마인가?

(나) 벽돌이 깨질 때까지 주먹과 벽돌이 접촉한 시간은 얼마인가?

(다) 그동안 벽돌이 주먹에 작용한 평균힘을 구하라.

답 | (가) $J=\Delta p=3.50\ \mathrm{N\cdot s}$ (나) $\Delta t=2.40\times10^{-3}\ \mathrm{s}$ $\langle F\rangle=1.46\times10^{3}\ \mathrm{N}=149\ \mathrm{kgf}$

4-4 야구공의 충격량

야구공을 방망이로 칠 때, 야구공과 방망이 사이에 작용한 힘이 문4-4의 그림과 같이 어림

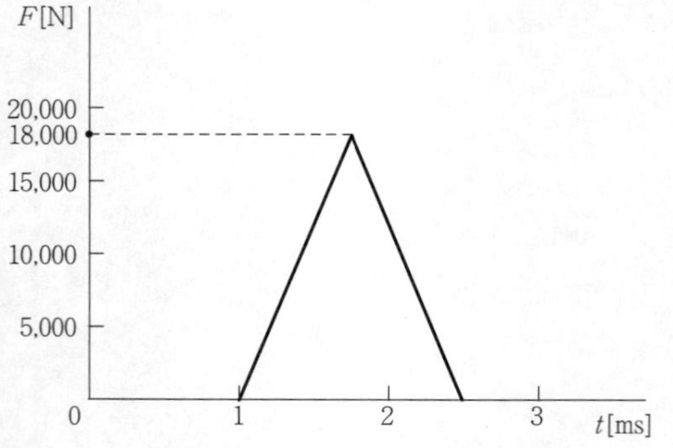

문4-4의 그림 : 힘-시간 그래프

되었다. 이 그래프로부터 다음을 구하라.

(가) 공이 받은 충격량 (나) 공이 받은 평균힘

답 | (가) $J=13.5\ \mathrm{N\cdot s}$ (나) $\langle F\rangle=9000\ \mathrm{N}$

4-5 운동량과 운동에너지

뉴욕의 하이든 천문관(Hayden Planetarium)에 전시된 질량 30.8 ton의 운석이 있다. 이 운석이 땅에 닿는 순간의 운동에너지가 617 MJ이었다고 하자.

(가) 운석의 운동에너지가 처음의 반이 될 때까지 약 3.00초 걸리는데, 이때까지 운석이 받은 충격량을 구하라.

(나) 또한 이 시간 동안 운석이 받은 평균 힘은 얼마인가?

답 | (가) $J=1.81\times10^{6}\ \mathrm{N\cdot s}$ (나) $\langle F\rangle=0.602\times10^{6}\ \mathrm{N}$

4.2 뉴턴의 운동법칙과 운동량의 보존

4-6 농구공 던지기

질량이 70.0 kg인 한별이가 매끄러운 얼음판 위에 서 있는 데, 다른 한 친구가 0.400 kg의 농구공을 수평 방향으로 10.0 m/s의 속도로 던졌다.

(가) 한별이가 그 공을 잡았다면 그 후, 공과 한별이의 속도는 얼마인가?

(나) 만일 공이 가슴에 맞고, 8.00 m/s의 속도로 수평 방향으로 튕겨나갔다면, 충돌 후 한별이의 속도는 얼마인가?

답 | (가) $v_{한공}=0.568\ \mathrm{m/s}$ (나) $v_{한}=0.103\ \mathrm{m/s}$

4-7 두 원판의 충돌

얼음판 위에서 아무 마찰 없이 움직이는 얇은 원판 A, B가 있다. 이들의 질량은 각각 0.250 kg, 0.350 kg이다. 정지해 있는 B에 A가 왼쪽에서 달려와서 충돌하였다. 충돌 후 A는 왼쪽으로 0.120 m/s의 속도로, B는 오른쪽으로 0.650 m/s의 속도로 각각 튕겨나갔다.

(가) 충돌 전 A의 속도를 구하라.

(나) 충돌로 인한 이 물리계의 총 에너지의 변화를 구하라.

답 | (가) $u_{\mathrm{A}}=0.790\ \mathrm{m/s}$ (나) $\Delta K=-0.00228\ \mathrm{J}$

4-8 화물 자동차의 속도

질량 24,000 kg의 빈 화물자동차가 매끄러운 수평인 트랙을 따라 관성주행하고 있는데, 갑자기 소나기가 쏟아져 뚜껑이 없는 짐실이에 빗물이 가득 찼다. 비는 똑바로 아래로 내렸고, 화물자동차의 처음 관성주행속도는 4.00 m/s였다. 짐실이에 빗물이 3,000 kg인 순간의 자동차의 속도는 얼마인가?

답 | $v=3.56\ \mathrm{m/s}$

4-9 총알 발사화약

총알을 발사할 때 화약이 연소하여 생긴 기체가 총구를 나온다. 이 기체의 팽창이 라이플총의 되튕김에 일조를 한다. 라이플총의 질량은 2.80 kg이고, 되튕기는 속도는 땅에 대해서 1.85 m/s이다. 발사된 총알의 질량은 7.20 g이고, 총알의 총구에 대한 발사속도가 601 m/s 이었다. 땅에 있는 사람이 볼 때, 그 기체의 운동량은 얼마인가?

답 $p_{기체} = 0.866\ \mathrm{kg \cdot m/s}$

4-10 하키 퍽의 충돌

매끄러운 얼음판 위에 정지해 있는 하키 퍽 B에 질량이 같은 다른 하키 퍽 A가 40.0 m/s로 달려와서 충돌하였다. 충돌 후 퍽 A는 입사 방향과 30.0°의 방향으로 꺾여 나가고, 퍽 B는 퍽 A의 입사 방향에 대해서 A와 반대쪽 45.0°의 방향으로 튕겨나갔다.

(가) 충돌 후 두 퍽의 속도의 크기를 구하라.

(나) 충돌로 인하여 에너지는 감소하는가 또는 증가하는가? 그 에너지 변화는 처음의 몇 %인가?

답 (가) $v_A = 29.3\ \mathrm{m/s}$, $v_B = 20.7\ \mathrm{m/s}$ (나) $\frac{|\Delta K|}{K} = 19.6\ \%$ 감소

4.3 충돌 문제

4-11 완전비탄성충돌

같은 질량의 두 물체가 아래와 같은 운동 상태(ㄱ), (ㄴ)에서 완전비탄성충돌을 한다.

(가) 운동에너지의 손실이 더 큰 것은 어느 경우인가?

(나) 어느 경우에 운동에너지의 손실비율이 더 큰가?

(ㄱ) 두 물체가 각각 $\frac{v_0}{2}$의 속도로 접근하여 충돌한다.

(ㄴ) 한 물체는 정지해 있고, 다른 물체가 속도 v_0로 달려와서 충돌한다.

답 (가) 같다 (나) (ㄱ)

4-12 총알의 속도

16 g짜리 총알이 발사되어 1.5 kg의 탄동흔들이 나무토막에 박혔다. 나무토막이 흔들려서 최고 높이에 이르렀을 때 줄이 연직선과 60°를 이루었다. 줄의 길이는 2.3 m이다.

(가) 총알의 발사 속도를 구하라.

(나) 총알이 박힌 탄동흔들이의 추(나무토막)가 연직면 내에서 원을 그리도록 하자면 총알의 속도는 적어도 얼마이어야 하는가? 줄 대신에 매우 가벼운 막대로 되어 있다고 한다.

(다) 만일 발사된 총알이 나무토막에 박히지 않고 통과하여 처음 속도의 반으로 날아갔다면 총알의 처음 속도는 얼마였을까?

답 (가) $u = 450\ \mathrm{m/s}$ (나) 1000 m/s (다) 890 m/s

4-13 널판자 위를 걷는 여학생

얼음판 위에 놓여 있는 질량 150 kg의 널판자 위에 질량 45.0 kg의 여학생이 서 있다가 널판자에

대해서 1.50 m/s의 일정한 속도로 걷기 시작하였다. 널판자와 얼음판 사이의 마찰은 무시한다. 여학생 및 널판자의 얼음판에 대한 속도는 각각 얼마인가?

답| (답) $v_{여} = 1.15$ m/s, $v_{판} = 0.346$ m/s(여학생과 반대 방향)

4-14 철도 화물차의 충돌

질량이 2.50×10^4 kg인 철도 화물차 한 대가 속도 4.00 m/s로 철로 위를 달리다가, 같은 방향으로 2.00 m/s의 속도로 달리고 있는 같은 화물차 3대가 한데 결합된 것과 충돌하여 결합되었다.

(가) 4대가 한데 결합된 화물차의 속도를 구하라.

(나) 충돌로 인한 역학적 에너지의 변화를 구하라.

(다) 역으로 4대의 화물차가 결합된 채 $u_{4대}$의 속도로 달리다가 맨 앞의 화물차를 떼어 내어 세게 앞으로 밀어서 4.00 m/s의 속도가 되게 하였더니, 나머지는 계속 2.00 m/s의 속도로 운동하였다 한다. 이 경우 처음 속도 $u_{4대}$를 구하라. 이때 이 물리계에 해준 일은 얼마인가?

(라) (다)의 과정은 그 앞의 과정과 어떤 관계가 있다고 생각되는가?

답| (가) $v_{4대} = 2.50$ m/s (나) $\Delta E = 3.75 \times 10^4$ J(감소)

(다) $u_{4대} = 2.50$ m/s, $W = 3.75 \times 10^4$ J

(라) 시간의 흐름을 역으로 되돌린 것(시간반전 : time reversal)이다.

4-15 베릴륨의 붕괴

베릴륨 동위원소(^{4}Be)가 불안정하여 두 개의 알파(헬륨핵 ^{2}He)입자로 붕괴한다. 이때 1.5×10^{-14} J의 에너지가 발생한다. 알파입자의 질량은 $m_\alpha = m_{He} = 6.68 \times 10^{-27}$ kg이다. 베릴륨 동위원소가 정지상태에서 붕괴했다면 알파입자의 속도는 얼마일까?

답| $v_\alpha = 1.5 \times 10^6$ m/s

4-16 발사된 포탄의 폭발

3.00 kg의 포탄이 120 m/s의 속도로 수평에서 30.0° 위쪽으로 발사되었다. 궤도의 꼭짓점에서 폭발하여 1.00 kg 및 2.00 kg의 두 조각으로 갈라졌다. 2 kg짜리 조각은 폭발한 지 3.60초만에 똑바로 아래로 땅에 떨어졌다.

(가) 폭발하는 순간 포탄의 속도 및 폭발 위치를 구하라.

(나) 폭발하는 순간 2 kg짜리 및 1 kg짜리 파편의 속도를 각각 구하라.

(다) 1 kg짜리 파편이 땅에 떨어지는 데 걸리는 시간을 구하여, 발사점으로부터 떨어진 거리를 구하라.

(라) 폭발 직전 및 직후의 운동에너지를 구하고, 폭발로 인한 에너지 변화를 구하라.

답| (가) $\vec{v}_h = (104$ m/s, $0)$, $\vec{r}_h = (636$ m, 184 m$)$

(나) $\vec{v}_{2kg} = (0, -33.3$ m/s$)$, $\vec{v}_{1kg} = (312$ m/s, 66.6 m/s$)$

(다) $t_{1kg} = 15.9$ s, $x_{1kg} = 5600$ m

(라) $K = 16.2 \times 10^3$ J, $T = 51.9 \times 10^3$ J, $\Delta E = +35.7 \times 10^3$ J

4-17 자동차의 추돌

2,000 kg짜리 자동차가 오른쪽으로 10.0 m/s의 속도로 달리는 같은 무게의 자동차를 30.0 m/s로 달려가서 추돌하였다.

(가) 추돌 후 두 자동차는 하나로 붙어버렸다. 충돌 직후 그들의 속도는 얼마인가?

(나) 충돌로 잃은 에너지는 처음의 몇 %인가?

답| (가) $v_{AB} = 20.0$ m/s, (나) $\frac{|\Delta K|}{K} = 20\%$

4-18 두 물체의 정면충돌

속도 4.00 m/s로 운동하는 질량 5.00 kg의 물체가 3.00 m/s의 속도로 마주 오는 질량 10.0 kg의 물체와 정면충돌하였더니, 10 kg짜리 물체는 충돌 후 즉시 정지했다.

(가) 5 kg짜리 물체의 충돌 후 속도는 얼마인가?

(다) 이 충돌은 탄성충돌인가?

답| (가) $v_A = 2.00$ m/s(처음과 반대 방향) (나) 비탄성충돌

4-19 두 구슬의 탄성충돌

질량 3.00 kg의 유리구슬이 4.00 m/s의 속도로 달려와서 정지해 있는 2.00 kg의 사기구슬에 탄성 정면충돌하였다.

(가) 충돌 후 두 구슬의 속도를 구하라.

(나) 충돌 전, 후의 운동에너지를 구하여 그들 사이의 관계를 확인하라.

답| (가) $v_{유} = 0.800$ m/s, $v_{사} = 4.80$ m/s (나) $K = T = 24.0$ J

4-20 두 물체의 반발계수

질량 2.00 kg의 물체가 6.00 m/s의 속도로 달려와서 정지해 있는 질량 4.00 kg의 물체에 충돌하였다. 충돌 후 2 kg짜리 물체는 뒤로 1.00 m/s의 속도로 움직였다.

(가) 충돌 후 4 kg짜리 물체의 속도를 구하라.

(나) 충돌로 인한 에너지 손실을 구하라.

(다) 이 두 물체의 반발계수는 얼마인가?

답| (가) $v_{4kg} = 3.50$ m/s (나) $|\Delta K| = 10.5$ J (다) $e = 0.750$

4-21 연직상방으로 나무토막을 관통한 총알

연직상방으로 발사된 질량 m의 총알이 얇은 종이로 가까스로 유지되어 있는 질량 M의 나무토막을 관통하여, 총알은 최고 연직 높이 h, 나무토막은 H까지 올라갔다가 내려왔다.

(가) 총알이 관통하는 순간, 총알 및 나무토막의 속도를 각각 구하라.

(나) 총알이 나무토막에 닿기 직전의 속도를 구하라.

(다) 이 물리계의 충돌 전, 후의 역학적 에너지를 구하라.

(라) 나무토막에서 소모된 에너지를 구하라.

답| (가) $v_{총알} = \sqrt{2gh}$, $v_{나무} = \sqrt{2gH}$ (나) $u_{총알} = \sqrt{2gh}\left(1 + \frac{M}{m}\sqrt{\frac{H}{h}}\right)$

(다) $E = mgh\left(1 + \frac{M}{m}\sqrt{\frac{H}{h}}\right)^2$, $\varepsilon = mgh + MgH$: (중력위치에너지의 기준점)=(나무토막 높이)

(라) $\Delta E = -MgH\left(\frac{M}{m} + 2\sqrt{\frac{h}{H}} - 1\right)$

4-22 교차로에서 자동차 충돌

똑같은 두 자동차가 제한 속도가 $v_{제한} = 50\,\text{km/h}$인 교차로에서 충돌하여 한 덩어리가 되었다. 한 자동차는 동쪽으로 13.0 m/s의 속도로 달리고 있었고, 다른 자동차는 북쪽으로 달리고 있었다. 충돌 후, 두 자동차의 나란한 바큇자국은 동쪽에서 북쪽으로 55.0°의 각을 이루는 방향으로 있었다.

(가) 교차로에서 속도를 위반한 차량은 어느 것인가?

(나) 충돌 직후 두 자동차의 속도는 얼마인가?

답 | (가) 북쪽으로 가던 차 (나) $v_{AB} = 11.3\,\text{m/s}$

4-23 당구공의 탄성충돌

흰 당구공이 5.00 m/s의 속도로 달려와서 정지해 있는 검은 당구공에 탄성충돌하였다. 충돌 후 검은 공은 흰 공의 입사 방향과 30° 방향으로 튕겨나갔다. 두 당구공은 질량이 같다. 충돌 후 두 공의 속도를 구하라.

답 | $v_{흰} = 2.50\,\text{m/s}$, $\theta_{흰} = 60°$; $v_{검} = 4.33\,\text{m/s}$, $\theta_{검} = -30°$

4-24 두 양성자의 충돌

한 양성자가 속도 $\vec{v}_0$로 달려와서 정지해 있는 다른 양성자와 탄성충돌하였다. 충돌 후 두 양성자의 운동에너지가 서로 같았다. 두 양성자의 충돌 후 속도를 구하라.

답 | $v_1 = v_2 = \frac{v_0}{\sqrt{2}}$, 방향은 $\vec{v}_0$의 방향에서 $\pm 45°$

4-25 크기가 다른 두 구슬의 충돌

크기가 다른 두 구슬이 비낌충돌을 했다. 정지해 있는 큰 구슬에 작은 구슬이 속도 $u_1 = 3\,v_0$로 달려와서 충돌하여 운동 방향과 $\theta_1(\theta_1 = \tan^{-1}2)$의 각을 이루는 방향으로 속도 $v_1 = \sqrt{5}\,v_0$로 빗겨 나갔다. 작은 구슬의 질량은 m, 큰 구슬은 $2m$이다.

(가) 충돌 후 큰 구슬의 속도를 구하라.

(나) 이 충돌은 탄성인가?

답 | (가) $v_2 = \sqrt{2}\,v_0$, $\theta_2 = 45°$ (나) 탄성충돌

4-26 두 입자의 비낌충돌

질량이 각각 $3m$, m인 두 입자가 서로 마주보고 v_0의 같은 속도로 달려와서 비낌탄성충돌하였다. 질량 $3m$의 입자는 동쪽으로 입사하였는데 질량 m의 입자는 충돌 후 남쪽으로 향하였다. 충돌 후 두 입자의 속도를 구하라.

답 | $v_{3m}=\sqrt{\frac{2}{3}}v_0$(동쪽에서 북쪽으로 35.5° 방향), $v_{1m}=\sqrt{2}v_0$(남쪽)

4-27 라켓볼의 공

경기규칙에 의하면, 라켓볼 경기에서 사용하는 공은, 실온에서 254 cm의 높이에서 마룻바닥에 떨어뜨렸을 때 173～183 cm의 높이로 튕겨 오르는 것이라야 한다. 공과 마룻바닥 사이에 허용되는 반발계수의 영역을 구하라.

답 | $e=0.825\sim0.849$

4-28 반발계수와 에너지 감소

공이 바닥에 떨어져 처음 높이의 80%까지 튕겨 오른다.

(가) 반발계수는 얼마인가?

(나) 한 번 튕겨 오를 때마다 잃는 에너지는 처음의 몇 %인가?

답 | (가) $e=0.894$ (나) $\left|\frac{\Delta K}{K}\right|=20\%$

4-29 유리구슬과 쇠구슬의 탄성충돌

가벼운 유리구슬과 매우 무거운 쇠구슬이 서로 같은 속도 v_0으로 마주보고 달려와서 탄성정면충돌하였다.

(가) 충돌 전 유리구슬의 쇠구슬에 대한 상대속도를 구하라.

(나) 충돌 후 유리구슬의 속도를 구하라.

답 | (가) $u_{유/쇠}=-2v_0$ (나) $v_{유}=3v_0$

4-30 구슬의 매끄러운 평면과 비낌충돌

질량 m의 구슬이 평면과 45°를 이루는 방향으로 속도 v_0로 입사하여 평면과 30°를 이루는 방향으로 튕겨나갔다.

(가) 튕겨 나온 후 구슬의 속도의 크기를 구하라.

(나) 구슬과 평면 사이의 반발계수를 구하라.

(다) 이 충돌로 구슬이 받은 충격량을 구하라.

답 | (가) $v=\frac{\sqrt{6}}{3}v_0$ (나) $e=\frac{1}{\sqrt{3}}$ (다) $J=\left(\frac{3\sqrt{2}+\sqrt{6}}{6}\right)mv_0$

4-31 강철의 반발계수

강철과 강철 사이의 반발계수는 강철 구슬이 정지상태에서 자유낙하하여 땅에 고정된 무거운 수평면인 강철판에 충돌하여 튕겨 오르는 연직 높이를 측정하여 구할 수 있다. 3.00 m 의 연직 높이에서 자유낙하한 강철 구슬이 충돌 후 2.50 m 까지 튕겨 올라갔다. 반발계수를 구하라.

답 | $e=0.913$

5장 조화진동

5.1 단조화진동

5.2 감쇠진동

5.3 강제진동

5.4 비조화진동

5.5 결합진동

일상 생활에서 경험하는 여러 가지 자연현상 중에 주기운동인 진동현상이 많이 나타난다. 시계추의 흔들림, 바람에 의한 버드나뭇가지의 흔들림, 시동이 걸린 승용차의 떨림 등 외에도 소리를 내는 물체의 떨림, 곧 소리굽쇠, 꽹과리, 북, 바이올린 및 피아노의 줄 등의 떨림도 진동현상이다. 이런 진동 현상은 이제까지의 직선운동, 곡선운동, 원운동과 다른 특이한 점이 있다. 이러한 진동현상 중에 가장 단순하고 기본이 되는 단조화진동의 기본적인 특성을 살펴본다. 또한 단조화진동의 중첩으로 나타나는 현상, 그리고 실제로 많이 나타나는 감쇠진동현상, 강제진동 및 결합진동 현상에 대해서도 살펴본다.

5.1 단조화진동

물체의 운동에는 원운동과 같이 일정한 시간 간격으로 같은 운동을 되풀이하는 왕복운동 또는 **주기운동**(periodic motion)이 있다. 용수철에 추를 달아 평형점으로부터 조금 당겼다가 가만히 놓으면 직선상에서 왕복운동을 한다. 또, 실 끝에 추를 달아서 천장에 매달고 약간 흔들어 주면 추는 원호를 그리며 왕복운동을 한다. 이런 왕복운동을 **진동**(oscillation)이라 한다. 진동 중에 가장 단순하고 기본이 되는 운동이 **단(순)조화진동**이다.

여러 가지 진동현상은 단조화진동의 여러 가지 형태의 중첩으로 표현된다. 또한 한 지점에서의 진동이 공간을 퍼져나가는 것이 **파동**(wave)이므로 단조화진동은 음파나 전자의 진동으로 발생하는 전자기파를 이해하는 데 기본 바탕이 된다.

5.1.1 단조화진동과 원운동

단조화진동을 원운동과 비교하여 정의하고자 한다. **그림 5.1**과 같이 물체를 나타내는 점 P_0가 반지름 A [m], 각속도 ω [rad/s]로 등속원운동을 할 때 지름 위에 내린 그림자, 예를 들어 세로 방향의 지름(x축) 위의 그림자 P는 그 지름 위에서 왕복운동을 한다. 이와 같은 왕복운동을 **단(순)조화진동**(simple harmonic oscillation) 또는 간단히 **단진동**(simple oscillation)이라 한다. 곧

> **등속원운동을 하는 물체의 그 원궤도의 지름 위에 내린 그림자의 운동과 같은 운동을 단조화진동이라 한다.**

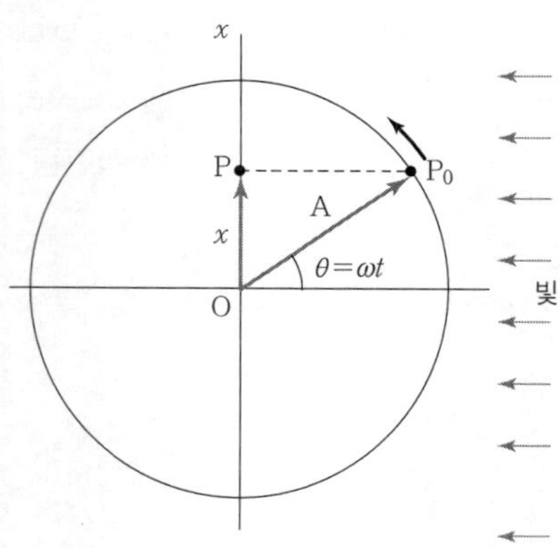

그림 5.1 등속원운동과 단조화진동

이때 점 P를 **진동점**(oscillating point)이라 하고, 그와 같이 운동하는 물체 또는 질점을 **단조화진동자**(simple harmonic oscillator)라 한다.

◎ 단조화진동의 변위

점 P_0의 출발점을 시간 및 각위치의 기준점

$$t=0,\quad \theta=0$$

으로 하면, 어떤 시각 t [s]에서 점 P_0의 각변위는 $\theta=\omega t$ [rad]이므로, 진동점 P의 위치, 곧 원점 O로부터 변위 x [m]는

$$x = A\sin\omega t \tag{5.1}$$

로 주어진다. 따라서 단조화진동을 아래와 같이 정의하기도 한다.

> **(A) 변위가 시간의 조화함수(사인 또는 코사인함수)로 표현될 때 그 물체의 운동을 단조화진동이라 한다.**

식(5.1)에서 진동점 P의 최대 변위 A를 단조화진동의 **진폭**(amplitude), ωt를 단조화진동의 **위상**(phase)이라 하고, 한번 왕복하는 데 걸리는 시간을 **주기**(period)라 한다. 보통 주기를 원운동의 경우처럼 T로 나타낸다. 1초 사이에 왕복하는 횟수 f를 **진동수**(frequency)라 하고 원운동의 회전수와 같은 단위 **헤르츠**(herz)[Hz]를 사용한다.

단조화진동자의 최대 변위를 나타내는 진폭은 원운동의 반지름에, 단조화진동자의 위상은 원운동의 회전각에 각각 해당한다. 또, 단조화진동의 주기 및 진동수는 각각 원운동의 주기 및 회전수와 일치하므로 그들 사이에는 다음 관계식이 성립한다.

$$f=\frac{1}{T},\quad T=\frac{2\pi}{\omega}$$

표 5.1 원운동과 단조화진동의 대비

원운동		단조화진동
반지름	→	진 폭
각속도	→	각진동수
회전각	→	위 상
주 기	→	주 기
회전수	→	진동수

이 두 식에서 주기 T를 소거하면

$$\omega = 2\pi f$$

가 된다. 그래서 단조화진동에서는 ω를 **각진동수**(angular frequency)라 한다.

○ 단조화진동의 기술

단조화진동의 변위는 식(5.1)로 주어짐을 알았다. 속도 및 가속도는 시간에 따라 어떻게 변하는지 원운동의 경우와 비교하여 알아보자.

그림 5.2에서와 같이 반지름 A [m], 각속도 ω[rad/s]로 등속원운동을 하는 물체를 나타내는 점 P_0의 지름(x축)에 내린 그림자 P의 운동이 단조화진동이므로 단조화진동자의 속도 및 가속도는 점 P의 속도 및 가속도와 같다. 따라서 그 속도벡터 $\vec{v}$[m/s] 및 가속도벡터 $\vec{a}$[m/s^2]는 각각 점 P_0의 속도벡터 $\vec{v}_0$ [m/s] 및 구심가속도벡터 $\vec{a}_0$ [m/s^2]의 지름(x축) 위에 내린 그림자 또는 지름 방향의 성분과 같다.

따라서 단조화진동을 하는 점 P의 점 O에서 속도의 크기는 점 P_0의 $\theta = 0$에서 속도벡터의 크기와 같고, 최대 변위인 지름의 양쪽 끝에서 점 P의 속도는 0이다. 따라서 그 빠르기가 점 O에서 최대이다. 가속도의 크기는 반대로 점 O에서 0이고, 변위가 최대인 지름의 양쪽 끝점에서는 점 P_0의 가속도벡터의 크기와 같다. 따라서 가속도의 크기는 변위가 최대인 점에서 최대이다.

속도벡터 $\vec{v}_0$의 방향은 원둘레의 접선 방향이고 그 크기는 식(1.65) 또는 식(1.66)에 의하여 $v_0 = \omega A$ [m/s]이다. 점 P의 속도 v[m/s]는, 속도벡터 $\vec{v}_0$의 x축상의 그림자인 x 성분이다. 곧

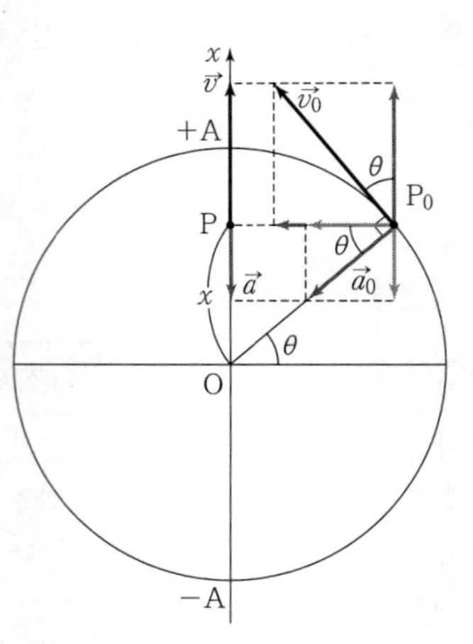

그림 5.2 등속원운동 및 단조화진동을 하는 질점의 속도, 가속도 사이의 관계

$$v = v_0 \cos\theta = \omega A \cos\omega t \tag{5.2}$$

이다. 이것은 변위가 식(5.1)로 기술되는 운동, 곧 단조화진동을 하는 물체(단조화진동자)의 속도이다.

같은 방법으로 단조화진동자의 가속도를 구할 수 있다. **그림 5.2**에서 보는 바와 같이 점 P_0의 가속도는 구심가속도 $\vec{a}_0$뿐이다. 그 크기는 식(1.71) 또는 식(1.76)에 의하여 $a_0 = \omega^2 A\,[\mathrm{m/s^2}]$이다. 단조화진동자(점 P)의 가속도 $\vec{a}\,[\mathrm{m/s^2}]$는 점 P_0의 가속도 $\vec{a}_0$의 x축상의 그림자인 x 성분이므로

$$a = -a_0 \sin\theta = -\omega^2 A \sin\omega t \tag{5.3}$$

로 주어진다. 이것은 변위 식(5.1)을 고려하면

$$a = -\omega^2 x \tag{5.4}$$

로 된다. 이것은 단조화진동을 기술하는 보다 더 일반적인 관계식이다. 곧

(B) 단조화진동자의 가속도는 변위에 비례하고, 변위와 반대 방향이다.

단조화진동을 하는 물체의 변위, 속도 및 가속도의 시간에 따른 변화하는 모양은 **그림 5.3**과 같다. 곧 차례로 식(5.1), (5.2) 및 (5.3)의 그래프이다. 변위가 시간에 따라 사인곡선 모양으로 변하면 그 속도의 크기는 코사인함수 모양으로 변하고, 가속도의 크기는 변위와 같이 사인함수 모양으로 변하나 방향이 변위와 반대이다. 곧 속도 및 가속도는 변위보다 위상이 각각 $\frac{\pi}{2}$, π 만큼 앞서 있다. 이것은 식(5.2) 및 식(5.3)을 각각

$$v = \omega A \sin\left(\omega t + \frac{\pi}{2}\right), \quad a = \omega^2 A \sin(\omega t + \pi)$$

로 바꾸어 쓸 수 있기 때문이다.

이제까지의 논의는 점 P_0가 시간 및 각위치의 기준점인 $t=0$, $\theta=0$에서 출발한 경우이다. 만일 점 P_0가 출발점에서 시각 및 각위치(또는 각변위)가 각각

$$t=0, \quad \theta = \delta$$

였다면, 진동점 P 또는 단조화진동자의 변위 x, 속도 v 및 가속도 a는 같은 방법으로

$$\text{변 위} : x = A \sin(\omega t + \delta) \tag{5.5}$$

$$\text{속 도} : v = \omega A \cos(\omega t + \delta) = \omega A \sin\left(\omega t + \delta + \frac{\pi}{2}\right) \tag{5.6}$$

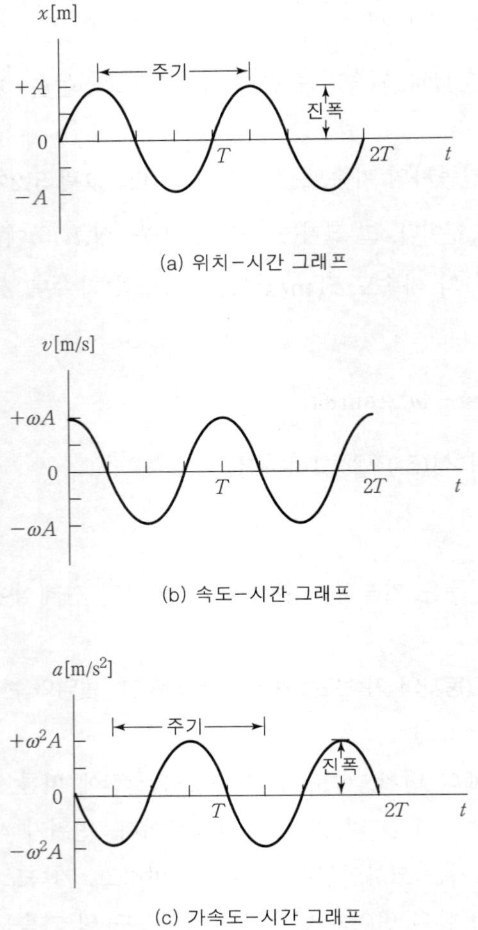

그림 5.3 단조화진동의 변위, 속도 및 가속도의 시간에 따른 변화 모양

$$\text{가속도} : a = -\omega^2 A \sin(\omega t + \delta) = \omega^2 A \sin(\omega t + \delta + \pi) \tag{5.7}$$

로 주어진다. 여기서 처음 출발점에서 각위치 δ를 진동점 P의 **초기 위상**(initial phase) 또는 **위상상수**(phase constant)라 한다. 따라서 식(5.1)은 초기 위상이 $\delta = 0$인 경우이다.

또한, 단조화진동자의 변위, 속도 및 가속도들 사이에도 직선운동에서처럼

$$v = \frac{dx}{dt}, \quad a = \frac{dv}{dt} = \frac{d^2x}{dt^2}$$

의 관계가 있다.

○ 단조화진동의 힘의 법칙

단조화진동자에 작용하는 힘은 운동의 법칙 $F = ma$에 의하여 식(5.4)로부터

$$F = -kx \tag{5.8}$$

임을 알 수 있다. 이것은 단조화진동의 힘의 법칙으로, 바로 훅의 법칙이다. 여기서 k는

$$k = m\omega^2 \quad \text{또는} \quad \omega = \sqrt{\frac{k}{m}} \tag{5.9}$$

로 주어지는 상수이다. $x=0$에서 $F=0$이므로 원점 $x=0$은 단조화진동에서 평형점이다. 따라서 단조화진동자에 작용하는 힘은 항상 평형점($x=0$)을 향하고, 물체가 평형점에 되돌아가게 하는 복원력(되돌이힘)임을 알 수 있다.

(C) 단조화진동자에 작용하는 힘의 크기는 평형점으로부터 변위에 비례하고, 그 방향은 변위와 반대이다. 따라서 항상 평형점을 향한다.

역으로, 물체에 $F=-kx$의 힘이 작용하면 물체는

$$\textbf{각진동수} \quad \omega = \sqrt{\frac{k}{m}}, \qquad \textbf{주 기} \quad T = \frac{2\pi}{\omega} = 2\pi\sqrt{\frac{m}{k}} \tag{5.10}$$

의 단조화진동을 한다. 여기서 주기 T는 진폭에는 관계가 없다. 이를 단조화진동의 **등시성**(isochronism)이라 한다.

식(5.8)은 단조화진동을 하는 물체에 작용하는 힘의 법칙을 나타낸다. 따라서 단조화진동의 운동방정식은

$$m\frac{d^2x}{dt^2} = -kx \quad \text{또는} \quad m\frac{d^2x}{dt^2} + kx = 0 \tag{5.11}$$

이다. 여기에 식(5.9)를 고려하면

$$\frac{d^2x}{dt^2} = -\omega^2 x \quad \text{또는} \quad \frac{d^2x}{dt^2} + \omega^2 x = 0 \tag{5.12}$$

를 얻는다. 이를 단조화진동의 **기초운동방정식**(fundamental equation of simple harmonic oscillation)이라 하기도 한다.

○ 단조화진동의 정의

단조화진동은 서술문 (A), (B), (C)로 정의할 수 있다. 이들은 각각 단조화운동을 하는 물체의 변위, 가속도 및 물체에 작용하는 힘의 모양에 의하여 정의한 것이다. 따라서 단조화진동을 하는 물체의 변위를 나타내는 식(5.5), 가속도를 나타내는 식(5.4) 또는 힘의 법칙을 나타내는 식(5.8) 중의 하나로 단조화진동을 정의할 수 있다.

$$(\text{단조화진동}) \rightleftarrows \begin{cases} \text{(A) 변 위}: x = A\sin(\omega t+\delta) & (5.5) \\ \text{(B) 가 속 도}: a = -\omega^2 x & (5.4) \\ \text{(C) 힘의 법칙}: F = -kx \quad (k = m\omega^2) & (5.8) \end{cases}$$

이외에 기초방정식(5.12)로 정의하기도 한다. 곧

$$x(t) = \begin{pmatrix} \text{단조화진동자} \\ \text{변 위} \end{pmatrix} \rightleftarrows \frac{d^2x}{dt^2} = -\omega^2 x \quad \text{또는} \quad \frac{d^2x}{dt^2} + \omega^2 x = 0 \tag{5.12}$$

예제 5.1 위상상수

호수에 떠 있는 질량 0.55 t의 돛단배가 일렁거리는 물결로 인하여 상하로 진동을 하고 있다. 그 변위가

$$x = 0.30\sin\left(\frac{t}{2} + \frac{\pi}{6}\right)$$

로 주어진다. 단위는 MKS단위이다. 다음을 구하라.

① 각진동수, 위상상수, 진폭 및 주기
② $t = 1.0$ s일 때 위치
③ 처음($t = 0$) 위치, 속도 및 가속도 그리고 배에 작용한 힘

풀이 ① 식(5.5)과 비교하여 보면

$$\omega = 0.50 \text{ rad/s}, \quad \delta = \frac{\pi}{6}\,[\text{rad}] = 30°, \quad A = 0.30 \text{ m}$$

임을 알 수 있고, 주기는 식(5.10)에 의하여

$$T = \frac{2\pi}{\omega} = \frac{2\pi \text{ rad}}{0.50 \text{ rad/s}} = 4\pi \text{ s} = 12.56 \text{ s}$$

이다. 곧 주기는 13초이다.

② $t = 1$ s일 때 배의 위상은

$$\begin{aligned} \omega t + \delta &= (0.50 \text{ rad/s}) \times (1.0 \text{ s}) + \left(\frac{\pi}{6} \text{ rad}\right) \\ &= (1.02 \text{ rad}) \times \left(\frac{180°}{\pi \text{ rad}}\right) = 58.7° \end{aligned}$$

이므로, 위치는

$$x = (0.30 \text{ m}) \times (\sin 58.7°) = 0.256 \text{ m}$$

이다. 곧 배의 위치는 평형점 위로 0.26 m이다.

③ 처음($t = 0$) 위치, 속도 및 가속도는 각각 식(5.5), 식(5.6) 및 식(5.7)에 의하여

$$x = A\sin(\omega t + \delta) = (0.30 \text{ m}) \times \sin\left(0 + \frac{\pi}{6}\right) = 0.15 \text{ m},$$

$$v = \omega A\cos(\omega t+\delta) = (0.50\ \text{rad/s})\times(0.30\ \text{m})\times\cos\left(0+\frac{\pi}{6}\right)$$
$$= 0.0433\ \text{m/s}$$
$$a = -\omega^2 A\sin(\omega t+\delta) = -(0.50\ \text{rad/s})^2\times(0.30\ \text{m})\times\sin\left(0+\frac{\pi}{6}\right)$$
$$= -0.0375\,\text{m/s}^2$$

이다. 처음에 배의 위치는 평형점보다 위쪽에 0.15m에 있고, 속도는 평형점 위쪽으로 0.043 m/s, 가속도는 아래쪽으로 평형점을 향하여 0.038 m/s^2 ($-0.038\ \text{m/s}^2$)이다. 곧 속도가 감속된다.
작용한 힘은

$$F = ma = (0.55\times10^3\,\text{kg})\times(-0.0375\,\text{m/s}^2) = -20.6\ \text{N}$$

이므로, 아래로 평형점을 향하여 21 N의 힘이 작용한다.

예제 5.2 단조화진동자의 위치함수

연직으로 매달린 용수철의 아래 끝에 2.00 kg의 추를 다니 용수철이 10.0 cm 늘어났다. 이 용수철을 매끄러운 수평인 실험대에 놓고 한쪽 끝은 고정하고 다른쪽 끝에 그 추를 달아서 평형점(자연길이의 끝점)으로부터 5.00 cm 까지 당겨서 가만히 놓아 진동하게 하였다.
① 추의 각진동수, 진동주기를 각각 구하라.
② 진폭, 위상상수를 구하여 추의 시간에 대한 위치 x의 함수(위치함수) $x(t)$를 구하라.

풀이 ① 연직으로 매달린 용수철의 힘상수를 k라 하면 탄성력의 크기 kx와 추의 무게 mg가 평형을 이루므로

$$kx = mg \quad \therefore\ k = \frac{mg}{x} = \frac{(2.00\ \text{kg})\times(9.81\,\text{m/s}^2)}{(10.0\times10^{-2}\,\text{m})} = 196.2\,\text{N/m}$$

이다. 따라서 추에 탄성력

$$F = -k\,x\ \ (k = 196.2\ \text{N/m})$$

가 작용하고 있다. 이것은 힘의 법칙 식(5.8)과 같은 꼴이므로 추는 식(5.9)에 의하여 그 각진동수는

$$\omega = \sqrt{\frac{k}{m}} = \sqrt{\frac{196.2\,\text{N/m}}{2.00\,\text{kg}}} = 9.9045\ \text{rad/s}$$

이고, 진동주기는

$$T = \frac{2\pi}{\omega} = 2\pi\sqrt{\frac{m}{k}} = 2\times3.14\times\sqrt{\frac{2.00\,\text{kg}}{196.2\,\text{N/m}}} = 0.6341\ \text{s}$$

이다. 곧 추는 각진동수 $\omega = 9.90\,\text{rad/s}$, 주기 $T = 0.634\ \text{s}$의 단조화진동을 한다.

② 진폭 및 위상상수를 각각 A, δ라 하면 처음($t=0$) 위치 $x(0)$ 및 속도 $v(0)$는 각각 식(5.5)

및 식(5.6)으로부터

$$x(0)=A\sin\delta,\quad v(0)=\omega A\cos\delta$$

로 주어진다. 이 두 식을 연립하여 풀면, 진폭 A 및 위상상수 δ는

$$A=\sqrt{(x(0))^2+\left(v\frac{(0)}{\omega}\right)^2},$$

$$\tan\delta=\frac{\omega x(0)}{v(0)} \text{ 또는 } \delta=\tan^{-1}\left(\frac{\omega x(0)}{v(0)}\right)$$

로 주어진다. 여기에 $x(0)=5.00\times10^{-2}\,\mathrm{m}$, $v(0)=0$, $\omega=9.9045\,\mathrm{rad/s}$를 대입하면

$$A=x(0)=5.00\times10^{-2}\,\mathrm{m},\quad \delta=\frac{\pi}{2}$$

를 얻는다. 따라서 위치함수는

$$\begin{aligned}x(t)&=(5.00\times10^{-2}\,\mathrm{m})\sin\left[(9.90\,\mathrm{rad/s})\,t+\frac{\pi}{2}\,\mathrm{rad}\right]\\&=(5.00\times10^{-2}\,\mathrm{m})\cos\,[\,(9.90\,\mathrm{rad/s})\,t]\end{aligned}$$

이다.

5.1.2 단조화진동자의 에너지

단조화진동자에 작용하는 힘의 법칙은 식(5.8)로 표현되었다. 이 힘에 의한 위치에너지 U는 기준점을 $x=0$으로 할 때

$$U=\frac{1}{2}kx^2 \tag{5.13}$$

로 주어지므로 역학적 에너지는

$$E=K+U=\frac{1}{2}mv^2+\frac{1}{2}kx^2$$

이다. 힘 $F=-kx$는 보존력이므로, 단조화진동자의 역학적 에너지는 보존된다. 그래서 그 역학적 에너지는 변위가 최대일 때, 곧 $x=A$일 때 에너지와 같다. 이 위치에서 $v=0$이므로 단조화진동을 하는 역학계의 역학적 에너지 E는

$$E=\frac{1}{2}kA^2=\frac{1}{2}m\omega^2A^2 \tag{5.14}$$

로 주어진다. 곧

단조화진동을 하는 역학계의 역학적 에너지는 진폭의 제곱 및 각진동수의 제곱에 비례한다.

이 사실은 단조화진동자의 변위 식(5.5) 및 식(5.6)으로부터 알 수 있다. 곧 운동에너지 K 및 위치에너지 U는 각각

$$K=\frac{1}{2}mv^2=\frac{1}{2}m\omega^2A^2\cos^2(\omega t+\delta) \tag{5.15}$$

$$\begin{aligned} U&=\frac{1}{2}kx^2=\frac{1}{2}kA^2\sin^2(\omega t+\delta) \\ &=\frac{1}{2}m\omega^2A^2\sin^2(\omega t+\delta) \end{aligned} \tag{5.16}$$

이다. 여기서 $k=m\omega^2$을 이용하였다. 따라서 역학적 에너지 E는

$$\begin{aligned} E&=\frac{1}{2}mv^2+\frac{1}{2}kx^2 \\ &=\frac{1}{2}m\omega^2A^2\{\cos^2(\omega t+\delta)+\sin^2(\omega t+\delta)\} \\ &=\frac{1}{2}m\omega^2A^2 \end{aligned} \tag{5.17}$$

가 된다.

◎ 평균값

식(5.15) 및 식(5.16)에서 보는 바와 같이 단조화진동을 하는 역학계의 운동에너지 및 위치에너지는 시간의 함수이다. 이런 경우 평균값을 생각하는 것이 편리하다. 일반적으로, 주기가 T인 함수 $f(t)$의 시간적인 평균값 $\langle f(t)\rangle$는

$$\langle f(t)\rangle=\frac{1}{T}\int_0^T f(t)\,dt \tag{5.18}$$

로 정의된다(식(4.9) 참조). 따라서

$$\begin{aligned} \langle\cos^2\omega t\rangle &=\frac{1}{T}\int_0^T\cos^2\omega t\,dt=\frac{\omega}{2\pi}\int_0^{\frac{2\pi}{\omega}}\frac{1}{2}(1+\cos 2\omega t)\,dt \\ &=\frac{\omega}{2\pi}\left[\frac{t}{2}+\frac{\sin 2\omega t}{4\omega}\right]_0^{\frac{2\pi}{\omega}}=\frac{1}{2}. \end{aligned}$$

여기서 $\cos^2\omega t=\frac{1}{2}(1+\cos 2\omega t)$임을 이용하였다. 같은 방법으로,

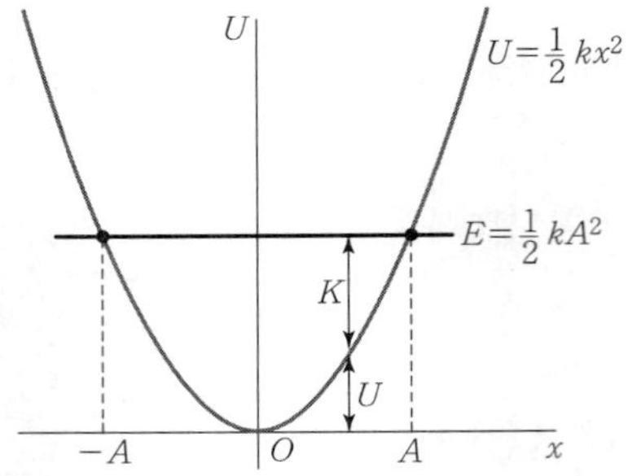

그림 5.4 단조화진동에 대한 위치에너지함수

$$\langle \sin^2 \omega t \rangle = \frac{1}{2}$$

이다. 그러므로

$$\begin{aligned}\langle K \rangle &= \left\langle \frac{1}{2} m\omega^2 A^2 \cos^2(\omega t + \delta) \right\rangle \\ &= \frac{1}{2} m\omega^2 A^2 \langle \cos^2(\omega t + \delta) \rangle \\ &= \frac{1}{4} m\omega^2 A^2\end{aligned} \tag{5.19}$$

$$\langle U \rangle = \frac{1}{2} kA^2 \langle \sin^2(\omega t + \delta) \rangle = \frac{1}{4} m\omega^2 A^2 \tag{5.20}$$

이다. 곧 단조화진동을 하는 역학계의 운동에너지 및 위치에너지의 평균값은 서로 같다.

그림 5.4는 단조화진동에 대한 위치에너지함수 $U(x)$(식 5.13)의 그래프이다. 그래프는 제일 낮은 점인 평형점(원점)에 대해서 또는 이를 지나는 y축에 대해서 좌우 대칭이다. 그래프는 역학적 에너지 E와 $x=-A$ 및 $x=A$에서 만난다. 따라서 물체는 $-A \le x \le A$사이에서 왕복운동 또는 진동을 한다. 이 두 점은 **되돌이점**(회귀점 : turning point)이다(소단원 3.2.3 참조). 위치에너지함수의 그래프가 평형점에 대해서 대칭이 아닌 에너지 영역에서 물체의 운동은 단조화진동이 아니다. 이 문제는 소단원 5.4에서 다루게 된다.

예제 5.3 단조화진동에서 역학적 에너지

질량이 1.0 kg인 물체가 0.20 m떨어진 두 점 A, B 사이에서 단조화진동을 하고 있다. 점 A에서 6.0 cm 떨어진 점 P에서 물체가 받는 힘이 4.0×10^{-3} N이었다.

① 이 역학계의 에너지는 얼마인가?

② 점 P에서 속도는 얼마인가?

풀이 | ① 두 점 A, B는 단조화진동의 두 되돌이점이므로 진동의 중심 또는 평형점은 두 점 A, B의 중간

점이다. 따라서 이 단조화진동자의 진폭은 두 되돌이점 사이 거리의 반인 $A = 0.10$ m이므로 점 P에서 물체의 변위는

$$x = 0.10\,\mathrm{m} - 0.060\,\mathrm{m} = 0.040\,\mathrm{m}$$

이다. 이 점에서 물체에 작용한 힘이 4.0×10^{-3} N이므로 힘의 법칙 식(5.8)에 의하여 비례 상수 k는

$$k = \frac{4.0 \times 10^{-3}\,\mathrm{N}}{0.040\,\mathrm{m}} = 0.10\,\mathrm{N/m}$$

이므로 역학적 에너지는 식(5.14)에 의하여

$$E = \frac{1}{2}kA^2 = \frac{1}{2} \times (0.10\,\mathrm{N/m}) \times (0.10\,\mathrm{m})^2 = 0.50 \times 10^{-3}\,\mathrm{J}$$

이다.

② 평형점으로부터 점 P의 위치를 x라 하면, 역학적 에너지 보존법칙에 의하여

$$\frac{1}{2}mv^2 + \frac{1}{2}kx^2 = \frac{1}{2}kA^2 \quad \therefore\ v = \pm\sqrt{\frac{2}{m}k(A^2 - x^2)}$$

이다. 여기에 위의 수 값을 대입하면 점 P에서 속도는

$$\therefore\ v = \pm\sqrt{\frac{2}{1.0\,\mathrm{kg}} \times (0.10\,\mathrm{N/m}) \times ((0.10\,\mathrm{m})^2 - (0.040\,\mathrm{m})^2)}$$
$$= \pm\, 0.041\,\mathrm{m/s}$$

이다. 여기서 복부호(±)는 점 P에서 속도의 두 방향을 나타낸다.

예제 5.4 단조화진동에서 에너지 및 운동량

수평으로 놓인 힘상수가 k인 용수철에 연결된 질량 M의 수레가 매끄러운 수평면 위에서 진폭 A의 단조화진동을 하고 있다. 이 수레 바로 위에서 연직 아래로 질량 m의 찰흙 덩어리를 아래와 같은 순간에 떨어뜨렸다. 각 경우, 수레의 새로운 진폭 및 주기를 각각 구하라.

① 수레가 평형점을 지나는 순간

② 수레가 되돌이점을 지나는 순간

풀이 | 이 문제는 수레와 찰흙이 충돌 전, 충돌 순간 및 충돌 후의 3 단계로 나누어 생각하는 것이 편리하다. 충돌 전후 단조화진동에서 역학적 에너지가 보존되고, 충돌하는 순간에는 운동량의 보존을 고려하여야 한다.

① 충돌 전 역학적 에너지는

$$E = \frac{1}{2}kA^2$$

이고, 평형점을 지나는 순간의 역학적 에너지는 모두 운동에너지뿐이므로 이 순간의 속도를 v라 하면

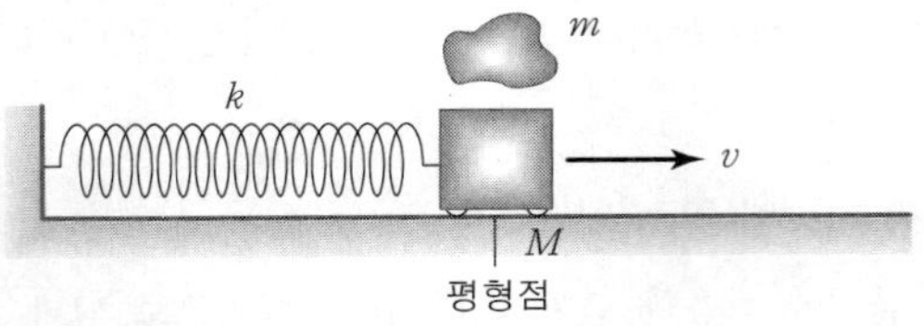

(a) 평형점을 지나는 순간

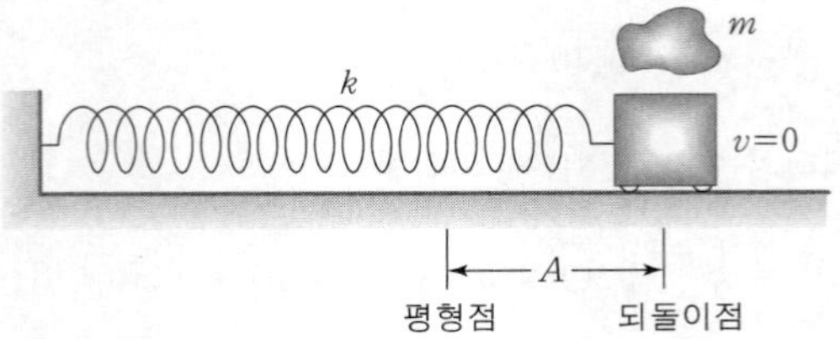

(b) 되돌이점을 지나는 순간

그림 5.5 수평 용수철에 달린 수레에 연직 아래로 떨어지는 찰흙

$$E=\frac{1}{2}Mv^2=\frac{1}{2}kA^2 \quad \therefore\ v=\pm\sqrt{\frac{k}{M}}A$$

이다.

수레와 찰흙 덩어리의 충돌이 완전비탄성충돌이지만 운동량이 보존되므로, 평형점에서 충돌 후 속도를 v'라 하면

$$Mv=(M+m)v' \qquad \therefore\ v'=\frac{Mv}{M+m}$$

이다.

충돌 후 평형점에서 역학적 에너지 E'은 운동에너지

$$K'=\frac{1}{2}(M+m)v'^2$$

과 같으므로

$$E'=\frac{1}{2}(M+m)\times\left(\frac{Mv}{M+m}\right)^2=\left(\frac{M}{M+m}\right)\times\frac{1}{2}Mv^2=\left(\frac{M}{M+m}\right)\times\frac{1}{2}kA^2$$

이다. 한편, 충돌 후 새로운 진폭을 A'이라 하면, 충돌 후 역학적 에너지 E'은

$$E'=\frac{1}{2}kA'^2$$

이므로 충돌 후 진폭 A'은 역학적에너지 보존에 의하여

$$\frac{1}{2}kA'^2=\left(\frac{M}{M+m}\right)\times\frac{1}{2}kA^2 \qquad \therefore\ A'=\pm A\sqrt{\frac{M}{M+m}}$$

이다. 여기 복부호($\pm$)는 진폭이 평형점($x=0$)에 대해서 대칭적임을 나타낸다.

충돌 전후 용수철의 힘상수는 같으나, 충돌 후 질량이 M에서 $M+m$로 증가했으므로 주기는 식(5.10)에 의하여

$$T = 2\pi\sqrt{\frac{M+m}{k}}$$

이다.

② 되돌이점에서 수레는 순간적으로 정지해 있으므로 역학적 에너지는 모두 위치에너지로 저장되어 있다. 곧 역학적 에너지는

$$E = \frac{1}{2}kA^2$$

이다. 이 점에서 $v = 0$이며, 충돌 전후의 운동량이 보존되므로

$$(M+m)v' = Mv = 0 \qquad \therefore\ v' = 0$$

이다. 곧 되돌이점에서는 속도의 변화가 없다. 따라서 운동에너지도

$$K' = \frac{1}{2}(M+m)v' = 0$$

이므로 충돌로 인한 역학적 에너지의 변화는 없다. 그러므로 충돌 후 진폭도 변화가 없다. 곧

$$E' = E = \frac{1}{2}kA^2$$

이다.

한편, 주기는 충돌 후 질량은 $M+m$이고, 비례상수 k는 변화가 없으므로 ①의 경우와 같다.

5.1.3 여러 가지 단조화진동의 보기

단조화진동을 하는 여러 가지 역학계의 보기를 들어 단조화진동의 특성을 조사해보자.

◎ 수평 용수철흔들이

단조화진동의 보기로 먼저 용수철의 끝에 달린 추의 운동을 들 수 있다.

그림 5.6과 같이 매끄러운 수평면 위에 용수철 상수 k[N/m]의 가벼운 용수철의 한쪽 끝을 고정하고, 다른쪽 끝에 질량 m[kg]의 물체를 달아 놓는다. 자연길이일 때(**그림 5.6(a)** 참조) 물체의 위치인 점 O로부터 물체를 A[m]만큼 당겼다가 가만히 놓으면 (**그림 5.6(b)** 참조) 물체는 수평면 위에서 점 O 좌우로 진동한다. 이런 흔들이를 **수평 용수철흔들이**(horizontal spring pendulum)라 한다. 점 O에서는 물체가 받는 힘이 없으므로 점 O는 **평형점**(equilibrium point)이다.

물체가 평형점으로부터 x[m]인 점을 지나는 순간 물체에 작용하는 힘 F[N]은

$$F = -kx$$

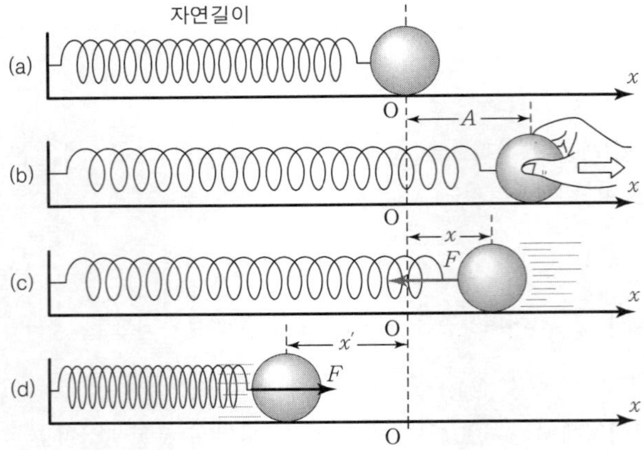

그림 5.6 수평 용수철흔들이

이다. 이는 바로 단조화진동의 힘의 법칙을 나타내는 식(5.8)이다. 따라서

> **수평으로 놓인 수평 용수철흔들이의 운동은 평형점($x=0$)을 중심으로 하는**
>
> **각진동수 $\omega=\sqrt{\frac{k}{m}}$, 주기 $T=\frac{2\pi}{\omega}=2\pi\sqrt{\frac{m}{k}}$**
>
> **의 단조화진동이다.**

○ 연직 용수철

흔들이 **그림 5.7**과 같이 연직으로 매달려 있는 힘상수 k[N/m]의 가벼운 용수철 끝에 질량 m[kg]의 물체를 달아 놓으면 용수철은 늘어나서 용수철의 탄성력과 물체의 중력 mg[N]이 평형을 이루는 점에서 멈춘다. 용수철의 자연길이보다 더 늘어난 길이를 x_0[m]라 하면 용수철의 탄성력이 kx_0[N]이므로

$$kx_0=mg \tag{5.21}$$

를 만족한다. 이 $x=x_0$인 점이 **평형점**이다(**그림 5.7(b)** 참조).

물체를 평형점으로부터 아래로(또는 위로) A[m]만큼 변위시켜서 가만히 놓으면(**그림 5.7(c)** 참조) 물체는 상하로 진동한다.

평형점으로부터 물체의 변위가 x[m]일 때, 물체에 작용하는 알짜힘 F[N]는 아래로 작용하는 중력 mg[N]와 위로 작용하는 탄성력 $k(x+x_0)$[N]의 합성력이다. 곧 연직 아래 방향을 양(+)으로 택하면

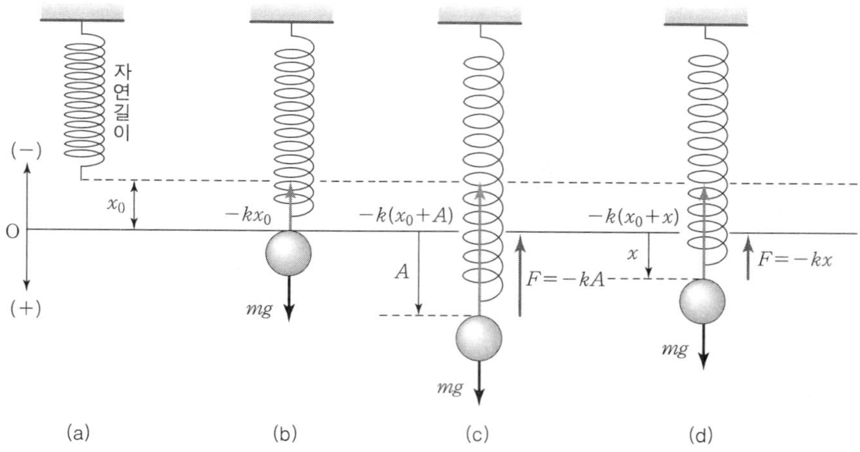

그림 5.7 연직 용수철흔들이

$$F = mg - k(x + x_0)$$

이다. 여기에 식(5.21)을 고려하면, 알짜힘은

$$F = -kx$$

가 된다. 이것은 연직으로 매달린 용수철흔들이에 작용하는 힘이 만족하는 힘의 법칙을 나타낸다. 이것은 수평으로 놓인 용수철흔들이의 경우와 꼭 같아 물체는 단조화진동을 한다. x는 평형점($x = x_0$)으로부터 변위이므로

연직으로 매달린 연직 용수철흔들이의 운동은 평형점($x = x_0$)을 중심으로 하는 수평 용수철흔들이와 같은 단조화진동이다.

그림 5.8은 연직 용수철흔들이가 단조화진동을 하는 것을 보여 주는 장치이다. 추와 함께 진동하도록 추에 달린 연필 끝이 두루마리 종이에 닿게 하여 두루마리 종이를 종이감개로 감아주면 추의 상하왕복운동이 **그림 5.8**과 같이 종이에 사인 또는 코사인곡선이 그려진다.

예제 5.5 연직 용수철에 달린 추의 운동

천장에 매달린 힘상수가 k=10 N/m인 가벼운 용수철 끝에 0.40 kg의 추를 달아서 용수철이 늘어나지 않은 위치에서 가만히 놓았다.

① 추의 진폭 및 주기를 각각 구하라.

② 역학적 에너지는 몇 J인가?

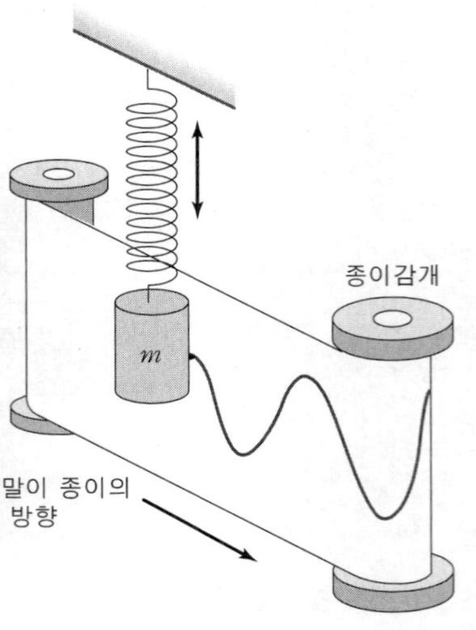

그림 5.8 단조화진동을 보여주는 장치

③ 평형점에서 속도의 크기는 몇 m/s인가?

④ 평형점을 원점, 연직상방을 양의 x축으로 하여 추의 변위 $x(t)$를 구하여, 처음으로 평형점을 지나는 순간의 속도를 구하여, ③의 결과와 비교하라.

풀이 | ① 평형점은 식(5.21)에 의하여

$$x_0 = \frac{mg}{k} = \frac{(0.40\ \mathrm{kg}) \times (9.81\ \mathrm{m/s^2})}{10\ \mathrm{N/s}} = 0.392\ \mathrm{m} \tag{5.22}$$

이다. 따라서 이 추는 $x_0 = 0.392$ m인 점을 중심으로 하여 단조화진동을 하므로 가능한 최대 변위는 $x = 0.392$ m를 넘지 못한다. 따라서 진폭은 $A = 0.39$ m이다.
주기는 식(5.10)에 의하여

$$T = 2\pi\sqrt{\frac{m}{k}} = 2\pi\sqrt{\frac{0.40\,\mathrm{kg}}{10\,\mathrm{N/m}}} = 1.256\ \mathrm{s}$$

이다. 따라서 $T = 1.3$ s이다.

② 역학적 에너지는

$$E = \frac{1}{2}kA^2 = \frac{1}{2} \times (10\ \mathrm{N}) \times (0.392\ \mathrm{m})^2 = 0.768\,\mathrm{J}$$

이므로 역학적 에너지는 0.77 J이다.

③ 평형점에서 위치에너지가 0이므로 역학적 에너지는 운동에너지뿐이다. 따라서 평형점에서 속도를 v라 하면

$$\frac{1}{2}mv^2 = \frac{1}{2}kA^2 \qquad \therefore\ v = \pm\sqrt{\frac{k}{m}}A$$

이므로

$$v = \pm\sqrt{\frac{10\ \text{N/m}}{0.40\ \text{kg}}} \times (0.392\ \text{m}) = \pm 1.96\ \text{m/s} \tag{5.23}$$

이다. 따라서 평형점에서 속도의 크기는 $2.0\ \text{m/s}$이다.

④ 추의 평형점 주위의 변위 및 속도는 각각

$$x(t) = A\sin(\omega t + \delta), \quad v(t) = \omega A\cos(\omega t + \delta) \tag{5.24}$$

인데, 여기서 A 및 δ는 처음($t=0$) 변위 $x(0)$ 및 처음 속도 $v(0)$에 의하여 결정된다. 곧 $t=0$에서 식(5.24)는 각각

$$x(0) = A\sin\delta, \quad \frac{v(0)}{\omega} = A\cos\delta \tag{5.25}$$

가 되고, 이 두 식에서 A를 소거하면

$$\tan\delta = \frac{\omega x(0)}{v(0)} \quad \therefore\ \delta = \tan^{-1}\left(\frac{\omega x(0)}{v(0)}\right) \tag{5.26}$$

를 얻는다. 또, 식(5.25)에서 δ를 소거하기 위하여 식(5.25)의 양변을 제곱하여 변변끼리 더하면 $\sin^2\delta + \cos^2\delta = 1$이므로

$$A = \sqrt{x^2(0) + \left(\frac{v(0)}{\omega}\right)^2} \tag{5.27}$$

를 얻는다.

추는 처음에 식(5.22)에 의하여 $x(0) = x_0 = +0.392\ \text{m}$에 있었고, 그 위치에서 정지상태에서 아래로 떨어졌으므로, 속도는 $v(0) = 0$이다. 이들 $x(0)$, $v(0)$의 값을 식(5.27)에 대입하면 진폭은 $A = x_0 = 0.392\ \text{m}$이고, 위상상수는 식(5.26)으로부터 $\delta = \frac{\pi}{2}$임을 알 수 있다.

또, 각진동수는

$$\omega = \sqrt{\frac{k}{m}} = \sqrt{\frac{10\text{N/m}}{0.40\text{kg}}} = 5.0\ \text{rad/s}$$

이므로 변위 및 속도는 각각

$$x(t) = (0.39\ \text{m})\cos[(5.0\ \text{rad/s})t],$$
$$v(t) = -(2.0\ \text{m/s})\sin[(5.0\ \text{rad/s})t] \tag{5.28}$$

가 된다.

평형점($x=0$)을 처음 통과하는 시각을 t_0이라 하면

$$0 = (0.39\ \text{m})\cos[(5.0\ \text{rad/s})t_0] \quad \therefore\ t_0 = \frac{\pi}{10}\ \text{s}$$

이다. 이를 식(5.28)의 둘째 식에 대입하면

$$v(t_0) = -(2.0\ \text{m/s})\sin\left[(5.0\ \text{rad/s}) \times \left(\frac{\pi}{10}\ \text{s}\right)\right] = -2.0\ \text{m/s}$$

이다. 이 결과는 ③의 결과 식(5.23)과 일치한다.

◎ 홑흔들이

위쪽 끝이 고정된 늘어나지 않는 가벼운 실의 아래 끝에 작은 물체를 매달아서 연직선에서 약간 옆으로 당겼다가 가만히 놓으면 물체는 연직선 좌우로 왕복운동을 한다. 이와 같이 고정점을 포함하는 연직면 내에서 중력을 받아서 진동하는 장치를 **홑흔들이** 또는 **단진자**(simple pendulum)라 한다.

그림 5.9와 같이 길이 $L[\mathrm{m}]$의 늘어나지 않는 가벼운 실의 끝에 달린 질량 $m[\mathrm{kg}]$의 물체에 중력 $\vec{w} = m\vec{g}$ 및 실의 장력 $\vec{T}$가 작용하므로, 공기의 저항이나 다른 감쇠력을 무시할 때 물체에 작용하는 알짜힘 $\vec{F}$는 이 두 힘의 합성력

$$\vec{F} = m\vec{g} + \vec{T}$$

이다. 실의 장력 $\vec{T}$는 물체가 진동할 때 그리는 원호의 지름 방향(법선 방향)이고, 중력 $\vec{w} = m\vec{g}$는 지름 방향의 법선 성분 및 이에 수직인 접선 성분으로 분해된다.

홑흔들이의 실이 연직 방향과 $\theta[\mathrm{rad}]$의 각을 이루는 순간 이 중력의 두 성분은

$$\text{법선 성분} : w_{\perp} = mg\cos\theta,$$

$$\text{접선 성분} : w_{\parallel} = mg\sin\theta$$

로 주어진다. 지름 방향인 법선 성분 $w_{\perp} = mg\cos\theta$는 실의 장력 $\vec{T}$와 비기므로 알짜힘 $\vec{F}$의 크기는 접선 성분 $w_{\parallel} = mg\sin\theta$와 같다. 각 θ가 증가하는 방향을 양(+)으로 택하면 알짜힘 F는

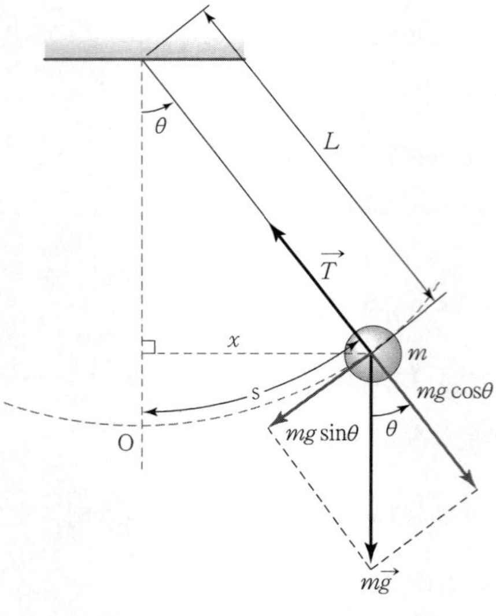

그림 5.9 홑흔들이

$$F = -mg\sin\theta \tag{5.29}$$

가 된다. 이것은 홑흔들이에 작용하는 힘의 법칙이다. 물체의 가장 낮은 점 O에서 $\theta=0$이고, 따라서 $F=0$이므로 점 O는 평형점이다. 식(5.29)로 주어지는 힘 F는 물체가 원호를 따라서 운동하게 하는 복원력이다. 그러나 이 복원력이 각변위 θ에 비례하지 않는다.

평형점 O로부터 원호를 따라 이동한 거리를 s[m]라 하면

$$s = L\theta \tag{5.30}$$

로 주어지므로, 복원력 F는 곡선 변위 s에도 비례하지 않는다.

그러나 각변위 θ가 매우 작아서, θ를 [rad]으로 표현했을 때 $\sin\theta \simeq \theta$*이면, 물체에 작용하는 힘의 법칙 식(5.29)는

$$F \cong -mg\theta \tag{5.31}$$

이므로, 식(5.30)에 의하여

$$F = -\frac{mg}{L}s$$

가 된다. 곧 $\sin\theta \simeq \theta$인 특별한 경우에는 힘이 곡선 변위 s에 비례한다.

한편, 평형점 O에서 수평 방향의 변위를 x[m]라 하면 $x = L\sin\theta$이므로 식(5.29)는

$$F = -\frac{mg}{L}x$$

로도 바꾸어 쓸 수 있다. 여기서 $\sin\theta \simeq \theta$이면 $x \simeq L\theta$이므로 $s \simeq x$이다. 이 경우 복원력 F의 크기는, 변위(x 또는 s)에 비례하고, 그 방향은 변위와 반대이다. 이 식을 단조화진동의 힘의 법칙 식(5.8)과 비교하면

$$k = \frac{mg}{L}$$

이므로,

홑흔들이의 운동은, 각변위 θ가 매우 작으면($\sin\theta \simeq \theta$), 가장 낮은 점(평형점)을 중심으로 하는

$$\text{각진동수}\quad \omega = \sqrt{\frac{g}{L}}, \quad \text{주 기}\quad T = 2\pi\sqrt{\frac{L}{g}} \tag{5.32}$$

의 단조화진동이다.

---

* 예를 들어 $\theta = 0.100$ rad $\cong 5.73°$이므로, $\sin 5.73° \cong 0.0998 \cong 0.1$이다. 따라서 $\theta = 0.100$ rad이면 $\sin\theta \simeq \theta$이다.

예제 5.6 실에 매 달린 추의 미소진동

천장에 달린 길이가 20.0 cm인 가볍고 늘어나지 않는 실에 추를 달아서 연직선으로부터 1.00 cm 변위시켰다가 가만히 놓아서 평형점 주위로 진동을 하게 하였다. 다음을 구하라.

① 추의 주기 및 진동수

② 추의 최대 빠르기

풀이 ① 실의 길이가 $L=20.0$ cm, 변위가 $x=1.00$ cm이므로 실이 연직선과 이루는 각을 θ라 하면

$$\sin\theta=\frac{x}{L}=\frac{1.00\text{ cm}}{20.0\text{ cm}}=0.0500 \quad \therefore\ \theta=2.866°=0.04999\text{ rad}$$

이므로 $\sin\theta\simeq\theta$를 만족한다. 따라서 이 홑흔들이의 운동은 단조화진동이다. 식(5.32)에 의하여

$$\text{주 기}\quad T=2\pi\sqrt{\frac{L}{g}}=2\times3.14\times\sqrt{\frac{20.0\times10^{-2}\text{ m}}{9.81\text{ m/s}^2}}=0.8967\text{ s}$$

$$\text{진동수}\quad f=\frac{1}{T}=\frac{1}{0.8967\text{ s}}=1.115\text{ Hz}$$

이다. 따라서 주기는 $T=0.897$ s, 진동수는 $f=1.12$ Hz이다.

② 단조화진동자의 최대 빠르기는 식(5.6)에 의하여 $v_{\max}=\omega A$로 주어진다. 여기서 각진동수는 $\omega=2\pi f=2\times3.14\times(1.115\text{ s}^{-1})=7.002\text{ s}^{-1}$, 진폭은 $A=1.00\times10^{-2}$ m이므로

$$v_{\max}=(7.002\text{ s}^{-1})\times(1.00\times10^{-2}\text{ m})=7.002\times10^{-2}\text{ m/s}$$

이다. 곧 추의 최대 빠르기는 7.00×10^{-2} m/s이다.

5.1.4 단조화진동의 운동방정식

이제까지 힘의 법칙이나 단조화진동의 정의 식으로부터 단조화진동의 특성을 나타내는 각진동수, 주기 및 진폭 등을 알아내고, 나아가서 단조화진동을 하는 물체의 변위를 기술하는 함수를 찾아내었다.

이제는 보다 더 일반적인 방법으로, 단조화진동을 기술하는 운동미분방정식을 세우고, 그 풀이를 구하여 단조화진동의 변위를 나타내는 함수를 알아보자. 풀이를 구하는 방법을 구체적인 것에서 점진적으로 나아가서 미분방정식의 일반풀이 방법에까지 발전시켜 실제적인 진동 문제에 적용해 본다.

식(5.8)은 단조화진동을 하는 물체에 작용하는 힘의 법칙을 나타낸다. 따라서 뉴턴의 운동방정식 $ma=F$ 에 의하여 단조화진동의 운동미분방정식은

$$m\frac{d^2x}{dt^2} = -kx \quad \text{또는} \quad m\frac{d^2x}{dt^2} + kx = 0 \tag{5.33}$$

이 된다(식(5.11) 참조). 여기에 $k = m\omega^2$을 고려하면

$$\frac{d^2x}{dt^2} = -\omega^2 x \quad \text{또는} \quad \frac{d^2x}{dt^2} + \omega^2 x = 0 \tag{5.34}$$

를 얻는다. 이는 단조화진동의 기초방정식이다(식(5.12) 참조). 이것은 운동방정식에 단조화진동의 힘의 법칙을 결합하여 얻은 것으로, 단조화진동의 기술이 이 방정식에 바탕을 두고 있기 때문이다. 기초방정식(5.34)는 단조화진동의 보다 더 일반적인 정의식이 될 수 있다.

기초방정식(5.34) 또는 식(5.33)을 변위 x의 시간 t에 대한 **이계 선형미분방정식**(second order linear differential equation)이라 한다. 식(5.34)의 첫째 식은 "x를 t에 대해서 두 번 미분한 것이 x 그 자신에 비례한다 또는 x 그 자신에 상수(예를 들면 $-\omega^2$)를 곱한 것과 같다"는 것을 뜻한다. 그와 같은 x를 미분방정식의 **풀이** 또는 **해**(solution)라 한다.

미분방정식(5.34)를 만족하는 풀이 x는 사인함수 $x = \sin\omega t$임을 알 수 있다.

$$\frac{dx}{dt} = \frac{d}{dt}\sin\omega t = \omega\cos\omega t,$$

$$\frac{d^2x}{dt^2} = \frac{d}{dt}\left(\frac{dx}{dt}\right) = \frac{d}{dt}(\omega\cos\omega t) = \omega\frac{d}{dt}\cos\omega t = -\omega^2\sin\omega t = -\omega^2 x$$

이기 때문이다. 상수 C를 곱한 것 $x = C\sin\omega t$도 풀이임을 알 수 있다. 곧 미분방정식의 한 풀이에 임의의 상수를 곱한 것도 역시 풀이가 된다. 같은 방법으로, $x = \cos\omega t$도 풀이이며, 여기에 임의의 상수 D를 곱한 것 $x = D\cos\omega t$도 풀이임을 쉽게 알 수 있다. 이 두 풀이의 선형결합인

$$x(t) = C\sin\omega t + D\cos\omega t \tag{5.35}$$

도 풀이임을 쉽게 알 수 있다. 함수 $C\sin\omega t + D\cos\omega t$가,

① 상수 C, D가 동시에 0이 아니면, 0이 아니고,
② 상수 C, D가 동시에 0일 때만 0이면,

함수$\{\sin\omega t,\ \cos\omega t\}$는 서로 **일차독립**(linearly independent)이라 한다. 미분방정식(5.34)의 풀이인 식(5.35)는 일차독립인 풀이$\{\sin\omega t,\ \cos\omega t\}$의 선형결합이다. 일반적으로

선형미분방정식의 일반풀이는 일차독립인 풀이들의 선형결합이다.

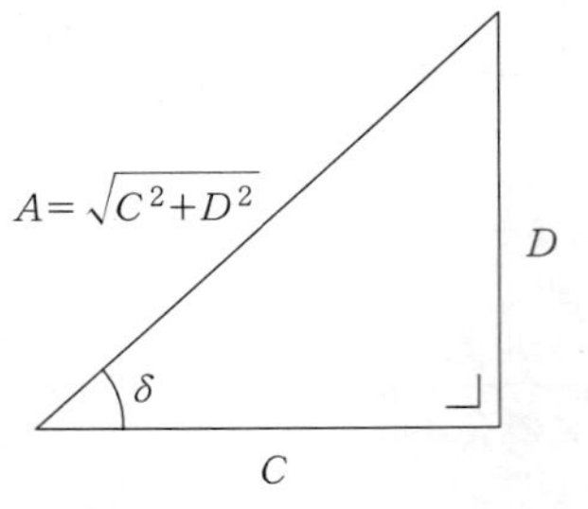

그림 5.10 상수$\{A, \delta\}$결정 삼각형

미분방정식의 풀이를 구하는 것은 미분의 역과정으로 실질적으로 적분하는 과정이다. 이 적분과정에서 적분상수가 생긴다. 식(5.35)의 상수$\{C, D\}$는 이계미분방정식(5.34)의 일반풀이를 구하는 과정에서 생긴 적분상수이다.

미분방정식(5.34)의 풀이 식(5.35)를

$$x(t)=\sqrt{C^2+D^2}\left(\frac{C}{\sqrt{C^2+D^2}}\sin\omega t+\frac{D}{\sqrt{C^2+D^2}}\cos\omega t\right)$$

로 바꾸어 쓰고, 적분상수$\{C, D\}$ 대신에

$$\sqrt{C^2+D^2}=A,$$
$$\frac{C}{\sqrt{C^2+D^2}}=\cos\delta,\quad \frac{D}{\sqrt{C^2+D^2}}=\sin\delta \tag{5.36}$$

와 같은 새로운 적분상수$\{A, \delta\}$를 도입하면(**그림 5.10** 참조),

$$x(t)=A\,(\sin\omega t\cos\delta+\cos\omega t\sin\delta)$$

가 되어, 식(5.35)는

$$x(t)=A\sin(\omega t+\delta) \tag{5.37}$$

의 꼴로 바뀐다. 이는 바로 단조화진동의 변위 식(5.1)의 꼴이다.

○ 적분상수와 초기 조건

변위가 식(5.35)로 주어지는 경우 속도는

$$v(t)=\frac{dx}{dt}=\frac{d}{dt}(C\sin\omega t+D\cos\omega t)$$
$$=C\frac{d}{dt}\sin\omega t+D\frac{d}{dt}\cos\omega t$$

이므로

$$v(t) = \omega(C\cos\omega t - D\sin\omega t) \tag{5.38}$$

로 주어진다. 따라서 변위 식(5.35) 및 속도 식(5.38)로부터

$$D = x(0), \quad C = \frac{v(0)}{\omega} \tag{5.39}$$

를 얻는다. 여기서 $\{x(0),\ v(0)\}$를 **초기 조건**(처음 조건 : initial condition)이라 한다.

한편, 변위가 식(5.37)로 주어지는 경우, 속도는

$$v(t) = \omega A\cos(\omega t + \delta) \tag{5.40}$$

이므로,

$$x(0) = A\sin\delta, \quad v(0) = \omega A\cos\delta$$

를 얻는다. 따라서 적분상수$\{A,\ \delta\}$는

$$A = \sqrt{(x(0))^2 + \left(v\frac{(0)}{\omega}\right)^2}, \quad \delta = \tan^{-1}\left(\frac{x(0)}{v(0)/\omega}\right) \tag{5.41}$$

로 주어진다. 곧 일반풀이에서 나타내는 적분상수는 초기 조건에 의하여 결정된다.

▶◎ 미분방정식의 보조방정식

미분방정식(5.34)의 보다 더 일반적인 풀이방법을 알아보자. 미분방정식(5.34)는

$$\frac{d}{dt} \equiv D, \quad \frac{d^2}{dt^2} \equiv D^2$$

라는 기호를 도입하면

$$D^2x + \omega^2 x = 0 \text{ 또는 } (D^2 + \omega^2)x = 0 \tag{5.42}$$

가 된다. 여기서 기호 D를 **미분연산자**(differential operator)라 한다. 이 기호로 나타낸 식(5.42)를 대수방정식이라 보면 이 식은

$$(D + i\omega)(D - i\omega)x = 0 \text{ 또는 } (D - i\omega)(D + i\omega)x = 0 \tag{5.43}$$

와 같이 인수분해 된다. 따라서 방정식(5.42) 또는 식(5.43)을 풀려면 간단한 방정식

$$(D - i\omega)x = 0, \tag{5.44}$$

$$(D + i\omega)x = 0 \tag{5.45}$$

를 풀면 된다. 식(5.44)는

$$\frac{dx}{dt} - \mathrm{i}\omega x = 0$$

이므로

$$\frac{dx}{dt} = \mathrm{i}\omega x \quad \text{또는} \quad \frac{dx}{x} = \mathrm{i}\omega\, dt$$

이다. 위의 둘째 미분방정식의 왼쪽은 x만의 함수이고, 오른쪽은 t만의 함수로, 변수 x 및 t가 양쪽으로 분리되었다. 그래서 양변을 적분하면

$$\ln x = \mathrm{i}\,\omega t + C' \quad (C' : \text{적분상수})$$

$$\therefore\ x = e^{\mathrm{i}\omega t} e^{C'} = C_1 e^{\mathrm{i}\omega t} \quad (e^{C'} \equiv C_1) \tag{5.46}$$

이다. 여기서

$$\int \frac{dx}{x} = \ln x, \quad \int \mathrm{i}\omega\, dt = \mathrm{i}\omega\, t$$

를 이용하였다(부록 D.18(6b) 및 D.18(1b) 참조).

같은 방법으로, 식(5.45)의 풀이는

$$x = C_2\, e^{-\mathrm{i}\omega t} \tag{5.47}$$

임을 알 수 있다.

식(5.44)가 성립하면 그 풀이가 어떤 풀이라도 미분방정식(5.43)의 첫째 식을 만족하고 나아가서 식(5.42), 따라서 식(5.34)의 풀이가 된다. 마찬가지로 식(5.45)의 풀이가 어떤 것이라도 식(5.43)의 둘째 식의 풀이가 되고 따라서 식(5.42), 나아가서 식(5.34)의 풀이가 된다. 따라서 일차 독립인 두 풀이 식(5.46) 및 식(5.47)의 선형결합은 일반풀이가 된다. 곧

$$x = C_1\, e^{\mathrm{i}\omega t} + C_2\, e^{-\mathrm{i}\omega t} \tag{5.48}$$

는 미분방정식(5.42), 따라서 식(5.34)의 일반풀이이다. 이 풀이의 지수$\{\mathrm{i}\omega,\ -\mathrm{i}\omega\}$는 D의 대수방정식

$$D^2 + \omega^2 = 0$$

의 근이다. 이 방정식을 미분방정식(5.34)의 **보조방정식**(auxiliary equation)이라 한다.

이상의 논의로부터 다음 사실을 알 수 있다.

이계 선형미분방정식의 보조방정식의 근을 $\{r_1,\ r_2\}$($r_1 \neq r_2$)라 하면

$$\boldsymbol{x = c_1\, e^{r_1 t} + c_2\, e^{r_2 t}}$$

는 일반풀이이다.

식(5.48)에서

$$e^{\pm i\omega t} = \cos\omega t \pm i\sin\omega t$$

임을 고려하면

$$x = C_1(\cos\omega t + i\sin\omega t) + C_2(\cos\omega t - i\sin\omega t)$$
$$= i(C_1 - C_2)\sin\omega t + (C_1 + C_2)\cos\omega t$$

가 되어,

$$i(C_1 - C_2) \equiv C, \quad C_1 + C_2 \equiv D$$

라 두면, 이것은 식(5.35)와도 일치함을 알 수 있다.◀

예제 5.7 홑흔들이의 운동

그림 5.9와 같은 홑흔들이의 추를 평형점으로부터 각 θ_0만큼 변위시켰다가 가만히 놓아 진동하게 하였다. 각변위가 매우 작은 경우, 흔들이의 각변위 $\theta(t)$를 구하라.

풀이 | 실에 달린 추에 작용하는 알짜힘은

$$F = -mg\sin\theta$$

로 주어지며, 방향은 원호의 접선 방향으로 항상 제일 낮은 점(평형점)을 향한다. 평형점을 기준으로 하여 원호의 길이를 s라 하면 추의 속도 v, 가속도 a는 각각

$$v = \frac{ds}{dt}, \quad a = \frac{dv}{dt} = \frac{d^2s}{dt^2}$$

가 되어 운동방정식 $ma = F$에 의하여 홑흔들이의 운동방정식은

$$m\frac{d^2s}{dt^2} = -mg\sin\theta$$

이 된다. 원호의 길이는 $s = L\theta$로 주어지므로

$$\frac{d^2s}{dt^2} = \frac{d}{dt}\frac{d}{dt}(L\theta) = L\frac{d^2\theta}{dt^2}$$

가 되어, 홑흔들이의 각변위를 이용한 운동방정식은

$$\frac{d^2\theta}{dt^2} = -\frac{g}{L}\sin\theta$$

가 된다. 우변이 각변위 θ가 아닌 $\sin\theta$에 비례함을 주의해야 한다.

특수한 경우로, 각변위가 매우 작아서 $\sin\theta \simeq \theta$이면

$$\frac{d^2\theta}{dt^2} = -\frac{g}{L}\theta \quad \text{또는} \quad \frac{d^2\theta}{dt^2} + \frac{g}{L}\theta = 0$$

를 얻는다. 이것은 각변위 θ의 시간 t에 대한 이계 선형미분방정식이다. 이것은 각 변위로 표현된 단조화진동의 기초방정식으로 식(5.34)와 일치한다. 곧 식(5.34)에

$$x \to \theta, \quad \omega^2 \to \frac{g}{L}$$

로 대입한 것이다. 따라서 각변위의 시간에 대한 함수 모양은, 식(5.5) 또는 (5.37)에 의하여

$$\theta(t) = A \sin\left(\sqrt{\frac{g}{L}}\, t + \delta\right) \tag{5.49}$$

의 꼴이다. 곧 홑흔들이의 운동은

$$\text{각진동수} \quad \omega = \sqrt{\frac{g}{L}}, \qquad \text{주 기} \quad T = \frac{2\pi}{\omega} = 2\pi\sqrt{\frac{L}{g}}$$

의 단조화 진동이다.

이제, 적분상수 $\{A,\ \delta\}$를 결정하자. 문제에서 평형점으로부터 각 θ_0만큼 변위시켰다가 가만히 놓아 진동하게 하였으므로, 처음에 각변위가 θ_0이고 정지상태에서 출발하였으므로 각속도가 0이다. 따라서 초기 조건은 $t=0$일 때

$$\theta(0) = \theta_0\ , \left.\frac{d\theta}{dt}\right|_{t=0} = 0$$

이다. 이를 각변위 식(5.49)에 적용하면

$$\theta(0) = A \sin\delta = \theta_0,$$

$$\left.\frac{d\theta}{dt}\ \right|_{t=0} = \sqrt{\frac{g}{L}}\, A \cos\delta = 0$$

이 된다. 둘째 식으로부터 $\delta = \frac{\pi}{2}$이고, 이를 첫째 식에 대입하면 $A = \theta_0$를 얻는다. 따라서 각변위 $\theta(t)$는 식(5.49)에 의하여

$$\theta(t) = \theta_0 \sin\left(\sqrt{\frac{g}{L}}\, t + \frac{\pi}{2}\right) = \theta_0 \cos\sqrt{\frac{g}{L}}\, t \tag{5.50}$$

로 주어진다.

5.1.5 일차원 단조화진동의 중첩

한 직선상에서 작용하는 두 힘

$$F_1 = -k_1 x, \quad F_2 = -k_2 x$$

가 물체(또는 질점)에 동시에 작용할 때 물체의 변위를 생각해 보자. 각 힘에 의하여 물체는 각진동수

$$\omega_1 = \sqrt{\frac{k_1}{m}}, \quad \omega_2 = \sqrt{\frac{k_2}{m}}$$

의 단조화진동을 하므로, 물체의 변위를 각각 x_1, x_2라 하면

$$x_1 = A_1 \sin \omega_1 t,$$
$$x_2 = A_2 \sin(\omega_2 t + \delta)$$

로 표현할 수 있다. δ는 두 단조화진동의 위상차를 나타낸다. 따라서 두 힘에 의한 물체의 변위는

$$x = x_1 + x_2 = A_1 \sin \omega_1 t + A_2 \sin(\omega_2 t + \delta) \tag{5.51}$$

로 주어진다. 이를 x_1 및 x_2로 표현되는 **두 단조화진동의 중첩**(superposition of simple harmonic oscillations)이라 한다. 두 단조화진동의 각진동수가 같은 경우 및 서로 다른 경우로 나누어 살펴보자.

① 두 각진동수가 서로 같은 경우($\omega_1 = \omega_2 \equiv \omega$) : 이 경우, 두 단조화진동의 중첩은

$$x = x_1 + x_2 = A_1 \sin \omega t + A_2 \sin(\omega t + \delta) \tag{5.52}$$

인데, 삼각함수의 관계식(부록 D.10-1 참조)

$$\sin(\alpha \pm \beta) = \sin \alpha \cos \beta \pm \cos \alpha \sin \beta \tag{5.53}$$

를 이용하면

$$\begin{aligned} x &= A_1 \sin \omega t + A_2 \{\sin \omega t \cos \delta + \cos \omega t \sin \delta\} \\ &= (A_1 + A_2 \cos \delta) \sin \omega t + (A_2 \sin \delta) \cos \omega t \\ &= A \cos \phi \sin \omega t + A \sin \phi \cos \omega t \end{aligned}$$

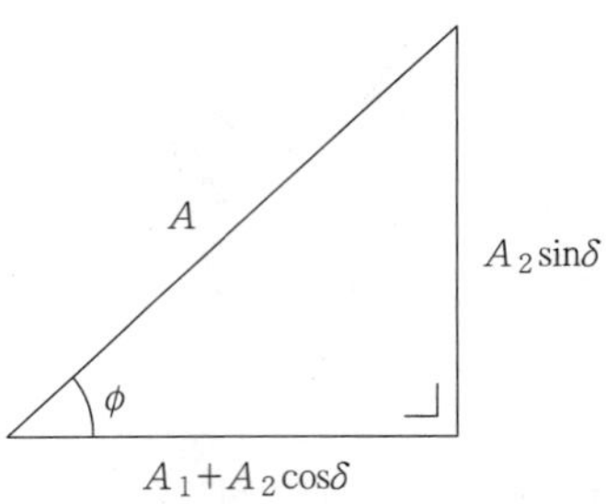

그림 5.11 상수{A, ϕ}결정 삼각형

이 된다. 여기서

$$A_1 + A_2 \cos\delta \equiv A\cos\phi, \quad A_2 \sin\delta \equiv A\sin\phi \tag{5.54}$$

로 주어지는 새로운 상수 $\{A, \ \phi\}$를 도입하였다(**그림 5.11** 참조). 따라서 물체의 합변위는

$$x = A\ \sin(\omega t + \phi) \tag{5.55}$$

로 주어진다. 이것 역시 진폭 A, 초기 위상 ϕ, 각진동수 ω의 단조화진동을 나타낸다. 진폭 및 초기 위상은 식(5.54)에 의하여

$$A = \sqrt{A_1^2 + A_2^2 + 2A_1A_2\cos\ \delta}, \tag{5.56}$$

$$\phi = \tan^{-1}\left(\frac{A_2 \sin\delta}{A_1 + A_2\cos\delta}\right) \tag{5.57}$$

로 주어진다.

특히 두 단조화진동의 위상차가 $0(\delta = 0)$이면,

$$A = \sqrt{A_1^2 + A_2^2 + 2A_1A_2} = A_1 + A_2, \quad \phi = 0$$

이므로

$$x = (A_1 + A_2)\sin\omega t \tag{5.58}$$

가 된다. 곧 진폭이 **보강**된다(보강중첩, **그림 5.12** 참조).

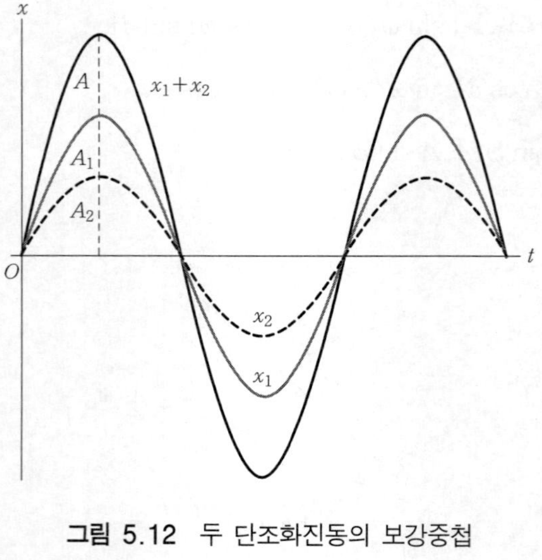

그림 5.12 두 단조화진동의 보강중첩

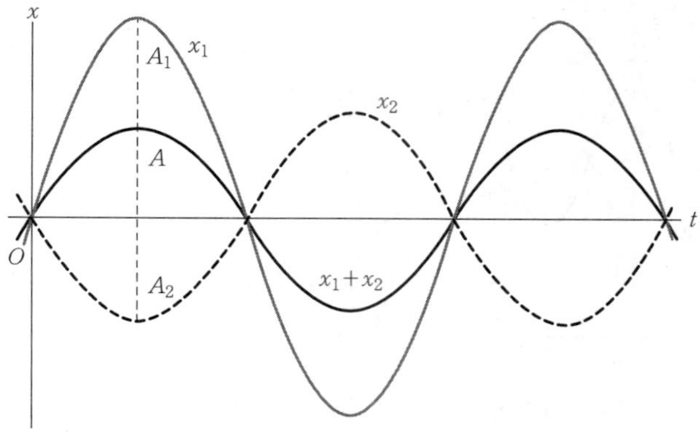

그림 5.13 두 단조화진동의 상쇄중첩

반면에 위상차가 $\pi(\delta=\pi)$이면

$$A=\sqrt{A_1^2+A_2^2-2A_1A_2}=\sqrt{(A_1-A_2)^2}=|A_1-A_2|,\quad \phi=0$$

이므로

$$x=|A_1-A_2|\sin\omega t \tag{5.59}$$

가 된다. 곧 진폭은 **상쇄**된다(상쇄중첩, **그림 5.13** 참조).

이와 같이 두 단조화진동의 중첩으로 나타나는 진폭의 보강이나 상쇄현상을 **간섭**(interference)이라 한다. 위상차 δ의 값에 따라서 두 단조화진동의 합변위가 보강되거나 상쇄되는 것은 빛이나 소리와 같은 파동의 **간섭**현상의 바탕이 되는 원리이다.

② 각진동수가 서로 다른 경우($\omega_1\neq\omega_2$: $\omega_1<\omega_2$) : 이 경우

$$\omega_2=\omega_1+(\omega_2-\omega_1)=\omega_1+\Delta\omega$$

라 두면 합변위 식(5.51)은

$$x=A_1\sin\omega_1 t+A_2\sin\{\omega_1 t+(\Delta\omega t+\delta)\} \tag{5.60}$$

가 되어 식(5.52)와 비교하면

$$\omega\to\omega_1,\quad \delta\to\delta(t)\equiv\Delta\omega t+\delta \tag{5.61}$$

로 대응되므로 식(5.60)은

$$x=A(t)\sin\{\omega_1 t+\phi(t)\} \tag{5.62}$$

의 꼴이 되고, $A(t)$ 및 $\phi(t)$는 식(5.56) 및 (5.57)로부터

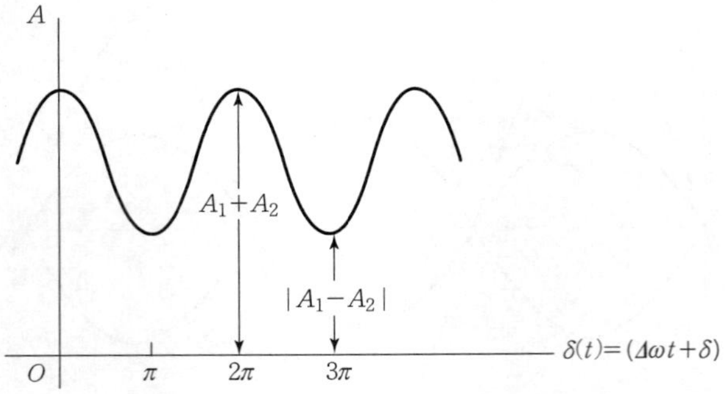

그림 5.14 진폭의 시간에 따른 변화

$$A(t)=\sqrt{A_1^2+A_2^2+2A_1A_2\cos(\Delta\omega t+\delta)}, \tag{5.63}$$

$$\phi(t)=\tan^{-1}\left(\frac{A_2\sin(\Delta\omega t+\delta)}{A_1+A_2\cos(\Delta\omega t+\delta)}\right) \tag{5.64}$$

로 주어진다.

진폭 A는 시간에 따라 변한다. 두 단조화진동의 위상차가

$$\delta(t)=\Delta\omega t+\delta=n\pi : n=0, 1, 2, \cdots$$

인 시각

$$t_n=\frac{n\pi-\delta}{\Delta\omega}$$

에서 진폭은

$$A=\sqrt{A_1^2+A_2^2+(-1)^n 2A_1A_2}=\begin{cases} A_1+A_2 & : n=(\text{짝수}) \\ |A_1-A_2| & : n=(\text{홀수}) \end{cases} \tag{5.65}$$

이다. 곧 진폭 A는 시간에 따라 $|A_1-A_2|$와 A_1+A_2 사이를 진동한다. 이 경우 "**진폭은 변조되었다**(modulated)"고 한다. **그림 5.14**는 진폭의 시간에 따른 변화 모양을 나타낸다.

따라서 식(5.62)로 표현되는 물체의 진동은 '단순'하지 않다. 곧 방향은 같으나 각진동수가 다른 두 단조화진동의 중첩은 단조화진동이 아니다. 이러한 현상은 **맥놀이**(beat) 현상의 기본 바탕이 된다. 맥놀이 현상은 위상차가 시간에 따라 변할 때(식(5.61) 참조), 간섭은 위상차가 일정할 때 각각 일어날 수 있다.

예제 5.8 맥놀이

진폭이 같고, 진동수가 각각 $f_1=16\,\text{Hz}$, $f_2=18\,\text{Hz}$인 위상차가 없는 두 단조화진동을 중첩하였을 때 변위 및 진폭의 시간에 따른 변화를 구하고 맥놀이 현상의 원리를 설명하라.

풀이 | 문제는 $A_1=A_2=A$, $\omega_1=2\pi f_1$, $\omega_2=2\pi f_2$, $\delta=0$이므로 두 단조화진동

$$x_1=A\sin\omega_1 t,\quad x_2=A\sin\omega_2 t$$

의 중첩이다. 합변위는, 삼각함수의 관계식(5.53)으로부터 얻어지는 새로운 관계식

$$\sin A+\sin B=2\sin\frac{A+B}{2}\cos\frac{A-B}{2}$$

를 이용하면

$$\begin{aligned}x=x_1+x_2&=A(\sin\omega_1 t+\sin\omega_2 t)\\&=2A\sin\frac{\omega_1+\omega_2}{2}t\cos\frac{\omega_1-\omega_2}{2}t\end{aligned}$$

를 얻는다. 따라서 합변위 x는

$$x=\left(2A\cos\frac{\omega_1-\omega_2}{2}t\right)\sin\left\{\frac{\omega_1+\omega_2}{2}t\right\} \tag{5.66}$$

이다. 이 식의 활표 괄호{ }부분의 각진동수는 반달표 괄호( )부분의 각진동수보다 훨씬 더 크다. 그래서 반달표 괄호( )부분

$$A(t)=\left(2A\cos\frac{\omega_1-\omega_2}{2}t\right) \tag{5.67}$$

는 각진동수가

$$\langle\omega\rangle=\frac{\omega_1+\omega_2}{2}$$

인 진동의 진폭이다. 이 진폭은 각진동수

$$\frac{\Delta\omega}{2}=\frac{\omega_1-\omega_2}{2}$$

로 매우 느리게 변한다. 매우 빠르게 진동하는 활표 괄호 안의 진동수를 **나르개 진동수**(carrier frequency), 반달표 괄호 안의 진동수를 **변조진동수**(modulation frequency)라 부르기도 한다. **그림 5.15(b)**는 식(5.66)의 그래프이다. 실선은 진동수 $\langle\omega\rangle$의 매우 빠른 진동을 나타낸다. 점선은 시간에 따른 진폭의 변화 식(5.67)을 나타내고, 진동은 식(5.67)의 모양으로 **변조**되었다고 한다.

물체가 빠르게 진동하면 소리(음파)가 발생한다. 소리의 세기는 진폭의 제곱에 비례한다. **그림 5.15(b)**에서 진폭이 큰 부분(배)에서 큰 소리가 나고 진폭이 0인 부분(마디)에서 소리가 나지 않는다. 따라서 예를 들면 '우~웅'하는 큰 소리가 주기적으로 들린다. 이런 현상 또는 진폭이 주기적으로 변하는 현상을 **맥놀이**(beat)라 한다. 1초 동안에 나는 맥놀이 수를 **맥놀이 진동수**(beat frequency)라 한다. 진폭이 최대($+2A$)이거나 최소($-2A$)일 때마다 큰 소리가 난다.

따라서 진폭이 한 번 진동할 때 맥놀이는 두 번 일어나므로, 맥놀이 진동수는 진폭의 진동수(변조진동수)의 2배이다. 곧 맥놀이 진동수 $f_{\text{맥놀이}}$는

$$f_{\text{맥놀이}}=f_2-f_1\equiv\Delta f \tag{5.68}$$

로 주어진다.

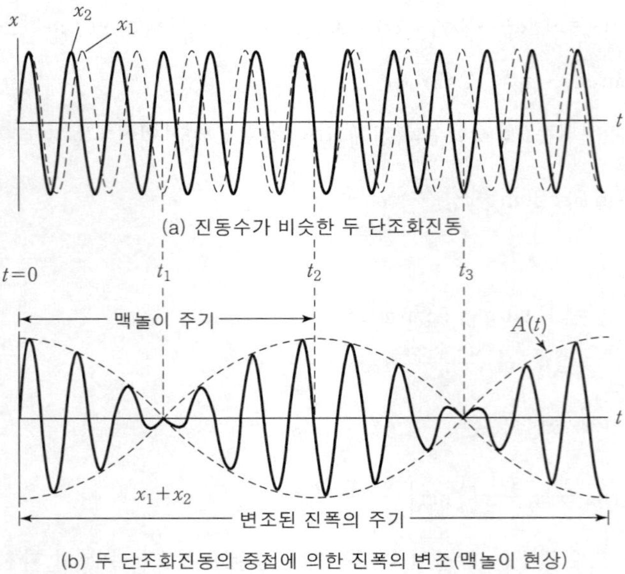

그림 5.15 맥놀이 현상의 원리

귀는 진폭의 절댓값이 클 때는 큰 소리, 작을 때는 작은 소리를 들을 수 있을 뿐이고, 진폭의 최대($+2A$)나 최소($-2A$)를 구별할 수 없다. 고막에 작용하여 소리를 들을 수 있게 하는 세기는 진폭의 제곱에 비례하기 때문이다. 따라서 식(5.66)에서 진폭의 제곱은

$$|A(t)|^2 = 4A^2\cos^2\frac{\Delta\omega}{2}t = 2A^2(1+\cos\Delta\omega\, t)$$

로 주어지므로, 각진동수 $\Delta\omega = \omega_2 - \omega_1$으로 진동한다. 따라서 맥놀이 진동수가 진폭의 변조진동수의 2배인 식(5.68)로 주어짐을 알 수 있다.
식(5.66)에서 $\omega = 2\pi f$임을 고려하면 변위 x는 진동수

$$\langle f\rangle = \frac{f_1+f_2}{2} = \frac{16\,\mathrm{Hz}+18\,\mathrm{Hz}}{2} = 17\,\mathrm{Hz}$$

로 진동하는데, 진폭은 진동수

$$\frac{\Delta f}{2} = \frac{f_2-f_1}{2} = \frac{18\,\mathrm{Hz}-16\,\mathrm{Hz}}{2} = 1.0\,\mathrm{Hz}$$

로, $-2A$과 $2A$ 사이를 진동한다. 따라서 맥놀이 진동수는

$$f_{\text{맥놀이}} = 2\Delta f = 2.0\,\mathrm{Hz}$$

이다.
그림 5.15(a)는 진동수가 거의 같은 두 단조화진동의 중첩을 나타낸다. 두 진동은 시각 $t=0$일 때 같은 위상이었고, 그 후 시각 t_1에서 위상이 반대(180°)이고, 또 그 후 시각 t_2에서 다시 위상이 같아져 진폭이 처음과 같이 최대가 된다. 중첩 후 진동수는, 두 진동수의 평균진동수 $\langle f\rangle$로,

처음과 거의 같으나 진폭은 **그림 5.15(b)**에서 점선으로 표시된 것처럼 변조된다.
맥놀이 현상은 진동수가 거의 같은 두 소리굽쇠를 서로 가까이 놓고 동시에 진동시켰을 때나, 포크를 식탁에 툭 친 후 귀에 가까이하면 '우~웅우~웅'하는 맥놀이를 들을 수 있다. 맥놀이 현상을 이용하여 피아노와 같은 현악기의 현을 조율한다. 만일 소리굽쇠의 진동수와 현의 진동수가 약간이라도 차이가 나면 맥놀이가 나타나기 때문이다.

▶5.1.6 이차원 단조화진동

앞에서는 한 직선상에서 작용하는 두 복원력이 한 물체에 작용하는 경우, 물체의 운동, 곧 일차원 단조화진동의 중첩에 대해서 살펴보았다. 한 물체(질점)에 x축 및 y축 방향으로

$$F_x = -k_x x \ , \ \ F_y = -k_y y$$

의 복원력이 작용하는 경우, 물체의 운동을 살펴보자. 이것은 물체의 위치벡터를

$$\vec{r} = \hat{i}x + \hat{j}y \tag{5.69}$$

라 할 때, 물체에 작용하는 힘이

$$\vec{F} = \hat{i}F_x + \hat{j}F_y = -(\hat{i}k_x x + \hat{j}k_y y)$$

인 경우의 운동이다.

이 경우, 물체의 원점으로부터 변위벡터의 x 및 y성분, 곧 x축 및 y축 방향의 운동은 모두 단조화진동으로,

$$x(t) = A_x \cos\omega_x t, \ \ y(t) = A_y \cos(\omega_y t + \delta) \tag{5.70}$$

$$\omega_x = \sqrt{\frac{k_x}{m}}, \ \ \omega_y = \sqrt{\frac{k_y}{m}}$$

로 기술된다. 따라서 물체의 운동은 **이차원 조화진동**(two-dimensional harmonic oscillator)이다. 여기서 두 진동의 위상차를 δ라 두었다. 식(5.70)은 물체의 운동을 기술하는 t를 매개변수(parameter)로 한 방정식이다. 이런 방정식을 **매개(변수)방정식**(parametric equation)이라 한다. 이 한 쌍의 방정식으로부터 매개변수 t를 소거하면 이차원 조화진동을 하는 물체가 그리는 궤도곡선을 나타내는 궤도방정식을 얻는다.

두 복원력의 힘상수가 같은 경우, 곧 $k_x = k_y$, 따라서 $\omega_x = \omega_y$인 경우의 진동을 **등방성 조화진동**(isotropic harmonic oscillation)이라 하고, 그렇지 않은 경우를 **비등방성 조화진동**(anisotropic harmonic oscillation)이라 한다.

○ 등방성 조화진동

등방성의 경우, $\omega_x = \omega_y \equiv \omega(k_x = k_y \equiv k)$라 하면, 두 단조화진동은

$$x = A_x \sin \omega t, \quad y = A_y \sin(\omega t + \delta) \;;\; \omega = \sqrt{\frac{k}{m}} \tag{5.71}$$

이다. 이것은 물체의 궤도곡선을 나타내는 매개변수방정식이다. 이 한 쌍의 방정식에서 t를 소거하면 궤도방정식을 얻는다.

특수한 경우로, 위상차가

$$\text{①}\ \delta = 0 \quad \text{②}\ \delta = \pi \quad \text{③}\ \delta = \pm\frac{\pi}{2} \quad \text{④}\ \delta = \pm\frac{3\pi}{2}$$

인 경우로 나누어서 생각해 보자.

① $\delta = 0$: 이 경우, 매개변수방정식(5.71)은

$$x = A_x \sin \omega t, \quad y = A_y \sin \omega t \tag{5.72}$$

가 되어 매개변수 t를 소거하기 위하여 각 변끼리 나누면

$$\frac{y}{x} = \frac{A_y}{A_x} \quad \text{또는} \quad y = \frac{A_y}{A_x}x \tag{5.73}$$

가 된다. 곧 직선이다. 이것은

$$-A_x \le x \le A_x, \quad -A_y \le y \le A_y$$

의 영역 안에 있다(**그림 5.16** 참조). 따라서 식(5.73)은 **그림 5.16**에서 선분 $\overline{\mathrm{PQ}}$를 나타낸다. 물체는 선분 $\overline{\mathrm{PQ}}$ 상에서만 운동하며, 그 직선상에서 위치 또는 변위 r은 식(5.72)에 의하여

$$r(t) = \sqrt{x^2 + y^2} = \sqrt{A_x^2 + A_y^2}\,\sin \omega t$$

로 주어진다. 곧 물체는 선분 $\overline{\mathrm{PQ}}$ 상에서 각진동수 ω, 진폭 $A = \sqrt{A_x^2 + A_y^2}$의 일차원 단조화진동을 한다. 여기서 진폭 $\sqrt{A_x^2 + A_y^2}$는 **그림 5.16**에서 $\overline{\mathrm{OP}}$ 또는 $\overline{\mathrm{OQ}}$이다.

② $\delta = \pi$: 이 경우, 매개변수방정식은

$$x = A_x \sin \omega t, \quad y = A_y \sin(\omega t + \pi)$$

이므로

$$x = A_x \sin \omega t, \quad y = -A_y \sin \omega t$$

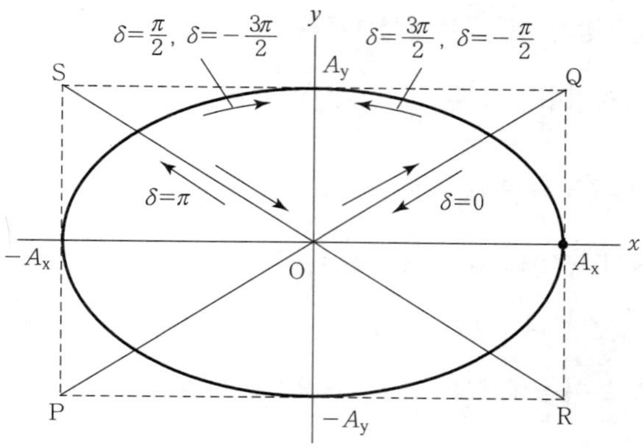

그림 5.16 $\delta=0, \pi, \pi/2, 3\pi/2$인 경우, 이차원 등방성 단조화진동을 하는 물체의 궤도곡선

이다. 매개변수 t를 소거하면

$$y=-\frac{A_y}{A_x}x$$

가 된다. 곧 직선이다. 이것은 **그림 5.16**에서 선분 $\overline{\mathrm{RS}}$를 나타낸다.

따라서 $\delta=\pi$이면, $\delta=0$의 경우와 같은 방법으로, 물체는 선분 $\overline{\mathrm{RS}}$상에서 $\delta=0$의 경우와 같은 각진동수, 같은 진폭으로 일차원 단조화진동을 한다. $\delta=0$ 및 $\delta=\pi$인 경우는 진동방향이 서로 다를 뿐이다.

③ $\delta=\pm\frac{\pi}{2}$: 이 경우, 매개변수방정식(5.71)은

$$x=A_x\sin\omega t,\quad y=A_y\sin\left(\omega t\pm\frac{\pi}{2}\right)=\pm A_y\cos\omega t \tag{5.74}$$

가 된다. 각 변을 제곱하여 삼각함수 관계식 $\sin^2\omega t+\cos^2\omega t=1$을 이용하면 매개변수 t가 소거된 궤도방정식

$$\left(\frac{x}{A_x}\right)^2+\left(\frac{y}{A_y}\right)^2=1 \tag{5.75}$$

을 얻는다. 이것은 x축, y축을 **긴 축**(major axis), **짧은 축**(minor axis)으로 하는 타원의 방정식이다(**그림 5.16** 참조). $A_x>A_y$이면 x축이 긴 축이다. 특히

$$A_x=A_y\equiv A$$

이면 궤도는 반지름 A의 원이 된다.

궤도방정식의 모양은 위상차가 $\delta=+\frac{\pi}{2}$, $\delta=-\frac{\pi}{2}$에 따른 차이가 없으나, 회전 방향이

다르다. 이것은 매개변수방정식(5.74)에서 나타난다.

$\delta = +\dfrac{\pi}{2}$의 경우 매개변수방정식은

$$x = A_x \sin \omega t, \quad y = A_y \cos \omega t$$

이므로, $t=0$의 시각에서 $x(0)=0$, $y(0)=A_y$이다. 그러나 미소시간이 지난 후($t=\Delta t$) x값은 증가하나 y값은 감소한다. **그림 5.16**에서 물체는 처음에 점 A_y에서 출발하여 미소한 시간 Δt 후에는 오른쪽으로 이동해 있음을 알 수 있다. 이와 같은 사실은 속도의 성분 v_x 및 v_y를 생각해도 쉽게 알 수 있다. 곧

$$v_x = \frac{dx}{dt} = \omega A_x \cos \omega t, \quad v_y = \frac{dy}{dt} = -\omega A_y \sin \omega t$$

이므로

$$v_x(0) = \omega A_x, \quad v_y(0) = 0$$

이다. 따라서 처음($t=0$)에 점 A_y에 있던 물체의 속도는 양(+)의 x축 방향이므로 물체는 타원궤도를 따라서 시계 방향으로 회전한다.

반면에, $\delta = -\dfrac{\pi}{2}$의 경우에는

$$x = A_x \sin \omega t, \quad y = -A_y \cos \omega t$$

이므로, 같은 방법으로 타원궤도를 따라서 시계 반대 방향으로 회전함을 알 수 있다.

④ $\delta = \pm\dfrac{3\pi}{2}$: 이 경우 매개변수방정식(5.71)은

$$x = A_x \sin \omega t, \quad y = A_y \sin\left(\omega t \pm \frac{3\pi}{2}\right) = \mp A_y \cos \omega t$$

가 되어, 식(5.74)와 같은 꼴이 된다. 오직 변위 y의 부호가 반대일 뿐이다.

따라서 $\delta = \dfrac{3\pi}{2}$인 경우에는 $\delta = -\dfrac{\pi}{2}$의 경우, $\delta = -\dfrac{3\pi}{2}$인 경우는 $\delta = +\dfrac{\pi}{2}$의 경우와 각각 같다.

일반적으로, 서로 수직인 방향의 등방성의 단조화진동을 중첩하면 그 위상차에 따라 물체는 직선상의 단조화진동($\delta=0$, π인 경우)을 하거나 타원운동을 한다.

그림 5.17은 $A_x = A_y$이며, 위상차 δ가 특수한 몇 가지 경우, 서로 수직인 두 단조화진동의 중첩으로 얻어지는 이차원 조화진동의 모양을 나타낸 것이다. 일반적으로 위상차 $\delta=0$,

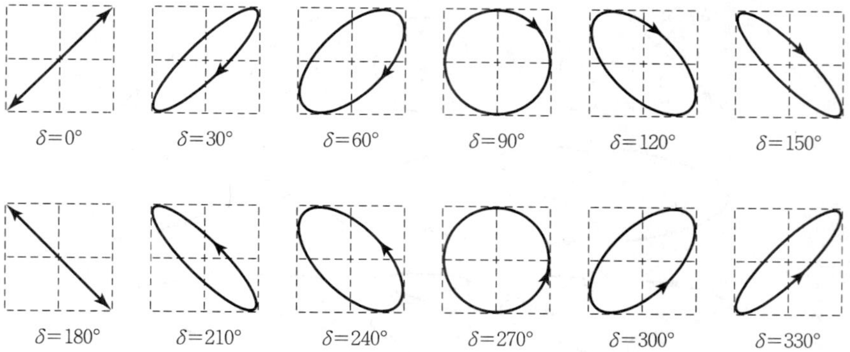

그림 5.17 등방성 이차원 조화진동자의 위상차에 따른 궤도 모양

π에서 타원의 회전 방향이 바뀌고, $\delta=\frac{\pi}{2}$, $\frac{3\pi}{2}$ (또는 $-\frac{\pi}{2}$)에서 타원의 긴 축과 짧은 축이 서로 바뀐다.

◎ 비등방성 조화진동

식(5.70)으로 기술되는 이차원 조화진동에서 $\omega_x \neq \omega_y$인 비등방성 조화진동을 하는 물체는 어떤 모양의 운동을 하는지, 각진동수의 비가 아래 ①, ②의 두 경우로 나누어서 알아보자.

① $\frac{\omega_x}{\omega_y}=\frac{n_x}{n_y}$ (n_x, n_y : 공약수가 없는 정수) 인 경우 : 이 경우는 $\frac{n_x}{\omega_x}=\frac{n_y}{\omega_y}$ 이므로 양변에 2π를 곱하면

$$n_x\left(\frac{2\pi}{\omega_x}\right)=n_y\left(\frac{2\pi}{\omega_y}\right)\equiv T \tag{5.76}$$

가 된다. 반달표 괄호는 각 좌표축 방향의 단조화진동의 주기 T_x 및 T_y이다. 따라서

$$n_x T_x = n_y T_y = T$$

이다. 이것은 x축 방향의 단조화진동이 n_x번 진동한 시간은 y축 방향의 단조화진동이 n_y번 진동한 시간과 같음을 뜻한다. x축 및 y축 방향의 단조화진동은 각각 n_x번, n_y번 진동한 후에는 처음 위치 및 속도로 되돌아오곤 한다. 곧 식(5.76)으로 주어지는 주기 T의 주기운동이다. 이 주기운동은

$$-A_x \leq x \leq A_x, \quad -A_y \leq y \leq A_y$$

의 영역 안에서 일어난다.

이러한 운동을 하는 물체가 그리는 곡선은 닫힌 곡선이고, 이런 곡선을 **리사주곡선**(Lissajous

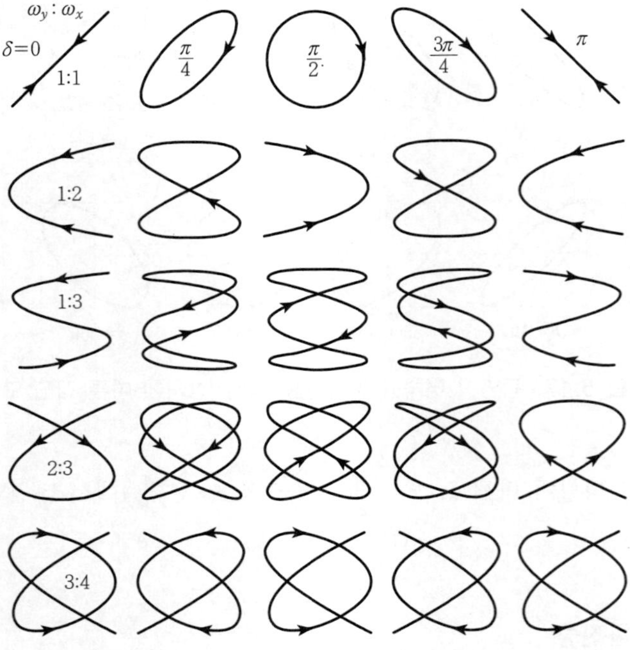

그림 5.18 $\frac{\omega_x}{\omega_y}=1,\ \frac{1}{2},\ \frac{1}{3},\ \frac{2}{3},\ \frac{3}{4}\ ;\ \delta=0,\ \frac{\pi}{4},\ \frac{\pi}{2},\ \frac{3\pi}{4},\ \pi$인 경우의 리사주곡선

curve)이라 한다. 이 곡선의 모양은 각진동수의 비 값 및 위상차에 따라 다르다. **그림 5.18**은 몇 가지 특수한 각진동수의 비 값 및 위상차에 대한 리사주곡선이다.

② $\frac{\omega_x}{\omega_y}$가 ①의 경우처럼 유리수로 주어지지 않고, 무리수인 경우 : 각진동수의 비 값이 유리수로 표현되지 않는 경우에는 리사주곡선의 경우와 같은 주기 T를 구할 수 없고, 따라서 이런 비등방성 조화진동을 하는 물체의 운동은 주기운동이 아니므로 제자리에 되돌아오는 일이 없다. 그러므로 이런 운동을 하는 물체가 그리는 곡선은 닫히지 않고 열린 곡선이다. 이 경우 충분한 시간이 지나면 이차원 조화진동을 하는 물체는 직각을 낀 두 변의 길이가 $2A_x$, $2A_y$인 직사각형의 안의 어떤 점이든지 무한히 가까이 지날 수 있어서 이 직사각형을 이 곡선으로 꽉 메울 수 있다.

예제 5.9 이차원의 비등방성 조화진동

x축 및 y축 방향의 운동이

$$x(t)=A\cos\omega t,\quad y(t)=A\cos\frac{\omega}{2}t$$

로 기술되는 이차원 조화진동자가 있다. 이 진동자가 그리는 궤도곡선을 나타내는 궤도방정식을 구하라.

풀이 | 이 두 방정식은 각진동수의 비가 $\omega_x : \omega_y = 2:1$인 이차원 비등방성 조화진동자의 t를 매개변수로 한 궤도방정식이다. 이 두 식에서 t를 소거하면 궤도방정식을 얻는다.
위의 두 방정식은 다시

$$\frac{x(t)}{A} = \cos\omega t, \quad \frac{y(t)}{A} = \cos\frac{\omega}{2}t$$

로 바꾸어 쓸 수 있다. 먼저 삼각함수의 공식 $\cos^2\theta = \frac{1+\cos 2\theta}{2}$ (부록 D.11-2 참조)를 이용하여, $\frac{y(t)}{A} = \cos\frac{\omega}{2}t$로부터

$$\frac{y(t)}{A} = \sqrt{\frac{1+\cos\omega t}{2}} \qquad \therefore \cos\omega t = 2\left(\frac{y}{A}\right)^2 - 1$$

를 얻는다. 여기에 $\frac{x(t)}{A} = \cos\omega t$를 고려하면

$$\frac{x}{A} = 2\left(\frac{y}{A}\right)^2 - 1 \qquad \therefore y^2 = \frac{A}{2}(x+A) \tag{5.77}$$

를 얻는다. 이것이 우리가 바라는 궤도방정식이다. 초점이 $(p, 0)$인 포물선의 방정식

$$y^2 = 4px \tag{5.78}$$

에 비추어 보면, 식(5.77)은 점 $\left(-\frac{7A}{8}, 0\right)$*을 초점으로 하고, x축을 축(또는 대칭축)으로 하는 포물선임을 알 수 있다(**그림 5.18**의 가로 둘째 줄의 첫째 그림 참조).

5.2 감쇠진동

이제까지 우리는 마찰력과 같은 비보존력이 작용하지 않는 이상적인 단조화진동을 살펴보았다. 보존력만이 작용하여 진폭의 제곱에 비례하는 역학적 에너지가 일정하게 보존되어 한번 진동하면 진폭이 감소하지 않고 진동이 영원히 계속되었다.

그러나 실제의 경우에는 그렇지 않은 경우가 많다. 마찰력과 같은 비보존력이 작용하여 역

---

* 식(5.77)에 새로운 변수 $x' = x+A$, $y' = y$인 (x', y')을 도입하면 $y'^2 = \frac{A}{2}x'$ 또는 $y'^2 = 4\left(\frac{A}{8}\right)x'$로 변형된다. 이것은 $x'y'$좌표계에서의 방정식으로, 식(5.78)에 비추어보면 초점이 $\left(\frac{A}{8}, 0\right)$이고, x'축이 대칭축인 포물선을 나타낸다. 따라서 xy좌표계에서 보면 초점의 x좌표는 $x = x' - A = \frac{A}{8} - A = -\frac{7}{8}A$이고, y좌표는 $y = y' = 0$이므로, xy좌표계에서 초점은 $\left(-\frac{7}{8}A, 0\right)$이다.

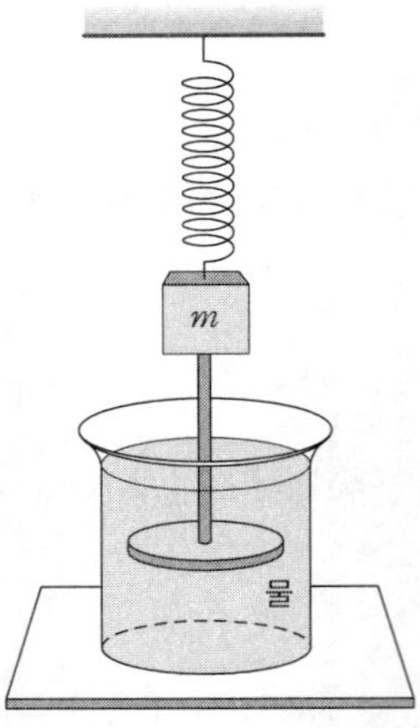

그림 5.19 감쇠진동체

학적 에너지가 소모되고, 따라서 진폭이 점점 감소하여 진동이 점점 잦아들어 마침내 멈추게 된다. 이와 같이 진폭이 점점 감쇠되어 가는 진동을 **감쇠진동**(damped oscillation)이라 하고, 이런 감쇠현상을 일으키는 마찰력과 같은 힘을 **감쇠력**(damping force)이라 한다. 감쇠력이 작용할 때 진동하지 않는 경우도 있다. 이런 경우의 운동은 **감쇠운동**(damped motion)이라 한다.

간단한 경우로, **그림 5.19**와 같이 연직으로 매달린 용수철흔들이 아래에 달린 매우 가벼운 원판을 물속에 잠기게 하면, 추가 진동을 할 때 잠수된 원판이 물속에서 받는 저항 때문에 진폭이 점점 작아진다. 물속에서 운동하는 원판이 받는 물의 저항 때문에 생기는 이 감쇠력은 대체로 물속에 잠긴 물체(잠수 원판)의 속도에 비례한다(소단원 2.3.2의 ③ 참조). 이 경우, 단조화진동을 하게 하는 힘 $F=-kx$ 외에, 속도에 비례하는 감쇠력 $f=-bv$이 작용하므로, 물체에 작용하는 알짜힘 $\sum F=F+f$는

$$\sum F=-kx+f \text{ 또는 } \sum F=-kx-bv=-kx-b\frac{dx}{dt} \tag{5.79}$$

이다. 여기서 b는 감쇠력 f의 세기를 나타내는 상수로, **감쇠상수**(damping constant)라 한다.

○ 감쇠진동의 에너지

따라서 감쇠력을 받고 있는 단조화진동자의 운동방정식은

$$m\frac{d^2x}{dt^2}=-kx+f \text{ 또는 } m\frac{d^2x}{dt^2}+b\frac{dx}{dt}+kx=0 \tag{5.80}$$

가 된다. 이를 **운동미분방정식**(differential equation of motion)이라 부르기도 한다. 이 운동

방정식은 다시

$$\frac{d^2x}{dt^2}+2\beta\frac{dx}{dt}+\omega_0^2 x=0 \tag{5.81}$$

로 바꾸어 쓸 수 있다. 여기서

$$\beta=\frac{b}{2m}, \quad \omega_0^2=\frac{k}{m} \tag{5.82}$$

라 두었다. β를 **감쇠인자**(damping factor)라 부른다.

비보존력인 감쇠력 f로 인하여 역학적 에너지가 감소한다. 역학적 에너지

$$E=K+U=\frac{1}{2}mv^2+\frac{1}{2}kx^2$$

의 시간에 대한 변화율은

$$\frac{dE}{dt}=mv\frac{dv}{dt}+kx\frac{dx}{dt}=\left(m\frac{d^2x}{dt^2}+kx\right)v$$

로 주어진다. 여기에 운동방정식(5.80)을 고려하면

$$\frac{dE}{dt}=fv \tag{5.83}$$

또는

$$\frac{dE}{dt}=-bv^2 \tag{5.84}$$

의 관계식을 얻는다. 여기에 음(−)의 부호는 에너지의 감소를 뜻한다. 따라서 감쇠력이 속도에 비례하는 경우 에너지의 소모율은 속도의 제곱에 비례한다. 일반적으로

감쇠력에 의한 에너지 변화율은 (감쇠력)×(속도)로 주어진다.

◎ 감쇠효과가 비교적 작은 경우

이 경우 역학적 에너지의 감쇠율도 매우 작아 진폭이 매우 느리게 변한다. 따라서 식(5.84)의 v^2을 $\langle v^2\rangle$로 어림할 수 있다. 한편 단조화진동의 운동에너지 및 위치에너지의 평균값이 서로 같으므로 역학적 에너지는

$$E=2\langle K\rangle=2\left\langle\frac{1}{2}mv^2\right\rangle=m\langle v^2\rangle$$

으로 주어진다. 따라서

$$v^2 \simeq \langle v^2 \rangle = \frac{E}{m}$$

라 두면 식(5.84)는

$$\frac{dE}{dt} = -\frac{b}{m}E = -2\beta E \tag{5.85}$$

가 된다. 이 미분방정식의 풀이는 식(5.46)을 구할 때와 같은 방법으로 구할 수 있다. 곧

$$\frac{dE}{E} = -2\beta\, dt \tag{5.86}$$

와 같이 변수 E 및 t를 양변으로 분리하여 양변을 적분하면

$$\int \frac{dE}{E} = -2\beta \int dt \qquad \therefore\ \ln E = -2\beta t + C'$$

이다. 따라서 역학적 에너지 E는

$$E = C e^{-2\beta t} \ \ (C \equiv e^{C'})$$

로 주어지는 데, 처음($t=0$)에 역학적 에너지가 $E(0) = E_0$라면

$$E = E_0\, e^{-2\beta t} \tag{5.87}$$

가 된다. 곧 "감쇠진동에서 에너지가 시간에 따라 지수함수적으로 감소한다".

에너지 감소의 정도를, 에너지 E가 처음($t=0$)에너지 E_0의 $\frac{1}{e}$배 되는 시간으로 나타내는 경우가 많다(소단원 2.3.2의 ③ 참조). 이 시간을 감쇠진동계의 **시간상수**(time constant)라 한다. 이 시간상수를 τ라 하면 식(5.87)로부터

$$\frac{E_0}{e} = E_0\, e^{-2\beta\tau} \qquad \therefore\ \tau = \frac{1}{2\beta}$$

를 얻는다. 곧 시간상수는 감쇠인자에 반비례한다(식(2.40) 참조).

한편, 진동의 역학적 에너지는 진폭의 제곱에 비례하므로(식(5.17) 참조)

$$\frac{E}{E_0} = \frac{A^2}{A_0^2}$$

라 둘 수 있다. 여기서 A_0, A는 각각 $t=0$ 및 시각 t에서 진폭이다. 따라서 식(5.87)에 의하여

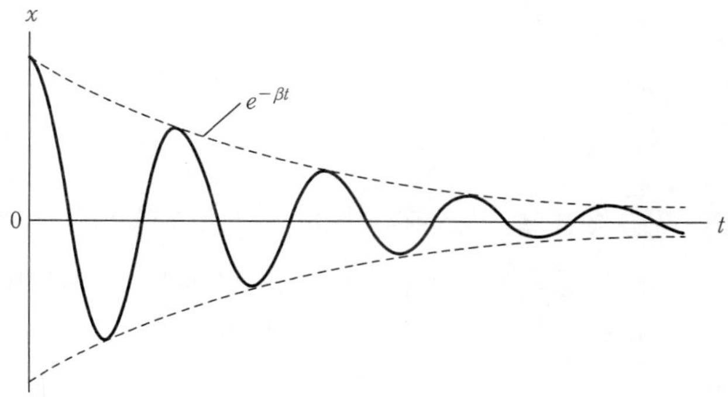

그림 5.20 작은 감쇠진동

$$A(t)=A_0\, e^{-\beta t} \tag{5.88}$$

이다. 곧 "비교적 **작은 감쇠**의 경우 진폭은 지수함수적으로 감쇠한다"(**그림 5.20** 참조). 따라서 감쇠진동의 변위 $x(t)$는

$$x(t)=A_0\, e^{-\beta t}\sin(\omega_{\rm d} t+\delta) \quad \left(\omega_{\rm d}=\sqrt{\omega_0^2-\beta^2}\right) \tag{5.89}$$

의 꼴로 주어짐을 유추할 수 있다(식(5.99) 참조). 이것은 운동방정식(5.80) 또는 식(5.81)를 만족해야 한다.

$$\frac{dx(t)}{dt}=A_0\, e^{-\beta t}\{-\beta\sin(\omega_{\rm d} t+\delta)+\omega_{\rm d}\cos(\omega_{\rm d} t+\delta)\},$$

$$\frac{d^2x(t)}{dt^2}=A_0\, e^{-\beta t}\left\{(\beta^2-\omega_{\rm d}^2)\sin(\omega_{\rm d} t+\delta)-2\omega_{\rm d}\beta\cos(\omega_{\rm d} t+\delta)\right\}$$

를(부록 D.16-5 참조) 식(5.81)에 대입하여 정리하면

$$(\omega_0^2-\beta^2-\omega_{\rm d}^2)\sin(\omega_{\rm d} t+\delta)=0$$

을 얻는다. 따라서 식(5.89)가 식(5.81)을 만족하려면

$$\omega_{\rm d}=\sqrt{\omega_0^2-\beta^2}$$

라야 한다(식(5.100) 참조). 이것은 **감쇠진동의 각진동수**(angular frequency of damped oscillation)로, 감쇠력이 작용하지 않을 때의 각진동수 ω_0와 구별된다. 따라서 감쇠진동에서 한번 진동하는 데 걸리는 시간, 곧 감쇠진동의 주기도 감쇠력이 없을 때의 주기와 구별된다. 감쇠진동의 주기를 $T_{\rm d}$라 하면

$$T_{\rm d}=\frac{2\pi}{\omega_{\rm d}}=\frac{2\pi}{\sqrt{\omega_0^2-\beta^2}}$$

로 주어진다.

◎ Q 인자

감쇠진동의 한 주기 T_d동안에 소모된 에너지 ΔE의 진동계의 역학적 에너지 E에 대한 비 값으로 감쇠현상을 기술할 수 있다. 그 비 값은 식(5.86)으로부터 얻어진다. 곧 dE 및 dt를 ΔE, Δt로 각각 바꾸어 놓으면

$$\frac{\Delta E}{E} = -2\beta\,\Delta t$$

를 얻는다. 이것은 관계식 $\Delta E = \dfrac{dE}{dt}\Delta t$에 식(5.85)를 고려하면 얻어진다. ΔE는 $\Delta E < 0$이므로 소모된 에너지로, 특히 시간 Δt 동안에 소모된 에너지이다. 따라서 윗식에서 $\Delta t = T_\mathrm{d}$라 두면 한 주기 동안에 소모된 에너지를 얻는다. 따라서 한 주기 동안 소모된 에너지 비율

$$\frac{|\Delta E|_{\text{주기}}}{E} = 2\beta\, T_\mathrm{d} \tag{5.90}$$

는 진동계의 감쇠의 정도를 나타내는 척도로 사용할 수 있으나, 보통 이것의 역수에 비례하는

$$Q = 2\pi\frac{E}{|\Delta E|_{\text{주기}}} = 2\pi\times\frac{(\text{진동계에 저장된 평균에너지})}{(\text{한 주기 동안에 소모된 평균에너지})} \tag{5.91}$$

로 진동계의 감쇠정도를 나타낸다. 이를 **Q인자**(Q-facter) 또는 **질인자**(quality factor)라 한다. 한편 감쇠진동의 Q값은 식(5.91)에 식(5.90)을 고려하면

$$Q = 2\pi\left(\frac{1}{2\beta\, T_\mathrm{d}}\right) \tag{5.92}$$

이다. 여기에 $\omega_\mathrm{d} = \dfrac{2\pi}{T_\mathrm{d}}$ 및 $\tau = \dfrac{1}{2\beta}$임을 고려하면

$$Q = \frac{\omega_\mathrm{d}}{2\beta} = 2\pi\left(\frac{\tau}{T_\mathrm{d}}\right) \tag{5.93}$$

를 얻는다. 따라서 Q가 클수록 β가 작거나, τ가 크므로 감쇠현상이 작게 나타난다.

예제 5.10 감쇠현상과 질인자

마찰력 때문에 홑흔들이가 한 번 진동하는 동안에 에너지가 1 %씩 감소한다.

① 이 홑흔들이의 Q는 얼마인가?

② 감쇠진동의 한 주기 T_d 후 진폭의 처음의 진폭에 대한 비 값은 얼마인가?

풀이 | ① 문제에서 한 주기 동안에 소모된 에너지의 비율은 $\dfrac{|\Delta E|_{주기}}{E} = \dfrac{1}{100}$ 이므로

$$Q = 2\pi \frac{E}{|\Delta E|_{주기}} = 2\pi \times 100 = 628$$

이다.

② 진폭의 비는 식(5.88)에 의하여

$$\frac{A(T_{\mathrm{d}})}{A_0} = e^{-\beta T_{\mathrm{d}}}$$

로 주어지는데, 식(5.92)에 의하여

$$\beta T_{\mathrm{d}} = \frac{\pi}{Q} = \frac{3.14}{628} = 0.500$$

이므로

$$\frac{A(T_{\mathrm{d}})}{A_0} = e^{-0.500} = 0.6065$$

이다. 곧 비 값은 0.607이다. 한 주기 T_{d} 후 진폭은 처음의 60.7 % 정도이다.

▶○ 운동미분방정식

감쇠력 $f = -bv$ 를 받고 있는 단조화진동자의 운동방정식은 미분방정식

$$\frac{d^2x}{dt^2} + 2\beta\frac{dx}{dt} + \omega_0^2 x = 0 \tag{5.81}$$

$$\beta = \frac{b}{2m}, \quad \omega_0^2 = \frac{k}{m} \tag{5.82}$$

로 바꾸어 쓸 수 있음을 보았다. 이 미분방정식은 상수계수의 이계 선형미분방정식이다. 이 미분방정식을 분석하여 감쇠력을 받고 있는 단조화진동자의 운동을 다시 한번 살펴보자.

이 방정식의 풀이 $x(t)$가 바로 시간에 따라 변하는 물체의 변위를 나타내는 함수이다. 이 미분방정식은 단조화진동의 기초방정식(5.33)의 풀이와 같은 방법으로 풀 수 있다. 미분연산자

$$\frac{d}{dt} \equiv D, \quad \frac{d^2}{dt^2} \equiv D^2$$

으로 미분방정식(5.81)을 표현하면

$$(D^2 + 2\beta D + \omega_0^2)x = 0 \tag{5.94}$$

이 된다. 따라서 이 미분방정식의 보조방정식

$$D^2 + 2\beta D + \omega_0^2 = 0$$

의 두 근 r_1, r_2는, 근의 공식(부록 D.2-1 참조)에 의하여,

$$r_1 = -\beta + \sqrt{\beta^2 - \omega_0^2}, \quad r_2 = -\beta - \sqrt{\beta^2 - \omega_0^2} \tag{5.95}$$

로 주어진다. 일반풀이는 일차독립인 풀이$\{e^{r_1 t},\ e^{r_2 t}\}$의 선형결합

$$x = c_1 e^{r_1 t} + c_2 e^{r_2 t} \quad (r_1 \neq r_2)$$

로 주어진다. 이것은 두 근이 서로 같지 않은 경우 $r_1 \neq r_2$이다. 그렇지 않은 경우($r_1 = r_2$)에는 다른 꼴이 된다.

특히 일반풀이의 꼴은 β와 ω_0의 대소 관계, 곧

❶ $\omega_0 > \beta$ ❷ $\omega_0 = \beta$ ❸ $\omega_0 < \beta$

의 세 가지 경우로 나누어서 살펴보는 것이 편리하다. 이들은 물리적으로 매우 흥미로운 경우이다.

❶ $\omega_0 > \beta$ (작은 감쇠)

감쇠효과가 비교적 작아서 $\omega_0 > \beta$인 경우에는

$$r_1 = -\beta + \mathrm{i}\sqrt{\omega_0^2 - \beta^2}, \quad r_2 = -\beta - \mathrm{i}\sqrt{\omega_0^2 - \beta^2}$$

이므로 일반풀이는

$$x = c_1 e^{-\beta t + \mathrm{i}\sqrt{\omega_0^2 - \beta^2}\, t} + c_2 e^{-\beta t - \mathrm{i}\sqrt{\omega_0^2 - \beta^2}\, t} \tag{5.96}$$

의 꼴이 된다. 여기서

$$\omega_{\mathrm{d}} = \sqrt{\omega_0^2 - \beta^2}$$

라 두고,

$$x = e^{-\beta t}\left(c_1 e^{\mathrm{i}\omega_{\mathrm{d}} t} + c_2 e^{-\mathrm{i}\omega_{\mathrm{d}} t}\right) \tag{5.97}$$

로 바꾸어 쓰기도 한다. 이것은

$$e^{\pm \mathrm{i}\omega t} = \cos \omega t \pm \mathrm{i} \sin \omega t$$

를 이용하면

$$x = e^{-\beta t}(A \sin \omega_{\mathrm{d}} t + B \cos \omega_{\mathrm{d}} t) \tag{5.98}$$

가 된다. 여기서 A, B는 새로운 상수로

$$A = \mathrm{i}(c_1 - c_2), \quad B = c_1 + c_2$$

라 두었다. 또,

$$C = \sqrt{A^2 + B^2}, \quad \frac{A}{\sqrt{A^2 + B^2}} = \cos\delta, \quad \frac{B}{\sqrt{A^2 + B^2}} = \sin\delta$$

라 두면(**그림 5.10** 참조)

$$x = Ce^{-\beta t}\sin(\omega_{\mathrm{d}} t + \delta) \tag{5.99}$$

로 바꾸어 쓸 수 있다.

식(5.99)는 단조화진동의 변위를 나타내는 함수 식(5.37)과 비교하면, 진폭 A는

$$A = Ce^{-\beta t}$$

로 주어진다. 따라서 물체는 진폭이 시간에 따라 지수함수적으로 감소하면서, 각진동수

$$\omega_{\mathrm{d}} = \sqrt{\omega_0^2 - \beta^2} = \sqrt{\frac{k}{m} - \left(\frac{b}{2m}\right)^2}, \tag{5.100}$$

으로 진동한다(**그림 5.20** 참조).

이 진동은 단조화진동과 달리 진폭이 시간에 따라 감소하는 것 외에도 각진동수 ω_{d}가 단조화진동의 각진동수 $\omega_0 = \sqrt{\dfrac{k}{m}}$와 다르다. ω_0은 감쇠력이 없을 때의 각진동수이다.

감쇠력이 없을 때의 단조화진동을 감쇠진동과 구별해서 **자유진동**(free oscillation)이라 하고, 이때 각진동수 ω_0을 그 진동계의 **자연각진동수**(natural angular frequency) 또는 **고유각진동수**(proper frequency)*라 한다. 이에 대해서 ω_{d}을 **감쇠진동의 각진동수**(angular frequency of damped oscillation)라 부르기도 한다.

이제까지의 논의는 $\omega_0^2 > \beta^2$인 경우로, 감쇠효과가 비교적 작은 경우이나 진동을 하기 때문에, 이 경우의 진동을 특히 **작은 감쇠진동**(under-damped oscillation)이라 한다.

이상의 논의의 결과, 작은 감쇠력이 작용하는 물체의 운동방정식인 이계 선형미분방정식 (5.81)의 풀이는 **표 5.2**와 같이 요약된다.

---

* 진동계를 수학적으로 기술할 때 (선형)진동수 f보다 각진동수 ω가 더 편리하다. 각진동수와 진동수 사이에는 $\omega = 2\pi f$의 관계가 있어, 이들 사이에는 상수 2π배 만큼 서로 차이가 있을 뿐이다. 그래서 각진동수와 진동수의 구별 없이 진동수라는 용어를 쓰는 경우가 종종 있다.

표 5.2 이계 선형미분방정식의 풀이

미분방정식	$\dfrac{d^2x}{dt^2}+2\beta\dfrac{dx}{dt}+\omega_0^2 x=0 \quad (\omega_0^2>\beta^2)$	(5.81)
풀 이	$x=e^{-\beta t}\left(c_1 e^{i\omega_d t}+c_2 e^{-i\omega_d t}\right)$	(5.97)
	$x=e^{-\beta t}(A\sin\omega_d t+B\cos\omega_d t)$	(5.98)
	$x=Ce^{-\beta t}\sin(\omega_d t+\delta);\ \omega_d=\sqrt{\omega_0^2-\beta^2}$	(5.99)

• 적분상수와 초기 조건

이계 선형미분방정식의 일반풀이에는 적분상수가 반드시 두 개 나타난다. 이들은 초기 조건$\{x(0),\ v(0)\}$에 의하여 결정된다. 식(5.99)로부터 물체의 속도 $v(t)$는

$$v(t)=Ce^{-\beta t}\{-\beta\sin(\omega_d t+\delta)+\omega_d\cos(\omega_d t+\delta)\} \tag{5.101}$$

로 주어진다. 초기 조건을

$$x(0)=A_0,\quad v(0)=0 \tag{5.102}$$

이라 하면 식(5.99) 및 식(5.101)로부터

$$A_0=C\sin\delta,\quad 0=C\{-\beta\sin\delta+\omega_d\cos\delta\}$$

의 두 개의 조건식을 얻는다. 둘째 조건식에서

$$\tan\delta=\frac{\omega_d}{\beta}\quad 또는\quad \delta=\tan^{-1}\frac{\omega_d}{\beta} \tag{5.103}$$

를 얻는다. 첫째 조건식의 양변을 제곱하여 정리하면

$$\frac{A_0^2}{C^2}=\sin^2\delta=1-\cos^2\delta$$

가 된다. 여기에 삼각함수의 관계식(부록 D.9-2 참조)

$$1+\tan^2\delta=\frac{1}{\cos^2\delta}$$

및 식(5.103), 식(5.100)을 고려하면

$$\begin{aligned}\frac{A_0^2}{C^2}&=1-\cos^2\delta=1-\frac{1}{1+\tan^2\delta}=\frac{\tan^2\delta}{1+\tan^2\delta}\\&=\frac{\omega_d^2}{\omega_d^2+\beta^2}=\frac{\omega_d^2}{\omega_0^2}\end{aligned}$$

이 되어

$$C=\frac{\omega_0}{\omega_{\rm d}}A_0 \tag{5.104}$$

을 얻는다. 곧 초기 조건식(5.102)로부터 적분상수$\{C,\ \delta\}$가 식(5.103), 식(5.104)와 같이 결정되고, 따라서 미분방정식의 일반풀이는 식(5.99)에 의하여

$$x(t)=\left(\frac{\omega_0}{\omega_{\rm d}}A_0\,e^{-\beta t}\right)\sin\,(\omega_{\rm d}t+\delta)\quad\left(\delta=\tan^{-1}\frac{\omega_{\rm d}}{\beta}\right)$$

로 주어진다.

• 진폭 및 에너지의 감쇠율

한번 진동할 때마다 진폭이 얼마나 잦아드는지 알아보자. 한번 진동하는 데 걸리는 시간을 $T_{\rm d}$라 하면

$$T_{\rm d}=\frac{2\pi}{\omega_{\rm d}} \tag{5.105}$$

이다. 변위가 극대가 되는 한 시각을 t_1이라 하면 그 다음 같은 쪽의 극댓값이 되는 시각은 $t_1+T_{\rm d}$이 된다. 이 두 시각에서 진폭의 비 값은

$$\left|\frac{x(t_1+T_{\rm d})}{x(t_1)}\right|=\left|\frac{Ce^{-\beta(t_1+T_{\rm d})}\sin\,(\omega_{\rm d}[t_1+T_{\rm d}]+\delta)}{Ce^{-\beta t_1}\sin\,(\omega_{\rm d}t_1+\delta)}\right| =e^{-\beta T_{\rm d}} \tag{5.106}$$

이 된다. 곧 진폭이 지수함수적으로 감소한다. 진폭의 비 값의 자연로그(natural log)를 취하면(부록 D.5-3 참조)

$$\ln\left|\frac{x(t_1)}{x(t_1+T_{\rm d})}\right|=\beta T_{\rm d}$$

가 된다. 그래서 $\beta T_{\rm d}$를 진폭의 **로그 감쇠율**(logarithmic decrement)이라 한다.

에너지는 진폭의 제곱에 비례하므로 에너지의 로그 감쇠율은 진폭의 2배가 된다.

• 에너지 소모율

다음에는 작은 감쇠($\omega_0>\beta$)진동의 경우, 역학적 에너지 E의 시간적인 소모율을 구해보자. 에너지 $E=K+U$의 시간에 대한 변화율은 식(5.83) 또는 (5.84)에 의하여

$$\frac{dE}{dt}=fv=-2m\beta v^2 \tag{5.107}$$

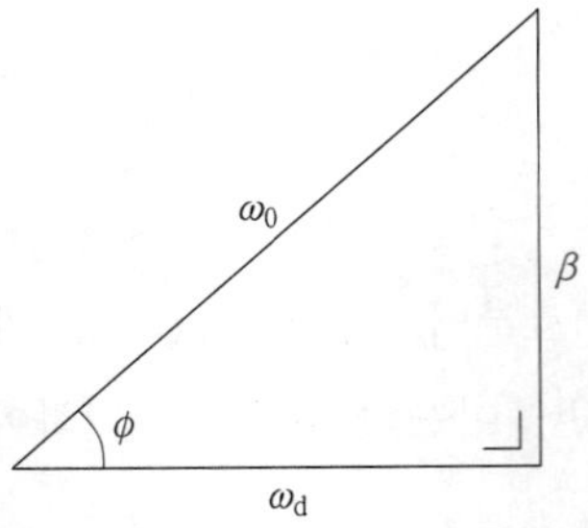

그림 5.21 ϕ각 결정 삼각형

으로 주어진다. 여기서 속도 v는, 식(5.101)에 새로운 상수

$$\phi = \tan^{-1}\frac{\beta}{\omega_d}$$

를 도입하면(**그림 5.21** 참조),

$$v(t) = \omega_0 Ce^{-\beta t}\{-\sin\phi\sin(\omega_d t+\delta) + \cos\phi\cos(\omega_d t+\delta)\}$$

$$\therefore\ v(t) = \omega_0 Ce^{-\beta t}\cos(\omega_d t+\delta+\phi) \tag{5.108}$$

로 주어진다. 따라서 식(5.107)은

$$\frac{dE}{dt} = -2m\beta\omega_0^2 C^2 e^{-2\beta t}\cos^2(\omega_d t+\delta+\phi) \tag{5.109}$$

이 된다. 여기서 음(−)부호는 일률(에너지 변화율) $\frac{dE}{dt}$의 감소를 뜻한다. 따라서 $\left|\frac{dE}{dt}\right|$는 에너지 소모율(power dissipation)을 나타낸다.

이 에너지의 변화율은 시간에 따라 변한다. 따라서 평균값을 구하는 것이 보통이다. 식(5.109)의 평균값을 취하면

$$\left\langle\frac{dE}{dt}\right\rangle = -2m\beta\omega_0^2 C^2\langle e^{-2\beta t}\rangle\langle\cos^2(\omega_d t+\delta+\phi)\rangle$$

가 되는데, 지수함수 $e^{-2\beta t}$의 시간적인 변화는 $\cos^2(\omega_d t+\delta+\phi)$의 변화에 비하면 무시할 수 있을 정도이므로 $\langle e^{-2\beta t}\rangle \simeq e^{-2\beta t}$로 어림할 수 있어서

$$\left\langle\frac{dE}{dt}\right\rangle = -2m\beta\omega_0^2 C^2 e^{-2\beta t}\langle\cos^2(\omega_d t+\delta+\phi)\rangle$$

이다. 여기서 $\langle\cos^2(\omega_d t+\delta+\phi)\rangle$는 $\cos^2(\omega_d t+\delta+\phi)$의 시간적인 평균을 나타낸다.

주기가 T인 함수 $f(t)$의 시간적인 평균값 $\langle f(t)\rangle$는 식(5.18)로 정의되므로

$$\langle\cos^2\omega_d t\rangle = \frac{1}{T}\int_0^T \cos^2\omega_d t\,dt = \frac{\omega_d}{2\pi}\int_0^{\frac{2\pi}{\omega_d}}\frac{1}{2}(1+\cos 2\omega_d t)\,dt$$

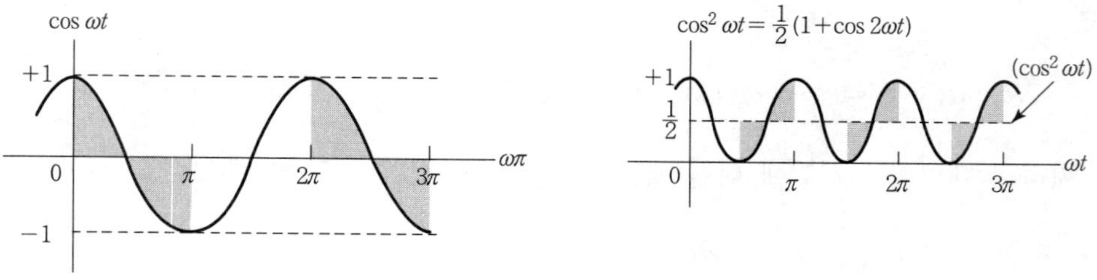

그림 5.22 $\cos\omega t$ 및 $\cos^2\omega t$의 그래프

$$
=\frac{\omega_{\rm d}}{2\pi}\left[\frac{t}{2}+\frac{\sin 2\omega_{\rm d} t}{4\omega_{\rm d}}\right]_0^{\frac{2\pi}{\omega_{\rm d}}}=\frac{1}{2}
$$

이다(**그림 5.22** 참조).

이를 고려하면

$$
\left\langle\frac{dE}{dt}\right\rangle=-m\beta\omega_0^2 C^2 e^{-2\beta t}
$$

가 된다. 여기서 에너지 소모율(일률) P는

$$
P=\left|\left\langle\frac{dE}{dt}\right\rangle\right|=m\beta\omega_0^2 C^2 e^{-2\beta t}
$$

가 되어, 시간에 따라 지수함수적으로 감소한다. 이 일률이 처음($t=0$)의 $\dfrac{1}{e}$이 되는 시간인 시간상수 τ는

$$
\frac{1}{e}(m\beta\omega_0^2 C^2)=(m\beta\omega_0^2 C^2)e^{-2\beta\tau} \qquad \therefore\ \tau=\frac{1}{2\beta}
$$

이다. 따라서

$$
P=\left|\left\langle\frac{dE}{dt}\right\rangle\right|=\frac{1}{\tau}\left(\frac{1}{2}m\omega_0^2 C^2 e^{-\frac{t}{\tau}}\right) \tag{5.110}
$$

로 바꾸어 쓸 수 있다.

한편, 식(5.108) 및 식(5.99)를 이용하여, 감쇠진동계의 운동에너지 K 및 위치에너지 U는 각각

$$
K=\frac{1}{2}mv^2=\frac{1}{2}m\omega_0^2 C^2 e^{-2\beta t}\cos^2(\omega_{\rm d} t+\delta+\phi),
$$

$$
U=\frac{1}{2}kx^2=\frac{1}{2}m\omega_0^2 C^2 e^{-2\beta t}\sin^2(\omega_{\rm d} t+\delta)
$$

이므로

$$E = K + U = \frac{1}{2} m \omega_0^2 C^2 e^{-2\beta t} \{ \cos^2(\omega_d t + \delta + \phi) + \sin^2(\omega_d t + \delta) \}$$

이다. 따라서 에너지의 시간에 대한 평균값은

$$\langle E \rangle = \frac{1}{2} m \omega_0^2 C^2 e^{-2\beta t} \tag{5.111}$$

가 된다. 여기서 $\langle e^{-2\beta t} \rangle = e^{-2\beta t}$라 두었으며, $\langle \cos^2 \omega_d t \rangle = \frac{1}{2}$ 및 $\langle \sin^2 \omega_d t \rangle = \frac{1}{2}$을 이용하였다. 따라서 에너지 소모율 식(5.110)은

$$P = \left| \left\langle \frac{dE}{dt} \right\rangle \right| = \frac{\langle E \rangle}{\tau}$$

이 된다. 이것을 식(5.85)와 비교하여 보라.

한 주기 T_d 동안의 에너지 소모는

$$P T_d = \frac{\langle E \rangle}{\tau} \times \frac{2\pi}{\omega_d}$$

이므로 감쇠진동의 Q값은 식(5.91)로부터

$$Q = 2\pi \times \frac{\langle E \rangle}{\frac{\langle E \rangle}{\tau} \times \frac{2\pi}{\omega_d}} = \omega_d \tau = \frac{\omega_d}{2\beta}$$

가 된다.

❷ $\omega_0 = \beta$ (임계감쇠)

감쇠효과가 점점 커져서 $\omega_0 = \beta$이면 보조방정식의 두 근이 서로 같아진다. 곧 $r_1 = r_2 = -\beta$이어서 미분방정식(5.94)는

$$(D + \beta)(D + \beta) x = 0 \tag{5.112}$$

의 꼴로 바꾸어 쓸 수 있다. 이 미분방정식의 하나의 풀이는

$$x = c e^{-\beta t}$$

이나, 두 번째 풀이 $x = c' e^{-\beta t}$ 는 새로운 풀이가 아니다. 따라서 새로운 일차독립인 풀이를 구하기 위하여 미분방정식(5.112)에

$$(D + \beta) x = y \tag{5.113}$$

라 두면 새로운 일계 선형미분방정식

$$(D+\beta)y=0 \tag{5.114}$$

을 얻는다. 이 방정식의 풀이는 미분방정식(5.44) 또는 식(5.45)의 경우와 같은 방법으로 구할 수 있다. 곧 식(5.114)는

$$\frac{dy}{dt}+\beta y=0 \quad 또는 \quad \frac{dy}{dt}=-\beta y$$

로 바꾸어 쓰고, 나아가서 변수를 분리하면 $\frac{dy}{y}=-\beta dt$가 된다. 양변을 적분하면

$$\ln y=-\beta t+C' \qquad \therefore\ y=e^{-\beta t}e^{C'} \quad (C' : 적분상수)$$

이다. 따라서

$$y=c_1 e^{-\beta t} \quad (c_1 \equiv e^{C'})$$

라 둘 수 있다. 이를 식(5.113)에 대입하면

$$\frac{dx}{dt}+\beta x=c_1 e^{-\beta t}$$

를 얻는다. 이 일계 선형미분방정식의 풀이를 얻기 위하여

$$e^{\int \beta dt}=e^{\beta t} \tag{5.115}$$

를 양변에 곱하면

$$e^{\beta t}\frac{dx}{dt}+\beta e^{\beta t}x=c_1$$

가 된다. 왼쪽은 $\frac{d}{dt}(e^{\beta t}x)$와 같으므로

$$\frac{d}{dt}(e^{\beta t}x)=c_1$$

가 되어, 양쪽을 t에 대해서 적분하면

$$e^{\beta t}x=c_1 t+c_2 \quad (c_2 : 적분상수)$$

이다. 그러므로 보조방정식의 근이 등근인 미분방정식(5.112)의 일반풀이는

$$x=(c_1 t+c_2)e^{-\beta t} \tag{5.116}$$

로 주어진다. 곧 보조방정식의 근 β가 이중근이면 일차독립인 풀이는 $\{e^{-\beta t},\ te^{-\beta t}\}$이고,

따라서 일반풀이는 이들의 선형결합인 식(5.116)이다.

참고 이계 미분방정식의 풀이

이계 미분방정식의 보조방정식의 두 근을 r_1, r_2라 하면 그 풀이는

$$r_1 \neq r_2 \text{의 경우} \quad x = c_1 e^{r_1 t} + c_2 e^{r_2 t},$$

$$r_1 = r_2 \text{의 경우} \quad x = (c_1 + c_2 t) e^{r_1 t}$$

로 주어진다.

❸ $\omega_0 < \beta$ (지나친 감쇠)

감쇠효과가 매우 커서 $\omega < \beta$이면 보조방정식의 근은 식(5.95)와 같은 꼴이다. 곧

$$r_1 = -\beta + \alpha, \quad r_2 = -\beta - \alpha \qquad (\alpha = \sqrt{\beta^2 - \omega_0^2})$$

이다. 따라서 일반풀이는

$$x = c_1 e^{-\beta t + \alpha t} + c_2 e^{-\beta t - \alpha t} = e^{-\beta t}\left(c_1 e^{\alpha t} + c_2 e^{-\alpha t}\right)$$

가 된다.

위에서 본 바와 같이 $\omega_0 > \beta$인 경우에는 진동을 하나, $\omega_0 = \beta$ 및 $\omega_0 < \beta$인 경우, 진동하지 않고, 진폭이 단조로이 감쇠한다. 전자를 **임계감쇠운동**(critically damped motion), 후자의 경우를 **지나친 감쇠운동**(**과감쇠운동** : over-damped motion)이라 한다. ◀

• 감쇠운동

단조화진동을 하는 물체에 감쇠력이 작용하여 나타나는 감쇠현상의 중요한 사항을 요약하면 아래와 같다.

감쇠효과가 비교적 작아서

① $\omega_0 > \beta$이면, 물체는 진폭이 지수함수 모양으로 감소하고,

$$\text{각진동수} \quad \omega_d = \sqrt{\omega_0^2 - \beta^2}$$

으로 진동한다. 이런 진동을 **작은 감쇠진동**(under-damped oscillation)이라 한다. 주기가 $T_d = \dfrac{2\pi}{\omega_d}$ 임을 고려하면 Q인자는 식(5.93)으로부터

$$Q = \frac{\omega_d}{2\beta}$$

이다. 특히 감쇠효과가 매우 작아서 $\omega_0 \gg \beta$이면

$$\omega_d = \omega_0 \sqrt{1 - \frac{\beta^2}{\omega_0^2}} \cong \omega_0 \left(1 - \frac{\beta^2}{2\omega_0^2}\right) = \omega_0 + 0\left(\frac{\beta^2}{\omega_0^2}\right)$$

라 할 수 있으므로(부록 D.15-2a 참조)

$$Q \approx \frac{\omega_0}{2\beta} \quad (\omega_0 \gg \beta) \tag{5.117}$$

로 어림된다.

감쇠효과가 점점 증가해서

② $\omega_0 = \beta$이면, 진동하지 않고 변위가 **단조감소**(monotonous decrease)한다. 그래서 **임계 감쇠운동**(critically damped motion)이라 한다.

감쇠효과가 더 커져서

③ $\omega_0 < \beta$이면 진동하지 않고 단조로이 감쇠한다. 그래서 **지나친 감쇠운동**(**과감쇠운동** : over-damped motion)이라 한다.

단조화진동을 하던 물체가 비교적 작은 감쇠력을 받으면 진동을 하나, 감쇠력이 더 커져서 임계감쇠인 경우나, 그 이상으로 감쇠력이 큰 지나친 감쇠의 경우에는 진동하지 않고 변위가 감쇠하여 평형상태에 이르게 된다. 일반적으로, 감쇠효과가 큰 지나친 감쇠의 경우보다 임계 감쇠의 경우에 더 빨리 잦아들어 평형점에 도달하여 정지한다(**그림 5.23** 참조).

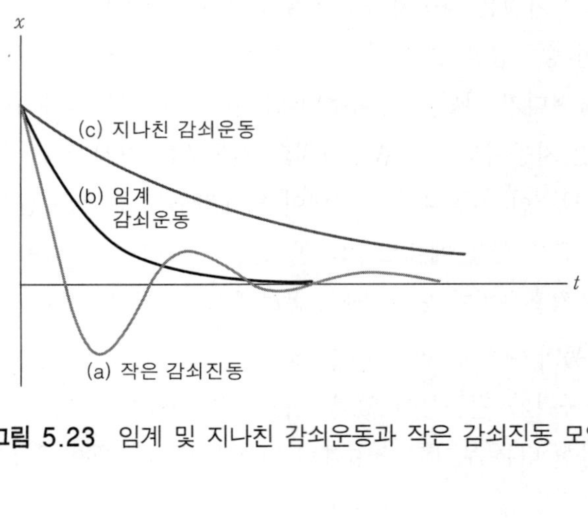

그림 5.23 임계 및 지나친 감쇠운동과 작은 감쇠진동 모양

○ 질량에 의한 감쇠현상의 분류

위에서는 감쇠인자 β와 고유각진동수 ω_0 사이의 크기에 의하여 감쇠의 세 가지 종류(작은 감쇠, 임계감쇠, 지나친 감쇠)를 분류했으나, 진동계의 힘상수 k 및 감쇠상수 b가 일정한 경우에는 감쇠의 세 가지 종류를 질량으로 결정할 수도 있다. 관계식(5.82)를 고려하면

$$\alpha = \sqrt{\beta^2 - \omega_0^2} = \sqrt{\frac{b^2}{4m^2} - \frac{k}{m}} = \frac{1}{2m}\sqrt{b^2 - 4mk}$$

이다. 만일 질량이 m_C인 경우에 임계감쇠운동($\omega_0 = \beta$)이 일어났다면, $b^2 = 4m_C k$이므로

$$\alpha = \sqrt{\beta^2 - \omega_0^2} = \frac{1}{2m}\sqrt{4k(m_C - m)}$$

가 되어, 진동계는

① $m > m_C$이면, $\omega_0^2 > \beta^2$ ∴ 작은 감쇠진동

② $m = m_C$이면, $\omega_0^2 = \beta^2$ ∴ 임계감쇠운동

③ $m < m_C$이면, $\omega_0^2 < \beta^2$ ∴ 지나친 감쇠운동

을 한다.

○ 감쇠효과와 우리 생활

진동을 방해하는 감쇠력의 감쇠효과는 우리 생활에 언제나 유익하지 못한 것만은 아니다. 매우 유익한 면도 있다. 실제로 많은 공학 분야에서 응용되고 있다. 특히 진동을 피하고, 바로 평형상태에 이르게 하는 데 임계감쇠 현상이 이용된다. 그 한 보기로 자동차의 **충격흡수기**(shock absorber)이다. 이것은 자동차가 외부로부터 힘을 받았을 때 생기는 진동을 감쇠시켜 곧 평형에 이르게 하여 승차감을 좋게 한다. 충격흡수기의 이러한 성질은 자동차의 앞이나 뒤 부분을 세게 위에서 눌렀다가 가만히 놓아보면 알 수 있다. 자동차가 진동함이 없이 부드럽게 평형상태로 되돌아오면 자동차의 충격흡수장치의 진동계는 임계감쇠이거나 지나친 감쇠이고, 흔히 있는 경우처럼 한두 번 진동하면 감쇠력이 임계감쇠보다 작은 감쇠인 것으로 판정된다.

자동차의 짐실이에 짐을 실을 때에도 이러한 현상이 나타난다. 자동차의 짐실이에 짐을 실을 때, 짐의 질량이 충격흡수기가 임계감쇠운동하게 되는 질량 m_C보다 더 무거우면 작은 감쇠진동이 일어나서 자동차가 한두 번 진동할 것이고, 더 무겁지 않으면 임계감쇠나 지나친 감쇠운동이 일어나서 자동차가 진동함이 없이, 바로 평형상태에 이르게 될 것이다.

임계감쇠효과를 이용한 다른 보기로, 전류계나 전압계와 같은 각종 계기의 바늘의 운동을 들 수

있다. 계기 바늘이 임계감쇠운동을 하도록 설계하는 것이 바람직하다. 전원이 끊어졌을 때 계기의 바늘이 진동함이 없이, 바로 제자리(0점)에 돌아가 정지하도록 해야 하기 때문이다.

예제 5.11 임계감쇠

자동차 완충기의 진동계는 임계감쇠로 설계되어 있다고 한다. 이 진동계의 자유진동 주기는 $T_0 = 1\,\mathrm{s}$라 한다.

① 이 진동계의 감쇠인자 β를 구하라.

② 자동차의 앞부분을 $A\,[\mathrm{m}]$만큼 아래로 힘껏 눌렀다가 가만히 놓았다. 변위 $x(t)$를 구하라.

③ 눌렀다가 놓은 지 1초인 순간 변위의 처음 변위에 대한 비는 얼마인가?

풀이 | ① 임계감쇠의 경우 $\beta = \omega_0$이므로

$$\beta = \omega_0 = \frac{2\pi}{T_0} = 2\pi\,[\mathrm{s}^{-1}]$$

이다.

② 임계감쇠의 경우 변위는 식(5.116)과 같으므로

$$x = (c_1 t + c_2)\,e^{-\beta t}, \quad v = \frac{dx}{dt} = (c_1 - \beta c_2 - \beta c_1 t)\,e^{-\beta t}$$

로 주어진다. 초기 조건은 $x(0) = A$, $v(0) = 0$이다. 이를 적용하면 $A = c_2$, $0 = c_1 - \beta c_2$이므로 이를 연립하여 풀면

$$c_1 = \beta A, \quad c_2 = A$$

를 얻는다. 따라서 변위는

$$x(t) = A(1 + \beta t)\,e^{-\beta t}$$

로 주어진다.

③ 시각 $t=0$ 및 $t=1\,\mathrm{s}$에서 변위는 각각

$$x(0) = A, \quad x(1) = A(1+\beta)\,e^{-\beta}$$

이므로

$$\frac{x(1)}{x(0)} = (1+\beta)\,e^{-\beta} = (1+2\pi)e^{-2\pi}$$
$$= 7.28\,e^{-6.28} = 7.28 \times 0.001873 = 0.01364$$

이다. 곧 비 값은 0.0136이다.

예제 5.12 감쇠진동

한 진동계의 감쇠진동의 진동수가 고유각진동수의 반이라 한다.

① 이 감쇠진동계의 주기 T_d 및 감쇠인자 β를 구하라.

② 시간 축에 대해서 같은 쪽에 있는 변위의 연이은 두 극대점의 비 값을 구하라.
③ 이 진동계의 Q값을 구하라.

풀이 ① 이 진동계에서 감쇠진동의 진동수 ω_d는 $\omega_d = \frac{\omega_0}{2}$이다. 따라서 감쇠진동이 한번 진동하는 데 걸리는 시간(감쇠진동의 주기) T_d는

$$T_d = \frac{2\pi}{\omega_d} = \frac{2\pi}{\omega_0/2} = \frac{4\pi}{\omega_0} \tag{5.118}$$

이다. 한편, 진동수 ω_d는 $\omega_d = \sqrt{\omega_0^2 - \beta^2}$으로 주어지므로

$$\frac{\omega_0}{2} = \sqrt{\omega_0^2 - \beta^2} \qquad \therefore\ \beta = \frac{\sqrt{3}\omega_0}{2} \tag{5.119}$$

이다.

② 감쇠진동의 변위의 연이은 두 극대점의 비는 감쇠진동이 한번 진동하는 시간 T_d 동안의 진폭의 비 값을 뜻한다. 처음 극대점이 $t=0$에서 일어났다면 그 다음 시간 축에 대하여 같은 쪽에 있는 극대점은 $t=T_d$에서 일어나므로 식(5.88) $A(t) = A_0 e^{-\beta t}$에 의하여 비 값은

$$\frac{A(T_d)}{A(0)} = e^{-\beta T_d}$$

로 주어진다. 이것은 식(5.106)의 결과와 같다. 여기에 식(5.118) 및 식(5.119)를 대입하면

$$\beta T_d = \left(\frac{\sqrt{3}\omega_0}{2}\right) \times \left(\frac{4\pi}{\omega_0}\right) = 2\sqrt{3}\pi$$

이므로

$$\frac{A(T_d)}{A(0)} = e^{-2\sqrt{3}\pi} = e^{-10.877} = 1.8882 \times 10^{-5}$$

를 얻는다. 곧 비 값은 1.89×10^{-5}이다.

③ Q값은 식(5.93)에 식(5.119)를 대입하여 정리하면

$$Q = \frac{\omega_d}{2\beta} = \frac{1}{2\sqrt{3}} = 0.2887$$

이다. 곧 이 진동계의 Q값은 0.289이다. 이것은 감쇠가 매우 큰 진동계이다.

5.3 강제진동

단조화진동을 하는 물체에 마찰력과 같은 역학적 에너지를 감소시키는 **소모성 힘**(dissipative force)이 작용하면 진동의 진폭이 감쇠한다. 이러한 소모성 힘에 의한 소모율과 같은 비율로

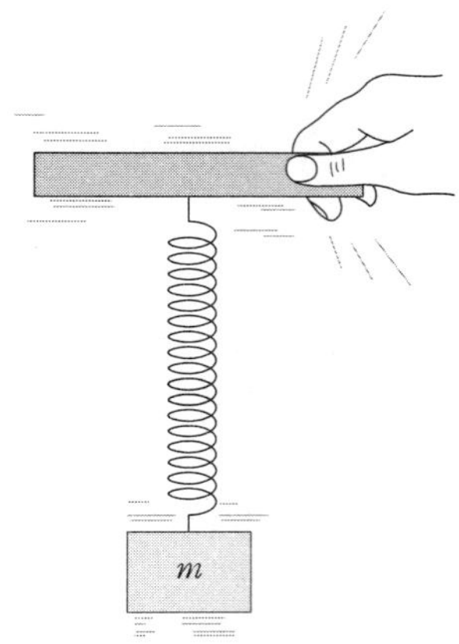

그림 5.24 연직 용수철에 달린 추의 진동 구동

소모된 역학적 에너지를 보충해주면 진폭이 감쇠되지 않고 일정한 진동이 계속될것이다. 이런 진동을 **강제진동**(driven oscillation) 또는 **강제 조화진동**(driven harmonic oscillation)이라 하고, 이때 진동역학계에 작용한 힘을 **구동력**(驅動力 driving force)이라 한다. 또, 구동력이 조화함수 모양일 때 **조화력**(harmonic force)이라 하고 그 각진동수를 **구동각진동수**(driving angular frequency)라 한다.

예를 들면, **그림 5.24**와 같이 연직 용수철 끝에 달린 추는 위쪽의 용수철 고정점을 상하로 움직여 주면 용수철에 달린 추는 진동을 하게 된다. 이 경우, 고정점이 일정한 주기 T(또는 각진동수 ω)로 왕복운동(또는 주기운동)을 하면 용수철 끝에 달린 추는 처음에는 조금 복잡한 진동을 하겠지만 마침내 같은 주기(또는 같은 각진동수)로 진동하는 정상상태에 이르게 된다. 정상상태에서는 일정한 진폭, 따라서 일정한 에너지로 진동한다. 이 경우, 감쇠력 때문에 소모된 에너지와 같은 양의 에너지가 구동력에 의하여 진동역학계에 공급된다.

다른 한 보기로, 그네를 그네와 같은 주기로 밀어주면 그네의 진폭은 점점 증가하게 되고, 따라서 그네의 에너지가 점점 증가하게 된다. 이런 현상을 **공명** 또는 **공진**(resonance)이라 한다. 이것은 그네를 밀어 주는 구동력의 각진동수 ω가 그네의 고유각진동수 ω_0와 같거나 거의 같아지는 경우이다. 이때의 구동각진동수를 그 진동계의 **공명각진동수**(resonance angular frequency)라 한다. 공명현상이 일어날 때 진동계에 흡수되는 에너지가 최대이다.

◎ 운동미분방정식

강제진동계에 작용하는 힘은 식(5.79)로 주어지는 힘 외에 구동력 $F_{\text{ext}}(t)$가 작용한다. 따라서 알짜힘은

$$\Sigma F = -kx + f + F_{\text{ext}}(t)$$

로 주어진다. 감쇠력이 $f = -bv$로 주어지는 경우 운동미분방정식은

$$m\frac{d^2x}{dt^2} + b\frac{dx}{dt} + kx = F_{\text{ext}}(t)$$

이 된다. 특히 구동력이 조화력

$$F_{\text{ext}}(t) = F_0 \sin \omega t \tag{5.120}$$

인 경우, 운동미분방정식은

$$m\frac{d^2x}{dt^2} + b\frac{dx}{dt} + kx = F_0 \sin \omega t \tag{5.121}$$

이 된다. 여기에

$$2\beta = \frac{b}{m}, \quad \omega_0^2 = \frac{k}{m}, \quad a_0 = \frac{F_0}{m}$$

을 도입하면 운동미분방정식은

$$\frac{d^2x}{dt^2} + 2\beta\frac{dx}{dt} + \omega_0^2 x = a_0 \sin \omega t \tag{5.122}$$

가 된다. 이것을 **비제차 선형미분방정식**(nonhomogeneous linear differential equation)이라 한다. 이에 대해서 식(5.80) 또는 식(5.81)과 같이 오른쪽이 0인 것을 **제차 선형미분방정식**(homogeneous linear differential equation)이라 한다.

미분방정식(5.121) 또는 식(5.122)의 특수 풀이 x_P는

$$x_P = A \sin(\omega t + \phi) \tag{5.123}$$

의 꼴이라 할 수 있다. 예를 들어, 그네의 경우 일정한 각진동수 ω로 밀어 주면 진동하고 있던 그네도 처음에는 복잡한 운동을 하더라도 결국 구동각진동수 ω와 같은 각진동수로 진동하게 되기 때문이다.

특수풀이 x_P의 상수 A 및 ϕ를 결정하자.

$$x_P = A \sin(\omega t + \phi) = A(\sin \omega t \cos \phi + \cos \omega t \sin \phi)$$

$$\frac{dx_P}{dt} = \omega A\{\cos \omega t \cos \phi - \sin \omega t \sin \phi\},$$

$$\frac{d^2x_P}{dt^2} = -\omega^2 A\{\sin \omega t \cos \phi + \cos \omega t \sin \phi\}$$

를 식(5.122)에 대입하면

$$-\omega^2 A\{\sin\omega t\cos\phi+\cos\omega t\sin\phi\}$$

$$+2\beta\omega A\{\cos\omega t\cos\phi-\sin\omega t\sin\phi\}$$

$$+\omega_0^2 A(\sin\omega t\cos\phi+\cos\omega t\sin\phi)=a_0\sin\omega t$$

가 된다. 이를 다시 더 정리하면

$$A\{(\omega_0^2-\omega^2)\cos\phi-2\beta\omega\sin\phi\}\sin\omega t$$

$$+A\{(\omega_0^2-\omega^2)\sin\phi+2\beta\omega\cos\phi\}\cos\omega t=a_0\sin\omega t$$

가 되어, 이 관계식이 항상 성립하려면 양변의 $\sin\omega t$ 및 $\cos\omega t$의 계수가 서로 같아야 하므로

$$A\{(\omega_0^2-\omega^2)\cos\phi-2\beta\omega\sin\phi\}=a_0$$

$$A\{(\omega_0^2-\omega^2)\sin\phi+2\beta\omega\cos\phi\}=0$$

이다. 둘째 식에서

$$\tan\phi=-\frac{2\beta\omega}{\omega_0^2-\omega^2} \tag{5.124}$$

를 얻고, 이로부터

$$\cos\phi=\frac{\omega_0^2-\omega^2}{\sqrt{(\omega_0^2-\omega^2)^2+(2\beta\omega)^2}},\quad \sin\phi=\frac{-2\beta\omega}{\sqrt{(\omega_0^2-\omega^2)^2+(2\beta\omega)^2}} \tag{5.125}$$

를 얻는다(**그림 5.25** 참조). 이들을 위의 첫째 식에 대입하여 정리하면

$$A=\frac{a_0}{\sqrt{(\omega_0^2-\omega^2)^2+(2\beta\omega)^2}} \tag{5.126}$$

를 얻는다. 그러므로 특수풀이 식(5.123)은

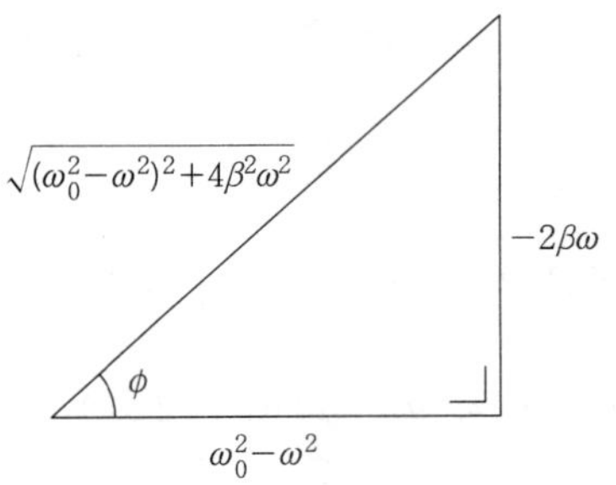

그림 5.25 각 ϕ 결정 삼각형

$$x_P = \frac{a_0}{\sqrt{(\omega_0^2 - \omega^2)^2 + (2\beta\omega)^2}} \sin(\omega t + \phi) : \phi = \tan^{-1}\left(-\frac{2\beta\omega}{\omega_0^2 - \omega^2}\right) \quad (5.127)$$

가 된다.

특수풀이 식(5.127)은 적분상수를 포함하고 있지 않고, 진폭이 시간에 따라 변하지 않는다. "이 풀이는 구동력이 작용했을 때 진동 역학계가 이에 **반응**하여 나타나는 변위를 나타낸다." 곧 식(5.79)와 같은 선형적인 힘에 의한 진동계에 작용하는 구동력 $F_{\text{ext}}(t)$가 시간에 대해서 조화함수이면 특수풀이도 같은 각진동수의 조화함수이고, 초기 위상이 달라질 뿐이다.

그 초기 위상 ϕ는 구동력 F_{ext}와 특수풀이 x_P사이의 위상차이다. 위상차 ϕ가

$\phi > 0$이면 x_P가 F_{ext}보다 위상이 ϕ만큼 앞서고,

$\phi < 0$이면 x_P가 F_{ext}보다 위상이 ϕ만큼 뒤진다

고 한다.

일반적으로, 선형미분방정식의 오른쪽이 0이 아닌 비제차 선형미분방정식의 일반 풀이는 오른쪽이 0인 경우의 풀이 $x_C(t)$와 특수 풀이 $x_P(t)$의 합으로 주어진다. 곧 비제차 선형미분방정식(5.122)의 일반 풀이는

$$x(t) = x_P(t) + x_C(t)$$

이다. 여기서 $x_C(t)$는 식(5.97)~식(5.99)로 주어진다. 이것은 제차 선형미분방정식(5.79)의 풀이기는 하지만 비제차 선형미분방정식(5.81)의 풀이는 되지 못한다. 그래서 비제차 선형미분방정식(5.122)의 **보충함수**(complementary function)라 한다.

보충함수는 식(5.97)~식(5.99)에서 보는 바와 같이 시간이 흘러가면 0이 되어 사라진다. 이에 대해서 특수 풀이 $x_P(t)$는, 진폭이 시간에 따라 변하지 않고 항상 일정하다. 이런 뜻에서 특수풀이를 **정상상태 풀이**(stationary state solution), 보충함수를 **과도해**(transient solution) 또는 **과도항**(transient term)이라 부르기도 한다. 보충함수에는 적분상수가 있는데, 이들은 초기 조건에 의하여 결정된다. 또, 모든 물리적인 뜻은 특수풀이에 포함되어 있다.

◎ 공 명

특수풀이 또는 정상상태 풀이의 진폭 식(5.126)의 분모를 정리하면

$$\begin{aligned}\sqrt{(\omega_0^2 - \omega^2)^2 + (2\beta\omega)^2} &= \sqrt{(\omega^4 - 2(\omega_0^2 - 2\beta^2)\omega^2 + \omega_0^4} \\ &= \sqrt{[\omega^2 - (\omega_0^2 - 2\beta^2)]^2 + 4\beta^2(\omega_0^2 - \beta^2)}\end{aligned}$$

가 되어,

$$A=\frac{a_0}{\sqrt{(\omega_0^2-\omega^2)^2+(2\beta\,\omega)^2}}=\frac{F_0/m}{\sqrt{[\omega^2-(\omega_0^2-2\beta^2)]^2+4\beta^2(\omega_0^2-\beta^2)}}$$

이다. 따라서 구동각진동수 ω가

$$\omega=\sqrt{\omega_0^2-2\beta^2}\equiv\omega_{\mathrm{R}}$$

일 때, 진폭 A는 최대가 된다. 이런 현상을 **공명** 또는 **공진**(resonance)현상이라 하고,

$$\omega_{\mathrm{R}}=\sqrt{\omega_0^2-2\beta^2}=\omega_0\sqrt{1-\frac{2\beta^2}{\omega_0^2}}\quad\text{(진폭공명)}$$

을 **진폭공명각진동수**(amplitude resonance angular frequency)라 한다.

강제진동에서 몇 가지 중요한 사항을 간추려 보면 아래와 같다.

① 감쇠효과가 매우 커서 $\omega_0^2<2\beta^2$이면 $\omega=\omega_{\mathrm{R}}$가 허수가 되어 공명현상이 일어나지 않는다.

② 구동각진동수 ω가 공명각진동수와 같아질 때, 곧 $\omega=\omega_{\mathrm{R}}$에서 진폭은 최댓값

$$A_{\max}=\frac{F_0/m}{2\beta\sqrt{\omega_0^2-\beta^2}}$$

가 된다.

③ 만일 감쇠효과가 비교적 작아서 $\omega_0^2\gg2\beta^2$이면 공명각진동수는

$$\omega_{\mathrm{R}}\simeq\omega_0\left(1-\frac{\beta^2}{\omega_0^2}\right)$$

이다. 이를 한번 더 어림해서 진폭공명진동수가 $\omega_{\mathrm{R}}\approx\omega_0$이면

$$A_{\max}\approx\frac{F_0/m}{2\beta\omega_0}$$

이고, 위상차 ϕ는 식(5.124)에 의하여

$$\tan\phi=-\infty\qquad\therefore\ \phi=-\frac{\pi}{2}$$

가 된다. 따라서 진폭공명각진동수가 $\omega_{\mathrm{R}}\approx\omega_0$인 경우 정상상태에 있는 물체의 변위는

$$x_{\mathrm{P}}=A_{\max}\sin\left(\omega t-\frac{\pi}{2}\right)\quad\text{(진폭공명)}$$

가 되어, 변위 x_P는 구동력 F_{ext}에 $\frac{\pi}{2}$만큼 뒤진다.

④ 정상상태에 있는 물체의 속도 v_P는

$$v_P = \frac{dx_P}{dt} = \omega A \cos(\omega t + \phi) \tag{5.128}$$

이다. 진폭공명각진동수가 $\omega_R \approx \omega_0$인 경우에는 $\phi = -\frac{\pi}{2}$이므로

$$v_P = \omega A \cos\left(\omega t - \frac{\pi}{2}\right) = \omega A \sin \omega t \quad \text{(진폭공명)}$$

가 된다. 곧 정상상태에 있는 물체의 공명각진동수 $\omega_R \approx \omega_0$에서 속도는 구동력과 같은 위상을 갖는다. 다시 말하면 물체는 구동력과 같은 방향으로 운동한다.

⑤ 한편, $\beta \to 0$이면, $\omega_R \to \omega_0$이고, $A \to \infty$가 된다. 곧 진폭이 점점 커져서 무한대가 된다. 이런 경우 진동계는 마침내 파괴된다. 이런 현상을 **공명파탄**(resonance catastrophe)이라 한다.

○ 에너지 흡수율

구동력 F_{ext}가 진동계에 한 일률, 곧 진동계의 에너지 흡수율 P는

$$P = F_{ext}\, v$$

이다. 여기서 구동력 F_{ext} 및 속도 v는 각각 식(5.120) 및 식(5.128)로 주어지므로

$$\begin{aligned} P = F_{ext}\, v &= \omega A F_0 \sin \omega t \cos(\omega t + \phi) \\ &= \omega A F_0 (\sin \omega t \cos \omega t \cos \phi - \sin^2 \omega t \sin \phi) \end{aligned}$$

가 된다. 이것은 시간에 따라 변하므로 시간에 대한 평균값을 취하면

$$\langle P \rangle = \langle F_{ext}\, v \rangle = \omega A F_0 (\langle \sin \omega t \cos \omega t \rangle \cos \phi - \langle \sin^2 \omega t \rangle \sin \phi)$$

가 된다. 시간에 대한 평균은 식(5.18)에 의하여

$$\langle \sin^2 \omega t \rangle = \frac{1}{2},$$

$$\begin{aligned} \langle \sin \omega t \cos \omega t \rangle &= \frac{1}{T} \int_0^T \sin \omega t \cos \omega t \, dt \\ &= \frac{2\pi}{\omega} \int_0^{\frac{2\pi}{\omega}} \frac{1}{2} \sin 2\omega t \, dt = 0, \end{aligned}$$

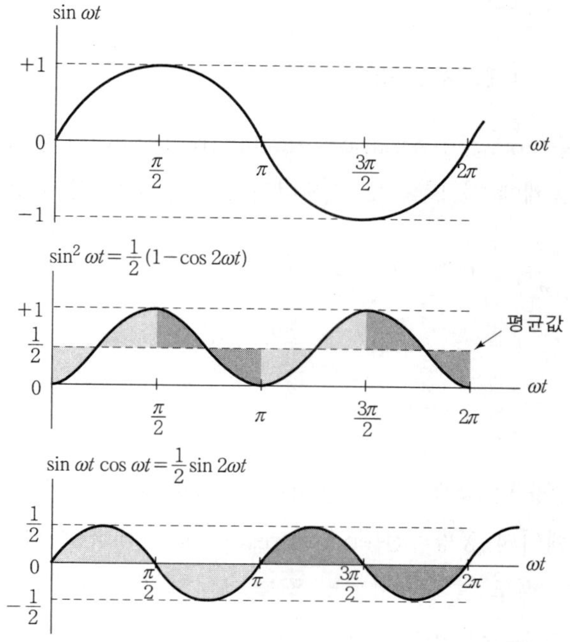

그림 5.26 $\sin\omega t$ 및 $\sin^2\omega t$, $\sin\omega t\cos\omega t$의 그래프

이므로(**그림 5.26** 참조)

$$\langle P\rangle = \langle F_{\text{ext}}\, v\rangle = \omega A F_0\left(-\frac{1}{2}\sin\phi\right)$$

인데, 식(5.126) 및 식(5.125)의 둘째 식을 고려하면

$$\langle P\rangle = \frac{F_0^2}{4m\beta}\frac{(2\beta\,\omega)^2}{(\omega_0^2-\omega^2)^2+(2\beta\,\omega)^2} = m\,\beta\,\omega^2 A^2 \tag{5.129}$$

가 된다. 이 식은 $\omega=\omega_0$일 때 최대를 나타낸다. 왜냐하면 $\langle P\rangle$가 $\omega=\omega_E$일 때 최대가 된다면

$$\frac{\partial}{\partial\omega}\langle P\rangle\Big|_{\omega=\omega_E}=0$$

이어야 한다. 따라서

$$\begin{aligned} 0 &= \frac{\partial}{\partial\omega}\left\{\frac{F_0^2}{4m\beta}\frac{(2\beta\omega)^2}{(\omega_0^2-\omega^2)^2+(2\beta\omega)^2}\right\}\Bigg|_{\omega=\omega_E} \\ &= \frac{F_0^2}{4m\beta}\frac{8\beta^2\omega(\omega_0^4-\omega^4)}{\{(\omega_0^2-\omega^2)^2+(2\beta\omega)^2\}^2}\Bigg|_{\omega=\omega_E} \\ \therefore\ \omega_E &= \omega_0 \end{aligned}$$

이다. 그래서

$$\omega = \omega_0 \equiv \omega_E \quad (\text{에너지 공명})$$

을 **에너지 공명각진동수**(energy resonance angular frequency)라 한다. 이 에너지 공명각진동수에서 구동력이 진동계에 한 일률 또는 에너지 흡수율 $\langle P \rangle$의 최댓값은

$$\langle P \rangle_{\max} = \frac{F_0^2}{4m\beta} \quad (\text{에너지 공명})$$

이다.

○ 반치폭

그림 5.27은, 식(5.129)의 그래프로, 구동각진동수 ω에 따른 에너지 흡수율의 변화 모양을 나타낸다. 이 곡선을 **에너지 공명곡선**(energy resonance curve)이라 한다. 이 곡선의 폭은 $\omega = \omega_0$ 부근에서 어느 정도 날카롭게 공명 또는 에너지 흡수가 잘 일어나는지를 나타낸다. 그 폭은, 보통 에너지 흡수율이 최댓값 $\langle P \rangle_{\max}$의 반이 되는 공명곡선의 폭으로 한다. 이를 공명현상의 **반치폭**(full width at half maximum, FWHM) 또는 **공명폭**(resonance width)이라 한다.

에너지 흡수율을 나타내는 식(5.129)의 좌변을

$$\langle P \rangle = \frac{1}{2} \langle P \rangle_{\max} = \frac{F_0^2}{8m\beta}$$

라 두면

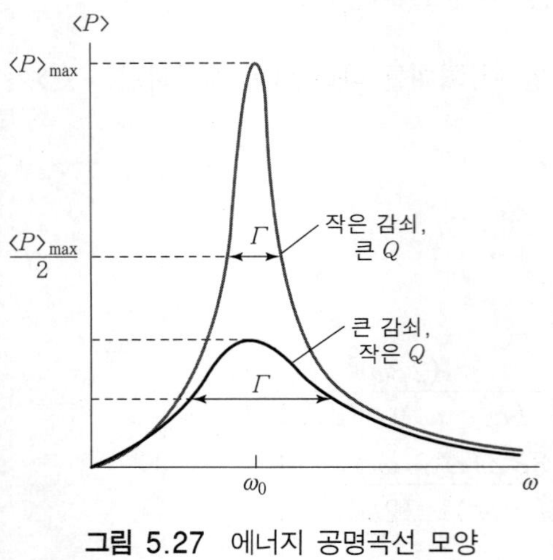

그림 5.27 에너지 공명곡선 모양

$$\frac{F_0^2}{8m\beta} = \frac{F_0^2}{4m\beta}\frac{(2\beta\,\omega)^2}{(\omega_0^2-\omega^2)^2+(2\beta\,\omega)^2}$$

가 되는데 이를 정리하면

$$(\omega_0^2-\omega^2)^2=(2\beta\,\omega)^2 \tag{5.130}$$

을 얻는다. 이 방정식의 두 근을 ω_1, ω_2라 하면 구동각진동수 ω가 ω_1, ω_2일 때 에너지 흡수율이 최댓값의 반이 된다. 그래서 공명현상의 반치폭 Γ는

$$\Gamma=|\omega_1-\omega_2|$$

로 주어진다.

지금 식(5.130)을 정리하면

$$\omega_0^2-\omega^2=\pm 2\beta\omega \quad \text{또는} \quad \omega^2\pm 2\beta\omega-\omega_0^2=0$$

이 되고 이것의 근은, 복부호의 근을 각각 ω_+, ω_-이라 하면, 근의 공식에 의하여

$$\omega_+=-\beta\pm\sqrt{\beta^2+\omega_0^2},\quad \omega_-=\beta\pm\sqrt{\beta^2+\omega_0^2}$$

이다. 여기서 이들은 각진동수이므로 양(+)의 수이어야 하므로

$$\omega_+=-\beta+\sqrt{\beta^2+\omega_0^2},\quad \omega_-=\beta+\sqrt{\beta^2+\omega_0^2}$$

이다. 이들은 각각 식(5.130)의 두 근 ω_1, ω_2를 나타낸다. 따라서 반치폭 Γ는

$$\Gamma=|\omega_1-\omega_2|=|\omega_+-\omega_-|=2\beta \tag{5.131}$$

이다. 감쇠력이 매우 작으면 반치폭도 비례해서 작아진다. 곧 감쇠현상이 작을수록 그만큼 더 예민하게 진동계의 고유각진동수(또는 자연각진동수) ω_0 부근에서 에너지 공명이 잘 일어난다. 이러한 현상은 진동계가 구동력에 대한 반응으로 각진동수를 선택하는 능력이 큼을 나타낸다.

이러한 진동계의 각진동수 선택 능력 또는 에너지 공명현상의 예민한 정도는 Q인자로도 표현할 수 있다. 감쇠진동에서 $\omega_0\gg\beta$인 경우, Q인자는 식(5.117)로 주어지는데, 강제진동에서도 에너지 공명진동수 $\omega=\omega_0$ 부근에서

$$Q=\frac{\omega_0}{2\beta} \quad \text{(에너지 공명)}$$

로 주어진다(식(5.133) 참조). 따라서 에너지 공명곡선의 반치폭과,

$$Q = \frac{\omega_0}{\Gamma} \quad (\omega_0 \gg \beta) \tag{5.132}$$

의 관계가 있다. 곧 고유각진동수 부근에서의 진동계의 Q값이 클수록 에너지 공명이 더 예민하게 일어나며, 따라서 진동계가 구동력에 반응하여 각진동수를 선택하는 능력이 더 크다.

▶◎ 반치폭과 Q인자

식(5.132)는 아래와 같이 Q인자의 정의식(5.91)로부터 직접 얻어진다. 진동계의 운동에너지 K 및 위치에너지 U는 각각 특수풀이인 정상상태 풀이 $x_{\mathrm{P}}(t)$(식(5.127)) 및 정상상태에서의 속도 $v_{\mathrm{P}}(t)$(식(5.128))를 이용하여 구한다. 곧

$$K = \frac{1}{2}mv^2 = \frac{1}{2}m\omega^2 A^2 \cos^2(\omega t + \phi),$$

$$U = \frac{1}{2}kx^2 = \frac{1}{2}m\omega_0^2 A^2 \sin^2(\omega t + \phi)$$

이므로

$$E = K + U = \frac{1}{2}mA^2\{\omega^2 \cos^2(\omega t + \phi) + \omega_0^2 \sin^2(\omega t + \phi)\}$$

이다. 따라서 평균에너지는

$$\begin{aligned} \langle E \rangle &= \frac{1}{2}mA^2\{\omega^2 \langle \cos^2(\omega t + \phi)\rangle + \omega_0^2 \langle \sin^2(\omega t + \phi)\rangle\} \\ &= \frac{1}{4}mA^2(\omega^2 + \omega_0^2) \end{aligned}$$

이 된다. 여기에

$$\langle \cos^2(\omega t + \phi)\rangle = \langle \sin^2(\omega t + \phi)\rangle = \frac{1}{2}$$

임을 이용하였다.

한편, 한 주기 $T = \dfrac{2\pi}{\omega}$ 동안에 소모된 평균에너지는 정상상태의 경우에는 한 주기 동안 흡수된 평균에너지와 같다. 따라서

$$|\Delta E| = \langle P \rangle \frac{2\pi}{\omega} = (m\beta\omega^2 A^2) \cdot \left(\frac{2\pi}{\omega}\right) = 2\pi(m\beta\omega A^2)$$

이다. 위의 결과를 Q인자의 정의 식(5.91)에 대입하여 정리하면

$$Q = 2\pi \frac{E}{|\varDelta E|} = 2\pi \frac{\frac{1}{4}mA^2(\omega^2+\omega_0^2)}{2\pi(m\beta\omega A^2)} = \frac{\omega^2+\omega_0^2}{4\beta\omega}$$

를 얻는다. 에너지 공명상태에서는 구동각진동수 ω가 $\omega_{\mathrm{E}} = \omega_0$이므로

$$Q = \frac{\omega_0}{2\beta} \quad (\text{에너지 공명}) \tag{5.133}$$

가 된다. 따라서 감쇠효과가 적어서 $\omega_0 \gg \beta$인 경우, 강제진동에서 에너지 공명곡선의 반치폭과 Q인자 사이에는 식(5.132)의 관계식이 성립한다.◀

예제 5.13 강제진동계의 Q값 및 반치폭

힘상수가 600 N/m인 용수철 끝에 질량 1.50 kg의 추가 달린 용수철흔들이가 있다. 이 흔들이의 에너지가 한 주기마다 3.00 % 감소한다. 이 진동계에 최대 힘이 0.500 N인 조화력의 구동력이 작용했다.

① 이 진동계의 Q는 얼마인가?
② 에너지 공명각진동수는 얼마인가?
③ 이 진동계의 공명현상의 반치폭은 얼마인가?
④ 에너지 공명에서 진폭은 얼마인가?
⑤ 최대 에너지 흡수율(매초 흡수하는 에너지)은 얼마인가?
⑥ 구동각진동수가 19.0 rad/s일 때, 진폭 및 에너지 흡수율은 각각 얼마인가?

풀이 ① 이 진동계는 감쇠진동계이다. 이 계의 Q는 식(5.91)로 주어지는데,

$$\frac{|\varDelta E|_{\text{주기}}}{E} = 3.00\,\% = \frac{3}{100}$$

이므로

$$Q = \frac{200\pi}{3} = 209$$

이다.

② 에너지 공명각진동수는 식(5.130)에 의하여

$$\omega_{\mathrm{E}} = \omega_0 = \sqrt{\frac{k}{m}} = \sqrt{\frac{600\ \mathrm{N/m}}{1.50\ \mathrm{kg}}} = 20.0\ \mathrm{rad/s}$$

이다.

③ 에너지 공명에서 Q와 $\varGamma$ 사이에는 식(5.132)의 관계가 있으므로 반치폭은

$$\varGamma = \frac{\omega_0}{Q} = 3 \times \frac{(20.0\ \mathrm{rad/s})}{200\pi} = 0.09554\ \mathrm{rad/s}$$

이다. 곧 $\varGamma = 0.0955\ \mathrm{rad/s}$이다.

④ 조화력의 구동력이 작용할 때, 그 진폭은 식(5.126)으로 주어지는데, 에너지 공명은 $\omega=\omega_0$ 에서 일어나므로

$$A_{\max;\mathrm{E}}=\frac{a_0}{2\beta\omega_0}=\frac{F_0/m}{\Gamma\omega_0}=\frac{0.500\,\mathrm{N}/1.50\,\mathrm{kg}}{(0.09554\,\mathrm{rad/s})\times(20.0\,\mathrm{rad/s})}$$
$$=0.174\,\mathrm{m}$$

이다.

⑤ 진동계가 외부로부터 매초 흡수하는 에너지는 식(5.129)로 주어지는데, 이것이 에너지 공명각진동수 $\omega=\omega_{\mathrm{E}}=\omega_0$에서 최대가 된다. 곧

$$\langle P\rangle_{\max}=\frac{F_0^2}{4m\beta}=\frac{F_0^2}{2m\Gamma}$$

이다. 여기에 $F_0=0.500$ N, $m=1.50$ kg, $\Gamma=2\beta=0.09554$ rad/s를 대입하여 정리하면 $\langle P\rangle_{\max}=0.872$ J이다.

⑥ 구동각진동수가 $\omega=19.0$ rad/s일 때 진폭은 식(5.126)에, 에너지 흡수율은 식(5.129)에 수값

$$\omega=19.0\,\mathrm{rad/s},\quad \omega_0=20.0\,\mathrm{rad/s},\quad \Gamma=2\beta=0.09554\,\mathrm{rad/s},$$
$$F_0=0.500\,\mathrm{N},\quad m=1.50\,\mathrm{kg}$$

을 대입하여 정리하면 $A=0.00854$ m, $\langle P\rangle=0.00189$ W를 얻는다.

▶5.4 비조화진동

단조화진동의 경우, 힘의 법칙은 식(5.8)과 같이 선형적이다. 곧 힘이 변위 x의 일차함수이다. 그래서 위치에너지함수의 그래프가 **그림 5.4**와 같이 평형점 주위로 좌우 대칭이다. 그러나 실제의 경우 그렇지 않은 경우가 많다. 힘이 변위의 일차함수가 아니고,

$$F=-kx+\varepsilon(x)$$

의 꼴이다. 여기서 비선형항인 $\varepsilon(x)$는 힘이 선형에서 벗어난 정도를 나타내는 것으로

$$\varepsilon(x)=\varepsilon_2x^2+\varepsilon_3x^3+\cdots$$

와 같이 적어도 변위 x의 이차함수 이상이다.

특히 힘의 비선형항 $\varepsilon(x)$가 변위의 삼차식인 경우, 곧 힘이

$$F=-kx+\varepsilon_3x^3 \tag{5.134}$$

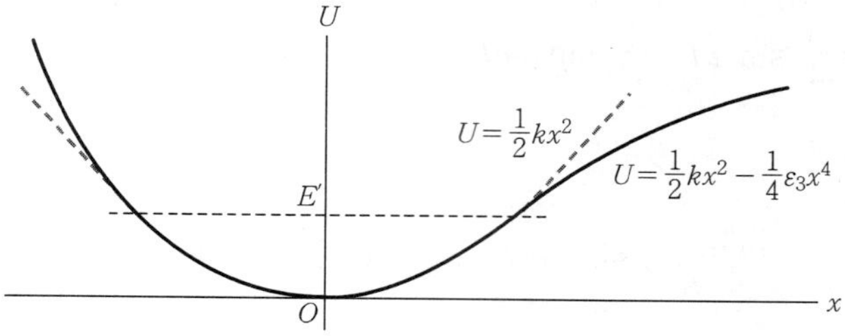

그림 5.28 비선형 복원력의 위치에너지함수의 그래프

인 경우에 물체는 어떤 운동을 하는지 살펴보자. 여기서 계수 ε_3은 매우 작은 상수이다. 이 복원력이 작용할 때 위치에너지함수는 $x=0$를 기준점으로 하면

$$U=\frac{1}{2}kx^2-\frac{1}{4}\varepsilon_3 x^4$$

이다. 이것은 식(3.39)에 의해 얻어진다. 그래프 모양은 **그림 5.28**과 같다.

그림 5.28은 에너지가 E'보다 큰 경우에는 선형의 복원력이 작용하는 단조화진동의 위치에너지를 나타내는 **그림 5.4**로부터 벗어나서, 좌우 대칭성이 깨어진다. 그러나 이 에너지보다 낮은 에너지 영역에서는 **그림 5.4**(점선)와 일치하게 되어 평형점 주위로 좌우 대칭에 가까워진다. 그래서 에너지가 E'보다 낮은 경우에는 평형점 주위의 왕복운동을 단조화진동으로 어림할 수 있다. 그러나 에너지가 점점 높아지면 진동은 현저하게 좌우 비대칭이 되어 단조화진동으로 어림할 수 없다. 곧 비조화적이다. 그래서 비선형 복원력이 작용할 때 물체의 진동을 **비조화진동**(anharmonic oscillation)이라 한다.

복원력이 식(5.134)와 같은 경우 운동방정식 또는 미분방정식은

$$m\frac{d^2x}{dt^2}=-kx+\varepsilon_3 x^3 \quad \text{또는} \quad \frac{d^2x}{dt^2}+\omega_0^2 x=\lambda x^3 \tag{5.135}$$

이다. 여기서 $\omega_0^2=\frac{k}{m}$, $\lambda=\frac{\varepsilon_3}{m}$라 두었다.

방정식(5.135)에서 $\lambda=0$이면 풀이는 $x=A\sin(\omega_0 t+\delta)$임을 이미 알고 있다. 따라서 식(5.135)의 풀이는 $\lambda\ll 1$이면 $\lambda=0$인 경우의 풀이에서 크게 벗어나지 않을 것으로 생각되어, 미분방정식(5.135)의 그 풀이를

$$x=A\sin(\omega t+\delta) \tag{5.136}$$

의 꼴로 둘 수 있다(이를 일차 **시행함수**(trial function)라 한다). 이를 식(5.135)에 대입하면

$$-\omega^2 A\sin(\omega t+\delta)+\omega_0^2 A\sin(\omega t+\delta)=\lambda A^3\sin^3(\omega t+\delta)$$

이다. 여기서 삼각함수 관계식

$$\sin^3\omega t = \frac{3}{4}\sin\omega t - \frac{1}{4}\sin 3\omega t \tag{5.137}$$

를 적용하여 정리하면

$$\left(\omega_0^2 - \omega^2 - \lambda\frac{3A^2}{4}\right)A\sin(\omega t + \delta) + \lambda\frac{A^3}{4}\sin 3(\omega t + \delta) = 0 \tag{5.138}$$

을 얻는다. 따라서 $A=0$가 아니면 일차시행함수 식(5.136)은 미분방정식(5.135)를 정확히는 만족하지 않지만, $\lambda \ll 1$인 경우, 식(5.138)의 둘째 항을 무시할 수 있을 정도라면, 첫째 항 $\sin(\omega t + \delta)$의 계수가 0이 되도록 ω값을 택하면 만족하게 된다. 곧

$$\omega^2 = \omega_0^2 - \lambda\frac{3A^2}{4}$$

을 얻는다.

이 일차시행함수 식(5.136)보다 더 좋은 풀이를 얻기 위하여 이를 미분방정식(5.135)의 작은 항 λx^3에 대입하고, 식(5.137)을 적용하면

$$\frac{d^2x}{dt^2} + \omega_0^2 x = \lambda A^3\left(\frac{3}{4}\sin(\omega t + \delta) - \frac{1}{4}\sin 3(\omega t + \delta)\right) \tag{5.139}$$

가 된다. 이 미분방정식의 풀이는 적어도 $\sin(\omega t + \delta)$ 및 $\sin 3(\omega t + \delta)$의 항을 포함하고 있어야 할 것으로 추리된다. 그래서 처음 일차시행함수 식(5.136)보다 더 좋은 풀이(이차시행함수)를

$$x = A\sin(\omega t + \delta) + B\sin 3(\omega t + \delta) + C$$

라 둘 수 있다. 여기서 B, C는 결정되어야 할 새로운 상수이다. 이를 위의 미분방정식(5.139)에 대입하면

$$\begin{aligned} -\omega^2\{A\sin(\omega t + \delta) + 9B\sin 3(\omega t + \delta)\} \\ + \omega_0^2\{A\sin(\omega t + \delta) + B\sin 3(\omega t + \delta) + C\} \\ = \lambda A^3\left(\frac{3}{4}\sin(\omega t + \delta) - \frac{1}{4}\sin 3(\omega t + \delta)\right) \end{aligned}$$

를 얻는다. 이 식을 좀더 정리하면

$$\begin{aligned} \left(\omega_0^2 A - \omega^2 A - \lambda\frac{3A^3}{4}\right)\sin(\omega t + \delta) \\ + \left(\omega_0^2 B - 9\omega^2 B + \lambda\frac{A^3}{4}\right)\sin 3(\omega t + \delta) + \omega_0^2 C = 0 \end{aligned}$$

가 된다. 이 식은 $C=0$ 및 $\sin(\omega t+\delta)$, $\sin 3(\omega t+\delta)$의 계수가 0일 때 만족된다. 곧

$$\omega_0^2 A-\omega^2 A-\lambda\frac{3A^3}{4}=0,$$
$$\omega_0^2 B-9\omega^2 B+\lambda\frac{A^3}{4}=0,$$
$$C=0$$

일 때 만족된다. 첫째 식으로부터

$$\omega^2=\omega_0^2-\lambda\frac{3A^2}{4}$$

을 얻는다. 이를 둘째 식에 대입하여 정리하면

$$B=\frac{\lambda A^3}{32\omega_0^2-27\lambda A^2}$$

을 얻는다. 이를 어림하면

$$B=\frac{\lambda A^3}{32\omega_0^2\left(1-\lambda\frac{27A^2}{32\omega_0^2}\right)}\cong\lambda\frac{A^3}{32\omega_0^2}\left(1+\lambda\frac{27A^2}{32\omega_0^2}\right)$$
$$\cong\lambda\frac{A^3}{32\omega_0^2}+0(\lambda^2)$$

이 된다.

따라서 식(5.135)의 풀이는

일차시행함수 : $x=A\sin(\omega t+\delta)$: $\omega^2={\omega_0}^2-\lambda\frac{3A^2}{4}$

이차시행함수(일차 어림 풀이) :

$$x=A\sin(\omega t+\delta)+\lambda\frac{A^3}{32\omega_0^2}\sin 3(\omega t+\delta):\qquad(5.140)$$
$$\omega^2=\omega_0^2-\lambda\frac{3A^2}{4}$$

이다. 여기서 각진동수가 진폭의 함수임을 주목해야 한다. 상수 A 및 δ는 문제의 초기 조건에 의하여 결정된다. 일차시행함수 식(5.136)은 미분방정식(5.135)의 풀이라고 보기는 어려우나, 이차시행함수(5.140)은 어림 풀이다.

이 어림 풀이보다 또 더 좋은 풀이를 얻으려면 식(5.140)을 다시 미분방정식(5.135)의 오른쪽 항 λx^3에 대입하여 정리한 미분방정식의 어림 풀이를 앞에서와 같은 방법으로 차례로 연이어 구해나간다. 이와 같이 보다 더 좋은 풀이를 차례로 얻어나가는 방법을 **연이은 어림법**(축

차근사법 : method of successive approximation)이라 한다.

풀이에는 각진동수 ω 외에 이것의 3배인 3ω의 진동이 나타난다. 이들 진동을 각각 **기본진동**(fundamental oscillation) 또는 **제1(첫째)조화진동**(first harmonic), **제3(셋째)조화진동**(third harmonic)이라 한다. 비조화진동은 이들 조화진동의 선형중첩으로 표현된다.

예제 5.14 홀흔들이의 주기

예제 5.7의 홀흔들이 문제에서 $\sin\theta\approx\theta$로 어림할 수 있을 정도로 진폭이 작은 경우로 어림하였는데, 좀 더 정확한 어림으로

$$\sin\theta=\theta-\frac{\theta^3}{3!}+0(\theta^5)$$

라 할 수 있을 정도로 진폭이 조금 더 큰 경우 홀흔들이의 주기를 구하라. 흔들이의 등시성이 성립하는지를 밝혀라.

풀이 | 흔들이의 추에 작용하는 힘은

$$F=-mg\sin\theta$$

인 데, 각변위 θ가 매우 작아서, **예제 5.7**에서와 같이 $\sin\theta\approx\theta$로 어림할 수 있는 경우 홀흔들이의 운동은 단조화진동임을 알았다.

이제 이보다 더 정확한 어림으로

$$\sin\theta=\theta-\frac{\theta^3}{3!}+\frac{\theta^5}{5!}-+\cdots=\theta-\frac{\theta^3}{3!}+0(\theta^5)$$

라 하면(부록 D.15-5 또는 D.15-5a 참조), 힘은

$$F=-mg\theta+\frac{mg}{6}\theta^3+0(\theta^4) \tag{5.141}$$

로 어림된다.

평형점으로부터 원호의 길이를 s라 하면 $s=L\theta$이므로, 운동방정식

$$m\frac{d^2s}{dt^2}=-mg\sin\theta$$

는

$$\frac{d^2\theta}{dt^2}+\frac{g}{L}\theta=\frac{g}{6L}\theta^3 \tag{5.142}$$

로 주어진다. 이 미분방정식의 풀이로

$$\theta=A\sin(\omega t+\delta) \tag{5.143}$$

를 시행함수로 택하면 미분방정식(5.142)로부터

$$-\omega^2A\sin(\omega t+\delta)+\frac{g}{L}A\sin(\omega t+\delta)=\frac{g}{6L}A^3\sin^3(\omega t+\delta)$$

를 얻는데, 삼각함수 공식(5.137)을 윗식의 마지막 항에 적용하여 정리하면

$$\left(\frac{g}{L}-\omega^2-\frac{1}{8}\frac{g}{L}A^2\right)A\sin(\omega t+\delta)+\frac{1}{24}\frac{g}{L}A^3\sin 3(\omega t+\delta)=0$$

를 얻는다. 이 식은 $A=0$가 아니면 만족되지 않는다. 따라서 시행함수 식(5.143)은 미분방정식(5.142)의 풀이가 되지 않는다. 그러나 윗식에 각진동수가 3ω인 제3조화진동의 항인 $\sin 3(\omega t+\delta)$의 계수가 매우 작아서 첫째 항에 비해서 무시할 수 있을 정도이면 첫째 항의 계수가 0이 되도록 ω를 택하면 위의 식이 만족된다. 일차시행함수는

$$x=A\sin(\omega t+\delta)\ :\ \omega^2=\frac{g}{L}\left(1-\frac{A^2}{8}\right)$$

이다. 한편, 보다 더 정확한 풀이로 기본진동항 외에 제3조화진동항이 포함되어야 할 것으로 추리된다. 더욱이 시행함수 식(5.143)을 미분방정식(5.142)의 오른쪽 항에 대입하여 정리하면 미분방정식은

$$\frac{d^2\theta}{dt^2}+\frac{g}{L}\theta=\frac{1}{24}\frac{g}{L}A^3\{3\sin(\omega t+\delta)-\sin 3(\omega t+\delta)\} \tag{5.144}$$

가 된다. 따라서 이 방정식의 보다 더 나은 풀이는

$$\theta=A\sin(\omega t+\delta)+B\sin 3(\omega t+\delta)+C \tag{5.145}$$

의 꼴일 것으로 예견된다. 이 풀이를 위의 미분방정식(5.144)에 대입하여 정리하면

$$\left\{\frac{g}{L}A-\omega^2 A-\frac{1}{8}\frac{g}{L}A^3\right\}\sin(\omega t+\delta)$$
$$+\left\{\frac{g}{L}B-\omega^2 B+\frac{g}{24L}A^3\right\}\sin 3(\omega t+\delta)+\frac{g}{L}C=0$$

가 된다. 이 식은

$$\frac{g}{L}A-\omega^2 A-\frac{1}{8}\frac{g}{L}A^3=0,\quad \frac{g}{L}B-9\omega^2 B+\frac{1}{24}\frac{g}{L}A^3=0,\quad C=0$$

일 때 만족된다. 첫째 식으로부터

$$\omega^2=\frac{g}{L}\left(1-\frac{A^2}{8}\right)$$

을 얻고, 이를 둘째 식에 대입하여 정리하면

$$B=\frac{A^3}{192-27A^2} \tag{5.146}$$

을 얻는다. 보다 더 나은 풀이 식(5.145)에서 상수 A 및 δ는 초기 조건에 의하여 결정된다. 예를 들어, 홑흔들이의 추를 평형점으로부터 각 θ_0($\theta_0\ll 1$)만큼 변위시켰다가 가만히 놓아 진동하게 하였다면 초기 조건은

$$\theta(0)=\theta_0,\quad v(0)=\left.\frac{ds}{dt}\right|_{t=0}=L\left.\frac{d\theta}{dt}\right|_{t=0}=0$$

이다. 이 조건에 의하여

$$\theta(0)=A\sin\delta+B\sin 3\delta=\theta_0$$

$$v(0)=L\frac{d\theta}{dt}\bigg|_{t=0}=\omega L(A\cos\delta+3B\cos 3\delta)=0$$

을 얻는다. 위의 조건식을, 삼각함수의 관계식

$$\sin 3\delta=3\sin\delta-4\sin^3\delta,\quad \cos 3\delta=4\cos^3\delta-3\cos\delta$$

를 이용하여

$$(A+3B-4B\sin^2\delta)\sin\delta=\theta_0,\quad (A-9B+12B\cos^2\delta)\cos\delta=0$$

으로 바꾸어 쓸 수 있다. 둘째 식에서

$$\cos\delta=0\quad\therefore\quad\delta=\frac{\pi}{2}$$

를 얻고, 이를 식(5.146)과 함께 첫째 식에 대입하면

$$A-\frac{A^3}{192-27A^2}=\theta_0$$

을 얻는다. 여기서 $\theta_0 \ll 1$이고 A도 매우 작으므로 윗식의 왼쪽은

$$A-\frac{A^3}{192-27A^2}\cong A-\frac{A^3}{192}\left(1+\frac{27A^2}{192}\right)\cong A+0(A^3)$$

라 둘 수 있다. 따라서 $A\approx\theta_0$로 어림된다. 이 어림으로 식(5.146)은

$$B\cong\frac{\theta_0^3}{192-27\theta_0^2}\cong\frac{\theta_0^3}{192}\left(1+\frac{27}{192}\theta_0^2\right)\cong\frac{\theta_0^3}{192}+0(\theta_0^5)$$

로 어림되고, 결국, 식(5.141)과 같은 비선형적인 힘에 의한 홑흔들이의 각변위 및 각진동수는 각각

$$\theta(t)=\theta_0\cos\omega t-\frac{\theta_0^3}{192}\cos 3\omega t,$$

$$\omega\cong\sqrt{\frac{g}{L}\left(1-\frac{\theta_0^2}{8}\right)}\cong\sqrt{\frac{g}{L}}\left(1-\frac{\theta_0^2}{16}+0(\theta_0^4)\right)$$

로 주어진다. 주기는

$$T=\frac{2\pi}{\omega}\cong\frac{2\pi}{\sqrt{\frac{g}{L}\left(1-\frac{\theta_0^2}{8}\right)}}\cong 2\pi\sqrt{\frac{L}{g}}\left(1+\frac{\theta_0^2}{16}+0(\theta_0^4)\right)$$

로 주어진다. 주기는 각진폭 θ_0의 함수이다. 따라서 등시성이 성립하지 않는다.

위의 결과는 비조화진동의 운동방정식(5.135)의 결과에

$$x\to\theta,\quad \omega_0^2\to\frac{g}{L},\quad \lambda\to\frac{g}{6L}$$

라 둔 것과 일치함을 알 수 있다.

5.5 결합진동

이제까지 하나의 진동자만을 생각해보았는데, 이제 두 진동자가 서로 상호작용하는 경우를 생각해보자. 이 모형은 다원자 분자의 현상이나 고체나 결정체의 원자나 분자들의 평형점 부근에서 진동 등 많은 분야에 응용된다.

그림 5.29와 같이 용수철 힘상수가 다같이 k인 두 개의 수평으로 놓인 용수철혼들이에 달린 물체를 힘상수가 k_3인 다른 용수철로 연결했을 때 이 진동계의 운동을 살펴보자.

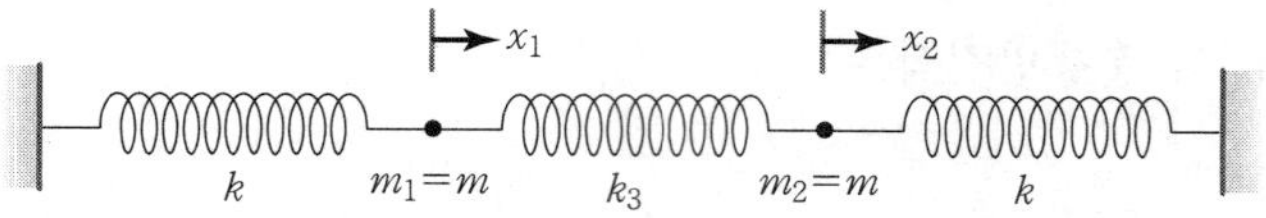

그림 5.29 결합진동자

만일 $k_3 \ll k$이면 두 물체(질점)는 각각 $\sqrt{k/m_1}$, $\sqrt{k/m_2}$의 각진동수로 단조화진동을 할 것이다. 이와 같은 두 단조화진동의 결합된 운동 또는 두 진동의 상호작용에 의하여 나타나는 운동을 **결합진동**(coupled oscillation)이라 한다.

두 단조화진동의 결합진동에는 두 개의 고유진동수가 있다. 이를 **기준진동수**(normal frequency)라 한다. 특수한 진동으로, 두 질점이 단 하나의 기준진동수로 진동하는데, 이 진동을 **기준진동**(normal oscillation)이라 한다. 기준진동은 **반대칭적**(반대 위상)이거나 **대칭적**으로 진동한다. 이런 진동 모양을 **기준진동방식**(normal mode of oscillation)이라 한다. 따라서 두 개의 단조화진동의 결합인 경우 또는 질점이 두 개인 경우에는 반대칭 진동방식 및 대칭 진동방식의 두 기준진동방식이 있다. 이것은 아래와 같은 방법으로 이해할 수 있다.

각 물체(질점)는 x축상에서만 운동하고, 문제를 간단히 하기 위하여 질점의 질량이 모두 $m(m_1 = m_2 \equiv m)$이라 하고 변위를 각각 x_1, x_2라 하면 **그림 5.29**에서 보는 바와 같이, 질량 $m_1 = m$의 질점이 받는 힘은 변위 x_1 때문에 생기는 용수철 힘상수 $k_1 = k$에 의한 힘 $-kx_1$ 및 변위 $x_1 - x_2$ 때문에 생기는 용수철 힘상수 k_3에 의한 힘 $-k_3(x_1 - x_2)$의 합력이다. 따라서 질점 m_1의 운동방정식은

$$ma_1 = -kx_1 - k_3(x_1 - x_2)$$

로 주어진다. 여기서 질점 m_1의 가속도 a_1은

$$a_1 = \frac{dv_1}{dt} = \frac{d}{dt}\left(\frac{dx_1}{dt}\right) = \frac{d^2 x_1}{dt^2}$$

로 주어진다. 따라서 질점 m_1의 운동방정식은

$$m\frac{d^2 x_1}{dt^2} = -kx_1 - k_3(x_1 - x_2) \tag{5.147}$$

이 된다.

같은 방법으로 질점 $m_2 = m$가 받는 힘은 변위 x_2때문에 생기는 용수철 힘상수 $k_2 = k$에 의한 힘 $-kx_2$ 및 변위 $x_2 - x_1$때문에 생기는 용수철 힘상수 k_3에 의한 힘 $-k_3(x_2 - x_1)$의 합력이므로 질점 m_2의 운동방정식은

$$m\frac{d^2 x_2}{dt^2} = -kx_2 - k_3(x_2 - x_1) \tag{5.148}$$

이다. 이들 두 운동방정식은 우변에 다른 질점의 변위를 포함하고 있어서 연립미분방정식의 꼴을 하고 있다.

두 운동방정식을 변변끼리 서로 빼기하면

$$m\frac{d^2}{dt^2}(x_1 - x_2) = -(k + 2k_3)(x_1 - x_2)$$

가 되어,

$$x_1 - x_2 \equiv \xi \tag{5.149}$$

라 두면

$$m\frac{d^2 \xi}{dt^2} = -(k + 2k_3)\xi$$

가 된다. 이번에는 위의 두 운동방정식을 변끼리 서로 더하여 정리하면

$$m\frac{d^2 \eta}{dt^2} = -k\eta$$

를 얻는다. 여기서

$$x_1 + x_2 \equiv \eta \tag{5.150}$$

라 두었다.

위의 두 방정식은 단조화진동의 운동방정식(5.33)의 꼴이므로 그 풀이는 단조화진동을 나타내는 방정식(5.37)의 꼴이 된다. 곧

$$\xi = A\sin(\omega_1 t + \delta_1), \tag{5.151}$$

$$\eta = B\sin(\omega_2 t + \delta_2) \tag{5.152}$$

이다. 여기서

$$\omega_1 = \sqrt{\frac{k+2k_3}{m}}, \quad \omega_2 = \sqrt{\frac{k}{m}} \tag{5.153}$$

이다. 좌표 ξ는 진동수 ω_1만으로, η는 진동수 ω_2만으로 각각 독립적으로 단조화진동을 한다. 이들 진동수 ω_1, ω_2를 결합진동의 **기준(각)진동수**라 하고, 좌표 ξ, η의 진동을 **기준진동**이라 한다. 또, 그러한 좌표 (ξ, η)를 **기준좌표**(normal coordinate)라 한다.

이제 운동방정식(5.147) 및 (5.148)을 동시에 만족하는 풀이를 구하자. 식(5.149) 및 식(5.150)으로부터

$$x_1 = \frac{1}{2}(\xi + \eta), \quad x_2 = \frac{1}{2}(-\xi + \eta)$$

를 얻는다. 이 두 관계식에 식(5.151) 및 식(5.152)를 대입하면

$$x_1 = \frac{A}{2}\sin(\omega_1 t + \delta_1) + \frac{B}{2}\sin(\omega_2 t + \delta_2) \tag{5.154}$$

$$x_2 = -\frac{A}{2}\sin(\omega_1 t + \delta_1) + \frac{B}{2}\sin(\omega_2 t + \delta_2) \tag{5.155}$$

를 얻는다. 곧 "결합된 두 질점의 운동은 두 기준진동(식(5.151) 및 식(5.152))의 선형중첩으로 주어진다."

특히 초기 조건이 아래 ① 및 ②와 같은 두 경우를 생각하자.

① $x_1(0) = -x_2(0)$, $v_1(0) = -v_2(0)$

② $x_1(0) = x_2(0)$, $v_1(0) = v_2(0)$.

식(5.154) 및 식(5.155)로부터

$$x_1(0) = \frac{A}{2}\sin\delta_1 + \frac{B}{2}\sin\delta_2, \tag{5.156}$$

$$x_2(0) = -\frac{A}{2}\sin\delta_1 + \frac{B}{2}\sin\delta_2, \tag{5.157}$$

$$v_1(0) = \left.\frac{dx_1}{dt}\right|_{t=0} = \frac{\omega_1 A}{2}\cos\delta_1 + \frac{\omega_2 B}{2}\cos\delta_2 \tag{5.158}$$

$$v_2(0) = \left.\frac{dx_2}{dt}\right|_{t=0} = -\frac{\omega_1 A}{2}\cos\delta_1 + \frac{\omega_2 B}{2}\cos\delta_2 \tag{5.159}$$

를 얻는다.

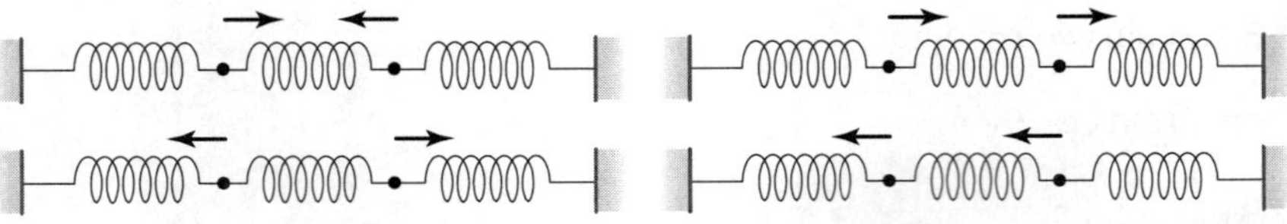

(a) $\omega=\omega_1$(반대칭) (b) $\omega=\omega_2$(대칭)

그림 5.30 결합진동의 기준진동방식

여기에 초기 조건 ①의 첫째 및 둘째 조건을 적용하면

$$B\sin\delta_2=0,\quad \omega_2 B\cos\delta_2=0 \quad \therefore\ B=0$$

이다. 따라서 두 질점의 운동은

$$x_1=\frac{A}{2}\sin(\omega_1 t+\delta_1),\quad x_2=-\frac{A}{2}\sin(\omega_1 t+\delta_1)$$

로 기술된다. 곧 두 질점은 단 하나의 기준진동수 ω_1로 **반대칭적**(반대 위상)으로 진동한다.

초기 조건 ②를 식(5.156)~식(5.159)에 적용하면

$$A\sin\delta_1=0,\quad \omega_1 A\cos\delta_1=0 \quad \therefore\ A=0$$

이다. 따라서 두 질점의 운동은

$$x_1=\frac{B}{2}\sin(\omega_2 t+\delta_2),\quad x_2=\frac{B}{2}\sin(\omega_2 t+\delta_2)$$

로 기술된다. 곧 두 질점은 단 하나의 기준진동수 ω_2로 **대칭적**(같은 위상)으로 진동한다. **그림 5.30**은 이 결과를 나타낸다.

반대칭 진동방식의 기준진동수가 대칭의 경우 보다 더 높다. 이것은 일반적인 사실이다. 일반적으로 높은 수준의 대칭성일수록 기준진동수는 낮다.

예제 5.15 이원자분자의 진동

두 원자로 된 이원자분자의 각 원자는 그들 자신의 평형점 부근에서 진동을 하고 있다. 이런 이원자분자의 모형으로 용수철로 연결된 두 질점의 진동계를 택하는 일이 종종 있다. 이 진동계의 기준진동 및 기준진동방식을 구하라.

풀이 | **그림 5.31**과 같이 질량이 모두 $m(m_1=m_2=m)$인 두 질점이 힘상수가 k인 용수철로 결합되어 있다면, 두 질점의 운동방정식은 각각

$$m\frac{d^2x_1}{dt^2}=-k(x_1-x_2),\quad m\frac{d^2x_2}{dt^2}=-k(x_2-x_1)$$

로 주어진다. 이 두 식의 변변끼리 빼기 및 더하기를 하면 각각

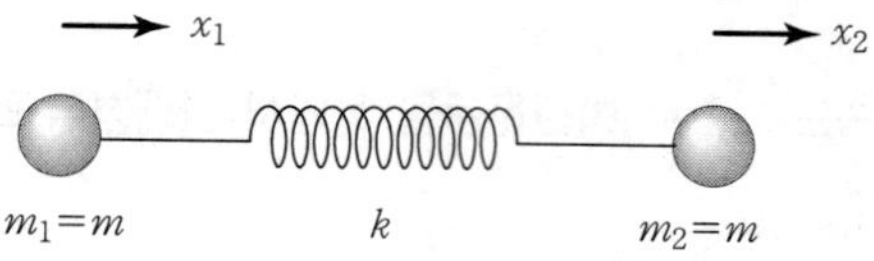

그림 5.31 이원자분자의 모형

$$m\frac{d^2}{dt^2}(x_1-x_2)=-2k(x_1-x_2),\quad m\frac{d^2}{dt^2}(x_1+x_2)=0$$

를 얻는다. 여기서 $\xi=x_1-x_2$, $\eta=x_1+x_2$라 두면, 두 질점의 운동방정식은

$$m\frac{d^2\xi}{dt^2}=-2k\xi,\quad m\frac{d^2\eta}{dt^2}=0$$

이 된다. 첫째 방정식의 풀이는

$$\xi=A\sin(\omega_1 t+\delta_1):\omega_1=\sqrt{\frac{2k}{m}}$$

이다. 곧 ξ는 기준진동수 ω_1으로 단조화진동을 한다. 둘째 운동방정식은

$$\frac{d\eta}{dt}=(\text{일정})$$

이 되어, 속도가 일정하다. 곧

$$v_\eta=\frac{d\eta}{dt}=(\text{일정})\quad\therefore\ \eta=v_\eta t+B$$

로 주어진다. 여기서 v_η, B는 적분상수이다. 따라서 이것은 일정한 속도 v_η의 등속직선운동을 나타낸다. 따라서 나머지 하나의 기준진동수는 $\omega_2=0$이다.
식(5.149) 및 식(5.150)으로부터

$$x_1=\frac{1}{2}(\xi+\eta)=\frac{A}{2}\sin(\omega_1 t+\delta_1)+\frac{1}{2}(v_\eta t+B),\tag{5.160}$$

$$x_2=\frac{1}{2}(-\xi+\eta)=-\frac{A}{2}\sin(\omega_1 t+\delta_1)+\frac{1}{2}(v_\eta t+B)\tag{5.161}$$

를 얻는다. 여기서

$$B(t)\equiv\frac{1}{2}(v_\eta t+B)=\frac{v_\eta}{2}t+\frac{B}{2}\ ;\ x_1'(t)=x_1-B(t),\ x_2'(t)=x_2-B(t)$$

라 하면 식(5.160) 및 식(5.161)은

$$x_1'(t)=\frac{A}{2}\sin(\omega_1 t+\delta_1),\quad x_2'(t)=-\frac{A}{2}\sin(\omega_1 t+\delta_1)$$

가 된다. 여기서 $x_1'(t)$, $x_2'(t)$는 속도 $\frac{v_\eta}{2}$로 등속도 직선운동을 하는 관착자에 대한 두 질점의 상대위치이다. 따라서 위의 식은 이 관측자가 보았을 때의 두 질점의 운동 모양을 나타낸다. 이 관측자가 볼 때 두 질점은 기준진동수 ω_1로 반대칭적으로 진동한다. 곧

두 질점은 일정한 속도 $\frac{v_\eta}{2}$로 병진운동을 하면서 반대칭적으로 기준진동수 $\omega_1 = \sqrt{\frac{2k}{m}}$의 기준진동을 한다.

만일 처음($t=0$)에 질점 m_1만을 C만큼 변위시켰다가 가만히 놓았다고 하자. 이 경우, 초기 조건은

$$x_1(0) = C,\ \ v_1(0) = 0\ ;\ \ x_2(0) = 0,\ \ v_2(0) = 0$$

가 되어, 식(5.160) 및 식(5.161)로부터

$$x_1(0) = \frac{A}{2}\sin\delta_1 + \frac{B}{2} = C, \tag{5.162}$$

$$x_2(0) = -\frac{A}{2}\sin\delta_1 + \frac{B}{2} = 0, \tag{5.163}$$

$$\left.\frac{dx_1}{dt}\right|_{t=0} = \frac{\omega_1 A}{2}\cos\delta_1 + \frac{v_\eta}{2} = 0, \tag{5.164}$$

$$\left.\frac{dx_2}{dt}\right|_{t=0} = -\frac{\omega_1 A}{2}\cos\delta_1 + \frac{v_\eta}{2} = 0 \tag{5.165}$$

을 얻는다. 처음 두 식으로부터

$$B = C,\ \ \sin\delta_1 = \frac{C}{A}, \tag{5.166}$$

그리고 그 다음 두 식으로부터

$$v_\eta = 0,\ \ \omega_1 A\cos\delta_1 = 0 \tag{5.167}$$

을 얻는다. 식(5.166) 및 식(5.167)의 둘째 식으로부터 δ_1을 소거하면

$$0 = \omega_1 A\cos\delta_1 = \omega_1 A\sqrt{1-\sin^2\delta_1} = \omega_1 A\sqrt{1-\left(\frac{C}{A}\right)^2}$$

이므로 $A = C$이고, 따라서 식(5.166)의 둘째 식으로부터 $\delta_1 = \frac{\pi}{2}$이다. 곧 초기 조건 식(5.162)~식(5.165)에 의하여

$$A = B = C,\ \ v_\eta = 0,\ \ \delta_1 = \frac{\pi}{2}$$

이다. 따라서 두 질점의 진동 모양은 식(5.160) 및 식(5.161)로부터

$$x_1 = \frac{C}{2}\cos\omega_1 t + \frac{C}{2},\ \ x_2 = -\frac{C}{2}\cos\omega_1 t + \frac{C}{2}$$

를 얻는다. 여기서

$$x_1' = x_1 - \frac{C}{2},\ \ x_2' = x_2 - \frac{C}{2}$$

라 두면

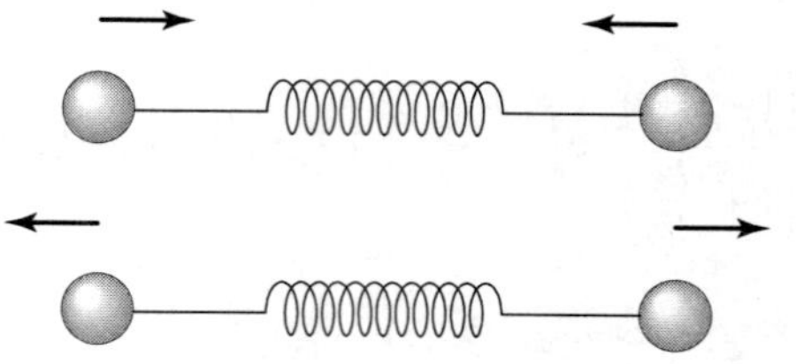

그림 5.32 이원자분자 모형의 진동방식

$$x_1' = \frac{C}{2}\cos\omega_1 t, \quad x_2' = -\frac{C}{2}\cos\omega_1 t$$

를 얻는다. 이것은 좌표의 원점을 $\frac{C}{2}$만큼 옮겨 놓은 좌표계에서 본 두 질점의 운동 모양으로, 두 질점은 기준진동수 ω_1로 반대칭적으로 진동함을 나타낸다. 따라서 진동은 반대칭 진동방식이다(**그림** 5.32 참조).

예제 5.16 약하게 결합된 진동

그림 5.29와 같이, 용수철의 힘상수가 k, 질량이 m인 질점으로 된 똑같은 두 진동자가 힘상수가 k_3인 매우 약한 용수철($k_3 \ll k$)로 연결된 결합진동자가 있다.

① 이 진동계의 한 질점을 고정시켰을 때의 진동수를 ω_0라 하면, 이 진동계의 두 기준진동수가 진동수 ω_0에 대해서 대칭적으로 갈라지는 것을 보이고, 너비 $|\omega_1 - \omega_0|$를 구하라.

② 이 진동계의 두 질점의 운동 모양 및 에너지 이동 관계를 고찰하라.

풀이 ① 먼저 진동수 ω_0을 구하자. 식(5.147)에서 $x_2 = 0$이라 두면

$$m\frac{d^2 x_1}{dt^2} = -(k + k_3)x_1$$

가 되어 질점 m_2는 고정되고, 질점 m_1은 진동수

$$\omega_0 = \sqrt{\frac{k + k_3}{m}} \tag{5.168}$$

의 단조화진동을 한다. 질점 m_1이 고정된 경우에도 같은 결과를 얻는다.

이제 $k_3 \ll k$인 경우 진동수 ω_0 및 기준진동수 ω_1을 어림하여, ω_1을 ω_0로 나타내자. 식(5.168) 및 식(5.153)에서 이들 진동수들은 각각

$$\omega_0 = \sqrt{\frac{k}{m}}\sqrt{1 + \frac{k_3}{k}} \cong \sqrt{\frac{k}{m}}\left(1 + \frac{k_3}{2k}\right),$$

$$\omega_1 = \sqrt{\frac{k}{m}}\sqrt{1 + \frac{2k_3}{k}} \cong \sqrt{\frac{k}{m}}\left(1 + \frac{k_3}{k}\right)$$

로 어림된다. 이 두 식을 각 변끼리 나누기하면

$$\frac{\omega_1}{\omega_0} \cong \frac{\left(1+\dfrac{k_3}{k}\right)}{\left(1+\dfrac{k_3}{2k}\right)} \approx \left(1+\frac{k_3}{k}\right)\left(1-\frac{k_3}{2k}\right) = (1+2\varepsilon)(1-\varepsilon)$$

가 된다. 여기서 $\varepsilon = \dfrac{k_3}{2k}$이라 두었다. 따라서

$$\omega_1 \cong \omega_0(1+2\varepsilon)(1-\varepsilon) = \omega_0(1+\varepsilon-2\varepsilon^2)$$

이다. $\varepsilon \ll 1$이므로 ε의 일차항까지만 어림하면

$$\omega_1 \cong \omega_0(1+\varepsilon) \tag{5.169}$$

이다. 한편, 기준진동수 ω_2와 ω_0의 비는

$$\frac{\omega_2}{\omega_0} \cong \frac{\sqrt{\dfrac{k}{m}}}{\sqrt{\dfrac{k}{m}}\sqrt{1+\dfrac{k_3}{k}}} \approx 1-\frac{k_3}{2k} = 1-\varepsilon$$

이므로

$$\omega_2 \cong \omega_0(1-\varepsilon) \tag{5.170}$$

이다. 식(5.169) 및 식(5.170)으로부터 $\omega_1 > \omega_0 > \omega_2$이고,

$$|\omega_1-\omega_0| = |\omega_2-\omega_0| = \varepsilon\omega_0$$

임을 알 수 있다. 따라서 기준진동수 ω_1, ω_2는 ω_0을 기준으로 같은 크기만큼 크거나 작다. 곧 똑같은 두 진동자가 결합되지 않으면, 두 질점은 같은 진동수 ω_0을 가지나, "매우 약하게 결합되어 상호작용을 하는 경우에는 이 진동수 ω_0에 대해서 대칭적인 두 진동수 ω_1 및 ω_2로 나누어진다."

그림 5.33은 같은 질점이 두 개 및 세 개가 결합된 경우 진동수의 갈라짐을 나타낸다.

② 이 진동계의 두 질점의 운동 모양을 알아보기 위하여, 초기 조건을

$$x_1(0) = C,\quad v_1(0) = 0$$
$$x_2(0) = 0,\quad v_2(0) = 0$$

라 하자. 이들을 두 질점의 변위를 나타내는 식(5.154) 및 식(5.155)에 적용하면

$$x_1(0) = \frac{A}{2}\sin\delta_1 + \frac{B}{2}\sin\delta_2 = C\ ;$$

$$x_2(0) = -\frac{A}{2}\sin\delta_1 + \frac{B}{2}\sin\delta_2 = 0,$$

$$\left.\frac{dx_1}{dt}\right|_{t=0} = \frac{\omega_1 A}{2}\cos\delta_1 + \frac{\omega_2 B}{2}\cos\delta_2 = 0\ ;$$

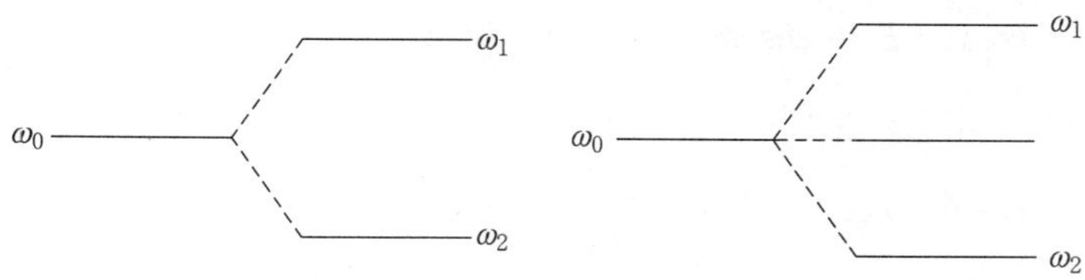

(a) 두 개의 질점이 결합된 경우 (b) 세 개의 질점이 결합된 경우

그림 5.33 각진동수의 갈라짐

$$\left.\frac{dx_2}{dt}\right|_{t=0} = -\frac{\omega_1 A}{2}\cos\delta_1 + \frac{\omega_2 B}{2}\cos\delta_2 = 0$$

을 얻는다. 처음 두 식으로부터

$$A\sin\delta_1 = C,\quad B\sin\delta_2 = C \quad \text{또는} \quad \sin\delta_1 = \frac{C}{A},\quad \sin\delta_2 = \frac{C}{B} \tag{5.171}$$

를 얻고, 그 다음 두 식으로부터

$$\omega_1 A\cos\delta_1 = 0,\quad \omega_2 B\cos\delta_2 = 0 \tag{5.172}$$

을 얻는다. 식(5.171) 및 식(5.172)의 첫째 식으로부터 δ_1을 소거하면

$$0 = \omega_1 A\cos\delta_1 = \omega_1 A\sqrt{1-\sin^2\delta_1} = \omega_1 A\sqrt{1-\left(\frac{C}{A}\right)^2} = \omega_1\sqrt{A^2-C^2}$$

이므로

$$A = C \qquad \therefore\ \delta_1 = \frac{\pi}{2}$$

이다.

같은 방법으로 식(5.171) 및 식(5.172)의 둘째 식으로부터 δ_2를 소거하면

$$0 = \omega_2 B\cos\delta_2 = \omega_2\sqrt{B^2-C^2} \qquad \therefore\ B = C$$

이고, 따라서 식(5.171)의 둘째 식으로부터 $\delta_2 = \frac{\pi}{2}$를 얻는다. 곧 초기 조건에 의하여

$$A = B = C\ ;\quad \delta_1 = \delta_2 = \frac{\pi}{2} \tag{5.173}$$

이다. 그러므로 결합된 똑같은 두 질점의 운동은, 식(5.154) 및 식(5.155) 그리고 식(5.173)에 의하여,

$$x_1 = \frac{C}{2}\left\{\sin\left(\omega_1 t+\frac{\pi}{2}\right)+\sin\left(\omega_2 t+\frac{\pi}{2}\right)\right\} = \frac{C}{2}\{\cos\omega_1 t+\cos\omega_2 t\}. \tag{5.174}$$

같은 방법으로

$$x_2 = -\frac{C}{2}\{\cos\omega_1 t-\cos\omega_2 t\} \tag{5.175}$$

가 된다. 여기서 삼각함수의 가법정리

$$\cos(\alpha\pm\beta)=\cos\alpha\cos\beta\mp\sin\alpha\sin\beta$$

로부터 얻어지는 관계식

$$\cos A+\cos B=2\cos\frac{A+B}{2}\cos\frac{A-B}{2}$$
$$\cos A-\cos B=-2\sin\frac{A+B}{2}\sin\frac{A-B}{2} \tag{5.176}$$

의 첫째 식을 식(5.172)에 적용하면

$$\begin{aligned}x_1&=\frac{C}{2}\{\cos\omega_1 t+\cos\omega_2 t\}\\&=\frac{C}{2}\left\{2\cos\frac{\omega_1+\omega_2}{2}t\cos\frac{\omega_1-\omega_2}{2}t\right\}\end{aligned}$$

이므로

$$x_1=\left(C\cos\frac{\omega_1-\omega_2}{2}t\right)\cos\left\{\frac{\omega_1+\omega_2}{2}t\right\} \tag{5.177}$$

이 된다. 같은 방법으로, 식(5.176)을 식(5.175)에 적용하면

$$x_2=\left(C\sin\frac{\omega_1-\omega_2}{2}t\right)\sin\left\{\frac{\omega_1+\omega_2}{2}t\right\} \tag{5.178}$$

를 얻는다. 식(5.177) 및 식(5.178)은 진동수 $\frac{\omega_1+\omega_2}{2}$로 조화진동하는 질점의 진폭이 변조되어 맥놀이와 비슷한 현상을 나타낸다(식(5.66) 참조). 변조된 진폭의 진동수가 $\frac{\omega_1-\omega_2}{2}$이다. **그림 5.34**는 이와 같은 현상을 나타낸다. 이 경우, 맥놀이의 진동수는 $\omega_1-\omega_2$이다. 여기서 $k_3\ll k$인 경우, 어림 식(5.169) 및 식(5.170)

$$\omega_1\cong\omega_0(1+\varepsilon),\quad \omega_2\cong\omega_0(1-\varepsilon)$$

를 고려하면 질점의 진동수 및 변조된 진폭의 진동수는 각각

$$\frac{\omega_1+\omega_2}{2}=\omega_0,\quad \frac{\omega_1-\omega_2}{2}=\varepsilon\,\omega_0$$

이므로, 결합된 두 질점의 운동은 식(5.177) 및 (5.178)로부터

$$x_1=(C\cos\varepsilon\omega_0 t)\cos\omega_0 t,\quad x_2=(C\sin\varepsilon\omega_0 t)\sin\omega_0 t$$

로 어림된다.

그림 5.34에서 보는 바와 같이, 두 질점의 변조된 진폭의 위상차는 $\frac{\pi}{2}$이다. 질점 m_1의 진폭은 시간에 따라 그 최댓값 C에서 점점 줄어서 0이 되는 동안 질점 m_2의 진폭은 0에서 점점 커져서 그 최댓값 C가 되고, 다시 작아져서 0이 되는 동안에 질점 m_1의 진폭이 다시 최대가 된다. 이런 현상이 반복된다. 이런 현상의 주기 $t_{1/2}$는 변조된 진폭의 주기 $T_{진폭}$의 반이다. 진폭의 주기는

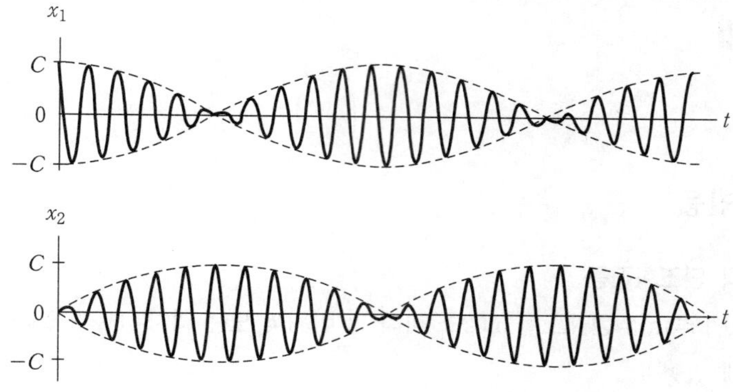

그림 5.34 약하게 결합된 진동자의 진폭

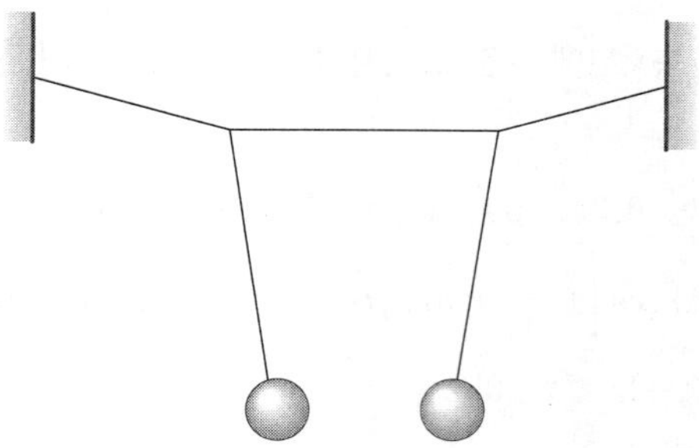

그림 5.35 팽팽한 빨랫줄에 달린 두 흩흔들이

$$T_{\text{진폭}} = \frac{2\pi}{\varepsilon\omega_0} \qquad \therefore\ t_{1/2} = \frac{T_{\text{진폭}}}{2} = \frac{\pi}{\varepsilon\omega_0}$$

이다. 그러므로 진동자의 에너지는 진폭의 제곱에 비례하므로, 첫째 진동자의 에너지는 $t_{1/2} = \frac{T_{\text{진폭}}}{2} = \frac{\pi}{\varepsilon\omega_0}$ 동안에 둘째 진동자에 완전히 전달되고, 그 다음 $t_{1/2}$ 동안에 둘째 진동자로부터 첫째 진동자에로 에너지가 이동한다. 시간이 지남에 따라 이와 같은 에너지 전달 현상이 반복된다.

그림 5.35와 같이 두 흩흔들이를 팽팽한 빨랫줄에 연직으로 달아 놓은 진동계에서 이와 같은 현상을 관찰할 수 있다. 한 흩흔들이를 약간 옆으로 당겼다가 가만히 놓아 진동시켜 주면 그 진동의 진폭은 점점 잦아들고, 다른 흩흔들이가 조금씩 진동하기 시작하여 첫째 흩흔들이는 마침내 정지하게 된다. 그 순간 다른 흩흔들이는 최대 진폭이 된다. 그 뒤 둘째 흩흔들이는 진폭이 잦아들고 첫째 흩흔들이는 진동하기 시작한다. 이와 같은 현상이 반복되는 것을 관측할 수 있다.

연습문제

5.1 단조화진동

5-1 원운동과 단조화진동

반지름 0.150 m의 원궤도를 3.00초 마다 한 바퀴씩 도는 입자 P_0가 있다. 처음($t=0$)에 입자는 x축상에 있었다.

(가) 입자 P_0의 선속도 v_0 및 각속도 ω_0는 각각 얼마인가?

(나) 입자 P_0의 x축 및 y축에 내린 그림자 $P_0^{(x)}$ 및 $P_0^{(y)}$의 원점 O로부터 변위 $x(t)$ 및 $y(t)$를 각각 구하라.

(다) 지름(x축 또는 y축) 위에 내린 그림자($P_0^{(x)}$ 또는 $P_0^{(y)}$)의 진동수, 초기 위상은 각각 얼마인가?

답 (가) $v_0 = 0.100\pi \text{ m/s} = 0.314 \text{ m/s}$, $\omega_0 = \frac{2\pi}{3} \text{ rad/s} = 2.09 \text{ rad/s}$

(나) $x(t) = (0.150 \text{ m}) \cos\left[\left(\frac{2\pi}{3} \text{ rad/s}\right)t\right]$, $y(t) = (0.150 \text{ m}) \sin\left[\left(\frac{2\pi}{3} \text{ rad/s}\right)t\right]$

(다) $f = \frac{1}{3} \text{ Hz} = 0.333 \text{ Hz}$, $\delta = 0$

5-2 질점의 위치함수

질점이 x축상에서 단조화진동을 하고 있다. 처음에 평형점에서 양의 x축 방향으로 출발하여 평형점을 중심으로 하여 4.00 cm 떨어진 두 점 사이를 진동수 1.50 Hz로 왕복한다.

(가) 이 진동의 각진동수, 진폭은 각각 얼마인가?

(나) 평형점으로부터 질점의 변위 $x(t)$를 구하라.

(다) 질점의 최대 속도 및 최대 가속도는 각각 얼마인가? 출발한 지 각각 몇 초 후에 처음으로 질점은 최대 속도 및 최대 가속도에 이르게 되는가?

(라) 처음 1.00초 동안에 질점이 이동한 거리는 얼마인가?

답 (가) $\omega = 3.00\pi \text{ rad/s}$, $A = 2.00 \text{ cm}$

(나) $x(t) = (2.00 \text{ cm}) \sin[(3.00\pi \text{ rad/s})t]$

(다) $v_{\max} = 18.8 \text{ cm/s}$, $t_{v:\max} = \frac{1}{3} \text{ s} = 0.333 \text{ s}$; $a_{\max} = 177 \text{ cm/s}^2$, $t_{a:\max} = \frac{1}{6} \text{ s} = 0.167 \text{ s}$

(라) $d = 12.0 \text{ cm}$

5-3 수평 용수철에 달린 물체의 운동

매끄러운 수평면 위에 놓인 용수철 끝에 물체를 달아서, 처음에 평형점으로부터 0.100 m만큼 당겨서 가만히 놓았다. 물체가 왕복운동을 하는 동안 두 연이은 되돌이점 사이의 시간이 0.500초였다.

(가) 이 진동의 주기, 각속도를 구하라.

(나) 평형점으로부터 변위 $x(t)$를 구하라.

(다) 최대 속도는 얼마인가?

(라) 주기의 처음 $\frac{1}{8}$ 인 순간에서 위치, 속도, 가속도는 각각 얼마인가?

답 (가) $T = 1.00\ \mathrm{s}$, $\omega = 2.00\pi\ \mathrm{rad/s}$

(나) $x(t) = (0.100\ \mathrm{m})\cos[(2.00\pi\ \mathrm{rad/s})t]$

(다) $v_{max} = 0.628\ \mathrm{m/s}$

(라) $x(1/8) = 0.0707\ \mathrm{m}$, $v(1/8) = -0.444\ \mathrm{m/s}$, $a(1/8) = -2.79\ \mathrm{m/s^2}$

5-4 용수철에 달린 추의 운동

힘상수가 6.50 N/m인 용수철에 달린 추가 진폭 0.100 m의 단조화진동을 하고 있다. 추가 평형점과 되돌이점 사이의 중점을 지날 때 속도가 0.300 m/s였다.

(가) 추의 질량, 이 진동의 주기를 각각 구하라.

(나) 추의 최대 속도 및 최대 가속도는 얼마인가?

답 (가) $m = 0.542\ \mathrm{kg}$, $T = 1.81\ \mathrm{s}$ (나) $v_{max} = 0.346\ \mathrm{m/s}$, $a_{max} = 1.20\ \mathrm{m/s^2}$

5-5 수평용수철 진동계의 에너지

매끄러운 수평면에 놓여 있는 용수철 끝에 2.00 kg의 추를 달아 놓았다. 평형점($x = 0$)으로부터 0.200 m까지 당기고 있다가 가만히 놓았더니 추는 단조화진동을 했다. 가만히 당기고 있을 때 2.00 N의 힘이 들었다.

(가) 용수철의 힘상수 및 추의 진동수를 구하라.

(나) 추의 속도가 최대일 때의 위치 및 그 빠르기를 구하라.

(다) 추의 가속도가 최대일 때의 위치 및 그 크기를 구하라.

(라) 변위가 최대 변위의 $\frac{1}{3}$ 인 점에서 가속도 및 속도는 얼마인가?

(마) 이 진동계의 총 에너지를 구하라.

답 (가) $k = 10.0\ \mathrm{N/m}$, $f = 0.356\ \mathrm{Hz}$ (나) $x_{v;\,max} = 0$, $|v_{max}| = 0.447\ \mathrm{m/s}$

(다) $x_{a;\,max} = \pm 0.200\ \mathrm{m}$, $|a_{max}| = 10.0\ \mathrm{m/s^2}$ (라) $a(A/3) = -0.333\ \mathrm{m/s^2}$, $v(A/3) = -0.422\ \mathrm{m/s}$ (마) $E = 0.200\ \mathrm{J}$

5-6 연직 용수철에 달린 추의 운동

힘상수가 1800 N/m인 연직 용수철에 매달려 평형상태에 있는 추를 아래로 0.0250 m 당겨서 가만히 놓았더니 진동수 5.50 Hz로 단조화진동을 했다.

(가) 추의 질량 및 용수철의 자연길이에서 평형점까지 늘어난 길이 x을 구하라.

(나) 추의 평형점으로부터 변위 $x(t)$, 속도 $v(t)$, 가속도 $a(t)$를 구하라.

답 (가) $m = 1.51\ \mathrm{kg}$, $x = 8.22 \times 10^{-3}\ \mathrm{m}$

(나) $x(t) = -(0.0250\ \mathrm{m})\cos[(11.0\pi\ \mathrm{rad/s})t]$, $v(t) = (0.864\ \mathrm{m/s})\sin[(11.0\pi\ \mathrm{rad/s})t]$, $a(t) = -(29.8\ \mathrm{m/s^2})\cos[(11.0\pi\ \mathrm{rad/s})t]$

5-7 달에서 홑흔들이

중력가속도가 $g = 9.81\ \mathrm{m/s^2}$인 지점에서 주기가 5.00초인 홑흔들이가 있다.

(가) 이 홑흔들이의 길이는 얼마인가?

(나) 중력가속도가 지구의 $\frac{1}{6}$인 달표면에서 이 홑흔들이의 주기는 얼마인가?

(다) 지구상의 다른 지점에서 이 홑흔들이의 주기를 측정하였더니 5.02초였다. 그 지점에서 중력가속도 g'는 얼마인가?

답 (가) $L = 6.22\ \mathrm{m}$ (나) $T_{달} = 12.2\ \mathrm{s}$ (다) $g' = 9.73\ \mathrm{m/s^2}$

5-8 홑흔들이 추의 속도

길이 L의 홑흔들이를 연직선과 각 θ_0을 이루는 방향에서 가만히 놓아 진동하게 하였다.

(가) 이 홑흔들이가 단조화진동을 하는 경우, 각변위 $\theta(t)$를 구하고, 홑흔들이 추가 제일 낮은 위치를 지나는 순간의 속도를 구하라.

(나) 중력마당에서의 에너지 보존법칙을 이용하여 제일 낮은 점에서 정확한 속도를 구하고, 각변위 θ_0가 매우 작을 때, (가), (나)의 결과는 서로 같음을 보여라.

(다) 실의 길이가 1.0 m, 진폭이 0.20 rad일 때, 두 결과의 차이를 구하라.

답 (가) $\theta(t) = \theta_0 \cos\sqrt{\frac{g}{L}}\,t$, $v_{\mathrm{SHO}}(T/4) = -\sqrt{gL}\,\theta_0$

(나) $v_{\mathrm{EC}} = \pm\sqrt{2gL(1-\cos\theta_0)}$, $v_{\mathrm{EC}} \cong \pm\sqrt{gL}\,\theta_0$ ($\sin\theta_0 \cong \theta_0$)

(다) $\Delta v = 0.73\times 10^{-3}\ \mathrm{m/s}$

5-9 가속된 홑흔들이

길이 1.00 m의 홑흔들이가 가속도 $a_{\mathrm{R}} = 3.00\ \mathrm{m/s^2}$로 직선운동하고 있는 화물자동차의 천장에 달려있다.

(가) 이 홑흔들이의 평형점이 연직선과 이루는 각 ϕ는 얼마인가?

(나) 이 홑흔들이의 주기는 얼마인가?

답 (가) $\phi = 17.0°$ (나) $T_{\mathrm{eff}} = 1.96\ \mathrm{s}$

5-10 단조화진동의 처음 위치, 속도 그리고 가속도

각진동수가 ω인 단조화진동자의 처음 위치, 속도 및 가속도가 각각 x_0, v_0, a_0라 한다.

(가) 단조화진동자의 위치함수는 $x(t) = x_0\cos\omega t + \left(\frac{v_0}{\omega}\right)\sin\omega t$로 주어짐을 보여라.

(나) 이 진동자의 속도함수, 가속도함수를 각각 구하라.

(다) 이 진동자의 진폭 A를 구하고, $v^2 - ax = v_0^2 - a_0x_0 = \omega^2A^2$임을 보여라. 곧 단조화진동에서 $v^2 - ax$는 불변이다.

답 (나) $v(t) = -\omega x_0\sin\omega t + v_0\cos\omega t$, $a(t) = -\omega^2\left(x_0\cos\omega t + \left(\frac{v_0}{\omega}\right)\sin\omega t\right) = -\omega^2 x(t)$

(다) $A = \sqrt{x_0^2 + \left(\frac{v_0}{\omega}\right)^2}$

5-11 맥놀이수

두 소리굽쇠의 진동수가 각각 256 Hz, 260 Hz이다. 두 소리굽쇠를 동시 진동시켰을 때 나타나는 맥놀이수는 얼마인가?

답 | $f_{\text{맥놀이}} = 4.00\ \text{Hz}$

5-12 기타 줄의 진동수

진동수 440 Hz의 소리굽쇠를 진동시켜 진동수가 약간 맞지 않는 기타 줄에 가까이 대었더니 매초 3번의 맥놀이가 나타났다. 기타 줄의 장력이 클수록 진동수가 많아진다.

(가) 기타 줄을 약간 조여서 진동수를 높였더니 맥놀이가 매초 6번 나타났다. 조인 후 기타 줄의 진동수는 얼마인가?

(나) 만일 기타 줄을 약간 덜 조였을 때 맥놀이수가 처음보다 작아졌다면 기타 줄의 처음 진동수는 얼마인가?

답 | (가) $f_{\text{기타}} = 446\ \text{Hz}$, (나) $f_{\text{기타}} = 437\ \text{Hz}$

5-13 평행한 두 단조화진동의 합성

x축상의 두 단조화운동

$$x_1 = (6.00\ \text{m})\sin[(2.00\ \text{rad/s})t],\quad x_2 = (8.00\ \text{m})\sin[(2.00\ \text{rad/s})t + \delta]$$

의 합성운동을 기술하는 방정식을 $\delta=0$, $\delta=\frac{\pi}{2}$, $\delta=\pi$인 경우로 나누어서 구하라.

답 | $\delta=0$: $x = (14.0\ \text{m})\sin[(2.00\ \text{rad/s})t]$, $\delta=\frac{\pi}{2}$: $x = (10.0\ \text{m})\sin[(2.00\ \text{rad/s})t + 0.295\pi]$,

$\delta=\pi$: $x = -(2.00\ \text{m})\sin[(2.00\ \text{rad/s})t]$

5-14 이차원 등방성조화진동

서로 수직인 두 단조화진동 $x = 4\sin\omega t$, $y = 3\sin(\omega t + \delta)$를 중첩한 합성운동의 궤도방정식을 $\delta=0$, $\delta=\frac{\pi}{2}$, $\delta=\pi$인 경우로 나누어서 구하라.

답 | $\delta=0$: $y = \frac{3}{4}x$(직선), $\delta=\frac{\pi}{2}$: $\left(\frac{x}{4}\right)^2 + \left(\frac{y}{3}\right)^2 = 1$(타원), $\delta=\pi$: $y = -\frac{3}{4}x$(직선)

5-15 리사주곡선

서로 수직인 두 단조화진동 $x = 4\cos\omega t$, $y = 3\cos\left(\frac{\omega}{2}t + \delta\right)$를 중첩한 합성운동의 궤도방정식을 위상차가 $\delta=0$, $\delta=\frac{\pi}{4}$, $\delta=\frac{\pi}{2}$, $\delta=\frac{3\pi}{4}$, $\delta=\pi$인 경우 각각 구하라.

답 | $\delta=0,\ \pi$: $y^2 = \frac{9}{8}(x+4)$ ($+x$축 방향으로 열린 포물선),

$\delta=\frac{\pi}{4}$: $\left(\frac{x}{4}\right)^2 + 4\left(\frac{y}{3}\right)^4 - 4\left(\frac{y}{3}\right)^2 = 0$,

$\delta=\frac{\pi}{2}$: $y^2 = -\frac{9}{8}(x-4)$ ($-x$축 방향으로 열린 포물선)

$\delta=\frac{3\pi}{4}$: $\left(\frac{x}{4}\right)^2 + 4\left(\frac{y}{3}\right)^4 - 4\left(\frac{y}{3}\right)^2 = 0$

5-16 이차원 조화진동의 에너지

질량 2.00 kg의 질점이 xy평면에서 $\vec{F}=-\hat{i}(18x)-\hat{j}(50y)$의 힘을 받고 있다. 처음($t=0$)에 질점은 점(3.00, 4.00)에서 x축에 수직인 양(+)의 방향으로 10.0 m/s의 속도로 움직이고 있었다. 여기서 단위는 MKS단위이다.

(가) 질점의 x 및 y축 방향의 각진동수를 구하라.

(나) 질점의 위치벡터 $\vec{r}(t)$를 구하라.

(다) 질점의 운동은 주기운동인가 또는 비주기운동인가? 만일 주기운동이면 그 주기를 구하라.

(라) 질점의 속도벡터를 구하고, 운동에너지 $K(t)$를 구하라.

(마) 이 진동계의 위치 에너지 $U(t)$를 구하고, 총 에너지를 구하라.

답 | (가) $\omega_x=3.00$ rad/s, $\omega_y=5.00$ rad/s

(나) $\vec{r}(t)=\hat{i}(3\cos 3t)+\hat{j}(4\cos 5t+2\sin 5t)$ [m]

(다) $T=6.28$ s

(라) $\vec{v}(t)=\hat{i}(-9\sin 3t)+\hat{j}(-20\sin 5t+10\cos 5t)$ [m/s],

$K(t)=81\sin^2 3t+400\sin^2 5t+100\cos^2 5t-400\sin 5t\cos 5t$ [J]

(마) $U(t)=81\cos^2 3t+400\cos^2 5t+100\sin^2 5t+400\cos 5t\sin 5t$ [J],

$E=581$ J

5-17 이차원 조화진동의 비주기운동

질량이 1.00 kg인 이차원 조화진동자가 있다. 이 진동계의 위치에너지가 $U=8(x^2+4y^2)$이다. 이 진동자의 처음($t=0$) 위치 및 속도가 각각 $\vec{r}(0)=2\hat{i}-\hat{j}$, $\vec{v}(0)=4\hat{i}+8\hat{j}$이었다. 단위는 MKS단위이다.

(가) 각 성분별 각진동수를 구하라.

(나) $t>0$인 어떤 순간의 위치벡터 및 속도벡터를 구하라.

(다) 이 진동계의 역학적 에너지는 얼마인가?

(라) 이 진동자의 주기는 얼마인가?

(마) 만일 이 진동계의 위치에너지가 $U=8(x^2+2y^2)$이라면 이 운동은 주기운동인가?

답 | (가) $\omega_x=4.00$ rad/s, $\omega_y=8.00$ rad/s

(나) $\vec{r}(t>0)=\hat{i}(2\cos 4t+\sin 4t)+\hat{j}(-\cos 8t+\sin 8t)$ [m],

$\vec{v}(t>0)=\hat{i}(-8\sin 4t+4\cos 4t)+\hat{j}(8\sin 8t+8\cos 8t)$ [m/s]

(다) $E=104$ J (라) $T=1.57$ s (마) 아니다.

5.2 감쇠진동

5-18 홑흔들이의 감쇠인자

홑흔들이의 각진폭이 처음에는 15.0°이었는데, 1,000초 뒤에는 마찰 때문에 5.50°로 작아졌다. 이 홑흔들이의 감쇠인자 β는 얼마인가?

답 | $\beta=1.00\times10^{-3}\ \text{s}^{-1}$

5-19 감쇠진동자의 에너지 감쇠 및 Q, 감쇠인자

힘상수 400 N/m의 용수철에 달린 질량 2.00 kg의 추가 처음에 진폭 3.00 cm의 진동을 하고 있는 데, 한 주기 동안에 1.00 %의 에너지가 감소했다.

(가) 고유각진동수 ω_0을 구하라.

(나) 이 감쇠진동의 Q값 및 감쇠인자 β를 구하라.

(다) 감쇠진동자의 각진동수 ω_d를 구하라.

답 | (가) $\omega_0 = 14.1$ rad/s (나) $Q = 628$, $\beta = 0.0113\ s^{-1}$ (다) $\omega_d = 14.1$ rad/s ($\omega_0 \gg \beta$)

5-20 감쇠인자 및 Q

주기가 3.00 초인 진동자의 진폭이 한 주기 동안에 5.00 %씩 감소한다.

(가) 이 진동자의 감쇠인자를 구하라.

(나) 이 진동자의 시간상수 τ는 얼마인가?

(다) 이 진동자의 Q값은 얼마인가?

답 | (가) $\beta = 0.0171\ s^{-1}$ (나) $\tau = 29.2$ s (다) $Q = 61.2$

5-21 용수철 흔들이의 감쇠현상

시간상수가 2.00 초인 용수철 흔들이가 있다. 이 진동계의 처음($t = 0$)의 진폭 및 에너지가 각각 6.00 cm, 60.0 J이다.

(가) 시각 $t = 2.00$ s 및 $t = 4.00$ s에서 진폭을 각각 구하라.

(나) 이 진동계의 처음 2초 및 그 다음 2초 동안에 감소하는 에너지는 각각 얼마인가?

답 | (가) $A(2) = 3.64$ cm, $A(4) = 2.21$ cm (나) $|\Delta E(0\sim 2\,s)| = 37.9$ J, $|\Delta E(2\sim 4\,s)| = 14.0$ J

5-22 물속에서의 진동체

그림 5.19와 같이 연직 용수철흔들이의 추 아래에 달린 매우 가벼운 원판을 물속에 잠기게 하면, 추가 진동을 할 때 잠수된 원판이 물속에서 받는 저항 때문에 진폭이 점점 작아진다. 추의 질량은 1.50 kg, 용수철의 힘상수는 8.00 N/m이고, 물 속에서 받는 저항은 속도에 비례하는데, 그 비례상수는 230 g/s이다. 처음($t=0$)에 추를 아래로 12.0 cm 아래로 당겼다가 가만히 놓았다.

(가) 진폭이 처음의 1/3되는 데 걸린 시간은 얼마인가?

(나) 그때까지 추는 몇 번 진동했는가?

답 | (가) $t = 14.3$ s (나) $f_d = 5.27$ Hz

5-23 공기 중에서 홑흔들이의 운동

힘상수가 400 N/m인 용수철에 달린 질량 3.00 kg의 공 모양의 추가 공기 중에서 진동하고 있다. 그 처음($t = 0$) 진폭이 20.0 cm이었다. 이 추가 공기 중에서 낙하할 때 종단속도가 25.0 m/s였다. 이때 공기로부터 받는 저항은 속도에 비례한다고 한다.

(가) 이 진동계의 시간상수는 얼마인가?

(나) 이 진동계의 진폭이 언제 10.0 cm가 되는가? 이때 감소된 에너지는 얼마인가?

답 | (가) $\tau = 2.55$ s (나) $t_{10} = 3.53$ s, $|\Delta E| = 6.00$ J

5.3 강제진동

5-24 감쇠진동자의 공명현상의 반치폭

한 주기 동안에 2.00 %의 에너지를 잃는 감쇠진동자가 있다.

(가) 이 감쇠진동의 Q값은 얼마인가?

(나) 공명진동수가 300 Hz이다. 이 강제진동자의 반치폭은 얼마인가?

답 | (가) $Q = 314$ (나) $\Gamma = 6.00$ rad/s

5-25 조화힘을 받는 용수철 흔들이

힘상수가 20.0 N/m인 용수철에 질량 2.00 kg의 추가 달려서 마찰 없이 단조화진동을 하고 있다. 이 진동계에 조화힘 $F = (3.00\ \text{N})\sin[(2.00\pi\ \text{rad/s})t]$의 외력이 작용하고 있다.

(가) 진동계의 주기 및 고유각진동수를 구하라.

(나) 진폭은 얼마인가?

답 | (가) $T = 1.00$ s, $\omega_0 = 3.16$ rad/s (나) $A = 0.0510$ m

5-26 용수철흔들이의 감쇠진동

질량 2.00 kg의 추와 힘상수 400 N/m의 용수철로 된 용수철흔들이의 감쇠상수가 2.00 kg/s이었다. 이 진동계에 최댓값이 10.0 N이고, 각진동수가 10.0 rad/s인 조화힘이 작용하였다.

(가) 이 강제진동자의 고유각진동수 및 진폭을 구하라.

(나) 구동력의 진동수를 변화시킬 때 몇 Hz에서 공명이 일어나는가?

(다) 공명이 일어날 때 진동자의 진폭은 얼마인가?

(라) 공명곡선의 반치폭은 얼마인가?

답 | (가) $\omega_0 = 14.1$ rad/s, $A(\omega) = 0.0498$ m (나) $f_R = 2.25$ Hz
(다) $A_R = 0.354$ m (라) $\Gamma = 1.00$ rad/s

5-27 감쇠진동자의 에너지 감소율

한 주기 동안에 3.50 %의 에너지를 잃는 감쇠진동자가 있다.

(가) 이 진동계의 Q는 얼마인가?

(나) 몇 주기 만에 에너지가 처음의 반이 될까?

(다) 이 진동계의 고유진동수가 100 Hz이면, 강제진동자의 반치폭은 얼마인가?

답 | (가) $Q = 179$ (나) $n_{1/2} = 19.8$주기 (다) $\Gamma = 3.50$ rad/s

5.4 비조화진동

5-28 홑흔들이 시계

홑흔들이로 된 두 시계 A, B가 있다. 두 시계의 홑흔들이의 길이는 다 같지만, 진폭이 서로 다르다. 시계 A는 진폭이 10°이고, 시계 B는 진폭이 5.0°이다. 두 시계를 비교할 때, 아래 사항 중 어느 것이 옳은가?

(가) 시계 A가 시계 B보다 더 느리게 간다.
(나) 시계 A가 시계 B보다 더 빠르게 간다.
(다) 두 시계가 똑같이 간다.
(라) 주어진 정보로는 알 수 없다.

답| (가)

5-29 흘흔들이 시계의 각진폭 조정

흘흔들이 시계의 흘흔들이의 진폭이 8.40°일 때, 시계가 하루에 48.0초씩 느리게 갔다. 흘흔들이 시계의 시간이 정확하게 가자면 진폭은 얼마라야 하는가?

답| $\theta_0 = 6.43°$

5-30 흘흔들이 시계의 진폭

흘흔들이 시계의 흔들이 진폭을 매우 작게 하니 매일 5.00분씩 빨라졌다. 정확한 시간을 유지하려면 진폭을 얼마로 해야 하는가?

답| $\theta_0 = 13.5°$

5.5 결합진동

5-31 용수철로 연결된 두 질점의 진동

질량이 각각 m_1, m_2인 두 질점이 힘상수 k의 용수철로 연결되어 매끄러운 수평면 위에서 자유로이 진동할 수 있는 진동계가 있다.

(가) 두 질점의 상대운동방정식을 세워라.
(나) 이 진동계의 각진동수를 구하라.

답| (가) $\mu \dfrac{d^2x}{dt^2} = -kx$: $\mu = \dfrac{m_1 m_2}{m_1 + m_2}$ (나) $\omega = \sqrt{\dfrac{k}{\mu}} = \sqrt{\left(\dfrac{1}{m_1} + \dfrac{1}{m_2}\right)k}$

5-32 직렬, 병렬로 연결된 용수철 진동계

힘상수가 k_1, k_2인 두 용수철을 (가)직렬 및 (나)병렬로 연결하여 그 끝에 추를 달아 놓았다. 이 각 진동계의 각진동수를 구하라.

Tip (가) 합변위 : $x = x_1 + x_2$, $F_1 = F_2 = F$ (나) 합력 : $F = F_1 + F_2$, $x_1 = x_2 = x$

답| (가) $\omega_{직} = \sqrt{\dfrac{k_1 k_2}{k_1 + k_2} \Big/ m}$ (나) $\omega_{병} = \sqrt{(k_1 + k_2)/m}$

6장 중력과 중심력마당

6.1 케플러의 행성 운동법칙과 뉴턴의 만유인력법칙

6.2 중력위치에너지와 행성의 운동

6.3 중력마당

6.4 관성질량과 중력질량

옛날 사람들은 공중에서 떨어지는 낙하운동과 밤하늘의 별들의 운동을 별개의 운동으로 생각하고, 각각 다른 운동법칙을 따른다고 생각하였다. 그러나 뉴턴에 이르러 만유인력법칙의 발견으로 이들 운동이 하나의 법칙을 따른다는 것이 밝혀졌다. 이 만유인력법칙은 어떻게 발견되었으며, 이 법칙으로 별들의 운동이 어떻게 설명되는지 알아본다. 나아가서 이 법칙이 인공위성 및 인공천체의 운동에 어떻게 적용되는지 알아보는 것도 흥미 있는 일일 것이다.

6.1 케플러의 행성 운동법칙과 뉴턴의 만유인력법칙

밤하늘에 보이는 수많은 별들 중에는 위치가 거의 변하지 않는 **항성**(또는 **붙박이별** : fixed star) 외에 수성, 금성, 화성, 목성, 토성, 천왕성, 해왕성 등과 같이 태양 주위를 돌면서 그들의 상대적 위치가 변하는 **행성**(또는 **떠돌이별** : planet)들이 있다. 먼저 이들 행성들의 운동을 기술하는 **케플러의 행성 운동법칙**(Kepler's law of planetary motion)을 살펴보고 이 별들의 운동법칙과 지구상의 운동법칙인 뉴턴의 운동법칙을 통합한 **뉴턴의 만유인력법칙**(Newton's law of universal gravitation)에 대해서 알아본다.

6.1.1 케플러의 행성 운동법칙

고대 그리스 사람들은 행성의 독특한 운동에 대하여 점성술과 관련지어 특별한 관심을 가졌고, 천문학자들은 행성의 운동에 합리적인 설명을 하려고 노력하였다. 그들은 원을 모든 곡선 중에서 가장 완전한 것으로 보고 별들의 운동을 설명하는 데 가장 적합한 것으로 생각하였다.

○ 천동설과 지동설

그리스 철학자 **플라톤**(Platon, B.C. 427-347)은 제자들에게 행성의 운동에 대해서, "항성들은 우리가 보듯이 지구 주위를 완전한 원을 그리면서 돌고 있는 데 반해서 행성은 불규칙한 곡선운동을 하는 것처럼 보인다. 완전한 곡선인 원들을 어떻게 조합하면 행성들이 실제로 움직이고 있는 것과 같은 곡선을 얻을 수 있을까?"하는 질문을 제기했다고 한다.

그리스 천문학자 **프톨레마이오스**(Klaudius Ptolemaios, 100-170)는 지구가 우주의 중심이며, 해 및 달을 비롯한 다른 행성들은 모두 지구 주위를 원운동을 하는데, 특히 행성들은 이 원둘레를 따라서 움직이는 중심 주위의 다른 원운동을 한다는 지구중심설인 **천동설**(또는 **지구**

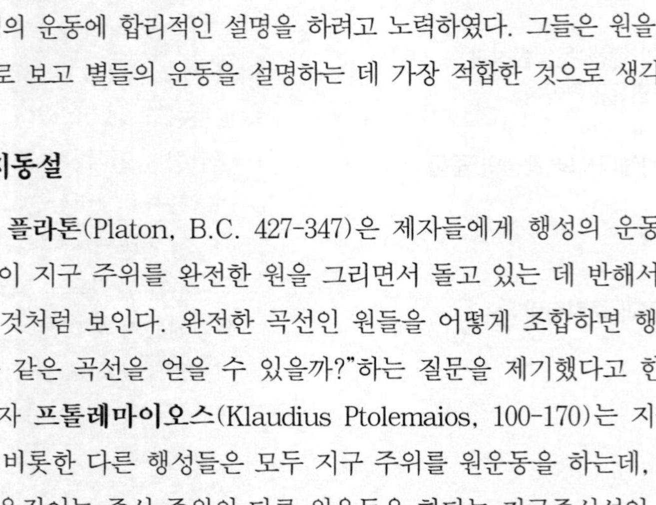

그림 6.1 프톨레마이오스 천동설의 행성계 모양

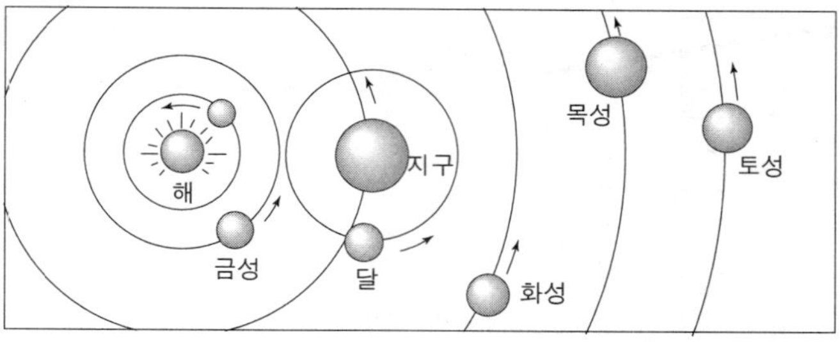

그림 6.2 코페르니쿠스 지동설의 행성계 모양

중심설 geocentric theory)을 주장하였다(**그림 6.1** 참조). 이러한 완전한 원들의 조합으로 얻어지는 곡선은 행성의 궤도를 상당히 정확하게 표현할 수 있었으나, "이렇게 얻은 행성의 궤도 곡선은 너무 복잡하여, 플라톤이 원했던 원운동의 단순성은 사라졌다."

16세기에 이르러 폴란드의 천문학자 코페르니쿠스(Nicolaus Copernicus, 1473-1543)는 진리는 단순해야 한다고 믿고, 행성들의 중심은 지구가 아니고 해라고 생각하면 플라톤이 원했던 등속원운동의 단순성을 되찾을 수 있을 것으로 생각하였다. 곧 **그림 6.2**와 같이 우주의 중심은 해이고, 지구를 비롯한 행성들은 해 주위를 원이나 타원과 같은 단순한 곡선을 그리면서 운동한다는 **지동설**(또는 **태양중심설** : heliocentric theory)을 주창하였다. 이 지동설은 아리스토텔레스 시대로부터 발전해 온 모든 우주관을 송두리째 뒤엎어 버렸다. 이런 대담한 우주관에 대한 논쟁은 그 후 100여 년이나 계속되었다.

그림 6.3(a)는 지구에서 본 화성의 운동 모양이고, **그림 6.3(b)**는 화성의 운동 모양을 지동설로서 설명하는 그림이다. 이 그림에서 지구와 화성이 해를 중심으로 원운동을 하고 있는데, 지구는 안쪽 원궤도를 그린다. 두 원궤도의 숫자 1∼7은 지구 및 화성의 위치를 나타내고, 각 번호는 같은 시각에서 지구 및 화성의 위치를 나타낸다. 지구와 화성이 접근해 있을 때, 안쪽 궤도를 도는 지구가 화성을 앞지르게 되면 별자리 속을 화성이 역 방향으로 움직이는 것처럼 보인다. 이 그림은 지동설이 화성의 운동을 잘 설명해 주고 있음을 보여준다.

◎ 티코 브라헤의 관측과 케플러의 법칙

덴마크의 천문학자 티코 브라헤(Tycho Brahe, 1546-1601)는 코페르니쿠스의 지동설 대신에 지구 주위를 해가 돌고, 해 주위를 다른 행성들이 돌고 있다는 개량된 지구중심설을 생각하고(**그림 6.4** 참조), 이를 확인하기 위하여 육분의와 나침반으로 별들의 위치를 20여 년에 걸쳐 관측하였다. 당시 육안으로 관측한 것 치고는 놀랄 정도로 정밀하여 오늘날에도 별 손색이 없다.

행성에 관한 브라헤의 관측결과는 코페르니쿠스가 참고로 한 자료보다 훨씬 더 정확했다. 그래서 코페르니쿠스가 생각해낸 궤도는 그리 정확하지 않다는 것을 곧 알게 되어, 더 정확한

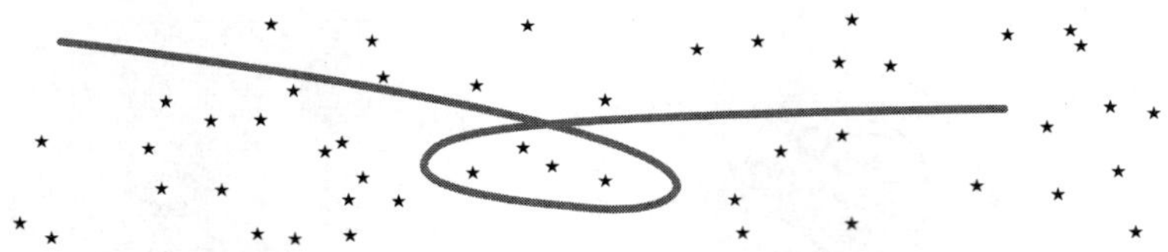

(a) 염소자리에서 화성의 운동 모양

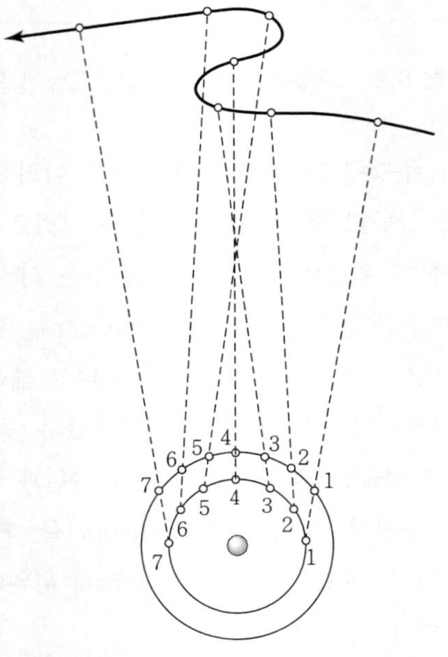

(b) 자동설에 의한 화성 운동 모양의 설명

그림 6.3 화성의 운동*

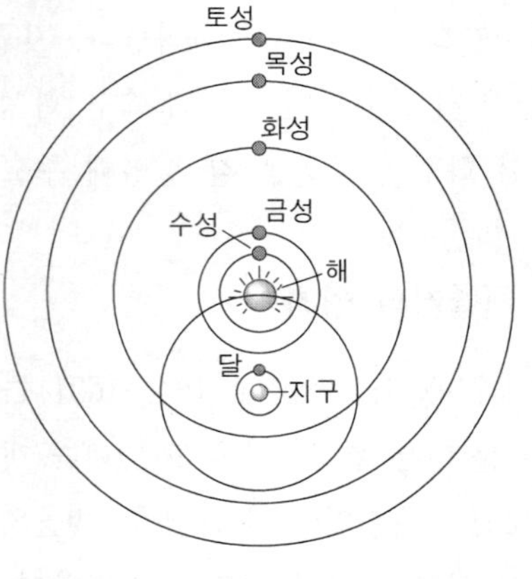

그림 6.4 티코 브라헤의 지구중심설의 행성계 모양

---

* W. Kuhn. Physik(Band2, 11, Westermann Schulbuchverlag, 2000), p.86

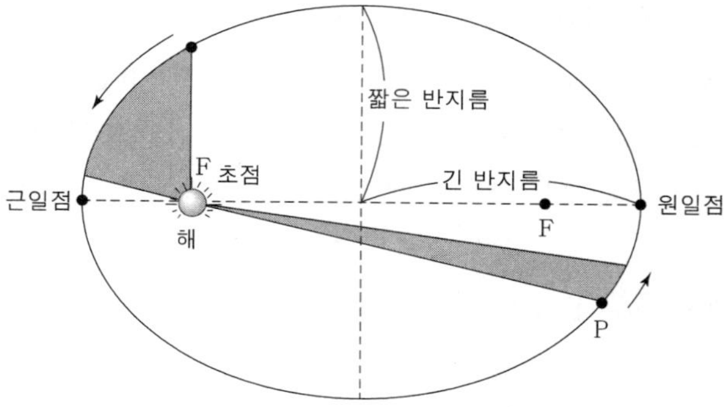

그림 6.5 행성의 타원궤도 및 면적속도

궤도의 연구를 시작하게 되었다. 이 일은 그의 사후, 그의 제자 중의 한 사람인 독일의 천문학자 케플러에 의하여 달성되었다.

수학에 탁월한 재능뿐 아니라 도형에 관한 큰 흥미를 가졌던 독일의 천문학자 **케플러**(Johannes Kepler, 1571-1630)는 지구가 그 자신의 회전 축 주위로 자전하면서 해 주위를 공전하고 있다고 생각하였다. 기계 조작에 탁월한 재능과 기술을 가진 브라헤의 관측 결과를 면밀히 분석하여 정확한 행성의 궤도를 얻으려고 하였다.

먼저 화성의 운동부터 시작하였다. 처음에는 원둘레를 따라서 움직이는 원들의 조합으로 실제의 궤도를 찾으려고 하였다. 수많은 계산결과 및 시행착오를 거쳐 가까스로 관측사실과 비교적 잘 맞는 궤도를 발견하기에 이르렀다. 그러나 사용한 자료의 범위 너머로 이 궤도곡선을 연장하니 브라헤가 행한 다른 관측결과와 맞지 않았다. 브라헤의 관측 값과의 차이는 1도의 8/60 정도의 근소한 차이였다. 케플러는 스승인 브라헤가 틀릴 리가 없고 스승의 관측결과는 어디까지나 정확한 것으로 믿고 자기의 계산결과를 기꺼이 버렸다.

케플러는 다시 처음부터 시작하였다. 이제까지 믿어왔던 행성의 등속원운동의 생각을 버리고, 행성은 궤도상에서 빠르기가 변할 수 있고, 또 완전한 원이 아니고 원에 가까운 타원일 수도 있다는 생각을 하였다. 이 생각에 바탕을 둔 힘든 계산을 수없이 하여 마침내 브라헤의 관측결과와 일치하는 행성의 운동에 관한 아래 두 개의 법칙을 발견하였다(**그림 6.5** 참조).

Ⅰ. 행성은 해를 하나의 초점으로 하는 타원궤도를 따라서 운동한다(타원궤도의 법칙, 1609년)

Ⅱ. 행성과 해를 잇는 선분이 단위시간에 스치고 지나가는 면적은 행성의 위치에 관계없이 일정하다(면적속도 일정의 법칙, 1609년)

이들을 차례로 **케플러의 제1법칙**(Kepler's first law), **케플러의 제2법칙**(Kepler's second law)이라 한다. 제1법칙을 **타원궤도의 법칙**(law of elliptic orbit) 또는 **궤도의 법칙**(law of orbits)이라 부르기도 한다. 해와 행성을 잇는 선분이 단위시간에 스치고 지나가는 면적을 **면적속도**(areal velocity)라 한다. 그래서 제2법칙을 **면적속도 일정의 법칙**(law of constant areal velocity) 또는 **넓이의 법칙**(law of areas)이라 부르기도 한다. 이 법칙을 먼저 발견한 뒤 곧 이어 제1법칙을 발견하였다. 그 타원궤도는 원에 가까운 타원이다. 따라서 초점은 원의 중심에 가까이 있다.

행성의 타원궤도에서 행성과 해가 가장 가까운 점을 **근일점**(perihelion), 가장 먼 점을 **원일점**(aphelion)이라 하고, 이 두 점을 잇는 축을 **긴 축**(장축 또는 주축 : main axis), 긴 축의 중점에서 이에 수직인 축을 **짧은 축**(단축 또는 부축 : minor axis)이라 한다. 긴 축의 반을 **긴 반지름**(semi-major axis)이라 하고(**그림 6.5** 참조), 이를 **평균궤도반지름**(mean radius of orbit)이라고도 한다.

참고 타원과 초점

그림과 같이 두 정점 F_1, F_2에서 한 점 P까지의 거리의 합(PF_1+PF_2)이 일정한 점들의 모임(점 P의 궤적)을 타원(ellipse)이라 하고, 두 정점 F_1, F_2를 초점(focus)이라 한다.

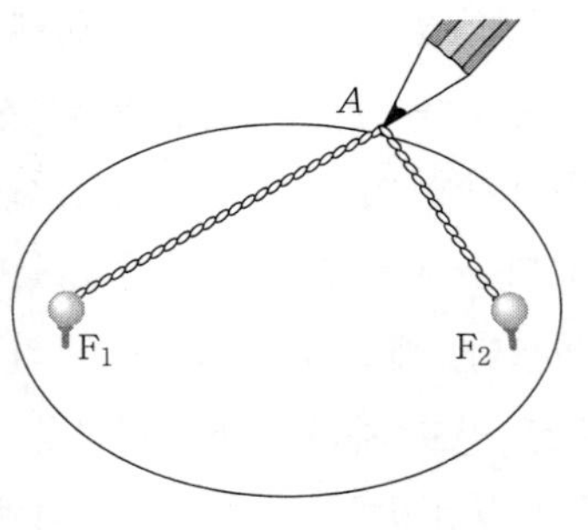

그림 6.6 타원과 초점

태양계의 정확한 지도를 만드는 데 성공한 케플러는 "우주는 수학적 질서를 따라 **조화**를 이루고 있다"는 신념을 갖고 있었다. 이때 해로부터 각 행성까지의 거리 및 각 행성이 해 주위를 한 바퀴 도는 데 걸리는 시간을 나타내는 수 값 표를 보고, 많은 계산적 어려움을 극복한 뒤 셋째 법칙을 발견하였다.

Ⅲ. 행성의 공전주기의 제곱과 타원궤도의 긴 반지름의 세 제곱은 서로 비례한다(주기의 법칙 ; 1619년)

이를 **케플러의 제3법칙**이라 한다. 이 법칙은 공전주기 T와 타원궤도의 긴 반지름 a 사이에는

$$\frac{a^3}{T^2} = k(\text{상수}) \tag{6.1}$$

의 관계식이 성립함을 나타낸다(**표 6.1** 참조). 그래서 이를 **주기의 법칙**(law of periods)이라 한다. 케플러의 세 법칙을 통틀어 행성의 운동에 관한 **케플러의 법칙**(Kepler's laws) 또는 **케플러의 행성 운동법칙**(Kepler's laws of planetary motion)이라 한다.

표 6.1 행성의 공전 주기와 궤도반지름

	공전 주기 T(년)	긴 반지름 $a(\times 10^{11}\text{m})$
수성	0.2408	0.578
금성	0.6152	1.082
지구	1.000	1.498
화성	1.881	2.279
목성	11.88	7.783
토성	29.46	14.29
천왕성	84.02	28.75
해왕성	164.8	45.04

예제 6.1 토성의 공전주기

토성의 공전궤도의 긴 반지름은 지구의 공전궤도의 긴 반지름의 약 9배이다. 토성의 공전주기는 얼마인가?

풀이 케플러의 제3법칙은 해 주위를 공전하는 모든 행성에 대해서 식(6.1)의 k값은 모두 같음을 뜻한다. 곧 토성 및 지구의 긴 반지름, 공전주기를 각각 $r_{\text{토}}$, $T_{\text{토}}$ 및 r_{E}, T_{E}라 하면

$$\frac{r_{\text{토}}^3}{T_{\text{토}}^2} = \frac{r_{\text{E}}^3}{T_{\text{E}}^2}$$

임을 뜻한다. 여기에 $T_{\text{E}} = 1\text{ y}$, $r_{\text{토}} = 9r_{\text{E}}$라 두면

$$\frac{(9r_{\text{E}})^3}{T_{\text{토}}^2} = \frac{r_{\text{E}}^3}{(1\text{ y})^2} \qquad \therefore\ T_{\text{토}} = \sqrt{\frac{9^3 r_{\text{E}}^3 \times 1\text{ y}^2}{r_{\text{E}}^3}} = 27\text{ y}$$

을 얻는다.

예제 6.2 길이의 천문단위 [AU]

지구의 평균공전궤도반지름(긴 반지름)을 1천문단위 [AU]라 한다. 곧 $1\,\text{AU} = 1.496 \times 10^{11}\,\text{m}$이다. 행성의 긴 반지름의 단위를 천문단위 [AU]로, 공전주기를 년 [y]으로 하여 케플러의 제3

법칙을 수식으로 표현하라.

풀이 | 식(6.1)은 모든 행성에 대해서 성립하므로

$$\frac{a^3}{T^2} = \frac{r_{\mathrm{E}}^3}{T_{\mathrm{E}}^2} = k(\text{상수})$$

라 고쳐 쓸 수 있다. $r_{\mathrm{E}} = 1\ \mathrm{AU}$, $T_{\mathrm{E}} = 1\ \mathrm{y}$ 이므로

$$k = \frac{a^3}{T^2} = \frac{1\ \mathrm{AU}^3}{1\ \mathrm{y}^2} = 1\ [\mathrm{AU}^3/\mathrm{y}^2]$$

이 된다. 따라서 식(6.1)은, 길이 및 시간의 단위를 각각 [AU], [y]로 택하면

$$\frac{a^3}{T^2} = 1\ \ [\mathrm{AU}^3/\mathrm{y}^2]$$

로 고쳐 쓸 수 있다.

6.1.2 뉴턴의 만유인력법칙

별들의 운동에 관한 법칙을 발견한 케플러와 낙하의 법칙을 과학사상 처음으로 실험으로 이끌어낸 이탈리아 과학자 갈릴레이(Galileo Galilei, 1564-1642) 이후 지구상에서 물체의 운동뿐만 아니라 하늘에서 운동하는 천체의 운동에도 적용되는 단일화된 법칙이 있을 것이라는 생각이 일고 있었다. 이 생각은 뉴턴(Isaac Newton, 1642-1727)에 이르러 이루어졌다.

○ 만유인력

케플러의 법칙은 행성들이 어떤 운동을 할 것인지에 대해서 명확히 밝힌 것으로 별들의 운동을 간단하고, 정확하게 기술할 수는 있었지만 그 운동의 원인이 되는 힘을 밝혀서 물리학적으로 올바르게 설명하지는 못하였다. 그러나 뉴턴은 이를 밝혀내었다.

뉴턴은 천체의 운동을 이해하는 첫걸음으로 달의 운동을 생각하였다. 아무 힘도 작용하지 않으면 달은 일정한 속도로 등속직선운동을 할 것이다. 실제로 지구에서 보면 **그림 6.7**과 같이 거의 원에 가까운 궤도를 그리면서 운동한다. 그러자면 지구를 향하는 가속도(구심가속도)가 있어야 하고, 이 가속도를 생기게 하는 힘이 작용해야 한다. 곧 인력이 작용해야 한다.

이런 생각에 잠겨 있을 때 뉴턴은 나무에 달린 사과가 떨어지는 것을 보았다. 그 순간, 지구가 사과에 작용하는 힘과 똑같은 성질의 힘이 달에도 작용하는지도 모른다는 생각이 떠올랐다는 일화가 있다. 그는 달의 구심가속도와 사과의 가속도는 근원이 같은 힘에 의하여 나타나는

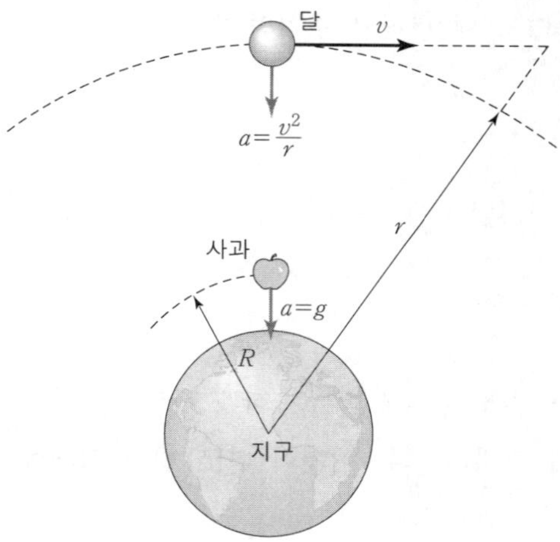

그림 6.7 달 및 사과의 운동

것이라고 생각하게 되었다. 달이 지구로부터 인력을 받아서 원운동을 하고 있는데, 그 원운동을 갑자기 멈추면 사과처럼 달도 지구로 떨어질지도 모르기 때문이다.

달의 구심가속도 $0.00272\,\mathrm{m/s^2}$(**예제 1.32** 참조)은 지구 표면에 있는 사과가 떨어질 때의 가속도 $9.81\ \mathrm{m/s^2}$의 $1/60^2$에 불과하다는 것을 주목한 뉴턴은, 이런 큰 차이가 나는 이유를 밝히려고 노력하였다. 그 당시 달의 공전궤도반지름은 지구반지름의 약 60배임을 그는 알고 있었다. 그래서 지구가 물체를 당기는 힘과 물체까지의 거리 사이의 관계에 대하여 의문을 가지게 되었다. 수년 후 케플러의 제3법칙을 이용하여, 그 힘은 거리의 제곱에 반비례한다는 올바른 힘의 법칙을 발견하였다. 이를 **힘의 역제곱법칙**(inverse-square law of force)이라 한다.

이 역제곱법칙은 뉴턴의 운동법칙과 케플러의 운동법칙을 통합한 결과로 얻어진 것임을 알 수 있다. 행성의 공전궤도는 거의 원에 가까운 타원이라는 사실과 이 원궤도에 케플러의 제2법칙인 면적속도 일정의 법칙을 생각하면 행성은 근사적으로 등속원운동을 한다고 볼 수 있다. 그래서 뉴턴은 행성이 해 주위를 등속원운동을 한다고 보고, 행성에 작용하는 구심력을 운동의 법칙을 사용하여 구하였다.

질량 m[kg]의 행성이 해 주위를 주기 T[s]로 반지름 r[m]의 원궤도를 그리면서 일정한 속력으로 공전하고 있다면 구심가속도는

$$a=\omega^2 r=\left(\frac{2\pi}{T}\right)^2 r$$

이므로, 구심력 F[N]은 뉴턴의 운동법칙에 의하여

$$F = m\omega^2 r = m\left(\frac{2\pi}{T}\right)^2 r$$

로 주어진다. 여기에 케플러의 제3법칙인 주기의 법칙 식(6.1)

$$\frac{r^3}{T^2} = k(\text{상수})$$

를 이용하여 주기 T를 소거하면

$$F = 4\pi^2 k \frac{m}{r^2} \tag{6.2}$$

를 얻는다. 곧 행성이 해 주위로 등속원운동을 하게 하는 인력은 행성의 질량에 비례하고, 행성의 궤도반지름의 제곱에 반비례한다. 이것이 바로 **힘의 역제곱법칙**이다. 여기서 상수 k는 행성의 경우, 해와 관계되는 상수이다.

한편, 이 역제곱법칙을 따르는 인력은 해와 행성 사이에 작용하므로 작용·반작용의 법칙을 만족해야 한다. 해가 행성을 당기는 인력뿐 아니라, 행성이 해를 당기는 인력도 존재해야 하며 이들 두 인력의 세기가 같아야 한다. 해의 질량을 M[kg]이라 하고, 상수를 k'이라 하면 행성이 해를 당기는 인력 F'의 역제곱의 법칙은

$$F' = 4\pi^2 k' \frac{M}{r^2}$$

로 되어, $F = F'$이므로 $km = k'M$ 또는 $\frac{k}{k'} = \frac{M}{m}$을 얻는다. 따라서 상수 k는 해의 질량 M에 비례하므로 새로운 상수 G를 도입하여

$$4\pi^2 k = GM \quad \text{또는} \quad k = \frac{GM}{4\pi^2} \tag{6.3}$$

라 두면 위의 힘의 역제곱법칙을 나타내는 식(6.2)는

$$F = G\frac{Mm}{r^2} \tag{6.4}$$

와 같이 된다. 곧 행성이 해로부터 받는 인력의 세기는 두 질량의 곱에 비례하고 그들 사이의 거리의 제곱에 반비례한다. 또 인력의 작용선은 항상 해와 행성을 잇는 선상에 있고, 해를 향한다. 이런 힘을 **중심력**(cental force)이라 하고 힘이 향하는 점(해의 중심)을 "힘의 중심"(center-of-force)이라 한다(소단원 9.6.1 참조). 그런데 이 힘은 상호작용하는 두 물체의 질량과 그들 사이의 거리에만 관계되므로, 뉴턴은 해와 행성이나 천체들 사이뿐만 아니라 질량이 있는 모든 물체들 사이에도 항상 이렇게 서로 당기는 힘이 작용한다고 생각하였다. 그래서 이 힘을 **만유인력**(universal gravitation)이라 이름 지었다. 일반적으로

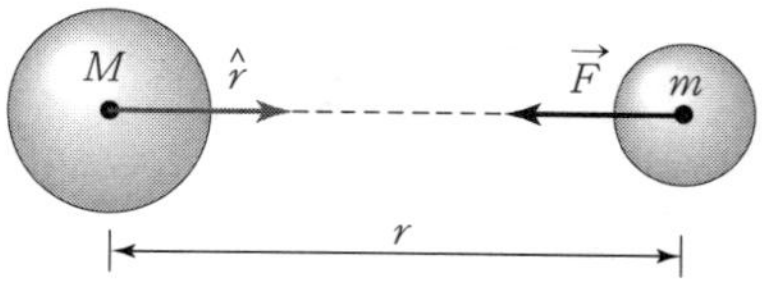

그림 6.8 만유인력이 작용하는 두 물체

> **질량이 있는 물체들 사이에는 항상 인력이 작용한다.**
> **그 세기는 두 질량의 곱에는 비례하고, 그들 사이의 거리의 제곱에는 반비례하고,**
> **그 작용선은 두 물체를 잇는 직선상에 있다.**

이를 **뉴턴의 만유인력법칙**(Newton's law of universal gravitation)*이라고 한다.

그림 6.8과 같이 질량 M에 대한 질량 m의 위치벡터를 $\vec{r}$라 하면 질량 m이 질량 M으로부터 받는 만유인력 $\vec{F}$는

$$\vec{F} = -G\frac{Mm}{r^2}\hat{r} \tag{6.5}$$

로 주어지고, 크기만을 나타낼 때 식(6.4) 대신에

$$F = -G\frac{Mm}{r^2} \tag{6.6}$$

로 나타낸다. 여기에 "음(−)의 부호는 인력"을 나타낸다. 이것은 원칙적으로 부피가 없는 질점의 경우에만 성립한다. 그러나 뉴턴은 부피가 있는 경우에도 만유인력법칙이 성립함을 보였다. 부피가 있는 경우 특히 공 모양으로 질량이 골고루 분포된 경우에 $\vec{r}$는 질량 M의 중심에 대한 질량 m의 중심의 위치벡터이다(소단원 6.3.2 참조).

상수 G는 **만유인력상수**(universal gravitational constant)라 한다. 만유인력법칙이 발표된 지 100여 년만인 1798년에 처음으로 캐번디시(Henry Cavendish, 1731-1810 : 영국 물리학자)는 만유인력법칙을 실험적으로 확인하였다. **그림 6.9**와 같은 캐번디시의 비틀림흔들이(소단원 8.3.4 참조)의 작은 납덩어리에 가까이 가져간 큰 납덩어리 사이에 작용하는 힘을 측정하여 만유인력상수 G의 값을 구하였다. 그후, 보다 더 정밀한 측정이 이루어졌다. 현재 알려진 G의 값은

$$G = 6.67\times10^{-11}\ \mathrm{N\cdot m^2/kg^2}$$

이다.

---

* "뉴턴의 중력법칙(Newton's law of gravitation : Newton's law of gravity)"이라고도 한다.

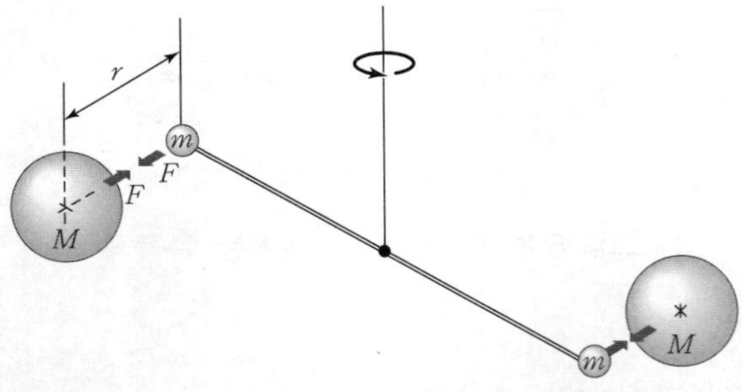

그림 6.9 만유인력상수 측정장치 : 캐번디시의 비틀림흔들이

참고 만유인력법칙의 발견과 물리학적인 방법

{관찰사실+실험결과} ⇒ {법칙성의 발견} ⇒ {통일적 원리}
티코 브라헤의 관측　　케플러의 법칙　　뉴턴의 만유인력법칙

예제 6.3 케플러의 제2법칙과 행성의 각운동량

질량이 m[kg]인 물체가 원점 O로부터 위치벡터가 $\vec{r}$[m]인 위치에서 속도 $\vec{v}$[m/s]로 운동하는 경우,

$$L = mv\, r\sin\theta = r_{\perp}\, mv \tag{6.7}$$

를 물체의 원점 O에 대한 **각운동량**(angular momentum)이라 한다. 여기서 θ는 위치벡터 $\vec{r}$와 속도벡터 $\vec{v}$가 이루는 사이각이다. 따라서 $r_{\perp}$는 $\vec{r}$의 속도벡터 $\vec{v}$에 수직인 성분 $r_{\perp} = r\sin\theta$이다. 케플러의 제2법칙은 "행성의 각운동량이 일정하다"는 것과 같다는 것을 보여라.

풀이 | **그림 6.10**에서와 같이 시각 t에서 점 P를 속도 $\vec{v}(t)$로 지나가던 행성이 시간 Δt 동안에 점 Q까지 이동하여 지름벡터 $\vec{r}$가 그늘진 부분 OPQ를 스치고 지나갔다면 이 넓이를 Δt로 나눈 것이 행성의 면적속도이다.

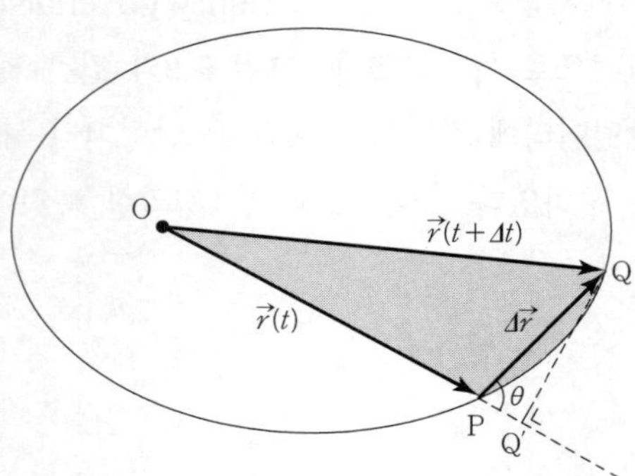

그림 6.10 행성의 면적속도

점 P의 위치벡터를 $\vec{r}(t)$ (또는 $\overline{\mathrm{OP}}=r$)라 하면, 점 Q의 위치벡터는 $\vec{r}(t+\Delta t)$이고, 변위벡터는 $\Delta\vec{r}=\overrightarrow{\mathrm{PQ}}=\vec{r}(t+\Delta t)-\vec{r}(t)$인데,

$$|\Delta\vec{r}|\cong v\Delta t$$

로 어림된다. 점 Q에서 점 P의 위치벡터 $\vec{r}(t)$에 내린 수선의 발을 Q′이라 하면 삼각형 △OPQ의 넓이는

$$\triangle\mathrm{OPQ}=\frac{1}{2}\overline{\mathrm{OP}}\times\overline{\mathrm{QQ}'}$$

인데, $\overline{\mathrm{OP}}=r$, $\overline{\mathrm{QQ}'}=\overline{\mathrm{PQ}}\sin\theta=|\Delta\vec{r}|\sin\theta\cong v\Delta t\sin\theta$ 이므로

$$\triangle\mathrm{OPQ}\cong\frac{1}{2}r\times(v\sin\theta\Delta t)=\frac{1}{2}vr\sin\theta\Delta t$$

이다. 각 θ는 $\vec{r}(t)$와 속도벡터 $\Delta\vec{r}$가 이루는 사이각이다. $\Delta t\to0$의 극한에서 △OPQ의 넓이는 지름벡터 $\vec{r}$가 Δt초 동안 스치고 지나간 그늘진 부분의 넓이와, 각 θ는 $\vec{r}(t)$와 $\vec{v}(t)$의 사이각과 같아진다. 따라서 그늘진 부분의 넓이 ΔA는

$$\Delta A\cong\frac{1}{2}vr\sin\theta\Delta t \tag{6.8}$$

이므로 면적속도는 시각 t에서

$$\frac{dA}{dt}=\lim_{\Delta t\to0}\frac{\Delta A}{\Delta t}=\frac{1}{2}vr\sin\theta \tag{6.9}$$

가 된다. 따라서 면적속도 일정의 법칙은

$$vr\sin\theta=(\text{일정}) \tag{6.10}$$

으로 표현된다. 면적속도 식(6.9)는 다시

$$\frac{dA}{dt}=\frac{1}{2m}(mvr\sin\theta)$$

와 같이 쓸 수 있고, 우변의 반달표 괄호( ) 안은 식(6.7)에 의하여 행성의 각운동량 L이므로 케플러의 제2법칙은

$$\frac{dA}{dt}=\frac{L}{2m}=(\text{일정})$$

이 된다. 곧 면적속도 일정의 법칙은 행성의 각운동량이 일정하다는 것을 뜻한다.
각운동량이 일정하게 보존된다는 것은 만유인력, 또는 보다 더 일반적으로 중심력의 중요한 성질 중의 하나이다(소단원 9.6.1 참조). 따라서 면적속도 일정은 역제곱법칙의 힘(또는 만유인력)과 같은 중심력의 중요한 성질 중의 하나인 **각운동량 보존**으로부터 유도되기도 한다.

예제 6.4 만유인력법칙과 케플러의 제3법칙

만유인력법칙으로부터 케플러의 제3법칙인 주기의 법칙을 유도하라.

풀이 | 질량 m의 행성이 해로부터 만유인력을 받아서 해 주위로 공전반지름 r의 원궤도를 일정한 속도 v로 운동한다면 만유인력이 구심력의 역할을 한다. 따라서 등속원운동의 운동방정식

$$\frac{mv^2}{r} = F \quad \text{또는} \quad m\omega^2 r = F \tag{6.11}$$

에서 힘(구심력) F가 만유인력 $F = G\frac{Mm}{r^2}$ 이므로 운동방정식은

$$\frac{mv^2}{r} = G\frac{Mm}{r^2} \tag{6.12}$$

가 된다. 여기서 $v = \frac{2\pi r}{T}$ (T : 주기)임을 고려하면

$$\left(\frac{2\pi r}{T}\right)^2 r = GM \qquad \therefore \ \frac{r^3}{T^2} = \frac{GM}{4\pi^2} \tag{6.13}$$

이다. 식(6.3)에 의하여 이것이 바로 케플러의 제3법칙 $\frac{r^3}{T^2} = k$ 이다.

예제 6.5 목성의 질량

목성 주위를 공전하고 있는 위성의 공전주기는 460분, 평균궤도 반지름은 9,400 km이다. 목성의 질량을 구하라.

풀이 | 케플러의 제3법칙인 식(6.3) 또는 **예제 6.4**의 식(6.13)에 의하여

$$M = \left(\frac{r^3}{T^2}\right)\cdot\left(\frac{4\pi^2}{G}\right) = \frac{(9.400\times10^6\ \mathrm{m})^3}{(460\times60\,\mathrm{s})^2} \times \frac{4\times3.14^2}{6.67\times10^{-11}\ \mathrm{N\cdot m^2/kg^2}}$$
$$= 6.447\times10^{23}\ \mathrm{kg}$$

이다. 곧 목성의 질량은 6.45×10^{23} kg이다.

예제 6.6 두 학생 사이의 만유인력

몸무게가 각각 50 kgf, 40 kgf인 남학생과 여학생이 서로 0.50 m 떨어져 앉아 있다. 이들 사이에 작용하는 만유인력은 몇 N인가?

풀이 | 식(6.6)에 $G = 6.67\times10^{-11}\ \mathrm{N\cdot m^2/kg^2}$, $r = 0.50\,\mathrm{m}$, $M = 50\,\mathrm{kg}$, $m = 40\,\mathrm{kg}$을 대입하여 정리하면

$$F = -G\frac{Mm}{r^2} = -(6.67\times10^{-11}\ \mathrm{N\cdot m^2/kg^2})\times\frac{(50\ \mathrm{kg})\times(40\ \mathrm{kg})}{(0.50\,\mathrm{m})^2}$$
$$= -5.3360\times10^{-7}\ \mathrm{N}$$

이다. 곧 두 학생 사이에는 5.3×10^{-7} N의 만유인력이 작용한다. 두 학생은 몸무게가 서로 다르더라도 받는 힘은 서로 같다.

예제 6.7 만유인력의 중첩

질량이 $m_1 = 6.0\ \mathrm{kg}$인 질점으로부터 북쪽으로 20 cm 떨어진 위치에 질량 $m_2 = 4.0\ \mathrm{kg}$의 질점이 있고, 동쪽으로 15 cm 떨어진 지점에 질량 $m_3 = 3.0\ \mathrm{kg}$의 질점이 있다. 질점 m_1이 다른 질점으로부터 받는 만유인력을 구하라.

풀이 | 질점 m_1이 받는 만유인력은 다른 두 질점으로부터 받는 만유인력의 벡터합으로 주어진다. 이것을 종종 **힘의 중첩**(superposition of force)이라고도 한다.

그림 6.11과 같이 질점 m_1에 대해서 북쪽을 y축, 동쪽을 x축이라 하고, 질점 m_1과 질점 m_2 및 질점 m_3 사이의 거리를 각각 r_{12} 및 r_{13}이라 하면, 질점 m_1이 질점 m_2 및 질점 m_3으로부터 받는 만유인력 $\vec{F}_{12}$ 및 $\vec{F}_{13}$는 각각

$$\begin{aligned}\vec{F}_{12} &= G\frac{m_1 m_2}{r_{12}^2}\hat{j} = (6.67\times10^{-11}\ \mathrm{N\cdot m^2/kg^2})\times\frac{(6.0\ \mathrm{kg})\times(4.0\ \mathrm{kg})}{(0.20\ \mathrm{m})^2}\hat{j}\\ &= \hat{j}(4.00\times10^{-8}\ \mathrm{N}),\\ \vec{F}_{13} &= G\frac{m_1 m_3}{r_{13}}\hat{i} = (6.67\times10^{-11}\ \mathrm{N\cdot m^2/kg^2})\times\frac{(6.0\ \mathrm{kg})\times(3.0\ \mathrm{kg})}{(0.15\ \mathrm{m})^2}\hat{i}\\ &= \hat{i}(5.34\times10^{-8}\ \mathrm{N})\end{aligned}$$

이다. 따라서 질점 m_1이 받는 만유인력 $\vec{F}_1$은

$$\vec{F}_1 = \vec{F}_{13} + \vec{F}_{12} = \hat{i}(5.34\times10^{-8}\ \mathrm{N}) + \hat{j}(4.00\times10^{-8}\ \mathrm{N})$$

이다. 그 크기 F_1은

$$\begin{aligned}F_1 &= \sqrt{F_{13}^2 + F_{12}^2} = \sqrt{(5.34\times10^{-8}\ \mathrm{N})^2 + (4.00\times10^{-8}\ \mathrm{N})^2}\\ &= 6.87\times10^{-8}\ \mathrm{N}\end{aligned}$$

이고, 그 방향은 x축과 이루는 각을 θ라 하면

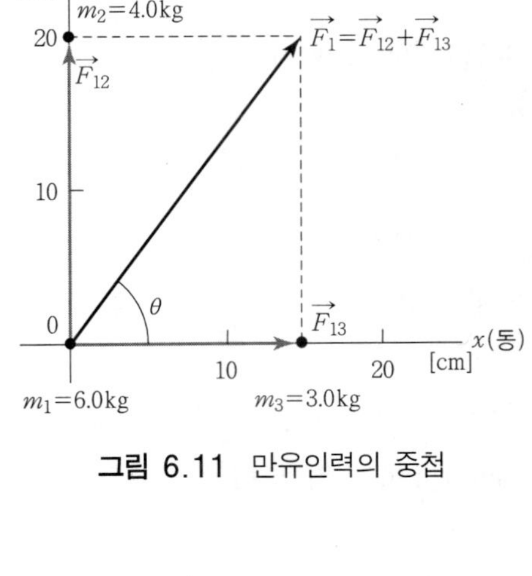

그림 6.11 만유인력의 중첩

$$\tan\theta = \frac{F_{12}}{F_{13}} = \frac{4.00\times10^{-8}\,\mathrm{N}}{5.34\times10^{-8}\,\mathrm{N}} = 0.749 \qquad \therefore\ \theta = 36.8°$$

이다. 곧 질점 m_1이 다른 질점으로부터 받는 만유인력은 동쪽에서 북쪽으로 37° 방향으로 6.9×10^{-8} N이다.

6.1.3 지구상의 중력

지구상에 있는 모든 물체가 지구로부터 받는 힘을 **중력**(gravity)이라 하고, 그 가속도를 중력가속도 $\vec{g}$라 한다. 곧

$$\vec{w} = m\vec{g}\,[\mathrm{N}] \tag{6.14}$$

이다. 이 중력을 지구상에 있는 물체가 지구를 포함한 다른 모든 물체로부터 받는 만유인력으로 정의할 수 있다. 그런데 물체가 지구 표면 가까이 있는 경우에는 지구 이외의 다른 물체에 의한 만유인력은 무시할 수 있으므로 지구만을 생각한다.

지구상의 한 물체가 받는 만유인력은, 지구를 미소한 부분으로 나누어, 물체가 그 미소한 각 부분으로부터 받는 인력의 합력으로 주어진다. 지구를 질량이 골고루 분포된 공 모양이라 하면, 물체가 지구로부터 받는 만유인력은 지구의 중심과 물체 사이의 거리의 제곱에 반비례하고 지구 및 물체의 질량의 곱에 비례한다. 그 작용선은 지구 중심과 물체를 잇는 직선상에 있다(소단원 6.3.3 참조).

지구의 질량 및 반지름을 각각 M[kg], R[m]이라 하면 지구 표면에 있는 질량 m[kg]의 물체가 지구로부터 받는 만유인력의 세기 F[N]은

$$F = G\frac{Mm}{R^2}\ [\mathrm{N}] \tag{6.15}$$

으로 주어지고, 그 방향은 지구의 중심을 향한다.

◎ 지구 자전의 영향

한편, 지구는 자신의 회전 축 주위로 자전하고 있으므로, 지구상의 관측자가 보면 지구상에 있는 물체는 실제로 작용하는 힘인 만유인력 외에 자전에 의한 관성력인 원심력도 고려하여야 한다.

이 원심력은 자전축에 수직이다. 지구 표면에 있는 물체에서 자전축에 내린 수선 거리를 ρ[m], 지구의 자전 각속도를 ω[rad/s]라 하면 원심력의 세기 $\mathcal{F}$ [N]은

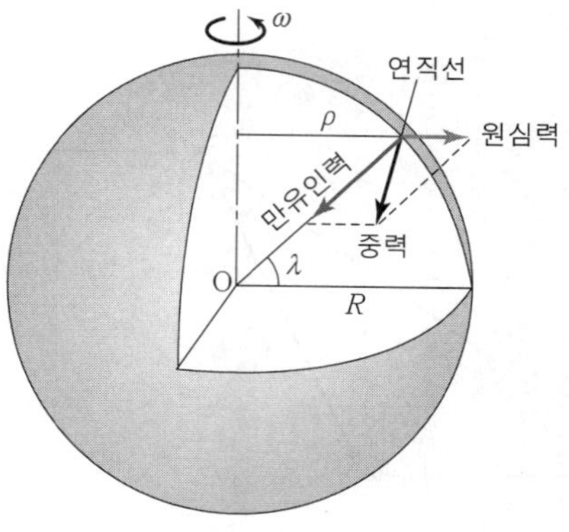

그림 6.12 만유인력과 중력

$$\mathcal{F} = m\omega^2\rho\,[\mathrm{N}]. \tag{6.16}$$

이다(**그림 6.12** 참조). 여기서 지구의 자전각속도 ω[rad/s]는 지구 자전주기를 T라 하면

$$\omega = \frac{2\pi}{T} = \frac{2\times 3.14}{(24\ \mathrm{h})\times\left(\frac{3600\,\mathrm{s}}{1\,\mathrm{h}}\right)} = 7.27\times 10^{-5}\ \mathrm{rad/s}$$

이다. 따라서 원심력은 매우 작다.

지구는 자전각속도 ω로 자전하는 비관성계이므로 지구상의 물체가 받는 실제 중력은 만유인력 $\vec{F}$와 원심력 $\vec{\mathcal{F}}$의 합성력이다. 곧

$$\vec{w} = \vec{F} + \vec{\mathcal{F}}$$

이다. 이 실제 중력의 작용선을 **연직선**(plumb line)이라 하고, 이에 수직인 방향을 수평 방향이라 한다. 이 연직선은 **그림 6.12**에서 보는 바와 같이 지구의 중심을 약간 벗어난다. 지구의 자전으로 인한 관성력인 원심력은 식(6.16)에서 보는 바와 같이 물체로부터 지구의 자전축에 내린 수선의 길이 ρ에 비례하므로 위도에 따라 다르게 된다.

위도를 λ라 하면 $\rho = R\cos\lambda$이므로 원심력은

$$\mathcal{F} = m\omega^2 R\cos\lambda \tag{6.17}$$

로 주어진다. 따라서 북극 및 남극에서는 0이고, 적도상에서 최대로,

$$\mathcal{F} = m\omega^2 R \tag{6.18}$$

이다. 원심력을 고려한 실제 중력의 세기 $w = mg$는, **그림 6.13**에서 보는 바와 같이, 만유인력

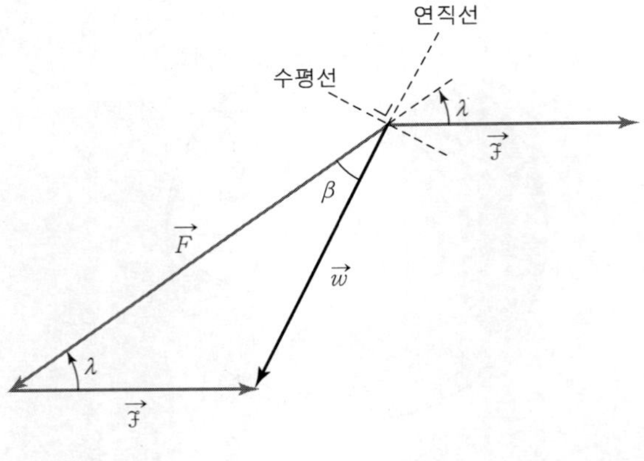

그림 6.13 만유인력 $\vec{F}$, 원심력 $\vec{\mathcal{F}}$ 및 중력 $\vec{w}$이 이루는 삼각형

$\vec{F}$ 및 원심력 $\vec{\mathcal{F}}$, 중력 $\vec{w}$를 세 변으로 하는 삼각형에 코사인 제2법칙(부록 D.13 참조)을 적용하면,

$$w = |\vec{F} + \vec{\mathcal{F}}| = \sqrt{F^2 + \mathcal{F}^2 - 2F\mathcal{F}\cos\lambda} \tag{6.19}$$

로 주어진다.

따라서 원심력이 없을 때의 중력가속도를 g_0라 하면, 중력은 $w_0 = mg_0$이다. 이것은 지구상에 있는 물체가 받는 만유인력이다. 곧 $w_0 = F$이므로

$$g_0 = \frac{F}{m} = G\frac{M}{R^2} \tag{6.20}$$

이다. 이 값은 $g_0 = 9.81\,\text{m/s}^2$인데, 단위질량에 대한 만유인력을 뜻하기도 한다.

단위질량에 대한 원심력의 최댓값(적도상에서의 값)은, 식(6.18)에 $R = 6.37\times10^6\,\text{m}$을 고려하면,

$$\frac{\mathcal{F}_{\text{max}}}{m} = \omega^2 R = (7.27\times10^{-5}\ \text{rad/s})^2\times(6.37\times10^6\ \text{m}) = 0.0337\ \text{N/kg}$$

이다. 이 값은 중력의 경우($9.81\,\text{m/s}^2$)의 약 1/300에 지나지 않는다. 따라서 원심력은 만유인력에 비하여 무시할 수 있으므로, $w \cong F$라 할 수 있어서, 어림에서 g와 g_0을 구별할 필요가 없다. 곧

$$g \cong g_0 = G\frac{M}{R^2}$$

이다.

지구중심으로부터 r[m] ($r > R$)의 거리에 있는 점, 예를 들면 지상에서 h[m]인 점에서 중력가속도는

$$g(r) = G\frac{M}{r^2} \quad (r = R + h) \tag{6.21}$$

로 주어진다. 곧 중력가속도 $g(r)$는 단위질량이 받는 중력과 같으며, 지구 중심으로부터 거리의 함수이다.

예제 6.8 자유낙체의 가속도

지상 200 km 상공에서 자유낙하하는 물체의 가속도는 얼마인가?
지구의 반지름은 $R = 6.38 \times 10^6$ m이다.

풀이 | 자유낙하하는 물체의 가속도 a[m/s^2]는 바로 중력가속도이므로 식(6.21)로 주어진다. 이 식을 변형하면

$$a = G\frac{M}{r^2} = G\frac{M}{R^2}\left(\frac{R}{r}\right)^2 = g\left(\frac{R}{r}\right)^2 = g\left(\frac{R}{R+h}\right)^2$$

이 된다. 여기에 $R = 6.38 \times 10^6$ m, $h = 0.200 \times 10^6$ m 및 $g = 9.81$ m/s^{2}을 대입하면 $a = 9.22$ m/s^{2}를 얻는다.

▶○ 위도와 중력가속도

중력가속도의 위도에 따른 변화 및 실제 중력가속도가 지구 중심을 벗어나는 각을 구해보자. 원심력을 고려했을 때의 실제 중력가속도 g는 식(6.19)에 식(6.20) 및 식(6.17)를 고려하면,

$$g = \frac{\omega}{m} = \frac{|\vec{F} + \vec{\mathcal{F}}|}{m} = \sqrt{g_0^2 + (\omega^2 R\cos\lambda)^2 - 2g_0\omega^2 R\cos^2\lambda}$$

로 주어진다. 여기서 $\omega \ll 1(\omega = 7.27 \times 10^{-5}$ rad/s$)$임을 고려하여 어림하면

$$g = g_0\sqrt{1 - \frac{2\omega^2 R}{g_0}\cos^2\lambda + 0(\omega^3)} \cong g_0\left(1 - \frac{\omega^2 R}{g_0}\cos^2\lambda\right) \tag{6.22}$$

로 된다(부록 D.15-2a 참조).

한편, 연직선 또는 $\vec{w} = m\vec{g}$의 방향이 지구 중심에서 벗어나는 각을 β라 하면 **그림 6.13**의 삼각형에 사인법칙(부록 D.12 참조)을 적용하면

$$\frac{\mathcal{F}}{\sin\beta} = \frac{w}{\sin\lambda}$$

이므로

$$\sin\beta = \frac{\mathcal{F}}{w}\sin\lambda = \frac{\omega^2 R\sin\lambda\cos\lambda}{g}$$

이다. 여기에 실제 중력가속도 g의 식(6.22)를 대입하여 정리하면

$$\sin\beta = \frac{\omega^2 R\sin\lambda\cos\lambda}{g_0\left(1-\frac{\omega^2 R}{g_0}\cos^2\lambda\right)} \cong \frac{\omega^2 R\sin 2\lambda}{2g_0}\left(1+\frac{\omega^2 R}{g_0}\cos^2\lambda\right)$$

를 얻는다(부록 D.15-2a 참조). 이것은

$$\sin\beta \approx \frac{\omega^2 R\sin 2\lambda}{2g_0} + 0(\omega^3) \tag{6.23}$$

로 어림된다. 여기서

$$\frac{\omega^2 R}{g_0} = \frac{(7.27\times 10^{-5}\ \mathrm{rad/s})^2\times(6.37\times 10^6\ \mathrm{m})}{9.81\ \mathrm{m/s^2}} = 3.432\times 10^{-3}$$

이므로 $\sin\beta \cong \beta$으로 어림할 수 있다. 따라서 식(6.23)은

$$\beta \approx \frac{\omega^2 R\sin 2\lambda}{2g_0} + 0(\omega^3)$$

로 어림된다. 여기서 β의 단위는 [rad]이다.

예제 6.9 서울에서 중력가속도 벡터

서울의 위도를 북위 37.5°라 하면, 중력가속도의 크기 및 중력가속도 벡터가 지구의 중심 방향에서 벗어나는 각을 구하라.

풀이 | 중력가속도는 식(6.22)에

$$\omega = 7.27\times 10^{-5}\ \mathrm{rad/s},\ R = 6.38\times 10^6\ \mathrm{m},\ g_0 = 9.81\ \mathrm{m/s^2},\ \lambda = 37.5°$$

를 대입하면 $g \cong 9.79\ \mathrm{m/s^2}$이다.

중심 방향에서 벗어나는 각도는 식(6.23)에 의하여 위의 수 값을 대입하면

$$\sin\beta \approx 0.001660$$

이므로 $\beta \cong 0.00166\ \mathrm{rad} = 0.0952°$이다. 따라서 중력은 거의 지구의 중심을 지난다고 어림할 수 있다.

◎ 만유인력법칙과 행성의 운동

뉴턴은 그의 만유인력법칙으로부터 케플러의 운동법칙을 이끌어낼 수 있었다(소단원 9.6 참조). 곧 뉴턴은 해로부터 역제곱법칙의 힘(만유인력)을 받는 물체는 해 주위로 타원궤도 운동을 하며(케플러의 제1법칙)(소단원 9.6.3 참조), 그 힘마당에서 각운동량이 보존된다는 사실로부터 물체의 면적속도는 일정하다는 것(케플러의 제2법칙)을 증명할 수 있었다(**예제 6.3**, 소단원 9.6.2 참조). 또한 케플러의 제3법칙도 만유인력법칙으로부터 쉽게 이끌어낼 수 있었다(**예제 6.4** 참조). 그러나 호이겐스(Christiaan Huygens, 1629-1695 : 네덜란드 물리학자)와 훅(Robert Hooke, 1635-1703 : 영국의 물리학자)은 뉴턴보다 앞서서 케플러의 제3법칙과 뉴턴의 운동법칙을 이용하여 힘의 역제곱법칙을 추론하였으나 이로부터 케플러의 다른 법칙들을 이끌어내지는 못하였다.

6.1.4 인공위성

로켓을 사용하여 대기권 밖으로 쏘아 올려 적당한 높이에서 수평 방향으로 발사된 물체가 달처럼 지구 주위를 회전할 때 이 물체를 **인공위성**(artificial satellite)이라 한다.

대기권 밖에는 공기가 매우 희박하므로 공기의 저항을 무시할 수 있다. **그림 6.14**에서와 같이 공기의 저항을 무시할 수 있는 높이(점 V)에서 수평 방향으로 발사된 물체는 지구로부터 중력을 받아서 포물선을 그리면서 지상으로 낙하한다. 이 경우 발사속도가 클수록 낙하지점은 **그림 6.14**에서 점 A, B, …와 같이 점점 더 멀어진다. 발사속도가 특정한 속도가 되면 지상에 떨어지지 않고 지구 주위를 돌게 된다. 이 물체가 바로 인공위성이다. 인공위성에는 통신용 위성, 기상관측용 위성 등 여러 가지 특수목적의 위성이 있다.

지구 주위를 회전하지 않고 지구의 중력권을 벗어나서 우주공간으로 날아가버리는 물체를 **인공천체**(artificial celestial body) 또는 **인공행성**(artificial planet)이라 한다.

지상 h[m]의 높이에서 수평 방향으로 v[m/s]의 속도로 발사된 인공위성의 질량을 m[kg]이라 하면, 인공위성에 작용하는 만유인력 또는 중력,

$$F = G\frac{Mm}{(R+h)^2}$$

은 일정하고 항상 속도에 수직이므로 인공위성은 등속원운동을 하게 된다. 이때 만유인력은 구심력의 역할을 하고 구심가속도는

$$a = \frac{v^2}{R+h}$$

이므로 인공위성의 운동방정식은

$$m\frac{v^2}{R+h} = G\frac{Mm}{(R+h)^2} \tag{6.24}$$

이 되어, 인공위성 속도의 크기는

$$v = \sqrt{\frac{GM}{R+h}} = \sqrt{gR\left(\frac{R}{R+h}\right)} \tag{6.25}$$

이다. 이것은 인공위성의 발사속도이기도 하다. 여기서 $g = GM/R^2$임을 고려했다.

이것은 인공위성의 질량에는 무관하다. 곧 발사속도의 크기가 인공위성의 질량에는 관계없이 이보다 크면 지상에 떨어지지 않고 지구 주위를 회전하게 된다.

$h \ll R$인 경우, 식(6.25)는

$$v = \sqrt{\frac{gR}{1+\frac{h}{R}}} \cong \sqrt{gR}\left(1 - \frac{h}{2R}\right)$$

로 어림된다.

식(6.25)에서 보는 바와 같이 인공위성의 회전 속도는 지상 높이 h에 따라 달라진다. 따라서 각속도도 지상 높이의 함수이다. 지금 인공위성의 각속도를 ω [rad/s]라 하면

$$\omega = \frac{v}{R+h} = \sqrt{\frac{gR^2}{(R+h)^3}}$$

로 주어진다.

만일 인공위성이 지구의 자전각속도와 같은 각속도로 회전한다면 지구상에 있는 관측자가

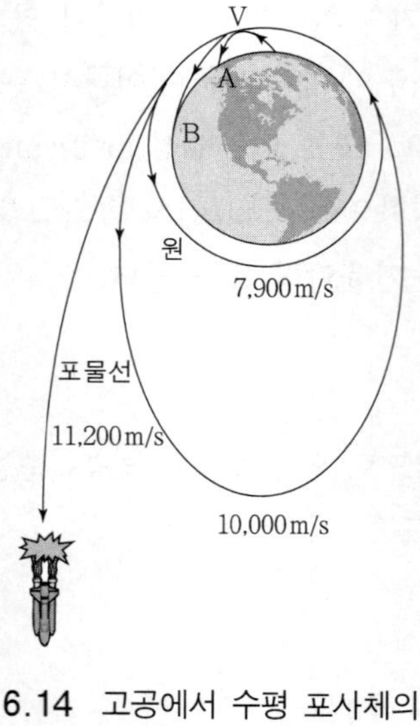

그림 6.14 고공에서 수평 포사체의 궤도

볼 때 인공위성이 정지해 있는 것처럼 보인다. 이런 위성을 **정지위성**(geosynchronous satellite; stationary satellite)이라 한다.

예제 6.10 정지위성

지구의 중력에 의하여 지구 주위로 원궤도를 선회하는 인공위성이 있다. 지구의 반지름은 $R=6.38\times10^6\,\text{m}$이고, 지구 표면에서 중력가속도는 $g=9.81\,\text{m/s}^2$이다.

① 지구 표면 가까이에서 선회하는 인공위성의 속도는 얼마인가?

② 정지위성의 높이는 얼마인가?

풀이 ① 지구 표면 가까이에서 선회하는 인공위성의 운동방정식은

$$m\frac{v^2}{R}=G\frac{Mm}{R^2}$$

이므로 속도 v는

$$\begin{aligned} v &= \sqrt{G\frac{M}{R}}=\sqrt{gR} \\ &= \sqrt{(9.81\,\text{m/s}^2)\times(6.38\times10^6\,\text{m})}=7.911\times10^3\,\text{m/s} \end{aligned}$$

이다. 곧 $v=7.91\times10^3\,\text{m/s}$이다. 이 속도를 **원궤도 속도**(**제1우주속도** : first astronautical velocity)라 한다. 역으로 이 속도로 지구 표면에서 발사된 물체는 지구 주위를 원운동하는 인공위성이 된다.

② 지상 $h\,[\text{m}]$의 높이에서 선회하는 인공위성의 운동방정식(6.24)에 $v=\omega(R+h)$을 고려하면

$$m\omega^2(R+h)=G\frac{Mm}{(R+h)^2}$$

가 되어, 인공위성의 지상 높이 h는

$$h=\sqrt[3]{\frac{GM}{\omega^2}}-R=\sqrt[3]{\frac{gR^2}{\omega^2}}-R$$

로 주어진다. 여기서 $g=GM/R^2$임을 고려하였다.

정지위성의 경우 각속도가 지구의 자전각속도

$$\omega=\frac{2\pi}{T}=\frac{2\times3.14}{(24\,\text{h})\times\left(\dfrac{3600\,\text{s}}{1\,\text{h}}\right)}=7.269\times10^{-5}\,\text{rad/s}$$

와 같아야 한다. 아울러 윗식에 $g=9.81\,\text{m/s}^2$, $R=6.38\times10^6\,\text{m}$를 대입하여 정리하면

$$\begin{aligned} h &= \sqrt[3]{\frac{(9.81\,\text{m/s}^2)\times(6.38\times10^6\,\text{m})^2}{(7.269\times10^{-5}\,\text{rad/s})^2}}-6.38\times10^6\,\text{m} \\ &= 3.5899\times10^7\,\text{m} \end{aligned}$$

를 얻는다. 곧 정지위성은 지상 $35.9\times10^6\,\text{m}=35900\,\text{km}$의 높이에서 선회한다. 이 높이는 지구의 반지름의 약 6배 정도로 매우 높다.

○ 통신위성

위의 **예제 6.10**의 ②의 결과에서 알 수 있는 바와 같이 정지위성의 높이는 지구의 반대편에 있는 사람이 직접 볼 수 있을 정도이다. 이런 점을 이용하면 **그림 6.15**와 같이 정지위성으로 지구상의 서로 반대편에 있는 두 지점 A, B 사이의 통신이 가능하다. 그것은 지점 A에서 발사된 전자기파가 정지위성에 의하여 반사되어 지점 B에서 수신할 수 있기 때문이다. 이런 정지위성을 **통신위성**(communication satellite)이라 한다.

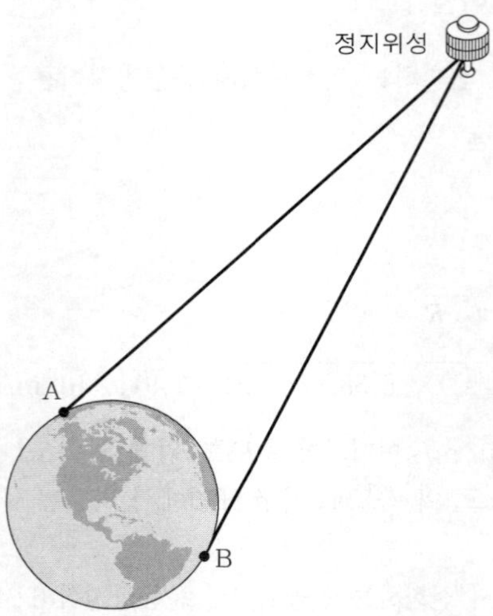

그림 6.15 통신위성의 원리

6.2 중력위치에너지와 행성의 운동

앞에서 인공위성의 운동을 운동방정식으로 간단히 살펴보았는데 이제 에너지적으로 살펴보려고 한다. 우리는 소단원 3.2에서 위치에너지를 역학적 에너지의 보존과 관련지어서 살펴보았다. 지구 표면 가까이에서 중력 $w=mg$가 일정한 경우, 중력위치에너지가 $U=mgh$임을 알고 있다. 이것은 중력 $w=mg$가 연직 높이가 h인 점에서 기준점(지구 표면; $h=0$)까지 질량 m의 물체를 이동시킬 때 한 일이다. 그런데 지구상의 한 물체에 작용하는 중력은 일반적으로 역제곱법칙의 힘, 곧 $F=-K/r^2(K=GMm)$이다. 이 경우 위치에너지는 어떤 꼴인지 알아야 운동하는 물체의 역학적 에너지를 이용하여 운동을 분석할 수 있을 것이다.

6.2.1 중력위치에너지

먼저 중심력인 만유인력이 보존력임을 살펴보자. 만유인력의 작용선이 두 물체의 중심을 잇는 선상에 있고 그 세기는 거리에만 관계되므로, 만유인력이 작용하여 물체에 하는 일은 물체의 이동행로에는 관계없고 처음과 나중 위치에 의해서만 결정된다는 것을 다음과 같은 보기에서 쉽게 알 수 있다.

그림 6.16에서 점 O에 질량 M[kg]의 물체가 있고, 질량 m[kg]의 다른 물체가 점 A에 있다. 지금 만유인력에 의하여 물체를 점 A에서 점 D까지 이동시키려 한다. 호 $\overset{\frown}{AB}$ 및 호 $\overset{\frown}{CD}$는 각각 $\overline{OA}$ 및 $\overline{OC}$를 반지름으로 하는 원호이다. 원호 $\overset{\frown}{AB}$ 위의 어느 점에서나 물체에 작용하는 만유인력의 세기는 같고 중심 O를 향한다. 원호 $\overset{\frown}{CD}$의 경우도 마찬가지이다. 만유인력이 물체를 점 A에서 점 D까지 행로 A→B→D를 따라서 이동시킬 때 하는 일은 행로 B→D에서 한 일 W_{BD}뿐이다. 행로 A→B에서 한 일은 없다. 만유인력이 원호 $\overset{\frown}{AB}$에 수직이기 때문이다. 행로 A→C→D를 따라서 이동시키는 경우에는 행로 A→C에서 한 일 W_{AC}뿐이다. 두 행로에서 거리 $\overline{BD}$, $\overline{AC}$는 서로 같으므로 두 행로에서 일도 서로 같다: $W_{BD} = W_{AC}$. 곧 만유인력이 하는 일은 행로에는 관계가 없다. 따라서

만유인력은 보존력이다.

그러므로 만유인력의 위치에너지를 정의할 수 있다.

지금 질량 M[kg]의 물체로부터 위치벡터가 $\vec{r}$[m]인 위치에 있는 질량 m[kg]의 물체가 받는 만유인력

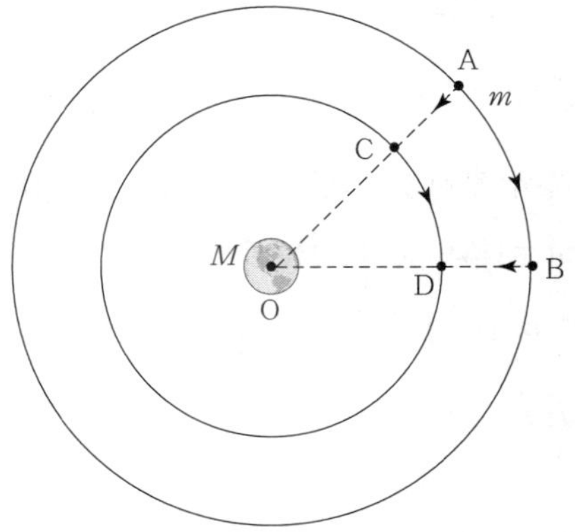

그림 6.16 만유인력이 하는 일의 행로

$$\vec{F} = -G\frac{Mm}{r^2}\hat{r} \tag{6.5}$$

는 보존력이므로, 위치에너지 함수를 $U(r)$라 하면

$$dU(r) = -\vec{F} \cdot d\vec{r} \tag{6.26}$$

로 주어진다(식(3.88) 참조). 따라서 위치에너지 함수 $U(r)$는

$$U(\vec{r}) = -\int_{\vec{r}_0=\text{기준점}}^{\vec{r}} \vec{F} \cdot d\vec{r} \tag{6.27}$$

로 주어진다(식(3.87) 참조). 여기서 변위벡터 $d\vec{r}$는 지름 성분 $\hat{r}\,dr$ 및 이에 수직인 가로 성분으로 분해되므로(식(1.32) 참조)

$$\vec{F} \cdot d\vec{r} = -G\frac{Mm}{r^2}\hat{r} \cdot d\vec{r} = -G\frac{Mm}{r^2}\,dr$$

이다. 따라서

$$U(r) = -\int_{r_0=\text{기준점}}^{r} -G\frac{Mm}{r^2}\,dr = \left[-G\frac{Mm}{r}\right]_{r_0=\text{기준점}}^{r} \tag{6.28}$$

이므로 만유인력의 위치에너지함수는

$$U(r) = -\left(G\frac{Mm}{r} - G\frac{Mm}{r_0}\right) \quad (\vec{r}_0 : \text{기준점})$$

으로 주어진다. 여기서 $\vec{r}_0$는 위치에너지의 기준점이다. 만일 기준점을 무한원점으로 택하면 $(r_0 \to \infty)$,

$$U(r) = -G\frac{Mm}{r} \quad (\text{기준점 } r_0 = \infty) \tag{6.29}$$

이 된다.

질량 M이 질량 m에 비교하여 무한히 크면$(M \gg m)$, 질량 M의 물체를 관성기준틀에 정지해 있다고 가정할 수 있다. 이 기준틀에서 질량이 m인 물체의 질량이 M인 물체에 대한 상대 속도를 v라 하면 질량이 m인 물체의 역학적 에너지는

$$E = \frac{1}{2}mv^2 - G\frac{Mm}{r} \tag{6.30}$$

로 주어진다. 이 역학적 에너지는 보존된다. 만유인력이 보존력이기 때문이다.

지구의 중심으로부터 거리 $r(r \geq R)$에 있는 질량 m의 물체가 받는 중력은 식(6.5)로 주어지므로 중력위치에너지도 식(6.29)의 꼴로 주어진다. 위치에너지가 음(−)의 값을 갖는 것은

아래와 같은 생각으로 쉽게 이해된다.

중력이 항상 지구의 중심을 향하고 있기 때문에 물체를 지구로부터 멀리하자면 일이 필요하다. 따라서 중력에 의한 위치에너지는 지구로부터 멀어질수록 커진다. 무한원점(∞)에서 최대가 된다. 그래서 이 점을 기준점으로 택하면 무한원점($r_0 = \infty$)에서 위치에너지의 값이 0이 되므로, 중력에 의한 위치에너지는 항상 0보다 클 수 없다. 곧 음(−)의 값을 갖는다. 이것은 인력의 특성이다.

예제 6.11 지구 표면에서 중력위치에너지

지구 표면을 중력위치에너지의 기준점으로 할 때, 지구 표면으로부터 연직 높이 h [m]인 점에 있는 질량 m[kg]의 물체가 지구와 중력상호작용을 할 때의 중력위치에너지를 $h \ll R$인 경우 어림하라.

풀이 | 지구 표면을 기준점으로 하면 중력위치에너지를 나타내는 식(6.28)에서 $r=R+h$(지구 중심으로부터 물체까지 거리), $r_0 = R$(지구의 반지름)이므로, 지구 표면에서 연직 높이가 h [m]인 점에서 위치에너지 $U(h)$는

$$U(h) = -\left(G\frac{Mm}{R+h} - G\frac{Mm}{R}\right) \quad (h \ll R)$$

이 된다. 여기서 $h \ll R$이므로

$$G\frac{Mm}{R+h} = G\frac{Mm}{R\left(1+\frac{h}{R}\right)} \cong G\frac{Mm}{R}\left(1-\frac{h}{R}\right) = G\frac{Mm}{R} - G\frac{Mm}{R^2}h$$

로 어림된다(부록 D.15-2a 참조). 따라서 $GM/R^2 = g$ 임을 고려하면

$$U(h) \cong G\frac{Mm}{R^2}h = mgh$$

가 된다.

예제 6.12 탈출속도(제2우주속도)

지구의 중력마당에서 운동하는 인공위성이 지구의 중력마당을 벗어나서 인공천체로 되는 데 필요한 지구 표면에서의 속도를 구하라.

풀이 | 지구의 중력마당에서 운동하는 인공천체의 역학적 에너지는 식(6.30)

$$E = \frac{1}{2}mv^2 - G\frac{Mm}{r}$$

로 표현된다. 여기서 질량 M 및 m은 각각 지구 및 인공천체의 질량이고 r는 지구의 중심으로부터 인공천체까지의 거리이다.

중력마당을 벗어난다는 것은 인공천체가 무한원점으로 이동하는 것을 의미한다. 무한원점에서 위치에너지는 0이므로 중력마당을 벗어난 인공천체의 역학적 에너지는

$$E(\infty)=\frac{1}{2}mv_\infty^2-G\frac{Mm}{r_\infty}=\frac{1}{2}mv_\infty^2$$

이다. 이 에너지는 역학적 에너지 보존법칙에 의하여 지구 표면($r=R$)에서 역학적 에너지

$$E(R)=\frac{1}{2}mv_\mathrm{R}^2-G\frac{Mm}{R}$$

와 같아야 하므로

$$\frac{1}{2}mv_\mathrm{R}^2-G\frac{Mm}{R}=\frac{1}{2}mv_\infty^2$$

의 관계식을 얻는다. 여기서 v_∞는 무한원점에서 인공천체의 속도이므로, $v_\infty \geq 0$이다. 따라서 인공위성이 중력마당을 벗어나서 인공천체가 되려면 그 역학적 에너지는

$$\frac{1}{2}mv_\mathrm{R}^2-G\frac{Mm}{R}\geq 0 \quad \text{또는} \quad \frac{1}{2}mv_\mathrm{R}^2\geq G\frac{Mm}{R}$$

라야 한다. 곧 "역학적 에너지는 0보다 작아서는 안 된다. 또는 운동에너지가 위치에너지(장벽)보다 작아서는 안 된다." 운동에너지가 위치에너지보다 크지 않으면 탈출하지 못하고 지구의 인력권 내에 **속박**된다. 따라서 위치에너지는 "장벽"과 같은 역할을 한다. 그래서 "퍼텐셜장벽(potential barrier)"이라는 말을 쓰기도 한다. 그러므로 지구 표면에서 인공천체의 속도는

$$v_\mathrm{R}\geq\sqrt{\frac{2GM}{R}}=\sqrt{2gR}$$

라야 한다. 여기서 $GM/R^2=g$ 임을 고려하였다. 곧 지구의 중력마당을 벗어나려면 지구 표면에서 인공천체의 속도는 질량에 관계없이 적어도

$$\begin{aligned}v_\mathrm{e}&=\sqrt{2gR}\\&=\sqrt{2\times(9.81\ \mathrm{m/s^2})\times(6.38\times10^6\ \mathrm{m})}\\&=11.188\ \mathrm{m/s}\cong 11.2\times10^3\ \mathrm{m/s}\end{aligned}$$

이라야 한다. 여기서 v_R의 최소인 것을 v_e라 두었다. 이 속도를 **탈출속도**(escape velocity) 또는 **제2우주속도**(second astronautical velocity)라 한다.

예제 6.13 중력마당에서 원운동

질량이 M인 물체의 중력마당에서 원운동하는 질량이 m인 물체가 있다.

① 이 물체의 역학적 에너지는 위치에너지의 반임을 보여라.

② 지상 고도가 h인 원궤도에 인공위성을 쏘아 올리는 데 필요한 지구 표면에서 발사속도를 구하라.

풀이 ① 두 물체의 중력상호작용의 힘은 중력은 식(6.5), 그 중력마당에서 위치에너지는 식(6.29)로 주어진다. 이 중력마당에서 원운동의 운동방정식은

$$\frac{mv^2}{r} = G\frac{Mm}{r^2}$$

으로 주어지므로

$$\frac{1}{2}mv^2 = G\frac{Mm}{2r}$$

를 얻는다. 역학적 에너지는

$$E = \frac{1}{2}mv^2 - G\frac{Mm}{r} = G\frac{Mm}{2r} - G\frac{Mm}{r} = \frac{1}{2}\left(-G\frac{Mm}{r}\right)$$

이다. 따라서 중력마당에서 원운동하는 물체의 운동에너지 및 역학적 에너지는 각각

$$K(r) = \frac{1}{2}|U(r)|, \quad E = \frac{U(r)}{2} < 0$$

이다. 곧

> **중력마당에서 원운동을 하는 물체의 운동에너지는 중력위치에너지의 절댓값의 반이고, 따라서 역학적 에너지는 위치에너지의 반이다.**

② 중력은 보존력이므로 원궤도에서의 역학적 에너지와 지구 표면에서 발사순간의 역학적 에너지가 같아야 한다. 원궤도에서 역학적 에너지는 위치에너지의 반이므로

$$E(R+h) = -\frac{1}{2}\frac{GMm}{R+h}$$

이고, 지구 표면에서 역학적 에너지는 발사속도를 v_{R}라 하면

$$E(R) = \frac{1}{2}mv_{\mathrm{R}}^2 - G\frac{Mm}{R}$$

이다. 따라서

$$\frac{1}{2}mv_{\mathrm{R}}^2 - G\frac{Mm}{R} = -\frac{1}{2}\frac{GMm}{R+h}$$

$$\therefore\ v_{\mathrm{R}} = \sqrt{\frac{GM}{R}\left(\frac{1+\frac{2h}{R}}{1+\frac{h}{R}}\right)}$$

이다. 여기서 $h \ll R$임을 고려하면

$$v_{\mathrm{R}} \cong \sqrt{\frac{GM}{R}\left(1+\frac{2h}{R}\right)\left(1-\frac{h}{R}\right)} = \sqrt{\frac{GM}{R}\left(1+\frac{h}{R}+0\left(\frac{h}{R}\right)^2\right)}$$

로 어림된다. 여기서 어림공식(부록 D.15-2a 참조)

$$\frac{1}{1+x}=1-x+0(x^2) \quad (x \ll 1)$$

를 이용하였다. 더 나아가서 어림공식

$$\sqrt{1+x}=1+\frac{x}{2}+0(x^2) \quad (x \ll 1)$$

를 이용하면, 지상에서 발사속도는

$$v_{\rm R} \cong \sqrt{\frac{GM}{R}}\left(1+\frac{h}{2R}\right)=\sqrt{gR}\left(1+\frac{h}{2R}\right) \quad (h \ll R)$$

로 주어진다. 여기서 $\frac{h}{2R} \approx 0$인 경우, $v_{\rm R} \approx \sqrt{gR}$가 되어 **예제 6.10**의 결과와 일치한다.

○ 중력과 중력위치에너지

일차원운동에서 힘과 위치에너지 사이에는 식(3.37) 또는 식(3.38)과 같은 관계식이 성립하고, 삼차원공간에서는 식(3.88)을 비롯하여, 식(3.89) 또는 식(3.92), 식(3.94)의 관계식이 성립함을 보았다. 똑같은 관계식이 중력과 중력위치에너지 사이에도 성립한다. 특히 식(6.26)에서 $d\vec{r}=\hat{\tau}\,ds$임을 고려하면

$$dU=-F_{\tau}\,ds=-F_s\,ds, \tag{6.31}$$

이고, 따라서

$$F_s=-\frac{dU}{ds} \tag{6.32}$$

이다. 여기서 F_s는 중력 $\vec{F}$의 s 방향의 성분으로 이동행로의 접선 성분이다. 만일 s 방향이 지름 방향인 r 방향이라면 식(6.32)는, 위치에너지의 r에 대한 그래프에서 음(−)의 기울기는 힘의 r 성분 F_r와 같다는 것을 뜻한다.

6.2.2 역학적 에너지와 행성의 운동 모양

해와의 중력상호작용으로 해 주위의 중력마당에서 운동하는 질량 m의 행성을 생각하자. 해의 질량 M이 행성의 질량 m에 비교하여 무한히 크면($M \gg m$) 해를 관성기준틀에 정지해 있다고 가정할 수 있다. 이 기준틀에서 행성의 해에 대한 상대속도를 v라 하면 행성의 역학적에너지는 역시 식(6.30)

$$E=\frac{1}{2}mv^2-G\frac{Mm}{r} \tag{6.30}$$

로 주어진다. 이 역학적 에너지는 보존된다.

행성의 운동은 평면운동(**예제 6.3** 또는 소단원 9.6.2 참조)이므로 평면극좌표로 기술하는 것이 편리하다. 이 좌표계에서 속도벡터는 지름 성분(r 성분) v_r 및 가로 성분(θ 성분) v_θ로 분해된다. 곧

$$\vec{v}=\hat{r}v_r+\hat{\theta}v_\theta{}^*$$

로 표현된다. 특히 가로 성분 v_θ는 지름에 수직인 성분이므로 $v_\perp$로 나타내기도 한다. 이들 속도성분은 각각

$$v_r=\frac{dr}{dt},\quad v_\perp=v_\theta=r\frac{d\theta}{dt}\,{}^*$$

로 주어진다(**그림 1.22** 및 식(1.30) 참조). 따라서 식(6.29)에서 속도의 크기 v는

$$v=\sqrt{v_r^2+v_\theta^2}=\sqrt{\left(\frac{dr}{dt}\right)^2+r^2\left(\frac{d\theta}{dt}\right)^2}$$

로 주어진다.

행성의 역학적 에너지 식(6.30)은

$$E=\frac{1}{2}m(v_r^2+v_\theta^2)-\frac{k}{r}\qquad(k\equiv GMm)$$

로 주어진다. 오른쪽 둘째 항은 실질적으로 r^2에 반비례함을 알 수 있다. 만유인력(또는 역제곱법칙의 힘)에 의한 행성의 각운동량은 일정하다(**예제 6.3** 참조). 그 상수를 ℓ 이라 하면

$$L=rmv_\theta\equiv\ell\qquad\therefore\ v_\theta=\frac{\ell}{mr}$$

이다. 이를 고려하면, 식(6.30)에서 속도의 크기 v는

$$v=\sqrt{\left(\frac{dr}{dt}\right)^2+\left(\frac{\ell}{mr}\right)^2}$$

로도 주어진다. 따라서 역학적 에너지는

$$E=\frac{1}{2}mv_r^2+\frac{\ell^2}{2mr^2}-\frac{k}{r}$$

로 주어진다. 이것은

---

* 소단원 1.2에서의 평면극좌표 $(\rho,\ \phi)$를 $(r,\ \theta)$로, 바탕 $(\hat{\rho},\ \hat{\phi})$를 $(\hat{r},\ \hat{\theta})$로 두었다.

$$\frac{1}{2}mv_r^2 + V(r) = E \text{ (일정)} \tag{6.33}$$

의 꼴이다. 여기서 $V(r)$는

$$V(r) \equiv \frac{\ell^2}{2mr^2} - \frac{k}{r} \tag{6.34}$$

라 두었는데, 일종의 위치에너지이다. 이를 만유인력(또는 역제곱법칙의 힘)에 의하여 궤도운동을 하는 행성의 **유효위치에너지**(effective potential energy)라 한다.

행성의 에너지방정식(6.33)은 식(3.23)과 같은 꼴이다. 이 식에서 $x \to r$, $U(x) \to V(r)$로 바꾸어 놓은 것이다. 또한 식(6.32)에 의하여 유효위치에너지 $V(r)$의 음(−)의 기울기는 힘의 r 성분 F_r라 할 수 있다. 따라서 일차원운동에서와 같은 방법으로, 위치에너지 $V(r)$의 그래프 모양을 알면 행성의 지름 방향 운동 모양을 개관할 수 있다. 유효위치에너지 $V(r)$의 모양은 **그림 6.17**과 같다. 그림에서 원점으로부터 거리 r는 해로부터 행성까지의 거리이다.

식(6.33)으로 주어지는 역학적 에너지 E는 보존되므로 운동하는 동안 어떤 위치에서도 항상 일정한 값을 유지한다. 따라서 E를 나타내는 그래프는 가로축(r축)에 나란한 직선이다. 이 직선과 유효위치에너지 $V(r)$의 그래프와 만나는 점에서 $V(r) = E$이므로 속도의 지름 방향의 성분이 $v_r = 0$이다. 따라서 이 점이 지름 방향의 되돌이점(turning point)이므로, 해로부터 행성까지의 거리 r의 가능한 최솟값 또는 최댓값을 나타낸다. 이 r값은 식(6.34)로 주어지는 $V(r)$가 특정한 값 E와 같을 때의 근이다. 곧 방정식

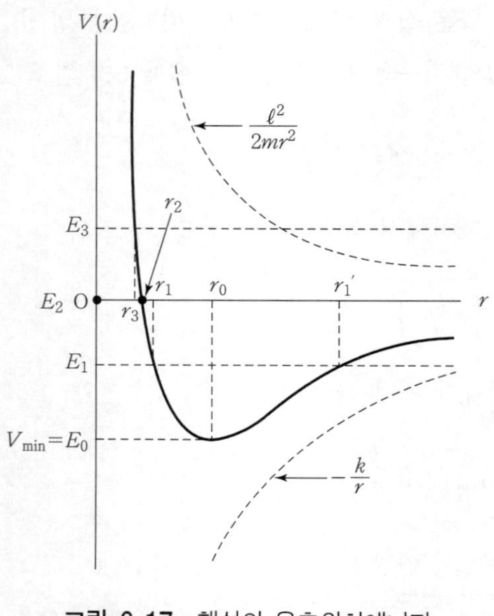

그림 6.17 행성의 유효위치에너지

$$\frac{\ell^2}{2mr^2} - \frac{k}{r} = E$$

를 만족하는 근이다.

식(6.34)로 주어지는 유효위치에너지 $V(r)$의 최솟값을 $V_{\min}$라 하자. 역학적 에너지 E가 $V_{\min}$보다 작은 경우는 생각할 수 없다. 이 경우, $V_{\min}<0$이므로 $|V_{\min}|>|V(r)|$이고, 따라서 $E-V(r)=V_{\min}-V(r)<0$이기 때문에, $v_r^2<0$이 된다. 이것은 물리적으로 있을 수 없는 일이기 때문이다. 그래서 $E \geq V_{\min}$인 경우만 역학적으로 가능하다.

이런 경우, 역학적 에너지가

① $E=E_0 \equiv V_{\min}$

② $E=E_1(V_{\min}<E_1<0)$

③ $E=E_2=0$

④ $E=E_3>0$

인 경우로 나누어서 살펴보자.

①의 경우, **그림 6.17**에서 보는 바와 같이 에너지 E를 나타내는 직선이 유효위치에너지 곡선과 만나는 점이 한 개 $r=r_0$뿐이다. 이것은 해로부터 행성까지의 거리가 항상 또는 θ의 모든 값($0 \leq \theta < 2\pi$)에 대해서 일정하다는 뜻이다. 이런 곡선운동은 바로 원운동이다. 곧

에너지가 $E=V_{\min}<0$이면, 행성은 반지름 $r=r_0$의 원운동을 한다.

②의 경우, **그림 6.17**에서 보는 바와 같이 에너지 E를 나타내는 직선이 유효위치에너지 곡선과 만나는 점이 두 개다. 그들은 $r=r_1$, $r=r_1'$이다. $r_1<r_1'$이므로 해로부터 행성까지의 가장 가까운 거리는 r_1이고 가장 먼 거리는 r_1'이다. 따라서 지름 r는 $r_1 \leq r \leq r_1'$의 범위를 벗어나지 못하나 각 θ는 모든 값을 가질 수 있다($0 \leq \theta < 2\pi$). 곧

에너지가 $V_{\min}<E<0$이면 행성은 해 주위로 짧은 반지름 $r=r_1$, 긴 반지름 $r=r_1'$의 타원궤도운동을 한다.

③의 경우, 에너지 E를 나타내는 직선이 유효위치에너지 곡선과 만나는 점이 두 개이다. 그 하나는 $r=r_2$인 점이고, 다른 하나는 무한원점($r=\infty$)이다. 행성은 해로부터 거리 $r=r_2$인 점까지 가까이 접근했다가 무한원점까지 가버린다. 되돌아오지 못한다. 행성이 해로부터 거리

$r = r_0$인 점을 지나는 순간 행성의 운동에너지는

$$K(r_0) \equiv \frac{1}{2} m v_r^{\,2}(r_0) = -V_{\min} \quad (V_{\min} < 0)$$

이다. 무한원점에서 유효위치에너지는 0이므로 운동에너지는

$$K(\infty) \equiv \frac{1}{2} m v_r^2(\infty) = -V(\infty) = 0 \qquad \therefore\ v_r(\infty) = 0$$

이다. 곧

에너지가 $E=0$이면 행성은 해의 인력권으로부터 벗어나서, 무한원점에서 정지한다.

④의 경우, 에너지 E를 나타내는 직선이 유효위치에너지 곡선과 만나는 점이 한 개다. 그 점을 $r = r_3$이라 하면 행성은 해로부터 거리 $r = r_3$인 점까지 근접했다가 해로부터 무한히 멀어져간다. 무한원점에서 유효위치에너지가 0이므로, 운동에너지는

$$K(\infty) \equiv \frac{1}{2} m v_r^2(\infty) = E_3 - V(\infty) = E_3 > 0 \qquad \therefore\ v_r(\infty) > 0$$

이다. 곧

에너지가 $E>0$이면 행성은 해의 인력권으로부터 벗어나서, 무한원점에서 정지하지 않고 일정한 속도로 운동한다.

① 및 ②의 경우처럼, 행성의 역학적 에너지가 $E<0$이면 원이나 타원과 같은 **닫힌 궤도**(closed orbit)운동을 하고, ③ 및 ④에서처럼 $E \geq 0$이면 **열린 궤도**(open orbit)운동을 한다. 특히 ③, ④의 궤도곡선을 각각 **포물선**(parabola), **쌍곡선**(hyperbola)라 한다(소단원 9.6.3 참조).

이 결과를 **그림 6.18**에 정리해 놓았다.

예제 6.14 행성의 원궤도에서 속도

행성이 해의 중력마당에서 원운동을 할 때 그 원궤도의 반지름을 r_0이라 한다(**그림 6.17** 참조). ① 역학적 에너지 E_0 ② 원궤도에서 행성의 속도 v_0를 각각 구하라.

풀이 | 행성이 해 주위의 중력마당에서 운동할 때 유효위치에너지는 식(6.34)

$$V(r) \equiv \frac{\ell^2}{2mr^2} - \frac{k}{r} \quad (k = GM_S m)$$

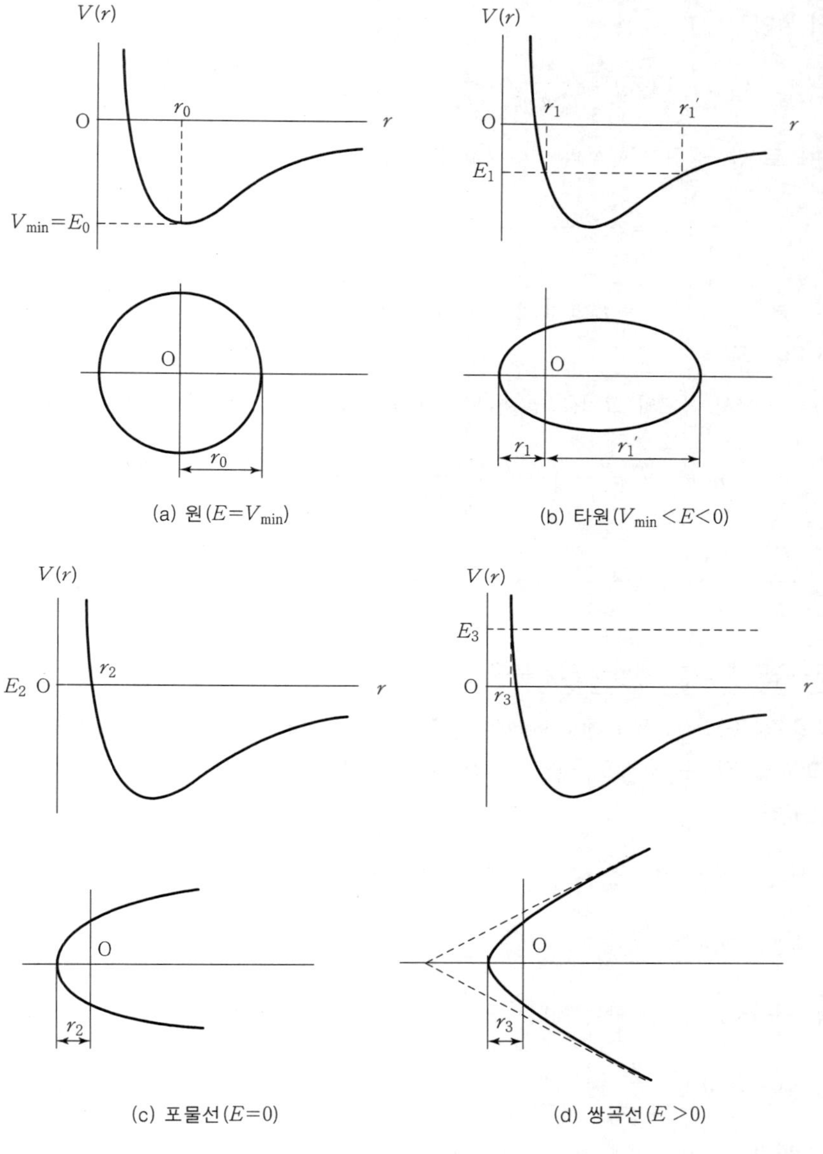

그림 6.18 행성의 유효위치에너지함수와 행성의 궤도 모양

로 주어진다. 여기서 M_S, m는 각각 해 및 행성의 질량이고, ℓ 은 행성의 각운동량이다. 역학적 에너지 E가 유효위치에너지의 최솟값 $V_{\min}$와 같을 때 원운동을 한다.

① 원운동의 반지름 r_0은, $r=r_0$일 때 $V(r)$가 최소이므로

$$0=\left.\frac{dV(r)}{dr}\right|_{r=r_0}=\frac{d}{dr}\left(\frac{\ell^2}{2mr^2}-\frac{k}{r}\right)\Bigg|_{r=r_0}=-\frac{\ell^2}{mr_0^3}+\frac{k}{r_0^2}$$

$$\therefore\ r_0=\frac{\ell^2}{mk}$$

이 되어

$$V_{\min}=V(r_0)=\frac{\ell^2}{2mr_0^2}-\frac{k}{r_0}=-\frac{mk^2}{2\ell^2}$$

이므로 원운동하는 행성의 에너지 E_0은

$$E_0=V_{\min}=-\frac{mk^2}{2\ell^2}=-\frac{k}{2r_0}$$

로 주어진다. 곧 $r=r_0$에서 행성의 에너지는 중력위치에너지 $U(r_0)=-\frac{k}{r_0}$의 반이다(**예제 6.13** 참조).

② $r=r_0$에서 속도의 크기를 v_0이라 하면 운동에너지 $\frac{1}{2}mv_0^2=E-U(r_0)$는

$$\frac{1}{2}mv_0^2=-\frac{k}{2r_0}-\left(-\frac{k}{r_0}\right)=\frac{k}{2r_0} \quad \therefore\ v_0=\sqrt{\frac{k}{mr_0}}=\sqrt{\frac{GM_s}{r_0}}$$

이 된다.

예제 6.15 속도에 의한 행성궤도의 분류

해의 중력마당의 한 점 P에서 행성의 속도의 크기가 v라 한다. 점 P에서 행성의 역학적 에너지를 그 점을 지나는 원궤도운동의 역학적 에너지 E_0으로 표현하고, 행성의 궤도를 속도의 크기로 분류하라.

풀이 | 점 P의 해로부터 거리를 r_0이라 하면 역학적 에너지는

$$E=\frac{1}{2}mv^2-\frac{k}{r_0}$$

인데, 원궤도운동의 역학적 에너지 E_0는 그 속도를 v_0라 하면

$$E_0=\frac{1}{2}mv_0^2-\frac{k}{r_0}=-\frac{k}{2r_0} \tag{6.35}$$

이다. 따라서

$$E-E_0=\frac{1}{2}mv_0^2\left(\frac{v^2}{v_0^2}-1\right) \tag{6.36}$$

를 얻는다. 식(6.35)로부터 $\frac{1}{2}mv_0^2=\frac{k}{2r_0}=|E_0|$이므로 $E_0=-|E_0|$임을 고려하면 식(6.36)은

$$E+|E_0|=|E_0|\left(\frac{v^2}{v_0^2}-1\right)$$

이 된다. 이로부터

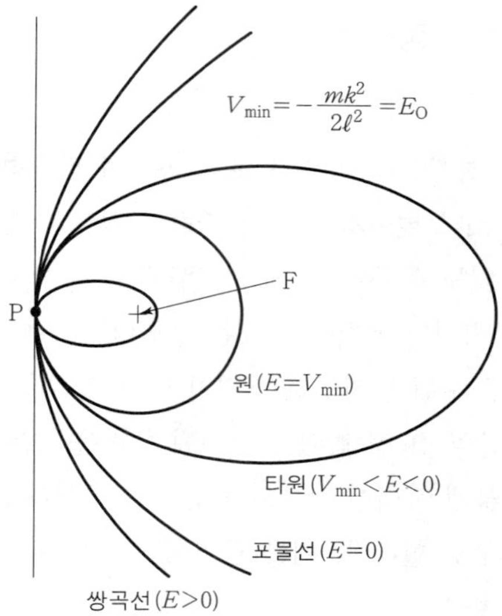

그림 6.19 행성궤도의 모양

$$E=|E_0|(\gamma^2-2) \quad \left(\frac{v}{v_0}\equiv\gamma\right) \tag{6.37}$$

의 관계식을 얻는다.

식(6.37)로부터 아래 사실을 읽어낼 수 있다(**그림 6.19** 참조).

① $\gamma^2=1$이면 $\gamma=1$, $v=v_0$의 경우로, $E=-|E_0|=E_0<0$가 되어 행성은 닫힌 궤도인 원궤도 운동을 하게 된다.

② $1<\gamma^2<2$이면, $1<\gamma<\sqrt{2}$, $v_0<v<\sqrt{2}v_0$의 경우로, $-|E_0|<E<0$이므로 닫힌궤도(타원궤도)운동을 한다.

③ $\gamma^2\geq 2$이면, $\gamma\geq\sqrt{2}$, $v\geq\sqrt{2}v_0$의 경우로, $E\geq 0$이므로 열린 궤도(포물선궤도, 쌍곡선궤도) 운동을 한다.

표 6.2에 행성의 역학적 에너지 및 속도에 의하여 행성의 궤도를 분류한 것을 모아 놓았다.

표 6.2 행성의 역학적 에너지 및 속도에 의한 행성궤도의 분류

에너지 E	속도비 $\gamma=v/v_0$	궤 도	비 고
$E=V_{min}<0$	$\gamma=1$	원	$E<0$: 닫힌 궤도
$V_{min}<E<0$	$1<\gamma<\sqrt{2}$	타 원	
$E=0$	$\gamma=\sqrt{2}$	포물선	$E\geq 0$: 열린 궤도
$E>0$	$\gamma>\sqrt{2}$	쌍곡선	

6.3 중력마당

우리가 일상 생활에서 경험하는 힘은 서로 접촉하여 작용하는 경우가 대부분이다. 그러나 지구와 달은 서로 38만 km나 떨어져 있지만 중력이 작용하여 달이 지구 주위를 공전하게 한다. 이렇게 멀리 떨어져 있는 물체에 중력이 어떻게 미치는가?

멀리 떨어진 물체에 중력이 작용한다는 것은 중력마당이란 개념을 도입하면 쉽게 설명된다(소단원 4.2.3 참조). 지구 주위에 지구의 중력이 미칠 수 있는 중력마당이라는 공간이 형성되고, 이 중력마당은 그 공간의 한 점에 있는 물체에 중력을 작용한다고 생각한다. 이와 같이 지구의 중력마당은 지구와 물체 사이에 작용하는 중력의 중개자 또는 "힘 나르개(force carrier)"의 역할을 한다. 앞에서 주로 힘마당, 예를 들면 중력마당의 정성적인 이야기만 했으나, 이제 정량적인 정의를 하고자 한다.

6.3.1 중력마당벡터와 중력퍼텐셜

중력마당의 특성은 중력의 근원이 되는 물체의 질량(지구의 질량)에 의하여 결정되고, 그 중력마당 속에 놓인 물체의 질량에는 아무 관계가 없다. 다만 중력마당 내의 한 점에서 질량 m의 물체가 받는 중력이 $\vec{w}=m\vec{g}$가 될 뿐이다. 따라서 중력마당은 중력가속도 또는 단위질량($m=1$)에 작용하는 중력인 $\vec{g}$로 기술할 수 있다.

일반적으로, 중력마당 내의 한 점에 있는 질량 m[kg]의 물체가 받는 중력이 $\vec{F}$[N]일 때 그 점에서 중력마당 $\vec{g}$[N/kg]는

$$\vec{g}=\frac{\vec{F}}{m} \tag{6.38}$$

로 정의된다. 이를 **중력마당벡터**(gravitational field vector)라고도 한다. 곧

중력마당의 세기는 단위질량에 작용하는 중력과 같으며, 그 방향은 중력의 방향과 같다.

따라서 중력마당 $\vec{g}$는 중력 $\vec{F}$를 받는 물체의 가속도와 같으므로, 바로 자유낙하하는 물체의 중력가속도와 같다. 중력마당의 근원인 질량 M의 물체로부터 $\vec{r}$의 위치에 있는 질량 m의 물체가 받는 힘은 두 물체 사이의 중력상호작용에 의한 힘

$$\vec{F} = -G\frac{Mm}{r^2}\hat{r}$$

이므로, 중력마당의 근원물체로부터 $\vec{r}$의 위치에서 중력마당 $\vec{g}(r)$는

$$\vec{g}(r) = -G\frac{M}{r^2}\hat{r} \tag{6.39}$$

로 주어진다.

○ 중력선

중력마당이 $\vec{g}$인 점에 있는 질량 m의 질점은 $\vec{F} = m\vec{g}$의 중력을 받아서 그 힘의 방향으로 이동한다. 그 질점이 이동하는 행로를 나타내는 곡선을 그릴 수 있다. 이 곡선을 중력마당의 **힘선**(force line) 또는 **중력선**(gravitational force line)이라 한다.

그림 6.20은 질량이 M인 질점 주위에 형성된 중력마당의 힘선, 곧 중력선 모양을 나타낸다. 작은 화살표는 그 점에서 단위질량이 받는 중력, 곧 중력마당벡터 $\vec{g}$를 나타낸다. 중력선은 항상 질점 M(힘샘)에서 끝난다. 질량 M이 질점 또는 **점질량**(point mass)이기 때문에 중력선의 모양은 **점대칭**(point symmetry)이다. 어느 방향으로 보아도 구분이 되지 않는다.

둥근 지구의 질량이 균질이라 하면 지구 주위에 형성되는 중력마당의 중력선의 모양은 **그림 6.20**과 같은 방사상 모양이 된다. 한편, 지구 표면 가까이에서 중력마당 $\vec{g}$는 중력가속도와 같고 일정하므로 중력마당의 중력선의 모양은 **그림 6.21**과 같다. 곧 중력선은 서로 나란하고 일정한 간격으로 균일하다. 이와 같이 중력선은 중력마당을 시각적으로 표현하는 데 편리하다. 곧

① 중력마당의 한 점에서 중력선의 밀도는 중력마당의 세기에 비례한다

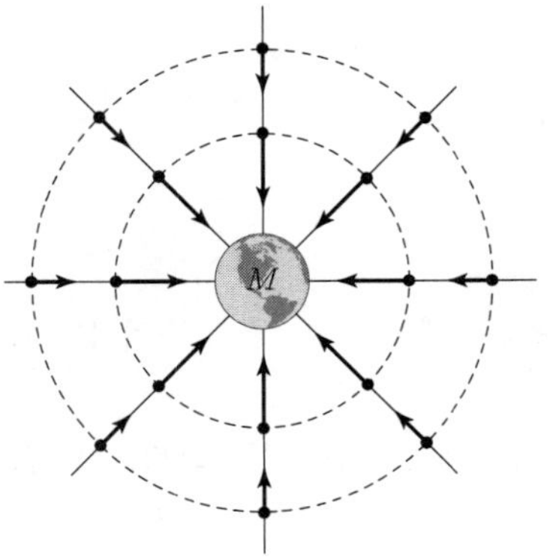

그림 6.20 점 질량 주위의 중력마당의 모양

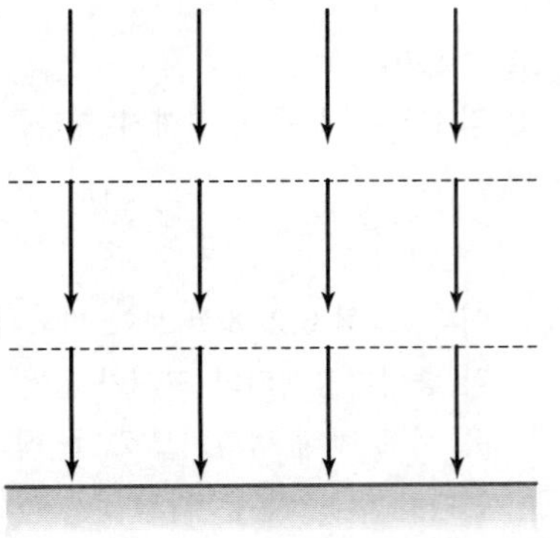

그림 6.21 지구 표면 가까이의 균일한 중력마당

② 중력선의 접선 방향은 중력마당의 방향이다

라고 약속을 하면 중력선으로 중력마당의 모양을 시각적으로 나타낼 수 있다. 이 중력선은 절대로 서로 만나지 않는다. 만일 만난다면 접선 방향이 한 개 이상 존재하므로 한 점에서 중력마당벡터가 한 개 이상 존재하게 된다. 이는 모순이다.

예제 6.16 두 질점에 의한 중력마당(중력마당의 중첩)

질량이 M인 두 질점이 **그림 6.22**와 같이 y축상에 $+a$[m] 및 $-a$[m]의 점에 위치하고 있다.

① x축상의 한 점 P$(x, 0)$에서의 중력마당벡터를 구하라.

② 원점 및 무한원점에서 중력마당벡터를 각각 구하라.

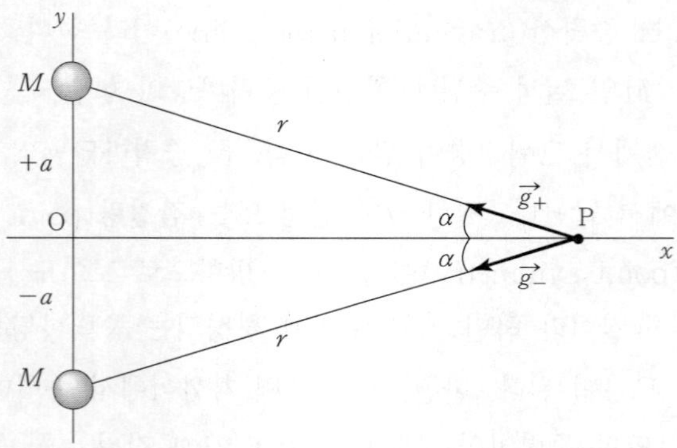

그림 6.22 중력마당의 중첩

풀이 | y축상 두 점 $+a$ 및 $-a$에 있는 두 질점이 점 P에 만드는 중력마당을 각각 $\vec{g}_+$ 및 $\vec{g}_-$라 하면, 점 P에서 중력마당은

$$\vec{g} = \vec{g}_+ + \vec{g}_-$$

로 주어진다.

① 점 P로부터 두 질점까지 거리를 r라 하면 중력마당벡터의 크기는

$$g_+ = g_- = -G\frac{M}{r^2} \tag{6.40}$$

이다. **그림 6.22**에서 보는 바와 같이 두 질점이 x축에 대해서 대칭적으로 위치하고 있으므로 각 중력마당벡터의 크기가 같을 뿐 아니라 그들의 x 및 y성분도 서로 같다. 그러나 y성분은 서로 반대 방향이므로 두 벡터 $\vec{g}_+$ 및 $\vec{g}_-$를 합성하면 y성분은 상쇄되고 x성분만 남는다. 그 x성분은 각각

$$g_{+;x} = g_+ \cos\alpha, \quad g_{-;x} = g_- \cos\alpha$$

이므로

$$g_x = g_{+;x} + g_{-;x} = 2g_+ \cos\alpha$$

이다. 여기서 각 α는 $\vec{g}_+$ 또는 $\vec{g}_-$가 x축과 이루는 각이다. 따라서 식(6.40) 및

$$\cos\alpha = \frac{x}{r}, \quad r = \sqrt{a^2 + x^2}$$

를 고려하면

$$g_x = -G\frac{2M}{r^2}\cos\alpha = -G\frac{2Mx}{r^3} = -G\frac{2Mx}{(\sqrt{a^2+x^2})^3}$$

이므로, 점 P에서 중력마당벡터는

$$\vec{g} = i g_x = -\hat{i}G\frac{2Mx}{r^3} = -\hat{i}G\frac{2Mx}{(\sqrt{a^2+x^2})^3} \tag{6.41}$$

가 된다.

② 원점에서는 $x=0$이므로 식(6.41)에 의하여

$$\vec{g}(0) = 0$$

이다.

특히 $a \ll x$인 경우

$$\sqrt{a^2+x^2} = x\sqrt{1+\frac{a^2}{x^2}} \cong x\left(1+\frac{1}{2}\frac{a^2}{x^2}\right)$$

로 어림되므로(부록 D.15-2a 참조), 식(6.41)은

$$\vec{g} \cong -\hat{i}G\frac{2M}{x^2}\frac{1}{\left(1+\frac{1}{2}\frac{a^2}{x^2}\right)^3} \cong -\hat{i}G\frac{2M}{x^2}\left(1-\frac{3}{2}\frac{a^2}{x^2}\right)$$

로 어림된다. 따라서 무한원점($x\to\infty$)에서는

$$\vec{g} = -\hat{i}G\frac{2M}{x^2} \quad (x\to\infty)$$

이 된다. 곧 점 P가 무한히 멀리 있으면 마치 질량 $2M$의 질점 한 개가 원점에 있는 경우의 중력마당과 같다.

○ 중력퍼텐셜

중력 $\vec{F}$와 중력위치에너지 U 사이에는 식(6.26)

$$dU(r) = -\vec{F}\cdot d\vec{r}$$

의 관계식이 성립한다. 양변을 질량 m으로 나누어 주면

$$d\Phi = -\vec{g}\cdot d\vec{r} \tag{6.42}$$

가 된다. 여기서

$$\Phi = \frac{U}{m} \tag{6.43}$$

라 두었다. $\vec{g}$는 식(6.38)로 주어지는 단위질량에 대한 중력인 중력마당벡터이고, Φ는 단위질량에 대한 중력위치에너지인데, 이를 **중력퍼텐셜**(gravitational potential)이라 한다. 따라서 중력마당과 중력퍼텐셜 사이에는 식(6.42)의 관계식이 성립한다. 이 관계식은 중력과 중력위치에너지 사이의 관계식(6.26)에 대응된다. 여기에 $d\vec{r} = \hat{\tau}\, ds$임을 고려하면

$$d\Phi = -g_s\, ds \tag{6.44}$$

이고, 따라서

$$g_s = -\frac{d\Phi}{ds} \tag{6.45}$$

로 주어진다. 여기서 g_s는 중력마당벡터의 s성분이다. 이들은 각각 식(6.31) 및 식(6.32)에 대응된다.

식(6.42)로부터 중력마당의 한 점에서 중력퍼텐셜은

$$\Phi(r) = -\int_{\vec{r}_0 = \text{기준}}^{\vec{r}} \vec{g}\cdot d\vec{r} \tag{6.46}$$

로 주어진다. 이것은 식(6.27)에 대응한다. 여기에 식(6.39)를 대입하여 적분하면

$$\Phi(r) = -\int_{\vec{r}_0}^{\vec{r}} -G\frac{M}{r^2}\,\hat{r}\cdot d\vec{r} = \int_{r_0}^{r} G\frac{M}{r^2}\,dr = -\left(G\frac{M}{r} - G\frac{M}{r_0}\right)$$

를 얻는다. 여기서 기준점을 무한원점으로 하면

$$\Phi(r) = -G\frac{M}{r} \quad (\text{기준점 } r_0 = \infty) \tag{6.47}$$

를 얻는다. 이것은 중력의 근원물체로부터 거리가 r인 점의 중력퍼텐셜인데, 식(6.29)를 식(6.43)에 대입하여 얻은 결과와 같다.

중력마당이 한 일은 중력퍼텐셜 Φ로 표현할 수 있다. 위치에너지의 감소가 힘이 한 일과 같으므로(식(3.32) 참조), 식(6.43)을 고려하면 힘마당이 한 일은

$$\begin{aligned} W &= -(U_{\rm f} - U_{\rm i}) \\ &= -(m\Phi_{\rm f} - m\Phi_{\rm i}) \end{aligned}$$

$$= -m(\Phi_f - \Phi_i) = -m\Delta\Phi$$

로 주어진다. 따라서

$$\frac{W}{m} = -\Delta\Phi \tag{6.48}$$

이다. 이 식의 오른쪽은 중력퍼텐셜의 감소이다. 곧

중력마당이 단위질량에 한 일은 중력퍼텐셜의 감소와 같다.

따라서 식(6.42)에서 $-d\Phi$는 중력마당 $\vec{g}$에서 단위질량의 물체를 $d\vec{r}$만큼 변위시키는 데 중력마당이 한 일을 나타낸다.

○ 등퍼텐셜면

중력퍼텐셜 Φ가 일정한 곡면, 곧 중력퍼텐셜이 같은 점들로 된 곡면을 **등퍼텐셜면**(equipotential surface)이라 한다. 등퍼텐셜면은

$$\Phi(x,\ y,\ z) = (\text{일정})$$

으로 표현된다. 식(6.48)에 의하여 등퍼텐셜면 위에서 힘마당이 한 일은 0이다.

등퍼텐셜면($\Phi = (\text{일정})$)에서, 두 점 사이의 퍼텐셜의 차이 또는 단위질량의 물체를 이동시키는 데 중력마당이 한 일은 0이므로 $d\Phi = 0$이다. 따라서 식(6.42)에서

$$\vec{g} \cdot d\vec{r} = 0 \tag{6.49}$$

이므로 $\vec{g}$는 $d\vec{r}$에 수직이다(소단원 3.3.2 참조). 여기서, $d\vec{r}$는 등퍼텐셜면 위의 두 점 사이의 변위벡터이므로, 식(6.49)는

중력마당벡터 $\vec{g}$는 등퍼텐셜면에 수직이다.

라는 것을 뜻한다. **그림 6.20**에서 질량 M 주위의 (점선)동심원 및 **그림 6.21**의 지구 표면에 나란한 점선은 등퍼텐셜면을 나타낸다.

○ 중력마당벡터와 중력퍼텐셜

중력과 중력위치에너지 사이에는 식(6.31)의 관계가 성립한다. 다시 말하면 중력 $\vec{F}$가 주어

지면 적분에 의하여 중력위치에너지가 얻어지고(식(6.27) 참조), 중력위치에너지 U가 주어지면 위치에 대한 U의 미분, 곧 음의 도함수(또는 미분계수)를 구하면 힘이 얻어진다(식(6.32) 참조).

이와 마찬가지로, 중력마당벡터와 중력퍼텐셜 사이에는 식(6.42) 또는 식(6.44)의 관계가 성립한다. 다시 말하면 중력마당벡터 $\vec{g}$가 주어지면 식(6.46)에 의하여 중력퍼텐셜 Φ가 얻어지고, 역으로 중력퍼텐셜이 Φ가 주어지면 위치에 대한 Φ의 음의 도함수(또는 미분계수) 식(6.45)에 의하여 중력마당벡터 $\vec{g}$가 얻어진다. 곧 중력마당벡터나 중력퍼텐셜 중의 하나만 주어지면 중력마당을 기술할 수 있다.

예제 6.17 두 질점에 의한 중력퍼텐셜

예제 6.16에서와 같은 경우

① 점 P에서 두 질점에 의한 중력퍼텐셜을 (a) 식(6.47) 및 (b) 식(6.46)을 이용하여 각각 구하라.

② ①의 결과식으로부터 식(6.45)를 이용하여 중력마당벡터를 구하라.

③ 원점 및 무한원점에서 중력퍼텐셜을 구하라.

풀이 ① 두 질점에 의한 점 P에서 중력퍼텐셜을 각각 Φ_+, Φ_-라 하자.

(a) 이들은 다같이 식(6.47)에 의하여

$$\Phi_+ = \Phi_- = -G\frac{M}{r} \quad (\text{기준점 } r_0 = \infty)$$

이다. 따라서 점 P에서 두 질점에 의한 중력퍼텐셜은

$$\Phi = \Phi_+ + \Phi_- = -G\frac{2M}{r} = -G\frac{2M}{\sqrt{a^2+x^2}} \tag{6.50}$$

이 된다.

(b) 식(6.41)을 식(6.46)에 대입하면

$$\begin{aligned}\Phi(x) &= -\int_{x_0=\text{기준}}^{x} -G\frac{2Mx}{(\sqrt{a^2+x^2})^3}\,dx \\ &= 2GM\int_{x_0=\text{기준}}^{x}\frac{x\,dx}{(\sqrt{a^2+x^2})^3}\,dx\end{aligned}$$

이 된다. 윗식에서 적분한계 $[\vec{r}, \vec{r}_0]$가, 적분변수가 $\vec{r}$에서 x로 바뀌기 때문에, $[x, x_0]$로 바뀌었다.

위의 적분을 수행하기 위하여 변수변환을 한다. 곧 $\rho^2 = a^2 + x^2$라 두면 $2\rho\,d\rho = 2x\,dx$이므로 위의 적분은

$$\int\frac{x\,dx}{(\sqrt{a^2+x^2})^3} = \int\frac{d\rho}{\rho^2} = -\frac{1}{\rho} = -\frac{1}{\sqrt{a^2+x^2}}$$

이 된다. 따라서 기준점을 $r_0 = \infty$ 또는 $x_0 = \infty$로 하면 점 P에서 퍼텐셜은

$$\begin{aligned}\Phi(x) &= \int_{x_0=\infty}^{x} G\frac{2Mx}{(\sqrt{a^2+x^2})^3}\,dx = -2GM\left[\frac{1}{\sqrt{a^2+x^2}}\right]_{x_0=\infty}^{x}\\ &= -G\frac{2M}{\sqrt{a^2+x^2}}\end{aligned}$$

이 되어 식(6.50)과 일치한다.

② 중력퍼텐셜 식(6.50)은 x만의 함수이다. 따라서 식(6.45)에 의하여

$$\begin{aligned}g_x &= -\frac{d\Phi(x)}{dx} = 2GM\frac{d}{dx}\frac{1}{\sqrt{a^2+x^2}} = 2GM\left\{-\frac{1}{2}\frac{2x}{(\sqrt{a^2+x^2}\,)^3}\right\}\\ &= -G\frac{2Mx}{(\sqrt{a^2+x^2}\,)^3}\end{aligned}$$

$$g_y = -\frac{d\Phi(x)}{dy} = 0,\quad g_z = -\frac{d\Phi(x)}{dz} = 0$$

이다. 따라서 중력마당벡터 $\vec{g}$는

$$\vec{g} = \hat{i}g_x = -\hat{i}G\frac{2Mx}{(\sqrt{a^2+x^2}\,)^3}$$

로 주어진다. 이는 **예제 6.16** ①의 결과와 일치한다.

③ 원점에서는 $x=0$이므로 식(6.50)에 의하여

$$\Phi(0) = -G\frac{2M}{a}$$

이다. 특히 $a \ll x$인 경우 식(6.50)은

$$\Phi = -G\frac{2M}{x}\frac{1}{\sqrt{1+\frac{a^2}{x^2}}} \cong -G\frac{2M}{x}\left(1-\frac{a^2}{2x^2}\right)$$

로 어림된다. 따라서 무한원점$(x\to\infty)$에서는

$$\Phi = -G\frac{2M}{x}\quad (x\to\infty)$$

로 어림된다.

6.3.2 부피가 있는 물체에 의한 중력마당

이제까지 만유인력 또는 중력을 생각할 때 부피가 없는 물체를 생각했다. 곧 중력의 법칙을 표현한 식(6.5)를 비롯한 중력마당벡터 및 중력퍼텐셜의 정의 식(6.39) 및 식(6.47)은 모두 물체가 질점인 경우에 대해서 생각한 것이다. 이를 일반화하여 부피가 있는 물체의 경우에로 확장하려고 한다.

질량이 m_0인 질점이 질량이 M_1, M_2, …인 다른 뭇질점으로부터 받는 만유인력 또는 중

력 $\vec{F}_0$는 각 질점으로부터 받는 중력의 벡터합이다(**예제 6.7** 참조). 곧

$$\vec{F}_0 = \vec{F}_{01} + \vec{F}_{02} + \cdots$$
$$= -G\frac{M_1 m}{r_{01}^2}\hat{r}_{01} - G\frac{M_2 m}{r_{02}^2}\hat{r}_{02} - \cdots$$

로 주어진다. 여기서 $\vec{r}_{0i}$는 질점 $M_i(i=1, 2, \cdots)$에 대한 질점 m_0의 위치벡터이다. 따라서 뭇질점 M_1, M_2, $\cdots$에 의하여 질점 m_0의 위치에 이루어지는 중력마당벡터 $\vec{g}_0$는 식(6.38)에 의하여

$$\vec{g} = \frac{\vec{F}_0}{m}$$

이므로

$$\vec{g}_0 = \vec{g}_{01} + \vec{g}_{02} + \cdots$$
$$= -G\frac{M_1}{r_{01}^2}\hat{r}_{01} - G\frac{M_2}{r_{02}^2}\hat{r}_{02} - \cdots$$

로 주어진다.

○ 부피가 있는 물체의 중력마당

예를 들어 균일하게 질량이 분포된 긴 막대에 의한 중력마당을 구해보자.

그림 6.23(a)와 같이, 점 P에서 중력마당벡터는 막대를 N개의 미소한 부분으로 나누어 각 미소한 부분으로부터 받는 중력마당의 벡터합으로 주어진다. 그 미소한 부분의 질량(**질량소** : mass element)을 ΔM_1, ΔM_2, ΔM_3, $\cdots$, ΔM_i, $\cdots$, ΔM_N이라 하면, 이들 질량소에 의한 중력마당은 각각

$$\Delta\vec{g}_1 = -G\frac{\Delta M_1}{r_1^2}\hat{r}_1,$$
$$\Delta\vec{g}_2 = -G\frac{\Delta M_2}{r_2^2}\hat{r}_2,$$
$$\cdots,$$
$$\Delta\vec{g}_i = -G\frac{\Delta M_i}{r_i^2}\hat{r}_i,$$
$$\cdots,$$
$$\Delta\vec{g}_N = -G\frac{\Delta M_N}{r_N^2}\hat{r}_N$$

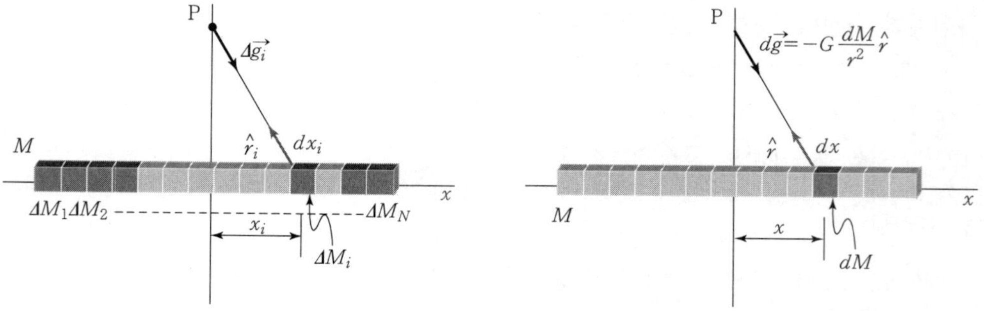

(a) 긴 막대의 무한히 많은 질량소 (b) 질량소 dM에 의한 중력마당 $d\vec{g}$

그림 6.23 가늘고 긴 막대의 중력마당 구하기

이다. 여기서 $\vec{r}_i$는 미소한 부분의 질량소 ΔM_i($i=1, 2, \cdots, N$)에 대한 점 P의 위치벡터이다. 따라서 이들 질량소에 의한 점 P에서 중력마당벡터 $\vec{g}$는

$$\vec{g} \cong \Delta\vec{g}_1 + \Delta\vec{g}_2 + \cdots + \Delta\vec{g}_i + \cdots + \Delta\vec{g}_N$$

$$\cong -G\frac{\Delta M_1}{r_1^2}\,\hat{r}_1 - G\frac{\Delta M_2}{r_2^2}\,\hat{r}_2 - \cdots - G\frac{\Delta M_i}{r_i^2}\,\hat{r}_i - \cdots - G\frac{\Delta M_N}{r_N^2}\,\hat{r}_N$$

로 주어진다. 이를 다시 쓰면

$$\vec{g} \cong -\sum_{i=1}^{N} G\frac{\Delta M_i}{r_i^2}\,\hat{r}_i \tag{6.51}$$

가 된다. 여기서 질량소 ΔM_i는 부피가 없는 질점이라고 보기는 어렵다. 그러나 막대를 무한히 많은 미소 부분으로 나누면 질량소는 질점에 무한히 가까워진다. 곧 $N\to\infty$일 때 질량소는 질점이라고 볼 수 있게 된다. 따라서 점 P에서 중력마당벡터는 무한히 많은 질량소로 나누었을 때($N\to\infty$)의 식(6.51)의 극한값

$$\vec{g} = -\lim_{N\to\infty}\sum_{i=1}^{N} G\frac{\Delta M_i}{r_i^2}\,\hat{r}_i \tag{6.52}$$

로 주어진다.

오른쪽의 극한값이 존재하면 수학에서는

$$\lim_{N\to\infty}\sum_{i=1}^{N} G\frac{\Delta M_i}{r_i^2}\,\hat{r}_i \equiv \int_V G\frac{dM}{r^2}\,\hat{r}$$

라는 기호를 사용한다. 여기서 적분기호 $\int_V$에서 아래 첨자 "V"는 질량이 분포된 공간 또는 영역을 나타내는 문자기호로, 그 공간이 삼차원 공간이면 부피(V), 이차원이면 넓이(S), 일

차원이면 곡선(C 또는 s)을 각각 나타낸다.

그래서 식(6.52)는 적분기호로

$$\vec{g} = -\int_V G\frac{dM}{r^2}\hat{r} \tag{6.53}$$

로 표현된다.

때때로 미소한 질량소 ΔM에 의한 중력마당 $\Delta\vec{g}$를 $N\to\infty$의 경우 $\Delta\vec{g} = -G\frac{\Delta M}{r^2}\hat{r}$ 대신에

$$d\vec{g} = -G\frac{dM}{r^2}\hat{r} \tag{6.54}$$

로 쓰기도 한다(**그림 6.23(b)** 참조). 그 크기는

$$dg = -G\frac{dM}{r^2} \tag{6.55}$$

이다. 이렇게 미분형으로 표현하는 것이 편리할 때가 종종 있다. 이 질량소 dM에 의한 중력마당의 미분형을 식(6.53)과 같이 질량이 분포된 전 공간에 걸쳐서 적분하면 점 P에서 중력마당이 얻어지기 때문이다.

이제까지는 직선상에 분포된 경우에 대해서 논의한 결과이나, 일반적인 이차원이나 삼차원 공간의 경우에도 성립한다.

예제 6.18 균질인 막대의 중력마당

질량이 골고루 분포된 질량이 M, 길이가 L인 막대가 있다.

① 이 막대의 수직이등분 선상에 막대로부터 거리가 a인 점 P에서 중력마당을 구하라.

② 점 P가 막대로부터 무한히 멀리 떨어져 있는 경우 중력마당벡터를 구하라.

풀이 | 이 막대가 x축상에 놓여 있고, 수직이등분선을 y축으로 택하면 점 P의 좌표는 $(0,\ a)$라 할 수 있다.

① 막대의 질량소 ΔM 또는 dM은 $-L/2$에서 $L/2$ 사이에 분포되어 있으므로 중력마당벡터 $\vec{g}$는 식(6.53)에 의하여

$$\vec{g} = -\int_{-L/2}^{L/2} G\frac{dM}{r^2}\hat{r}$$

로 된다. 이 적분 계산은 문제의 대칭성, 곧 수직이등분선에 대한 막대의 좌우 대칭성을 이용하면 쉽게 계산된다.

막대는 **그림 6.24**에서 보는 바와 같이 원점 O에 대해서 좌우 대칭이므로 질량소 dM의 반대편에 똑같은 질량소가 존재한다. 이 대칭 위치에 있는 두 질량소에 의한 중력마당벡터의 크기뿐 아니라 그들의 x 및 y성분의 크기도 같다. y성분의 방향은 서로 같으나, x성분은 방향

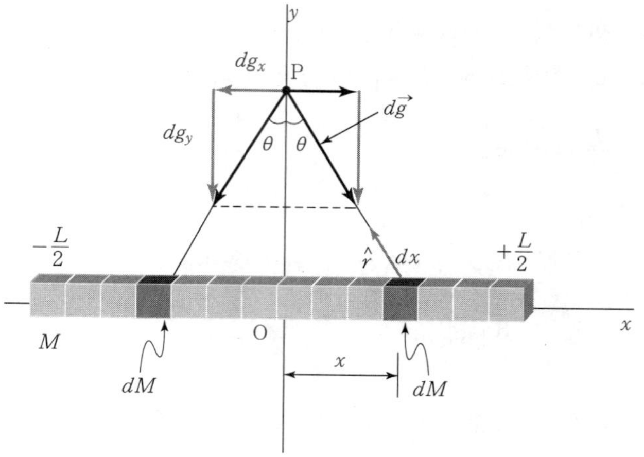

그림 6.24 막대의 대칭적 질량 분포에 의한 중력마당

이 서로 반대이다. 따라서 질량이 분포된 영역 $-\frac{L}{2}$ 에서 $\frac{L}{2}$ 사이에 걸쳐서 각 질량소에 의한 중력마당을 합성하면 x 성분은 상쇄되고, y 성분만 남는다. 곧 알짜 중력마당은 y성분뿐이다.

질량소 dM에 의한 중력마당 $d\vec{g}$의 y 성분은, 식(6.55)를 고려하면,

$$dg_y = dg\cos\theta = -G\frac{dM}{r^2}\cos\theta \tag{6.56}$$

가 된다. 여기서 각 θ는 질량소 dM에 대한 점 P의 위치벡터 $\vec{r}$가 y축과 이루는 각이므로 질량소에 따라 변하는 변수이다. 또, 질량소 dM은 그 길이를 dx, 막대의 선밀도를 λ라 하면 $dM = \lambda dx$이고, $r = \sqrt{a^2 + x^2}$임을 고려하면, 질량이 골고루 분포되어 있으므로 선밀도 λ가 일정하고, 물론 a도 일정하므로, 식(6.56)에서 변수는 x, θ 두 개임을 알 수 있다. 이 두 변수는

$$x = a\tan\theta \tag{6.57}$$

의 관계식을 만족한다. 이를 이용하여 식(6.56)을 변수 θ만으로 표현하면

$$\begin{aligned} dg_y &= -G\frac{dM}{r^2}\cos\theta = -G\frac{\lambda\, dx}{a^2 + x^2}\cos\theta \\ &= -G\lambda\frac{a\sec^2\theta\, d\theta}{a^2(1+\tan^2\theta)}\cos\theta \\ &= -G\frac{\lambda}{a}\cos\theta\, d\theta \end{aligned}$$

가 된다. 여기서 $dx = a\sec^2\theta\, d\theta$임을 이용하였다. 따라서 알짜 중력마당은

$$g_y = -G\frac{\lambda}{a}\int_{-\theta_0}^{\theta_0}\cos\theta\, d\theta$$

로 주어진다. 여기서 x에 대한 적분구간은 $[-\frac{L}{2}, \frac{L}{2}]$인데, θ에 대한 적분구간을 $[-\theta_0, \theta_0]$라 두었다. 식(6.57)에 의하여 $x = L/2$일 때 $\theta = \theta_0$, 곧

$$\frac{L}{2} = a\tan\theta_0 \tag{6.58}$$

라 두었다.

윗식의 오른쪽 적분은 $\int \cos\theta\, d\theta = \sin\theta$ 이므로

$$g_y = -G\frac{\lambda}{a}[\sin\theta]_{-\theta_0}^{\theta_0} = -G\frac{2\lambda}{a}\sin\theta_0$$

인 데, 여기에 선밀도 λ는 $\lambda = \frac{M}{L}$ 이고, 식(6.58)에 의하여 $\sin\theta_0 = \frac{L/2}{\sqrt{a^2+(L/2)^2}}$ 임을 고려하면

$$g_y = -G\frac{2M/L}{a}\frac{L/2}{\sqrt{a^2+(L/2)^2}} = -G\frac{M}{a}\frac{1}{\sqrt{a^2+(L/2)^2}}$$

가 된다. 따라서 점 P에서 중력마당벡터는

$$\vec{g} = \hat{j}g_y = -\hat{j}G\frac{M}{a}\frac{1}{\sqrt{a^2+(L/2)^2}}$$

로 주어진다.

② $L \ll a$임을 고려하면

$$\vec{g} = -\hat{j}G\frac{M}{a}\frac{1}{\sqrt{a^2+(L/2)^2}} = -\hat{j}G\frac{M}{a^2}\frac{1}{\sqrt{1+(L/2a)^2}}$$
$$\cong -\hat{j}G\frac{M}{a^2}\left\{1-\frac{1}{8}\left(\frac{L}{a}\right)^2\right\}$$

로 어림된다. 더 나아가서

$$\vec{g} \approx -\hat{j}G\frac{M}{a^2}$$

로 어림된다. 곧 막대로부터 무한히 먼 점에서 중력마당은 질량이 M인 질점에 의한 중력마당과 같다.

○ 균질의 가락지

가장 간단한 경우로, 질량이 골고루 분포된 반지름 R, 질량 M의 가는 가락지에 의한 중심축상의 한 점 P에서 중력마당을 구해보자.

가락지를 무한히 많은 질량소로 나누어 각 질량소에 의한 중력마당벡터의 벡터합이 점 P에서의 중력마당벡터이다. **그림 6.25**에서와 같이, 질점이라고 볼 수 있을 정도로 무한히 작은

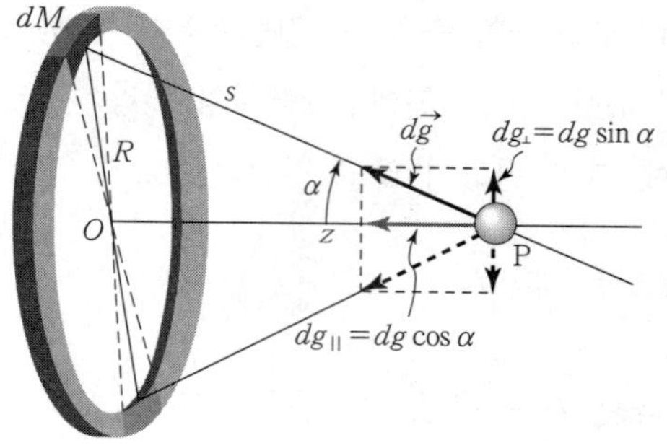

그림 6.25 균질의 가는 가락지에 의한 중력마당

질량소 dM으로부터 점 P까지의 거리를 s, 점 P의 가락지 중심으로부터 거리를 z, dM과 점 P를 잇는 직선이 중심축과 이루는 각을 α라 한다.

질량소 dM에 의한 점 P에서 중력마당벡터 $d\vec{g}$의 벡터합 또는 적분이 바로 점 P에서 중력마당벡터이다. 이 $d\vec{g}$의 크기 dg는 식(6.55)에 의하여

$$dg = -G\frac{dM}{s^2} \tag{6.59}$$

로 주어진다.

중력마당벡터 $d\vec{g}$를 중심축에 나란한 성분 $dg_\parallel$ 및 수직인 성분 $dg_\perp$으로 분해할 수 있다. 이들을 가락지의 무한히 많은 질량소에 대해서 더하기를 하면 가락지의 중심축에 대한 대칭성 때문에 수직 성분 $dg_\perp$은 모두 상쇄되고 나란한 성분 $dg_\parallel$(또는 dg_z)의 합만 남는다(**예제 6.16** 및 **예제 6.18** 참조). 따라서 알짜중력마당은 중심축에 나란한 성분뿐이다.

질량소 dM에 의한 중력마당의 중심축에 나란한 성분은 $dg_\parallel = dg\cos\alpha$이므로, 식(6.59)를 고려하면

$$dg_\parallel = -G\frac{dM}{s^2}\cos\alpha$$

가 된다. 이를 가락지의 모든 질량소에 대해서 모으면, 곧 양변을 적분하면 가락지의 점 P에서 중력마당이 얻어진다. 질량소의 위치에 따라 매개변수 s 및 α는 변하지 않는다. 곧 상수이다. 따라서,

$$g_\parallel = -\int G\frac{dM}{s^2}\cos\alpha = -\frac{G}{s^2}\cos\alpha\int dM$$

이다. 여기서 오른쪽의 적분 $\int dM$은 가락지의 모든 질량소의 더하기이므로 $\int dM = M$이다.

이것은 아래와 같은 방법으로도 구할 수 있다. 질량소의 길이(**선소** : line element)를 $d\ell$, 가락지의 선밀도를 λ라 하면 $dM=\lambda\, d\ell$ 인데, 가락지의 질량이 골고루 분포되어 있으므로 선밀도 λ는 선소 $d\ell$ 의 위치에 따라 변하지 않고 일정하므로

$$\int_C dM = \oint_C \lambda\, d\ell = \lambda \oint_C d\ell$$

이다. 여기서 $\oint_C$는 닫힌 곡선 C를 따른 선적분을 나타내는 것으로, 닫힌 곡선은 가락지 원둘레를 뜻한다. 곧 $\oint_C d\ell = 2\pi R$이므로

$$\int_C dM = \lambda \oint_C d\ell = \lambda 2\pi R = M$$

이다.

따라서 가락지에 의한 중심축상의 점 P에서 중력마당은

$$g_{\parallel} = -\frac{GM}{s^2}\cos\alpha \tag{6.60}$$

로 주어진다. 여기서 $\cos\alpha = \frac{z}{s}$, $s=\sqrt{R^2+z^2}$임을 고려하면

$$g_{\parallel} = -\frac{GMz}{s^3} = -\frac{GMz}{(\sqrt{R^2+z^2})^3} \tag{6.61}$$

또는

$$\vec{g} = \hat{k}\, g_{\parallel} = -\hat{k}\frac{GMx}{s^3} = -\hat{k}\frac{GMz}{(\sqrt{R^2+z^2})^3}$$

가 된다.

예제 6.19 얇은 균질의 원판에 의한 중력마당

반지름 a, 질량 M의 균질의 얇은 원판 중심으로부터 거리 z에 있는 중심축상의 한 점 P에서 중력마당을 구하라.

풀이 | 얇은 원판은 수많은 가느다란 띠 모양의 동심 가락지로 나눌 수 있다. 이들 가느다란 가락지에 의한 중력마당벡터의 벡터합이 원판에 의한 중력마당벡터이다. 따라서 중력마당벡터는 점 P에서 중심으로 향한다.

이 가느다란 띠 모양 가락지의 반지름을 R, 그 폭을 dR, 질량을 dM이라 하면 이 가락지에 의한 원판의 중심으로부터 거리 z에 있는 중심축상의 점 P에서 중력마당 dg_z(또는 $dg_{\parallel}$)는 식 (6.61)에 의하여

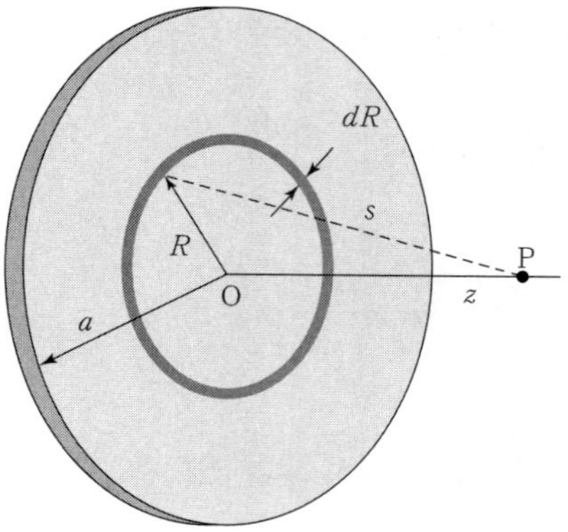

그림 6.26 얇은 원판의 중심축상의 중력마당

$$dg_z = -G\frac{z\,dM}{s^3} = -\frac{Gz\,dM}{(\sqrt{R^2+z^2})^3}$$

로 주어진다. 띠 모양 가락지의 넓이 dS는 $dS=(2\pi R)dR$이므로 면밀도를 σ라 하면 $dM=\sigma\,dS = \sigma(2\pi R)dR$이다. 그러므로

$$dg_z = -\frac{Gz\,\sigma(2\pi R)dR}{(\sqrt{R^2+z^2})^3} = -G2\pi\sigma z\frac{R\,dR}{(\sqrt{R^2+z^2})^3}$$

이다. 여기서 가느다란 가락지 (또는 질량소 dM)의 위치에 따라 R만이 변한다. 곧 변수는 R뿐이고, 가락지(또는 질량소 dM)는 $R=0$에서 $R=a$까지 분포되어 있다. 그래서 R에 대해서 적분하면

$$g_z = -G2\pi\sigma z\int_0^a \frac{R\,dR}{(\sqrt{R^2+z^2})^3}$$

이다. 여기서 적분은 $R^2+z^2=t$라 두면 $dt=2R\,dR$이므로

$$\int\frac{RdR}{(\sqrt{R^2+z^2})^3} = \int\frac{dt/2}{t^{3/2}} = \frac{1}{2}\left[\frac{-2}{t^{1/2}}\right] = -\frac{1}{t^{1/2}} = -\frac{1}{\sqrt{R^2+z^2}}$$

이다. 따라서

$$g_z = -G2\pi\sigma z\left[-\frac{1}{\sqrt{R^2+z^2}}\right]_0^a = -G2\pi\sigma\left[1-\frac{z}{\sqrt{z^2+a^2}}\right]^{*} \quad (z>0) \qquad (6.62)$$

---

* 식(6.62)는 일반적으로

$$g_z = -G2\pi\sigma z\left[-\frac{1}{\sqrt{R^2+z^2}}\right]_0^a = -G2\pi\sigma\left[\frac{z}{|z|}-\frac{z}{\sqrt{z^2+a^2}}\right]$$

로 주어진다. 여기서

$$|z| = \begin{cases} z : z>0 \\ -z : z<0 \end{cases}$$

이므로 (계속)

이다. 여기서 면밀도는 $\sigma=M/\pi a^2$이므로 중력마당은

$$g_z=-G\frac{2M}{a^2}\left[1-\frac{z}{\sqrt{z^2+a^2}}\right]\quad(z>0)$$

또는

$$\vec{g}=\hat{k}g_z=-\hat{k}G\frac{2M}{a^2}\left[1-\frac{z}{\sqrt{z^2+a^2}}\right]\quad(z>0)$$

로 주어진다.

특히 $a\ll z$인 경우, 곧 점 P가 무한히 멀리 있으면

$$\frac{z}{\sqrt{z^2+a^2}}=\frac{1}{\sqrt{1+\dfrac{a^2}{z^2}}}\cong 1-\frac{a^2}{2z^2}$$

로 어림할 수 있으므로

$$\vec{g}\cong-\hat{k}G\frac{M}{z^2}$$

가 된다. 곧 원판이 질량 M의 질점인 경우와 같아진다. 이것은 무한히 멀리서 보면 원판이 질량 M의 질점처럼 보인다고 생각하면 쉽게 이해된다.

6.3.3 대칭성이 있는 물체에 의한 중력마당

부피가 있는 물체 중에 질량 분포에 대칭성(symmetry)이 있는 경우 흥미로운 일이 많다. 특히, 뉴턴 자신도 질량이 공 모양으로 골고루 분포된 구면 대칭성이 있는 경우, 공 바깥의 한 점에서 중력마당은 모든 질량이 공의 중심에 모여 있는 질점의 경우와 같다는 것을 미분·적분의 방법으로 증명하였다. 이것은 구면대칭성(점대칭성)을 고려하면 쉽게 이해된다. 이러한 대칭성이 있는 경우 중력마당을 쉽게 구할 수 있게 하는 중력마당의 가우스 법칙 및 그 적용방법을 알아본다.

○ 균질의 공껍질(속 빈 공)

먼저 질량이 골고루 분포된 공껍질의 경우를 생각하자. 이것은 질량의 분포가 틀림없이 구

$$g_z=-G2\pi\sigma\left(\frac{z}{|z|}-\frac{z}{\sqrt{z^2+a^2}}\right)=\begin{cases}-G2\pi\sigma\left(1-\dfrac{z}{\sqrt{z^2+a^2}}\right) & : z>0\\ -G2\pi\sigma\left(-1-\dfrac{z}{\sqrt{z^2+a^2}}\right) & : z<0\end{cases}$$

가 된다.

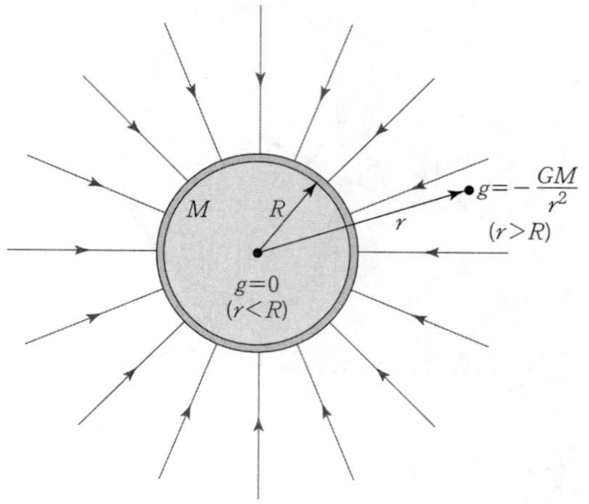

그림 6.27 구면 대칭적으로 질량이 분포된 공껍질의 중력선 모양

면대칭(spherical symmetry)을 띠고 있다. 곧 공의 중심에 대한 **점대칭**(point symmetry)이다. 중심에서 어느 방향으로 보아도 구별이 되지 않고 일정하다.

이러한 공껍질에 의한 중력선의 분포 모양은 **그림 6.27**과 같다. 이 공껍질의 중심을 좌표의 원점으로 하고, 반지름을 R, 질량을 M이라 하면, 구면대칭성에 의하여 공껍질 바깥에서 중력선의 모양은 공의 중심에서 볼 때 어느 방향에서나 같아야 한다. 따라서

① 모든 중력선은 지름 방향으로 공의 중심을 향한다. 곧 공의 중심에 모이는 것처럼 바깥에서 안으로 들어간다.

② 공껍질의 표면에서 중력선의 밀도는 어느 점에서나 같아야 한다. 곧 공껍질의 표면상의 모든 점에서 중력마당의 크기는 같아야 한다. 물론 공껍질 바깥의 공껍질과 동심 구면상에 있는 점들의 중력마당의 세기는 서로 같다. 그 중력마당의 세기, 곧 중력선의 밀도는 공껍질의 중심으로부터 반지름 r의 제곱에 반비례한다.

③ 한편, 공껍질의 안쪽에서는 중력선이 있을 수 없다. 만일 있다면 공껍질의 중심에 모이게 된다. 그러나 그 중심에는 질량이 없기 때문에 중심에 모일 수 없다. 따라서 중력선은 공껍질에서 끝난다. 그렇다고, 만일 껍질 내부에서 지름 방향으로 껍질쪽으로 향하는 중력선이 있다고 한다면, 중력선은 구면 대칭성에 의하여 중심으로부터 퍼져나와야 하므로 중심에서 중력선이 만나게 되는데 이것은 불가능하다. 왜냐하면 중력선의 정의에서 언급한 바와 같이 중력선은 서로 만나지 않기 때문이다.

이상의 구면 대칭으로 질량이 분포된 공껍질의 바깥에서 중력선의 모양으로부터, 특히 ① 및 ②로부터 중력선의 모양이 공껍질의 모든 질량이 공껍질의 중심에 모여 있는 경우와 같으므로, 공껍질 바깥에서 중력마당벡터는

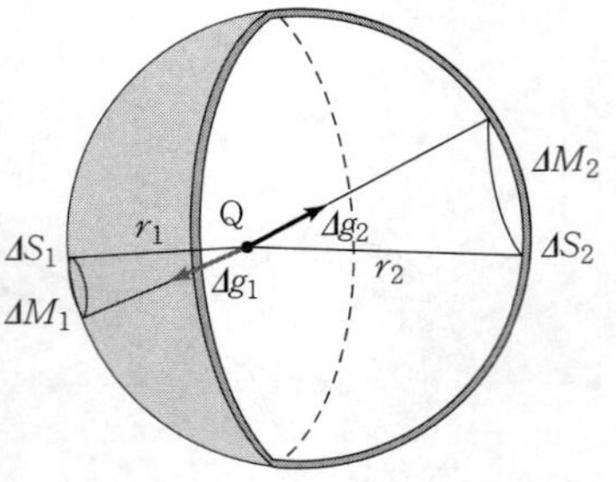

그림 6.28 공껍질 내부의 중력마당

$$\vec{g}(r) = -G\frac{M}{r^2}\hat{r} \quad (r > R) \tag{6.63}$$

이며, ③으로부터

$$\vec{g}(r) = 0 \quad (r < R) \tag{6.64}$$

임을 알 수 있다.

식(6.64)는 아래와 같은 방법으로도 이해할 수 있다. **그림 6.28**에서와 같이 공껍질의 내부의 한 점 Q에서 중력마당을 구해보자. 이것은 거리 r_1에 있는 공껍질의 일부분의 넓이 ΔS_1의 질량 ΔM_1에 의한 중력마당벡터 $\Delta\vec{g}_1$과 ΔS_1에 의하여 점 Q에서 펼쳐지는 각(**입체각** : solid angle)과 같은 각에 의하여 펼쳐지는 반대편 공껍질 부분의 넓이 ΔS_2의 질량 ΔM_2에 의한 중력마당벡터 $\Delta\vec{g}_2$를 서로 비교해보면 된다. 이 두 중력마당벡터의 방향은 서로 반대이다. 중력마당의 크기는 질량에는 비례하고, 거리의 제곱에는 반비례하는데, 이에 대해서 질량은 거리의 제곱에 비례하므로, 두 중력마당의 크기는 서로 같게 된다. 곧

$$\frac{\Delta g_1}{\Delta g_2} = \frac{\Delta M_1}{r_1^2}\bigg/\frac{\Delta M_2}{r_2^2} = \left(\frac{r_2^2}{r_1^2}\right)\left(\frac{\Delta M_1}{\Delta M_2}\right)$$

에서

$$\frac{\Delta M_1}{\Delta M_2} = \frac{\sigma\Delta S_1}{\sigma\Delta S_2} = \frac{\Delta S_1}{\Delta S_2} = \frac{r_1^2}{r_2^2}$$

$$\therefore \ \frac{\Delta g_1}{\Delta g_2} = 1$$

이다. 여기서 r_1, r_2는 각각 점 Q로부터 ΔM_1, ΔM_2까지 거리이고, σ는 면밀도이다. **그림 6.29(a)**는 공껍질의 지름 방향의 중력마당 g_r의 중심으로부터 거리 r에 대한 변화 모양을 나타낸다.

예제 6.20 공껍질의 중력퍼텐셜

공껍질에 의한 중력퍼텐셜을 식(6.46)을 이용하여 구하고, 식(6.45)를 이용하여 중력마당을 구하라.

풀이 | 공껍질 바깥의 중력마당은 대칭성에 의하여 공껍질의 모든 질량이 중심에 모여 있다고 생각하면 식(6.63) 및 식(6.64)로 주어진다. 공껍질 바깥의 한 점 P에서 중력퍼텐셜도 같은 방법으로 질량이 모두 중심에 모여 있다고 생각하면 식(6.47)에 의하여

$$\Phi(r) = -G\frac{M}{r} \quad (r > R) \tag{6.65}$$

임을 쉽게 알 수 있다.

한편, 공껍질 안쪽의 한 점 Q에서 중력퍼텐셜은 어떤 상수임을 알 수 있다. 왜냐하면 공껍질 안쪽($r < R$)에서 중력마당이 0이므로 이 영역에서 중력마당이 하는 일이 없으므로 이 영역에서 어떤 두 점 사이의 중력퍼텐셜의 차이가 $\Delta\Phi = 0$이기 때문이다. 따라서 이 영역은 등퍼텐셜면이

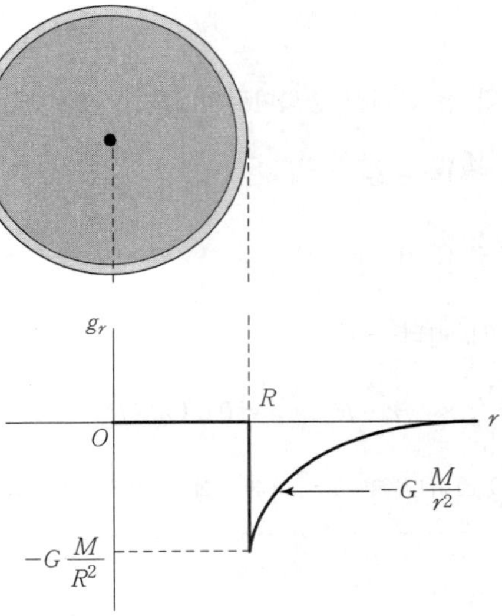

(a) $g_r - r$ 그래프

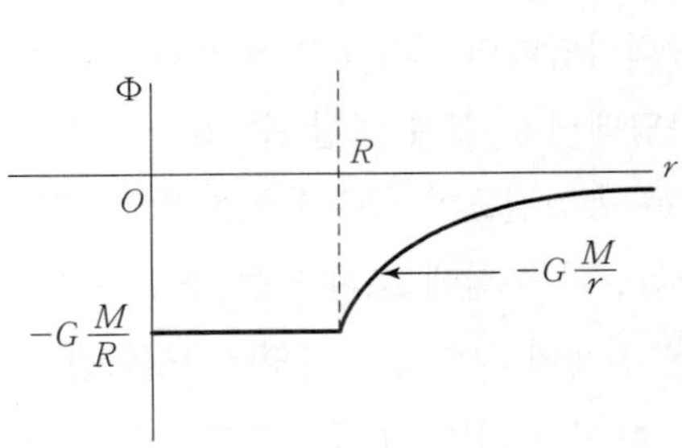

(b) $\Phi - r$ 그래프

그림 6.29 공껍질의 중력마당 및 중력퍼텐셜

므로 공껍질 표면($r=R$)에서 중력퍼텐셜과 같다. 곧 공껍질 안쪽 한 점 Q에서 중력퍼텐셜은

$$\Phi(r)=-G\frac{M}{R}=(\text{일정}) \quad (r\leq R) \tag{6.66}$$

로 주어진다.

위의 결과 식(6.65)를 식(6.46)에 의하여 구할 수 있다. 곧 점 P에서 중력마당 식(6.63)을 식(6.46)에 대입하면

$$\Phi(r)=-\int_{r_0=\text{기준}}^{r}-G\frac{M}{r^2}\hat{r}\cdot d\vec{r}=-\int_{r_0=\text{기준}}^{r}-G\frac{M}{r^2}dr$$
$$=-GM\left[\frac{1}{r}-\frac{1}{r_0}\right] \quad (r_0:\text{기준})$$

가 된다. 기준점을 무한원점($r_0=\infty$)으로 하면 식(6.65)를 얻는다.

역으로 식(6.65) 및 식(6.66)으로부터 식(6.45)에 의하여 중력마당을 얻을 수 있다. 곧 중력마당의 r 성분 g_r는

$$g_r=-\frac{d\Phi}{dr}$$

로 주어지므로 점 P 및 점 Q에서 중력마당의 크기는 식(6.65) 및 식(6.66)을 대입하면 각각

$$g_r=-\frac{d}{dr}\left(-G\frac{M}{r}\right)=-G\frac{M}{r^2} \quad (r>R)$$

$$g_r=-\frac{d}{dr}\left(-G\frac{M}{R}\right)=0 \quad (r<R)$$

가 된다. 따라서 중력마당벡터는 각각

$$\vec{g}=\hat{r}\,g_r=-G\frac{M}{r^2}\hat{r} \quad (r>R), \quad \vec{g}=0 \quad (r<R)$$

이다. 공껍질에 의한 중력마당 및 중력퍼텐셜의 모양은 **그림 6.29**와 같다.

◎ 균질의 속 찬 공

균질의 공껍질에 의한 중력마당벡터 식(6.63) 및 식(6.64)를 이용하면 속이 찬 균질의 공의 외부 및 내부에서의 중력마당벡터를 쉽게 구할 수 있다.

속이 찬 공은 무수히 많은 공껍질들이 연속적으로 쌓인 것이라고 볼 수 있다. 각 공껍질에 의한 중력마당은 질량이 공껍질의 중심에 모여 있는 경우와 같으므로, 속이 찬 공을 이루고 있는 무수히 많은 동심 공껍질 전체에 의한 중력마당은 모든 질량이 그 중심에 모여 있는 경우와 같게 된다. 그 전체 질량을 M이라 하면 그 중심으로부터 거리가 $r(r>R)$인 점에서 중력마당벡터는 식(6.63)에 의하여

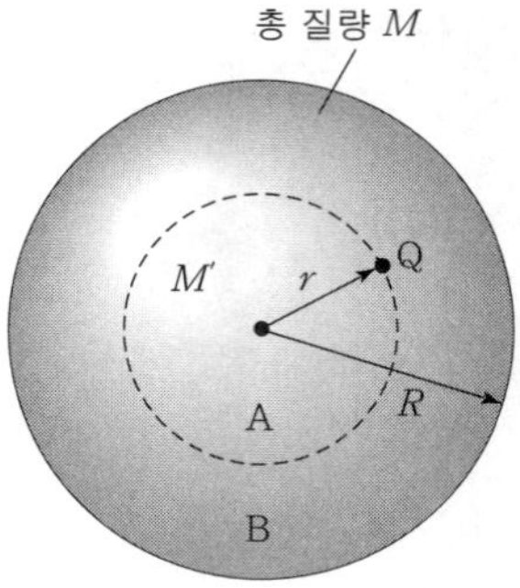

그림 6.30 균질의 속 찬 공 내부의 한 점 Q

$$\vec{g}(r) = -G\frac{M}{r^2}\hat{r} \quad (r > R)$$

가 된다. 이 관계식은 질량분포가 균일하지 않더라도, 밀도가 반지름 r만의 함수이면, 구면 대칭성이 유지되어 성립한다.

속이 찬 공의 내부 한 점 Q에서 중력마당을 구하려면, 중심으로부터 점 Q까지 거리 r $(r < R)$를 반지름으로 하는 속이 찬 작은 공(**그림 6.30**의 A부분)과 그 바깥의 공껍질(**그림 6.30**의 B부분)의 두 부분으로 나누어서 생각하는 것이 편리하다. 점 Q에서 중력마당은 속이 찬 작은 공 A에 의한 중력마당 $\vec{g}_A$와 점 Q를 둘러싸고 있는 공껍질 B에 의한 중력마당 $\vec{g}_B$의 벡터합으로 주어진다. 곧 $\vec{g}$는

$$\vec{g} = \vec{g}_A + \vec{g}_B$$

이다. 그런데 점 Q는 공껍질 B의 안쪽에 있으므로 식(6.64)에 의하여 $\vec{g}_B = 0$이다. 속이 찬 작은 공 A의 질량을 M'이라 하면 $\vec{g}_A$는 식(6.63)에 의하여

$$\vec{g}_A = -G\frac{M'}{r^2}\hat{r} \quad (r < R) \tag{6.67}$$

로 주어진다. 여기서 질량 M'은 밀도를 ρ라 하면 $M' = \rho\frac{4\pi r^3}{3}$ 인데, 균질의 경우 밀도 ρ가 일정하므로, $\rho = \frac{M}{(4\pi R^3/3)}$ 임을 고려하면

$$M' = \frac{M}{\left(\frac{4\pi R^3}{3}\right)}\frac{4\pi r^3}{3} = \frac{r^3}{R^3}M$$

이므로

$$\vec{g}_A = -G\frac{M}{R^3}\vec{r} \quad (r < R) \tag{6.68}$$

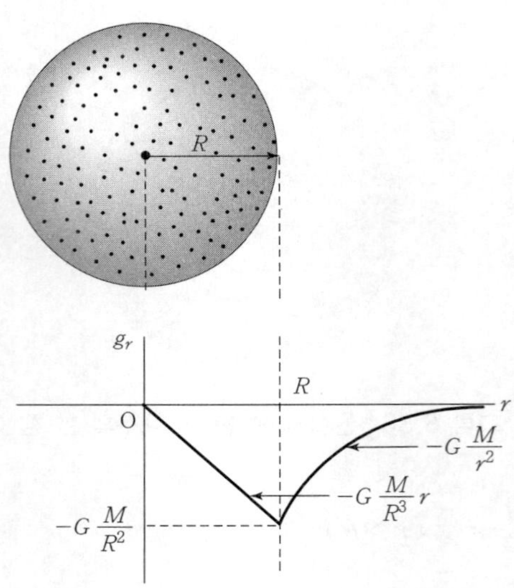

그림 6.31 균질의 속 찬 공의 $g_r - r$ 그래프

가 된다. 따라서 속이 찬 공의 내부에 있는 점 Q에서 중력마당벡터는

$$\vec{g} = -G\frac{M}{R^3}\vec{r} \quad (r < R) \tag{6.69}$$

가 된다.

속이 찬 공의 지름 방향의 중력마당 g_r의 공의 중심으로부터 거리 r에 따라 변하는 모양은 **그림 6.31**과 같다.

예제 6.21 지구를 관통하는 터널 속의 왕복운동

지구상의 한 점과 그 반대쪽에 있는 다른 점을 잇는 지구의 중심을 지나는 직선 터널을 가상한다. 지구는 질량 M, 반지름 R의 균질의 속이 찬 공이라고 생각한다.
① 이 터널 속을 자유낙하하는 물체의 운동은 단진동임을 보여라.
② 그 주기를 구하고, 지구 표면 가까이에서 회전하는 인공위성의 주기와 같음을 확인하라.

풀이 ① 질량 m의 물체가 터널 속으로 자유낙하하여 지구 중심으로부터 r의 거리에 도달한 순간의 힘 F_r는 식(6.69)에 의하여

$$F_r = mg_r = -m\frac{GM}{R^3}r \quad (r \le R)$$

로 주어진다. 여기서 r는 지구 중심으로부터 변위를 나타낸다. 이 힘은

$$F_r = -kr \qquad \left(k \equiv \frac{GMm}{R^3}\right)$$

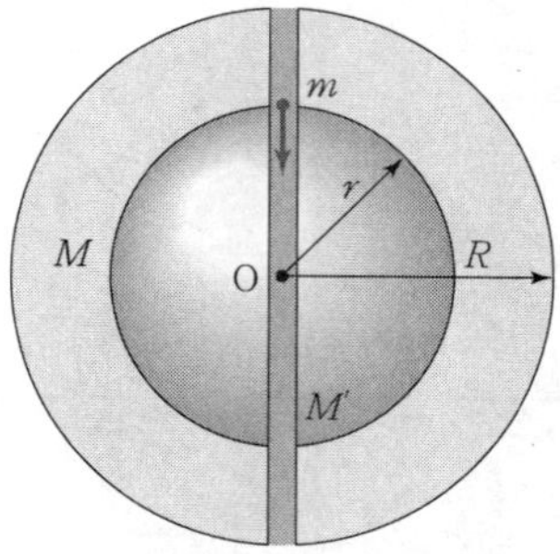

그림 6.32 지구 중심을 관통하는 터널

의 꼴이다(식(5.8) 참조). 따라서 물체는 지름 방향으로 단진동을 한다.

② 주기는 식(5.10)에 의하여

$$T = 2\pi\sqrt{\frac{m}{k}} = 2\pi\sqrt{\frac{R^3}{GM}} = 2\pi\sqrt{\frac{R}{g}}$$

로 주어진다. 한편, 지구 표면 가까이 선회하는 인공위성의 속도가

$$v = \sqrt{G\frac{M}{R}} = \sqrt{gR}$$

이므로(**예제 6.10** 참조), 인공위성의 주기는

$$T = \frac{2\pi R}{v} = \frac{2\pi R}{\sqrt{gR}} = 2\pi\sqrt{\frac{R}{g}}$$

이다. 곧 두 주기가 일치한다.

○ 중력선다발과 중력마당의 가우스법칙

위와 같이 중력선의 모양으로부터 공 모양의 물체 주위의 중력마당을 구할 수 있었다. 이를 일반화하여 질량분포에 대칭성이 있는 물체 주위의 중력마당을 구하는 방법을 알아 보자.

중력마당의 한 점에서 중력마당의 세기는 그 점에서 중력선의 밀도에 비례하므로 "중력마당의 세기가 g[N/kg]인 점에서 중력선의 밀도는 g[개/m^2]이다" 라고 약속하자.

그러면 질량 M[kg]의 질점으로부터 r[m] 떨어진 점의 중력마당의 세기는 식(6.39)에 의하여

$$g(r) = -G\frac{M}{r^2} \text{ [N/kg]}$$

이므로, 이 점 부근의 단위면적을 수직으로 지나가는 중력선의 수, 곧 중력선의 밀도는 위의 약속에 의하여

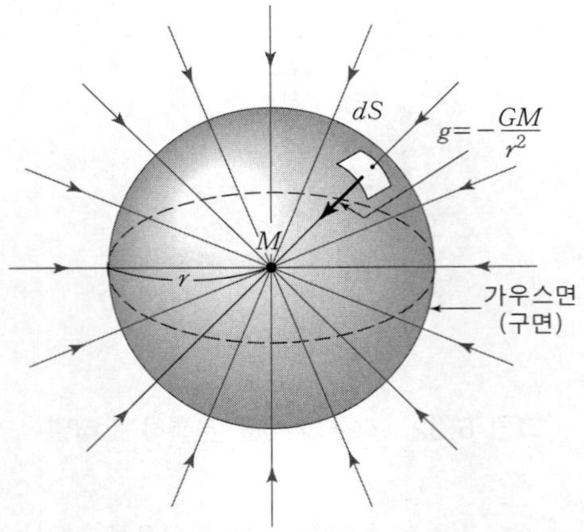

그림 6.33 질점 주위의 구면을 관통하여 들어오는 중력선

$$g(r) = -G\frac{M}{r^2} \text{ [개/m}^2\text{]} \tag{6.70}$$

가 된다.

이제 질량 M[kg]의 질점에 모여드는 중력선의 총 수 Φ_M를 구하자. 질량 M[kg]을 중심으로 하는 반지름 r[m]의 구면을 생각하면 질점으로 모여드는 중력선은 구면을 수직으로 관통하여 방사상으로 질점 M[kg]에 모여든다(**그림 6.33** 참조). 따라서 구면상의 어느 점에서나 중력선의 밀도는 식(6.70)으로 주어진다. 이러한 대칭성 때문에 이 구면을 관통하는 총 중력선 수 Φ_M는

$$\Phi_M = -G\frac{M}{r^2} \text{ [개/m}^2\text{]} \times 4\pi r^2 \text{ [m}^2\text{]} = -4\pi GM \text{ [개]} \tag{6.71}$$

로 주어진다. 여기서 음(−)의 부호는 오직 중력선이 구면의 안쪽으로 들어가 질점 M에서 끝난다는 것을 나타낸다. 따라서 질량이 M[kg]인 질점을 둘러싼 구면을 관통하여 질점에 모여드는 중력선의 총 수는 $4\pi GM$[개]이다. 여기서 질량 M은 구면 안에 있는 총 질량이다.

한편, 구면상의 한 점에서 중력마당이 $\vec{g}$[N/kg]이라 하면 방향은 구면에 수직이고, 세기는 대칭성(점대칭성) 때문에 구면상의 모든 점에서 g[N/kg]이고, 중력선의 밀도는 다 같이 g[개/m^2]이다. 이것은 구면에 수직으로 관통하는 중력선의 밀도이다. 따라서 구면을 수직으로 통과하는 중력선의 총 수 Φ_M는

$$\Phi_M = g \text{[개/m}^2\text{]} \times 4\pi r^2 \text{[m}^2\text{]} = g \times 4\pi r^2 \text{[개]}$$

로도 기술된다. 이 Φ_M을 구면을 관통하는 **중력선다발**(gravitational flux)이라 한다. 실제 중

력선 다발의 단위는 [N · m^2/kg]이다.

이 결과는 아래와 같이 해석된다. 중력선다발은 구면을 무수히 많은 면적소 ΔS_1, ΔS_2, ⋯ ΔS_i ⋯ ΔS_N로 나누고 각 면적소와 각 면적소에 수직인 중력마당벡터의 성분 g_i($i=1, 2, \cdots, N$)을 곱한 것의 합

$$\sum_{i=1}^{N} g_i \, \Delta S_i \tag{6.72}$$

의 $N \to \infty$인 극한값이라 볼 수 있다. 이것은 구면상에서 중력마당벡터가 주어졌을 때 구면을 통과하는 중력선의 총 수 Φ_{M}이다.

위의 결과 식(6.71) 및 식(6.72)를 결합하면

$$\Phi_{\mathrm{M}} = \sum_{\text{구면}} g \, \Delta S = -4\pi GM \text{ [개]} \tag{6.73}$$

가 된다. 여기서 $\sum_{\text{구면}} g \, \Delta S$는 식(6.72)를 간단히 나타낸 것이다.

이러한 사실은 구면이 아닌 임의의 닫힌 곡면(폐곡면)에 대해서도 성립한다. 다만 식(6.73)의 좌변이 조금 수정되어야 한다. 구면의 경우에는 중력마당벡터 $\vec{g}$는 구면에 항상 수직이나, 일반적인 폐곡면의 경우에는 언제나 수직은 아니다. 그래서 좌변은 g 대신에 면적소에 수직한 성분(또는 법선 성분) g_n으로 해야 한다. 따라서 구면이 아닌 폐곡면의 경우 식(6.73)은

$$\Phi_{\mathrm{M}} = \sum_{\text{폐곡면}} g_n \, \Delta S = -4\pi GM \, [\mathrm{N \cdot m^2/kg}]$$

로 바뀌어야 한다. 이것은 $\vec{g}$가 면적소의 법선과 이루는 각을 θ라 하면 $g_n = g\cos\theta$이므로

$$g_n \, \Delta S = g \, \Delta S \cos\theta = \vec{g} \cdot \Delta\vec{S}$$

임을 고려하면 다시

$$\Phi_{\mathrm{M}} = \sum_{\text{폐곡면}} \vec{g} \cdot \Delta\vec{S} = -4\pi GM \, [\mathrm{N \cdot m^2/kg}] \tag{6.74}$$

로 쓸 수 있다. 이로부터 아래 사실을 알 수 있다.

곡면을 관통하여 안으로 들어가는 중력선의 총 수(중력선 다발)는 폐곡면의 모양이나 크기에 관계없이, 폐곡면 안에 있는 총 질량이 M[kg]이면, 질점의 위치에 관계없이, $4\pi GM$[개]이다. 이 사실은 질점이 아니고 부피가 있는 물체의 경우에도 성립한다. 일반적으로

> **임의의 폐곡면을 관통하여 들어가는 중력선의 총 수(중력선다발)는 폐곡면 안에 있는 총 질량 M의 $4\pi G$배 ($4\pi GM$)이다.**

이를 **중력마당의 가우스법칙**(Gauss' law of gravitational field)이라 한다. 질량을 둘러싼 폐곡면을 **가우스 면**(gaussian surface)이라 한다.

질량분포에 대칭성이 있는 경우에는 중력마당의 가우스법칙을 나타내는 식(6.74)를 이용하면 쉽게 중력마당을 구할 수 있다.

예제 6.22 점대칭(구면대칭) 질량분포와 가우스법칙

아래와 같은 질량 M의 물체 주위의 중력마당을 구하라.

① 질 점

② 반지름이 R인 얇은 공껍질의 바깥쪽 및 안쪽

풀이 ① 질점으로부터 거리가 r인 점 P의 중력마당 : 질점을 중심으로하는 반지름 r의 구면(가우스 면)을 생각한다. 구면을 관통하여 질점 M으로 모여드는 총 중력선 수는 $4\pi GM$[개]인데, 점 P에서 중력마당의 세기를 g[N/kg]이라 하면 점대칭성(또는 구면 대칭성) 때문에 구면상의 모든 점에서 g이고, 따라서 구면상의 모든 점에서 단위면적을 수직으로 통과하는 중력선의 수가 g[개/ m^2]이므로 구면을 통과하는 총 중력선 수는 g[개/ m^2]$\times 4\pi r^2$[m^2]이다. 따라서

$$g\times 4\pi r^2[\mathrm{m}^2]=4\pi GM[\text{개}] \qquad \therefore\ g=G\frac{M}{r^2}\ [\text{개}/\mathrm{m}^2]\quad ([\mathrm{N/kg}])$$

를 얻는다(여기서 [개/m^2]→[N/kg]을 잊어서는 안된다).

좀 더 구체적으로 중력마당의 가우스법칙을 나타내는 식(6.74)를 이용하여 구해보자. 질점을 중심으로 하는 반지름 r의 구면을 관통하여 질량 M의 질점으로 모여드는 중력선의 총 수(중력선 다발) Φ_{M}는

$$\Phi_{\mathrm{M}}=-4\pi GM\ [\mathrm{N\cdot m^2/kg}]$$

이다.

한편, 점 P에서 중력마당을 $\vec{g}$라 하면, 가우스 면인 구면에서 면적소 $\Delta\vec{S}$의 방향은 반지름 방향($\hat{r}$ 방향)이므로 중력마당 $\vec{g}$의 이 방향의 성분을 g_r라 하면, 이것은 대칭성에 의하여 면적소의 위치에 따라 변함이 없으므로

$$\sum_{\text{구면}}\vec{g}\cdot\Delta\vec{S}=\sum_{\text{구면}}g_r\Delta S=g_r\sum_{\text{구면}}\Delta S=g_r(4\pi r^2)$$

가 된다. 이들을 식(6.74)에 대입하면

$$g_r(4\pi r^2)=-4\pi GM \quad \therefore\ g_r=-G\frac{M}{r^2}\ [\mathrm{N/kg}]$$

를 얻는다. 이 결과는 식(6.39)와 일치한다.

② 반지름이 R인 얇은 공껍질의 중심으로부터 거리가 r인 점 P의 중력마당

• **바깥쪽($r>R$)인 경우**, **그림 6.34**와 같이 공껍질의 중심으로부터 거리 r를 반지름으로

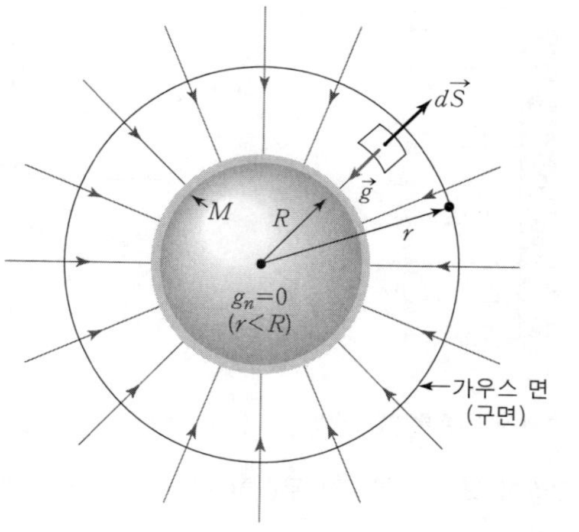

그림 6.34 질량이 골고루 분포된 공껍질을 둘러싼 가우스 면

하는 구면(가우스 면)을 생각한다. 이 구면 S를 관통하여 공껍질에 도달하는 중력선의 총수(중력선 다발)는

$$\Phi_{\mathrm{M}} = -4\pi GM \ [\mathrm{N \cdot m^2/kg}]$$

이다. 한편, 가우스 면인 구면상의 점 P에서 중력마당을 $\vec{g}$라 하면

$$\sum_{\text{구면}} \vec{g} \cdot \Delta\vec{S} = \sum_{\text{구면}} g_r \Delta S = g_r \sum_{\text{구면}} \Delta S = g_r(4\pi r^2)$$

이다. 이들을 식(6.74)에 대입하면

$$g_r(4\pi r^2) = -4\pi GM \quad \therefore\ g_r = -G\frac{M}{r^2} \ [\mathrm{N/kg}] \quad (r>R)$$

를 얻는다. 이 결과는 식(6.39)와 일치한다. 이 사실은 질량이 껍질에 분포되어 있더라도 점 P에서 중력마당은 모든 질량이 중심에 모여 있는 경우와 같음을 뜻한다.

- **안쪽 ($r<R$)인 경우**, 공껍질 안쪽에는 중력선이 없으므로($\Phi_{\mathrm{M}}=0$), 중력마당도 0이다. 곧

$$g_r = 0. \ (r<R)$$

예제 6.23 축대칭(원기둥대칭) 질량분포와 가우스법칙

질량이 골고루 분포된 무한히 긴 매우 가늘고 곧은 둥근 막대로부터 수직거리가 r인 점 P의 중력마당을 구하라. 이 막대의 선밀도가 λ이다.

풀이 질량이 골고루 분포된 직선 둥근 가는 막대의 경우, 질량분포에 축대칭성 또는 원기둥대칭성이 있어 중력마당은 항상 막대에 수직이다. 왜냐하면 점 P의 중력마당에 기여하는 질량소는, 직선

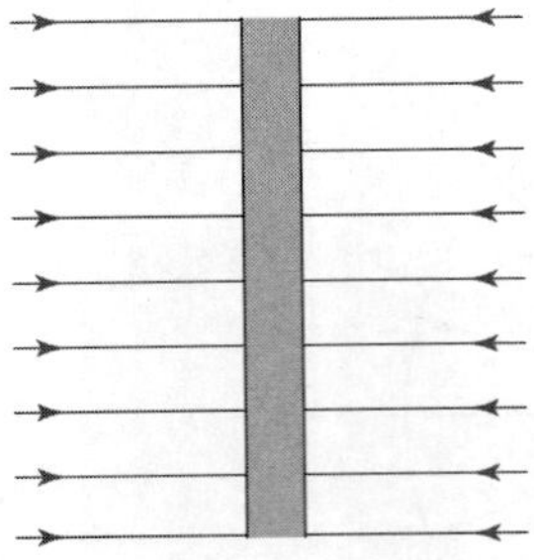
(a) 막대의 세로 방향에서 본 중력마당 모양

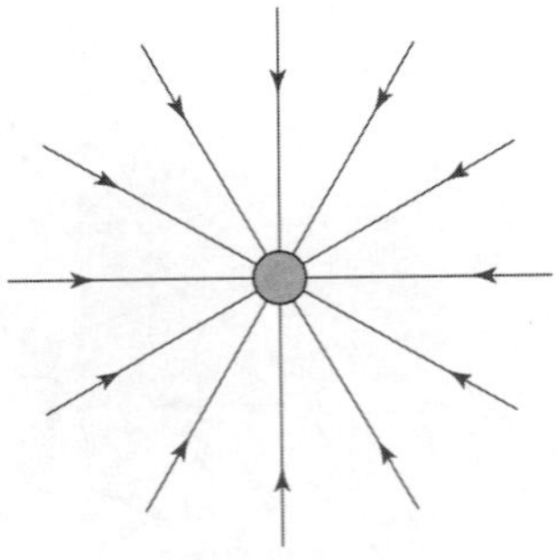
(b) 막대의 가로 방향에서 본 중력선 모양

그림 6.35 질량이 골고루 분포된 무한히 긴 가는 막대 주위의 중력선 모양

막대가 무한히 길고 질량이 골고루 분포되어 있으므로, 점 P에서 막대에 내린 수선의 양쪽에 대칭적으로 쌍으로 존재하므로 중력마당의 막대에 나란한 성분은 서로 상쇄되고 수직인 성분만 남기 때문이다(**그림 6.24**, **예제 6.18** 참조).

또, 질량이 골고루 분포되어 되어 있으므로 막대로부터 수직거리가 같으면 중력마당의 세기가 같다. 따라서 막대의 세로 방향에서 본 중력선 모양(막대를 세로로 포함하는 평면에 내린 중력선의 그림자 모양)은 막대에 수직인 등간격의 나란한 직선 모양이고(**그림 6.35(a)**), 막대의 가로 방향에서 본 모양(막대에 수직인 평면에 내린 중력선의 그림자 모양)은 막대가 한 점으로 보이고, 이 점을 중심으로 한 방사상으로 이 중심에 모여 드는 모양이다(**그림 6.35(b)** 참조).

그림 6.36과 같이, 가늘고 곧은 둥근 막대를 축으로 하고 이를 둘러싸는 반지름 r(축에서 점 P까지 거리), 길이 ℓ 의 점 P를 지나는 원통 면 및 그 원통 면의 양쪽 면으로 둘러싸인 폐곡면(가우스 면)을 생각한다. 원통 모양의 가우스 면속에 갇혀 있는 총 질량은 $M=\lambda\ell$ 이므로 폐곡면을 관통하는 총 중력선의 수(중력선 다발)는

$$\Phi_{\mathrm{M}} = -4\pi GM = -4\pi G(\lambda\ell)\ [\mathrm{N\cdot m^2/kg}]$$

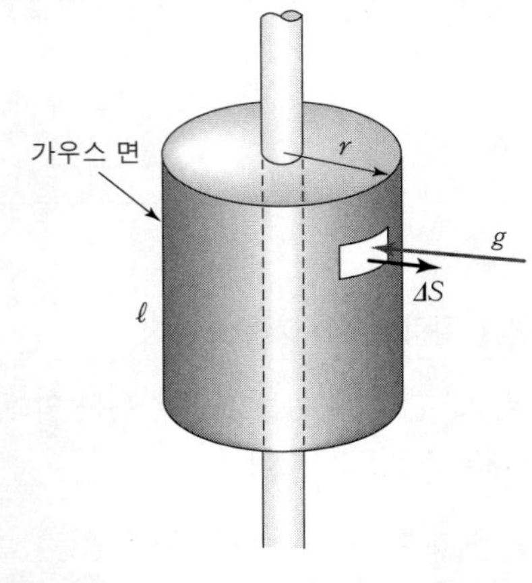

그림 6.36 무한히 긴 막대 주위의 가우스 면

이고, 점 P에서 중력마당을 $\vec{g}$라 하면,

$$\begin{aligned}\sum_{\text{폐곡면}} \vec{g}\cdot\Delta\vec{S} &= \sum(\vec{g}\cdot\Delta\vec{S})_{\text{원통면}} + \sum(\vec{g}\cdot\Delta\vec{S})_{\text{아랫면}} + \sum(\vec{g}\cdot\Delta\vec{S})_{\text{윗면}} \\ &= g_r(2\pi r\ell) \qquad +0 \qquad\qquad +0 \qquad\qquad = g_r(2\pi r\ell)\end{aligned}$$

가 된다. 여기서 g_r는 원통면상에서 면적소 $\Delta\vec{S}$ 방향의 $\vec{g}$의 성분이다. 이 결과를 식(6.74)에 대입하면

$$g_r(2\pi r\ell) = -4\pi G(\lambda\ell) \quad \therefore\ g_r = -G\frac{2\lambda}{r}\ [\text{N/kg}]$$

를 얻는다. 곧 무한히 긴 가늘고 곧은 막대 주위의 중력마당은 그 막대에 수직으로 막대를 향하고, 거리에 반비례한다.

이제까지는 폐곡면상에서 중력마당이 띄엄띄엄 변하는 경우에 대해서 생각했는데, 만일 중력마당이 폐곡면상에서 연속적으로 변하는 경우에는 식(6.74)의 좌변이 수정되어야 한다. 폐곡면을 면적소

$$\Delta S_1,\ \Delta S_2,\ \cdots,\Delta S_i,\ \cdots,\ \Delta S_N$$

로 나누고, 중력마당의 각 면적소의 법선 방향의 성분을 각각 $g_{n;1}, g_{n;2},\cdots,g_{n;i},\cdots,g_{n;N}$라 하면 중력선의 총 수 Φ_{M}는

$$\Phi_{\text{M}} = \lim_{N\to\infty}\sum_{\substack{i=1\\(\text{폐곡면})}}^{N} g_{n;i}\,\Delta S_i$$

로 주어진다. 이것이 극한값을 가지면 수학에서는 이를

$$\lim_{N\to\infty}\sum_{\substack{i=1\\(\text{폐곡면})}}^{N} g_{n;i}\,\Delta S_i \equiv \oint_{S;\ \text{폐곡면}} g_n\,dS = \oint_{S;\ \text{폐곡면}} \vec{g}\cdot d\vec{S}$$

라는 기호로 나타낸다. 이를 일반적으로 중력마당 $\vec{g}$의 **다발**(flux)이라 한다. 따라서 가우스법칙 식(6.74)는

$$\Phi_{\text{M}} = \oint_{S;\ \text{폐곡면}} \vec{g}\cdot d\vec{S} = -4\pi GM \tag{6.75}$$

로 표현된다.

▶6.3.4 적분법에 의한 중력마당의 계산

이제까지의 공 모양 물체의 경우와 같이, 대칭성이 있는 물체의 중력마당을 그 대칭성을 이용하여 구하였다. 이제 적분법으로 일반적인 물체 주위의 중력마당을 구하는 방법을 알아보자.

○ 균질의 공껍질

앞에서 공부한 가는 가락지의 중심축상의 한 점에서의 중력마당 식(6.60)을 이용하여, 반지름이 R, 질량이 M인 균질의 공껍질에 의한 중력마당을 구하여보자. 공껍질은 무수히 많은 가느다란 띠 모양의 가락지로 나눌 수 있다. 물론 이 가락지들의 반지름은 다르나 같은 중심축을 갖는다. 이 중심축은 공껍질의 한 지름 방향이다. 공껍질에 의한 중력마당벡터는 이들 가락지에 의한 각 중력마당벡터의 벡터합이다. 그 공껍질의 기하학적 모양은 **그림 6.37**과 같다.

공껍질의 가는 가락지에 의한 중심 O로부터 거리 r에 있는 점 P에서 중력마당벡터 $d\vec{g}$는 대칭성 논의에 의하여 중심축에 나란한 성분, 곧 중심 O를 향하는 지름 성분 dg_r뿐이다. 이것은 가느다란 띠 모양 가락지의 질량을 dM이라 하면, 앞의 결과 식(6.60)에 의하여

$$dg_r = -G\frac{dM}{s^2}\cos\alpha \tag{6.76}$$

로 주어진다. 이 가느다란 띠 모양 가락지의 질량 dM은 공껍질의 면밀도를 σ라 하면 $dM=\sigma dS$로 주어진다. dS는 가느다란 띠 모양 가락지의 넓이로, 폭이 $Rd\theta$, 반지름이 $R\sin\theta$이므로 $dS=(2\pi R\sin\theta)(Rd\theta)=2\pi R^2\sin\theta\, d\theta$로 주어진다. 따라서

$$dM=\sigma 2\pi R^2\sin\theta\, d\theta$$

이다. 이를 고려하면 식(6.76)은

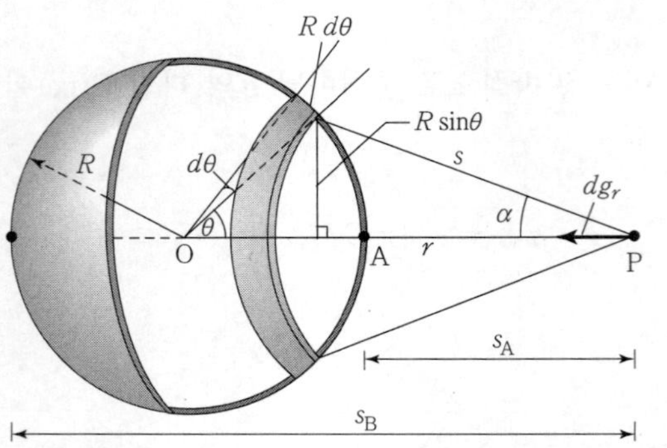

그림 6.37 공껍질의 기하학적 모양

$$dg_r = -G\frac{\sigma 2\pi R^2 \sin\theta\, d\theta}{s^2}\cos\alpha \tag{6.77}$$

이다. 여기서 공껍질의 질량이 골고루 분포되어 있으므로 면밀도 σ는 R 및 r와 더불어 가락지의 위치에 따라서 변하지 않으나, θ 및 α는 변한다. 또, 점 P에서 가락지 둘레까지 거리 s도 변한다. 곧 변수는 θ, α 및 s이다.

식(6.77)을 적분하기 전에, 이들 세 변수 사이에 성립하는 관계식을 찾아서 이들 중 두 개의 변수를 소거해야 한다. 먼저, 매개변수 R, r 및 s로 이루어지는 삼각형에서 코사인 제2 법칙(부록 D.13 참조)을 적용하면

$$s^2 = r^2 + R^2 - 2rR\cos\theta \;\Rightarrow sds = rR\sin\theta\, d\theta,$$
$$R^2 = r^2 + s^2 - 2rs\cos\alpha$$

의 관계식을 얻는다. 이 두 관계식에서 얻어지는

$$\sin\theta\, d\theta = \frac{s\,ds}{rR}, \quad \cos\alpha = \frac{s^2 + r^2 - R^2}{2rs}$$

를 식(6.77)에 대입하면

$$dg_r = -G\frac{\sigma\pi R}{r^2}\left(1 + \frac{r^2 - R^2}{s^2}\right)ds$$

를 얻는다. 이것은 가느다란 띠 모양 가락지에 의한 점 P에서 중력마당이다. 따라서 점 P에서 중력마당은

$$\begin{aligned} g_r &= -G\frac{\sigma\pi R}{r^2}\int_{s_A}^{s_B}\left(1 + \frac{r^2 - R^2}{s^2}\right)ds \\ &= G\frac{\sigma\pi R}{r^2}\left[s - \frac{r^2 - R^2}{s}\right]_{s_A}^{s_B} \end{aligned} \tag{6.78}$$

로 주어진다. 여기서 적분 한계$[s_A, s_B]$는 가락지(또는 질량소 dM)가 분포되어 있는 영역을 나타내는데, 점 P로부터 가장 가까운 점 A와 가장 먼 점 B 사이에 분포되어 있으므로, s_A, s_B는 각각 점 A, 점 B의 중심 O로부터 거리이다.

따라서 점 P가 공껍질의 바깥에 있는 경우에는

$$s_A = r - R, \quad s_B = r + R \quad (r > R)$$

이고, 점 P가 공껍질 안쪽에 있으면

$$s_A = R - r, \quad s_B = R + r \quad (r < R) \tag{6.79}$$

이다.

$r>R$인 경우, 공껍질에 의한 중력마당은

$$\begin{aligned} g_r &= -G\frac{\sigma\pi R}{r^2}\left[s-\frac{r^2-R^2}{s}\right]_{s_A=r-R}^{s_B=r+R} \\ &= -G\frac{\sigma\pi R}{r^2}\left[2R-(r^2-R^2)\left(\frac{1}{r+R}-\frac{1}{r-R}\right)\right] \\ &= -G\frac{\sigma 4\pi R^2}{r^2} \end{aligned}$$

으로 주어진다. 여기서 공껍질의 질량이 $M=\sigma 4\pi R^2$임을 고려하면

$$g_r = -G\frac{M}{r^2} \quad (r>R) \tag{6.80}$$

이다. 따라서 공껍질 바깥에서 중력마당벡터 식(6.63)

$$\vec{g}(r) = g_r\,\hat{r} = -G\frac{M}{r^2}\,\hat{r} \quad (r>R)$$

가 얻어진다.

또, $r<R$인 경우에는 식(6.78)에서 적분 한계(6.79)를 고려하면

$$\begin{aligned} g_r &= -G\frac{\sigma\pi R}{r^2}\left[s-\frac{r^2-R^2}{s}\right]_{s_A=R-r}^{s_B=R+r} \\ &= -G\frac{\sigma\pi R}{r^2}\left[2r-(r^2-R^2)\left(\frac{1}{R+r}-\frac{1}{R-r}\right)\right] \\ &= 0 \end{aligned}$$

가 되어 식(6.64)가 얻어지고 **예제 6.20**의 결과와 일치한다(**그림 6.29** 참조).

예제 6.24 비균질인 속 찬 공의 중력마당

반지름 a, 질량 M의 속 찬 공의 밀도 ρ가 공의 중심으로부터 거리 r만의 함수로, $\rho=Kr$ $(r\le a)$, $\rho=0\,(r>a)$이라 한다.

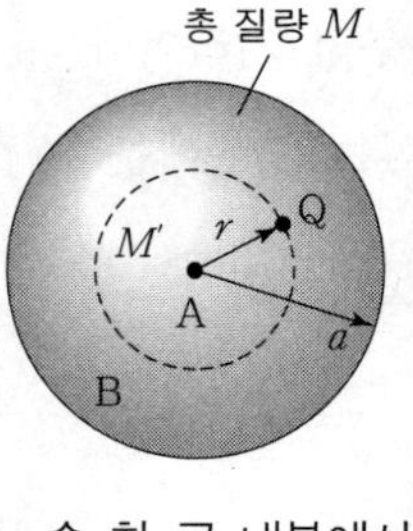

그림 6.38 속 찬 공 내부에서 중력마당

① 비례상수 K를 구하라.

② 공의 중심으로부터 거리 $r(r<a)$에 있는 점 Q에서 중력마당을 구하라.

풀이 | 밀도가 중심으로부터 거리만의 함수이므로 지름 방향으로만 밀도가 다르고 다른 각 방향(극각이나 방위각 방향)에 따라서는 변화가 없으므로 질량이 구면 대칭적으로 분포되어 있다. 따라서 공은 무수히 많은 얇은 공껍질들이 쌓여서 된 것이라고 볼 수 있다. 이 얇은 공껍질의 질량을 질량소 dM이라 할 수 있다.

① 얇은 공껍질(또는 질량소)의 질량 dM은 $dM=\rho\, dV$인데, dV는 얇은 공껍질의 부피로, 얇은 공껍질의 반지름을 r, 그 두께를 dr이라 하면 $dV=4\pi r^2\, dr$이므로

$$dM=(Kr)(4\pi r^2\, dr)=K4\pi r^3 dr$$

이 된다. 이 얇은 공껍질(질량소 dM)은 $r=0$에서 $r=a$사이에 분포되어 있으므로 이 영역에서 윗식의 양변을 적분하면 공의 질량 M이 얻어진다. 곧

$$M=K4\pi\int_0^a r^3 dr=4\pi K\left[\frac{r^4}{4}\right]_0^a=K\pi a^4 \qquad \therefore\ K=\frac{M}{\pi a^4}$$

이다. 따라서 밀도는

$$\rho(r)=\frac{M}{\pi a^4}r \quad (r\le a) \tag{6.81}$$

로 주어진다.

② 중심으로부터 점 Q까지 거리 $r(r<a)$를 반지름으로 하는 공 부분 A와 그 바깥의 껍질 부분 B로 나누어 생각하는 것이 편리하다. 점 Q는 껍질 부분 B의 안쪽에 있으므로 이 부분에 의한 중력마당은 0이다. 그래서 점 Q에서 중력마당벡터 $\vec{g}$는 그 안쪽 공 부분 A에 의한 중력마당벡터 $\vec{g}_A$와 같다(식(6.67) 참조). 곧

$$\vec{g}=\vec{g}_A=-G\frac{M'}{r^2}\hat{r} \quad (r<a) \tag{6.82}$$

이다. 여기서 질량 M'은 공 안쪽 부분 A의 질량이다. 그 질량소인 공껍질의 반지름을 r' $(r'\le r)$이라 하면 식(6.81)에 의하여

$$\begin{aligned} M'&=\int_0^r \rho(r')\, dV=\int_0^r\left(\frac{M}{\pi a^4}r'\right)(4\pi r'^2 dr')=\frac{4M}{a^4}\int_0^r r'^3\, dr' \\ &=\frac{4M}{a^4}\left[\frac{r'^4}{4}\right]_0^r=M\left(\frac{r}{a}\right)^4 \end{aligned}$$

이다. 이 결과를 식(6.82)에 대입하면 점 Q에서 중력마당은

$$\vec{g}=-G\frac{M\left(\frac{r}{a}\right)^4}{r^2}\hat{r}=-\frac{GM}{a^4}r^2\hat{r}$$

으로 주어진다.

예제 6.25 균질의 속 빈 공의 중력마당

질량 M, 반지름 a의 균질의 공 한 가운데 반지름 $b(b<a)$의 중심이 같은 공 모양의 빈 공간(공동 : cavity)이 있다. 공의 중심으로부터 거리 r에 있는 점 P에서 중력마당을 구하라.

풀이 | 이 문제는 공껍질에서 껍질 두께가 $dR=a-b$인 경우이다. 속이 공모양으로 비어 있는 공도 무수히 많은 공심의 얇은 공껍질들로 분해할 수 있다. 그 한 공껍질의 반지름을 $R(b\le R\le a)$라 하자(**그림 6.39(a)** 참조). 이 공껍질의 기하학적 모양은 **그림 6.39(b)**와 같다. 그 질량을 dM이라 하면 이것에 의한 중력마당은 식(6.80)에 의하여

$$dg_r=-G\frac{dM}{r^2}$$

이다. 질량소 dM은 공의 밀도를 ρ라 하면 $dM=\rho\, dV$인 데, dV는 질량소인 공껍질의 부피로 $dV=4\pi R^2 dR$이므로 $dM=\rho(4\pi R^2\, dR)$이다. 따라서

$$dg_r=-G\frac{\rho(4\pi R^2\, dR)}{r^2} \tag{6.83}$$

이다.

점 P는 아래 세 경우로 나누어 생각할 수 있다:

① $r\ge a$의 경우 : 질량소인 얇은 공껍질의 반지름이 $b\le R\le a$이므로

$$\begin{aligned}g_r&=-G\frac{\rho 4\pi}{r^2}\int_b^a R^2\, dR=-G\frac{\rho 4\pi}{r^2}\left[\frac{R^3}{3}\right]_b^a\\&=-\frac{G}{r^2}\rho\frac{4\pi}{3}(a^3-b^3)\end{aligned}$$

이다. 여기서

$$\rho\frac{4\pi}{3}(a^3-b^3)=M$$

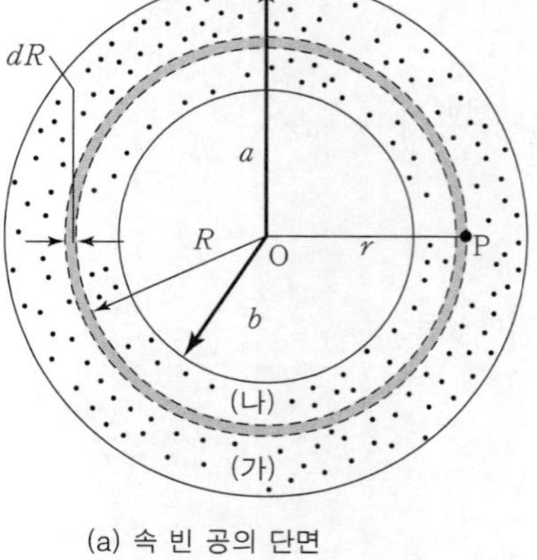

(a) 속 빈 공의 단면

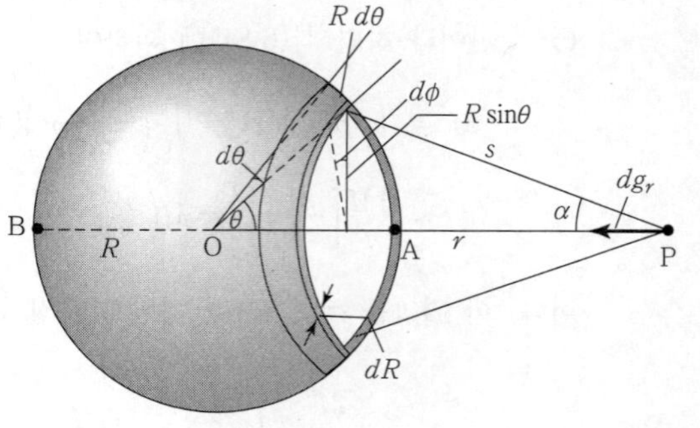

(b) 속 빈 공의 한 껍질의 기하학적 모양

그림 6.39 속 빈 공의 중력마당 구하기

이므로

$$g_r = -G\frac{M}{r^2} \quad (r \geq a)$$

이다. 곧 모든 질량이 중심에 모여 있는 경우의 중력마당과 같다.

② $b<r<a$**의 경우** : 이 경우 $\overline{\mathrm{OP}}=r$를 반지름으로 하는 공의 바깥 부분 (가) 및 그 안쪽 부분 (나)로 나누어 생각하면(**그림 6.39(a)** 참조), 공껍질 (가)의 안쪽에 점 P가 있어서 이 부분에 의한 중력마당은 없으므로 공껍질 (나)에 의한 중력마당만 생각하면 된다. 따라서 이 경우 $b<R<r$이므로 식(6.83)의 적분은

$$\begin{aligned} g_r &= -G\frac{\rho 4\pi}{r^2}\int_b^r R^2\,dR = -G\frac{\rho 4\pi}{r^2}\left[\frac{R^3}{3}\right]_b^r \\ &= -\frac{G}{r^2}\rho\frac{4\pi}{3}(r^2-b^3) \end{aligned} \tag{6.84}$$

이 된다. 여기서

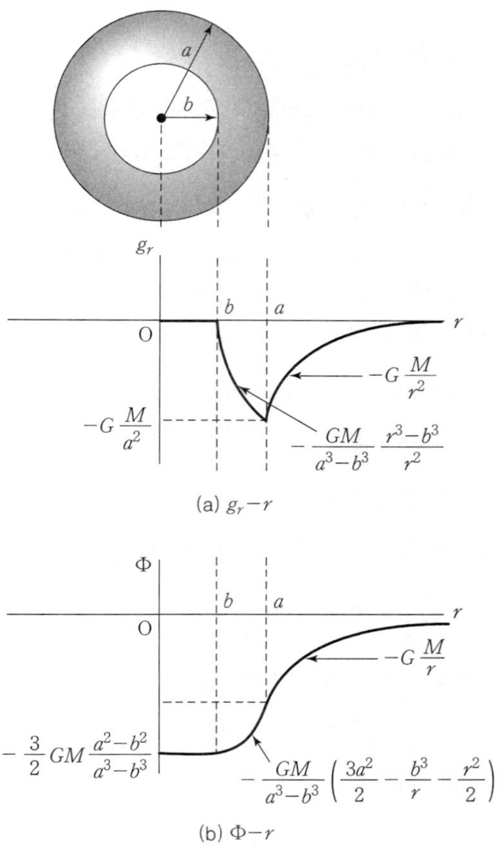

그림 6.40 균질의 속 빈 공의 그래프

$$\rho\frac{4\pi}{3}(r^3-b^3)\equiv M' \quad \text{또는} \quad \frac{r^3-b^3}{a^3-b^3}M=M'$$

는 길이 $\overline{\mathrm{OP}}\,(=r)$를 반지름으로 하는 공의 질량, 곧 **그림 6.39(a)**에서 부분 (나)의 질량을 나타낸다. 따라서 식(6.84)는

$$g_r=-G\frac{M'}{r^2} \quad \text{또는} \quad g_r=-\frac{GM}{a^3-b^3}\frac{r^3-b^3}{r^2} \qquad (b<r<a)$$

이 된다.

③ **$r\le b$의 경우** : 점 P는 빈 공간에 있으므로 중력마당은 0이다. 곧

$$g_r=0 \quad (r\le b)$$

이다.

속 빈 공의 지름 방향의 중력마당 g_r의 공의 중심으로부터 거리 r에 따라 변하는 개략적 모양은 **그림 6.40(a)**와 같다.

예제 6.26 속 빈 균질의 공의 중력퍼텐셜

예제 6.25에서와 같은 속이 빈 공에 의한 공의 중심으로부터 거리 r에 있는 점 P에서 중력퍼텐셜을 구하라. 이 결과로부터 속이 찬 공의 중력퍼텐셜을 구하라.

풀이 | **그림 6.39(a)**는 속이 빈 공의 단면으로, 공을 이루고 있는 무수히 많은 공껍질 중 반지름이 R $(b\le R\le a)$인 공껍질을 나타내고 있다. 이 공껍질은 **그림 6.39(b)** 또는 **그림 6.37**에서와 같은 무수히 많은 가느다란 띠 모양 가락지들로 분해된다. 그 띠 모양 가락지의 부피 dV는 그 반지름을 $R\sin\theta$, 폭(너비)을 $R\,d\theta$, 두께(공껍질의 두께)를 dR라 할 때

$$dV=(2\pi R\sin\theta)(R\,d\theta)(dR)=2\pi R^2\,dR\sin\theta\,d\theta$$

이다. 따라서 공껍질의 질량소(띠 모양 가락지의 질량) dM은 공의 밀도를 ρ라 하면

$$dM=\rho\,dV=\rho\,2\pi R^2\,dR\sin\theta\,d\theta$$

이다. 따라서 이 질량소에 의한 점 P에서 중력퍼텐셜 $d\Phi$는

$$d\Phi=-G\frac{dM}{s}=-G\frac{\rho\,2\pi R^2\,dR\sin\theta\,d\theta}{s} \tag{6.85}$$

로 주어진다. 여기서 변수는 R, s 및 θ인데, 공껍질이 정해지면 R도 정해진다. **그림 6.39(b)**에서 R, r 및 s로 이루어지는 삼각형에 코사인 제2법칙을 적용하면

$$s^2=r^2+R^2-2rR\cos\theta$$

를 얻고, 나아가서

$$s\,ds=rR\sin\theta\,d\theta \qquad \therefore\ \sin\theta\,d\theta=\frac{s\,ds}{rR}$$

를 얻는다. 이 관계식을 식(6.85)에 대입하면

$$d\Phi = -\frac{G2\pi\rho}{r}(R\,dR)(ds)$$

가 된다. 이를 적분하면 속 빈 공에 의한 중력퍼텐셜이 얻어진다. 곧

$$\Phi = -\frac{G2\pi\rho}{r}\int_{R_{\min}}^{R_{\max}} R\,dR \int_{s_A}^{s_B} ds \tag{6.86}$$

이다. 여기서 적분한계는 점 P의 위치, ① $r \ge a$, ② $r \le b$, ③ $b < r < a$에 따라 다르다. 곧

① $r \ge a$: 이 경우는 점 P가 공 바깥에 있는 경우로,

$$s_A = r - R,\quad s_B = r + R,\quad R_{\min} = b,\quad R_{\max} = a \tag{6.87}$$

이고,

② $r \le b$: 이 경우는 점 P가 공의 빈 공간에 있는 경우로,

$$s_A = R - r,\quad s_B = R + r,\quad R_{\min} = b,\quad R_{\max} = a \tag{6.88}$$

이다.

③ $b < r < a$: 한편, 점 P가 공 내부에 있는 이 경우에는 중심에서 점 P까지의 거리 r를 반지름으로 하는 공의 바깥 부분 (가) 및 그 안쪽 부분 (나)로 나누어 생각하는 것이 편리하다(**그림 6.39(a)** 참조). 점 P에서 중력퍼텐셜 Φ는 공껍질(가)에 의한 중력퍼텐셜 Φ(가)와 공껍질(나)에 의한 것 Φ(나)의 합으로 주어진다. 곧

$$\Phi = \Phi(\text{가}) + \Phi(\text{나}) \tag{6.89}$$

이다. 각 부분의 적분한계는 아래와 같아진다.

(가) 공껍질 (가)의 경우, $r < R < a$이므로 식(6.88)을 고려하면

$$s_A = R - r,\quad s_B = R + r,\quad R_{\min} = r,\quad R_{\max} = a \tag{6.90}$$

이고,

(나) 공껍질 (나)의 경우, $b < R < r$이므로 식(6.87)을 고려하면

$$s_A = r - R,\quad s_B = r + R,\quad R_{\min} = b,\quad R_{\max} = r \tag{6.91}$$

이다.

따라서 중력퍼텐셜 식(6.86)은 아래와 같이 주어진다.

① $r \ge a$의 경우, 적분한계가 식(6.87)로 주어지므로

$$\Phi = -\frac{G2\pi\rho}{r}\int_b^a R\,dR \int_{r-R}^{r+R} ds = -\frac{G4\pi\rho}{r}\int_b^a R^2\,dR = -G\frac{4\pi\rho}{r}\,\frac{a^3-b^3}{3}$$

이다. 여기서

$$\frac{\rho 4\pi(a^3-b^3)}{3} = M \tag{6.92}$$

이므로

$$\Phi = -G\frac{M}{r} \quad (r \geq a) \tag{6.93}$$

이다.

② $r \leq b$의 경우, 적분한계가 식(6.88)로 주어지므로

$$\Phi = -\frac{G2\pi\rho}{r}\int_b^a R\,dR\int_{R-r}^{R+r} ds = -G4\pi\rho\int_b^a R\,dR = -G2\pi\rho(a^2 - b^2)$$

이다. 여기서 식(6.92)를 고려하면

$$\Phi = -G2\pi\rho(a^2 - b^2) = -\frac{3}{2}GM\frac{a^2 - b^2}{a^3 - b^3} = (\text{일정}) \quad (r \leq b) \tag{6.94}$$

이다.

③ $b < r < a$의 경우, 점 P의 중력퍼텐셜은 식(6.89)로 주어진다. 여기서 Φ(가)는 적분 한계 식(6.90)을 고려하면 식(6.86)에 의하여

$$\begin{aligned}\Phi(\text{가}) &= -\frac{G2\pi\rho}{r}\int_r^a R\,dR\int_{R-r}^{R+r} ds \\ &= -G2\pi\rho(a^2 - r^2) = -\frac{3}{2}GM\frac{a^2 - r^2}{a^3 - b^3}\end{aligned}$$

이고, Φ(나)는 적분 한계 식(6.91)을 고려하면

$$\begin{aligned}\Phi(\text{나}) &= -\frac{G2\pi\rho}{r}\int_b^r R\,dR\int_{r-R}^{r+R} ds = -\frac{G4\pi\rho}{r}\int_b^r R^2\,dR \\ &= -\frac{G4\pi\rho}{r}\,\frac{r^3 - b^3}{3} = -G\frac{M}{r}\,\frac{r^3 - b^3}{a^3 - b^3}\end{aligned}$$

이다. 이들을 식(6.89)에 대입하면

$$\begin{aligned}\Phi &= \Phi(\text{가}) + \Phi(\text{나}) \\ &= -\frac{3}{2}GM\frac{a^2 - r^2}{a^3 - b^3} - \frac{GM}{r}\,\frac{r^3 - b^3}{a^3 - b^3} \\ &= -\frac{GM}{a^3 - b^3}\left(\frac{3a^2}{2} - \frac{b^3}{r} - \frac{r^2}{2}\right) \quad (b < r < a)\end{aligned} \tag{6.95}$$

이다.

속빈 공의 중력퍼텐셜 Φ의 공의 중심으로부터 거리 r에 따라 변하는 개략적 모양은 **그림 6.40(b)**와 같다.

속이 찬 공의 경우는 위의 결과에서 $b \to 0$의 극한값을 구하면 된다.

① $r \geq a$의 경우에는 식(6.93)과 같은 꼴이다. 이 경우 $M = \frac{4}{3}\pi a^3\rho$이다.

② $r < 0$의 경우는 불가능하고, $r = 0$의 경우에는 식(6.94)로부터

$$\Phi(0) = -\frac{3}{2}G\frac{M}{a} = (\text{일정})$$

를 얻는다.

③ $0 < r < a$의 경우에는 식(6.95)에 의하여

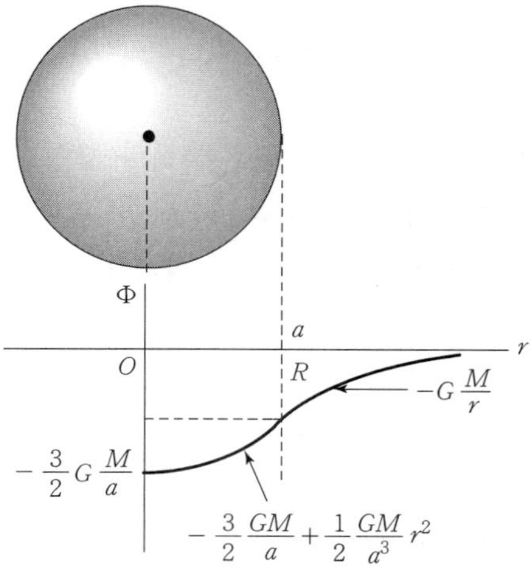

그림 6.41 속 찬 공의 $\Phi-r$ 그래프

$$\Phi=-\frac{3}{2}\frac{GM}{a}+\frac{1}{2}\frac{GM}{a^3}r^2 \quad (0<r<a)$$

이다.

속이 찬 공의 중력퍼텐셜 Φ의 공의 중심으로부터 거리 r에 따라 변하는 개략적 모양은 **그림 6.41**과 같다.

6.4 관성질량과 중력질량

소단원 2.2.2에서 본 바와 같이 물질의 질량에는 관성질량 및 중력질량이 있었다.

관성질량은 뉴턴의 운동 제2법칙을 이용하여 같은 힘이 작용했을 때 물체에 나타나는 가속도의 측정으로 결정되는 질량이다(소단원 2.2.2 참조). 질량이 각각 m_A, m_B인 두 물체 A, B에 같은 힘 F가 작용할 때, 그들의 가속도를 각각 a_A, a_B라 하면, 운동법칙에 의하여

$$m_A a_A=F,\quad m_B a_B=F$$

$$\therefore\ m_A a_A=m_B a_B \quad \text{또는} \quad \frac{m_B}{m_A}=\frac{a_A}{a_B}$$

이므로 질량 m_A, m_B 중의 하나를 질량의 기준으로 택하면 다른 질량을 가속도의 비 값에 의하여 결정할 수 있다. 예를 들어 물체 A의 질량을 기준으로 하면, 곧 $m_A=1$ kg이라 하면 물체 B의 질량은

$$m_B = \left(\frac{a_A}{a_B}\right) \times m_A = \frac{a_A}{a_B} \text{ [kg]}$$

이 된다. 이와 같은 방법으로 결정된 질량을 물체의 관성질량이라 한다.

한편, 식(2.13) 또는 식(6.14)와 같이 지구상의 한 물체에 작용하는 중력을 측정하여 결정되는 질량을 **중력질량**이라 한다. 곧 물체의 중력질량을 m_G라 하면, m_G는 이 물체가 다른 물체(예를 들면 지구)로부터 받는 중력은 식(6.15)에 의하여

$$G\frac{Mm_G}{R^2} = F \qquad \therefore\ m_G = \frac{F}{(GM/R^2)}$$

로 주어진다. 여기서 M은 지구의 중력질량, R는 지구의 반지름이다. 따라서 오른쪽 식의 분모는 중력가속도 g이다(식(6.20) 참조).

지금 물체 A가 지구 표면 가까이에서 자유낙하할 때, 물체의 관성 및 중력 질량을 각각 m_A, $m_{A;G}$라 하고, 그 가속도를 a_A라 하면 운동법칙에 의하여

$$m_A a_A = F,\ F = G\frac{Mm_{A;G}}{R^2} \qquad \therefore\ m_A a_A = \left(\frac{GM}{R^2}\right) m_{A;G}$$

이다. 같은 방법으로, 다른 물체 B가 지구 표면 가까이에서 자유낙하할 때도

$$m_B a_B = \left(\frac{GM}{R^2}\right) m_{B;G}$$

를 얻는다. 여기서 m_B, $m_{B;G}$는 각각 물체 B의 관성질량, 중력질량이다.

위의 두 관계식으로부터

$$\frac{m_A}{m_B}\left(\frac{a_A}{a_B}\right) = \frac{m_{A;G}}{m_{B;G}} \quad \text{또는} \quad \frac{m_A}{m_{A;G}} = \frac{m_B}{m_{B;G}}\left(\frac{a_B}{a_A}\right) \tag{6.96}$$

를 얻는다.

진공 중에서 물체가 낙하할 때 가속도는 일정하며 모든 물체에 대해서 같다는 것이 갈릴레이의 낙하실험으로 밝혀져 있다($a_A = a_B \equiv g$). 따라서

$$\frac{m_A}{m_{A;G}} = \frac{m_B}{m_{B;G}} = K(\text{일정}) \tag{6.97}$$

이다. 곧 물체의 관성질량과 중력질량 사이의 비 값은 모든 물체에 대해서 같다. 사실이 그렇다면 관성질량과 중력질량에 차이를 둘 필요가 없다. 똑같게 하는 것이 좋다 : (관성질량) = (중력질량). 이것은 그 비 값을 1($K=1$)로 하는 것과 같다. 그것은 만유인력상수 G의 값을 적당히 조정하므로서 가능하다. 다시 말하면, **그림 6.9**와 같은 캐번디시의 비틀림흔들이 실험

에서와 같은 방법으로 두 물체의 관성질량 m_A, m_B 사이에 작용하는 만유인력 F를 결정하고, 이에 의하여 만유인력상수 G를

$$G = \frac{F r^2}{m_A m_B}$$

라 두면 된다. 따라서 문제의 초점은 실험적으로 물체의 두 가지 질량의 비 값(m/m_G)이 물체에 따라서 변화가 있는지를 알아내는 것이다.

관성질량과 중력질량을 비교하는 가장 정밀한 초기의 실험은 뉴턴에 의하여 이루어졌다. 뉴턴은 홑흔들이를 이용하여 두 가지 질량이 등가임을 보였다(**예제 6.27** 참조). 곧 뉴턴은 관성질량과 중력질량의 비 값 K가 물체에 따라 변하는지를 알아보기 위하여 두 개의 똑같은 나무상자를 만들어서 상자에 각각 다른 물질을 넣는데, 같은 무게가 되도록 하여 길이 11피트의 실에 매달아, 두 개의 똑같은 홑흔들이를 만들어서 같은 장소에서 나란히 장치하여 공기의 저항을 포함한 모든 조건이 같은 상황에서 그들의 진동을 관측하였다. 그 결과 비 값 K의 물체에 따른 차이는 1/1,000보다 작다는 것을 발견하였다.

다른 유명한 실험은 1890년경에 시작하여 25년 동안 계속된 웨트뵈슈(Roland von Eötvös, 1848-1919 : 헝가리 물리학자)의 실험이다.

그림 6.42는 웨트뵈슈가 실험에서 사용한 비틀림흔들이를 나타낸다. **그림 6.42(a)**는 그 얼개를 나타낸다. 이 흔들이는 중력질량이 서로 같은 두 개의 다른 물질의 추 A, B를 가벼운 막대로 연결하여 수평으로 동서로 놓이게 그 중점을 실로 매어서 연직으로 매어 달고, 그 실에 평면거울을 고정시킨 비틀림흔들이다. 막대로 연결된 두 추에 돌림힘이 작용하면 연직으로 매어달린 실이 비틀리게 된다(소단원 8.3.4 참조). **그림 6.42(a)**는 흔들이를 측면에서 본 측면도이고, **그림 6.42(b)** 및 **그림 6.42(c)**는 바로 위에서 내려다 본 평면도이다.

지구 표면의 위도 λ에 있는 물체는 지구의 자전 때문에 **그림 6.12**에서 보는 바와 같은 원심력 $\mathcal{F}$를 받고 그 수평 성분(또는 표면에의 접선 성분) $\mathcal{F}$ 는

$$\begin{aligned} \mathcal{F} &= \mathcal{F}\cos\left(\frac{\pi}{2} - \lambda\right) = \mathcal{F}\sin\lambda = m\omega^2 R\sin\lambda\cos\lambda \\ &= \frac{1}{2} m\omega^2 R\sin 2\lambda \end{aligned} \tag{6.98}$$

이 된다. 여기서 m은 물체의 관성질량이다.

웨트뵈슈는 **그림 6.42(a)**와 같은 중력질량이 같은($m_{A;G} = m_{B;G}$) 두 개의 다른 물질의 추 A, B로 된 비틀림흔들이로 각 추의 관성질량이 서로 같음을 확인하였다. **그림 6.42(a)**와 같이 두 추가 동서로 수평으로 놓여 있으므로 만일 두 추의 관성질량이 같으면($m_A = m_B$), 지구의 자전 때문에 생기는 각 추에 작용하는 원심력의 수평 성분이 서로 같게 되어 비틀림흔들

이에 돌림힘이 작용하지 않아 비틀리지 않는다(**그림 6.42(b)** 참조). 그러나 두 추의 관성질량이 서로 같지 않으면, 예를 들어, $m_A > m_B$이면 추 A에 작용하는 원심력의 수평 성분이 추 B의 것보다 크게 되어 알짜 돌림힘이 생겨서 흔들이가 비틀리게 된다. 이 비틀림각(회전각)은 비틀림 실에 고정된 거울에서 반사되는 반사광으로 측정된다. 실험장치를 180° 회전하여 이 측정실험을 반복한다. 그 결과 웨트뵈슈는 "0효과"를 얻었다. 곧 $m_A \neq m_B$가 아니다. 웨트뵈슈는 백금을 기준으로 하여 여러 가지 물질에 대한 실험을 하여, 관성질량과 중력질량은 $1/10^8$의 정밀도로 등가임을 발견하였다.

현재까지 관성질량과 중력질량의 등가성은 디케(Robert Henry Dicke, 1916-1997 : 미국 물리학자) 등에 의하여 $1/10^{12}$의 정밀도까지 확립되어 있다.

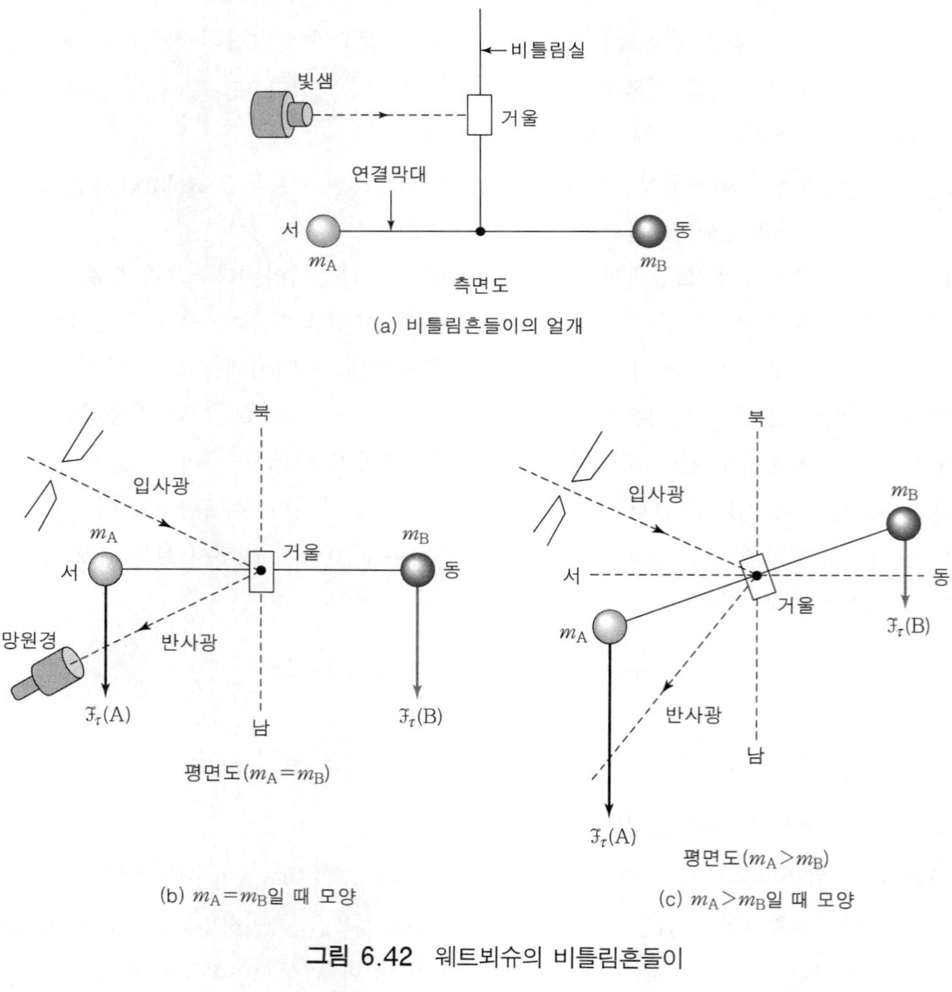

그림 6.42 웨트뵈슈의 비틀림흔들이

예제 6.27 뉴턴의 홑흔들이

추가 달린 길이가 L인 홑흔들이의 주기는 추의 관성질량 m과 중력질량 m_{G}가 같지 않다면 $T=2\pi\sqrt{\left(\dfrac{m}{m_{\mathrm{G}}}\right)\dfrac{L}{g}}$임을 보여라.

풀이 | 홑흔들이의 운동방정식

$$m\frac{d^2s}{dt^2}=F_s$$

에서 힘 F_s는 지구로부터 추가 받는 중력

$$F=G\frac{Mm_{\mathrm{G}}}{R^2}=m_{\mathrm{G}}g$$

의 접선 성분이다. 여기서 s는 홑흔들이의 추가 그리는 곡선의 길이로, 연직선을 기준선으로 할 때 각변위를 θ라 하면 $s=L\theta$이고, 힘 F_s는

$$F_s=-F\sin\theta=-m_{\mathrm{G}}\,g\sin\theta$$

이다(**그림 6.43** 참조). 이들을 위의 운동방정식에 대입하면

$$mL\frac{d^2\theta}{dt^2}=-m_{\mathrm{G}}g\sin\theta$$

가 된다(**예제 5.6**, **예제 5.7** 참조). 여기서 $\sin\theta\approx\theta$일 정도로 각변위 θ가 매우 작은 경우에는

$$mL\frac{d^2\theta}{dt^2}\cong-m_{\mathrm{G}}g\,\theta \qquad \therefore\ \frac{d^2\theta}{dt^2}+\frac{m_{\mathrm{G}}}{m}\frac{g}{L}\theta=0$$

가 되어 홑흔들이의 각진동수는

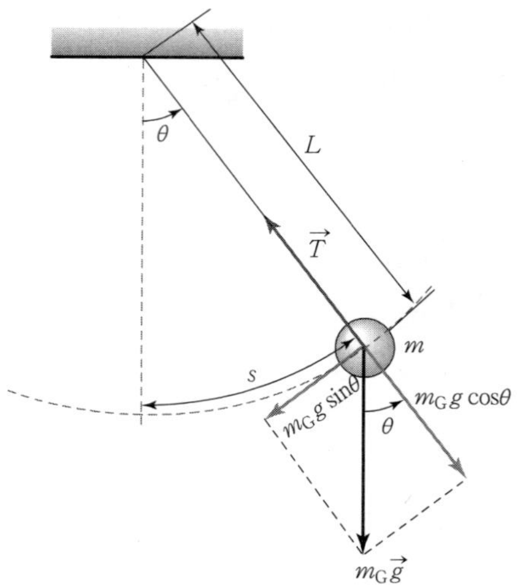

그림 6.43 뉴턴의 홑흔들이

$$\omega=\sqrt{\left(\frac{m_G}{m}\right)\frac{g}{L}}$$

이고, 따라서 주기 T는

$$T=\frac{2\pi}{\omega}=2\pi\sqrt{\left(\frac{m}{m_G}\right)\frac{L}{g}}$$

가 된다.

○ 등가원리

관성질량과 중력질량의 등가라는 실험적 결과는 식(6.97)을 입증하고 나아가서 식(6.96)에서 두 물체의 가속도가 같다는 것을 나타낸다($a_A=a_B$). 곧

중력마당의 한 점에서 모든 물체는 같은 가속도를 받는다.

이것은 갈릴레이의 자유낙하실험을 뒷받침한다. 그 가속도는 중력마당의 세기와 같다(식(6.38) 참조).

관성기준틀에 대해서 가속도 $\vec{a}$로 운동하는 물체를 관성기준틀에 대해서 가속도 $\vec{a}_R$로 운동하는 관측자가 볼 때 물체의 가속도 $\vec{a}'$은,

$$\vec{a}'=\vec{a}-\vec{a}_R$$

로 주어짐을 알 수 있다(식(1.90) 참조).

만일 자유낙하하는 승강기 속에 있는 관측자가 중력만을 받아서 운동하는 물체를 보면, 물체의 가속도 $\vec{a}'$은 관측자의 가속도도 $\vec{a}_R=\vec{g}$이므로

$$\vec{a}'=\vec{g}-\vec{a}_R=\vec{g}-\vec{g}=0$$

이다. 따라서 관측자의 가속도운동 효과와 중력에 의한 효과가 완전히 상쇄된다.

한편, 관성기준틀에 대해서 등속도운동을 하는 입자, 곧 자유입자의 가속도는 0이므로 관성기준틀에 대해서 가속도 $\vec{a}_R$로 운동하는 관측자가 그 입자를 보면 입자의 가속도 $\vec{a}'$은

$$\vec{a}'=0-\vec{a}_R=-\vec{a}_R$$

이 되어, 자유입자 또는 자유물체는 모두 $-\vec{a}_R$의 가속도를 받으므로 모든 물체가

$$\vec{g}=-\vec{a}_R$$

인 중력마당에 있는 것과 같다. 그러므로 관측자는 그의 실험실이 균일한 중력마당에 있는지, 또는 가속된 기준틀 속에 있는지를 구별할 수 없다. 다시 말하면

관측자는 균일한 중력마당 $\vec{g}$ 속에 있는지, 가속도 $-\vec{g}$로 균일하게 가속된 기준틀 속에 있는지를 구별할 수 없다.

고 말할 수 있다. 이것은 물체의 운동을 기술하는 데 중력마당과 가속도운동을 하는 기준틀이 동등함을 나타내는 것이므로, **등가원리**(principle of equivalence)로 알려져 있다. 따라서 등가원리에 의하면

물리법칙은 균일한 중력마당에서나 균일하게 가속된 기준틀에서나 모두 똑같게 기술되어야 한다.

이것은 1915년에 제창한 아인슈타인(Albert Einstein, 1879-1955 : 독일 태생 미국 이론물리학자)의 **일반상대성이론**(general theory of relativity)의 바탕이다.

원궤도운동을 하는 인공위성은 구심가속도를 받고 있다. 따라서 인공위성의 우주인의 "무중력상태"는 바로 하나의 등가원리의 결과이다.

연습문제

6.1 케플러의 행성운동법칙과 뉴턴의 만유인력법칙

6-1 목성의 주기

목성은 해로부터 5.20 AU 거리에 있다. 목성의 주기는 얼마인가?

답| $T_J = 11.9$ y

6-2 헬리 살별의 운동

공전 주기가 75.6 y인 헬리 살별은 해로부터 0.570 AU의 거리까지 접근한다. 이 살별은 해로부터 얼마나 멀리 떨어진 점까지 갔다가 다시 되돌아오는가?

답| $r_{max} = 35.2$ AU

6-3 행성의 선속도

한 행성이 거대한 해 주위를 일정한 면적속도로 공전하고 있다. 거리가 1.0×10^{11} m인 근일점에서 선속도가 5.0×10^4 m/s라 하면 거리가 2.2×10^{11} m인 원일점을 지날 때 행성의 선속도는 얼마인가?

답| $v_A = 2.3 \times 10^4$ m/s

6-4 궤도반지름과 주기

별과 그 행성 사이의 상호작용 인력이 거리에 따라 아래와 같이 변하는 경우 행성의 주기와 원궤도 반지름 사이에는 어떤 관계가 있는가?

(가) 거리에 반비례 (나) 거리에 비례

답| (가) 정비례 (나) 일정하고, 거리에 불변

6-5 천왕성의 질량

천왕성의 한 위성의 평균 공전궤도가 2.67×10^8 m이고 주기는 3.58×10^5 s이다. 다른 위성 오베론의 평균 공전궤도 반지름이 5.86×10^8 m이다. $G = 6.67 \times 10^{-11}$ N · m^2/kg^{2}이다.

(가) 오베론의 주기를 구하라.

(나) 천왕성의 질량은 얼마인가?

답| (가) $T_O = 1.16 \times 10^6$ s (나) $M_U = 8.78 \times 10^{25}$ kg

6-6 짝 별

질량이 각각 M_1, M_2인 두 별이 그들 사이의 만유인력에 의하여 그들의 질량중심 주위로 각각 원궤도 운동을 한다. 그들의 궤도반지름은 각각 R_1, R_2이다. 두 질점의 위치벡터를 각각 $\vec{r}_1$, $\vec{r}_2$이라 하면 두 질점의 질량중심의 위치벡터 $\vec{r}_{CM}$은 $\vec{r}_{CM} = \dfrac{M_1\vec{r}_1 + M_2\vec{r}_2}{M_1 + M_2}$ 로 주어진다.

(가) 그들의 질량과 반지름은 서로 반비례함을 보여라.

(나) 그들의 주기 T는 서로 같음을 보이고, 그들의 질량을 T 및 R_1, R_2로 표현하여 그 주기를 구하라.

(다) 그 두 별의 원궤도상에서 선속도가 각각 v_1, v_2이고, 주기가 T라 하면, 그 두 별의 질량은 어떻게 주어지는가?

(라) 만일 그들의 질량을 각각 M_1, M_2 및 주기 T가 주어졌을 때 각각의 반지름 및 속도를 구하라.

답 | (나) $M_1 = \dfrac{4\pi^2}{T^2}\dfrac{R_2(R_1+R_2)^2}{G}$, $M_2 = \dfrac{4\pi^2}{T^2}\dfrac{R_1(R_1+R_2)^2}{G}$, $T = 2\pi\sqrt{\dfrac{(R_1+R_2)^3}{G(M_1+M_2)}}$

(다) $M_1 = \dfrac{T}{2\pi G}(v_1+v_2)^2 v_2$, $M_2 = \dfrac{T}{2\pi G}(v_1+v_2)^2 v_1$

(라) $R_1 = M_2 \sqrt[3]{\left(\dfrac{T}{2\pi}\right)^2 \dfrac{G}{(M_1+M_2)^2}}$, $R_2 = M_1 \sqrt[3]{\left(\dfrac{T}{2\pi}\right)^2 \dfrac{G}{(M_1+M_2)^2}}$,

$v_1 = M_2 \sqrt[3]{\dfrac{2\pi G}{T(M_1+M_2)^2}}$, $v_2 = M_1 \sqrt[3]{\dfrac{2\pi G}{T(M_1+M_2)^2}}$

6-7 행성의 각속도

두 행성 A, B가 한 항성 주위로 시계 반대 방향으로 다 같이 원궤도운동을 하고 있다. 그들의 반지름은 3 : 1이다. 두 행성이 한 지름 위에 한 줄로 정렬한 뒤 5년이 지났을 때 행성 A는 반의 반 바퀴 돌았다. 행성 B의 각속도는 행성 A의 몇 배인가? 또, 행성 B는 몇 바퀴를 돌았는가?

답 | 5.2배, 1.3바퀴

6-8 낙하가속도

지구 표면으로부터 지구의 반지름과 같은 거리의 높이에서 물체를 떨어뜨리는 순간의 물체의 가속도는 지구 표면에서 중력가속도의 몇 배인가?

답 | 0.25배

6-9 외계에서 물체의 무게

지구와 밀도는 같으나 반지름이 지구의 10배나 되는 태양계의 다른 행성에서 물체의 무게는 지구상에서 무게의 몇 배나 되는가?

답 | 10배

6-10 중력가속도

지구가 반지름 6.38×10^6 m의 공 모양으로 질량이 골고루 분포되어 있으며, 북극에서 중력가속도는 $g_{극} = 9.81\ \mathrm{m/s^2}$이라 한다.

(가) 적도에서 중력가속도는 얼마인가?

(나) 적도상에 있는 60.0 kg의 사람이 받는 자전에 의한 원심력은 몇 N인가? 이것은 만유인력의 몇 %인가?

(다) 지구의 질량은 얼마인가? 지구의 자전의 영향을 무시하고, 만유인력상수는 G=6.67×

10^{-11} N · m^2/kg^2이다.

답| (가) $g_{적} = 9.78$ m/s^2 (나) $\mathcal{F}_{적} = 2.02$ N, 0.344 % (다) $M_E = 5.99 \times 10^{24}$ kg

6-11 달의 공전 궤도반지름

달의 공전 주기는 27.3일이다. 달과 지구사이의 거리를 구하라. 지구의 반지름은 6,378 km이고 $g = 9.81$ m/s^{2}이다.

답| $r_M = 3.83 \times 10^8$m

6-12 달에서 중력가속도

달의 질량은 지구의 약 1/81이고, 달의 반지름은 지구의 약 3/11이다. 달 표면에서 중력가속도의 크기는 지구 표면에서 크기의 약 몇 배인가?

답| 약 1/6배

6-13 목성의 "정지위성"

목성은 질량이 지구의 320배, 부피는 1,320배이고, 목성의 "하루"는 9시간 50분이다. 목성에서 본 "정지위성"의 고도는 얼마인가? 지구의 반지름은 $R_E = 6.38 \times 10^6$ m이고, $g = 9.81$ m/s^{2}이다.

답| $h = 89.5 \times 10^6$ m

6-14 달 주위의 인공위성

달의 평균밀도는 3.340×10^3 kg/m^{3}이다. 달은 공 모양이라 한다. 달 주위를 선회하는 우주선의 최소 주기를 구하라. $G = 6.67 \times 10^{-11}$ N · m^2/kg^{2}이다.

답| $T_{min} = 6.50 \times 10^3$s

6.2 중력위치에너지와 행성의 운동

6-15 위치에너지

질량 100 kg의 인공위성이 지상 2.00×10^6 m 상공에서 지구 주위의 원궤도를 선회하고 있다. 지구의 반지름은 6.38×10^6 m이다.

(가) 인공위성-지구의 위치에너지는 얼마인가?

(나) 이 인공위성이 지구로부터 받는 중력은 얼마인가?

답| (가) $U = 4.77 \times 10^9$ J (나) $F = 569$ N

6-16 정지위성궤도

우주왕복선이 지상 280 km 상공에서 선회하면서 470 kg의 통신위성을 발사하여, 정지위성궤도에 진입시켰다. 인공위성에 로켓 엔진으로 더 공급해야 할 에너지는 얼마인가? 지구의 반지름은 6.38×10^6 m이다.

답 | $\Delta E = 11.9 \times 10^9$ J

6-17 인공위성 발사

질량 200 kg의 인공위성이 지상 200 km 상공에서 지구 주위를 원궤도로 선회하도록 지상에서 발사하려고 한다. 지구의 반지름은 $R = 6.38 \times 10^6$ m이고, $g = 9.81$ m/s^{2}이다.

(가) 이 인공위성의 속도는 얼마인가?

(나) 이 인공위성을 지상에서 쏘아 올리자면 적어도 얼마의 에너지가 더 필요한가? 공기의 저항은 무시하되 지구의 자전 영향은 고려하라.

(다) 이 에너지를 최소화하려면 지구상 어디에서 어느 방향으로 발사하는 것이 좋은가? 그 이유는 무엇인가?

답 | (가) $v = 7.79$ km/s (나) $\Delta E = 6.43 \times 10^9$ J (다) 적도상, 서쪽에서 동쪽으로

6-18 지구의 태양계 탈출

지구는 해 주위로 반지름이 $1\text{AU} = 1.496 \times 10^{11}$ m인 거의 원에 가까운 공전운동을 한다. 해의 질량은 1.988×10^{30} kg이고, $G = 6.673 \times 10^{-11}$ N · m^2/kg이다.

(가) 지구의 공전운동속도는 얼마인가?

(나) 지구의 해로부터 탈출속도는 얼마인가?

답 | (가) $v_C == 2.978 \times 10^4$ m/s (나) $v_e = 4.211 \times 10^4$ m/s

6-19 태양계 탈출

지구상에 있는 물체를 태양계로부터 탈출시키려고 한다. 지구는 해 주위로 반지름 $1\text{AU} = 1.496 \times 10^{11}$ m의 원궤도운동을 한다. 해의 질량은 $M_S = 1.988 \times 10^{30}$ kg, 지구의 질량, 반지름은 각각 $M_E = 5.975 \times 10^{24}$ kg, $R_E = 6.378 \times 10^6$ m이고, $G = 6.673 \times 10^{-11}$ N · m^2/kg^{2}이다.

(가) 지구의 인력을 무시할 때 태양계를 탈출하는 데 필요한 물체의 탈출속도는 얼마이어야 하는가?

(나) 지구의 인력까지 고려하면 탈출속도는 얼마이어야 하는가?

답 | (가) $v_{e/S} = 4.211 \times 10^4$ m/s (나) $v_e = 4.357 \times 10^4$ m/s

6-20 포사체의 운동

지구 표면에서 포사체가 연직상방으로 발사된다. 공기의 저항 및 지구자전의 영향을 무시한다. 지구의 반지름은 $R = 6.38 \times 10^6$ m이다.

(가) 속도 10.0 km/s로 발사된 포사체가 도달하는 지상 높이는 지구의 반지름의 몇 배인가?

(나) 만일 포사체가 지구 표면에서 속도 15.0 km/s로 발사되었다면 최종 도달 지점에서 속도는 얼마인가?

(다) 지구 표면에서 똑바로 위로 발사된 포사체의 최고 높이는 $\dfrac{Rh_0}{R - h_0}$로 주어짐을 보여라. h_0는 중력마당이 일정하다고 가정했을 때 최고 높이다.

답 | (가) 3.97배 (나) $v_\infty = 9.99$ km/s

6-21 달에서 포사체

달의 표면 가까이에서 달 주위를 원궤도로 선회하는 인공위성이 있다. 이 위성과 같은 속도로 달 표면에서 물체를 연직상방으로 발사하였다. 그 포사체의 도달 최고 높이를 구하라. 달의 반지름은 1.74×10^6 m이다.

답 | $h=1.74\times10^6$ m

6-22 자유낙체의 운동

(가) 지구중심으로부터 거리 r의 점에서 자유낙하하는 물체가 지상에 도달하는 순간의 속도를 구하라. 중력가속도, 지구의 반지름을 각각 g, $R(r>R)$라 한다.

(나) 또, 물체가 지구로부터 매우 먼 곳($R\ll r$)에서 낙하하는 경우의 속도를 지구중력마당으로부터 탈출속도 $v_{e;E}$와 비교하라.

답 | (가) $v_R(r)=\sqrt{2gR\left(1-\dfrac{R}{r}\right)}$ (나) $v_R(r\gg R)\cong v_{e;E}R\left(1-\dfrac{R}{2r}\right)$

6-23 우주선의 탈출

우주선이 지구의 공전궤도상에서 출발하여 태양계를 여행한다. 해의 질량은 1.99×10^{30} kg이고, $G=6.67\times10^{-11}\ \mathrm{N\cdot m^2/kg^2}$, $1\,\mathrm{AU}=1.496\times10^{11}$ m이다.

(가) 우주선이 태양계를 탈출하려면 해에 대한 속도가 적어도 얼마이어야 하는가?

(나) 목성을 향하여 날아가는 우주선이 최고 34.7 km/s까지 속도를 낼 수 있다면, 이 속도로 태양계를 탈출할 수 있는 거리는 해로부터 적어도 얼마 이상이어야 하는가?

답 | (가) $v_{\min}=42.1$ km/s (나) $r_{\min}=2.20\times10^{11}$ m

6-24 공기저항의 영향

지상 200 km 상공에서 지구 주위로 원궤도를 선회하고 있는 질량 100 kg의 인공위성이 미약한 공기저항 때문에 지상 100 km의 원궤도로 떨어지게 된다. 지구의 반지름은 $R=6.38\times10^6$ m이고, $g=9.81\ \mathrm{m/s^2}$이다.

(가) 처음 및 나중 원궤도에서 속도를 각각 구하라.

(나) 인공위성-지구의 역학적 에너지가 감소함을 보이고, 그 감소량을 구하라.

(다) (가)의 결과를 설명하여 보라.

답 | (가) $v_i=7.79\times10^3$ m/s, $v_f=7.85\times10^3$ m/s (나) $\Delta E=-0.468\times10^8$ J

(다) $v_i<v_f$; 중력과 저항력의 합력에 의한 가속도 때문에 속도벡터가 변한다. 그 방향이 중력에 수직하지 않게 되어 중력의 한 성분이 속도의 크기를 증가시키게 되기 때문이다.

6-25 가락지에 의한 중력위치에너지

질량이 $M=2.36\times10^{20}$ kg, 반지름이 $a=1.00\times10^8$ m인 균질의 가락지 모양의 물질이 있다. 이 가락지의 중심(점 C)으로부터 $z=2.00\times10^8$ m 떨어진 축상의 한 점 P에 질량 $m=1.00\times10^3$ kg의 물체를 가만히 놓았다. $G=6.67\times10^{-11}\ \mathrm{N\cdot m^2/kg^2}$이다.

(가) 점 P 및 점 C에서 물체-가락지 역학계의 중력위치에너지를 각각 구하라.

(나) 물체가 가락지의 축을 따라서 가락지의 중심 C를 지나는 순간의 속도를 구하라.
(다) 점 P 및 점 C에서 중력을 구하라.
(라) 이 가락지의 중력이 최대인 점을 구하고 그 값을 구하라.

답| (가) $U_P = -\dfrac{GMm}{\sqrt{a^2+z^2}} = -7.04\times10^4\ \mathrm{J}$, $U_C = -\dfrac{GMm}{a} = -15.7\times10^4\ \mathrm{J}$
(나) $v_C = 13.2\ \mathrm{m/s}$
(다) $F_z(\mathrm{P}) = -2.82\times10^{-4}\mathrm{N}$, $F_z(\mathrm{C}) = 0$
(라) $z = \pm\dfrac{a}{\sqrt{2}}$ 에서 $|F_z|_{max} = 6.06\times10^{-4}\ \mathrm{N}$

6.3 중력마당

6-26 정사각형 모서리에 있는 물체의 중력마당

한 변의 길이가 a인 정사각형의 세 모서리에 질량 m의 똑같은 입자가 놓여 있다. 나머지 한 모서리에서 이들 세 입자에 의한 중력마당을 구하라.

답| 크기 : $g = \dfrac{Gm}{a^2}\left(\sqrt{2}+\dfrac{1}{2}\right)$, 맞모금 방향

6-27 반원 둘레에 띄엄띄엄 있는 물체의 중력마당

질량 10 kg의 똑같은 물체 다섯 개를 반지름 10 cm의 반원의 둘레에 같은 간격으로 두었다. 이들 물체에 의한 반원의 곡률중심에서 중력마당을 구하라. $G = 6.67\times10^{-11}\ \mathrm{N\cdot m^2/kg^2}$이다.

답| 크기 : $|g| = 1.61\times10^{-7}\ \mathrm{N/kg}$, 방향 : 곡률중심에서 반원의 중점을 향한다.

6-28 우주선 양단의 가속도 차이

길이 100 m, 총 질량 1,000 kg의 원기둥 모양의 우주선이 해의 100배 질량의 '검은 구멍(black hole)'을 향해서 똑바로 날아가고 있다. 우주선의 앞끝이 검은 구멍을 똑바로 향하여 검은 구멍의 중심으로부터 10 km의 거리에 있다. 해의 질량은 $M_S = 1.99\times10^{30}\ \mathrm{kg}$이다.

(가) 우주선의 중앙에서 검은 구멍에 의한 중력마당 g는 얼마인가?
(나) 우주선의 양단(검은 구멍으로부터 제일 먼 점 및 제일 가까운 점) 사이의 중력마당의 차 Δg는 거리의 세제곱에 반비례함을 보이고 그 값을 구하라. 이 가속도의 차이는 검은 구멍에 가까워질수록 매우 빠르게 증가하므로 그 양단에 걸리는 인장력이 급격히 증가하여 우주선이 찢어지는 일이 초래된다.

답| (가) $|g(L/2)| = 1.31\times10^{14}\ \mathrm{N/kg}$ (나) $\Delta g \cong 2.65\times10^{12}\ \mathrm{N/kg}$

6-29 기조력

지구상의 달에 가장 가까운 점 및 가장 먼 점에서 달에 의한 중력마당 크기의 차 Δg를 구하라. 이것이 지구상에서 밀물-썰물이 일어나는 주요 원인이기 때문에 질량이 m인 물체에 작용하는 힘 $\Delta F = m\Delta g$를 기조력(起潮力 ; tidal force)이라 한다. $G = 6.673\times10^{-11}\ \mathrm{N\cdot m^2/kg^2}$이고, 지구의 반지름은 $R_E = 6.378\times10^6\mathrm{m}$, 지구와 달의 거리는 $r_{지-달} = 3.844\times10^8\ \mathrm{m}$, 달의 질량

은 $M_{달} = 7.36 \times 10^{22}$ kg이다.

답 | $\Delta g = 2.21 \times 10^{-6}$ N/kg

6-30 썰물-밀물

해 및 달이 다 같이 지구의 해양에 미치는 중력 때문에 밀물-썰물이 생긴다. 해 및 달의 질량은 각각 $M_S = 1.988 \times 10^{30}$ kg, $M_M = 7.36 \times 10^{22}$ kg이고, 지구로부터 해 및 달까지 거리는 각각 $r_{지-해} = 1\ \text{AU} = 1.496 \times 10^{11}$ m, $r_{지-달} = 3.844 \times 10^{8}$ m이다.

(가) 해 및 달로부터 해양이 받는 중력의 비 $\gamma \equiv \dfrac{F_{지-해}}{F_{지-달}}$ 를 구하라.

(나) 지구가 한 바퀴 자전함으로서 해양으로부터 해 및 달까지 거리에 변화가 일어난다. 이 거리의 변화 Δr 때문에 생기는 만유인력의 경우 변화의 비율 $\dfrac{\Delta F}{F}$ 를 구하라.

(다) 거리의 변화 때문에 생기는 중력 변화의 비 $\Delta\gamma \equiv \dfrac{\Delta F_{지-해}}{\Delta F_{지-달}}$ 를 구하라.

답 | (가) $\gamma = 178$　(나) $\dfrac{\Delta F}{F} = -\dfrac{2}{r}\Delta r$　(다) $\Delta\gamma = 0.458$

6-31 균질의 막대에 의한 중력퍼텐셜

길이 L, 질량 M의 가는 균질의 막대가 x축상에 놓여있다. 그 한쪽 끝을 원점으로 한다.

(가) x축상의 한 점 $x(x \geq L)$에서 중력퍼텐셜을 구하라.

(나) 중력마당과 중력퍼텐셜 사이의 관계식 $d\Phi = -\vec{g} \cdot d\vec{r}$를 확인하라.

답 | (가) $\Phi = -\dfrac{GM}{L}\ln\dfrac{x}{x-L}$

6-32 반원형 균질의 고리

질량이 20 kg, 길이가 5.0 m인 균질의 가는 막대를 반원형으로 굽혔다. 이 반원형 막대의 곡률 중심에서 중력마당을 구하라.

답 | $g = 3.35 \times 10^{-10}$ N, 반원 둘레의 중심에서 곡률중심을 향한다.

6-33 비균질의 원판에 의한 중력마당

반지름 a, 질량 M의 비균질의 얇은 원판의 질량 면밀도가 반지름만의 함수라 한다.

(가) 질량 면밀도가 반지름에 반비례한다. 그 비례상수를 구하라.

(나) 원판의 중심으로부터 거리 z에 있는 중심 축상의 한 점 P에서 중력 퍼텐셜 및 중력마당을 구하라.

답 | (가) $K = \dfrac{M}{2\pi a}$　(나) $\Phi = -\dfrac{GM}{a}\ln\left(\dfrac{a+\sqrt{z^2+a^2}}{z}\right)$, $g_z = \dfrac{GM}{z\sqrt{z^2+a^2}}$, 원판중심방향

6-34 공껍질의 중력마당

질량 300 kg, 반지름 2.00 m의 공껍질이 있다. 그 중심을 원점으로 한다. $G = 6.673 \times 10^{-11}$ N·m^2/kg^{2}이다.

(가) 원점으로부터 1.90 m, 2.50 m인 점에서 중력마당을 구하라.

(나) 이 공껍질 안에 질량 150 kg, 반지름 1.00 m의 다른 공껍질을 그 중심이 축상 0.60 m인 점에 오도록 놓았다. 이 두 공껍질 사이에 작용하는 만유인력은 얼마인가?

답 | (가) $g_r(r=1.90)=0$, $g_r(r=2.50)=-3.20\times10^{-9}$ N/kg (나) $F=0$

6-35 자전하는 행성 속의 터널

고정축 주위로 각속도 ω로 자전하는 밀도가 ρ_0인 균질의 공 모양의 행성에 자전축에 수직으로 직선형의 터널이 뚫려져 있다. 매끄러운 이 터널 속에서 운동하는 물체가 터널에 대해서 등속도 운동을 하게하는 자전각속도 ω를 구하라.

답 | $\omega=\sqrt{G\frac{4\pi\rho_0}{3}}$

6-36 공동이 있는 속 찬 공

중심을 원점에 둔 반지름 R, 밀도가 ρ인 균질의 공이 있다. 이 공 속에 반지름이 $R/2$인 공 모양의 공동이 있다. 이 공동의 중심이 $x=R/2$인 점에 있다. x축상의 한 점 $x(|x|>R)$에서 중력마당을 구하라.

답 | $g_x(x)=-G\left(\frac{4\pi R^3\rho}{3}\right)\frac{1}{x^2}\left(1-\frac{1}{8\left(1-\frac{R}{2x}\right)^2}\right)$

6-37 비균질의 속 찬 공

반지름 5.00 m, 질량 1,011 kg의 비균질의 속 찬 공이 있다. 밀도는 반지름만의 함수로 반지름에 반비례한다. $G=6.67\times10^{-11}$ N · m^2/kg^{2}이다.

(가) 밀도의 비례상수를 구하라.

(나) 이 공에 의한 중력마당을 구하라.

(다) 이 공의 지름을 따라서 표면으로부터 2.00 m 깊이까지 구멍을 뚫어서 작은 물체를 표면에서 자유낙하시켰다. 가속도를 구하고, 바닥에 닿는 순간의 속도를 구하라.

답 | (가) $K=6.44$ kg/m^2 (나) $g(r>R)=-\frac{6.74\times10^{-8}}{r^2}$ N/kg, $g(r<R)\cong-2.70\times10^{-9}$ N/kg
(다) $a=g(r<R)=-2.70\times10^{-9}$ m/s^2, $v=0.104$ mm/s

6-38 공과 막대의 상호작용

균질의 질량 M, 반지름 a의 속 찬 공이 원점에 놓여 있다. 질량이 m인 길이 L의 균질의 가는 막대가 x축상에 놓여 있다. 공에 가까운 쪽 막대의 끝은 원점으로부터 거리 $x(x\geq a)$에 있다.

(가) 상호작용하는 힘을 구하라.

(나) 공-막대의 상호작용 퍼텐셜에너지를 구하라.

답 | (가) $\vec{F}=-\hat{i}\frac{GMm}{x(x+L)}$ (나) $U(x)=-\frac{GMm}{L}\ln\left(1+\frac{L}{x}\right)$

6-39 균질의 속 찬 공의 중력마당과 가우스법칙

질량 M, 반지름 a의 균질인 속 찬 공의 중심으로부터 거리가 r인 점 P에서 중력마당을 가우스법칙을 이용하여 구하라.

Tip 가우스법칙 : $\oint_{S\,;\,\text{폐곡면}} \vec{g}\cdot d\vec{S} = -4\pi GM$

답| $r>a$: $g_r = -\dfrac{GM}{r^2}$, $r<a$: $g_r = -\dfrac{GM}{a^3}r$

6-40 균질의 굵은 원기둥의 중력마당과 가우스법칙

밀도가 ρ인 균질의 반지름 a의 굵고 곧은 원기둥의 축으로부터 거리 r의 점 P에서 아래와 같은 경우 중력마당을 구하라.

(가) $r \geq a$ (나) $r<a$

답| (가) $g_r = -\dfrac{G2\pi a^2\rho}{r}$ $(r \geq a)$ (나) $g_r = -G2\pi a^2 \rho r$ $(r<a)$

6.4 관성질량과 중력질량

6-41 연직선의 방향

관성질량과 중력질량이 같지 않다면, 지구와 지구상의 물체 사이의 중력의 작용선(또는 연직선)이 지구의 자전에 의한 원심력 때문에 지구중심으로부터 빗나가는 각 β는 어떻게 어림될까? 물체가 지구상에 위치한 점의 위도는 λ, 지구의 반지름을 R, 지구의 자전각속도를 ω라 한다.

답| $\beta \approx \dfrac{m}{m_G}\dfrac{\omega^2 R\sin 2\lambda}{2g} + 0(\omega^3)$

6-42 물체의 질량 정하기

(가) 질량이 정확하게 1 kg이라고 정의된 표준 물체에 힘이 작용하여 $2.6587\,\mathrm{m/s^2}$의 가속도가 생겼다. 다른 물체에 같은 힘을 작용하니 $1.1705\,\mathrm{m/s^2}$의 가속도가 생겼다. 물체의 질량은 얼마인가?

(나) 질량이 정확하게 1 kg이라고 정의된 표준 물체의 무게가 9.81 N으로 측정되었다. 같은 실험실에서 다른 물체의 무게가 56.6 N으로 측정되었다. 물체의 질량은 얼마인가?

(다) (가), (나)에서 측정된 질량은 중력질량인가, 관성질량인가?

답| (가) 2.2714 kg (나) 5.77 kg (다) 관성질량, 중력질량

7장 질점계의 운동

7.1 질점계의 운동 기술

7.2 질점계의 운동방정식

7.3 가변질량 역학계의 운동

이제까지의 홑질점에 대한 뉴턴역학의 결과를 뭇질점들의 모임인 질점계의 문제에로 확장한다. 질점계의 운동을 홑질점의 문제와 연관 시켜서 생각하기 위하여 질점계를 "대표"하는 특별한 점인 질량중심을 찾아서 그 질량중심의 운동과 이 질량중심에 대한 각 질점의 운동으로 기술할 수 있음을 밝히고, 질점계의 운동량 보존 법칙을 살펴본다. 특히 질량이 변하는 물리계인 로켓 문제에 이 법칙을 적용하여 그 운동을 분석해 본다. 이리하여 홑질점에 대한 뉴턴역학을 부피가 있는 물체에 적용하는 바탕을 마련한다.

7.1 질점계의 운동 기술

이제까지 질점에 대한 역학을 논의하여 왔다. 이제 홑질점에 대한 역학적 결과를 뭇질점으로 된 질점계의 문제로 확장한다. 이로부터 질점에 대한 뉴턴역학을 실제로 부피가 있는 물체에 적용할 수 있는 이론적 바탕이 마련된다. 그러기 위하여 먼저 **질량중심**(center of mass)이라고 부르는, 질점계의 모든 질량이 모여 있는 것처럼 보이고, 바깥으로부터 작용하는 힘이 오직 이 점에만 작용하는 것처럼 보이는, 뭇질점들을 "대표"하는 특별한 점을 찾아본다.

7.1.1 질량중심

질량이 m_1, m_2이고, 위치가 각각 x_1, x_2인 두 질점으로된 일차원 질점계$\{m_1, m_2\}$를 생각하자(**그림 7.1** 참조). 두 질점의 속도를 각각 v_1, v_2라 하면 각 질점의 운동량은 각각

$$p_1 = m_1 v_1,\quad p_2 = m_2 v_2 \tag{7.1}$$

이다. 이 질점계의 총 운동량 P는

$$P = p_1 + p_2 = m_1 v_1 + m_2 v_2 \tag{7.2}$$

로 정의된다.

질점계의 운동은 복잡하므로 보다 더 단순한 홑질점의 문제에 견주어서 생각하는 것이 편리하다. 질점계의 **병진운동**에 한해서 질점계와 같은 질량, 같은 운동량을 가지는 "등가"인 하

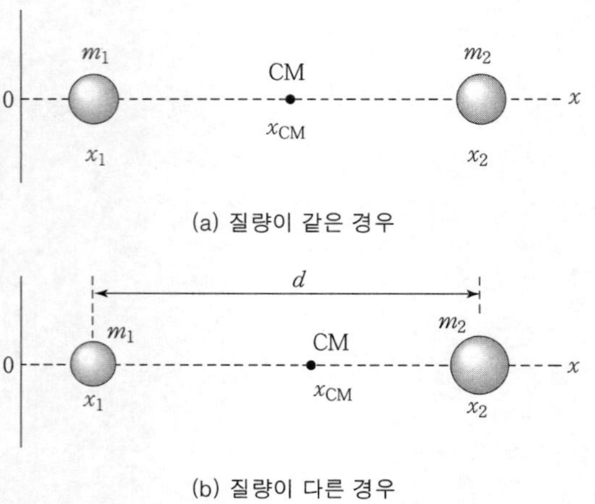

그림 7.1 두 질점으로 된 질점계의 질량중심

나의 질점을 생각할 수 있다. 이 "등가질점(等價質點 : equivalent mass particle)"의 질량 M은

$$M = m_1 + m_2 \tag{7.3}$$

이고, 그 운동량은 '등가질점'의 속도를 v_{CM}이라 하면

$$p_{\mathrm{CM}} = Mv_{\mathrm{CM}} \tag{7.4}$$

이다. 이것은 질점계와 '등가'인 질점의 운동량이므로 $p_{\mathrm{CM}} = P$이다. 따라서 식(7.2)에 의하여

$$Mv_{\mathrm{CM}} = m_1 v_1 + m_2 v_2 \tag{7.5}$$

이므로, 속도 v_{CM}은

$$v_{\mathrm{CM}} = \frac{m_1 v_1 + m_2 v_2}{m_1 + m_2} \tag{7.6}$$

로 주어진다. 여기서 '등가질점'의 위치벡터를 x_{CM}이라 하면

$$v_{\mathrm{CM}} = \frac{dx_{\mathrm{CM}}}{dt}, \quad v_i = \frac{dx_i}{dt} \qquad (i = 1, 2)$$

임을 고려하면 식(7.6)으로부터

$$x_{\mathrm{CM}} = \frac{m_1 x_1 + m_2 x_2}{m_1 + m_2} \tag{7.7}$$

임을 알 수 있다.

식(7.7)로 정의되는 위치에 있는 '등가질점'을 질점계$\{m_1, m_2\}$의 **질량중심**(center of mass, CM)이라 한다. 위치 x_{CM}은 질량중심의 위치, 속도 v_{CM}은 **질량중심의 속도**(velocity of mass center) 또는 **질점계의 속도**(velocity of mass particle system)이다. 질량중심은 질점계의 특수한 점으로 역학적으로 볼 때, 질점계의 모든 질량이 모여 있다고 생각되는 점이다.

예제 7.1 질량중심의 상대적 위치

질량의 비가 1 : 2인 두 질점으로 된 질점계가 있다.

① 이 질점계의 질량중심의 위치는 이들 사이를 2 : 1로 내분하는 점임을 보여라.

② 가벼운 질점이 원점에 있고, 두 질점 사이의 거리가 6 cm이다. 질량중심의 위치 x_{CM}을 구하라.

풀이 | 두 질점의 위치가 **그림 7.1(b)**에서와 같다고 하자. 식(7.7)에서 $x_2 - x_1 \equiv d$, 곧 두 질점 사이의 거리를 d라 하면

$$x_{\mathrm{CM}} = \frac{m_1 x_1 + m_2 x_2}{m_1 + m_2} = \frac{m_1 x_1 + m_2(x_1 + d)}{m_1 + m_2} = x_1 + \frac{m_2}{m_1 + m_2} d$$

이고, 질량중심의 질량 m_1에 대한 상대위치는

$$x_{CM} - x_1 = \frac{m_2}{m_1 + m_2} d \qquad (7.8)$$

이다.

① 지금 $m_1 : m_2 = 1 : 2$, 곧 $m_2 = 2m_1$이라 하면 식(7.8)에 의하여

$$x_{CM} - x_1 = \frac{2}{3} d \qquad (7.9)$$

이고,

$$x_{CM} - x_2 = x_{CM} - (x_1 + d) = \frac{2}{3} d - d = -\frac{1}{3} d$$

이므로

$$(x_{CM} - x_1) : (x_2 - x_{CM}) = \frac{2d}{3} : \frac{d}{3} = 2 : 1$$

이다. 곧 질량중심의 위치는 두 질점 사이를 질점의 질량의 반비로 내분하는 점이다. 따라서 그 상대적 위치는 좌표의 원점에는 무관하다.

② $x_1 = 0$, $d = 6$ cm이므로 질량중심은 식(7.9)에 의하여 원점으로부터

$$x_{CM} = x_1 + \frac{2}{3} d = 0 + \frac{2}{3} \times 6\,\text{cm} = 4\text{ cm}$$

의 거리에 있다.

예제 7.2 두 질점의 질량중심

아래와 같이 두 물체로 된 물리계의 질량중심을 구하고, 그 중 무거운 물체의 위치와 비교하여 보아라. 두 물체 사이의 거리는 반달표 괄호( )안에 표시되어 있다.

① 지구-달(3.844×10^8 m) ② 양성자-전자(수소원자 : 0.0529×10^{-9} m) ③ 양성자-중성자(중수소원자핵 : 1.5×10^{-15} m)

단, 각 물체를 질점으로 간주하고, 각 물체의 질량은 아래와 같다.

양성자	1.6726×10^{-27} kg	중성자	1.6749×10^{-27} kg	전자	9.1094×10^{-31} kg
지구	5.98×10^{24} kg	달	7.36×10^{22} kg		

풀이 ① 지구에서 본 질량중심의 위치는 지구의 위치 x_1을 원점으로 택하면 된다. 곧 $x_1 = 0$이고, 지구에서 달까지 거리가 $x_2 = 3.844 \times 10^8$ m이다. 따라서 식(7.7)에 의하여

$$x_{CM} = \frac{m_2 x_2}{m_1 + m_2}$$

$$= \frac{(7.36 \times 10^{22}\text{ kg}) \times (3.844 \times 10^8\text{ m})}{(5.98 \times 10^{24}\text{ kg}) + (7.36 \times 10^{22}\text{ kg})} = 4.67 \times 10^6\text{ m}$$

이다. 지구의 반지름이 6.37×10^6 m임을 생각하면 질량중심은 지구의 내부에 있음을 알 수 있다.

② 양성자에 대한 질량중심의 상대위치는 ①의 경우와 같은 방법으로

$$\begin{aligned}x_{\text{CM}} &= \frac{m_2 x_2}{m_1 + m_2}\\ &= \frac{(9.1094\times10^{-31}\text{ kg})\times(0.0529\times10^{-9}\text{ m})}{(1.6726\times10^{-27}\text{ kg})+(9.1094\times10^{-31}\text{ kg})} = 2.88\times10^{-14}\text{ m}\end{aligned}$$

이다. 따라서 질량중심은 거의 양성자에 있다고 볼 수 있다.

③ 중수소원자핵의 경우 원자핵의 크기가 1.5×10^{-15} m 정도이므로

$$\begin{aligned}x_{\text{CM}} &= \frac{m_2 x_2}{m_1 + m_2}\\ &= \frac{(1.6749\times10^{-27}\text{ kg})\times(1.5\times10^{-15}\text{ m})}{(1.6726\times10^{-27}\text{ kg})+(1.6749\times10^{-27}\text{ kg})} = 0.751\times10^{-15}\text{ m}\end{aligned}$$

이다. 질량중심은 양성자와 중성자의 거의 한가운데에 있다.

두 질점으로 된 질점계에서 얻은 결과를 직선상에 N개의 질점이 분포되어 있는 질점계로 확장할 수 있다. 그들의 질량을 m_1, m_2, $\cdots$, m_N, 위치를 x_1, x_2, $\cdots$, x_N이라 하면, 이 질점계$\{m_1, m_2, \cdots, m_N\}$의 질량중심의 위치 x_{CM}은

$$\begin{aligned}x_{\text{CM}} &= \frac{m_1x_1 + m_2x_2 + \cdots + m_Nx_N}{m_1 + m_2 + \cdots + m_N}\\ &= \frac{\sum_{i=1}^{N} m_i x_i}{\sum_{i=1}^{N} m_i} = \frac{1}{M}\sum_{i=1}^{N} m_i x_i\end{aligned} \tag{7.10}$$

로 주어진다. 여기서 M은 질점계$\{m_1, m_2, \cdots, m_N\}$의 총 질량으로

$$M = m_1 + m_2 + \cdots + m_N = \sum_{i=1}^{N} m_i$$

이다.

이제까지의 논의를 삼차원공간의 경우로 확장할 수 있다. 질점이 삼차원공간에 분포되어 있다면 질량중심의 좌표(x_{CM}, y_{CM}, z_{CM})은 각각

$$x_{\text{CM}} = \frac{1}{M}\sum_{i=1}^{N} m_i x_i,\quad y_{\text{CM}} = \frac{1}{M}\sum_{i=1}^{N} m_i y_i,\quad z_{\text{CM}} = \frac{1}{M}\sum_{i=1}^{N} m_i z_i \tag{7.11}$$

로 주어진다.

이들을 벡터기호로 표시하는 것이 편리하다. 각 질점의 위치벡터 및 질량중심의 위치벡터를 각각

$$\vec{r}_i = \hat{i}x_i + \hat{j}y_i + \hat{k}z_i \quad (i = 1,\ 2,\ \cdots,\ N),$$

$$\vec{r}_{\rm CM} = \hat{i}x_{\rm CM} + \hat{j}y_{\rm CM} + \hat{k}z_{\rm CM}$$

이라 하면, 질량중심의 위치는 식(7.11)의 세 개의 스칼라식 대신에 하나의 벡터식

$$\begin{aligned}\vec{r}_{\rm CM} &= \hat{i}x_{\rm CM} + \hat{j}y_{\rm CM} + \hat{k}z_{\rm CM} \\ &= \frac{1}{M}\sum_{i=1}^{N} m_i(\hat{i}x_i + \hat{i}y_i + \hat{i}z_i) \\ &= \frac{1}{M}\sum_{i=1}^{N} m_i\vec{r}_i \end{aligned} \tag{7.12}$$

로 표현된다. 벡터식(7.12)를 성분별로 분해하면 식(7.11)과 같이 세 개의 스칼라식을 얻을 수 있다.

예제 7.3 평면에 분포된 질점계의 질량중심

그림 7.2와 같이 질량이 각각 $m_1 = 2.0\,{\rm kg}$, $m_2 = 4.0\,{\rm kg}$, $m_3 = 6.0\,{\rm kg}$인 세 개의 질점으로 된 질점계$\{m_1,\ m_2,\ m_3\}$가 있다.

① 세 질점의 질량중심의 위치벡터 $\vec{r}_{\rm CM}$를 구하라.

② 두 질점으로 된 질점계$\{m_1,\ m_2\}$의 질량중심 위치벡터 $\vec{r}^{\,12}_{\rm CM}$를 구하라.

③ 위치 $\vec{r}^{\,12}_{\rm CM}$에 있는 질량 $m_{12} = m_1 + m_2$의 질점과 질점 m_3로 된 질점계$\{m_{12},\ m_3\}$의 질량중심의 위치벡터 $\vec{r}^{\,123}_{\rm CM}$를 구하라. ①의 결과와 비교하여 보라.

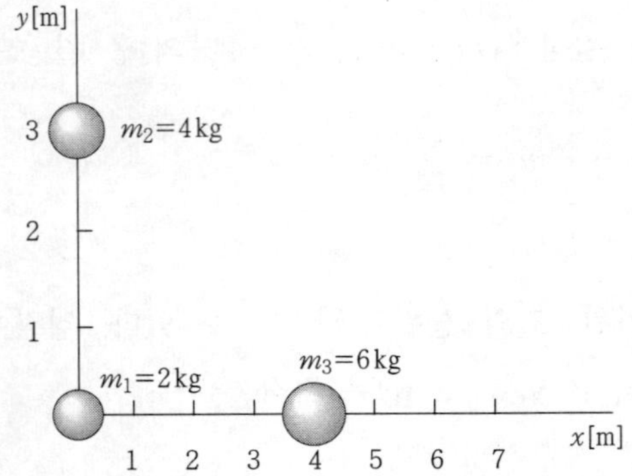

그림 7.2 세 질점의 분포

풀이 | 질점이 평면에 분포되어 있으므로 질량중심의 좌표는 $(x_{CM},\ y_{CM})$로 표현된다.

① 식(7.11)에 의한 세 질점의 질량중심의 위치는

$$M = 2.0\text{kg} + 4.0\text{kg} + 6.0\text{kg} = 12\text{kg}$$

이므로

$$x_{CM} = \frac{(2.0\text{ kg})\times 0 + (4.0\text{ kg})\times 0 + (6.0\text{ kg})\times(4.0\text{ m})}{12\text{kg}} = 2.0\text{m},$$

$$y_{CM} = \frac{(2.0\text{ kg})\times 0 + (4.0\text{ kg})\times(3.0\text{ m}) + (6.0\text{ kg})\times 0}{12\text{kg}} = 1.0\text{m}$$

이다. 따라서

$$\vec{r}_{CM} = \hat{i}(2.0\text{ m}) + \hat{j}(1.0\text{ m})$$

이다.

② 두 질점 m_1, m_2으로 된 질점계$\{m_1,\ m_2\}$의 질량중심 좌표를 $(x_{CM}^{12},\ y_{CM}^{12})$라 하면 식(7.11)에 의하여

$$x_{CM}^{12} = \frac{(2.0\text{ kg})\times 0 + (4.0\text{ kg})\times 0}{6.0\text{ kg}} = 0,$$

$$y_{CM}^{12} = \frac{(2.0\text{ kg})\times 0 + (4.0\text{ kg})\times(3.0\text{ m})}{6.0\text{ kg}} = 2.0\text{ m}$$

이다. 그 위치벡터는

$$\vec{r}_{CM}^{12} = \hat{j}(2.0\text{ m})$$

이다.

③ 질량이 각각 $m_{12} = 6.0\text{ kg}$, $m_3 = 6.0\text{ kg}$인 두 질점의 총 질량은

$$m_{12} + m_3 = 6.0\text{ kg} + 6.0\text{ kg} = 12\text{ kg}$$

이므로, 질점계$\{m_{12},\ m_3\}$의 질량중심의 좌표를 $(x_{CM}^{123},\ y_{CM}^{123})$라 하면

$$x_{CM}^{123} = \frac{(6.0\text{ kg})\times 0 + (6.0\text{ kg})\times(4.0\text{ m})}{12\text{ kg}} = 2.0\text{ m},$$

$$y_{CM}^{123} = \frac{(6.0\text{ kg})\times(2.0\text{ m}) + (6.0\text{ kg})\times 0}{12\text{ kg}} = 1.0\text{ m}$$

이다. 곧 질점계$\{m_{12},\ m_3\}$의 질량중심의 위치벡터를 $\vec{r}_{CM}^{123}$이라 하면

$$\vec{r}_{CM}^{123} = \hat{i}(2.0\text{ m}) + \hat{j}(1.0\text{ m})$$

이다. 따라서 $\vec{r}_{CM} = \vec{r}_{CM}^{123}$이다.

예제 7.3에서 본 바와 같이 세 질점의 질량중심을 구할 때 먼저 처음 두 질점 m_1, m_2의 질

량중심 CM_{12}의 위치벡터 $\vec{r}_{CM}^{12}$를 구하고, 그 위치 $\vec{r}_{CM}^{12}$에 질량 $m_{12} = m_1 + m_2$의 한 질점이 있다고 보고 이 질점 m_{12}와 질점 m_3의 질량중심 CM_{123}의 위치벡터 $\vec{r}_{CM}^{123}$을 구하면 이것이 바로 세 질점으로된 질점계$\{m_1, m_2, m_3\}$의 질량중심의 위치벡터 $\vec{r}_{CM}$이다. 이것은 **그림 7.3**에 잘 그려져 있다. 질점이 더 많은 경우에도 이와 같은 과정을 반복하면 된다.

이와 같은 방법은 보다 더 복잡한 물체나 질량이 연속적으로 분포된 질점계, 예를 들면 부피가 있는 물체 두 개로 된 물리계의 질량중심을 구할 때 편리하다. **그림 7.4**와 같이 균질의 두 막대 A, B로 된 물리계의 질량중심을 구하는 경우, 먼저 A 및 B의 질량중심을 각각 CM_A, CM_B라 하면 이 두 점에 A, B의 질량과 같은 질량의 질점이 있다고 볼 수 있다. 따라서 두 물체의 질량을 각각 m_A, m_B라 하면, 물체 A, B로 된 물리계의 질량중심 CM은 질점계$\{m_A, m_B\}$의 질량중심과 일치한다. 따라서 질량중심 CM은 두 점 CM_A, CM_B를 잇

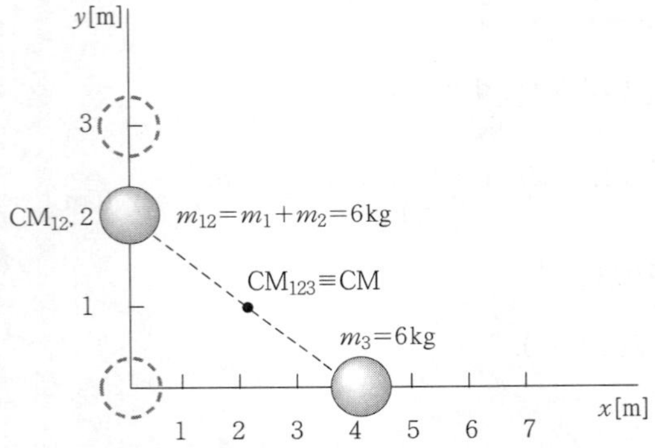

그림 7.3 세 질점의 질량중심 구하는 다른 방법

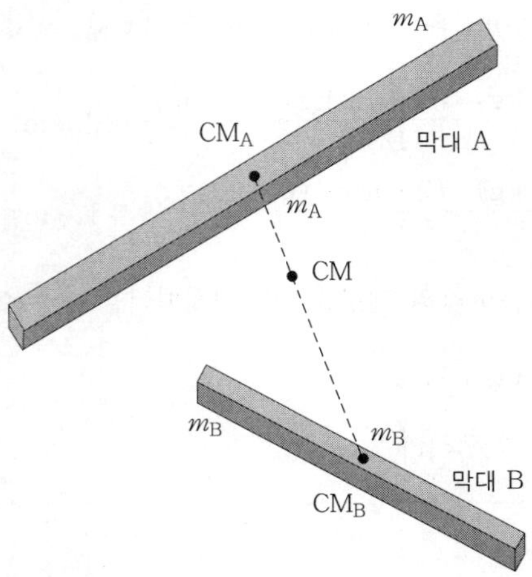

그림 7.4 균질의 두 막대로 된 물리계의 질량중심 구하기

는 선분을 $m_B : m_A$로 내분하는 점에 있다(**예제 7.1** 참조).

예제 7.4 얇은 합판의 질량중심

그림 7.5와 같은 모양의 균질의 얇은 합판의 질량중심을 구하라.

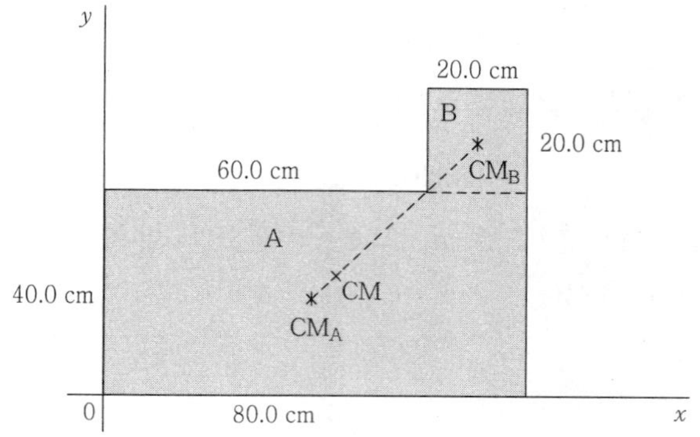

그림 7.5 균질의 얇은 합판의 질량중심 구하기

풀이 | 그림의 합판을 가로, 세로 각각 80.0 cm, 40.0 cm인 직사각형 부분(A) 및 가로, 세로 다같이 20.0 cm 인 정사각형 부분(B)으로 나누어 생각한다. 곧 직사각형 A 및 정사각형 B의 질량중심 CM_A및 CM_B의 좌표를 각각 (x_A, y_A) 및 (x_B, y_B)라 하고, 각 부분의 질량을 각각 m_A, m_B라 하면, 합판의 질량중심은, 점(x_A, y_A)에 질량 m_A의 질점이 있고, 점(x_B, y_B)에 질량 m_B의 질점이 놓여 있을 때의 질점계$\{m_A, m_B\}$의 질량중심과 같다.

먼저 각 부분의 질량중심을 찾자. 직사각형 A는 x축에 나란한 무수히 많은 가는 가로 띠들의 모임으로 볼 수 있다. 이 띠들의 질량중심은 균질이므로 한가운데 점이다. 따라서 균질인 직사각형 A의 질량중심 CM_A는 가로의 이등분선상에 있을 것이다. 한편, y축에 나란한 무수히 많은 가는 세로 띠들의 모임으로도 볼 수 있다. 따라서 질량중심은 세로의 이등분선상에 있어야 한다. 그래서 직사각형 A의 질량중심 CM_A는 가로 및 세로의 두 이등분선이 만나는 점에 있다. 그 CM_A의 x, y 좌표는 각각 $x_A = 40.0\,\text{cm}$, $y_A = 20.0\,\text{cm}$이다.

같은 방법으로 정사각형 B의 질량중심 CM_B도 그 정사각형의 가로 및 세로의 두 이등분선이 만나는 점, 곧 그 중심이다. 따라서 B의 질량중심 CM_B의 좌표(x_B, y_B)는 각각

$$x_B = 60.0\,\text{cm} + 10.0\,\text{cm} = 70.0\,\text{cm}, \quad y_B = 40.0\,\text{cm} + 10.0\,\text{cm} = 50.0\,\text{cm}$$

이다.

합판이 균질이므로 각 부분의 질량은 각 부분의 넓이에 비례한다. 각 부분의 넓이는 각각

$$S_A = 80.0\,\text{cm} \times 40.0\,\text{cm} = 3.20 \times 10^3\,\text{cm}^2, \quad S_B = 20.0\,\text{cm} \times 20.0\,\text{cm} = 0.400 \times 10^3\,\text{cm}^2$$

이므로 각 부분의 질량의 비는

$$\frac{m_A}{m_B} = \frac{3.20\times10^3\mathrm{cm}^2}{0.40\times10^3\mathrm{cm}^2} = 8.00$$

이다. 따라서 $m_A = 8.00\, m_B$이고 합판의 총 질량은 $M = 9.00\,\mathrm{m_B}$이다.

합판의 질량중심 CM의 좌표(x_{CM}, y_{CM})는 식(7.11)에 의하여

$$x_{CM} = \frac{m_A x_A + m_B x_B}{M} = \frac{(8.00 m_B)\times(40.0\ \mathrm{cm}) + m_B\times(70.0\ \mathrm{cm})}{9.00\, m_B} = 43.33\ \mathrm{cm}$$

$$y_{CM} = \frac{m_A y_A + m_B y_B}{M} = \frac{(8.00 m_B)\times(20.0\ \mathrm{cm}) + m_B\times(50.0\ \mathrm{cm})}{9.00\, m_B} = 23.33\ \mathrm{cm}$$

이다. 이 질량중심 CM은 점(43.3 cm, 23.3 cm)에 있다. 이 점은 두 점 $\mathrm{CM_A}$, $\mathrm{CM_B}$를 잇는 선을 1 : 8로 내분하는 점이다.

7.1.2 부피가 있는 물체의 질량중심

이제까지 질량이 띄엄띄엄 분포된 경우를 생각해왔다. 이제 질량이 연속적으로 분포된 경우의 질량중심을 구하는 방법을 알아보자.

예를 들어 질량이 균일하게 분포된 질량이 M, 길이가 L인 막대의 질량중심을 찾아보자. **그림 7.6(a)**와 같이 막대를 N개의 미소한 부분(질량소)

$$\Delta m_1,\ \Delta m_2,\ \Delta m_3,\ \cdots,\ \Delta m_i,\ \cdots,\ \Delta m_N$$

으로 나누고, 이들 질량소의 위치를 각각

$$x_1,\ x_2,\ \cdots,\ x_i,\ \cdots,\ x_N$$

으로 어림하면 이들 질량소의 질량중심의 위치 x_{CM}은

$$x_{CM} \cong \frac{1}{M}\sum_{i=1}^{N} x_i\, \Delta m_i \tag{7.13}$$

으로 어림된다. 여기서 질량소 $\Delta m_i (i = 1, 2, \cdots, N)$은 부피가 있다. 그들의 크기(또는 길이)는 각각

$$\Delta x_1,\ \Delta x_2,\ \cdots,\ \Delta x_i,\ \cdots,\ \Delta x_N,$$

이다. 따라서 이들 질량소는 질점으로 보기 어렵다. 그러나 막대를 무한히 많은 미소한 부분으로

나누면, 곧 $N\to\infty$의 극한에서 질량소의 크기는 $\Delta x_i \to 0\,(i=1, 2, \cdots, N)$이므로 질량소를 질점으로 볼 수 있고, 그들의 위치도 각각 x_1, x_2, $\cdots$, x_i, $\cdots$, x_N라 할 수 있다.

그래서 식(7.13)에서 $N\to\infty$의 극한을 취하면 질량중심의 위치 x_{CM}를 구할 수 있다. 곧

$$x_{\mathrm{CM}} = \frac{1}{M} \lim_{N\to\infty} \sum_{i=1}^{N} x_i \Delta m_i \tag{7.14}$$

이다. 여기서 극한값이 존재하면 수학에서

$$x_{\mathrm{CM}} = \frac{1}{M} \int_V x\, dm \tag{7.15}$$

이라 표기한다. 식(7.10)이 질량이 띄엄띄엄 분포된 경우의 표현인데 대해서 식(7.15)는 물체의 질량분포가 연속적인 경우의 표현이다. 때때로 $N\to\infty$의 극한에서 Δm 대신에 무한소 질량소 dm을 쓰고, 그 위치를 x라 하면 $x\, dm$을 질량이 연속적으로 분포된 영역 V에 걸쳐서 적분하면 질량중심을 찾아낼 수 있다(**그림 7.6(b)** 참조).

식(7.15)에서 적분영역을 나타내는 V는 질량이 분포된 공간 또는 영역을 나타내는데, 삼차원공간이면 부피(V), 이차원이면 면적(S), 일차원이면 곡선(C 또는 s)을 각각 나타낸다. 따라서 무한소 질량소 dm은 부피밀도를 ρ, 면밀도를 σ, 선밀도를 λ라 하면

$$\text{삼차원공간} : dm = \rho\, dV \tag{7.16}$$

$$\text{이차원공간} : dm = \rho\, dS \tag{7.17}$$

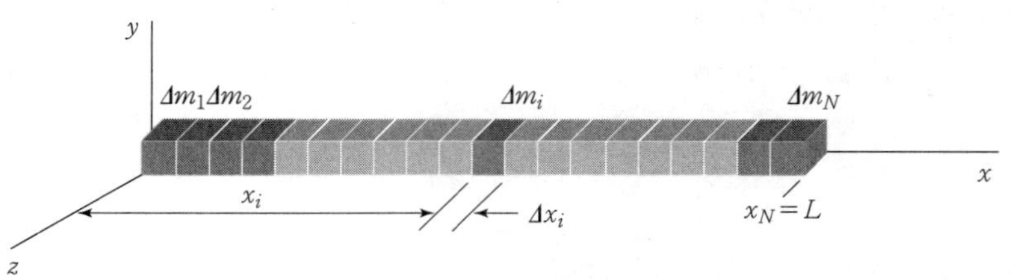

(a) 균일한 막대의 미세한 질량소로 분해

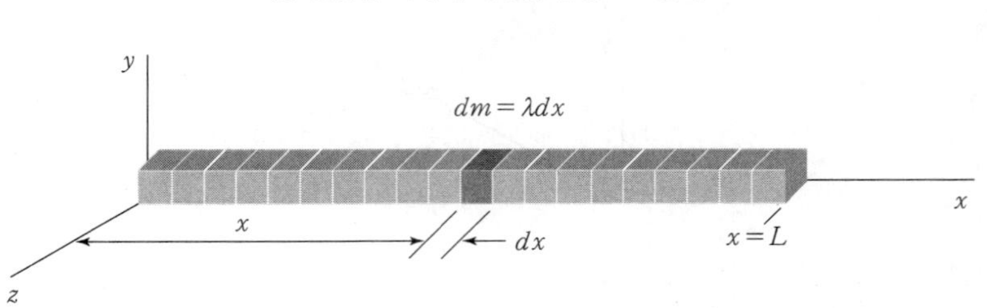

(b) 막대의 무한소 질량소

그림 7.6 가는 막대의 질량중심 구하기

$$일차원공간 : dm = \lambda\, ds \tag{7.18}$$

로 주어진다. 여기서 dV, dS, ds는 각각 **체적소**(또는 **부피요소** : volume element), **면적소**(surface element), **선소**(line element)를 나타낸다.

식(7.15)의 경우에는 질량이 직선상에 분포되어 있어, 그 직선을 x축으로 택했으므로 선소 ds는 dx로 하는 것이 좋다. 그래서 $dm = \lambda(x)\, dx$이고, 적분 한계는 막대의 양쪽 끝의 좌표를 $x=0$, $x=L$로 했으므로 $[0, L]$이다. 곧 식(7.15)는

$$x_{\mathrm{CM}} = \frac{1}{M}\int_V x\, dm = \frac{1}{M}\int_0^L x\,\lambda(x)\, dx \tag{7.19}$$

로 된다. 여기서 선밀도는 일반적으로 위치 x의 함수이나, 균질의 경우에는 단위 길이의 질량이 위치에 따라 변하지 않으므로 선밀도 λ는 위치 x의 함수가 아니다.

이제까지의 논의를 삼차원공간의 경우에로 확장할 수 있다. 질량이 띄엄띄엄 분포된 경우의 식(7.10)이 연속적인 경우 식(7.15)로 변형되는 것처럼, 삼차원공간의 식(7.11) 및 식(7.12)는 각각

$$x_{\mathrm{CM}} = \frac{1}{M}\int_V x\, dm,\quad y_{\mathrm{CM}} = \frac{1}{M}\int_V y\, dm,\quad z_{\mathrm{CM}} = \frac{1}{M}\int_V z\, dm \tag{7.20}$$

및

$$\vec{r}_{\mathrm{CM}} = \frac{1}{M}\int_V \vec{r}\, dm$$

로 변형된다. 이것은 **그림 7.7**에서 보는 바와 같이, 위치벡터 $\vec{r}$에 있는 무한소 질량소 dm과 그 위치벡터의 곱 $\vec{r}\,dm$를 질량이 분포된 부피에 걸쳐서 적분한 것을 총 질량 M으로 나눈 것

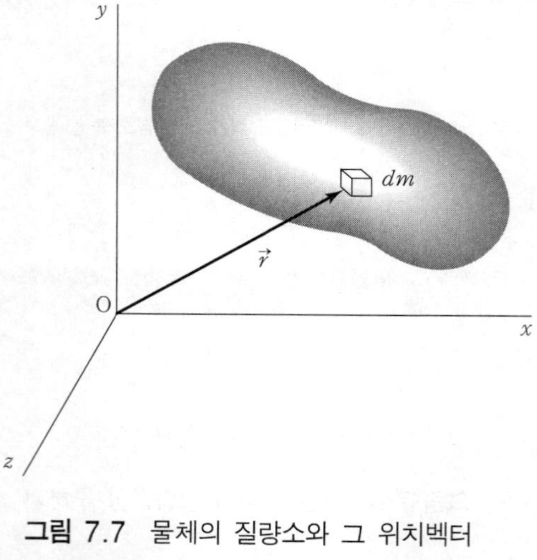

그림 7.7 물체의 질량소와 그 위치벡터

이다. 질량이 띄엄띄엄 분포된 경우 더하기 $\sum$인 것을 질량이 연속적으로 분포된 경우에는 적분 $\int$으로 바꾸면 된다.

예제 7.5 굵기가 같은 막대

굵기가 같은 길이 L, 질량 M의 막대가 있다.

① 균질의 경우 질량중심을 찾아라.

② 선밀도가 한쪽 끝으로부터 거리에 비례한다고 한다. 이 경우 질량중심을 찾아라.

풀이 | 막대의 한쪽 끝을 원점으로 하는 x축상에 놓여 있다고 하자(**그림 7.6(b)** 참조).

① 균질인 경우 선밀도 λ는 x의 함수가 아니고, $\lambda = \dfrac{M}{L}$로 주어진다. 따라서 식(7.19)에 의하여

$$x_{\text{CM}} = \frac{\lambda}{M}\int_0^L x\,dx = \frac{\lambda}{M}\left[\frac{x^2}{2}\right]_0^L = \frac{\lambda}{M}\frac{L^2}{2} = \frac{L}{2}$$

이다. 곧 균질의 막대의 질량중심은 막대의 한가운데 중심이다.

② 선밀도가 한쪽 끝(원점)으로부터 거리에 비례하므로

$$\lambda = Cx \tag{7.21}$$

라 두고 비례상수 C를 구하자. 막대의 질량 M은

$$M = \lim_{N\to\infty}\sum_{i=0}^{N}\Delta m_i = \int_V dm = \int_0^L \lambda(x)\,dx$$

로 주어지므로, 여기에 식(7.21)을 대입하면

$$M = \int_0^L \lambda(x)\,dx = C\int_0^L x\,dx = C\frac{L^2}{2}$$

를 얻는다. 따라서

$$C = \frac{2M}{L^2} \tag{7.22}$$

이다. 이제 식(7.22)를 고려한 식(7.21)을 식(7.19)에 대입하면

$$x_{\text{CM}} = \frac{1}{M}\int_0^L x\lambda(x)\,dx = \frac{1}{M}\frac{2M}{L^2}\int_0^L x^2\,dx = \frac{2}{L^2}\left(\frac{L^3}{3}\right) = \frac{2}{3}L \tag{7.23}$$

을 얻는다.

7.1.3 질량중심 찾기

부피가 있는 물체의 질량중심을 찾는 실용적인 방법을 알아보기 위하여, 먼저 물체에 작용

하는 중력의 작용점인 무게중심 및 물체에 작용하는 중력의 위치에너지에 대해서 살펴본다.

○ 질점계의 중력위치에너지

부피가 있는 물체의 무게 또는 중력은 어느 점에 작용할까? 또는 중력의 작용점은 어딜까? 물체의 질량중심은 그 물체의 모든 질량이 모여 있다고 생각되는 점으로, 병진운동의 경우 이 물체를 질량중심이라는 한 질점으로 간주할 수 있다는 뜻이다. 따라서 부피가 있는 물체에 작용하는 중력의 작용점은 다름 아닌 질량중심이 위치한 점이라 할 수 있다. 이 점을 그 물체의 **무게중심**(center of gravity, CG)이라 한다. 곧 물체의 질량중심과 무게중심은 서로 일치한다.

따라서 물체의 질량중심을 무게와 같은 힘으로 떠받치고 있으면 마치 질량중심(CM)이라는 질점을 떠받치고 있는 경우와 같다. 따라서 막대의 경우 기울어지지 않는다. 그러나 CM이 아닌 다른 점을 떠받치면 막대는 한쪽으로 기울어진다. 같은 방법으로, 질량중심에 어떤 힘을 가하면 CM이라는 질점에 힘이 작용하는 것처럼 막대는 회전하지 않고 병진운동만 하나, CM이 아닌 다른 점에 힘이 작용하면 막대는 회전운동도 하게 된다.

지구 표면 가까이 있는 부피가 있는 물체의 중력위치에너지는 물체의 각 질량소 Δm_i $(i=1, 2, 3, \cdots, N)$의 중력위치에너지

$$\Delta U_i = \Delta m_i g y_i \quad (i=1, 2, 3, \cdots)$$

의 합이다. 곧

$$U \cong \sum_{i=0}^{N} \Delta U_i = \sum_{i=0}^{N} \Delta m_i g y_i$$

이다. y_i는 질량소 Δm_i의 지구 표면에서 연직 높이다. 이 높이에 따라 g는 변하지 않는다. 여기서 $N\to\infty$의 극한을 취하면

$$U = \lim_{N\to\infty} \sum_{i=0}^{N} \Delta m_i g y_i = g\int_V y\,dm$$

로 주어진다. 여기서 중력가속도 g는 무한소 질량소 dm의 위치에 따라 변하지 않으므로 적분기호 밖으로 내놓았다.

위의 적분은 식(7.20)에 비추어 보면, 물체의 질량을 M이라 하면

$$\int_V y\,dm = My_{\mathrm{CM}}$$

이므로

$$U = Mgy_{\mathrm{CM}} \tag{7.24}$$

으로 주어진다. 여기서 y_{CM}은 물체의 질량중심의 y좌표로, 지구 표면으로부터 질량중심의 연직 높이를 나타낸다.

○ 질량중심 찾기

질량중심이 무게중심과 일치하며, 지구 표면 가까이에 있는 물체의 중력위치에너지는, 물체의 질량중심의 위치(CM)에 있는 질량이 M(물체의 총 질량)인 질점의 중력위치에너지와 같다(식(7.24) 참조)는 사실을 이용하여 부피가 있는 물체의 질량중심의 위치를 실험적으로 찾아낼 수 있다.

예를 들면 수평인 가벼운 막대의 양단에 있는 질량이 각각 m_1, m_2인 두 추의 질량중심을 연직상방으로 힘 $\vec{N}$으로 받쳐주면 받침점의 연직 아래로 작용하는 중력 $\vec{w}=(m_1+m_2)\vec{g}$와 서로 비겨서 막대가 기울어지지도 않고, 평형을 이룬다. 만일 받침점이 질량중심과 일치하지 않으면 막대는 기울어지게 되고,* 질량중심이 아래로 낮아진다. 물체는 위치에너지가 작아지려는 경향 또는 위치에너지가 최소가 되는 방향으로 이동하려는 경향이 있기 때문이다(소단원 3.2.3 또는 식(3.38) 참조). 중력위치에너지의 경우에는, 식(7.24)로부터 알 수 있는 바와 같이, 질량중심이 낮아지려는 경향이 있다. 받침점이 매끄러운 회전축(또는 돌쩌귀 : pivot)이라면, 막대가 회전하여 연직으로 놓이게 되고 이 경우 회전점의 연직 아래에 질량중심이 오게 되어, 질량중심에 작용하는 무게 $\vec{w}=(m_1+m_2)\vec{g}$와 회전축에서 연직 위로 작용하는 힘 $\vec{N}$의 작용선이 같은 연직선상에 있게 되어 두 힘이 비기게 된다. 이 상태에서 질량중심은 가장 낮게 되고, 막대의 중력위치에너지가 최소가 되어 막대는 안정한 평형 상태에 놓이게 된다(소단원 3.2.3 참조). 이 경우 물체의 회전점을 지나는 연직선상에 질량중심이 있게 된다. 이 성질을 이용하여 질량중심을 찾을 수 있다. 곧

물체의 다른 두 회전점을 각각 지나는 두 연직선의 만나는 점에 물체의 질량중심이 있다.

그림 7.8은 균질의 얇은 판자의 질량중심을 구하는 방법을 나타낸다. 점 A를 회전점으로 했을 때의 연직선(점선)과 다른 점 B를 회전점으로 한 연직선(실선)이 만나는 점이 얇은 판자의 질량중심이다.

그림 7.9는 반원형 굴렁쇠의 질량중심 찾는 방법을 보여준다. 이 그림에서 읽을 수 있는 바와 같이 질량중심이 물체 속에 있지 않고, 반원둘레의 중점을 지나는 반지름 위에 있음을 알 수 있다. 이 반지름은 반원형 굴렁쇠의 대칭선이다. 또, **그림 7.5**의 균질의 얇은 직사각형 A, B

---

* 소단원 8.2에서 배울 '돌림힘'으로도 설명된다.

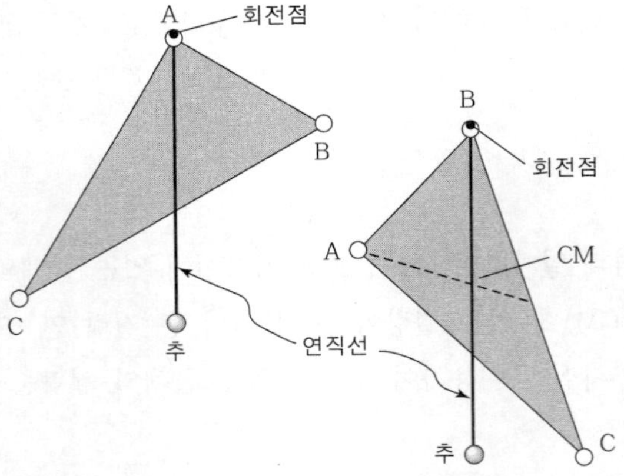

그림 7.8 균질의 얇은 판자의 질량중심 찾기

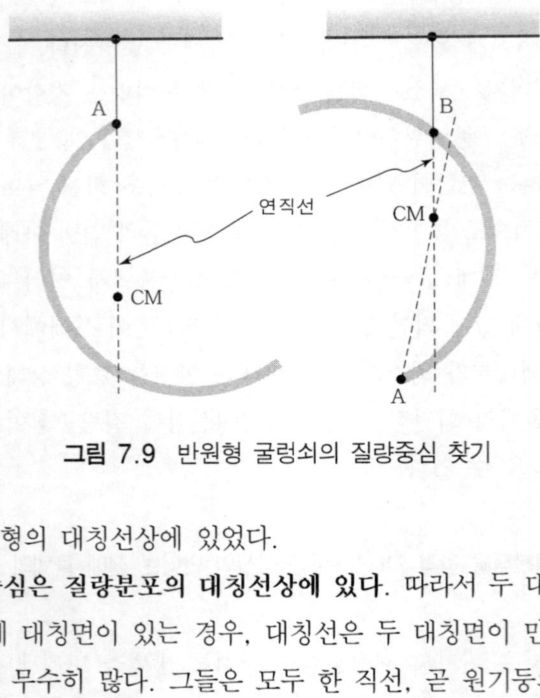

그림 7.9 반원형 굴렁쇠의 질량중심 찾기

의 질량중심도 직사각형의 대칭선상에 있었다.

일반적으로, **질량중심은 질량분포의 대칭선상에 있다**. 따라서 두 대칭선의 만나는 점에 질량중심이 있다. 물체에 대칭면이 있는 경우, 대칭선은 두 대칭면이 만나는 직선이다. 원기둥 모양의 경우 대칭면이 무수히 많다. 그들은 모두 한 직선, 곧 원기둥의 축상에서 만난다. 세 개의 대칭면이 만나는 점이 질량중심의 위치이다. 원기둥대칭(또는 축대칭)의 경우에는 원기둥의 대칭축상에 질량중심이 있는데, 제3의 대칭면이 원기둥의 축에 수직이고, 원기둥을 이등분하는 면이다. 따라서 원기둥대칭(또는 축대칭)의 경우 질량중심은 대칭축의 중점에 있다. 같은 방법으로, 구면대칭(또는 점대칭)의 경우에는 구면의 중심에 질량중심이 있다.

예제 7.6 반원형 굴렁쇠

균질의 가는 반지름 R의 반원형 굴렁쇠의 질량중심을 찾아라.

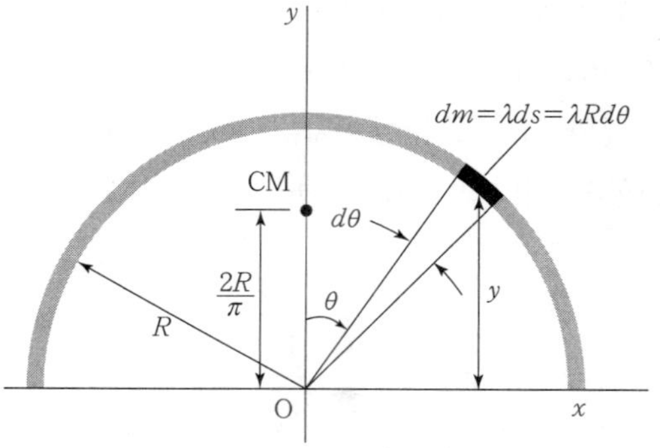

그림 7.10 반원형 굴렁쇠의 기하

풀이 | 반원형 굴렁쇠에는 대칭선이 있다. 굴렁쇠의 중심과 반원 둘레의 중점을 잇는 직선에 대해서 좌우대칭이다. 이 직선을 y축으로, 이에 수직인 가로축을 x축으로 택하는 것이 편리하다(**그림 7.10** 참조). 따라서 대칭성에 의하여 질량중심은 대칭선인 y축상에 있다. 곧 y좌표만 구하면 된다.

굴렁쇠의 질량소 dm의 위치를 좌표 y 및 dm을 지나는 반지름이 y축과 이루는 각 θ로 나타내고, 질량소 dm이 펼치는 선소를 ds, 이 선소 ds가 좌표원점에서 펼치는 중심각을 $d\theta$라 하면

$$dm = \lambda\, ds = \lambda\, R\, d\theta,\quad y = R\cos\theta$$

이다. 따라서 식(7.20)에 의하여

$$y_{\text{CM}} = \frac{1}{M}\int_V y\, dm = \frac{\lambda R^2}{M}\int_{-\pi/2}^{\pi/2}\cos\theta\, d\theta = \frac{\lambda R^2}{M}\times 2$$

이다. 여기서 선밀도 λ는 $\lambda = \dfrac{M}{\pi R}$이므로

$$y_{\text{CM}} = \frac{2R}{\pi}$$

이다. 예를 들어 반지름이 1.50 m이라면 질량중심은, 반원형 굴렁쇠의 중심선(대칭선)상,

$$y_{\text{CM}} = \frac{2\times(1.50\text{ m})}{3.14} = 0.995\text{ m}$$

의 위치에 있다. 곧 질량중심이 굴렁쇠 둘레에 있는 것은 아니다(**그림 7.9** 참조).

7.2 질점계의 운동방정식

부피가 있는 물체의 운동은 복잡하다. **그림 7.11**은 공중에 던져진 야구방망이의 운동 모양이다. 야구방망이의 운동이 복잡하지만 특수한 점인 질량중심(**그림 7.11**의 검은 점)의 운동은 한 질점을 공중에 던졌을 때와 같은 포물선운동을 함을 볼 수 있다.

소단원 7.1에서 질량중심의 개념을 도입할 때의 과정(식(7.1)~(7.7))의 역과정으로 질량중심의 운동을 논의하자.

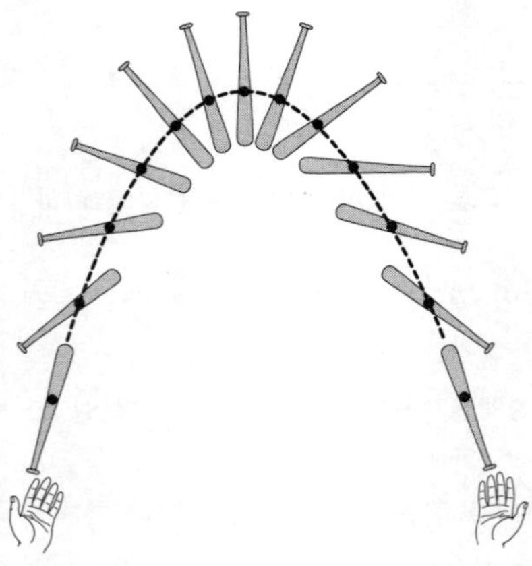

그림 7.11 야구방망이의 운동 모양

7.2.1 질점계의 운동량

일반적으로, 질량이 각각 m_1, m_2, $\cdots$, m_N이고, 위치벡터가 각각 $\vec{r}_1$, $\vec{r}_2$, $\cdots$, $\vec{r}_N$인 N개의 질점으로 된 질점계$\{m_1, m_2, \cdots, m_N\}$를 생각한다. 질점들의 속도를 각각 $\vec{v}_1$, $\vec{v}_2$, $\cdots$, $\vec{v}_N$이라 하면 이 질점계의 총 운동량 $\vec{P}$는 각 질점의 운동량벡터의 벡터합으로 정의된다. 곧 식(7.2)에서와 같이

$$\begin{aligned}\vec{P} &= \vec{p}_1 + \vec{p}_2 + \cdots + \vec{p}_N \\ &= m_1\vec{v}_1 + m_2\vec{v}_2 + \cdots + m_N\vec{v}_N\end{aligned} \tag{7.25}$$

이다.

질점계의 복잡한 운동을 좀더 단순화시키기 위하여 도입된 질량중심(CM)의 속도를 $\vec{v}_{\mathrm{CM}}$이라 하면 질량중심의 운동량 $\vec{p}_{\mathrm{CM}}$은

$$\vec{p}_{CM} = M\vec{v}_{CM} \tag{7.26}$$

인데, 질량중심은 병진운동에 한해서 질점계와 '등가'인 질점이므로

$$\vec{P} = \vec{p}_{CM} \quad \text{또는} \quad M\vec{v}_{CM} = m_1\vec{v}_1 + m_2\vec{v}_2 + \cdots + m_N\vec{v}_N \tag{7.27}$$

이다. 따라서 질량중심의 속도 $\vec{v}_{CM}$은

$$\vec{v}_{CM} = \frac{m_1\vec{v}_1 + m_2\vec{v}_2 + \cdots + m_N\vec{v}_N}{M} = \frac{\sum_{i=1}^{N} m_i\vec{v}_i}{\sum_{i=1}^{N} m_i} \tag{7.28}$$

로 주어진다. 여기서 각 질점의 속도 $\vec{v}_i$ 및 질량중심의 속도 $\vec{v}_{CM}$은 각각

$$\vec{v}_i = \frac{d\vec{r}_i}{dt} \qquad (i = 1, 2, \cdots, N),$$

$$\vec{v}_{CM} = \frac{d\vec{r}_{CM}}{dt}$$

이다.

식(7.26)의 양변을 시간에 대해서 미분하면

$$\frac{d\vec{p}_{CM}}{dt} = M\frac{d\vec{v}_{CM}}{dt} \tag{7.29}$$

이 되고, 식(7.27)에 의해서

$$M\frac{d\vec{v}_{CM}}{dt} = \sum_{i=1}^{N} m_i \frac{d\vec{v}_i}{dt}$$

로 된다. 홑질점의 운동방정식(2.11)을 고려하면,

$$m_i\frac{d\vec{v}_i}{dt} = F_i$$

이므로

$$M\frac{d\vec{v}_{CM}}{dt} = \sum_{i=1}^{N} \vec{F}_i = \vec{F}_{\text{알짜}} \tag{7.30}$$

가 된다. 여기서 힘 $\vec{F}_i$는 질점 m_i에 작용하는 힘이다. 따라서 식(7.29)를 고려하면

$$\frac{d\vec{p}_{CM}}{dt} = \vec{F}_{\text{알짜}} \tag{7.31}$$

를 얻는다. 질량중심의 가속도를 $\vec{a}_{CM}$이라 하면

$$\frac{d\vec{v}_{\mathrm{CM}}}{dt} = \vec{a}_{\mathrm{CM}}$$

이므로 식(7.30)은

$$M\vec{a}_{\mathrm{CM}} = \vec{F}_{\text{알짜}} \tag{7.32}$$

로 바꾸어 쓸 수 있다. 식(7.30) 및 식(7.31), (7.32)는 질점계의 '대표 질점'인 질량중심의 운동방정식이다. 이들은 질점의 운동방정식(2.9), (2.12), (2.8)에 각각 대응되는 질점계의 병진 운동방정식이다.

7.2.2 질점계에 작용하는 힘

질점계의 각 질점에 작용하는 힘은, 질점계의 바깥의 어떤 것으로부터 각 질점이 받는 **바깥힘**(또는 외력 : external force) 및 질점계의 다른 질점으로부터 각 질점이 받는 **속힘**(또는 내력 : internal force)으로 나눌 수 있다. 질점이 한 개뿐인 경우에는 속힘은 생각할 수 없다.

그림 7.12에서 보는 바와 같이, 두 질점으로 된 질점계 $\{m_1, m_2\}$에서 각 질점에 작용하는 바깥힘을 $\{\vec{F}_1^{(e)}, \vec{F}_2^{(e)}\}$, 속힘을$\{\vec{f}_{12}, \vec{f}_{21}\}$이라 하면, 각 질점에 작용하는 힘은

$$\vec{F}_1 = \vec{F}_1^{(e)} + \vec{f}_{12}, \quad \vec{F}_2 = \vec{F}_2^{(e)} + \vec{f}_{21} \tag{7.33}$$

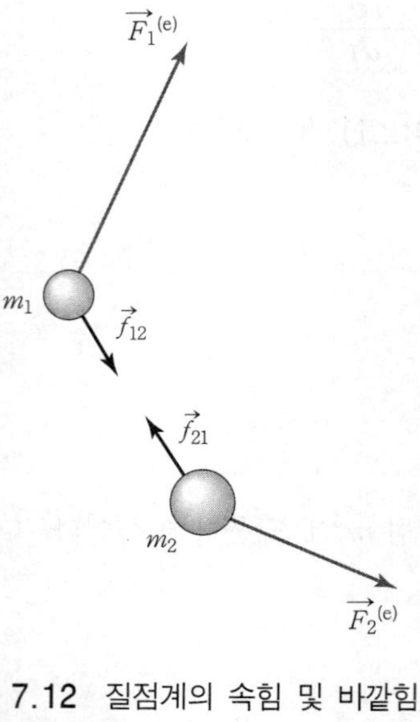

그림 7.12 질점계의 속힘 및 바깥힘

이다. $\vec{f}_{12}$는 질점 m_1이 질점 m_2로부터 받는 힘(속힘)이고, $\vec{f}_{21}$은 질점 m_2가 질점 m_1로부터 받는 속힘이다.

질점계{m_1, m_2}에 작용하는 힘의 합력 또는 알짜힘은

$$\vec{F}_{알짜} = \vec{F}_1 + \vec{F}_2 = \vec{F}_1^{(e)} + \vec{F}_2^{(e)} + \vec{f}_{12} + \vec{f}_{21}$$

인데, 속힘 {$\vec{f}_{12}$, $\vec{f}_{21}$}은 중심력(소단원 6.1.2 참조)인 경우가 대부분으로, 이런 중심력은 서로 작용·반작용의 관계에 있다. 그래서

$$\vec{f}_{12} + \vec{f}_{21} = 0 \quad 또는 \quad \vec{f}_{12} = -\vec{f}_{21} \tag{7.34}$$

이다. 곧 질점계의 속힘의 합력은 0이 된다. 따라서 질점계의 알짜힘은 바깥힘만의 합력이므로

$$\vec{F}_{알짜} = \vec{F}_1^{(e)} + \vec{F}_2^{(e)} \equiv \vec{F}_{알짜}^{(e)}$$

이다. 여기서 $\vec{F}_{알짜}^{(e)}$는 알짜 바깥힘을 나타낸다.

이러한 사실은 뭇질점으로 된 질점계{m_1, m_2, $\cdots$, m_N}에서도 성립한다. 곧 질점계에 작용하는 속힘의 벡터합은 0이다. 질점 m_i가 받는 속힘 $\vec{f}_i$ $(i=1, 2, \cdots, N)$은

$$\begin{aligned}\vec{f}_i &= \sum_{\substack{j=1 \\ (j\neq i)}}^{N} \vec{f}_{ij} \\ &= \vec{f}_{i1} + \vec{f}_{i2} + \cdots + \vec{f}_{ii-1} + \ 0 \ + \vec{f}_{ii+1} + \cdots \\ &\qquad + \vec{f}_{ij-1} + \vec{f}_{ij} + \vec{f}_{ij+1} + \cdots + \vec{f}_{iN}\end{aligned} \tag{7.35}$$

으로 주어지며, 질점계에 작용하는 속힘의 합력은

$$\begin{aligned}\sum_{i=1}^{N} \vec{f}_i &= \sum_{i=1}^{N} \sum_{\substack{j=1 \\ (j\neq i)}}^{N} \vec{f}_{ij} \\ &= \ 0 \ + \vec{f}_{12} + \cdots + \vec{f}_{1i-1} + \vec{f}_{1i} + \vec{f}_{1i+1} + \cdots \\ &\qquad + \vec{f}_{1j-1} + \vec{f}_{1j} + \vec{f}_{1j+1} + \cdots + \vec{f}_{1N} \\ &\quad + \vec{f}_{21} + \ 0 \ + \cdots + \vec{f}_{2i-1} + \vec{f}_{2i} + \vec{f}_{2i+1} + \cdots \\ &\qquad + \vec{f}_{2j-1} + \vec{f}_{2j} + \vec{f}_{2j+1} + \cdots + \vec{f}_{2N} + \\ &\qquad \cdots\cdots\cdots\cdots\cdots\cdots \\ &\quad + \vec{f}_{i1} + \vec{f}_{i2} + \cdots + \vec{f}_{ii-1} + \ 0 \ + \vec{f}_{ii+1} + \cdots \\ &\qquad + \vec{f}_{ij-1} + \vec{f}_{ij} + \vec{f}_{ij+1} + \cdots + \vec{f}_{iN} +\end{aligned}$$

$$\cdots\cdots\cdots\cdots\cdots\cdots\cdots\cdots\cdots\cdots\cdots$$

$$+\vec{f}_{j1}+\vec{f}_{j2}+\cdots+\vec{f}_{ji-1}+\vec{f}_{ji}+\vec{f}_{ji+1}+\cdots$$
$$+\vec{f}_{jj-1}+0+\vec{f}_{jj+1}+\cdots+\vec{f}_{jN}+$$

$$\cdots\cdots\cdots\cdots\cdots\cdots\cdots\cdots\cdots\cdots\cdots$$

$$+\vec{f}_{N1}+\vec{f}_{N2}+\cdots+\vec{f}_{Ni-1}+\vec{f}_{Ni}+\vec{f}_{Ni+1}+\cdots$$
$$+\vec{f}_{Nj-1}+\vec{f}_{Nj}+\vec{f}_{Nj+1}+\cdots+0=0$$

이다. 이를 간단하게

$$\sum_{i=1}^{N}\left(\sum_{\substack{j=1\\(j\neq i)}}^{N}\vec{f}_{ij}\right)=0$$

로 표현된다. 이것은 각 질점에 작용하는 속힘들의 벡터합에는, 식(7.34)에서와 같이,

$$\{\vec{f}_{ij},\vec{f}_{ji}\}\ \ (i\neq j:i,j=1,2,\cdots,N)$$

와 같은 쌍이 반드시 존재하며, 이 쌍은 $\vec{f}_{ij}=-\vec{f}_{ji}$이기 때문이다.

예를 들어, 질점이 3개($i=1,2,3$)인 경우, 각 질점에 작용하는 속힘은

$$\vec{f}_1=\vec{f}_{12}+\vec{f}_{13},\quad \vec{f}_2=\vec{f}_{21}+\vec{f}_{23},\quad \vec{f}_3=\vec{f}_{31}+\vec{f}_{32}$$

이고, 질점계에 작용하는 속힘의 합력은

$$\begin{aligned}\sum_{i=1}^{3}\vec{f}_i&=\vec{f}_1+\vec{f}_2+\vec{f}_3\\&=(\vec{f}_{12}+\vec{f}_{13})+(\vec{f}_{21}+\vec{f}_{23})+(\vec{f}_{31}+\vec{f}_{32})\\&=(\vec{f}_{12}+\vec{f}_{21})+(\vec{f}_{13}+\vec{f}_{31})+(\vec{f}_{23}+\vec{f}_{32})=0\end{aligned}\tag{7.36}$$

와 같이 된다. 마지막 줄에서 반달표 괄호( )안은 아래 첨자인 숫자를 크기 순으로 쓴 것과 그 첨자를 맞바꾸어 놓은 것의 합이다. 이 한 쌍의 힘은 서로 크기는 같고, 방향은 서로 반대이므로 그 합은 0이다.

윗식을 일반화하면

$$(\vec{f}_{12}+\vec{f}_{13})+(\vec{f}_{21}+\vec{f}_{23})+(\vec{f}_{31}+\vec{f}_{32})\ \Rightarrow\ \sum_{i=1}^{N}\left(\sum_{\substack{j=1\\(j\neq i)}}^{N}\vec{f}_{ij}\right),$$

$$(\vec{f}_{12}+\vec{f}_{21})+(\vec{f}_{13}+\vec{f}_{31})+(\vec{f}_{23}+\vec{f}_{32})\ \Rightarrow\ \sum_{i=1}^{N}\left(\sum_{\substack{j=1\\(i<j)}}^{N}(\vec{f}_{ij}+\vec{f}_{ij})\right)$$

이므로, 일반적으로

$$\sum_{i=1}^{n}\vec{f}_i = \sum_{i=1}^{n}\left(\sum_{\substack{j=1\\(j\neq i)}}^{n}\vec{f}_{ij}\right) = \sum_{i=1}^{n}\left(\sum_{\substack{j=1\\(i<j)}}^{n}(\vec{f}_{ij}+\vec{f}_{ji})\right) \tag{7.37}$$

와 같이 쓸 수 있다. 여기서 속힘이 작용·반작용의 관계에 있는 경우, 반달표 괄호( )안은 0이 된다. 따라서 질점계에 작용하는 알짜힘은 알짜 바깥힘이다 :

$$\vec{F}_{\text{알짜}} = \sum_{i=1}^{n}\vec{F}_i = \sum_{i=1}^{n}\vec{F}_i^{(e)} = \vec{F}_{\text{알짜}}^{(e)} \tag{7.38}$$

위의 결과를 고려하면 질량중심의 운동방정식(7.30) 및 식(7.31), (7.32)는 각각

$$M\frac{d\vec{v}_{\text{CM}}}{dt} = \vec{F}_{\text{알짜}}, \tag{7.39}$$

$$\frac{d\vec{p}_{\text{CM}}}{dt} = \vec{F}_{\text{알짜}},\quad (\vec{p}_{\text{CM}} = \vec{P}) \tag{7.40}$$

$$M\vec{a}_{\text{CM}} = \vec{F}_{\text{알짜}} \tag{7.41}$$

이 된다. 질량중심의 운동은 질점계에 작용하는 알짜 바깥힘에 의해서만 결정된다. 곧

질량중심은 질점계에 작용하는 알짜 바깥힘에 의해서 질점계의 총 질량과 같은 질량의 홑질점처럼 운동한다.

이러한 사실은, "뉴턴의 운동법칙을 공과 같이 부피가 있는 물체도 홑질점으로 간주하고 적용할 수 있다"는 것을 합리화시켜 준다.

부피가 있는 물체는 많은 질점으로 이루어져 있고, 뉴턴의 운동법칙으로 설명되는 그들 각 질점의 운동은 매우 복잡하다. 그렇지만 뭇질점으로 된 질점계에는 질량중심이 반드시 있고 그 질량중심은 홑질점처럼 행동한다.

그림 7.11에서 보는 공중에 던져진 야구방망이의 운동은 이 사실을 잘 설명한다. 방망이에 작용하는 중력은 질량중심에 작용하고, 이 중력 때문에 질량중심은 마치 홑질점처럼 포물선운동을 한다. 그런데 방망이의 각 질점은 질량중심 주위로 회전운동을 한다. 그래서 방망이의 운동은 복잡하게 보인다.

또, 작은 두 구슬을 가벼운 용수철로 연결하여 공중에 던져 올렸을 때 운동도 마찬가지다. 두 구슬의 질량중심에 중력이 작용하여 질량중심은 포물선을 그리면서 운동하나 그 동안 두 구슬은 서로를 당기는 용수철의 탄성력에 의하여 진동을 한다. 따라서 두 구슬로 된 질점계의 운동은 복잡하게 보인다.

그래서 야구방망이나 두 구슬의 운동은 질량중심의 병진운동과 질량중심에 대한 회전운동이나 진동과 같은 어떤 다른 운동으로 나누어서 생각할 수 있다.

예제 7.7 포탄의 폭발

수평거리 R에 있는 목표물을 조준하여 곡사포를 쏘아 올렸으나 사고로 최고점에서 폭발하여 포탄이 반반으로 갈라져, 한쪽 반은 연직 아래로 자유낙하하여 다른쪽 반과 동시에 지상에 떨어졌다. 공기의 마찰은 무시하고, 공중폭발이 아니면 정확하게 목표물에 명중된다고 한다. 다른쪽 반의 위치를 구하라.

풀이 | 포탄의 질량중심은 공중폭발 여하에 관계없이 공기저항이 없으면 바깥힘인 중력에 의해서 운동한다. 따라서 질량중심은 최고점을 지나는 연직선에 대해서 좌우 대칭인 포물선을 그리면서 날아가서 목표물에 명중한다. 그러므로 공중폭발이 아니면 명중될 목표물의 위치가 지상에 떨어진 두 파편의 질량중심의 위치이다. 두 쪽의 질량이 같으므로 질량중심은 항상 그 두 쪽의 중간지점에 있다(**그림 7.13** 참조).

발사지점을 좌표원점으로 하고, 수평 방향을 x축으로 하여 두 쪽 A, B의 x좌표를 각각 x_A, x_B, 포탄의 질량을 M이라 하면 이들 사이에는

$$\frac{M}{2}x_A + \frac{M}{2}x_B = Mx_{CM}$$

의 관계식이 성립한다. 여기서 최고점에서 자유낙하한 반쪽 A의 수평거리는 최고점의 x좌표와 같으므로 $x_A = \frac{R}{2}$ 이고, 질량중심의 위치는 목표물의 위치이므로 $x_{CM} = R$이므로

$$\frac{R}{2} + x_B = 2R \quad \therefore \; x_B = \frac{3}{2}R$$

이다.

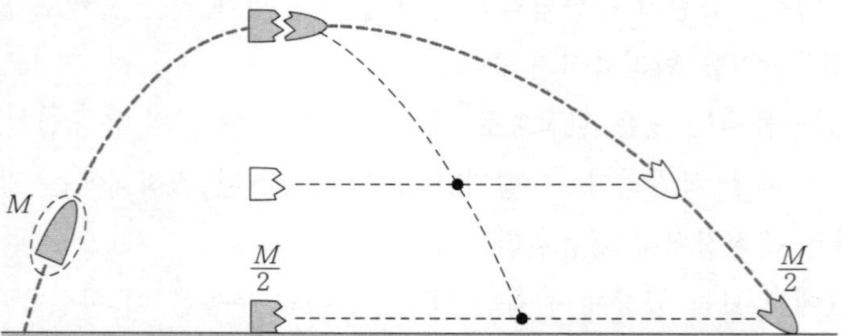

그림 7.13 공중폭발된 포탄의 파편의 위치

예제 7.8 쐐기 모양의 비탈면에 있는 목침

수평면 위에 정지해 있는 질량이 m_A인 쐐기 모양의 매끄러운 비탈각 θ의 비탈면을 질량 m_B의 목침이 미끄러져 내려오고 있다. 다음을 구하라.

① 이 역학계{쐐기, 목침}의 질량중심의 가속도 $\vec{a}_{CM}$

② 쐐기가 놓여 있는 수평면으로부터 이 역학계가 받는 수직항력 $\vec{N}$ 및 수평 방향의 힘 $\vec{F}_{\parallel}$

풀이 | **그림 7.14(a)**에서와 같이 수평 방향의 오른쪽을 x축, 연직상방을 y축이라 하자.
역학계의 CM은 쐐기(A) 및 목침(B)의 질량중심 CM_A 및 CM_B의 위치에 질량 m_A 및 m_B의 질점이 각각 있을 때의 CM과 일치한다. 따라서 CM_A 및 CM_B의 속도를 각각 $\vec{v}_A$, $\vec{v}_B$라 하면 역학계의 CM의 속도 $\vec{v}_{CM}$은 식(7.28)에 의하여

$$\vec{v}_{CM} = \frac{m_A \vec{v}_A + m_B \vec{v}_B}{M} \tag{7.42}$$

로 주어진다. 여기서 $M = m_A + m_B$이다.

① CM_A 및 CM_B의 가속도를 각각 $\vec{a}_A$, $\vec{a}_B$라 하면, CM의 가속도 $\vec{a}_{CM}$은

$$\vec{a}_{CM} = \frac{d\vec{v}_{CM}}{dt}$$

이므로, 식(7.42)에 의하여 CM의 가속도는

$$\vec{a}_{CM} = \frac{m_A \vec{a}_A + m_B \vec{a}_B}{M}$$

로 주어진다.
쐐기가 정지해 있으므로 $\vec{a}_A = 0$이고, 목침만이 미끄러져 내려오므로

$$\vec{a}_{CM} = \frac{m_B}{M}\vec{a}_B \tag{7.43}$$

이다.
목침의 비탈면을 따라서 미끄러지는 가속도의 크기는 $|\vec{a}_B| = g\sin\theta$이므로 가속도의 x 및 y 성분이 각각

$$a_{B;x} = a_B\cos\theta = g\sin\theta\cos\theta, \quad a_{B;y} = -a_B\sin\theta = -g\sin^2\theta$$

이므로 CM 가속도의 x 및 y 성분은 각각 식(7.43)에 의하여

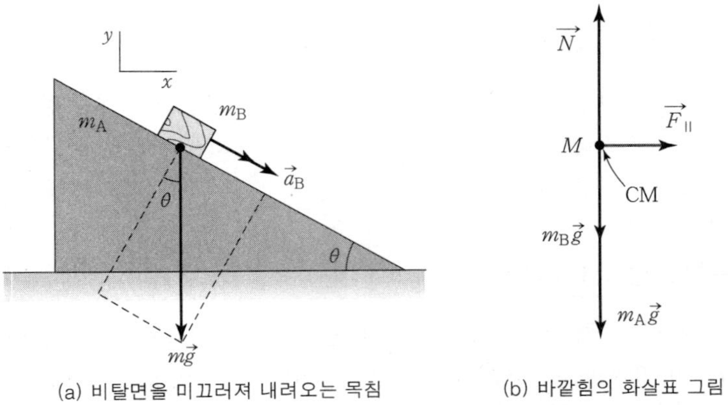

(a) 비탈면을 미끄러져 내려오는 목침 (b) 바깥힘의 화살표 그림

그림 7.14 비탈면 위의 목침

$$a_{CM;x} = \frac{m_B}{M} a_{B;x} = \frac{m_B}{M} g \sin\theta \cos\theta, \tag{7.44}$$

$$a_{CM;y} = \frac{m_B}{M} a_{B;y} = \frac{m_B}{M}(-g \sin^2\theta) \tag{7.45}$$

이다. 곧

$$\vec{a}_{CM} = \frac{m_B}{M} g \sin\theta (\hat{i} \cos\theta - \hat{j} \sin\theta)$$

이다.

② 역학계{쐐기, 목침}에 작용하는 바깥힘은 두 물체의 중력 $-m_A g$, $-m_B g$, 그리고 수평면으로부터 연직상방으로 작용하는 수직항력 $\vec{N}$이다. 이외에 수평 방향으로 작용하는 힘이 있다. 왜냐하면 쐐기가 매끄러운 수평면 위에 있다면 목침이 비탈면을 미끄러져 내려오면 쐐기는 반대쪽으로 움직이게 되기 때문이다. 이 힘을 $\vec{F}_{\parallel}$라 하자.

이 모든 바깥힘은 역학계의 질량중심(CM)에 작용한다. 이 계를 질량중심의 위치에 있는 질량 $m_A + m_B \equiv M$인 '등가'의 질점이라고 볼 수 있다. 따라서 이 계에 작용하는 실제 바깥힘들의 화살표 그림은 **그림 7.14(b)**와 같다.

이 질량중심의 성분별 운동방정식은 식(7.41)에 의하여

$$M a_{CM;x} = F_x^{(e)}, \quad M a_{CM;y} = F_y^{(e)}$$

인데, 여기서

$$F_x^{(e)} = F_{\parallel}, \quad F_y^{(e)} = N - Mg$$

이므로,

$$M a_{CM;x} = F_{\parallel}, \quad M a_{CM;y} = N - Mg \tag{7.46}$$

가 된다. 여기서 식(7.45)를 고려하면 위의 둘째 식으로부터

$$-m_B g \sin^2\theta = N - Mg \quad \therefore N = (m_A + m_B) g - m_B g \sin^2\theta$$

이고, 식(7.46)의 첫째 식에 식(7.44)를 고려하면

$$F_{\parallel} = m_B g \sin\theta \cos\theta \tag{7.47}$$

를 얻는다. 목침이 고정된 비탈을 미끄러져 내려오는 경우, 역학계는 전체적으로 오른쪽으로 식(7.47)로 주어지는 힘을 받는다.

예제 7.9 용수철로 연결된 질점계

질량이 0.50 kg인 두 퍽(puck) A, B가 가벼운 용수철로 연결된 질점계(**그림 7.15** 참조)에 일정한 힘 $F = 0.50\,\mathrm{N}$를 A, B를 잇는 직선에 대하여 45° 방향으로 1.41초간 A에 작용하였다. 질점계의 질량중심의 변위를 구하라. 만일 두 퍽 사이에 용수철이 없다면 어떻게 되는가?

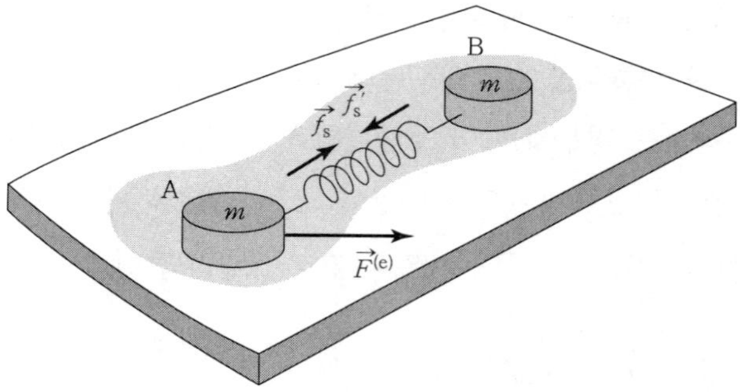

그림 7.15 용수철로 연결된 두 퍽

풀이 | 용수철로 연결된 두 퍽(질점으로 간주함) 사이에는 용수철에 의한 탄성력이 작용한다. 각 퍽에 작용하는 탄성력은 그 역학계의 속힘으로 서로 비긴다. 그러므로 질량중심의 운동은 바깥힘 F에 의해서 결정된다. 두 퍽을 잇는 직선을 x축이라 하면 이 계에 작용하는 알짜 바깥힘은

$$\vec{F}^{(e)}_{\text{알짜}} = \hat{i}\left(\frac{0.50\,\text{N}}{\sqrt{2}}\right) + \hat{j}\left(\frac{0.50\,\text{N}}{\sqrt{2}}\right)$$

이므로 질량중심의 가속도벡터 $\vec{a}_{\text{CM}}$은 $M = 0.50\,\text{kg} + 0.50\,\text{kg} = 1.00\,\text{kg}$이므로

$$\vec{a}_{\text{CM}} = \frac{\vec{F}^{(e)}_{\text{알짜}}}{M} = \hat{i}\left(\frac{0.50\,\text{m/s}^2}{\sqrt{2}}\right) + \hat{j}\left(\frac{0.50\,\text{m/s}^2}{\sqrt{2}}\right)$$

로 주어진다. 이 가속도가 일정하므로 질량중심은 등가속도 직선운동을 하므로 변위 $\Delta\vec{r}$는

$$\Delta\vec{r} = \frac{1}{2}\vec{a}_{\text{CM}}t^2 = \frac{1}{2}\left\{\hat{i}\left(\frac{0.50\,\text{m/s}^2}{\sqrt{2}}\right) + \hat{j}\left(\frac{0.50\,\text{m/s}^2}{\sqrt{2}}\right)\right\} \times (1.41\text{ s})^2$$
$$\cong \hat{i}\,(0.35\text{ m}) + \hat{j}\,(0.35\text{ m})$$

이다.

질량중심의 운동에 속힘은 관여하지 않고, 바깥힘만이 영향을 미치므로, 두 경우 질량중심의 운동은 서로 똑같다.

7.2.3 질점계의 운동량 보존

질점계의 운동방정식은 식(7.39)~(7.41)로 주어진다. 그 중에서 식(7.40)은 보다 더 일반적인 표현이다. 질량이 변하는 역학계의 경우 더욱 유용하다.

질점계에 작용하는 바깥힘의 알짜힘이 0이면 식(7.39)에 의하여 질량중심의 속도가 일정하게 유지되고, 식(7.40)에 의하여 질점계의 운동량이 일정하게 유지된다는 것을 알 수 있다. 곧

$$\vec{F}^{(e)} = 0\text{이면}\quad \vec{P} = M\vec{v}_{\text{CM}} = (\text{일정}) \tag{7.48}$$

이다. 이를 질점계의 **운동량 보존법칙**이라 한다.

이것은 바깥힘이 작용하지 않으면 운동량의 x, y, z 성분 모두 보존된다는 것을 뜻한다. 그러나 바깥힘이 작용하는 경우에는 이 보존법칙은 각 성분별로 고찰되어야 한다.

일정한 미소 변위벡터 $\Delta\vec{s}$ 방향으로 바깥힘 $\vec{F}^{(e)}$의 성분이 없다면 $F_s^{(e)}=0$ 또는 $\vec{F}^{(e)}\cdot\Delta\vec{s}=0$이므로 식(7.40)의 양변을 $\Delta\vec{s}$로 스칼라곱하면

$$\frac{d\vec{P}}{dt}\cdot\Delta\vec{s}=\vec{F}^{(e)}\cdot\Delta\vec{s}=0$$

가 된다. 왼쪽은 $\Delta\vec{s}=(\text{일정})$이므로

$$\frac{d\vec{P}}{dt}\cdot\Delta\vec{s}=\frac{d}{dt}(\vec{P}\cdot\Delta\vec{s})=\frac{d}{dt}(P_s\,\Delta s)=\frac{dP_s}{dt}\Delta s$$

가 되어

$$\frac{dP_s}{dt}=0 \qquad \therefore\ P_s=(\text{일정})$$

가 된다. 곧

바깥힘의 $\vec{s}$ 방향 성분이 없으면 $\vec{s}$ 방향의 운동량 성분이 보존된다.

예제 7.10 총알이 박힌 목침의 운동

0.010 kg의 총알이 매끄러운 수평면 위에 정지해 있는 질량 0.39 kg의 목침에 수평 방향으로 400 m/s의 속도로 날아와서 박혔다. 총알이 박힌 목침의 속도를 구하라.

풀이 | 이 문제에 접근하는 방법에는 두 가지가 있다. 총알과 목침으로 이루어진 이 질점계(또는 역학계)에 수평 방향으로 작용하는 바깥힘이 없으므로 (a)이 방향의 운동량 보존법칙을 이용하는 방법이다. 다른 하나는 (b)질점계(또는 역학계)의 질량중심의 개념을 이용하는 방법, 곧 질점계의 질량중심의 운동량(또는 질점계의 총 운동량)의 수평 방향의 성분이 일정하게 보존됨을 이용하는 방법이다.

방법(a)는 이미 4.2절에서 살펴보았다. 여기서는 (b)의 방법을 고찰해 본다. 수평 방향으로 작용하는 바깥힘이 없으므로 질점계의 질량중심의 운동량(또는 질점계의 총 운동량)의 수평 방향의 성분이 보존된다. 따라서 질량중심이 수평 방향으로 등속도운동을 하므로 총알이 박힌 후 목침의 속도는 질량중심의 수평 방향 속도와 같다.

수평 방향의 질점계의 질량중심의 속도는 식(7.28)에 의하여

$$v_{\text{CM}}=\frac{(0.010\text{ kg})\times(400\text{ m/s})+(0.39\text{ kg})\times 0}{0.010\text{ kg}+0.39\text{ kg}}=10\text{ m/s}$$

이므로, 총알이 박힌 목침의 속도도 10 m/s이다.

7.3 가변질량 역학계의 운동

앞에서는 질량이 변하지 않는 경우만을 생각해왔다. 이제 질량이 시간에 따라 변하는 질점계 또는 역학계의 운동에 대해서 살펴보자. 이 경우에는 뉴턴의 운동법칙을 운동방정식(7.39) 대신에 **운동량 정리**라고 부르는 식(7.40)으로 표현하는 것이 편리하다.

7.3.1 나르개 띠

질량이 변하는 질점계의 대표적인 보기는 **나르개 띠**(컨베이어 벨트 : conveyor belt)이다. 이것은 깔때기 모양의 저장 그릇으로부터 모래나 석탄을 연속적으로 연직 아래로 천천히 일정한 속도로 움직이는 띠 위에 흘려서 이들을 나르는 장치이다(**그림 7.16** 참조).

지금 속도 v로 움직이는 질량이 M_0인 나르개 띠 위에 모래가 일정한 비율로 떨어진다. 어떤 순간 나르개 띠 위에 있는 모래의 질량을 $M(t)$라 하면, 나르개 띠의 총 운동량 P는

$$P(t) = [M_0 + M(t)]\, v(t)$$

로 주어진다. 시간이 Δt만큼 지난 후의 총 운동량은

$$P(t+\Delta t) = [M_0 + M(t+\Delta t)]\, v(t+\Delta t)$$

으로 주어질 것이다. 여기서 모래의 질량이 증가하고, 만일 그로 인하여 나르개 띠의 속도가 변한다면

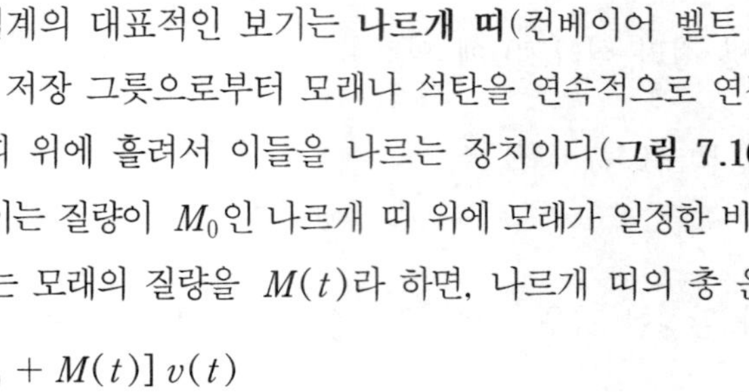

그림 7.16 나르개 띠

$$M(t+\Delta t) = M + |\Delta M|, \quad v(t+\Delta t) = v + \Delta v^{*}$$

라 할 수 있고, 따라서 총 운동량의 변화는

$$\begin{aligned}\Delta P &= P(t+\Delta t) - P(t)\\ &= (M_0 + M + |\Delta M|)(v + \Delta v) - (M_0 + M)v\\ &= |\Delta M|v + (M_0 + M)\Delta v + |\Delta M| \cdot \Delta v\end{aligned}$$

인데, $|\Delta M| \cdot \Delta v \approx 0$라 둘 수 있으므로

$$\frac{\Delta P}{\Delta t} \cong \left|\frac{\Delta M}{\Delta t}\right| v + (M_0 + M)\frac{\Delta v}{\Delta t}$$

의 $\Delta t \to 0$에서 극한값은

$$\frac{dP}{dt} = \lim_{\Delta t \to 0}\frac{\Delta P}{\Delta t} = \left|\frac{dM}{dt}\right| v + (M_0 + M)\frac{dv}{dt} \tag{7.49}$$

가 된다. 이것은 운동량 정리 식(7.40)에 의하여

$$F^{(e)} = \left|\frac{dM}{dt}\right| v + (M_0 + M)\frac{dv}{dt}$$

이다.

나르개 띠의 속도가 일정한 경우, 위의 오른쪽 둘째 항은 0이 되므로,

$$F^{(e)} = \left|\frac{dM}{dt}\right| v \quad (v : \text{일정})$$

이 된다. 나르개 띠 위에 올려진 모래는 증가하므로

$$\left|\frac{dM}{dt}\right| = \frac{dM}{dt} > 0$$

이다. 따라서 나르개 띠가 모래의 양에는 관계없이 일정한 속도로 움직이려면

$$F^{(e)} = \frac{dM}{dt} v \quad (v : \text{일정})$$

의 힘이 바깥으로부터 작용해야 한다.

---

* 미분법에서 $v(t+\Delta t) = v(t) + \frac{1}{1!}\frac{dv}{dt}\Delta t + \frac{1}{2!}\frac{d^2 v}{\Delta t^2}\Delta t^2 + \cdots$로 전개된다(테일러 정리). $\Delta t \ll 1$인 경우 이것은 $v(t+\Delta t) \cong v(t) + \frac{dv}{dt}\Delta t = v(t) + \Delta v$로 어림된다. 여기서 $\frac{dv}{dt}$는 v의 변화율이므로 $\frac{dv}{dt}\Delta t$는 t가 Δt만큼 변할 때 v의 변화량 Δv를 나타낸다.

이 바깥힘이 나르개 띠 장치에 공급해야 할 일률은

$$F^{(e)} \cdot v = \frac{dM}{dt} v^2 = \left\{ \frac{d}{dt}(M_0 + M) \right\} v^2$$

인데, v는 일정하므로

$$F^{(e)} \cdot v = 2\frac{d}{dt}\left\{ \frac{1}{2}(M_0 + M)v^2 \right\}$$

이다. 여기서

$$\frac{1}{2}(M_0 + M)v^2 \equiv K$$

는 나르개 띠 전체의 운동에너지이다. 따라서

$$F^{(e)} \cdot v = 2\frac{dK}{dt}$$

이다. 곧 나르개 띠의 속도를 일정하게 유지하기 위하여 공급되어야 할 일률은 나르개 띠의 총 운동에너지의 증가율의 2배이다. 따라서 역학적 에너지는 보존되지 않는다.

예제 7.11 모래 저장기

대형 깔때기 모양의 모래 저장기로부터 모래가 5.00 kg/s의 일정한 비율로 일정한 속도 0.750 m/s로 움직이는 나르개 띠 위에 떨어진다.

① 수평 방향으로 운동량의 시간에 대한 변화율을 구하라.

② 나르개 띠가 모래에 작용한 마찰력은 얼마인가?

③ 나르개 띠에 작용하는 바깥힘은 얼마인가?

④ 바깥힘이 공급한 일률은 얼마인가?

⑤ 나르개 띠 위에 떨어지는 모래가 매 초 얻는 운동에너지는 얼마인가? 이 결과를 ④의 결과와 비교하여라. 그 비교 결과를 설명하라.

풀이 | ① 식(7.49)에서 나르개 띠의 속도가 일정하므로 운동량의 변화율은

$$\frac{dP}{dt} = \left| \frac{dM}{dt} \right| v = (5.00\ \mathrm{kg/s}) \times (0.750\,\mathrm{m/s}) = 3.75\ \mathrm{N}$$

이다.

② ①에 의하여 주어지는 힘은 나르개 띠가 모래에 작용한 마찰력이다. 곧 f=3.75 N이다.

③ 나르개 띠가 받는 힘은 마찰력 f 및 바깥힘 $F^{(e)}$인데 나르개 띠가 등속도운동을 하므로 이 두 힘을 비긴다. 곧 $F^{(e)} = 3.75$ N이다.

④ 바깥힘이 공급한 일률은

$$W = F^{(e)} \cdot v = (3.75\ \mathrm{N}) \times (0.750\ \mathrm{m/s}) = 2.8125\mathrm{W} \cong 2.81\ \mathrm{W}$$

이다.

⑤ 나르개 띠 위에 떨어지는 모래가 매 초 얻는 운동에너지는

$$\frac{dK}{dt} = \frac{1}{2}\left(\frac{dM}{dt}\right)v^2$$
$$= \frac{1}{2} \times (5.00\,\text{kg/s}) \times (0.750\text{ m/s})^2 = 1.40625\text{ W} \cong 1.41\text{ W}$$

이다.

7.3.2 로켓 방정식

운동량 정리 식(7.40)이 적용되는 다른 좋은 보기는 로켓의 문제이다. 로켓은 연소실에서 연료를 연소시켜서 생긴 배기기체를 뒤로 빠른 속도로 분사함으로서 로켓의 추진력을 얻는다. 배기기체의 분사로 생긴 운동량의 손실(로켓의 방향과 반대의 운동량)과 같은 양의 운동량을 로켓이 얻게 된다.

한 좌표계 S (또는 지구)에 대해서 어떤 순간에 속도 $\vec{v}(t)$로 직선운동을 하고 있는 로켓을 생각하자. 그 질량(로켓 자체의 질량 M_0과 연료를 합한 총 질량)을 $m(t)$이라 하고, 배기기체를 로켓에 대해서 일정한 속도 $\vec{v}_e{}'$으로 분사하였다고 하자. 그러면 좌표계 S(지구)에 대한 분사속도는 $\vec{v}(t)+\vec{v}_e{}'$인데, $\vec{v}_e{}'$은 $\vec{v}(t)$와 방향이 반대이므로 $\vec{v}(t)$의 방향을 양(+)으로 하면, 좌표계 S에 대한 분사속도는 $v(t)-v_e{}'$이다(**그림 7.17** 참조).

로켓 문제는 어떤 순간 t에서는 로켓뿐인 홑질점 문제이지만, 시간이 Δt만큼 지난 순간에는 로켓 및 분사된 배기기체로 된 일종의 이체 문제로 된다. 배기기체가 분사되기 전, 총 운동량 P는

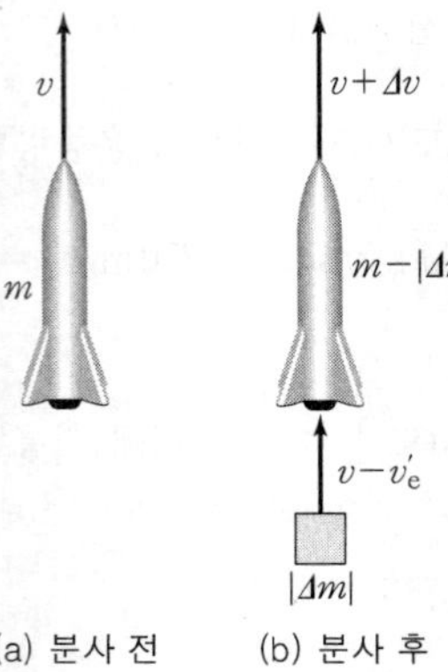

그림 7.17 로켓의 운동

$$P(t) = m(t)\, v(t)$$

이고, 시간이 Δt만큼 지난 후의 총 운동량 $P(t+\Delta t)$는

$$P(t+\Delta t) = m(t+\Delta t)\, v(t+\Delta t) + p_{\text{배기}}$$

으로 주어질 것이다. 여기서 로켓의 질량이 감소하고, 로켓의 속도가 변할 것이므로

$$m(t+\Delta t) = m - |\Delta m|, \quad v(t+\Delta t) = v + \Delta v$$

라 둘 수 있다. 또, $p_{\text{배기}}$는 배기기체의 운동량으로

$$p_{\text{배기}} = |\Delta m|(v - v_e')$$

이다. 따라서 총 운동량의 변화는

$$\begin{aligned} \Delta P &= P(t+\Delta t) - P(t) \\ &= (m - |\Delta m|)(v + \Delta v) + |\Delta m|(v - v_e') - m\,v \\ &= m\,\Delta v - |\Delta m| v_e' - |\Delta m| \cdot \Delta v \end{aligned}$$

인데, $|\Delta m| \cdot \Delta v \approx 0$로 어림할 수 있으므로

$$\frac{\Delta P}{\Delta t} \cong m\frac{\Delta v}{\Delta t} - v_e'\left|\frac{\Delta m}{\Delta t}\right|$$

의 극한값은

$$\frac{dP}{dt} = \lim_{\Delta t \to 0} \frac{\Delta P}{\Delta t} = m\frac{dv}{dt} - v_e'\left|\frac{dm}{dt}\right|$$

가 된다. 이로부터 운동량 정리 식(7.40)에 의하여

$$F^{(e)} = \frac{dP}{dt} = m\frac{dv}{dt} - v_e'\left|\frac{dm}{dt}\right|$$

또는

$$m\frac{dv}{dt} = v_e'\left|\frac{dm}{dt}\right| + F^{(e)} \tag{7.50}$$

를 얻는다. 이 방정식의 왼쪽은 로켓의 (질량)×(가속도)이고, 오른쪽의 각 항은 로켓에 작용하는 힘이다. 그래서 이 방정식을 **로켓 방정식**(rocket equation)이라 한다. 특히 오른쪽의 첫째 항을 로켓의 **추진력**(thrust)이라 한다. 곧 추진력 F_{th}는

$$F_{\text{th}} = v_e'\left|\frac{dm}{dt}\right| \quad \left(\frac{dm}{dt} < 0\right) \tag{7.51}$$

로 주어진다. 배기기체의 분사로 로켓의 질량이 감소하므로 $\left|\frac{dm}{dt}\right|=-\frac{dm}{dt}$ 이다. 따라서 위의 로켓 방정식(7.50)은

$$m\frac{dv}{dt}=-v_{\mathrm{e}}'\frac{dm}{dt}+F^{(\mathrm{e})}\quad\left(\frac{dm}{dt}<0\right)$$

로 바꾸어 쓸 수도 있다.

○ 로켓의 속도

특수한 경우로, 자유공간($\vec{F}^{(\mathrm{e})}=0$)에서 로켓 방정식은 식(7.50)으로부터

$$m\frac{dv}{dt}=v_{\mathrm{e}}'\left|\frac{dm}{dt}\right|\quad\text{또는}\quad m\frac{dv}{dt}=-v_{\mathrm{e}}'\frac{dm}{dt}\tag{7.52}$$

이 된다. 양변에 dt/m를 곱하면 변수분리되어

$$dv=-v_{\mathrm{e}}'\frac{dm}{m}$$

가 되는데 이를 적분하면 v_{e}'은 일정한 상수이므로

$$v(t)=-v_{\mathrm{e}}'\ln m(t)+C$$

를 얻는다. 여기서 C는 적분상수로, $t=0$에서 $v(0)=v_0$, $m(0)=m_0$라 하면

$$v_0=-v_{\mathrm{e}}'\ln m_0+C\qquad\therefore\ C=v_0+v_{\mathrm{e}}'\ln m_0$$

이므로, 로켓의 속도는

$$v(t)=v_0+v_{\mathrm{e}}'\ln\frac{m_0}{m(t)}\tag{7.53}$$

로 주어진다.

식(7.52)는 로켓의 운동량 보존, 곧 $\Delta P=0$을 나타낸다. 따라서 로켓 문제는 질점계의 운동량 정리 식(7.40) 또는 운동량 보존법칙 식(7.48)의 응용 문제이다.

예제 7.12 우주공간에서 로켓

처음 질량이 $m_0=8.50\times10^2$ kg인 로켓이 $\left|\frac{dm}{dt}\right|=2.30$ kg/s의 일정한 비율로 연료를 소모하고, 적재된 연료를 모두 연소시키는 데 걸리는 시간을 τ라 한다. 로켓에 대한 분사속도는 $v_{\mathrm{e}}'=2.80\times10^3$ m/s이다.

① 로켓의 추친력은 얼마인가?

② 로켓의 처음 가속도는 얼마인가? 이 로켓을 지구상에서 발사 가능한가?

③ 중력을 무시할 수 있는 우주공간 깊숙이 있는 우주정거장에서 발사한다고 하자. 연료를 완전히 소모한 순간($t=\tau$) 로켓의 질량이 $m(\tau)=1.80\times10^2$ kg이다. 이 순간의 로켓의 우주정거장에 대한 속도는 얼마인가? 우주정거장이 너무 거대하여 로켓 발사로 우주정거장의 운동은 아무 영향을 받지 않는다고 한다.

풀이 ① 추진력은 식(7.51)에 의하여

$$F_{\text{th}}=v_e'\left|\frac{dm}{dt}\right|=(2.80\times10^3\,\text{m/s})\times(2.30\,\text{kg/s})=6.44\times10^3\,\text{N}$$

이다.

② 처음 가속도는 식(7.52)에 의하여

$$\left(\frac{dv}{dt}\right)_0=\frac{v_e'}{m_0}\left|\frac{dm}{dt}\right|=\frac{2.80\times10^3\,\text{m/s}}{8.50\times10^2\,\text{kg}}\times(2.30\ \text{kg/s})=7.58\ \text{m/s}^2$$

로 주어진다. 이것은 지구 표면 가까이에서 중력가속도 $g=9.81\ \text{m/s}^2$보다 작다. 따라서 지구 표면 가까이에서는 이 로켓엔진으로는 발사할 수 없다. 더 강력한 로켓엔진이 필요하다.

③ 우주정거장에서 발사하여 로켓의 모든 연료를 다 써버린 후 로켓의 우주정거장에 대한 속도는 식(7.53)에 의하여

$$\begin{aligned}v(\tau)-\ v_0&=v_e'\ln\frac{m_0}{m(\tau)}\\&=(2.80\times10^3\,\text{m/s})\times\ln\left(\frac{8.50\times10^2\,\text{kg}}{1.80\times10^2\,\text{kg}}\right)\\&=4.346\times10^3\,\text{m/s}\end{aligned}$$

이다. 왜냐하면 로켓의 처음 속도 v_0 및 완전 연소 후의 속도 $v(\tau)$는 지구(또는 어떤 좌표계 S)에 대한 속도이다. 특히 발사전 로켓은 우주정거장에 정지해 있었으므로 v_0는 우주정거장의 속도와 같다. 따라서 완전 연소 후 로켓의 우주정거장에 대한 속도 $v(\tau)_{\text{로/정}}$는 $v(\tau)_{\text{로/정}}=v(\tau)-v_0$로 주어지기 때문이다. 곧 $v(\tau)_{\text{로/정}}=4.35\times10^3\,\text{m/s}$이다.

예제 7.13 아폴로 달착륙 로켓

달착륙 아폴로 계획에 사용된 "Saturn V rocket"의 제원은 아래와 같다.

처음 질량 $m(0)=2.85\times10^6$kg, 로켓 자체 질량 $M_0=(m(0)$의 27 %),

연소율 $\left|\frac{dm}{dt}\right|=13.84\times10^3\,\text{kg/s}$, 추진력 $F_{\text{th}}=3.40\times10^7\,\text{N}$.

다음을 구하라.

① 배기기체의 로켓에 대한 분사속도 v_e'

② 연료가 모두 연소하는 데 걸린 시간 τ

③ 발사 순간의 처음($t=0$) 가속도 $\left(\frac{dv}{dt}\right)_0$ 및 연료가 완전 연소된 후($t=\tau$) 가속도 $\left(\frac{dv}{dt}\right)_\tau$

④ 로켓의 나중 속도 $v(\tau)$

풀이 | 아폴로 계획에서 로켓은 지구 표면에서 연직상방으로 발사되므로 지구의 중력을 받는다. 따라서 이 문제는 중력마당에서 로켓을 발사하는 문제로, 바깥힘

$$F^{(e)}=-mg$$

이 작용하는 문제다. 따라서 로켓 방정식은 식(7.50)에 의하여

$$m\frac{dv}{dt}=v_e'\left|\frac{dm}{dt}\right|-mg \tag{7.54}$$

이다. 여기서 $\frac{dm}{dt}<0$이므로

$$\frac{dv}{dt}=-\frac{v_e'}{m}\frac{dm}{dt}-g \quad \text{또는} \quad dv=-v_e'\frac{dm}{m}-g\,dt$$

와 같이 변수 분리가 된다. 이를 적분하면, v_e' 및 g가 일정한 상수이므로

$$v=-v_e'\ln m-gt+C$$

를 얻는다. 여기서 C는 적분상수로, $t=0$일 때 속도 및 질량을 각각 $v(0)$, $m(0)$라 하면

$$v(0)=-v_e'\ln m(0)+C \qquad \therefore\ C=v(0)+v'\ln m(0)$$

이므로 속도 $v(t)$는

$$v(t)=v(0)+v_e'\ln\frac{m(0)}{m(t)}-gt \tag{7.55}$$

로 주어진다.

따라서 로켓의 연료를 완전히 연소시킨 후 나중 속도 $v(\tau)$는 식(7.55)로부터 얻어진다. 그러자면 먼저 v_e' 및 τ를 구해야 한다.

① 분사속도 v_e'은 식(7.51)에 의하여

$$v_e'=\frac{F_{\text{th}}}{\left|\frac{dm}{dt}\right|}=\frac{3.40\times10^7\,\text{N}}{13.84\times10^3\,\text{kg/s}}=2.457\times10^3\,\text{m/s}\cong2.46\times10^3\,\text{m/s}$$

이다.

② 로켓 자체의 질량이 $m(0)$의 27 %이므로 연료의 총 질량은 $m(0)$의 73 %이다. 곧 연료의 질량은 $M=0.73m(0)$이므로 연소시간 τ는

$$\tau=\frac{M}{\left|\frac{dm}{dt}\right|}=\frac{0.73\times(2.85\times10^6\,\text{kg})}{13.84\times10^3\,\text{kg/s}}=0.1503\times10^3\,\text{s}\cong150\,\text{s}$$

이다.

③ 로켓의 처음 가속도는, 식(7.54)에 의하여,

$$\left(\frac{dv}{dt}\right)_0 = \frac{v_e'}{m(0)}\left|\frac{dm}{dt}\right| - g$$
$$= \frac{2.457\times10^3\,\text{m/s}}{2.85\times10^6\,\text{kg}}\times(13.84\times10^3\,\text{kg/s}) - 9.81\ \text{m/s}^2$$
$$= 2.120\ \text{m/s}^2 \cong 2.12\ \text{m/s}^2$$

이다.

또, 연료가 완전 연소된 후 로켓의 가속도는, 로켓의 질량이 $m(\tau) = M_0 = 0.27m(0)$이므로,

$$\left(\frac{dv}{dt}\right)_\tau = \frac{v_e'}{m(\tau)}\left|\frac{dm}{dt}\right| - g$$
$$= \frac{2.457\times10^4\,\text{m/s}}{0.27\times(2.85\times10^6\,\text{kg})}\times(13.84\times10^3\,\text{kg/s}) - 9.81\ \text{m/s}^2$$
$$= 34.37\ \text{m/s}^2 \cong 34.4\ \text{m/s}^2$$

이다.

④ 로켓의 나중 속도 $v(\tau)$는, 바로 $t=\tau$일 때의 속도이므로, 식(7.56)에 의하여

$$v(\tau) = v(0) + v_e' \ln\frac{m(0)}{m(\tau)} - g\tau$$
$$= 0 + (2.457\times10^3\ \text{m/s})\times\ln\left(\frac{2.85\times10^6\,\text{kg}}{0.27\times(2.85\times10^6\,\text{kg})}\right) - 9.81\,\text{m/s}^2\times(0.1503\times10^3\ \text{s})$$
$$= 1.7424\times10^3\,\text{m/s} \cong 1.74\times10^3\,\text{m/s}$$

이다.

연습문제

7.1 질점계의 운동 기술

7-1 물 분자의 질량중심

물 분자는 하나의 산소원자와 두 개의 수소원자로 되어 있다. 두 수소원자가 산소원자와 이루는 각이 $106°$이고, 수소 및 산소원자의 질량은 각각 $1.008\,\mathrm{u}$, $15.999\,\mathrm{u}$(원자질량단위 $1\mathrm{u} = 1.6605387 \times 10^{27}\,\mathrm{kg}$)이다. 산소원자로부터 수소원자 사이의 거리는 $0.100\,\mathrm{nm}$이다. 물 분자의 질량중심을 구하라.

답| 사이각의 이등분선상 산소원자로부터 $x_{\mathrm{CM}} = 0.00673\,\mathrm{nm}$

7-2 타일의 질량중심

한 변의 길이가 $10\,\mathrm{cm}$인 정사각형의 타일 6(가~바)개를 가벼운 판위에 아래 문7-2의 그림과 같이 배열해 놓았다. 이 전체 타일의 질량중심을 구하라.

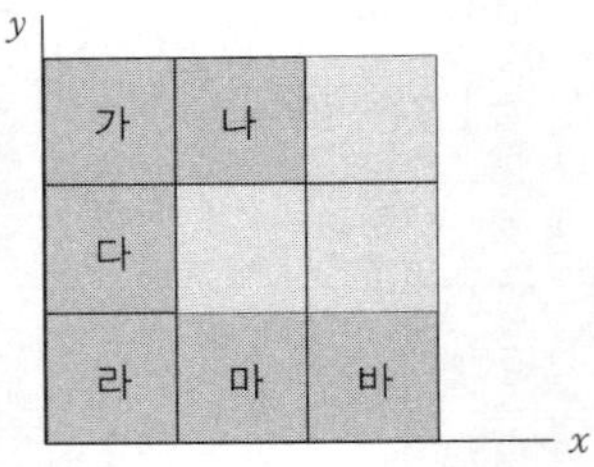

문7-2의 그림 : 타일의 배열

답| $x_{\mathrm{CM}} = 11.7\,\mathrm{cm}$, $y_{\mathrm{CM}} = 13.3\,\mathrm{cm}$

7-3 야구방망이의 질량중심

길이 L의 야구방망이의 질량이 손잡이로부터 길이(x)에 따라서 그 선밀도가 $\lambda(x) = \lambda_0\left(1 + \frac{x^2}{L^2}\right)$의 모양으로 변한다고 한다. 야구방망이의 질량중심을 구하라.

답| $x_{\mathrm{CM}} = \frac{9}{16}L$

7-4 이등변삼각형의 질량중심

아랫변의 길이가 a, 높이가 b인 이등변삼각형의 질량중심을 구하라.

답| 아랫변의 수직이등분선상 $\frac{b}{3}$인 점

7-5 직각삼각형의 질량중심

균질의 직각을 낀 두 변의 길이가 각각 a, b인 직각삼각형의 질량중심을 구하라.

답 | 직각을 낀 변으로부터 다른 변 길이의 $\frac{1}{3}$ 인 점

7-6 질량중심

아래와 같은 균질인 물체의 질량중심을 구하라.

(가) 반지름 R의 얇은 반원판

(나) 반지름 R의 얇은 반구형의 공껍질

(다) 반지름 R의 속 찬 반구형의 공

Tip (가) $dm = \sigma\, dS : dS = (r\, d\theta)(dr)$, $y = r \sin\theta$,

(나) $dm = \sigma\, dS : dS = (R\, d\theta)(R \sin\theta\, d\phi)$, $z = R\cos\theta$,

(다) $dm = \rho\, dV : dV = (r\, d\theta)(r\sin\theta\, d\phi)(dr)$, $z = r\cos\theta$

답 | (가) $y_{\mathrm{CM}} = \frac{4}{3\pi} R$(반원의 중심선상) (나) $z_{\mathrm{CM}} = \frac{R}{2}$ (반구의 중신선상)

(다) $z_{\mathrm{CM}} = \frac{3}{8} R$(반구의 중심선상)

7.2 질점계의 운동방정식

7-7 연발 구슬총알에 의한 힘

질량이 m인 작은 유리구슬을 수평 방향으로 연속적으로 매초 n개씩 발사하는 구슬총이 있다. 발사된 구슬이 연직 높이 h만큼 낙하하여 저울접시에 충돌하여 같은 높이만큼 다시 튕겨 오른다. 저울의 눈금은 얼마를 가르키는가?

Tip $\frac{d\vec{P}}{dt} = \vec{F}^{(e)}_{\text{알짜}}$ $\frac{d\vec{P}}{dt} = \vec{F}_{\text{알짜}}$, $\Delta p_y = 2mv_y$, $\frac{\Delta P}{\Delta t} = 2nmv_y$

답 | $2nm\sqrt{\frac{2h}{g}}$ [kg]

7-8 질점계의 총 운동량

질량이 2.00 kg, 3.00 kg인 두 입자 A, B의 속도가 각각

$$\vec{v}_{\mathrm{A}} = \hat{i}(2.00\ \mathrm{m/s}) - \hat{j}(3.00\ \mathrm{m/s}),\quad \vec{v}_{\mathrm{B}} = \hat{i}(1.00\ \mathrm{m/s}) + \hat{j}(6.00\ \mathrm{m/s})$$

이다. 다음을 구하라.

(가) 질량중심의 속도 (나) 질점계의 총 운동량

답 | (가) $\vec{v}_{\mathrm{CM}} = \hat{i}(1.40\ \mathrm{m/s}) + \hat{j}(2.40\ \mathrm{m/s})$ (나) $\vec{P} = \hat{i}(7.00\ \mathrm{kg \cdot m/s}) + \hat{j}(12.0\ \mathrm{kg \cdot m/s})$

7-9 질량중심의 속도

1,500 kg의 승용차가 동쪽으로 20.0 m/s의 속도로 달리고 있고, 3,000 kg의 화물차가 남쪽으로 16.0 m/s의 속도로 달리고 있다. 이 역학계{승용차, 화물차}의 질량중심의 속도를 구하라.

답 | 남쪽에서 동쪽으로 32.0° 방향으로 (S32.0°E) $v_{\mathrm{CM}} = 12.6\ \mathrm{m/s}$

7-10 움직이는 비탈면을 미끄러지는 물체

질량 m의 물체가 매끄러운 수평면 위에 정지해 있는 질량 $2m$의 쐐기모양의 비탈면을 마찰없이 미끄러져 내려와서 수평면에 연착하여 수평으로 운동하게 된다. 물체가 처음에 수평면으로부터 연직 높이 h에 정지해 있었다. 물체가 비탈을 떠나는 순간 비탈의 속도를 구하라.

답 | $v=\sqrt{\dfrac{gh}{2}}$

7-11 고립계의 질량중심

조용한 호수 위에 정지해 있는 뱃머리에 앉아 있는 줄리엣을 위하여 로미오는 배 뒤 좌석에 앉아서 기타를 치면서 달콤한 세레나데를 부르고 있었다. 세레나데에 매혹된 줄리엣은 조용히 걸어서 로미오에게 다가가서 키스를 해 주었다. 이때 80.0 kg의 이 배는 얼마나 이동하는가? 배의 길이는 2.70 m이고, 로미오와 줄리엣은 각각 77.0 kg, 55.0 kg이다.

답 | $\Delta x_{\mathrm{CM}}=0.700\,\mathrm{m}$(앞쪽으로)

7-12 판자에 고정된 권총과 목침

매끄러운 수평인 실험대 위에 놓여있는 길이 L의 가벼운 판자의 양단에 권총 및 목침이 각각 고정되어 있다. 권총에서 발사된 총알이 직선으로 날아가서 정확하게 목침에 박혔다. 총알이 들어간 깊이는 매우 얕았다. 권총, 목침 및 총알의 질량은 각각 m, M, m_0이고, 처음 발사 순간 실험대에 대한 총알의 속도는 v_0라 한다. 다음을 구하라.

(가) 총알이 권총에서 발사되는 순간 및 총알이 목침에 박힌 순간 판자의 속도를 각각 구하라.
(나) 총알이 발사되어 목침에 박히는 순간까지 판자가 이동한 거리를 구하라.

답 | (가) $v_{\text{판자}}=-\dfrac{m_0}{m+M}v_0$, $v'_{\text{판자}}=0$ (나) $d=-\dfrac{m_0}{m+m_0+M}L$(뒤로)

7-13 두 입자의 충돌

1.50 m/s로 직선상을 운동하고 있는 질량 0.200 kg의 입자에 질량 0.300 kg의 입자가 0.400 m/s의 속도로 달려와서 서로 정면 탄성충돌하였다.

(가) 충돌 후 각 입자의 속도를 구하라.
(나) 충돌 전, 후의 질량중심의 속도를 구하라.

답 | (가) $v_{\mathrm{A}}=-0.780\,\mathrm{m/s}$, $v_{\mathrm{B}}=1.12\,\mathrm{m/s}$ (나) $u_{\mathrm{CM}}=v_{\mathrm{CM}}=0.360\,\mathrm{m/s}$

7-14 질량중심의 가속도

질량 M의 속이 빈 상자의 천장에 가벼운 용수철을 매어 달고 그 끝에 질량 m의 추를 달아놓았다. 이 상자를 저울 위에 얹어 놓았다.

(가) 저울의 눈금은 얼마인가?
(나) 만일 용수철이 끊어졌다면 그 순간 저울의 눈금은 어떻게 될까? 이유를 설명하라.
(다) 용수철이 끊어져서 추가 가속도 g로 자유낙하한다고 할 때, 이 계의 질량중심의 가속도를 구하라.
(라) (다)의 결과를 이용하여 용수철이 끊어졌을 때 저울의 눈금을 구하여, (나)의 결과와 비교

하여라.

Tip (라) 질량중심의 운동방정식 $(M+m)a_{CM}=F^{(e)}_{알짜}=(Mg+mg)-N$

답 | (가) $w=(M+m)g$ (나) 변한다. $w=Mg$ (다) $a_{CM}=\dfrac{mg}{M+m}$ (라) $N=Mg$

7-15 폭발물

3.0 kg의 수류탄이 매끄러운 수평면을 6.0 m/s의 속도로 미끄러지다가 폭발하여 두 조각으로 떨어져 나갔다. 그중 한 조각은 1.0 kg으로 그 속도는 수류탄의 처음 방향과 수직 방향으로 4.0 m/s이었다.

(가) 다른 한 조각의 속도를 구하라.

(나) 폭발 후 질량중심의 속도를 구하라.

답 | 처음 방향을 $\hat{i}$, 1.0 kg 조각의 방향을 $\hat{j}$라 하면
(가) $v=\hat{i}(9.0\text{ m/s})-\hat{j}(2.0\text{ m/s})$ (나) $v_{CM}=\hat{i}(6.0\text{ m/s})$

7.3 가변질량 역학계의 운동

7-16 나르개 띠

화물차가 일정한 속도 90.0 km/h로 달리고 있다. 비가 내려서 1,000 m를 가는 동안에 50.0 kg의 빗물이 짐실이에 고였다.

(가) 화물차가 일정한 속도를 유지하려면 얼마의 힘이 필요한가?

(나) 얼마의 일률이 필요한가?

답 | (가) $F^{(e)}=31.3\text{ N}$ (나) $P=F^{(e)}v=781\text{ W}$

7-17 쇠사슬의 낙하운동

길이가 L, 질량이 M인 균질의 쇠사슬의 아래 끝이 수평인 바닥에 살짝 닿을 정도로 위 끝을 쥐고 있다가 가만히 놓았다. 위 끝이 길이 y만큼 떨어졌다.

(가) 그 순간으로부터 시간 Δt초 동안 쇠사슬의 운동량의 변화를 구하라.

(나) 그 순간 바닥이 쇠사슬에 미치는 힘을 구하라.

답 | (가) $\Delta p=\left(\dfrac{M}{L}\right)(2gy)\Delta t$ (나) $N=\dfrac{3Mg}{L}y$

7-18 구름 속의 물방울

대기 중에서 중력에 의하여 낙하하는 물방울은 공 모양이다. 물방울이 구름 속을 낙하할 때 질량이 증가한다. 물방울은 처음에 구름 속에 정지해 있었다.

(가) 물방울의 질량은 물방울이 구름 속을 낙하한 거리 x에 비례하고($m=kx$), 물방울에 작용하는 바깥힘은 중력뿐이라 한다. 운동방정식을 세워라.

(나) 이 방정식의 풀이가 $\dfrac{dx}{dt}=at$ (a : 일정한 상수)의 꼴이라 할 때 상수 a를 구하라.

(다) $k=2.00\text{ g/m}$라 하면 3초 후 물방울의 질량은 얼마인가?

답 (가) $x\dfrac{d^2x}{dt^2}+\left(\dfrac{dx}{dt}\right)^2=xg$ (나) $a=\dfrac{g}{3}=3.27\ \mathrm{m/s^2}$ (다) $m=29.4\ \mathrm{g}$

7-19 로켓의 추진력

연소율이 200 kg/s이고, 분사속도가 6.00 km/s인 로켓의 추진력은 얼마인가?

답 $F_{\mathrm{th}}=v_{\mathrm{e}}'\left|\dfrac{dm}{dt}\right|=1.20\times10^6\ \mathrm{N}$

7-20 로켓의 속도

총 질량의 5 %가 로켓 자체의 질량이고 나머지는 연료이다. 자유공간에 있는 로켓이 정지상태에서 출발하였다. 분사속도가 5.00 km/s라면 나중 속도는 얼마인가?

답 $v(\tau)=15.0\times10^3\ \mathrm{m/s}$

7-21 중력마당에서 로켓의 운동

로켓의 처음 질량이 30,000 kg인데 그 20 %가 로켓 자체 질량이다. 연료의 연소율은 200 kg/s이고 분사속도는 1.80 km/s이다.

(가) 로켓의 추진력 및 연료가 모두 연소하는 데 걸리는 시간 τ를 구하라.

(나) 지구 표면 가까이에서 연직상방으로 발사된 로켓이 균일한 중력마당(g=일정)에서 운동하고 있다. 나중 속도를 구하라.

답 (가) $F_{\mathrm{th}}=3.60\times10^5\ \mathrm{N}$, $\tau=120\ \mathrm{s}$ (나) $v(\tau)=1.72\ \mathrm{km/s}$

7-22 로켓 엔진의 분사속도와 연료

먼 우주 공간에서 사용할 로켓 엔진은 3.00톤 정도의 총 하중을 10,000 m/s의 속도까지 추진시킬 수 있어야 한다.

(가) 2,000 m/s의 분사속도를 낼 수 있도록 설계된 로켓 엔진의 연료는 얼마이어야 하는가?

(나) 만일 5,000 m/s의 분사속도를 낼 수 있는 다른 엔진이라면 연료는 얼마이어야 하는가?

답 (가) $M=4.42\times10^5\ \mathrm{kg}$ (나) $M=0.192\times10^5\ \mathrm{kg}$

7-23 로켓 엔진의 연소율

중력을 무시할 수 있는 먼 우주 공간에서 처음 질량이 6,000 kg, 분사속도가 2,000 m/s인 우주로켓이 발사되었다. 처음 가속도가 25.0 m/s^{2}였다면 그 순간 1초 동안에 분사된 기체는 얼마이어야 하는가?

답 $m(1\ \mathrm{s})=75.0\ \mathrm{kg/s}$

7-24 로켓 엔진의 분사속도

중력이 무시될 수 있는 먼 우주 공간에서 로켓이 발사되었다. 발사 순간 처음 1초 동안에 로켓의 총 질량의 1/160에 해당하는 연료가 연소된 기체를 분사하여 15.0 m/s^{2}의 가속도가 생겼다. 로켓에 대한 분사속도는 얼마인가?

답 $v_{\mathrm{e}}'=2.40\times10^3\ \mathrm{m/s}$

8장 강체의 운동 - 회전운동, 각운동량(벡터곱)

8.1 강체운동과 그 기술

8.2 힘이 강체에 주는 회전운동 효과 - 돌림힘

8.3 뉴턴의 운동법칙과 회전운동

8.4 회전운동에서 일과 에너지

8.5 각운동량과 회전충격량

8.6 강체의 굴림운동

8.7 회전운동의 벡터적 성질

8.8 대칭팽이의 운동 - 고정점 주위의 강체운동

8.9 강체의 평형

부피가 있는 물체는 무수히 많은 질점들의 모임으로 이루어져 있다. 따라서 부피가 있는 물체의 운동은 질점의 운동보다 훨씬 더 복잡하다. 물체의 각 부분은 그들 대로 각기 다른 운동을 하기 때문이다. 이들의 운동을 보다 단순화하기 위하여 구성 질점들 사이의 상대적 위치가 전혀 변하지 않는다고 간주한다. 이런 뭇질점들의 모임인 강체의 운동은 모든 질점이 나란히 움직이는 병진운동과 한 직선 주위로 모든 질점이 다같이 원운동을 하는 회전운동으로 나누어 생각할 수 있다. 여기서는 주로 회전운동에 대하여 고찰한다. 특히 회전운동의 벡터적 성질에 최종 초점을 맞춘다.

8.1 강체운동과 그 기술

앞 단원에서 뭇질점들의 모임인 질점계의 운동 기술에 대해서 간단히 살펴보았다. 이제 부피가 있는 물체의 운동을 살펴보려고 한다. 특히 질점계를 구성하고 있는 뭇질점들의 상대적 위치가 어떠한 경우에도 변하지 않는 질점계에 대해서 살펴본다. 이런 질점계를 **강체**(rigid body)라 한다. 강체는 어떤 바깥힘에 의해서도 변형되지 않는다. 실제로 완전한 이상적인 강체는 존재하지 않는다. 그러나 대개의 물체는 가해진 바깥힘에 의하여 일차적 어림으로 강체라고 볼 수 있다. 그러므로 강체에 대한 역학적 결과는 실제 부피 있는 물체에 대한 역학 문제의 좋은 어림이 될 수 있다.

강체의 운동은 두 가지 형태의 운동으로 분류된다. 먼저, 강체를 구성하는 모든 질점들이 모두 나란한 경로를 따라서 나란하게 옮겨지는 운동을 하여 강체가 항상 처음 위치와 나란하게 유지되는 운동상태인 **병진운동**(translational motion)이다. 또 다른 형태의 운동은 한 특정한 직선 주위로 모든 질점들이 원궤도를 그리는 운동상태인 **회전운동**(rotation 또는 rotational motion)이다. 그 특정한 직선을 **회전축**(rotation axis)이라 한다. 곧

강체의 운동은 병진운동과 회전운동의 복합적 운동현상이다.

지금까지 병진운동을 살펴보았다. 이제는 강체의 회전운동을 고찰하여 보자. 회전운동은 먼저 회전축이 공간에 고정된 경우(소단원 8.3∼8.5), 그리고 회전축이 나란히 움직이는 경우(소단원 8.6), 그 다음으로, 보다 더 일반적인 경우인, 회전축의 방향이 변하는 경우 또는 고정점이 있는 경우(소단원 8.8)로 나누어서 생각한다. 회전축이 고정되지 않은 일반적인 경우에는 회전운동의 벡터적 성질을 고찰하고(소단원 8.7), 각운동량의 보존에 대해서 논의한다. 끝으로 강체의 평형문제, 곧 정적평형 및 동적평형문제에 대해서 살펴본다(소단원 8.9).

강체를 이루고 있는 뭇질점의 상대적 위치가 어떤 경우에도 변하지 않으므로 강체의 어떤 유한한 운동은 강체에 있는 어떤 한 점의 병진운동과 이 점에 대한 회전운동의 합으로 나타낼 수 있다. 강체에 고정된 점의 병진운동에 의하여 강체의 병진운동이 결정된다. 이 고정점은 특별한 경우가 아니면 대개 물체의 **질량중심**을 택하는 것이 편리하다. 따라서 "강체의 운동은 대개 질량중심의 병진운동과 질량중심에 대한 회전운동으로 기술된다." 소단원 9.2에서 그 보기를 보게 된다. 그래서 질량중심 주위의 회전운동에 대해서 살펴본다. 강체의 질량중심은 강체도 질점들의 집합이므로 질점계에서와 같은 방법(소단원 7.1 참조)으로 구한다.

○ 고정 회전축 주위의 회전운동

원판의 중심을 지나고 원판에 수직인 고정축 주위로 회전하는 원판을 생각하자. 원판을 이루고 있는 무수히 많은 뭇질점들은 같은 회전축 주위로 원운동을 한다. 그러나 뭇질점의 선속도는 회전축으로부터 거리에 따라 다르다. 회전축으로부터 멀수록 더 빠르다. 따라서 회전운동에서 뭇질점의 선속도는 의미가 없다. 원판이 회전함에 따라 뭇질점의 회전각은 모두 같다. 따라서 원판의 반지름이 어떤 시간 동안에 스치고 지나간 각이 원판의 전체적인 운동의 특징을 기술할 수 있다.

원판의 임의의 한 점 P_i에 있는 i번째 질점을 생각하자(**그림 8.1** 참조). 원판의 중심으로부터 거리(반지름)를 r_i, 점 P_i를 지나는 반지름이 기준선과 이루는 각을 θ_i라 하자. 각 θ_i는 점 P_i의 **각위치**(angular position)이다(소단원 1.2.6 참조). 원판이 시간 Δt[s] 동안에 $\Delta\theta$[rad] 회전하였다면 질점 P_i도 $\Delta\theta$[rad]만큼 회전하고, 질점 P_i가 원둘레를 따라 스치고 지나간 원호의 길이 Δs_i는

$$\Delta s_i = r_i \Delta\theta \tag{8.1}$$

로 주어진다. 여기서 $\Delta\theta$는 시간 Δt 동안의 질점 P_i의 각변위인 동시에 원판의 **각변위**(angular displacement)이다. 각변위 $\Delta\theta$에는 첨자 i가 없다. 원판의 모든 질점의 각변위는 모두 같기 때문이다.

단위시간의 변화는

$$\frac{\Delta s_i}{\Delta t} = r_i \frac{\Delta\theta}{\Delta t} \quad \text{또는} \quad \frac{ds_i}{dt} = r_i \frac{d\theta}{dt} \tag{8.2}$$

로 주어진다. 여기서 $\frac{ds_i}{dt}$는 질점 P_i가 반지름 r_i의 원궤도를 그리며 운동할 때의 선속도

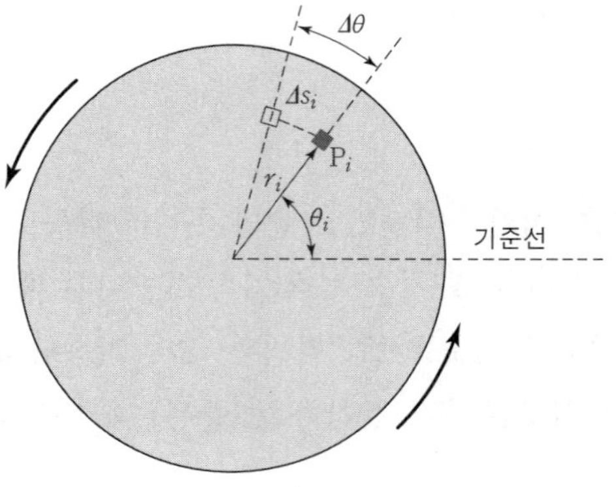

그림 8.1 중심을 지나는 회전축 주위로 회전하는 원판

의 크기 $|\vec{v}_i| = v_i$이고, 방향은 접선 방향이다. $\frac{d\theta}{dt}$는 질점이 반지름 r_i의 원궤도를 그리며 운동할 때의 각속도인 동시에 원판이 회전하는 각속도의 크기 ω이다. 곧

$$\frac{ds_i}{dt} = v_i, \quad \omega = \frac{d\theta}{dt}$$

이다. 따라서 식(8.2)는

$$v_i = \omega\, r_i \tag{8.3}$$

가 된다(식(1.65) 참조). 식(8.3)을 시간에 대해서 한 번 더 미분하면

$$\frac{dv_i}{dt} = \frac{d\omega}{dt}\, r_i$$

를 얻는다. 여기서 왼쪽은 질점 P_i가 반지름 r_i의 원궤도를 그리면서 원운동할 때의 접선 가속도

$$a_{i;\tau} = \frac{dv_i}{dt} = \frac{d^2 s_i}{dt^2}$$

이고(식(1.68) 참조), 오른쪽 첫째 인자는 질점 P_i 및 원판의 각가속도

$$\alpha = \frac{d\omega}{dt} = \frac{d^2\theta}{dt^2}$$

이다. 따라서 식(8.3)으로부터

$$a_{i;\tau} = \alpha\, r_i \tag{8.4}$$

를 얻는다(식(1.70) 참조). 질점 P_i가 반지름 r_i의 원운동을 할 때 구심가속도 또는 법선가속도는

$$a_{i;n} = \frac{v_i^2}{r_i} = \omega^2\, r_i$$

로 주어진다(식(1.71) 참조). 여기서 각변위 $\Delta\theta$뿐만 아니라 각속도 ω, 각가속도 α에는 첨자 i가 없다. 원판의 뭇질점의 각변위 및 각속도, 각가속도는 같기 때문이다.

강체의 회전운동은 홑질점의 원운동처럼 각변위 $\Delta\theta$, 각속도 ω, 각가속도 α로 기술된다. 따라서 강체의 각가속도가 일정한 경우(등각가속도운동) 각속도 ω 및 각변위 $\Delta\theta = \theta - \theta_0$는 각각

$$\omega = \omega_0 + \alpha\, t, \tag{8.5}$$

$$\theta - \theta_0 = \omega_0 t + \frac{1}{2}\alpha t^2 \tag{8.6}$$

로 주어진다(식(1.79), 식(1.80) 참조). 이 두 관계식에서 시간 t를 소거하면

$$2\alpha(\theta - \theta_0) = \omega^2 - \omega_0^2$$

를 얻는다.

예제 8.1 회전원판

CD-ROM 원판이 매분 3,000회 회전('3,000 rev'로 표기한다)한다. 다음을 구하라.

① 회전각속도

② 회전축으로부터 6.0 cm 떨어진 점의 선속도, 접선가속도, 법선가속도

풀이 ① $\omega = \dfrac{3000\,\text{rev}}{60\,\text{s}} = 50\,\text{rev/s} = (50\,\text{rev/s}) \times \left(\dfrac{2\pi\,\text{rad}}{1\,\text{rev}}\right) = 314\,\text{rad/s} \cong 3.1 \times 10^2\,\text{rad/s}$

② $v_i = \omega r_i = (314\,\text{rad/s}) \times (0.060\,\text{m}) = 18.84\,\text{m/s} \cong 19\,\text{m/s}$

$a_{i;\tau} = \alpha r_i = 0$

$a_{i;n} = \omega^2 r_i = (314\,\text{rad/s})^2 \times (0.060\,\text{m}) = 5915.76\,\text{m/s}^2 \cong 5.9 \times 10^3\,\text{m/s}^2$

이다.

예제 8.2 등각가속도 회전운동

CD원판이 처음 정지상태에서 회전하기 시작하여 5.50초 후에 1분에 500회 회전하였다.

① 각가속도가 일정하다고 가정하고, 각가속도를 구하라.

② 처음 5.50초 동안에 몇 번 회전하였는가?

③ 중심으로부터 6.00 cm 떨어진 지점에 있는 질점이 5.50초 후에 각속도가 1분에 500회전될 때까지 이동한 거리는 얼마인가?

풀이 이 회전운동은 등각가속도운동이다.

① $\alpha = \dfrac{\Delta\omega}{\Delta t} = \dfrac{\left(\dfrac{500\,\text{rev}}{1\,\text{min}}\right) \times \left(\dfrac{1\,\text{min}}{60\,\text{s}}\right)}{5.50\,\text{s}} = (1.515\,\text{rev/s}^2) \times \left(\dfrac{2\pi\,\text{rad}}{1\,\text{rev}}\right)$

$= 9.515\,\text{rad/s}^2 \cong 9.52\,\text{rad/s}^2$

② 식(8.6)에 의하여 각변위는

$$\Delta\theta = \theta - \theta_0 = \frac{1}{2}\alpha t^2 = \frac{1}{2} \times (9.515\,\text{rad/s}^2) \times (5.50\,\text{s})^2 = 143.9\,\text{rad}$$

이므로 회전수는

$$\Delta\theta = (143.9\ \text{rad}) \times \left(\frac{1\,\text{rev}}{2\pi\,\text{rad}}\right) = 22.92\,\text{rev} \cong 22.9\,\text{rev}$$

이다.

③ 각속도가 1분에 500회전할 때까지 각변위가 $\Delta\theta = 143.9\ \text{rad}$이므로 이에 대응하는 원호의 길이는 식(8.1)에 의하여

$$\Delta s_i = r_i \Delta\theta = (0.0600\ \text{m}) \times (143.9\ \text{rad}) = 8.634\ \text{m} \cong 8.63\ \text{m}$$

이다.

8.2 힘이 강체에 주는 회전운동 효과 - 돌림힘

강체의 병진운동 효과는 바깥힘에 의하여 결정된다. 곧 질량중심의 운동방정식

$$M\frac{d\vec{v}_{\text{CM}}}{dt} = \vec{F}^{(\text{e})}_{\text{알짜}} \quad (\text{병진운동}) \tag{8.7}$$

에 의하여 강체의 병진운동이 기술된다(식(7.39) 참조). 여기서 $\vec{v}_{\text{CM}}$은 강체의 질량중심의 속도이고, $\vec{F}^{(\text{e})}_{\text{알짜}}$는 강체에 작용하는 알짜 바깥힘이다. 강체의 회전운동은 어떻게 결정되는가?

8.2.1 돌림힘

강체에 작용하는 힘이 강체에 주는 회전운동 효과는 힘의 크기 및 힘의 방향뿐만 아니라 힘의 작용선(또는 작용점)에 따라 달라진다.

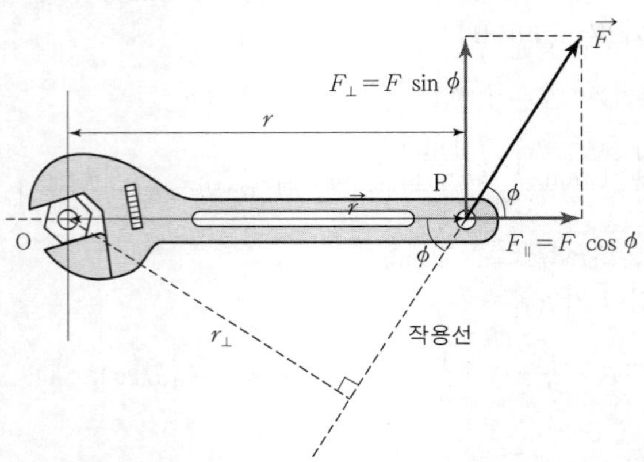

그림 8.2 나사를 돌리는 렌치

예를 들어, **그림 8.2**와 같은 렌치(wrench)로 고정점 O 주위로 나사를 돌리려고 한다. 고정점 O로부터 위치벡터가 $\vec{r}$인 점 P(손 자루)에 작용하는 힘 $\vec{F}$가 강체 또는 렌치를 통하여 나사에 주는 회전운동 효과는 힘의 크기 F뿐만 아니라 회전축에서 힘의 작용선까지의 수직거리 $r_\perp$에 의하여 결정된다. 이런 회전운동 효과를 나타내는 물리량을 **돌림힘**(또는 토크 : torque)이라 한다.

> **위치벡터가 $\vec{r}$인 점에 작용하는 힘 $\vec{F}$의 원점 O에 대한 돌림힘 τ는**
>
> $$\boldsymbol{\tau = r_\perp F = r F_\perp = r F \sin\phi} \tag{8.8}$$

로 정의한다. 여기서 $r_\perp$는 위치벡터 $\vec{r}$의 힘 $\vec{F}$에 수직인 성분, $F_\perp$는 힘 $\vec{F}$의 위치벡터 $\vec{r}$에 수직인 성분을 나타내고, 각 ϕ는 위치벡터 $\vec{r}$와 힘 $\vec{F}$가 이루는 각이다. 따라서

$$r_\perp = r\sin\phi, \quad F_\perp = F\sin\phi$$

이다. 특히 $r_\perp$를 힘 $\vec{F}$의 **지레팔**(lever arm) 또는 간단히 **팔**(arm)이라고도 한다. 위치벡터 $\vec{r}$에 나란한 힘의 성분

$$F_\parallel = F\cos\phi$$

는 회전운동 효과를 주지 못한다는 것을 주목해야 한다.

◎ 돌림힘의 단위 및 방향

돌림힘의 단위는 힘을 [N], 길이를 [m]라 하면 [N · m]이다. 돌림힘의 차원은

$$[\tau] = [r_\perp F] = [r_\perp][F] = [\mathrm{L}][\mathrm{MLT}^{-2}] = [\mathrm{ML}^2\mathrm{T}^{-2}]$$

이다. 곧 돌림힘의 차원은 (거리)×(힘)의 차원과 같다. 그래서 돌림힘을 **힘의 모먼트**(moment of force)라 부르기도 하고, 지레팔을 **모먼트 팔**(moment arm)이라고도 한다.

일반적으로 (거리)×(물리량) 또는 (거리)^2×(물리량)의 차원을 가진 물리량에 **모먼트**(moment)라는 이름이 붙는다. 소단원 8.3.2 및 소단원 8.5에서 각각 배울 관성모먼트 및 각운동량(운동량의 모먼트) 등은 그 좋은 보기이다.

회전운동에는 회전 방향이 있다. 돌림힘에도 방향이 있다. 돌림힘에 의한 강체의 회전 방향을 그 방향으로 한다. 회전축이 고정된 경우, 그 방향은 두 개뿐이다. 따라서 그 방향을 부호 양(+) 및 음(−)으로 나타낼 수 있다. 특별한 언급이 없으면 시계 반대 방향을 양

(+)으로 나타낸다.

예제 8.3 돌쩌귀 주위의 돌림힘

그림 8.3과 같이 돌쩌귀 주위로 자유롭게 회전할 수 있는 길이 0.50 m의 막대의 끝에 $F=3.0\,\mathrm{N}$의 힘이 30°의 방향으로 작용할 때 이 힘의 돌쩌귀에 대한 돌림힘은 얼마인가?

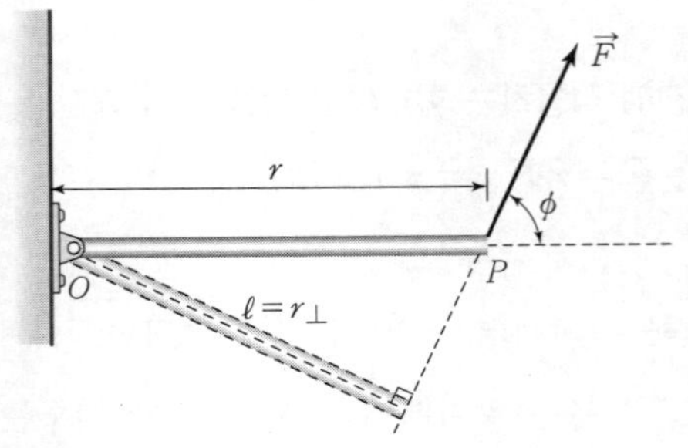

그림 8.3 돌쩌귀 주위의 돌림힘

풀이 | 막대에 수직인 성분힘은

$$F_{\perp}=F\sin\phi=(3.0\,\mathrm{N})\times\sin 30°=1.5\,\mathrm{N}$$

이므로 돌림힘은

$$\tau=rF_{\perp}=(0.50\,\mathrm{m})\times(1.5\,\mathrm{N})=0.75\,\mathrm{N\cdot m}$$

이다. 이 돌림힘은 막대를 시계 방향과 반대 방향으로 회전시키려는 경향이 있다. 그래서 돌림힘은 $\tau=+0.75\,\mathrm{N\cdot m}$이다. 돌림힘의 단위를 [N · m] 대신 [J]로 쓰지 않는다.

예제 8.4 알짜 돌림힘

그림 8.4와 같이 반지름이 각각 R_1, $R_2(R_1>R_2)$인 동축 원기둥 모양 도르래에 각각 밧줄을 감아서 당기고 있다. 큰 도르래에는 오른쪽으로 F_1의 힘이 작용하고, 작은 도르래에는 아래로 F_2의 힘으로 당긴다.

① 회전축에 대한 동축 도르래에 작용하는 알짜 돌림힘을 구하라.

② 밧줄의 힘이 각각 $F_1=5.0\,\mathrm{N}$, $F_2=15.0\,\mathrm{N}$이고 도르래의 반지름이 각각 $R_1=1.0\,\mathrm{m}$, $R_2=0.50\,\mathrm{m}$이라면 회전축에 대한 도르래의 알짜 돌림힘은 얼마인가?

③ ②의 경우와 같은 회전운동 효과를 도르래에 주려면 두 힘 대신에 하나의 힘이 작용한다면 얼마의 힘을 어느 도르래에 작용하면 되는가?

풀이 | ① 힘 F_1 및 힘 F_2은 반지름에 수직이므로 돌림힘은 각각 R_1F_1, R_2F_2인데, R_2F_2가 돌리려는 방향을 양(+)으로 택하면 R_1F_1이 돌리려는 방향은 음(−)이다. 그래서 두 힘의 돌림힘

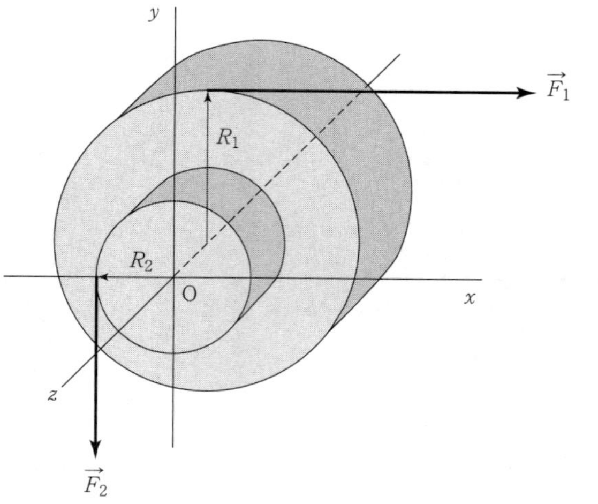

그림 8.4 동축 원기둥 모양 도르래의 알짜 돌림힘

은 각각 $\tau_1 = -R_1F_1$, $\tau_2 = +R_2F_2$이므로 알짜 돌림힘은

$$\tau = \tau_1 + \tau_2 = -R_1F_1 + R_2F_2 = R_2F_2 - R_1F_1$$

이다.

② $F_1 = 5.0\,\mathrm{N}$, $F_2 = 15.0\,\mathrm{N}$, $R_1 = 1.0\,\mathrm{m}$, $R_2 = 0.50\,\mathrm{m}$일 때 알짜 돌림힘은

$$\tau = R_2F_2 - R_1F_1 = (0.50\,\mathrm{m}) \times (15.0\,\mathrm{N}) - (1.0\,\mathrm{m}) \times (5.0\,\mathrm{N}) = +2.5\,\mathrm{N \cdot m}$$

이다. 따라서 처음에 정지상태였다면 도르래는 시계 반대 방향으로 회전하기 시작할 것이다.

③ 두 힘 대신에 하나의 힘이 작용한다면 작은 도르래에 작용해야 한다. 그 힘을 F'이라 하면 돌림힘 τ'은 $\tau' = +R_2F' = +0.50\,F'$이므로

$$+(0.50\,\mathrm{m})F' = +2.5\,\mathrm{N \cdot m} \qquad \therefore\ F' = \frac{2.5\,\mathrm{N \cdot m}}{0.50\,\mathrm{m}} = 5.0\,\mathrm{N}$$

이다.

8.2.2 강체에 작용하는 힘의 합성

강체에 작용하는 뭇 바깥힘들과 똑같은 운동(병진운동 및 회전운동) 효과를 주는 홑힘이 존재한다면 이 등가인 홑힘을 뭇 바깥힘들의 **합력**(resultant force)이라 하고, 등가의 홑힘을 구하는 것을 뭇힘들을 합성한다고 한다. 이 합력은 크기 및 방향뿐만 아니라 그 작용점 또는 작용선이 결정되어야 한다. 아래 정리는 합력을 구하는 데 바탕이 되는 중요한 정리이다.

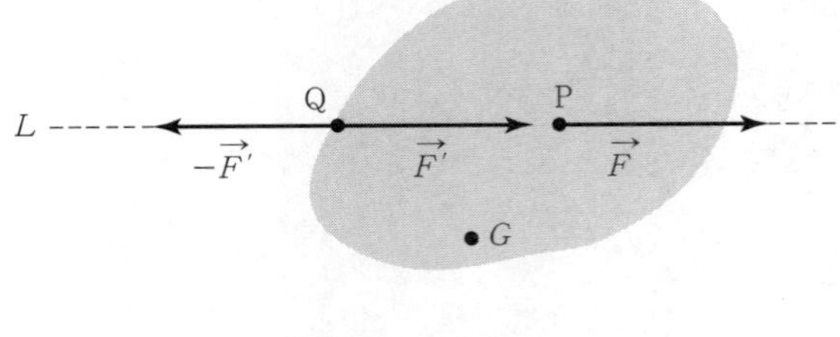

그림 8.5 강체에 작용하는 힘과 등가의 힘

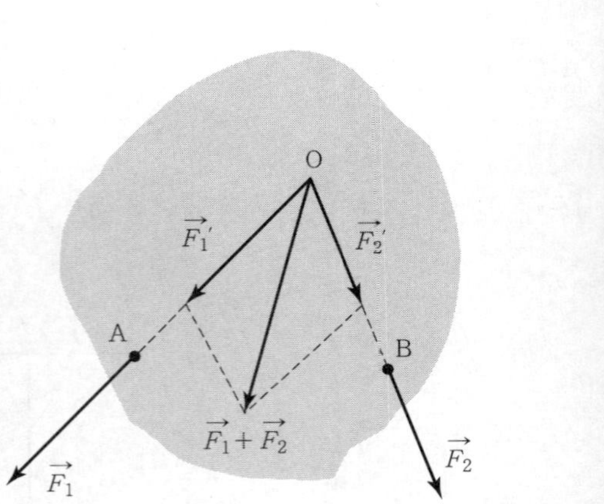

그림 8.6 작용선이 만나는 두 힘의 합성

강체에 작용하는 힘은 그 작용점을 작용선상에 어느 점에 옮겨 놓아도 강체에 미치는 운동 효과에는 변함이 없다.

왜냐하면, 강체의 한 점 P에 작용하는 힘을 $\vec{F}$, 작용선을 L이라 하면, 작용선 L상의 다른 한 점 Q에 힘 $\vec{F}$를 옮겨 놓아도, 힘 $\vec{F}$의 크기와 방향에 변함이 없으므로 강체에 주는 병진 운동 효과에 변함이 없고, 강체의 임의의 한 점 G에 대한 지레팔의 길이에 변화가 없으므로 회전운동 효과에도 변함이 없기 때문이다.

또, 아래와 같은 방법으로도 쉽게 이해된다. **그림 8.5**와 같이 한 점 P에 작용점이 있는 힘 $\vec{F}$와 작용선 및 크기는 같고, 점 Q에 작용점을 둔 서로 반대 방향의 두 힘 $\vec{F}'$과 $-\vec{F}'$을 생각한다. 이 두 힘의 합력은 0이므로 강체에 미치는 운동 효과는 없다. 한편, 한 쌍의 힘$\{\vec{F}, -\vec{F}'\}$은 강체에 아무런 운동 효과도 주지 못하고 서로 상쇄되어 버린다. 결국 남는 것은 점 Q에 작용점이 있는 힘 $\vec{F}'$뿐이다. 결과적으로 힘 $\vec{F}'$은 힘 $\vec{F}$를 작용선 L을 따라서 점 P에서 점 Q까지 나란히 옮긴 것일 뿐이다. 곧 같은 작용선상의 두 힘 $\vec{F}$ 및 $\vec{F}'$은 등가이다.

두 힘의 작용선이 서로 만나는 경우에는 위의 정리를 적용하면 질점에 작용하는 힘의 합성과 같은 방법으로 합성할 수 있다.

두 힘 $\vec{F}_1$, $\vec{F}_2$의 작용선이 만나는 점을 O라 하면(**그림 8.6** 참조), 점 O에 두 힘을 각각의 작용선을 따라서 이동하여 평행사변형법으로 합력을 구하면 점 O가 합력의 작용점이 된다.

◎ 나란한 힘의 합성

나란한 두 힘의 합성을 생각해보자. **그림 8.7**과 같이 x축상에 놓여 있는 가느다란 가벼운 막대의 점 A, 점 B에서 막대에 수직으로 서로 같은 방향으로 나란하게 작용하는 두 힘 $\{\vec{F}_1, \vec{F}_2\}$의 합력

$$\vec{F} = \vec{F}_1 + \vec{F}_2$$

을 구해보자. 기하학적 방법 및 물리적 방법 등의 두 가지 방법으로 구할 수 있다.

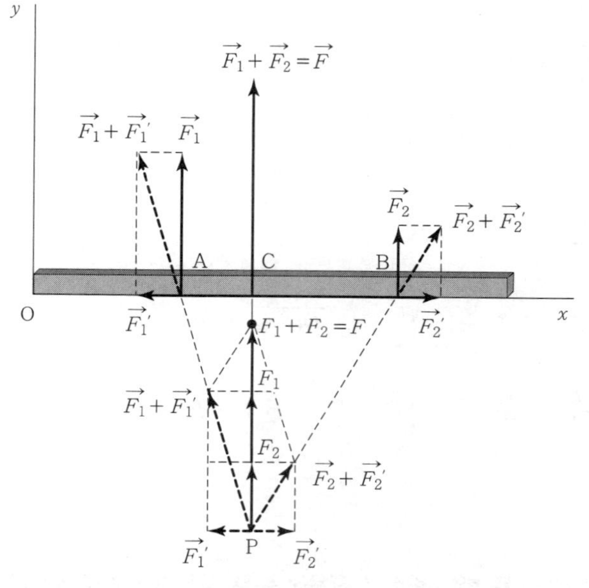

그림 8.7 나란한 힘의 합성(기하학적 방법)

❶ 기하학적 방법

기하학적 방법에서는 아래와 같은 작도과정을 차례로 시행하여 구할 수 있다.

① 먼저, x축을 따라서 점 A, 점 B에 작용하는 서로 방향이 반대이고 크기가 같은 두 힘 $\vec{F}_1'$, $\vec{F}_2'$($\vec{F}_1' = -\vec{F}_2'$)을 작도한다(**그림 8.7** 참조). 이 두 힘은 작용선이 같고 방향이 서로 반대이므로, 두 힘$\{\vec{F}_1, \vec{F}_2\}$의 합력은 결국 네 힘$\{\vec{F}_1, \vec{F}_2, \vec{F}_1', \vec{F}_2'\}$의 합력과 같아진다.

② 두 힘$\{\vec{F}_1, \vec{F}_1'\}$의 합력 $\vec{F}_{11} = \vec{F}_1 + \vec{F}_1'$ 및 두 힘$\{\vec{F}_2, \vec{F}_2'\}$의 합력 $\vec{F}_{22} = \vec{F}_2 + \vec{F}_2'$을 작도한다.

③ 이들 두 합력$\{\vec{F}_{11}, \vec{F}_{22}\}$의 작용선이 만나는 점 P를 찾아서, 이 점에 두 합력 $\vec{F}_{11} = \vec{F}_1 + \vec{F}_1'$, $\vec{F}_{22} = \vec{F}_2 + \vec{F}_2'$을 나란히 옮겨서 이 두 힘의 합력을 작도한다. 점 P에서

이 두 힘의 합력은 x축 방향의 성분힘 $\vec{F}_1'$, $\vec{F}_2'$은 서로 상쇄되어 원래의 두 힘 $\{\vec{F}_1, \vec{F}_2\}$만 남아서 합력 $\vec{F}=\vec{F}_1+\vec{F}_2$가 된다. 그 크기는 **그림 8.7**에서 $F=F_1+F_2$임을 알 수 있다.

④ 합력의 작용점은 합력 $\vec{F}=\vec{F}_1+\vec{F}_2$의 작용선이 x축과 만나는 점 C이다. **그림 8.7**의 삼각형 $\triangle$PAC에서

$$\frac{\overline{\mathrm{AC}}}{\overline{\mathrm{PC}}}=\frac{F_1'}{F_1}$$

이고, $\triangle$PBC에서

$$\frac{\overline{\mathrm{BC}}}{\overline{\mathrm{PC}}}=\frac{F_2'}{F_2}$$

임을 알 수 있다. 이 두 식에서 선분 $\overline{\mathrm{PC}}$를 소거하면

$$\frac{\overline{\mathrm{AC}}}{\overline{\mathrm{BC}}}=\frac{F_2}{F_1} \quad 또는 \quad \overline{\mathrm{AC}}\cdot F_1=\overline{\mathrm{BC}}\cdot F_2$$

를 얻는다. 곧

방향이 같은 나란한 두 힘의 합력의 작용점은 두 작용점 사이를 힘의 반비로 내분하는 점이다.

❷ 물리적 방법

그림 8.7에서 두 힘 $\vec{F}_1$, $\vec{F}_2$의 작용점 A 및 점 B의 좌표를 각각 점 x_1 및 $x_2(x_1<x_2)$라 할 때, 이 두 힘과 똑같은 운동 효과(병진운동 효과 및 회전운동 효과)를 주는 하나의 힘(합력)을 찾아보자. 곧 그 힘의 크기, 방향 및 작용점(또는 작용선)을 구하자.

먼저 병진운동 효과는 질량중심의 운동방정식(8.7)에 의하여 결정된다. 곧 알짜 바깥힘에 의하여 결정된다. 따라서 알짜 바깥힘은

$$\vec{F}^{(\mathrm{e})}_{\text{알짜}}=\vec{F}_1+\vec{F}_2\equiv\vec{F} \tag{8.9}$$

이다. 하나의 힘 $\vec{F}$는 두 힘 $\{\vec{F}_1, \vec{F}_2\}$와 같은 병진운동 효과를 준다. 곧 홑힘 $\vec{F}$의 크기가 합력의 크기이다.

이 홑힘 $\vec{F}$의 작용점을 구해야 한다. 이것은 회전운동 효과, 곧 돌림힘에 의하여 결정된다. 홑힘 $\vec{F}$가 두 힘{ $\vec{F}_1$, $\vec{F}_2$}와 똑같은 회전운동 효과도 주어야 한다. 회전운동 효과는 돌림힘에 의하여 기술된다. 따라서 원점 O에 대한 홑힘 $\vec{F}$의 돌림힘은 그 작용점을 C라 하고 좌표를 x_C라 하면 $x_C F$이고, 두 힘의 원점 O에 대한 돌림힘은 각각 $x_1 F_1$, $x_2 F_2$이므로

$$x_C F = x_1 F_1 + x_2 F_2$$

를 만족해야 한다. 따라서

$$x_C = \frac{x_1 F_1 + x_2 F_2}{F} = \frac{x_1 F_1 + x_2 F_2}{F_1 + F_2} \tag{8.10}$$

를 얻는다. 곧 식(8.9)로 주어지는 홑힘 $\vec{F}$가 식(8.10)으로 주어지는 점에서 두 힘과 같은 방향으로 작용하면 두 힘{ $\vec{F}_1$, $\vec{F}_2$}와 같은 회전운동 효과를 준다. 곧 이 홑힘 $\vec{F}$는 두 힘 { $\vec{F}_1$, $\vec{F}_2$}의 합력이다. 일반적으로,

> **병진운동 효과에 의하여 합력의 크기 및 방향이 결정되고, 그 작용점은 회전운동 효과에 의하여 결정된다.**

이제 작용점들 사이의 거리를 힘의 크기로 나타내어 보자. 합력의 작용점과 각 힘의 작용점 사이의 거리를 각각 ℓ_1, ℓ_2라 하면

$$x_C - x_1 = \ell_1, \quad x_2 - x_C = \ell_2$$

이다. 이들을 이용하여 식(8.10)에서 x_1, x_2를 소거하면

$$\ell_1 F_1 = \ell_2 F_2$$

가 된다. 이것의 좌우 각 변이, 작용점 x_C에 대한 지레팔이 각각 ℓ_1, ℓ_2인 두 힘{ $\vec{F}_1$, $\vec{F}_2$}의 돌림힘으로, 이들은 서로 비긴다는 것을 나타낸다. 이를 조금 더 변형하면

$$\frac{\ell_1}{\ell_2} = \frac{F_2}{F_1} \quad \text{또는} \quad \ell_1 : \ell_2 = F_2 : F_1$$

이다. 곧 ❶의 기하학적 방법에서와 같은 결과를 얻는다.

○ 공간에서 뭇힘들의 합성

이제까지 한 직선상에서 서로 나란한 두 힘이 작용하는 경우를 생각했는데, 이 결과를 확장

하여 얇은 판(xy 평면)에 수직으로 작용하는 같은 방향의 나란한 뭇힘들의 합력을 구해보자. 지금 뭇힘

$$\{\vec{F}_1,\ \vec{F}_2,\ \vec{F}_3,\ \cdots\}$$

의 작용점이 각각 xy 평면상의 점

$$(x_1,\ y_1),\ (x_2,\ y_2),\ (x_3,\ y_3),\ \cdots$$

이라 하면, 이들의 합력의 크기는

$$F = F_1 + F_2 + F_3 + \cdots = \sum_i F_i$$

이고 그 작용점$(x_C,\ y_C)$은

$$x_C = \frac{x_1 F_1 + x_2 F_2 + x_3 F_3 + \cdots}{F_1 + F_2 + F_3 + \cdots} = \frac{\sum_i x_i F_i}{\sum_i F_i}$$

$$y_C = \frac{y_1 F_1 + y_2 F_2 + y_3 F_3 + \cdots}{F_1 + F_2 + F_3 + \cdots} = \frac{\sum_i y_i F_i}{\sum_i F_i}$$

로 주어진다.

만일 나란한 뭇힘

$$\{\vec{F}_1,\ \vec{F}_2,\ \vec{F}_3,\ \cdots\}$$

의 작용점이 차례로 점

$$(x_1,\ y_1,\ z_1),\ (x_2,\ y_2,\ z_2),\ (x_3,\ y_3,\ z_3),\ \cdots$$

이라 하면, 이들의 합력 및 그 작용점$(x_C,\ y_C,\ z_C)$은 각각

$$F = F_1 + F_2 + F_3 + \cdots = \sum_i F_i$$

$$x_C = \frac{\sum_i x_i F_i}{\sum_i F_i},\quad y_C = \frac{\sum_i y_i F_i}{\sum_i F_i},\quad z_C = \frac{\sum_i z_i F_i}{\sum_i F_i}$$

로 주어진다.

나란한 뭇힘들의 합력의 작용점$(x_C,\ y_C,\ z_C)$를 **나란한 힘의 중심**(center of parallel forces)이라 한다.

예제 8.5 무게중심과 질량중심

물체의 무게는 물체를 구성하고 있는 무수히 많은 질점에 작용하는 중력들의 합력이다. 그 무게의 작용점을 물체의 중력중심 또는 무게중심(center of gravity, CG)이라 한다. 길이가 L인 균질의 가는 막대의 무게중심을 구하라.

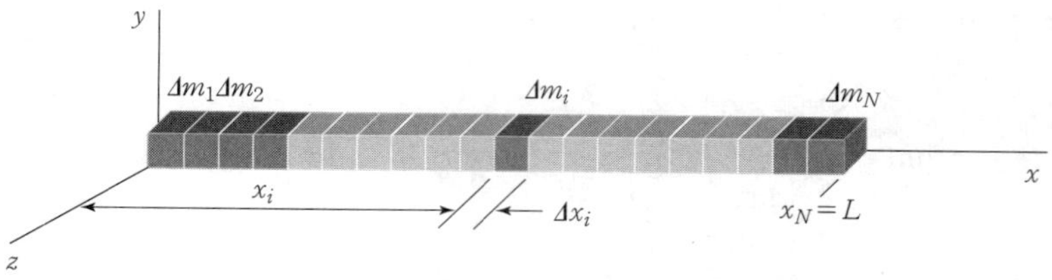

(a) 균질의 가는 막대의 미세한 질량소로 분해

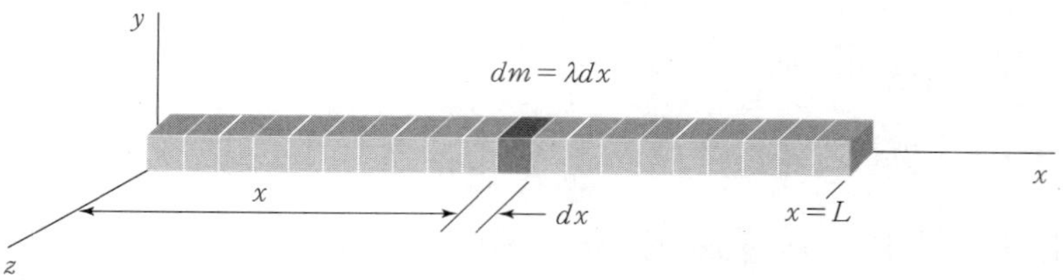

(b) 막대의 무한소 질량소

그림 8.8 막대의 무게중심 구하기

풀이 | 막대가 x축상에 놓여 있다고 하자. **그림 8.8(a)**와 같이 미세한 질량소

$$\Delta m_1,\ \Delta m_2,\ \Delta m_3,\ \cdots,\ \Delta m_i,\ \cdots,\ \Delta m_N$$

의 무게를 각각

$$\Delta w_1,\ \Delta w_2,\ \Delta w_3,\ \cdots,\ \Delta w_i,\ \cdots,\ \Delta w_N$$

라 하면 이들은 서로 나란하므로 막대의 총 무게 w_{tot}는

$$w_{\text{tot}}=\Delta w_1+\Delta w_2+\Delta w_3+\cdots+\Delta w_i+\cdots+\Delta w_N=\sum_{i=1}^{N}\Delta w_i$$

이다. 이 총 무게의 작용점을 x_{CG}라 하면, 이 점에 작용하는 총 무게의 막대의 어떤 한 점(또는 원점)에 대한 돌림힘이 미세한 각 질량소에 작용하는 중력의 돌림힘의 합과 같아야 한다. 따라서 미세한 질량소의 위치를 각각

$$x_1,\ x_2,\ \cdots,\ x_i,\ \cdots,\ x_N$$

으로 어림하면 이들 질량소에 작용하는 중력의 원점에 대한 돌림힘은 각각

$$x_1\Delta w_1,\ x_2\Delta w_2,\ \cdots,\ x_i\Delta w_i,\ \cdots,\ x_N\Delta w_N$$

이므로 총 무게의 작용점 또는 무게중심의 위치 x_{CG}는

$$x_{\rm CG} \cong \frac{x_1 \varDelta w_1 + x_2 \varDelta w_2 + \cdots + x_i \varDelta w_i + \cdots + x_N \varDelta w_N}{w_{\rm tot}}$$

$$\cong \frac{\sum_{i=1}^{N} x_i \varDelta w_i}{w_{\rm tot}} = \frac{\sum_{i=1}^{N} x_i \varDelta w_i}{\sum_{i=1}^{N} \varDelta w_i}$$

로 어림된다. 여기서 $N \to \infty$의 극한을 취하면

$$x_{\rm CG} = \lim_{N\to\infty} \frac{\sum_{i=1}^{N} x_i \varDelta w_i}{\sum_{i=1}^{N} \varDelta w_i} = \frac{\int_0^L x\,dw}{\int_0^L dw} = \frac{1}{w_{\rm tot}} \int_0^L x\,dw$$

가 된다.

특히 막대가 지구 표면 가까이에서는 중력가속도 g가 일정하므로

$$w_{\rm tot} = \lim_{N\to\infty} \sum_{i=1}^{N} \varDelta w_i = \int_0^L dw$$
$$= g \lim_{N\to\infty} \sum_{i=1}^{N} \varDelta m_i = g \int_0^L dm = Mg$$

이다. 또한 여기서 $dw = g\,dm$임을 알 수 있다. 따라서

$$x_{\rm CG} = \frac{\int_0^L x\,dw}{\int_0^L dw} = \frac{\int_0^L x\,dm}{\int_0^L dm} = \frac{1}{M} \int_0^L x\,dm \equiv x_{\rm CM}$$

가 된다. 곧

중력가속도 g가 일정한 곳에서 무게중심은 막대의 질량중심과 일치한다.

이것은 일반적 사실이다.

막대의 선밀도를 λ[kg/m]라 하면, $M = \lambda L$, $dm = \lambda\,dx$이므로

$$x_{\rm CG} = \frac{1}{M} \int_0^L x\,dm = \frac{1}{\lambda L} \int_0^L x\lambda\,dx = \frac{1}{L} \int_0^L x\,dx = \frac{L}{2}$$

이다. 곧 균질의 가는 막대의 무게중심은 질량중심과 같이 막대의 한가운데 점이다.

예제 8.6 반대 방향의 나란한 두 힘의 합성

가벼운 막대에 수직으로 서로 반대 방향으로 나란하게 작용하는 두 힘 $\{\vec{F}_1, \vec{F}_2\}$, $(F_1 < F_2)$의 합력 $\vec{F} = \vec{F}_1 + \vec{F}_2$를 구하라.

풀이 ① 기하학적 방법 : 막대가 x축상에 놓여 있고 $\vec{F}_2$의 방향을 y축으로 한다. 두 힘 $\{\vec{F}_1, \vec{F}_2\}$

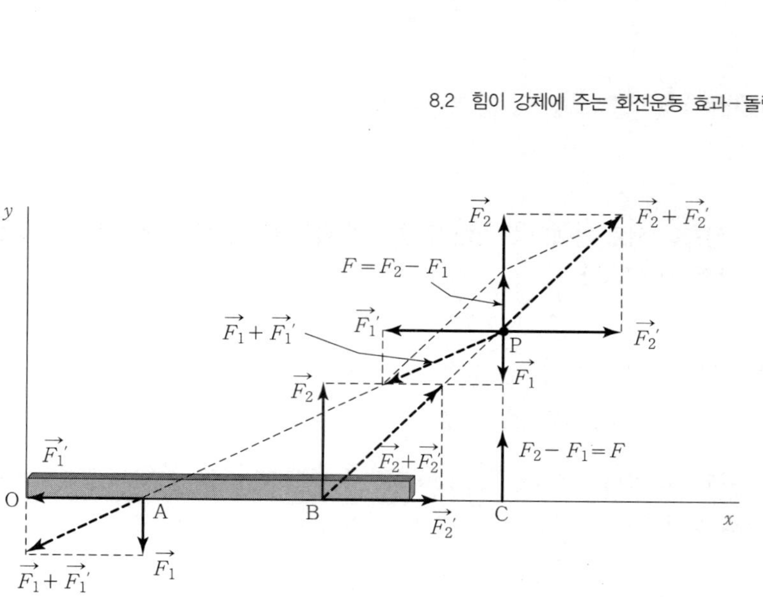

그림 8.9 반대 방향으로 나란한 힘의 합성(기하학적 방법)

의 작용점을 각각 점 A, 점 B라 하자.

(a) x축을 따라서 점 A, 점 B에 작용하는 서로 방향이 반대이고 크기가 같은 두 힘 $\vec{F}_1{}'$, $\vec{F}_2{}'$($\vec{F}_1{}'=-\vec{F}_2{}'$)을 작도한다(**그림 8.9** 참조). 이 두 힘은 작용선이 같고 방향이 서로 반대이므로, 두 힘{$\vec{F}_1$, $\vec{F}_2$}의 합력은 결국 네 힘{$\vec{F}_1$, $\vec{F}_2$, $\vec{F}_1{}'$, $\vec{F}_2{}'$}의 합력과 같아진다.

(b) 두 힘{$\vec{F}_1$, $\vec{F}_1{}'$}의 합력 $\vec{F}_{11}=\vec{F}_1+\vec{F}_1{}'$ 및 두 힘{$\vec{F}_2$, $\vec{F}_2{}'$}의 합력 $\vec{F}_{22}=\vec{F}_2+\vec{F}_2{}'$을 작도한다.

(c) 이들 두 합력{$\vec{F}_{11}$, $\vec{F}_{22}$}의 작용선이 만나는 점 P를 찾아서, 이 점에 두 합력 $\vec{F}_{11}=\vec{F}_1+\vec{F}_1{}'$, $\vec{F}_{22}=\vec{F}_2+\vec{F}_2{}'$을 나란히 옮겨서 이 두 힘의 합력을 작도한다. 점 P에서 이 두 힘의 합력은 x축 방향의 성분힘 $\vec{F}_1{}'$, $\vec{F}_2{}'$은 서로 상쇄되어 원래의 두 힘{$\vec{F}_1$, $\vec{F}_2$}의 합력이 얻어진다. 그 크기는 **그림 8.9**에서 $F=F_2-F_1$임을 알 수 있다.

(d) 합력 $\vec{F}=\vec{F}_1+\vec{F}_2$의 작용점은 그 작용선이 x축과 만나는 점 C이다.

그림 8.9의 삼각형△PAC에서

$$\frac{\overline{\mathrm{AC}}}{\overline{\mathrm{PC}}}=\frac{F_1{}'}{F_1}$$

이고, △PBC에서

$$\frac{\overline{\mathrm{BC}}}{\overline{\mathrm{PC}}}=\frac{F_2{}'}{F_2}$$

임을 알 수 있다. 이 두 식에서 선분 $\overline{\mathrm{PC}}$를 소거하면

$$\frac{\overline{\mathrm{AC}}}{\overline{\mathrm{BC}}}=\frac{F_2}{F_1} \quad \text{또는} \quad \overline{\mathrm{AC}}\cdot F_1=\overline{\mathrm{BC}}\cdot F_2$$

를 얻는다. 곧 **그림 8.9**에서 보는 바와 같이

방향이 서로 반대인 나란한 두 힘의 합력의 작용점은 두 작용점의 사이를 힘의 반비로 외분하는 점이다.

② 물리적 방법 : 두 힘의 작용점 A 및 B의 좌표를 각각 x_1, $x_2(x_1 < x_2)$라 하면 합력은

$$F = F_2 - F_1 \quad (F_2 > F_1)$$

이고, 이 합력의 작용점 C의 좌표를 x_C라 하면 합력 $\vec{F}$의 돌림힘 $x_C F$와 두 힘 $\vec{F}_1$, $\vec{F}_2$의 돌림힘의 합 $x_1(-F_1) + x_2F_2$가 같아야 한다. 그러므로

$$x_C = \frac{x_1(-F_1) + x_2 F_2}{F} = \frac{x_2 F_2 - x_1 F_1}{F_2 - F_1} \tag{8.11}$$

가 된다.

$$x_C - x_1 = \ell_1, \quad x_C - x_2 = \ell_2$$

라 하고, 윗식으로부터 x_1 및 x_2를 소거하면

$$x_C(F_2 - F_1) = (x_C - \ell_2) F_2 - (x_C - \ell_1) F_1$$

$$\therefore \ \ell_1 F_1 = \ell_2 F_2 \quad \text{또는} \quad \frac{\ell_1}{\ell_2} = \frac{F_2}{F_1}$$

이다. 곧 합력의 작용점 x_C에 대한 두 힘의 돌림힘이 서로 비긴다. 또는 각 작용점과 합력의 작용점 사이의 거리가 각 힘에 반비례한다. 그런데 $x_C - x_1 = \ell_1 > 0$, $x_C - x_2 = \ell_2 > 0$이므로 $x_1 < x_2 < x_C$이다. 따라서 방향이 서로 반대인 나란한 두 힘의 합력의 작용점은 두 작용점의 사이를 힘의 반비로 외분하는 점이라는 ①에서와 같은 결론에 도달한다. 만일 $F_2 = 2F_1$이면 $\ell_1 : \ell_2 = 2:1$이므로 합력의 작용점은 두 작용점 사이를 2 : 1로 외분하는 점이다.

○ 짝 힘

예제 8.6에서 반대 방향의 나란한 두 힘의 크기가 서로 같은 경우에는 어떤 일이 일어날까? **그림 8.10**과 같이 서로 크기가 같고 방향이 서로 반대인 나란한 두 힘 $\vec{F}_1$ 및 $\vec{F}_2$ $(F_1 = F_2 \equiv F)$가 막대에 수직으로 작용하는 경우를 생각하자. 이 경우, 합력이 0임을 알 수 있다. 따라서 병진운동이 일어나지 않는다. 또, 합력의 작용점 x_C를 결정할 수 없다. 식(8.11)에서 분모가 0이 되기 때문이다. 그러므로 이 두 힘과 같은 운동 효과를 주는 등가의 홑힘을 구할 수 없다.

그러나 회전운동 효과는 있다. 곧 두 힘의 작용점을 각각 x_1, $x_2(0 < x_1 < x_2)$라 하면 원점 O에 대한 두 힘의 총 돌림힘은

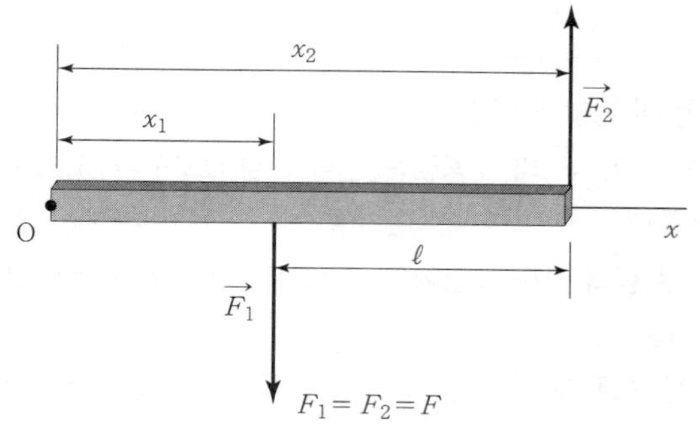

그림 8.10 짝힘 : 서로 크기가 같고 반대 방향의 나란한 두 힘

$$\tau = -x_1 F_1 + x_2 F_2 = x_2 F_2 - x_1 F_1$$

이다. 여기서 $F_1 = F_2 \equiv F$이라 하면

$$\tau = x_2 F_2 - x_1 F_1 = (x_2 - x_1) F = \ell F \neq 0$$

이다. 여기서 $\ell = x_2 - x_1$은 두 힘 사이의 수직거리이다. 곧 크기가 같고 반대 방향의 나란한 두 힘에 의한 병진운동 효과는 없으나 회전운동 효과는 있다. 그래서 이런 한 쌍의 힘 $\{\vec{F}_1, \vec{F}_2\}$를 특별히 **짝힘**(couple)이라 하고, $(\vec{F}_1, \vec{F}_2)$와 같이 반달표 괄호( )로 표기한다. 두 힘의 작용선 사이의 수직거리 ℓ을 **짝힘의 지레팔**(lever arm of couple) 또는 줿게 **짝힘의 팔**(arm of couple)이라 하고,

$$\tau = \ell F \quad \text{(짝힘)} \tag{8.12}$$

을 **짝힘의 돌림힘**(torque of couple)이라 한다. 곧

> **짝힘의 돌림힘은 원점의 위치에는 무관하고, 그 힘의 크기 및 지레팔의 길이에 의해서만 결정된다.**

따라서 돌림힘이 같은 짝힘들은 모두 등가이다. 이 짝힘에는 아래와 같은 중요한 성질이 있다.

① 짝힘은 힘의 크기 및 지레팔이 같으면 짝힘이 있는 평면 내의 임의의 점에 옮겨도 좋다.
② 짝힘은 같은 평면 내에서 돌림힘이 같은 다른 짝힘으로 바꾸어 놓아도 좋다.
③ 짝힘은 그 평면에 나란한 다른 임의의 평면에 옮겨 놓아도 좋다.

곧 짝힘은 그 자신의 평면이나 이에 나란한 평면 내에서 임의로 옮겨도 그 돌림힘의 변화만 없으면 힘의 크기나 지레팔의 길이가 변하더라도 관계없다.

예제 8.7 짝 힘

세기가 8.00 N인 반대 방향의 나란한 두 힘 $\vec{F}_1$, $\vec{F}_2$가 길이 L의 가는 막대에 수직으로 작용했다(**그림 8.11 참조**). 힘 $\vec{F}_1$의 작용점은 한쪽 끝점 O로부터 3.00 m의 거리에 있고, 두 힘 사이의 수직거리는 ℓ 이다.

① 점 O에 대한 이 두 힘의 알짜 돌림힘이 6.40 N·m와 같게 되려면 두 힘 사이의 수직거리 ℓ 은 얼마이어야 하는가?

② 막대의 다른 끝점 P에 대한 두 힘의 알짜 돌림힘은 어떻게 되는가?

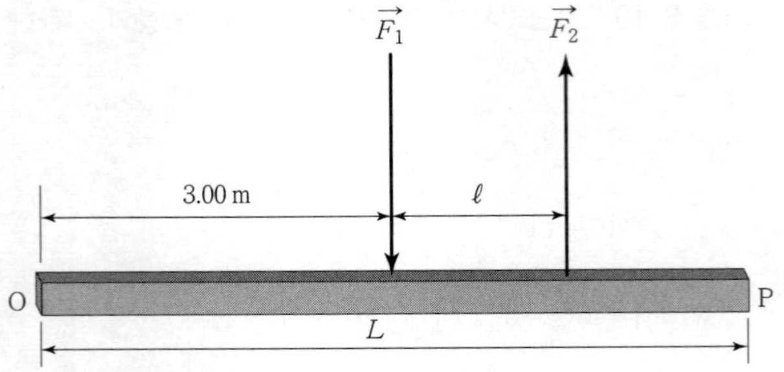

그림 8.11 막대에 작용하는 짝힘

풀이 ① 힘 $\vec{F}_1$ 및 $\vec{F}_2$의 점 O에 대한 각 돌림힘 τ_1, τ_2는, 팔의 길이가 각각 3.00 m, $(3.00+\ell)$ [m]이므로,

$$\tau_1 = -(3.00\,\mathrm{m})\times(8.00\,\mathrm{N}),$$
$$\tau_2 = (3.00+\ell)\times 8.00\ [\mathrm{N\cdot m}]$$

이다. 이들의 알짜 돌림힘은

$$\tau_{알짜} = \tau_1 + \tau_2 = 8.00\,\ell\ [\mathrm{N\cdot m}] \tag{8.13}$$

이다. 따라서

$$8.00\,\ell\ [\mathrm{N\cdot m}] = 6.40\,\mathrm{N\cdot m} \quad \therefore\ \ell = 0.800$$

이다. 곧 두 힘 사이의 거리는 0.800 m이라야 한다.

② 힘 $\vec{F}_1$ 및 $\vec{F}_2$의 점 P에 대한 각 돌림힘 τ_1, τ_2는 팔의 길이가 각각 $(L-3.00)$[m], $(L-3.00-\ell)$[m]이므로,

$$\tau_1 = (L-3.00)\times 8.00\,[\mathrm{N\cdot m}]$$
$$\tau_2 = -(L-3.00-\ell)\times 8.00\,[\mathrm{N\cdot m}]$$

이다. 따라서 알짜 돌림힘은

$$\tau_{알짜} = \tau_1 + \tau_2 = 8.00\,\ell\ [\mathrm{N\cdot m}]$$

이다.

이 결과는 ①의 식(8.13)과 일치한다. 이 알짜 돌림힘은 짝힘(F_1, F_2)의 돌림힘과 같다. 따라서 이 결과는 짝힘의 돌림힘은 회전점(점 O 및 점 P)에는 무관하고 힘의 크기와 팔의 길이에 의해서만 결정된다는 것을 보여준다.

예제 8.8 얇은 판자에 작용하는 짝힘

그림 8.12와 같이 가로, 세로의 길이가 각각 a[m], b[m]인 직사각형 판자의 서로 마주보는 모서리에 힘의 세기가 F[N]인 두 힘 $\vec{F}_1$, $\vec{F}_2$가 판자의 평면 내에서 서로 반대 방향으로 세로와 30° 방향으로 나란하게 작용하였다.

① 이 판자는 어떤 운동을 하는가? 그 운동 효과를 기술하라.

② 각 힘을 가로 및 세로 성분으로 분해하여 두 개의 짝힘으로 나타내고, 각 짝힘의 돌림힘을 구하고, 그들의 대수적 합을 구하라.

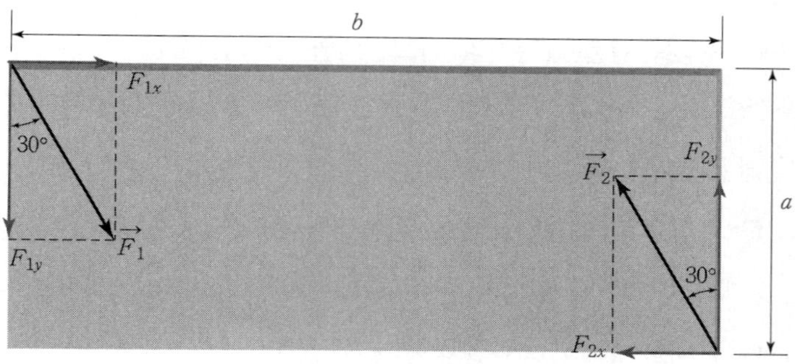

그림 8.12 직사각형 판자에 작용하는 두 힘 및 그 성분힘

풀이 | ① 병진운동 효과 : 두 힘의 합력이 0이므로 병진운동은 일어나지 않는다.
회전운동 효과 : 이 두 힘은 짝힘을 이루므로 정사각형 판자를 회전시킨다. 그 효과는 짝힘의 돌림힘으로 표현된다. 돌림힘은 식(8.12)에 의하여 짝힘의 팔의 길이가

$$\ell = (b - a\tan 30°)\cos 30° = \left(b - \frac{a}{\sqrt{3}}\right) \times \frac{\sqrt{3}}{2} = \frac{\sqrt{3}b - a}{2}\ [\mathrm{m}]$$

이므로

$$\tau = \ell F = \frac{\sqrt{3}b - a}{2} F\ [\mathrm{N \cdot m}]$$

이다.

② 가로를 x축, 세로를 y축으로 택하면 두 힘은

$$F_{1x} = F\sin 30° = \frac{F}{2},\quad F_{1y} = -F\cos 30° = -\frac{\sqrt{3}}{2}F$$

$$F_{2x} = -F\sin 30° = -\frac{F}{2},\quad F_{2y} = F\cos 30° = \frac{\sqrt{3}}{2}F$$

로 분해된다. 따라서 이들 중 짝힘을 이루는 것들은 $(F_{1x},\ F_{2x})$, $(F_{1y},\ F_{2y})$인데, 이 짝힘들의 팔의 길이는 각각 a, b이므로 돌림힘은 각각

$$(F_{1x},\ F_{2x}) : \tau_x = -a|F_{1x}| = -\frac{a}{2}F$$

$$(F_{1y},\ F_{2y}) : \tau_y = b|F_{2y}| = \frac{\sqrt{3}b}{2}F$$

이다. 이들의 총 돌림힘은

$$\tau = \tau_x + \tau_y = -a|F_{1x}| + b|F_{2y}| = \frac{\sqrt{3}b - a}{2}F$$

이다. 이것은 ①의 결과와 같다.

○ 일반적인 힘의 합성

강체에 작용하는 한 힘을 $\vec{F}_1$이라 하고, 이와 등가인 힘들을 찾아보자. 임의의 한 점 G에 크기 및 작용선이 같은 두 힘 $\vec{F}_a$ 및 $-\vec{F}_a$($\vec{F}_1 = \vec{F}_a$)가 작용한다고 생각한다. 이 작용선은 힘 $\vec{F}_1$의 작용선과 나란하다(**그림 8.13** 참조). 이 힘들$\{\vec{F}_1,\ \vec{F}_a,\ -\vec{F}_a\}$는 한 개의 짝힘 $(\vec{F}_1,\ -\vec{F}_a)$ 및 임의의 한 점 G에 작용점을 둔 한 개의 힘 $\vec{F}_a$와 등가임을 알 수 있다.

힘 $\vec{F}_a$는 원래의 힘 $\vec{F}_1$을 임의의 한 점 G에 나란히 옮겨 놓은 것이고, 짝힘$(\vec{F}_1,\ -\vec{F}_a)$의 돌림힘은 점 G에 대한 힘 $\vec{F}_1$의 돌림힘 τ_1과 같다. 다시 말하면, 힘 $\vec{F}_1$의 강체에 미치는 병진운동 효과는 점 G에 작용하는 힘 $\vec{F}_a$의 것과 같고, 점 G에 대한 힘 $\vec{F}_1$의 회전운동 효과는 짝힘$(\vec{F}_1,\ -\vec{F}_a)$의 것과 같다. 곧 "강체에 작용하는 한 힘은 임의의 한 점 G에 나란히 옮겨 놓은 그 힘 및 하나의 짝힘과 등가이다."

$$\vec{F}_1 \Leftrightarrow \{\vec{F}_a\ @\mathrm{G}\ ;\ (\vec{F}_1,\ -\vec{F}_a)\}$$

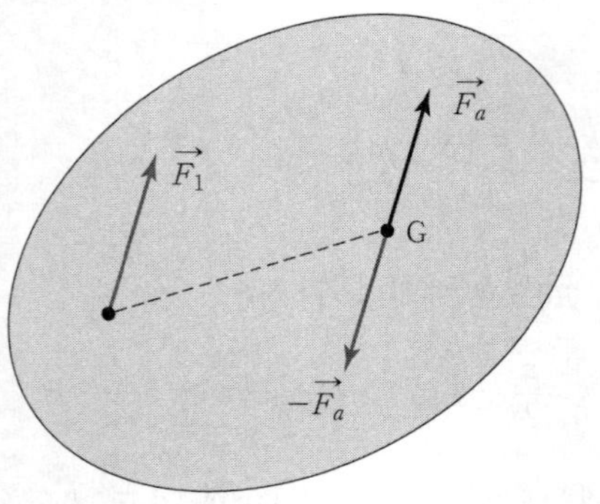

그림 8.13 한 힘 $\vec{F}_1$과 등가인 힘들

여기서 짝힘의 돌림힘은 처음 한 힘 $\vec{F}$의 점 G에 대한 돌림힘과 같다. 또 다른 하나의 힘 $\vec{F}_2$가 있다면, 같은 방법으로, 점 G에 $\vec{F}_2$를 나란히 옮겨 놓은 힘 $\vec{F}_b(\vec{F}_b = \vec{F}_2)$ 및 짝힘 $(\vec{F}_2, -\vec{F}_b)$와 등가이다. 곧

$$\vec{F}_2 \Leftrightarrow \{\vec{F}_b \text{ @G} ; (\vec{F}_2, -\vec{F}_b)\}$$

이다.

강체에 작용하는 뭇힘들 $\{\vec{F}_1, \vec{F}_2, \cdots\}$ 하나하나에 이와 같은 방법을 적용하면 결국, 뭇힘들 $\{\vec{F}_1, \vec{F}_2, \cdots\}$과 등가인

$$\{\vec{F}_1, \vec{F}_2, \cdots\} \Leftrightarrow \{\vec{F}_a, \vec{F}_b, \cdots \text{ @G} ; (\vec{F}_1, -\vec{F}_a), (\vec{F}_2, -\vec{F}_b), \cdots\}$$

를 얻는다. 곧

① 임의의 한 점 G에 나란히 옮겨 놓은 뭇힘

$$\{\vec{F}_a, \vec{F}_b, \cdots, \text{@G}\} \text{ 및}$$

② 뭇짝힘

$$\{(\vec{F}_1, -\vec{F}_a), \{\vec{F}_2, -\vec{F}_b), \cdots\}$$

등을 얻는다. 이들 각 짝힘의 돌림힘은 뭇힘들 $\{\vec{F}_1, \vec{F}_2, \cdots\}$의 점 G에 대한 돌림힘과 각각 같다. ①의 뭇힘들은 하나의 힘

$$\vec{F}_a + \vec{F}_b + \cdots = \vec{F}_1 + \vec{F}_2 + \cdots \equiv \vec{F} \text{ @G(작용점)}$$

으로 합성되며, (b)의 뭇짝힘들은 하나의 짝힘으로 합성된다. 곧 뭇짝힘들

$$(\vec{F}_1, -\vec{F}_a), \{\vec{F}_2, -\vec{F}_b), \cdots$$

의 돌림힘을 각각

$$\tau_1, \ \tau_2, \ \cdots$$

라 하면, 뭇짝힘들을 그 돌림힘이

$$\tau_1 + \tau_2 + \cdots \equiv \tau \quad \text{(대수적 합)}$$

와 같은 하나의 짝힘으로 합성된다. 따라서

강체에 작용하는 뭇힘들은 일반적으로 임의의 한 점을 지나는 하나의 힘과 하나의 짝힘으로 합성된다.

여기서 한 점 G에 작용하는 하나의 힘은 원래의 뭇힘들과 같은 병진운동 효과를 강체에 주며, 하나의 짝힘은 그 점 G에 대한 원래의 뭇힘들과 같은 돌림힘의 회전운동 효과를 준다.

점 G는 임의의 점이지만 강체의 운동을 조사하는 데는 점 G를 **질량중심**으로 택하는 것이 편리하다.

예제 8.9 등가의 힘

길이가 L인 가는 막대의 한쪽 끝에서 $\frac{L}{3}$ 되는 점 P에 힘의 세기가 F[N]인 힘 $\vec{F}_1$이, 다른 끝으로부터 $\frac{L}{4}$ 되는 점 Q에는 힘의 세기가 $2F$[N]인 힘 $\vec{F}_2$가 각각 막대에 수직으로 서로 반대 방향으로 나란하게 작용하고 있다(**그림 8.14** 참조). 이 두 힘을 막대의 중점 G에 작용하는 하나의 홑힘과 하나의 짝힘으로 나타내어라.

풀이 | ① 먼저 점 P에 있는 힘 $\vec{F}_1$과 등가인 홑힘 한 개와 짝힘 한 개를 찾아낸다. 곧 $\vec{F}_1$과 크기가 같고, $\vec{F}_1$의 작용선에 나란하게 막대의 중심 G에 두 힘 $\vec{F}_a$과 $-\vec{F}_a$가 작용한다고 하자. 그러면 점 P에 있는 힘 $\vec{F}_1$과 점 G에 있는 힘 $-\vec{F}_a$는 짝힘($\vec{F}_1$, $-\vec{F}_a$)를 이루고, 점 G에 남은 힘 $\vec{F}_a$는 하나의 홑힘이 된다. 곧

$$\{\vec{F}_1 \ @\ \mathrm{P}\} \Leftrightarrow \{\vec{F}_a \ @\mathrm{G} \ ;\ (\vec{F}_1,\ -\vec{F}_a)\} \qquad (F_1=F_a=F)$$

를 얻는다(**그림 8.14(b)** 참조).

같은 방법으로, 점 Q에 작용하는 힘 $\vec{F}_2$와 크기가 같고, $\vec{F}_2$의 작용선에 나란하게 점 G에 작용하는 두 힘 $\vec{F}_b$, $-\vec{F}_b$를 생각하면, 점 Q에 작용하는 힘 $\vec{F}_2$와 등가인 홑힘 $-\vec{F}_b$와 짝힘 ($-\vec{F}_b$, $\vec{F}_2$)를 얻는다. 곧

$$\{\vec{F}_2 \ @\mathrm{Q}\} \Leftrightarrow \{\vec{F}_b \ @\mathrm{G} \ ;\ (\vec{F}_2,\ -\vec{F}_b)\} \qquad (F_2=F_b=2F)$$

를 얻는다(**그림 8.14(c)** 참조). 따라서 점 G에 작용하는 힘들의 합력의 크기는

$$\Sigma\vec{F} = \vec{F}_a - \vec{F}_b = -\vec{F} \ @\mathrm{G}$$

이고, 두 짝힘($\vec{F}_1$, $-\vec{F}_a$), ($\vec{F}_2$, $-\vec{F}_b$)의 돌림힘은 각각

$$\tau_1 = -\frac{1}{6}LF\ ,\quad \tau_2 = -\frac{1}{2}LF$$

이다. 이 두 돌림힘의 합, 곧 두 짝힘{($\vec{F}_1$, $-\vec{F}_a$), ($-\vec{F}_b$, $\vec{F}_2$)}의 총 돌림힘은

$$\tau = \tau_1 + \tau_2 = -\frac{1}{6}LF - \frac{1}{2}LF = -\frac{2}{3}LF.$$

따라서 점 G에 $\vec{F}_2$의 방향으로 작용하는 크기가 F인 홑힘 한 개와 $\vec{F}_2$와 같은 방향으로 회전시키려는 돌림힘이 $\frac{2}{3}LF$인 짝힘 한 개가 처음 두 힘{$\vec{F}_1$, $\vec{F}_2$}와 등가이다.

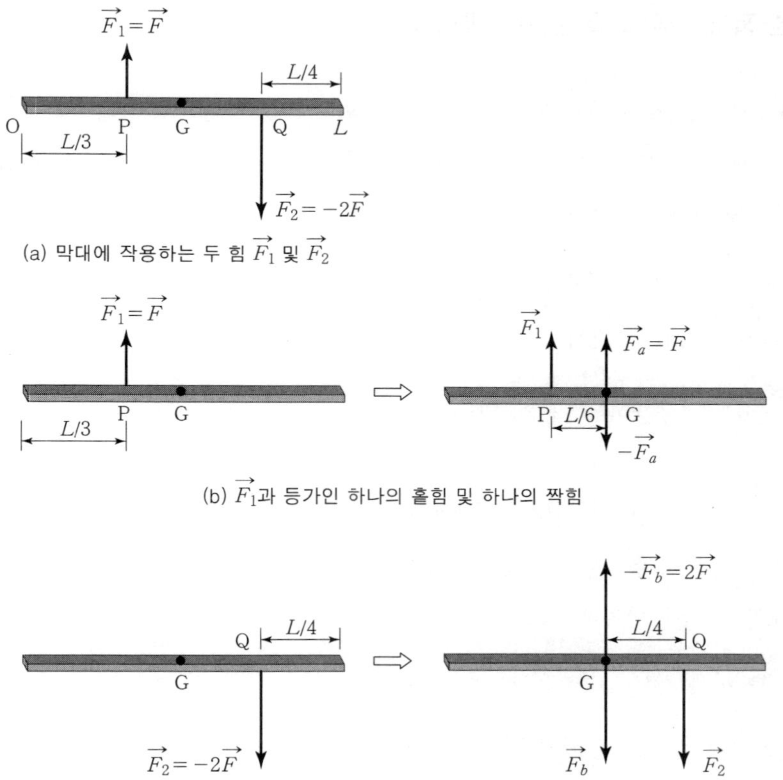

(a) 막대에 작용하는 두 힘 $\vec{F}_1$ 및 $\vec{F}_2$

(b) $\vec{F}_1$과 등가인 하나의 홀힘 및 하나의 짝힘

(c) $\vec{F}_2$와 등가인 하나의 홀힘 및 하나의 짝힘

그림 8.14 막대에 수직으로 작용하는 두 힘의 합성

8.3 뉴턴의 운동법칙과 회전운동

강체의 회전운동 효과는 힘이 아니고 돌림힘

$$\tau = r_\perp F = rF_\perp = rF\sin\phi$$

에 의하여 결정된다는 것을 알았다. 뉴턴의 운동법칙이 병진운동에서는 가속도와 힘 사이의 관계식(운동방정식)으로 표현되는 데 대하여 회전운동에서는 어떻게 나타나는지 알아보자.

8.3.1 고정축 주위의 회전운동 방정식

그림 8.15(a)는 자유로이 회전하는 강체의 회전축에 수직인 단면을 나타낸다. 회전중심 O로부터 위치벡터가 $\vec{r}_i$인 점에 있는 i번째 질량 m_i의 질점 P_i에 하나의 홑힘 $\vec{F}_i$가 작용한다면 회전운동 효과는 돌림힘

$$\tau_i = r_{i;\perp} F_i = r_i F_{i;\perp} = r_i F_i \sin\phi_i$$

에 의해서 결정된다. 여기서

$$r_{i;\perp} = r_i \sin\phi_i\ ,\quad F_{i;\perp} = F_i \sin\phi_i$$

이다.

힘 $F_{i;\perp} = F_i \sin\phi_i$는 위치벡터 $\vec{r}_i$에 수직인 방향의 성분힘으로 질점 P_i가 회전할 때 그리는 원둘레의 접선 방향의 힘이다(**그림 8.15(b)** 참조). 따라서 질점 P_i의 접선가속도를 $a_{i;\tau}$라 하면 뉴턴의 운동법칙에 의하여

$$m_i a_{i;\tau} = F_{i;\perp} \quad \text{또는} \quad m_i r_i \alpha = F_{i;\perp} \tag{8.14}$$

를 얻는다. 여기서 α는 강체의 각가속도이고, 질점 P_i의 각가속도이기도 하므로, 접선가속도 $a_{i;\tau}$는 $a_{i;\tau} = \alpha r_i$로 주어짐을 고려하였다. 회전운동 효과를 결정하는 돌림힘은 식(8.8)로 주어지므로 식(8.14)의 양변에 r_i를 곱하면

$$m_i r_i^2 \alpha = r_i F_{i;\perp} \quad \text{또는} \quad m_i r_i^2 \alpha = \tau_i \tag{8.15}$$

를 얻는다. 이것은 질점 P_i가 회전중심 O 주위로 회전운동할 때 뉴턴의 운동법칙을 달리 표현

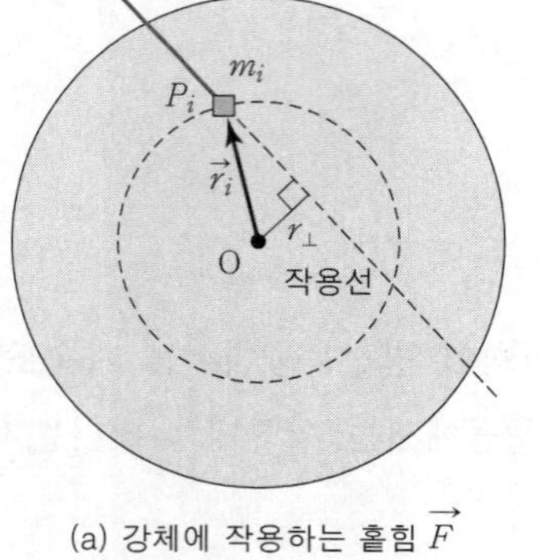

(a) 강체에 작용하는 홑힘 $\vec{F}$

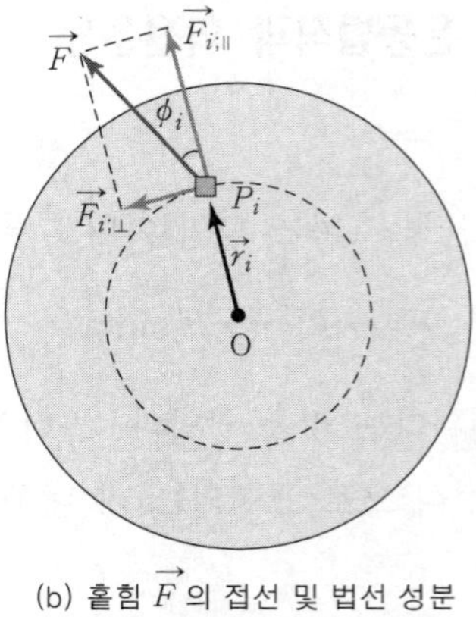

(b) 홑힘 $\vec{F}$의 접선 및 법선 성분

그림 8.15 회전하는 강체의 회전축에 수직인 단면

한 것이다.

강체는 무수히 많은 질점의 집합체이므로, 강체의 경우에는 모든 질점에 대하여 식(8.15)를 더하기 하면 된다. 곧

$$\sum_i m_i r_i^2 \alpha = \sum_i \tau_i \tag{8.16}$$

이다. 여기서 오른쪽은 강체의 모든 질점에 작용하는 힘의 돌림힘의 합인 알짜 돌림힘 $\tau_{\text{알짜}}$이다. 한편, 왼쪽에서 각가속도 α는 강체의 모든 질점에 대해서 같으므로

$$\sum_i m_i r_i^2 \alpha = \left(\sum_i m_i r_i^2\right)\alpha = I\alpha$$

라고 바꾸어 쓸 수 있다. 여기서

$$I = \sum_i m_i r_i^2 \tag{8.17}$$

이라 두었다. r_i는 질점 P_i로부터 회전축까지의 수직거리이고, 따라서 I는 회전축 주위로 강체의 질량이 분포된 모양에 의하여 결정되는 강체 및 회전축의 특성을 나타내는 물리량으로, 그 회전축에 대한 강체의 **관성모멘트**(moment of inertia)라 한다. 단위는 $[\mathrm{kg}\cdot\mathrm{m}^2]$이다. 따라서 강체가 회전운동할 때 뉴턴의 운동법칙을 나타내는 식(8.16)은

$$I\alpha = \sum_i \tau_i \tag{8.18}$$

로 표현된다. 이것은 뉴턴의 운동법칙을 강체의 각가속도와 돌림힘 사이의 관계식으로 표현한 것이다. 이를 강체의 **회전운동 방정식**(equation of rotational motion of rigid body)이라 한다. 이것은 병진운동의 $ma=F$에 대응하는 관계식이다. 곧 병진운동에서 가속도 및 힘은 각각 각가속도 및 돌림힘에 대응함을 알 수 있다. 여기서 $\sum_i \tau_i$는 돌림힘의 대수적 합이다.

8.3.2 회전관성으로서의 관성모멘트

질량 m은 병진운동에서 운동상태(또는 속도벡터)의 변화에 저항하여 현재 운동상태를 계속 유지하려는 물체의 관성(**병진관성** : translational inertia)의 대소를 나타내는 척도인데 대하여 관성모멘트 I는 회전운동에서 운동상태(또는 각속도)의 변화에 저항하여 현재의 회전운동 상태를 계속 유지하려는 성질의 척도를 나타낸다. 그래서 **회전관성**(rotational inertia)이라고도 한다. 병진운동에서 관성을 나타내는 질량 m은 회전운동에서 관성을 나타내는 관성모먼트 I에 대응된다.

예제 8.10 질점계의 관성모먼트

그림 8.16과 같이 가로, 세로의 길이가 각각 $2a$[m], $2b$[m]인 직사각형의 각 꼭짓점에 질량 m[kg]의 질점 A, B, C, D가 위치하고 있다. 좌표축 x, y, z축을 그림과 같이 택한다.

① 질점 A의 각 좌표축에 대한 관성모먼트를 구하고 그들 사이의 관계를 밝혀라.

② 이 질점계의 y축 주위의 관성모먼트 I_y 및 y축에 나란하고 질점계의 질량중심을 지나는 회전축 주위의 관성모먼트 $I_{y;\mathrm{CM}}$을 구하라.

③ 이 질점계의 z축 주위의 관성모먼트 I_z를 구하라.

풀이 | 관성모먼트는 회전축에서 질점까지의 수직거리의 제곱에 질량을 곱한 것이다.

① x, y, z축에서 질점 A까지 수직거리는 각각 $2b$, $2a$, $\sqrt{(2a)^2+(2b)^2}$이므로 질점 A의 회전축 x, y, z축에 대한 관성모먼트 $I_x(\mathrm{A})$, $I_y(\mathrm{A})$, $I_z(\mathrm{A})$는 각각

$$I_x(\mathrm{A})=m(2b)^2=4mb^2\,[\mathrm{kg}\cdot\mathrm{m}^2]$$

$$I_y(\mathrm{A})=m(2a)^2=4ma^2\,[\mathrm{kg}\cdot\mathrm{m}^2]$$

$$I_z(\mathrm{A})=m\left(\sqrt{(2a)^2+(2b)^2}\right)^2=4m(a^2+b^2)\,[\mathrm{kg}\cdot\mathrm{m}^2]$$

이다. 따라서 이들 관성모먼트 사이에는

$$I_z(\mathrm{A})=I_x(\mathrm{A})+I_y(\mathrm{A}) \tag{8.19}$$

의 관계식이 성립함을 알 수 있다.

이것은 질량이 평면에 분포되어 있는 경우, 평면 내에 있는 서로 직교하는 x축, y축 주위의 관성모먼트와 이 평면에 수직인 z축 주위의 관성모먼트 사이에 성립하는 **수직축 정리**(perpendicular-axis theorem)의 특수한 경우, 곧 한 질점에 대한 것이다.

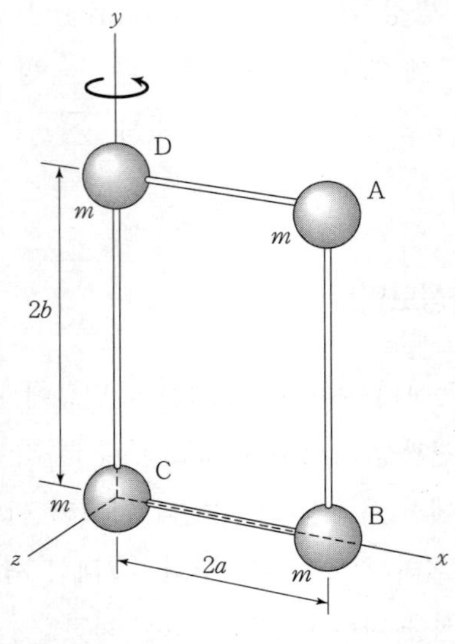

그림 8.16 네 개의 똑같은 질점이 직사각형의 각 꼭짓점에 분포된 질점계

② 질점 A, B, C, D로부터 y축까지 수직거리가 각각 $2a$, $2a$, 0, 0이므로 각 질점의 y축 주위의 관성모먼트 $I_y(\mathrm{A})$, $I_y(\mathrm{B})$, $I_y(\mathrm{C})$, $I_y(\mathrm{D})$는 각각

$$I_y(\mathrm{A})=m(2a)^2=4ma^2,\quad I_y(\mathrm{B})=m(2a)^2=4ma^2,\quad I_y(\mathrm{C})=m(0)^2=0,$$
$$I_y(\mathrm{D})=m(0)^2=0$$

이다. 따라서 이 질점계의 y축 주위의 관성모먼트 I_y는

$$I_y=I_y(\mathrm{A})+I_y(\mathrm{B})+I_y(\mathrm{C})+I_y(\mathrm{D})=8ma^2\,[\mathrm{kg\cdot m^2}]$$

이다.

질량중심의 위치는

$$x_{\mathrm{CM}}=\frac{m\times(2a)+m\times(2a)+m\times(0)+m\times(0)}{4m}=a\,[\mathrm{m}],$$
$$y_{\mathrm{CM}}=\frac{m\times(2b)+m\times(0)+m\times(0)+m\times(2b)}{4m}=b\,[\mathrm{m}]$$

이다. 곧 질량중심의 좌표는 $(x_{\mathrm{CM}},\ y_{\mathrm{CM}})=(a,\ b)$이다. 따라서 이 점을 지나고 y축에 나란한 새로운 회전축으로부터 질점 A, B, C, D까지 수직거리는 모두 a이므로 각 질점의 이 새로운 회전축에 대한 관성모먼트 $I_{y;\mathrm{CM}}(\mathrm{A})$, $I_{y;\mathrm{CM}}(\mathrm{B})$, $I_{y;\mathrm{CM}}(\mathrm{C})$, $I_{y;\mathrm{CM}}(\mathrm{D})$는 각각

$$I_{y;\mathrm{CM}}(\mathrm{A})=ma^2,\quad I_{y;\mathrm{CM}}(\mathrm{B})=ma^2,\quad I_{y;\mathrm{CM}}(\mathrm{C})=ma^2,\quad I_{y;\mathrm{CM}}(\mathrm{D})=ma^2$$

이다. 따라서 질량중심을 지나는 새로운 회전축에 대한 이 질점계의 관성모먼트 $I_{y;\mathrm{CM}}$는

$$\begin{aligned}I_{y;\mathrm{CM}}&=I_{y;\mathrm{CM}}(\mathrm{A})+I_{y;\mathrm{CM}}(\mathrm{B})+I_{y;\mathrm{CM}}(\mathrm{C})+I_{y;\mathrm{CM}}(\mathrm{D})\\&=4ma^2\ [\mathrm{kg\cdot m^2}]\end{aligned}$$

이다.

③ 질점 A, B, C, D로부터 회전축(z축)까지의 수직거리가 각각 $\sqrt{(2a)^2+(2b)^2}$, $2a$, 0, $2b$이므로

$$I_z(\mathrm{A})=m\left(\sqrt{(2a)^2+(2b)^2}\right)^2=4m(a^2+b^2),$$
$$I_z(\mathrm{B})=m(2a)^2=4ma^2,$$
$$I_z(\mathrm{C})=0,$$
$$I_z(\mathrm{D})=m(2b)^2=4mb^2$$

이다. 따라서 이 질점계의 z축 주위의 관성모먼트는

$$\begin{aligned}I_z&=I_z(\mathrm{A})+I_z(\mathrm{B})+I_z(\mathrm{C})+I_z(\mathrm{D})\\&=4m(a^2+b^2)+4ma^2+0+4mb^2\\&=8m(a^2+b^2)\quad[\mathrm{kg\cdot m^2}]\end{aligned}$$

이다.

◎ 관성모멘트의 중요한 성질

예제 8.10에서 알 수 있는 바와 같이 회전축에 따라서 관성모멘트가 달라 진다. 곧 회전축의 방향 및 위치에 따라 일반적으로 다르다.

그림 8.17은 회전축 주위로 회전하는 강체의 질량중심을 지나고 회전축에 수직으로 자른 단면을 나타낸다. 이 단면을 xy 평면이라 하자. 회전축이 이 단면과 만나는 점(회전중심) O를 원점으로 하고, 이 평면상에 질량이 m_i인 질점 P_i의 위치벡터를 $\vec{r}_i$ 또는 좌표를 (x_i, y_i)라 하면 이 강체의 관성모멘트 I는

$$I=\sum_i m_i r_i^2=\sum_i m_i(x_i^2+y_i^2)$$

로 주어진다. 질량중심의 위치벡터를 $\vec{r}_{\mathrm{CM}}$ 또는 좌표를 $(x_{\mathrm{CM}}, y_{\mathrm{CM}})$, 질량중심에서 본 점 P_i의 위치벡터를 $\vec{r}_i$ 또는 좌표를 (x_i', y_i')이라 하면,

위치벡터 및 좌표들 사이에는

$$\vec{r}_i=\vec{r}_{\mathrm{CM}}+\vec{r}_i'$$

또는

$$x_i=x_{\mathrm{CM}}+x_i',\quad y_i=y_{\mathrm{CM}}+y_i'$$

의 변환관계식이 성립한다. 따라서 관성모멘트 I는

$$\begin{aligned} I &=\sum_i m_i(x_i^2+y_i^2)\\ &=\sum_i m_i\{(x_{\mathrm{CM}}+x_i')^2+(y_{\mathrm{CM}}+y_i')^2\}\\ &=\sum_i m_i(x_{\mathrm{CM}}^2+y_{\mathrm{CM}}^2)+\sum_i m_i(x_i'^2+y_i'^2)\\ &\qquad +2x_{\mathrm{CM}}\sum_i m_i x_i'+2y_{\mathrm{CM}}\sum_i m_i y_i' \end{aligned} \tag{8.20}$$

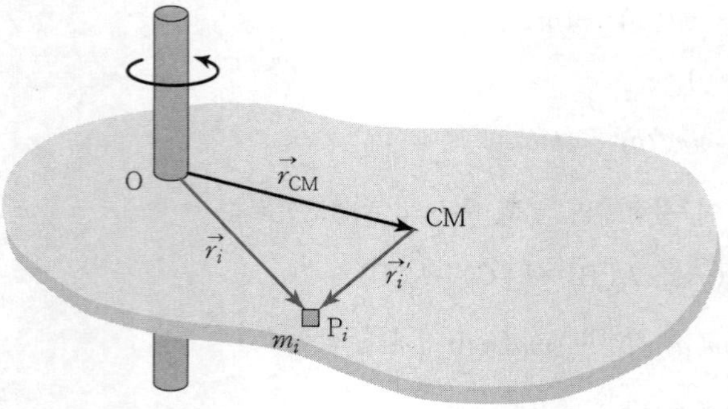

그림 8.17 회전하는 강체의 질량중심을 지나고 회전축에 수직으로 자른 단면에서 질량중심 및 임의의 질점

가 된다. 여기서

$$x_{\mathrm{CM}}^2+y_{\mathrm{CM}}^2=r_{\mathrm{CM}}^2,\quad x_i'^2+y_i'^2=r_i'^2$$

이고, 강체의 질량을 M이라 하면

$$\frac{1}{M}\sum_i m_i x_i'=0,\quad \frac{1}{M}\sum_i m_i y_i'=0$$

이다. 이것은 각각 질량중심 좌표계에서 질량중심의 좌표이기 때문이다. 따라서 식(8.20)은

$$I=\sum_i m_i(x_{\mathrm{CM}}^2+y_{\mathrm{CM}}^2)+\sum_i m_i(x_i'^2+y_i'^2)=Mr_{\mathrm{CM}}^2+\sum_i m_i r_i'^2$$

이 된다. 여기서 오른쪽의 첫째 항 Mr_{CM}^2은 회전축으로부터 수직거리 r_{CM}에 있는 강체의 질량중심의 회전축에 대한 관성모멘트이고, 둘째 항 $\sum_i m_i r_i'^2$은 질량중심을 지나고, 원래 회전축에 나란한 새로운 회전축에 대한 강체의 관성모멘트이다. 이 질량중심을 지나는 회전축에 대한 관성모멘트를

$$\sum_i m_i r_i'^2\equiv I_{\mathrm{CM}}$$

이라 하면 강체의 관성모멘트 I는

$$I=Mr_{\mathrm{CM}}^2+I_{\mathrm{CM}} \tag{8.21}$$

으로 주어진다. 이것은 두 개의 나란한 회전축에 대한 관성모멘트 I, I_{CM} 사이의 관계식이므로 이를 **평행축 정리**(parallel-axis theorem)라 한다. 이 정리는 관성모멘트 계산을 매우 간편하게 한다.

관성모멘트의 또 다른 중요한 성질은 이미 식(8.19)에서 본 바와 같이, 질량이 평면에 분포되어 있는 경우, 그 평면 내에 있는 서로 수직으로 만나는 두 회전축(x축 및 y축) 주위의 관성모멘트와 이 평면에 수직인 제3의 회전축(z축) 주위의 관성모멘트 사이에

$$I_z=I_x+I_y \tag{8.22}$$

의 관계식이 성립하는 것이다. 이를 **수직축 정리**(perpendicular-axis theorem)라 한다.

그림 8.18과 같이 xy 평면에 놓인 얇은 판자의 질량이 m_i인 한 질점 P_i의 위치벡터를 $\vec{r}_i$ 또는 좌표를 $(x_i,\ y_i)$라 하면 z축에 대한 이 판자의 관성모멘트 I_z는

$$I_z=\sum_i m_i r_i^2=\sum_i m_i(x_i^2+y_i^2)=\sum_i m_i x_i^2+\sum_i m_i y_i^2$$

으로 주어진다. 윗식의 오른쪽에서 x_i 및 y_i는 각각 질점 P_i에서 y축 및 x축까지의 수직거

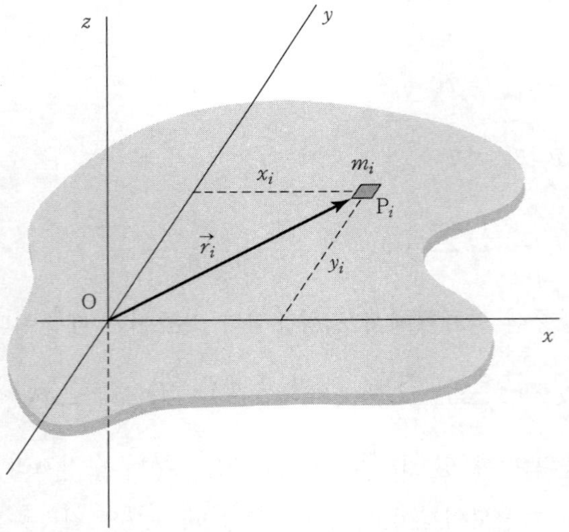

그림 8.18 xy 평면에 놓인 얇은 판자의 임의의 질점

리이므로 두 항은 각각 y축 및 x축에 대한 얇은 판자의 관성모먼트를 나타낸다. 곧

$$I_y = \sum_i m_i x_i^2 \ , \ \ I_x = \sum_i m_i y_i^2$$

이다. 따라서 얇은 판자의 z축에 대한 관성모먼트 I_z는 식(8.22)로 주어진다.

예제 8.11 뭇질점의 관성모먼트

예제 8.10과 같은 질점계에서 그 결과 및 평행축 정리를 이용하여 다음을 구하라.

① 이 질점계의 질량중심을 지나고 y축에 나란한 회전축 주위의 관성모먼트 $I_{y;\mathrm{CM}}$.

② 이 질점계의 질량중심을 지나고 z축에 나란한 회전축 주위의 관성모먼트 $I_{z;\mathrm{CM}}$.

풀이 질량중심의 위치는, **예제** 8.10의 결과에서, 점 $(a,\ b)$이다.

① y축과 질량중심을 지나고 y축에 나란한 새로운 회전축 사이의 수직거리가 a이다. 따라서 이 질점계의 새로운 회전축에 대한 관성모먼트 $I_{y;\mathrm{CM}}$은 평행축 정리 식(8.21)에 의하여

$$I_y = I_{y;\mathrm{CM}} + Mx_{\mathrm{CM}}^2 \qquad \therefore\ I_{y;\mathrm{CM}} = I_y - Mx_{\mathrm{CM}}^2$$

으로 주어진다. 여기서 M 및 x_{CM}은 각각 질점계의 총 질량 및 질량중심으로부터 y축까지 거리이다. **예제** 8.10의 결과에서 $I_y = 8ma^2$이고, $M = 4m$, $x_{\mathrm{CM}} = a$이므로

$$I_{y;\mathrm{CM}} = I_y - Mx_{\mathrm{CM}}^2 = 8ma^2 - 4ma^2 = 4ma^2\ [\mathrm{kg \cdot m^2}]$$

이다. 이것은 **예제** 8.10 ②의 결과와 일치한다.

② 질량중심을 지나고 z축에 나란한 새로운 회전축에 대한 관성모먼트 $I_{z;\mathrm{CM}}$은 평행축 정리에 의하여

$$I_z = I_{z;\mathrm{CM}} + Mr_{\mathrm{CM}}^2 \qquad \therefore \; I_{z;\mathrm{CM}} = I_z - Mr_{\mathrm{CM}}^2$$

으로 주어진다. 여기서 r_{CM}은 두 평행축 사이의 수직거리이다. **예제 8.10**의 결과에서 $I_z = 8m(a^2+b^2)$이고, $M=4m$, $r_{\mathrm{CM}} = \sqrt{a^2+b^2}$이므로 이 질점계의 새로운 회전축에 대한 관성모먼트 $I_{z;\mathrm{CM}}$는

$$\begin{aligned} I_{z;\mathrm{CM}} &= I_z - Mr_{\mathrm{CM}}^2 = 8m(a^2+b^2) - 4m(a^2+b^2) \\ &= 4m(a^2+b^2) \ [\mathrm{kg \cdot m^2}] \end{aligned}$$

이다.

○ 강체의 관성모먼트의 계산－적분의 방법

질량이 띄엄띄엄 분포된 경우, 고정된 회전축에 대한 관성모먼트는 식(8.17)으로 주어진다. 질량이 연속적으로 분포된 강체의 경우, 관성모먼트는 식(8.17) 대신에 적분형식으로 주어진다.

강체를 무수히 많은 질량소

$$\Delta m_1, \; \Delta m_2, \; \cdots, \; \Delta m_i, \; \cdots, \Delta m_N$$

로 나누고 각 질량소로부터 회전축까지 수직거리를 각각

$$r_1, \; r_2, \; \cdots, r_i, \; \cdots, \; r_N$$

이라 하면 강체의 관성모먼트 I는

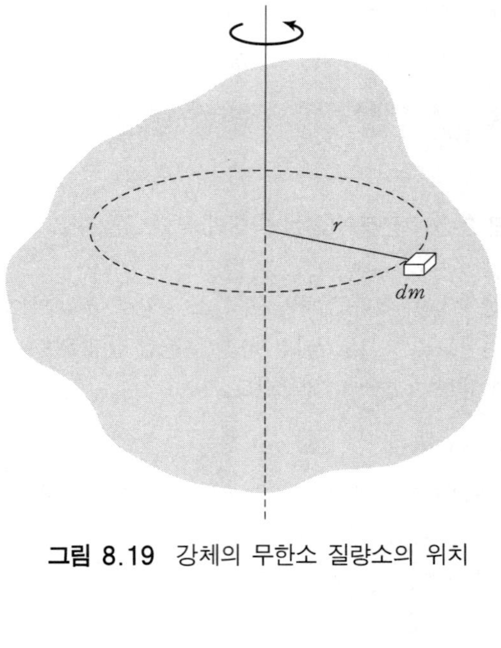

그림 8.19 강체의 무한소 질량소의 위치

$$I = \lim_{N\to\infty} \sum_{i=0}^{N} r_i^2 \Delta m_i = \int_V r^2\, dm \tag{8.23}$$

로 주어진다. 여기서 r는 무한소 질량소 dm으로부터 회전축까지의 수직거리이다(**그림 8.19** 참조). 이 결과는 회전축으로부터 수직거리 r만큼 떨어진 무한소 질량소 dm의 회전축에 대한 무한소 관성모멘트

$$dI = r^2\, dm$$

를 질량이 분포되어 있는 공간(V)에 걸쳐서 합한 것 또는 적분한 것이다.

식(8.23)에서 적분영역을 나타내는 V는 질량이 분포된 공간 또는 영역을 나타내는데, 삼차원 공간이면 부피(V), 이차원이면 면적(S), 일차원이면 곡선(C 또는 s)을 각각 나타낸다. 무한소 질량소 dm은 식(7.16)~(7.18)로 주어진다.

예제 8.12 막대의 관성모멘트

균질의 길이 L [m], 질량 M [kg]의 가는 막대가 있다(**그림 8.20** 참조). 다음 회전축에 대한 막대의 관성모멘트를 구하라.

① 한쪽 끝점을 지나고 막대에 수직인 회전축

② 질량중심을 지나고 막대에 수직인 회전축

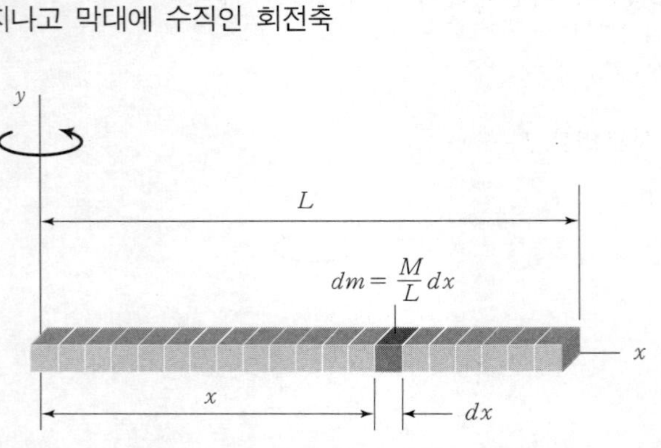

그림 8.20 균질의 가는 막대의 무한소 질량소의 위치

풀이 ① 가는 막대가 x축상에 놓여 있다고 하자. 무한소 질량소 dm에서 회전축까지의 수직거리를 x라 하고, 막대의 선밀도를 λ [kg/m]라 하면 무한소 질량소는 $dm = \lambda\, dx$이므로 무한소 질량소 dm의 회전축에 대한 무한소 관성모멘트 dI는

$$dI = x^2 dm = \lambda x^2\, dx$$

이다. 막대의 관성모멘트는 무한소 관성모멘트 dI를 막대의 총 길이에 걸쳐서 합한 것 또는 적분한 것이다. 곧

$$I = \int_0^L \lambda x^2 dx = \lambda \int_0^L x^2 dx = \lambda \left[\frac{x^3}{3} \right]_0^L = \frac{\lambda L^3}{3}$$

가 된다. 여기서 막대가 균질이어서 선밀도 λ가 x의 함수가 아니므로 적분기호 밖으로 나왔고, $\lambda L = M$이므로 관성모멘트는

$$I = \frac{1}{3} M L^2 \,[\mathrm{kg \cdot m^2}] \tag{8.24}$$

이 된다.

② 막대가 가늘고 균질이므로 막대의 질량중심은 한가운데($L/2$) 있다. 따라서 질량중심을 지나고 막대에 수직인 회전축에 대한 관성모멘트 I_{CM}은

$$I_{\mathrm{CM}} = \int_{-L/2}^{L/2} x^2 \lambda\, dx = \lambda \int_{-L/2}^{L/2} x^2\, dx = \lambda \left[\frac{x^3}{3} \right]_{-L/2}^{L/2}$$
$$= \frac{1}{12} M L^2 \,[\mathrm{kg \cdot m^2}]$$

이다.

평행축 정리식(8.21)을 이용하여 구할 수도 있다. 두 평행축 사이의 수직거리가 $r_{\mathrm{CM}} = \frac{L}{2}$ 이므로 식(8.21)에 의하여 두 관성모멘트 I

$$I = M\left(\frac{L}{2}\right)^2 + I_{\mathrm{CM}}$$

$$\therefore \quad I_{\mathrm{CM}} = I - \frac{ML^2}{4} = \frac{ML^2}{3} - \frac{ML^2}{4}$$
$$= \frac{1}{12} ML^2 \quad [\mathrm{kg \cdot m^2}]$$

이다.

예제 8.13 직사각형판자의 관성모멘트

가로, 세로의 길이가 각각 a [m], b [m]이고 질량이 M[kg]인 균질의 얇은 판자가 xy 평면에 놓여있다. 아래와 같은 회전축에 대한 판자의 관성모멘트를 구하라.

① 한 모서리를 지나고 판에 수직인 회전축(z축)

② 질량중심을 지나고 판자에 수직인 회전축

풀이 | 임의의 무한소 질량소 dm의 좌표를 (x, y)라 하고, 판자의 면밀도를 σ[kg/m^2]이라 하면 무한소 질량소 dm은 $dm = \sigma\, dS = \sigma\, dx\, dy$이고, 회전축까지의 수직거리 r는 $r = \sqrt{x^2 + y^2}$이다.

① z축에 대한 무한소 질량소 dm의 무한소 관성모멘트 dI_z는

$$dI_z = r^2\, dm = (x^2 + y^2)\, \sigma\, dS = (x^2 + y^2)\, \sigma\, dx\, dy$$

이므로 z축에 대한 관성모멘트 I_z는

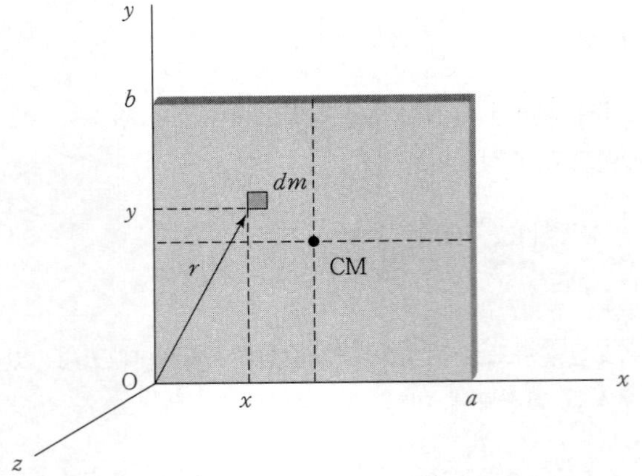

그림 8.21 직사각형 판자의 기하학적 모양

$$\begin{aligned} I_z &= \int_S (x^2+y^2)\,\sigma\,dx\,dy = \sigma\left\{\int_S x^2\,dx\,dy + \int_S y^2\,dx\,dy\right\} \\ &= \sigma\left\{\int_0^a x^2\,dx \int_0^b dy + \int_0^b y^2\,dy \int_0^a dx\right\} \\ &= \sigma\left\{\frac{a^3 b}{3} + \frac{ab^3}{3}\right\} = \frac{\sigma a b}{3}\{a^2+b^2\} \\ &= \frac{1}{3}M\{a^2+b^2\} \end{aligned}$$

이다. 여기서 판자가 균질이어서 면밀도 σ가 x, y의 함수가 아니므로 적분기호 앞으로 나오고, $\sigma a b = M$임을 이용하였다.

② 판자의 질량중심의 좌표는 $\left(\frac{a}{2},\ \frac{b}{2}\right)$이므로 평행축 정리 식(8.21)에서

$$r_{\mathrm{CM}} = \sqrt{\left(\frac{a}{2}\right)^2 + \left(\frac{b}{2}\right)^2}$$

이므로

$$\begin{aligned} I_{\mathrm{CM}} &= I_z - M r_{\mathrm{CM}}^2 = \frac{M}{3}(a^2+b^2) - M\left(\frac{a^2}{4}+\frac{b^2}{4}\right) \\ &= \frac{M}{12}(a^2+b^2) \end{aligned}$$

이다.

예제 8.14 가락지의 관성모먼트

질량이 골고루 분포된 반지름 R, 질량 M의 가는 가락지가 있다. 아래와 같은 회전축에 대한 가락지의 관성모먼트를 구하라.

① 가락지의 중심을 지나고 가락지 면에 수직인 중심축

② 가락지의 가장자리를 지나고 가락지 면에 수직인 회전축
③ 가락지의 임의의 한 지름

풀이 | 가락지 평면을 xy 평면, 가락지의 중심을 지나고 가락지 면에 수직인 축을 z축으로 한다(**그림 8.22(a)** 참조)

① 중심축에 대한 관성모멘트 I_z는 식(8.23)에서 $r=R$이므로

$$I_z=\int_C R^2\,dm=R^2\int_C dm \tag{8.25}$$

로 주어진다. 여기서 R는 일정하므로 적분기호 앞으로 내놓았다. 이것은 가락지 둘레의 무한소 질량소 dm의 중심축에 대한 무한소 관성모멘트 $dI_z=R^2dm$를 가락지 둘레에 따라 적분한 것이기도 하다. 오른쪽의 적분 $\int_C dm$은 가락지의 원둘레를 따라서 모든 질량소의 더하기이므로

$$\int_C dm=M$$

이다.

이것은 아래와 같은 방법으로도 구할 수 있다. 질량소의 길이(**선소** : line element)를 ds, 가

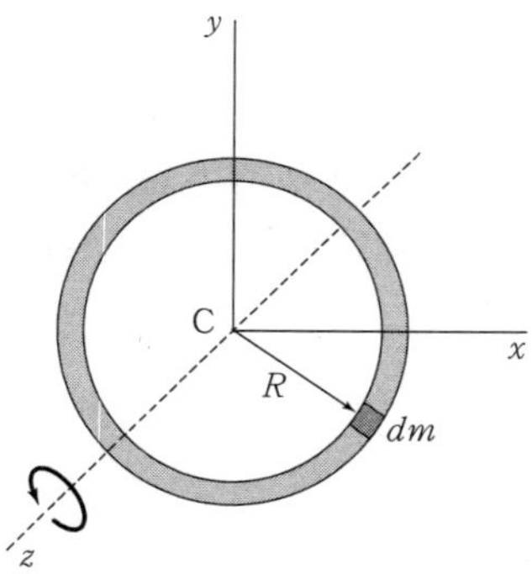

(a) 중심축 주위로 회전하는 가락지

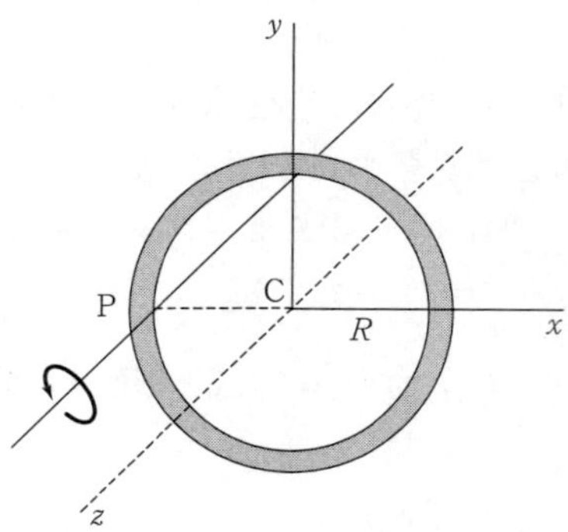

(b) 가장자리를 지나고 중심축에 나란한 축 주위로 전하는 가락지

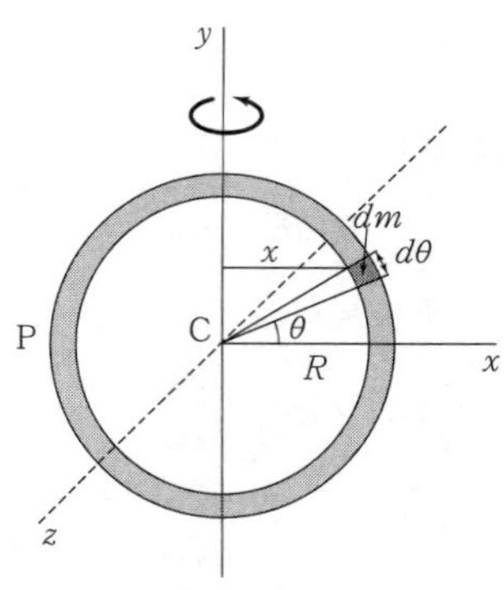

(c) 지름 주위로 회전하는 가락지

그림 8.22 가락지의 관성모멘트 구하기

락지의 선밀도를 λ라 하면 $dm=\lambda\, ds$인데, 가락지의 질량이 골고루 분포되어 있으므로 선밀도 λ는 선소 ds의 위치에 따라 변하지 않고 일정하므로

$$\int_C dm = \oint_C \lambda\, ds = \lambda \oint_C ds$$

이다. 여기서 $\oint_C$는 닫힌 곡선 C를 따른 선적분을 나타내는 것으로, 닫힌 곡선은 가락지 원둘레를 뜻한다. 곧

$$\oint_C ds = 2\pi R$$

이므로

$$\int_C dm = \lambda \oint_C ds = \lambda 2\pi R = M$$

이다.

따라서 식(8.25)로 주어지는 가락지의 관성모멘트 I_z는

$$I_z = \int_C R^2\, dm = MR^2 \tag{8.26}$$

이다. 이것은 회전축으로부터 수직거리가 R인 점에 있는 질량이 M인 질점의 관성모멘트와 같다.

② 가락지의 가장자리의 한 점을 P라 하고(**그림 8.22(b)** 참조), 이 점 P를 지나고 가락지 면에 수직인 회전축에 대한 관성모멘트를 $I_{z;\mathrm{P}}$라 하자. 평행축 정리 식(8.21)에서 $r_{\mathrm{CM}}=R$이고, ①의 결과 식(8.26)으로 주어지는 관성모멘트는 I_{CM}에 해당한다. 곧 $I_{\mathrm{CM}}=I_z=MR^2$이므로 관성모멘트 $I_{z;\mathrm{P}}$는

$$I_{z;\mathrm{P}} = Mr_{\mathrm{CM}}^2 + I_{\mathrm{CM}} = MR^2 + MR^2 = 2MR^2$$

이다.

③ 가락지의 임의의 한 지름을 y축이라 하자(**그림 8.22(c)** 참조). 임의의 무한소 질량소 dm의 좌표를 $(x,\ y)$라 하면 y축에 대한 무한소 관성모멘트 dI_y는

$$dI_y = x^2\, dm$$

로 주어진다. 무한소 질량소 dm의 평면 극좌표를 $(R,\ \theta)$라 하면

$$x = R\cos\theta,\quad dm = \lambda\, ds = \lambda R\, d\theta$$

로 주어진다(**그림 8.22(c)** 참조). 따라서

$$\begin{aligned} I_y &= \oint_C x^2\, dm = \lambda R^3 \oint_C \cos^2\theta\, d\theta \\ &= 2\lambda R^3 \int_{-\frac{\pi}{2}}^{\frac{\pi}{2}} \frac{1}{2}(1+\cos 2\theta)\, d\theta = \lambda R^3 \left[\theta + \frac{1}{2}\sin 2\theta\right]_{-\frac{\pi}{2}}^{\frac{\pi}{2}} \\ &= \lambda \pi R^3 \end{aligned}$$

가 된다. 여기서 $M=\lambda 2\pi R$임을 고려하면

$$I_y = \frac{1}{2} MR^2$$

을 얻는다.

이 결과는 대칭성 및 수직축 정리를 이용하면 더 쉽게 풀 수 있다. y축 및 x축 주위의 관성모먼트는 대칭성에 의하여 서로 같다. 곧 $I_x = I_y$이다. 수직축 정리 식(8.22)에서 I_z는 ①의 결과 식(8.26)으로 주어지므로

$$MR^2 = I_x + I_y = 2I_y \quad \therefore\ I_y = \frac{1}{2} MR^2$$

이다.

예제 8.15 원판의 관성모먼트

질량이 골고루 분포된 반지름 R, 질량 M의 얇은 원판의 중심을 지나고 원판의 면에 수직인 중심축에 대한 원판의 관성모먼트를 구하라(**그림 8.23 참조**).

풀이 | 원판은 무한히 많은 동심원 모양의 가는 가락지들의 모임이라 볼 수 있으므로, 이 가는 가락지를 질량소로 간주할 수 있다. 그 가락지의 반지름을 r, 폭을 dr라 하면 무한소 질량소 dm은

$$dm = \sigma\, 2\pi r\, dr$$

로 주어진다. 여기서 σ는 원판의 면밀도이다. 원판의 무한소 질량소 dm의 중심축에 대한 무한소 관성모먼트 dI_z는, 식(8.26)에 의하여,

$$dI_z = r^2\, dm = \sigma\, 2\pi r^3\, dr$$

가 된다. 이 무한소 관성모먼트를 원판의 온 영역에 걸쳐서 합한 것 또는 적분한 것이 원판의 중심축에 대한 관성모먼트 I_z이다. 곧

$$I_z = \int_S r^2\, dm = 2\pi\sigma \int_0^R r^3\, dr = 2\pi\sigma \left[\frac{r^4}{4} \right]_0^R = \frac{1}{2} MR^2 \tag{8.27}$$

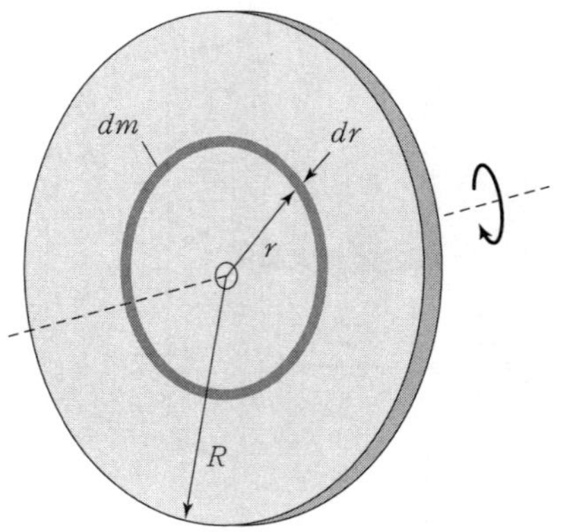

그림 8.23 중심축 주위의 균질의 얇은 원판

가 된다. 여기서 원판이 균질이므로 면밀도 σ를 적분기호 앞으로 내어 놓았고, 질량은 $\sigma\pi R^2 = M$로 주어짐을 이용하였다.

예제 8.16 원기둥의 관성모먼트

반지름이 R, 질량이 M인 균질의 원기둥의 중심축 주위의 관성모먼트를 구하라(**그림 8.24** 참조).

풀이 | 원기둥은 무수히 많은 얇은 원판의 집합체이므로 얇은 원판의 질량을 무한소 질량소 dm으로 택할 수 있다. 원판의 중심축에 대한 관성모먼트가 식(8.27)로 주어지므로 무한소 질량소 dm의 원기둥의 축에 대한 무한소 관성모먼트 dI_z는

$$dI_z = \frac{1}{2}R^2\,dm$$

가 된다. 따라서 원기둥의 축에 대한 관성모먼트 I_z는 무한소 관성모먼트 dI_z를 원기둥의 전체 부피에 걸쳐서 합한 것 또는 적분한 것과 같다. 곧

$$I_z = \int_V \frac{1}{2}R^2\,dm = \frac{1}{2}R^2\int_V dm$$

로 주어지는데, 적분 $\int_V dm$은 원기둥의 질량 M을 나타낸다. 곧

$$\int_V dm = M \qquad (8.28)$$

이다. 따라서 원기둥의 중심축에 대한 관성모먼트는

$$I_z = \frac{1}{2}MR^2$$

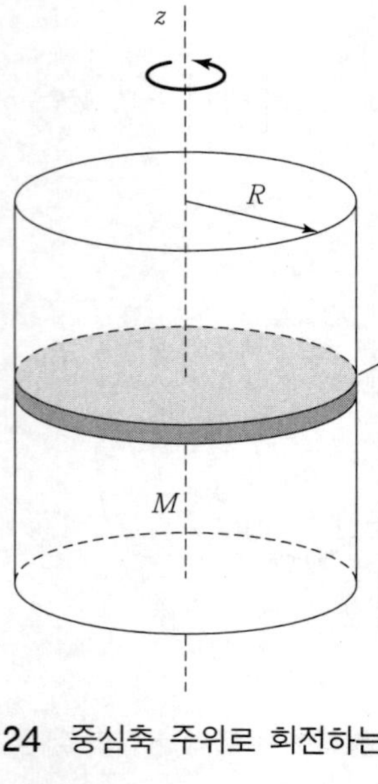

그림 8.24 중심축 주위로 회전하는 균질의 원기둥

이 된다. 곧 원기둥과 원판의 관성모먼트는 질량 및 반지름이 같으면 서로 같다는 것을 알 수 있다. 참고로 식(8.28)은 아래와 같은 방법으로도 얻을 수 있다.
원기둥의 축을 z축, 그 밑바닥에 원점이 있고, 그 높이를 h라 하자. 원기둥의 질량소인 얇은 원판의 두께를 dz라 하면 무한소 질량소 dm의 부피, 곧 체적소 dV는 $dV=\pi R^2\,dz$이고, 무한소 질량소 dm은 원기둥의 부피 밀도를 ρ라 하면

$$dm=\rho\,dV=\rho\,\pi R^2\,dz$$

가 되어

$$\int_V dm=\int_0^h \rho\,\pi R^2\,dz=\rho\,\pi R^2\int_0^h dz=\rho\pi R^2\,h=\rho\,V=M$$

이 된다. 여기서 원기둥이 균질이므로 밀도 ρ가 위치의 함수가 아니므로 적분기호 밖으로 나왔고, $\pi R^2\,h$는 원기둥의 부피 V이다.

예제 8.17 속 찬 공의 관성모먼트

반지름이 R, 질량이 M인 균질의 속이 찬 공의 중심을 지나는 회전축 주위의 관성모먼트를 구하라.

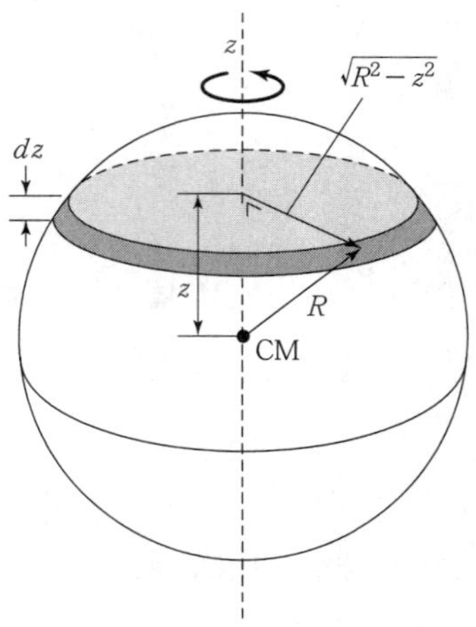

그림 8.25 공의 체적소 및 질량소

풀이 | 속이 찬 공은 반지름이 위치에 따라 변하는 얇은 원판의 집합체라고 볼 수 있다. 따라서 원판의 질량을 무한소 질량소 dm로 택할 수 있다. 이 무한소 질량소 dm은 공의 체적소인 원판의 부피를 dV라 하면 $dm=\rho\,dV$로 주어진다. 여기서 ρ는 공의 부피밀도이다.
공의 중심을 원점으로 하고, 중심을 지나는 회전축을 z축으로 택하여 원점으로부터 z 만큼 떨어진 원판의 부피인 체적소 dV는, 그 두께를 dz, 반지름을 r라 하면 $dV=\pi r^2\,dz$가 되어 무한소 질량소 dm은

$$dm = \rho\, dV = \rho\, \pi r^2 dz$$

이다. 여기서 반지름 r는, **그림 8.25**에서와 같이 피타고라스 정리에 의하여, 공의 반지름 R 및 원판의 위치 z 사이에 $R^2 = r^2 + z^2$의 관계식이 성립하므로 $r = \sqrt{R^2 - z^2}$로 주어진다. 따라서 무한소 질량소 dm은

$$dm = \rho\, \pi r^2 dz = \rho\, \pi (R^2 - z^2) dz$$

가 된다.

무한소 질량소 dm의 z축에 대한 무한소 관성모먼트 dI는 식(8.27)에 의하여

$$dI = \frac{1}{2} r^2\, dm = \frac{1}{2} \rho\, \pi (R^2 - z^2)^2\, dz$$

이다. 따라서 공의 z축에 대한 관성모먼트 I는 무한소 관성모먼트 dI를 공의 전체 부피에 걸쳐서 합한 것 또는 적분한 것이다. 곧

$$I = \int_V \frac{1}{2} r^2\, dm = 2\int_0^R \frac{1}{2} \rho\, \pi (R^2 - z^2)^2 dz = \rho\, \pi \int_0^R (R^2 - z^2)^2 dz$$

이다. 여기서 공이 균질이므로 밀도 ρ를 적분기호 밖으로 내어 놓았다. 오른쪽 적분은

$$\int_0^R (R^2 - z^2)^2\, dz = \int_0^R (R^4 - 2R^2 z^2 + z^4)\, dz$$

$$= R^5 - \frac{2}{3} R^5 + \frac{R^5}{5} = \frac{8}{15} R^5$$

이므로, 관성모먼트 I는

$$I = \frac{8}{15} \rho \pi R^5 = \frac{2}{5}\left(\frac{4}{3} \pi R^3 \rho\right) R^2 = \frac{2}{5} M R^2$$

가 된다. 여기서 공의 질량이 $\frac{4}{3} \pi R^3 \rho = M$임을 이용하였다.

질량이 골고루 분포된 여러 가지 모양을 한 강체의 몇 가지 회전축(중심축, 질량중심을 지나는 축, 한 끝을 지나는 축 등)에 대한 관성모먼트를 **표 8.1**에 모아 놓았다.

8.3.3 강체의 회전운동 방정식의 응용

앞에서 뉴턴의 운동법칙을 회전운동의 돌림힘과 각가속도 사이의 관계식으로 표현한 고정축 주위의 회전운동 방정식

$$I\alpha = \sum_i \tau_i \tag{8.18}$$

를 얻었다. 여기서 I는 고정축 주위로 회전하는 강체의 관성모먼트로 회전관성을 나타낸다.

표 8.1 균질의 여러 가지 모양 강체의 몇 가지 회전축에 대한 관성모멘트

중심축 주위의 얇은 껍질의 속 빈 원기둥	중심을 지나는 지름 주위의 얇은 껍질의 속 빈 원기둥	중심을 지나는 수직축 주위의 가는 막대	지름 주위의 얇은 껍질의 속 빈 공
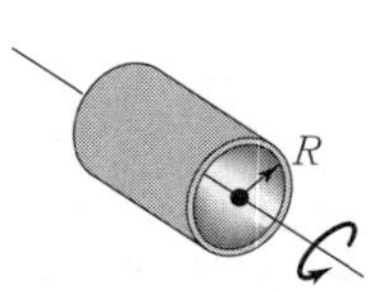	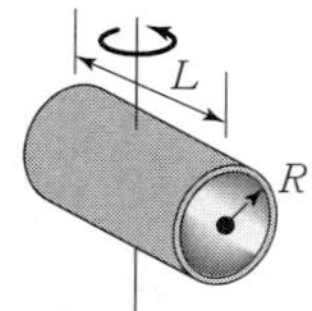	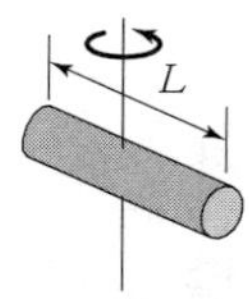	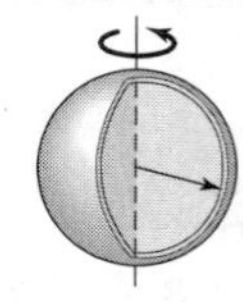
$I=MR^2$	$I=\frac{1}{2}MR^2+\frac{1}{12}ML^2$	$I=\frac{1}{12}ML^2$	$I=\frac{2}{3}MR^2$
중심축 주위의 두꺼운 껍질의 속 빈 원기둥	**중심을 지나는 지름 주위의 속 찬 원기둥**	**중심을 지나는 수직축 주위의 속 찬 직육면체**	**지름 주위의 속 찬 공**
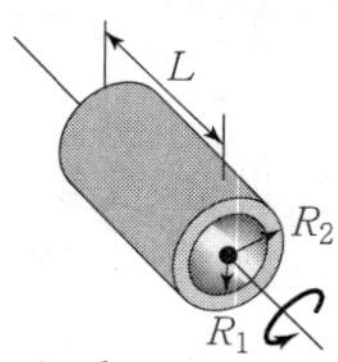	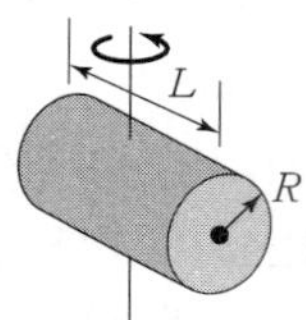	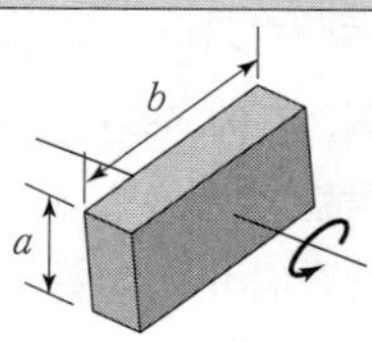	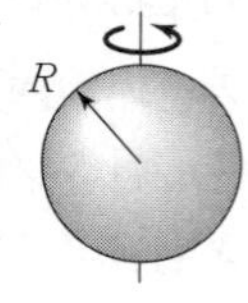
$I=\frac{1}{2}M(R_1^2+R_2^2)$	$I=\frac{1}{4}MR^2+\frac{1}{12}ML^2$	$I=\frac{1}{12}M(a^2+b^2)$	$I=\frac{2}{5}MR^2$

돌림힘의 방향은 병진운동에서와 같이 각가속도의 방향을 양(+)으로 잡는다. 따라서 $\sum_i \tau_i$는 강체에 작용하는 모든 힘의 고정 회전축에 대한 돌림힘의 대수적 합으로, 강체에 작용하는 알짜 돌림힘 $\tau_{알짜}$이다. 곧

$$\sum_i \tau_i = \tau_{알짜}$$

이다. 따라서 회전운동 방정식(8.18)은

$$I\alpha = \tau_{알짜} \tag{8.29}$$

이다.

일반적으로 강체에 작용하는 알짜 돌림힘 $\tau_{알짜}$는, 질점계에서와 같이(식(7.38) 참조), 강체에 작용하는 바깥힘의 돌림힘의 합인 알짜 바깥돌림힘 $\tau^{(e)}_{알짜}$이다. 곧

$$\tau_{알짜} = \sum_i \tau_i = \sum_i \tau_i^{(e)} = \tau^{(e)}_{알짜}$$

이다(식(9.25) 참조). 따라서 일반적으로 고정축 주위의 회전운동 방정식은

$$I\alpha = \tau^{(e)}_{알짜} \tag{8.30}$$

로 주어진다. 여기서 각가속도가 $\alpha = \frac{dw}{dt} = \frac{d^2\theta}{dt^2}$ 임을 고려하면

$$I\frac{d^2\theta}{dt^2} = \tau^{(e)}_{알짜} \tag{8.31}$$

로 고쳐 쓸 수도 있다.

예제 8.18 자전거 바퀴의 회전

그림 8.26과 같이 자전거를 스탠드 위에 올려 놓고 페달(pedal)을 밟아서 뒷바퀴를 회전시킨다. 회전축에 걸리는 모든 마찰력은 무시한다. 페달을 밟으면 자전거의 앞 사슬톱니바퀴 및 뒤 사슬톱니바퀴에 물려 있는 쇠사슬이 $F=18$ N의 힘을 자전거 뒷바퀴의 회전축에 고정된 반지름 $r=7.0$ cm의 사슬톱니바퀴의 톱니에 전달한다. 뒷바퀴는 반지름이 $R=35$ cm, 질량이 $M=2.4$ kg이다. 바퀴살의 질량은 무시할 수 있어서 모든 질량은 바퀴의 테에 골고루 분포되어 있다.

① 자전거 바퀴의 회전축에 대한 관성모먼트를 구하라.

② 페달을 밟기 시작한 지 5.0초 지나는 순간에서 바퀴의 회전 각가속도 및 각속도를 구하라.

③ 쇠사슬이 뒤 사슬톱니바퀴의 톱니에 작용하는 힘의 회전축에 대한 돌림힘을 구하라.

④ 만일 자전거를 타고 달린다고 하면 바퀴가 길바닥을 뒤로 미는 힘은 얼마인가? 이 힘은 바퀴의 반지름과 어떤 관계가 있는가?

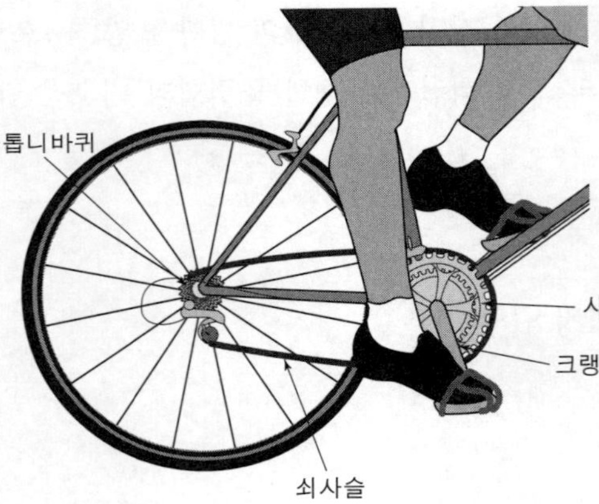

그림 8.26 자전거 바퀴의 회전운동 및 자전거의 추진력

풀이 ① 관성모먼트는 자전거 바퀴의 반지름이 $R=0.35$ m, 질량이 $M=2.4$ kg이므로

$$I=MR^2=(2.4\ \text{kg})\times(0.35\ \text{m})^2=0.294\ \text{kg}\cdot\text{m}^2\cong 0.29\ \text{kg}\cdot\text{m}^2$$

이다.

② 고정축 주위의 회전운동 방정식(8.30)에 의하여 자전거 바퀴의 각가속도는

$$\alpha=\frac{\tau^{(e)}_{알짜}}{I}$$

인 데 여기서 $I=MR^2$이고, 뒤 사슬톱니바퀴의 반지름을 r라 하면 $\tau_{알짜}^{(e)}=rF$이다. 따라서 각가속도는

$$\alpha=\frac{rF}{MR^2}$$

로 주어진다. 이것은 일정함을 알 수 있다. 여기에 위의 수 값 외에

$$r=7.0\,\text{cm}=0.070\,\text{m},\quad F=18\,\text{N}$$

을 대입하면

$$\alpha=\frac{(0.070\ \text{m})\times(18\ \text{N})}{(2.4\ \text{kg})\times(0.35\ \text{m})^2}=4.29\,\text{rad/s}^2\cong4.3\,\text{rad/s}^2$$

이다. 곧 자전거 바퀴는 $\alpha=4.3\ \text{rad/s}^2$의 등각가속도 회전운동을 한다. 따라서 임의의 시각 t에서 각속도는 $\omega=\omega_0+\alpha t$로 주어지는데, 정지 상태에서 회전하기 시작하므로 $\omega_0=0$이다. 5.0초 지난 후의 각속도는

$$\omega=\alpha t=(4.29\ \text{rad/s}^2)\times(5.0\ \text{s})=21.45\,\text{rad/s}\cong21\,\text{rad/s}$$

이다.

③ 쇠사슬이 뒤 사슬톱니바퀴의 톱니에 작용하는 힘의 회전축에 대한 돌림힘은

$$\tau_{알짜}^{(e)}=rF=(0.070\text{m})\times(18\ \text{N})=1.26\ \text{N}\cdot\text{m}\cong1.3\ \text{N}\cdot\text{m}$$

이다.

④ 자전거를 타고 달릴 때 페달을 밟는 힘이 쇠사슬을 통하여 뒤 사슬톱니바퀴에 전달되고, 이 힘의 회전축에 대한 돌림힘과 같은 돌림힘 $\tau=rF$를 바퀴에 주고, 이에 의하여 바퀴가 회전할 때 바퀴와 길바닥 사이의 마찰에 의하여 자전거가 길바닥을 뒤로 미는 힘의 반작용이 자전거를 앞으로 나아가게 하는 자전거의 추진력이 된다. 마찰력이 정지마찰력이면 그 마찰력 f는 자전거바퀴가 길바닥을 뒤로 미는 힘과 같다. 따라서 바퀴가 길바닥을 뒤로 미는 힘의 회전축에 대한 돌림힘은 $\tau_{바퀴}=Rf$ 이다. $\tau=\tau_{바퀴}$이므로

$$rF=Rf\qquad\therefore\ f=\frac{r}{R}F$$

이다. 여기서 $r=0.070\,\text{m}$, $R=0.35\,\text{m}$, $F=18\,\text{N}$이므로 $f=3.60\,\text{N}$이다. 위 관계식으로부터 바퀴가 길바닥을 뒤로 미는 힘, 곧 자전거의 추진력은 바퀴의 반지름에 반비례한다.

예제 8.19 돌쩌귀에 달린 막대

길이가 L, 질량이 M인 균질의 가는 막대가 한쪽 끝에 있는 돌쩌귀에 달려 중력마당의 연직 면 내에서 자유로이 회전할 수 있다(**그림 8.27** 참조). 수평 방향에서 막대를 가만히 놓는 순간의 다음을 구하라.

① 막대의 각가속도 α 및 돌쩌귀로부터 거리가 r인 점에서 가속도

② 돌쩌귀가 막대에 주는 힘 F_0

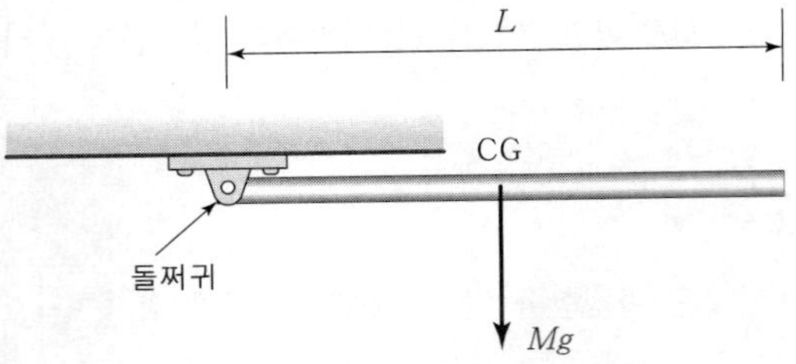

그림 8.27 돌쩌귀에 달린 막대

풀이 ① 막대를 수평 방향에서 가만히 놓는 순간 막대는 돌쩌귀 주위로 회전한다. 따라서 회전운동 방정식(8.30) $I\alpha=\tau_{알짜}^{(e)}$에서 돌림힘 $\tau_{알짜}^{(e)}$는 막대의 중력 Mg의 돌쩌귀에 대한 돌림힘과 돌쩌귀가 막대를 놓는 순간 막대에 위로 작용하는 힘 F_0의 돌쩌귀에 대한 돌림힘의 합이다. 그런데 F_0의 돌림힘은 0이다. 지레팔의 길이가 0이기 때문이다. 막대의 중력의 작용점은 막대의 중점이므로 돌림힘은

$$\tau_{알짜}^{(e)}=\frac{1}{2}MgL$$

이다. 한편 막대의 돌쩌귀에 대한 관성모먼트는 식(8.24)에 의하여 $I=\frac{1}{3}ML^2$이다. 따라서 회전운동 방정식(8.30)에 의하여 각가속도는

$$\alpha=\frac{\tau_{알짜}^{(e)}}{I}=\frac{\frac{1}{2}MgL}{\frac{1}{3}ML^2}=\frac{3}{2}\frac{g}{L} \tag{8.32}$$

이다.

돌쩌귀로부터 거리 r에 있는 점의 가속도는 접선가속도인데, $a_\tau=\alpha r$로 주어진다(식(1.70) 또는 식(8.4) 참조). 따라서 돌쩌귀로부터 거리 r인 점에서 접선가속도 $a_\tau(r)$는, 식(8.32)를 고려하면,

$$a_\tau(r)=\alpha r=\frac{3}{2}\frac{g}{L}r \tag{8.33}$$

가 된다. 막대의 끝점의 접선가속도는 $a_\tau(L)=1.5g$가 되어 중력가속도보다 더 크다.

② 막대의 질량중심의 병진운동 방정식(8.7)에서 바깥힘의 알짜힘은 힘 F_0와 막대의 중력 Mg의 합력이다. 여기서 질량중심의 가속도 a_{CM}이 아래로 향하므로 아래 방향을 양(+)으로 택하면 알짜 바깥힘은 $F_{알짜}^{(e)}=Mg-F_0$이므로 병진운동 방정식은

$$Ma_{CM}=Mg-F_0 \qquad \therefore\ F_0=Mg-Ma_{CM} \tag{8.34}$$

를 얻는다. 여기서 a_{CM}은 질량중심의 접선가속도, 곧 식(8.33)에서 $r=L/2$인 점에서 접선가속도이므로 $a_{CM}=\frac{3}{4}g$이다. 따라서

$$F_0=Mg-Ma_{CM}=Mg-\frac{3}{4}Mg=\frac{1}{4}Mg$$

가 된다.

예제 8.20 무거운 도르래에 감긴 줄에 달린 추의 운동

반지름 R, 질량 M의 균질의 도르래가 수평인 회전축 주위로 자유로이 회전할 수 있다. 도르래에 늘어나지 않는 가벼운 줄을 감아서 다른 끝에 질량 m의 추를 달아 놓았다(**그림 8.28** 참조). 줄이 미끄러지지 않는다. 다음을 구하라.

① 도르래의 각가속도

② 추의 가속도 및 줄의 장력

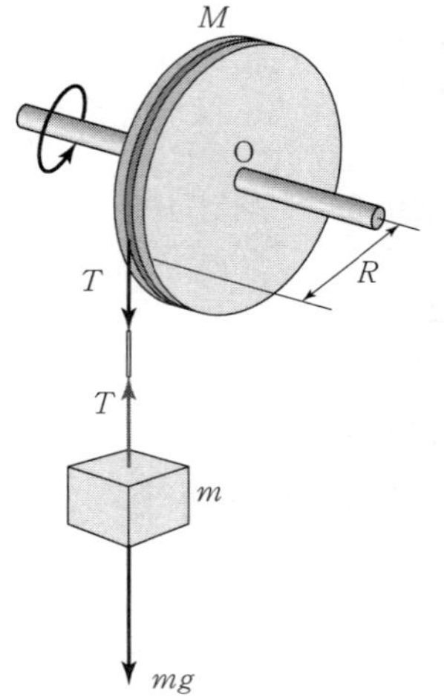

그림 8.28 도르래에 감긴 줄에 달린 추

풀이 | 줄에 달린 추는 중력에 의하여 아래로 병진운동을 하고, 도르래는 회전운동을 하므로, 도르래의 운동은 회전운동 방정식을, 추의 운동은 병진운동 방정식을 따른다. 따라서 문제의 바탕이 되는 방정식은

$$\text{도르래의 회전운동}: I\alpha = \tau^{(e)}_{\text{알짜}} \tag{8.35}$$

$$\text{추의 병진운동}: ma = mg - T \tag{8.36}$$

이다. 여기에 도르래에 감긴 줄이 미끄러지지 않는 경우, 추의 가속도는 도르래 둘레의 한 점의 접선가속도와 같으므로

$$\text{안 미끄러질 조건}: a = \alpha R \tag{8.37}$$

가 추가된다(식(1.70) 참조). 여기서 α, a는 각각 도르래의 각가속도, 추의 가속도이고, I는 도르래의 회전축에 대한 관성모멘트, T는 줄의 장력이다.

① 도르래의 회전운동 방정식(8.35)에서 돌림힘은

$$\tau^{(e)}_{\text{알짜}} = RT \tag{8.38}$$

이다. 따라서 도르래의 각가속도 α는

$$\alpha = \frac{\tau^{(e)}_{\text{알짜}}}{I} = \frac{RT}{I}$$

로 주어진다.

② 추는 병진운동을 하므로 추의 가속도 a 및 줄의 장력 T는 도르래에 감긴 줄이 안 미끄러질 조건식(8.37)을 고려하여 운동방정식(8.36) 및 식(8.35)를 연립하여 풀면 얻을 수 있다. 식(8.35) 및 식(8.37)을 연립하면

$$I\left(\frac{a}{R}\right)=\tau^{(e)}_{알짜} \quad \therefore \quad \frac{I}{R^2}a=T \tag{8.39}$$

를 얻는다. 여기에 식(8.38)을 고려하였다. 이 식과 식(8.36)에서 T를 소거하면

$$ma=mg-\left(\frac{I}{R^2}\right)a \quad \therefore \quad a=\frac{g}{1+\left(\frac{I}{mR^2}\right)}$$

를 얻는다. 이 결과를 식(8.39)에 대입하여

$$T=\frac{mg}{1+\left(\frac{mR^2}{I}\right)}$$

를 얻는다. 따라서 도르래의 관성모먼트가 클수록 추의 가속도는 작아지고 줄의 장력은 커진다. 도르래의 관성모먼트는 식(8.27)에 의하여

$$I=\frac{1}{2}MR^2$$

임을 고려하면

$$a=\left(\frac{1}{1+M/2m}\right)g, \quad T=\left(\frac{1}{1+2m/M}\right)mg$$

를 얻는다.

예제 8.21 무거운 도르래의 아트우드 기계

아트우드 기계는 두 개의 추를 늘어나지 않는 가벼운 줄로 연결하여 도르래에 걸쳐 놓아, 도르래의 양쪽 줄 끝에 추가 매 달려 있는 장치이다(**그림 8.29** 참조). 도르래는 반지름이 R, 질량이 M이고, 질량이 골고루 분포되어 있으며 수평의 회전축 주위로 자유로이 회전한다. 도르래에 걸친 줄과 도르래 사이에 미끄러짐이 없다. 두 개의 추 A, B의 질량은 각각 m_A, m_B($m_A > m_B$)이다. 다음을 구하라.

① 각 추의 가속도

② 줄의 장력

③ 도르래의 각가속도

④ $M \ll m_A, m_B$인 경우, 각 추의 가속도, 줄의 장력, 도르래의 각가속도

풀이 | 이 장치에 관여하고 있는 물체는 도르래 및 두 추 A, B이다. 도르래는 회전운동, 두 추 A, B는 병진운동을 한다. 추 A, B가 늘어나지 않는 줄에 연결되어 있으므로 추의 가속도의 크기는 서로 같다. 그래서 a라 하고, 추 A의 가속도가 아래로 향한다고 가정한다. 따라서 추 B의 경

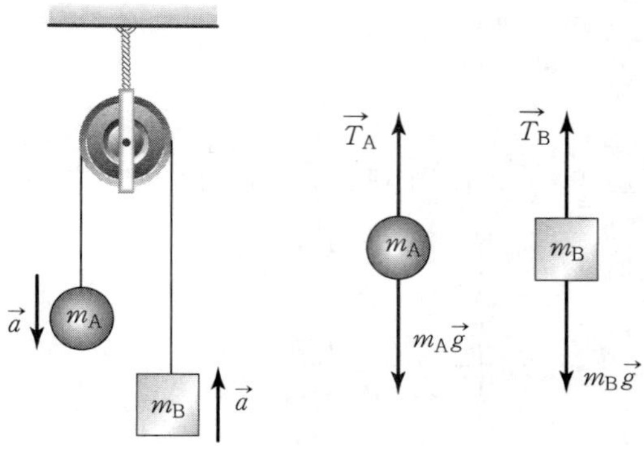

(a) 아트우드 기계 (b) 화살표 그림

그림 8.29 아트우드 기계

우에는 위 방향이 양(+)이다. 바탕이 되는 방정식은

추 A의 병진운동 : $m_A a = m_A g - T_A$ (8.40)

추 B의 병진운동 : $m_B a = T_B - m_B g$ (8.41)

도르래의 회전운동 : $I\alpha = \tau^{(e)}_{알짜}$ (8.42)

이다. 여기에 도르래에 걸친 줄이

안 미끄러질 조건 : $a = \alpha R$ (8.43)

가 추가된다. 여기서 I는 도르래의 관성모멘트, α는 도르래의 각가속도, T_A, T_B는 각각 추 A, B가 달린 쪽의 줄의 장력이다.

회전운동 방정식에서도 각가속도 α의 회전 방향을 양(+)으로 택하는 것이 편리하다. 식(8.42)에서 돌림힘 $\tau^{(e)}_{알짜}$는 두 장력 T_A, T_B의 회전축에 대한 돌림힘 $\tau_A = RT_A$, $\tau_B = RT_B$의 대수적 합이다. 그런데 돌림힘 τ_A는 각가속도 α와 같은 방향이나 돌림힘 τ_B는 반대 방향이다. 따라서 회전운동 방정식(8.42)는

$$I\alpha = RT_A - RT_B \quad (8.44)$$

가 된다.

① 구속조건인 식(8.43)을 이용하여 회전운동 방정식(8.44)에서 α를 소거하면

$$\frac{I}{R^2}\, a = T_A - T_B \quad (8.45)$$

를 얻는다. 한편, 추 A, B의 병진운동 방정식(8.40) 및 식(8.41)을 각 변끼리 더하면

$$(m_A + m_B)a = T_B - T_A + (m_A - m_B)g \quad (8.46)$$

를 얻는다. 바로 위의 두 식(8.45) 및 식(8.46)으로부터 장력 T_A, T_B를 소거하면

$$(m_A + m_B)a = -\frac{I}{R^2}\, a + (m_A - m_B)g,$$

$$\therefore\ a = \left(\frac{m_A - m_B}{m_A + m_B + I/R^2}\right) g \tag{8.47}$$

를 얻는다.

② 이 결과를 식(8.40) 및 식(8.41)에 대입하면 두 장력 T_A, T_B를 얻는다. 곧

$$T_A = m_A g - m_A a = \left(\frac{2m_B + I/R^2}{m_A + m_B + I/R^2}\right) m_A g, \tag{8.48}$$

$$T_B = m_B g + m_B a = \left(\frac{2m_A + I/R^2}{m_A + m_B + I/R^2}\right) m_B g \tag{8.49}$$

이다.

③ 도르래의 각가속도는 안 미끄러질 조건식(8.43)에 식(8.47)을 대입하면

$$\alpha = \frac{a}{R} = \left(\frac{m_A - m_B}{m_A + m_B + I/R^2}\right) \frac{g}{R} \tag{8.50}$$

가 된다.

도르래의 중심에 대한 관성모먼트 $I = \frac{1}{2}MR^2$를 위의 결과 식들에 대입하면 각각

$$a = \left(\frac{m_A - m_B}{m_A + m_B + M/2}\right) g,\quad T_A = \left(\frac{2m_B + M/2}{m_A + m_B + M/2}\right) m_A g,$$

$$T_B = \left(\frac{2m_A + M/2}{m_A + m_B + M/2}\right) m_B g,\quad \alpha = \frac{a}{R} = \left(\frac{m_A - m_B}{m_A + m_B + M/2}\right) \frac{g}{R}$$

가 된다. 곧 도르래의 무게가 있으면 그 양쪽줄의 장력은 서로 다르다.

④ $M \ll m_A, m_B$이면

$$a \cong \left(\frac{m_A - m_B}{m_A + m_B}\right) g,\quad T_A = T_B \cong \left(\frac{2m_B m_A}{m_A + m_B}\right) g,\quad \alpha \cong \left(\frac{m_A - m_B}{m_A + m_B}\right) \frac{g}{R}$$

로 어림된다. 곧 도르래가 매우 가벼우면 그 양쪽 줄의 장력은 서로 같아진다.

8.3.4 강체의 진동

강체의 고정축 주위의 진동을 강체의 회전운동 방정식(8.18) 또는 식(8.31)을 이용하여 분석하여 보자. 강체의 진동 중에 물리흔들이 및 비틀림흔들이 등을 예를 들어 살펴본다.

○ 물리흔들이

질량중심을 지나지 않는 수평한 고정축 주위로 중력을 받아서 자유로이 흔들리는 강체를 **물리흔들이**(physical pendulum)이라 한다.

고정축이 지나는 점을 O, 질량중심을 G, 점 O로부터 점 G까지 거리를 L_C($\overline{OG} = L_C$), 고정점 O를 지나는 연직선과 선분 $\overline{OG}$가 이루는 각을 θ라 하면, 이것은 강체의 각위치 또는 기준선으로부터 각변위를 나타낸다(**그림 8.30** 참조).

강체의 질량을 M, 회전축 주위의 관성모먼트를 I라 하면, 강체에 작용하는 돌림힘 τ는 지레팔이 $\ell = L_C \sin\theta$이고, 작용하는 바깥힘이 중력 Mg이므로

$$\tau = -MgL_C \sin\theta$$

이다. 여기서 돌림힘은 θ의 증가 방향과 반대이기 때문에 음(−)의 부호가 붙었다. 따라서 강체의 회전운동 방정식은 식(8.18) 또는 식(8.31)에 의하여

$$I\frac{d^2\theta}{dt^2} = -MgL_C \sin\theta \quad \text{또는} \quad \frac{d^2\theta}{dt^2} = -\frac{MgL_C}{I} \sin\theta \tag{8.51}$$

가 된다.

소단원 5.1.3의 홑흔들이의 경우에서와 같이 $\sin\theta \simeq \theta$로 어림할 수 있을 때, 위의 운동방정식(8.51)은

$$\frac{d^2\theta}{dt^2} = -\frac{MgL_C}{I} \theta \tag{8.52}$$

로 어림된다. 이 식은 단진동의 기초방정식

$$\frac{d^2x}{dt^2} + \omega^2 x = 0$$

과 비교하면, 병진변위 x를 각변위 θ로 대치한 것($x \to \theta$)이다. 따라서 강체는

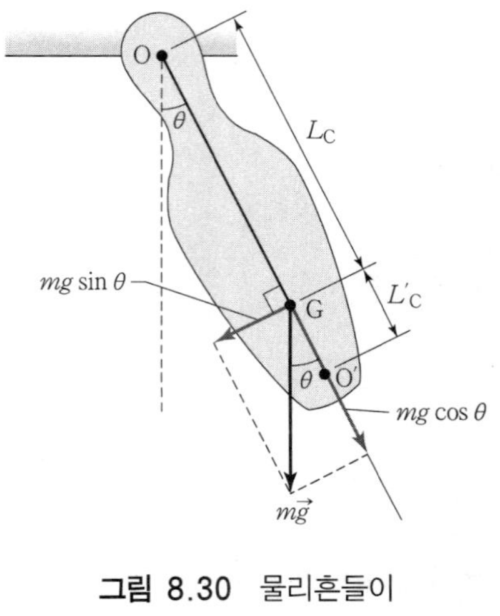

그림 8.30 물리흔들이

$$\text{각진동수}\ \ \omega=\sqrt{\frac{MgL_C}{I}},\quad \text{주기}\ T=\frac{2\pi}{\omega}=2\pi\sqrt{\frac{I}{MgL_C}} \tag{8.53}$$

의 단조화진동을 한다는 것을 알 수 있다.

식(8.52)는 질량중심 G로부터 L_C의 거리에 있는 점 O를 고정점으로 한 관성모멘트가 I인 강체의 중력마당에서 운동을 각변위 θ로 나타낸 단조화진동의 운동방정식이다. 따라서 물리흔들이의 각변위 $\theta(t)$는 식(5.37)로부터

$$\theta(t)=A\sin(\omega t+\delta)\qquad \left(\omega=\sqrt{\frac{MgL_C}{I}}\right) \tag{8.54}$$

로 주어짐을 알 수 있다. 여기서 상수 δ는 처음 위상이고, A는 각변위 θ의 최댓값으로 각진폭(angular amplitude)이라 한다. 이와 같이 각변위가 시간에 따라 조화함수 모양으로 변하는 진동을 **각단조화진동**(angular simple harmonic oscillation)이라고도 한다.

식(8.53)에서 관성모멘트 I는 평행축 정리식(8.21)에 의하여

$$I=ML_C^2+I_{CM}$$

으로 주어지므로, 주기는

$$T=2\pi\sqrt{\frac{I}{MgL_C}}=2\pi\sqrt{\frac{ML_C^2+I_{CM}}{MgL_C}} \tag{8.55}$$

로 바꾸어 쓸 수 있다. 여기서 I_{CM}은 점 O를 지나는 고정축에 나란하고 질량중심 G를 지나는 축에 대한 관성모멘트로 물리흔들이의 상수이다.

한편, 점 O를 지나는 회전축 주위의 주기와 같은 주기의 홑흔들이의 길이를 L_0라 하면 홑흔들이의 주기는

$$T=2\pi\sqrt{\frac{L_0}{g}} \tag{8.56}$$

이므로 이를 식(8.55)와 비교하면

$$L_0=\frac{I}{ML_C}=\frac{ML_C^2+I_{CM}}{ML_C} \tag{8.57}$$

임을 알 수 있다.

예제 8.22 가는 막대의 진동

질량이 M, 길이가 L인 균질의 가는 막대가 한쪽 끝점 O를 고정점으로 하여 자유로이 연직 면

내에서 미소진동을 한다. 처음에 연직선과 각 θ_0를 이루는 위치에서 잡고 있다가 가만히 놓았다

① 막대의 운동방정식을 세우고, 각진동수 및 각변위를 구하라.

② 막대의 주기를 구하라.

③ 막대와 같은 주기의 홑흔들이의 길이를 구하라.

풀이 ① 막대가 연직 면 내에서 미소진동을 하므로 $\sin\theta \cong \theta$라 할 수 있다. 따라서 막대의 운동방정식은 식(8.52)

$$\frac{d^2\theta}{dt^2} = -\frac{MgL_C}{I}\theta$$

로 주어지는데, 막대가 균질이므로 고정점 O로부터 질량중심까지의 거리 L_C는 $L_C = \frac{L}{2}$, 고정점 O 주위의 관성모먼트는 $I = \frac{ML^2}{3}$ 이므로

$$\frac{d^2\theta}{dt^2} = -\left(\frac{3g}{2L}\right)\theta$$

이다. 따라서 각진동수는

$$\omega = \sqrt{\frac{3g}{2L}}$$

이고, 각변위는

$$\theta(t) = A\sin(\omega t + \delta)$$

의 꼴이다. 여기서 상수 A 및 δ는 초기 조건에 의하여 결정된다. 처음($t=0$)에 물리흔들이를 연직선과 각 θ_0를 이루는 위치에서 가만히 놓았으므로 초기 조건은

$$\theta(0) = \theta_0,\quad \omega(0) = 0$$

이다. 이들을 적용하면

$$\theta(0) = A\sin(\delta) = \theta_0,\quad \omega(0) = \left.\frac{d\theta}{dt}\right|_{t=0} = \omega A\cos(\delta) = 0$$

를 얻는다. 둘째 식에서 $\delta = \frac{\pi}{2}$를 얻고, 이를 첫째 식에 대입하면 $A = \theta_0$을 얻는다. 따라서 각변위는, $\sin\left(\omega t + \frac{\pi}{2}\right) = \cos\omega t$ 이므로,

$$\theta(t) = \theta_0\cos\omega t \qquad \left(\omega = \sqrt{\frac{3}{2}\frac{g}{L}}\right) \tag{8.58}$$

가 된다.

② 물리흔들이는 식(8.58)로 주어지는 각단조화진동을 하므로, 막대의 주기는

$$T = \frac{2\pi}{\omega} = 2\pi\sqrt{\frac{2}{3}\left(\frac{L}{g}\right)}$$

이다.

③ 홑흔들이의 주기 식(8.56)과 위의 결과식을 비교하면 또는 식(8.57)에 의하여, 같은 주기의 홑흔들이의 길이는

$$L_0 = \frac{I}{ML_C} = \frac{\frac{1}{3}ML^2}{M\left(\frac{L}{2}\right)} = \frac{2}{3}L$$

이다.

○ 강체의 진동중심

그림 8.30에서 선분 $\overline{OG}$의 연장선상에 한 점 O′을 지나고 원래 고정축과 나란한 회전축에 대한 물리흔들이의 주기 T'은, 질량중심 G에서 점 O′까지 거리를 L_C'($\overline{O'G} = L_C'$)이라 하면 식(8.55)를 얻을 때와 같은 방법으로

$$T' = 2\pi\sqrt{\frac{ML_C'^2 + I_{CM}}{MgL_C'}}$$

를 얻는다.

두 점 O 및 점 O′에 대한 두 주기 T 및 T'이 서로 같을 때 그 두 점은 서로의 **진동중심**(center of oscillation)이라 한다. 이 경우, 거리 L_C 및 L_C' 사이에는

$$\frac{ML_C^2 + I_{CM}}{L_C} = \frac{ML_C'^2 + I_{CM}}{L_C'} \quad \therefore\ L_C L_C' = \frac{I_{CM}}{M} \tag{8.59}$$

의 관계가 있다. 이 식을 이용하면

$$L_C + L_C' = L_C + \frac{I_{CM}}{ML_C} = \frac{ML_C^2 + I_{CM}}{ML_C}$$

를 얻고, 식(8.57)을 고려하면

$$L_C + L_C' = L_0 \tag{8.60}$$

임을 알 수 있다. 역으로 식(8.59) 또는 식(8.60)이 성립하면 $T = T'$이다. 곧

> **서로 진동중심인 두 점 사이의 거리는 같은 주기의 홑흔들이의 길이와 같다.**
>
> $$\{O, O'\} : \text{진동중심} \rightleftarrows L_C L_C' = \frac{I_{CM}}{M} \quad \text{또는} \quad L_C + L_C' = L_0$$

따라서 진동중심을 고정축으로 했을 때 물리흔들이의 주기는 실의 길이가 $L_C + L_C' = L_0$인 홑흔들이의 주기와 같다. 곧

$$T = T' = 2\pi\sqrt{\frac{L_0}{g}}$$

이다.

역으로, 길이가 L_0인 홑흔들이의 주기와 같은 주기를 갖는 고정점 O 및 점 O′을 찾아보자. 이 홑흔들이의 주기는 식(8.56)으로 주어지고, 질량이 M, 질량중심 주위의 관성모먼트가 I_{CM}인 강체(또는 물리흔들이)의 질량중심으로부터 거리가 L_C인 점 O주위의 주기는 식(8.55)로 주어진다. 따라서 L_0는 식(8.57)로 주어진다. 홑흔들이의 주기와 같은 주기의 물리흔들이의 고정점 O를 찾는 것은 바로 L_0가 주어졌을 때 L_C를 구하는 문제로 귀착된다. 따라서 식(8.57)에 의하여 L_C는 방정식

$$ML_C^2 - ML_0L_C + I_{CM} = 0 \quad \text{또는} \quad L_C^2 - L_0L_C + \frac{I_{CM}}{M} = 0$$

를 만족해야 한다. 질량중심 주위의 관성모먼트 I_{CM}은 질량중심과 더불어 물리흔들이의 상수이다. 따라서 L_C는 이차방정식의 근의 공식에 의하여

$$L_C = \frac{1}{2}\left(L_0 \pm \sqrt{L_0^2 - 4\frac{I_{CM}}{M}}\right)$$

로 주어진다. 이 두 근을 각각 L_C, L_C'이라 하면, 질량중심으로부터 거리 L_C, L_C'에 있는 두 점을 지나는 서로 나란한 회전축 주위의 주기는 길이가 L_0인 홑흔들이의 주기와 같다.

이는 이차방정식의 두 근의 합은 일차항의 계수와 같고, 두 근의 곱은 상수항과 같다는 성질 곧

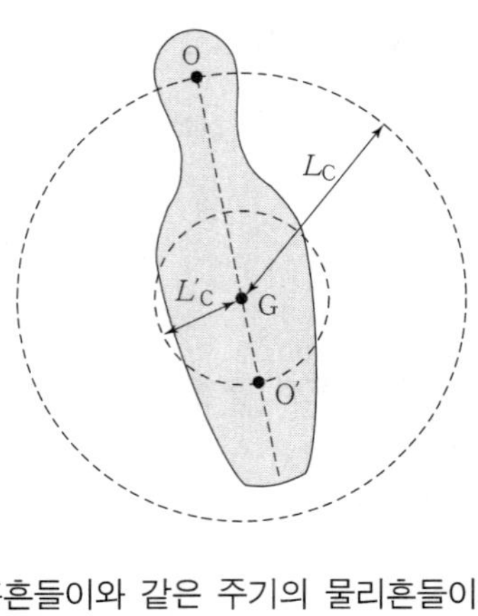

그림 8.31 홑흔들이와 같은 주기의 물리흔들이의 고정점 찾기

$$L_C + L_C{}' = L_0, \quad L_C L_C{}' = \frac{I_{CM}}{M}$$

에 의하여 다시 확인된다. 이들은 각각 식(8.60), 식(8.59)이다. 따라서 질량중심을 중심으로 하고, 반지름이 L_C, $L_C{}'$인 동심원의 지름이 질량중심의 양쪽에서 두 원과 만나는 점을 O, O′이라 하면, 이것이 길이가 L_0인 홑흔들이의 주기와 같은 두 고정점(진동중심)이다.

○ 케이터 가역 흔들이

그림 8.32와 같이 두 개의 날카로운 칼날 모양의 받침점(점 O 및 점 O′) 및 이동할 수 있는 추 C가 있는 물리흔들이의 각 받침점에서 진동 주기 T, T'을 측정한다. 추 C를 적당히 이동시켜서 두 주기가 같아지도록 조절한다. 이때 주기 $T = T'$ 및 두 점 사이의 거리 $\overline{OO'} = L_0$을 측정하면, 식(8.56)에 의하여 물리흔들이가 있는 지점에서의 중력가속도 g를 측정할 수 있다. 중력가속도를 측정하는데, 이런 물리흔들이를 케이터(Henry Kater, 1777-1835 영국물리학자)가 처음으로 고안하여 사용하였다. 그래서 이런 물리흔들이를 **케이터 가역 흔들이**(Kater's reversible pendulum)라 한다.

식(8.53)으로부터 중력가속도를 구하려면 물리흔들이의 관성모먼트 및 고정점으로부터 질량중심까지 거리 등의 복잡한 측정이 필요하다. 그러나 케이터 가역 흔들이를 이용하면 이러한 번거로움을 피할 수 있다.

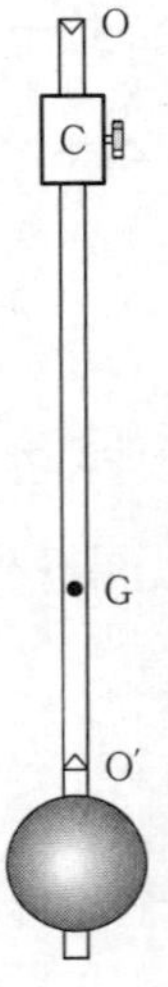

그림 8.32 케이터 가역 흔들이

예제 8.23 진동중심 찾기

그림 8.31과 같은 물리흔들이의 주기가 T_0인 진동중심 O, O′의 위치를 구하라.

풀이 | 질량중심으로부터 고정점 O(또는 O′)까지 거리를 d라 하면 주기의 표현 식(8.55)에 $T = T_0$, $L_C = d$라 두고 정리하면

$$d^2 - \frac{T_0^2 g}{4\pi^2} d + \frac{I_{CM}}{M} = 0 \tag{8.61}$$

를 얻는다. 이것은 d의 이차방정식이므로 근의 공식에 의하여 근은

$$d = \frac{1}{2}\left(\frac{T_0^2 g}{4\pi^2} \pm \sqrt{\left(\frac{T_0^2 g}{4\pi^2}\right)^2 - \frac{4I_{CM}}{M}} \right)$$

이다. 이 두 근의 합은 $\frac{T_0^2 g}{4\pi^2}$인데, 이것은 일차항의 계수 $\left(\frac{T_0^2 g}{4\pi^2}\right)$와 같으며, 식(8.56)으로부터

주기가 T_0인 홑흔들이의 길이 L_0임을 알 수 있다. 곧

$$L_0 = \frac{T_0^2 g}{4\pi^2}$$

이다. 따라서 방정식(8.61)의 두 근이 바로 **그림 8.30** 또는 **그림 8.31**에서 $\overline{\mathrm{OG}} = L_\mathrm{C}$, $\overline{\mathrm{O'G}} = L_\mathrm{C}'$을 나타낸다. 곧 이들은 바로 질량중심으로부터 진동중심까지의 거리로,

$$L_\mathrm{C} = \frac{1}{2}\left(\frac{T_0^2 g}{4\pi^2} + \sqrt{\left(\frac{T_0^2 g}{4\pi^2}\right)^2 - \frac{4I_\mathrm{CM}}{M}} \right)$$

$$L_\mathrm{C}' = \frac{1}{2}\left(\frac{T_0^2 g}{4\pi^2} - \sqrt{\left(\frac{T_0^2 g}{4\pi^2}\right)^2 - \frac{4I_\mathrm{CM}}{M}} \right)$$

이다.

○ 진동중심의 성질

고정점 O 주위로 자유로이 회전할 수 있는 물리흔들이의 진동중심 O′에 선분 $\overline{\mathrm{OGO}'}$에 수직인 방향으로 충격력 F'이 작용했다고 하면(**그림 8.33** 참조), 이 순간 고정점 O는 강체가 튕겨 나가지 않도록 다른 충격력을 강체에 작용할 것이다.

이 충격력을 F라 하면 강체에 작용하는 알짜 바깥힘은

$$F_{\text{알짜}}^{(\mathrm{e})} = F + F'$$

이다. 강체가 정지상태에서 얻은 총 운동량을 P라 하면 식(7.40)에 의하여 질량중심의 운동 방정식

$$\text{병진운동} : \frac{dP}{dt} = F + F' \qquad (8.62)$$

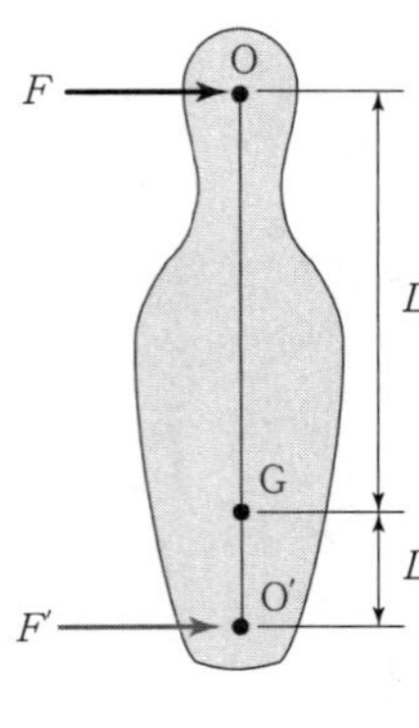

그림 8.33 물리흔들이의 진동중심과 충격력

를 얻는다.

또, 충격력 F'에 의하여 고정점 O 주위로 정지상태로부터 회전운동이 일어난다. 이때 돌림힘은

$$\tau^{(e)}_{알짜} = (L_C + L_C')F'$$

이다. 따라서 이 돌림힘에 의하여 정지상태에서 각속도 ω가 생겼다면, 식(8.18) 또는 식(8.31)에 의하여 회전운동 방정식

$$\text{회전운동 : } I\frac{d\omega}{dt} = (L_C + L_C')F' \tag{8.63}$$

를 얻는다. 여기서 I는 물리흔들이의 고정점 O 주위의 관성모멘트이다.

충격력에 의한 강체의 총 운동량 P는 질량중심의 운동량과 같다. 질량중심의 선속도가 $v_{CM} = \omega L_C$이므로

$$P = Mv_{CM} = M\omega L_C$$

이다. 처음에 강체가 정지상태였으므로 $P(0) = 0$, $\omega(0) = 0$이다. 따라서 식(8.62) 및 식(8.63)의 양변을 적분하면 각각

$$P = \omega M L_C = \int_0^t F\,dt + \int_0^t F'\,dt,$$

$$I\omega = (L_C + L_C')\int_0^t F'\,dt$$

가 된다. 여기서 충격력 F 및 F'의 충격량을 각각

$$\int F\,dt \equiv J,\quad \int F'\,dt \equiv J'$$

라 하면 윗식들은 각각

$$ML_C\omega = J + J',\quad I\omega = (L_C + L_C')J'$$

가 된다. 이 두 식으로부터 ω를 소거하면

$$\frac{ML_C^2 + ML_C L_C'}{I} = \frac{J}{J'} + 1 \tag{8.64}$$

가 된다.

만일 **점 O′이 고정점 O의 진동중심이면**

$$L_C L_C{}' = \frac{I_{CM}}{M}$$

를 만족하므로 식(8.64)는

$$\frac{ML_C^2 + I_{CM}}{I} = \frac{J}{J'} + 1$$

이 된다. 여기서 관성모먼트의 평행축 정리를 고려하면 $ML_C^2 + I_{CM}$는 고정점 O에 대한 물리흔들이의 관성모먼트 $ML_C^2 + I_{CM} = I$ 이므로,

$$\frac{J}{J'} = 0 \quad \therefore\ J = 0 \quad (J' \neq 0)$$

이 된다. 곧

진동중심 O′에 충격량 J'이 가해지더라도 고정점 O는 아무런 충격량도 받지 않는다.

그래서 고정점 O의 진동중심 O′을 **충격중심**(center of percussion)이라고도 한다.

야구방망이의 경우 손잡이를 고정점 O로 보고, 공이 부딪히는 점이 충격중심(또는 진동중심)이면 아무리 세게 부딪혀도 손바닥에 찌릿한 충격력이 오지 않는다(**그림 8.34** 참조). 이런 점을 '충격이 없는 점(sweet spot)'이라 한다. 이와 비슷하게 테니스라켓, 골프채 등에도 이런 점이 있다.

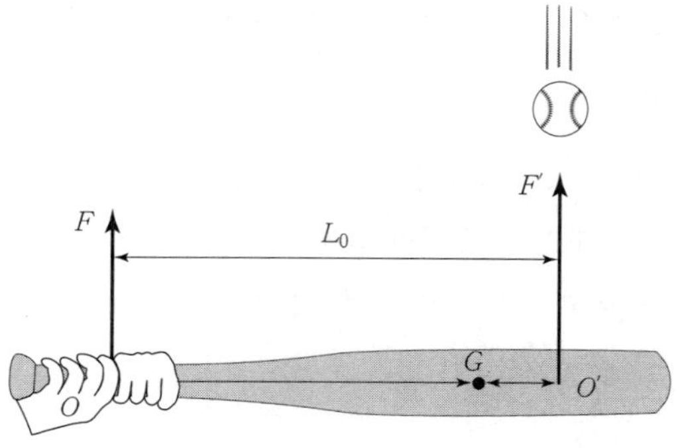

그림 8.34 야구방망이의 충격이 없는 점

예제 8.24 서양 여닫이문(도어)의 정지 턱

질량이 M, 길이가 L인 균질의 가는 막대가 **그림 8.35**와 같이 한쪽 끝 점 O를 고정점으로 하여 자유로이 회전할 수 있도록 연직으로 매달려 정지해 있다. 고정점 O의 연직 아래 거리가 x인 점

에 막대와 수직으로 F_0의 충격력(또는 힘)을 매우 짧은 시간 Δt 동안 가하였다.

① 막대에 충격력이 가해진 후 막대의 질량중심의 속도를 구하라.

② 막대의 고정점에 가해지는 충격력을 구하고, 고정점 O로부터 충격중심까지의 거리 x를 구하라.

③ 막대의 충격중심은 막대의 진동중심과 일치함을 보여라.

④ 서양 여닫이문의 손잡이가 벽에 부딪쳐서 돌쩌귀가 헐거워지고 못 쓰게 되는 경우가 많다. 이를 방지하기 위하여 정지 턱을 설치한다. 문의 손잡이는 벽에 닿지 않고 벽에 설치한 정지 턱에 문이 닿아서 돌쩌귀에 충격력이 가해지지 않게 되고, 따라서 돌쩌귀를 보호하게 된다. 이 정지 턱이 문의 어느 지점에 닿도록 장치하는 것이 좋을까? 여닫이문은 균질이다.

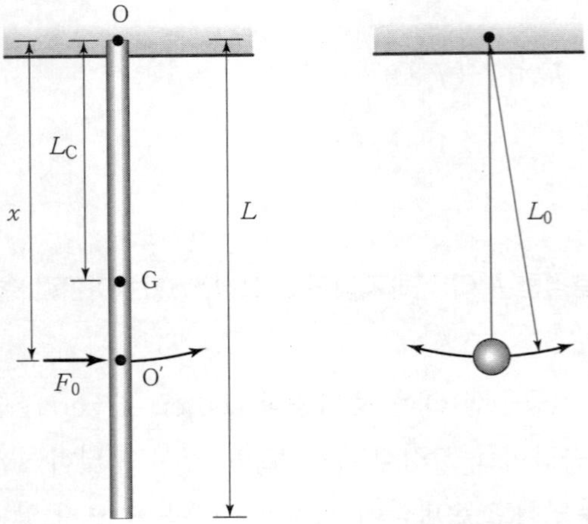

(a) 균질의 가는 막대　　(b) 같은 주기의 홑흔들이

그림 8.35 가는 막대의 진동

풀이 ① 질량중심의 속도는 충격력으로 생긴 강체의 각속도를 ω라 하면

$$v_{CM} = L_C\,\omega \tag{8.65}$$

로 주어진다. 여기서 막대가 균질이므로 $L_C = \dfrac{L}{2}$이고, 각속도 ω는 강체의 회전운동 방정식 $I\alpha = \tau^{(e)}_{알짜}$에서 각가속도 α를 구하면 얻어진다.

돌림힘은 $\tau^{(e)}_{알짜} = xF_0$이고, I는 막대의 점 O에 대한 관성모멘트이므로 $I = \dfrac{1}{3}ML^2$이다. 이들을 회전운동 방정식에 대입하면

$$\alpha = \frac{\tau^{(e)}_{알짜}}{I} = \frac{3xF_0}{ML^2}$$

를 얻는다. 따라서 충격력으로 인한 시간 Δt 후 강체의 각속도 ω는

$$\omega = \alpha\Delta t = \frac{3xF_0}{ML^2}\Delta t \tag{8.66}$$

이다. 이를 식(8.65)에 대입하면, 질량중심의 속도 v_{CM}은

$$v_{CM} = \left(\frac{L}{2}\right)\omega = \frac{3xF_0}{2ML}\Delta t \tag{8.67}$$

로 주어진다.

② 충격력 F_0가 가해진 순간 회전축으로부터 고정점에서 막대가 받는 충격력을 F라 하면, 힘 F_0, F는 같은 방향이다. 따라서 막대가 받는 알짜 바깥힘은 $F^{(e)}_{알짜} = F_0 + F$이므로 질량중심의 병진운동 방정식

$$M\frac{d\vec{v}_{CM}}{dt} = F^{(e)}_{알짜}$$

또는 충격량-운동량 정리 $\Delta P = F^{(e)}_{알짜}\Delta t$에 의하여,

$$Mv_{CM} = (F_0 + F)\Delta t \tag{8.68}$$

를 얻는다. 여기서 처음에 막대는 정지해 있었으므로 시간 Δt 동안의 막대의 총 운동량의 변화는 $\Delta P = Mv_{CM}$임을 이용하였다. 식(8.68)에 식(8.67)을 대입하면

$$\frac{3xF_0}{2L} = (F_0 + F) \qquad \therefore\ F = \left(\frac{3}{2}\frac{x}{L} - 1\right)F_0$$

이다. 따라서

$$x = \frac{2}{3}L \tag{8.69}$$

일 때, 고정점에서 충격력이 0이다. 이것은 고정점으로부터 충격중심까지의 거리이다.

③ 막대의 고정점 O주위의 주기는, 식(8.53) 또는 식(8.55)에 의하여 $L_C = \frac{L}{2}$, $I = \frac{1}{3}ML^2$을 고려하면,

$$T = 2\pi\sqrt{\frac{2}{3}\left(\frac{L}{g}\right)}$$

이다. 이와 같은 주기인 홑흔들이의 길이는

$$L_0 = \frac{2}{3}L$$

이다. 이것은 막대의 고정점 O로부터 진동중심까지의 거리를 나타낸다. 따라서 식(8.69)를 고려하면 막대의 진동중심과 충격중심이 일치함을 알 수 있다.

④ 서양 여닫이문의 경우, 정지 턱이 문의 충격중심의 위치에 닿도록 설치하면 돌쩌귀에 충격력이 가해지지 않는다. 따라서 서양 여닫이문의 너비의 2/3 되는 지점이 닿도록 정지턱을 벽에 설치하는 것이 좋다.

예제 8.25 가락지 모양의 흔들이

반지름이 R, 질량이 M인 균질의 가락지가 **그림 8.36**과 같이 중력마당에서 칼날과 같은 날카로운 받침 막대에 걸려 있다. 이 가락지를 가락지의 면 내에서 미소변위를 주어 진동시켰다. 그 주기를 구하라.

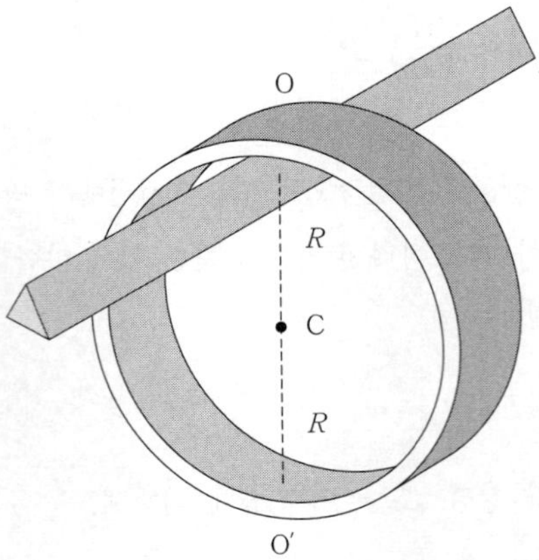

그림 8.36 균질의 가락지흔들이

풀이 | 가락지가 미소한 각 θ만큼 변위되었다면, 선분 $\overline{OO'}$이 받침점 O를 지나는 연직선과 이루는 각이 θ이다. 바깥힘인 중력 Mg는 가락지의 중심점 C에 작용하므로 중력의 팔의 길이가 $\ell = r_{\perp} = R\sin\theta$이므로 중력 Mg의 받침점 O에 대한 돌림힘은 $\tau = -MgR\sin\theta$이다. 따라서 가락지의 칼날 받침점에 대한 관성모멘트를 I라 하면 중력에 의한 회전운동 방정식은

$$I\frac{d\omega}{dt} = -MgR\sin\theta$$

로 주어진다. 미소진동의 경우, $\sin\theta \cong \theta$라고 어림할 수 있는 경우, 회전운동 방정식은

$$I\frac{d\omega}{dt} = -MgR\theta \quad \text{또는} \quad \frac{d^2\theta}{dt^2} = -\frac{MgR}{I}\theta$$

가 된다. 단진동의 기초방정식(5.12)와 비교하면, 이것은 관성모멘트가 I인 가락지의 변위를 각변위 θ로 나타낸 단조화진동의 운동방정식임을 알 수 있다. 따라서 가락지는

$$\text{각진동수} \quad \omega = \sqrt{\frac{MgR}{I}}, \quad \text{주기} \quad T = \frac{2\pi}{\omega} = 2\pi\sqrt{\frac{I}{MgR}} \tag{8.70}$$

의 단조화진동을 한다.

가락지 중심점 C에 대한 관성모멘트 I_{CM}은 $I_{CM} = MR^2$이므로, 가락지의 받침점 O 주위에 대한 관성모멘트 I는, 관성모멘트의 평행축 정리식(8.21)에 의하여, $I = MR^2 + MR^2 = 2MR^2$이다. 따라서 주기 T는 식(8.70)에 의하여

$$T = 2\pi\sqrt{\frac{2R}{g}}$$

이다. 이와 같은 주기의 홑흔들이의 길이는 $L_0 = 2R$이다. 곧 가락지의 주기는 가락지의 지름과 같은 길이의 홑흔들이의 주기와 같다.

◎ 비틀림흔들이

그림 8.37(a)와 같은 원기둥의 축에 수직인 아랫면을 고정하고, 축에 수직인 윗면에 짝힘 $(\vec{F}, -\vec{F})$를 작용하여 원기둥을 비틀어주면 원기둥의 각 절단면은 그 면 내에서 회전하고, 그 미소한 회전각은 아래 고정면으로부터 절단면까지의 거리에 비례한다. 이렇게 하여 생긴 물체의 변형을 **비틀림**(torsion)이라 하고, 윗면의 회전각 θ를 **비틀림각**(torsion angle)이라 한다.

그림 8.37(b)와 같이 철사의 한쪽 끝을 고정하고, 다른 끝에 원기둥 모양의 물체를 매달아 놓는다. 철사는 원기둥의 중심에 매어져 있어서, 물체는 그 축 주위로 회전한다. 평형상태에서 미소한 각 θ만큼 물체를 회전시키면 철사는 비틀어져 물체에 돌림힘을 작용하게 된다. 이 돌림힘 τ는 각변위 θ가 매우 작은 경우에는 θ에 비례하고, 각변위가 증가하는 방향과 반대 방향이다. 곧

$$\tau = -\varkappa\theta$$

로 어림된다. 여기서 $\varkappa$(카파)는 비례상수로, 철사의 **비틀림상수**(torsion constant)라 한다.

따라서 물체의 회전운동 방정식은 식(8.31)에 의하여

$$I\frac{d^2\theta}{dt^2} = -\varkappa\theta \quad \text{또는} \quad \frac{d^2\theta}{dt^2} = -\frac{\varkappa}{I}\theta$$

가 된다. 단진동의 기초방정식(5.12)와 비교하면, 이것은 관성모먼트가 I인 강체의 변위를 각변위 θ로 나타낸 단조화진동의 운동방정식이다. 따라서 강체는 각진동수

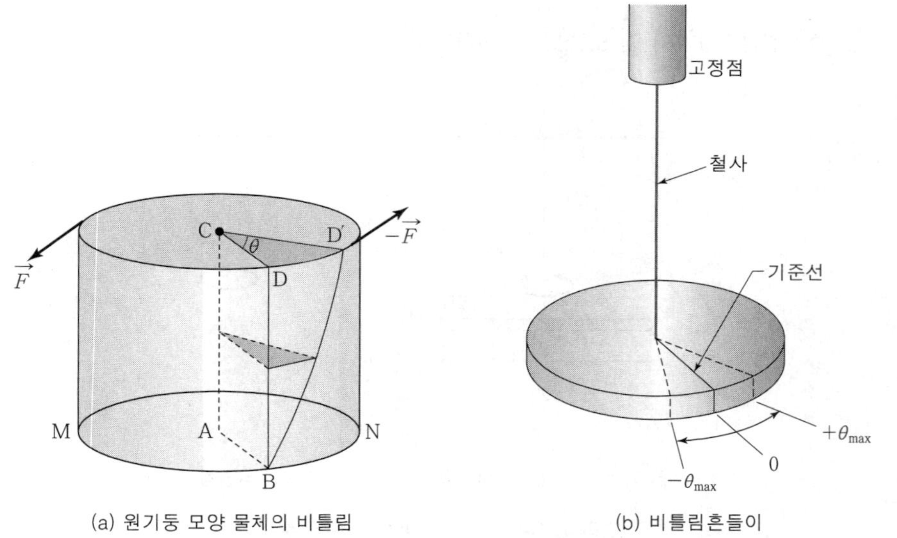

(a) 원기둥 모양 물체의 비틀림 (b) 비틀림흔들이

그림 8.37 비틀림흔들이

$$\text{각진동수 } \omega = \sqrt{\frac{\kappa}{I}}, \quad \text{주기 } T = \frac{2\pi}{\omega} = 2\pi\sqrt{\frac{I}{\kappa}} \tag{8.71}$$

의 단조화진동을 한다. 이런 장치를 **비틀림흔들이**(torsion pendulum)라 한다.

예제 8.26 비틀림흔들이로 관성모멘트 측정

길이가 L_0, 질량이 m_0인 균질의 가는 막대의 중점을 긴 철사로 천정에 매달아서 비틀림흔들이를 만들어서 흔들이의 주기를 측정하니 T_0였다. 이 철사로 다른 강체를 매달아서 비틀림 흔들이를 만들어 주기를 측정하였더니 $T_{강}$였다.

① 철사의 비틀림상수 κ를 구하라.

② 강체의 철사에 매달린 연직축 주위의 관성모멘트를 구하라.

풀이 ① 막대의 관성모멘트를 I_0라 하면 막대의 주기는 식(8.71)에 의하여

$$T_0 = 2\pi\sqrt{\frac{I_0}{\kappa}} \quad \therefore \ \kappa = I_0\left(\frac{2\pi}{T_0}\right)^2 \tag{8.72}$$

로 주어진다. 여기서 $I_0 = \frac{1}{12} m_0 L_0^2$이므로

$$\kappa = \frac{1}{3} m_0 \pi^2 \left(\frac{L_0}{T_0}\right)^2$$

이다.

② 강체의 철사에 매달린 연직축 주위의 관성모멘트를 $I_{강}$라 하면 강체의 주기 $T_{강}$는

$$T_{강} = 2\pi\sqrt{\frac{I_{강}}{\kappa}} \quad \therefore \ I_{강} = \kappa\left(\frac{T_{강}}{2\pi}\right)^2$$

로 주어진다. 여기서 식(8.72)를 고려하면

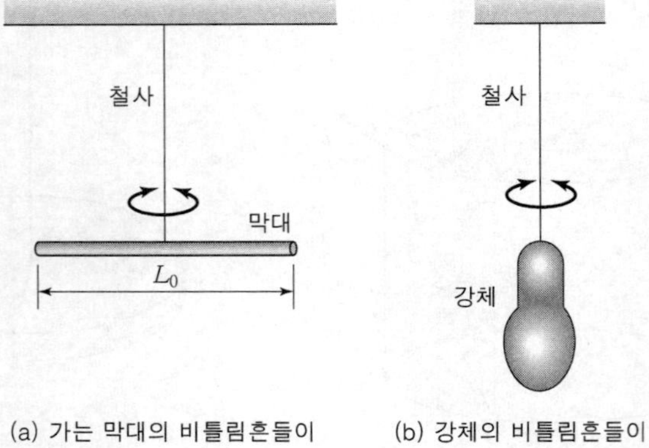

(a) 가는 막대의 비틀림흔들이 (b) 강체의 비틀림흔들이

그림 8.38 강체의 관성모멘트 측정

$$I_{강} = I_0 \left(\frac{T_{강}}{T_0} \right)^2$$

를 얻는다. 곧 관성모멘트는 비틀림 혼들이의 주기의 제곱에 비례한다. 여기에 $I_0 = \frac{1}{12} m_0 L_0^2$를 대입하면

$$I_{강} = \frac{1}{12} m_0 L_0^2 \left(\frac{T_{강}}{T_0} \right)^2 \tag{8.73}$$

를 얻는다. 곧 **그림 8.38(a)**와 같은 질량 및 길이를 알고 있는 균질인 가는 막대의 비틀림혼들이의 주기 T_0를 측정하고, 같은 철사로 **그림 8.38(b)**와 같이 관성모멘트를 측정하려고 하는 강체의 비틀림혼들이를 만들어서 강체의 주기 $T_{강}$을 측정하여, 그 측정값을 식(8.73)에 대입하면 강체의 연직축 주위의 관성모멘트 $I_{강}$를 얻는다.

8.4 회전운동에서 일과 에너지

이제까지 강체의 회전운동을 힘의 견지에서 논의한 결과 각가속도와 돌림힘 사이의 관계식으로 강체의 회전 문제를 생각해왔다. 이제 에너지적 접근 방법으로 강체의 회전 문제를 논의해 보려고 한다.

8.4.1 회전운동에서 일

힘이 질점에 작용하면 병진운동만을 하는데, 강체에 작용하면 병진운동 외에 돌림힘에 의한 회전축 주위의 회전운동을 한다. 이 경우 회전축이 고정된 경우이면 강체의 병진운동은 일어나지 않으나 강체를 구성하는 뭇질점들은 동심 원궤도를 그리면서 원운동을 한다. 따라서 강체에 바깥힘이 작용하면 뭇질점들은 원궤도를 따라서 변위가 일어나게 되어 바깥힘은 일을 하게 되고, 뭇질점들은 운동에너지를 갖게 된다.

그림 8.39와 같이 강체의 i번째 질점 P_i에 작용하는 힘을 $\vec{F}_i$, 질점의 변위를 $\Delta\vec{s}_i$라 하면 이 질점에 힘 $\vec{F}_i$가 한 일 ΔW_i는

$$\Delta W_i = \vec{F}_i \cdot \Delta\vec{s}_i = F_{i;s} \Delta s_i$$

로 주어진다. 여기서 $\Delta\vec{s}_i$가 원궤도의 접선 방향이기 때문에 $F_{i;s}$는 힘 $\vec{F}_i$의 원궤도의 접선

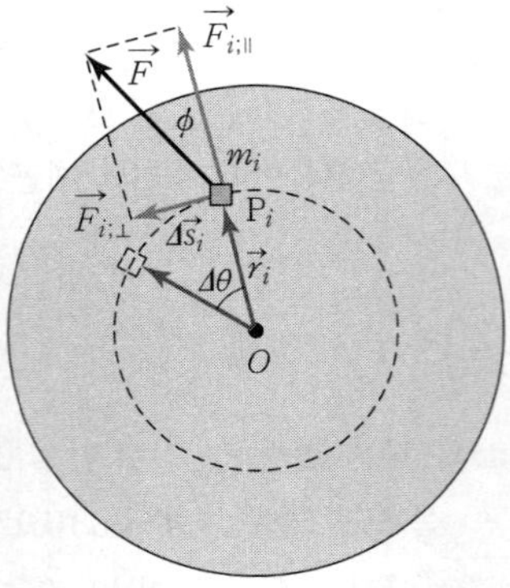

그림 8.39 회전하는 강체의 각변위

성분이고, 따라서 원궤도의 반지름에 수직인 성분 $F_{i;\perp}$이다. 또한, 변위 Δs_i는 $\Delta s_i = r_i \Delta\theta$ 이므로

$$\Delta W_i = F_{i;\perp}\ \Delta s_i = F_{i;\perp}\ r_i \Delta\theta = \tau_i \Delta\theta$$

이다. 여기서 $\Delta\theta$는 각변위이고, 돌림힘의 정의식(8.8)에 의하여 $r_i F_{i;\perp} \equiv \tau_i$라 두었다. 따라서 강체 전체에 한 일 W는

$$W = \lim_{\Delta W_i \to 0} \sum_i \Delta W_i = \lim_{\Delta\theta_i \to 0} \sum_i \tau_i \Delta\theta$$

로 주어진다. 이 극한값이 존재하면, 강체에 돌림힘 τ가 한 일 W는

$$W = \int_{\theta_i}^{\theta_f} \tau\, d\theta \tag{8.74}$$

로 주어진다. 곧 돌림힘 τ가 작용하여 강체의 무한소 각변위가 $d\theta$일 때 돌림힘 τ가 한 무한소 일 dW는

$$dW = \tau\, d\theta \tag{8.75}$$

이다.

돌림힘 τ가 일정한 경우, 돌림힘 τ가 한 일은 식(8.74)에 의하여

$$W = \int_{\theta_i}^{\theta_f} \tau\, d\theta = \tau \int_{\theta_i}^{\theta_f} d\theta = \tau(\theta_f - \theta_i) = \tau\, \Delta\theta$$

로 주어진다.

식(8.75)의 시간에 대한 비율은

$$\frac{dW}{dt} = \tau \frac{d\theta}{dt} \tag{8.76}$$

가 된다. 이 식은 단위시간에 돌림힘이 강체에 한 일률 P를 나타낸다. 곧 돌림힘 τ가 한 일률 P는

$$P = \frac{dW}{dt} = \tau \omega \tag{8.77}$$

로 주어진다. 여기서 ω는 강체의 회전 각속도이다. 이것은 병진운동에서 일률을 나타내는 식 (3.16)에 대응된다.

예제 8.27 돌림힘이 한 일

반지름이 0.500 m인 바퀴 둘레에 밧줄이 감겨져 있다. 5.00 N의 힘으로 감긴 밧줄을 당겨서 바퀴를 회전축 주위로 시계 반대 방향으로 회전시킨다. 밧줄의 질량 및 회전축 주위의 마찰을 무시한다.

① 바퀴가 한 바퀴 회전할 때 풀린 밧줄의 길이는 얼마인가?

② 바퀴에 한 일은 얼마인가?

③ 밧줄을 통하여 5.00 N의 힘이 바퀴에 작용한 돌림힘은 얼마인가?

④ 한 바퀴 회전할 때 바퀴의 각변위는 몇 rad인가?

⑤ 바퀴가 한 바퀴 회전할 때 바퀴에 한 일은 $W = \tau \Delta\theta$에 의하여 주어짐을 확인하라.

풀이 ① 한 바퀴가 회전할 때 풀린 밧줄의 길이는 바퀴의 둘레와 같다. 따라서 길이는

$$\Delta s = 2\pi R = 2 \times 3.14 \times (0.500 \text{ m}) = 3.14 \text{ m}$$

이다.

② 5.00 N의 힘이 밧줄을 통하여 바퀴 둘레의 한 점에 접선 방향으로 작용한다. 한편, 이 힘으로 인하여 바퀴가 한바퀴 회전할 때 바퀴 둘레의 한점이 이동한 거리가 $\Delta s = 3.14$ m이다. 따라서 이 힘이 바퀴에 한 일은

$$W = F\Delta s = (5.00 \text{ N}) \times (3.14 \text{ m}) = 15.7 \text{ J}$$

이다.

③ 밧줄을 통하여 작용하는 힘 5.00 N의 바퀴의 회전축에 대한 돌림힘은

$$\tau = r_{\perp} F = (0.500 \text{ m}) \times (5.00 \text{ N}) = 2.50 \text{ N} \cdot \text{m}$$

이다.

④ 한 바퀴 회전할 때 회전한 각은 360°이고, 이것은 2π rad이다. 따라서 각변위는

$$\Delta\theta = 2\pi \text{ rad} = 2 \times (3.14 \text{ rad}) = 6.28 \text{ rad}$$

이다.

⑤ 따라서 이 결과와 ③의 결과로부터

$$\tau \Delta\theta = (2.50 \text{ N} \cdot \text{m}) \times (6.28 \text{ rad}) = 15.7 \text{ J}$$

임을 알 수 있다. 이것은 ②의 결과와 일치함을 알 수 있어 $\tau\Delta\theta$는 돌림힘 τ가 작용하여 $\Delta\theta$의 각변위가 일어났을 때 한 일임이 확인된다.

예제 8.28 전동기의 일률

매분 4,800회 회전하는 전동기가 4.30 N·m의 돌림힘을 낼 수 있다. 이 전동기의 일률은 몇 마력인가?

풀이 | 회전운동하는 전동기의 일률은, 돌림힘 τ 및 각속도 ω가 각각

$$\tau = 4.30\ \mathrm{N\cdot m},\quad \omega = (4800\ \mathrm{rev/min})\times\left(\frac{2\pi\ \mathrm{rad}}{1\ \mathrm{rev}}\right)\times\left(\frac{1\ \mathrm{min}}{60\ \mathrm{s}}\right) = 502.4\ \mathrm{rad/s}$$

이므로, 식(8.77)에 의하여

$$P = \tau\omega = (4.30\ \mathrm{N\cdot m})\times(502.4\ \mathrm{rad/s}) = 2160.32\ \mathrm{W}$$

이다. 한편, 영국 및 프랑스(또는 독일)의 마력은 각각

$$1\text{마력}(\mathrm{hp}) = 550\ \mathrm{ft\cdot lb/s} = 746\ \mathrm{W},\ 1\text{마력}(\mathrm{PS}) = 75\ \mathrm{kgf\cdot m/s} = 735.5\ \mathrm{W}$$

이므로

$$P = 2160\ \mathrm{W} = 2.90\ \mathrm{hp}\ \text{또는}\ 2.94\ \mathrm{PS}$$

이다.

8.4.2 회전운동에서 일과 에너지

식(8.75)는 회전운동 방정식(식(8.18) 또는 식(8.31) 참조)

$$I\alpha = \tau \quad \text{또는} \quad I\frac{d\omega}{dt} = \tau \qquad (\tau \equiv \tau_{\text{알짜}} = \sum_i \tau_i)$$

및

$$d\theta = \omega\, dt$$

를 고려하면

$$dW = \tau\, d\theta = I\frac{d\omega}{dt}\ \omega\, dt = I\omega\, d\omega$$

가 된다. 이를 각 θ에 대해서 각 θ_i에서 각 θ_f까지 적분하면

$$\int_{\theta_i}^{\theta_f} \tau\, d\theta = I\int_{\omega_i}^{\omega_f} \omega\, d\omega = I\left[\frac{\omega^2}{2}\right]_{\omega_i}^{\omega_f} = \frac{1}{2}I\omega_f^2 - \frac{1}{2}I\omega_i^2$$

이므로, 돌림힘 τ가 강체에 한 일 W는

$$W=\int_{\theta_i}^{\theta_f}\tau\,d\theta=\frac{1}{2}I\omega_f^2-\frac{1}{2}I\omega_i^2 \tag{8.78}$$

로 주어진다. 여기서 각위치가 θ_i, θ_f일 때의 각속도를 각각

$$\omega(\theta_i)\equiv\omega_i,\quad \omega(\theta_f)\equiv\omega_f$$

라 두었다.

식(8.78)에서 우변의 각 항은

$$\frac{1}{2}\times(\text{관성모멘트})\times(\text{각속도})^2$$

의 꼴이다. 이것은 각속도 ω로 회전하는 강체의 운동에너지임을 알 수 있다.

각속도 ω로 회전하는 강체의 임의의 점 P_i에 있는 질점이 회전축으로부터 수직거리 r_i의 거리에 있다면, 이를 반지름으로 하는 원궤도를 따라서 운동한다(**그림 8.39** 참조). 이 질점의 선 속도 v_i는 $v_i=\omega r_i$이므로 이 질점의 질량을 m_i라 하면 그 운동에너지 K_i는

$$K_i=\frac{1}{2}m_i v_i^2=\frac{1}{2}m_i(\omega r_i)^2=\frac{1}{2}m_i r_i^2\omega^2$$

로 주어진다. 따라서 강체를 이루고 있는 모든 질점의 운동에너지의 합은

$$\sum_i K_i=\sum_i\frac{1}{2}m_i v_i^2=\frac{1}{2}\left(\sum_i m_i r_i^2\right)\omega^2$$

가 된다. 여기서 $\sum_i m_i r_i^2$은 강체의 관성모멘트 I이다. 따라서 윗식은 각속도 ω로 회전하는 관성모멘트가 I인 강체의 운동에너지이다. 이를 강체의 **회전운동에너지**(rotational kinetic energy)라 한다. 곧 각속도 ω로 회전하는 관성모멘트가 I인 강체의 회전운동에너지 K_{rot}은

$$K_{rot}(\omega)=\frac{1}{2}I\omega^2\qquad\left(I=\sum_i m_i r_i^2\right) \tag{8.79}$$

으로 주어진다.

따라서 식(8.78)의 우변은 강체의 회전운동에너지의 변화

$$\varDelta K_{rot}=K_{rot;f}-K_{rot;i}$$

이다. 여기서 $K_{rot;f}$, $K_{rot;i}$는 각각 각위치 θ_f, θ_i에서의 회전운동에너지이다. 따라서

회전하는 강체에 돌림힘이 한 일은 강체의 회전운동에너지의 변화와 같다.

이것은 병진운동에서 일-에너지 정리식(3.5)에 해당하는 **회전운동의 일-에너지 정리**(work-energy theorem for rotational motion)이다. 곧 회전운동에서도 일-에너지 정리가 성립한다.

일반적으로 병진운동 및 회전운동이 일어나는 경우, 일은 병진운동에너지의 변화 및 회전운동에너지의 변화의 합, 곧 총 운동에너지의 변화와 같다. 따라서 알짜 바깥힘이 한 일은 총 운동에너지의 변화와 같다. 곧

$$\text{일-에너지 정리} : W = K_{\text{tot};\,\text{f}} - K_{\text{tot};\,\text{i}} = \Delta K_{\text{tot}} \tag{8.80}$$

이다. 여기서 총 운동에너지 K_{tot}은 병진운동에서 운동에너지를 K_{tran}라 하면

$$K_{\text{tot}} = K_{\text{tran}} + K_{\text{rot}} + \cdots$$

를 뜻한다.

○ 역학적 에너지 보존

만일 강체에 작용하는 힘이 보존력이면 위치에너지를 정의할 수 있고(식(3.73) 참조), 보존력이 한 일 W는 위치에너지의 감소

$$W = -(U_{\text{f}} - U_{\text{i}}) = -\Delta U$$

로 주어진다. 이를 위의 일반적인 일-에너지 정리식(8.80)과 결합하면

$$\Delta K_{\text{tot}} + \Delta U = 0 \quad \text{또는} \quad K_{\text{tot}} + U = E\,(\text{일정})$$

을 얻는다. 여기서 $K_{\text{tot}} + U \equiv E$는 강체의 역학적 에너지이다. 따라서 회전운동을 포함한 강체의 운동에서 보존력이 작용하면 역학적 에너지가 보존된다.

예제 8.29 띄엄띄엄 있는 뭇입자의 회전운동에너지

질량이 각각 $m_{\text{A}} = 4.00\,\text{kg}$, $m_{\text{B}} = 2.00\,\text{kg}$, $m_{\text{C}} = 3.00\,\text{kg}$인 입자 A, B, C가 y축상에 원점으로부터 각각 $3.00\,\text{m}$, $-2.00\,\text{m}$, $-4.00\,\text{m}$의 위치에 있는 데 가벼운 단단한 가는 막대로 연결되어 있다. 이 막대를 x축 주위로 $2.00\,\text{rad/s}$의 각속도로 회전시킨다.

① 이 질점계의 x축 주위의 관성모먼트를 구하고, 회전운동에너지를 $K_{\text{rot}} = \frac{1}{2} I\omega^2$에 의하여 구하라.

② 각 입자의 선속도를 구하고, 이 질점계의 회전운동에너지를 $K = \sum_i \frac{1}{2} m_i v_i^2$에 의하여 구하라. ①의 결과와 비교하라.

풀이 ① 각 입자의 x축에 대한 관성모먼트는 $I = \sum_i m_i r_i^2$에 의하여

$$I_{\text{A}} = (4.00\,\text{kg}) \times (3.00\,\text{m})^2 = 36.00\,\text{kg} \cdot \text{m}^2,$$

$$I_B = (2.00\ \text{kg}) \times (2.00\ \text{m})^2 = 8.000\ \text{kg} \cdot \text{m}^2$$
$$I_C = (3.00\ \text{kg}) \times (4.00\ \text{m})^2 = 48.00\ \text{kg} \cdot \text{m}^2$$

이므로 이 띄엄띄엄 있는 뭇질점의 총 관성모멘트는 $I = I_A + I_B + I_C = 92.00\ \text{kg} \cdot \text{m}^2$이다. 따라서 이 질점계의 회전운동에너지는

$$K_{rot} = \frac{1}{2} I\omega^2 = \frac{1}{2} \times (92.00\ \text{kg} \cdot \text{m}^2) \times (2.00\ \text{rad/s})^2 = 184.0\ \text{J}$$

이다. 곧 회전운동에너지는 $K_{rot} = 184\ \text{J}$ 이다.

② 각 입자의 선속도는 $v_i = \omega r_i$에 의하여 각각

$$v_A = (2.00\ \text{rad/s}) \times (3.00\ \text{m}) = 6.000\ \text{m/s},$$
$$v_B = (2.00\ \text{rad/s}) \times (2.00\ \text{m}) = 4.000\ \text{m/s},$$
$$v_C = (2.00\ \text{rad/s}) \times (4.00\ \text{m}) = 8.000\ \text{m/s}$$

이므로 이 계의 총 회전운동에너지는

$$\begin{aligned} K_{rot} &= \frac{1}{2} m_A v_A^2 + \frac{1}{2} m_B v_B^2 + \frac{1}{2} m_C v_C^2 \\ &= 72.00\ \text{J} + 16.00\ \text{J} + 96.00\ \text{J} = 184.0\ \text{J} \end{aligned}$$

이다. ①의 결과와 일치한다.

예제 8.30 관성바퀴의 회전운동에너지

관성바퀴(flywheel)는 균질의 무거운 원판으로 된 에너지를 저장하는 장치이다. 질량이 $1.5 \times 10^5\ \text{kg}$이고, 반지름이 $2.2\ \text{m}$인 관성바퀴가 그 중심을 지나는 회전축 주위로 매분 3,000회 회전한다. 그 운동에너지를 구하라.

풀이 | 관성바퀴의 중심에 대한 관성모멘트가

$$I = \frac{1}{2} MR^2 = \frac{1}{2} \times (1.5 \times 10^5\ \text{kg}) \times (2.2\ \text{m})^2 = 3.63 \times 10^5\ \text{kg} \cdot \text{m}^2$$

이고(식(8.27) 참조), 각속도는

$$\omega = 3000\ \text{rev/min} = \left(\frac{3000\ \text{rev}}{1\ \text{min}}\right) \times \left(\frac{2\pi\ \text{rad}}{1\ \text{rev}}\right) \times \left(\frac{1\ \text{min}}{60\ \text{s}}\right) = 100\pi\ \text{rad/s}$$

이므로 회전운동에너지는

$$\begin{aligned} K_{rot} &= \frac{1}{2} I\omega^2 = \frac{1}{2} \times (3.63 \times 10^5\ \text{kg} \cdot \text{m}^2) \times (100\pi\ \text{rad/s})^2 \\ &\cong 1.8 \times 10^{10}\ \text{J} \end{aligned}$$

이다.

예제 8.31 중력마당의 연직 면에서 회전하는 막대

길이가 L, 질량이 M인 균질의 가는 막대가 한쪽 끝에 있는 돌쩌귀에 달려 중력마당의 연직 면 내에서 자유로이 회전할 수 있다(**그림 8.40** 및 **예제 8.19** 참조).

① 수평 방향에서 막대를 가만히 놓았다. 막대가 회전하여 연직으로 돌쩌귀에 매달려 있는 순간 막대의 각속도를 구하라.

② 만일 막대가 회전하여 돌쩌귀 위 연직상방으로 똑바로 서게 되었다면 처음 각속도는 얼마인가?

③ ①의 경우 돌쩌귀로부터 받는 힘을 구하라.

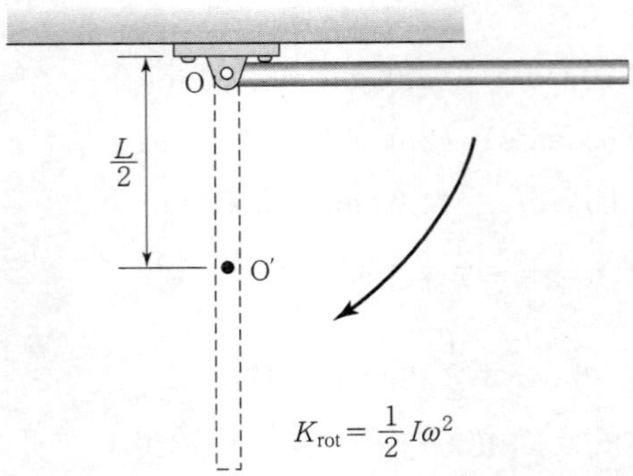

그림 8.40 중력마당에서 회전하는 균질의 가는 막대

풀이 | ① 및 ②의 문제를 일-에너지 정리 및 역학적 에너지 보존법칙 등의 두 가지 방법으로 풀 수 있다.

(일-에너지 정리)

① 막대가 중력마당에서 중력이 일을 하여 막대가 회전한다. 중력 Mg가 한 일은, 질량중심의 연직 높이가 $\frac{L}{2}$ 만큼 낮아졌으므로,

$$W = Mg\left(\frac{L}{2}\right)$$

이고, 이 일로 인한 회전운동에너지의 증가는, 돌쩌귀 주위의 관성모멘트를 I, 연직 방향에서 각속도를 ω라 하면,

$$\Delta K_{\rm rot} = \frac{1}{2} I\omega^2$$

이다. 따라서 일-에너지 정리에 의하여

$$Mg\left(\frac{L}{2}\right) = \frac{1}{2} I\omega^2 \quad \therefore\ \omega = \sqrt{\frac{MgL}{I}}$$

이다. 여기에 돌쩌귀 주위의 관성모멘트 $I = \frac{1}{3} ML^2$를 대입하면

$$\omega = \sqrt{\frac{MgL}{ML^2/3}} = \sqrt{\frac{3g}{L}} \tag{8.81}$$

를 얻는다.

② 수평 방향에서 막대가 회전하기 시작하여 연직상방으로 설 때까지 중력은 질량중심을 수평 방향에서 연직상방으로 $\frac{L}{2}$ 만큼 들어 올린 셈이다. 따라서 중력은 음(−)의 일을 한 셈이다. 또는 일을 받은 셈이다. 따라서 연직 높이가 $\frac{L}{2}$ 만큼 더 올라갔으므로 중력이 한 일은

$$W = -Mg\left(\frac{L}{2}\right)$$

이다. 한편, 수평 방향에서 막대의 처음 각속도를 ω_i라 하면 나중 회전운동에너지가 0이므로 회전운동에너지의 변화는

$$\Delta K_{rot} = 0 - \frac{1}{2}I\omega_i^2$$

이다. 따라서 일-에너지 정리에 의하여

$$-Mg\left(\frac{L}{2}\right) = -\frac{1}{2}I\omega_i^2$$

$$\therefore\ \omega_i = \sqrt{\frac{MgL}{I}} = \sqrt{\frac{MgL}{ML^2/3}} = \sqrt{\frac{3g}{L}}$$

이다.

(역학적 에너지 보존)

막대가 중력마당에서 운동하므로 막대에 작용하는 힘인 중력이 보존력이다. 따라서 역학적 에너지 보존법칙이 성립하므로 이 법칙을 이용할 수 있다.

① 중력위치에너지의 기준점을 처음 위치(수평)로 잡는다. 그러면 처음 상태에서 위치에너지 및 총 운동에너지는 각각 $U_i = 0$; $K_{tot;i} = K_{rot;i} = 0$이므로 처음 역학적 에너지 E_i는 $E_i = 0$이다. 한편, 연직 아래 방향에서 각속도를 ω라 하면 총 운동에너지 및 위치에너지는 각각

$$K_{tot;f} = K_{rot;f} = \frac{1}{2}I\omega^2, \quad U_f = -Mg\left(\frac{L}{2}\right)$$

이다. 질량중심이 $\frac{L}{2}$ 만큼 기준보다 낮아졌기 때문이다. 나중 역학적 에너지 E_f는

$$E_f = \frac{1}{2}I\omega^2 - \frac{1}{2}MgL$$

이다. 따라서 역학적 에너지 보존 $E_i = E_f$에 의하여

$$\frac{1}{2}I\omega^2 - \frac{MgL}{2} = 0 \quad \therefore\ \omega = \sqrt{\frac{MgL}{I}} = \sqrt{\frac{MgL}{ML^2/3}} = \sqrt{\frac{3g}{L}}$$

를 얻는다.

② 처음 상태에서 역학적 에너지 E_i는 처음 각속도를 ω_i라 하면 $E_i = \frac{1}{2}I\omega_i^2$이고, 나중 상태에서 역학적 에너지 E_f는, 질량중심이 기준보다 $\frac{L}{2}$ 만큼 더 높으며 정지해 있기 때문에, $E_f = Mg\left(\frac{L}{2}\right)$이다. 따라서 역학적 에너지 보존 $E_i = E_f$에 의하여

$$\frac{1}{2}I\omega_i^2 = Mg\left(\frac{L}{2}\right) \quad \therefore \ \omega_i = \sqrt{\frac{MgL}{I}} = \sqrt{\frac{MgL}{ML^2/3}} = \sqrt{\frac{3g}{L}}$$

이다.

③ ①의 경우 돌쩌귀로부터 받는 힘을 F_0라 하면, 막대가 받는 바깥힘은 F_0, Mg이다. 이 상태에서 질량중심의 가속도를 a_{CM}이라 하면 운동방정식은

$$Ma_{CM} = F_0 - Mg \tag{8.82}$$

이다. 여기서 a_{CM}은 구심가속도이고, 질량중심의 선속도가 $v_{CM} = \omega\left(\frac{L}{2}\right)$이므로

$$a_{CM} = \frac{v_{CM}^2}{r} = \frac{\omega^2 (L/2)^2}{L/2} = \omega^2\left(\frac{L}{2}\right)$$

이다. 여기에 ①의 결과 식(8.81)를 대입하면 $a_{CM} = \frac{3}{2}g$가 된다. 이를 식(8.82)에 대입하여 정리하면

$$F_0 = \frac{3}{2}Mg + Mg = \frac{5}{2}Mg$$

를 얻는다.

예제 8.32 무거운 도르래의 아트우드 기계

두 개의 추를 늘어나지 않는 가벼운 줄로 연결하여 무거운 도르래에 걸쳐 놓아 도르래의 양쪽 줄 끝에 매달린 추의 중력에 의하여 도르래가 회전한다(**그림 8.41** 및 **예제 8.21** 참조). 도르래는 반지름이 R, 질량이 M이고, 질량이 골고루 분포되어 있으며 그 중심을 지나는 수평의 회전축 주위로 자유로이 회전한다. 도르래에 걸친 줄과 도르래 사이에 미끄러짐이 없다. 두 개의 추 A, B의 질량은 각각 m_A, m_B이다.

① 추 A가 정지상태에서 거리 x만큼 하강했을 때 추의 선속도 및 도르래의 각속도를 구하라.

② ①의 경우 추의 가속도 및 도르래의 각가속도를 각각 구하라.

풀이 | 이 문제를 일-에너지 정리 및 역학적 에너지 보존법칙 등의 두 가지 방법으로 풀 수 있다.

(일-에너지 정리)

이 물리계에 작용하는 바깥힘은 추의 중력뿐이다. 따라서 추 A가 x만큼 하강하는 동안 각 추에 작용하는 중력 $m_A g$, $m_B g$가 한 일은

$$W = m_A gx - m_B gx$$

이고, 이로 인한 운동에너지의 변화는 각 추의 운동에너지의 변화

$$\Delta K_A = \frac{1}{2}m_A v_A^2, \quad \Delta K_B = \frac{1}{2}m_B v_B^2$$

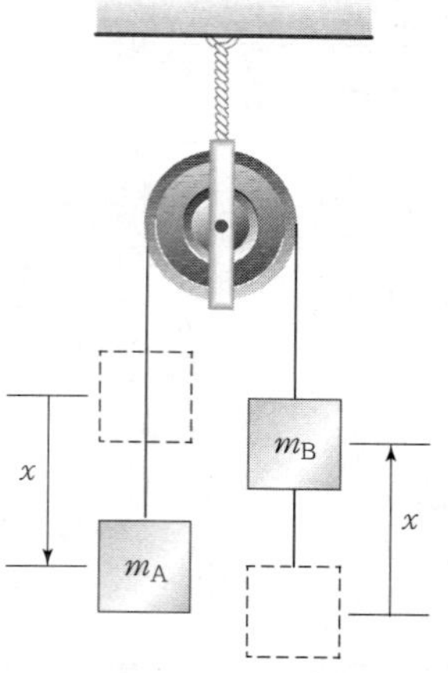

그림 8.41 무거운 도르래의 아트우드 기계

및 도르래의 회전운동에너지의 변화

$$\Delta K_{\mathrm{rot}} = \frac{1}{2} I\omega^2$$

의 합이다. 따라서, 일-에너지 정리에 의하여

$$W = m_A gx - m_B gx = \frac{1}{2} m_A v^2 + \frac{1}{2} m_B v^2 + \frac{1}{2} I\omega^2 \tag{8.83}$$

를 얻는다. 여기서 v는 추 A가 정지상태에서 x만큼 하강했을 때 추의 속도이고, ω는 이로 인하여 회전하는 도르래의 각속도이다. 이 일-에너지 정리에서 얻은 식(8.83)이 문제의 바탕이 되는 관계식이다. 여기에 추의 속도 v 및 도르래의 각속도 ω 사이에 성립하는 줄이

$$\text{안 미끄러질 조건 : } \omega R = v \tag{8.84}$$

가 추가되어야 한다.

① 식(8.84)를 이용하여 식(8.83)에서 ω를 소거하고 정리하면

$$m_A gx - m_B gx = \frac{1}{2} m_A v^2 + \frac{1}{2} m_B v^2 + \frac{1}{2} \frac{I}{R^2} v^2$$

$$\therefore\ v = \sqrt{\frac{2(m_A - m_B)gx}{m_A + m_B + \dfrac{I}{R^2}}} \tag{8.85}$$

를 얻는다.

도르래의 각속도는 식(8.84)에 의하여

$$\omega = \frac{v}{R} = \frac{1}{R}\sqrt{\frac{2(m_A - m_B)gx}{m_A + m_B + \dfrac{I}{R^2}}} \tag{8.86}$$

이다.

② 식(8.85)에서 낙하거리 x는 시간의 함수이므로 각 추의 가속도 a는

$$a=\frac{dv}{dt}=\sqrt{\frac{2(m_{\mathrm{A}}-m_{\mathrm{B}})g}{m_{\mathrm{A}}+m_{\mathrm{B}}+\frac{I}{R^2}}}\frac{d}{dt}\sqrt{x}$$

로 주어진다. 여기에

$$\frac{d}{dt}\sqrt{x}=\frac{d}{dt}\left(x^{\frac{1}{2}}\right)=\frac{1}{2}x^{-\frac{1}{2}}\frac{dx}{dt}=\left(\frac{1}{2\sqrt{x}}\right)v \tag{8.87}^*$$

및 식(8.85)를 고려하면

$$a=\frac{m_{\mathrm{A}}-m_{\mathrm{B}}}{m_{\mathrm{A}}+m_{\mathrm{B}}+\frac{I}{R^2}}g \tag{8.88}$$

를 얻는다. 또, 안 미끄러질 조건식 $a=\alpha R$(식(8.37) 참조)에 의하여 도르래의 각가속도 α는

$$\alpha=\frac{a}{R}=\frac{m_{\mathrm{A}}-m_{\mathrm{B}}}{m_{\mathrm{A}}+m_{\mathrm{B}}+\frac{I}{R^2}}\frac{g}{R} \tag{8.89}$$

로 주어진다.

만일 가속도가 일정함을 알고 있는 경우에는 미분의 방법 대신에 등가속도 직선운동의 식을 이용하는 것이 간편하다. 곧 등가속도 직선운동의 식 중에서 속도, 가속도 및 변위 사이의 관계식 $v^2=2ax$(식(1.10) 참조)을 고려하여, 이 식을 식(8.85)의 양변을 제곱한 식

$$v^2=2\left(\frac{(m_{\mathrm{A}}-m_{\mathrm{B}})g}{m_{\mathrm{A}}+m_{\mathrm{B}}+\frac{I}{R^2}}\right)x$$

와 비교하면 가속도 a는 식(8.88)로 주어짐을 알 수 있다.

도르래의 중심에 대한 관성모먼트 $I=\frac{1}{2}MR^2$를 위 결과식 (8.85), (8.86), (8.88) 및 (8.89)에 대입하면

$$v=\sqrt{\frac{2(m_{\mathrm{A}}-m_{\mathrm{B}})gx}{m_{\mathrm{A}}+m_{\mathrm{B}}+\frac{M}{2}}},\quad \omega=\frac{v}{R}=\frac{1}{R}\sqrt{\frac{2(m_{\mathrm{A}}-m_{\mathrm{B}})gx}{m_{\mathrm{A}}+m_{\mathrm{B}}+\frac{M}{2}}}$$

$$a=\frac{m_{\mathrm{A}}-m_{\mathrm{B}}}{m_{\mathrm{A}}+m_{\mathrm{B}}+\frac{M}{2}}g,\quad \alpha=\frac{a}{R}=\frac{m_{\mathrm{A}}-m_{\mathrm{B}}}{m_{\mathrm{A}}+m_{\mathrm{B}}+\frac{M}{2}}\frac{g}{R}$$

---

* 함수의 함수(합성함수) 미분

x가 t의 함수이고, z가 x의 함수 $f(x)$일 때($z=f(x)$; $x=x(t)$), z의 t에 대한 미분은

$$\frac{dz}{dt}=\frac{dz}{dx}\frac{dx}{dt}\quad \text{또는}\quad \frac{dz}{dt}=\frac{df(x)}{dx}\frac{dx}{dt}$$

로 주어진다. 예를 들어 $z=x^n(t)$의 t에 대한 미분은

$$\frac{d}{dt}x^n(t)=\left(\frac{d}{dx}x^n\right)\frac{dx}{dt}=nx^{n-1}\frac{dx}{dt}$$

이다. 식(8.87)은 $n=1/2$인 경우이다.

를 얻는다.

(역학적 에너지 보존)
도르래가 자유로이 회전하므로 도르래의 회전축에 마찰력이 없어, 이 역학계에 작용하는 힘은 보존력인 중력뿐이다. 따라서 역학적 에너지 보존법칙을 적용할 수 있다.
중력 위치에너지의 기준점을 각 추의 처음 위치로 택하면, 처음 상태의 역학적에너지 $E_{\rm i}$는 0이다. 곧 $E_{\rm i}=0$이다.
추 A가 정지상태에서 거리 x만큼 하강했을 때 각 추의 선속도 및 도르래의 각속도를 각각 v, ω라 하면 역학적 에너지 $E_{\rm f}$는

$$E_{\rm f}=\frac{1}{2}m_{\rm A}v^2+\frac{1}{2}m_{\rm B}v^2+\frac{1}{2}I\omega^2-m_{\rm A}gx+m_{\rm B}gx$$

이다. 역학적 에너지 보존법칙 $E_{\rm i}=E_{\rm f}$에 의하여

$$\frac{1}{2}m_{\rm A}v^2+\frac{1}{2}m_{\rm B}v^2+\frac{1}{2}I\omega^2-m_{\rm A}gx+m_{\rm B}gx=0$$

를 얻는다. 이것이 문제의 바탕이 되는 방정식으로 식(8.83)과 동등한 식이다. 따라서 식(8.84) 이하의 과정을 따라서 문제를 풀 수 있다.

8.5 각운동량과 회전충격량

강체가 고정축 주위로 회전운동을 할 때의 회전운동 방정식으로부터 강체의 고정축 주위의 각운동량을 정의하고, 이로부터 회전운동 및 직선운동을 하는 홑질점의 각운동량을 도입한다. 나아가서 각운동량의 보존법칙에 대해서 살펴본다.

8.5.1 강체의 고정축 주위의 각운동량

관성모먼트가 I인 강체의 고정축 주위의 회전 각가속도가 $\alpha=\dfrac{d\omega}{dt}$이고, 돌림힘 τ가 작용하는 경우, 회전운동 방정식은

$$I\frac{d\omega}{dt}=\tau_{\text{알짜}} \tag{8.90}$$

로 주어진다(식(8.18) 또는 식(8.29) 참조). 강체의 경우 왼쪽은

$$I\frac{d\omega}{dt} = \frac{d}{dt}(I\omega)$$

와 같이 바꾸어 쓸 수 있다. 곧 강체의 고정축 주위의 회전 운동방정식은

$$\frac{d(I\omega)}{dt} = \tau_{\text{알짜}}$$

라고 바꾸어 쓸 수 있다. 이것은 "(관성모멘트)×(각속도)의 시간적 변화율은 강체에 회전운동 효과를 주는 돌림힘과 같다"는 것을 뜻한다. 여기서 (관성모멘트)×(각속도)를 강체의 회전축 주위의 **각운동량**(angular momentum)이라 한다. 곧 관성모멘트가 I[kg·m^2]인 강체가 회전축 주위로 ω[rad/s]로 회전할 때 강체의 각운동량 L은

$$L = I\omega \tag{8.91}$$

이다. 이것은 병진운동의 운동량 $p = mv$에 대응된다. 각운동량의 SI단위는 [kg·m^2/s] = [J·s]이다. 고정된 회전축 주위의 각운동량의 방향은 두 가지뿐이다. 보통 시계 반대 방향을 양(+)으로 택한다.

강체의 회전축 주위의 회전운동 방정식(8.90)은

$$\frac{dL}{dt} = \tau_{\text{알짜}} \tag{8.92}$$

로 변형된다. 따라서

> **강체의 각운동량의 시간적인 변화율, 곧 단위시간의 각운동량의 변화는 강체에 작용한 힘의 돌림힘과 같다.**

이것은 운동법칙의 다른 표현인 운동량 정리식(4.2)에 대응하는 것으로 **각운동량 정리**(angular momentum theorem)라 하며, 고정된 회전축 주위의 **회전운동 방정식**을 나타낸다. 여기서 알짜 돌림힘은 일반적으로 알짜 바깥힘의 돌림힘이다(식(9.25) 참조).

또, 이 관계식은 어떤 점에 대한 회전의 경우라도 성립한다. 특히 이 식은 원천적으로 뉴턴의 운동법칙(식(2.8) 또는 식(2.12)의 참조)에 바탕을 두고 있지만, 질량중심을 지나는 회전축 주위의 회전운동의 경우에는 질량중심이 가속도운동을 하는 경우에도 각운동량 정리는 성립한다. 가속도운동을 하는 다른 점에 대해서는 주의를 해야 한다(**예제 8.43** 및 **예제 9.5** 참조).

○ 각운동량과 회전운동에너지

회전운동에너지 $K_{rot} = \frac{1}{2} I\omega^2$, 각운동량 $L = I\omega$에서 각속도 ω를 소거하면

$$K_{rot} = \frac{1}{2} I\omega^2 = \frac{I^2\omega^2}{2I} = \frac{L^2}{2I} \tag{8.93}$$

를 얻는다. 곧 회전운동에너지는 각운동량의 제곱에 비례한다. 이것은 병진운동에서 식(4. 20)에 대응하는 식이다.

예제 8.33 볼링공의 각운동량

볼링공의 질량은 6.0 kg, 반지름은 12 cm 정도이다. 볼링공이 중심를 지나는 회전축 주위로 매초 10회전 한다면 각운동량은 얼마인가?

풀이 | 볼링공의 중심에 대한 관성모멘트는

$$I = \frac{2}{5} MR^2 = \frac{2}{5} \times (6.0\ \mathrm{kg}) \times (0.12\ \mathrm{m})^2 = 0.03456\ \mathrm{kg \cdot m^2}$$

이고, 각속도가

$$\omega = (10\ \mathrm{rev/s}) \times \left(\frac{2\pi\,\mathrm{rad}}{1\,\mathrm{rev}}\right) = 20\pi\ \mathrm{rad/s}$$

이므로 각운동량은

$$L = I\omega = (0.03456\ \mathrm{kg \cdot m^2}) \times (20\pi\ \mathrm{rad/s}) = 2.170\ \mathrm{kg \cdot m^2/s}$$
$$\cong 2.2\ \mathrm{J \cdot s}$$

이다.

예제 8.34 각운동량과 회전운동에너지

남녀 피겨스케이팅 선수가 서로 손을 붙잡고 2.50초 만에 한 바퀴씩 회전한다. 두 사람의 질량은 각각 85.0 kg, 55.0 kg이고 그들은 서로 1.70 m 떨어져서 회전한다.

① 질량중심에 대한 관성모멘트 및 각운동량은 각각 얼마인가?

② 이들의 운동에너지는 얼마인가?

풀이 | ① 남자의 위치를 원점으로 하면 그들의 질량중심은

$$x_{CM} = \frac{(85.0\ \mathrm{kg}) \times 0 + (55.0\ \mathrm{kg}) \times (1.70\ \mathrm{m})}{(85.0\ \mathrm{kg}) + (55.0\ \mathrm{kg})} = 0.6679\ \mathrm{m}$$

이다. 곧 남자로부터 0.6679 m 거리에 질량중심이 있다. 따라서 남자 및 여자 선수의 질량중심 주위의 관성모멘트 $I_{남}$, $I_{여}$는 각각

$$I_{남} = (85.0\ \text{kg}) \times (0.6679\ \text{m})^2 = 37.92\ \text{kg} \cdot \text{m}^2,$$

$$I_{여} = (55.0\ \text{kg}) \times (1.70\ \text{m} - 0.6679\ \text{m})^2 = 58.59\ \text{kg} \cdot \text{m}^2$$

이다. 따라서 이들의 질량중심에 대한 관성모멘트는

$$I = I_{남} + I_{여} = (37.92\ \text{kg} \cdot \text{m}^2) + (58.59\ \text{kg} \cdot \text{m}^2) = 96.51\ \text{kg} \cdot \text{m}^2$$

이다. 한편, 이들의 회전 각속도 ω는

$$\omega = \left(\frac{1\ \text{rev}}{2.50\ \text{s}}\right) \times \left(\frac{2\pi\ \text{rad}}{1\ \text{rev}}\right) = 2.512\ \text{rad/s}$$

이다. 따라서 질량중심에 대한 각운동량 L은

$$L = I\omega = (96.51\ \text{kg} \cdot \text{m}^2) \times (2.512\ \text{rad/s}) = 242.4\ \text{J} \cdot \text{s} \cong 242\ \text{J} \cdot \text{s}$$

이다.

② 이들의 운동에너지는 식(8.93)에 의하여

$$K_{\text{rot}} = \frac{L^2}{2I} = \frac{(242.4\ \text{J} \cdot \text{s})^2}{2 \times (96.51\ \text{kg} \cdot \text{m}^2)} = 304.4\ \text{J} \cong 304\ \text{J}$$

이다.

이 결과는 식(8.79)로도 구해진다. 곧

$$K_{\text{rot}}(\omega) = \frac{1}{2} I\omega^2 = \frac{1}{2} \times (96.51\ \text{kg} \cdot \text{m}^2) \times (2.512\ \text{rad/s})^2 = 304.5\text{J} \cong 304\text{J}$$

이 되어 위의 결과와 일치한다.

8.5.2 홑질점의 각운동량

관계식(8.91)로부터 홑질점의 각운동량을 정의할 수 있다. 질량이 m인 홑질점이 **그림 8.42**와 같이 반지름 r의 원궤도를 따라서 각속도 ω로 원운동을 하는 경우, 원의 중심 주위의 관성모멘트는 $I = mr^2$이므로, 홑질점의 각운동량은 식(8.91)에 의하여

$$L = mr^2\omega$$

로 주어진다. 이 홑질점의 선속도 v 및 운동량 p가

$$v = \omega r, \quad p = mv$$

임을 고려하면, 홑질점의 각운동량은

$$L = mr^2\omega = r(mv) = rp \tag{8.94}$$

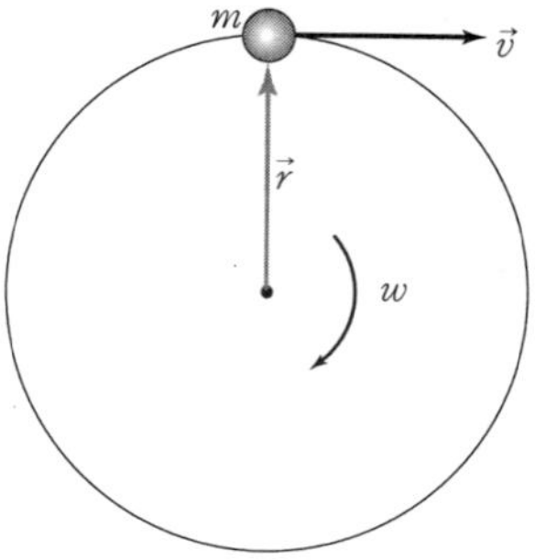

그림 8.42 원운동하는 홑질점의 각운동량의 정의

로 주어진다. 여기서 선속도 $\vec{v}$ 또는 운동량 $\vec{p}$는 위치벡터(반지름) $\vec{r}$에 수직임을 유의해야 한다(식(6.7) 참조).

또한, 식(8.94)에서 반지름 r는 시간에 따라 변하지 않으므로,

$$\frac{dL}{dt} = r\frac{dp}{dt} = rF = \tau$$

를 얻는다. 이는 바로 식(8.92)를 나타낸다.

홑질점의 각운동량을 나타내는 식(8.94) $L = rp$는 병진운동을 나타내는 물리량인 운동량 벡터의 크기 $|\vec{p}| = p$와 질점의 위치벡터의 크기 $|\vec{r}| = r$의 곱이다. 곧 병진운동에서도 각운동량을 정의할 수 있음을 암시한다. 예를 들어 직선을 따라서 빠르게 달리고 있는 스케이트 선수가 달리다가 얼음판에 꽂혀있는 막대를 잡았을 때 그 선수는 막대 주위로 빠르게 원호를 그리는 운동을 하게 될 것이다. 이런 경우, 병진운동을 분석하는 데 운동량이 도움을 주는 것과 같이, 식(8.94)와 같이 정의한 각운동량도 도움을 줄 것이다. 그래서 병진운동에서도 각운동량을 정의한다. 일반적으로

위치벡터가 $\vec{r}$인 지점에서 속도 $\vec{v}$로 운동하는 질량이 m인 홑질점의 원점 O에 대한 각운동량 L은

$$L = r_\perp mv = rmv_\perp = rmv\sin\phi \text{ 또는}$$
$$L = r_\perp p = rp_\perp = rp\sin\phi \qquad (8.95)$$

로 정의한다(그림 8.43 참조).

여기서 각 ϕ는 $\vec{r}$와 $\vec{p}$(또는 v)의 사이각이다. 따라서 $r_\perp$는 $\vec{r}$의 $\vec{p}$(또는 $\vec{v}$)에 수직인 성분으로 $r_\perp = r\sin\phi$이고, $p_\perp$는 $\vec{r}$에 수직인 $\vec{p}$의 성분으로 $p_\perp = p\sin\phi$, $v_\perp$는 $\vec{r}$에 수직인 $\vec{v}$의 성분으로 $v_\perp = v\sin\phi$이다. 식(8.95)를, 원점에 대한 힘 F의 돌림힘 τ의 정의 식

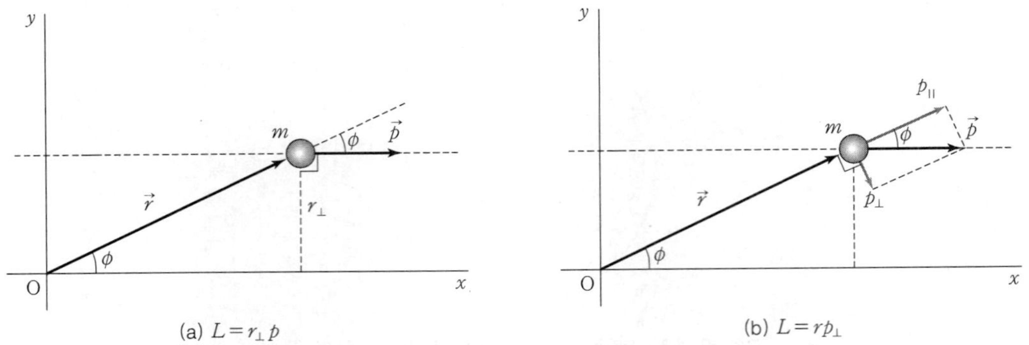

그림 8.43 홑질점의 각운동량의 정의

(8.8)과 비교하면, 홑질점의 각운동량 L은 원점에 대한 운동량 p의 모멘트임을 알 수 있다. 따라서 $r_\perp$는 모멘트 팔이다. 각운동량의 방향은 돌림힘과 같은 방법으로 정의한다.

예제 8.35 홑질점의 각운동량

질량 2.4 kg의 질점이 속도 3.0 m/s로 운동하고 있다.

① 이 질점이 반지름 1.5m의 원운동을 할 때 원의 중심에 대한 각운동량을 구하라.

② 이 질점이 $x = 1.5\text{m}$의 직선을 따라서 운동할 때 원점에 대한 각운동량을 구하라.

풀이 | ① 질점이 원운동을 하므로 각운동량은 $L = I\omega$에 의하여 구할 수 있다. 원의 중심에 대한 질점의 관성모멘트 I는

$$I = mR^2 = (2.4\text{ kg})\times(1.5\text{ m})^2 = 5.40\text{ kg}\cdot\text{m}^2$$

이고, 각속도 ω는

$$\omega = \frac{v}{R} = \frac{3.0\text{ m/s}}{1.5\text{ m}} = 2.00\text{ rad/s}$$

이므로, 질점의 각운동량은 식(8.91)에 의하여

$$L = I\omega = (5.4\text{ kg}\cdot\text{m}^2)\times(2.0\text{ rad/s}) = 10.8\text{ kg}\cdot\text{m}^2/\text{s} \cong 11\text{ J}\cdot\text{s}$$

이다.

(별해)

홑질점의 각운동량은

$$L = r_\perp p = rp_\perp = rp\sin\phi$$

로 주어지므로, 이 식에서 운동량 p는

$$p = mv = (2.4\text{ kg})\times(3.0\text{ m/s}) = 7.2\text{ kg}\cdot\text{m/s}$$

이고, $r_\perp = R = 1.5\text{ m}$ $(\phi = 90°)$이므로 각운동량은

$$L = r_\perp p = (1.5\ \mathrm{m}) \times (7.2\ \mathrm{kg \cdot m/s}) = 10.8\ \mathrm{kg \cdot m^2/s} \cong 11\ \mathrm{J \cdot s}$$

이다.

② 질점이 직선운동을 하는 경우, 위치벡터가 $\vec{r}$인 지점에서 운동량벡터 $\vec{p}$로 운동하는 홑질점의 원점에 대한 각운동량은

$$L = r_\perp\ p = r p_\perp = r p \sin\phi$$

로 주어진다. 문제에서 질점은 y축에서 1.5 m 떨어진 y축에 나란한 직선을 따라서 운동하므로 $r_\perp = 1.5\ \mathrm{m}$이고, $p = mv = (2.4\ \mathrm{kg}) \times (3.0\ \mathrm{m/s}) = 7.2\ \mathrm{kg \cdot m/s}$이므로

$$L = r_\perp p = (1.5\ \mathrm{m}) \times (7.2\ \mathrm{kg \cdot m/s}) = 10.8\ \mathrm{kg \cdot m^2/s} \cong 11\ \mathrm{J \cdot s}$$

이다.

예제 8.36 무거운 도르래의 아트우드 기계

예제 8.32에서 각운동량 정리 식(8.92)를 이용하여 추의 가속도를 구하라.

풀이 | 이 문제를 **예제** 8.21에서는 운동방정식의 방법으로, **예제** 8.32에서는 에너지적으로 풀이하였다. 이제 이를 각운동량 정리식을 이용하여 풀이하여 본다.

두 개의 추 A, B 및 도르래로 된 물리계의 총 각운동량 L은

$$L = L_\mathrm{A} + L_\mathrm{B} + L_\mathrm{P}$$

로 주어진다. 여기서 L_A, L_B, L_P는 각각 추 A, 추 B 및 도르래의 각운동량으로, 그 각운동량의 기준점은 도르래의 중심 O로 하는 것이 편리하다. 그러면 팔의 길이 $r_\perp$는 도르래의 반지름과 같다. 곧 $r_\perp = R$이고, 추 A, 추 B의 속도를 v라 하면

$$L_\mathrm{A} = R m_\mathrm{A} v\ ,\quad L_\mathrm{B} = -R m_\mathrm{B} v,\quad L_\mathrm{P} = I\omega$$

이다. 여기서 각운동량의 방향은 시계 반대 방향을 양(+)으로 택하였다. 따라서 이 물리계의 총 각운동량은

$$L = R\, m_\mathrm{A} v - R\, m_\mathrm{B} v + I\omega = R\left(m_\mathrm{A} - m_\mathrm{B} + \frac{I}{R^2}\right) v \tag{8.96}$$

이다. 여기서 ω는 도르래의 회전 각속도로, 추가 속도 v로 움직일 때 도르래가 회전한 각속도이다. 따라서 미끄러짐이 없는 경우,

안 미끄러질 조건 : $\omega R = v$

를 이용하였다.

이 물리계에 작용하는 바깥힘은 추에 작용하는 중력 $m_\mathrm{A} g$, $m_\mathrm{B} g$이다. 이들 바깥힘의 도르래의 중심 O에 대한 돌림힘은 각각

$$\tau_A = R m_A g, \quad \tau_B = -R m_B g$$

이므로, 알짜 돌림힘은

$$\begin{aligned}\tau_{알짜} &= \tau_A + \tau_B \\ &= R m_A g - R m_B g = R(m_A - m_B)g\end{aligned} \tag{8.97}$$

이다. 식(8.96) 및 식(8.97)을 각운동량 정리식(8.92)에 대입하면

$$R\left(m_A - m_B + \frac{I}{R^2}\right)\frac{dv}{dt} = R(m_A - m_B)g$$

$$\therefore\ a = \frac{dv}{dt} = \frac{m_A - m_B}{m_A - m_B + \dfrac{I}{R^2}}\,g$$

를 얻는다. 여기서 I는 도르래의 중심(질량중심) 주위의 관성모먼트로 $I = \frac{1}{2}MR^2$이다. 이를 대입하면 가속도는

$$a = \frac{m_A - m_B}{m_A - m_B + M/2}\,g$$

가 된다.

8.5.3 회전충격량과 각운동량 - 각운동량 보존

각운동량 정리 식(8.92)를 조금 변형한 것 $dL = \tau_{알짜}\,dt$를 시각 t_i에서 t_f까지 적분하면

$$\int_{L_i}^{L_f} dL = \int_{t_i}^{t_f} \tau_{알짜}\,dt \tag{8.98}$$

이다. 여기서 두 시각에서 각운동량을 각각 L_f, L_i라 두었다. 왼쪽 적분은

$$\int_{L_i}^{L_f} dL = L_f - L_i \equiv \Delta L$$

가 되어, 식(8.98)은

$$\Delta L = L_f - L_i = \int_{t_i}^{t_f} \tau_{알짜}\,dt \tag{8.99}$$

가 된다. 특히 $\tau_{알짜}$가 시간 $\Delta t = t_f - t_i$동안에 일정하면 오른쪽 적분은

$$\int_{t_i}^{t_f} \tau_{알짜}\,dt = \tau_{알짜}\,\Delta t \tag{8.100}$$

가 된다. 따라서 $\tau_{알짜}$가 일정한 경우,

$$\Delta L = \tau_{알짜}\,\Delta t \tag{8.101}$$

가 된다.

식(8.100)으로 표현되는 물리량 (돌림힘)×(시간)을 **회전충격량**(rotational impulse) 또는 **각충격량**(angular impulse)이라 한다. 따라서 식(8.99) 또는 식(8.101)은

> **강체에 작용한 돌림힘에 의한 회전충격량은 강체의 각운동량의 변화와 같다.**

는 것을 뜻한다. 이를 **회전충격량-각운동량 정리**(angular impulse-angular momentum theorem)라 한다. 이것은 병진운동에서 충격량-운동량 정리에 대응된다(식(4.4) 및 식(4.11) 참조).

예제 8.37 회전충격량-각운동량 정리

반지름 2.00 m, 질량 100 kg의 수평인 균질의 큰 회전원판이 그 중심을 지나는 연직 회전축 주위로 자유로이 5.00초마다 한 바퀴씩 회전하고 있다. 이 원판의 언저리에 접선 방향으로 힘 $F = 340$ N의 충격력을 0.200 s 동안 가하였다.

① 회전축에 대한 힘 F의 돌림힘을 구하라.
② 회전원판의 충격력으로 인한 각가속도는 얼마인가?
③ 충격력을 받은 후 각속도는 얼마인가?
④ 충격력으로 인한 각운동량의 변화는 얼마인가?
⑤ 위의 결과로부터 회전충격량-각운동량 정리가 성립하는지 확인하라.

풀이 ① 회전축에 대한 충격력 $F = 340$ N의 회전원판에 작용한 돌림힘은 식(8.8)에 의하여

$$\tau = RF = (2.00\ \mathrm{m}) \times (340\ \mathrm{N}) = 680\ \mathrm{N \cdot m} \tag{8.102}$$

이다.

② 충격력으로 인한 각가속도는 회전운동 방정식 $I\alpha = \tau_{알짜}$에 의하여 주어지는 데, 관성모먼트 I는

$$I = \frac{1}{2}MR^2 = \frac{1}{2} \times (100\ \mathrm{kg}) \times (2.00\ \mathrm{m})^2 = 200\ \mathrm{kg \cdot m^2} \tag{8.103}$$

이므로, 각가속도 α는

$$\alpha = \frac{\tau_{알짜}}{I} = \frac{680\ \mathrm{N \cdot m}}{200\ \mathrm{kg \cdot m^2}} = 3.40\ \mathrm{rad/s^2}$$

이다.

③ 회전원판은 등각가속도운동이므로 충격력을 받은 후 각속도는 식(8.5)에 의하여

$$\omega = \omega_0 + \alpha t = (1.256\text{ rad/s}) + (3.40\text{ rad/s}^2) \times (0.200\text{ s}) \\ = 1.936\text{ rad/s} \cong 1.94\text{ rad/s} \tag{8.104}$$

이다. 여기서 처음 각속도는

$$\omega_0 = \left(\frac{1\text{ rev}}{5.00\text{ s}}\right) \times \left(\frac{2\pi\text{ rad}}{1\text{ rev}}\right) = 0.4\pi\text{ rad/s} = 1.256\text{ rad/s} \tag{8.105}$$

임을 이용하였다.

④ 충격력으로 인한 각운동량의 변화

$$\Delta L = L_{\text{f}} - L_{\text{i}} = I\omega - I\omega_0$$

는, 위의 결과를 고려하면

$$\Delta L = I(\omega - \omega_0) = (200\text{ kg}\cdot\text{m}^2) \times (1.936\text{ rad/s} - 1.256\text{ rad/s}) \\ = 136.0\text{ J}\cdot\text{s} = 136\text{ J}\cdot\text{s} \tag{8.106}$$

이다.

⑤ 회전충격량은 ①의 결과에 의하여

$$\tau\Delta t = (680\text{ N}\cdot\text{m}) \times (0.200\text{ s}) = 136\text{ J}\cdot\text{s}$$

가 된다. 이를 식(8.106)과 비교하면 회전충격량-운동량 정리

$$\Delta L = \tau_{\text{알짜}}\Delta t$$

가 성립함이 확인된다.

○ 각운동량 보존

회전운동 방정식(각운동량 정리) 식(8.92) 또는 회전충격량-각운동량 정리식(8.99), 식(8.101)에 의하여

$$\tau_{\text{알짜}} = \sum_i \tau_i = 0 \rightleftarrows \Delta L = 0 \text{ 또는 } L = (\text{일정}) \tag{8.107}$$

임을 알 수 있다. 곧

> **강체에 작용하는 알짜 돌림힘이 0이면 강체의 각운동량은 일정하게 보존된다.**

이를 **각운동량 보존법칙**(law of conservation of angular momentum)이라 한다. 이것은 병진운동에서 운동량 보존법칙에 대응된다.

역학계가 바깥으로부터 고립되어 있는 경우, 바깥힘이나 돌림힘을 바깥으로부터 받지 않으

므로 운동량 및 각운동량이 보존된다. 각운동량 보존법칙도 자연의 기본법칙으로, 뉴턴 역학이 적용되지 않는 넘원자 세계에서도 고립계이면 성립한다.

○ 병진운동과 회전운동 사이의 대응관계

이제까지의 학습에서 병진운동과 고정된 회전축 주위의 회전운동 사이에는 **표 1.10**과 같은 운동의 기술에서 대응관계 외에도, 역학적인 관계식에도 대응관계가 있다. 이들을 **표 8.2**에 모아 놓았다.

표 8.2 병진운동과 회전운동에서 역학적 물리량의 비교

(일차원)병 진 운 동	회 전 운 동(고정축)
(병진(운동)관성) 질량 m	$I=\sum_i m_i r_i^2$ 관성모먼트(회전(운동)관성)
힘 F	$\tau = r_\perp F = rF_\perp$ 돌림힘
병진운동 방정식 $ma=F$	$I\alpha = \tau$ 회전운동 방정식
일 $W=\int_{x_0}^{x} F(x)dx$	$\int_{\theta_0}^{\theta} \tau(\theta)\, d\theta = W$ 일
$W=F\Delta x$	$\tau\Delta\theta = W$
일률 $P=Fv$	$\tau\omega = P$ 일률
운동에너지 $K=\frac{1}{2}mv^2$	$\frac{1}{2}I\omega^2 = K_{\text{rot}}$ 회전운동에너지
$K=\frac{p^2}{2m}$	$\frac{L^2}{2I} = K_{\text{rot}}$
일-에너지 정리 $W=\Delta K$	$\Delta K_{\text{rot}} = W$ 일-에너지 정리
$\int_{x_0}^{x} F(x)dx = \frac{1}{2}mv^2 - \frac{1}{2}mv_0^2$	$\frac{1}{2}I\omega^2 - \frac{1}{2}I\omega_0^2 = \int_{\theta_0}^{\theta}\tau\, d\theta$
선운동량 $p=mv$	$I\omega = L$ 각운동량
운동량 정리 $F=\frac{dp}{dt}$	$\frac{dL}{dt} = \tau$ 각운동량 정리
충격량 $F\Delta t$	$\tau\Delta t$ 회전충격량
충격량-운동량 정리 $F\Delta t = \Delta p$	$\Delta L = \tau\Delta t$ 회전충격량-각운동량 정리
$\int_{t_0}^{t} F(t)dt = mv - mv_0$	$I\omega - I\omega_0 = \int_{t_i}^{t_f}\tau(t)\, dt$

예제 8.38 두 회전원판의 충돌

관성모먼트가 I_A인 원판 A가 각속도 ω_i로 매끄러운 연직 방향의 굴대 주위로 자유로이 회전하고 있다. 관성모먼트가 I_B인 정지해 있던 다른 원판 B가 원판 A 위에 낙하하였다(**그림 8.44** 참조). 원판 B도 같은 회전축 주위로 자유로이 회전할 수 있는 원판이다. 두 원판 표면의 마찰 때문에 두 원판은 마침내 같은 각속도 ω_f로 회전하게 된다.

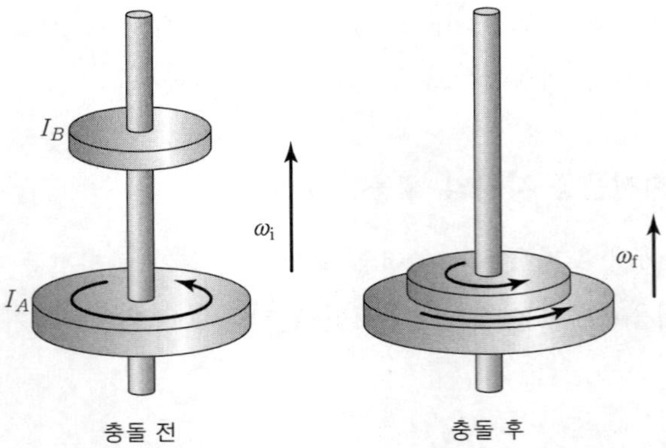

그림 8.44 회전원판의 충돌

① 각속도 ω_f를 구하라.

② 충돌로 인한 회전운동에너지의 변화를 구하라.

풀이 ① 각 원판은 서로 돌림힘을 미친다. 그러나 두 원판으로된 물리계의 바깥으로부터의 돌림힘은 없으므로 이 물리계의 각운동량이 보존된다. 이 물리계의 처음 각운동량 L_i는 원판 A의 각운동량 L_A와 같다. 곧

$$L_i = L_A = I_A \omega_i$$

이다. 나중 각운동량 L_f는 각 원판의 각운동량의 합과 같다. 곧

$$L_f = L_A + L_B = I_A \omega_f + I_B \omega_f = (I_A + I_B)\omega_f$$

이다. 각운동량 보존 $L_i = L_f$에 의하여

$$(I_A + I_B)\omega_f = I_A \omega_i \qquad \therefore\ \omega_f = \frac{I_A}{I_A + I_B}\omega_i$$

이다.

② 충돌 전 회전운동에너지는

$$K_i = \frac{1}{2} I_A \omega_i^2 + 0 = \frac{L_i^2}{2I_A}$$

이고, 충돌 후 회전운동에너지는

$$K_f = \frac{1}{2} I_A \omega_f^2 + \frac{1}{2} I_B \omega_f^2 = \frac{1}{2}(I_A + I_B)\omega_f^2 = \frac{L_f^2}{2(I_A + I_B)}$$

이므로 회전운동에너지의 차 ΔK_{rot}는 $L_i = L_f$이므로

$$\Delta K_{rot} = K_f - K_i = \frac{L_i^2}{2}\left(\frac{1}{I_A + I_B} - \frac{1}{I_A}\right) = -\frac{L_i^2}{2}\left(\frac{I_B}{I_A(I_A + I_B)}\right)$$

이다. 곧 회전운동에너지가 감소한다. 이는 병진운동의 경우, 비탄성충돌에 비유된다.

충돌 후 원판 A와 원판 B 사이에 작용하는 마찰력에 의하여 정지해 있던 원판 B에 돌림힘을 주어 회전시킨다. 이에 대해서 원판 B가 원판 A에 같은 크기의 돌림힘을 작용하여, 회전운동에너지가 소모되어, 전체적으로 회전운동에너지가 감소한다.

예제 8.39 회전원판

반지름 2.0 m, 질량 100 kg의 수평인 균질의 큰 회전원판이 그 중심을 지나는 연직 회전축 주위로 자유로이 5.0초마다 한 바퀴씩 회전하고 있다. 이 회전원판의 가장자리에 서 있던 질량 60 kg의 학생이 원판의 중심을 향하여 천천히 걸어 들어오고 있다(**그림 8.45** 참조).

① 학생이 중심으로부터 0.50 m의 지점에 이르렀을 때 회전원판의 각속도는 얼마인가?

② 운동에너지는 변화가 있는가?

풀이 | ① 회전축에 마찰이 없으므로 바깥으로부터 받는 돌림힘이 없다. 그래서 각운동량이 보존된다. 총 관성모먼트는 회전축에 대한 회전원판 및 학생의 관성모먼트의 합이다. 처음 및 나중 총 관성모먼트 I_i, I_f는 각각

$$I_i = \frac{1}{2} \times (100\ \mathrm{kg}) \times (2.0\ \mathrm{m})^2 + (60\ \mathrm{kg}) \times (2.0\ \mathrm{m})^2 = 440\ \mathrm{kg \cdot m^2}$$

$$I_f = \frac{1}{2} \times (100\ \mathrm{kg}) \times (2.0\ \mathrm{m})^2 + (60\ \mathrm{kg}) \times (0.50\ \mathrm{m})^2 = 215\ \mathrm{kg \cdot m^2}$$

이다. 처음 각속도는

$$\omega_i = \left(\frac{1\,\mathrm{rev}}{5\,\mathrm{s}}\right) \times \left(\frac{2\pi\ \mathrm{rad}}{1\,\mathrm{rev}}\right) = 0.400\pi\ \mathrm{rad/s}$$

이다. 나중 각속도를 ω_f라 하면 각운동량 보존법칙 $I_i\,\omega_i = I_f\,\omega_f$에 의하여

$$\omega_f = \frac{I_i}{I_f}\ \omega_i = \left(\frac{440\ \mathrm{kg \cdot m^2}}{215\ \mathrm{kg \cdot m^2}}\right) \times (0.400\pi\ \mathrm{rad/s}) = 0.819\pi\ \mathrm{rad/s} \cong 2.6\ \mathrm{rad/s}$$

이다.

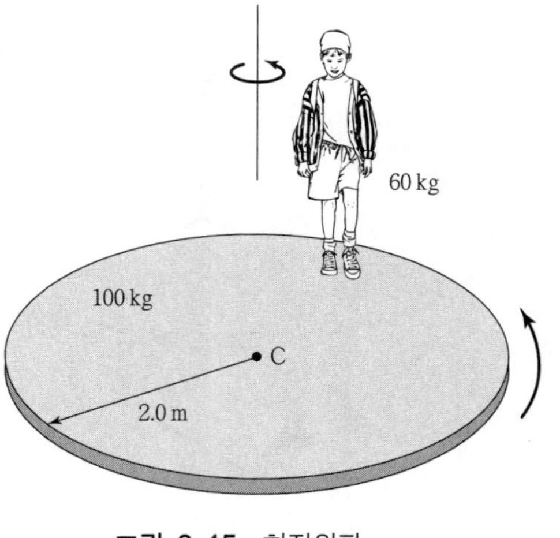

그림 8.45 회전원판

② 처음 및 나중 운동에너지는 각각

$$K_i = \frac{1}{2} I_i \omega_i^2 = \frac{1}{2} \times (440 \text{ kg} \cdot \text{m}^2) \times (0.400\pi \text{ rad/s})^2 = 347 \text{ J},$$

$$K_f = \frac{1}{2} I_f \omega_f^2 = \frac{1}{2} \times (215 \text{ kg} \cdot \text{m}^2) \times (0.819\pi \text{rad/s})^2 = 711 \text{ J}$$

이다. 따라서

$$\Delta K = K_f - K_i = 711 \text{ J} - 347 \text{ J} = 364 \text{ J} \cong 360 \text{ J}$$

이다. 곧 운동에너지가 증가하였다. 학생이 회전축 쪽으로 가까이 오는데 일을 했기 때문이다. 이 증가한 운동에너지는 학생의 생체내의 화학적 에너지로부터 나온 것이다.

예제 8.40 회전원판 올라타기

예제 8.39에서와 같은 반지름 2.0 m, 질량 100 kg의 큰 회전원판이 정지해 있다. 이 원판의 접선 방향으로 60 kg의 학생이 2.5 m/s의 속도로 달려와서 회전원판의 가장자리에 올라탔다(그림 8.46 참조). 회전원판 및 학생의 회전 각속도는 얼마인가?

풀이 | 학생이 회전원판에 올라설 때 비탄성 충돌을 하므로 역학적 에너지가 보존되지 않는다. 또, 올라설 때 회전축이 충격량을 주기 때문에 운동량도 보존되지 않는다. 그러나 회전축이 매끄러우므로 돌림힘을 작용하지 않아 회전축 주위의 각운동량은 보존된다.

학생이 회전원판에 올라서기 전 각운동량은 학생의 각운동량뿐이다. 학생이 회전원판에 올라서기 전 학생의 회전축에 대한 각운동량은 학생이 접선 방향으로 직선운동을 하고 있었으므로 팔의 길이 $r_\perp$는 회전원판의 반지름 $R = 2.0\,\text{m}$와 같고, 운동량은

$$p = mv = (60 \text{ kg}) \times (2.5 \text{ m/s})$$

이므로 처음 총 각운동량은 L_i는 식(8.95)에 의하여

$$L_i = r_\perp p = (2.0 \text{ m}) \times (60 \text{ kg}) \times (2.5 \text{ m/s}) = 300 \text{ kg} \cdot \text{m}^2/\text{s}$$

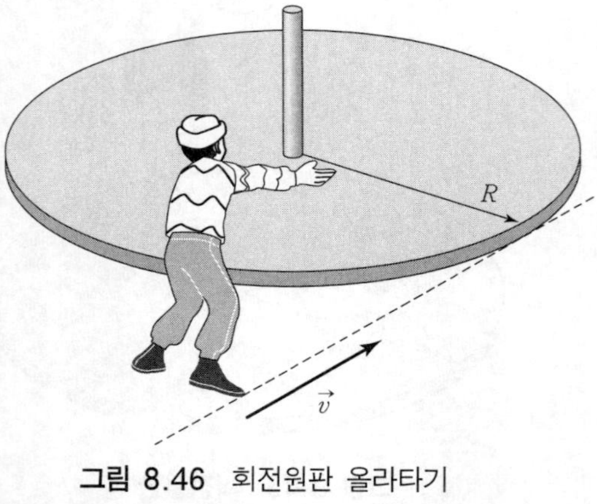

그림 8.46 회전원판 올라타기

이다.

학생이 회전원판에 올라선 후 각속도를 ω_f, 회전축에 대한 총 관성모먼트를 I라 하면, 학생이 올라선 후 총 각운동량 L_f는 $L_f = I\omega_f$로 주어진다. 여기서 관성모먼트 I는 회전축에 대한 회전원판의 관성모먼트 $I_{원판}$ 및 학생의 관성모먼트 $I_{학생}$의 합이다. 따라서 학생이 올라선 후 총 각운동량 L_f는

$$L_f = (I_{원판} + I_{학생})\,\omega_f$$
$$= \left(\frac{1}{2}\times(100\ \text{kg})\times(2.0\ \text{m})^2 + (60\ \text{kg})\times(2.0\ \text{m})^2\right)\omega_f = (440\ \text{kg}\cdot\text{m}^2)\,\omega_f$$

이다. 각운동량 보존법칙 $L_i = L_f$에 의하여 회전원판의 각속도 ω_f는

$$\omega_f = \frac{300\ \text{kg}\cdot\text{m}^2/\text{s}}{440\ \text{kg}\cdot\text{m}^2} = 0.682\ \text{rad/s} \cong 0.68\ \text{rad/s}$$

이다.

예제 8.41 원판과 막대의 충돌

매끄러운 수평인 얼음 평면 위에 길이 4.0 m, 질량 1.0 kg의 균질인 가는 막대가 놓여 있다. 이 얼음 평면 위에서 질량 2.0 kg의 원판이 3.0 m/s의 속도로 달려와서 가는 막대의 한쪽 끝과 수직으로 충돌하였다(**그림 8.47** 참조). 충돌 후 원판은 운동 방향이 바뀌지 않고 같은 직선을 따라서 운동했다. 충돌 후 원판의 속도 $v_{원}$, 충돌 후 가는 막대의 병진운동 속도 $v_{막}$ 및 충돌 후 가는 막대의 회전 각속도 ω를 ① 완전 탄성충돌 및 ② 완전 비탄성충돌의 경우 각각 구하라.

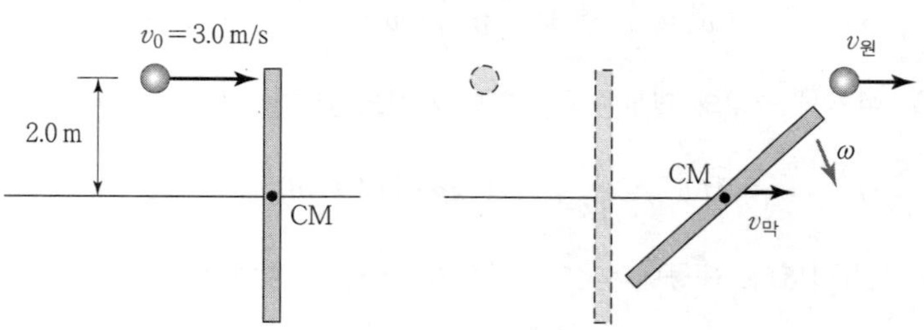

그림 8.47 원판과 가는 막대의 탄성충돌

풀이 | ① 탄성충돌 : 원판이 가는 막대의 한쪽 끝에 충돌하였으므로 막대는 질량중심 주위로 회전하고, 동시에 병진운동도 한다. 충돌 후 막대의 병진운동 속도는 막대의 질량중심의 속도와 같다. 매끄러운 얼음 평면 위에서 충돌했으므로 원판 및 막대로 이루어지는 물리계가 바깥으로부터 받는 힘이 없다. 곧 물리계{원판, 막대}는 고립계이다. 따라서 역학적 에너지, 운동량 및 각운동량이 보존된다. 그런데 구해야 할 미지수가 3개{ $v_{원}$, $v_{막}$, ω}이므로 이들 사이의 관계를 나타내는 방정식이 3개 필요하다. 이들은 위의 보존량으로부터 얻어질 것이다.

먼저, **운동량이 보존된다**. 충돌 전 총 운동량 P_i는 원판의 처음 운동량과 같다. 곧

$$P_i = (2.0\ \text{kg}) \times (3.0\ \text{m/s}) = 6.0\ \text{kg} \cdot \text{m/s}$$

이다. 충돌 후 총 운동량 P_f는 충돌 후 원판 및 막대의 운동량의 합이므로

$$P_f = (2.0\ \text{kg}) v_{원} + (1.0\ \text{kg}) v_{막}$$

이다. 따라서 운동량 보존법칙 $P_i = P_f$에 의하여

$$(2.0\ \text{kg}) v_{원} + (1.0\ \text{kg}) v_{막} = 6.0\ \text{kg} \cdot \text{m/s} \tag{8.108}$$

를 얻는다.

또, 이 물리계는 고립계일 뿐만 아니라 원판이 막대와 탄성충돌하였으므로 **운동에너지가 보존된다**. 충돌 전 총 운동에너지 K_i는 원판의 운동에너지와 같으므로

$$K_i = \frac{1}{2} \times (2.0\ \text{kg}) \times (3.0\text{m/s})^2 = 9.00\ \text{J}$$

이고, 충돌 후 총 운동에너지 K_f는 충돌 후 원판의 병진운동에너지 $K_{원}$ 및 막대의 병진운동에너지 $K_{막}$ 그리고 막대의 충돌 후 질량중심 주위의 회전운동에너지 K_{rot}의 합이다. 곧

$$K_f = K_{원} + K_{막} + K_{rot}$$

이다. 이들은 각각

$$K_{원} = \frac{1}{2} \times (2.0\ \text{kg}) \times v_{원}^2 = (1.0\ \text{kg}) v_{원}^2,$$

$$K_{막} = \frac{1}{2} \times (1.0\ \text{kg}) \times v_{막}^2 = (0.50\ \text{kg}) v_{막}^2,$$

$$K_{rot} = \frac{1}{2} I \omega^2 = \frac{1}{2} \left(\frac{4}{3}\ \text{kg} \cdot \text{m}^2 \right) \times \omega^2 = \left(\frac{2}{3}\ \text{kg} \cdot \text{m}^2 \right) \omega^2$$

이다. 여기서 막대의 질량중심 주위의 관성모먼트가

$$I_{CM} = \frac{1}{12} M L^2 = \frac{1}{12} \times (1.0\ \text{kg}) \times (4.0\ \text{m})^2 = \frac{4}{3}\ \text{kg} \cdot \text{m}^2$$

임을 이용하였다. 운동에너지의 보존 $K_i = K_f$에 의하여

$$(1.0\ \text{kg}) v_{원}^2 + (0.50\ \text{kg}) v_{막}^2 + \left(\frac{2}{3}\ \text{kg} \cdot \text{m}^2 \right) \omega^2 = 9.0\ \text{J} \tag{8.109}$$

를 얻는다.

끝으로, 이 물리계에는 **각운동량이 보존된다**. 지금 막대가 질량중심 CM 주위로 회전하므로 막대의 각운동량은 질량중심 CM에 대한 각운동량을 구하는 것이 편리하다. 따라서 병진운동을 하는 원판의 각운동량도 막대의 질량중심 CM에 대한 각운동량이어야 한다. 충돌 후 막대의 각운동량 $L_{막;f}$는

$$L_{막;f} = I_{CM}\, \omega = \left(\frac{4}{3}\ \text{kg} \cdot \text{m}^2 \right) \omega$$

이다. 막대의 질량중심 CM에 대한 병진운동을 하는 원판의 충돌 전 각운동량 $L_{원;\mathrm{i}}$ 및 충돌 후 각운동량 $L_{원;\mathrm{f}}$는 각각

$$L_{원;\mathrm{i}} = -r_\perp m v_0 = -(2.0\ \mathrm{m})\times(2.0\ \mathrm{kg})\times(3.0\ \mathrm{m/s}) = -12.0\ \mathrm{kg\cdot m^2/s},$$
$$L_{원;\mathrm{f}} = -r_\perp m_{원} v_{원} = -(2.0\ \mathrm{m})\times(2.0\ \mathrm{kg})\times v_{원} = -(4.0\ \mathrm{kg\cdot m})v_{원}$$

이다. 충돌 전, 후의 총 각운동량 L_i, L_f는 각각

$$L_\mathrm{i} = L_{원;\mathrm{i}} = -12.0\ \mathrm{kg\cdot m^2/s},$$
$$L_\mathrm{f} = L_{원;\mathrm{f}} + L_{막;\mathrm{f}} = -(4.0\ \mathrm{kg\cdot m})v_{원} + \left(\frac{4}{3}\ \mathrm{kg\cdot m^2}\right)\omega$$

이므로, 각운동량 보존법칙 $L_\mathrm{i} = L_\mathrm{f}$에 의하여

$$-(4.0\ \mathrm{kg\cdot m})v_{원} + \left(\frac{4}{3}\ \mathrm{kg\cdot m^2}\right)\omega = -12.0\ \mathrm{kg\cdot m^2/s} \qquad (8.110)$$

를 얻는다.

이제 각 보존법칙으로부터 얻은 관계식(8.108), 식(8.109) 및 식(8.110)을 연립하여 풀면 미지수 3개$\{v_{원},\ v_{막},\ \omega\}$를 구할 수 있다. 이들 관계식을 정리하면

$$\text{운동량 보존}: (2.0\ \mathrm{kg})v_{원} + (1.0\ \mathrm{kg})v_{막} = 6.0\ \mathrm{kg\cdot m/s} \qquad (8.108)$$
$$\text{운동에너지 보존}: (3.0\ \mathrm{kg})v_{원}^2 + (1.5\ \mathrm{kg})v_{막}^2 + (2.0\ \mathrm{kg\cdot m^2})\omega^2 = 27\ \mathrm{J} \qquad (8.111)$$
$$\text{각운동량 보존}: -(3.0\ \mathrm{kg\cdot m})v_{원} + (1.0\ \mathrm{kg\cdot m^2})\omega = -9.0\ \mathrm{kg\cdot m^2/s} \qquad (8.112)$$

이 된다. 식(8.108)을 이용하여 식(8.111)로부터 $v_{막}$를 소거하고, 식(8.112)를 이용하여 식(8.111)로부터 ω를 소거하여 정리하면

$$(3.0\ \mathrm{kg})v_{원}^2 - (16\ \mathrm{kg\cdot m/s})v_{원} + (21\ \mathrm{kg\cdot m^2/s^2}) = 0$$

를 얻는다. 근의 공식에 의하여 이 방정식의 근은

$$v_{원} = \frac{7}{3}\ \mathrm{m/s} \quad \text{또는} \quad v_{원} = 3.0\ \mathrm{m/s}$$

이다. 여기서 $v_{원} = 3.0\ \mathrm{m/s}$를 식(8.108) 및 식(8.112)에 대입하면 $v_{막} = 0$, $\omega = 0$가 된다. 따라서 이것은 답이 될 수 없다. 충돌 후 원판의 속도가 $v_{원} = \frac{7}{3}\ \mathrm{m/s}$이면 식(8.108) 및 식(8.112)로부터 각각 $v_{막} = \frac{4}{3}\ \mathrm{m/s}$, $\omega = -2.0\ \mathrm{rad/s}$를 얻는다. 따라서 충돌 후 원판 및 막대의 속도, 막대의 회전 각속도는 각각

$$v_{원} = \frac{7}{3}\ \mathrm{m/s} \cong 2.3\ \mathrm{m/s},\quad v_{막} = \frac{4}{3}\ \mathrm{m/s} \cong 1.3\ \mathrm{m/s},\quad \omega = -2.0\ \mathrm{rad/s}$$

이다.

② 완전 비탄성충돌 : 완전 비탄성충돌의 경우에는 원판과 가는 막대가 한데 뭉쳐서 한 덩어리가 되므로 충돌 후 원판 및 막대로 된 물리계는 병진운동(그 질량중심 G의 직선운동) 및 질량중심 G 주위로 회전운동을 한다. 그래서 충돌 후 원판 및 막대의 병진운동 속도는 서로 같다.

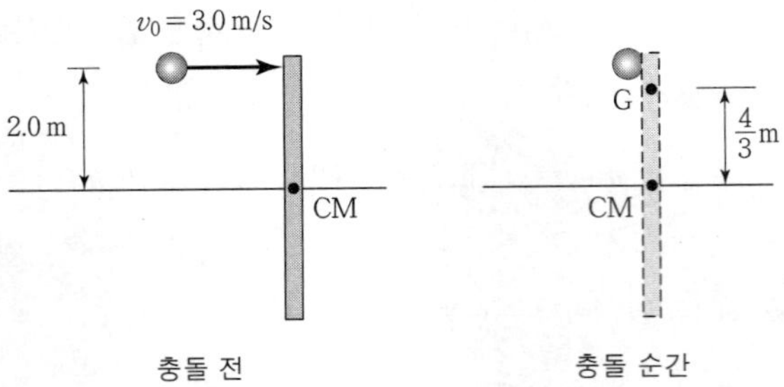

그림 8.48 원판과 가는 막대의 비탄성충돌

곧 $v_{원} = v_{막} = v_G$이다. 여기서 v_G는 충돌 후 물리계{원판, 막대}의 질량중심 G의 속도이다. 따라서 구해야 할 미지수는 2개 $\{v_G,\ \omega\}$이다. 이들은 운동량 및 각운동량의 두 보존량으로부터 얻어진다.

질량중심 G의 속도 v_G는 운동량보존법칙에 의하여 주어진다. 충돌 전 총 운동량은 원판의 충돌 전 운동량과 같으므로

$$P_i = (2.0\ \text{kg}) \times (3.0\ \text{m/s}) = 6.0\ \text{kg} \cdot \text{m/s}$$

이고, 충돌 후 총 운동량은

$$P_f = (2.0\ \text{kg} + 1.0\ \text{kg})v_G = (3.0\ \text{kg})v_G$$

이다. 따라서 운동량의 보존 $P_i = P_f$에 의하여

$$(3.0\ \text{kg})v_G = 6.0\ \text{kg} \cdot \text{m/s} \qquad \therefore\ v_G = \frac{6.0\ \text{kg} \cdot \text{m/s}}{3.0\ \text{kg}} = 2.0\ \text{m/s}$$

이다. 이것은 식(8.108)로부터 곧바로 얻을 수도 있다.

충돌 후 각속도 ω는 각운동량 보존법칙에 의하여 주어진다. 병진운동을 하는 원판의 각운동량 및 막대의 각운동량은 물리계{원판, 막대}의 질량중심 G에 대한 각운동량이 편리하다. 질량중심 G의 충돌 순간의 좌표는 막대의 질량중심 CM을 원점으로 하여 $G(x_G,\ y_G)$이라 하면,

$$x_G = 0,$$
$$y_G = \frac{(2.0\ \text{kg}) \times (2.0\ \text{m}) + (1.0\ \text{kg}) \times 0}{(2.0\ \text{kg}) + (1.0\ \text{kg})} = \frac{4}{3}\ \text{m} \cong 1.33\ \text{m}$$

이다.

따라서 충돌 전 물리계{원판, 막대}의 총 각운동량은 점 G에 대한 원판의 각운동량과 같으므로 충돌 전 총 각운동량 L_i는

$$L_i = L_{원;i} = -\left(2.0\ \text{m} - \frac{4}{3}\ \text{m}\right) \times (2.0\ \text{kg}) \times (3.0\ \text{m/s}) = -4.0\ \text{kg} \cdot \text{m}^2/\text{s}$$

이고, 충돌 후 총 각운동량 L_f는 점 G에 대한 원판 및 막대의 각운동량의 합

$$L_f = L_{원;f} + L_{막;f}$$

로 주어진다. 점 G 주위의 각속도를 ω, 관성모멘트를 각각 $I_{원}$, $I_{막}$라 하면

$$L_{원} = I_{원}\,\omega, \quad L_{막} = I_{막}\,\omega$$

인데, 여기서

$$I_{원} = 2.0\,\mathrm{kg} \times \left(2.0\,\mathrm{m} - \frac{4}{3}\,\mathrm{m}\right)^2 = \frac{8}{9}\,\mathrm{kg \cdot m^2},$$

$$I_{막} = I_{\mathrm{G}} = I_{\mathrm{CM}} + Mr_{\mathrm{CM}}^2$$

$$= \frac{4}{3}\,\mathrm{kg \cdot m^2} + 1.0\,\mathrm{kg} \times \left(\frac{4}{3}\,\mathrm{m}\right)^2 = \frac{28}{9}\,\mathrm{kg \cdot m^2}$$

이다. $I_{막}$의 경우에는 평행축 정리를 이용하였다. 따라서

$$L_{\mathrm{f}} = L_{원;\mathrm{f}} + L_{막;\mathrm{f}} = I_{원}\,\omega + I_{막}\,\omega = (I_{원} + I_{막})\omega$$

$$= \left(\frac{8}{9}\,\mathrm{kg \cdot m^2} + \frac{28}{9}\,\mathrm{kg \cdot m^2}\right)\omega = (4.0\,\mathrm{kg \cdot m^2})\omega$$

이다. 각운동량의 보존 $L_{\mathrm{f}} = L_{\mathrm{i}}$에 의하여

$$(4.0\,\mathrm{kg \cdot m^2})\omega = -4.0\,\mathrm{kg \cdot m^2/s} \qquad \therefore\ \omega = -1.0\,\mathrm{rad/s}$$

이다.

8.6 강체의 굴림운동

이제까지 강체의 운동은 기준틀에 회전축이 고정된 경우에 한해서 고찰하였다. 곧 강체가 회전운동만 하는 경우에 대해서 생각하여 왔다. 이제 강체의 회전축이 기준틀에 대해서 병진운동을 하는 경우의 강체 운동에 대해서 고찰한다. 이 경우 강체의 각 질점은 기준틀에서 볼 때, 기준틀에 고정된 한 평면에 나란한 평면 내에서 회전운동뿐 아니라 병진운동을 한다. 이런 운동을 강체의 **굴림운동**(rolling motion)이라 한다.

원기둥이 평면 위에서 굴러가는 경우는 좋은 보기이다. 이 경우 회전축은 원기둥의 축이고, 이 축은 평면 위 같은 높이에서 병진운동을 하고, 강체의 각 질점은 회전축 주위로 모두 같은 각속도로 원운동을 한다. **그림 8.49**는 이 원기둥의 언저리에 있는 한 점의 운동 및 원기둥의 축의 운동을 축 방향에서 본 모양을 나타내는 사진이다. 원기둥의 중심축은 평면에 나란한 직선궤도(가로 직선)를 따라서 운동하는 데 대하여 원기둥의 언저리에 있는 점은 곡선궤도를 따라서 운동한다. 이런 곡선을 **사이클로이드**(cycloid)라 부른다.

그림 8.49 원기둥 언저리 한 점의 궤도 곡선 모양 : 사이클로이드 곡선

이 곡선은 평면 위의 한 직선을 따라서 굴러 가는 자전거 바퀴의 언저리에 있는 한 점의 운동궤도이기도 하다. 곧 사이클로이드 곡선은 기준틀에서 본 바퀴 중심(질량중심 CM)의 병진운동과 그 중심에서 본 바퀴 가장자리에 있는 점의 중심에 대한 회전운동(원운동)이 결합된 운동궤도를 나타낸다. 따라서 굴림운동은

$$(\text{굴림운동}) = (\text{CM의 병진운동}) + (\text{CM 주위의 회전운동}) \tag{8.113}$$

임을 알 수 있다(**그림 8.51** 참조). 따라서 굴림운동은

$$\text{CM의 병진운동 방정식} \qquad Ma_{\text{CM}} = \sum_i F_i \tag{8.114}$$

$$\text{CM 주위의 회전운동 방정식} \quad I_{\text{CM}}\,\alpha = \sum_i \tau_{\text{CM};\,i} \tag{8.115}$$

에 의하여 기술된다.

자전거를 타고 달릴 때, 길바닥에 물이 있든지, 매끄러우면 자전거 바퀴가 환경에 따라서 미끄러지기도 한다. 자전거 바퀴의 굴림운동에서 미끄러짐이 없는 경우 및 미끄러짐이 있는 경우를 생각할 수 있다. 이들 각각의 경우, 병진운동과 회전운동 사이의 간단한 관계를 살펴본다.

◎ 안 미끄러지는 회전

자전거 바퀴가 미끄러지지 않는 경우, 자전거 바퀴 테의 임의의 한 점(길 바닥과의 접촉점)이 회전한 원호의 길이 Δs와 자전거 바퀴의 접촉점이 길바닥에서 이동한 거리 $\Delta \ell$이 서로 같다(**그림 8.50** 참조). 곧

$$\Delta s = \Delta \ell \tag{8.116}$$

이다. 도르래에 감긴 밧줄이 미끄러지지 않는 경우에도 도르래의 가장자리에 있는 임의의 한 점이 회전한 원호의 길이를 Δs, 늘어나지 않는 밧줄의 임의의 한 점이 도르래의 회전으로 이동한 거리를 $\Delta \ell$이라 하면 똑같은 관계식이 성립한다. 위의 관계식은 자전거 바퀴나 도르래

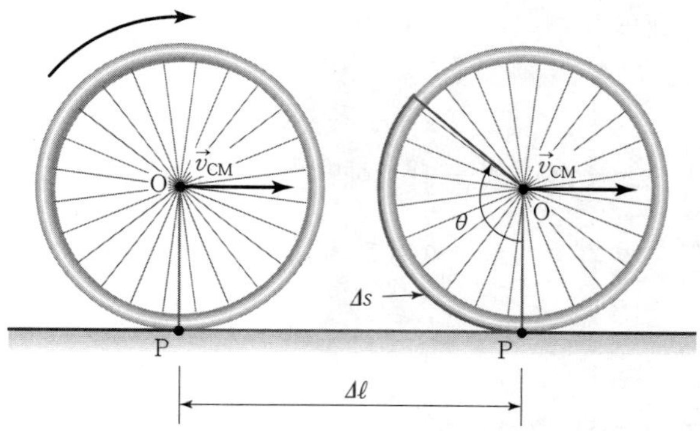

그림 8.50 자전거 바퀴의 회전

에 감긴 밧줄이 **안 미끄러질 조건**(nonslip condition)이다. 이와같이 물체의 운동에 부가된 조건을 일반적으로 **구속조건**(constraint)이라 한다.

식(8.116)에서 호의 길이 Δs는, 자전거 바퀴의 반지름을 R, 회전 각변위를 $\Delta\theta$라 하면 $\Delta s = \Delta\theta R$가 되어, 식(8.116)은

$$\Delta\theta\, R = \Delta \ell \tag{8.117}$$

이 된다. 양변을 시간 Δt로 나누면 $\dfrac{\Delta\theta}{\Delta t} = \omega$, $\dfrac{\Delta \ell}{\Delta t} = v_{CM}$이므로

$$\omega R = v_{CM} \tag{8.118}$$

를 얻는다. 여기서 ω는 자전거 바퀴의 회전 각속도이고, v_{CM}는 자전거 바퀴의 질량중심의 속도다. 또, 이를 시간에 대해서 한 번 더 미분하면

$$\alpha R = a_{CM} \tag{8.119}$$

가 된다. 여기서 a_{CM}은 바퀴의 질량중심의 가속도이다. 이들 식(8.116)~(8.119)는 자전거 바퀴와 같은 굴림운동에서 **안 미끄러질 조건**이다. 이들 조건식에서 물리량$\{\Delta \ell,\ v_{CM},\ a_{CM}\}$ 및 물리량$\{\Delta\theta,\ \omega,\ \alpha\}$는 각각 병진운동 및 회전운동에 관계되는 물리량들이다.

한편, 바퀴가 미끄러지는 경우에는 식(8.116)과 같은 등식이 성립하지 않는다. 곧

$$\Delta s \neq \Delta \ell$$

이다. 만일

$\Delta s < \Delta \ell$ 이면, 자전거 바퀴가 내리막을 미끄러지면서 굴러 내려가는 경우

$\Delta s > \Delta \ell$ 이면, 자전거 바퀴가 오르막을 미끄러지면서 굴러 올라가는 경우

이다. 미끄러지는 경우에는

$$\Delta s \leqq \Delta \ell$$

의 관계식이 성립한다. $\Delta s = R\Delta\theta$임을 생각하면

$$R\Delta\theta \leqq \Delta\ell, \quad \omega R \leqq v_{CM}, \quad \alpha R \leqq a_{CM}$$

의 관계식을 얻는다.

◎ 순수한 회전운동으로서 굴림운동

자전거 바퀴나 원기둥이 평면에서 굴림운동을 하는 경우, 평면은 기준틀이다. **그림 8.51**에서 보는 바와 같이, 자전거 바퀴의 굴림운동을 질량중심을 지나는 회전축의 병진운동으로 인한 바퀴의 순수한 병진운동(**그림 8.51(a)**)과 질량중심에서 본 각 질점의 질량중심 주위의 순수한 회전운동(**그림 8.51(b)**)으로 분해할 수 있다. **그림 8.51(a)**에서 회전축의 병진운동 속도를 v_{CM}이라 하면 바퀴의 모든 질점의 속도도 v_{CM}이고, 그림 **8.51(b)**에서 회전축(또는 질량중심) 주위의 각속도를 ω라 하면 바퀴의 언저리에 있는 질점들의 접선 방향의 선속도는 모두 ωR이다. 미끄러짐이 없다면 질량중심의 속도와 질량중심 주위의 회전 각속도 사이에는 $v_{CM} = \omega R$의 관계식이 성립한다. 따라서 이들 두 경우(**그림 8.51(a)** 및 **(b)**)를 결합하면 **그림 8.51(c)**와 같은 실제 굴림운동을 얻는다. 곧 굴림운동을 하는 바퀴의 각 질점의 속도는 질량중심의 속도에 질량중심에 대한 각 질점의 상대속도를 벡터 더하기 한 것과 같다.

그 결과 **그림 8.51(c)**에서 바퀴의 가장 아래 있는 접촉점 P의 속도는

$$v_P = v_{CM} - \omega R = v_{CM} - v_{CM} = 0$$

이다. 이것은 바퀴가 평면에서 미끄러짐이 없으므로 접촉점은 기준틀인 평면에 대해서 순간적으로 정지해 있다는 사실과 일치한다. 그 순간의 질량중심 O의 속도는 v_{CM}이므로, 제일 높은 점 Q의 속도 v_Q는

$$v_Q = v_{CM} + \omega R = v_{CM} + v_{CM} = 2v_{CM}$$

으로 제일 빠르다. **그림 8.51(c)**에서 굵은 벡터화살표는 굴림운동을 하는 바퀴의 각 질점의 순간속도벡터를 나타낸다.

따라서 바퀴의 굴림운동을 접촉점 P를 지나고 질량중심을 지나는 회전축(바퀴의 회전축)에 나란한 "순간적인 회전축" 주위의 "순수한 회전운동"이라고 볼 수 있다. 그런데 그 각속도는 질량중심을 지나는 회전축 주위의 각속도와 같다. 왜냐하면 그 각속도를 ω라 한다면, 제일 높은 점 Q의 속도 v_Q는 점 P로부터 거리가 $2R$이므로

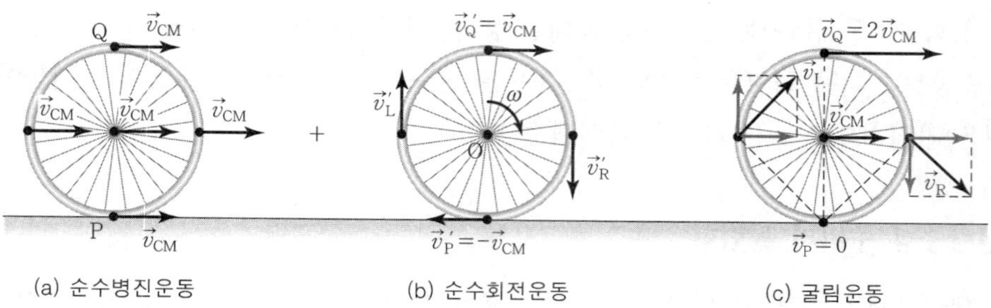

그림 8.51 바퀴의 굴림운동

$$v_Q = \omega(2R) = 2\omega R = 2v_{CM}$$

가 되어 **그림 8.51(c)**의 결과와 일치하기 때문이다. 굴림운동에서 마찰력이 작용한다면 이것은 정지마찰력이므로 이에 의한 에너지 소모는 없다.

◎ 굴림운동의 운동에너지

각속도 ω로 회전하는 바퀴의 굴림운동을 접촉점 P 주위의 순수한 각속도 ω의 회전운동이라고 보면, 이 바퀴의 운동에너지는

$$K = \frac{1}{2} I_P \omega^2 \tag{8.120}$$

으로 주어진다. 여기서 I_P는 접촉점 P를 지나는 회전축에 대한 바퀴의 관성모멘트이다. 따라서 관성모멘트의 평행축 정리식(8.21)에 의하여 I_P는, 바퀴의 질량을 M, 바퀴의 질량중심을 지나는 회전축에 대한 관성모멘트를 I_{CM}이라 하면

$$I_P = MR^2 + I_{CM}$$

로 주어진다. 이를 식(8.120)에 대입하면 운동에너지는

$$K = \frac{1}{2} MR^2 \omega^2 + \frac{1}{2} I_{CM} \omega^2 = \frac{1}{2} M v_{CM}^2 + \frac{1}{2} I_{CM} \omega^2$$

로 표현된다. 여기서 첫째 항은 질량중심의 병진운동에너지를, 둘째 항은 질량중심 주위의 회전운동에너지를 각각 나타낸다. 곧

> **굴림운동을 하는 강체의 운동에너지는**
>
> **(CM의 병진운동에너지) + (CM주위의 회전운동에너지)**
>
> **로 주어진다.**

여기서 회전운동에너지는 질량중심에 대한 상대운동에너지이기도 하다. 강체의 굴림운동에서 질량중심을 지나는 회전축 주위의 회전운동은 질량중심에 대한 상대운동이기 때문이다. 이런 사실은 간접적으로 식(8.113)을 확인해준다.

○ 질량중심 주위의 돌림힘

굴림운동 문제를 다룰 때 질량중심이나 그 외 다른점, 예를 들면 접촉점 P에 대한 회전운동 방정식을 세워 문제 해결에 사용했다. 이 두 점은 모두 관성기준틀에 고정된 점들이다. 그러나 가속도운동을 하는 기준틀에서는 질량중심을 제외한 다른 점 주위의 돌림힘을 계산할 때에는 주의가 필요하다. 관성력을 도입해야 하는 경우가 종종 있다. 곧 "질량중심은 가속도운동을 하더라도 질량중심 주위의 회전운동 방정식(8.115)는 그대로 성립하나", 질량중심이 아닌 다른 점, 예를 들면 접촉점 P의 경우에는 가속도운동을 하면, 점 P 주위의 회전운동 방정식

$$I_{\mathrm{P}}\,\alpha = \sum_i \tau_{\mathrm{P};i} \tag{8.121}$$

그대로 성립하지 않는다(**예제 8.43** 및 **예제 9.5** 참조). I_{P} 및 τ_{P}는 점 P 주위의 관성모멘트 및 돌림힘이다.

예제 8.42 비탈면에서 굴림운동

반지름이 R, 질량이 M인 균질의 원기둥이 중력에 의하여 비탈각이 θ인 비탈면을 따라 미끄러짐이 없이 굴러 내려오고 있다(**그림 8.52** 참조). 원기둥 및 비탈면이 완전한 강체라고 한다.

① 질량중심의 가속도를 구하라.

② 미끄러짐이 없이 굴러내려오기 위해서는 정지 마찰계수는 적어도 얼마라야 하는가?

③ 만일 원기둥이 아니고 속이 찬 같은 반지름, 같은 질량의 공이라면 ① 및 ②의 답은 어떻게 되는가?

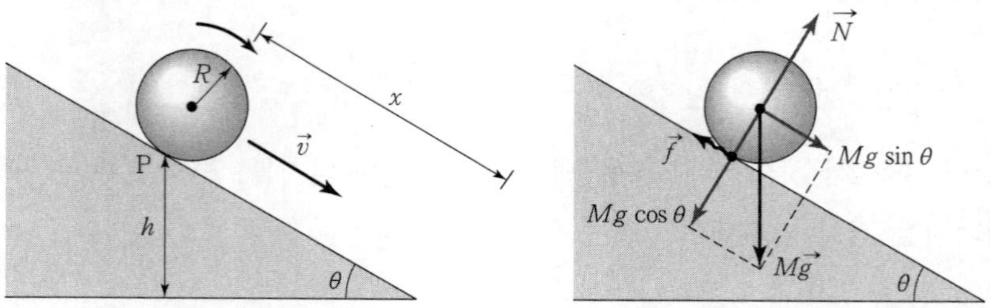

그림 8.52 비탈을 굴러 내려오는 원기둥의 운동

풀이 | ① 이 문제는 원기둥의 굴림운동에 관한 문제로 (a) 운동방정식의 방법 및 (b) 에너지 방법으로 풀 수 있다.

(a) 운동방정식을 이용한 방법 : 원기둥의 굴림운동은 i) 질량중심의 병진운동과 질량중심 주위의 회전운동의 복합적인 운동, 또는 ii) 순간회전축 주위의 순수회전운동으로 볼 수 있으므로 운동방정식을 이용하는 경우에도 두 가지 방법이 있다.

i) (굴림운동)=(CM의 병진운동)+(CM주위의 회전운동)의 방법 : 질량중심의 병진운동 방정식 및 질량중심 주위의 회전운동 방정식은 각각 식(8.114) 및 식(8.115)에 의하여

병진운동 방정식 : $Ma_{\mathrm{CM}} = Mg\sin\theta - f$ (8.122)

회전운동 방정식 : $I_{\mathrm{CM}}\,\alpha = \sum_i \tau_{\mathrm{CM};\,i}$ (8.123)

로 주어진다. 이들은 이 문제의 바탕이 되는 방정식이다. 여기에 원기둥의

안 미끄러짐 조건 : $a_{\mathrm{CM}} = \alpha R$ (8.124)

가 추가되어야 한다.

병진운동 방정식(8.122)에서 f는 원기둥과 비탈면의 접촉점에 작용하는 마찰력이다. 회전운동 방정식(8.123)에서, τ_{CM}은 원기둥에 작용하는 힘들의 질량중심에 대한 돌림힘으로 마찰력 f의 돌림힘뿐이다. 곧

$$\sum_i \tau_{\mathrm{CM};\,i} = Rf \tag{8.125}$$

이다. 따라서 회전운동 방정식(8.123)은

회전운동 방정식 : $I_{\mathrm{CM}}\,\alpha = Rf$

로 바꾸어 쓸 수 있다. 미끄러짐이 없으므로 마찰력 f는 정지마찰력이다. 식(8.124)를 이용하여 윗식에서 α를 소거하고 그 결과를 이용하여 식(8.122)로부터 f를 소거하면

$$Ma_{\mathrm{CM}} = Mg\sin\theta - \frac{I_{\mathrm{CM}}}{R^2}\,a_{\mathrm{CM}} \qquad \therefore\ a_{\mathrm{CM}} = \frac{g\sin\theta}{1+\dfrac{I_{\mathrm{CM}}}{MR^2}} \tag{8.126}$$

를 얻는다. 원기둥의 경우 $I_{\mathrm{CM}} = \frac{1}{2}MR^2$이므로 질량중심의 가속도는

$$a_{\mathrm{CM}} = \frac{2}{3}\,g\sin\theta \tag{8.127}$$

이다.

ii) (굴림운동)=(순간회전축 주위의 순수회전운동)의 방법 : 바퀴의 굴림운동을 접촉점 P 주위의 순수한 회전운동이라고 보면 점 P 주위의 회전운동 방정식은

$$I_{\mathrm{P}}\,\alpha = \sum_i \tau_{\mathrm{P};\,i}$$

로 주어진다. 여기서

$$I_{\mathrm{P}} = I_{\mathrm{CM}} + MR^2 = \frac{1}{2}MR^2 + MR^2 = \frac{3}{2}MR^2,\quad \sum_i \tau_{\mathrm{P};\,i} = MgR\sin\theta$$

이므로 점 P 주위의 회전운동 방정식은

$$\left(\frac{3}{2}MR^2\right)\alpha = MgR\sin\theta$$

가 되고, 안 미끄러짐 조건식 $a_{\mathrm{CM}}=\alpha R$를 적용하면, 원기둥의 질량중심의 가속도 식 (8.127)을 얻는다.

(b) 에너지의 방법 : 원기둥이 정지상태에서 연직 높이 h만큼 내려 왔을 때 원기둥의 질량중심의 속도를 v_{CM}이라 하면 그 순간의 총 운동에너지는 질량중심의 병진운동에너지와 질량중심 주위의 회전운동에너지의 합이다. 곧

$$K_{\mathrm{f}}=K_{\mathrm{trans}}+K_{\mathrm{rot}}=\frac{1}{2}Mv_{\mathrm{CM}}^{2}+\frac{1}{2}I_{\mathrm{CM}}\,\omega^{2}$$

이다. 처음 총 운동에너지는 $K_{\mathrm{i}}=0$이다. 따라서 운동에너지의 변화는

$$\Delta K=K_{\mathrm{f}}-K_{\mathrm{i}}=\frac{1}{2}Mv_{\mathrm{CM}}^{2}+\frac{1}{2}I_{\mathrm{CM}}\,\omega^{2}$$

이다. 이 운동에너지의 변화는 원기둥이 연직 높이 h만큼 내려오는 데 중력이 한 일 $W=Mgh$ 때문에 일어난 것이다. 따라서 일-에너지 정리 $W=\Delta K$에 의하여

$$Mgh=\frac{1}{2}Mv_{\mathrm{CM}}^{2}+\frac{1}{2}I_{\mathrm{CM}}\,\omega^{2} \tag{8.128}$$

를 얻는다. 여기서 안 미끄러짐 조건식 $v_{\mathrm{CM}}=\omega R$를 이용하면

$$Mgh=\frac{1}{2}Mv_{\mathrm{CM}}^{2}+\frac{1}{2}\frac{I_{\mathrm{CM}}}{R^{2}}\,v_{\mathrm{CM}}^{2} \qquad \therefore\ v_{\mathrm{CM}}=\sqrt{\frac{2gh}{1+\dfrac{I_{\mathrm{CM}}}{MR^{2}}}}$$

를 얻는다.

질량중심의 가속도를 구하기 위하여 연직 높이 h를 비탈면에서 변위 x로 표현하면

$$h=x\sin\theta$$

가 된다. 따라서 질량중심의 속도는

$$v_{\mathrm{CM}}=\sqrt{\frac{2g\sin\theta}{1+\dfrac{I_{\mathrm{CM}}}{MR^{2}}}\,x} \tag{8.129}$$

로 주어지고 가속도 a_{CM}은

$$a_{\mathrm{CM}}=\frac{dv_{\mathrm{CM}}}{dt}=\sqrt{\frac{2g\sin\theta}{1+\dfrac{I_{\mathrm{CM}}}{MR^{2}}}}\left(\frac{d}{dt}\sqrt{x}\right) \tag{8.130}$$

로 주어진다. 여기서,

$$\frac{d}{dt}\sqrt{x}=\frac{1}{2\sqrt{x}}\,\frac{dx}{dt}=\frac{v}{2\sqrt{x}}$$

인데(식(8.87) 참조), v 대신에 식(8.129)를 대입하여 정리하면

$$\frac{d}{dx}\sqrt{x}=\frac{1}{2\sqrt{x}}\sqrt{\frac{2g\sin\theta}{1+\dfrac{I_{\mathrm{CM}}}{MR^{2}}}\,x}=\sqrt{\frac{g\sin\theta}{2\left(1+\dfrac{I_{\mathrm{CM}}}{MR^{2}}\right)}}$$

가 된다. 이를 식(8.130)에 대입하면 식(8.126)을 얻는다.

그러나 보다 더 쉬운 방법으로 구할 수도 있다. 식(8.129)는 바꾸어 쓰면

$$v_{\mathrm{CM}}^2 = 2\left(\frac{g\sin\theta}{1+\dfrac{I_{\mathrm{CM}}}{MR^2}}\right)x$$

가 된다. 이를 등가속도 직선운동의 식 중에서 속도, 가속도 및 변위 사이의 관계식 $v^2 = 2ax$ (식(1.10) 참조)와 비교하면 바로 식(8.126)을 얻는다.

일-에너지의 방법 대신에 역학적 에너지 보존법칙으로 구할 수도 있다. 이 물리계에 작용하는 힘 중에 비보존력이 없기 때문이다. 마찰력 f가 작용하지만 정지마찰력이므로 역학적 에너지를 소모하지 않기 때문이다.

이 물리계의 처음 및 나중 역학적 에너지 E_{i}, E_{f}는 각각

$$E_{\mathrm{i}} = K_{\mathrm{i}} + U_{\mathrm{i}} = 0 + Mgh, \quad E_{\mathrm{f}} = K_{\mathrm{f}} + U_{\mathrm{f}} = \frac{1}{2}Mv_{\mathrm{CM}}^2 + \frac{1}{2}I_{\mathrm{CM}}\,\omega^2 + 0$$

이다. 중력 위치에너지의 기준점을 나중 위치로 하였다. 따라서 역학적 에너지의 보존 $E_{\mathrm{i}} = E_{\mathrm{f}}$에 의하여

$$Mgh = \frac{1}{2}Mv_{\mathrm{CM}}^2 + \frac{1}{2}I_{\mathrm{CM}}\,\omega^2$$

을 얻는다. 그 다음 과정은 위에서와 같다.

곧 에너지 방법에서는 보존력만이 관여하는 경우에는 일-에너지 정리나 역학적 에너지 보존법칙을 사용하여 문제를 풀 수 있다.

② 미끄러짐이 없이 굴러 내려오는 경우 마찰력 f는 정지마찰력이다. 마찰력 f는 식(8.122)에 식(8.126)을 대입하여 정리하면 얻어진다. 곧

$$f = \frac{Mg\sin\theta}{1+\dfrac{MR^2}{I_{\mathrm{CM}}}} \tag{8.131}$$

이다. 이 마찰력 f는 정지마찰력이므로 최대 정지마찰력보다 작다. 곧 정지마찰계수를 μ_{S}라 하면, 비탈면으로부터 받는 수직항력이 $N = Mg\cos\theta$이므로 $f \le \mu_{\mathrm{s}}N = \mu_{\mathrm{s}}Mg\cos\theta$이다. 따라서 식(8.131)로부터

$$\frac{Mg\sin\theta}{1+\dfrac{MR^2}{I_{\mathrm{CM}}}} \le \mu_{\mathrm{s}}Mg\cos\theta \qquad \therefore\ \mu_{\mathrm{s}} \ge \frac{\tan\theta}{1+\dfrac{MR^2}{I_{\mathrm{CM}}}} \tag{8.132}$$

이다.

원기둥의 경우 $I_{\mathrm{CM}} = \frac{1}{2}MR^2$이므로 정지마찰계수는

$$\mu_{\mathrm{s}} \ge \frac{1}{3}\tan\theta$$

이어야 한다. 곧 정지마찰계수는 적어도 $\frac{1}{3}\tan\theta$라야 한다.

③ 속이 찬 공의 경우 질량중심 주위의 관성모멘트는 $I_{CM}=\frac{2}{5}MR^2$이므로 질량중심의 가속도는 식(8.126)에 의하여

$$a_{CM}=\frac{5}{7}g\sin\theta$$

이고, 정지마찰계수는 식(8.132)에 의하여

$$\mu_s \geq \frac{2}{7}\tan\theta$$

이어야 한다.

예제 8.43 가속된 기준틀에서 굴림운동

수평인 거친 판자 위에 반지름이 R인 균질의 원기둥이 정지해 있다. 원기둥의 축에 수직으로 판자를 가속도 $\vec{a}$로 당겼다(그림 8.53 참조). 원기둥은 어떤 운동을 하는가? 원기둥은 미끄러지지 않는다.

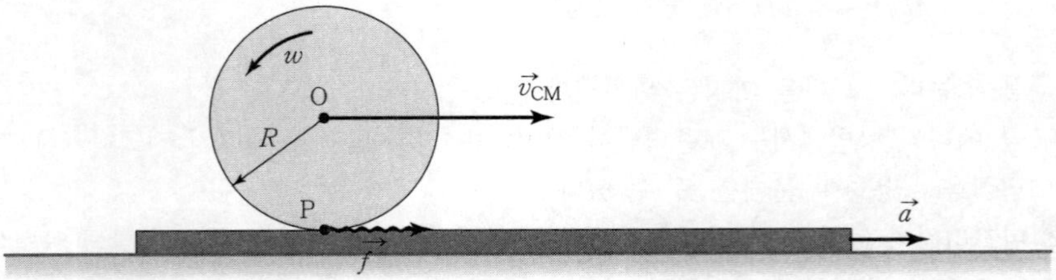

그림 8.53 가속된 판자 위의 원기둥 운동

풀이 | 이 문제는 운동방정식을 세워서 풀 수 있는데, 먼저 굴림운동을 병진운동과 회전운동으로 분해하여 풀이를 구할 수 있다. 곧 식(8.114) 및 식(8.115)를 이용하는 방법이다. 다음에는 굴림운동을 접촉점 주위의 순수회전운동으로 간주하고 회전운동 방정식(8.121)을 이용하는 방법이다. 원기둥에 작용하는 힘은 중력, 수직항력 및 마찰력이다. 이중 수평 방향인 것은 마찰력 f뿐이다.

① (굴림운동)=(CM의 병진운동)+(CM 주위의 회전운동)의 방법 : 식(8.114) 및 식(8.115)에 의하여

CM의 병진운동 방정식 $\quad Ma_{CM}=f \qquad (8.133)$

CM 주위의 회전운동 방정식 $\quad I_{CM}\alpha=Rf \qquad (8.134)$

을 얻는다. 이들은 이 문제의 바탕이 되는 방정식이다.

판자와 원기둥의 접촉점 P의 가속도는 질량중심의 가속도 $\vec{a}_{CM}$와 질량중심에서 본 가속도 $\vec{a}'$의 합 $\vec{a}_{CM}+\vec{a}'$인데 이는 판자의 가속도 $\vec{a}$와 같다. 곧

$$a_{CM}+a'=a$$

이다. 여기서 질량중심에서 본 가속도 a'은 질량중심 주위의 회전 각가속도를 α라 하면 안미끄러짐 조건에 의하여 $a'=\alpha R$이므로

$$a_{\rm CM}+\alpha R=a \tag{8.135}$$

의 관계식을 얻는다. 식(8.133) 및 식(8.134)로부터 f를 소거하면

$$\alpha=\frac{MR}{I_{\rm CM}}a_{\rm CM}$$

가 되고 이를 윗식에 대입하면

$$a_{\rm CM}=\frac{a}{1+\dfrac{MR^2}{I_{\rm CM}}} \tag{8.136}$$

를 얻는다. 여기서 $I_{\rm CM}=\frac{1}{2}MR^2$임을 고려하면

$$a_{\rm CM}=\frac{a}{3}, \quad \alpha=\frac{2}{3}\left(\frac{a}{R}\right)$$

이다. 곧 원기둥은 $\frac{a}{3}$의 일정한 가속도로 병진운동을 하며, 동시에 그 질량중심 주위로 각가속도 $\alpha=\frac{2}{3}\left(\frac{a}{R}\right)$로 회전운동을 한다.

② (굴림운동)=(순간회전축 주위의 순수회전운동)의 방법 : 방법 ①에서는 질량중심 주위의 돌림힘을 구하여 회전운동 방정식을 세워서 문제를 해결했다. 여기서는 굴림운동이 접촉점 P를 지나는 순간회전축 주위의 순수회전운동이므로 점 P 주위의 돌림힘과 각가속도 사이의 관계식(회전운동 방정식)

$$I_{\rm P}\,\alpha=\sum_i \tau_{{\rm P};i}$$

를 이 문제에 적용해보자. 이 회전운동 방정식에서 $\sum_i \tau_{{\rm P};i}=0$이다. 원기둥에 작용하는 마찰력은 물론, 중력 및 수직항력의 작용선이 점 P를 지나기 때문이다. 따라서

$$I_{\rm P}\,\alpha=0 \quad 또는 \quad I_{\rm P}\frac{d\omega}{dt}=0$$

이 된다. 여기서 $I_{\rm P}=I_{\rm CM}+MR^2$이므로

$$(I_{\rm CM}+MR^2)\alpha=0 \quad 또는 \quad I_{\rm P}\,\omega=(I_{\rm CM}+MR^2)\,\omega=(\text{일정})$$

$$\therefore\ \alpha=0 \quad 또는 \quad \omega=(\text{일정})$$

이 된다. 이 결과는 옳지 않음이 명백하다.

그런데 판자에 가속도를 주면 원기둥은 틀림없이 그 가속도와 반대 방향으로 구르려는 경향이 있음을 경험한다. 그래서 원기둥이 가속도 $\vec{a}$로 운동하는 비관성기준틀에서 운동하는 경우, 질량중심에 관성력 $\vec{\mathcal{F}}=-M\vec{a}$가 작용한다고 가상할 수 있다. 이 힘 때문에 점 P 주위의 돌림힘 $\sum_i \tau_{{\rm P};i}=0$은

$$\sum_i \tau_{{\rm P};i}=-R\mathcal{F}=RMa \tag{8.137}$$

로 수정되어, 점 P에 대한 회전운동 방정식은

$$I_P \alpha = RMa$$

가 된다. 여기에 $I_P = I_{CM} + MR^2$를 고려하면

$$\alpha = \frac{RM}{I_P} a = \frac{RM}{I_{CM} + MR^2} a$$

를 얻는다. 이를 식(8.135)에 대입하면

$$a_{CM} + \frac{MR^2}{I_{CM} + MR^2} a = a \quad \therefore\ a_{CM} = \frac{a}{1 + \dfrac{MR^2}{I_{CM}}}$$

이 결과는 바로 식(8.136)이다. 따라서 ①의 결과와 일치한다. 결론적으로, 가속도운동을 하는 질량중심이 아닌 다른 점에 대한 돌림힘과 각가속도 사이의 관계식인 식(8.121)은 그대로 적용할 수 없고, 돌림힘을 구할 때 주의해야 한다.

예제 8.44 당구공 치기

수평면 위에 있는 당구공을 당구채로 수평 방향으로 친다. 그 타격점의 수평면에서 연직 높이 h에 따라 당구공이 미끄러짐이 없이 구르기도 하고, 앞쪽으로 또는 뒤쪽으로 미끄러지면서 구르기도 한다(**그림 8.54**). 반지름이 R인 당구공이 미끄러짐이 없이 구를 때 h를 구하라.

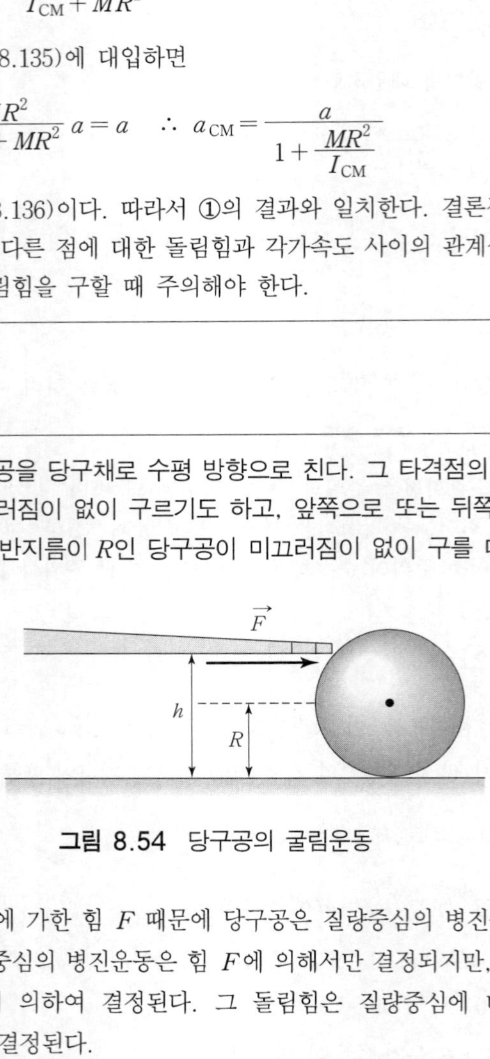

그림 8.54 당구공의 굴림운동

풀이 | 당구채로 칠 때 당구공에 가한 힘 F 때문에 당구공은 질량중심의 병진운동 및 질량중심 주위로 회전운동을 한다. 질량중심의 병진운동은 힘 F에 의해서만 결정되지만, 질량중심 주위의 회전운동은 힘 F의 돌림힘에 의하여 결정된다. 그 돌림힘은 질량중심에 대한 것으로, 팔의 길이 $r_\perp = h - R$에 의하여 결정된다.

따라서 문제의 바탕이 되는 방정식은, 당구공의 질량을 M이라 하면

질량중심의 병진운동 : $Ma_{CM} = F$ (8.138)

질량중심 주위의 회전운동 : $I_{CM}\alpha = \tau_{CM}$ (8.139)

이다. 여기에 당구공이

안 미끄러짐 조건식 : $a_{CM} = \alpha R$ (8.140)

가 추가되어야 한다. 회전운동 방정식에서 질량중심에 대한 힘 F의 돌림힘 τ_{CM}은

$$\tau_{CM} = (h - R)F \tag{8.141}$$

로 주어짐을 고려하여야 한다.
미끄러짐이 없는 경우, 식(8.141)을 식(8.139)에 대입한 뒤 식(8.140)를 적용하면

$$\frac{I_{CM}}{R} a_{CM} = (h - R)F \tag{8.142}$$

를 얻는다. 식(8.138) 및 식(8.142)로부터 F를 소거하면

$$h - R = \frac{I_{CM}}{MR}$$

를 얻는다. 이것이 미끄러짐이 없을 조건의 다른 표현이다. 공의 경우, $I_{CM} = \frac{2}{5}MR^2$임을 생각해 주면

$$h - R = \frac{2}{5}R \quad \text{또는} \quad h = \frac{7}{5}R$$

를 얻는다. 곧 지름의 $\frac{7}{10}$ 되는 지점을 당구채로 수평으로 치면 당구공은 미끄러지지 않고 구르게 된다.

예제 8.45 볼링공 굴리기

반지름이 R이고, 질량이 M인 균질의 볼링공을 던져서 수평인 마룻바닥에 닿는 순간 속도가 5.0 m/s가 되도록 던졌다. 마룻바닥과의 운동마찰계수는 $\mu_k = 0.080$이라 한다.

① 미끄러짐이 없이 구를 때까지 볼링공이 미끄러지면서 이동한 시간을 구하라.

② 그때까지 볼링공이 미끄러진 거리를 구하라.

풀이 볼링공을 처음에 회전시키지 않고 볼링 마룻바닥에 던지면, 볼링공은 마룻바닥을 미끄러지면서, 마룻바닥과의 운동마찰력이 그 병진운동을 감속시키고, 회전운동을 하게 된다. 그래서 병진운동 속도는 감소하고 회전 각속도는 증가하게 된다. 마침내 안 미끄러짐 조건 $v_{CM} = \omega R$를 만족하게 되는 순간 볼링공은 미끄러짐이 없이 구르게 된다.
볼링공은 병진운동 및 회전운동의 복합적인 운동을 한다. 따라서 이 문제의 바탕이 되는 운동방정식은 마찰력에 의한 질량중심의 감속운동의 병진운동 방정식 및 질량중심 주위의 회전운동 방정식이다. 그 운동방정식은 각각

$$\text{병진운동 방정식}: Ma_{CM} = -f_k \tag{8.143}$$

$$\text{회전운동 방정식}: I_{CM}\alpha = \tau_{CM} \tag{8.144}$$

이다. 식(8.143)에서 a_{CM}은 질량중심의 가속도이고, 운동마찰력 f_k는

$$f_k = \mu_k Mg$$

이다. 또, 볼링공의 운동 방향을 양(+)으로 택하였다. 식(8.144)에서 I_{CM}은 당구공의 질량중심 주위의 관성모멘트로

$$I_{\mathrm{CM}} = \frac{2}{5} MR^2 \tag{8.145}$$

이고, τ_{CM}은 질량중심에 대한 f_{k}의 돌림힘으로

$$\tau_{\mathrm{CM}} = Rf_{\mathrm{k}} = R(\mu_{\mathrm{k}} Mg)$$

이다. 따라서 운동방정식은

$$Ma_{\mathrm{CM}} = -\mu_{\mathrm{k}} Mg, \tag{8.146}$$

$$I_{\mathrm{CM}}\,\alpha = R\,\mu_{\mathrm{k}} Mg \tag{8.147}$$

이 된다. 여기서 돌림힘의 방향은 각속도 α의 방향을 양(+)으로 한다.

볼링공이 마룻바닥에 닿는 순간 및 위치를 시간의 기준($t=0$) 및 좌표의 기준으로 잡는다. 곧 $x(0)=0$이다.

① 식(8.146)로부터 질량중심의 가속도 a_{CM}는

$$a_{\mathrm{CM}} = -\mu_{\mathrm{k}}\, g \tag{8.148}$$

이다. 이 가속도는 일정하므로, 볼링공의 병진운동은 등가속도 직선운동이다. 따라서 임의의 시각 t에서 속도는

$$v_{\mathrm{CM}}(t) = v_{\mathrm{CM}}(0) + a_{\mathrm{CM}}t = v_{\mathrm{CM}}(0) - \mu_{\mathrm{k}}\, gt \tag{8.149}$$

로 주어진다.

한편, 볼링공의 회전 각가속도는 식(8.147)로부터

$$\alpha = \frac{R\,\mu_{\mathrm{k}} Mg}{I_{\mathrm{CM}}} = \frac{R\,\mu_{\mathrm{k}} Mg}{\frac{2}{5} MR^2} = \frac{5}{2}\,\frac{\mu_{\mathrm{k}}\, g}{R}$$

로 주어진다. 여기에 식(8.145)를 고려하였다. 이것은 일정하므로 볼링공의 회전운동은 등각가속도운동이다. 따라서 $\omega(0)=0$이므로 임의의 시각 t에서 각속도는

$$\omega(t) = \omega(0) + \alpha\, t = \frac{5}{2}\,\frac{\mu_{\mathrm{k}}\, g}{R}\, t \tag{8.150}$$

이다.

안 미끄러짐 조건을 만족하는 시각을 t_{R}라 하면

$$v_{\mathrm{CM}}(t_{\mathrm{R}}) = \omega(t_{\mathrm{R}})\, R \tag{8.151}$$

를 만족하게 된다. 여기에 식(8.149) 및 (8.150)을 고려하면

$$v_{\mathrm{CM}}(0) - \mu_{\mathrm{k}}\, gt_{\mathrm{R}} = \left(\frac{5}{2}\,\frac{\mu_{\mathrm{k}}\, g}{R}\, t_{\mathrm{R}}\right)R \quad \therefore\ t_{\mathrm{R}} = \frac{2}{7}\,\frac{v_{\mathrm{CM}}(0)}{\mu_{\mathrm{k}}\, g} \tag{8.152}$$

를 얻는다.

② 식(8.151)을 만족할 때까지 이동한 거리 $x(t_R)$는 등가속도 직선운동의 식(1.9)에 의하여

$$x(t_R) = v_{CM}(0)\ t_R + \frac{1}{2}\, a_{CM}\, t_R^2$$

로 주어진다. 여기에 식(8.152) 및 식(8.148)을 대입하여 정리하면

$$x(t_R) = \frac{12}{49}\, \frac{v_{CM}^2(0)}{\mu_k\, g}$$

을 얻는다.

수 값 $v_{CM}(0) = 5.0\ \mathrm{m/s}$, $\mu_k = 0.080$, $g = 9.81\ \mathrm{m/s^2}$을 대입하면

$$t_R = \frac{2}{7}\, \frac{v_{CM}(0)}{\mu_k\, g} = \frac{2}{7}\, \frac{5.0\ \mathrm{m/s}}{0.080 \times 9.81\ \mathrm{m/s^2}} = 1.82\ \mathrm{s} \cong 1.8\ \mathrm{s},$$

$$x(t_R) = \frac{12}{49}\, \frac{v_{CM}^2(0)}{\mu_k\, g} = \frac{12}{49}\, \frac{(5.0\ \mathrm{m/s})^2}{0.080 \times 9.81\ \mathrm{m/s^2}} = 7.80\ \mathrm{m} \cong 7.8\,\mathrm{m}$$

이다.

8.7 회전운동의 벡터적 성질

앞 단원에서 강체의 운동 중, 강체의 회전축이 고정되어 있는 경우(순수회전운동)나 회전축이 특정한 방향에 나란한 경우(굴림운동)의 운동만을 생각하였다. 이런 회전운동에서는 각변위, 각속도, 돌림힘, 각운동량 등의 회전 물리량이 크기뿐 아니라 방향이 있어도, 그 방향은 시계 방향이거나 반대 방향의 두 가지 뿐이었으므로 방향을 양(+)이나 음(-)으로 나타낼 수 있었다. 이런 회전운동은 일차원인 직선운동에 비유된다.

일반적인 회전운동의 경우, 회전축의 방향이 공간에 고정되어 있지 않고 무수히 많은 경우가 있을 수 있다. 이 경우 회전물리량의 벡터적 기술이 필요하게 된다. 곧 강체의 회전운동은 회전물리량의 벡터적 성질을 이용하지 않으면 적절히 기술할 수 없다. 그래서 그들의 벡터적 성질을 알아본다.

8.7.1 각속도벡터

먼저 각속도벡터를 생각하자. 원판이 그 중심을 지나고 원판에 수직인 회전축 주위로 회전하는 경우, 보통 회전 방향을 회전축의 방향으로 기술한다. 따라서 회전원판의 각속도를 **그림**

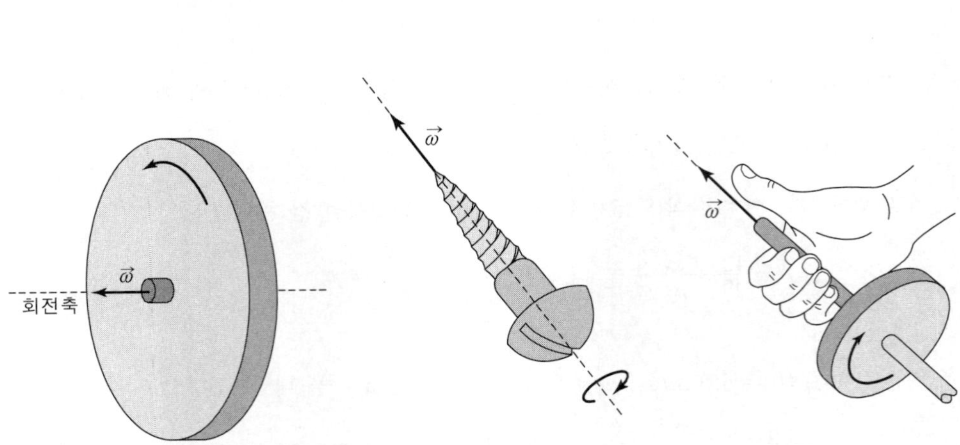

(a) 회전판의 회전축 및 각속도벡터의 표현　(b) 오른나사의 규칙　(c) 오른손 규칙

그림 8.55 각속도벡터의 정의

8.55(a)와 같이 회전축의 방향으로 향하는 벡터 $\vec{\omega}$로 표현한다. 곧 각속도벡터의 크기는 그 벡터화살표의 길이에 비례하고, 그 방향(또는 쪽 : sense)은 오른손 나사를 돌릴 때 나사가 진행하는 방향(쪽)으로 한다(**오른 나사의 규칙 ; 그림 8.55(b)** 참조). 이 방향을 보통

> **회전하는 방향으로 오른손가락으로 감아쥐고 엄지손가락을 폈을 때, 오른손 엄지가 가리키는 방향**

이라 하고, 이와 같이 방향을 정하는 방법을 **오른손 규칙**(right-hand rule)(**그림 8.55 (c)** 참조)이라 한다.

보통, 물리량을 벡터화살표로 나타내면 그 화살표를 따라서 움직이는 어떤 것이 있는 것처럼 느끼는 데 회전운동에서는 그렇지 않다. 대신에 벡터화살표 주위로 회전하는 어떤 것(강체)이 있다. 순수회전의 경우, 벡터화살표는 회전축의 방향을 결정해줄 뿐이다.

○ 각변위

각변위 $\Delta\theta$의 경우 각속도벡터와 같이 방향을 정의할 수 있다. 그러나 그 크기가 유한한 경우에는 벡터적 성질을 갖지 않고, 무한소인 경우($\Delta\theta \to 0$)에만 벡터적 성질을 갖는다. 따라서 무한소 변위의 경우에만 벡터 $d\vec{\theta}$로 표현한다. 왜냐하면 일반적으로 벡터의 경우, 더하기에 대해서 교환법칙($\vec{A}+\vec{B}=\vec{B}+\vec{A}$)이 성립한다. 그러나 유한한 각변위의 경우에는 그렇지 않기 때문이다.

예를 들면, **그림 8.56**과 같이 책상(xy 평면) 위에서 놓여 있는 책을 x축을 따라서 90° 회전시킨 뒤, y축 주위로 90° 회전한 책의 향위(**그림 8.56(a)**)와 이 두 회전의 순서를 바꾸어서

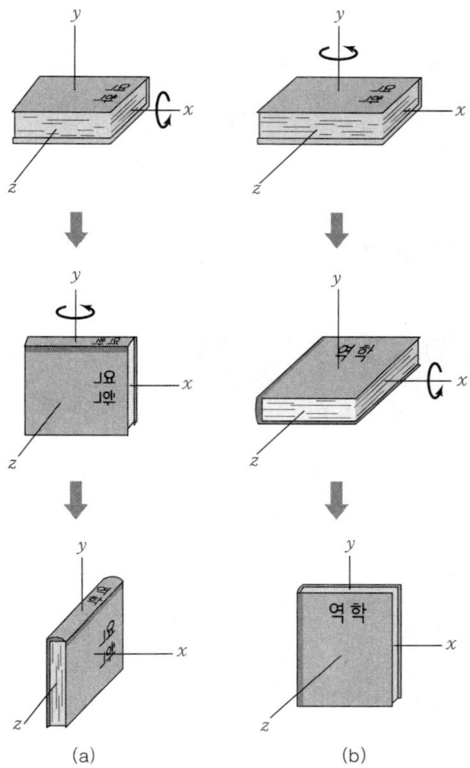

그림 8.56 두 각변위 후 책의 향위

회전한 책의 향위(**그림 8.56(b)**)는 서로 같지 않다. 곧 x축 및 y축 주위로 90°씩 회전한 각변위를 각각 $\Delta\vec{\theta}_x$, $\Delta\vec{\theta}_y$라 하면

$$\Delta\vec{\theta}_x + \Delta\vec{\theta}_y \neq \Delta\vec{\theta}_y + \Delta\vec{\theta}_x$$

임을 뜻한다. 따라서 벡터더하기의 교환법칙이 성립하지 않는다. 그런데 그 크기가 무한소이면, 곧 $(\Delta\theta_x)^2 \approx 0$, $(\Delta\theta_y)^2 \approx 0$, $\Delta\theta_x \Delta\theta_y \approx 0$일 정도로 $\Delta\vec{\theta}_x \to 0$, $\Delta\vec{\theta}_y \to 0$이면

$$\Delta\vec{\theta}_x + \Delta\vec{\theta}_y \cong \Delta\vec{\theta}_y + \Delta\vec{\theta}_x$$

로 어림됨이 알려져 있다.* 따라서 무한소 각변위는 벡터의 성질을 갖는다. 이 때문에 각변위는 벡터로 표현되고, 각속도 $\vec{\omega}$는

$$\vec{\omega} = \lim_{\Delta t \to 0} \frac{\Delta\vec{\theta}}{\Delta t} = \frac{d\vec{\theta}}{dt}$$

로 주어진다. 각가속도도 벡터의 성질을 가지고 있다. 곧 각가속도벡터 $\vec{\alpha}$는

* 力學(고재걸, 1993), 소단원 "1-8 각속도벡터" 참조

$$\vec{\alpha} = \lim_{\Delta t \to 0} \frac{\Delta \vec{\omega}}{\Delta t} = \frac{d\vec{\omega}}{dt}$$

이다. 각가속도벡터의 방향도 각속도나 각변위와 같은 방법으로 정의된다.

8.7.2 돌림힘의 벡터 표현 및 벡터곱

고정점 O로부터 위치벡터가 $\vec{r}$인 질점 P에 작용하는 힘 $\vec{F}$의 점 O에 대한 돌림힘 τ는

$$\tau = r_{\perp} F = rF_{\perp} = r F \sin\phi \tag{8.8}$$

로 정의하고(**그림 8.57** 참조), 그 방향은 회전축이 고정된 경우, 두 개뿐이므로 부호 양(+) 및 음(−)으로 나타냈다. 일반적인 경우, 방향은 오른손 규칙으로 정할 수 있다. 곧 돌림힘에 의하여 강체가 회전하는 방향으로 오른손가락을 감아쥐었을 때 쭉 편 엄지손가락의 방향이 돌림힘의 방향이다.

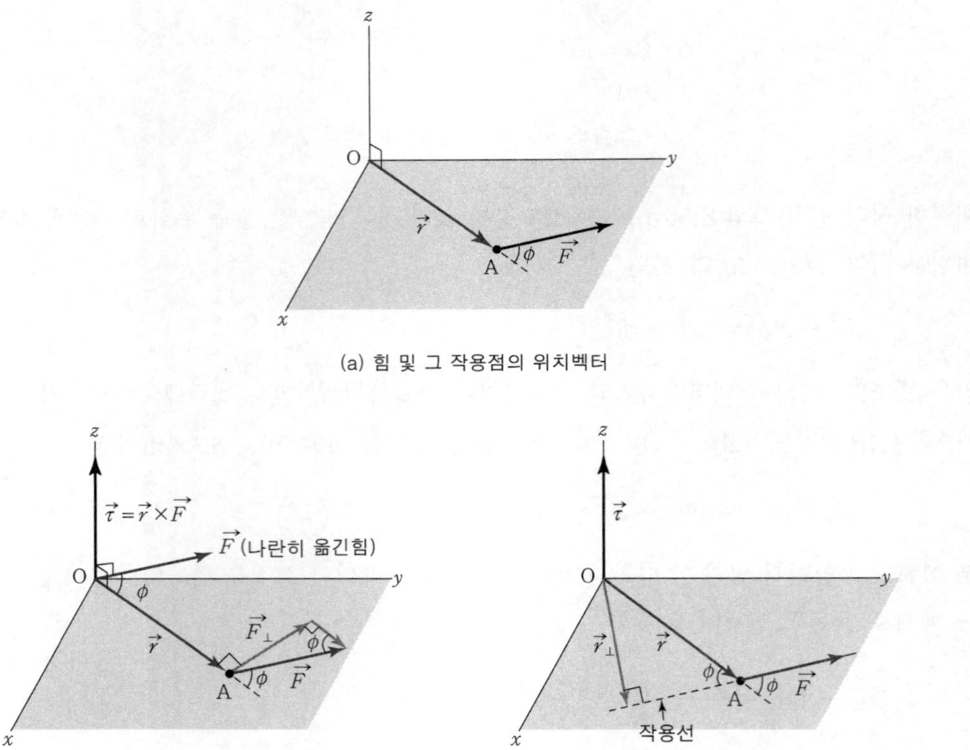

(a) 힘 및 그 작용점의 위치벡터

(b) $\tau = rF_{\perp}$

(c) $\tau = r_{\perp}F$

그림 8.57 홑질점에 작용하는 돌림힘의 정의

이렇게 정의된 돌림힘 τ는 위치벡터 벡터 $\vec{r}$ 및 힘 $\vec{F}$로 결정되는 평면에 수직이고, 방향이 어느 쪽(sense)인지는 오른손 규칙으로 주어지는 벡터적 성질이 있다. 그래서 벡터 $\vec{\tau}$로 나타낸다. 이와 같이 두 벡터{ $\vec{r}$, $\vec{F}$}의 곱한 결과 벡터가 되는 벡터연산을 두 벡터{ $\vec{r}$, $\vec{F}$}의 **벡터곱**(vector product)이라 하고,

$$\vec{\tau} = \vec{r} \times \vec{F} \tag{8.153}$$

라 표기한다. 곧

> **위치벡터가 $\vec{r}$인 점에 작용하는 힘 $\vec{F}$의 원점 O에 대한 돌림힘 벡터 $\vec{\tau}$는 식(8.153)으로 정의된다.**

○ 벡터곱

일반적으로, 서로 평행하지 않은 두 벡터 $\vec{A}$, $\vec{B}$의 벡터곱은

$$\vec{A} \times \vec{B} = \begin{cases} \text{크기 : } AB\sin\phi_{AB} \\ \text{방향 : 오른손 규칙} \end{cases} \tag{8.154}$$

로 정의하고(**그림 8.58** 참조), 보통 "A 곱 B"라 읽는다. 여기서 각 ϕ_{AB}는 두 벡터 $\vec{A}$, $\vec{B}$의 사이각이다. $\vec{A} \times \vec{B}$의 방향은 $\vec{A}$에서 $\vec{B}$쪽으로 오른손가락을 감아 쥐고 엄지손가락을 폈을 때 엄지손가락이 가리키는 방향이다. 이것도 **오른손 규칙**(right-hand rule)이라 부른다.

벡터곱의 정의로부터

$$|\vec{A} \times \vec{B}| = A_{\perp} B = A B_{\perp}$$

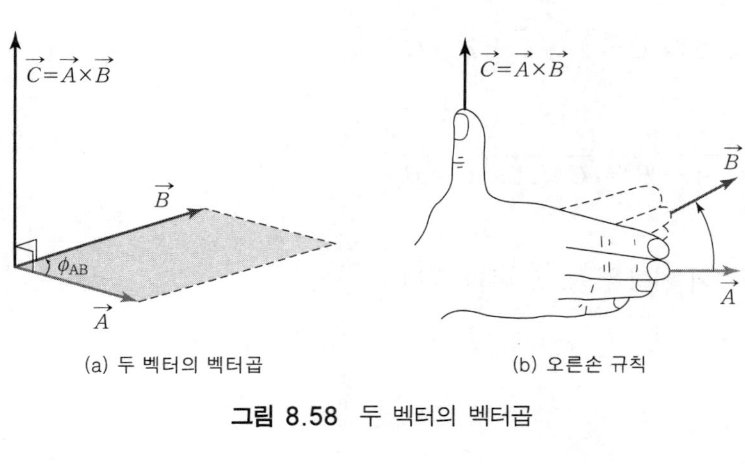

(a) 두 벡터의 벡터곱　　(b) 오른손 규칙

그림 8.58 두 벡터의 벡터곱

로 쓸 수 있다. 여기서 $A_\perp$, $B_\perp$는 각각

$$A_\perp = A\sin\phi_{\mathrm{AB}},\quad B_\perp = B\sin\phi_{\mathrm{AB}}$$

로, $\vec{A}$의 $\vec{B}$에 수직인 성분, $\vec{B}$의 $\vec{A}$에 수직인 성분을 각각 나타낸다. 따라서

> **벡터곱의 크기는 두 벡터를 인접한 두 변으로 하는 평행사변형의 넓이와 같고, 벡터곱의 방향은 그 평행사변형의 평면에 수직이고, 어느 쪽인지는 오른손 규칙에 의하여 정해진다.**

일반적으로, 닫힌 곡선으로 둘러싸인 평면도형의 넓이가 크기이고, 방향은 그 법선과 같은 방향인 벡터를 그 평면도형의 **면적벡터**(areal vector)라 한다. 두 벡터 $\vec{A}$, $\vec{B}$의 벡터곱을 $\vec{C}$라 하면, 벡터 $\vec{C}$는 두 벡터 $\vec{A}$, $\vec{B}$를 인접한 두변으로 하는 평행사변형의 면적벡터와 같다.

벡터곱에는 아래와 같은 중요한 성질이 있다.

① $\vec{A}\times\vec{B}=0$이면 두 벡터 중 적어도 하나는 0이거나, 그렇지 않으면 두 벡터는 나란하다. 곧

$$\vec{A}\times\vec{B}=0 \rightleftarrows \{\vec{A}=0 \quad \text{또는}\ \vec{B}=0\}$$

또는

$$\vec{A}\times\vec{B}=0 \rightleftarrows \vec{A}\upuparrows\vec{B} \quad (\vec{A}\neq 0,\ \vec{B}\neq 0),$$

이다.

② 벡터곱에서 교환법칙이 성립하지 않는다.

$$\vec{A}\times\vec{B}=-\vec{B}\times\vec{A}$$

③ 벡터곱에서 분배법칙이 성립한다.

$$(\vec{A}+\vec{B})\times\vec{C}=\vec{A}\times\vec{C}+\vec{B}\times\vec{C}$$

또는

$$\vec{C}\times(\vec{A}+\vec{B})=\vec{C}\times\vec{A}+\vec{C}\times\vec{B} \tag{8.155}$$

이다.

④ 직각좌표계의 바탕을 $\{\hat{i},\ \hat{j},\ \hat{k}\}$라 하면

$$\hat{i}\times\hat{i}=\hat{j}\times\hat{j}=\hat{k}\times\hat{k}=0,\quad \hat{i}\times\hat{j}=\hat{k},\quad \hat{j}\times\hat{k}=\hat{i},\quad \hat{k}\times\hat{i}=\hat{j}$$

이다.

⑤ 직각좌표계의 바탕 $\{\hat{i}, \hat{j}, \hat{k}\}$에서 두 벡터 $\vec{A}$, $\vec{B}$를

$$\vec{A}=\hat{i}A_x+\hat{j}A_y+\hat{k}A_z,\quad \vec{B}=\hat{i}B_x+\hat{j}B_y+\hat{k}B_z$$

라 하면, 두 벡터의 벡터곱은

$$\vec{A}\times\vec{B}=\hat{i}(A_yB_z-A_zB_y)+\hat{j}(A_zB_x-A_xB_z)+\hat{k}(A_xB_y-A_yB_x) \tag{8.156}$$

로 주어지고, 이것은 아래와 같이 행렬식으로도 표현된다.

$$\vec{A}\times\vec{B}=\begin{vmatrix}\hat{i} & \hat{j} & \hat{k}\\ A_x & A_y & A_z\\ B_x & B_y & B_z\end{vmatrix}.$$

⑥ 두 벡터 $\vec{A}$, $\vec{B}$가 t의 함수이면

$$\frac{d}{dt}(\vec{A}\times\vec{B})=\frac{d\vec{A}}{dt}\times\vec{B}+\vec{A}\times\frac{d\vec{B}}{dt} \tag{8.157}$$

이다.

예제 8.46 벡터곱의 분배법칙

① 세 벡터 $\vec{A}$, $\vec{B}$, $\vec{C}$가 같은 평면에 있을 때 분배법칙식(8.155)가 성립함을 보여라.

② 세 벡터 $\vec{A}=5\hat{i}+6\hat{j}$, $\vec{B}=3\hat{i}-2\hat{j}$, $\vec{C}=2\hat{i}+3\hat{j}$에 대해서 분배법칙식(8.155)가 성립함을 확인하라.

풀이 ① 식(8.155)에서 $\vec{A}+\vec{B}\equiv\vec{D}$라 하면, 벡터 $\vec{A}$ 및 $\vec{B}$, $\vec{C}$, $\vec{D}$가 모두 한 평면에 있으므로 식(8.155)의 양쪽의 연산 결과 벡터의 방향은 모두 평면에 수직이고 같은 쪽이다. 따라서 양변의 크기가 같다는 것만 보이면 된다. $\vec{D}$, $\vec{A}$ 및 $\vec{B}$의 $\vec{C}$에 수직인 성분을 각각 $D_\perp$, $A_\perp$ 및 $B_\perp$라 하면 양변의 크기는 각각

$$|(\vec{A}+\vec{B})\times\vec{C}|=|\vec{D}\times\vec{C}|=D_\perp C,$$
$$|\vec{A}\times\vec{C}+\vec{B}\times\vec{C}|=|\vec{A}\times\vec{C}|+|\vec{B}\times\vec{C}|=A_\perp C+B_\perp C=(A_\perp+B_\perp)C$$

이 된다. 따라서

$$D_\perp=A_\perp+B_\perp \tag{8.158}$$

임을 보이면 된다.

그림 8.59에서 관계식(8.158)이 성립함을 쉽게 알 수 있다. 그림에서 $\overline{\mathrm{OA}_\perp}$, $\overline{\mathrm{OB}_\perp}$ 및 $\overline{\mathrm{OD}_\perp}$는 각각 벡터 $\vec{A}$, $\vec{B}$, $\vec{D}$의 $\vec{C}$에 수직인 성분 $A_\perp$, $B_\perp$ 및 $D_\perp$이다. $\overline{\mathrm{A}_\perp\mathrm{D}_\perp}$는 $\overline{\mathrm{OB}_\perp}$와 같다. 따라서

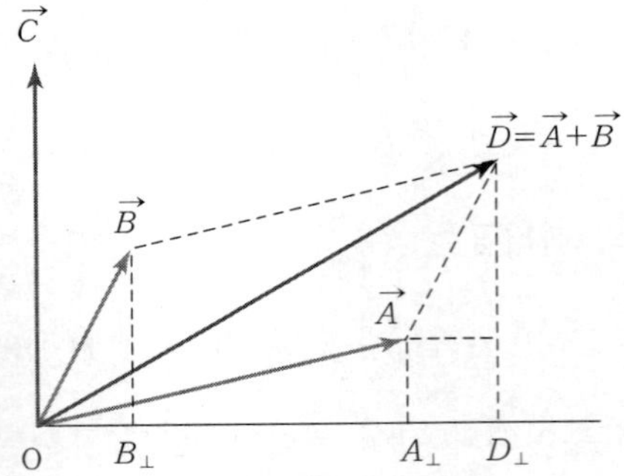

그림 8.59 벡터곱의 분배법칙

$$\overline{\mathrm{OD}}_\perp = \overline{\mathrm{OA}}_\perp + \overline{\mathrm{A}_\perp\mathrm{D}}_\perp = \overline{\mathrm{OA}}_\perp + \overline{\mathrm{OB}}_\perp$$

이다. 이것은 바로 식(8.158)을 뜻한다.

② 식(8.155)의 좌, 우변은 각각

$$\begin{aligned}(\vec{A}+\vec{B})\times\vec{C} &= \{(5\hat{i}+6\hat{j})+(3\hat{i}-2\hat{j})\}\times(2\hat{i}+3\hat{j}) = \{8\hat{i}+4\hat{j}\}\times(2\hat{i}+3\hat{j}) \\ &= 16\,\hat{i}\times\hat{i}+8\hat{j}\times\hat{i}+24\hat{i}\times\hat{j}+12\hat{j}\times\hat{j} \\ &= 0-8\hat{k}+24\hat{k}+0 = 16\,\hat{k}\end{aligned}$$

$$\begin{aligned}\{\vec{A}\times\vec{C}\}+\{\vec{B}\times\vec{C}\} &= \{(5\hat{i}+6\hat{j})\times(2\hat{i}+3\hat{j})\}+\{(3\hat{i}-2\hat{j})\times(2\hat{i}+3\hat{j})\} \\ &= \{10\hat{i}\times\hat{i}+12\hat{j}\times\hat{i}+15\hat{i}\times\hat{j}+18\hat{j}\times\hat{j}\} \\ &\quad +\{6\hat{i}\times\hat{i}-4\hat{j}\times\hat{i}+9\hat{i}\times\hat{j}-6\hat{j}\times\hat{j}\} \\ &= \{0-12\hat{k}+15\hat{k}+0\}+\{0+4\hat{k}+9\hat{k}-0\} \\ &= 16\,\hat{k}\end{aligned}$$

이다. 따라서 확인된다.

예제 8.47 벡터의 회전

벡터곱의 정의식(8.156)을 이용하여 직각좌표계에서

① $\nabla\times\vec{A}$ ② $\nabla\times\nabla U$

를 구하라. 여기서 U는 위치의 함수로 ∇U는 식(3.93)으로 주어진다.

풀이 ① 식(8.156)에 의하여

$$\begin{aligned}\nabla\times\vec{A} &= \left(\hat{i}\frac{\partial}{\partial x}+\hat{j}\frac{\partial}{\partial y}+\hat{k}\frac{\partial}{\partial z}\right)\times(\hat{i}A_x+\hat{j}A_y+\hat{k}A_z) \\ &= \hat{i}\left(\frac{\partial}{\partial y}A_z-\frac{\partial}{\partial z}A_y\right)+\hat{j}\left(\frac{\partial}{\partial z}A_x-\frac{\partial}{\partial x}A_z\right)+\hat{k}\left(\frac{\partial}{\partial x}A_y-\frac{\partial}{\partial y}A_x\right)\end{aligned}$$

$$= \hat{i}\left(\frac{\partial A_z}{\partial y} - \frac{\partial A_y}{\partial z}\right) + \hat{j}\left(\frac{\partial A_x}{\partial z} - \frac{\partial A_z}{\partial x}\right) + \hat{k}\left(\frac{\partial A_y}{\partial x} - \frac{\partial A_x}{\partial y}\right)$$

이다. 이를 **벡터 $\overrightarrow{A}$의 회전**(rotation of vector A)이라 하고 "로테이션 A : rotation A" 또는 "회전 A"라 읽는다.

② 같은 방법으로

$$\begin{aligned}
\nabla \times \nabla U &= \left(\hat{i}\frac{\partial}{\partial x} + \hat{j}\frac{\partial}{\partial y} + \hat{k}\frac{\partial}{\partial z}\right) \times \left(\hat{x}\frac{\partial U}{\partial x} + \hat{y}\frac{\partial U}{\partial y} + \hat{z}\frac{\partial U}{\partial z}\right) \\
&= \hat{i}\left(\frac{\partial}{\partial y}\frac{\partial U}{\partial z} - \frac{\partial}{\partial z}\frac{\partial U}{\partial y}\right) + \hat{j}\left(\frac{\partial}{\partial z}\frac{\partial U}{\partial x} - \frac{\partial}{\partial x}\frac{\partial U}{\partial z}\right) \\
&\quad + \hat{k}\left(\frac{\partial}{\partial x}\frac{\partial U}{\partial y} - \frac{\partial}{\partial y}\frac{\partial U}{\partial x}\right) \\
&= 0
\end{aligned}$$

이다. 곧 ∇U의 회전은 0이다. 이것은 일반적인 것으로, 어떤 스칼라 함수의 그래디언트(gradient)의 회전은 항상 0이다.

예제 8.48 돌림힘 벡터

z축 주위로 회전할 수 있는 강체에 힘 $\overrightarrow{F}$가 위치벡터가 $\vec{r}$인 점에 작용하였다. 이 힘의 원점에 대한 돌림힘을 구하라. 힘 $\overrightarrow{F}$ 및 위치벡터 $\vec{r}$는 아래와 같다.

$$\overrightarrow{F} = \hat{i}(2.00\,\mathrm{N}) + \hat{j}(3.00\,\mathrm{N}), \quad \vec{r} = \hat{i}(4.00\,\mathrm{m}) + \hat{j}(5.00\,\mathrm{m})$$

풀이 | 원점에 대한 돌림힘 $\vec{\tau}$는

$$\begin{aligned}
\vec{\tau} = \vec{r} \times \overrightarrow{F} &= \{\hat{i}(4.00\,\mathrm{m}) + \hat{j}(5.00\,\mathrm{m})\} \times \{\hat{i}(2.00\,\mathrm{N}) + \hat{j}(3.00\,\mathrm{N})\} \\
&= (\hat{i} \times \hat{i})(8.00\,\mathrm{N \cdot m}) + (\hat{j} \times \hat{i})(10.00\,\mathrm{N \cdot m}) \\
&\quad + (\hat{i} \times \hat{j})(12.00\,\mathrm{N \cdot m}) + (\hat{j} \times \hat{j})(15.00\,\mathrm{N \cdot m}) \\
&= 0 - \hat{k}(10.00\,\mathrm{J}) + \hat{k}(12.00\,\mathrm{J}) + 0 \\
&= \hat{k}(2.00\,\mathrm{J})
\end{aligned}$$

이다.

8.7.3 각운동량벡터

홑질점의 각운동량도 벡터로 나타낼 수 있다. 홑질점의 각운동량은 식(8.95)로 정의된다. 이를 돌림힘의 정의식(8.8)과 비교하면 위치벡터 $\vec{r}$와 운동량벡터 $\vec{p}$의 벡터곱으로 주어짐을 쉽게 이해할 수 있다. 곧

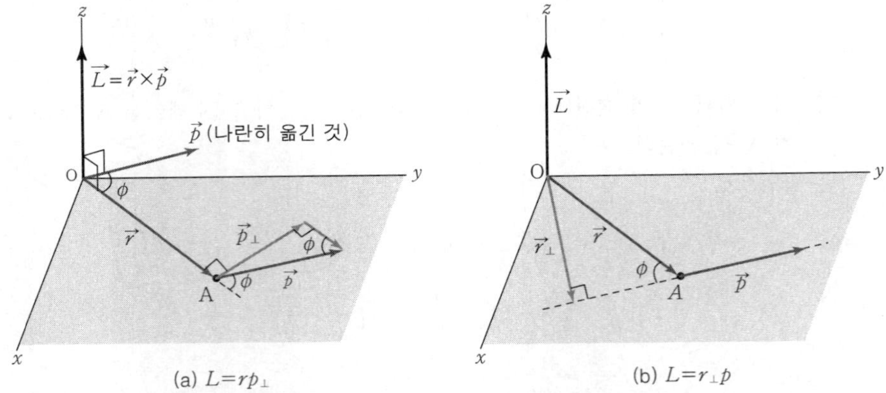

그림 8.60 홑질점의 각운동량 벡터의 정의

> **위치벡터가 $\vec{r}$인 점에서 운동량벡터 $\vec{p}=m\vec{v}$로 운동하는 홑질점의 원점 O에 대한 각운동량벡터 $\vec{L}$은**
>
> $$\vec{L}=\vec{r}\times\vec{p} \tag{8.159}$$
>
> **로 정의된다.**

각운동량벡터 $\vec{L}$은 돌림힘의 경우와 같이 위치벡터 $\vec{r}$와 운동량벡터 $\vec{p}=m\vec{v}$로 이루어지는 평면에 수직인 방향으로, 오른손 규칙으로 정해지는 방향(쪽)으로 향한다(**그림 8.60** 참조).

예제 8.49 각운동량벡터

1.50 kg의 입자가 xy 평면에서 $\vec{v}=\hat{i}(4.20\ \text{m/s})+\hat{j}(-3.60\ \text{m/s})$의 속도로 운동하고 있다. 위치벡터가 $\vec{r}=\hat{i}(1.50\ \text{m})+\hat{j}(2.20\ \text{m})$인 점에서 입자의 원점에 대한 각운동량을 구하라.

풀이 | 입자의 운동량이

$$\begin{aligned}\vec{p}=m\vec{v}&=(1.50\ \text{kg})\times\{\hat{i}(4.20\ \text{m/s})+\hat{j}(-3.60\ \text{m/s})\}\\&=(1.50\ \text{kg})\times\hat{i}(4.20\ \text{m/s})+(1.50\ \text{kg})\times\hat{j}(-3.60\ \text{m/s})\\&=\hat{i}(6.30\ \text{kg}\cdot\text{m/s})-\hat{j}\,(5.40\ \text{kg}\cdot\text{m/s})\end{aligned}$$

이므로 각운동량은 식(8.159)에 의하여

$$\begin{aligned}\vec{L}&=\vec{r}\times\vec{p}\\&=\{\hat{i}(1.50\ \text{m})+\hat{j}(2.20\ \text{m})\}\times\{\hat{i}(6.30\ \text{kg}\cdot\text{m/s})-\hat{j}(5.40\ \text{kg}\cdot\text{m/s})\}\\&=\hat{k}\{-(1.50\ \text{m})\times(5.40\ \text{kg}\cdot\text{m/s})-(2.20\ \text{m})\times(6.30\ \text{kg}\cdot\text{m/s})\}\end{aligned}$$

$$= -\hat{k}\,(21.96\ \mathrm{J \cdot s})$$

이다. 따라서 입자의 각운동량은 $\vec{L} = -\hat{k}(22.0\ \mathrm{J \cdot s})$이다.

○ 원운동하는 질점의 각운동량벡터

식(8.159)로부터 원운동을 하는 질점의 **원의 중심**에 대한 각운동량은 식(8.91)과 같은 꼴로 주어짐을 알 수 있다. 질량 m의 질점이 xy 평면 내에서 원의 중심 주위로 각속도 ω로 원운동을 하는 경우, 원점을 원의 중심으로 택하면 질점의 위치벡터의 크기는 반지름 r와 같고(**그림 8.61(a)** 참조), 각속도벡터 $\vec{\omega}$는 z축 방향으로 $\vec{\omega} = \omega\hat{k}$이다. 한편, 질점의 속도벡터 $\vec{v}$는 크기가 $v = \omega r$이고, 원둘레의 접선 방향이다. 따라서 질점의 위치벡터가 $\vec{r}$이므로 속도벡터 $\vec{v}$는 벡터곱

$$\vec{v} = \vec{\omega} \times \vec{r} \tag{8.160}$$

로 주어짐을 알 수 있다. 이 관계식은 원점이 원의 중심이 아닌 경우에도 성립한다(**그림 8.63** 참조).

또, 운동량벡터 $\vec{p} = m\vec{v}$로, 원운동하는 질점의 원의 중심(원점)에 대한 각운동량 $\vec{L}$은

$$\vec{L} = \vec{r} \times \vec{p} = \vec{r} \times m\vec{v}$$

로 주어진다. 여기서 $\vec{r}$가 원의 중심에서 반지름을 따라서 바깥으로 향하고, $\vec{v}$는 접선 방향으로 회전하는 쪽을 향하므로 $\vec{r} \times \vec{v}$는 z축 방향이고, 크기는 $|\vec{r} \times \vec{v}| = rv = r^2\omega$이다. 따라서

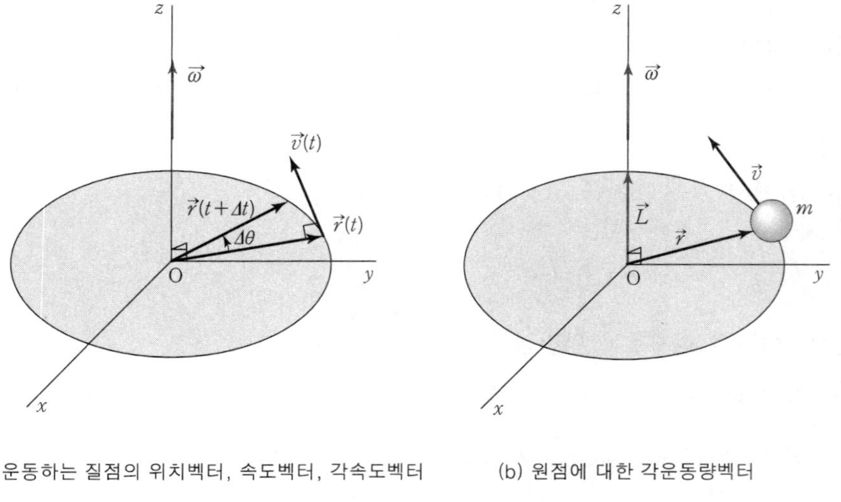

(a) 원운동하는 질점의 위치벡터, 속도벡터, 각속도벡터 (b) 원점에 대한 각운동량벡터

그림 8.61 원의 중심이 원점인 경우

$$\vec{L} = \vec{r} \times \vec{p} = \vec{r} \times m\vec{v} = \hat{k}(mr^2\omega) = mr^2\vec{\omega} \quad (\text{원의 중심}) \tag{8.161}$$

이다(**그림 8.61(b)** 참조). 여기서 $\vec{\omega} = \omega\hat{k}$ 임을 이용하였으며, mr^2은 원의 중심에 대한 질점의 관성모멘트 I이므로 각운동량벡터는

$$\vec{L} = I\vec{\omega} \quad (\text{원의 중심}) \tag{8.162}$$

로 주어진다.

◎ 각운동량벡터와 돌림힘벡터

홑질점의 각운동량벡터는 식(8.159)로 주어진다. 각운동량벡터, 위치벡터 및 운동량벡터가 모두 시간 t의 함수라면 시간 t에 대해서 식(8.159)의 양변을 미분하면,

$$\frac{d\vec{L}}{dt} = \frac{d}{dt}(\vec{r} \times \vec{p}) = \frac{d\vec{r}}{dt} \times \vec{p} + \vec{r} \times \frac{d\vec{p}}{dt} \tag{8.163}$$

이 된다. 여기서 식(8.157)을 이용하였다. 오른쪽에서 $\frac{d\vec{r}}{dt} = \vec{v}$ 이고, 이것은 $\vec{p}$와 나란하므로 첫째 항은 0이 된다. 그런데 $\frac{d\vec{p}}{dt} = \vec{F}$ 이므로 오른쪽의 둘째 항은

$$\vec{r} \times \frac{d\vec{p}}{dt} = \vec{r} \times \vec{F} = \vec{\tau}$$

이다. 따라서 식(8.163)으로부터

$$\frac{d\vec{L}}{dt} = \vec{\tau} \tag{8.164}$$

을 얻는다. 이것은 운동량 정리 식(2.12)에 대응되는 **홑질점의 각운동량 정리**로 식(8.92)의 벡터 식이다. 병진운동에서 운동량 정리를 나타내는 식(2.12)가 뉴턴의 운동법칙(또는 운동방정식)의 다른 표현인 것처럼 각운동량 정리를 나타내는 식(8.164)도 **회전운동 방정식**의 다른 벡터표현이다.

식(8.164)에서 식(8.162)를 고려하면

$$I\frac{d\vec{\omega}}{dt} = \vec{\tau} \quad \text{또는} \quad I\vec{\alpha} = \vec{\tau}$$

를 얻는다. 이들은 회전운동 방정식(8.18)의 벡터식이다.

돌림힘이 0이면 식(8.164)에 의하여 각운동량 벡터가 일정하게 보존된다. 곧

$$\vec{\tau} = \vec{r} \times \vec{F} = 0 \rightleftarrows \vec{L} = (\text{일정})$$

이다(식(8.107) 참조).

○ 강체의 각운동량벡터

고정축 주위로 회전하는 강체의 각운동량도 식(8.162)의 꼴로 주어짐을 확인할 수 있다. **그림 8.62**와 같이 z축을 고정 회전축으로 하여 각속도 $\vec{\omega}=\hat{k}\omega$로 회전하는 강체의 경우, 회전축 또는 회전중심으로부터 위치벡터 $\vec{r}_i$인 점 P_i에 있는 질량 m_i의 질점은 회전축 주위로 반지름 r_i의 원운동을 하므로 이 질점의 각운동량 $\vec{L}_i$는 식(8.161)에 의하여

$$\vec{L}_i = m_i r_i^2 \vec{\omega}$$

로 주어진다. 따라서 강체의 각운동량 $\vec{L}$은

$$\vec{L} = \sum_i \vec{L}_i = \left(\sum_i m_i r_i^2\right)\vec{\omega} = I\vec{\omega}$$

로 주어지는데, $\sum_i m_i r_i^2 = I$는 강체의 회전축에 대한 관성모멘트이므로 고정축 주위의 각운동량벡터 $\vec{L}$은 식(8.162)와 같은 꼴로 주어지며 각운동량벡터는 각속도벡터와 같은 방향이다. 이것은 회전축이 고정된 특수한 경우이고, 일반적인 경우에는 그렇지 않다.

예를 들면 **그림 8.63**과 같이 원의 중심이 아닌 z축상의 다른 점을 원점으로 할 때 원운동을 하는 질점의 위치벡터 $\vec{r}$, 선속도벡터 $\vec{v}$, 각속도벡터 $\vec{\omega}$ 사이에는

$$\vec{v} = \vec{\omega}\times\vec{r}$$

의 관계식이 역시 성립한다. 이것은 원의 중심을 원점으로 한 경우의 관계식(8.160)과 일치한다. 그러나 원의 중심이 아닌 z축상의 다른 점(원점)에 대한 질점의 각운동량

$$\vec{L} = \vec{r}\times m\vec{v} = \vec{r}\times\vec{p}$$

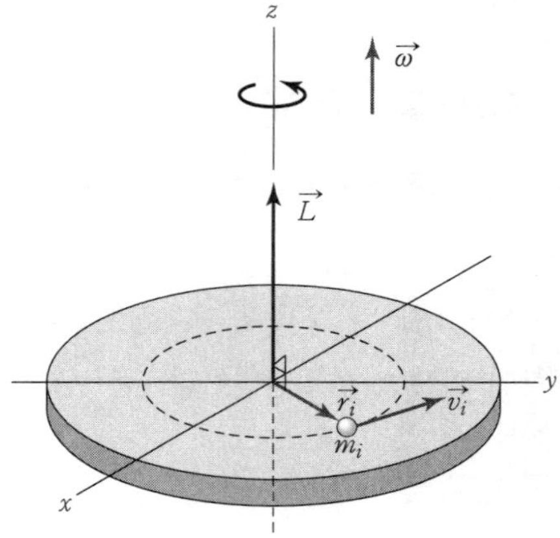

그림 8.62 고정축 주위로 회전하는 강체의 각운동량벡터

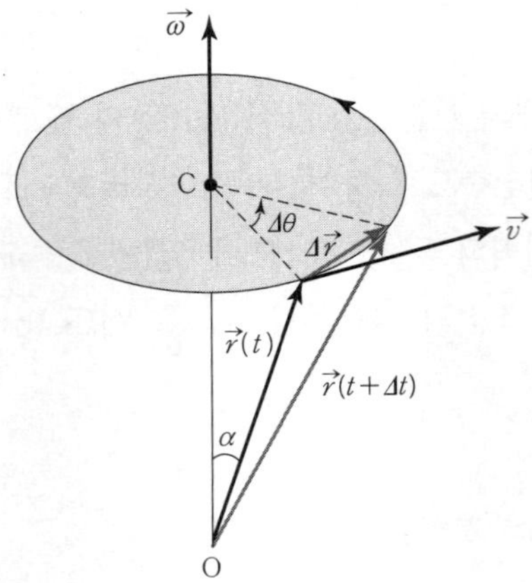

그림 8.63 원운동하는 질점의 위치벡터, 속도벡터, 각속도벡터(원의 중심이 원점이 아닌 경우)

는 그 방향이 z축 방향의 각속도벡터와 일치하지 않고($\vec{L} \nparallel \vec{\omega}$), 위치벡터 $\vec{r}$ 및 속도벡터 $\vec{v}$에 수직인 방향, 곧 $\vec{r}$ 및 $\vec{v}$로 이루어지는 평면에 수직인 방향으로 오른손 규칙에 의하여 주어지는 쪽을 향한다(**그림 8.64(a)** 참조).

그런가 하면 똑같은 질점이 하나 더 추가되어 두질점이 회전축에 대하여 대칭적으로 원운동을 하는 경우(**그림 8.64(b)** 참조), 곧 회전축이 **대칭축**(symmetry axis)인 경우, 둘째 질점의 각운동량벡터 $\vec{L}_2$가 처음 질점의 각운동량벡터 $\vec{L}_1$과 대칭인 위치에 있게 된다. 따라서 두 각운동량벡터의 벡터합인 총 각운동량벡터 $\vec{L}_1 + \vec{L}_2 = \vec{L}$은 대칭축인 z축을 향하게 되어 각속도벡터와 방향이 일치하게 된다. 곧

회전축이 고정축이거나 대칭축인 경우, 강체의 각운동량벡터는 각속도벡터와 같은 방향이고, 각운동량벡터는

$$\vec{L} = I\,\vec{\omega} \quad \text{(고정축 또는 대칭축)} \tag{8.165}$$

의 꼴이고, $I = \sum_i m_i r_i^2$**는 대칭축 주위의 관성모먼트이다.**

각운동량 정리를 나타내는 식(8.164)는 강체의 경우에도 성립한다. 특히 강체의 경우에는 돌림힘이 바깥돌림힘벡터의 합인 알짜 바깥돌림힘이다. 곧

$$\frac{d\vec{L}}{dt} = \sum_i \vec{\tau}_i^{(e)} = \vec{\tau}_{\text{알짜}}^{(e)} \tag{8.166}$$

이다(식(9.25) 참조). 이 관계식에 의하여, 강체에 작용하는 알짜 바깥돌림힘이 없으면 강체의 각운동량이 보존된다. 곧

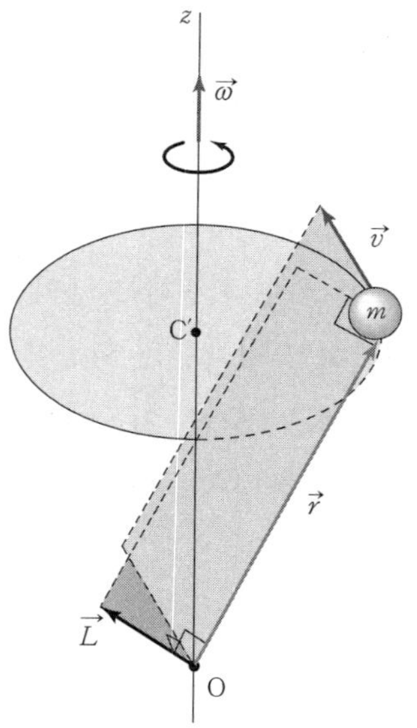

(a) 원점에 대한 각운동량벡터

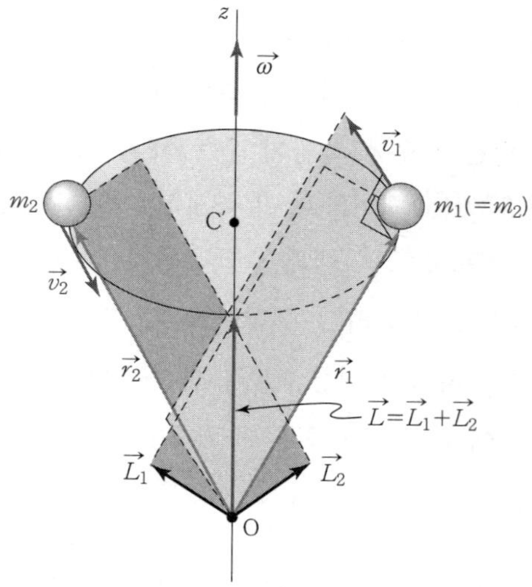

(b) 똑같은 두 질점이 회전축에 대하여 대칭적으로 같은 원운동을 하는 경우의 각운동량벡터

그림 8.64 원점이 원의 중심이 아닌 z축상의 점인 경우

$$\vec{\tau}^{(e)}_{\text{알짜}} = \sum_i \vec{\tau}_i^{(e)} = 0 \quad \rightleftarrows \quad \vec{L} = (\text{일정})$$

이다.

강체에 작용하는 알짜 바깥돌림힘이 없으면 강체의 각운동량벡터의 크기뿐 아니라 방향도 항상 일정하게 유지된다. 특히 강체가 대칭성이 있어서 회전축이 대칭축과 일치하는 경우에는, 각운동량벡터가 회전축 방향과도 일치하므로(식(8.165) 참조), 회전각속도의 크기뿐 아니라 회전축의 방향도 일정하게 유지된다. 곧 회전하는 강체는 회전축의 방향을 변하지 않으려는 성질이 있다. 이것은 회전 강체의 관성이다. 자전거가 똑바로 달릴 수 있는 것은 회전 강체의 이 성질 때문이다.

8.8 대칭팽이의 운동－고정점 주위의 강체운동

얼음판 위에서 돌고 있는 팽이는 팽이채로 찰싹 찰싹 칠수록 더 잘 돈다. 때로는 팽이가 똑바로 서서 마치 잠자는 듯이 회전한다. 이런 팽이를 “잠자는 팽이(sleeping top)”라 부르기도 한다. 팽이 채로 치지 않고 그냥 두면 어느 정도 회전한 뒤에는 팽이가 **그림 8.65(a)**와 같이 기울어진 채 연직축(Z축) 주위로 회전하다가 쓰러진다.

팽이가 **그림 8.65(a)**와 같이 기울어진 채, 팽이의 대칭축(z축)이 **그림 8.65(b)**와 같이 연직축(Z축)을 축으로 하는 원뿔을 그리면서 연직축 주위로 회전하는 경우가 있다. 이런 팽이의 운동을 **옆돌기 운동**(**축돌기 운동/세차운동** : precessional motion)이라 한다.

그림 8.65(a)에서와 같이 꼭짓점 O를 회전점(또는 고정점)으로 하여 회전하는 팽이가 어떤 순간 연직축(Z축)에 대해서 기울어져 있는 경우에, 팽이에 작용하는 바깥힘은 회전점 O에서 연직상방으로 작용하는 수직항력 $\vec{N}$ 및 팽이의 질량중심에 작용하는 중력 $M\vec{g}$ (M : 팽이의 질량)이다. 따라서 질량중심의 회전점 O에 대한 위치벡터를 $\vec{r}_{\rm CM}$이라 하면, 팽이에 작용하는 회전점 O에 대한 돌림힘은 중력 $M\vec{g}$에 의한 돌림힘

$$\vec{\tau} = \vec{r}_{\rm CM} \times M\vec{g}$$

뿐이다. 이로 인하여 팽이는 회전점 O 주위로 넘어질 것이다.

그러나 팽이가 매우 빠르게 대칭축(z축) 주위로 회전하고 있으면 그렇지 않다. 대칭축 주위로 빠르게 회전하는 팽이는, 중력에 의한 돌림힘이 작용하더라도, 넘어지지 않고 도리어 **그림 8.65(b)**에서와 같이, 대칭축(z축)이 연직축(Z축) 주위로 원뿔면을 그리면서 "옆으로" 돌게된다. 이것이 팽이의 옆돌기운동이다. 이 경우, 팽이의 각운동량 벡터는 팽이의 대칭축(z축) 방향이라고 어림할 수 있고, 따라서 중력에 의한 돌림힘과 수직이다. 옆돌기운동은 팽이에 작용하는 중력의 돌림힘 때문에 대칭축 주위로 빠르게 회전하는 팽이의 각운동량 벡터의 방향에 변화가 생기기 때문이다. 이 현상은 **회전운동의 벡터적 성질**에 의하여 설명되는 좋은 보기이다.

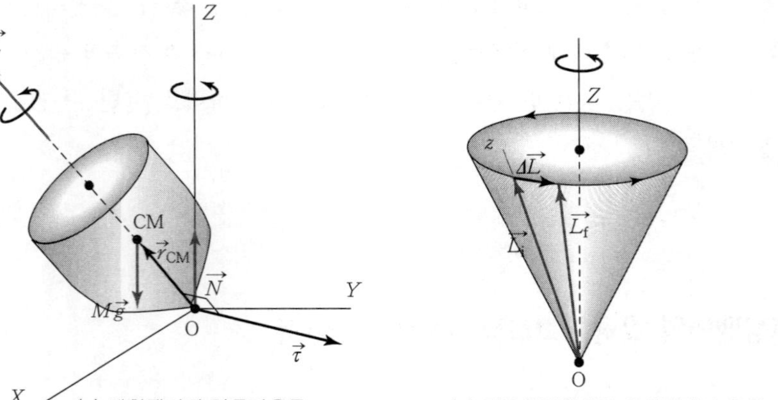

(a) 대칭팽이의 옆돌기운동 (b) 각운동량벡터의 원뿔면에서 운동

그림 8.65 대칭팽이의 중력마당에서 운동

○ 자이로스코프의 운동

팽이의 옆돌기 현상을 **그림 8.66**과 같은 간편한 자전거 바퀴 모양의 자이로스코프로 살펴보자. 이 자이로스코프의 바퀴는 바퀴 테를 무겁게 하여 모든 질량이 바퀴 테 둘레에 골고루 분포하도록 만들어졌다. 바퀴는 굴대(바퀴의 회전축) 주위로 자유로이 빠르게 회전할 수 있고, 굴대의 한쪽 끝을 받침점(회전점) O에 올려놓고 굴대가 모든 방향으로 자유로이 회전할 수 있게 되어 있다. 이 자이로스코프로에서 아래와 같은 특이한 현상을 관찰할 수 있다.

자이로스코프의 바퀴를 굴대 주위로 회전시키지 않고, 수평으로 들고 있다가 가만히 놓으면 바퀴는 중력 때문에 아래로 떨어진다. 그러나 만일, 굴대 주위로 바퀴를 빠르게 회전(**자전** : spin)시켜서 굴대를 수평으로 들고 있다가 가만히 놓으면, 굴대는 앞에서와는 달리 중력에 수직인 수평면 내에서 "옆으로" 움직인다. 이런 운동을 자전하는 바퀴의 옆돌기 운동이라 한다.

이런 강체의 옆돌기 현상은 강체의 회전운동의 **벡터 방정식**

$$\frac{d\vec{L}}{dt}=\sum_i \vec{\tau}_i^{(e)}=\vec{\tau}_{\text{알짜}}^{(e)} \tag{8.166}$$

에 의하여 잘 설명된다. 이 회전운동 방정식은 다시

$$d\vec{L}=\vec{\tau}_{\text{알짜}}^{(e)}\,dt \tag{8.167}$$

라고 바꾸어 쓸 수 있다. 알짜 바깥돌림힘이 없으면, 곧

$$\vec{\tau}_{\text{알짜}}^{(e)}=0\text{이면}\quad d\vec{L}=0\quad \text{또는}\quad \vec{L}=(\text{일정})$$

이 되어 각운동량벡터가 일정하게 보존된다. 따라서 각운동량의 크기뿐 아니라 방향도 일정하게 유지된다. 한편, 회전축이 고정되었거나 대칭축과 일치된 경우, 각운동량벡터는 각속도벡터와 평행하므로(식(8.165) 참조), 각속도벡터의 크기뿐 아니라 그 방향도 일정하게 유지된다. 곧

> **알짜 바깥돌림힘이 없으면 강체는 그 각운동량벡터의 방향을 변하지 않으려는 성질이 있으며, 특히 회전축이 대칭축과 일치하는 경우에는 회전축의 방향을 변하지 않으려는 성질이 있다.**

이것이 회전 강체의 관성이다.

그러나 만일 알짜 바깥돌림힘이 0이 아니면 식(8.167)로 주어지는 각운동량의 변화 $d\vec{L}$이 생긴다. 이것은 돌림힘 $\vec{\tau}_{\text{알짜}}^{(e)}$의 방향과 같다. 만일 돌림힘이 각운동량벡터와 수직이면 운동량의 변화 $d\vec{L}$도 각운동량 $\vec{L}$에 수직으로 작용하여, 각운동량벡터는 방향만 변하게 된다. 곧

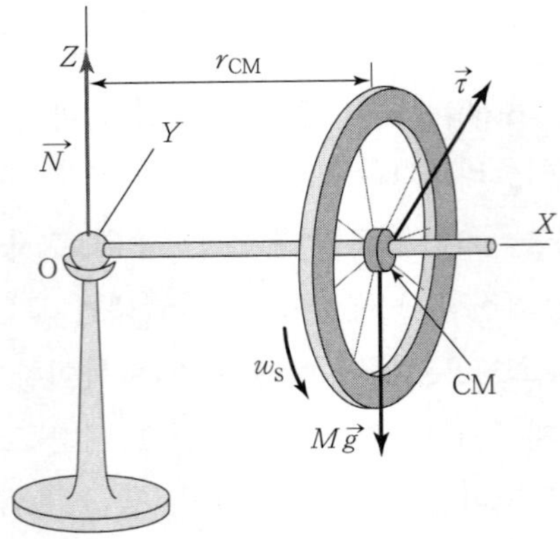

그림 8.66 자전거 바퀴 모양 자이로스코프 및 중력에 의한 돌림힘

돌림힘이 각운동량벡터에 수직으로 작용하면 각운동량벡터의 방향만이 변한다.

위에서 언급한 바퀴의 특이한 운동의 경우, 바퀴에 작용하는 바깥힘은 바퀴의 질량중심에 작용하는 중력 $M\vec{g}$ 및 회전점 O에서 연직상방으로 작용하는 수직항력 $\vec{N}$뿐이다. 회전점 O에 대한 바깥돌림힘은 중력에 의한 돌림힘뿐이다. 회전점 O에서 바퀴의 질량중심까지 길이를 r_{CM}이라 하면, 회전점 O에 대한 알짜 바깥돌림힘의 크기는

$$\tau^{(e)}_{\text{알짜}} = Mgr_{CM} \tag{8.168}$$

이고, 방향은 굴대에 수직이고 수평 방향이다.

그림 8.66에서와 같이, 회전점 O에서 연직상방을 Z축, 바퀴의 처음 굴대 방향을 X축이라 하면, 바퀴의 자전 각운동량은 X축, 중력의 돌림힘은 Y축 방향이다. 이 돌림힘 때문에 시간 dt 동안에 Y축 방향으로 크기

$$dL = \tau^{(e)}_{\text{알짜}}\, dt = Mgr_{CM}\, dt$$

의 각운동량의 변화가 생긴다. 따라서 시각 t에서 바퀴의 각운동량을 $\vec{L}(t)$라 하면, 바퀴의 각운동량은 시간 dt 동안에 $\vec{L}(t)$에서 $\vec{L}(t+dt) \cong \vec{L}(t) + d\vec{L}$로 변한다(소단원 7.3.1 각주 참조).

여기서 바퀴의 각운동량벡터 $\vec{L}(t)$은 바퀴의 총 각운동량으로, 바퀴의 굴대 주위의 자전 각운동량벡터와 바퀴의 질량중심이 회전점 O 주위로 회전하는 각운동량벡터의 합이다. 그런데 일반적으로 바퀴의 자전 각속도가 매우 크므로, 회전점 O 주위의 각운동량은 바퀴의 자전 각운동량에 비교하여 무시할 수 있을 정도이다. 따라서 바퀴의 총 각운동량벡터는 굴대 주위의

자전 각운동량벡터로 어림할 수 있다.

바퀴의 자전 각운동량벡터는, 바퀴의 관성모멘트를 I, 그 각속도를 $\vec{\omega}_{\mathrm{S}}$라 하면, $I\vec{\omega}_{\mathrm{S}}$이므로 바퀴의 총 각운동량벡터는

$$\vec{L}(t) \cong I\vec{\omega}_{\mathrm{S}} \tag{8.169}$$

로, 대칭축(X축) 방향이다. 따라서 돌림힘 $\vec{\tau}^{(e)}_{\text{알짜}}$가 Y축 방향이므로 각운동량벡터의 방향만을 변화시킨다(**그림 8.67(a)** 참조). 그러므로 각운동량벡터의 크기는

$$|\vec{L}(t)| = |\vec{L}(t+dt)| \equiv L$$

이고, 시간 dt 뒤에는 $\vec{L}(t+dt) = \vec{L}(t) + d\vec{L}$의 방향을 향하게 된다. 곧 굴대는 중력의 방향과 수직이고, 각운동량벡터의 방향(X축)과도 수직인 Y축 방향으로 돌게 된다. 이것도 오른손 규칙으로 설명된다. 이것이 바로 자이로스코프 바퀴의 옆돌기운동이다(**그림 8.67(a)** 참조).

그 회전한 각을 $d\phi$라 하면 $|d\vec{L}| \cong L\,d\phi$로 어림할 수 있으므로(**그림 8.67(b)** 참조), 식 (8.167)에 의하여

$$L\,d\phi = \tau^{(e)}_{\text{알짜}}\,dt \qquad \therefore\ \frac{d\phi}{dt} = \frac{\tau^{(e)}_{\text{알짜}}}{L}$$

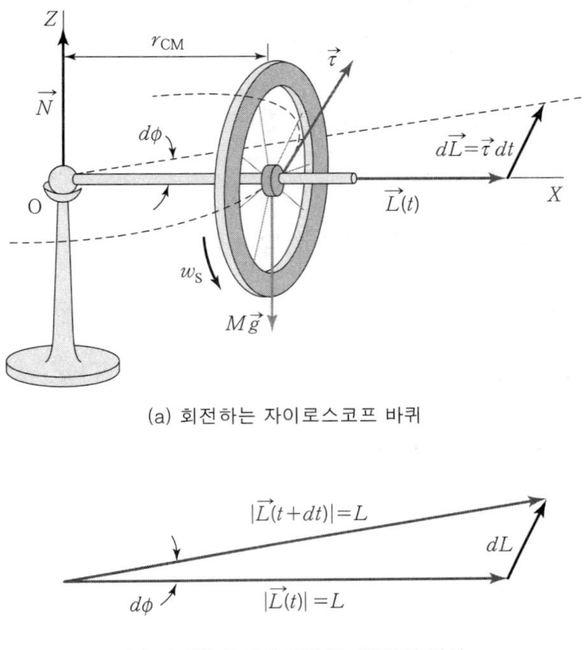

그림 8.67 자전거 바퀴 모양 자이로스코프의 옆돌기

이 된다. 여기서 $\frac{d\phi}{dt}$는 자전하는 바퀴의 굴대(또는 각운동량벡터)가 옆으로 돌아가는 각속도, 곧 **옆돌기 각속도**(angular velocity of precession)이다. 이 옆돌기 각속도를 Ω라 하면

$$\Omega = \frac{\tau^{(e)}_{\text{알짜}}}{L}$$

로 주어진다. 여기에 식(8.168) 및 식(8.169)를 고려하면,

$$\Omega = \frac{\tau^{(e)}_{\text{알짜}}}{L} \cong \frac{Mgr_{CM}}{I\omega_S} \qquad (\Omega \ll \omega_S) \tag{8.170}$$

로 어림된다. 여기서 Ω를 옆돌기 각속도라 하는 데 대해서, 바퀴의 굴대 주위의 회전 각속도인 ω_S를 **자전 각속도**(spin angular velocity)라 한다. 일반적으로 $\Omega \ll \omega_S$이다.

예제 8.50 자전거 바퀴 자이로스코프 운동

반지름 28.0 cm의 자전거 바퀴가 길이 50.0 cm의 굴대의 중점에 장치되어 있다. 타이어와 바퀴테의 무게가 30.0 N이다. 바퀴를 매초 12회전의 각속도로 굴대 주위로 회전시켜서, 굴대의 한쪽 끝점을 받침점에 수평으로 얹어 놓아서 그 받침점을 회전점으로 하여 자유로이 회전할 수 있게 해 놓았다(**그림 8.66** 참조).

① 바퀴의 모든 질량이 바퀴 테 둘레에 골고루 분포되어 있다고 보고, 바퀴의 굴대 주위의 자전 각속도 및 그 각운동량을 구하라.

② 옆돌기 각속도는 얼마인가? 또, 굴대가 회전점 주위로 360° 회전하는 데 걸리는 시간은 얼마인가?

③ 옆돌기운동으로 인한 질량중심의 회전점 주위의 각운동량과 그 방향을 구하라.

풀이 | ① 바퀴의 굴대 주위의 회전(자전) 각속도 ω_S는

$$\omega_S = 12\,\text{rev/s} \times \left(\frac{2\pi\,\text{rad}}{1\,\text{rev}}\right) = 75.36\,\text{rad/s} \cong 75.4\,\text{rad/s}$$

이고, 굴대 주위의 관성모먼트는, 질량의 대부분이 바퀴 둘레에 골고루 분포되어 있으므로,

$$I = MR^2 = \frac{30\,\text{N}}{9.81\,\text{m/s}^2} \times (28.0 \times 10^{-2}\,\text{m})^2 = 0.2398\,\text{kg}\cdot\text{m}^2$$

이다. 따라서 자전 각운동량 L_S는

$$L_S = I\,\omega_S = (0.2398\,\text{kg}\cdot\text{m}^2) \times (75.36\,\text{rad/s}) = 18.07\,\text{J}\cdot\text{s} \cong 18.1\,\text{J}\cdot\text{s}$$

이다.

② 옆돌기 각속도 Ω는 식(8.170)에 의하여

$$\Omega \cong \frac{Mgr_{CM}}{I\omega_S} = \frac{(30.0\,\text{N}) \times (25.0 \times 10^{-2}\,\text{m})}{18.07\,\text{J}\cdot\text{s}} = 0.4151\,\text{rad/s} \cong 0.415\,\text{rad/s}$$

이다. 이 각속도는 자전 각속도 ω_S에 비교하여 무시할 수 있을 정도이다.

굴대가 360°회전하는 데 걸리는 시간은

$$T_P = \frac{2\pi}{\Omega} = \frac{2\pi}{0.4151\ \mathrm{rad/s}} = 15.13\ \mathrm{s} \cong 15.1\ \mathrm{s}$$

이다.

③ 질량중심의 회전점 주위의 각운동량 L_P는

$$L_P = I_P\,\Omega$$

로 주어지는데, I_P는 회전점 주위의 바퀴의 관성모먼트로

$$I_P = M r_{CM}^2 = \frac{30.0\ \mathrm{N}}{9.81\ \mathrm{m/s^2}} \times (25.0\times10^{-2}\ \mathrm{m})^2 = 0.1911\ \mathrm{kg\cdot m^2}$$

이다. 따라서

$$L_P = I_P\,\Omega = (0.1911\ \mathrm{kg\cdot m^2})\times(0.4151\ \mathrm{rad/s}) = 0.07933\ \mathrm{J\cdot s}$$

이다. 곧 $L_P = 0.0793\ \mathrm{J\cdot s}$이고, 그 방향은 ω_S가 어떤 순간 X축 방향이면 Y축 방향이다.

▶◎ 중력마당에서 대칭팽이 운동

그림 8.65와 같이 중력마당에서 고정점 O 주위로 회전하는 대칭팽이의 운동을 기술하자면, 대칭축을 z축으로 하는 팽이에 고정된 좌표계(**강체좌표계** : body coordinate system) 및 연직상방을 Z축으로 하는 공간에 고정된 좌표계(**공간좌표계** : space coordinate system) 등 두 가지 종류의 좌표계를 사용하는 것이 편리하다. 이들 두 좌표를 각각 $\{x, y, z\}$ 및 $\{X, Y, Z\}$라 하면 한 순간의 대칭팽이의 좌표는 **그림 8.68**과 같이 된다. 팽이의 대칭축을 z축, 연직축을 Z축으로 한다. 평면 S_Z, 평면 S_z는 각각 공간좌표계의 XY평면, 강체좌표계의 xy평면이다. 각 ψ는 시간 t 동안에 팽이(또는 강체 좌표계)가 대칭축(z축)주위로 회전한 각이고, 그 회전 후의 강체좌표계를 $\{x', y', z'\}$로, 각 ϕ는 강체의 대칭축(z축)이 공간의 연직축(공간좌표계의 Z축) 주위로 시간 t 동안에 회전한 각이고, 그 회전 후의 공간좌표계를 $\{X', Y', Z'\}$로 각각 나타냈다.

그림 8.68에서와 같이, 대칭축 주위의 관성모먼트가 I_S인 대칭팽이가 빠른 각속도

$$\vec{\omega}_S = \hat{z}\frac{d\psi}{dt}$$

로 대칭축(z축) 주위로 자전하는 경우 자전 각운동량벡터 $\vec{L}_S$는

$$\vec{L}_S = I_S\,\vec{\omega}_S$$

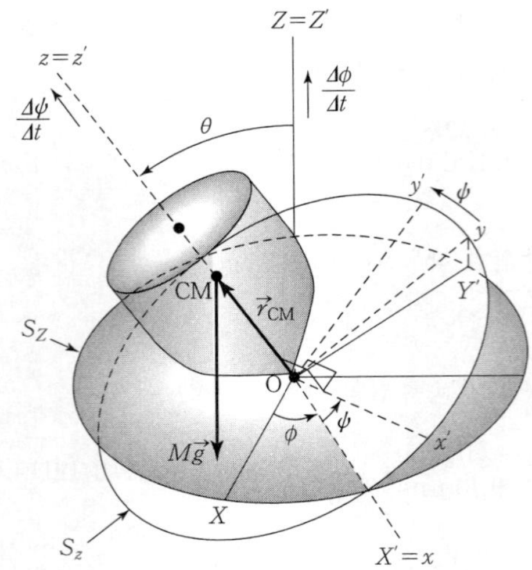

그림 8.68 대칭팽이의 좌표

이다.

그림 8.65(a)에서와 같이 꼭짓점 O를 회전점(또는 고정점)으로 하여 회전하는 팽이가 어떤 순간 연직축(Z축)에 대해서 기울어져 있는 경우에, 대칭축(z축)이 연직축(Z축)에 대해서 기울어진 각을 θ라 하면, 팽이에 작용하는 바깥힘은 회전점 O에서 연직상방으로 작용하는 수직항력 $\vec{N}$ 및 팽이의 질량중심(CM)에 작용하는 중력 $M\vec{g}$(M : 팽이의 질량)이다. 따라서 질량중심의 회전점 O에 대한 위치벡터를 $\vec{r}_{\mathrm{CM}}$이라 하면, 팽이에 작용하는 회전점 O에 대한 알짜 바깥돌림힘 $\vec{\tau}^{(\mathrm{e})}_{\text{알짜}}$는, 중력 $M\vec{g}$에 의한 돌림힘뿐이다. 곧

$$\vec{\tau}^{(\mathrm{e})}_{\text{알짜}} = \vec{r}_{\mathrm{CM}} \times M\vec{g} \tag{8.171}$$

이다. 이 돌림힘은 $\vec{r}_{\mathrm{CM}}$ 및 $M\vec{g}$에 의하여 결정되는 평면, 곧 대칭축(z축) 및 연직축(Z축)에 의하여 결정되는 평면에 수직이다. 따라서 돌림힘에 의하여 생기는 각운동량벡터의 변화 $d\vec{L}$도 이 평면에 수직이다(식(8.167) 참조). 그러므로 대칭축이 연직축에 대하여 각 θ만큼 기울어진 채 대칭팽이는 연직축(Z축) 주위로 회전운동(옆돌기운동)을 계속한다.

대칭팽이의 각운동량벡터 $\vec{L}(t)$은 팽이의 총 각운동량으로, 팽이의 대칭축 주위의 자전 각운동량벡터와 팽이의 고정점 O 주위로 회전하는 다른 각운동량벡터의 합이다. 일반적으로, 팽이의 자전 각속도 $\vec{\omega}_{\mathrm{S}}$가 매우 크므로, 다른 각운동량은 이에 비교하여 무시할 수 있을 정도이다. 따라서 대칭팽이의 총 각운동량벡터는 대칭축(z축) 주위의 자전 각운동량벡터로 어림할 수 있다. 곧 각운동량벡터는

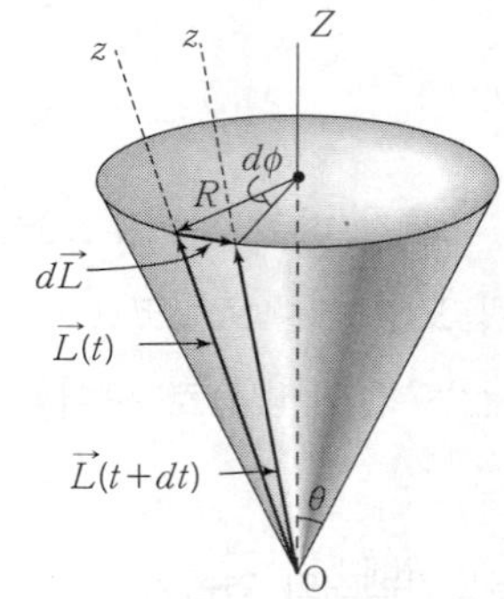

그림 8.69 대칭팽이의 각운동량벡터의 옆돌기

$$\overrightarrow{L}(t) \cong \overrightarrow{L}_s = I_S \vec{\omega}_S \tag{8.172}$$

로 어림되고, 방향도 대칭축(z축)과 거의 일치한다.

따라서 돌림힘 $\vec{\tau}^{(e)}_{알짜}$가 각운동량벡터 $\overrightarrow{L}(t)$과 수직이므로 돌림힘은 각운동량벡터의 크기는 변화시키지 않고 방향만을 변화시킨다. 그러므로 각운동량벡터 $\overrightarrow{L}(t)$는 시간 dt 뒤에는

$$\overrightarrow{L}(t+dt) = \overrightarrow{L}(t) + d\overrightarrow{L}, \quad |\overrightarrow{L}(t+dt)| = |\overrightarrow{L}(t)|$$

가 되어, 각운동량벡터는, **그림 8.69**에서 보는 바와 같이, 연직축(Z축) 주위로 원뿔을 그리면서 회전한다.

그림 8.69에서 대칭팽이가 옆돌기운동을 할 때, 각운동량벡터의 끝점이 그리는 원은 연직축(Z축)에 수직인 평면 내에 있으며, 그 반지름 R는 $R = |\overrightarrow{L}|\sin\theta$이므로 $d\overrightarrow{L}$이 원의 중심에 대하여 펼치는 중심각을 $d\phi$라 하면,

$$|d\overrightarrow{L}| \cong R\,d\phi = |\overrightarrow{L}(t)|\sin\theta\,d\phi \tag{8.173}$$

로 어림된다. 여기서 각 $d\phi$는 시간 dt 동안에 팽이가 옆돌기할 때, 대칭축 또는 각운동량이 옆으로 돌아간 각이므로, 옆돌기 각속도를 Ω라 하면 $d\phi = \Omega\,dt$이다. 또, 식(8.167)을 고려하면

$$\tau^{(e)}_{알짜}\,dt = |\overrightarrow{L}(t)|\sin\theta\,\Omega\,dt \qquad \therefore\ \Omega = \frac{\tau^{(e)}_{알짜}}{|\overrightarrow{L}(t)|\sin\theta}$$

를 얻는다. 여기서 식(8.171)로 표현되는 돌림힘의 크기가

$$\tau^{(e)}_{알짜} = Mg\,r_{CM}\sin\theta$$

이며, 식(8.172)를 고려하면

$$\Omega \cong \frac{Mg\,r_{\mathrm{CM}}}{I_{\mathrm{S}}\,\omega_{\mathrm{S}}} \quad (\Omega \ll \omega_{\mathrm{S}}) \tag{8.174}$$

가 된다. 이 결과는 수평으로 놓인 자전거 바퀴 자이로스코프의 식(8.170)과 일치한다. 이 사실은 **그림 8.66**과 같은 자전거 바퀴 모양 자이로스코프는 굴대가 대칭축이기 때문이다. 일반적으로, 대칭팽이의 옆돌기 각속도 Ω는 식(8.174)로 주어지며, 자전 각속도 ω_{S}에 반비례한다.

예제 8.51 옆돌기 운동을 하는 각운동량벡터와 옆돌기 각속도벡터

크기가 일정한 각운동량벡터 $\vec{L}(t)$가 일정한 각속도 $\vec{\Omega}$로 옆돌기 운동을 한다.
① 각운동량의 시간에 대한 변화율이 각운동량벡터에 수직임을 보여라.
② 그 각운동량의 시간에 대한 변화율이 $\dfrac{d\vec{L}}{dt} = \vec{\Omega}\times\vec{L}$로 주어짐을 보여라.

풀이 ① 각운동량벡터 $\vec{L}(t)$의 크기가 일정한 경우

$$\vec{L}(t)\cdot\vec{L}(t) = |\vec{L}(t)|^2 \equiv L^2(\text{일정})$$

라 할 수 있다. 이 식의 양변을 시간 t에 대해서 미분하면 식(3.62)에 의하여 좌변은

$$\begin{aligned}\frac{d}{dt}(\vec{L}(t)\cdot\vec{L}(t)) &= \frac{d\vec{L}(t)}{dt}\cdot\vec{L}(t) + \vec{L}(t)\cdot\frac{d\vec{L}(t)}{dt}\\ &= 2\vec{L}(t)\cdot\frac{d\vec{L}(t)}{dt}\end{aligned}$$

이고, 좌변은 $\dfrac{dL^2}{dt} = 0$가 된다. 따라서

$$\vec{L}(t)\cdot\frac{d\vec{L}(t)}{dt} = 0$$

이므로, $\dfrac{d\vec{L}(t)}{dt}$이 $\vec{L}(t)$에 수직이다(식(3.58) 참조).

② 크기가 일정한 각운동량벡터 $\vec{L}(t)$가, **그림 8.69**와 같이, 연직축에 대하여 일정한 각도 θ로 기울어진 채 각속도 $\vec{\Omega}$로 옆돌기 하는 경우, $\vec{L}(t)$는 시간 dt 동안에 $d\vec{\phi} = \vec{\Omega}\,dt$ 만큼 회전하여 $\vec{L}(t+dt)$가 된다. 그러나

$$|\vec{L}(t)| = |\vec{L}(t+dt)| \equiv |\vec{L}|$$

이다.

이 경우, $\vec{\Omega}$는 Z축 방향이고, $d\vec{L}$은 $dt \ll 0$의 극한에서 $\vec{L}(t)$의 끝점이 그리는 원호의 접선 방향이고, 따라서 두 벡터$\{\vec{\Omega},\ \vec{L}(t)\}$가 이루는 평면에 수직인 방향이다. 그 크기는 $dt\to 0$의 극한에서 $|d\vec{L}|$을 현으로 하는 원호의 길이로 어림할 수 있다. 그 원호의 길이는, 원호의 반지름이 $|\vec{L}|\sin\theta$이므로, $|\vec{L}|\sin\theta\,d\phi$이다(**그림 8.69** 및 식(8.173) 참조). 따라서

$$|d\vec{L}| = |\vec{L}|\sin\theta\, d\phi = |\vec{L}|\sin\theta|\vec{\Omega}|dt \quad \therefore \left|\frac{d\vec{L}}{dt}\right| = |\vec{L}|\sin\theta|\vec{\Omega}|$$

이다. 이 식의 우변은, 두 벡터 $\{\vec{\Omega}, \vec{L}(t)\}$ 의 사이각이 θ이므로, 이 두 벡터의 벡터곱의 크기와 같음을 알 수 있다. 한편, 벡터곱의 방향은 오른손 규칙에 의하여 결정되므로 앞에서 본 $d\vec{L}$의 방향과 같다. 그러므로 우변은 $|\vec{\Omega}\times\vec{L}|$임을 알 수 있다. 따라서 윗식으로부터

$$\frac{d\vec{L}}{dt} = \vec{\Omega}\times\vec{L} \tag{8.175}$$

을 얻는다. 이것은 일반적으로 벡터 $\vec{L}(t)$은 시간이 지남에 따라 크기는 변하지 않고, 각속도 $\vec{\Omega}$로 회전한다는 것을 뜻한다.

8.9 강체의 평형

강체의 운동은, 일반적으로 병진운동과 어떤 순간의 회전축 주위의 회전운동의 복합적인 운동이므로, 강체의 병진운동 방정식 및 강체의 회전운동 방정식으로 기술된다. 곧

$$\text{병진운동} : M\frac{d\vec{v}_{\text{CM}}}{dt} = \sum_i \vec{F}_i^{(e)} = \vec{F}_{\text{알짜}}^{(e)}, \tag{8.7}$$

$$\text{회전운동} : \frac{d\vec{L}}{dt} = \sum_i \vec{\tau}_i^{(e)} = \vec{\tau}_{\text{알짜}}^{(e)} \tag{8.166}$$

로 기술된다.

식(8.7)은 강체에 작용하는 바깥힘의 합력인 알짜 바깥힘이 주어지면 강체의 질량중심의 운동(병진운동)을 기술하고, 식(8.166)은 한 점, 예를 들면 점 O에 대한 알짜 바깥돌림힘이 주어지면 그 점 주위의 강체의 회전운동을 기술한다. 그 점 O는 강체의 질량중심이거나 공간에 고정된 한 점이다.

따라서 강체에 작용하는 알짜 바깥힘 및 어느 한 점에 대한 알짜 바깥돌림힘만 주어지면 강체의 운동이 결정된다. 한 점에 대한 알짜 바깥돌림힘만 주어지면 다른 어떤 점에 대한 것도 알 수 있기 때문이다(**예제** 8.52 참조).

예제 8.52 강체의 두 점에 대한 바깥돌림힘 관계

위치벡터가 각각 $\vec{r}_{\text{O}}, \vec{r}_{\text{G}}$인 강체의 두 점 O 및 점 G에 대한 알짜 바깥돌림힘을 각각 $\vec{\tau}_{\text{O}}$, $\vec{\tau}_{\text{G}}$라 할 때 이들 사이에는

$$\vec{\tau}_G = \vec{\tau}_O + (\vec{r}_O - \vec{r}_G) \times \sum_i \vec{F}_i$$

의 관계가 있음을 보여라.

풀이 | i번째 질점에 작용하는 바깥힘의 점 G에 대한 돌림힘 $\vec{\tau}_{G;i}$는

$$\vec{\tau}_{G;i} = (\vec{r}_i - \vec{r}_G) \times \vec{F}_i$$

로 주어지므로 점 G에 대한 강체의 알짜 바깥돌림힘 $\vec{\tau}_G$는

$$\vec{\tau}_G = \sum_i \vec{\tau}_{G;i} = \sum_i (\vec{r}_i - \vec{r}_G) \times \vec{F}_i$$

이다. 같은 방법으로, 점 O에 대한 강체의 알짜 바깥돌림힘 $\vec{\tau}_O$는

$$\vec{\tau}_O = \sum_i \vec{\tau}_{O;i} = \sum_i (\vec{r}_i - \vec{r}_O) \times \vec{F}_i \tag{8.176}$$

로 주어진다. 한편, $\vec{\tau}_G$는

$$\begin{aligned}\vec{\tau}_G &= \sum_i (\vec{r}_i - \vec{r}_G) \times \vec{F}_i \\ &= \sum_i (\vec{r}_i - \vec{r}_O) \times \vec{F}_i + \sum_i (\vec{r}_O - \vec{r}_G) \times \vec{F}_i \\ &= \sum_i (\vec{r}_i - \vec{r}_O) \times \vec{F}_i + (\vec{r}_O - \vec{r}_G) \times \sum_i \vec{F}_i\end{aligned}$$

로 바꾸어 쓸 수 있다. 여기서 $\sum_i \vec{F}_i$는 강체에 작용하는 알짜 바깥힘 $\vec{F}^{(e)}_{\text{알짜}}$이고, 윗식의 첫째 항은 바로 $\vec{\tau}_O$이다. 따라서 $\vec{\tau}_O$ 및 $\vec{\tau}_G$ 사이에는

$$\vec{\tau}_G = \vec{\tau}_O + (\vec{r}_O - \vec{r}_G) \times \sum_i \vec{F}_i$$

의 관계가 성립한다. 그러므로 $\vec{\tau}_O$ 및 $\vec{\tau}_G$ 중 어느 하나가 결정되면 다른 것도 결정된다.

○ 강체의 평형 조건

질점의 평형 조건은 식(2.14)로 주어짐을 알았다. 질점은 부피가 없으므로 병진운동뿐이다. 곧 힘이 작용하더라도 알짜힘이 0이면 질점의 가속도가 0이 되어 정지해 있던 질점은 정지해 있고, 운동하고 있는 질점은 등속도 직선운동을 할 것이다. 이것이 질점의 평형상태이다. 정지해 있는 경우는 정적평형상태, 등속도 직선운동의 경우는 병진운동의 동적평형상태이다. 따라서 강체의 질량중심의 병진운동에 대한 평형 조건은 식(2.14)로부터 유추할 수 있다.

강체의 **병진평형**상태는 강체의 질량중심의 가속도가 0인 경우(강체의 총 운동량이 불변)이다. 이것은 강체의 질량중심의 운동량의 변화가 없음을 뜻한다. 그러기 위해서는 강체의 병진운동 방정식(8.7)에 의하여 강체에 작용하는 알짜 바깥힘이 0이어야 한다. 곧 강체의 병진평

형 조건은

$$\text{병진평형 조건} : \sum_i \vec{F}_i^{(e)} = \vec{F}_{\text{알짜}}^{(e)} = 0 \tag{8.177}$$

이다.

병진운동의 경우와 같이, 강체의 회전 각가속도가 0이거나 강체의 총 각운동량의 변화가 없을 때 강체는 **회전평형**(rotational equilibrium)상태에 있다고 한다. 따라서 회전평형의 경우, 강체의 회전운동 방정식(8.166)에 의하여 강체에 작용하는 알짜 바깥돌림힘이 0이어야 한다. 곧 강체의 회전평형 조건은

$$\text{회전평형 조건} : \sum_i \vec{\tau}_i^{(e)} = \vec{\tau}_{\text{알짜}}^{(e)} = 0 \tag{8.178}$$

이다.

이 두 평형 조건에 대해서 몇 가지 유의할 점이 있다.

① 강체가 평형이기 위해서는 평형 조건 식(8.177) 및 식(8.178)이 동시에 만족되어야 한다.

② 이 두 조건의 동시 만족은 일반적으로 강체가 평형이기 위한 필요조건이다. 강체가 정지해 있기 위해서는 이 조건만으로는 충분하지 못하다. 두 조건이 만족되더라도 강체는 일정한 속도의 병진운동이나 일정한 각속도의 회전운동을 할 수도 있기 때문이다.

③ 회전평형 조건식(8.178)을 적용할 때 어떤 점에 대한 것이라도 관계없다. 위치벡터가 각각 $\vec{r}_O$, $\vec{r}_G$인 강체의 어떤 두 점 O 및 점 G에 대한 알짜 바깥돌림힘 $\vec{\tau}_O$ 및 $\vec{\tau}_G$ 사이에는

$$\vec{\tau}_G = \vec{\tau}_O + (\vec{r}_O - \vec{r}_G) \times \sum_i \vec{F}_i^{(e)} \tag{8.179}$$

의 관계가 성립하므로(**예제 8.52** 참조), 한 점 O에 대한 알짜 바깥돌림힘 $\vec{\tau}_O$를 알면 다른 점 G에 대한 알짜 바깥돌림힘 $\vec{\tau}_G$를 알 수 있고, 특히 병진평형($\sum_i \vec{F}_i^{(e)} = 0$)인 경우에는 $\vec{\tau}_G = \vec{\tau}_O$이기 때문이다.

④ 가속도운동을 하는 기준틀에서 볼 때 강체가 정지해 있을 평형 조건은

$$\text{병진평형 조건} : \sum_i \vec{F}_i^{(e)} - m\vec{a}_{CM} = 0$$

$$\text{회전평형 조건} : \sum_i \vec{\tau}_{CM;i}^{(e)} = 0$$

으로 수정된다. 첫째 조건에서 $-m\vec{a}_{CM}$은 관성력이다. 가속도운동을 하는 기준틀에 정지해 있는 물체는 기준틀과 같은 가속도로 운동하므로 질량중심의 가속도 $\vec{a}_{CM}$은 기준틀의 가속도와 같기 때문이다. 또, 회전운동 방정식 $I_{CM}\vec{\alpha} = \sum_i \vec{\tau}_{CM;i}^{(e)}$는 질량중심이 가속도운동을 하더라도 성립하기 때문에 둘째 조건은 그대로 성립한다(**예제 8.43** 참조).

예제 8.53 시소놀이

길이 L, 질량 M의 균질인 널판자로 된 시소에 질량이 각각 m_A, m_B인 두 사람이 타고 있다. 그 받침점은 널판자의 무게중심 G를 바치고 있고, 널판자의 중심으로부터 두 사람은 각각 d, $\frac{L}{2}\left(d<\frac{L}{2}\right)$의 거리에 있다.

① 받침점이 널판자를 연직상방으로 떠받치는 힘 N을 구하라.

② 이 역학계가 평형을 이루려면 d는 얼마이어야 하는가?

풀이 ① 널판자가 받는 바깥힘은 받침점이 떠받치는 힘 N 외에 두 사람의 중력 $m_A g$, $m_B g$, 널판자의 무게 Mg가 있다. 이 역학계가 병진평형 상태에 있으므로, 병진평형 조건식(8.177)에 의하여

$$0=\sum_i F_i^{(e)}=N-m_A g-m_B g-Mg \qquad \therefore\ N=m_A g+m_B g+Mg \tag{8.180}$$

이다. 여기서 연직상방을 양(+)으로 택했다.

② 또한, 이 역학계에 작용하는 바깥돌림힘은 바깥힘 N 및 $m_A g$, $m_B g$, Mg의 널판자의 무게중심 G에 대한 돌림힘을 생각할 수 있다. 널판자가 균질이므로 그 중심과 무게중심이 일치한다. 따라서 그들은 각각

$$\tau_N=0,\quad \tau_A=m_A g d,\quad \tau_B=-m_B g\left(\frac{L}{2}\right),\quad \tau_M=0$$

이다. 여기서 돌림힘의 방향은 $\tau_A>0$으로 택했다. 이 역학계가 회전평형상태에 있으므로 회전평형 조건식(8.178)에 의하여

$$0=\sum_i \tau_i^{(e)}=0+m_A g d-m_B g\left(\frac{L}{2}\right)+0 \qquad \therefore\ d=\frac{m_B}{m_A}\left(\frac{L}{2}\right) \tag{8.181}$$

이다.

이 문제에서 점 G 대신에 사람 A가 있는 점 A에 대한 돌림힘을 생각해도 좋다. 왜냐하면 식(8.179)에서 $\sum_i \vec{F}_i^{(e)}=0$이므로 점 G 및 점 A에 대한 돌림힘이 서로 같기 때문이다. 곧

$$\sum \tau^{(A)}=\sum \tau^{(G)}=0$$

이기 때문이다. 실제로, 회전평형 조건식(8.178)로부터

$$\begin{aligned}0=\sum \tau^{(A)}&=\tau_N^{(A)}+\tau_A^{(A)}+\tau_B^{(A)}+\tau_M^{(A)}\\&=Nd+0-m_B g\left(d+\frac{L}{2}\right)-Mgd\end{aligned}$$

$$\therefore\ d=\frac{m_B g}{(N-m_B g-Mg)}\left(\frac{L}{2}\right)$$

의 관계식을 얻는다. 여기에 식(8.180)을 고려하면 식(8.181)을 얻어 똑같은 결과가 나온다.

예제 8.54 사다리의 안전

수평인 거칠은 마룻바닥 위에 질량이 M인 균질의 사다리 AB를 연직 벽에 기대어 놓았다(**그림 8.70** 참조). 사다리가 마룻바닥과 이루는 각이 α이고, 연직 벽에 닿은 사다리의 끝점 A에는 자유로이 회전할 수 있는 작은 굴렁쇠가 달려있다. 질량 m의 사람이 안전하게 사다리를 타고 꼭대기까지 기어 올라가려면 마룻바닥과 사다리의 정지마찰계수는 적어도 얼마이어야 하는가?

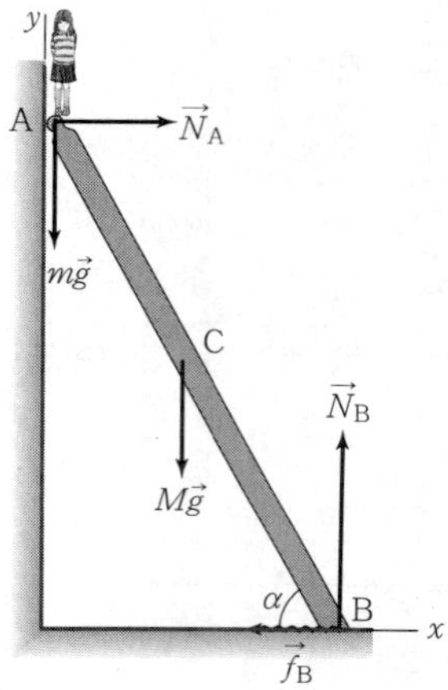

그림 8.70 사다리의 평형

풀이 | 사다리에 작용하는 힘들은 사다리 및 사람의 무게 $M\vec{g}$ 및 $m\vec{g}$, 사다리의 양쪽 끝 점 A 및 점 B에 작용하는 수직항력 $\vec{N}_A$ 및 $\vec{N}_B$, 그리고 점 B가 수평 방향으로 마룻바닥으로부터 받는 항력 $\vec{f}_B$ 등이다. 이 항력 $\vec{f}_B$는 마룻바닥과 사다리 사이의 정지마찰력에 의하여 주어진다. 따라서 정지마찰계수를 μ_s라 하면

$$f_B \le \mu_s N_B \tag{8.182}$$

이다.

이들 힘이 작용하더라도 사다리 및 사람으로 이루어진 역학계가 평형을 이루고 있어야 안전하다. 그래서 수평 방향을 x축, 연직 방향을 y축이라 하고, 이들 힘을 수평 성분(x성분) 및 연직 성분(y성분)으로 나누어서 병진평형 조건식(8.177)을 적용하면

$$\text{수평 방향}(x\text{성분}) : N_A - f_B = 0 \tag{8.183}$$

$$\text{연직 방향}(y\text{성분}) : N_B - Mg - mg = 0 \tag{8.184}$$

를 얻는다. 회전평형 조건식(8.178)를 점 B에 대하여 적용하면

$$(L\cos\alpha)mg + \left(\frac{L}{2}\cos\alpha\right)Mg - (L\sin\alpha)N_A = 0 \tag{8.185}$$

를 얻는다. 여기서 사다리의 길이를 L이라 하였다.

식(8.183) 및 식(8.185)에서 N_A를 소거하면

$$(L\cos\alpha)\,mg+\left(\frac{L}{2}\;\cos\alpha\right)Mg-(L\sin\alpha)f_{\mathrm{B}}=0$$

$$\therefore\;f_{\mathrm{B}}=\left(m+\frac{M}{2}\right)g\cot\alpha$$

이다. 이 결과와 식(8.184)에서 얻은 N_{B}를 식(8.182)에 대입하면

$$\mu_{\mathrm{s}}\geq\frac{f_{\mathrm{B}}}{N_{\mathrm{B}}}=\frac{(M+2m)}{2(M+m)}\cot\alpha \tag{8.186}$$

를 얻는다. 따라서 정지마찰계수는 적어도

$$\mu_{\mathrm{s}}=\frac{1}{2}\left(\frac{1+\dfrac{2m}{M}}{1+\dfrac{m}{M}}\right)\cot\alpha \tag{8.187}$$

라야 한다. 매우 무거운 사다리의 경우에는 $m\ll M$이므로

$$\mu_{\mathrm{s}}\cong 0.5\cot\alpha$$

로 어림된다.

예제 8.55 공원의 조명등 걸이

$m=20.0$ kg의 조명등이 철주에 수평으로 달려 있는 질량 $M=4.00$ kg, 길이 $L=2.00$ m의 균질의 철제 빔의 끝에 달려있는데, 그 끝을 케이블로 연결하여 철주에 달아서 위로 당겨주고 있다. 케이블은 수평의 철제 빔과 $\theta=26.6°$를 이루고 있다(**그림 8.71(a)** 참조).

① 케이블에 걸리는 장력을 구하라.

② 철주로부터 수평 철제 빔이 받는 힘을 구하라.

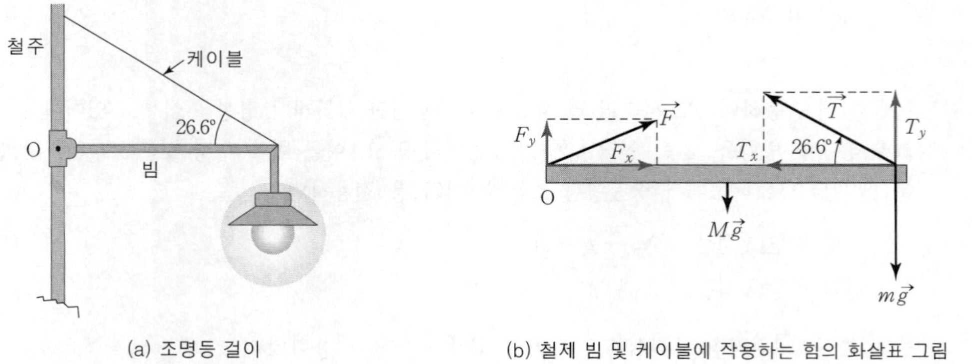

(a) 조명등 걸이 (b) 철제 빔 및 케이블에 작용하는 힘의 화살표 그림

그림 8.71 조명등 걸이의 역학

풀이 | 문제의 초점은 수평인 철제 빔의 평형 상태에 맞추어야 한다. 철제 빔에 작용하는 힘의 화살표 그림은 **그림 8.71(b)**와 같다. 여기에 작용하는 바깥힘은 장력 $\vec{T}$ 및 철제 빔이 받는 힘 $\vec{F}$, 그리

고 철제 빔 및 조명등의 무게

$$w_B = Mg = 4.00\,\mathrm{kg} \times 9.81\,\mathrm{m/s^2} = 39.24\,\mathrm{N},\quad w_L = mg = 20.0\,\mathrm{kg} \times 9.81\,\mathrm{m/s^2} = 196.2\,\mathrm{N}$$

이다. 우리가 구해야 할 미지수는 장력 $\vec{T}$ 및 철제 빔이 받는 힘 $\vec{F}$인데, 이들을 x축 및 y축 방향의 성분으로 분해하여 생각하는 것이 편리하다. 곧 $\vec{T} = (T_x,\ T_y)$, $\vec{F} = (F_x,\ F_y)$라 하자. 병진평형 조건식(8.177)에 의하여

$$x\text{축 방향} : F_x - T_x = 0 \tag{8.188}$$

$$y\text{축 방향} : F_y + T_y - 39.24\ \mathrm{N} - 196.2\ \mathrm{N} = 0 \tag{8.189}$$

의 관계식을 얻는다.

다음에는 회전평형 조건식(8.178)을 철제 빔과 철주의 접촉점 O에 대해서 적용하면

$$(2.00\ \mathrm{m})T_y - (1.00\ \mathrm{m}) \times (39.24\ \mathrm{N}) - (2.00\ \mathrm{m}) \times (196.2\ \mathrm{N}) = 0 \tag{8.190}$$

를 얻는다. 이들 세 관계식은 문제 풀이의 바탕이 된다. 여기에 관계식

$$\tan 26.6° = \frac{T_y}{T_x} \quad \text{또는} \quad T_y = T_x \times \tan 26.6° = 0.5008 \times T_x \tag{8.191}$$

를 고려한 위의 네 개의 방정식을 연립하여 미지수 $\{T_x,\ T_y,\ F_x,\ F_y\}$를 구할 수 있다.

① 식(8.190)으로부터

$$T_y = \frac{(1.00\ \mathrm{m}) \times (39.24\ \mathrm{N}) + (2.00\ \mathrm{m}) \times (196.2\ \mathrm{N})}{(2.00\ \mathrm{m})} = 215.8\ \mathrm{N}$$

이고, 따라서 식(8.191)로부터

$$T_x = \frac{215.8\ \mathrm{N}}{0.5008} = 430.9\ \mathrm{N}$$

를 얻는다.

따라서 케이블의 장력 T는

$$T = \sqrt{T_x^{\,2} + T_y^{\,2}} = \sqrt{(430.9\ \mathrm{N})^2 + (215.8\ \mathrm{N})^2} = 481.9\ \mathrm{N}$$

곧 $T = 482$ N이다.

② 위의 결과를 고려하면 식(8.188) 및 식(8.189)로부터 각각

$$F_x = T_x = 430.9\ \mathrm{N},\quad F_y = 39.24\ \mathrm{N} + 196.2\ \mathrm{N} - T_y = 19.64\ \mathrm{N}$$

를 얻는다. 곧 수평 철제 빔이 받는 힘 $\vec{F}$는

$$\vec{F} = \hat{i}F_x + \hat{j}F_y = \hat{i}(431\ \mathrm{N}) + \hat{j}(19.6\ \mathrm{N})$$

이다.

예제 8.56 바퀴의 경계 턱 올라가기

반지름 r, 질량 M의 바퀴가 높이 $h(h<r)$의 도로와 인도(보도) 사이의 경계 턱에 걸려있는데, 바퀴의 굴대를 수평으로 힘 F로 당겨도 경계 턱에 걸려 수평인 바닥에 정지해 있다.

① 이때, 바닥이 바퀴에 작용하는 수직항력 $\vec{N}$ 및 경계 턱의 모서리가 바퀴에 작용하는 항력 $\vec{R}$를 구하라.

② 바퀴가 경계 턱의 모서리에서 미끄러지지 않고 경계 턱을 굴러 올라가게 하려면 굴대에 작용해야 할 힘 $\vec{F}$는 적어도 얼마이어야 할까? 이 경우, 경계 턱의 모서리로부터 바퀴가 받는 항력을 구하라.

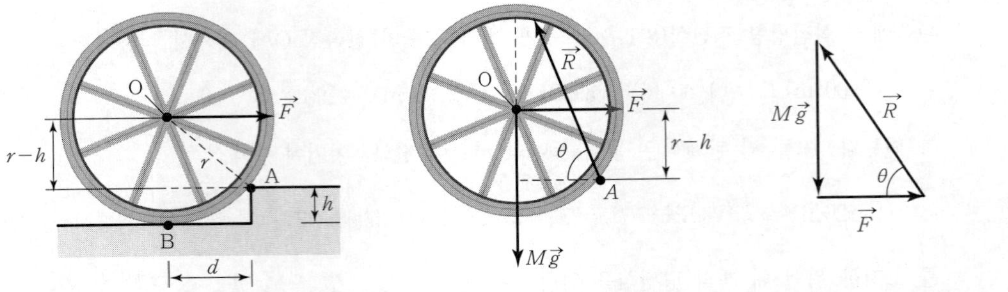

(a) 바퀴의 경계 턱 올라가기 (b) 바퀴가 받는 힘의 화살표 그림 (c) 바깥힘 벡터의 닫힌 삼각형

그림 8.72 바퀴의 경계 턱 오르기

풀이 | 문제의 초점은 힘 $\vec{F}$를 작용하여 경계 턱에 걸려 평형상태에 있는 바퀴에 맞추어야 한다. 바퀴에 작용하는 바깥힘은 굴대를 당기는 힘 $\vec{F}$, 바퀴의 중력 $\vec{w}=M\vec{g}$, 바닥이 바퀴에 작용하는 수직항력 $\vec{N}$ 그리고 경계 턱의 모서리가 바퀴에 작용하는 항력 $\vec{R}$이다(**그림 8.72(b)** 참조). 이들을 x축 및 y축 방향의 성분으로 분해하여 생각하는 것이 편리하다. 곧

$$\vec{F}=(F,\ 0),\quad \vec{w}=(0,\ -Mg),\quad \vec{N}=(0,\ N),\quad \vec{R}=(R_x,\ R_y)$$

라 하자.

병진평형 조건식(8.177)에 의하여

$$x\text{축 방향}: F+R_x=0 \tag{8.192}$$

$$y\text{축 방향}: R_y+N-Mg=0 \tag{8.193}$$

의 관계식을 얻는다.

바퀴에 작용하는 바깥힘들의 경계 턱 모서리에 대한 돌림힘은 각각 $\tau_F=-(r-h)F$, $\tau_w=Mgd$, $\tau_N=-Nd$, $\tau_R=0$이다. 여기서 d는 수평면과 바퀴의 접촉점에서 경계 턱까지 거리로,

$$r^2=d^2+(r-h)^2 \quad \text{또는} \quad d=\sqrt{h(2r-h)}$$

로 주어진다. 따라서 회전평형 조건식(8.178)에 의하여

$$\sum_i \tau_i^{(e)} = Mg\,d - F(r-h) - Nd = Mg\sqrt{h(2r-h)} - F(r-h) - N\sqrt{h(2r-h)} = 0 \tag{8.194}$$

를 얻는다. 이들 세 관계식(8.192)~식(8.194)는 문제의 바탕이 되는 방정식이다.

① 힘 F가 작용했을 때 수직항력 N은 식(8.194)로부터

$$N = Mg - \frac{r-h}{\sqrt{h(2r-h)}}F \tag{8.195}$$

임을 알 수 있다.

또, 식(8.192) 및 식(8.193)으로부터

$$R_x = -F,\quad R_y = Mg - N = \frac{r-h}{\sqrt{h(2r-h)}}F$$

를 얻는다. 따라서

$$\vec{R} = \hat{i}(-F) + \hat{j}\left(\frac{r-h}{\sqrt{h(2r-h)}}F\right) \tag{8.196}$$

이다.

② 힘 F가 특정한 값 F_C보다 커져서 바퀴가 정지 턱을 굴러 올라가면, 바퀴와 바닥의 접촉점이 떨어지므로 그 순간 $N=0$가 된다. 곧 식(8.195)에서 $F \geq F_C$이면 $N=0$이 되어

$$F_C = \left(\frac{\sqrt{h(2r-h)}}{r-h}\right)Mg$$

를 얻는다. 이 경우, 경계 턱의 모서리가 바퀴에 작용하는 항력은 식(8.196)에 의하여

$$\vec{R} = \hat{i}(-F_C) + \hat{j}\left(\frac{r-h}{\sqrt{h(2r-h)}}F_C\right) = -\hat{i}\left(\frac{\sqrt{h(2r-h)}}{r-h}Mg\right) + \hat{j}(Mg)$$

로 주어지고 그 크기는

$$R = \left(\frac{r}{r-h}\right)Mg$$

가 된다.

예제 8.57 안정한 평형

밑면은 한 변이 $d = 1.00$ m인 정사각형이고 높이가 $h = 2.00$ m인 균질의 나무상자를 직사각형의 두꺼운 판자로 된 비탈면 위에 얹어 놓았다. 밑면의 모서리가 비탈면의 가장자리와 나란하다. 비탈면이 매우 거칠어서 비탈각 θ를 점점 증가시켜도 넘어지기 전에는 미끄러지지 않는다. 나무상자가 안전할 최대 비탈각 θ_{max}을 구하라.

풀이 | 비탈각 θ를 증가시키면 아래 모서리 주위로 회전하여 넘어지게 된다. 곧 아래 모서리가 회전축(**그림 8.73(b)**에서 점 A를 지나는 축)이 된다. 따라서 이 모서리 주위의 작은 회전변위에 대해

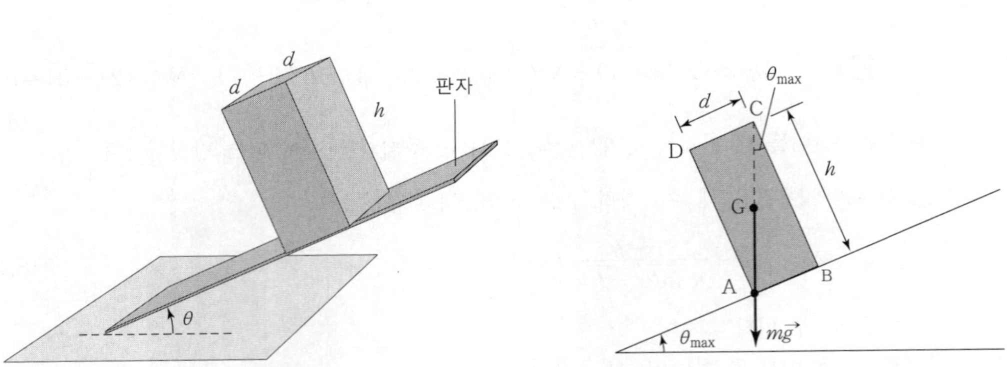

(a) 비탈 위의 나무상자 (b) 나무상자 무게의 작용선

그림 8.73 비탈 위 나무상자의 안정성

서 돌림힘이 회전시키려는 방향이 나무상자를 원 위치로 되돌리려는 방향이면 안정(stable)하고, 원 위치로부터 멀어지려는 방향이면 불안정(unstable)하다.

그림 8.73(b)는 비탈면 위에 있는 나무상자의 단면이다. 무게중심은 나무상자의 중점이다. 무게중심 G를 지나는 무게 $M\vec{g}$의 작용선이 두 점 A, B 사이를 지나면 $M\vec{g}$는 점 A에 대해서 시계방향으로 회전시키려 하므로 안정한 놓임이고, 그렇지 않으면 불안정한 놓임이 된다. 따라서 나무상자가 안전한 최댓각 θ_{max}은 작용선이 점 A를 지날 때 비탈각이다. 따라서

$$\tan\theta_{max} = \frac{d}{h} \qquad \therefore\ \theta_{max} = \tan^{-1}\left(\frac{d}{h}\right) = \tan^{-1}\left(\frac{1}{2}\right) = 26.6°$$

이다.

○ 강체의 동적평형

기계장치의 설계에서 평형 문제, 곧 물체가 정지해 있을 때의 정적평형뿐 아니라 물체가 운동하고 있을 때의 동적평형 문제도 매우 중요한 과제이다.

질량이 m인 똑같은 두질점 A, B가 가벼운 막대로 연결된 강체를 생각하자. 강체의 질량중심을 지나는 회전축 주위로 일정한 각속도 $\vec{\omega}$로 회전하는 경우, 질량중심에 대한 각 질점의 위치벡터 및 속도벡터를 각각 $\vec{r}_A$, $\vec{r}_B$ 및 $\vec{v}_A$, $\vec{v}_B$라 하면 두질점의 각운동량벡터는 각각

$$\vec{L}_A = \vec{r}_A \times m\vec{v}_A\ , \quad \vec{L}_B = \vec{r}_B \times m\vec{v}_B$$

가 된다. 따라서 이 강체의 각운동량벡터 $\vec{L}$은

$$\vec{L} = \vec{L}_A + \vec{L}_B = \vec{r}_A \times m\vec{v}_A + \vec{r}_B \times m\vec{v}_B$$

로 주어진다. 그런데

$$\vec{r}_A = -\vec{r}_B,\ \ \vec{v}_A = -\vec{v}_B$$

이므로

$$\vec{r}_A = \vec{r},\ \ \vec{v}_A = \vec{v}$$

라 하면 강체의 각운동량벡터 $\vec{L}$은

$$\vec{L} = \vec{r} \times m\vec{v} + (-\vec{r}) \times m(-\vec{v}) = 2\vec{r} \times m\vec{v} \tag{8.197}$$

가 된다. 일반적으로, 각운동량벡터 $\vec{L}$은 위치벡터 $\vec{r}$ 및 속도벡터 $\vec{v}$에 수직이다. 곧 $\vec{r}$ 및 $\vec{v}$로 이루어지는 평면에 수직이고, 그 크기는

$$L = 2rmv \tag{8.198}$$

이다.

한편 각속도와 선속도 사이의 관계식 $\vec{v} = \vec{\omega} \times \vec{r}$를 고려하면 식(8.197)에 의하여 각운동량벡터 $\vec{L}$은

$$\vec{L} = 2m\vec{r} \times (\vec{\omega} \times \vec{r}) \tag{8.199}$$

로도 주어진다.

이제 회전축이 ① 막대에 수직인 경우 및 ② 막대에 수직이 아닌 경우로 나누어서 생각하자.

① 막대에 수직인 경우 : **그림 8.74(a)**와 같이 회전축이 질량중심을 지나고 막대에 수직인 경우, 곧 강체의 대칭축과 일치하는 경우, $\vec{\omega}$와 $\vec{r}$가 서로 수직이므로, 세 벡터{$\vec{\omega}$, $\vec{r}$, $\vec{v}$}는 서로 수직이므로, 각운동량벡터 $\vec{L}$은 회전축과 일치하고, $\vec{\omega}$와 나란하다. 그 크기는

$$L = 2\,r\,m\,v = 2mr^2\omega$$

로 주어진다. 따라서

$$\vec{L} = 2mr^2\vec{\omega}$$

이다(**그림 8.64(b)** 참조). 여기서 $2mr^2$은 이 강체의 대칭축 주위의 관성모멘트이므로, 윗식은

$$\vec{L} = I\vec{\omega} \qquad (I = 2mr^2)$$

가 되어 식(8.165)와 일치한다.

② 막대에 수직이 아닌 경우 : **그림 8.74(b)**와 같이 회전축이 질량중심을 지나되, 막대와 수직이 아닌 경우, 각속도벡터 $\vec{\omega}$는 위치벡터 $\vec{r}$에 수직이 아니므로, 위치벡터 $\vec{r}$ 및 속

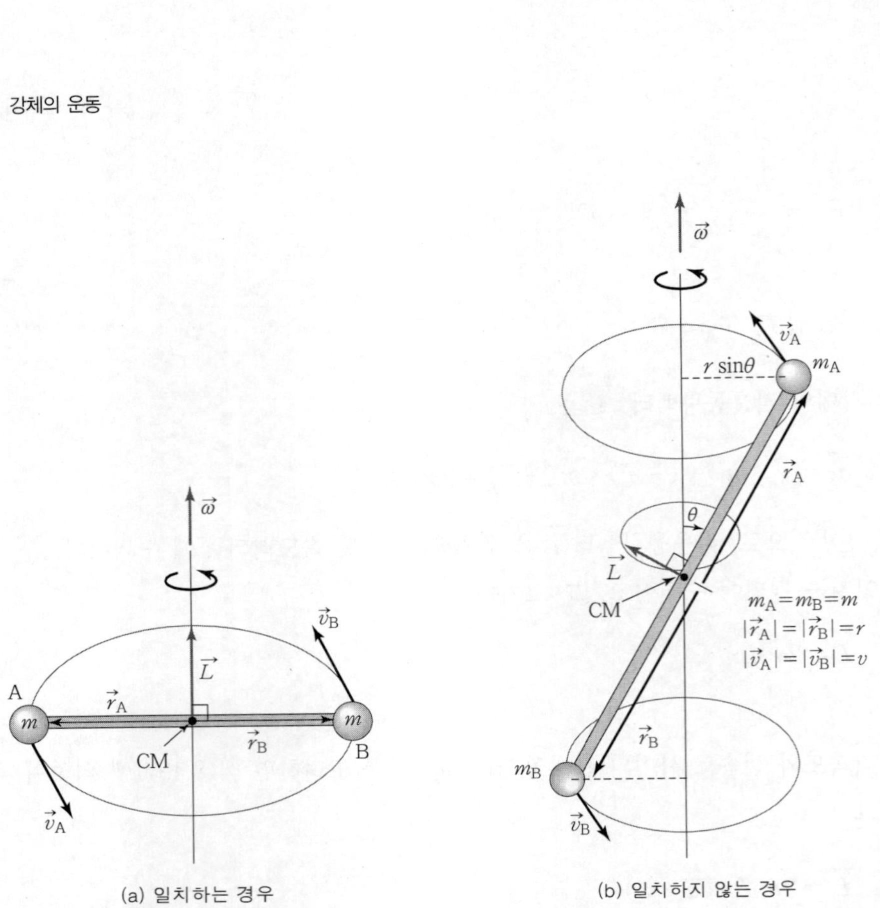

그림 8.74 아령 모양 강체의 회전축과 대칭축

도벡터 $\vec{v} = \vec{\omega} \times \vec{r}$에 수직인 각운동량벡터 $\vec{L}$은 각속도벡터 $\vec{\omega}$와 나란하지 않고, 그 크기는, $\vec{\omega}$와 $\vec{r}$의 사이각을 $\theta(\theta \neq 90°)$라 하면

$$v = |\vec{\omega} \times \vec{r}| = \omega r \sin\theta$$

이므로, 식(8.198) 또는 식(8.199)에 의하여

$$L = 2rmv = 2rm(\omega r \sin\theta) = 2mr^2\omega\sin\theta \tag{8.200}$$

로 주어진다. 이 크기는 일정하다.

②의 경우, 각운동량벡터 $\vec{L}$의 크기는 일정하나 방향이 변한다. 곧 각운동량벡터 $\vec{L}$은 회전축 또는 각속도벡터 $\vec{\omega}$ 주위로 옆돌기 운동을 한다(**그림 8.69** 참조). 각운동량벡터의 시간에 대한 변화율은 식(8.175)에 의하여

$$\frac{d\vec{L}}{dt} = \vec{\omega} \times \vec{L}$$

로 주어진다. 이것은 $\vec{L}$의 옆돌기 각속도가 $\vec{\omega}$임을 뜻한다($\vec{\Omega} = \vec{\omega}$). 따라서 각운동량의 정리

식 또는 회전운동 방정식(8.166)에 의하여, 돌림힘

$$\vec{\tau}^{(e)}_{\text{알짜}} = \vec{\omega} \times \vec{L} \tag{8.201}$$

가 이 아령 모양의 강체인 회전역학계에 작용한다. 이 돌림힘은, 두 벡터 $\{\vec{\omega}, \vec{L}\}$이 이루는 평면에 수직이므로, 회전축에도 수직이고, 크기는

$$\tau^{(e)}_{\text{알짜}} = \omega L \sin\left(\frac{\pi}{2} - \theta\right) = \omega L \cos\theta$$

인데, 식(8.200)을 여기에 대입하면

$$\tau^{(e)}_{\text{알짜}} = \omega L \cos\theta = 2mr^2\omega^2 \sin\theta\cos\theta$$

로 주어진다.

이 돌림힘은 회전역학계를 지탱하고 있는 베어링에 의하여 주어지고, 이와 반대 방향으로, 회전역학계는 같은 크기의 돌림힘을 베어링에 작용한다. 그래서 회전축에 마모현상이 일어난다.

이에 대해서 ①의 경우($\theta = 90°$)에는 각운동량벡터 $\vec{L}$이 각속도벡터와 일치하므로 각운동량벡터 $\vec{L}$의 크기뿐 아니라 방향도 변하지 않으므로 식(8.166) 또는 식(8.201)에 의하여 회전역학계에 돌림힘 $\vec{\tau}^{(e)}_{\text{알짜}}$가 작용하지 않는다. 이 경우 회전역학계는 **회전평형** 또는 **동적평형**(dynamical balance)상태에 있다고 한다. 이에 대해서 ②의 경우와 같이, 회전축이 대칭축과 일치하지 않는 경우, 곧 각속도 벡터와 각운동량벡터의 방향이 서로 일치하지 않는 경우에는 돌림힘이 작용하여 회전역학계는 **동적비평형**(dynamical imbalance)상태에 있게 된다.

일반적으로 회전역하계는 그 회전축이 질량중심을 지나거나, 알짜 바깥힘이 작용하지 않으면 **정적평형**(static balance)상태에 있고, 회전축이 대칭축과 일치하여 각운동량벡터와 같은 방향이면 알짜 바깥돌림힘이 작용하지 않아 동적평형상태에 있게 된다. 따라서 이 두 조건이 동시에 만족될 때 회전역학계는 완전한 평형상태에 있게 된다.

예제 8.58 정적비평형

그림 8.75와 같이 반지름 R, 질량 M의 균질인 얇은 원판이 질량중심 CM으로부터 거리 h ($h < R$)만큼 떨어진 점 P를 지나는 원판에 수직인 회전축 주위로 일정한 각속도 $\vec{\omega}$로 회전하고 있다.

① 이 회전역하계의 각운동량벡터를 구하라.

② 회전축에 작용하는 알짜힘이 있는가? 있으면 그 힘을 구하라.

③ 이 회전역학계의 비평형을 수정방법을 말하라.

풀이 ① 강체의 고정축 주위의 각운동량은, 점 P를 지나는 회전축 주위의 관성모먼트를 I_P라 하면,

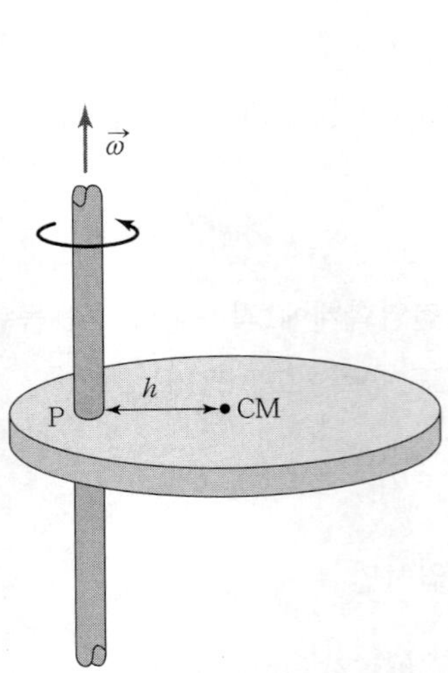

그림 8.75 정적비평형인 원판 모양 바퀴

$$\vec{L} = I_P \vec{\omega}$$

인데, 여기서 관성모멘트의 평행축 정리에 의하여

$$I_P = I_{CM} + Mh^2 = \frac{1}{2} MR^2 + Mh^2$$

으로 주어진다. 따라서 각운동량벡터는

$$\vec{L} = \left(\frac{1}{2} MR^2 + Mh^2\right)\vec{\omega}$$

로 주어진다. 곧 각운동량벡터는 각속도벡터의 방향과 일치한다.

② 질량중심이 회전축 주위로 반지름 h의 원운동을 하므로 원판에 구심력에 해당하는 힘

$$F_C = \frac{Mv_{CM}^2}{h} = M h \omega^2 \quad (\because\ v_{CM} = \omega h)$$

이 질량중심에서 회전축 쪽으로 작용한다. 한편, 각운동량벡터 $\vec{L}$이 각속도벡터 $\vec{\omega}$와 나란하며 일정하므로 돌림힘이 작용하지 않는다(식(8.201) 참조). 따라서 이 회전역학계에 작용하는 알짜 바깥힘은 회전축이 질량중심을 지나지 않기 때문에 생긴 질량중심에 작용하는 구심력에 해당하는 힘 F_C뿐이다. 곧 이 회전역학계에 작용하는 알짜 바깥힘이 0이 아니다. 이런 회전역학계는 **정적비평형**(static imbalance)상태에 있게 된다. 이 알짜 바깥힘은 베어링에 의하여 바퀴에 주어지고, 이와 같은 크기의 반대 방향의 힘이 베어링에 주어져 그들이 마모되게 된다.

③ 이러한 정적비평형은 새로운 추가 질량을 원판에 첨부하여 회전축이 원판과 새로운 추가 질량의 질량중심을 지나도록 하면 수정된다. 다시 말하면, 새로운 추가 질량 m을 회전축에 대해 원판의 질량중심과 반대쪽에 거리 h'만큼 떨어진 점에 부착하여 이 새로운 추가 질량 m에 작용하는 구심력이 힘 F_C를 상쇄할 수 있게 한다. 새로운 추가 질량 m을

$$F_C = Mh\omega^2 = m h' \omega^2$$

를 만족하는 거리

$$h' = \frac{M}{m} h$$

에 부착하면 이 정적비평형이 수정된다. 이렇게 하면 추가 질량과 원판으로 된 역학계의 질량중심이 회전축상에 있게 되어 역학계의 각운동량벡터가 회전축과 일치하게 되어, 동적평형도 아울러 이루어진다.

연습문제

8.1 강체운동과 그 기술

8-1 흔들이문의 운동

흔들이문(swinging door)의 각위치가 $\theta(t)=5.00+10.0t+2.00t^2$으로 주어진다고 한다. 여기서 각위치는 [rad], 시간은 [s]로 표현된다. 시각 $t=0$, $t=3.00$ s에서 문의 다음을 구하라.

(가) 각위치 (나) 각속도 (다) 각가속도

답 | (가) $\theta(0)=5.00$ rad, $\theta(3)=53.0$ rad (나) $\omega(0)=10.0$ rad/s, $\omega(3)=22.0$ rad/s
(다) $\alpha(0)=\alpha(3)=4.00$ rad/s^2

8-2 회전반

회전반이 처음에 65.0 rad/s의 각속도로 회전하던 것이 그 후 각가속도가

$$\alpha(t)=-(10.0\ \text{rad/s}^2)-(5.00\ \text{rad/s}^3)t$$

로 주어졌다.

(가) 3초 지난 뒤 각속도는 얼마인가? (나) 3초 지난 뒤 얼마나 회전하는가?

답 | (가) $\omega(3\text{s})=12.5$ rad/s (나) $n=20.3$ rev

8-3 원판의 회전

회전원판이 정지상태에서 회전하기 시작하여 일정한 비율로 점점 빨라져서 10회 회전하여 각속도 ω가 되었다. 같은 비율로 회전이 빨라져서 각속도가 2ω가 되려면 추가로 몇 회전을 더 해야 하는가?

답 | $n=30$ rev

8-4 전기세탁기

전기세탁기의 회전하는 빨래통이 정지상태에서 회전하기 시작하여 일정한 비율로 회전속도가 커져서 8.00초 만에 5.00 rev/s의 빠르기로 회전하였다. 이때 뚜껑을 열고 안전스위치를 껐더니 점점 느려져서 12.0초 만에 회전빨래통이 정지하였다. 이 회전 빨래통의 총 회전수는 얼마인가?

답 | $n=50.0$ rev

8-5 비디오 테이프 감개의 회전

표준 VHS 비디오 테이프의 길이는 246 m이고, 시간은 2.00시간이다. 테이프가 모두 감긴 감개(reel) A가 돌아가기 시작할 때 감개의 바깥 반지름은 $R_A=45.0$ mm이고, 테이프가 다 풀렸을 때 반지름(감개의 안 반지름)은 $a=12.0$ mm이다.

(가) 테이프가 헤드 사이를 지나가는 선속도는 얼마인가?

(나) 감개 A의 바깥 반지름이 r_A인 순간, 테이프가 감기는 감개 B의 반지름 r_B를 구하라.

(다) 두 감개 A, B의 회전 각속도가 같아지는 순간이 있다. 이 순간 감개의 회전속도는 얼마인가?

답 | (가) $v = 3.42\,\mathrm{cm/s}$ (나) $R_B = \sqrt{R_A^2 + a^2 - r_A^2}$ (다) $\omega = 1.04\,\mathrm{rad/s} = 9.92\,\mathrm{rev/min}$

8.2 힘이 강체에 주는 회전운동효과-돌림힘

8-6 동축 도르래에 걸린 알짜 돌림힘

반지름이 각각 10.0 cm, 25.0 cm인 동축 도르래가 수평 방향의 회전축 주위로 자유로이 회전할 수 있다. 큰 도르래에는 시계 방향으로 감긴 줄로, 수평 방향으로 $F_1 = 10.0$ N의 힘이, 또 연직 아래로 $F_2 = 9.00$ N의 힘이 각각 작용하고 있다. 작은 도르래에는 시계 반대 방향으로 감긴 줄로 수평 아래 30° 방향으로 $F_3 = 12.0$ N의 힘이 작용한다. 회전축에 대한 동축도르래에 작용하는 이들 힘의 알짜 돌림힘을 구하라.

답 | $\tau_{알짜} = -3.55\,\mathrm{N \cdot m}$

8-7 나사돌리기

푸는데 43.2 N·m의 돌림힘이 필요한 나사못(bolt)을 렌치를 사용하여 303 N의 힘으로 풀려고 한다. 힘의 작용점은 나사못으로부터 21.5 cm 떨어진 점이다. 이 힘의 방향을 구하라.

답 | $\phi = 41.5°$

8-8 자동차 바퀴에 걸리는 돌림힘

1.50톤 자동차 타이어의 지름은 0.600 m이고 노면과의 정지 및 운동 마찰계수는 각각 0.800, 0.600이라 한다. 자동차의 무게가 네 바퀴에 골고루 걸린다고 가정한다.

(가) 자동차가 공회전이 없이 처음 출발할 때 엔진이 구동바퀴에 주는 최대 돌림힘을 구하라.

(나) 이 자동차를 정지시키는 데 원판 모양의 회전판과 정지받침(break pad) 사이의 마찰을 이용한다. 이들의 접촉점은 회전축으로부터 22.0 cm인 점이고, 정지 및 운동마찰계수는 각각 0.600, 0.500이라 한다. 가능한 빨리 자동차를 정지시키려면 정지받침이 회전판을 수직으로 누르는 힘은 얼마이어야 하는가?

답 | (가) $\tau_{max} = 883\,\mathrm{N \cdot m}$ (나) $N = 8.03 \times 10^3\,\mathrm{N}$

8-9 몸의 무게중심

사람의 무게중심의 위치는 매우 가벼운 판자 위에 누웠을 때 머리 및 발 바로 밑에 바쳐 놓은 각 저울의 눈금을 읽어서 정할 수 있다. 키가 188 cm인 사람의 경우, 두 저울의 눈금이 각각 45.3 kg, 40.7 kg이었다. 이 사람이 똑바로 섰을 때 무게중심(CG)의 높이는 얼마인가?

답 | $x_{CG} = 99.0\,\mathrm{cm}$

8-10 구멍 있는 판자의 무게중심

가로, 세로의 길이가 각각 a, b인 균질의 얇은 판자가 xy 평면에 놓여있다. 가로를 x축, 세로를 y축으로 한다. 이 판자로부터, 중심을 점 $(a-R, b/2)$에 둔 반지름 $R(R < b)$의 원 모양을 오려냈다. 이 판자의 무게중심을 구하라.

답 | $x_{CG}=\left\{\frac{a}{2}-\frac{\pi r^2}{ab}(a-R)\right\}\frac{ab}{ab-\pi r^2}$, $y_{CG}=\frac{b}{2}$

8-11 주사위 기울이기

질량이 M이고, 모서리의 길이가 a인 주사위가 거친 수평면 위에 놓여 있다. 주사위의 윗면을 따라서 힘 F가 작용했지만 주사위를 밀어내지도 못하고 기울이지도 못했다.

(가) 주사위에 작용하는 힘들을 찾아내고, 그 중에서 짝힘을 찾아내어라.

(나) 힘 F의 가능한 최댓값을 구하라.

답 | (가) $(F, -f_s)$, $(-Mg, N)$ (나) $F_{max}=\frac{Mg}{2}$

8.3 뉴턴의 운동법칙과 회전운동

8-12 두질점의 관성모먼트

질량이 각각 M, m인 두 입자를 길이 L의 가벼운 막대의 양쪽 끝에 고정해 놓았다.

(가) 질량 M의 입자로부터 거리 x인 점에서 막대에 수직인 축 주위의 관성모먼트를 x의 함수로 구하라.

(나) 두질점계의 관성모먼트가 최소일 때의 회전축의 위치 x 및 관성모먼트의 최솟값을 각각 구하라.

답 | (가) $I(x)=(M+m)x^2-2mLx+mL^2$ (나) $x=\frac{mL}{M+m}$, $I_{min}=\frac{Mm}{M+m}L^2$

8-13 직각으로 용접된 세 막대

균질의 똑같은 세 개의 가는 막대가 서로 직교하도록 그들의 중점을 용접하여 놓았다. 한 막대의 끝점을 지나고 다른 한 막대에 나란한 회전축에 대한 이 구조물의 관성모먼트를 구하라. 가는 막대의 질량 및 길이는 각각 m, L이다.

답 | $I_{tot}=\frac{11}{12}mL^2$

8-14 직각삼각형판

질량이 M, 밑변이 L, 높이가 h인 균질의 얇은 직각삼각형 판이 있다. 직각삼각형의 밑변을 x축, 빗변과 밑변이 만나는 꼭짓점을 원점으로 한다. 다음을 구하라.

(가) y축 주위의 관성모먼트

(나) 질량중심을 지나고 y축에 나란한 축 주위의 관성모먼트

답 | (가) $I=\frac{1}{2}ML^2$ (나) $I_{CM}=\frac{1}{18}ML^2$

8-15 속 빈 원기둥

바깥 반지름이 R_1, 안 반지름이 $R_2(R_1>R_2)$, 질량이 M인 균질의 두꺼운 껍질의 속 빈 원기둥이 있다. 이 원기둥의 관성모먼트를 다음 물음에 차례로 답한 후 구하라.

(가) 질량이 M이고 반지름 R인 얇은 동전에 반지름 a의 동심의 원형 구멍이 뚫려 있다면 이 동전의 중심축 주위의 관성모먼트는 $I=\frac{1}{2}M(R^2+a^2)$임을 보이고, 이를 이용하여 속 빈 원기둥의 중심축 주위의 관성모먼트를 구하라.

(나) (가)의 구멍난 동전의 지름 주위의 관성모먼트를 구하고, 이를 이용하여 속 빈 원기둥의 길이가 L일 때, 질량중심을 지나고 원기둥에 수직인 축 주위의 관성모먼트는 $I_{CM}=\frac{1}{12}ML^2+\frac{1}{4}M(R_1^2+R_2^2)$임을 보여라.

답 | (가) $I_z=\frac{1}{2}M(R_1^2+R_2^2)$ (나) $I_x=\frac{1}{4}M(R^2+a^2)$

8-16 얇은 껍질의 속 빈 공

반지름이 R, 질량이 M인 균질의 얇은 껍질의 속 빈 공의 지름 주위의 관성모먼트를 구하라.

답 | $I=\frac{2}{3}MR^2$

8-17 속 찬 원뿔

질량 M, 높이 h, 밑면의 반지름 R의 균질인 원뿔의 대칭축(밑면의 중심과 꼭짓점을 지나는 축)에 대한 관성모먼트를 구하라.

답 | $I_z=\frac{3}{10}MR^2$

8-18 속 빈 원뿔

균질의 얇은 판자로 만든 질량 M, 높이 h, 밑면의 반지름 R의 속빈 원뿔(고깔모양)의 대칭축(밑면의 중심과 꼭짓점을 지나는 축)에 대한 관성모먼트를 구하라.

Tip (원뿔의 옆넓이) $=\frac{1}{2}$(밑면의 둘레)×(옆모서리의 길이)

답 | $I_z=\frac{1}{2}MR^2$

8-19 굴뚝의 무너짐

예제 8.19의 결과로부터 아래 현상을 설명하라.

(가) **예제** 8.19의 막대 끝에 얹혀 있는 동전이 막대가 낙하할 때 막대에 붙어 있지 않는다.

(나) 높이 쌓아 놓은 어린이 장난감 나무토막이나 높은 굴뚝이 넘어질 때 똑바로 통째로 넘어지지 않고 바닥에 닿기 전에 중간 부분이 부러져서 넘어지는 수가 있다.

답 | (가) $r=L$인 경우 $a_\tau > g$ 이기 때문 (나) $a_\tau \propto r$이므로 중력 외에 다른 힘이 각 부분 사이의 층 밀리기힘으로 나타나기 때문이다.

8-20 회전하는 바퀴

고정축 주위로 회전하는 바퀴에 작용하는 바깥힘 및 마찰력에 의한 총 돌림힘이 36.0 N·m이다. 바깥힘은 6.00 s 동안 작용하였는데, 이 시간 동안에 바퀴는 정지상태에서 출발하여 회전속도가 10.0 rad/s에 이르렀다. 그리고 나서 바깥힘을 거두었더니 바퀴가 60.0초 만에 정지했다.

다음을 구하라.

(가) 바퀴의 관성모멘트 (나) 마찰력에 의한 돌림힘 (다) 바퀴가 정지할 때까지 총 회전수

답 | (가) $I = 21.6\,\text{kg}\cdot\text{m}^2$ (나) $\tau_f = -3.60\,\text{N}\cdot\text{m}$ (다) $n = 52.5\,\text{rev}$

8-21 자전거 쇠사슬의 윗부분에 걸리는 힘

자전거가 일정한 속도로 오르막을 오르고 있다. 자전거바퀴와 길바닥 사이의 정지마찰력은 $f_s = 3.8\ \text{N}$이다. 뒷바퀴의 반지름은 뒤 사슬톱니바퀴 반지름의 6.0배이다. 자전거의 페달을 밟으면 앞 및 뒤 사슬톱니바퀴의 톱니를 물고 있는 쇠사슬의 팽팽한 윗 부분에 힘이 걸린다. 이 힘을 구하라. 쇠사슬의 아래 부분은 느슨하다.

답 | $F = 23\ \text{N}$

8-22 자전거 쇠사슬의 아랫부분에 걸리는 힘

자전거의 쇠사슬의 팽팽한 윗부분에 걸린 힘이 $18.0\,\text{N}$이었고, 이 순간 뒷바퀴의 각가속도가 $3.60\,\text{rad/s}^2$로 측정되었다. 뒷바퀴 및 그 회전축에 고정된 사슬톱니바퀴의 반지름은 각각 $35.0\,\text{cm}$, $7.00\,\text{cm}$이고, 뒷바퀴의 질량은 $2.40\,\text{kg}$이다. 사슬톱니바퀴 및 바퀴 살의 질량은 무시할 수 있어서 모든 질량은 바퀴의 테에 골고루 분포되어 있다. 쇠사슬의 아래(느슨한) 부분의 장력은 얼마라고 할 수 있을까?

답 | $T = 2.88\,\text{N}$

8-23 공 모양 도르래

질량이 M, 반지름이 R인 균질의 속 찬 공의 중심을 지나는 수평인 회전축 주위로 자유로이 회전하는 공 모양 도르래가 있다. 이 도르래 둘레에 늘어나지 않는 가벼운 실을 감고 그 끝에 질량 m의 추를 연직으로 매달아 가만히 놓았다. 추의 가속도 및 실의 장력을 구하라.

답 | $a = \dfrac{5m}{5m+2M}g$, $T = \dfrac{2M}{5m+2M}mg$

8-24 요 요

질량 M, 반지름 R의 균질의 원판 둘레에 실을 감아서 그 실 끝을 잡고 원판을 가만히 놓으면 원판이 아래로 낙하한다. 이것은 간단한 요요의 일종이다.

(가) 원판의 낙하가속도 및 실의 장력을 구하라.

(나) 실 끝을 잡고 있는 손을 원판의 질량중심이 움직이지 않도록 연직상방으로 가속시킬 때 실의 장력, 원판의 각가속도, 손의 가속도를 각각 구하라.

답 | (가) $a_{\text{CM}} = \dfrac{2}{3}g$, $T = \dfrac{1}{3}Mg$ (나) $T = Mg$, $\alpha = \dfrac{2g}{R}$, $a_{\text{손}} = 2g$

8-25 관성모멘트 측정장치

반지름 $R = 10.0\,\text{cm}$의 원기둥을 수평인 실험대 위에 연직축 주위로 자유로이 회전할 수 있도록 설치하고, 이 원기둥 둘레에 늘어나지 않는 가벼운 실을 감아서, 실험대에 고정된 자유로이 회전할 수 있는 가벼운 도르래에 걸쳐서 그 실끝에 질량 $M = 2.50\,\text{kg}$의 추를 달아 놓았다. 추를 정지

상태에서 가만히 놓았더니 추가 $d=1.80\,\text{m}$낙하하는 데 $t_0=4.20\,\text{s}$걸렸다.

(가) 이 장치의 원기둥, 도르래 등의 총 관성모멘트는 얼마인가?

(나) 실을 다시 처음과 같이 감아서, 원기둥의 수평인 위 단면에 관성모멘트를 측정하려는 물체를 얹어놓고 처음과 같이 추가 같은 거리를 낙하하는 데 걸리는 시간을 측정하였더니 $t=6.80\,\text{s}$ 걸렸다. 물체의 관성모멘트는 얼마인가?

답 | (가) $I_0=1.18\,\text{kg}\cdot\text{m}^2$ (나) $I=1.95\,\text{kg}\cdot\text{m}^2$

8-26 실감개의 운동

질량이 M, 반지름이 R인 원기둥 모양의 균질의 실감개에 실이 감겨 수평면에 놓여 있다. 실을 수평으로 실감개의 축에 수직으로 일정한 힘 F로 당겨서 실감개가 미끄러짐이 없이 정지상태에서 출발하여 구르게 하였다. 다음을 구하라.

(가) 질량중심의 가속도 (나) 마찰력 (다) 거리 d만큼 이동했을 때 질량중심의 속도

답 | (가) $a_{\text{CM}}=\frac{4}{3}\left(\frac{F}{M}\right)$ (나) $f=\frac{1}{3}F$ (다) $v_{\text{CM}}=\sqrt{\frac{8}{3}\left(\frac{Fd}{M}\right)}$

8-27 물리흔들이의 최소 주기

한 고정점 O 주위로 중력마당의 연직면 내에서 미소진동하는 질량이 M인 강체의 주기는 $I_{\text{CM}}=ML_{\text{C}}^2$일 때 최소가 됨을 보여라. I_{CM}은 고정축에 나란하고 질량중심 G를 지나는 축에 대한 관성모멘트이고, L_{C}는 고정점 O에서 질량중심 G까지 거리이다.

Tip $T=2\pi\sqrt{\frac{I_{\text{O}}}{MgL_{\text{C}}}}$, $\frac{\partial T}{\partial L_{\text{C}}}=0$일 때 $T=$최소

8-28 실 끝에 달린 큰 추의 진동

반지름이 r, 질량이 M인 공 모양의 추를 늘어나지 않는 가벼운 실 끝에 달아서, 중력마당에서 진동하는 물리흔들이를 만들었다. 고정점으로부터 추의 중심까지 거리가 L이다.

(가) 이 물리흔들이가 미소 진동할 때, 주기를 구하고, $r\ll L$인 경우 주기는

$$T\cong T_0\left(1+\frac{1}{5}\frac{r^2}{L^2}\right)\quad\left(T_0\equiv 2\pi\sqrt{\frac{L}{g}}\right)$$

로 어림됨을 보여라.

(나) 만일 $L=1.00\,\text{m}$, $r=2.00\,\text{cm}$일 때, 이 흔들이의 주기를 T_0로 어림하면 오차는 얼마나 되는가? 또, 오차가 1 %라면 추의 반지름은 얼마인가?

답 | (나) $\frac{\Delta T}{T_0}=0.008\%$, $r=22.4\,\text{cm}$

8-29 관성모멘트 구하기

질량 $2.20\,\text{kg}$의 두꺼운 판자가 질량중심으로부터 $0.350\,\text{m}$떨어진 점을 지나고 판자에 수직인 회전축 주위로 중력마당의 연직면 내에서 미소진동을 하고 있다. 이때 진동수가 $0.450\,\text{Hz}$였다. 판자의 회전축 및 질량중심 주위의 관성모멘트를 각각 구하라.

답 | $I = 0.946\ \text{kg} \cdot \text{m}^2$, $I_{CM} = 0.676\ \text{kg} \cdot \text{m}^2$

8-30 추가 붙은 막대의 진동

질량이 M, 길이가 L인 균질의 가는 막대가 한쪽 끝점 O를 고정점으로 하여 자유로이 회전할 수 있도록 연직으로 매달려 정지해 있다. 다른 끝에 질량 M의 작은 공(질점)을 붙여놓았다.

(가) 막대가 연직으로 정지해 있을 때 고정점 O 및 고정점으로부터 거리 ($y < L$)인 점 P에서 막대에 작용하는 장력을 각각 구하라.

(나) 이 막대의 평형점 주위의 미소진동의 주기를 구하라.

답 | (가) $F_O = 2Mg$, $F_P = \left(2 - \dfrac{y}{L}\right)Mg$ (나) $T = 2\pi\sqrt{\dfrac{8}{9}\left(\dfrac{L}{g}\right)}$

8-31 평면강체의 질량중심 주위의 관성모먼트 측정

질량이 3.20 kg의 불규칙한 모양의 평면도형의 강체가 가변 길이의 가벼운 가는 연결 막대 끝에 붙어 있다. 이 연결 막대의 다른 끝을 고정점으로 하여 중력마당에서 평면강체가 강체 평면 내에서 자유로이 미소진동을 하고 있다. 연결 막대의 길이를 1.00 m, 0.80 m로 변화시켰을 때 주기가 각각 2.60초, 2.50초이었다.

(가) 이 평면강체의 질량중심의 위치 및 질량중심 주위의 관성모먼트를 구하라.

(나) 연결막대의 길이가 0.50 m일 때 주기는 얼마인가?

답 | (가) $x = 0.285\ \text{m}$, $I_{CM} = 1.63\ \text{kg} \cdot \text{m}^2$ (나) $T = 2.40\ \text{s}$

8-32 원판의 진동중심

질량이 6.00 kg, 반지름이 80.0 cm인 균질의 원판이 한 고정점 P 주위로 중력마당에서 원판의 면내에서 미소진동한다.

(가) 주기가 2.50초일 때 질량중심으로부터 고정점 P 및 진동중심까지의 거리를 구하라.

(나) 질량중심으로부터 고정점 P까지의 거리가 얼마일 때 주기가 최소인가? 그 주기는 얼마인가?

답 | (가) $L_C = 0.244\ \text{m}$, $L_C' = 1.31\ \text{m}$(원판의 바깥) (나) $L_{C;\min} = 0.566\ \text{m}$, $T_{\min} = 2.13\ \text{s}$

8-33 충격중심

질량이 M, 길이가 L인 균질의 가는 막대가 한쪽 끝점 O를 고정점으로 하여 자유로이 회전할 수 있도록 연직으로 매달려 정지해 있다. 막대와 수직으로 F_0의 충격력(또는 힘)을 갑자기 작용하였다.

(가) 충격력 F_0가 막대의 맨 아래 끝점에 작용하였을 때, 질량중심의 가속도를 구하고, 충격력 F_0을 받는 순간 고정점 O에서 막대가 받는 충격력(또는 힘) F를 구하라.

(나) 충격력 F_0이 막대의 중점에 작용했을 때, 충격력 F를 구하라.

(다) 충격력 F_0이 어느 점에 작용하면 충격력 F가 0이 되는가?

답 | (가) $a_{CM} = \dfrac{3}{2}\left(\dfrac{F_0}{M}\right)$, $F = \dfrac{F_0}{2}$ (나) $F = -\dfrac{F_0}{4}$ (다) 고정점 O로부터 $x = \dfrac{2}{3}L$

8-34 미터자의 비틀림흔들이

질량 2.00 kg의 미터자의 한가운데를 철사로 묶어서 다른 끝을 천장에 고정하고 미터자가 수평면 내에서 철사 주위로 미소회전진동을 하게 하였다. 그 흔들이의 주기가 3.00분이라면 철사의 비틀림상수는 얼마인가?

답 | $\kappa = 0.203 \times 10^{-3}\,\mathrm{N \cdot m/rad}$

8.4 회전운동에서 일과 에너지

8-35 도르래에 걸린 벨트가 한 일

자동차 에어컨의 압축기에 달린 도르래에 감긴 벨트의 당기는 힘으로 도르래를 시계 반대 방향으로 회전시켜 에어컨을 작동한다. 벨트의 당기는 쪽의 장력이 45.0N이고, 그 반대편의 느슨한 벨트의 장력은 27.0N이었다. 도르래의 반지름은 7.30cm이다. 도르래가 한 바퀴 도는 동안 벨트를 통하여 작용한 힘이 도르래에 한 일은 얼마인가?

답 | $W = 8.25\,\mathrm{J}$

8-36 관성바퀴에 돌림힘이 한 일

무거운 관성바퀴가 정지상태에서 일정한 비율로 가속되어 30.0초 만에 매분 120회의 각속도로 회전하게 되었다. 관성바퀴의 질량은 162kg인데, 반지름이 62.0cm인 원둘레에 집중적으로 질량이 분포되어 있다.

(가) 이 관성바퀴를 회전시키는 데 작용한 돌림힘은 얼마인가?

(나) 이 관성바퀴가 이 30.0초 동안에 회전한 각변위는 얼마인가?

(다) 이 30.0초 동안에 관성바퀴에 한 일은 얼마인가?

답 | (가) $\tau = 26.1\,\mathrm{N \cdot m}$ (나) $\Delta\theta = 188\,\mathrm{rad}$ (다) $W = 4.91 \times 10^3\,\mathrm{J}$

8-37 띄엄띄엄 있는 뭇입자의 회전운동

질량이 2.00 kg 인 네 개의 입자가 가로, 세로가 각각 3.00 m, 2.00 m 인 직사각형의 각 꼭짓점에 놓여있다. 이 직사각형에 수직이고 한 꼭짓점을 지나는 축 주위로 이 질점계가 회전한다.

(가) 이계의 관성모먼트를 구하라.

(나) 이 계의 회전운동에너지가 124 J이라면 이 계는 1분에 몇 회 회전하는가?

답 | (가) $I = 52.0\,\mathrm{kg \cdot m^2}$ (나) $\omega = 20.9\,\mathrm{rev/min}$

8-38 속 찬 공의 회전

질량 15kg, 반지름 7.5cm의 속 찬 균질의 공이 지름 주위로 1분에 70회 회전하고 있다.

(가) 이 공의 회전운동에너지는 얼마인가?

(나) 이 회전운동에너지에 2.0J의 에너지가 더 추가되었다면 공의 회전속도는 1분에 몇 회 회전하는가?

답 | (가) $K_{\mathrm{rot}} = 0.91\,\mathrm{J}$ (나) $130\,\mathrm{rev/min}$

8-39 굴렁쇠의 회전

반지름이 75.0 cm인 굴렁쇠가 중력마당에서 굴렁쇠 면에 수직인 수평축에 걸려서, 축에 수직인 연직면 내에서 자유로이 회전할 수 있다.

(가) 처음에 굴렁쇠의 받침점과 중심을 잇는 직선이 수평인 정지상태에서 굴렁쇠를 가만히 놓았다. 굴렁쇠의 최대 각속도는 얼마인가?

(나) 굴렁쇠가 완전히 한 바퀴 돌게 하려면 처음 각속도는 적어도 얼마이어야 하는가?

답 | (가) $\omega_{\max}=3.62\,\mathrm{rad/s}$ (나) $\omega_{\mathrm{i}}=3.62\,\mathrm{rad/s}$

8-40 막대의 넘어짐

수평인 매끄러운 회전축 주위로 자유로이 회전할 수 있는 길이 L, 질량 M의 긴 균질의 막대가 연직으로 서 있다가 회전축 주위로 회전한다. 막대가 수평 방향이 되는 순간 다음을 구하라.

(가) 질량중심의 각속도 (나) 질량중심의 각가속도

(다) 질량중심의 가속도 (라) 회전축으로부터 받는 힘

(마) 만일, 처음에 막대의 꼭대기에 질량 m의 구슬이 붙어 있었다면, 막대가 수평 방향이 되는 순간의 각속도 및 구슬의 선속도는 얼마인가?

답 | (가) $\omega=\sqrt{\dfrac{3g}{L}}$ (나) $\alpha=\dfrac{3g}{2L}$ (다) $a_n=\dfrac{3g}{2}$, $a_\tau=\dfrac{3g}{4}$

(라) $F_n=\dfrac{3}{2}Mg$, $F_\tau=-\dfrac{1}{4}Mg$ (마) $\omega=\sqrt{\dfrac{3(M+2m)}{M+3m}\left(\dfrac{g}{L}\right)}$, $v=\sqrt{\dfrac{3(M+2m)}{M+3m}gL}$

8-41 도르래의 각속도

질량이 각각 15.0 kg, 10.0 kg인 두 추를, 회전축 주위로 자유로이 회전할 수 있는 도르래에 걸쳐 놓은 가볍고, 늘어나지 않는 실의 양단에 달아 놓았다. 도르래는 반지름 10.0 cm, 질량 3.00 kg의 균질의 원기둥 모양이고, 실은 도르래에 미끄러지지 않는다. 두 추의 연직 높이 차이가 3.00 m인 정지상태에서 움직이기 시작하였다. 두 추가 서로 스치고 지나가는 순간의 추의 속도 및 도르래의 각속도를 구하라(**그림 8.41** 참조).

답 | $v=2.36\,\mathrm{m/s}$, $\omega=23.6\,\mathrm{rad/s}$

8-42 원판의 회전

질량 M, 반지름 R의 균질인 원판이 그 중심을 원판에 수직으로 지나는 수평인 축 주위로 중력마당에서 자유로이 회전할 수 있다. 이 원판의 회전축의 연직상방 원판 둘레에 질량 m의 작은 질점을 붙여놓고 살짝 변위시켜서 원판이 회전하게 하였다.

(가) 질점이 최하위에 올 순간 원판의 각속도를 구하라.

(나) 이 위치에서 질점이 떨어져 나가지 않으려면 원판이 질점에 작용해야 할 힘을 구하라.

답 | (가) $\omega=\dfrac{\sqrt{8mg}}{R(2m+M)}$ (나) $F=mg\left(\dfrac{10m+M}{2m+M}\right)$

8-43 관성바퀴의 회전

질량이 100 kg인 균질의 원기둥모양의 관성바퀴가 1 km마다 평균 2.00×10^6 J의 일을 하고, 최

대 각속도를 400 rev/s로 하여 에너지의 재충전 없이 300 km를 이동할 수 있게 설계하려고 한다. 관성바퀴의 반지름을 얼마로 해야 하는가?

답| $R = 1.95\,\mathrm{m}$

8.5 각운동량과 회전충격량

8-44 원판의 회전

질량 3.00 kg, 반지름 0.200 m의 균질인 원판이 그 면에 수직인 아래와 같은 고정축 주위로 각속도 6.00 rad/s로 회전한다. 각 고정축 주위의 각운동량을 구하라.

(가) 질량중심 축 (나) 반지름의 중점을 지나는 축

답| (가) $L_{\mathrm{CM}} = 0.360\ \mathrm{J \cdot s}$ (나) $L_{\mathrm{P}} = 0.540\,\mathrm{J \cdot s}$

8-45 오토바이

오토바이 두 바퀴의 중심거리가 $\ell = 155\,\mathrm{cm}$이고, 사람을 포함한 질량중심은 지면으로부터 $h = 88.0\,\mathrm{cm}$ 높이에 두 바퀴의 중간 지점에 있다. 바퀴의 질량은 차체에 비교하여 무시할 수 있다. 구동력이 뒤 바퀴에만 걸린다. 급작스런 가속도를 주면 앞바퀴가 살짝 들린다. 수평 방향의 가속도가 적어도 얼마이어야 하는가?

답| $a = 8.64\,\mathrm{m/s^2}$

8-46 원운동하는 홑입자의 각운동량

질량 2.00 kg의 입자가 반지름 4.00 m의 원궤도를 3.50 m/s의 속도로 돌고 있다.

(가) 입자의 각속도는 얼마인가?

(나) 원의 중심에 대한 입자의 관성모먼트를 구하라.

(다) 입자의 원의 중심에 대한 각운동량은 얼마인가?

(라) 위의 결과로부터 $L = r_{\perp}\, p = r p_{\perp} = r p \sin\phi$임을 확인하라.

답| (가) $\omega = 0.875\,\mathrm{rad/s}$ (나) $I = 32.0\,\mathrm{kg \cdot m^2}$ (다) $L = 28.0\,\mathrm{kg \cdot m^2/s}$ (또는 J · s)

8-47 직선운동하는 입자의 각운동량

질량 $m = 2.00\,\mathrm{kg}$의 입자가 일정한 속도 $v = 4.50\,\mathrm{m/s}$로 직선을 따라서 운동하고 있다.

(가) 그 직선으로부터 $b = 6.00\,\mathrm{m}$ 떨어진 점 O에 대한 입자의 각운동량을 구하라. 시간에 따라 변하는가?

(나) 점 O와 입자를 잇는 직선(지름)이 단위시간에 스치고 지나가는 넓이는 시간에 따라 변하는가? 그 넓이를 구하라. 각운동량과 어떤 관계가 있는가?

(다) 점 O에 대한 입자의 각속도(점 O와 입자를 잇는 지름이 단위시간에 회전하는 각)는 시간에 따라서 어떻게 변하는가?

답| (가) $L = 54.0\,\mathrm{J \cdot s}$

(나) $\dfrac{dA}{dt} = \dfrac{1}{2}\, b\, v = (\text{일정})$, $\dfrac{dA}{dt} = 13.5\,\mathrm{m^2/s}$, $\dfrac{dA}{dt} = \dfrac{L}{2m}$

(다) 지름이 가장 짧은 지점에서 최대

8-48 아령 모양 강체의 각운동량

길이 1.00m의 가벼운 단단한 가는 막대 양단에 질량이 각각 3.00kg, 4.00kg인 물체(질점)를 달아 놓았다. 이 강체가 막대의 중점을 수직으로 지나는 회전축 주위로 회전하고 있다. 각 물체의 선속도가 5.00m/s이다. 이 강체의 각운동량은 얼마인가?

답| $L = 17.5\,\mathrm{kg \cdot m/s}$

8-49 포사체의 각운동량

지구 표면 가까이에서 속도 v_0로 수평 방향에서 위로 각 θ의 방향으로 질량이 m인 물체가 던져졌다.

(가) 출발점(원점) 및 최고점, 땅에 다시 닿는 지점에서 출발점(원점)에 대한 물체의 각운동량을 구하라.

(나) 위의 각 지점에서 물체가 중력마당으로부터 받는 원점에 대한 돌림힘은 각각 얼마인가?

답| (가) $L_{\mathrm{O}} = 0$, $L_{\mathrm{h}} = -\dfrac{mv_0^3 \sin 2\theta \sin\theta}{4g}$, $L_{\mathrm{R}} = -\dfrac{mv_0^3 \sin 2\theta \sin\theta}{g}$

(나) $\tau_{\mathrm{O}} = 0$, $\tau_{\mathrm{h}} = -\dfrac{mv_0^2 \sin 2\theta}{2}$, $\tau_{\mathrm{R}} = -mv_0^2 \sin 2\theta$

8-50 실 및 도르래로 연결된 두 물체의 운동

비탈각이 θ인 비탈의 꼭대기에 고정된 도르래에 걸친 가볍고 늘어나지 않는 실의 한쪽 끝에 매끄러운 비탈면에 놓여 있는 질량 m_2의 물체를 매어 달고, 다른쪽 끝에는 질량 $m_1 (m_1 > m_2)$의 추를 연직으로 매달아 놓았다. 고정도르래는 관성모멘트가 I, 반지름이 R인 원기둥 모양의 도르래로 회전축 주위로 자유로이 회전한다.

(가) 도르래의 중심에 대한 알짜 돌림힘을 구하라.

(나) 추가 아래로 속도 v로 운동할 때, 이 계의 총 각운동량을 구하라.

(다) 위의 결과로부터 추의 가속도를 구하라.

답| (가) $\tau_{\text{알짜}} = (m_1 - m_2 \sin\theta) gR$ (나) $L = R\left(m_1 + m_2 + \dfrac{I}{R^2}\right)v$

(다) $a = \dfrac{(m_1 - m_2 \sin\theta)}{(m_1 + m_2 + I/R^2)} g$

8-51 무거운 도르래에 감긴 줄에 달린 추의 운동

반지름 R, 질량 M의 균질인 도르래가 수평인 회전축 주위로 자유로이 회전할 수 있다. 도르래에 늘어나지 않는 가벼운 줄을 감아서 다른 끝에 질량 m의 추를 달아 놓았다(**그림 8.28** 및 **예제 8.20** 참조). 줄이 미끄러지지 않는다.

(가) 추가 속도 v로 낙하할 때 이 역학계의 총 각운동량을 구하라.

(나) 각운동량 정리식(8.92)를 이용하여 추의 가속도를 구하라.

답| (가) $L = \left(m + \dfrac{M}{2}\right)Rv$ (나) $a = \dfrac{g}{1 + \dfrac{M}{2m}}$

8-52 원기둥의 운동

대칭축 주위로 자유로이 회전할 수 있는 질량 80.0kg, 반지름 40.0cm의 균질의 원기둥이 그 둘레에 걸어 놓은 구동 벨트에 의한 일정한 돌림힘을 받아서 회전한다. 처음 정지상태에서 출발하여 25.0초인 순간에 1분에 500회 회전하였다.

(가) 이 순간에 각운동량은 얼마인가?

(나) 각운동량이 증가하는 비율은 얼마인가? 또, 원기둥에 작용하는 돌림힘은 얼마인가?

(다) 구동 벨트를 통해서 원기둥 둘레의 접선 방향으로 작용한 힘은 얼마인가?

(라) 계속 구동 벨트가 작용하여 1분에 1,250회 회전하게 하는 데 시간이 얼마나 더 걸리는가?

답 | (가) $L=335\,\text{J}\cdot\text{s}$ (나) $\dfrac{\Delta L}{\Delta t}=13.4\,\text{N}\cdot\text{s}$, $\tau=13.4\,\text{N}\cdot\text{s}$ (다) $F=33.5\,\text{N}$

(라) $\Delta t=37.5\,\text{s}$

8-53 두 회전원판의 겹침

질량은 서로 같고 반지름이 서로 다른 두 회전원판이 같은 굴대 주위로 같은 각속도 ω_0로 자유로이 서로 반대 방향으로 회전하고 있는데, 서로 살짝 겹쳐져서 그들 사이의 마찰 때문에 마침내 한 덩어리가 되어 회전하게 되었다. 그들의 반지름의 비는 1 : 2이다. 한 덩어리가 된 후의 각속도를 구하라.

답 | $\omega_{\text{f}}=0.6\,\omega_0$

8-54 회전원판에 올라탄 어린이

반지름이 2.00m이고, 회전축 주위의 관성모먼트가 $250\,\text{kg}\cdot\text{m}^2$인 회전원판이 연직 회전축 주위로 10.0 rev/min 의 각속도로 자유로이 회전하고 있다. 25.0kg의 어린이가 회전축을 향하여 펄쩍 뛰어 올라 회전목마의 회전원판의 언저리에 앉았다. 회전목마의 나중 각속도는 얼마인가?

답 | $\omega_{\text{f}}=7.14\,\text{rev/min}$

8-55 아령을 든 학생의 운동

양손에 질량이 3.00kg인 아령을 각각 쥐고 자유로이 회전할 수 있는 회전의자에 학생이 앉아 있다. 학생과 회전의자의 관성모먼트는 $3.00\,\text{kg}\cdot\text{m}^2$이다. 수평으로 양팔을 쭉 폈을 때, 아령은 회전축으로부터 1.00m 거리에 있게 된다. 양팔을 쭉 편 채로 연직회전축 주위로 0.750 rad/s의 각속도로 회전하다가 팔을 수평으로 오므려서 회전축으로부터 거리가 0.300m 되게 하였다.

(가) 학생의 나중 회전 각속도는 얼마인가?

(나) 이 역학계의 처음 및 나중 회전운동에너지는 각각 얼마인가?

답 | (가) $\omega_{\text{f}}=1.91\,\text{rad/s}$ (나) $K_{\text{i}}=2.53\,\text{J}$, $K_{\text{f}}=6.44\,\text{J}$

8-56 회전원판 위에서 걷기

회전축 주위로 자유로이 회전할 수 있는 수평인 회전원판의 언저리에 60.0kg의 여성이 서 있다가 언저리를 따라서 조용히 땅에 대해서 1.50m/s의 일정한 속도로 시계 반대 방향으로 걷기 시작하였다. 회전원판의 관성모먼트는 $500\,\text{kg}\cdot\text{m}^2$이고, 반지름은 2.00m이다.

(가) 회전원판은 어느 방향으로 얼마의 빠르기로 회전하는가?

(나) 이 여성이 한일은 얼마인가?

답 (가) $\omega_{원}=3.60\ \mathrm{rad/s}$(시계 방향) (나) $W=99.9\,\mathrm{J}$

8-57 실 끝에 달린 추의 원운동

매끄러운 수평인 판자 위에 있는 질량 m의 구슬에 실을 달아서 다른 끝을 그 판자에 뚫린 구멍을 통하여 늘어뜨린 그 끝에 추를 달아 놓고, 구슬을 일정한 속도 v_0로 반지름 r_0의 원운동을 시켰다. 연직으로 매달린 추의 질량을 조금씩 증가시켜 반지름이 감소하여 r가 되었다.

(가) 이때 구슬의 속도 및 실의 장력을 구하라.

(나) 반지름이 r_0에서 r로 되는 동안 구슬이 받은 일을 구하라.

답 (가) $v=\dfrac{r_0}{r}v_0$, $T=\dfrac{mv_0^2}{r_0}\left(\dfrac{r_0}{r}\right)^3$ (나) $W=\dfrac{1}{2}mv_0^2\left(\dfrac{r_0^2}{r^2}-1\right)$

8-58 공과 막대의 충돌

질량이 m인 공이 속도 v_0로 달려와서, 질량중심을 지나는 회전축 주위로 자유로이 회전할 수 있는 정지해 있는 균질인 가는 막대에 수직으로 막대 끝 점에 완전 비탄성충돌하였다. 막대의 질량은 M, 길이는 ℓ 이다.

(가) 충돌 직후 이 계의 각속도를 구하라.

(나) 충돌로 인한 역학적 에너지 감소의 처음 에너지 대한 비를 구하라.

답 (가) $\omega=\dfrac{6mv_0}{(M+3m)\ell}$ (나) $\left|\dfrac{\Delta K}{K_{\mathrm{i}}}\right|=\dfrac{M}{M+3m}$

8-59 공과 막대의 완전탄성충돌

매끄러운 수평면 위에 놓여 있는 질량 M, 길이 ℓ 의 가는 균질의 막대에, 질량 m의 작은 공이 속도 v_0로 달려와서 막대에 수직으로, 막대의 질량중심 CM으로부터 d만큼 떨어진 지점에 완전탄성충돌하였다. 막대는 병진운동을 하면서 시계 반대 방향으로 회전한다.

(가) 충돌 후 공의 속도 v를 구하라.

(나) 충돌 후 공이 정지해 있으려면 d는 얼마이어야 하는가?

답 (가) $v=\left(\dfrac{\dfrac{12md^2}{M\ell^2}+\dfrac{m}{M}-1}{\dfrac{12md^2}{M\ell^2}+\dfrac{m}{M}+1}\right)v_0$ (나) $d=\ell\sqrt{\dfrac{1}{12}\left(\dfrac{M}{m}-1\right)}$

8.6 강체의 굴림운동

8-60 비탈을 오르는 공

균질의 속 찬 공이 비탈각이 θ인 비탈면을 미끄러짐이 없이 굴러 올라간다.

(가) 힘의 화살표 그림을 그리고, 운동방정식을 세워라.

(나) 질량중심의 가속도를 구하라.

(다) 미끄러짐이 없이 구르기 위해서 정지마찰계수는 적어도 얼마이어야 하는가?

답 | (가) $Ma_{CM} = Mg\sin\theta - f$, $I\alpha_{CM} = Rf$ (나) $a_{CM} = \frac{5}{7}g\sin\theta$ (다) $\mu_{s;\,min} \geq \frac{2}{7}\tan\theta$

8-61 굴림운동을 하는 물체의 운동에너지

질량 및 반지름이 같은 균질의 다음 물체들이 미끄러짐이 없이 구를 때, 회전운동에너지의 총 운동에너지에 대한 비율은 몇 %인가?

(가) 공 (나) 원기둥 (다) 가락지

답 | (가) 28.6 % (나) 33.3 % (다) 50.0 %

8-62 볼링공의 운동에너지

질량 M, 반지름 R의 볼링공이 정지상태에서 출발하여 미끄러짐이 없이 굴러 질량중심의 속도가 v였다. 이 순간까지 볼링공이 받은 일을 구하라.

답 | $W = \frac{7}{10}Mv^2$

8-63 비탈면을 구르는 원기둥의 관성모먼트

비탈각이 25.0°인 3.00 m길이의 비탈면 꼭대기에 가만히 눕혀 놓은 원기둥 모양의 깡통이 똑바로 굴러 내려왔다. 깡통의 질량은 215 g, 반지름은 3.19 cm인데, 깡통에는 고체음식물이 꽉차 있다. 깡통이 꼭대기에서 미끄러짐이 없이 밑바닥까지 굴러 내려오는 데 1.50초 걸렸다. 이 깡통의 관성모먼트를 구하라.

답 | $I_{CM} = 1.21 \times 10^{-4}\,\text{kg}\cdot\text{m}^2$

8-64 비탈면을 오르는 굴렁쇠

비탈면을 향하여, 질량 600 g, 반지름 40.0 cm의 균질인 굴렁쇠가 미끄러짐이 없이 15.0 m/s의 속도로 굴러 와서 비탈각이 30°인 비탈면을 미끄러짐이 없이 굴러 올라간다. 비탈면을 따라서 얼마나 올라가는가?

답 | $\ell = 45.9\,\text{m}$

8-65 비탈면을 굴러 내려오는 공

비탈각이 θ인 비탈면을 질량이 M인 균질의 속 찬 공이 미끄러짐이 없이 굴러 내려오고 있다.

(가) 공과 비탈면 사이의 정지마찰력을 구하라.

(나) 정지마찰계수가 μ_s이라면 공이 미끄러짐이 없이 굴러 내려오는 최대 비탈각은 얼마인가?

답 | (가) $f = \frac{2}{7}Mg\sin\theta$ (나) $\theta_{max} = \tan^{-1}\left(\frac{7}{2}\mu_s\right)$

8-66 당구공의 운동

수평면 위에 정지해 있는 당구공에 당구채로 매우 짧은 시간 Δt 동안 충격력 F_0를 수평면에서 연직 높이 h에서 수평 방향으로 주었다(**그림 8.54** 참조). 당구공의 처음 각속도 ω_0는 질량중심의 처음 속도 v_0와 $\omega_0 = \frac{5}{2}\left(\frac{h}{R} - 1\right)\frac{v_0}{R}$의 관계식을 만족함을 보여라. v_0는 충격을 받는 순간 당구 공의 속도이고, R는 균질인 당구공의 반지름이다.

Tip $F_0 \Delta t = \Delta P$, $\tau \Delta t = \Delta L$

8-67 회전하던 원기둥의 수평면에서 굴림운동

질량 M, 반지름 R의 균질인 원기둥이 축 주위로 자유로이 회전할 수 있다. 회전축을 수평으로 하여 각속도 ω_0로 회전하고 있는 원기둥을 수평면 위에 살며시 내려놓았다. 마찰력 때문에 원기둥이 미끄러지면서 구르다가 마침내 미끄러짐이 없이 구르게 된다. 원기둥과 수평면 사이의 마찰계수는 μ_k이다.

(가) 질량중심의 가속도 및 원기둥의 각가속도를 각각 구하라.

(나) 원기둥이 미끄러지다가 미끄러짐이 없이 구를 때까지 걸린 시간 및 이동한 거리를 각각 구하라.

답 (가) $a_{CM} = \mu_k g$, $\alpha = -\frac{2\mu_k g}{R}$ (나) $t_R = \frac{1}{3}\left(\frac{\omega_0 R}{\mu_k g}\right)$, $x_R = \frac{1}{18}\left(\frac{\omega_0^2 R^2}{\mu_k g}\right)$

8-68 볼링공 굴리기

반지름 R의 볼링공을 마룻바닥에 던져서 바닥에 닿는 순간, 속도 v_0 및 전방으로 굴러가게 $\omega_0 = \frac{3v_0}{R}$의 각속도를 주었다. 미끄러짐이 없이 구르기 시작할 때까지

(가) 걸린 시간, 이동한 거리를 구하라.

(나) 그 순간의 속도를 구하라.

답 (가) $t_R = 0.571\left(\frac{v_0}{\mu_k g}\right)$, $x_R = 0.735\left(\frac{v_0^2}{\mu_k g}\right)$ (나) $v_R = 1.57 v_0$

8-69 구면에서 구르는 구슬

반지름 $r = 1.00\,\text{cm}$의 구슬이 반지름 $R = 80.0\,\text{cm}$의 매우 무거운 공의 맨 꼭짓점에 정지해있다가 구면의 대원을 따라서 미끄러짐이 없이 굴러 내려온다. 구슬이 구면으로부터 떨어져 나오는 지점의 반지름이 맨 꼭짓점을 지나는 반지름과 이루는 각을 구하라.

답 $\theta = 54.0°$

8.7 회전운동의 벡터적 성질

8-70 벡터곱

벡터곱에 대한 다음 물음에 답하라.

(가) 두 벡터 $\vec{A} = 2\hat{i} + 3\hat{j}$, $\vec{B} = -3\hat{i} + 2\hat{j}$의 벡터 곱 $\vec{A} \times \vec{B}$를 구하라.

(나) $\vec{P} \times \vec{Q}$와 $\vec{P} \cdot \vec{Q}$의 크기가 서로 같을 조건을 구하라.

(다) $\vec{C} \times \vec{X} = 12\hat{k}$에서, $\vec{C} = 4\hat{i}$, $|\vec{X}| = 5$, $X_z = 0$일 때, $\vec{X}$를 구하라.

(라) $\vec{D}\times\vec{X}=9\hat{i}$에서 $\vec{D}=3\hat{j}$, $\vec{D}\cdot\vec{X}=12$일 때 $\vec{X}$를 구하라.

답 | (가) $\vec{A}\times\vec{B}=13\hat{k}$ (나) $\theta_{PQ}=\pm 45°$ (다) $\vec{X}=\pm 4\hat{i}+3\hat{j}$ (라) $\vec{X}=4\hat{j}+3\hat{k}$

8-71 삼각함수의 사인법칙

두 벡터 $\vec{a}$, $\vec{b}$의 꼬리를 한 점으로 하고, 이 두 벡터를 인접한 두 변으로 하는 삼각형의 넓이는 두 벡터의 벡터곱 크기의 반임을 이용하여 $\dfrac{\sin\theta_{ab}}{c}=\dfrac{\sin\theta_{bc}}{a}=\dfrac{\sin\theta_{ca}}{b}$ 임을 보여라. 여기서 $\vec{c}=\vec{a}-\vec{b}$이고, θ_{ab}는 두 벡터 $\vec{a}$, $\vec{b}$의 사이각이다.

8-72 돌림힘

위치벡터가 $\vec{r}=\hat{i}(1\,\text{m})+\hat{j}(3\,\text{m})$인 점에 있는 입자에 $\vec{F}=\hat{i}(3\,\text{N})+\hat{j}(2\,\text{N})$ 의 힘이 작용하였다. 아래 점에 대한 돌림힘을 구하라.

(가) 원점 (나) 점 P (0, 6m)

답 | (가) $\vec{\tau}=\hat{k}(-7\,\text{N}\cdot\text{m})$ (나) $\vec{\tau}_{\text{P}}=\hat{k}\,(11\,\text{N}\cdot\text{m})$

8-73 병진운동의 각운동량

위치벡터가 $\vec{r}=\hat{i}(6.00\,\text{m})+\hat{j}(5.00\,\text{m/s})\,t$로 주어지는 질량이 2.00kg인 입자의 원점에 대한 각운동량을 구하라.

답 | $\vec{L}=\hat{k}(60.0\,\text{J}\cdot\text{s})$

8-74 각운동량

질량 m의 입자가 일정한 빠르기 v로 원점을 중심으로 하는 반지름 R의 등속원운동을 하고 있다. 처음에 점 Q(R, 0)에 있었다. 점 P($-R$, 0)에 대한 입자의 각운동량을 구하라.

답 | $\vec{L}=\hat{k}\left(1+\cos\dfrac{vt}{R}\right)Rmv$

8-75 위치벡터가 시간에 따라 변하는 입자의 각운동량 및 돌림힘

질량이 3.00kg인 입자의 위치벡터가 시간에 따라 $\vec{r}=\hat{i}(4.00\,\text{m})+\hat{j}(3.00\,\text{m/s}^2)\,t^2$와 같이 변한다. 아래 점에 대한 입자의 각운동량 및 돌림힘을 구하라.

(가) 원점 (나) 점 P($-2.00\,\text{m}$, $-3.00\,\text{m}$, 0)

답 | (가) $\vec{L}=\hat{k}(72.0\,\text{N}\cdot\text{m})t$, $\vec{\tau}=\hat{k}(72.0\,\text{N}\cdot\text{m})$

(나) $\vec{L}_{\text{P}}=\hat{k}\,(108\,\text{N}\cdot\text{m})t$, $\vec{\tau}_{\text{P}}=\hat{k}(108\,\text{N}\cdot\text{m})$

8-76 각운동량 정리

한 입자가 두 돌림힘 $\vec{\tau}_1$, $\vec{\tau}_2$를 동시에 받고 있다. 이들의 크기는 각각 2.0N·m, 4.0N·m이고, 방향은 각각 양(+)의 x축 방향, 음(−)의 y축 방향이다. 입자의 $\dfrac{d\vec{L}}{dt}$를 구하라. 여기서 $\vec{L}$은 입자의 원점에 대한 각운동량이다.

답 | $\dfrac{d\vec{L}}{dt}=\hat{i}(2.0\ \ \text{N}\cdot\text{m})-\hat{j}(4.0\ \ \text{N}\cdot\text{m})$ 또는 $\left|\dfrac{d\vec{L}}{dt}\right|=4.5\,\text{N}\cdot\text{m}$, $\theta=-63°$

8-77 구심가속도벡터

각속도벡터 $\vec{\omega}$로 반지름 r의 등속원운동을 하는 입자의 구심가속도벡터 $\vec{a}_C$는 $\vec{a}_C = \vec{\omega} \times (\vec{\omega} \times \vec{r})$임을 보여라. $\vec{r}$는 원의 중심을 원점으로 한 입자의 위치벡터이다.

8-78 면적속도와 각운동량

질량 m의 입자가 속도 $\vec{v}$로 등속직선운동을 하고 있다. 위치벡터 $\vec{r}$가 매우 짧은 시간 Δt 동안에 스치고 지나간 넓이를 ΔA라 하면 $\dfrac{\Delta \vec{A}}{\Delta t} = \dfrac{\vec{L}}{2m}$ 임을 보여라.

8-79 속힘의 알짜 돌림힘

위치벡터가 각각 $\vec{r}_A$, $\vec{r}_B$인 점에 있는 질량이 각각 m_A, m_B인 입자 사이에 작용·반작용의 관계에 있는 힘 $\vec{f}_{AB}$, $\vec{f}_{BA}$이 작용하고 있다. 이 두 입자계에 작용하는 속힘의 총 돌림힘을 구하라.

답 | $\sum \vec{\tau} = \vec{\tau}_A + \vec{\tau}_B = 0$

8.8 대칭팽이의 운동-고정점 주위의 강체운동

8-80 자이로스코프의 옆돌기 각속도

자이로스코프가 연직축 주위로 옆돌기운동을 하고 있다. 다른 변수는 고정하고 아래 변수만을 배로 변화시키면 옆돌기 각속도는 어떠한가?

(가) 관성바퀴의 자전각속도 (나) 총 무게 (다) 관성바퀴의 자전축 주위의 관성모멘트 (라) 회전점으로부터 질량중심까지 거리 (마) 위의 4변수를 모두

답 | (가) $\frac{1}{2}$배 (나) 2배 (다) $\frac{1}{2}$배 (라) 2배 (마) 불변

8-81 자이로스코프의 운동

자이로스코프 운동에 관한 아래 물음에 답하라.

(가) 자전하는 바퀴의 각운동량벡터가 굴대와 일치하며 동쪽을 향하고 있다. 각운동량벡터가 남쪽을 향하게 하려면 굴대의 동쪽 끝에 힘을 어느 쪽으로 작용해야 하는가?

(나) 가방의 전후로 놓여 있는 굴대에 장치된 자이로스코프가 있는 여행 가방을 들고 여행자가 북쪽으로 걸어가고 있다. 자이로스코프의 각속도 벡터가 북쪽을 향하고 있다. 여행자가 동쪽으로 걷기 시작하였다. 여행가방의 앞쪽은 어느 쪽으로 움직이려고 하는가?

(다) 자전거를 타고 똑바로 가다가 몸을 왼쪽으로 기울였다. 앞바퀴의 핸들은 어느 쪽으로 꺾이는가?

답 | (가) 위쪽으로 (나) 아래로 기운다 (다) 핸들이 왼쪽으로 돈다.

8-82 프로펠러 비행기 기수의 운동

작은 프로펠러 비행기의 회전하는 프로펠러의 각운동량벡터가 앞을 향하고 있다.

(가) 비행기가 이륙할 때, 비행기는 기수를 쳐들게 된다. 이때 비행기의 기수가 돌아가게 된다. 어느 쪽으로 선회하는가?

(나) 비행기가 수평으로 나르다가 갑자기 오른쪽으로 향하면, 기수는 어느 쪽으로 움직이려고 하는가?

답 | (가) 오른쪽으로 (나) 아래로

8-83 원판 자이로스코프의 운동

질량 2.50kg, 반지름 6.40cm의 균질의 원판이 길이 10.0cm의 굴대의 중앙에 장치되어 매분 700회 회전하게 하여, 굴대를 수평으로 하여 한쪽 끝을 회전점인 받침점 위에 얹어 놓았다. 다른 끝점이 수평면 내에서 옆돌기 하도록 처음 선속도를 주었다고 한다.

(가) 옆돌기운동의 각속도를 구하라.

(나) 옆돌기운동을 하는 동안 질량중심의 속력은 얼마인지 구하라.

(다) 질량중심의 가속도의 방향 및 크기를 구하라.

(라) 회전점(받침점)이 작용하는 힘의 수직 및 수평 성분을 구하라.

답 | (가) $\Omega = 3.27\,\text{rad/s}$ (나) $v_{\text{CM}} = 0.163\,\text{m/s}$ (다) $\vec{a}_{\text{CM}} = -\hat{X}(0.534\,\text{m/s}^2)$,
(라) $F_Y = 24.6\,\text{N}$, $F_X = 1.34\,\text{N}$

8-84 자이로스코프 안정장치의 역할

매초 15회 회전하는 반지름이 2.0m, 질량이 50톤인 균질의 원판으로 된 자이로스코프 안정장치를 해 놓은 10,000톤 급의 배가 있다. 최대 선폭이 20m인데, 단면적의 유효반지름을 10m라 보아도 된다.

(가) 안정장치의 각운동량은 얼마인지 구하라.

(나) 안정장치가 가동하지 않을 때, 배가 옆으로 풍랑을 맞아서 좌우로 $-20° \sim +20°$의 각진폭으로 옆질(roll)하는 시간이 12초라 한다. 이로 인한 배의 각운동량은 얼마로 어림할 수 있는지 구하라.

(다) 배가 풍랑을 맞으면 돌림힘이 작용하여 회전충격을 배와 안정장치가 함께 받는다. 그 회전충격을 안정장치가 흡수하면 배는 그만큼 회전충격을 덜 받아서 옆질이 감소할 수 있다. 이 안정장치로 배의 각운동량의 변화를 얼마까지 줄일 수 있는지, 또 옆질 각을 얼마까지 줄일 수 있는지를 구하라. 풍랑이 오른쪽 뱃전을 치고, 그 순간 안정장치의 각운동량벡터는 배의 전면을 향하고 있었다고 한다. 옆질 각은 파도의 회전충격에 비례한다.

답 | (가) $L_{\text{안정}} = 9.4 \times 10^6\,\text{J} \cdot \text{s}$ (나) $L_{\text{옆질}} \cong 29 \times 10^6\,\text{J} \cdot \text{s}$
(다) $\Delta L_{\text{배}}' \cong 10 \times 10^6\,\text{J} \cdot \text{s}$, $\theta_{\text{옆질}}' \cong -7.0° \sim +7.0°$

8.9 강체의 평형

8.85 무게의 분포

길이 3.0m의 단단한 매우 가벼운 판자 양단을 저울로 받쳐 놓고, 6.0kg의 물체를 왼쪽 끝으로부터 2.5m 거리에 얹어 놓았다.

(가) 각 저울의 눈금은 얼마로 나타나는가?

(나) 만일 판자의 질량이 2.0kg으로 골고루 분포되어 있다면 각 저울의 눈금은 얼마인가?

답 | (가) $m_L = 1.0\,kg$, $m_R = 5.0\,kg$ (나) $m_L = 2.0\,kg$, $m_R = 6.0\,kg$

8-86 무거운 널판자

길이 $L = 6.00\,m$, 질량 $M = 30.0\,kg$의 균질의 두꺼운 판자를 수평면 위에 서로 4.50m 떨어진 두 받침점 A, B 위에 걸쳐 놓았다. 판자의 한쪽 끝은 받침점 B로부터 1.50 m 튀어 나와 있다. 몸무게가 $w=70.0\,kgf$인 사람이 점 B로부터 얼마의 거리까지 안전하게 걸어 나올 수 있는가?

답 | $x=0.643\,m$

8-87 돌쩌귀 달린 무거운 널판자

길이 $L = 3.00\,m$, 질량 $M=5.00\,kg$의 균질의 두꺼운 판자의 한쪽 끝에 돌쩌귀가 달려있다. 이 판자 위에 60.0kg의 물체를 돌쩌귀로부터 80.0cm거리에 얹어 놓고, 판자의 다른쪽 끝에 힘 F를 주어 판자가 수평과 30°를 이루고 있다.

(가) 힘 F가 연직상방으로 작용할 때 그 크기 및 돌쩌귀가 작용하는 힘 $\vec{R}$를 구하라.

(나) 힘 F가 판자에 수직으로 작용할 때, 그 크기 및 힘 $\vec{R}$를 구하라.

답 | (가) $F=181\,N$, $\vec{R} = \hat{j}(456\,N)$ (나) $F = 157\,N$, $\vec{R} = \hat{i}(78.6\,N) + \hat{j}(502\,N)$

8-88 벽돌 쌓기

길이 L의 균질인 벽돌을 수평인 실험대의 가장자리에 쌓아올리는 데, 벽돌의 한쪽 끝이 바깥으로 튀어 나오게 한다.

(가) 두 개의 벽돌을 쌓아 올려서 벽돌이 실험대 가장자리에서 최대로 튀어 나올 수 있는 거리는 얼마인가?

(나) 똑같은 벽돌을 세 개, 네 개를 위와 같이 쌓아 올릴 때 최대로 튀어나올 수 있는 거리는 각각 얼마인가?

Tip 벽돌을 실험대 위에 놓을 때 벽돌의 무게중심이 실험대 위에 있으면 벽돌이 바깥으로 튀어 나와도 안정하다.

답 | (가) $x_2 = \frac{3}{4}L$ (나) $x_3 = \frac{11}{12}L$, $x_4 = \frac{25}{24}L$

8-89 천장에 양끝이 매달린 쇠사슬

총 무게가 40.0N인 균질의 쇠사슬의 양 끝을 수평인 천장에 서로 떨어져 있는 고리에 걸어 놓았더니 고리에서 쇠사슬의 접선이 천장과 42°를 이루었다.

(가) 천장의 각 고리에 걸리는 힘의 크기는 얼마인지 구하라.

(나) 쇠사슬의 한가운데 점에서 쇠사슬의 장력은 얼마인지 구하라.

답 | (가) $T_{고리} = 29.9\,N$ (나) $T_{중점} = 22.2\,N$

8-90 기대어 놓은 사다리

길이가 L인 매우 가벼운 사다리를 매끄러운 연직 벽에 기대어 놓았더니 수평인 마룻바닥과 각 α를 이루었다. 사다리와 마룻바닥 사이의 정지마찰계수는 μ_s이다. 사람이 사다리를 타고 올라갈 수 있는 최대거리를 구하라.

답 | $s_{\max} = \mu_s L \tan\alpha$

8-91 케이블의 버팀목

벽에 매어 놓은 케이블 끝에 무게 8.00N의 추를 달아 놓고, 벽에 돌쩌귀로 붙여놓은 가벼운 버팀목 AB를 수평으로 벽과 케이블 사이에 넣어서 케이블을 받치고 있다. 벽에 달린 케이블은 수평인 버팀목과 30°를 이루고 있다(문8-91의 그림 참조). 이 버팀목에 작용하는 힘들을 말하고 그들을 구하라.

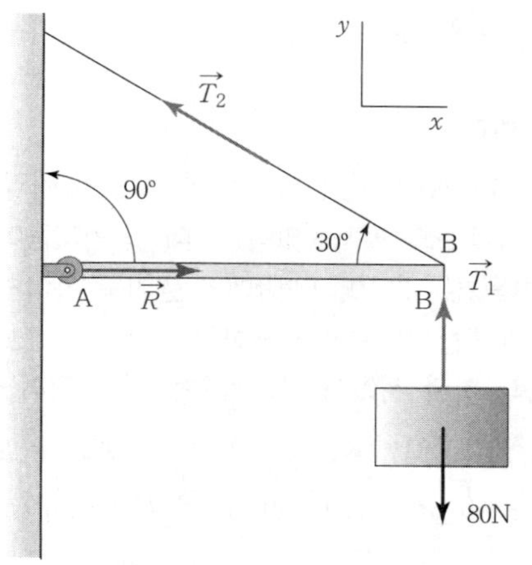

문8-91의 그림 : 버팀목

답 | $\vec{T}_1 = -\hat{j}\,(80.0\,\text{N})$, $\vec{T}_2 = -\hat{i}(139\,\text{N}) + \hat{j}(80.0\,\text{N})$, $\vec{R} = \hat{i}(139\,\text{N})$

8-92 휠체어의 보도 턱 올라가기

휠체어를 탄 사람이 도로에서 보도로 올라가려고 한다. 그러자면 휠체어 큰 바퀴가 보도 턱을 굴러 올라가야 한다. 그러기 위하여 휠체어 바퀴의 맨 꼭대기에서 손으로 바퀴에 수평 방향으로 힘을 주어야 한다. 장애인 및 휠체어의 총 질량이 142.8kg이고, 무게는 큰 바퀴 두 개에 고루 분포된다고 한다. 바퀴의 반지름은 $r=30.0\,\text{cm}$, 보도 턱의 높이가 $h=10.0\,\text{cm}$이다.

(가) 보도 턱을 굴러 올라가자면 바퀴에 얼마만한 힘을 주어야 하는가?

(나) 이 경우, 보도 턱의 모서리가 바퀴에 가하는 항력 $\vec{R}$를 구하라.

답 | (가) $F = \sqrt{\dfrac{h}{2r-h}}\,Mg = 313\,\text{N}$ (나) $\vec{R} = -\hat{i}(313\,\text{N}) + \hat{j}(700\,\text{N})$

8-93 V형 홈통에 있는 원기둥

수평면과 30°, 60°를 이루는 매끄러운 빗면으로 된 V꼴 홈통에 질량 M의 균질의 원기둥이 놓여 있다(문8-93의 그림 참조). 원기둥이 각 빗면으로부터 받는 힘을 구하라.

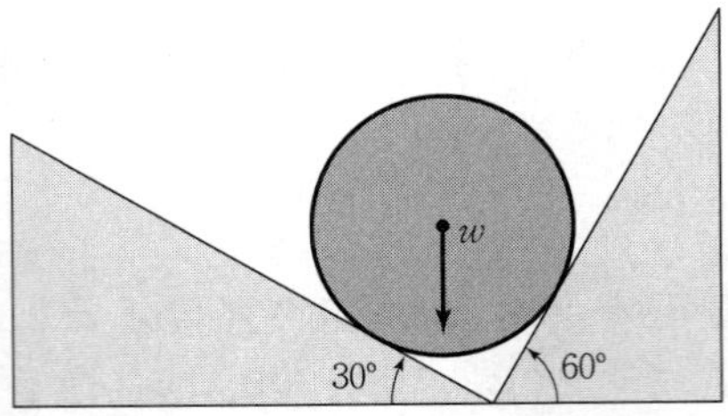

문8-93의 그림 : V형 홈통에 있는 원기둥

답 | $N_{60°}=\frac{1}{2}Mg$, $N_{30°}=\frac{\sqrt{3}}{2}Mg$

8-94 원기둥에 걸쳐 놓은 막대

길이 20.0 cm, 질량 5.00 kg의 균질의 막대를 수평인 바닥에 누워있는 질량 8.00 kg, 반지름 4.00 cm의 원기둥에 수직으로 걸쳐놓았다. 막대 및 원기둥이 바닥에 닿는 점은 서로 15.0 cm거리에 있고, 막대의 기울기는 30°이다. 막대와 원기둥 사이의 마찰은 무시한다.

(가) 막대 및 원기둥에 작용하는 힘을 구하라.

(나) 막대 및 원기둥과 바닥 사이의 마찰계수는 각각 적어도 얼마이어야 하는지 구하라.

답 | (가) $F_{막원}=28.3\,\text{N}$, $N_{막}=24.5\,\text{N}$, $f_{막}=14.2\,\text{N}$; $F_{원막}=-28.3\,\text{N}$, $N_{원}=103\,\text{N}$, $f_{원}=14.2\,\text{N}$

(나) μ_s(막대 · 바닥)$=0.577$, μ_s(원기둥 · 바닥)$=0.137$

8-95 비탈 위의 정육각형 연필

단면이 정육각형인 연필을 비탈면에 가로로 얹어 놓았다. 비탈의 기울기를 점점 증가시켜서 연필이 미끄러지지 않고 구르게 되는 정지마찰계수는 적어도 얼마이어야 하는가?

답 | $\mu_s=0.577$

8-96 회전원판의 정적비평형

반지름 0.30 m, 질량 5.0 kg의 균질의 원판이 그 대칭축과 나란하고, 0.50 cm 떨어진 회전축 주위로 10 rad/s의 일정한 각속도로 회전하고 있다.

(가) 이 비평형 때문에 회전축에 걸리는 알짜 바깥힘을 구하라.

(나) 이 비평형을 수정하려면 0.10 kg의 추가질량을 어디에 부착해야 하는가?

답 | (가) $F_C=2.5\,\text{N}$ (나) 회전축에 대해서 질량중심과 반대쪽으로 $h'=25\,\text{cm}$ 떨어진 점

9장 질점계의 역학

9.1 질점계의 일과 에너지

9.2 질량중심 좌표계와 운동에너지

9.3 질점계의 돌림힘 및 각운동량

9.4 두질점계 문제 - 상대운동방정식

9.5 질량중심 좌표계와 충돌 문제

9.6 중심력마당에서 운동

9.7 뉴턴역학의 한계 및 보존법칙의 확장

질점계의 일, 운동에너지, 돌림힘 및 각운동량을 정의하고, 각운동량 정리 및 각운동량 보존법칙을 살펴본다. 복잡한 질점계의 운동을 질량중심 좌표계에서 분석하는 것이 간편할 때가 있다. 질점계에서 운동에너지, 돌림힘, 각운동량 등의 물리량을 질량중심에 관련된 부분 및 질량중심 좌표계에서 본 부분으로 분리됨을 살펴본다. 그 예로 이체문제를 다룬다. 충돌 문제 및 중심력마당에서 질점의 운동을 살펴봄으로써 수소원자를 이해하기 위한 고전역학적인 바탕을 마련한다. 끝으로 뉴턴역학의 한계성을 살펴본다.

9.1 질점계의 일과 에너지

7장에서 질점계의 운동을 기술하는 방법 및 운동방정식을 간단히 살펴보았다. 이 단원에서는 질점계의 일 및 에너지를 정의하고 8장에서 살펴본 각운동량 및 돌림힘 등을 질량중심 좌표계를 도입하여 분석한다. 대표적인 보기로 두질점으로 된 질점계의 문제를 고찰한다. 구체적인 두질점계 문제(이체 문제 : two-body problem)로, 충돌 문제를 질량중심 좌표계를 이용하여 분석하고, 중심력마당에서 입자의 운동 특히 케플러의 운동제1법칙인 타원궤도의 법칙을 유도해본다.

한 질점이 곡선 C를 따라서 점 A에서 점 B로 이동했을 때 한 일은 식(3.66)으로 주어진다. 곧

$$W_{\mathrm{AB}} = \int_{\vec{r}_{\mathrm{A}};\, C}^{\vec{r}_{\mathrm{B}}} \vec{F} \cdot d\vec{r} \tag{3.66}$$

이다.

질점계에 한 일은 각 질점에 한 일 W_i $(i=1, 2, \cdots)$의 합으로 정의된다. 각 질점에 한 일은

$$W_i = \int_A^B \vec{F}_i \cdot d\vec{r}_i \quad (i=1, 2, \cdots)$$

로 주어진다. 여기서 $\vec{F}_i$ 및 $\vec{r}_i$는 질점계의 i번째 질점에 작용한 힘 및 위치벡터이다. 적분한계 A, B는, 홑질점의 경우인 식(3.66)에서 두 점 A, 점 B의 위치 $\vec{r}_{\mathrm{A}}$, $\vec{r}_{\mathrm{B}}$처럼, 질점계의 각 질점의 위치를 나타낸다. 그러나 질점계가 차지하는 부피가 있으므로, 보다 더 포괄적인 뜻을 가진 각 질점의 처음 및 나중 위치를 나타낸다.

질점계를 이루는 뭇질점들의 변위가 일어나는 경우는 세 가지 생각할 수 있다. 질점계가 통째로 한 점 A에서 다른 점 B로 이동하는 경우와 질점계가 차지하는 부피나 모양의 변화, 예를 들면 직육면체의 상자 모양(A)이던 것이 공 모양(B)으로 변함에 따라서 변위가 일어나는 경우와 질점계가 통째로 이동하면서 부피나 모양이 변하기 때문에 변위가 생기는 경우가 그것이다. 결국, 질점계의 뭇질점들의 변위는 뭇질점들의 배치 모양(**배위** : configuration)의 변화에 기인된다. 곧 적분 한계 A, B는 배위 상태 A 및 배위 상태 B에서 각 질점의 위치를 나타낸다.

따라서 질점계를 이루고 있는 각 질점에 힘 $\vec{F}_i$$(i=1, 2, \cdots)$가 작용하여 질점계가 배위 상태 A에서 배위 상태 B로 변했을 때 질점계에 한 일 W_{AB}는

$$W_{AB} = \sum_i \int_A^B \vec{F}_i \cdot d\vec{r}_i = \int_A^B \vec{F}_1 \cdot d\vec{r}_1 + \int_A^B \vec{F}_2 \cdot d\vec{r}_2 + \cdots \tag{9.1}$$

로 주어진다.

▶◎ 질점계의 일-에너지 정리

식(9.1)의 우변의 적분은 홑입자의 경우처럼,

$$\vec{F}_i = m_i \frac{d\vec{v}_i}{dt}, \quad d\vec{r}_i = \vec{v}_i\, dt$$

임을 고려하면

$$\int_A^B \vec{F}_i \cdot d\vec{r}_i = \int_A^B m_i \frac{d\vec{v}_i}{dt} \cdot \vec{v}_i\, dt = m_i \int_A^B \vec{v}_i \cdot \frac{d\vec{v}_i}{dt}\, dt = m_i \int_A^B \vec{v}_i \cdot d\vec{v}_i$$

로 쓸 수 있다. 여기에

$$\vec{v}_i \cdot d\vec{v}_i = v_{i;x}\, d v_{i;x} + v_{i;y}\, d v_{i;y} + v_{i;z}\, d v_{i;z}$$

임을 고려하면

$$\int_A^B \vec{F}_i \cdot d\vec{r}_i = \left[\frac{1}{2} m_i v_i^2\right]_A^B = \frac{1}{2} m_i v_{i;\mathrm{B}}^2 - \frac{1}{2} m_i v_{i;\mathrm{A}}^2 = K_{i;\mathrm{B}} - K_{i;\mathrm{A}} \tag{9.2}$$

를 얻는다(식(3.69) 참조). 여기서 $v_i^2 = v_{i;x}^2 + v_{i;y}^2 + v_{i;z}^2$ 이고, $\frac{1}{2} m_i v_{i;\mathrm{A}}^2 \equiv K_{i;\mathrm{A}}$는 배위 상태 A에 있는 질점계의 i번째 질점의 운동에너지이다.

식(9.2)를 식(9.1)에 대입하면 질점계의 일은

$$W_{AB} = \sum_i \int_A^B \vec{F}_i \cdot d\vec{r}_i = \sum_i K_{i;\mathrm{B}} - \sum_i K_{i;\mathrm{A}}$$

가 된다. 여기서 $\sum_i K_{i;\mathrm{A}}$, $\sum_i K_{i;\mathrm{B}}$는, 질점계가 각각 배위 상태 A, B에 있을 때, 뭇질점의 운동에너지의 합으로, 각 배위 상태에서 질점계의 운동에너지이다. 곧 한 배위 상태에 있는 질점계의 운동에너지 K는

$$K = \sum_i K_i = \sum_i \frac{1}{2} m_i v_i^2 \\ = \frac{1}{2} m_1 v_1^2 + \frac{1}{2} m_2 v_2^2 + \cdots \tag{9.3}$$

로 주어진다. 그래서 배위 상태 A에 있는 질점계의 운동에너지를

$$K(A) = \sum_i K_{i;\mathrm{A}} = K_{1;\mathrm{A}} + K_{2;\mathrm{A}} + \cdots \\ = \frac{1}{2} m_i v_{1;\mathrm{A}}^2 + \frac{1}{2} m_i v_{2;\mathrm{A}}^2 + \cdots$$

와 같이 표기하면, 질점계가 배위 상태 A에서 배위 상태 B로 변할 때 질점계에 한 일은

$$W_{\mathrm{AB}} = K(B) - K(A) \tag{9.4}$$

이다. 곧

질점계에 한 일은 그로 인하여 생긴 질점계의 배위 상태 변화에 따른 운동에너지의 변화와 같다.

이는 질점계의 **일-에너지 정리**이고, 식(9.4)는 홑질점의 일-에너지 식(3.70)에 대응된다.

○ 역학적 에너지의 보존

질점계의 각 질점에 작용하는 힘은 바깥힘 및 속힘으로 나눌 수 있다. 곧 i번째 질점에 작용하는 힘은

$$\vec{F}_i = \vec{F}_i^{(\mathrm{e})} + \vec{f}_i \quad (i=1,\ 2,\ \cdots) \tag{9.5}$$

이다. 여기서 속힘 $\vec{f}_i\,(i=1, 2, \cdots)$는 i번째 질점이 다른 질점으로부터 받는 힘이다. 따라서

$$\vec{f}_i = \sum_{j(j\neq i)} \vec{f}_{ij} \\ = \vec{f}_{i1} + \vec{f}_{i2} + \cdots + \vec{f}_{ii-1} + 0 + \vec{f}_{ii+1} + \cdots \\ + \vec{f}_{ij-1} + \vec{f}_{ij} + \vec{f}_{ij+1} + \cdots + \vec{f}_{in} + \cdots$$

로 주어진다.

질점계에 한 일 식(9.1)은 질점계에 작용하는 힘을 식(9.5)와 같이 바깥힘 및 속힘으로 나누어서 생각하면

$$\begin{aligned} W_{AB} &= \sum_i \int_A^B \vec{F}_i \cdot d\vec{r}_i \\ &= \sum_i \left(\int_A^B \vec{F}_i^{(e)} \cdot d\vec{r}_i + \int_A^B \vec{f}_i \cdot d\vec{r}_i \right) \\ &= \sum_i \int_A^B \vec{F}_i^{(e)} \cdot d\vec{r}_i + \sum_i \sum_{j(j\neq i)} \int_A^B \vec{f}_{ij} \cdot d\vec{r}_i \Big) \end{aligned} \tag{9.6}$$

가 된다. 위의 둘째 항은 속힘에 의한 일이다. 이 일은 식(7.36) 또는 식(7.37)을 고려하면

$$\begin{aligned} \sum_i \sum_{j(j\neq i)} \int_A^B \vec{f}_{ij} \cdot d\vec{r}_i &= \int_A^B \sum_i \sum_{j(j\neq i)} \vec{f}_{ij} \cdot d\vec{r}_i \\ &= \int_A^B \sum_i \sum_{j(j>i)} (\vec{f}_{ij} \cdot d\vec{r}_i + \vec{f}_{ji} \cdot d\vec{r}_j) \end{aligned}$$

라 쓸 수 있다. 여기서 또 $\vec{f}_{ij} = -\vec{f}_{ji}$임을 고려하면

$$\begin{aligned} \sum_i \sum_{j(j\neq i)} \int_A^B \vec{f}_{ij} \cdot d\vec{r}_i &= \int_A^B \sum_i \sum_{j(j>i)} (\vec{f}_{ij} \cdot d\vec{r}_i - \vec{f}_{ij} \cdot d\vec{r}_j) \\ &= \int_A^B \sum_i \sum_{j(j>i)} \vec{f}_{ij} \cdot (d\vec{r}_i - d\vec{r}_j) \end{aligned}$$

이므로

$$\sum_i \sum_{\substack{j=1 \\ (j\neq i)}} \int_A^B \vec{f}_{ij} \cdot d\vec{r}_i = \sum_i \sum_{\substack{j=1 \\ (j>i)}} \int_A^B \vec{f}_{ij} \cdot d\vec{r}_{i/j}$$

가 된다. 여기서 $d\vec{r}_i - d\vec{r}_j \equiv d\vec{r}_{i/j}$는 i번째 질점의 j번째 질점에 대한 상대적인 변위이다.

속힘 $\vec{f}_{ij}$는 중심력인 경우가 많은데, 이 중심력은 보존력이므로(소단원 6.2.1 참조), 이 속힘에 의한 위치에너지를 정의할 수 있다. 이 위치에너지함수를 u_{ij}라 하면

$$\int_A^B \vec{f}_{ij} \cdot d\vec{r}_{i/j} = -[u_{ij}(B) - u_{ij}(A)] \tag{9.7}$$

가 된다(식(3.73) 참조).

바깥힘의 경우, 바깥힘 $\vec{F}_i (i = 1, 2, \cdots)$가 보존력이면 역시 위치에너지를 정의할 수 있다. 그 위치에너지함수를 $U_i^{(e)}$라 하면

$$\int_A^B \vec{F}_i^{(e)} \cdot d\vec{r}_i = -[U_i^{(e)}(B) - U_i^{(e)}(A)] \tag{9.8}$$

를 얻는다.

질점계에 작용하는 바깥힘이 보존력이면 질점계에 한 일은, 식(9.8) 및 식(9.7)을 고려하

면, 식(9.6)으로부터

$$W_{\mathrm{AB}} = -\sum_i [U_i^{(e)}(B) - U_i^{(e)}(A)] - \sum_i \sum_{j(j\neq i)} [u_{ij}(B) - u_{ij}(A)]$$
$$= -\sum_i \{(U_i^{(e)}(B) + U_i^{(i)}(B)) - (U_i^{(e)}(A) + U_i^{(i)}(A))\}$$
$$= -\sum_i \{U_i(B) - U_i(A)\}$$

가 된다. 여기서

$$\sum_{j(j\neq i)} u_{ij}(A) = U_i^{(i)}(A), \quad \sum_{j(j\neq i)} u_{ij}(B) = U_i^{(i)}(B) \tag{9.9}$$

$$U_i^{(e)}(A) + U_i^{(i)}(A) \equiv U_i(A), \quad U_i^{(e)}(B) + U_i^{(i)}(B) \equiv U_i(B) \tag{9.10}$$

라 두었는데, 식(9.9)는 각각 배위 상태 A, B에서 i번째 질점에 대한 속힘의 위치에너지함수이고, 식(9.10)은 배위 상태 A, B에서 i번째 질점에 대한 위치에너지함수이다. 또, 질점계의 위치에너지(함수)를

$$\sum_i U_i(A) \equiv U(A), \quad \sum_i U_i(B) \equiv U(B) \tag{9.11}$$

라 두면

$$W_{\mathrm{AB}} = -\{U(B) - U(A)\} \tag{9.12}$$

를 얻는다. 이것은 보존력이 작용할 때, 질점계의 위치에너지의 감소는 일과 같음을 나타낸다. 홑입자의 경우와 같다. 식(9.11)은 각각 배위상태 A, B에 있는 질점계의 위치에너지함수이다.

질점계에 한 일을 나타내는 식(9.4)와 식(9.12)를 결합하면

$$W_{\mathrm{AB}} = K(B) - K(A) = -\{U(B) - U(A)\}$$

또는

$$K(A) + U(A) = K(B) + U(B) \tag{9.13}$$

를 얻는다. 왼쪽은 처음 배위상태 A에서 (운동에너지)+(위치에너지)=(역학적 에너지)이고, 오른쪽은 나중 배위상태 B의 (운동에너지)+(위치에너지)=(역학적 에너지)이다. 따라서

$$K + U = E(\text{일정}) \tag{9.14}$$

이다. 이는 질점계에서 역학적 에너지의 보존을 나타낸다. 곧

질점계에 작용하는 바깥힘 및 속힘이 모두 보존력이면 질점계의 역학적 에너지가 보존된다.

특히 질점계의 운동에너지와 속힘의 위치에너지의 합을 질점계의 **고유에너지**(intrinsic energy)라 한다. 곧

$$(\text{운동에너지}) + (\text{속힘의 위치에너지}) = (\text{고유에너지})$$

$$K + \sum_i U_i^{(\mathrm{i})} = \overline{U}$$

이다. ◀

위의 결과를 요약하면, 홑질점에서와 마찬가지로, 질점계에서도 일-에너지 정리가 성립한다. 한 배위 상태에 있는 질점계의 운동에너지는 뭇질점들의 운동에너지의 합과 같다. 곧 질점계의 운동에너지 K는

$$K = \sum_i K_i = \sum_i \frac{1}{2} m_i v_i^2$$

$$= \frac{1}{2} m_1 v_1^2 + \frac{1}{2} m_2 v_2^2 + \cdots$$

로 주어지고, 질점계가 배위상태 A에서 배위상태 B로 변하는 데 한 일을 W_{AB}라 하면 질점계의 일-에너지 정리는

$$W_{\mathrm{AB}} = K(B) - K(A)$$

로 주어진다. 여기서 $K(A)$, $K(B)$는 배위상태 A, B에 있는 질점계의 운동에너지이다.

또, 질점계에 작용하는 속힘은 대개 중심력이므로 보존력이다. 또 바깥힘도 보존력이면 질점계에 작용하는 힘에 의한 위치에너지함수를 정의할 수 있다. 따라서 질점계의 역학적 에너지가 보존된다. 질점계의 위치에너지는 속힘의 위치에너지와 바깥힘의 위치에너지를 합한 것으로, 배위상태 A, B에 있는 위치에너지를 각각 $U(A)$, $U(B)$라 하면 질점계의 역학적 에너지 보존법칙은

$$K(A) + U(A) = K(B) + U(B) \quad \text{또는} \quad K + U = E(\text{일정})$$

로 표현된다.

예제 9.1 용수철로 연결된 두 입자

질량이 각각 m_{A}, m_{B}인 두 입자 A, B가 힘상수가 k인 용수철로 연결되어 있다. 이 물리계가 중력마당에서 운동하고 있다. 이 물리계의 역학적 에너지를 구하라. 두질점의 위치벡터는 각각 $\vec{r}_{\mathrm{A}} = \hat{i} x_{\mathrm{A}} + \hat{j} y_{\mathrm{A}} + \hat{k} z_{\mathrm{A}}$, $\vec{r}_{\mathrm{B}} = \hat{i} x_{\mathrm{B}} + \hat{j} y_{\mathrm{B}} + \hat{k} z_{\mathrm{B}}$라 한다. 연직축을 z축으로 한다.

풀이 | 각 질점의 속도는 각각

$$\vec{v}_{\rm A}=\frac{d\vec{r}_{\rm A}}{dt},\quad v_{\rm B}=\frac{d\vec{r}_{\rm B}}{dt}$$

이므로 이 계의 운동에너지는

$$K=K_{\rm A}+K_{\rm B}=\frac{1}{2}m_{\rm A}v_{\rm A}^2+\frac{1}{2}m_{\rm B}v_{\rm B}^2$$

이다. 이 물리계에 작용하는 바깥힘은 중력뿐이다. 따라서 이 힘이 보존력이므로 바깥힘의 위치에너지 $U^{(e)}$는 좌표의 원점을 기준으로 하면

$$U^{(e)}=U_{\rm A}^{(e)}+U_{\rm B}^{(e)}=m_{\rm A}gz_{\rm A}+m_{\rm B}gz_{\rm B}$$

로 주어진다. 또, 속힘은 두 입자 사이에 작용하는 탄성력뿐이다. 이 속힘은

$$f=-k|\vec{r}_{\rm A}-\vec{r}_{\rm B}|=-k|\vec{r}_{\rm A/B}|$$

로 주어진다. 이 힘도 보존력이므로 위치에너지를 정의할 수 있다. 곧 속힘의 위치에너지 $u_{\rm AB}$는

$$u_{\rm AB}=\frac{1}{2}kr^2_{\rm A/B}$$

로 주어진다. 따라서 이 계의 위치에너지 U는

$$U=U^{(e)}+u_{\rm AB}=m_{\rm A}gz_{\rm A}+m_Bgz_{\rm B}+\frac{1}{2}kr^2_{\rm A/B}$$

로 주어진다. 이 계의 역학적 에너지 E는

$$\begin{aligned}E&=K+U\\&=\frac{1}{2}m_{\rm A}v_{\rm A}^2+\frac{1}{2}m_{\rm B}v_{\rm B}^2+m_{\rm A}gz_{\rm A}+m_{\rm B}gz_{\rm B}+\frac{1}{2}kr^2_{\rm A/B}\end{aligned}$$

이다. 이 계에 작용하는 바깥힘 및 속힘이 모두 보존력이므로, 이 역학적 에너지는 운동하는 동안에 일정하게 보존된다.

9.2 질량중심 좌표계와 운동에너지

질점계의 질량중심의 운동방정식(7.39)~(7.41)에 의하면, 질점계에 작용하는 바깥힘이 없으면($\vec{F}^{(e)}=0$) 질량중심이 등속도운동($\vec{v}_{\rm CM}=$(일정))을 하므로, 질량중심에 원점을 둔 새로운 좌표계가 편리할 때가 종종 있다. 이 새로운 좌표계를 **질량중심 좌표계**(center-of-mass coordinate system, CM좌표계)라 부른다. 이 좌표계에서 보면 질량중심의 속도가 0이어서 질점계의 총 운동량도 0이 된다. 그래서 질량중심 좌표계를 **영운동량 좌표계**(zero-momentum coordinate system)라고도 부른다. 이에 대해서 원래의 좌표계를 **실험실 좌표계**(laboratory coordinate system, LAB좌표계)라 한다. 앞으로 질량중심 좌표계에서 본 물리량은 "′(prime)"을 문자의 오른쪽 어깨에 붙이기로 한다.

9.2.1 질량중심 좌표계

실험실 좌표계에서 본 질량중심의 위치벡터를 $\vec{r}_{\rm CM}$, 뭇질점의 실험실 좌표계 및 질량중심 좌표계에서 본 위치벡터를 각각 $\vec{r}_i$ 및 $\vec{r}_i{}'(i=1, 2, \cdots)$이라 하면 이들 사이에는

$$\vec{r}_i{}' = \vec{r}_i - \vec{r}_{\rm CM} \quad (i=1, 2, \cdots) \tag{9.15}$$

의 관계가 있다. 질량중심 좌표계에서 위치벡터 $\vec{r}_i{}'$은 실험실 좌표계에서 위치벡터 $\vec{r}_i$의 질량중심(위치벡터 $\vec{r}_{\rm CM}$)에 대한 상대위치벡터이다.

식(9.15)를 시간에 대해서 미분하면

$$\frac{d\vec{r}_i{}'}{dt} = \frac{d\vec{r}_i}{dt} - \frac{d\vec{r}_{\rm CM}}{dt} \quad \text{또는} \quad \vec{v}_i{}' = \vec{v}_i - \vec{v}_{\rm CM} \quad (i=1, 2, \cdots) \tag{9.16}$$

를 얻는다. 질량중심 좌표계에서 속도 $\vec{v}_i{}'$은 실험실 좌표계에서 속도 $\vec{v}_i$의 질량중심(속도 $\vec{v}_{\rm CM}$)에 대한 상대속도이다. 또한, 식(9.15) 및 식(9.16)은 실험실 좌표계와 질량중심 좌표계에서 위치 및 속도 사이의 변환식이기도 하다.

질량중심 좌표계에서 질점계의 총 운동량 $\vec{P}{}'$은

$$\vec{P}{}' = \sum_i m_i \vec{v}_i{}' = m_1 \vec{v}_1{}' + m_2 \vec{v}_2{}' + \cdots$$

로 주어지는 데, 변환식(9.16)을 고려하면

$$\begin{aligned} \vec{P}{}' &= \sum_i m_i \vec{v}_i{}' = \sum_i m_i (\vec{v}_i - \vec{v}_{\rm CM}) \\ &= \sum_i m_i \vec{v}_i - \sum_i m_i \vec{v}_{\rm CM} \\ &= 0 \end{aligned}$$

이 된다. 윗식의 둘째 줄의 첫째 항은 질점계의 총 운동량이고, 끝 항은 질량중심의 운동량인데, 이들은 서로 같다(식(7.28) 참조). 그래서 앞에서 언급한 바와 같이

질량중심 좌표계에서 볼 때 질점계의 총 운동량은 0이다.

예제 9.2 두질점으로된 질점계

직선상에서 운동하고 있는 두질점 A, B로 된 질점계가 있다. 질량이 2.5 kg인 질점 A는 10.0 m/s의 속도로 운동하고 있고, 질량이 3.5 kg인 질점 B는 A와 반대 방향으로 2.0 m/s의 속도로 운동하고 있다.

① 이 질점계의 총 운동량을 구하라.

② 각 질점의 질량중심 좌표계에서 속도 및 운동량을 각각 구하라.

풀이 ① 질점 A, B의 운동량을 각각 p_A, p_B라 하면

$$p_A = m_A v_A = (2.5\,\text{kg}) \times (10.0\,\text{m/s}) = 25\,\text{kg} \cdot \text{m/s},$$

$$p_B = m_B v_B = (3.5\,\text{kg}) \times (-2.0\,\text{m/s}) = -7.0\,\text{kg} \cdot \text{m/s}$$

이므로 총 운동량은

$$P = p_A + p_B = 25\,\text{kg} \cdot \text{m/s} - 7.0\,\text{kg} \cdot \text{m/s} = 18\,\text{kg} \cdot \text{m/s}$$

이다.

② 질점계의 질량중심의 속도는 식(7.28)에 의하여

$$v_{CM} = \frac{m_A v_A + m_B v_B}{m_A + m_B}$$

$$= \frac{(2.5\,\text{kg}) \times (10\,\text{m/s}) + (3.5\,\text{kg}) \times (-2.0\,\text{m/s})}{(2.5\,\text{kg}) + (3.5\,\text{kg})} = 3.0\,\text{m/s}$$

이므로 질량중심 좌표계에서 각 질점의 속도는 각각

$$v_A' = v_A - v_{CM} = 10.0\,\text{m/s} - 3.0\,\text{m/s} = 7.0\,\text{m/s},$$

$$v_B' = v_B - v_{CM} = -2.0\,\text{m/s} - 3.0\,\text{m/s} = -5.0\,\text{m/s}$$

이고, 질량중심 좌표계에서 운동량은 각각

$$p_A' = m_A v_A' = (2.5\,\text{kg}) \times (7.0\,\text{m/s}) = 17.5\,\text{kg} \cdot \text{m/s} \cong 18\,\text{kg} \cdot \text{m/s}$$

$$p_B' = m_B v_B' = (3.5\,\text{kg}) \times (-5.0\,\text{m/s}) = -17.5\,\text{kg} \cdot \text{m/s} \cong -18\,\text{kg} \cdot \text{m/s}$$

이다.

9.2.2 질점계의 총 운동에너지

질점계의 운동에너지는 식(9.3)과 같이 질점계의 뭇질점들의 운동에너지의 합으로 주어진다. 질점계의 운동에너지

$$K = \sum_i \frac{1}{2} m_i v_i^2 = \frac{1}{2} \sum_i m_i (\vec{v}_i \cdot \vec{v}_i)$$

에서 i번째 질점의 속도 $\vec{v}_i$는 식(9.16)에 의하여 질량중심의 속도에 질량중심 좌표계에서 속도를 더한 것과 같다. 곧

$$\vec{v}_i = \vec{v}_{\text{CM}} + \vec{v}_i{}'$$

이다. 이를 윗식에 대입하면 질점계의 운동에너지는

$$\begin{aligned} K &= \frac{1}{2}\sum_i m_i(\vec{v}_i \cdot \vec{v}_i) = \frac{1}{2}\sum_i m_i(\vec{v}_{\text{CM}} + \vec{v}_i{}') \cdot (\vec{v}_{\text{CM}} + \vec{v}_i{}') \\ &= \frac{1}{2}\sum_i m_i(\vec{v}_{\text{CM}} \cdot \vec{v}_{\text{CM}} + \vec{v}_i{}' \cdot \vec{v}_i{}' + 2\vec{v}_{\text{CM}} \cdot \vec{v}_i{}') \\ &= \frac{1}{2} M\, v_{\text{CM}}{}^2 + \sum_i \frac{1}{2} m_i v_i{}'^2 + \vec{v}_{\text{CM}} \cdot \sum_i m_i \vec{v}_i{}' \end{aligned}$$

가 된다. 여기서 M은 질점계의 총 질량 $M \equiv \sum_i m_i$이고, 마지막 항의 $\sum_i m_i v_i{}'$는 질점계의 질량중심 좌표계에서 본 질점계의 총 운동량이므로 0이다. 따라서 질점계의 운동에너지는

$$K = \frac{1}{2} M\, v_{\text{CM}}{}^2 + \sum_i \frac{1}{2} m_i v_i{}'^2 \tag{9.17}$$

로 주어진다. 여기서 오른쪽의 첫째 항은 질점계의 질량중심의 운동에너지

$$\frac{1}{2} M\, v_{\text{CM}}{}^2 \equiv K_{\text{CM}} \tag{9.18}$$

이고, 둘째 항은 질량중심 좌표계에서 본 운동에너지 또는 질량중심에 대한 상대 운동에너지

$$\sum_i \frac{1}{2} m_i v_i{}'^2 \equiv K'$$

이다. 따라서 질점계의 운동에너지는

(질점계 운동에너지) = (CM의 운동에너지) + (CM에서 본 운동에너지) :

$$K = K_{\text{CM}} + K' \tag{9.19}$$

이다.

이 결과에 대하여 아래와 같은 사실에 주목할 필요가 있다.

① 질량중심의 운동에너지는 기준틀에 따라 달라질 수 있다. 질량중심의 위치가 달라지기 때문이다. 이에 대해서 질량중심에 대한 상대운동에너지는 기준틀에 따라 달라지지 않는다. 이것은 질점계의 특수한 점인 질량중심에 대한 상대속도의 제곱에만 관계되기 때문이다.

② 바깥힘이 작용하지 않는 경우에는 질량중심이 등속도운동을 하므로 K_{CM}은 불변이나,

속힘이, 운동량에는 아무 변화를 주지 못하지만, 비보존력이면 역학적 에너지의 변화를 가져올 수 있다.

③ 질량중심 좌표계에서 $K_{CM}=0$이고, 운동에너지는 질량중심에서 본 운동에너지 K'뿐이다. 따라서 질점계의 운동을 질량중심 좌표계에서 고찰한 뒤에 다시 실험실 좌표계로 변환하는 것이 간편할 때가 있다.

예제 9.3 질점계의 운동에너지

0.010 kg의 총알이 매끄러운 수평면 위에 정지해 있는 질량 0.39 kg의 목침에 수평 방향으로 400 m/s의 속도로 날아와서 박혔다(**예제 7.10** 참조). 총알이 목침에 박히기 전, 후의 역학계{총알, 목침}의 역학적 에너지 및 역학적 에너지의 변화를 ① 실험실 좌표계, ② 질량중심 좌표계에서 각각 구하여 비교하라.

풀이 | 질점계 또는 역학계{총알, 목침}의 운동은 수평 방향뿐이다. 총알이 박히기 전, 후의 위치에너지의 변화는 없으므로, 역학적 에너지를 고찰할 때, 운동에너지만 생각하면 된다.

① 실험실 좌표계에서 총알이 박히기 전, 후의 운동에너지는 각각

$$K_i=\frac{1}{2}m_{총}v_{총}^2=\frac{1}{2}\times(0.010\text{ kg})\times(400\text{ m/s})^2=800\text{ J},$$

$$K_f=\frac{1}{2}(m_{총}+m_{목})v_{총목}{}^2=\frac{1}{2}\times(0.010\text{ kg}+0.39\text{ kg})\times(10\text{ m/s})^2$$
$$=20.0\text{ J}$$

이다. 여기서 $m_{총}$, $m_{목}$는 각각 총알 및 목침의 질량이고, $v_{총}$은 총알의 속도이다. $v_{총목}$는 총알이 박힌 목침의 속도로 운동량보존에 의하여 10 m/s이다(**예제 7.10** 참조). 따라서 충돌 전, 후의 역학적 에너지는 각각

$$E_i=K_i=8.0\times10^2\text{ J}\ ,\ \ E_f=K_f=0.20\times10^2\text{ J}$$

이고, 역학적 에너지의 변화는

$$\Delta E=K_f-K_i=0.20\times10^2\text{ J}-8.0\times10^2\text{ J}=-7.8\times10^2\text{ J}$$

이다.

② 이 질점계(또는 역학계)의 질량중심의 속도는 **예제 7.10**의 결과에 의하여 $v_{CM}=v_{총목}=10\text{ m/s}$이다. 이것은 총알이 박히기 전, 후 모두 같으므로 질량중심의 운동에너지도 모두 같다. 그 운동에너지 K_{CM}은 식(9.18)에 의하여

$$\begin{aligned}K_{CM}&=\frac{1}{2}(m_{총}+m_{목})v_{CM}{}^2\\&=\frac{1}{2}\times(0.010\text{ kg}+0.39\text{ kg})\times(10\text{ m/s})^2=20.0\text{ J}\end{aligned}\tag{9.20}$$

이다.

질량중심 좌표계에서 생각하자. 총알 및 목침의 속도는 각각

$$v_{총}' = v_{총} - v_{CM} = 400\,\text{m/s} - 10\,\text{m/s} = 390\,\text{m/s}$$
$$v_{목}' = v_{목} - v_{CM} = 0 - 10\,\text{m/s} = -10\,\text{m/s}$$

이다. 따라서 총알이 박히기 전 질점계{총알, 목침}의 운동에너지 K_i'은

$$\begin{aligned} K_i' &= \frac{1}{2} m_{총} v_{총}'^2 + \frac{1}{2} m_{목} v_{목}'^2 \\ &= \frac{1}{2} \times (0.010\,\text{kg}) \times (390\,\text{m/s})^2 + \frac{1}{2} \times (0.39\,\text{kg}) \times (-10\,\text{m/s})^2 \\ &= 760.5\,\text{J} + 19.5\,\text{J} = 780\,\text{J} \end{aligned} \tag{9.21}$$

이다. 한편, 총알이 박힌 후 총알 및 목침의 속도는 모두 0이므로 그 운동에너지 K_f'은

$$K_f' = 0 \tag{9.22}$$

이다. 따라서 질량중심 좌표계에서 충돌 전, 후의 역학적에너지는 $E_i = K_i = 780\,\text{J}$, $E_f = K_f = 0$ 이고 역학적 에너지의 변화는

$$\Delta E' = K_f' - K_i' = 0 - 7.8 \times 10^2\,\text{J} = -7.8 \times 10^2\,\text{J} \tag{9.23}$$

이다. ①의 결과와 일치한다. 또 식(9.19)가 확인된다. 곧

$$K_i = K_{CM} + K_i' = 20\,\text{J} + 780\,\text{J} = 8.0 \times 10^2\,\text{J},$$
$$K_f = K_{CM} + K_f' = 20\,\text{J} + 0 = 20\,\text{J}$$

이다. 이 결과는 ①의 것과 일치한다. 또, 역학적 에너지의 변화도 서로 같음을 알 수 있다. 곧

$$\Delta E = K_f - K_i = K_f' - K_i' = \Delta E'$$

이다.

질량중심 좌표계에서는 처음 운동에너지($K_i' = 7.8 \times 10^2$ J)가 비탄성충돌로 온전히 다 사라진다(식(9.21) 및 식(9.22), 식(9.23) 참조). 이 사라진 에너지는 총알과 목침 사이에 작용하는 속힘인 마찰력과 같은 비보존력 때문이다. 이 비보존력 때문에 역학적 에너지가 소모되더라도 질량중심의 운동에너지($K_{CM} = 20$ J)만은 충돌 후에도 남는다는 것을 알 수 있다(식(9.20) 참조).

예제 9.3을 통해 아래 사실을 주목할 수 있다.

① 역학적 에너지의 변화는 실험실 좌표계나 질량중심 좌표계에서나 모두 같다.

② 비탄성충돌할 때, 에너지가 소모되더라도 질량중심의 운동에너지는 충돌 후에도 남는다.

③ 일반적으로, 질량중심 좌표계에서 처음 역학적 에너지는 충돌 또는 상호작용으로 일어

난 현상에 모두 온전히 쓰이나, 실험실 좌표계에서는 그렇지 않다.

따라서 두 입자를 비탄성충돌시켜 새로운 입자를 만드는 경우($a+b\to c+d$)(상대론적인 문제), 처음의 역학적 에너지를 온전히 새로운 입자를 생성하는 데 쓰일 수 있도록 하려면, 질량중심 좌표계에서 충돌시키는 것이 효과적이다.

▶9.3 질점계의 돌림힘 및 각운동량

홑질점의 돌림힘벡터(식(8.153)) 및 각운동량벡터(식(8.159))의 정의를 이용하여 질점계의 돌림힘벡터 및 각운동량벡터의 특성을 알아보자.

9.3.1 질점계의 돌림힘

질점계$\{m_1,\ m_2,\ \cdots,\ m_N\}$의 각 질점의 위치벡터를

$$\vec{r}_1,\ \vec{r}_2,\ \cdots,\ \vec{r}_N$$

이라 하면, 각 질점에 작용하는 힘

$$\vec{F}_1,\ \vec{F}_2,\ \cdots,\ \vec{F}_N$$

의 좌표계의 원점에 대한 총 돌림힘은 각 질점에 작용하는 힘의 돌림힘

$$\vec{\tau}_1=\vec{r}_1\times\vec{F}_1,\ \ \vec{\tau}_2=\vec{r}_2\times\vec{F}_2,\ \ \cdots,\ \ \vec{\tau}_N=\vec{r}_N\times\vec{F}_N$$

의 벡터합으로 주어진다. 곧 원점에 대한 질점계의 총 돌림힘벡터는

$$\vec{\tau}=\sum_i\vec{\tau}_i=\sum_i\vec{r}_i\times\vec{F}_i$$

이다.

질점계의 각 질점에 작용하는 힘은 바깥힘 및 속힘으로 나뉘어진다. i번째 질점에 작용하는 힘은 식(9.5)로 주어지므로 이 힘 $\vec{F}_i$의 원점에 대한 돌림힘벡터는

$$\vec{\tau}_i=\vec{r}_i\times\vec{F}_i=\vec{r}_i\times\vec{F}_i^{(\mathrm{e})}+\vec{r}_i\times\vec{f}_i$$

이 된다. 여기서 오른쪽 첫째 항은 바깥힘의 돌림힘 $\vec{\tau}_i^{(\mathrm{e})}$이고 둘째 항은 속힘의 돌림힘 $\vec{\tau}_i^{(\mathrm{i})}$이

다. 곧

$$\vec{\tau}_i^{(e)} = \vec{r}_i \times \vec{F}_i^{(e)}, \quad \vec{\tau}_i^{(i)} = \vec{r}_i \times \vec{f}_i = \sum_{\substack{j \\ (j \neq i)}} \vec{r}_i \times \vec{f}_{ij}$$

이다. 위에서 속힘 $\vec{f}_i$는 식(7.35)에서처럼 $\vec{f}_i = \sum_{\substack{j \\ (j \neq i)}} \vec{f}_{ij}$로 주어짐을 이용하였다. 여기서 $\vec{f}_{ij}$는 j번째 질점이 i번째 질점에 작용하는 속힘을 나타낸다. 따라서 i번째 질점에 작용하는 돌림힘벡터는

$$\vec{\tau}_i = \vec{\tau}_i^{(e)} + \vec{\tau}_i^{(i)} = \vec{r}_i \times \vec{F}_i^{(e)} + \sum_{\substack{j \\ (j \neq i)}} \vec{r}_i \times \vec{f}_{ij}$$

가 된다.

질점계의 원점에 대한 총 돌림힘벡터 $\vec{\tau}$는

$$\begin{aligned} \vec{\tau} &= \sum_i \vec{\tau}_i = \sum_i \vec{\tau}_i^{(e)} + \sum_i \vec{\tau}_i^{(i)} \\ &= \sum_i \vec{r}_i \times \vec{F}_i^{(e)} + \sum_i \Bigg(\sum_{\substack{j \\ (j \neq i)}} \vec{r}_i \times \vec{f}_{ij} \Bigg) \end{aligned}$$

로 주어진다.

이제 속힘의 총 돌림힘(**알짜 속돌림힘** : net internal torque)인 마지막 항이

$$\vec{\tau}^{(i)} = \sum_i \vec{\tau}_i^{(i)} = \sum_i \Bigg(\sum_{\substack{j \\ (j \neq i)}} \vec{r}_i \times \vec{f}_{ij} \Bigg) = 0 \tag{9.24}$$

임을 보이자.

식(9.24)는 $\vec{r}_i \times \vec{f}_{ij} \equiv \vec{\tau}_{ij}$라 하면, 식(7.37)에서와 같은 방법으로

$$\begin{aligned} \vec{\tau}^{(i)} &= \sum_i \Big(\sum_{\substack{j \\ (j \neq i)}} \vec{r}_i \times \vec{f}_{ij} \Big) = \sum_i \Big(\sum_{\substack{j \\ (j \neq i)}} \vec{\tau}_{ij} \Big) = \sum_i \sum_{\substack{j \\ (i<j)}} (\vec{\tau}_{ij} + \vec{\tau}_{ji}) \\ &= \sum_i \sum_{\substack{j \\ (i<j)}} (\vec{r}_i \times \vec{f}_{ij} + \vec{r}_j \times \vec{f}_{ji}) \end{aligned}$$

로 바꾸어 쓸 수 있다. 여기서 속힘 $\vec{f}_{ij}$와 속힘 $\vec{f}_{ji}$의 작용선 및 크기는 서로 같고, 방향이 서로 반대이다. 따라서

$$\begin{aligned} \vec{\tau}^{(i)} &= \sum_i \Big(\sum_{\substack{j \\ (j \neq i)}} \vec{r}_i \times \vec{f}_{ij} \Big) = \sum_i \sum_{\substack{j \\ (i<j)}} (\vec{r}_i \times \vec{f}_{ij} + \vec{r}_j \times \vec{f}_{ji}) \\ &= \sum_i \sum_{\substack{j \\ (i<j)}} (\vec{r}_i \times \vec{f}_{ij} - \vec{r}_j \times \vec{f}_{ij}) \end{aligned}$$

$$=\sum_i \sum_{\substack{j \\ (i<j)}} (\vec{r}_i - \vec{r}_j) \times \vec{f}_{ij} = 0$$

이 된다. 왜냐하면 i번째 질점이 j번째 질점으로부터 받는 힘인 속힘 $\vec{f}_{ij}$는 $(\vec{r}_i - \vec{r}_j)$과 방향이 평행(척력인 경우)이거나, 반평행(인력인 경우)이기 때문이다. 곧

질점계의 뭇질점들 사이에 작용하는 속힘의 총 돌림힘(알짜 속돌림힘)은 0이다.

따라서,

질점계의 총 돌림힘 $\vec{\tau} = \sum_i \vec{\tau}_i$는 바깥힘에 의한 돌림힘의 벡터합인 알짜 바깥돌림힘 $\vec{\tau}^{(e)}_{알짜}$과 같다.

곧 총 돌림힘은

$$\vec{\tau} = \sum_i \vec{\tau}_i = \sum_i \vec{r}_i \times \vec{F}_i^{(e)} = \sum_i \vec{\tau}_i^{(e)} \equiv \vec{\tau}^{(e)}_{알짜} \tag{9.25}$$

로 주어진다. 이것은 바깥힘에 의한 돌림힘의 벡터합으로, **알짜 바깥돌림힘**(net external torque)이라 한다. 이것은 질점계의 알짜 바깥힘 식(7.38)에 대응된다.

예제 9.4 알짜 속돌림힘

3개($i = 1, 2, 3$)질점으로 된 질점계의 속힘의 총 돌림힘을 구하라.

풀이 | 각 질점에 작용하는 속힘은

$$\vec{f}_1 = \vec{f}_{12} + \vec{f}_{13},\quad \vec{f}_2 = \vec{f}_{21} + \vec{f}_{23},\quad \vec{f}_3 = \vec{f}_{31} + \vec{f}_{32}$$

이고, 각 속힘의 돌림힘은 각각

$$\vec{\tau}_1^{(i)} = \vec{r}_1 \times \vec{f}_1 = \vec{r}_1 \times \vec{f}_{12} + \vec{r}_1 \times \vec{f}_{13},$$

$$\vec{\tau}_2^{(i)} = \vec{r}_2 \times \vec{f}_2 = \vec{r}_2 \times \vec{f}_{21} + \vec{r}_2 \times \vec{f}_{23},$$

$$\vec{\tau}_3^{(i)} = \vec{r}_3 \times \vec{f}_3 = \vec{r}_3 \times \vec{f}_{31} + \vec{r}_3 \times \vec{f}_{32}$$

이다. 따라서 속힘의 총 돌림힘은

$$\begin{aligned}\vec{\tau}^{(i)} &= \vec{\tau}_1^{(i)} + \vec{\tau}_2^{(i)} + \vec{\tau}_3^{(i)} \\ &= (\vec{r}_1 \times \vec{f}_{12} + \vec{r}_1 \times \vec{f}_{13}) + (\vec{r}_2 \times \vec{f}_{21} + \vec{r}_2 \times \vec{f}_{23}) + (\vec{r}_3 \times \vec{f}_{31} + \vec{r}_3 \times \vec{f}_{32}) \\ &= (\vec{r}_1 \times \vec{f}_{12} + \vec{r}_2 \times \vec{f}_{21}) + (\vec{r}_1 \times \vec{f}_{13} + \vec{r}_3 \times \vec{f}_{31}) + (\vec{r}_2 \times \vec{f}_{23} + \vec{r}_3 \times \vec{f}_{32})\end{aligned}$$

$$= (\vec{r}_1 - \vec{r}_2) \times \vec{f}_{12} + (\vec{r}_1 - \vec{r}_3) \times \vec{f}_{13} + (\vec{r}_2 - \vec{r}_3) \times \vec{f}_{23} = 0$$

이 된다.

9.3.2 질점계의 각운동량 정리

i번째 질점의 속도를 $\vec{v}_i$라 하면 운동량벡터 $\vec{p}_i$는 $\vec{p}_i = m_i \vec{v}_i$이고, 원점에 대한 각운동량 벡터 $\vec{L}_i$는

$$\vec{L}_i = \vec{r}_i \times \vec{p}_i = \vec{r}_i \times m_i \vec{v}_i$$

가 된다.

질점계의 원점에 대한 총 각운동량벡터는 각 질점의 각운동량벡터의 합으로 정의된다. 곧 총 각운동량벡터 $\vec{L}$은

$$\vec{L} = \sum_i \vec{L}_i = \sum_i \vec{r}_i \times \vec{p}_i$$

로 주어진다.

만일 각운동량벡터, 위치벡터 및 운동량벡터가 모두 시간 t의 함수라면, 시간 t에 대해서 양변을 미분하면,

$$\frac{d\vec{L}}{dt} = \sum_i \frac{d\vec{L}_i}{dt} = \sum_i \frac{d}{dt}(\vec{r}_i \times \vec{p}_i)$$

가 된다. 우변은 식(8.163)에서와 같은 방법으로

$$\sum_i \frac{d}{dt}(\vec{r}_i \times \vec{p}_i) = \sum_i \left(\vec{r}_i \times \frac{d\vec{p}_i}{dt}\right) = \sum_i \vec{r}_i \times \vec{F}_i = \sum_i \vec{\tau}_i$$

가 된다. 따라서

$$\frac{d\vec{L}}{dt} = \sum_i \vec{\tau}_i \tag{9.26}$$

를 얻는다. 이것은 질점계의 원점에 대한 총 각운동량의 시간에 대한 변화율은 질점계의 원점에 대한 총 돌림힘과 같다는 것을 뜻한다.

그런데 질점계의 총 돌림힘 $\vec{\tau} = \sum_i \vec{\tau}_i = \vec{\tau}^{(e)}_{\text{알짜}}$이므로(식(9.25) 참조), 식(9.26)은

$$\frac{d\vec{L}}{dt} = \sum_i \vec{\tau}_i = \vec{\tau}^{(e)}_{\text{알짜}} \tag{9.27}$$

가 된다. 곧

질점계의 총 각운동량의 시간에 대한 변화율은 알짜 바깥돌림힘과 같다.

따라서 만일 바깥힘에 의한 알짜 돌림힘이 없으면 질점계의 총 각운동량은 항상 일정하게 보존된다. 곧

$$\vec{\tau}^{(e)}_{\text{알짜}} = \sum_i \vec{\tau}_i = 0 \rightleftarrows \vec{L} = \sum_i \vec{L}_i = (\text{일정}).$$

이다. 이는 질점계의 **각운동량 보존법칙**이고, 식(9.26) 또는 식(9.27)은 질점계의 **각운동량 정리**를 나타낸다. 또한 이것은 질점계의 어떤 점에 대해서도 성립한다.

예제 9.5 질점계의 각운동량 정리

위치벡터가 $\vec{r}_Q$인 점 Q에 대한 질점계의 각운동량벡터 및 돌림힘벡터를 각각 $\vec{L}^{(Q)}$, $\vec{\tau}^{(Q)}$라 할 때 이들 사이의 관계식을 구하라. 특히 점 Q가 질점계의 질량중심이면 그들 사이의 관계식은 식(9.26)의 꼴로 주어짐을 보여라.

풀이 | 질점계의 i번째 질점의 점 Q에 대한 상대위치벡터 및 상대속도벡터가 각각

$$\vec{r}_i - \vec{r}_Q, \quad \frac{d\vec{r}_i}{dt} - \frac{d\vec{r}_Q}{dt} \equiv \vec{v}_i - \vec{v}_Q$$

이므로, i번째 질점의 점 Q에 대한 각운동량벡터 $\vec{L}_i^{(Q)}$는,

$$\vec{L}_i^{(Q)} = (\vec{r}_i - \vec{r}_Q) \times m_i(\vec{v}_i - \vec{v}_Q)$$

이다.

질점계의 총 각운동량 $\vec{L}^{(Q)}$는

$$\vec{L}^{(Q)} = \sum_i \vec{L}_i^{(Q)} = \sum_i \{(\vec{r}_i - \vec{r}_Q) \times m_i(\vec{v}_i - \vec{v}_Q)\}$$

로 정의되므로, 총 각운동량의 시간에 대한 변화율은

$$\begin{aligned}\frac{d\vec{L}^{(Q)}}{dt} = \sum_i \frac{d\vec{L}_i^{(Q)}}{dt} &= \sum_i \left\{(\vec{r}_i - \vec{r}_Q) \times m_i\left(\frac{d\vec{v}_i}{dt} - \frac{d\vec{v}_Q}{dt}\right)\right\} \\ &= \sum_i \left\{(\vec{r}_i - \vec{r}_Q) \times m_i \frac{d\vec{v}_i}{dt} - m_i(\vec{r}_i - \vec{r}_Q) \times \frac{d\vec{v}_Q}{dt}\right\}\end{aligned}$$

로 주어진다. 여기서

$$m_i \frac{d\vec{v}_i}{dt} = \vec{F}_i, \quad \sum_i m_i \vec{r}_i = M\vec{r}_{\mathrm{CM}} \quad \left(\sum_i m_i \equiv M\right)$$

임을 고려하면

$$\frac{d\vec{L}^{(\mathrm{Q})}}{dt} = \sum_i (\vec{r}_i - \vec{r}_{\mathrm{Q}}) \times \vec{F}_i - M(\vec{r}_{\mathrm{CM}} - \vec{r}_{\mathrm{Q}}) \times \frac{d\vec{v}_{\mathrm{Q}}}{dt} \tag{9.28}$$

를 얻는다. 여기서 $(\vec{r}_i - \vec{r}_{\mathrm{Q}}) \times \vec{F}_i$ 는 i번째 질점에 작용하는 힘 $\vec{F}_i$ 의 점 Q에 대한 돌림힘 $\vec{\tau}_i^{(\mathrm{Q})}$ 이므로 식(9.28)의 오른쪽 첫째 항은

$$\sum_i (\vec{r}_i - \vec{r}_{\mathrm{Q}}) \times \vec{F}_i = \sum_i \vec{\tau}_i^{(\mathrm{Q})} = \vec{\tau}^{(\mathrm{Q})}$$

이다. 따라서 식(9.28)은

$$\frac{d\vec{L}^{(\mathrm{Q})}}{dt} = \vec{\tau}^{(\mathrm{Q})} - M(\vec{r}_{\mathrm{CM}} - \vec{r}_{\mathrm{Q}}) \times \frac{d\vec{v}_{\mathrm{Q}}}{dt} \tag{9.29}$$

가 된다. 이것이 질점계의 한 점 Q에 대한 각운동량벡터 및 돌림힘벡터 사이의 관계식이다. 여기서 $-M\frac{d\vec{v}_{\mathrm{Q}}}{dt} = \vec{\mathcal{F}}$ 는 가속도 $\frac{d\vec{v}_{\mathrm{Q}}}{dt}$ 로 운동하는 비관성계에 나타나는 관성력이라 볼 수 있다. 식(9.29)의 오른쪽 둘째 항은

① 점 Q가 등속도운동을 하는 경우 $\left(\frac{d\vec{v}_{\mathrm{Q}}}{dt} = 0\right)$,

② 점 Q의 가속도가 $\vec{r}_{\mathrm{CM}} - \vec{r}_{\mathrm{Q}}$에 나란한 경우,

③ 점 Q가 질량중심인 경우

중의 어느 한 경우 0이 되어 질점계의 각운동량벡터 및 돌림힘벡터 사이에는

$$\frac{d\vec{L}^{(\mathrm{Q})}}{dt} = \vec{\tau}^{(\mathrm{Q})}$$

의 관계식이 성립한다. 이것은 질점계의 각운동량 정리식(9.26)을 나타낸다. 여기서 뭇질점의 돌림힘벡터의 합인 $\vec{\tau}^{(\mathrm{Q})}$는 알짜 바깥돌림벡터를 나타낸다.

특별히 점 Q가 질량중심이면, 곧 $\vec{r}_{\mathrm{Q}} = \vec{r}_{\mathrm{CM}}$이면 식(9.29)는

$$\frac{d\vec{L}_{\mathrm{CM}}}{dt} = \vec{\tau}_{\mathrm{CM}}$$

이 된다. 곧

각운동량 정리식(9.26)은 등속도운동을 하는 점에 대한 경우에만 성립한다. 그러나 그 점이 질량중심이면 가속도운동을 하는 경우에도 성립한다.

9.3.3 질점계의 내부 돌림힘 및 내부 각운동량

질점계의 운동에너지는 질량중심의 운동에너지와 질량중심에서 본 운동에너지의 합으로 표현된다는 것을 소단원 9.2.2의 식(9.17)에서 보았다. 질점계의 돌림힘 및 각운동량도 같은 꼴로 표현됨을 살펴본다.

○ 질점계의 총 돌림힘

위치벡터가 $\vec{r}_i$인 i번째 질점의 질량중심에서 본 위치벡터 $\vec{r}_i{}'$은 식(9.15)로 주어진다. 따라서 이 질점에 작용하는 힘 $\vec{F}_i$의 원점에 대한 돌림힘 $\vec{\tau}_i$는

$$\vec{\tau}_i = \vec{r}_i \times \vec{F}_i = (\vec{r}_{\mathrm{CM}} + \vec{r}_i{}') \times \vec{F}_i = \vec{r}_{\mathrm{CM}} \times \vec{F}_i + \vec{r}_i{}' \times \vec{F}_i$$

로 주어지므로, 질점계의 총 돌림힘 $\vec{\tau}$는

$$\vec{\tau} = \sum_i \vec{\tau}_i = \sum_i \vec{r}_{\mathrm{CM}} \times \vec{F}_i + \sum_i \vec{r}_i{}' \times \vec{F}_i \qquad (9.30)$$

로 주어진다. 첫째 항은, 질량중심에 관한 것으로

$$\sum_i \vec{r}_{\mathrm{CM}} \times \vec{F}_i = \vec{r}_{\mathrm{CM}} \times \sum_i F_i = \vec{r}_{\mathrm{CM}} \times \vec{F}^{(\mathrm{e})}_{\text{알짜}}$$

이다. 이것은 질량중심(CM)에 작용하는 알짜 바깥힘($\vec{F}^{(\mathrm{e})}_{\text{알짜}}$)의 원점에 대한 돌림힘 $\vec{\tau}_{\mathrm{CM}}$이다. 곧

$$\vec{r}_{\mathrm{CM}} \times \vec{F}^{(\mathrm{e})}_{\text{알짜}} = \vec{\tau}_{\mathrm{CM}}$$

이다. 또, 식(9.30)의 끝 항은 $\sum_i \vec{r}_i{}' \times \vec{F}_i$이므로, 각 질점에 작용하는 힘 $\vec{F}_i$의 질량중심에 대한 돌림힘

$$\vec{\tau}_i{}' = \vec{r}_i{}' \times \vec{F}_i = (\vec{r}_i - \vec{r}_{\mathrm{CM}}) \times \vec{F}_i$$

의 벡터합 $\sum_i \vec{\tau}_i{}' = \vec{\tau}\,'$이다. 곧

$$\sum_i \vec{r}_i{}' \times \vec{F}_i = \sum_i (\vec{r}_i - \vec{r}_{\mathrm{CM}}) \times \vec{F}_i = \sum_i \vec{\tau}_i{}' = \vec{\tau}\,'$$

이다. 이것은 질량중심 좌표계의 원점에 대한 돌림힘이기도 하다. 따라서 질점계의 총 돌림힘 $\vec{\tau}$는 식(9.30)에 의하여

$$\vec{\tau} = \vec{\tau}_{\mathrm{CM}} + \sum_i \vec{\tau}_i{}' = \vec{\tau}_{\mathrm{CM}} + \vec{\tau}\,'$$

로 주어진다. 곧

> **질점계의 원점에 대한 총 돌림힘은 질량중심에 작용하는 알짜 바깥힘의 원점에 대한 돌림힘과 뭇질점에 작용하는 힘의 질량중심 좌표계의 원점(또는 질량중심)에 대한 총 돌림힘 벡터의 합이다.**

○ 질점계의 총 각운동량

질점계의 총 각운동량도 이와 같은 꼴로 표현된다. 질점계의 질량중심의 속도를 $\vec{v}_{\rm CM}$이라 하고, i번째 질점의 속도를 $\vec{v}_i$라 하면 질량중심에서 본 i번째 질점의 속도 $\vec{v}_i{}'$은 식(9.16)으로 주어진다.

질량 m_i, 속도 $\vec{v}_i$로 운동하는 i번째 질점의 원점에 대한 각운동량 $\vec{L}_i$는 식(8.159)에 의하여

$$\begin{aligned}\vec{L}_i &= \vec{r}_i \times \vec{p}_i = \vec{r}_i \times m_i \vec{v}_i = (\vec{r}_{\rm CM} + \vec{r}_i{}') \times m_i (\vec{v}_{\rm CM} + \vec{v}_i{}') \\ &= m_i \vec{r}_{\rm CM} \times \vec{v}_{\rm CM} + \vec{r}_i{}' \times m_i \vec{v}_i{}' + m_i \vec{r}_i{}' \times \vec{v}_{\rm CM} + r_{\rm CM} \times m_i \vec{v}_i{}'\end{aligned}$$

로 주어진다.

질점계의 총 각운동량 $\vec{L}$은 각 질점의 각운동량벡터의 벡터합으로 정의되므로

$$\begin{aligned}\vec{L} = \sum_i \vec{L}_i &= \sum_i m_i \vec{r}_{\rm CM} \times \vec{v}_{\rm CM} + \sum_i \vec{r}_i{}' \times m_i \vec{v}_i{}' \\ &\quad + \sum_i m_i \vec{r}_i{}' \times \vec{v}_{\rm CM} + \vec{r}_{\rm CM} \times \sum_i m_i \vec{v}_i{}'\end{aligned} \tag{9.31}$$

으로 주어진다. 여기서 뭇질점의 총 질량을 $M(M = \sum_i m_i)$이라 하면 $\frac{1}{M} \sum_i m_i \vec{r}_i{}'$은 질량중심좌표계에서 본 질량중심의 위치이므로 0이고 $\sum_i m_i v_i{}'$은 질량중심 좌표계에서 본 질점계의 총운동량이므로 0이다. 따라서 윗식의 마지막 줄은 0이 된다. 첫째 줄의 첫째 항은 $\sum_i m_i \vec{r}_{\rm CM} \times \vec{v}_{\rm CM} = \vec{r}_{\rm CM} \times M \vec{v}_{\rm CM}$이 된다. 여기서 $M \vec{v}_{\rm CM}$은 질량중심의 운동량으로 질점계의 총 운동량과 같으므로 이 항은 질점계의 질량중심의 원점에 대한 각운동량 $\vec{L}_{\rm CM}$이다. 곧

$$\vec{r}_{\rm CM} \times M \vec{v}_{\rm CM} = \vec{L}_{\rm CM}$$

이다. 첫째 줄의 둘째 항은, $m_i \vec{v}_i{}'$이 질량중심에서 본 i번째 질점의 운동량 $\vec{p}_i{}'$이므로 각 질점의 질량중심에 대한 각운동량벡터

$$\vec{L}_i' = \vec{r}_i' \times m_i \vec{v}_i' = (\vec{r}_i - \vec{r}_{CM}) \times \vec{p}_i'$$

의 벡터합 $\sum_i \vec{L}_i' = \vec{L}'$이다. 곧

$$\sum_i \vec{r}_i' \times m_i \vec{v}_i' = \sum_i (\vec{r}_i - \vec{r}_{CM}) \times \vec{p}_i' = \sum_i \vec{L}_i' = \vec{L}'$$

이다. 따라서 질점계의 총 각운동량은 식(9.31)로부터

$$\vec{L} = \vec{L}_{CM} + \sum_i \vec{L}_i' = \vec{L}_{CM} + \vec{L}'$$

임을 알 수 있다. 곧

> **질점계의 원점에 대한 총 각운동량은 질량중심의 원점에 대한 각운동량벡터와 뭇질점의 질량중심 좌표계의 원점(또는 질량중심)에 대한 총 각운동량벡터의 합이다.**

이상의 논의에서 홑질점의 경우와 달리, 질점계에서 물리량{운동에너지, 돌림힘, 각운동량}은

> **(질점계의 물리량)**
> $\Downarrow$
> **(질량중심에 관한 물리량) + (질량중심에서 본 물리량)**

의 항으로 분리하여 생각할 수 있음을 알 수 있다.

이들 물리량에서 질량중심(또는 질량중심 좌표계)에서 본 물리량은 질점계의 내부 운동에 관련된 물리량이다. 그래서 질량중심에서 본 운동에너지, 돌림힘 및 각운동량을 각각 질점계의 **내부 운동에너지**(internal kinetic energy), **내부 돌림힘**(internal torque), **내부 각운동량**(internal angular momentum)이라 부르기도 한다.

9.4 두질점계 문제-상대운동방정식

이제까지의 뭇질점으로 된 질점계의 운동에 대해서 살펴보았는데, 그 구체적인 보기로 서로 상호작용을 하고 있는 두질점 A, B로 된 질점계인 두질점계 문제에 대해서 생각해본다.

그 대표적인 것이 두질점의 충돌 문제이다. 충돌 문제는 이미 4장에서 초보적인 면을 다루

었는데, 보다 더 일반적인 방법을 아래에서 다루려고 한다. 특히 여기서는 뉴턴의 작용·반작용의 법칙을 만족하는 속힘에 의한 질점계의 운동을 고찰한다. 이 경우, 바깥힘이 작용하지 않거나, 작용하더라도 특별한 조건을 만족하는 경우만을 생각한다.

9.4.1 두질점계의 운동방정식

두질점 A, B에 작용하는 힘을

$$\vec{F}_A = \vec{F}_A^{(e)} + \vec{f}_{AB}, \quad \vec{F}_B = \vec{F}_B^{(e)} + \vec{f}_{BA}$$

라 하면(식(7.33) 참조), 각 질점의 운동방정식은 각각

$$m_A \frac{d\vec{v}_A}{dt} = \vec{F}_A^{(e)} + \vec{f}_{AB} \quad \text{또는} \quad m_A \frac{d^2\vec{r}_A}{dt^2} = \vec{F}_A^{(e)} + \vec{f}_{AB} \tag{9.32}$$

$$m_B \frac{d\vec{v}_B}{dt} = \vec{F}_B^{(e)} + \vec{f}_{BA} \quad \text{또는} \quad m_B \frac{d^2\vec{r}_B}{dt^2} = \vec{F}_B^{(e)} + \vec{f}_{BA} \tag{9.33}$$

이다. 여기서 $\vec{r}_A$, $\vec{r}_B$는 각각 질점 A, B의 위치벡터이고, 속힘 $\vec{f}_{AB}$, $\vec{f}_{BA}$는

$$\vec{f}_{AB} = -\vec{f}_{BA} \tag{9.34}$$

의 관계를 만족한다고 하자.

이 질점계의 질량중심의 위치는 식(7.12)에 의하여

$$\vec{r}_{CM} = \frac{m_A\vec{r}_A + m_B\vec{r}_B}{M} \tag{9.35}$$

로 주어진다. 여기서 $M = m_A + m_B$이다. 따라서 질량중심의 속도는

$$\vec{v}_{CM} = \frac{d\vec{r}_{CM}}{dt} = \frac{m_A\vec{v}_A + m_B\vec{v}_B}{M}$$

가 되어,

$$M\frac{d\vec{v}_{CM}}{dt} = m_A\frac{d\vec{v}_A}{dt} + m_B\frac{d\vec{v}_B}{dt}$$

를 얻는다. 여기서 $\vec{v}_A$, $\vec{v}_B$는 각각 질점 A, B의 속도벡터이다. 윗식의 우변은 식(9.32) 및 식(9.33), 식(9.34)에 의하여

$$m_A\frac{d\vec{v}_A}{dt} + m_B\frac{d\vec{v}_B}{dt} = \vec{F}_A^{(e)} + \vec{F}_B^{(e)} \equiv \vec{F}^{(e)}$$

이므로, 질량중심의 운동방정식은

$$M\frac{d\vec{v}_{\mathrm{CM}}}{dt}=\vec{F}^{(\mathrm{e})} \text{ 또는 } M\frac{d^2\vec{r}_{\mathrm{CM}}}{dt^2}=\vec{F}^{(\mathrm{e})} \tag{9.36}$$

가 된다. 이것은 질점계의 질량중심의 운동방정식(7.39)와 일치한다.

9.4.2 상대운동방정식

두질점으로 된 질점계의 운동은 각 질점의 운동방정식(9.32) 및 식(9.33)으로 기술된다. 따라서 이 두 방정식의 풀이를 구하는 것이 필요하다. 만일, 질점계의 운동에너지의 경우와 같이, 질점계의 운동을 질량중심의 운동과 질량중심에서 본 운동으로 분리할 수 있다면, 다시 말하면, 질량중심의 운동방정식과 질량중심에 대한 상대운동방정식으로 분리할 수 있다면 문제풀이가 훨씬 쉬워진다. 질점계에 작용하는 바깥힘이 없다면 질량중심은 식(9.36)에 의하여 등속도운동을 한다는 것을 곧바로 알 수 있기 때문이다. 그러면 질점계의 운동은 질량중심 좌표계에서의 운동방정식, 곧 질량중심에 대한 상대운동방정식만 고려하면 된다. 따라서 풀어야 할 것은 질량중심에 대한 상대운동을 기술하는 방정식 한 개뿐이므로, 두질점으로 된 질점계의 문제는 홑질점의 운동 문제로 귀착된다. 그래서 위의 실험실 좌표계에서의 운동방정식(9.32) 및 식(9.33)을 대신할 수 있는 두 개의 방정식, 곧 질량중심의 운동방정식 및 질량중심에 대한 상대운동방정식을 구해본다.

이미 질량중심의 운동방정식은 구했다. 이것은 각 질점의 운동방정식(9.32) 및 식(9.33)을 변변끼리 서로 더하면 얻어진다. 다른 하나의 운동방정식인 상대운동방정식도 역시 이 두 방정식으로부터 얻을 수 있다. 곧 식(9.32)에 m_{B}를 곱한 것 및 식(9.33)에 m_{A}를 곱한 것을 변변끼리 빼고, $M=m_{\mathrm{A}}+m_{\mathrm{B}}$로 양변을 나누면

$$\frac{m_{\mathrm{A}}m_{\mathrm{B}}}{m_{\mathrm{A}}+m_{\mathrm{B}}}\left(\frac{d\vec{v}_{\mathrm{A}}}{dt}-\frac{d\vec{v}_{\mathrm{B}}}{dt}\right)=\vec{f}_{\mathrm{AB}}+\frac{(m_{\mathrm{B}}\vec{F}_{\mathrm{A}}^{(\mathrm{e})}-m_{\mathrm{A}}\vec{F}_{\mathrm{B}}^{(\mathrm{e})})}{m_{\mathrm{A}}+m_{\mathrm{B}}}$$

또는

$$\mu\left(\frac{d\vec{v}_{\mathrm{A}}}{dt}-\frac{d\vec{v}_{\mathrm{B}}}{dt}\right)=\vec{f}_{\mathrm{AB}}+\mu\left(\frac{\vec{F}_{\mathrm{A}}^{(\mathrm{e})}}{m_{\mathrm{A}}}-\frac{\vec{F}_{\mathrm{B}}^{(\mathrm{e})}}{m_{\mathrm{B}}}\right) \tag{9.37}$$

를 얻는다. 여기서

$$\mu\equiv\frac{m_{\mathrm{A}}m_{\mathrm{B}}}{m_{\mathrm{A}}+m_{\mathrm{B}}} \tag{9.38}$$

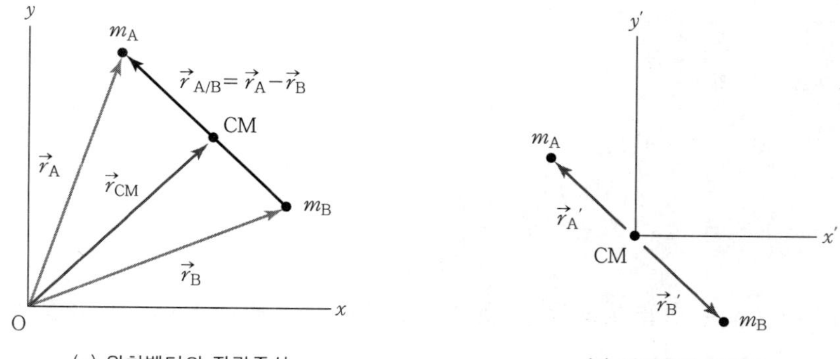

그림 9.1 두질점의 위치벡터

로 두었다.

질점 A의 질점 B에 대한 상대속도벡터 및 상대위치벡터를 각각

$$\vec{v}_A - \vec{v}_B \equiv \vec{v}_{A/B}, \quad \vec{r}_A - \vec{r}_B = \vec{r}_{A/B} \tag{9.39}$$

라 하면(**그림 9.1(a)** 참조)

$$\frac{d\vec{v}_A}{dt} - \frac{d\vec{v}_B}{dt} = \frac{d}{dt}(\vec{v}_A - \vec{v}_B) = \frac{d\vec{v}_{A/B}}{dt}$$

또는

$$\begin{aligned}\frac{d\vec{v}_A}{dt} - \frac{d\vec{v}_B}{dt} &= \frac{d^2\vec{r}_A}{dt^2} - \frac{d^2\vec{r}_B}{dt^2} \\ &= \frac{d^2}{dt^2}(\vec{r}_A - \vec{r}_B) = \frac{d^2\vec{r}_{A/B}}{dt^2}\end{aligned}$$

가 되어, 식(9.37)은

$$\mu\frac{d\vec{v}_{A/B}}{dt} = \vec{f}_{AB} + \mu\left(\frac{\vec{F}_A^{(e)}}{m_A} - \frac{\vec{F}_B^{(e)}}{m_B}\right) \tag{9.40}$$

또는

$$\mu\frac{d^2\vec{r}_{A/B}}{dt^2} = \vec{f}_{AB} + \mu\left(\frac{\vec{F}_A^{(e)}}{m_A} - \frac{\vec{F}_B^{(e)}}{m_B}\right) \tag{9.41}$$

가 된다.

특히 각 질점에 작용하는 바깥힘이 0이거나, 그 질점의 질량에 비례하는 경우에는

$$\frac{\vec{F}_{A}^{(e)}}{m_A} - \frac{\vec{F}_{B}^{(e)}}{m_B} = 0 \tag{9.42}$$

이 되므로 식(9.40), 식(9.41)은

$$\mu\frac{d\vec{v}_{A/B}}{dt} = \vec{f}_{AB} \quad \text{또는} \quad \mu\frac{d^2\vec{r}_{A/B}}{dt^2} = \vec{f}_{AB} \tag{9.43}$$

가 된다. 이것은 $\vec{f}_{AB}$의 힘을 받고 있는 질량이 μ이고, 위치벡터가 $\vec{r}_{A/B}$인 홑질점의 운동방정식이다. 질점 B가 볼 때 질점 A는 고정된 질점 B로부터 속힘 $\vec{f}_{AB}$를 받아서 운동하는 질량 μ의 질점처럼 보인다. 이 질량 μ를 두 질량 m_A, m_B의 **환산질량**(reduced mass)이라 한다.

만일, 질점 B의 질량이 질점 A의 질량보다 큰 경우, 곧 $m_A \ll m_B$이면 $M = m_A + m_B \cong m_B$라 할 수 있으므로, 환산질량은

$$\mu = \frac{m_A m_B}{m_A + m_B} \cong \frac{m_A m_B}{m_B} \cong m_A$$

이고, 질량중심의 위치는 식(9.35)에 의하여,

$$\vec{r}_{CM} = \frac{m_A\vec{r}_A + m_B\vec{r}_B}{M} \cong \frac{m_A\vec{r}_A + m_B\vec{r}_B}{m_B} = \frac{m_A}{m_B}\vec{r}_A + \vec{r}_B \cong \vec{r}_B$$

이다. 곧 질량중심이 질점 B에 무한히 가까이 있다. 이 경우 식(9.43)은 고정된 질점 B로부터 힘 $\vec{f}_{AB}$를 받아서 운동하는 질점 A의 운동방정식을 나타낸다. 따라서 식(9.43)은 질점 B에 대한 질점 A의 상대운동을 기술하는 **상대운동방정식**(equation of relative motion)이다.

예제 9.6 환산질량

아래 두 물체로 된 물리계(또는 질점계)의 환산질량을 구하고, 그 중 가벼운 물체의 질량과 비교하여 보라.

① 지구-달 ② 양성자-전자 : (수소원자)

③ 양전자-전자 : (포지트로늄) ④ ^{12}C-^{16}O : (일산화탄소 CO)

단, 각 물체를 질점으로 간주하고, 각 물체의 질량은 아래와 같다.

양성자 1.6726×10^{-27} kg, 전자 9.1094×10^{-31} kg,

^{12}C 12.000000 u, ^{16}O 15.994915 u, ($1\,\text{u} = 1.66\times10^{-27}$ kg)

지구 5.98×10^{24} kg, 달 7.36×10^{22} kg

풀이 | 양전자의 질량은 전자와 같다. 두질점으로 된 물리계의 환산질량은 식(9.38)에 의하여 아래와 같

이 주어진다.

① $\mu_{지달}=\dfrac{(5.98\times10^{24}\ \mathrm{kg})\times(7.36\times10^{22}\ \mathrm{kg})}{5.98\times10^{24}\ \mathrm{kg}+7.36\times10^{22}\ \mathrm{kg}}=7.27\times10^{22}\ \mathrm{kg}$

② $\mu_{수소}=\dfrac{(1.6726\times10^{-27}\ \mathrm{kg})\times(9.1094\times10^{-31}\ \mathrm{kg})}{1.6726\times10^{-27}\ \mathrm{kg}+9.1094\times10^{-31}\ \mathrm{kg}}=9.1044\times10^{-31}\ \mathrm{kg}$

③ $\mu_{포지}=\dfrac{(9.1094\times10^{-31}\ \mathrm{kg})^2}{2\times9.1094\times10^{-31}\ \mathrm{kg}}=4.5547\times10^{-31}\ \mathrm{kg}$

④ $\mu_{\mathrm{CO}}=\dfrac{(12.000\,000\ \mathrm{u})\times(15.994\,915\ \mathrm{u})}{12.000000\ \mathrm{u}+15.994915\ \mathrm{u}}=6.856209\ \mathrm{u}.$

지구-달 및 양성자-전자(수소원자)와 같이 두 물체의 질량 차가 큰 두물체 문제(two-body problem)의 환산질량은 가벼운 것(달, 전자)의 질량과 거의 같고, 양전자-전자(포지트로늄)와 같이 질량이 서로 같은 두물체 문제의 환산질량은 각 입자 질량의 반과 같다. CO 분자의 경우 환산질량은 탄소 질량의 반보다 조금 더 크다.

○ 질량중심 좌표계에서 운동방정식

한편, 상대운동방정식(9.43)은 질량중심 좌표계에서(질량중심에서 본) 운동방정식임을 쉽게 알 수 있다. 질량중심 좌표계에서 각 질점의 위치벡터 $\vec{r}_A{}'$, $\vec{r}_B{}'$은 각각

$$\vec{r}_A{}'=\vec{r}_A-\vec{r}_{CM},\quad \vec{r}_B{}'=\vec{r}_B-\vec{r}_{CM}$$

이다(**그림 9.1** 참조). 질량중심 좌표계에서 질점 A의 질점 B에 대한 상대위치벡터 $\vec{r}_{A/B}{}'$ 은

$$\vec{r}_{A/B}=\vec{r}_A{}'-\vec{r}_B{}'=(\vec{r}_A-r_{CM})-(\vec{r}_B-r_{CM})=\vec{r}_A-\vec{r}_B=\vec{r}_{A/B}$$

이므로, 식(9.43)의 둘째 식의 왼쪽은

$$\mu\frac{d^2\vec{r}_{A/B}}{dt^2}=\frac{m_A m_B}{M}\frac{d^2}{dt^2}(\vec{r}_A{}'-\vec{r}_B{}')$$
$$=\frac{1}{M}\frac{d^2}{dt^2}(m_A m_B\vec{r}_A{}'-m_A m_B\vec{r}_B{}')$$

인데, 여기서 $m_A\vec{r}_A{}'+m_B\vec{r}_B{}'=0$임을 이용하여 $\vec{r}_B{}'$을 소거하면,

$$\mu\frac{d^2\vec{r}_{A/B}}{dt^2}=m_A\frac{d^2\vec{r}_A{}'}{dt^2}$$

를 얻는다. 따라서 상대운동방정식(9.43)은

$$m_A\frac{d^2\vec{r}_A{}'}{dt^2}=\vec{f}_{AB}$$

가 된다. 이는 질량 m_A에 작용하는 힘이 $\vec{f}_{AB}$일 때의 질량중심 좌표계에서 운동방정식이다. 곧 두질점 문제에서 한 질점 A의 다른 질점 B에 대한 상대운동방정식은 질량중심 좌표계에서 본 질점 A의 운동방정식과 일치한다.

결국, 두질점 문제에서 운동방정식은 질량중심의 운동방정식

$$M\frac{d\vec{v}_{CM}}{dt} = \vec{F}^{(e)} \quad \text{또는} \quad M\frac{d^2\vec{r}_{CM}}{dt^2} = \vec{F}^{(e)}$$

및 상대운동방정식

$$\mu\frac{d\vec{v}_{A/B}}{dt} = \vec{f}_{AB} \quad \text{또는} \quad \mu\frac{d^2\vec{r}_{A/B}}{dt^2} = \vec{f}_{AB}$$

로 완전히 분리할 수 있고, 상대운동방정식은 질량중심 좌표계에서 운동방정식과 일치한다. 곧 두질점으로 된 역학계의 경우

바깥힘이 없거나 각 질점의 질량에 비례하는 경우, 두질점 문제는 질량중심의 운동 및 한 질점의 다른 질점에 대한 상대운동으로 분리되어, 결국 상대운동(또는 질량중심에 대한 운동)만 고려하면 된다. 따라서 두질점 문제가 등가의 홑질점 문제로 귀착된다.

각 질점에 작용한 바깥힘이 아래와 같은 경우 식(9.42)를 만족한다.

① 두질점이 균일한 중력마당에서 상호작용하는 경우이다.

② 두질점 사이의 거리 $r_{A/B}$를 무시할 수 있을 정도로 두질점 A, B로부터 매우 멀리 떨어져 있는 제3의 질점으로부터 중력을 받는 경우이다.

①은 지구 표면 가까이에서 두질점이 상호작용하는 경우로, 지구 표면에서 중력마당을 $\vec{g}$라 하면 바깥힘은 각각

$$\vec{F}_A^{(e)} = m_A\vec{g}, \quad \vec{F}_B^{(e)} = m_B\vec{g}$$

이므로 이들은 식(9.42)를 만족하게 된다.

②는 지구와 달이 그들 사이의 만유인력(또는 중력)에 의한 상호작용으로 운동하는 경우이다. 이 경우 해 또는 떠돌이별로부터 받는 만유인력이 이 역학계의 바깥힘이지만은 이들까지의 거리에 비교하면 지구와 달 사이의 거리는 무시할 수 있을 정도이기 때문이다.

지구 주위로 달이 공전하는 경우, 그들 사이의 만유인력 때문에 지구가 고정되어 있지 않고 지구도 움직인다. 따라서 달의 운동은 복잡하다. 곧 달의 운동은 질량이 {달, 지구}의 환산질

량 μ와 같은 '달'이 '고정된 지구'로부터 만유인력 $f_{달지} = -G\dfrac{m_{달}\, m_{지구}}{r^2_{달지}}$ 을 받아서 운동하는 경우와 같다.

따라서 소단원 6.2에서 결과는 바깥힘이 0이거나 질량에 비례하는 경우, 상호작용하는 힘(속힘)이 거리의 제곱에 반비례하는 두질점 문제에도 적용할 수 있다.

예제 9.7 두질점 문제에서 운동방정식

두질점 문제에서 질량중심의 위치벡터 $\vec{r}_{CM}$ 및 질점 A의 질점 B에 대한 상대위치벡터 $\vec{r}_{A/B}$를 각각 식(9.35) 및 식(9.39)로 정의한다.

① 위치벡터$\{\vec{r}_A, \vec{r}_B\}$를 위치벡터$\{\vec{r}_{CM}, \vec{r}_{A/B}\}$로 나타내어라.

② 위의 결과를 이용하여 질량중심의 운동방정식 및 상대운동방정식을 유도하라.

③ 두질점으로 된 질점계의 운동에너지는 질량중심의 운동에너지와 질량중심 좌표계에서 운동에너지(또는 상대운동에너지)로 주어짐을 보여라.

풀이 ① 위치벡터 $\vec{r}_{CM}$, $\vec{r}_{A/B}$는 각각 식(9.35), 식(9.39)의 둘째식으로 주어지는데, 이 관계식은 $\{\vec{r}_A, \vec{r}_B\}$에서 $\{\vec{r}_{CM}, \vec{r}_{A/B}\}$를 구하는 일종의 좌표 변환식이다. 이 두 식을 연립하여 $\{\vec{r}_A, \vec{r}_B\}$에 대해서 풀면

$$\vec{r}_A = \vec{r}_{CM} + \frac{m_B}{M}\,\vec{r}_{A/B},\quad r_B = \vec{r}_{CM} + \frac{m_A}{M}\,\vec{r}_{A/B} \tag{9.44}$$

를 얻는다. 식(9.44) 및 식(9.45)는 $\{\vec{r}_{CM}, \vec{r}_{A/B}\}$에서 $\{\vec{r}_A, \vec{r}_B\}$를 구하는 좌표변환 식이다.

② 위치벡터의 시간에 대한 도함수가 속도벡터이므로 식(9.44)를 시간에 대해서 미분하면

$$\vec{v}_A = v_{CM} + \frac{m_B}{M}\,\vec{v}_{A/B},\quad \vec{v}_B = \vec{v}_{CM} - \frac{m_A}{M}\,\vec{v}_{A/B} \tag{9.45}$$

를 얻는다. 이들을 각 질점의 운동방정식(9.32) 및 식(9.33)에 대입하면

$$m_A\frac{d\vec{v}_{CM}}{dt} + \frac{m_A m_B}{M}\frac{d\vec{v}_{A/B}}{dt} = F_A^{(e)} + \vec{f}_{AB} \tag{9.46}$$

$$m_B\frac{d\vec{v}_{CM}}{dt} - \frac{m_A m_B}{M}\frac{d\vec{v}_{A/B}}{dt} = F_B^{(e)} + \vec{f}_{BA} \tag{9.47}$$

가 된다. 식(9.46)과 식(9.47)을 서로 더하면, $\vec{f}_{BA} = -\vec{f}_{AB}$이므로,

$$M\frac{d\vec{v}_{CM}}{dt} = \vec{F}_A^{(e)} + \vec{F}_B^{(e)} = \vec{F}^{(e)}$$

를 얻는다. 이것은 질량중심의 운동방정식(9.36)이다. 또, 식(9.46)에 m_B를 곱한 것에서 식(9.47)에 m_A를 곱한 것을 빼면

$$\frac{m_A m_B}{M}\frac{d\vec{v}_{A/B}}{dt} = \vec{f}_{AB} + \frac{m_A m_B}{M}\left(\frac{\vec{F}_A^{(e)}}{m_A} - \frac{\vec{F}_B^{(e)}}{m_B}\right)$$

를 얻는다. 이것은 식(9.40)인데, 바깥힘이 0이거나 각 질점의 질량에 비례하면 끝 항이 0이므로 상대운동방정식(9.43)이 된다.

③ 두질점 문제에서 운동에너지는

$$K=\frac{1}{2}m_A v_A^2+\frac{1}{2}m_B v_B^2$$

인데, 여기에 식(9.45)를 대입하여 정리하면

$$\begin{aligned} K&=\frac{1}{2}m_A\left(\vec{v}_{CM}+\frac{m_B}{M}\vec{v}_{A/B}\right)^2+\frac{1}{2}m_B\left(\vec{v}_{CM}-\frac{m_A}{M}\vec{v}_{A/B}\right)^2 \\ &=\frac{1}{2}Mv_{CM}{}^2+\frac{1}{2}\frac{m_A m_B}{M}v_{A/B}^2 \end{aligned}$$

이 된다. 여기서 환산질량의 식(9.38)을 고려하면 운동에너지는

$$K=\frac{1}{2}Mv_{CM}{}^2+\frac{1}{2}\mu v_{A/B}^2 \tag{9.48}$$

로 주어진다. 여기서 첫째 항은 질량중심의 운동에너지이고, 둘째 항은 질점 A의 질점 B에 대한 상대속도 $v_{A/B}$로 운동하는 질량이 μ인 홑질점의 운동에너지(상대운동에너지)이다.

이 상대운동에너지는 질량중심 좌표계에서 본 운동에너지와 같음을 아래와 같은 방법으로 알 수 있다. 질량중심 좌표계에서 두질점 문제의 운동에너지 K'은

$$K'=\frac{1}{2}m_A v_A{}'^2+\frac{1}{2}m_B v_B{}'^2$$

이다. 여기서 질량중심 좌표계에서 속도 $\vec{v}_A{}'$ 및 $\vec{v}_B{}'$은 식(9.45)에 의하여 각각

$$\vec{v}_A{}'=\vec{v}_A-\vec{v}_{CM}=\frac{m_B}{M}\vec{v}_{A/B},\quad v_B{}'=\vec{v}_B-\vec{v}_{CM}=-\frac{m_A}{M}\vec{v}_{A/B}$$

이므로

$$\begin{aligned} K'&=\frac{1}{2}m_A\left(\frac{m_B}{M}\vec{v}_{A/B}\right)^2+\frac{1}{2}m_B\left(-\frac{m_A}{M}\vec{v}_{A/B}\right)^2 \\ &=\frac{1}{2}(m_A+m_B)\frac{m_A m_B}{M^2}v_{A/B}^2 \end{aligned}$$

이다. 여기서 환산질량 식(9.38)을 고려하면

$$K'=\frac{1}{2}\mu v_{A/B}^2 \tag{9.49}$$

이 된다. 곧 상대운동에너지는 질량중심에 대한 상대운동에너지와 같다.
따라서 두질점 문제에서도 운동에너지는 $K=K_{CM}+K'$으로 주어진다. 여기서

$$K_{CM}=\frac{1}{2}Mv_{CM}^2,\quad K'=\frac{1}{2}m_A v_A{}'^2+\frac{1}{2}m_B v_B{}'^2=\frac{1}{2}\mu v_{A/B}^2$$

이다. 이 결과는 식(9.19)와 일치한다.

9.4.3 두질점계의 에너지 보존

두질점 문제의 운동에너지가 **예제 9.7**에서 본 바와 같이

$$K = \frac{1}{2} M v_{\mathrm{CM}}^2 + \frac{1}{2} \mu v_{\mathrm{A/B}}^2$$

로 주어진다(식(9.49) 참조). 바깥힘이 없는 경우에는 질량중심이 등속도운동을 하므로 질량중심의 에너지는 일정하게 보존된다. 또한, 두질점 사이의 속힘인 상호작용의 힘 $\vec{f}_{\mathrm{AB}}$가 보존력이면, 이 속힘에 의한 **상호작용 위치에너지**(interaction potential energy) $U^{(\mathrm{i})}(r_{\mathrm{A/B}})$를 정의할 수 있어, 상대운동에너지와 상호작용 위치에너지의 합도 일정하게 보존된다. 곧 상호작용 위치에너지를 $U^{(\mathrm{i})}(r_{\mathrm{A/B}})$라 하면

$$\frac{1}{2} \mu v_{\mathrm{A/B}}^2 + U^{(\mathrm{i})}(r_{\mathrm{A/B}}) = (\text{일정}) \quad (\vec{f}_{\mathrm{AB}} : \text{보존력})$$

이다.

예제 9.8 상대운동의 역학적 에너지 보존

두질점 문제에서 속힘이 보존력이면 질량중심 좌표계에서 역학적 에너지가 보존됨을 보여라.

풀이 | 질량중심 좌표계에서 상대운동만을 고찰하면 된다. 상호작용의 힘인 속힘 $\vec{f}_{\mathrm{AB}}$가 보존력이면, 상대운동방정식

$$\mu \frac{d\vec{v}_{\mathrm{A/B}}}{dt} = \vec{f}_{\mathrm{AB}}$$

을 $d\vec{r}_{\mathrm{A/B}}$에 대해서 적분하면

$$\mu \int_{\vec{r}_{\mathrm{A/B}}(0)}^{\vec{r}_{\mathrm{A/B}}(t)} \frac{d\vec{v}_{\mathrm{A/B}}}{dt} \cdot d\vec{r}_{\mathrm{A/B}} = \int_{\vec{r}_{\mathrm{A/B}}(0)}^{\vec{r}_{\mathrm{A/B}}(t)} \vec{f}_{\mathrm{AB}} \cdot d\vec{r}_{\mathrm{A/B}} \tag{9.50}$$

가 된다. 왼쪽 적분은, $d\vec{r}_{\mathrm{A/B}} = \vec{v}_{\mathrm{A/B}}\, dt$임을 고려하면

$$\begin{aligned} \mu \int_{\vec{r}_{\mathrm{A/B}}(0)}^{\vec{r}_{\mathrm{A/B}}(t)} \frac{d\vec{v}_{\mathrm{A/B}}}{dt} \cdot d\vec{r}_{\mathrm{A/B}} &= \mu \int_{\vec{v}_{\mathrm{A/B}}(0)}^{\vec{v}_{\mathrm{A/B}}(t)} \vec{v}_{\mathrm{A/B}} \cdot d\vec{v}_{\mathrm{A/B}} \\ &= \left[\frac{1}{2} \mu v_{\mathrm{A/B}}^2 \right]_{\vec{v}_{\mathrm{A/B}}(0)}^{\vec{v}_{\mathrm{A/B}}(t)} \\ &= \frac{1}{2} \mu v_{\mathrm{A/B}}^2(t) - \frac{1}{2} \mu v_{\mathrm{A/B}}^2(0) \end{aligned}$$

이다.

식(9.50)의 오른쪽 적분은, 힘 $\vec{f}_{\mathrm{AB}}$가 보존력이므로 그 위치에너지함수를 정의할 수 있고, 그 상호작용 위치에너지를 $U^{(\mathrm{i})}(r_{\mathrm{A/B}})$라 하면

$$\int_{\vec{r}_{AB}(0)}^{\vec{r}_{AB}(t)} \vec{f}_{AB} \cdot d\vec{r}_{A/B} = -[U^{(i)}(r_{A/B})]_{\vec{r}_{A/B}(0)}^{\vec{r}_{A/B}(t)}$$
$$= -\{U^{(i)}(r_{A/B}(t)) - U^{(i)}(r_{A/B}(0))\}$$

가 된다. 따라서 식(9.50)은

$$\frac{1}{2}\mu v_{A/B}^2(t) - \frac{1}{2}\mu v_{A/B}^2(0) = -\{U^{(i)}(r_{A/B}(t)) - U^{(i)}(r_{A/B}(0))\}$$

또는

$$\frac{1}{2}\mu v_{A/B}^2(t) + \{U^{(i)}(r_{A/B}(t)) = \frac{1}{2}\mu v_{A/B}^2(0) + U^{(i)}(r_{A/B}(0))$$

가 되어,

$$\frac{1}{2}\mu v_{A/B}^2 + U^{(i)}(r_{A/B}) = (\text{일정})$$

을 얻는다. 이는 바로 상대운동에서 상호작용의 힘(또는 속힘)이 보존력이면 상대운동의 역학적 에너지가 보존됨을 뜻한다.

9.5 질량중심 좌표계와 충돌 문제

두질점 문제의 중요한 보기의 하나는 두질점이 충돌하는 문제이다. 이 경우 두질점은 서로 상호작용을 한다. 그 상호작용 중에는 두 구슬이 충돌할 때와 같이 그들 사이의 접촉힘에 의하여 일어나는 것(충돌)도 있는가 하면 두질점 사이의 마당힘, 예를 들면 전하들 사이의 전기력이나 자기력에 의한 상호작용처럼 서로 접촉함이 없이 **산란**(scattering)되는 경우도 있다. 넓은 의미에서 충돌 문제도 산란문제에 포함된다.

충돌 문제는 이미 소단원 4.3에서 고찰하였는데, 이것은 실험실 좌표계에서 다룬 것이다. 충돌은 실험실 좌표계에서 일어나는 현상이지만 질량중심 좌표계에서 다루는 것이 매우 편리한 경우가 많다. 그러나 충돌의 실험적 관측은 실험실 좌표계에서 이루어지므로, 질량중심 좌표계에서의 접근방법을 고찰하고, 그 결과를 실험실 좌표계에로 변환하는 문제를 알아본다.

9.5.1 실험실 좌표계에서 본 충돌

두 입자(또는 질점) A, B가 탄성충돌하는 경우, 곧

$$A + B \rightarrow A + B$$

인 경우를 생각한다. 두질점 문제의 기본적인 요소들의 상당한 부분을 탄성충돌 문제에서 엿볼 수 있기 때문이다.

물리량의 기호는 아래와 같이 쓰기로 한다 :

m_α : 입자 $\alpha(\alpha=\{A, B\})$의 질량

$\vec{u}_\alpha$, $\vec{v}_\alpha$: 입자의 충돌 전, 후 속도

$\vec{v}_{CM}$: 질량중심의 속도

$\vec{p}_\alpha$, $\vec{q}_\alpha$: 입자의 충돌 전, 후 운동량

θ_α : 각 입자의 충돌 후 속도가 입사 방향과 이루는 각

K_α, T_α : 입자의 충돌 전, 후 운동에너지

K, T : 충돌 전, 후의 총 운동에너지

문제를 간단히 하기 위하여 입사 입자인 A가 달려와서 정지해 있는 과녁입자 B($\vec{u}_B=0$)에 충돌하는 경우를 생각하자. 과녁입자가 정지해 있다고 하여 일반성이 결여되는 것은 아니다. 이것은 등속도로 운동하는 과녁입자와 같은 속도로 운동하는 기준틀(관성기준틀)에서 관측하는 경우이기 때문이다.

탄성충돌에서는 운동량뿐만 아니라 운동에너지도 보존된다. 이들은 각각

$$\text{운동량 보존} \quad \vec{p}_A=\vec{q}_A+\vec{q}_B, \quad m_A\vec{u}_A=m_A\vec{v}_A+m_B\vec{v}_B \tag{9.51}$$

$$\text{운동에너지 보존} \quad K_A=T_A+T_B, \quad \frac{p_A^2}{2m_A}=\frac{q_A^2}{2m_A}+\frac{q_B^2}{2m_B} \tag{9.52}$$

$$\text{또는} \quad \frac{1}{2}m_A u_A^2=\frac{1}{2}m_A v_A^2+\frac{1}{2}m_B v_B^2$$

로 표현된다.

입사입자 A가 과녁입자 B에 충돌한 후 입사 방향과 θ_A의 각을 이루는 방향으로 산란되었다면(**그림 9.2** 참조), 운동량 보존법칙식(9.51)에 의하여 운동량 벡터 $\vec{q}_B$는 운동량벡터 $\vec{p}_A$ 및 $\vec{q}_A$로 이루어지는 평면 내에 있다. 따라서 이 충돌 문제는 이차원충돌 문제가 되어, 운동량 보존을 나타내는 식(9.51)은 x 및 y성분으로 분해하여 생각할 수 있다. 곧

$$x\text{성분} : p_A=q_A\cos\theta_A+q_B\cos\theta_B \tag{9.53}$$

$$y\text{성분} : 0=q_A\sin\theta_A-q_B\sin\theta_B \tag{9.54}$$

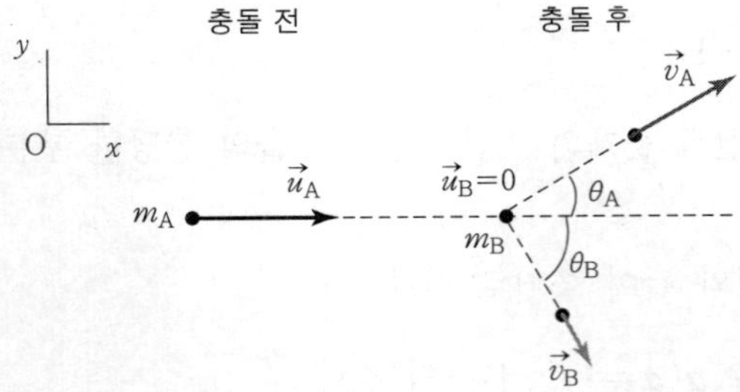

(a) 속도벡터

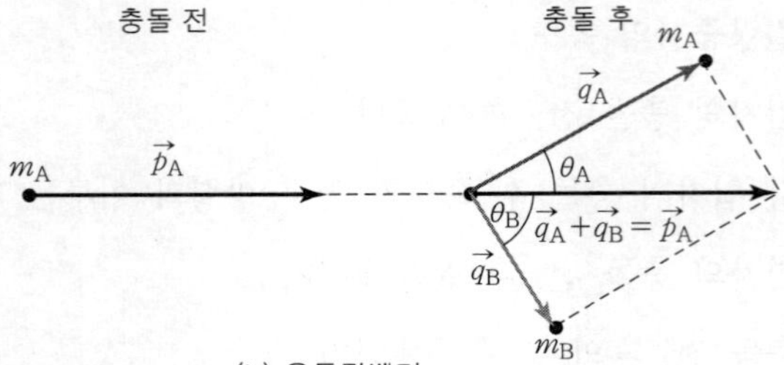

(b) 운동량벡터

그림 9.2 두 입자의 충돌

이다. 여기서 θ_B는 과녁입자가 충돌 후 튕겨나가는 방향이 입사 방향과 이루는 각이다.

이 충돌 문제에 관계되는 변수는 두 입자의 질량$\{m_A,\ m_B\}$, 입사입자의 운동량 또는 속도 $\{p_A\}$ 또는 $\{u_A\}$, 충돌 후 운동량$\{q_{A;x},\ q_{A;y},\ q_{B;x},\ q_{B;y}\}$ 또는 $\{q_A,\ \theta_A;\ q_B,\ \theta_B\}$ 등 7개이다. 따라서 운동량 및 운동에너지 보존으로부터 주어진 정보는 식(9.52), 식(9.53) 및 식(9.54)로 주어지는 조건 3개와 처음 상태에 관계되는 변수(또는 물리량) 3개$\{m_A,\ m_B,\ p_A\}$ 외에도 다른 정보가 하나 더 필요하다. 대개의 경우 충돌 후 현상에 관계되는 정보, 예를 들면, 각 θ_A(**산란각** : scattering angle)가 주어지면 문제는 해결된다.

충돌에 관계된 변수(또는 물리량)$\{m_A,\ m_B,\ p_A,\ \theta_A\}$가 주어졌다면 식(9.51) 및 식(9.52)를 연립하여 운동량 $|\vec{q}_A|$, $|\vec{q}_B|$ 및 θ_B를 구할 수 있다. 그 결과를 반드시 검정하여야 한다. 식(9.51)로부터

$$\begin{aligned} {q_B}^2 &= \vec{q}_B \cdot \vec{q}_B = (\vec{p}_A - \vec{q}_A)\cdot(\vec{p}_A - \vec{q}_A) \\ &= p_A^2 + q_A^2 - 2\vec{p}_A \cdot \vec{q}_A \end{aligned}$$

를 얻는다. 여기서 $\vec{p}_A \cdot \vec{q}_A = p_A\, q_A \cos\theta_A$임을 고려하면

$$q_B^2 = p_A^2 + q_A^2 - 2p_A\, q_A \cos\theta_A \tag{9.55}$$

가 된다. 이를 식(9.52)에 대입하여

$$\frac{p_A^2}{2m_A} = \frac{q_A^2}{2m_A} + \frac{1}{2m_B}(p_A^2 + q_A^2 - 2p_A q_A \cos\theta_A)$$

$$\therefore\ q_A^2 - 2\left(\frac{m_A p_A \cos\theta_A}{m_A + m_B}\right)q_A + \frac{m_A - m_B}{m_A + m_B}p_A^2 = 0$$

를 얻는다. 이 식은 q_A의 이차방정식으로, 근의 공식에 의하여, q_A는

$$q_A = \frac{m_A p_A}{m_A + m_B}\left\{\cos\theta_A \pm \sqrt{\left(\frac{m_B}{m_A}\right)^2 - \sin^2\theta_A}\right\} \tag{9.56}$$

로 주어진다. 이를 식(9.55)에 대입하면 q_B가 얻어지고, 나아가서 각 θ_B는 식(9.53)으로부터 얻어진다.

입사입자 및 과녁입자의 질량이 ① $m_A > m_B$, ② $m_A = m_B$, ③ $m_A < m_B$인 경우로 나누어서 고찰하자.

① $m_A > m_B$: 이 경우 충돌 후 운동량 q_A는 식(9.56)으로 주어지는데, 이것은 실수이므로 제곱근 안의 부호가 양(+)이라야 한다. 곧

$$\left(\frac{m_B}{m_A}\right)^2 - \sin^2\theta_A \geq 0 \qquad \therefore\ \sin^2\theta_A \leq \left(\frac{m_B}{m_A}\right)^2 \tag{9.57}$$

라야 한다. 여기서 $\frac{m_B}{m_A} < 1$이므로

$$\frac{m_B}{m_A} \equiv \sin\theta_{A;max} \tag{9.58}$$

라 하면 $\theta_{A;max} < \frac{\pi}{2}$이므로

$$\theta_A < \theta_{A;max} = \sin^{-1}\frac{m_B}{m_A} < \frac{\pi}{2} \tag{9.59}$$

가 된다. 이것은 $\theta_{A;max}$이 θ_A의 최댓값(최대 산란각)임을 뜻한다. 따라서 입사입자가 과녁입자보다 무거우면($m_A > m_B$), 입사입자는 항상 **전방**으로 산란되고, 충돌 후 운동량 q_A는 식(9.56)에 의하여 두 개 존재하나 검정되어야 한다.

특히 $\theta_A = 0$이면, 일차원충돌 또는 정면충돌의 경우이다. 이 경우 식(9.56)은

$$q_A = \frac{m_A p_A}{m_A + m_B}\left\{1 \pm \frac{m_B}{m_A}\right\},$$

$$\therefore\ q_A = \left(\frac{m_A \pm m_B}{m_A + m_B}\right) p_A = \begin{cases} p_A & : (+) \\ \left(\dfrac{m_A - m_B}{m_A + m_B}\right) p_A & : (-) \end{cases} \tag{9.60}$$

이다. 여기서 (+), (−)는 식(9.56)에서 제곱근 기호 앞의 부호를 나타낸다. 한편, 식(9.55)는

$$q_B^2 = p_A^2 + q_A^2 - 2p_A q_A = (p_A - q_A)^2 \quad \therefore\ q_B = \pm\sqrt{(p_A - q_A)^2}$$

인데, 여기에 식(9.60)을 대입하면 q_B는

$$q_B = \pm\sqrt{(p_A - q_A)^2} = \begin{cases} 0 & : (+) \\ \pm\left(\dfrac{2m_B}{m_A + m_B}\right) p_A & : (-) \end{cases} \tag{9.61}$$

로 주어진다. 식(9.60) 및 식(9.61)에서 윗줄의 경우, 곧 부호가 (+)인 경우는 충돌하는 경우가 아니다. 부호가 (−)인 경우, 식(9.61)에서 음(−)의 값은 물리적으로 허용되지 않으므로 버려야 한다.

그래서 일차원 또는 정면충돌의 경우($\theta_A = 0$; (−)), 충돌 후 운동량은 각각

$$q_A = \left(\frac{m_A - m_B}{m_A + m_B}\right) p_A,\quad q_B = \left(\frac{2m_B}{m_A + m_B}\right) p_A \quad (m_A > m_B,\ \theta_A = 0) \tag{9.62}$$

로 주어진다. 또, 식(9.53) 또는 식(9.54)로부터 $\theta_B = 0$임이 확인된다.

② $m_A = m_B$: 이 경우 식(9.58)에 의하여 $\theta_{A;\,max} = \dfrac{\pi}{2}$이므로 입사입자는 **전방**으로 산란된다.

충돌 후 운동량 q_A는 식(9.56)에 의하여

$$q_A = \frac{p_A}{2}\{\cos\theta_A \pm \cos\theta_A\} = \begin{cases} p_A \cos\theta_A & : (+) \\ 0 & : (-) \end{cases}$$

가 되고, q_B는 식(9.55)에 의하여

$$q_B = \begin{cases} \pm p_A \sin\theta_A & : (+) \\ \pm p_A & : (-) \end{cases}$$

이다. 여기서 음(−)의 값은 물리적으로 허용되지 않으므로

$$q_B = \begin{cases} p_A \sin\theta_A : (+) \\ p_A \quad\quad : (-) \end{cases}$$

이다. 윗식에서 부호(−)의 경우는 $\theta_A = 0$이면 정면충돌현상이나 $\theta_A \neq 0$이면 충돌현상이 아니다. (+)의 경우, 충돌 후 운동량은 각각

$$q_A = p_A \cos\theta_A,\quad q_B = p_A \sin\theta_A$$

이다. 여기서 $p_A^2 = q_A^2 + q_B^2$임을 알 수 있다. 이것은, 운동량 보존의 식(9.51)

$$\vec{p}_A = \vec{q}_A + \vec{q}_B$$

를 고려하면, 피타고라스 정리에 의하여, 충돌 후 운동량 $\vec{q}_A$ 및 $\vec{q}_B$ 또는 충돌 후 속도 $\vec{v}_A$ 및 $\vec{v}_B$가 서로 직교함을 뜻한다. 곧

$$\theta_A + \theta_B = \frac{\pi}{2}$$

이다(**예제 4.12** 참조).

③ $m_A < m_B$: 이 경우 식(9.56)으로 주어지는 운동량 q_A가 실수이기 위한 조건 식(9.57)은 어떤 각 θ_A에 대해서도 만족된다. 따라서 물리적으로 θ_A는 $0 < \theta_A \leq \pi$의 어떤 값도 허용된다. 곧 입사입자가 과녁입자보다 가벼우면 입사입자는 경우에 따라 충돌 후 전방 $\left(\theta_A \leq \frac{\pi}{2}\right)$뿐만 아니라 후방 $\left(\pi \geq \theta_A > \frac{\pi}{2}\right)$으로도 산란된다.

특히 $\theta_A = \pi$인 경우, 식(9.56)은

$$q_A = \frac{m_A p_A}{m_A + m_B}\left\{-1 \pm \frac{m_B}{m_A}\right\} = \begin{cases} -\dfrac{m_A - m_B}{m_A + m_B} p_A : (+) \\ -p_A \quad\quad\quad\quad : (-) \end{cases}$$

가 된다. 한편, 식(9.55)는

$$q_B^2 = p_A^2 + q_A^2 + 2p_A q_A = (p_A + q_A)^2 \quad \therefore\ q_B = p_A + q_A$$

이다. 여기에 위의 결과를 대입하면

$$q_B = p_A + q_A = \begin{cases} \dfrac{2m_B}{m_A + m_B} p_A : (+) \\ 0 \quad\quad\quad\quad : (-) \end{cases}$$

를 얻는다. 여기서 부호(−)의 경우는 충돌의 경우가 아니므로 부호(+)의 경우만 허용

된다(식(9.61) 및 식(9.60) 참조). 따라서

$$q_{\mathrm{A}}=\frac{m_{\mathrm{B}}-m_{\mathrm{A}}}{m_{\mathrm{A}}+m_{\mathrm{B}}}p_{\mathrm{A}},\ \ q_{\mathrm{B}}=\frac{2m_{\mathrm{B}}}{m_{\mathrm{A}}+m_{\mathrm{B}}}p_{\mathrm{A}}\quad (m_{\mathrm{A}}<m_{\mathrm{B}},\ \theta_{\mathrm{A}}=\pi)$$

가 된다. 이 결과를 식(9.62)와 비교하여 보아라.

9.5.2 질량중심 좌표계에서 본 충돌 문제

이제까지 두 입자의 충돌 $\mathrm{A}+\mathrm{B}\rightarrow\mathrm{A}+\mathrm{B}$를 실험실 좌표계에서 고찰하였다. 이제 보다 더 간편한 질량중심 좌표계에서 고찰하고, 두 좌표계 사이의 변환관계를 알아본다. 질량중심 좌표계에서 물리량의 문자기호는 해당 기호의 오른쪽 어깨에 "′ (prime)" 표시를 하기로 한다.

두 입자의 질량중심의 속도 $\vec{v}_{\mathrm{CM}}$은

$$\vec{v}_{\mathrm{CM}}=\frac{m_{\mathrm{A}}\vec{u}_{\mathrm{A}}}{m_{\mathrm{A}}+m_{\mathrm{B}}}=\frac{\vec{p}_{\mathrm{A}}}{m_{\mathrm{A}}+m_{\mathrm{B}}} \tag{9.63}$$

이다. 이 입자계는 고립계(외떨어진 계)이므로 질량중심 속도는 일정하다. 질량중심 좌표계에서 각 입자의 충돌 전, 후의 속도는 각각

$$\vec{u}_{\mathrm{A}}{}'=\vec{u}_{\mathrm{A}}-\vec{v}_{\mathrm{CM}},\ \ u_{\mathrm{B}}{}'=-v_{\mathrm{CM}}\ ; \tag{9.64}$$

$$\vec{v}_{\mathrm{A}}{}'=\vec{v}_{\mathrm{A}}-\vec{v}_{\mathrm{CM}},\ \ \vec{v}_{\mathrm{B}}{}'=\vec{v}_{\mathrm{B}}-\vec{v}_{\mathrm{CM}} \tag{9.65}$$

이다.

충돌에서 운동량이 보존된다. 특히 질량중심 좌표계에서 총 운동량은 0이다. 곧

$$\text{운동량 보존}:\ \vec{p}_{\mathrm{A}}{}'+\vec{p}_{\mathrm{B}}{}'=\vec{q}_{\mathrm{A}}{}'+\vec{q}_{\mathrm{B}}{}'=0 \tag{9.66}$$

이다. 따라서 실험실 좌표계에서는 그렇지 않더라도, 질량중심 좌표계에서 보면 충돌 전 두 입자는 한 직선을 따라 서로 가까워지고, 충돌 후에도 한 직선을 따라서 멀어져간다.

특히 탄성충돌의 경우에는 운동에너지가 보존되므로

$$\text{운동에너지 보존}:\ \frac{p_{\mathrm{A}}{}'^2}{2m_{\mathrm{A}}}+\frac{p_{\mathrm{B}}{}'^2}{2m_{\mathrm{B}}}=\frac{q_{\mathrm{A}}{}'^2}{2m_{\mathrm{A}}}+\frac{q_{\mathrm{B}}{}'^2}{2m_{\mathrm{B}}} \tag{9.67}$$

의 관계식을 얻는다. 식(9.66)으로부터

$$|\vec{p}_{\mathrm{A}}{}'|=|\vec{p}_{\mathrm{B}}{}'|,\ \ |\vec{q}_{\mathrm{A}}{}'|=|\vec{q}_{\mathrm{B}}{}'| \tag{9.68}$$

의 관계식을 얻고, 이를 식(9.67)에 고려하면

$$\left(\frac{1}{2m_{\rm A}}+\frac{1}{2m_{\rm B}}\right)p_{\rm A}'^2=\left(\frac{1}{2m_{\rm A}}+\frac{1}{2m_{\rm B}}\right)q_{\rm A}'^2$$
$$\therefore\ |\vec{p}_{\rm A}'|=|\vec{q}_{\rm A}'| \tag{9.69}$$

를 얻는다. 따라서 식(9.68) 및 식(9.69) 그리고 식(9.64) 및 식(6.63)으로부터

$$|\vec{p}_{\rm A}'|=|\vec{p}_{\rm B}'|=|\vec{q}_{\rm A}'|=|\vec{q}_{\rm B}'| \qquad (\text{탄성충돌})$$
$$=\frac{m_{\rm B}}{m_{\rm A}+m_{\rm B}}|\vec{p}_{\rm A}|=\frac{m_{\rm A}m_{\rm B}}{m_{\rm A}+m_{\rm B}}|\vec{u}_{\rm A}|=\mu|\vec{u}_{\rm A}| \tag{9.70}$$

의 관계식을 얻는다. 곧 탄성충돌에 관여하는 모든 입자들의 충돌 전, 후의 운동량의 크기는 질량중심 좌표계에서 보면 모두 서로 같다. 따라서 **그림 9.3(b)**에서 보는 바와 같이

> **탄성충돌을 하는 두 입자를 질량중심 좌표계에서 보면 충돌 전, 후의 운동량의 크기는 서로 같고, 충돌 전에는 한 직선을 따라서 서로 가까워지고, 충돌 후에도 한 직선을 따라서 서로 멀어져간다.**

한편, 탄성충돌을 하는 입자들의 속도 사이에는, 식(9.70)에 의하여,

$$|\vec{u}_{\rm A}'|=|\vec{v}_{\rm A}'|=\frac{m_{\rm B}}{m_{\rm A}}|\vec{v}_{\rm CM}|,\ \ |\vec{u}_{\rm B}'|=|\vec{v}_{\rm B}'|=|\vec{v}_{\rm CM}| \quad (\text{탄성충돌}) \tag{9.71}$$

의 관계식이 성립함을 알 수 있다.

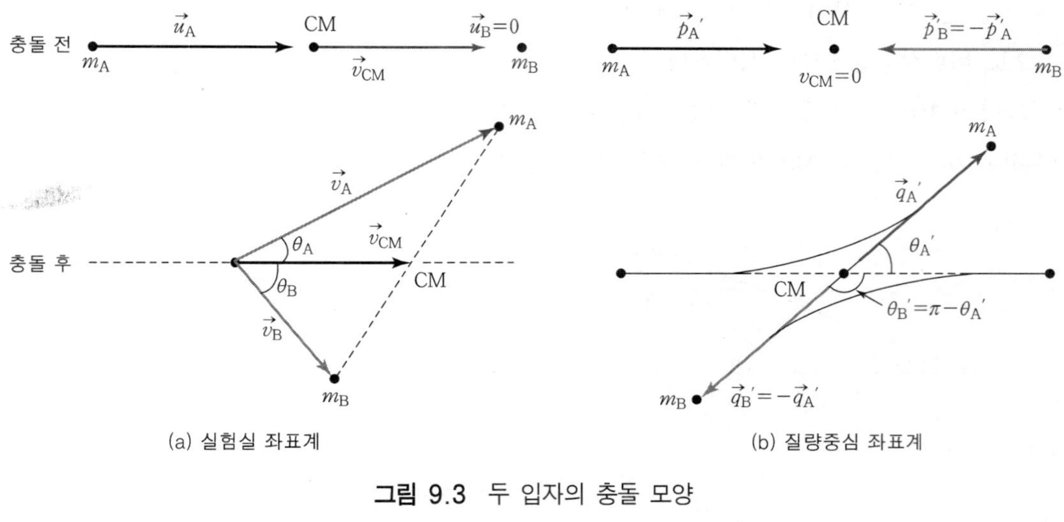

그림 9.3 두 입자의 충돌 모양

○ 실험 및 질량중심 좌표계 사이의 변환

입자들의 질량중심 및 실험실 좌표계에서 속도들 사이에는 식(9.64) 및 식(9.65)와 같은 관계식이 있다. 특히 입사입자 A의 충돌 후의 속도들 사이에는

$$\vec{v}_A{}' = \vec{v}_A - \vec{v}_{CM} \quad \text{또는} \quad \vec{v}_A = \vec{v}_{CM} + \vec{v}_A{}' \tag{9.72}$$

의 관계가 있으므로, 두 좌표계에서 입자 A의 산란각을 각각 θ_A, $\theta_A{}'$이라 하면 이들 벡터들 사이의 관계는 **그림 9.4(a)**와 같다. 그들 속도의 질량중심 속도 $\vec{v}_{CM}$에 수직 성분 및 나란한 성분들 사이에는

$$\text{수직 성분} \ : v_A \sin\theta_A = v_A{}' \sin\theta_A{}', \tag{9.73}$$

$$\text{나란한 성분} : v_A \cos\theta_A = v_{CM} + v_A{}' \cos\theta_A{}' \tag{9.74}$$

의 관계식이 성립한다. 여기서 v_A를 소거하면

$$\tan\theta_A = \frac{\sin\theta_A{}'}{\gamma + \cos\theta_A{}'} \ ; \ \gamma \equiv \frac{v_{CM}}{v_A{}'} \tag{9.75}$$

를 얻는다. 여기서 γ는, 탄성충돌의 경우 식(9.71)에 의하여,

$$\gamma \equiv \frac{v_{CM}}{v_A{}'} = \frac{m_A}{m_B} \quad \text{(탄성충돌)}$$

로 주어진다.

식(9.72) 또는 식(9.73), 식(9.74) 및 식(9.75)는 두 좌표계 사이의 변환 관계를 나타내는 것으로 비탄성충돌에서도 성립한다.

그림 9.4(b)는 두 입자가 탄성충돌한 후의 속도들{ $\vec{v}_A$, $\vec{v}_A{}'$; $\vec{v}_B$, $\vec{v}_B{}'$} 사이의 관계를 나타낸다. 이 그림으로부터 아래 사실을 알 수 있다.

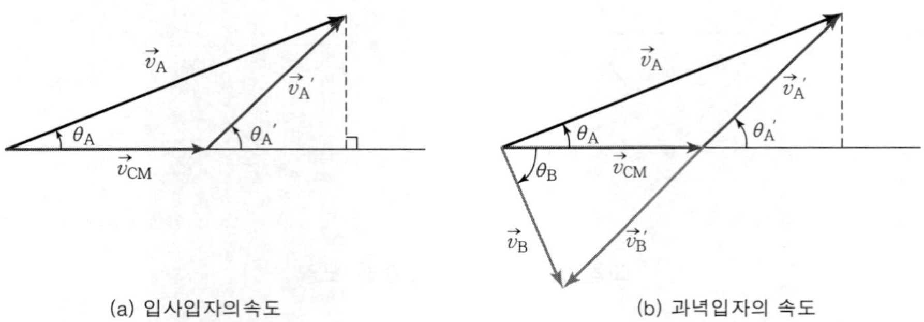

(a) 입사입자의속도 (b) 과녁입자의 속도

그림 9.4 실험실 및 질량중심 좌표계에서 충돌 후 속도벡터들 사이의 관계

① 질량중심 좌표계에서 총 운동량이 0이므로 두 속도벡터 $\vec{v}_A'$, $\vec{v}_B'$는 같은 직선상에 있으며, 방향이 서로 반대이다. 한편 $|\vec{v}_B'|=|\vec{v}_{CM}|$이다(식(9.71) 참조).

② 각 θ_A'이 변함에 따라 속도벡터 $\vec{v}_A'$의 방향이 바뀐다. $\vec{v}_A'$이 회전함에 따라 속도벡터 $\vec{v}_B'$도 회전한다. 이때 $\vec{v}_A'$ 화살표의 끝점(화살촉)이 질량중심 속도벡터 $\vec{v}_{CM}$의 화살표의 끝점(화살촉)을 중심으로 하고 v_A'을 반지름으로 하는 원을 그리는 동안, 속도벡터 $\vec{v}_B'$의 화살촉은 반지름 v_B'의 동심원을 그린다(**그림 9.5** 참조).

③ 탄성충돌 후 실험실 좌표계에서 두 입자의 속도는 코사인 제2법칙에 의하여 각각

$$v_A=\sqrt{v_{CM}{}^2+v_A'^2+2v_{CM}\,v_A'\cos\theta_A'},\quad v_B=\sqrt{v_{CM}{}^2+v_B'^2-2v_{CM}\,v_B'\cos\theta_A'}$$

으로 주어진다(부록 D.13-1 참조). 여기에 식(9.71)을 고려하면

$$v_A=v_{CM}\sqrt{1+\left(\frac{m_B}{m_A}\right)^2+2\left(\frac{m_B}{m_A}\right)\cos\theta_A'} \tag{9.76}$$

$$v_B=2v_{CM}\sin\frac{\theta_A'}{2} \tag{9.77}$$

가 된다.

예제 9.9 탄성충돌 후 과녁입자 속도의 방향

탄성충돌 후 과녁입자의 속도벡터가 입사 방향과 이루는 각 θ_B는

$$\theta_B=\frac{\pi}{2}-\frac{\theta_A'}{2}$$

임을 보여라.

풀이 | **그림 9.4(b)**에서, 속도벡터 $\vec{v}_B$, $\vec{v}_B'$의 $\vec{v}_{CM}$에 수직 성분 및 나란한 성분들 사이에는

수직 성분 : $v_B\sin\theta_B=v_B'\sin\theta_A'$,

나란한 성분 : $v_B\cos\theta_B=v_{CM}-v_B'\cos\theta_A'$

의 관계식이 성립함을 알 수 있다. 이 두 식에서 v_B를 소거하면

$$\tan\theta_B=\frac{\sin\theta_A'}{\dfrac{v_{CM}}{v_B'}-\cos\theta_A'} \tag{9.78}$$

를 얻는다. 이 관계식은 비탄성충돌에서도 성립한다. 탄성충돌의 경우, 식(9.71)에 의하여 $\dfrac{v_{CM}}{v_B'}=1$이므로 식(9.78)은

$$\tan\theta_B = \frac{\sin\theta_A'}{1-\cos\theta_A'} \tag{9.79}$$

가 된다. 여기서

$$\sin\theta_A' = 2\sin\frac{\theta_A'}{2}\cos\frac{\theta_A'}{2}, \quad 1-\cos\theta_A' = 2\sin^2\frac{\theta_A'}{2}$$

임을 고려하면, 식(9.79)는

$$\tan\theta_B = \cot\frac{\theta_A'}{2} \qquad \therefore\ \theta_B = \frac{\pi}{2} - \frac{\theta_A'}{2}$$

를 얻는다.

이는 **그림 9.4(b)**에서도 확인된다. 세 벡터 $\{\vec{v}_B, \vec{v}_B', \vec{v}_{CM}\}$가 이루는 삼각형은 이등변 삼각형이다. 따라서 $2\theta_B + \theta_A' = \pi$이므로 $\theta_B = \frac{\pi}{2} - \frac{\theta_A'}{2}$이다.

○ 질량중심 좌표계에서 탄성충돌 분석

실험실 및 질량중심 좌표계 사이의 변환관계를 나타내는 **그림 9.4(b)**를 이용하면 탄성충돌을 쉽게 분석할 수 있다. 몇 가지 특수한 경우, ❶ $\gamma > 1$, ❷ $\gamma = 1$, ❸ $\gamma < 1$로 나누어서 생각해 보자. **그림 9.5**는 **그림 9.4(b)**를 위의 세 경우로 나누어서 나타낸 것이다.

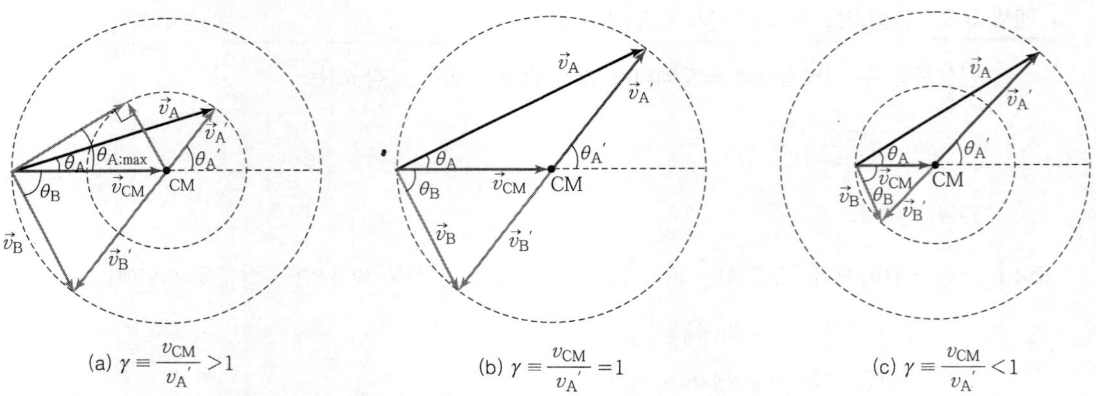

그림 9.5 탄성충돌 후 실험실 및 질량중심 좌표계에서 속도들 사이의 관계

❶ $\gamma \equiv \frac{v_{CM}}{v_A'} = \frac{m_A}{m_B} > 1$: 이 경우 탄성충돌 후 속도들$\{\vec{v}_A, \vec{v}_A' ; \vec{v}_B, \vec{v}_B'\}$ 사이의 관계는 **그림 9.5(a)**와 같다. 이 그림으로부터 아래 사실을 읽어낼 수 있다.

① 각 θ_A'이 $0 < \theta_A' \le \pi$의 범위 내에서 변할 때 각 θ_A에는 최댓값 $\theta_{A;max}$이 존재한다. 곧 각 θ_A는 $0 < \theta_A \le \theta_{A;max}$ 범위 내에 있다. 그 최댓값 $\theta_{A;max}$는

$$\sin\theta_{A;\,max} = \frac{v_A'}{v_{CM}} = \frac{m_B}{m_A} = \frac{1}{\gamma}$$

에 의하여 결정된다. 최댓값 $\theta_{A;\,max}$는 $\theta_{A;\,max} < \frac{\pi}{2}$이므로 입사입자는 전방으로 산란된다(식(9.58) 및 식(9.57) 참조).

② 실험실 좌표계에서 두 입자가 입사 방향과 이루는 각 θ_A, θ_B의 합은 $\frac{\pi}{2}$보다 작다. 곧

$$\theta_A + \theta_B < \frac{\pi}{2}$$

이다. 따라서 두 입자는 탄성충돌 후 모두 전방으로 산란된다.

③ 실험실 좌표계에서 충돌 후 입자의 속도는 그림에 코사인 제2법칙을 적용하면, 식(9.76) 및 식(9.77)로 주어진다.

$\theta_A' = 0$인 경우에는 충돌 후 속도는, 식(9.71) 및 식(9.63)을 고려하면,

$$v_A = v_{CM} + v_A' = u_A, \quad v_B = 0$$

가 되고, 식(9.75)에 의하여 $\theta_A = 0$이다. 따라서 이 경우는 충돌현상이 아니다.

$\theta_A' = \pi$인 경우에는 $v_A = v_{CM} - v_A'$, $v_B = 2v_{CM}$이 되는데, 식(9.71) 및 식(9.63)을 고려하면

$$v_A = v_{CM} - v_A' = \frac{m_A - m_B}{m_A + m_B}u_A, \quad v_B = 2\,v_{CM} = \frac{2m_A}{m_A + m_B}u_A$$

이고 $\theta_A = 0$이므로 이 경우는 정면충돌이다.

❷ $\gamma \equiv \frac{v_{CM}}{v_A'} = \frac{m_A}{m_B} = 1$: 이 경우 속도벡터들 사이의 관계는 **그림 9.5(b)**와 같다. 이 그림으로부터 아래 사실을 읽어낼 수 있다.

① 그림에서 $\theta_A = \frac{\theta_A'}{2}$임을 알 수 있다. 따라서 각 θ_A'이 $0 < \theta_A' \le \pi$의 범위 내에서 변할 때 각 θ_A는 $0 < \theta_A \le \frac{\pi}{2}$의 범위 내에서 변하므로 입사입자는 전방으로 산란된다.

② 실험실 좌표계에서 두 각 θ_A, θ_B의 합은 $\theta_A + \theta_B = \frac{\pi}{2}$이다. 곧 탄성충돌 후 두 입자의 속도벡터는 서로 수직이다. 따라서 전방으로 산란된다.

③ 충돌 후 속도는 $v_A' = v_B' = v_{CM}$이다. 따라서 코사인 제2법칙을 적용하면 실험실 좌표계에서 속도 v_A, v_B는

$$v_A = v_{CM}\sqrt{2(1+\cos\theta_A')} = 2\,v_{CM}\cos\frac{\theta_A'}{2} = u_A\cos\theta_A,$$

$$v_B = v_{CM}\sqrt{2(1-\cos\theta_A')} = 2\,v_{CM}\sin\frac{\theta_A'}{2} = u_A\sin\theta_A$$

가 된다. 여기서 $m_A = m_B$인 경우 $v_{CM} = \frac{u_A}{2}$, $\theta_A = \frac{\theta_A'}{2}$를 이용하였다.

❸ $\gamma \equiv \frac{v_{CM}}{v_A'} = \frac{m_A}{m_B} < 1$: 이 경우 속도벡터들 사이의 관계는 **그림 9.5(c)**와 같다. 이 그림으로부터 아래 사실을 읽어낼 수 있다.

① 각 θ_A'이 $0 < \theta_A' \le \pi$의 범위 내에서 변할 때 각 θ_A도 $0 < \theta_A \le \pi$의 범위 내에서 변한다. 따라서 입사입자는 모든 방향으로 산란될 수 있다.

② 두 각 θ_A, θ_B의 합은 $\theta_A + \theta_B > \frac{\pi}{2}$이다.

③ 실험실 좌표계에서 충돌 후 입자의 속도는 그림에 코사인 제2법칙을 적용하면 식(9.76) 및 식(9.77)로 주어진다.

이제까지 질량중심 좌표계를 이용한 **그림 9.5**를 분석하여 실험실 좌표계에서 얻은 것과 같은 결론을 쉽게 얻을 수 있었다. 이와 같이 질량중심 좌표계를 이용하면 문제가 간편하게 풀 수 있는 경우가 많다.

예제 9.10 정면탄성충돌

$\gamma \equiv \frac{v_{CM}}{v_A'} = \frac{m_A}{m_B} < 1$인 경우, $\theta_A' = 0$ 및 $\theta_A' = \pi$에서 탄성충돌 후 각 입자의 실험실 좌표계에서 속도를 구하고 분석하라.

풀이 | **그림 9.5(c)**에서 $\theta_A' = 0$이면 $v_A = v_{CM} + v_A'$, $v_B = 0$인데, 여기에 식(9.71) 및 식(9.63)을 고려하면

$$v_A = v_{CM} + v_A' = u_A,\quad v_B = 0$$

가 되고, $\theta_A = 0$이므로, 이 경우는 충돌현상이 아니다.

$\theta_A' = \pi$의 경우에는 그림에서 $v_A = v_A' - v_{CM}$, $v_B = v_{CM}$이므로

$$v_A = v_A' - v_{CM} = \frac{m_B - m_A}{m_A + m_B}u_A,\quad v_B = v_{CM} = \frac{m_A}{m_A + m_B}u_A$$

이고, $\theta_A = \pi$ 이므로 이 경우는 정면충돌 현상이다.

9.6 중심력마당에서 운동

소단원 6.1에서 케플러의 행성의 운동법칙으로부터 만유인력법칙을 이끌어내는 과정을 살펴보았다. 이제까지의 역학적 법칙으로부터 케플러의 운동법칙 특히 제1법칙(타원궤도의 법칙)을 이끌어내 분석하여 수소원자의 고전적 이해의 바탕을 마련한다.

9.6.1 중심력

소단원 6.1.2절에서 본 만유인력 또는 중력과 같은 힘을 중심력이라 한다. 곧

힘의 작용선이 항상 어떤 하나의 고정점을 지나고 힘의 크기는 고정점으로부터 거리만의 함수일 때 그 힘을 중심력(central force)이라 한다.

중심력은 그 고정점을 향하거나 고정점으로부터 멀어지는 방향이므로 이 고정점은 **힘의 중심**(center of force)이고 중심력은 힘의 중심을 향하거나(인력의 경우) 멀어지는 방향(척력의 경우)으로 작용하기 때문에 붙여진 이름이다. 한 질점이 다른 질점에 힘을 작용하였을 때 힘의 크기는 두질점 사이의 거리에만 관계되고 작용선은 두질점을 잇는 직선과 일치할 때 그 힘은 중심력이다. 중심력의 대표적인 보기는 앞에서 언급한 만유인력, 탄성력, **쿨롱힘** 등이다. 중심력이 작용하는 공간을 **중심력마당**(central force field)이라 한다.

중심력은 아래와 같은 중요한 성질이 있다.

① 중심력의 정의에 의하여 중심력은 일반적으로

$$\vec{F} = \hat{r}F(r) \tag{9.80}$$

로 표현된다. 여기서 $\vec{r}$는 중심력의 중심(원점)으로부터 지름벡터이다.

② 중심력은 보존력이다.

보존력이 물체에 한 일은 이동행로에는 관계없고, 처음 위치 및 나중 위치에 의해서만 결정된다. 또한 식(9.80)으로 표현되는 바와 같이 중심력은 힘의 중심으로부터 지름거리만의 함수이고, 방향은 힘의 중심을 향하거나(인력의 경우) 멀어지는 쪽으로 향한다(척력의 경우).

그림 9.6과 같이 중심력의 중심 O로부터 멀어지는 척력의 중심력 마당에서 점 A에서 점 B에 이르는 두 행로 1, 2를 따라서 중심력이 한 일을 구해 보자. 힘의 중심 O를 중심으로 하고 길이 $\overline{\mathrm{OA}} = r_{\mathrm{A}}$ 및 $\overline{\mathrm{OB}} = r_{\mathrm{B}}$를 반지름으로 하는 두 동심원 사이에 무수히 많은 동심

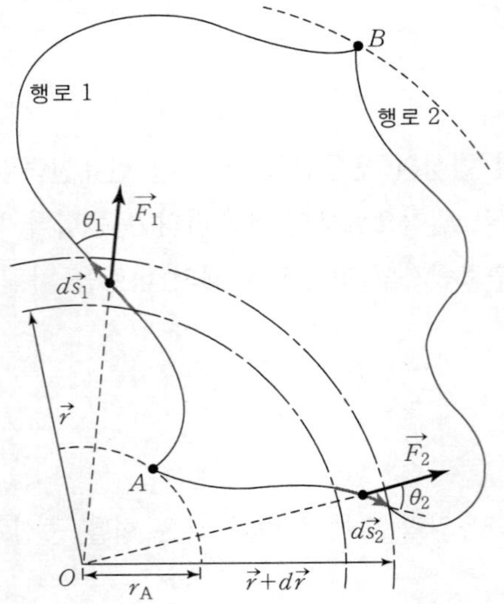

그림 9.6 중심력 마당에서 두 행로 및 변위

원을 그리면 그 동심원들에 의하여 행로가 무수히 많은 변위로 나누어진다. 그 한 변위 $\varDelta\vec{s}_i$와 그 변위에서 힘을 $\vec{F}_i$라 하면 이들의 스칼라곱 $\vec{F}_i \cdot \varDelta\vec{s}_i$들의 합 $\sum_i \vec{F}_i \cdot \varDelta\vec{s}_i$의 $\varDelta\vec{s}_i \to 0$ 극한값

$$\lim_{\varDelta\vec{s}_i \to 0} \sum_i \vec{F}_i \cdot \varDelta\vec{s}_i = \int_A^B \vec{F} \cdot d\vec{s}$$

가 점 A에서 점 B까지 이동하는 동안 힘이 한 일이다.

반지름이 각각 r, $r+dr$인 두 동심원(점선) 사이에 있는 두 행로에의 무한소변위를 각각 $d\vec{s}_1$, $d\vec{s}_2$, 그 변위에서 힘을 각각 $\vec{F}_1$, $\vec{F}_2$라 하면 두 행로의 무한소변위에서 한 일은 각각

$$dW_1 = \vec{F}_1 \cdot d\vec{s}_1 = F_1 ds_{1;\parallel}, \quad dW_2 = \vec{F}_2 \cdot d\vec{s}_2 = F_2 ds_{2;\parallel} \tag{9.81}$$

이다. 여기서 $ds_{1;\parallel}$, $ds_{2;\parallel}$는 각각 변위 $d\vec{s}_1$, $d\vec{s}_2$의 중심력 $\vec{F}_1$, $\vec{F}_2$ 방향의 성분인데, 중심력 $\vec{F}_1$, $\vec{F}_2$ 방향이 모두 반지름 방향이므로

$$ds_{1;\parallel} = ds_{2;\parallel} = dr \tag{9.82}$$

이다. 또, 중심력 $\vec{F}_1$, $\vec{F}_2$의 크기 F_1, F_2는, 중심 O로부터 같은 거리 r에 있으므로 서로 같다. 곧

$$F_1 = F_2 \equiv F(r) \tag{9.83}$$

라 둘 수 있다. 따라서 $dW_1 = dW_2$이므로 두 행로를 따라서 중심력이 한 일은 서로 같다.

$$W_1 = \int_A^B \vec{F}_1 \cdot d\vec{s}_1 = \int_A^B \vec{F}_2 \cdot d\vec{s}_2 = W_2 \tag{9.84}$$

이다. 따라서 중심력마당에서 이루어진 일은 이동행로에는 관계없고 처음 위치 및 나중 위치에 의해서만 결정된다. 곧 중심력은 보존력이다.

③ 중심력의 위치에너지는 힘의 중심으로부터 지름거리 r만의 함수이다. 곧 $U = U(r)$이다.

식(9.84)에 의하여 $W_1 = W_2 \equiv W_{AB}$라 하면, 식(9.82) 및 식(9.83)을 고려하면 식(9.81)은

$$dW_{AB} = F(r)\,dr$$

가 되므로, 중심력 마당의 한 점 A에서 다른 점 B까지 중심력이 한 일은 어느 행로를 택하든지

$$W_{AB} = \int_{r_A}^{r_B} F(r)\,dr$$

로 주어진다. 여기서 적분 $\int F(r)\,dr$의 결과는 r만의 함수이므로

$$\int F(r)\,dr \equiv -U(r)$$

라 두면, 중심력이 한 일 W_{AB}는 처음 및 나중 위치의 중심(원점)으로부터 지름거리 $\overline{OA} = r_A$ 및 $\overline{OB} = r_B$에 의하여 결정된다. 곧

$$W_{AB} = \int_{r_A}^{r_B} F(r)\,dr = -(U(r_B) - U(r_A)) \tag{9.85}$$

가 된다. 이를 식(3.36)과 비교하면 $U(r)$는 중심력 마당에서 위치에너지임을 알 수 있다. 역시 한 일은 위치에너지의 감소량과 같다. 점 A를 위치에너지의 기준점으로 택하면, 점 B의 위치에너지는

$$U(r_B) = -\int_{기준점}^{r_B} F(r)\,dr$$

가 된다. 따라서, 일반적으로 위치벡터가 $\vec{r}$인 중심력 마당의 한 점에서 위치에너지는

$$U(r) = -\int_{기준점}^{r} F(r)\,dr \tag{9.86}$$

로 주어진다. 곧 중심력의 위치에너지는 중심(원점)으로부터 지름거리 r만의 함수이다.

식(9.86)을 미분형으로 표현하면

$$dU(r) = -F(r)\,dr$$

가 된다(식(3.37) 참조).

④ 중심력 마당에서 중심에 대한 각운동량은 보존된다.

중심력은 식(9.80)으로 표현되므로 중심력의 중심(원점)에 대한 돌림힘은

$$\vec{\tau} = \vec{r} \times \vec{F} = \vec{r} \times \hat{r} F(r) = 0$$

이다. 따라서 각운동량 정리식(8.164)에 의하여 각운동량이 보존된다. 곧

$$\vec{L} = \vec{r} \times \vec{p} = \vec{r} \times m\vec{v} = (\text{일정}) \tag{9.87}$$

이다. 따라서 크기 $L = r_{\perp}\, p = r p_{\perp}$가 일정하며, 그 방향도 변하지 않고 일정하게 유지된다.

9.6.2 중심력마당에서 질점의 운동

중심력마당에서 힘의 중심에 대한 질점의 각운동량벡터 $\vec{L}$은 식(9.87)에 의하여 위치벡터 $\vec{r}$ 및 운동량벡터 $\vec{p}$ (또는 속도벡터 $\vec{v}$)로 이루어지는 평면에 수직인데, 이 각운동량벡터가 보존된다. 따라서 각운동량벡터의 크기뿐만 아니라 방향도 항상 일정하므로, 중심력마당에서의 운동은 항상 일정한 평면 내에서 일어난다. 곧

중심력에 의한 운동은 공간운동이더라도 각운동량벡터에 수직인 평면에서의 평면운동이다.

○ 면적속도 일정의 법칙

중심력마당에서 위치벡터가 $\vec{r}(t)$인 질점이 시간이 Δt지난 뒤 위치벡터가 $\vec{r}(t+\Delta t)$라 하면 변위벡터는 $\Delta\vec{r}(t) = \vec{r}(t+\Delta t) - \vec{r}(t)$가 된다. 이 시간 동안에 위치벡터가 스치고 지나간 면적 ΔA는 두 벡터의 벡터곱의 정의식(8.154)에 의하여

$$\Delta A \cong \frac{1}{2} |\vec{r}(t) \times \Delta\vec{r}(t)|$$

로 어림된다(**그림 9.7** 참조). 한편, 변위벡터 $\Delta\vec{r}(t)$는 속도를 $\vec{v}(t)$라 하면 $\Delta\vec{r}(t) \cong v(t)\,\Delta t$로 어림되므로

$$\Delta A \cong \frac{1}{2} |\vec{r}(t) \times \vec{v}(t)\,\Delta t| = \frac{1}{2m} |\vec{r}(t) \times m\vec{v}(t)\,\Delta t| = \frac{1}{2m} |\vec{L}| \Delta t$$

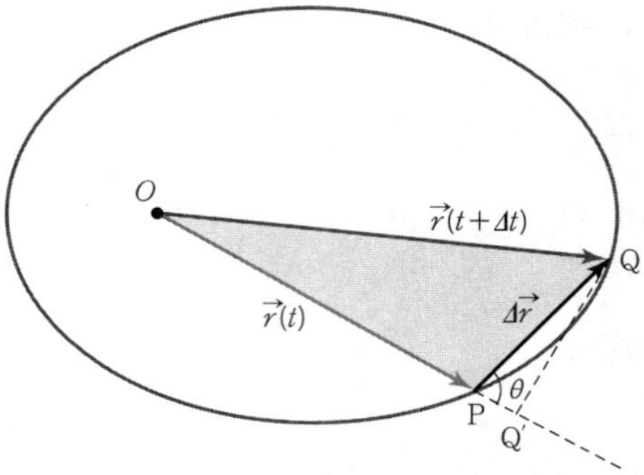

그림 9.7 중심력에 의한 운동의 면적속도

로 주어진다. 그러므로 위치벡터가 스치고 지나간 면적속도는

$$\frac{\Delta A}{\Delta t} \cong \frac{1}{2m}|\vec{L}| \quad \text{또는} \quad \frac{dA}{dt} = \lim_{\Delta t \to 0}\frac{\Delta A}{\Delta t} = \frac{1}{2m}|\vec{L}| \tag{9.88}$$

로 주어진다. 중심력에 의한 운동의 경우, 각운동량 보존되므로 ($|\vec{L}|=$(일정))

$$\frac{dA}{dt} = (\text{일정}) \tag{9.89}$$

을 얻는다. 곧

중심력에 의한 운동에서 면적속도는 일정하다.

이것은 바로 케플러의 제2법칙이다.

○ 운동상수

중심력이 보존력이므로 중심력마당에서 질점이 운동할 때 역학적 에너지

$$\frac{1}{2}mv^2 + U = E \tag{9.90}$$

가 보존된다. 여기서 $v^2 = \vec{v}\cdot\vec{v}$이고, E는 질점의 에너지로 일정한 상수이다.

중심력마당에서 질점의 운동은 공간운동이더라도, 각운동량에 수직인 평면 내에서의 평면 운동이므로 좌표계는 평면극좌표계를 택하는 것이 편리하다.

평면극좌표(r, θ)로 표현하면 속도벡터는

$$\vec{v} = \hat{r}\frac{dr}{dt} + \hat{\theta}\frac{d\theta}{dt}r \tag{9.91}$$

로 주어진다(식(1.30) 참조). 따라서

$$v^2 = \vec{v} \cdot \vec{v} = \left(\hat{r}\frac{dr}{dt} + \hat{\theta}\frac{d\theta}{dt}r\right) \cdot \left(\hat{r}\frac{dr}{dt} + \hat{\theta}\frac{d\theta}{dt}r\right)$$
$$= \left(\frac{dr}{dt}\right)^2 + r^2\left(\frac{d\theta}{dt}\right)^2$$

이므로, 에너지방정식(9.90)은

$$\frac{1}{2}m\left\{\left(\frac{dr}{dt}\right)^2 + r^2\left(\frac{d\theta}{dt}\right)^2\right\} + U(r) = E \tag{9.92}$$

또는

$$\frac{1}{2}mv_r^2 + \frac{1}{2}mv_\theta^2 + U(r) = E \tag{9.93}$$

가 된다. 여기서

$$\frac{dr}{dt} \equiv v_r, \quad r\frac{d\theta}{dt} \equiv v_\theta$$

라 두었는데, 이들은 각각 속도벡터의 지름 성분(r성분), 가로 성분(θ성분)을 나타낸다(식(1.31) 참조).

에너지 E는 질점이 중심력마당에서 운동하는 동안 항상 일정한 상수이다. 이런 상수를 **운동상수**(constant of motion)라 한다. 중심력마당에서 운동상수는 이외에 하나 더 있다. 그것은 각운동량이다.

질점의 속도벡터는 식(9.91)로 주어지므로 질점의 운동량벡터는

$$\vec{p} = m\vec{v} = \hat{r}mv_r + \hat{\theta}mv_\theta = \vec{p}_r + \vec{p}_\theta$$

이다. 여기서

$$\hat{r}mv_r = \hat{r}m\frac{dr}{dt} \equiv \vec{p}_r, \quad \hat{\theta}mv_\theta = \hat{\theta}mr\frac{d\theta}{dt} \equiv \vec{p}_\theta$$

라 두었는데, 이들은 각각 운동량의 지름 성분(r성분) 및 가로 성분(θ성분)벡터이다. 따라서 질점의 힘의 중심(원점)에 대한 각운동량벡터는

$$\vec{L} = \vec{r} \times \vec{p} = \vec{r} \times \hat{r}mv_r + \vec{r} \times \hat{\theta}mv_\theta = \vec{r} \times \hat{\theta}mv_\theta = \hat{L}rmv_\theta$$

가 된다. 여기서 $\vec{r} = \hat{r}r$임을 고려하였으며, $\hat{L} = \hat{r} \times \hat{\theta}$는 각운동량벡터 방향의 단위벡터, 곧 $\hat{L} \equiv \vec{L}/L$인데, z축 방향의 단위벡터 $\hat{k}$와 같다.

중심력마당에서 운동하는 질점의 각운동량벡터는 보존되므로 그 크기도 항상 일정한 상수이다. 이 운동상수를 ℓ 이라 하면

$$|\vec{L}| = rmv_\theta = mr^2 \frac{d\theta}{dt} \equiv \ell \text{ (일정)} \tag{9.94}$$

이다. 이를 고려하면 에너지방정식(9.93)의 왼쪽 둘째 항은

$$\frac{1}{2} m v_\theta^2 = \frac{1}{2} m r^2 \left(\frac{d\theta}{dt} \right)^2 = \frac{\ell^2}{2mr^2}$$

가 되어, 중심력마당에서 각운동량 ℓ, 에너지 E로 운동하는 질점의 에너지방정식은

$$\frac{1}{2} m \left(\frac{dr}{dt} \right)^2 + \frac{\ell^2}{2mr^2} + U(r) = E \text{ (일정)} \tag{9.95}$$

로 주어진다.

○ 궤도미분방정식

에너지방정식(9.95)를 이용하여 중심력마당에서 운동하는 질점의 궤도를 알아보자.
식(9.95)에서

$$\frac{\ell^2}{2mr^2} + U(r) \equiv V(r) \tag{9.96}$$

라 두면(식(6.34) 참조), 질점의 에너지방정식은

$$\frac{1}{2} m v_r^2 + V(r) = E \tag{9.97}$$

의 꼴이 되어 일차원운동의 에너지방정식과 같은 모양이다(식(6.33) 참조). 곧 일차원의 에너지방정식(3.23)에

$$x \to r, \quad U(x) \to V(r)$$

라 놓은 것과 일치한다. 따라서 일차원운동에서와 같은 방법으로 "위치에너지" $V(r)$의 함수 모양만 알면 질점의 지름 방향(r 방향)의 운동 모양을 정성적으로 알 수 있다. 그래서 식(9.96)으로 주어지는 "위치에너지"를 **유효위치에너지**(effective potential energy)라 한다.

에너지방정식(9.97)의 양변을 시간 t에 대해서 미분하면

$$\frac{1}{2} m \frac{d}{dt} v_r^2 + \frac{dV(r)}{dt} = \frac{dE}{dt} \tag{9.98}$$

인데 오른쪽은 에너지 E가 운동상수이므로 $\frac{dE}{dt}=0$이고, 왼쪽 첫째 및 둘째 항은 각각

$$\frac{d}{dt}v_r^2=\frac{dv_r}{dt}\frac{d}{dv_r}v_r^2=\frac{dv_r}{dt}2v_r=2v_r\frac{d^2r}{dt^2},$$

$$\frac{dV(r)}{dt}=\frac{dr}{dt}\frac{dV(r)}{dr}=v_r\frac{dV(r)}{dr}$$

이다. 이들을 식(9.98)에 대입하고 정리하면

$$m\frac{d^2r}{dt^2}=-\frac{dV(r)}{dr} \tag{9.99}$$

를 얻는다. 이 식에서 위치에너지의 위치에 대한 변화율인 오른쪽은 일종의 힘(**유효 힘**: effective force)이므로 이 식은 지름 방향(r 방향)의 운동을 기술하는 방정식이다. 여기서 식(9.96)을 고려하면

$$\begin{aligned}-\frac{dV(r)}{dr}&=-\frac{d}{dr}\left(U(r)+\frac{\ell^2}{2mr^2}\right)\\&=-\frac{dU(r)}{dr}-\frac{\ell^2}{2m}\frac{d}{dr}\left(\frac{1}{r^2}\right)\\&=-\frac{dU(r)}{dr}+\frac{\ell^2}{mr^3}\end{aligned}$$

이 된다. 따라서 식(9.99)는

$$m\frac{d^2r}{dt^2}=-\frac{dU(r)}{dr}+\frac{\ell^2}{mr^3} \tag{9.100}$$

또는

$$m\frac{d^2r}{dt^2}=F(r)+\frac{\ell^2}{mr^3} \tag{9.101}$$

가 된다. 여기서 $F(r)$는

$$F(r)=-\frac{dU(r)}{dr} \tag{9.102}$$

로 질점에 작용하는 중심력이다.

미분방정식(9.100) 또는 식(9.101)은 각운동량이 ℓ인 질점에 위치에너지 $U(r)$ 또는 작용하는 힘이 $F(r)$가 주어질 때 지름 r의 시간에 따른 변화 모양 $r=r(t)$를 결정해준다. 나아가서 $r=r(t)$가 결정되면 식(9.94)에 의하여 각 θ의 시간에 따른 변화 모양 $\theta=\theta(t)$가 결정된다. 곧 미분방정식(9.101) 및 식(9.94)는 운동궤도 모양을 나타내는 매개변수 t를 이용한

곡선의 방정식

$$r = r(t), \quad \theta = \theta(t) \tag{9.103}$$

를 결정해준다.

질점의 운동궤도를 매개변수 t를 이용한 식(9.103)의 꼴로 표현하기보다 지름 r가 직접 각 θ에 따라 변하는 모양, 곧 운동궤도를 지름 r의 각 θ에 대한 함수 $r=r(\theta)$로 표현하는 것이 편리할 때가 있다. 이 경우, 미분방정식(9.101)을 지름 r의 각 θ에 대한 미분방정식으로 표현하는 것이 좋다. 이런 미분방정식을 **궤도미분방정식**(differential equation for orbit)이라 한다.

질점의 궤도미분방정식을 구하기 위하여, 지름 r의 시간 t에 대한 미분을 각 θ에 대한 미분으로 바꾸면

$$\frac{dr}{dt} = \frac{d\theta}{dt}\frac{dr}{d\theta} = \frac{\ell}{mr^2}\frac{dr}{d\theta} \tag{9.104}$$

가 된다. 여기서 식(9.94)를 이용하였다. 이를 한 번 더 반복하면

$$\begin{aligned}\frac{d^2r}{dt^2} &= \frac{d}{dt}\left(\frac{\ell}{mr^2}\frac{dr}{d\theta}\right) = \frac{d\theta}{dt}\frac{d}{d\theta}\left(\frac{\ell}{mr^2}\frac{dr}{d\theta}\right) \\ &= \frac{\ell^2}{m^2r^2}\frac{d}{d\theta}\left(\frac{1}{r^2}\frac{dr}{d\theta}\right)\end{aligned} \tag{9.105}$$

를 얻는다.

식(9.105)를 식(9.101)에 대입하여 조금 정리하면, 궤도미분방정식

$$\frac{\ell^2}{mr^2}\frac{d}{d\theta}\left(\frac{1}{r^2}\frac{dr}{d\theta}\right) - \frac{\ell^2}{mr^3} = F(r)$$

또는

$$\frac{\ell^2}{mr^2}\left(\frac{d^2}{d\theta^2}\left(\frac{1}{r}\right) + \frac{1}{r}\right) = -F(r) \tag{9.106}$$

를 얻는다. 여기서 $r=r(\theta)$이며, $\dfrac{d}{d\theta}\left(\dfrac{1}{r}\right) = -\dfrac{1}{r^2}\dfrac{dr}{d\theta}$ 임을 이용하였다.

한 걸음 더 나아가 지름 $r(\theta)$ 대신에

$$u(\theta) = \frac{1}{r(\theta)}$$

로 정의되는 $u(\theta)$를 도입하면 궤도미분방정식은 보다 더 간단하게 된다. 곧 식(9.106)은

$$\frac{\ell^2}{m}u^2\left(\frac{d^2u}{d\theta^2} + u\right) = -F\left(\frac{1}{u}\right) \tag{9.107}$$

가 된다.

궤도미분방정식(9.107)에 중심력 $F(r)$가 주어지면 이 방정식을 풀어서 각 θ의 함수인 u 또는 r를 얻는다. 역으로 지름 r가 각 θ에 따라 변하는 모양 $r=r(\theta)$가 주어지면 이를 식(9.107)에 대입하여 정리하면 질점에 작용하는 중심력 $F=F\left(\frac{1}{u}\right)=F(r)$의 모양을 알 수 있다.

○ 운동궤도의 일반적 모양

궤도미분방정식(9.107)은 변환 $\theta\to-\theta$에 대해서 불변이다. 따라서 중심력마당에서 궤도는

$\theta=0$인 각의 기준선에 대해서 대칭이다. 각의 기준선($\theta=0$)은 대개 최대($r=r_{\max}$)이거나 최소($r=r_{\min}$)인 지름으로 잡을 수도 있다. 따라서

중심력마당에서 운동궤도는 최대인 지름($r=r_{\max}$)이나 최소인 지름($r=r_{\min}$)에 대해서 대칭이다.

그림 9.8은 중심력마당에서 운동하는 입자의 궤도 모양을 나타낸다. 운동궤도가 $r=r_{\max}$ 및 $r=r_{\min}$에 대해서 대칭임을 나타낸다.

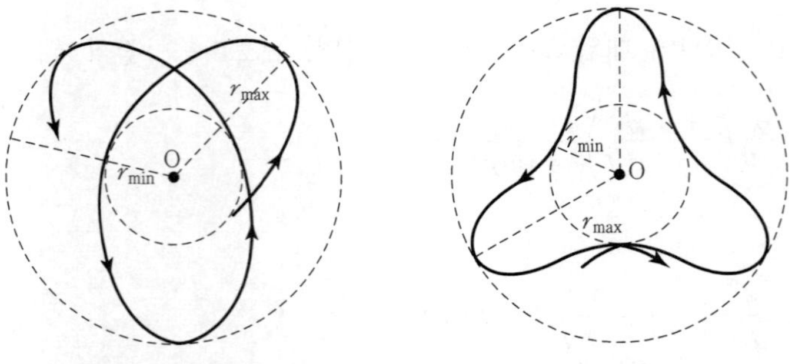

그림 9.8 중심력마당에서 운동궤도의 대칭성

예제 9.11 궤도의 에너지방정식

중심력마당에서 질점의 에너지방정식(9.92)를 r의 θ에 대한 미분의 꼴로 바꾸어라.

풀이 | 식(9.104)를 식(9.95)에 대입하고 정리하면

$$\frac{\ell^2}{2m}\left\{\left(\frac{1}{r^2}\frac{dr}{d\theta}\right)^2+\frac{1}{r^2}\right\}+U(r)=E$$

를 얻는다. 여기에 $u=1/r$를 도입하면 더 간단하게 된다. 곧

$$\frac{dr}{d\theta}=\frac{d}{d\theta}\left(\frac{1}{u}\right)=-\frac{1}{u^2}\frac{du}{d\theta}$$

이므로

$$\frac{\ell^2}{2m}\left\{\left(\frac{du}{d\theta}\right)^2+u^2\right\}+U\left(\frac{1}{u}\right)=E \tag{9.108}$$

이 된다.

이 방정식에 위치에너지 U가 주어지면, 이 방정식을 풀어서 궤도 $u=u(\theta)$ 또는 $r=r(\theta)$를 얻고, 역으로 궤도 $r=r(\theta)$ 또는 $u=u(\theta)$가 주어지면 이를 각 θ에 대해서 한 번 미분한 것을 이 방정식에 대입하여 위치에너지 $U(r)$가 얻어진다. 그래서 이 방정식을 **궤도의 에너지방정식** (energy equation of orbit)이라 한다.

예제 9.12 나선궤도운동

중심력마당에서 지름 r가 각 θ에 따라 변하는 모양이 $r=\varkappa\theta^2$($\varkappa$: 상수)의 함수 모양으로 기술되는 입자가 있다. 이런 운동을 나선궤도운동이라 한다.

① 중심력의 함수 $F=F(r)$의 꼴을 구하라.

② 각 θ가 시간에 따라 변하는 모양을 나타내는 함수 $\theta=\theta(t)$를 구하라.

③ 이 중심력마당의 위치에너지함수 $U(r)$를 구하고, ①의 결과를 확인하라.

풀이 ① 질점이 나선궤도 $r=\varkappa\theta^2$로 운동하는 경우, 궤도미분방정식(9.107)에서

$$\frac{du}{d\theta}=\frac{d}{d\theta}\left(\frac{1}{r}\right)=\frac{1}{\varkappa}\frac{d}{d\theta}\left(\frac{1}{\theta^2}\right)=-\frac{2}{\varkappa}\frac{1}{\theta^3}, \tag{9.109}$$

$$\frac{d^2u}{d\theta^2}=\frac{d}{d\theta}\left(-\frac{2}{\varkappa}\frac{1}{\theta^3}\right)=-\frac{2}{\varkappa}\frac{d}{d\theta}\left(\frac{1}{\theta^3}\right)=\frac{6}{\varkappa\theta^4}=\frac{6\varkappa}{r^2} \tag{9.110}$$

이므로, 이 결과를 식(9.107)에 대입하여 정리하면

$$F(r)=-\frac{\ell^2}{m}\left(\frac{6\varkappa}{r^4}+\frac{1}{r^3}\right)$$

을 얻는다. 곧 지름이 각변위 제곱에 비례하는 나선궤도운동을 하는 질점에 작용하는 중심력은 인력으로, 지름의 역네제곱법칙의 힘 및 역세제곱법칙의 힘의 결합이다.

② 식(9.94)로부터

$$\frac{d\theta}{dt}=\frac{\ell}{mr^2}=\frac{\ell}{m\varkappa^2\theta^4} \quad \text{또는} \quad \theta^4\,d\theta=\frac{\ell}{m\varkappa^2}dt$$

를 얻는다. 이 변수분리된 식의 양변을 적분하면

$$\int_0^\theta \theta^4\,d\theta=\frac{\ell}{m\varkappa^2}\int_0^t dt \quad \text{또는} \quad \frac{1}{5}\theta^5=\frac{\ell}{m\varkappa^2}t$$

를 얻는다. 여기서 처음에 각의 기준선($\theta(0)=0$)에 질점이 있었다고 가정했다. 따라서 각 θ는 시간 t에 따라

$$\theta=Kt^{\frac{1}{5}},\quad K\equiv\left(\frac{5\ell}{m\varkappa^2}\right)^{\frac{1}{5}}$$

의 꼴로 변한다.

③ **예제 9.11**의 궤도의 에너지방정식(9.108)에 식(9.109)를 대입하여 정리하면

$$\frac{\ell^2}{2m}\left\{\frac{4\varkappa}{r^3}+\frac{1}{r^2}\right\}+U(r)=E\quad \therefore\ U(r)=E-\frac{\ell^2}{2m}\left\{\frac{4\varkappa}{r^3}+\frac{1}{r^2}\right\} \tag{9.111}$$

를 얻는다.

중심력 $F(r)$는 식(9.102)에 식(9.111)을 대입하면

$$\begin{aligned}F(r)&=-\frac{dU(r)}{dr}=-\frac{d}{dr}\left(E-\frac{\ell^2}{2m}\left\{\frac{4\varkappa}{r^3}+\frac{1}{r^2}\right\}\right)\\&=-\frac{\ell^2}{m}\left(\frac{6\varkappa}{r^4}+\frac{1}{r^3}\right)\end{aligned}$$

가 되어 ①의 결과와 일치한다.

9.6.3 역제곱법칙의 힘마당에서 운동-케플러의 제1법칙

만유인력, 전하들 사이에 작용하는 쿨롱힘 등 거리의 역제곱법칙을 따르는 중심력, 곧

$$F=-\frac{k}{r^2}\quad (k>0) \tag{9.112}$$

모양의 힘이 작용할 때 질점의 운동궤도를 궤도미분방정식을 세워서 알아보자(소단원 6.2.2 참조). 여기서 상수 k는 만유인력 및 쿨롱힘의 경우 각각

$$k=\begin{cases} GMm & : \text{만유인력(중력)} \\ \pm k_eQq & : \text{쿨롱힘}\end{cases}$$

으로 주어진다.

식(9.112)를 궤도미분방정식(9.107)에 대입하여 정리하면

$$\frac{d^2u}{d\theta^2}+u=\frac{mk}{\ell^2}\quad (k>0) \tag{9.113}$$

를 얻는다. 여기서 변수변환을

$$\mathrm{w}\equiv u-\frac{mk}{\ell^2}\quad (k>0)$$

와 같이 시행하면

$$\frac{d^2\mathrm{w}}{d\theta^2} + \mathrm{w} = 0$$

를 얻는다. 이것은 w의 θ에 대한 이계 선형미분방정식으로 소단원 5.1.4의 단진동의 기초방정식(5.34)와 같은 꼴이다($x \to \mathrm{w}$, $t \to \theta$, $\omega \to 1$). 따라서 이 미분방정식의 풀이는

$$\mathrm{w}(\theta) = A\cos(\theta + \delta)$$

의 꼴로 둘 수 있으므로

$$u = \mathrm{w} + \frac{mk}{\ell^2} = A\cos(\theta+\delta) + \frac{mk}{\ell^2}$$

또는

$$r = \frac{1}{A\cos(\theta+\delta) + \frac{mk}{\ell^2}}$$

이 된다. 이것은 중심력마당에서 운동하는 질점의 운동궤도함수 $r = r(\theta)$를 평면극좌표(r, θ)로 나타낸 것이다. 여기서 A 및 δ는 적분상수로 초기 조건에 의하여 결정된다. 곧 $\theta = 0$일 때, $r = r_{\min}$이라 하면, 다시 말하면 $r = r_{\min}$를 각 θ의 기준선으로 택하면($r = r_{\min}$일 때 $\theta = 0$이라면) $\delta = 0$이 된다. 코사인의 값이 최대일 때 r가 최소가 되기 때문이다. 이 경우

$$r = \frac{1}{A\cos\theta + \frac{mk}{\ell^2}} \quad (\text{기준선} : r = r_{\min}) \tag{9.114}$$

가 된다. 이 방정식에서 $\theta = 0$일 때, $r = r_{\min}$(극소)(또는 $u = u_{\max}$)이고, $\theta = \pi$일 때, $r = r_{\max}$(극대)($u = u_{\min}$)이므로

$$r_{\min} = \frac{1}{A + \frac{mk}{\ell^2}} = \frac{1}{u_{\max}}, \quad r_{\max} = \frac{1}{-A + \frac{mk}{\ell^2}} = \frac{1}{u_{\min}} \tag{9.115}$$

이다.

한편, 중심력마당에서 운동하는 질점의 운동상수는 각운동량 ℓ, 에너지 E이다. 역제곱법칙 힘의 경우 위치에너지가

$$U = -\frac{k}{r} \quad (k > 0) \tag{9.116}$$

이므로, 각운동량 ℓ, 에너지 E로 운동하는 질점의 에너지방정식은 식(9.95)에 의하여

$$\frac{1}{2}m\left(\frac{dr}{dt}\right)^2+\frac{\ell^2}{2mr^2}-\frac{k}{r}=E \quad (\text{일정})$$

로 주어진다. 이 방정식은 $r=r_{\min}$, $r=r_{\max}$인 경우에도 성립한다. 그런데 $r=\{r_{\min}, r_{\max}\}\equiv r_{\text{ext}}$ (극대값 및 극소값을 통틀어서 **극값**(extremum)이라 한다)에서

$$\left(\frac{dr}{dt}\right)_{r=r_{\text{ext}}}=0$$

이므로, 위의 에너지방정식은

$$\frac{\ell^2}{2m}\left(\frac{1}{r_{\text{ext}}^2}\right)-k\left(\frac{1}{r_{\text{ext}}}\right)=E \quad \text{또는} \quad u_{\text{ext}}^2-\frac{2mk}{\ell^2}u_{\text{ext}}=\frac{2mE}{\ell^2}$$

가 된다. 근의 공식에 의하여 $1/r_{\text{ext}}\equiv u_{\text{ext}}$은

$$u_{\text{ext}}=\frac{mk}{\ell^2}\pm\sqrt{\left(\frac{mk}{\ell^2}\right)^2+\frac{2mE}{\ell^2}}\equiv\frac{1}{r_{\text{ext}}}$$

가 된다. 여기서

$$u_{\max}=\frac{mk}{\ell^2}+\sqrt{\left(\frac{mk}{\ell^2}\right)^2+\frac{2mE}{\ell^2}}\equiv\frac{1}{r_{\min}},$$

$$u_{\min}=\frac{mk}{\ell^2}-\sqrt{\left(\frac{mk}{\ell^2}\right)^2+\frac{2mE}{\ell^2}}\equiv\frac{1}{r_{\max}}$$

이다. 이들을 식(9.115)에 비추어 보면 적분상수 A는

$$A=\sqrt{\left(\frac{mk}{\ell^2}\right)^2+\frac{2mE}{\ell^2}}$$

임을 알 수 있다.

따라서 운동궤도는 방정식(9.114)에 윗식을 대입한 것

$$r=\frac{1}{\dfrac{mk}{\ell^2}+\sqrt{\left(\dfrac{mk}{\ell^2}\right)^2+\dfrac{2mE}{\ell^2}}\cos\theta} \tag{9.117}$$

또는

$$r=\frac{\dfrac{\ell^2}{mk}}{1+\sqrt{1+\dfrac{2\ell^2E}{mk^2}}\cos\theta} \quad (\text{기준선}: r=r_{\min}) \tag{9.118}$$

로 기술된다.

식(9.118)은 중심력마당인 역제곱법칙의 힘마당에서의 궤도미분방정식인 식(9.113)에서 $r = r_{\min}$를 각 θ의 기준선으로 하고, 각운동량 ℓ, 역학적 에너지 E를 운동상수로 한 풀이이다. 곧 식(9.112) 또는 식(9.116)으로 기술되는 중심력마당에서 운동하는 질점의 **궤도방정식**(equation of orbit)이다. 이 방정식은 원점(힘의 중심)을 초점으로 하는 **원뿔곡선**(conic section)을 극좌표로 나타낸 극방정식이다.

○ 원뿔곡선

일반적으로, 주어진 한 점 및 주어진 한 직선에 이르는 거리의 비가 일정한 상수와 같은 점들의 궤적을 **원뿔곡선**(conic section)이라 하고, 그 주어진 점 및 주어진 직선 그리고 그 상수를 각각 **초점**(focus, F) 및 **준선**(directrix, $\mathcal{L}$) 그리고 **이심률**(eccentricity, e)이라 한다. 원뿔곡선은 이심률 e에 따라서 아래와 같이 분류된다.

$e = 0$	원
$0 < e < 1$	타 원
$e = 1$	포물선
$e > 1$	쌍곡선

그림 9.9와 같이 초점(또는 힘의 중심) F에서 준선 $\mathcal{L}$까지 수직거리를 d라 하고, 초점 F를 극, 초점 F에서 준선 $\mathcal{L}$에 내린 수선(x축)을 극각 θ의 기준선, 질점의 위치 P(r, θ)에서 준선 $\mathcal{L}$에 내린 수선의 발을 점 N이라 하면

$$\overline{\mathrm{PF}} = r, \quad \overline{\mathrm{PN}} = d - r\cos\theta$$

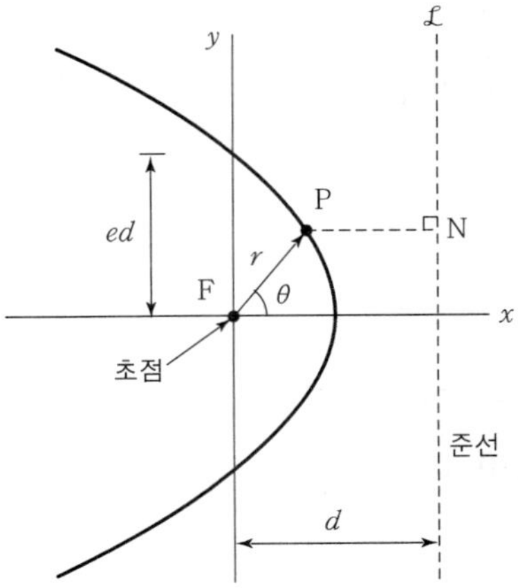

그림 9.9 원뿔곡선의 초점과 준선

이고, 이심률 e는 원뿔곡선의 정의에 의하여

$$e = \frac{\overline{\mathrm{PF}}}{\overline{\mathrm{PN}}} = \frac{r}{d - r\cos\theta}$$

로 주어지므로

$$r = \frac{\alpha}{1 + e\cos\theta} \quad (de \equiv \alpha) \tag{9.119}$$

를 얻는다. 이를 원뿔곡선의 **극방정식**(polar equation)이라 하고, 초점을 지나는 준선에 수직인 직선(x축)을 원뿔곡선의 **주축**(major axis) 또는 간단하게 **축**(axis)이라고도 한다. 여기서 상수 $\alpha \equiv de$는 초점을 지나고 축에 수직 $\left(\theta = \frac{\pi}{2}\right)$인 현인 **직현**(直弦 : latus rectum)의 길이의 반이다.

거리의 역제곱법칙의 힘마당에서 운동하는 질점의 궤도방정식(9.118)과 월뿔곡선의 극방정식(9.119)를 서로 비교하면

$$\frac{\ell^2}{mk} \equiv \alpha, \quad \sqrt{1 + \frac{2\ell^2 E}{mk^2}} \equiv e \tag{9.120}$$

의 관계를 얻는다. 위의 둘째 식에서

$$E = \frac{mk^2}{2\ell^2}(e^2 - 1) \tag{9.121}$$

를 얻는다. 따라서 역제곱법칙의 힘마당에서 질점의 운동은 이심률 e 뿐만 아니라 에너지 E에 의하여 아래와 같이 원, 타원, 포물선, 쌍곡선 궤도로 분류할 수 있다(소단원 6.2.2 참조).

$$\left.\begin{array}{lll} e = 0 & : E = -\dfrac{mk^2}{2\ell^2} < 0 & \text{원} \\ 0 < e < 1 & : -\dfrac{mk^2}{2\ell^2} < E < 0 & \text{타 원} \end{array}\right\} \text{(닫힌 곡선)}$$

$$\left.\begin{array}{lll} e = 1 & : E = 0 & \text{포물선} \\ e > 1 & : E > 0 & \text{쌍곡선} \end{array}\right\} \text{(열린 곡선)}$$

질점의 궤도는 에너지가 $E < 0$이면 닫힌 곡선(원, 타원)이 되고, $E \geq 0$이면 열린 곡선(포물선, 쌍곡선)이 된다(**그림 9.10** 참조).

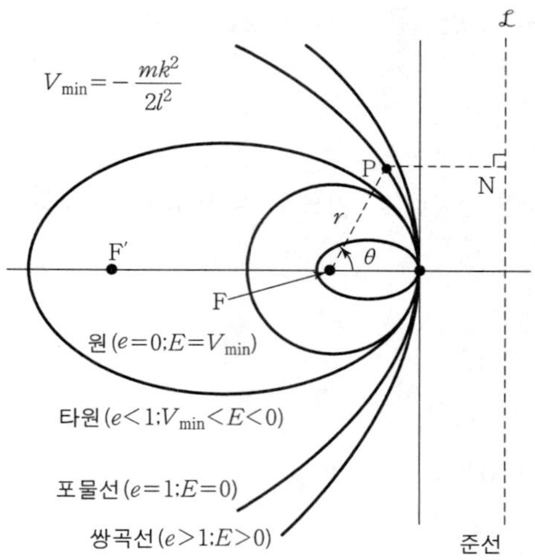

그림 9.10 원뿔곡선의 초점과 준선

○ 원궤도

앞에서 살펴본 바와 같이,

$$F=-\frac{k}{r^2}\,(k>0) \quad \text{또는} \quad U=-\frac{k}{r}\,(k>0)$$

로 기술되는 역제곱법칙의 힘마당에서 운동하는 질점의 에너지가 $E<0$이면 닫힌 궤도운동을 한다.

그 중에서 특히 원운동의 경우 $e=0$이므로 에너지는 식(9.121)에 의하여

$$E=-\frac{mk^2}{2\ell^2}\equiv E_0 \tag{9.122}$$

인데, 이것은 역제곱법칙의 힘마당에서 유효위치에너지

$$V(r)=\frac{\ell^2}{2mr^2}-\frac{k}{r} \tag{9.123}$$

의 극소값 V_{min}이다(**예제 6.14** 및 **그림 6.17** 참조). 이 극소값 V_{min}은

$$0=\frac{dV(r)}{dr}\bigg|_{r=r_0}=-\frac{\ell^2}{mr_0^3}+\frac{k}{r_0^2} \qquad \therefore\ r_0=\frac{\ell^2}{mk} \tag{9.124}$$

이 되어, 이를 식(9.123)에 대입하면

$$V_{min}=V(r_0)=\frac{\ell^2}{2mr_0^2}-\frac{k}{r_0}=-\frac{mk^2}{2\ell^2}=E_0$$

이다. 이 경우, 질점의 원궤도 반지름은 식(9.124)로 주어진다.

○ 타원궤도

타원운동의 경우 이심률이 $0 < e < 1$이므로 식(9.121)에 의하여 에너지는

$$-\frac{mk^2}{2\ell^2} < E < 0$$

이며, 궤도의 극방정식은

$$r = \frac{\alpha}{1 + e\cos\theta} \quad (0 < e < 1) \tag{9.125}$$

로 주어진다(**그림 9.11** 참조).

식(9.125)로 주어지는 궤도에서 극각이 $\theta = 0$ 및 $\theta = \pi$ 일 때 지름은 최솟값 $r_{\min}$ 및 최댓값 $r_{\max}$이 된다. 곧

$$r_{\min} = \frac{\alpha}{1+e} \quad (\theta = 0), \tag{9.126}$$

$$r_{\max} = \frac{\alpha}{1-e} \quad (\theta = \pi) \tag{9.127}$$

이다. 이들은 각각 질점이 초점(힘의 중심 : 극)으로부터 가장 가까이 있는 점인 **근점**(pericenter) 및 가장 멀리 있는 점인 **원점**(apocenter)을 나타낸다. 이 두 점을 행성의 운동에서는 **근일점**(perihelion) 및 **원일점**(aphelion), 지구 주위의 달의 운동에서는 **근지점**(perigee) 및 **원지점**(apogee)이라 한다.

타원궤도에서 초점에서 근점까지의 거리 $r_{\min}$ 및 원점까지의 거리 $r_{\max}$의 합을 타원의 **긴 축**

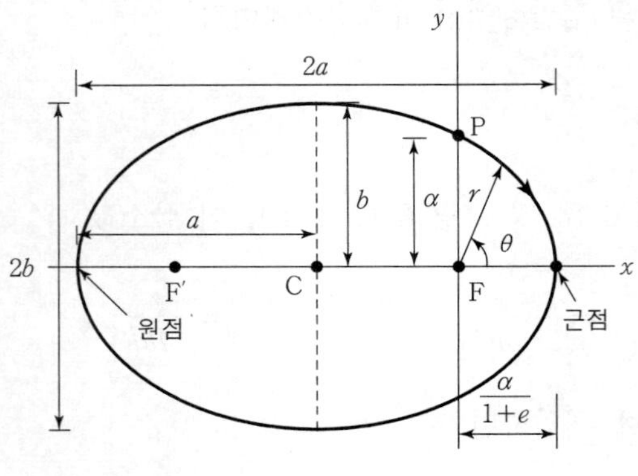

그림 9.11 타원궤도

(또는 **주축** : major axis)의 길이라 한다. 이 길이를 $2a$라 하면

$$2a = r_{\min} + r_{\max}$$

이 되어, 여기에 식(9.126) 및(9.127)을 대입하여 정리하면

$$a = \frac{\alpha}{1-e^2} \tag{9.128}$$

를 얻는다. 이 a를 타원의 **긴 반지름**(major radius)이라 한다. 한편, 타원의 중심(긴 축의 중점)에서 긴 축에 수직인 축을 **짧은 축**(**부축**, minor axis), 짧은 축의 반지름을 **짧은 반지름**(minor radius)이라 하고 보통 기호 b로 나타내고,

$$b = a\sqrt{1-e^2} \quad \text{또는} \quad a = \frac{b}{\sqrt{1-e^2}} \tag{9.129}$$

로 주어진다.*

따라서 운동상수 에너지 E 및 각운동량 ℓ 로 운동하는 질점의 타원궤도의 긴 반지름 a 및 짧은 반지름 b는 식(9.128) 및 식(9.129)에 식(9.120)을 대입하여 $E<0$임을 고려하면

$$a = \frac{\alpha}{1-e^2} = \frac{k}{-2E} = \frac{k}{2|E|}, \tag{9.130}$$

$$b = \frac{\alpha}{\sqrt{1-e^2}} = \frac{\ell}{\sqrt{-2mE}} = \frac{\ell}{\sqrt{2m|E|}} \tag{9.131}$$

로 주어진다. 곧

> **타원궤도의 긴 반지름은 에너지만의 함수로, 그 크기에 반비례하고, 짧은 반지름은 같은 에너지의 경우 각운동량에 비례한다.**

다시 말하면, 타원의 길쭉한 정도는 각운동량에 의하여 결정된다.

예제 9.13 초점과 준선

타원궤도 운동에서 초점과 준선 사이의 거리 d는 $d = \frac{a}{e} - ae$임을 보여라.

풀이 | 식(9.119)에서 $\alpha = de$이므로 식(9.128)을 고려하면

$$de = a(1-e^2) \qquad \therefore\ d = \frac{a}{e} - ae$$

를 얻는다.

---

* 力學(고재걸, 1993), 부록 I "2차 곡선" 참조

이 결과는 타원의 중심 C를 원점으로 할 때, 초점이 F$(ae, 0)$이고(그림 9.11 참조), 따라서 중심 C로부터 준선까지 거리가 $d+ae$이므로 준선의 방정식은

$$\mathcal{L} : x=\frac{a}{e}$$

임을 나타낸다.

예제 9.14 근점 및 원점

타원운동에서 근점 및 원점까지 거리인 $r_{\min}$ 및 $r_{\max}$은 지름 방향 운동의 한계점, 곧 되돌이점을 나타낸다. 유효위치에너지식(9.123)으로부터 $r_{\min}$ 및 $r_{\max}$을 구하라.

풀이 | 되돌이점에서 지름 방향의 속도가 $v_r=0$이므로 이 점은 유효위치에너지가 에너지 E와 같은 점이다. 따라서 $r_{\min}$ 및 $r_{\max}$은

$$\frac{\ell^2}{2mr^2}-\frac{k}{r}=E \quad \text{또는} \quad 2mEr^2+2mkr-\ell^2=0$$

의 근이다. 이 방정식의 근은

$$r=\frac{1}{2mE}\left(-mk\pm\sqrt{m^2k^2+2m\ell^2E}\right)=-\frac{k}{2E}\pm\frac{k}{2E}\sqrt{1+\frac{2\ell^2E}{mk^2}}$$

이다.

타원운동의 경우 $E<0$이므로 $E=-|E|$라 두면 근은

$$r=\frac{k}{2|E|}\pm\frac{k}{2|E|}\sqrt{1-\frac{2\ell^2|E|}{mk^2}}=\frac{k}{2|E|}\left(1\pm\sqrt{1-\frac{2\ell^2|E|}{mk^2}}\right)$$

가 되어,

$$r_{\min}=\frac{k}{2|E|}\left(1-\sqrt{1-\frac{2\ell^2|E|}{mk^2}}\right), \quad r_{\max}=\frac{k}{2|E|}\left(1+\sqrt{1-\frac{2\ell^2|E|}{mk^2}}\right)$$

를 얻는다. 여기에 식(9.120) 및 식(9.130)을 고려하면

$$r_{\min}=a(1-e), \quad r_{\max}=a(1+e)$$

를 얻는다. 이들은 식(9.128)을 고려하면, 식(9.126) 및 식(9.127)과 각각 일치한다.

예제 9.15 근점 및 원점에서 속도

타원궤도의 근점 $r_{\min}$ 및 원점 $r_{\max}$에서 속도 v_{P}, v_{A}의 비는 $\dfrac{v_{\mathrm{A}}}{v_{\mathrm{P}}}=\dfrac{r_{\min}}{r_{\max}}$임을 보여라.

풀이 | 이 문제는 ① 면적속도의 일정법칙(식(9.89)) 또는 각운동량의 보존을 이용하여 풀 수 있고, 또는 ② 평면극좌표계에서 속도벡터는 식(9.91)로 주어짐을 이용할 수도 있다.

① 타원궤도운동은 중심력마당에서 운동이므로 각운동량 또는 면적속도가 일정하게 유지된다. 따라서 식(9.87)에 의하여 $|\vec{L}|=|\vec{r}\times m\vec{v}|=\ell$ (일정)이므로 근점 및 원점에서 면적속도 또는 각운동량벡터의 크기가 서로 같으므로

$$|\vec{r}_{\min}\times m\vec{v}_{\mathrm{P}}|=|\vec{r}_{\max}\times m\vec{v}_{\mathrm{A}}|$$

가 된다. 근점 및 원점에서 속도벡터는 반지름에 수직이므로

$$r_{\min}v_{\mathrm{P}}=r_{\max}v_{\mathrm{A}} \quad \therefore \frac{v_{\mathrm{A}}}{v_{\mathrm{P}}}=\frac{r_{\min}}{r_{\max}} \tag{9.132}$$

를 얻는다.

② 타원운동에서 속도벡터(식(9.91))는

$$\vec{v}=\hat{r}\frac{dr}{dt}+\hat{\theta}\frac{d\theta}{dt}r$$

로 주어지는데, 중심력마당에서 각운동량이 보존되므로 $m\frac{d\theta}{dt}r^2=\ell$ (일정)이라 하면, 속도벡터는

$$\vec{v}=\hat{r}\frac{dr}{dt}+\hat{\theta}\frac{\ell}{mr}$$

가 된다. 그런데 $r=r_{\min}$, $r=r_{\max}$에서 속도벡터의 지름 성분이 0이다. 따라서 $r=\{r_{\min},\ r_{\max}\}\equiv r_{\mathrm{ext}}$에서 속도벡터는

$$\vec{v}=\hat{\theta}\frac{\ell}{mr_{\mathrm{ext}}}$$

가 된다. 따라서 $v_{\mathrm{P}}=\frac{\ell}{mr_{\min}}$, $v_{\mathrm{A}}=\frac{\ell}{mr_{\max}}$ 이므로 ①에서와 같은 관계식(9.132)를 얻는다.

○ 타원궤도 운동의 주기

타원궤도는 닫힌 궤도이므로 타원운동은 주기운동이고 면적속도도 일정하다. 곧 면적속도는 식(9.88)에 의하여

$$\frac{dA}{dt}=\frac{\ell}{2m} \quad (|\vec{L}|=\ell)$$

로 주어진다. 따라서 타원을 한 바퀴 도는 데 걸리는 시간 T는 타원의 면적 $S=\pi ab$를 스치고 지나가는 시간

$$T=\frac{\pi ab}{\left(\frac{\ell}{2m}\right)}$$

로 주어진다. 여기에 식(9.130) 및 식(9.131)을 고려하면 주기 T는

$$T = \frac{\pi a b}{\left(\frac{\ell}{2m}\right)} = 2\pi\sqrt{\frac{m}{k}}\left(\frac{k}{2|E|}\right)\left(\sqrt{\frac{k}{2|E|}}\right) = 2\pi\sqrt{\frac{m}{k}}\,a^{\frac{3}{2}}$$

가 되어

$$T^2 = \frac{4\pi^2 m}{k}\,a^3 \tag{9.133}$$

얻는다. 곧

타원운동의 주기의 제곱은 긴 반지름의 세 제곱에 비례한다.

이는 바로 케플러의 제3법칙인 주기의 법칙이다.

○ 포물선운동

포물선운동의 경우 이심률이 $e=1$이므로 에너지는 식(9.121)에 의하여

$$E = 0$$

이다. 역으로 에너지가 0이면 $e=1$이므로, 질점은 포물선운동을 하며, 그 궤도는

$$r = \frac{\alpha}{1+\cos\theta}$$

로 주어진다. 근점 $r_{\min}$ 및 원점 $r_{\max}$은 각각 $\theta=0$, $\theta=\pi$에서의 지름이다. 곧

$$r_{\min} = \frac{\alpha}{2} = \frac{\ell^2}{2mk} \quad (\theta=0), \quad r_{\max} \to \infty \quad (\theta=\pi) \tag{9.134}$$

가 되어 닫힌 궤도가 아니다.

○ 쌍곡선운동

쌍곡선운동에서 이심률이 $e>1$이므로 식(9.121)에 의하여 에너지는

$$E > 0$$

이다. 곧 질점의 에너지가 0보다 크면 질점은 쌍곡선운동을 한다. 그 궤도는

$$r = \frac{\alpha}{1+e\cos\theta} \quad (e>1)$$

로 표현된다. 따라서 근점 $r_{\min}$은, $\theta=0$인 경우로,

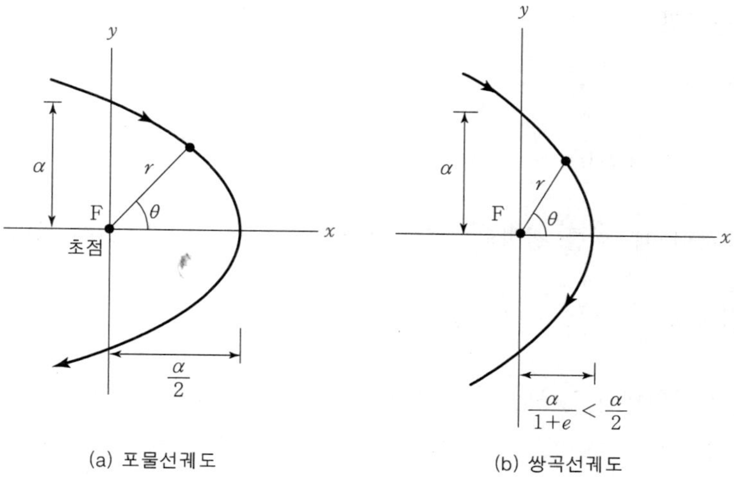

그림 9.12 역제곱법칙의 힘마당에서 열린 궤도곡선

$$r_{\min}=\frac{\alpha}{1+e}<\frac{\alpha}{2}\quad(\theta=0) \tag{9.135}$$

이다. 이를 포물선의 경우인 식(9.134)와 비교하면 쌍곡선의 경우가 더 크게 벌어져 있음을 알 수 있다(**그림 9.12** 참조).

원점 $r_{\max}$은, $1+e\cos\theta=0$이 가능하므로, 이 경우

$$r_{\max}\to\infty\quad\left(\cos\theta=-\frac{1}{e}<0\right) \tag{9.136}$$

이다. 따라서 $r\to\infty$인 점은, $e>1$이므로,

$$\frac{\pi}{2}<\theta<\frac{3\pi}{2} \tag{9.137}$$

의 범위에 존재한다. 이것은 초점을 극으로 했으므로 제2사분면 및 제3사분면의 범위이다. 곧 쌍곡선은 초점을 둘러싸고 제2 및 제3사분면에서 열려 있다.

쌍곡선의 주축 또는 긴 반지름 a는

$$a=\frac{\alpha}{e^2-1}$$

로 정의된다. 따라서 긴 반지름은 타원의 경우와 같이 에너지에 의하여 결정된다. 곧

$$a=\frac{\alpha}{e^2-1}=\frac{k}{2E}\quad(E>0)$$

이다.

○ 척력의 중심력

중심력이 척력인 경우, 곧

$$F=\frac{k}{r^2} \quad (k>0) \tag{9.138}$$

모양의 힘이 작용할 때, 이를 질점의 궤도미분방정식(9.107)에 대입하여 정리하면

$$\frac{d^2u}{d\theta^2}+u=-\frac{mk}{\ell^2} \quad (k>0) \tag{9.139}$$

를 얻는다. 이것은 인력의 경우인 식(9.113)에 $k\rightarrow -k$로 대치한 것과 같다. 따라서 인력의 중심력인 경우에서와 같은 방법으로 식(9.139)의 풀이 또는 궤도방정식을 얻는다. 곧 식(9.113)에서 식(9.117)까지의 모든 식에 $k\rightarrow -k$로 대치하면 척력인 경우의 궤도방정식

$$r=\frac{1}{-\frac{mk}{\ell^2}+\sqrt{\left(-\frac{mk}{\ell^2}\right)^2+\frac{2mE}{\ell^2}}\cos\theta}$$

를 얻는다. 이를 조금 정리하면

$$r=\frac{\frac{\ell^2}{mk}}{-1+\sqrt{1+\frac{2\ell^2E}{mk^2}}\cos\theta} \tag{9.140}$$

가 된다. 곧

$$r=\frac{a}{-1+e\cos\theta} \tag{9.141}$$

의 꼴이다. 여기서

$$a=\frac{\ell^2}{mk}, \quad e=\sqrt{1+\frac{2\ell^2E}{mk^2}} \tag{9.142}$$

이다.

식(9.138)로 주어지는 척력 중심력의 경우, 위치에너지가

$$U=\frac{k}{r} \quad (k>0)$$

이므로 유효위치에너지 $V(r)$가

$$V(r)=\frac{\ell^2}{2mr^2}+\frac{k}{r}>0$$

이다. 따라서 에너지 E가

$$E=\frac{1}{2}mv_r^2+V(r)>0$$

이므로 식(9.142)의 둘째 식으로 주어지는 이심률이 $e>1$이다. 따라서 식(9.140) 또는 식(9.141)로 주어지는 궤도는 쌍곡선이다.

그러나 인력의 경우와 조금 다르다. 식(9.141)에서 근점 $r_{\min}$는

$$r_{\min}=\frac{\alpha}{e-1} \quad (\theta=0)$$

로 주어지는데, 인력의 경우인 식(9.135)보다 크다. 곧

$$r_{\min}(\text{인력}) < r_{\min}(\text{척력}) \tag{9.143}$$

이다.

또, 원점 $r_{\max}$은 $\cos\theta=\frac{1}{e}$일 때 가능하며

$$r_{\max}\to\infty \quad \left(\cos\theta=\frac{1}{e}>0\right) \tag{9.144}$$

이다. 따라서 $r\to\infty$인 점은

$$-\frac{\pi}{2}<\theta<\frac{\pi}{2} \tag{9.145}$$

의 범위 내에 존재한다. 이것은 초점을 극으로 했으므로 제1 및 제4사분면의 범위이다.

식(9.143), 식(9.137), 식(9.145)와 함께 식(9.144), 식(9.136)을 종합적으로 고려하면 아래와 같은 사실을 알아낼 수 있다.

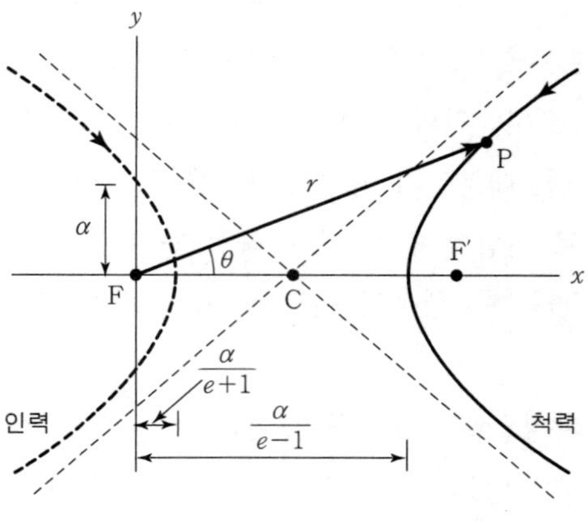

그림 9.13 척력의 쌍곡선궤도 모양

인력의 쌍곡선은 초점을 둘러싸고 제2 및 제3사분면에서 열려 있는 데 대해서, 척력의 쌍곡선은 초점을 둘러싸지 않고 피해서 제1 및 제4사분면에서 열려있다(**그림 9.13** 참조). 이와 같이 쌍곡선은, 말뜻과 같이, 초점을 둘러싸는 것 및 초점을 피하는 것의 두 개의 곡선으로 되어 있다. 이 두 곡선을 쌍곡선의 **가지**(枝 : branch)라 한다.

> **질점이 역제곱법칙의 힘마당에서 운동하는 경우 $E>0$이면 질점은 쌍곡선궤도운동을 한다. 인력이면 힘의 중심(초점)을 둘러싸는 쌍곡선궤도, 척력이면 힘의 중심(초점)을 피하는 쌍곡선궤도운동을 한다.**

이제까지 중심력마당에서 두질점으로 된 역학계의 운동을 중심력의 원인 물체의 질량이 무한히 커서($M \gg m$), 운동하는 질점의 질량 m을 무시할 수 있는 경우의 두물체 문제로 보았다. 그렇지 않은 경우에는 질점의 질량 m 대신에 두질점의 환산질량 μ로 대치하면 된다(소단원 9.4 참조). 전자의 경우는 수소원자, 후자는 수소원자핵인 양성자를 양전자로 대치한 것(양전자 주위로 전자가 회전하는 원자)인 포지트로늄의 경우가 좋은 보기이다.

9.6.4 중력마당에서 궤도바꾸기

이제까지의 중심력마당에서 두질점 문제는 수소원자의 이해에 도움이 된다. 또한 우주역학(space dynamics)의 기본 바탕이 되기도 한다. 우주역학은 각종 우주물체로부터 받는 만유인력 및 그에 따른 궤도 때문에 매우 복잡하다. 그래서 간단한 **궤도바꾸기**(orbit transfer)에 대해서만 생각해본다.

한 행성에서 다른 행성에 우주선을 보내는 경우, 가장 경제적이고 효과적인 방법은 로켓엔진의 분사로 한 행성의 궤도에서 다른 행성의 궤도로 옮겨가는 것이다. 이 경우, 궤도면이 변하지 않게 한다(각운동량의 보존 : $\vec{L}=$일정). 그러나 로켓엔진의 분사로 에너지 E가 변하고, 따라서 이심률 e가 변한다. 로켓엔진의 분사로 두 행성의 궤도를 연결하는 타원궤도를 따라서 우주선이 비행하게 하면 된다. 대부분의 행성이 해 주위로 거의 원궤도에 가까운 운동을 하므로, 두 행성의 궤도를 원으로 어림할 수 있다. 따라서 두 행성의 궤도를 연결하는 "타원연결궤도"(elliptical transfer orbit)는 두 행성의 궤도반지름을 각각 짧은 반지름 및 긴 반지름으로 한다.

예를 들어, 지구로부터 화성으로 우주선을 보내는 경우, 두 행성의 궤도반지름을 각각 r_1, $r_2(r_1<r_2)$라 하면 우주선의 행로인 두 행성의 궤도 및 타원연결궤도는 **그림 9.14**와 같다.

그림 9.14에서 점선 및 굵은 선으로 표시된 타원궤도는 지구 및 화성의 궤도를 연결하는 궤

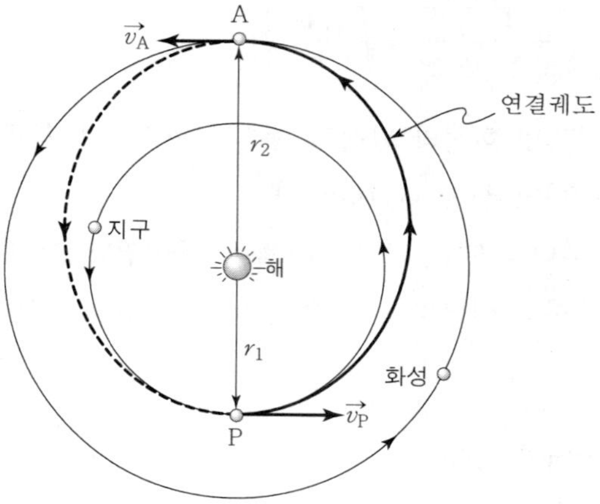

그림 9.14 두 행성의 궤도 및 타원연결궤도

도이다. 이 타원연결궤도는 근점(근일점) P에서 지구의 원궤도와 접하고, 원점(원일점) A에서는 화성의 원궤도와 접한다. 따라서 타원연결궤도의 긴 지름(긴 축의 길이) $2a$는

$$2a = r_1 + r_2$$

이다.

그림 9.14와 같은 궤도 변환에서는 궤도를 바꾸는 데 두 단계를 거친다.

① 우주선이 근일점 P를 지나는 순간 로켓엔진의 분사로 우주선을 지구의 원궤도에서 타원연결궤도에 진입시킨다.

② 우주선이 타원연결궤도를 따라 비행하여 원일점 A에 이르는 순간 두 번째 로켓엔진의 분사로 우주선을 화성의 원궤도로 진입시킨다.

이제 각 궤도에서 에너지 및 속도를 구해보자. 먼저 지구 및 화성의 원궤도에서 에너지 및 속도는 아래와 같다(식(9.122) 및 식(9.124) 참조).

$$\text{지구궤도} : E_1 = -\frac{k}{2r_1},$$

$$E_1 = \frac{1}{2}mv_{01}^2 - \frac{k}{r_1} = -\frac{k}{2r_1}$$

$$\therefore\ v_{01} = \sqrt{\frac{k}{mr_1}} = \sqrt{\frac{GM}{r_1}} \tag{9.146}$$

$$\text{화성궤도} : E_2 = -\frac{k}{2r_2}, \tag{9.147}$$

$$E_2 = \frac{1}{2}mv_{02}^2 - \frac{k}{r_2} = -\frac{k}{2r_2}$$

$$\therefore\ v_{02}=\sqrt{\frac{k}{mr_2}}=\sqrt{\frac{GM}{r_2}}$$

여기서 v_{01}, v_{02}는 지구 및 화성의 원궤도 상에서 우주선의 속도이고, m은 우주선의 질량, M은 해의 질량이다. 따라서 $k=GMm$이다.

한편, 타원궤도에서 에너지 E는 식(9.130)으로 주어진다. 타원연결궤도의 긴 지름이 $2a=r_1+r_2$이므로 우주선의 에너지 및 근일점 P, 원일점 A에서의 우주선의 속도는 각각 아래와 같다.

$$\text{타원궤도에서 에너지}: E=-\frac{k}{2a}=-\frac{k}{r_1+r_2} \qquad (k=GMm)$$

$$\text{근일점 P에서 속도}\ : E=\frac{1}{2}mv_{\mathrm{P}}^2-\frac{k}{r_1}=-\frac{k}{r_1+r_2}$$

$$\begin{aligned}\therefore\ v_{\mathrm{P}}&=\sqrt{\frac{2}{m}\left(\frac{k}{r_1}-\frac{k}{r_1+r_2}\right)}\\&=\sqrt{\frac{2r_2}{r_1+r_2}\frac{k}{mr_1}}\\&=\sqrt{\frac{2r_2}{r_1+r_2}}\ v_{01}\end{aligned} \tag{9.148}$$

$$\text{원일점 A에서 속도}: E=\frac{1}{2}mv_{\mathrm{A}}^2-\frac{k}{r_2}=-\frac{k}{r_1+r_2}$$

$$\begin{aligned}\therefore\ v_{\mathrm{A}}&=\sqrt{\frac{2}{m}\left(\frac{k}{r_2}-\frac{k}{r_1+r_2}\right)}\\&=\sqrt{\frac{2r_1}{r_1+r_2}\frac{k}{mr_2}}\\&=\sqrt{\frac{2r_1}{r_1+r_2}}\ v_{02}\end{aligned} \tag{9.149}$$

이다. 따라서 $v_{01}<v_{\mathrm{P}}$, $v_{\mathrm{A}}<v_{02}$이므로 첫 번째 로켓엔진 분사(근일점 P)에서 우주선을 가속시키고, 두 번째 로켓분사(원일점 A)에서도 가속시켜야 한다.

우주선이 궤도를 바꾸는 데 걸리는 시간 τ_{t}는 타원연결궤도의 주기 T_{t}의 반이다. 곧

$$\tau_{\mathrm{t}}=\frac{T_{\mathrm{t}}}{2}$$

이다. 여기서 T_{t}는 타원궤도의 주기로 식(9.133)에 의하여

$$T_{\mathrm{t}}=2\pi\sqrt{\frac{m}{k}}\,a^{\frac{3}{2}} \quad \therefore\ \tau_{\mathrm{t}}=\pi\sqrt{\frac{m}{k}}\,a^{\frac{3}{2}} \quad \left(a=\frac{r_1+r_2}{2},\ k=GMm\right) \tag{9.150}$$

이다.

우주선을 지구에서 금성이나 수성과 같은 지구보다 태양계의 안쪽에 있는 행성으로 보내는 경우에는, 두 원궤도를 연결하는 타원궤도의 원일점에서 로켓분사로 감속시켜서 타원연결궤도에 진입시켜서 타원연결궤도의 근일점에 이른 순간, 또 다른 로켓분사로 감속시켜 보다 더 작은 원궤도에 진입하게 하면 된다.

예제 9.16 지구궤도에서 금성궤도로 궤도바꾸기

지구에서 우주선을 발사하여 금성의 궤도에 올려놓으려고 한다.

① 타원연결궤도의 원일점 A 및 근일점 P에서 우주선의 속도를 각각 구하라.

② 궤도를 바꾸는 데 걸리는 시간을 구하라.

지구 및 금성의 궤도반지름은 각각 $r_E = 1.50\times10^{11}$ m, $r_V = 1.08\times10^{11}$ m이고, 해의 질량 및 만유인력상수는 각각 $M = 1.99\times10^{30}$ kg, $G = 6.67\times10^{-11}$ m^3/s$^2\cdot$kg이다.

풀이 ① 지구 및 금성의 원궤도에서 우주선의 속도 $v_{0;E}$, $v_{0;V}$는 각각 식(9.146), 식(9.147)에 의하여

$$v_{0;E} = \sqrt{\frac{GM}{r_E}} = \sqrt{\frac{(6.67\times10^{-11}\ \mathrm{m^3/s^2\cdot kg})\times(1.99\times10^{30}\ \mathrm{kg})}{1.50\times10^{11}\ \mathrm{m}}}$$
$$= 2.975\times10^4\ \mathrm{m/s} \cong 2.98\times10^4\ \mathrm{m/s}$$

$$v_{0;V} = \sqrt{\frac{GM}{r_V}} = \sqrt{\frac{(6.67\times10^{-11}\ \mathrm{m^3/s^2\cdot kg})\times(1.99\times10^{30}\ \mathrm{kg})}{1.08\times10^{11}\ \mathrm{m}}}$$
$$= 3.506\times10^4\ \mathrm{m/s} \cong 3.51\times10^4\ \mathrm{m/s}$$

이다.

우주선이 금성 궤도에 진입하기 위해서 연결타원궤도의 원일점 A 및 근일점 P에서 우주선의 속도는 $r_V < r_E$이므로, 각각 식(9.148) 또는 식(9.149)에 의하여

$$v_A = \sqrt{\frac{2r_V}{r_E + r_V}}\, v_{0E}$$
$$= \sqrt{\frac{2\times(1.08\times10^{11}\ \mathrm{m})}{1.50\times10^{11}\ \mathrm{m} + 1.08\times10^{11}\ \mathrm{m}}} \times (2.975\times10^4\ \mathrm{m/s})$$
$$= 2.722\times10^4\ \mathrm{m/s} \cong 2.72\times10^4\ \mathrm{m/s}$$

$$v_P = \sqrt{\frac{2r_E}{r_E + r_V}}\, v_{0V}$$
$$= \sqrt{\frac{2\times(1.50\times10^{11}\ \mathrm{m})}{1.50\times10^{11}\ \mathrm{m} + 1.08\times10^{11}\ \mathrm{m}}} \times (3.506\times10^4\ \mathrm{m/s})$$
$$= 3.781\times10^4\ \mathrm{m/s} \cong 3.78\times10^4\ \mathrm{m/s}$$

이라야 한다. 따라서 $v_{0;E} > v_A$, $v_P > v_{0;V}$이므로 먼저 원일점 A에서 감속시켜서 타원연결궤도에 진입시키고, 근일점 P에 도달하는 순간 또 감속시켜서 금성궤도에 진입시켜야 한다.

② 우주선이 지구궤도를 벗어나서 금성궤도에 진입하는 데 걸리는 시간, 곧 궤도를 바꾸는 데 걸리는 시간 τ_t는 타원연결궤도의 주기 T_t의 반이고, 타원연결궤도의 긴지름이 $2a = r_E + r_V$이므로, 식(9.150)에 의하여

$$\begin{aligned}\tau_t = \frac{T_t}{2} = \pi\sqrt{\frac{m}{k}}\,a^{\frac{3}{2}} &= \frac{\pi}{\sqrt{GM}}\left(\frac{r_E + r_V}{2}\right)^{\frac{3}{2}} \\ &= \frac{\pi}{\sqrt{(6.67\times10^{-11}\,\mathrm{m^3/s^2\cdot kg})\times(1.99\times10^{30}\,\mathrm{kg})}} \\ &\quad \times\left(\frac{(1.50\times10^{11}\,\mathrm{m})+(1.08\times10^{11}\,\mathrm{m})}{2}\right)^{\frac{3}{2}} \\ &= 1.263\times10^{7}\,\mathrm{s} \cong 1.26\times10^{7}\,\mathrm{s}\end{aligned}$$

이다.

9.7 뉴턴역학의 한계 및 보존법칙의 확장

이제까지 우리는 만유인력법칙을 포함한 뉴턴역학의 방법을 살펴보았다. 이 역학은 천체 및 지상 물체 등 거시적 물체의 위치, 운동량, 에너지 등의 개념을 도입하여 이룬 뉴턴의 운동법칙을 바탕으로 한 역학적 방법이다. 이런 물리량은 측정할 수 있고, 측정장치의 정교한 정도에 따라 얼마든지 정확하게 측정할 수 있다고 전제한다. 이러한 전제는 거시적인 물체에 대한 우리의 경험에 의하여 확인된다. 예를 들어, 어떤 순간에 한 거시적 물체의 위치를 매우 정확하게 측정할 수 있어서, 일련의 이런 측정을 시행한 결과 얻은 데이터로부터 그 물체의 어떤 위치에서의 속도를, 그것도 매우 정확하게 구할 수 있다. 그러나 원자나 넘원자 세계의 미시적 물체의 위치를 측정하려고 시도하면 그 정확도에 한계성이 나타난다. 곧 분자, 원자나 양성자, 중성 및 전자 등의 **넘원자 입자**(subatomic particle)의 미세한 운동을 기술하기에는 뉴턴역학이 부적당함이 나타난다.

9.7.1 뉴턴역학의 한계

예를 들어 빛을 전자에 비추어서 전자에 의한 빛의 산란현상에 의하여 전자의 위치를 측정하는 경우를 생각해보자. 빛의 파동성 때문에 정확한 위치를 측정할 수는 없고, 다만 전자가 위치하는 범위를 결정할 수 있을 뿐이다. 그 범위는 빛의 파장 정도의 크기로, 이는 전자 위치

의 불확실한 정도를 나타낸다. 이를 **위치의 불확정도**(uncertainty in position)라 부르고 위치를 x라 할 때 보통 Δx로 나타낸다. 이것은, 우리가 흔히 이해하기 쉬운 말로, 일종의 "측정오차"(이것은 오차가 아니다)와 비슷한 것이다. 따라서 비추어 주는 빛의 파장이 짧을수록 전자의 위치를 더 정확하게 측정할 수 있고 위치의 불확정도 Δx는 작아진다.

한편 빛은 **광자**(photon)라고 부르는 빛 알갱이들로 되어 있다. 빛은 파동성뿐만 아니라 입자성도 지니고 있으며, 이 빛 알갱이는 에너지 덩어리이고, 운동량도 있고, 이 운동량은 빛의 파장에 반비례한다고 알려져 있다. 전자에 의한 빛의 산란현상은 빛 알갱이인 광자와 전자 사이의 일종의 충돌현상이다. 이때 빛 알갱이의 운동량의 일부가 전자에 전달되어 전자의 운동량에 변화가 생긴다. 따라서 전자의 운동량은 전달된 운동량만큼 불확실하게 된다. 이를 **운동량의 불확정도**(uncertainty in momentum)라 부르고 보통 Δp로 나타낸다. 곧 빛의 산란에 의하여 전자의 위치를 측정하려고 시도하게 되면 전자의 운동량에 불확정도 Δp를 유발하게 된다.

빛의 산란에 의하여 전자의 위치를 측정하려고 할 때, 보다 더 정확한 위치를 얻으려면(Δx를 작게 하려면), 더 짧은 파장의 빛을 사용해야 한다. 파장이 짧을수록 빛 알갱이의 운동량이 크므로, 전자에 전달되는 빛 알갱이의 운동량도 커진다. 따라서 위치의 불확정도 Δx를 작게 하려고 하면, 이때 유발되는 운동량의 불확정도 Δp는 커지게 된다. 곧 위치와 운동량은 동시에 정확하게(동시에 $\Delta x \to 0$, $\Delta p \to 0$) 측정할 수 없다. 두 불확정도의 곱 $\Delta x \cdot \Delta p$는 전자의 위치(x) 및 운동량(p)를 동시에 측정할 수 있는 정확도의 척도이다.

1927년 하이젠베르크(Werner Heisenberg : 1901－1976, 독일물리학자)는 두 불확정도의 곱 $\Delta x \cdot \Delta p$는 항상 어떤 상수값보다 작을 수 없다는 것을 보였다. 그 상수값은 0이 아니고, 플랑크상수(Planck constant)라고 부르는 상수

$$\hbar = 1.05 \times 10^{-34}\ \mathrm{J \cdot s}$$

의 반이다. 곧 두 불확정도의 곱은

$$\Delta x \cdot \Delta p \gtrsim \frac{\hbar}{2}$$

로 주어진다. 이 관계식을 하이젠베르크의 **불확정성 관계식**(uncertainty relation)이라 하고, 두 불확정도 사이에는 이런 관계식이 성립하는 것, 곧

위치 및 운동량의 불확정도를 동시에 줄일 수 없다.

는 것을 하이젠베르크의 **불확정성 원리**(uncertainty principle)라 한다. 이것은 자연현상에

내재하는 본질적인 원리이다. 불확정도 Δx, Δp는 인간의 측정능력의 향상으로 줄일 수 있는 것이 아니다. 따라서 Δx, Δp는 측정오차가 아니다.

이 최소 상수값은 10^{-34} J·s정도로 매우 작은 값이어서, 일상 생활에서 경험할 수 있는 거시적 세계에서는 무시할 수 있으므로($\hbar \approx 0$), 위치 및 운동량을 거시적 영역에서는 동시에 정확하게 측정하는 데 실제로 어려움이 없다. 곧 불확정성 원리에 위배되지 않는다. 따라서 거시적 현상에서는 위치 및 운동량을 동시에 정확하게 측정할 수 있어서 뉴턴역학을 그대로 적용할 수 있다. 그러나 전자의 위치를 측정할 때처럼 그 최소 상수값을 무시할 수 없는($\hbar \not\approx 0$) 미시적 세계의 자연현상에는, 위치 및 운동량을 동시에 정확하게 측정할 수 없으므로 뉴턴역학을 그대로 적용할 수 없게 된다.

이런 근원적인 뉴턴역학의 어려움 또는 한계를 극복하기 위하여 미시적 현상을 다루는 새로운 방법이 필요하게 된다. 이 방법은 1925년에 시작되어 슈뢰딩거(Erwin Schrödinger, 1887-1961 : 오스트리아 물리학자), 하이젠베르크(Werner Heisenberg, 1901-1976 : 독일 물리학자), 보른(Max Born, 1882-1970 : 독일 물리학자), 디락(Paul Adrien Maurice Dirac, 1902-1984 : 영국 이론물리학자)등에 의하여 그 기초가 놓여지고 발전되었다. 이 방법을 **양자역학**(quantum mechanic)이라 한다. 곧

뉴턴역학은 플랑크상수 $\hbar$를 무시할 수 있는 ($\hbar \approx 0$) 거시적 현상에는 적합하나 플랑크상수 $\hbar$를 무시할 수 없는 ($\hbar \not\approx 0$) 미시적 현상에는 적합하지 않다.

뉴턴역학의 또 다른 피하지 못할 한계성은 **시간** 개념에 관계된 것이다. 뉴턴역학에서 시간은 절대적인 개념을 가지고 있다. 곧 어떤 두 사건이 동시인지, 아니면 어느 사건이 먼저 일어났는지를 일의적으로 어떤 경우이든지 결정할 수 있다. 이렇게 하기 위해서는 두 사건을 각각 관측하는 사람 사이에 순간적인 통신이 가능해야 한다. 그러한 순간적인 통신은 속도가 무한대인 신호로서만 가능하다. 그러나 가장 빠른 신호의 속도는 진공 중에서 빛의 속도 $c = 3 \times 10^8$ m/s이다. 이 속도도 유한하므로 서로 공간적으로 떨어져 있는 두 사건 사이의 순간적인 통신은 결국 불가능하다. 따라서 두 사건의 **동시성** 여부 판단은 두 사건의 공간적인 위치에도 관계된다. 결국, 시간은 절대적 개념이 아니고, 공간과 밀접하게 얽혀 있다. 이러한 뉴턴역학의 어려움은 물체의 속도가 빛의 속도에 가까워질수록($v \lesssim c$) 더욱 더 뚜렷하게 나타난다. 이러한 뉴턴역학의 한계성을 극복하기 위한 방법이 1904에서 1905년 사이에 로렌츠(Hendrik Antoon Lorentz, 1853-1928 : 네덜란드 이론물리학자), 푸앵카레(Jules Henri Poincaré, 1854-1912 : 프랑스 수학자·물리학자), 아인슈타인(Albert Einstein, 1879-1955 : 독일 태생 미국 이론물리학자) 등에 의하여 발전되었다. 이 방법이 **상대론적 역학**(relativistic

표 9.1 역학의 네 영역

	($\hbar \approx 0$) 물체의 크기 ($\hbar \not\approx 0$) → 小	
($v \ll c$) 물체의 속도 ↓	뉴턴역학	양자역학
($v \lesssim c$) 大	상대론적 역학	상대론적 양자역학

mechanics)이다(**표 9.1** 참조). 곧

> **뉴턴역학은 물체의 속도가 작아서 빛의 속도에 비하여 무시할 수 있는 현상 ($v \ll c$)의 경우에는 적합하나, 속도가 매우 커서 빛의 속도에 비하여 무시할 수 없는 현상 ($v \lesssim c$)의 경우에는 적합하지 않다.**

따라서 뉴턴역학은 역학계가 거시적이고 속도가 느린 현상에 대한 어림 방법이다.

이와 같은 근원적인 한계성 외에, 역학계를 이루고 있는 물체 또는 입자수가 큰 경우 실용적인 면에서 한계성이 나타난다. 삼체 문제의 경우만 해도 완전한 풀이는 얻을 수 없고, 수치적인 어림법에 의존하는 수밖에 없다. 조금만 더 복잡해도 역학계의 운동은 실제적으로 계산이 불가능하다. 예를 들어 1몰 속에 있는 10^{23}개 정도의 기체 분자 하나 하나의 운동을 계산한다는 것은 거의 불가능하다.

뭇입자들의 모임인 입자계의 성질을 나타내는 "대푯값" 또는 "평균값"을 계산할 수 있는 훌륭한 방법이 19세기 후반에 볼츠만(Ludwig Boltzmann, 1844-1906 : 오스트리아 물리학자), 맥스웰(James Clerk Maxwell, 1831-1879 : 스코틀랜드 물리학자), 깁스(Willard Gibbs, 1839-1903 : 미국 수리물리학자), 리우비(Joseph Liouville, 1809-1882 : 프랑스 수학자) 등에 의하여 개발 발전되었다. 이 방법은 확률론을 이용하여 입자계의 역학을 다룰 수 있는 **통계역학**(statistical mechanics)으로 발전하게 되었다.

9.7.2 보존법칙의 확장

천체 및 지상 물체 등 거시적 물체의 위치, 운동량, 에너지 등의 개념을 도입하여 이룬 뉴턴역학에서 도출된 선운동량, 각운동량 및 에너지의 보존법칙 등은 지상의 거시적 및 미시적 물체뿐만 아니라 천체들의 역학계에서도 성립한다. 그러나 이들 보존법칙은 당연히 뉴턴역학의 한계성에 직면할 것이다. 이들 보존법칙이 이 한계를 넘어서 뉴턴역학의 범주 바깥까지 어떻게 확장되는지 살펴보자.

○ 선운동량 보존법칙

천체나 지상의 물체들 사이의 만유인력이나 역학적 힘은 뉴턴의 운동 제3법칙인 작용·반작용의 법칙을 상당한 정밀도로 만족한다. 따라서 이러한 물체의 운동에서 선운동량은 보존된다. 또한, 원자 크기 정도의 입자들의 상호작용에서도 선운동량이 역시 보존된다. 그러나 매우 높은 에너지, 곧 대단히 빠른 입자의 경우나 속도가 매우 빠르게 변하는 매우 큰 가속도운동을 하는 입자의 경우는 제외된다. 뉴턴의 운동 제3법칙의 만족이 선운동량 보존의 충분조건이기 때문이다(소단원 4.2.1 참조).

정지해 있는 전하들 사이에 작용하는 정전기력(쿨롱힘)은 뉴턴의 운동 제3법칙을 만족하나, 전하가 움직이는 경우 그들의 전기마당은 빛의 속도로 전파해 나가므로, 만일 두 전하가 상대적으로 매우 빠른 속도로 움직인다면, 그들 사이에 작용하는 힘은 정확하게 작용·반작용의 법칙을 어떤 순간에도 만족하지 않을 수 있다. 전하가 가속될 때 전자기파가 복사되고, 이로 인하여 전하는 선운동량을 잃는다. 따라서 뉴턴역학으로부터 얻어진 선운동량 보존법칙은 그대로는 성립하지 않는다.

그렇지만 이러한 경우에도, 힘마당의 개념을 도입하여(소단원 4.2.3 참조) 움직이는 입자뿐만 아니라, 전자기현상의 힘마당인 전자기마당에 선운동량을 부여함으로서 선운동량 보존법칙을 유지시킬 수 있다. 그러한 선운동량의 재정의는 뉴턴역학의 방법이 아닌 전자기학의 방법으로 가능하다.

또, 천체나 지상의 물체가 뉴턴의 운동 제3법칙을 만족하는 매우 작은 입자 또는 질점으로 구성되어 있다면 선운동량 정리(식(7.40) 참조)가 성립하고, 따라서 선운동량 보존법칙이 성립한다. 그러나 물체를 구성하는 입자가 원자나 분자이면 그들 사이에 작용하는 힘들은 뉴턴의 운동 제3법칙을 반드시 만족하는 것은 아니다. 그러나 이 경우에도 뉴턴의 방법이 아닌 다른 방법인 양자역학적인 방법으로 식(7.40)과 같은 선운동량 정리를 유도할 수 있다. 그러나 이런 방법은 뉴턴역학의 범주를 벗어난다.

그러므로 천체나 지상 물체에 적용할 때에는 선운동량 보존은 법칙이라기보다 물리학의 기본가설이라 보는 것이 좋다. 그 가설의 옳고 그름은 실험적 결과나 보다 더 깊은 이론적 결과에 바탕하여 가름된다.

○ 에너지 보존법칙

천체들 사이에 작용하는 중력은 보존력이므로 이들의 운동에서 역학적 에너지 보존법칙은 거의 정확하게 성립한다. 이론적으로, 행성들 사이에 있는 성간 먼지나 다른 물체들에 의한 마찰력 때문에 생기는 에너지 손실이 있을 수 있으나 너무 미약하므로 무시할 수 있다. 지상 물체들의 경우, 마찰력은 거시적이든 미시적이든 그렇지 않은 경우가 많다. 마찰력을 무시할 수 있는 특별한 경우에는 지상 물체의 운동에서도 역학적 에너지 보존법칙이 성립한다.

마찰력을 무시할 수 없는 경우에도 줄(James P. Joule, 1818-1889 : 영국 물리학자)에 의하여 열에도 에너지를 부여할 수 있게 되어, 운동에너지와 위치에너지에 열에너지까지 포함시킨 "총 에너지"에 에너지 보존법칙을 적용할 수 있게 된다. 만일 물체를 구성하는 입자가 원자 및 분자라면 물체의 열에너지는 원자 및 분자의 마구잡이운동(무작위운동 : random motion)의 운동에너지 및 위치에너지로 나타난다.

운동하는 전하에 작용하는 전자기적인 힘은 작용·반작용의 법칙을 만족하지 않으며 보존력이 아니다. 이 경우 에너지는 보존되지 않는다. 그러나 선운동량의 경우처럼 전자기마당에 전자기적 에너지를 부여하여 총 에너지에 포함시키면 에너지 보존법칙이 유지된다. 열에너지 및 전자기적 에너지를 포함하는 이와 같은 에너지 개념의 확장은 물론 뉴턴역학의 범위를 넘어선다. 에너지의 개념을 적당히 확장하여 운동에너지뿐만 아니라 전자기마당의 전자기적 에너지와 같은 다른 힘마당에 관련된 **힘마당 에너지**(force field energy)를 정의하여 이들을 총 에너지에 포함시키면 에너지 보존법칙은 일반적으로 성립하게 된다.

◎ 각운동량 보존법칙

각운동량의 경우도 같은 방법으로 분석된다. 천체나 지상 물체의 회전운동을 포함한 총 각운동량의 보존법칙은, 각 물체를 뉴턴의 운동 제3법칙을 만족하는 작은 뭇입자들의 모임으로 간주하면 성립한다(식(9.26) 참조). 입자들 상호 간에 작용하는 힘이 서로 크기가 같고 방향은 서로 반대이고 두 입자를 잇는 직선상에 작용선이 있는 경우에는, 물체의 회전운동으로 인한 각운동량(**회전 각운동량** : rotational angular momentum)은 구성 입자의 위치벡터와 운동량벡터의 벡터곱(식(8.159) 참조)인 **궤도각운동량**(orbital angular momentum)의 꼴로 표현된다. 이런 경우, 물체를 구성하는 입자들이 원자 및 분자들이면 선운동량의 경우처럼 이들 사이에 뉴턴의 운동 제3법칙이 반드시 성립하는 것은 아니고, 양자역학적 방법이 이들에 적용된다. 더욱이 원자 및 분자 들은 역시 회전각운동량을 가지는데 이들도 고려해야 한다. 또, 전자, 양성자, 중성자와 같은 소립자(elementary particle)들의 경우에는 궤도운동과는 전혀 관계가 없는 고유각운동량(intrinsic angular momentum)을 가지고 있다. 이 각운동량은 회전하는 거시적 물체의 내부각운동량에서 유추하여 **스핀각운동량**(spin angular momentum)이라 부른다. 이것은 궤도각운동량처럼 위치벡터로 전혀 기술되지 않지만, 총 각운동량이 보존되려면 이 각운동량까지도 포함시켜야 한다. 그래서 궁극적으로, 위치벡터 $\vec{r}(t)$만으로 기술되는 이상적이고 단순한 뉴턴역학의 방법을 따르는 입자를 결코 생각할 수 없게 된다. 따라서 각운동량의 보존법칙을 기본가설로 받아들이던지 아니면 뉴턴역학의 테두리를 넘어 있는 다른 이론들에게 그 정당성을 호소하는 수밖에 없다.

따라서 뉴턴역학으로부터 도출된 에너지, 운동량 및 각운동량의 보존법칙은, 이들의 개념을 확장하고 재정의하면, 물리학의 모든 분야에서 성립한다고 주장할 수 있다. 그래서 보존법칙은 어떤 의미에서는 법칙이 아니고, 어떤 물리이론에서도 성립해야 하는 기본가설이라고 볼 수 있으며 오늘날 물리학의 주춧돌이다.

연습문제

9.1 질점계의 일과 에너지

9-1 질점계의 운동에너지

질량이 각각 $m_A = 2.00\,\text{kg}$, $m_B = 3.00\,\text{kg}$, $m_C = 4.00\,\text{kg}$인 세 입자 A, B, C의 위치벡터가 각각

$\vec{r}_A = \hat{i}(2t^2) + \hat{j}(3t) + \hat{k}(4)$, $\vec{r}_B = \hat{i}(1+t^2) + \hat{j}(2+5t)$, $\vec{r}_C = \hat{i}(1+2t^2+3t^3) + \hat{k}(3t+4t^2)$

이다. 시각 $t = 10.0\,\text{s}$에서 다음을 구하라. 단위는 MKS단위이다.

(가) 질점계의 질량중심의 위치벡터 (나) 질량중심의 속도벡터 (다) 계의 운동에너지

답 (가) $\vec{r}_{CM} = \hat{i}(1.50\times10^3\,\text{m}) + \hat{j}(24.0\,\text{m}) + \hat{k}(192\,\text{m})$

(나) $\vec{v}_{CM} = \hat{i}(433\,\text{m/s}) + \hat{j}(2.33\,\text{m/s}) + \hat{k}(36.9\,\text{m/s})$

(다) $K = 1.79\times10^6\,\text{J}$

9-2 밧줄 들어올리기

길이가 L, 질량이 M인 균질의 밧줄이 마룻바닥에 둥글게 코일모양으로 놓여있다. 그 한쪽 끝을 잡고 일정한 속도로 연직상방으로 당긴다.

(가) 한쪽 끝의 연직 높이가 $y(y<L)$만큼 되도록 잡고 있는 데 필요한 힘을 구하라.

(나) 한쪽 끝을 바닥으로부터 연직 높이 $\ell\,(\ell < L)$까지 들어 올리는 데 필요한 일을 구하라.

답 (가) $F(y) = \dfrac{M}{L}gy$ (나) $W = \dfrac{Mg\ell^2}{2L}$

9.2 질량중심 좌표계와 운동에너지

9-3 두질점으로 된 질점계

예제 9.2에서

(가) 이 질점계의 총 운동에너지를 구하라.

(나) 질량중심의 속도를 구하라.

(다) 질량중심 좌표계에서 두질점의 속도를 구하라.

(라) 질량중심 좌표계에서 두질점의 운동에너지를 각각 구하라.

(마) 질량중심 좌표계에서 질점계의 총 운동에너지를 구하고, 결과를 (가)의 것과 비교하라.

답 (가) $K = 132\,\text{J}$ (나) $v_{CM} = 3.00\,\text{m/s}$ (다) $v_A' = 7.00\,\text{m/s}$, $v_B' = -5.00\,\text{m/s}$

(라) $K_A' = 61.3\,\text{J}$, $K_B' = 43.8\,\text{J}$

(마) $K' = 105\,\text{J}$, $\Delta K = K - K' = 27\,\text{J}$, $K_{CM} = 27\,\text{J}$ ∴ 질량중심의 운동에너지만큼 차이가 난다.

9-4 용수철이 달린 목침과 충돌

질량이 2.0kg인 목침 A가 매끄러운 수평인 실험대 위에서 10m/s의 속도로 달려가서 같은 실험대위에서 같은 방향으로 3.0m/s로 운동하고 있는 질량 5.0kg의 다른 목침 B에 달린 힘상수 1,120N/m의 가벼운 용수철에 충돌한다.

(가) 목침 A가 용수철에 닿기 전에 이 역학계의 질량중심의 속도는 얼마인지 구하라.

(나) 충돌 전 총 운동에너지 및 이 계의 질량중심의 운동에너지는 각각 얼마인지 구하라.

(다) 충돌 후 용수철이 최대로 압축되었을 때 이 계의 운동에너지는 얼마인지 구하고, 이때 용수철이 압축된 길이는 얼마인지 구하라.

답 (가) $v_{CM} = 5.0\,\mathrm{m/s}$ (나) $K_i = 120\,\mathrm{J}$, $K_{CM} = 88\,\mathrm{J}$

(다) $T_{최대압축} = K_{CM} = 88\,\mathrm{J}$, $x_{max} = 0.25\,\mathrm{m}$

9.3 질점계의 돌림힘 및 각운동량

9.4 두질점계 문제

9-5 두 입자의 상대운동방정식

지구 표면 가까이 있는 두 입자 A, B가 그들 사이에 상호작용하는 힘이 $\vec{f}_{AB}$일 때, 이들의 상대운동방정식은 식(9.43) $\mu\frac{d\vec{v}_{A/B}}{dt} = \vec{f}_{AB}$ 또는 $\mu\frac{d^2\vec{r}_{A/B}}{dt^2} = \vec{f}_{AB}$로 주어짐을 보여라.

9-6 이원자분자의 진동

질량이 각각 m_A, m_B인 두 원자 A, B로 된 이원자 분자 AB의 위치에너지가 $U(r) = \frac{1}{2}k(r-r_0)^2$으로 주어진다. 여기서 r_0은 평형상태에 있을 때 두 원자 사이의 거리이고, $r - r_0 \ll r_0$라 한다. 이원자분자는 어떤 운동을 하는가?

답 각 진동수 $\omega_0 = \sqrt{\left(\frac{1}{m_A} + \frac{1}{m_B}\right)k}$ 로 $r = r_0$ 주위의 단조화진동

9-7 이원자분자의 환산질량

문9-6에서 이원자분자 HF, HCl의 기본진동수가 분광학적 측정에 의하면

$$\omega_0(\mathrm{HF}) = 7.55\times10^{14}\,\mathrm{rad/s},\quad \omega_0(\mathrm{HCl}) = 5.47\times10^{14}\,\mathrm{rad/s}$$

라 한다. 각 원자의 질량은 다음과 같다.

$$m_H = 1.008\,\mathrm{u},\quad m_F = 19.00\,\mathrm{u},\quad m_{Cl} = 35.45\,\mathrm{u}$$

(가) 각 분자의 환산질량을 구하라.

(나) 각 분자의 단조화진동의 힘상수를 구하라.

답 (가) $\mu(\mathrm{HF}) = 0.957\,\mathrm{u}$, $\mu(\mathrm{HCl}) = 0.980\,\mathrm{u}$ (나) $k(\mathrm{HF}) = 906\,\mathrm{N/m}$, $k(\mathrm{HCl}) = 487\,\mathrm{N/m}$

9-8 두질점계의 돌림힘

두질점으로 된 역학계의 총 돌림힘은 $\vec{\tau}=\vec{r}_{\mathrm{CM}}\times M\dfrac{d\vec{v}_{\mathrm{CM}}}{dt}+\vec{r}_{\mathrm{A/B}}\times\mu\dfrac{d\vec{v}_{\mathrm{A/B}}}{dt}$으로 주어지며, 둘째 항은 질량중심 좌표계에서 총 돌림힘임을 보여라.

9-9 두질점계의 각운동량

두질점으로 된 역학계의 총 각운동량은 $\vec{L}=r_{\mathrm{CM}}\times M\vec{v}_{\mathrm{CM}}+\vec{r}_{\mathrm{A/B}}\times\mu\vec{v}_{\mathrm{A/B}}$로 주어지며, 둘째 항은 질량중심 좌표계에서 총 각운동량임을 보여라.

9-10 질량중심 좌표계에서 운동량

두질점 A, B로 된 역학계의 질량중심 좌표계에서 각 질점의 운동량의 크기는 $\mu|\vec{v}_{\mathrm{A/B}}|$이고 방향은 서로 반대임을 보여라. μ는 환산질량이고, $\vec{v}_{\mathrm{A/B}}$는 질점 A의 질점 B에 대한 상대속도이다.

9.5 질량중심 좌표계와 충돌 문제

9-11 과녁입자의 산란방향

입자 A가 속도 u_{A}로 달려와서 정지해 있는 과녁입자 B에 충돌하고 입사 방향과 θ_{A}의 방향으로 속도 v_{A}로 산란되었다. 과녁입자의 산란각 θ_{B}는 $\tan\theta_{\mathrm{B}}=\dfrac{v_{\mathrm{A}}\sin\theta_{\mathrm{A}}}{u_{\mathrm{A}}-v_{\mathrm{A}}\cos\theta_{\mathrm{A}}}$로 주어짐을 보여라. 이는 탄성충돌이나 비탄성충돌의 어느 경우에도 성립함을 확인하라.

9-12 두물체 역학계의 에너지

질량이 3.0 kg인 나무토막이 5.0 m/s의 속도로 오른쪽으로, 같은 질량의 다른 나무토막은 2.0 m/s의 속도로 왼쪽으로 운동하고 있다.

(가) 이 기준틀에서 두 나무토막의 총 운동에너지를 구하라.
(나) 이 역학계의 질량중심 속도를 구하라. 질량중심의 운동에너지를 구하라.
(다) 각 나무토막의 질량중심에 대한 상대속도를 각각 구하라.
(라) 두 나무토막의 질량중심에 대한 총 운동에너지를 구하고, (가)의 결과와 비교하여라.

답 (가) $K=44\,\mathrm{J}$ (나) $\vec{v}_{\mathrm{CM}}=\hat{i}(1.5\,\mathrm{m/s})$, $K_{\mathrm{CM}}=6.8\,\mathrm{J}$
(다) $\vec{v}_1{}'=\hat{i}(3.5\,\mathrm{m/s})$, $\vec{v}_2{}'=-\hat{i}(3.5\,\mathrm{m/s})$,
(라) $K'=37\,\mathrm{J}$, $\Delta K=K-K'=6.8\,\mathrm{J}=K_{\mathrm{CM}}$

9-13 입사입자의 에너지변화

질량 m_{A}의 입자 A가 운동량 p_0로 입사하여 정지해 있는 질량 m_{B}의 과녁입자 B에 정면 탄성충돌하였다.

(가) 충돌 후 두 입자의 운동량 q_{A}, q_{B}를 각각 구하라.
(나) 충돌로 인한 입자 A의 운동에너지 감소는 처음의 $\dfrac{4\mu}{m_{\mathrm{A}}+m_{\mathrm{B}}}$배임을 보여라.
(다) 질량중심의 속도 v_{CM}을 구하고, 질량중심 좌표계에서 입자 A의 충돌 전 운동량 p_{A}' 및 질량중심의 운동에너지 K_{CM}을 구하라.

(라) 질량중심 좌표계에서 충돌 후 두 입자의 운동에너지 T_A', T_B'를 각각 구하라.

답 | (가) $q_A=\left(\dfrac{m_A-m_B}{m_A+m_B}\right)p_0$, $q_B=\left(\dfrac{2m_B}{m_A+m_B}\right)p_0$

(다) $v_{CM}=\dfrac{p_0}{m_A+m_B}$, $p_A'=\dfrac{m_B}{m_A+m_B}p_0$, $K_{CM}=\dfrac{p_0^2}{2(m_A+m_B)}$

(라) $T_A'=\left(\dfrac{m_B}{m_A+m_B}\right)^2\left(\dfrac{p_0^2}{2m_A}\right)$, $T_B'=\left(\dfrac{m_Am_B}{(m_A+m_B)^2}\right)\left(\dfrac{p_0^2}{2m_A}\right)$

9-14 질량중심 좌표계에서 충돌

질량중심 좌표계에서 일차원운동을 하는 운동량 p_1'의 입자가 운동량이 $p_2'=-p_1'$인 과녁입자에 탄성충돌하였다. 이 입자계의 환산질량은 μ이다.

(가) 충돌 후 입사입자의 운동량을 q_1'이라 할 때, 충돌 전 및 충돌 후 총 운동에너지를 각각 구하라.

(나) 충돌 후 입사입자의 운동량 q_1'은 $q_1'=\pm p_1'$임을 보이고, 분석하라.

답 | (가) $K'=\dfrac{{p_1'}^2}{2\mu}$, $T'=\dfrac{{q_1'}^2}{2\mu}$

(나) $q_1'=+p_1'$는 일차원의 경우에는 있을 수 없다. 따라서 $q_1'=-p_1'$이다.

9-15 질량중심 좌표계에서 실험실 좌표계에로 변환

질량 3.0kg의 물체 A는 5.0m/s의 속도로 오른쪽으로, 1.0kg의 다른 물체 B는 3.0m/s의 속도로 왼쪽으로 달려와서 충돌을 한다.

(가) 이 계의 질량중심의 속도 v_{CM}을 구하고, 각 물체의 질량중심 좌표계에서 속도를 구하라.

(나) 이 좌표계에서 탄성충돌 후 각 물체의 운동은 처음과 정반대 방향이었다. 각 물체의 충돌 후 운동량 및 속도를 구하라.

(다) 원래의 실험실 좌표계에서 각 물체의 속도를 구하라. 원래 실험실 좌표계에서 처음 및 나중 총 운동에너지를 비교하여 위의 결과를 확인하여라.

답 | (가) $v_{CM}=3.0\,\text{m/s}$, $u_1'=2.0\,\text{m/s}$, $u_2'=-6.0\,\text{m/s}$

(나) $q_A'=-6.0\,\text{kg}\cdot\text{m/s}$, $q_B'=6.0\,\text{kg}\cdot\text{m/s}$, $v_A'=-2.0\,\text{m/s}$, $v_B'=6.0\,\text{m/s}$

(다) $v_A=1.0\,\text{m/s}$, $v_B=9.0\,\text{m/s}$, $K=42\,\text{J}$, $T=42\,\text{J}$

9-16 양성자와 헬륨원자의 충돌

정지해 있는 헬륨원자에 양성자가 $\vec{u}_p$의 속도로 달려 와서 탄성충돌한 후 입사 방향에서 45°의 방향으로 산란되었다. 헬륨원자의 질량은 양성자의 4배이다.

(가) 질량중심의 속도를 구하고, 질량중심 좌표계에서 충돌 후 각 입자의 속도의 크기를 구하라.

(나) 질량중심 좌표계에서 양성자의 산란각 θ_p'을 구하라.

(다) 실험실 좌표계에서 충돌 후 각 입자의 속도의 크기를 구하라.

(라) 실험실 좌표계에서 본 원자의 산란각 θ_{He}를 구하라.

답 | (가) $\vec{v}_{CM}=\dfrac{1}{5}\vec{u}_p$, $v_p'=\dfrac{4}{5}u_p$, $v_{He}'=\dfrac{1}{5}u_p$ (나) $\theta_p'=55°$

(다) $v_p = 0.93u_p$, $v_{He} = 0.19u_p$ (라) $\theta_{He} = 62°$

9.6 중력마당에서 운동

9-17 위치에너지함수

아래 힘은 보존력이다. 위치에너지함수를 구하라.

(가) $\vec{F} = \hat{i}xy^2z + \hat{j}x^2yz + \hat{k}\frac{x^2y^2}{2}$ (나) $\vec{F} = -k\vec{r}$

답 | (가) $U = -\frac{1}{2}x^2y^2z$ (기준점 : 원점) (나) $U = \frac{1}{2}kr^2$ (기준점 : 원점)

9-18 위치에너지와 힘

위치에너지함수가 아래와 같이 주어지는 힘마당의 힘을 구하라.

(가) $U = kxy^2z^3$ (나) $U = \frac{1}{2}(k_xx^2 + k_yy^2 + k_zz^2)$

답 | (가) $\vec{F} = -k\{\hat{i}(y^2z^3) + \hat{j}(2xyz^3) + \hat{k}(3xy^2z^2)\}$ (나) $\vec{F} = -(\hat{i}k_xx + \hat{j}k_yy + \hat{k}k_zz)$

9-19 중심력마당의 힘

입자가 힘의 중심을 지나는 원궤도를 따라서 각운동량 ℓ 의 원운동을 하고 있다. 이 원궤도 반지름은 a이다.

(가) 궤도함수는 $r = 2a\cos\theta$로 표현됨을 보여라.

(나) 입자에 작용하는 중심력 $F(r)$를 구하라.

Tip (나) 궤도미분방정식 $\frac{\ell^2}{m}u^2\left(\frac{d^2u}{d\theta^2} + u\right) = -F\left(\frac{1}{u}\right)$ $\left(u = \frac{1}{r}\right)$

답 | (나) $F = -\left(\frac{8a^2\ell^2}{m}\right)\frac{1}{r^5}$

9-20 나선궤도

질량이 m인 입자의 궤도함수가 $r = ae^{\alpha\theta}$(a, α : 양의 상수)로 주어지는 나선모양의 궤도를 따라 움직인다. 이 입자의 각운동량은 ℓ 이다.

(가) 입자에 작용하는 힘 $F(r)$를 구하라.

(나) 각변위 $\theta(t)$를 구하라. 처음 ($t=0$)에 $r = a$였다.

답 | (가) $F(r) = -\left(\frac{\ell^2}{m}\right)\frac{\alpha^2+1}{r^3}$ (나) $\theta(t) = \frac{1}{2\alpha}\ln\left(\frac{2\alpha\ell}{ma^2}t + 1\right)$

9-21 중심력마당의 위치에너지함수

문9-19 및 문9-20에서와 같은 힘마당의 위치에너지함수를 구하라.

답 | 문9-19 : $U = -\left(\frac{2a^2\ell^2}{m}\right)\frac{1}{r^4}$ ($U(\infty) = 0$),

문9-20 : $U = -\frac{\ell^2(\alpha^2+1)}{2m}\frac{1}{r^2}$ ($U(\infty) = 0$)

9-22 유가와 퍼텐셜

위치에너지함수가 유가와 퍼텐셜 $U(r) = -k\dfrac{e^{-\alpha r}}{r}$ (k, α : 양의 상수)로 주어지는 힘마당에서 질량 m의 입자가 운동하고 있다.

(가) 이 힘마당의 힘 $F(r)$를 구하라.

(나) 입자가 반지름 r_0의 원운동을 할 때, 주기 T, 에너지 E 및 각운동량 L을 각각 구하라.

답 | (가) $F(r) = -k\dfrac{e^{-\alpha r}}{r^2}(\alpha r + 1)$ (나) $T = \dfrac{2\pi}{v_0} = 2\pi\sqrt{\dfrac{mr_0^3}{k(\alpha r_0 + 1)}}\, e^{\frac{\alpha r_0}{2}}$

$E = -k\dfrac{e^{-\alpha r_0}}{2r_0}(1 - \alpha r_0)$, $L = \sqrt{mkr_0(\alpha r_0^2 + 1)}\, e^{-\frac{\alpha r_0}{2}}$

9-23 지구 주위의 인공위성

질량 2,500 kg의 인공위성이 지구 주위의 타원궤도를 따라서 회전하고 있다. 원지점은 $d_A = 3600$ km, 근지점은 $d_P = 1100$ km이다. 지구의 반지름 및 질량 그리고 만유인력상수는 각각 $R_E = 6.37 \times 10^6$ m, $m_E = 5.98 \times 10^{24}$ kg, $G = 6.67 \times 10^{-11}$ m^3/s$^2 \cdot$ kg이다. 다음을 구하라.

(가) 인공위성의 에너지 E (나) 근지점 (P) 및 원지점(A)에서 속도 v_P 및 v_A (다) 각운동량 ℓ

답 | (가) $E = -5.72 \times 10^{10}$ J (나) $v_P = 7.81 \times 10^3$ m/s, $v_A = 5.85 \times 10^3$ m/s

(다) $\ell = 1.46 \times 10^{14}$ J · s

9-24 화성궤도에 올리기

지구에서 우주선을 발사하여 화성궤도에 올려놓으려고 한다. 지구 및 화성의 궤도는 원궤도로 어림한다.

(가) 지구궤도에서 속도 $v_{0;E}$, 화성궤도에서 속도 $v_{0;M}$을 각각 구하라.

(나) 타원연결궤도의 원점 A 및 근점 P에서 우주선의 속도 v_A, v_P를 각각 구하라.

(다) 궤도를 바꾸는 데 걸리는 시간 τ_t를 구하라.

지구 및 화성의 궤도반지름은 각각 $r_E = 1.50 \times 10^{11}$ m, $r_M = 2.28 \times 10^{11}$ m이고, 해의 질량 및 만유인력상수는 각각 $M = 1.99 \times 10^{30}$ kg, $G = 6.67 \times 10^{-11}$ m^3/s$^2 \cdot$ kg이다.

답 | (가) $v_{0;E} = 2.98 \times 10^4$ m/s, $v_{0;M} = 2.41 \times 10^4$ m/s

(나) $v_P = 3.27 \times 10^4$ m/s, $v_A = 2.15 \times 10^4$ m/s

(다) $\tau_t = 2.24 \times 10^7$ s

9.7 뉴턴역학의 한계 및 보존법칙의 확장

9-25 시간의 상대성

일정한 속도 $\vec{v}_R$로 달리는 객차에 타고 있는 여성이 객차 천장에 수평으로 설치된 평면거울에 레이저 포인터로 빛을 발사하여 거울에서 반사되어 온 빛을 포인터와 같은 위치에 있는 빛 수신기로 받았다. 포인터와 거울사이의 거리는 L[m]이다. 빛을 '빛 알갱이'로 보고, 그 속도는 빛의 속도 c[m/s]라고 한다. 이 빛의 속도는 어떤 관측자에게도 항상 일정하다.

(가) 빛이 발사된 현상(사건 A)과 빛이 평면거울에서 반사되어 수신기에 수신되는 현상(사건 B)사이의 시간 간격 Δt_0을 구하라.

(나) 플랫폼에 서 있는 남성이 볼 때, 두 사건 A, B사이의 시간 간격은 어떻게 될까? 서로 같은가?

Tip **예제 1.36**의 **그림 1.61** 참조

답 (가) $\Delta t_0 = \dfrac{2L}{c}$ (나) $\Delta t = \dfrac{2L}{c}\left(\dfrac{1}{\sqrt{1-\left(\dfrac{v_R}{c}\right)^2}}\right)$, $\Delta t_0 < \Delta t$(서로 같지 않다)

9-26 빛알갱이의 입자성과 파동성

빛알갱이의 운동량은 그 파장에 반비례한다고 한다. 파장이 500 nm인 빛의 빛알갱이의 운동량이 2.10×10^{-28} N · s이다. 파장이 650 nm인 붉은 빛의 빛알갱이의 운동량은 얼마인가?

답 $p = 1.40 \times 10^{-28}$ N · s

9-27 불확정성 원리

직선운동을 하는 전자의 속도가 2.05×10^6 m/s로 관측되었다. 이것의 정밀도는 0.50 %라 한다. 전자의 위치를 동시에 측정할 때 가능한 최소 불확정도는 얼마인가?

답 $\Delta x_{\min} = 5.62 \times 10^{-9}$ m

부 록

A. 문자기호

B. 수학기호

C. 단위 및 차원의 기호

D. 중요한 수학공식 모음

A. 문자기호

기호	뜻
$\vec{A}$	면적벡터
$\vec{A}_x$, $\vec{A}_y$	벡터 $\vec{A}$의 x, y 성분벡터
$\hat{A}$	벡터 $\vec{A}$의 단위벡터
$\overrightarrow{\mathrm{AB}}$	유향선분 ; 벡터
a	가속도 ; 상수
$\vec{a}$	가속도벡터
$\langle a \rangle$	평균가속도
a_{c}	구심가속도
a_τ	$\vec{a}$의 접선 성분
a_n	$\vec{a}$의 법선 성분
$\vec{a}_{\mathrm{A/B}}$	A의 B에 대한 상대가속도벡터
b	감쇠상수
C	상수, 적분상수 ; 곡선
C	원의 중심
d	거리
E	역학적 에너지
E_{f}	나중 역학적 에너지
E_{i}	처음 역학적 에너지
e	이심률
$\vec{F}$	힘벡터
$\langle F \rangle$	평균힘
$F_\parallel$	$\vec{F}$의 나란한 성분
$F_\perp$	$\vec{F}$의 수직 성분
F_n	$\vec{F}$의 법선 성분
F_s	$\vec{F}$의 곡선의 접선 성분
F_τ	$\vec{F}$의 접선 성분
F_x, F_y, F_z	$\vec{F}$의 x, y, z 성분
$\vec{F}_{\mathrm{AB}}$	B가 A에 작용하는 힘
$\vec{F}_{\text{알짜}}$	알짜힘
$\vec{F}'$	힘 $\vec{F}$의 반작용
f	진동수 ; 마찰력의 크기
$\vec{f}$	마찰력, 감쇠력, 저항력
$\vec{f}_i$	입자 i에 작용하는 속힘
$\vec{f}_{ij}$	입자 j가 입자 i에 작용하는 속힘
$\vec{f}_{\mathrm{k}}$	운동마찰력
$\vec{f}_{\mathrm{s}}$	정지마찰력
$\vec{f}_{\mathrm{s;\,max}}$	최대 정지마찰력
$\vec{\mathcal{F}}$	관성력
G	만유인력상수, 중력의 결합상수
G	무게중심, 질량중심
g	중력가속도
$\vec{g}$	중력가속도벡터, 중력마당벡터
h	포물선운동의 최고점의 높이
I	관성모멘트
$\{\hat{i}, \hat{j}, \hat{k}\}$	직각좌표계의 바탕
$\vec{J}$	충격량벡터
K	운동에너지, 충돌 전 운동에너지 ; 비례상수
K_{f}	나중 운동에너지
K_{i}	처음 운동에너지
k	용수철의 힘 상수, 비례상수
k_{e}	쿨롱상수
L	실의 길이
$\vec{L}$	각운동량벡터
ℓ	각운동량 ; 폐곡선의 길이
M	질량, 총 질량
m	질량
$\vec{N}$	수직항력
$\hat{n}$	법선단위벡터
O	원점
P	일률
$\vec{P}$	총 운동량벡터, 충돌 전 총 운동량벡터 ; 누르는 힘
$\vec{p}$	운동량벡터, 충돌 전 운동량벡터
$\overline{\mathrm{PQ}}$	선분PQ

기호	의미
Q	질인자 ; 충돌에서 운동에너지 변화
$\vec{Q}$	충돌 후 총 운동량벡터
q	전하
$\vec{q}$	충돌 후 운동량벡터
R	원의 반지름, 곡률반지름 ; 포물체의 수평도달 거리
$\vec{R}$	합벡터, 항력
r	반지름, 지름거리
$\vec{r}(t)$	시각 t에서 위치벡터
$\vec{r}_{A/B}$	A의 B에 대한 상대위치벡터
$\vec{r}_{CM}$	질량중심의 위치벡터
$d\vec{r}$	무한소변위벡터
$\{\hat{r}, \hat{\theta}, \hat{\phi}\}$	구면좌표계의 바탕
S	기준틀
S	넓이
dS	무한소 면적소
s	호의 길이, 곡선상의 이동거리
s_f	호 또는 곡선상 나중 위치
s_i	호 또는 곡선상 처음 위치
ds	호의 무한소길이, 곡선상 무한소 선소
$d\vec{s}$	곡선상 무한소변위벡터
Δs	호의 미소길이, 곡선상의 미소거리
T	실의 장력 ; 충돌 후 운동에너지 ; 주기
t	시각, 시간
t_h	포물체의 최고점까지의 시간
t_0	처음 시각
Δt	미소시간
U	위치에너지 ; 내부에너지
U_f	나중 위치에너지
U_i	처음 위치에너지
U_{min}	최소 위치에너지
$U^{(e)}$	바깥힘의 위치에너지
$U^{(i)}$	속힘의 위치에너지
$U^{(i)}(r_{A/B})$	입자 A, B사이의 (속힘에 의한) 상호작용 위치에너지
u	충돌 전 속도
u_{ij}	속힘 $\vec{f}_{ij}$에 의한 위치에너지
V	유효위치에너지 ; 부피
v	속도, 충돌 후 속도
v_f	나중 속도
v_i	처음 속도
$\vec{v}$	속도벡터
$\vec{v}_{CM}$	질량중심 속도
$\vec{v}_R$	기준틀의 상대속도
$\langle v \rangle$	평균속도
$\vec{v}_0$	처음 속도벡터
v_{0x}, v_{0y}	$\vec{v}_0$의 x, y 성분
$\vec{v}_{A/B}$	B에 대한 A의 상대속도
v_t	종단속도
$\Delta\vec{v}$	속도의 변화
Δv_τ	$\Delta\vec{v}$의 접선 성분
Δv_n	$\Delta\vec{v}$의 법선 성분
$\mathbb{V}$	속력
W	일
W_g	중력이 한 일
W_s	용수철이 한 일
$W_{보존}$	보존력이 한 일
$W_{비보존}$	비보존력이 한 일
$W_{알짜}$	알짜일
w	중력, 무게
$\{X, Y, Z\}$	공간좌표계
x	가로 축 ; 직선상의 위치 또는 변위
x_f	직선상의 나중 위치
x_i, x_0	직선상의 처음 위치
Δx	직선상의 변위, 미소거리
$\{x, y, z\}$	좌표계, 강체좌표계
$\{\hat{x}, \hat{y}, \hat{z}\}$	직각좌표계의 바탕
y	세로축
z	높이축, 대칭축

〈〈그리스 문자기호〉〉

α	각가속도, 각	ν	진동수
β	감쇠인자	ρ	평면극좌표의 지름좌표 ; 부피밀도
Γ	반치폭	$(\rho, \ \phi)$	평면극좌표계
γ	속도 비	σ	면밀도
Δ	차이, 미소량	τ	시간, 시간상수
δ	처음 위상	$\hat{\tau}$	접선단위벡터
$\varepsilon(x)$	비선형함수	$\vec{\tau}$	돌림힘(토크)벡터
ε	비선형항의 계수, 미소한 상수	Φ	중력퍼텐셜
θ	각, 극각, 비탈각	Φ_{M}	중력선 다발
θ_{C}	마찰각	ϕ	각, 방위각
(θ, ϕ, ψ)	오일러 각	$\Delta\phi$	각변위
$\Delta\theta$	각변위	Ω	옆돌기 각속도
$d\vec{\theta}$	무한소 각변위벡터	ω	각진동수
$\varkappa$	비틀림상수	ω_{S}	자전각속도
λ	위도 ; 미소한 상수	$\vec{\omega}$	각속도벡터
μ	환산질량	$\Delta\omega$	각속도의 변화
μ_{k}	운동마찰계수		
μ_{s}	정지마찰계수		

B. 수학기호

*** = …	***는 …와 같다.	$\lvert x \rvert$	x의 절댓값
*** ≡ …	***는 …와 동등하다	$n!$	n factorial $(n(n-1)\times\cdots\times 1)$
*** ≠ …	***는 …와 같지 않다	$\sum_{i=1}^{N} \Delta x_i$	Δx_i의 $i=1$에서 N까지의 더하기 (또는 합)
*** ≈ …	***는 …와 어림으로 같다 ; ***는 …와 거의 같다	$\Delta t \to 0$	Δt가 무한히 0에 가까워지다
*** ~ …	***는 …의 크기 정도이다	$\lim_{\Delta t \to 0} \sum_{i=1}^{N} \Delta x_i$	$\sum_{i=1}^{N} \Delta x_i$의 $\Delta t \to 0$에서 극한값
*** ∝ …	***는 …에 비례한다	$\dfrac{dx}{dt}$	x의 t에 대한 도함수 : "x를 t에 대해서 미분한다"
*** > 또는 < …	***는 …보다 크다 또는 작다	$\int v \, dt$	v의 t에 대한 적분
*** ≥ …	***는 …보다 크거나 같다	$\dfrac{\partial x}{\partial t}$	x의 t에 대한 편도함수 : "x를 t에 대해서 편미분한다"
*** ≤ …	***는 …보다 작거나 같다		
*** ≫ …	***는 …보다 훨씬 크다		
*** ≪ …	***는 …보다 훨씬 작다		

C. 단위 및 차원의 기호

(진한 글자는 SI단위계의 기본단위)

A	**암페어**	**mol**	**몰**
cd	**칸델라**	N	뉴턴
d	일	rad	라디안
h	시	**s**	**초**
Hz	헤르츠	W	와트
J	줄	hp	마력
K	**켈빈**	PS	(유럽)마력
kg	**킬로그램**	[L]	길이의 차원
kgf	킬로그램 힘	[M]	질량의 차원
m	**미터**	[T]	시간의 차원
min	분		

D. 중요한 수학공식 모음

D.1 일차방정식

① $y = mx + b$: (직선의 기울기) = m, (직선의 절편) = b인 직선의 방정식 (D.1-1)

② $y = mx$: • (0, 0)를 지나는 (직선의 기울기) = m인 직선의 방정식 (D.1-2)

• 변수 x, y가 서로 비례한다. m = (비례상수)

D.2 이차방정식

① $ax^2 + 2bx + c = 0$: x축과 두 점에서 만나는 곡선의 방정식

② 근의 공식 : 그 두 점의 x 좌표(방정식의 근이라 함)는

$$x = \frac{-b \pm \sqrt{b^2 - 4ac}}{2a} \quad \text{(근의 공식)} \qquad \text{(D.2-1)}$$

이다. $\{a, b, c\}$ = (상수)

③ $xy = c$ 또는 $y = \frac{c}{x}$ (D.2-2)

변수 x, y가 서로 반비례한다(c : 반비례상수).

또는 y는 x에 반비례한다.

$$y=\frac{c}{x^2} \tag{D.2-3}$$

y는 x의 제곱에 반비례한다.

D.3 인수분해

$$ax+ay+az=a(x+y+z) \tag{D.3-1}$$

$$x^2+2xy+y^2=(x+y)^2 \tag{D.3-2}$$

$$x^2-2xy+y^2=(x-y)^2 \tag{D.3-3}$$

$$x^2-y^2=(x+y)(x-y) \tag{D.3-4}$$

D.4 지 수

$$x^n=x\times x\times\cdots\times x(n\text{번 곱한 것}) \tag{D.4-1}$$

$$x^0=1, \tag{D.4-2}$$

$$x^n\cdot x^m=x^{n+m} \tag{D.4-3}$$

$$x^{-n}=\frac{1}{x^n} \tag{D.4-4}$$

$$(x^n)^m=x^{nm} \tag{D.4-5}$$

$$x^{\frac{1}{n}}=\sqrt[n]{x} \tag{D.4-6}$$

D.5 로 그

$$x=a^y \rightleftarrows y=\log_a x\ (\text{"}y\text{는 바탕 }a\text{에 대한 }x\text{의 로그"}) \tag{D.5-1}$$

상용로그 $y=\log_{10} x\ (a=10) \rightleftarrows x=10^y$ (D.5-2)

자연로그 $y=\ln x\ (a=e=2.718282\cdots) \rightleftarrows x=e^y$ (D.5-3)

두 로그의 변환관계 $\log x=\dfrac{\ln x}{\ln 10},\ \ln x=\dfrac{\log x}{\log e}$ (D.5-4)

$$\log 10=1,\ \ln e=1 \tag{D.5-5}$$

아래 관계식은 바탕에 관계없이 성립한다 :

$$\log(xy)=\log x+\log y \tag{D.5-6}$$

$$\log\left(\frac{x}{y}\right)=\log x-\log y \tag{D.5-7}$$

$$\log(x^n)=n\log x \tag{D.5-8}$$

$$\log(1)=0 \tag{D.5-9}$$

D.6 기하(원, 공, 원기둥)

원(반지름 r)

원둘레 $s=2\pi r$ ($\pi=3.141592$) (D.6-1)

원의 넓이 $A=\pi r^2$ (D.6-2)

공(반지름 r)

겉넓이 $A=4\pi r^2$ (D.6-3)

부피 $V=\frac{4}{3}\pi r^3$ (D.6-4)

원기둥(반지름 r, 길이 ℓ)

겉넓이 $A=2\pi r\ell$ (D.6-5)

부피 $V=\pi r^2\ell$ (D.6-6)

직원뿔(밑면의 반지름 r, 높이 h, 옆면의 길이 ℓ)

겉넓이 $A=\pi r\ell$ (D.6-7)

부피 $V=\frac{1}{3}\pi r^2 h$ (D.6-8)

타원(긴 반지름 a, 짧은 반지름 b)

넓이 $A=\pi ab$ (D.6-9)

D.7 각의 단위

60분법 도(°), 분(′), 초(″) : $1°=60'$, $1'=60''$ (D.7-1)

호도법 반지름과 같은 길이의 원호가 원의 중심에 펼치는 각(중심각)을 1라디안[rad](또는 1호도)이라 한다.

$$\theta=\frac{s}{r}\,[\text{rad}],\quad \pi\,[\text{rad}]=180° \quad \text{(D.7-2)}$$

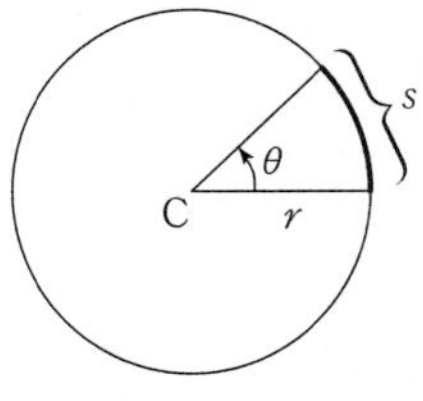

그림 D.7-1

D.8 삼각함수

$$\sin\theta=\frac{b}{r},\quad \cos\theta=\frac{a}{r},\quad \tan\theta=\frac{b}{a},\quad \tan\theta=\frac{\sin\theta}{\cos\theta} \quad \text{(D.8-1)}$$

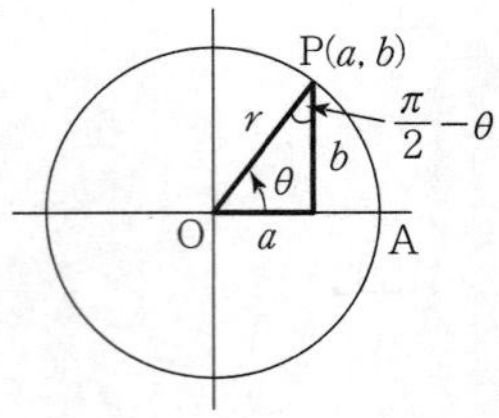

그림 D.8-1

$$\frac{1}{\sin\theta}=\csc\theta,\quad \frac{1}{\cos\theta}=\sec\theta,\quad \frac{1}{\tan\theta}=\cot\theta \qquad \text{(D.8-2)}$$

$$\sin\left(\frac{\pi}{2}-\theta\right)=\cos\theta,\quad \cos\left(\frac{\pi}{2}-\theta\right)=\sin\theta,\quad \tan\left(\frac{\pi}{2}-\theta\right)=\cot\theta \qquad \text{(D.8-3)}$$

$$\sin(-\theta)=-\sin\theta,\quad \cos(-\theta)=\cos\theta,\quad \tan(-\theta)=-\tan\theta \qquad \text{(D.8-4)}$$

D.9 피타고라스정리

$$a^2+b^2=r^2 \qquad \text{(D.9-1)}$$

$$\sin^2\theta+\cos^2\theta=1,\quad 1+\tan^2\theta=\sec^2\theta \qquad \text{(D.9-2)}$$

D.10 가법정리

$$\sin(\alpha\pm\beta)=\sin\alpha\cos\beta\pm\cos\alpha\sin\beta, \qquad \text{(D.10-1)}$$

$$\cos(\alpha\pm\beta)=\cos\alpha\cos\beta\mp\sin\alpha\sin\beta \qquad \text{(D.10-2)}$$

D.11 배각의 공식

$$\sin 2\theta=2\sin\theta\cos\theta, \qquad \text{(D.11-1)}$$

$$\cos 2\theta=\cos^2\theta-\sin^2\theta=2\cos^2\theta-1 = 1-2\sin^2\theta \qquad \text{(D.11-2)}$$

D.12 사인법칙

$$\frac{a}{\sin A}=\frac{b}{\sin B}=\frac{c}{\sin C} \qquad \text{(D.12-1)}$$

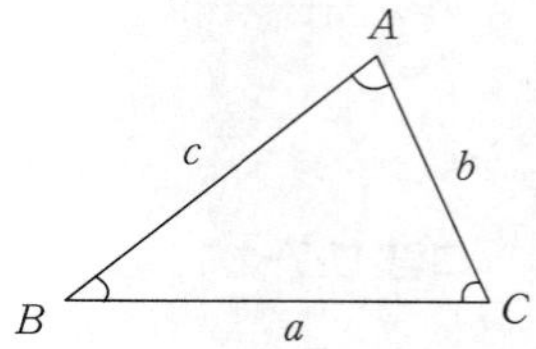

그림 D.12-1

D.13 코사인(제2)법칙

$$a^2=b^2+c^2-2bc\cos A$$

$$b^2 = c^2 + a^2 - 2ca\cos B \qquad \text{(D.13-1)}$$

$$c^2 = a^2 + b^2 - 2ab\cos C$$

D.14 삼각방정식의 일반해

$\sin x = a \quad \therefore \quad x = n\pi + (-1)^n\theta$ (θ=특수해, $n = 0, \pm 1, \pm 2, \cdots$) (D.14-1)

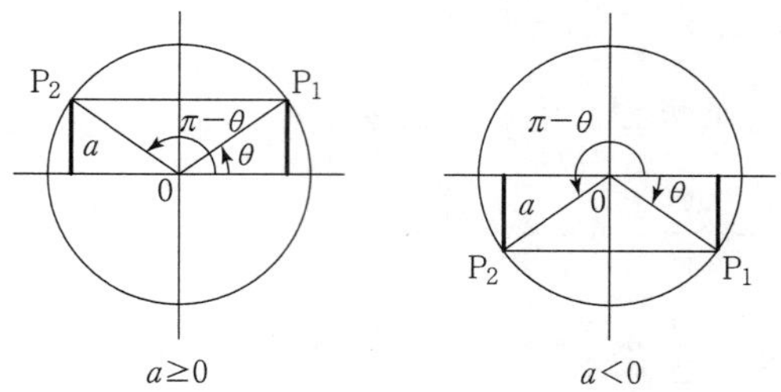

그림 D.14-1 ($r=1$)

$\cos x = a \quad \therefore \quad x = 2n\pi \pm \theta$ (θ=특수해, $n = 0, \pm 1, \pm 2, \cdots$) (D.14-2)

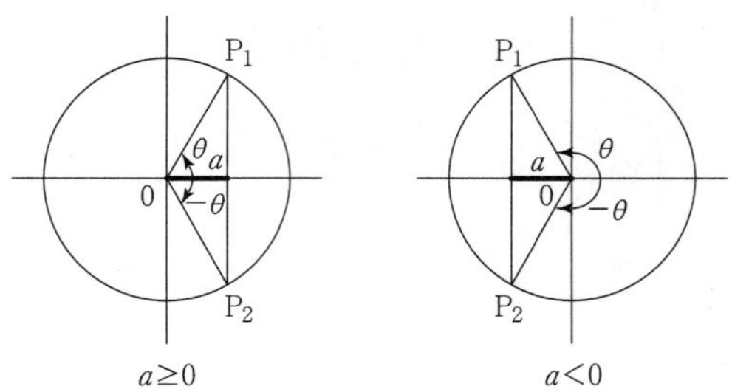

그림 D.14-2 ($r=1$)

$\tan x = a \quad \therefore \quad x = n\pi + \theta$ (θ=특수해, $n = 0, \pm 1, \pm 2, \cdots$) (D.14-3)

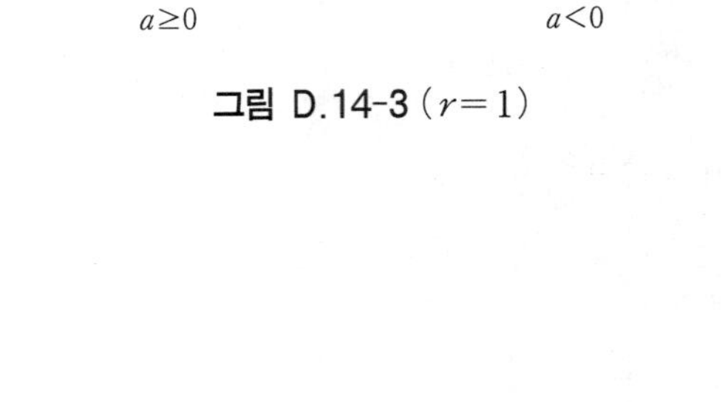

그림 D.14-3 ($r=1$)

D.15 급수 전개 및 어림셈

이항정리

$$(x+y)^n = x^n + \frac{n}{1!}x^{n-1}y + \frac{n(n-1)}{2!}x^{n-2}y^2 + \cdots + \frac{n(n-1)\cdots(n-r+1)}{r!}x^{n-r}y^r + \cdots + y^n \quad \text{(D.15-1)}$$

$$(1+x)^n = 1 + nx + \frac{n(n-1)}{2!}x^2 + \cdots + \frac{n(n-1)\cdots(n-r+1)}{r!}x^r + \cdots + x^n \,(|x|<1) \quad \text{(D.15-2)}$$

지수함수 $e^x = 1 + \frac{x}{1!} + \frac{x^2}{2!} + \cdots + \frac{x^n}{n!} + \cdots$ (D.15-3)

대수함수 $\ln(1+x) = x - \frac{x^2}{2} + \frac{x^3}{3} - + \cdots + (-1)^{n-1}\frac{x^n}{n!} + \cdots \quad (-1 < x \leq 1)$ (D.15-4)

삼각함수 (x [rad])

$$\sin x = \frac{x}{1!} - \frac{x^3}{3!} + \frac{x^5}{5!} - + \cdots + (-1)^{n-1}\frac{x^{2n-1}}{(2n-1)!} + \cdots \quad \text{(D.15-5)}$$

$$\cos x = 1 - \frac{x^2}{2!} + \frac{x^4}{4!} \mp \cdots + (-1)^n\frac{x^{2n}}{(2n)!} + \cdots \quad \text{(D.15-6)}$$

$$\tan x = x + \frac{x^3}{3} + \frac{2x^5}{15} + \cdots \quad \left(|x| < \frac{\pi}{2}\right) \quad \text{(D.15-7)}$$

어림셈

$$(1+x)^n \cong 1 + nx \quad \text{(D.15-2a)}$$

$$e^x \cong 1 + x \quad \text{(D.15-3a)}$$

$$\ln(1+x) \cong x - \frac{x^2}{2} \quad \text{(D.15-4a)}$$

$$\sin x \cong \frac{x}{1!} - \frac{x^3}{3!} \quad \text{(D.15-5a)}$$

$$\cos x \cong 1 - \frac{x^2}{2!} \quad \text{(D.15-6a)}$$

$$\tan x \cong x + \frac{x^3}{3} \quad \text{(D.15-7a)}$$

D.16 미분법

미분 정의 : $\lim_{\Delta t \to 0}\frac{\Delta x}{\Delta t} = \frac{dx}{dt} \quad (x = x(t))$ (D.16-1)

$$\frac{d}{dt}\{Cx(t)\} = C\frac{dx(t)}{dt} \quad (C : \text{상수}) \quad \text{(D.16-2)}$$

$$\frac{d}{dt}\{x(t)+y(t)\}=\frac{dx(t)}{dt}+\frac{dy(t)}{dt} \quad \text{(D.16-3)}$$

$$\frac{d}{dt}\{f(x)\}=\frac{df}{dx}\frac{dx}{dt} \quad \text{(D.16-4)}$$

$$\frac{d}{dt}\{x(t)\cdot y(t)\}=\frac{dx(t)}{dt}\cdot y(t)+x(t)\cdot\frac{dy(t)}{dt} \quad \text{(D.16-5)}$$

D.17 적분법

적분 정의 : $$\lim_{N\to\infty}\sum_{i=1}^{N}x_i\,\Delta t_i=\lim_{\Delta t_i\to 0}\sum_i x_i\,\Delta t_i=\int_{t_1}^{t_2}x(t)\,dt\ (t_1\le t\le t_2) \quad \text{(D.17-1)}$$

$$\int x(t)\,dt=X(t)\text{이면 }\int_{t_1}^{t_2}x(t)dt=X(t_2)-X(t_1) \quad \text{(D.17-2)}$$

$$\int Cx(t)dt=C\int x(t)dt \quad (C:\text{상수}) \quad \text{(D.17-3)}$$

$$\int\{x(t)\pm y(t)\}dt=\int x(t)dt\pm\int y(t)dt \quad \text{(D.17-4)}$$

$$\int x\,dy=xy-\int y\,dx \quad (\text{부분 적분}) \quad \text{(D.17-5)}$$

표 D.18 간단한 함수의 미분 및 적분 (C, ω, b : 상수)

	미분	적분	
(1a)	$a\ \frac{d}{dt}\{C\}=0$	$\int C\,dt=Ct$	(1b)
(2a)	$\frac{d}{dt}\{t^n\}=n\,t^{n-1}$	$\int t^n dt=\frac{t^{n+1}}{n+1}$	(2b)
(3a)	$\frac{d}{dt}\{\sin\omega t\}=\omega\cos\omega t$	$\int\cos\omega t\,dt=\frac{1}{\omega}\sin\omega t$	(3b)
(4a)	$\frac{d}{dt}\{\cos\omega t\}=-\omega\sin\omega t$	$\int\sin\omega t\,dt=-\frac{1}{\omega}\cos\omega t$	(4b)
(5a)	$\frac{d}{dt}\{e^{bt}\}=b\,e^{bt}$	$\int e^{bt}dt=\frac{1}{b}\,e^{bt}$	(5b)
(6a)	$\frac{d}{dt}\{\ln t\}=\frac{1}{t}$	$\int\frac{dt}{t}=\ln t$	(6b)

찾아보기

CGS단위계 3, 17, 167
CM좌표계 788
FPS단위계 3, 228
LAB좌표계 789
MKS단위계 3, 17, 166
SI단위계 3, 17

ㄱ

가속도 26
가속도벡터 85
가속도운동 26
가속도-힘의 법칙 166
가우스 면 542
가우스법칙 545
각가속도 616, 689
각단조화진동 664
각변위 108, 722
각속도 616, 754
각속도벡터 85, 721, 733
각운동량 490, 690
각운동량벡터 729
각운동량 보존 698
각운동량 보존법칙 698
각운동량 정리 690
각진동수 384
간섭 411
갈릴레이 486
갈릴레이 변환 126
갈릴레이 불변성 171, 343
감쇠운동 422
감쇠진동 422
강력 160
강제진동 441
강체 614
강체운동 614
강체좌표계 741
강한 상호작용 159
결합법칙 58
결합상수 160
결합진동 459
고립계 170, 336, 818
고유각운동량 859
고유각진동수 429
고유에너지 787
곡률반지름 92
곡률원 92
곡선운동 65, 286
공간운동 46
공간좌표계 741
공기저항 106, 194
공명 441, 45
공명각진동수 441
공진 441, 445
과감쇠운동 436
관성 161
관성기준틀 163
관성력 206
관성모먼트 639
관성의 법칙 161
관성질량 170, 555
교환법칙 58, 290
구면극좌표 49
구면좌표 49
구분구적법 43
구속조건 709
구심가속도 111
구심력 211
굴림마찰계수 158
굴림마찰력 157
굴림운동 707
궤도각운동량 859
궤도곡선 65
궤도미분방정식 833
궤도바꾸기 850
궤도의 법칙 483
그래디언트 312, 729
극 47
극각 47
극방정식 840
극한값 35
근일점 484, 842
근점 842
근지점 842
기본단위 3
기본량 2
기본진동 456
기울기 연산자 312
기준틀 118
긴 반지름 484, 843
긴 축 484, 842
길이 4

ㄴ

나르개 띠 167, 599

내력 151, 336, 590
내부 각운동량 802
내부 돌림힘 802
내부 운동에너지 802
내부에너지 350
넓이의 법칙 484
뉴턴 486
뉴턴역학 856
뉴턴의 만유인력법칙 489
뉴턴의 상대성 원리 171
뉴턴의 운동법칙 170, 637

ㄷ

다이버전스 313
단위 3
단위계 3
단위벡터 62
단조화진동 382
단진동 382
대칭팽이 735
도함수 37
돌림힘 619
돌림힘벡터 732
동역학 160
동적비평형 757
동적평형 754
동적평형상태 162, 181
되돌이점 140, 284
되돌이힘 387
두입자계 335
두질점계 802, 803, 811
두질점계 문제 782
등가속도 직선운동 28
등가원리 561
등각가속도 원운동 115
등각가속도운동 114, 616
등방성 조화진동 415
등속도운동 21, 113
등속원운동 113, 211
등속직선운동 21
등퍼텐셜면 521
디락 856
디케 558

ㄹ

라디안 108
라플라스 연산자 313
로그 감쇠율 431
로렌츠 856
로켓 방정식 603
로테이션 729
리사주곡선 419
리우비 857

ㅁ

마구잡이운동 859
마당 159
마당힘 159
마찰력 154
만유인력 488
만유인력법칙 480, 486
매개변수 415
맥놀이 413
맥스웰 857
면적벡터 726
면적속도 484, 828
면적속도 일정의 법칙 484
모먼트 619
모먼트 팔 619
무게 141, 169
무게중심 584
무작위운동 859
물리량 2
물리흔들이 662
미분법 37
미분적분학 34

ㅂ

바깥 돌림힘벡터 734
바깥힘 151, 336, 590
바탕 62
바탕벡터 62
반발계수 358
반작용 148
반치폭 448
발산 313
방위각 49, 80
배위 262
법선가속도 89
법선단위벡터 90
법선력 211
법선상대속도 373
법선 성분 400
법선속도 373
법선힘 211
벡터 54
벡터곱 725
벡터양 54
변위 18
변위벡터 54
변조 412
변조진동수 413
병진가속도운동 205
병진관성 639
병진운동 614, 699
병진운동 방정식 708, 716
병진평형 172, 746
보강중첩 410
보른 856
보조방정식 406
보존력 276
보존력마당 286, 299
보존법칙 860

복원력 140, 283
볼츠만 857
부정적분 43
부축 843
분배법칙 56
비관성기준틀 163, 205
비낌충돌 361
비등방성 조화진동 415
비보존력 302
비제차 선형미분방정식 442
비조화진동 453
비탄성충돌 349
비틀림 675
비틀림상수 675
비틀림흔들이 676

ㅅ

사이클로이드 707
산란 347
삼차원공간 63
삼차원운동 50
상대론적 양자역학 857
상대론적 역학 856
상대속도 117
상대운동 116
상대운동방정식 802, 806
상쇄중첩 411
상호작용 위치에너지 811
선속도 108, 615
선속도벡터 733
선운동량 858
선운동량 보존법칙 858
성분벡터 61
성분힘 145
세차운동 736
속도 18
속도벡터 65
속도벡터함수 69
속도함수 37, 39
속력 16
속힘 151, 336, 590
수직축 정리 643
수직항력 154
수평 용수철흔들이 395
순간가속도 27
순간가속도벡터 85
순간속도 24
순간속도벡터 66
순간속력 16
순환적분 302
슈뢰딩거 856
스칼라 54
스칼라곱 290
스칼라양 54
스테라디안 3
시간 5
시간상수 197, 424
시행함수 453
실험실 좌표계 788
쌍곡선 512
쌍곡선운동 846

ㅇ

아인슈타인 561, 856
아트우드 기계 320
안 미끄러질 조건 659, 709
알짜 돌림힘 620, 632, 655
알짜 바깥돌림힘 655, 734
알짜 바깥힘 164, 591, 800
알짜 속돌림힘 795
암페어 3
약력 160
약한 상호작용 159
약한 핵력 160
양자역학 856
에너지 677, 680
에너지 보존 811
에너지 보존법칙 286, 858
역도함수 43
역제곱법칙 836
역학 160
역학적 에너지 271
역학적 에너지 보존 270, 306
역학적 에너지 보존법칙 271
연직 용수철 396
열에너지 859
영운동량 좌표계 788
옆돌기 운동 736
오른 나사의 규칙 722
오른손 규칙 725
와트 257
완전비탄성충돌 352
왕복운동 283
외떨어진 계 170, 336, 818
외력 151, 336, 590
용수철상수 140
운동 327
운동량 168, 326
운동량 보존법칙 337, 598
운동량 정리 168, 327
운동량의 불확정도 855
운동미분방정식 422, 441
운동방정식 171, 660, 803
운동상수 830
운동에너지 246, 711
운동에너지 보존 704, 813
운동의 법칙 166
운동 제1법칙 170
운동 제2법칙 170
운동 제3법칙 170
원 839
원궤도 841
원궤도 속도 501
원궤도의 법칙 483
원뿔곡선 839
원뿔흔들이 220

원시함수 43
원심력 214
원운동 107, 382
원일점 484, 842
원점 842
원지점 842
위치 16
위치벡터 54, 730
위치벡터함수 67
위치에너지 262, 264, 859
위치에너지함수 299, 786
위치의 불확정도 855
위치함수 35
유도단위 3
유도량 2
유효숫자 8
유효위치에너지 510, 831
이계 선형미분방정식 403
이심률 839, 846
이차시행함수 455
이차원운동 50
이차원 조화진동 415
이차원충돌 361, 813
이체 문제 782
인장력 150
일 240, 680, 782
일률 256
일반상대성이론 561
일-에너지 정리 247, 784
일차원운동 50
일차원충돌 347
임계감쇠 434
임계감쇠운동 436, 437

ㅈ

자연각진동수 429
자유낙하 169
자유진동 429
자이로스코프 737, 738
작용 148
작용·반작용의 법칙 148
작용선 142, 621
작용점 142, 618
작은 감쇠 425, 428
작은 감쇠진동 429, 436
장력 151, 660
적분법 43
적분상수 44, 177, 404
전자기력 160
전자기마당 858
전자기적 상호작용 159
절대단위계 3
점대칭 517, 533
접선가속도 89, 616
접선단위벡터 90
접선력 211
접선 성분 400
접선속도 373
정면충돌 361, 816
정역학 160
정적분 40, 252
정적비평형 758
정적평형 143, 757
정지마찰력 154
제차 선형미분방정식 442
조화함수 664
종단속도 199
좌표 16
좌표계 16, 118
좌표축 16, 172
주기 114, 383, 845
주기의 법칙 485
주축 840
줄 859
중력 141, 494
중력가속도 97, 169
중력마당 159, 516, 808
중력마당벡터 516, 521
중력마당의 가우스법칙 542
중력선 517
중력선다발 540
중력위치에너지 264, 503
중력장 159
중력적 상호작용 159
중력질량 170, 556
중력퍼텐셜 520
중성자 356, 859
중심력 488, 825
중심력마당 825, 828
지구중심설 480
지나친 감쇠운동 436
지레팔 619
직각좌표계 728
직선운동 65
진동 283, 382
진동중심 666
진폭 383
진폭공명 445
진폭공명각진동수 445
질량 5, 164
질량중심 573, 712
질량중심 좌표계 788, 807
질량중심의 속도 573
질인자 426
질점계 572, 783, 787
질점계의 속도 573
짝힘 631
짧은 반지름 843
짧은 축 484, 843

ㅊ

차원 6
차원방정식 7
척력 848
초기 조건 405, 430

초점 484, 839
축돌기 운동 736
축차근사법 456
충격량 328
충격량-운동량 정리 331
충격력 330
충격중심 671
충돌 347, 812
충돌매개변수 363
충돌 문제 347, 812

ㅋ

칸델라 3
캐번디시 489
컨베이어 벨트 167, 599
케이터 가역 흔들이 668
케플러 483
케플러의 법칙 481, 485
케플러의 운동법칙 481
케플러의 제1법칙 483, 836
케플러의 제2법칙 483, 829
케플러의 제3법칙 484, 846
케플러의 행성 운동법칙 485
켈빈 3
코리올리 힘 223
코페르니쿠스 481
쿨롱힘 825

ㅌ

타원 484
타원궤도 842
타원궤도의 법칙 483, 782
타원연결궤도 850
탄성력 140
탄성위치에너지 264, 266
탄성충돌 349
탈출속도 506
태양중심설 481
토크 619
통신위성 502
티코 브라헤 481

ㅍ

팔 619
퍼텐셜 866
퍼텐셜에너지 264
퍼텐셜장벽 285, 506
편도함수 72
평균가속도 26
평균가속도벡터 85
평균각가속도 110
평균각속도 108
평균값 391
평균궤도반지름 484
평균속도 18
평균속도벡터 65
평균속력 16, 66
평균힘 328
평면극좌표 47, 837
평면운동 46
평행 796
평행사변형법 57, 622
평행축 정리 643, 671
평형상태 142
평형점 284, 395
평형 조건 746
포물선 512, 839
포물선운동 101, 588, 846
포물체운동 101
푸앵카레 856
프린키피아 161
프톨레마이오스 480
플라톤 480
플랑크상수 855
피적분함수 41

ㅎ

하이젠베르크 855
한계 854
합력 144, 621
합벡터 57
항력 154
핵력 160
헤르츠 114, 383
호이겐스 499
홑입자 335
홑질점 572, 689, 692
홑흔들이 400, 667
홑힘 621
화살표 그림 144
환산질량 360, 806
회귀점 284, 392
회전 729
회전각속도 617
회전 각운동량 859
회전관성 639
회전운동 614, 699
회전운동 방정식 639
회전운동에너지 691
회전축 614, 710
회전충격량 689, 697
회전충격량-각운동량 정리 697
회전평형 747, 757
훅 499
훅의 법칙 140
힘 140
힘마당 343, 858
힘샘 160
힘의 모멘트 619
힘의 법칙 141, 171
힘의 분해 145
힘의 역제곱법칙 487
힘의 중심 488, 825
힘의 합성 634

■ **저자 약력**

고재걸

경북대학교 사범대학 물리교육과 졸업(이학사, 1959)
하와이대학교 대학원 물리학과 졸업(이학석사, 1970)
로마대학교 대학원 물리학과 졸업(이학박사/이론물리학, 1978)
경북대학교 사범대학 명예교수(2002 이후)

정해두

경북대학교 사범대학 물리교육과 졸업(이학사, 1986)
경북대학교 대학원 물리학과 졸업(이학석사, 1988)
뉴욕주립대학교(버팔로) 대학원 물리학과 졸업(이학박사/반도체물리학, 2000)
한밭대학교 교수(2003 이후)

역 학-기초에서 응용까지

2007년 12월 15일 1판 1쇄 인쇄
2007년 12월 20일 1판 1쇄 발행

저 자 ● **고재걸 · 정해두**
발 행 자 ● **조 승 식**
발 행 처 ● (주) 도서출판 **북스힐**
서울시 강북구 라일락길 36
등 록 ● 제 22-457 호

TEL (02) 994-0071~2
FAX (02) 994-0073
E-MAIL www.bookshill.com

잘못된 책은 교환해 드립니다.

값 32,000원

ISBN 978-89-5526-352-7